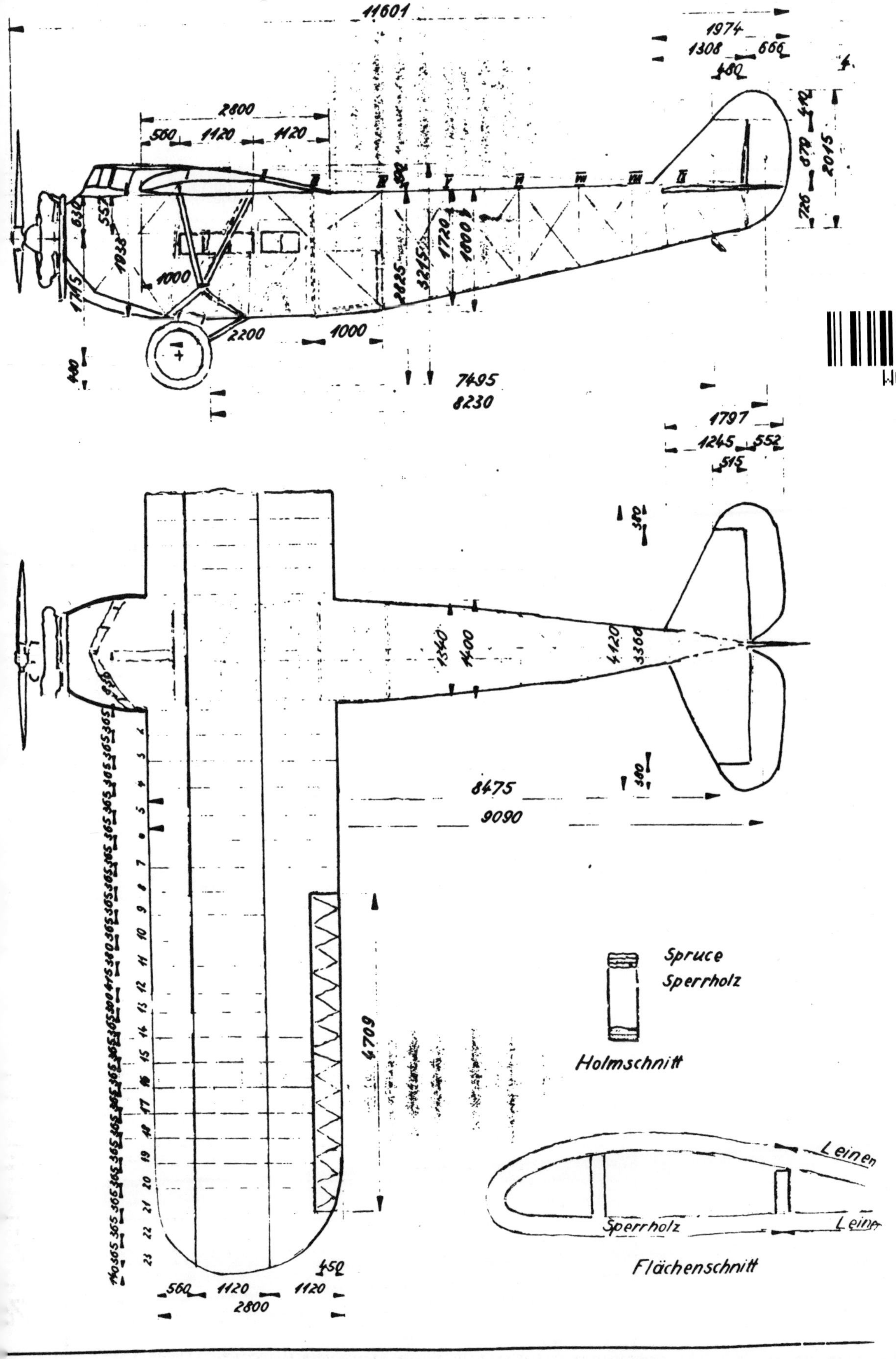
11601
1974
1308
666
480
2800
560
1120
1120
2015
2200
1000
1000
7495
8230
1797
1245
552
515
8475
9090
4709
450
2800
Spruce
Sperrholz
Holmschnitt
Leinen
Sperrholz
Leinen
Flächenschnitt

Jörg Armin Kranzhoff · Die Arado Flugzeuge – Vom Doppeldecker zum Strahlflugzeug

Die deutsche Luftfahrt
Buchreihe über die Entwicklungsgeschichte der deutschen Luftfahrttechnik

Begründet von Dr. Theodor Benecke (†)
Herausgegeben in Zusammenarbeit mit dem Deutschen Museum (München), dem Bundesverband der Deutschen Luft- und Raumfahrtindustrie e.V. (Berlin) und der Deutschen Gesellschaft für Luft- und Raumfahrt Lilienthal-Oberth e.V. (Bonn)

Jörg Armin Kranzhoff

Die Arado Flugzeuge – Vom Doppeldecker zum Strahlflugzeug

Bernard & Graefe Verlag

Das Titelbild zeigt die Ar 234 B-2 (W.Nr. 140 312) des National Air and Space Museums vor den Hallen des Silver Hill-Depots der Smithsonian Institution nach der Restaurierung im Jahr 1989. Die s/w-Abbildung zeigt Heinrich F. A. Lübbe am Steuer einer Rumpler Taube im Jahr 1911. Die Farb-Abbildung auf der Rückseite zeigt eine Arado Ar 79, die 1939 gebaut, Ende 1994 vom Museum für Verkehr und Technik in Berlin erworben und von August 1995 bis April 1996 durch die Deutsche Lufthansa Berlin Stiftung in der Werft der Lufthansa Technik in Hamburg flugfähig restauriert wurde.

Auf dem vorderen Vorsatz ist eine Übersichtszeichnung des Verkehrsflugzeugs Arado V. I aus dem Jahr 1928 abgebildet, das hintere Vorsatz zeigt den typbezogenen Anfall von Lohnstunden und Arbeitskräften der Arado Flugzeugwerke 1939-1941.

Koordination: Klaus Peters

Herstellung und Layout: Walter Amann, München
Satz: B. Krahmer, München
Reproduktionen: Repro GmbH, Essenbach
Druck- und Bindung: Wiener Verlag, Himberg bei Wien
Printed in Austria

ISBN 3-7637-6122-5

Inhalt

Vorwort

Die 1925 gegründete Arado Handels Gesellschaft zählte zu den Stammfirmen der deutschen Luftfahrtindustrie. Nach der Umbenennung in Arado Flugzeugwerke im Jahr 1933 entwickelte sich das Unternehmen zum drittgrößten deutschen Zellenfabrikanten und hatte neben der Entwicklung des weltersten operationellen Strahlaufklärers und Strahlbombers auch anderweitig Höchstleistungen zu verzeichnen, die den Vergleich mit anderen großen Flugzeugfirmen bis 1945 nicht zu scheuen brauchen.
Der anfängliche wirtschaftliche Aufschwung, der angesichts der Baubeschränkungen der Siegermächte nur durch die Entwicklung von Schul-, See-, Sport- und Verkehrsflugzeugen erreicht werden konnte, verlief vergleichsweise rasch. Auch die ab 1930 einsetzende allgemeine Wirtschaftskrise konnte die Arado Handels Gesellschaft im Unterschied zu vielen anderen Firmen überleben.
Arado war bereits in der Aufbauphase des Unternehmens eine ausgesprochene »Jägerfirma« und auch späterhin maßgeblich an der Entwicklung schneller Kampfflugzeuge beteiligt. Nach 1930 zahlte sich aus, daß sich die Firma frühzeitig mit der Entwicklung von Prototypen für Kampfeinsitzer befaßt hatte. Diesen Entwicklungsvorsprung verdankte sie nicht zuletzt *Heinrich Friedrich August Lübbe,* ihrem Gründer und Hauptgesellschafter. *Lübbe,* ein Weltrekordflieger der Vorkriegszeit, hatte im Ersten Weltkrieg als Leiter der Waffenabteilung der Fokker Flugzeugwerke mit der Konstruktion des ersten synchronisierten Flugzeug-Maschinengewehrs maßgeblich zum Entstehen des Jagdflugzeugs beigetragen. Zum anderen hatte *Walter Rethel*, der anfängliche Chefkonstrukteur des Unternehmens, bei den Fokker Flugzeugwerken langjährige Erfahrungen hinsichtlich der Konstruktion leistungsfähiger Jagdeinsitzer sammeln können.
Als die Reichswehr nach 1930 begann, eine geheime »Risiko-Luftflotte« aufzubauen, wurde die Arado Handels Gesellschaft mit der Lieferung der ersten in Serie gefertigten Jagdflugzeuge der Nachkriegszeit beauftragt. Während der anschließenden Aufbauphase der Luftwaffe lieferte sie nicht nur den ersten Standardjäger, sondern auch große Stückzahlen für militärische Schulflugzeuge unter Einbeziehung zahlreicher Nachbaufirmen.
Der politische Umbruch in der ersten Hälfte der dreißiger Jahre führte zu einer folgenschwereren Zäsur, als dies, mit Ausnahme von Junkers, ansonsten in der Luftfahrtindustrie der Fall war. Nachdem auf Druck der Behörden bereits im Vorfeld der Machtübernahme der bisherige technische Leiter *Walter Rethel* durch den Diplomingenieur *Walter Blume* abgelöst werden mußte, kam es anschließend zu einem unüberwindlichen ideologischen Dissens zwischen dem RLM und *Lübbe. Lübbe* setzte sich nicht nur gegen eine weitere Beschneidung seiner unternehmerischen Rechte sondern auch gegen die rüstungspolitischen Ziele der Nationalsozialisten energisch zur Wehr. Daraufhin bestimmte das RLM zur Durchsetzung seiner Interessen 1936 auch einen Geschäftsführer seiner Wahl und erzwang wenig später, daß Arado, wie zuvor das Unternehmen von *Hugo Junkers*, in einen reichseigenen Konzern umgewandelt wurde.
Nicht zuletzt die aus diesen Vorgängen resultierenden werksinternen Querelen und das gestörte Verhältnis zum RLM führten bei Arado um 1936 zu einem vorübergehenden Rückschlag auf dem Entwicklungssektor. Durch neue Mitarbeiter wie *Wilhelm van Nes* und *Rüdiger Kosin* konnte jedoch der Anschluß an die führenden Entwicklungsfirmen rasch wiedergewonnen werden. Dennoch mußte nach Kriegsbeginn die angelaufene Serienfertigung des ersten geländegängigen Kampfzonentransporters und des seinerzeit schnellsten kolbengetriebenen Zerstörers zugunsten der laufenden Lizenzproduktion abgebrochen werden. Erst in der zweiten Kriegshälfte konnte Arado mit Strahlflugzeugen wieder einen entscheidenden Durchbruch erzielen. Als sich ein ab 1940 entwickelter Strahlaufklärer nach seinem Erstflug Mitte 1943 als überraschend leistungsfähig erwies und es zeitgleich mit Messerschmitt-Strahljägern zu den weltweit ersten Fronteinsätzen kam, forderte das Technische Amt zur Bekämpfung einer alliierten Invasion eine Umrüstung als Schnellbomber und war um dessen Bereitstellung in größtmöglicher Stückzahl bemüht.
Obwohl die Jägereigenschaften des Arado-Strahlflugzeugs frühzeitig erkennbar waren, verzögerte dessen vorrangige Anforderung als Schnellbomber die rechtzeitige Einsatzreife und Bereitsstellung einer Nachtjägervariante. Erst mit einer ab Herbst 1944 in großen Stückzahlen gebauten Schnellbombervariante und der anschließend

anlaufenden Serienfertigung einer vierstrahligen Zerstörer-, Schnellbomber- und Nachtjägerversion wurde Arado wieder zum Hauptlieferanten von Schnellkampfflugzeugen.
Die Luftfahrthistoriker konzentrierten sich bislang auf Typenbeschreibungen und Einsatzgeschichten einzelner Arado-Flugzeuge, zu denen nicht zuletzt das Strahlflugzeug Ar 234 gehörte. Diese Einzeldarstellungen waren mehrheitlich ergebnisorientiert und monoperspektivisch von technologischen Gesichtspunkten bestimmt.
Namhafte Luftfahrthistoriker regten neuerdings eine erweiterte Forschungsbasis an. Lutz Budraß verwies in einer Studie über Flugzeugindustrie und Luftrüstung nicht nur darauf, daß Heinkel, Junkers und Dornier im Unterschied zu Arado in den Darstellungen zur Kriegswirtschaft »namentlich omnipräsent« seien, sondern forderte über die bislang vorhandene »Palette von Typensammlungen« hinaus eine breitere Einbeziehung des bislang nur »kursorisch« behandelten Flugzeugbaus als Industrie.[1] Der Militärhistoriker Horst Boog sprach sich für eine stärkere Berücksichtigung der »Interdependenz zwischen Flugzeugrüstungsplanung beziehungsweise Flugzeugproduktion und den jeweiligen operativen Absichten der Luftwaffenführung« aus.[2] Ralf Schabel schließlich plädierte im Rahmen einer grundsätzlich neuen Definition von Technikgeschichte dafür, über die Geschichtlichkeit einzelner technischer Verfahren, Gegenstände oder Produktionsbereiche hinaus auch die Voraussetzungen und Auswirkungen der Technik zu untersuchen.[3]
Obwohl zweifellos nach 1945 der Bekanntheitsgrad von Arado grundsätzlich dadurch litt, daß die Firma nach dem Ende des Zweiten Weltkriegs nicht wieder auflebte, gestattete es besonders dieser Forschungsansatz, die Hintergründe der wiederholten staatlichen Eingriffe in die Unternehmensführung und deren Folgen für Entwicklungsplanung und Auftragserteilung zu verdeutlichen. Arado erhielt nach der Verstaatlichung vorübergehend nur Entwicklungsaufträge für Schul-, See- und Aufklärungsflugzeuge, die gleichzeitig vom RLM erzwungene Umstellung auf massive Lizenzfertigungen wurde jedoch seinerzeit als vorbildliche nationale Pflichterfüllung herausgestellt. Die anschließenden Beiträge des Unternehmens zur Entwicklung der Luftfahrttechnologie wurden schließlich nur in Umrissen bekannt, weil ein Großteil der Entwicklungsprojekte kriegsbedingt nicht zur Ausführung kam beziehungsweise zunehmend der Geheimhaltung unterlag.
Viele der von den Nationalsozialisten manipulierten rechtlichen und kommerziellen Aspekte der Werksgeschichte lagen bislang völlig im Dunkel der Geschichte. Der Gründer und Hauptgesellschafter *Heinrich Lübbe* war im Unterschied zu *Ernst Heinkel, Hugo Junkers* und *Willy Messerschmitt* zwar ein bekannter Pilot der Pionierzeit der Fliegerei, betätigte sich aber später eher als Waffenfachmann als als Flugzeugkonstrukteur, so daß seine Beteiligung beim Aufbau der Arado Handels Gesellschaft naturgemäß etwas in den Hintergrund rückte. Nach der Zwangsverstaatlichung im Jahr 1936 sorgte die Propaganda der Nationalsozialisten jedoch nicht nur dafür, daß der eigentliche Firmengründer totgeschwiegen wurde, sondern auch dafür, daß die Bedeutung der elfjährigen privatwirtschaftlichen Phase der Unternehmensgeschichte insgesamt verblaßte. Symptomatisch erscheint in diesem Zusammenhang, daß noch in jüngster Zeit von namhafter Seite bezweifelt wurde, »daß Herr *Lübbe* tatsächlich als leitende Persönlichkeit und Mitbegründer der Firma Arado am Aufbau des Unternehmens beteiligt war«.[4]
Es stellte sich weiterhin die Frage, welche Auswirkungen es hatte, daß ab 1932 das Verhältnis zwischen dem späteren Betriebsführer des Reichskonzerns *Walter Blume* zu der bisherigen Firmenleitung und dem langjährigen Entwicklungschef *Walter Rethel* zwangsläufig gespannt war. *Blume* war wie *Göring* und *Udet* Jagdflieger des Ersten Weltkriegs, und er verdankte nachweislich *Görings* Einfluß seinen unerwarteten Quereinstieg bei Arado. Zu berücksichtigen war jedoch, daß vermutlich zwischen ihm und *Göring* alte Rivalitäten bestanden und daß ihn das Technische Amt, ungeachtet seiner sonstigen Verdienste, nicht zu den »schöpferisch hervorragenden Kräften« zählte. *Göring* und *Udet* hatten im Unterschied zu *Milch* anfänglich ein nahezu grenzenloses Vertrauen in *Messerschmitt*.
Die Dokumentation derartiger Zusammenhänge erwies sich insofern als schwierig, als ein Werksarchiv nicht erhalten blieb und sich alle ehemaligen Produktionsstätten auf sowjetisch besetztem Gebiet befanden. Als Folge der Strategie der Nationalsozialisten, vor der kriegsbedingten Räumung der Produktionsstätten alle Aktenbestände zu vernichten beziehungsweise in die von den Westmächten besetzten Gebiete zu verlagern, ging manches unwiederbringlich verloren. Später war der Zugriff auf Archivbestände in der DDR nicht nur durch äußere Faktoren beschränkt. Hinzu kam, daß in der DDR die Beschäftigung mit der Geschichte ehemaliger Rüstungsbetriebe des Dritten Reiches zum Teil tabuisiert war oder auf ideologisch einseitiger Basis erfolgte, so daß die dortigen Behörden Vorbehalte hatten, mit westlichen Autoren zu korrespondieren. Gesicherte Einblicke wurden zusätzlich dadurch erschwert, daß potentielle Zeitzeugen seinerzeit über interne Zuständigkeiten nicht informiert waren oder sich später als persönlich Involvierte scheuten, über brisante

und lange totgeschwiegene Sachverhalte Auskunft zu geben. Erst auf dem Hintergrund des wiederentdeckten Nachlasses des Firmengründers *Heinrich Lübbe* ließ sich verdeutlichen, inwieweit ein Teil der vermeintlich aus reinen Sachzwängen erfolgten Rückschläge bei Arado auch ideologisch und personell bedingt war.
Im Westen Deutschlands standen nach und nach Teile der von den Westalliierten beschlagnahmten technischen Unterlagen wieder zur Verfügung. Dennoch waren bezüglich einer vollständigen Beschreibung der Typenentwicklung manche Lücken nur schwer zu schließen, da die rückgeführten Dokumente vorzugsweise die modernsten, bei Kriegsende in Entwicklung stehenden Flugzeugtypen betrafen. Deshalb konnten manche Zusammenhänge nur in mühseliger Kleinarbeit mit Hilfe von Zeitzeugen oder durch Einzelbestände privater Sammler rekonstruiert werden.
Der Großteil der vom Autor veröffentlichen Dokumente und Fotos entstammt den zum Teil identischen Beständen der Sammlungen Pawlas und Mittler sowie des Focke-Wulf/Dasa-Archivs in Bremen. Weiteres Material lieferten das Deutsche Museum München, das Rheinisch-Westfälische Wirtschaftsarchiv in Köln, die Bundesarchive in Koblenz, Potsdam und Freiburg, das Landeshauptarchiv in Potsdam, das Rheinmetall-Archiv in Düsseldorf, die Bibliothek für Zeitgeschichte in Stuttgart, das Fokker-Archiv in Amsterdam, das Imperial War Museum in London, die National Archives in den USA sowie einige kommunale Archive an den ehemaligen Produktionsstandorten von Arado.

Oberingenieur *Hans Rebeski,* ab 1928 Flugbaumeister bei der Arado Handels Gesellschaft, später Leiter des Konstruktionsbüros der Arado Flugzeugwerke. (†18.12.2000)

Dankenswerte persönliche Unterstützung erfuhr der Autor durch die Luftfahrthistoriker Gilberto Aleman, Philippe Bauduin, Hans-Jürgen Becker, Graham Boak, Frank Brekow, Peter W. Cohausz, Eddie Creek, Hans J. Ebert, Richard Faltermair, Manfred Griehl, Prof. Olaf Groehler, Thomas H. Hitchcock, Prof. Edward L. Homze, Manfred Jurleit, Karlheins Kens, Karl Kössler, Alois Krennmeir, Pavel Kucera, Jürgen Kolb, Gerhard Lang, Dr. Heinz Mankau, Ivelin Marinov, Jürgen Michels, Mike Norton, Stephen Ransom, Christoph Regel, Klaus-Peter Rothkugel, Dr. Ralf Schabel, Aribert Schäfer, Walter Schick, Franz Selinger, Hanfried Schliephake, Günter Sengfelder, Holger Sprick und Franz Vajda.

Zeitgeschichtliche Hinweise lieferten Heinrich Beauvais, Gerhard Beer, Hans Furtmann, Adolf Galland, Irmgard Gnirke, Hubert Greim, Dr. Manfred Heber, Dr. Wolfgang Hergesell, Ernst Günter Heinemann, Hannsjürgen Klemm, Lore Kröger, Ursel Looks, Bruno Möller, Werner Osterhage, Alfred Rethel, Hans Sander, Egon Scheibe, Kurt Schnittge, Ingeborg von Schoenebeck, Martin Sommerfeld und Hartmut Tschersich. Von besonderem Wert waren die authentischen Angaben der Piloten Gunther Eheim, Horst Götz, Rudolf Jenett, Eduard Neumann, Richard Perlia, Hans Sander, Kurt Starck, Kurt W. Streit und Werner Umlauff sowie der ehemaligen Arado-Mitarbeiter Dr. Hubert Kellermann, Rüdiger Kosin, Dr. Walter Lehmann, Hans Rebeski, Prof. Dr. Rolf Renatus, Fritz Reishaus, Robert Stelzer und Karl Strohmann. Für eine langjährige Betreuung seiner Arbeit ist der Verfasser vor allem Hans Rebeski, dem ehemaligen Leiter des Konstruktionsbüros von Arado, und Prof. Dr. Rolf Renatus, ab 1940 Mitarbeiter der aerodynamischen Abteilung von Arado, zu Dank verpflichtet. Weiterhin gebührt der Dank des Verfassers Klaus Peters, der zusammen mit Kyrill von Gersdorff die Kontakte mit dem Herausgeber schuf und das Manuskript laufend redaktionell betreute, sowie Hans Holzer für wertvolle Anregungen bei der kritischen Durchsicht des Manuskriptes. Schließlich schulde ich auch meinem Sohn Hanno Dank für seine einfühlsame Unterstützung beim Umgang mit dem PC und meiner Frau Barbara für die Geduld während meiner jahrelangen Arbeit.

Herbst 2000 Dr. Jörg Armin Kranzhoff

Zum Geleit

Von den Alliierten zurückerhaltenes Archivmaterial, neuerschlossene Quellen aus deutschen Archiven sowie bislang unbekannte private Dokumente unterlegen das treffende Vorwort des Autors, der die Geschichte des Luftfahrtunternehmens Arado inzwischen ein zweites Mal mit erweiterter Sicht in Buchform unter die Lupe genommen hat. Es ist erfreulich, daß das mannigfaltige Echo zur ersten Veröffentlichung, abgesehen von einem Zugewinn an technischen Hinweisen, auch zur Vertiefung von Hintergrundinformationen und nicht zuletzt zu einer wesentlichen Ergänzung der zuvor bekannten Zahl einstiger Arado-Mitarbeiter verhalf.

Es entstehen aufschlußreiche Einblicke, welche Wirkung die von außen verordneten Wechselbäder aus Geist und Torheit auf dieses Unternehmen ausübten. Als ich mich auf Anregung des Verfassers unlängst mit ehemaligen Mitarbeitern, unter ihnen der Leiter des Konstruktionsbüros *Hans Rebeski* und Angehörige der von *Rüdiger Kosin* geleiteten aerodynamischen Abteilung wie *Dr. Hubert Kellermann* und *Dr. Walter Lehmann,* traf, stellten wir fest, daß uns bislang die Einzelheiten und die Auswirkungen der Zwangsverstaatlichung nicht hinreichend bekannt waren, die vor allem zu der Bürde einer übermäßigen Lizenzfertigung führte. Wir waren uns einig, daß unsere damalige Tätigkeit vom Technischen Amt unzureichend und verspätet berücksichtigt wurde, nicht zuletzt weil es *Walter Blume* als Betriebsführer an Durchsetzungsvermögen gegenüber dem RLM fehlte. Als ehemaliger Aerodynamiker des Unternehmens nehme ich daher mit Befriedigung zur Kenntnis, daß der Verfasser verdeutlicht, daß Arado dennoch mit den Flugzeugtypen Ar 232, Ar 240 und Ar 234, an deren Entwicklungen wir beteiligt waren, ausgesprochene Höchstleistungen erzielte.

Zusammen mit zahlreichen Mitarbeitern sowie der Mannschaft der Flugerprobung schrieben mit dem zukunftsweisenden Strahlflugzeug Ar 234 besonders *Wilhelm van Nes* als Mann des Entwurfes, der Aerodynamiker *Rüdiger Kosin* und der Leiter der Konstruktion *Hans Rebeski* Luftfahrtgeschichte. Der britische Chefeinflieger *Eric Brown*, der sich ausgiebig mit dem Beuteflugzeug Ar 234 befaßte, formulierte sein Urteil wie folgt: »Ich möchte sagen, daß die Deutschen auch mit diesem Flugzeug eine ausgesprochen überlegene Maschine zu spät und in zu geringer Stückzahl gebaut haben, um damit noch wirksam in den Gang der Dinge eingreifen zu können. Es war ein herrliches und, wie gesagt, überlegenes Flugzeug seiner Zeit, dem überhaupt kein gleichwertiges Gegenstück auf seiten der Alliierten weit und breit gegenüberzustellen gewesen wäre. So kann ich, ohne Widerspruch fürchten zu müssen, sagen, daß die Ar 234 B eine Klasse für sich darstellte.«

Zwickau, den 30. November 1998

Professor em. Dr.-Ing. Rolf Renatus

Prof. *Dr. Rolf Renatus*, ab 1940 Mitarbeiter der aerodynamischen Abteilung der Arado Flugzeugwerke.

ARADO

Vorgeschichte und Firmengründung

Bevor die Arado Handels Gesellschaft im Jahr 1925 in Warnemünde den Flugzeugbau aufnahm, gab es in dem Badeort an der Mündung der Warnow bereits eine Flugzeugindustrie. Im Anschluß an den ersten deutschen Wasserflugzeugwettbewerb in Heiligendamm bei Bad Doberan, der im Oktober des Jahres 1912 stattfand, wurde die Errichtung eines zivilen Wasserflugplatzes auf dem östlichen Warnow-Ufer beschlossen. Die bis zum Jahr 1913 fertiggestellten Werksanlagen und Flugschulen wurden von der Gothaer Waggonfabrik und der Automobil- und Aviatic A.G. bezogen. Auf dem Flugplatz sollte im August 1914 der »Ostseeflug Warnemünde« ausgetragen werden, für den namhafte Flugzeughersteller ihre Teilnahme angekündigt hatten. Im nachfolgenden Monat sollte Warnemünde auch Etappenort für den »Internationalen Nordischen Seeflug« sein. Wegen des Kriegsausbruchs wurden die geplanten Wettbewerbe jedoch gestrichen. Die Einrichtungen wurden im Sommer 1914 von der Kriegsmarine übernommen und dienten dem Seeflug-Versuchskommando (SVK) und der Seeflugzeug-Abnahmekommission (SAK) zur Erprobung von Wasser-Fluggerät.

Flugzeugbau Friedrichshafen baut Zweigwerk in Warnemünde

Im Zuge einer Erweiterung der Anlagen entstand nach Abschluß eines Pachtvertrages mit der Stadt Rostock im Laufe des Jahres 1917 auf dem westlichen Breitling-Ufer ein Zweigwerk des 1912 von *Graf Brandenstein-Zeppelin* und *Theodor Kober* gegründeten Flugzeugbaus Friedrichshafen, das bis zum Ende des Ersten Weltkriegs rund 40 Prozent aller Seeflugzeuge produzierte, darunter 478 Einheiten des Marineflugzeugs FF 33. Die Werksanlagen, für deren Errichtung die Stadt Rostock Gelände aufschwemmen ließ, bestanden aus einem Verwaltungsgebäude mit einer Fläche von 1 124 m², einer großen Montagehalle mit einer Fläche von 3 200 m², einem Kantinengebäude, einem Heizhaus, einer Maschinentischlerei und einer Reihe von Nebengebäuden zur Lagerhaltung. Außerdem wurde dem Flugzeugbau Friedrichshafen ein auf dem östlichen Ufer der Warnow gelegenes Gelände zur Einrichtung eines Flugbetriebs und einer Fliegerschule verpachtet. In dem Warnemünder Werk erfolgte der Bau von

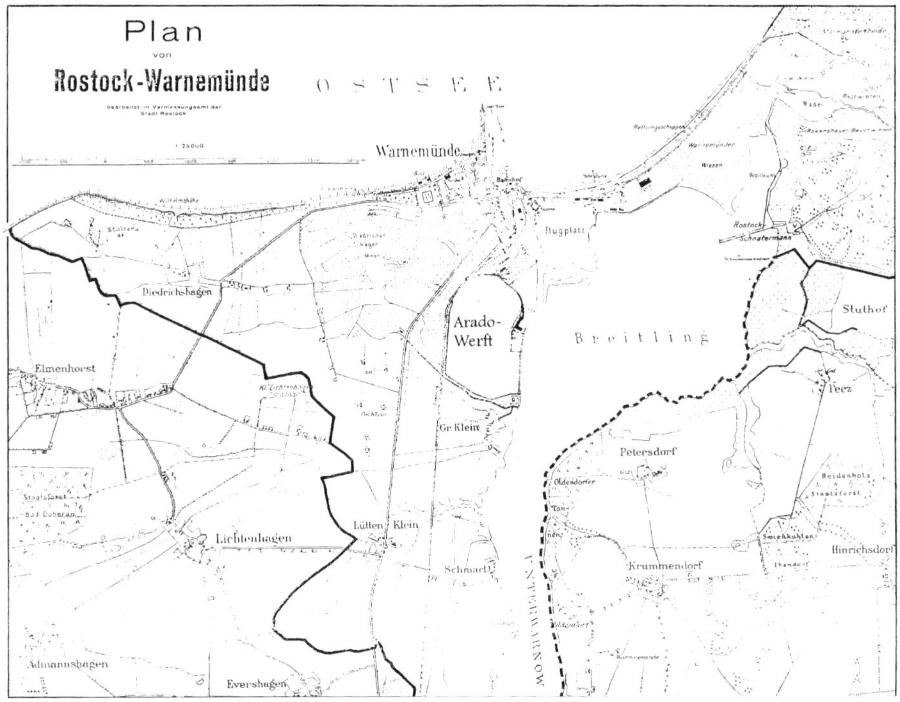

Lage des Arado-Stammwerks in Warnemünde.

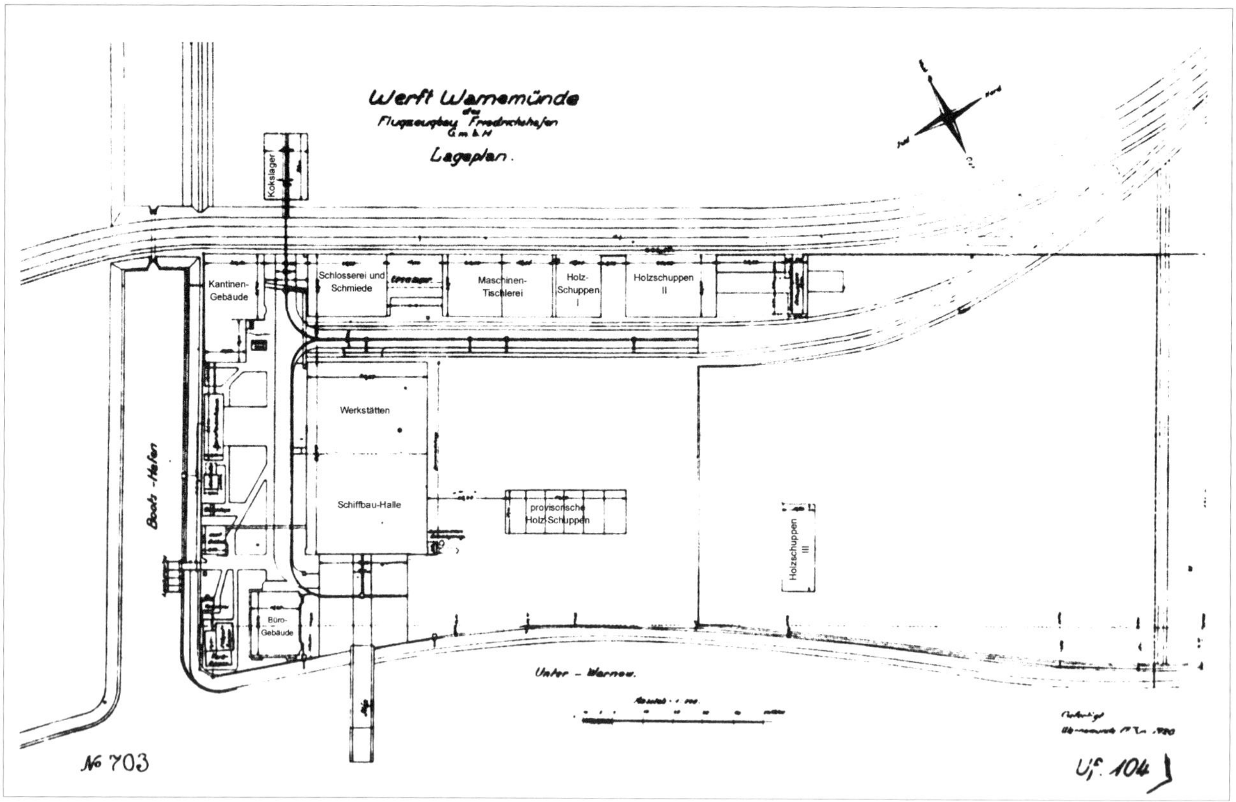

Die Werft Warnemünde des Flugzeugbaus Friedrichshafen im Jahr 1920.

Die Werft Warnemünde im Juni 1920: Kantinengebäude (hinten links), Schlosserei (hinten rechts) und Montagehalle (rechts).

Flächenbau und Endmontage des Seeflugzeugs FF 49 C in Warnemünde 1918.

Schwimmern und Tragflächen sowie die Fertigmontage von etwa 50 Seeflugzeugen vom Typ FF 49 C, die sich aufgrund ihrer hohen Seetüchtigkeit und ihrer großen Reichweite hervorragend als Aufklärer bewährten.
Nach Kriegsende wurde der Großteil der vorhandenen Flugzeuge nach Schweden verkauft und auf dem Luftweg dorthin überführt. Da der Flugzeugbau Friedrichshafen über keine Verkaufsorganisation verfügte und seine Produkte ausschließlich an das Reich geliefert hatte, kam nach Kriegsende der Flugzeugbau in der Werft Warnemünde vorübergehend zum Erliegen. Ersatzweise wurde der Bootsbau aufgenommen. Nachdem die Stationierung eines Polizeiflieger-Verbandes und die Einrichtung einer Nebenstelle der Deutschen Versuchsanstalt für Luftfahrt (DVL) nicht zustandekamen, bildeten ab 1924 die Aero-Sport GmbH und ein Jahr danach die Seeflug GmbH in Warnemünde Marinepiloten aus. Außerdem diente Warnemünde der Deutschen Luftreederei, dem Lloyd Luftverkehr Sablatnig und später dem Junkers Luftverkehr als Zwischenstation.

Das Seeflugzeug FF 49 C.

Arado Handels Gesellschaft wird Nachfolgerin des Flugzeugbaus Friedrichshafen

Im Jahr 1921 übernahmen die zum Stinnes-Konzern gehörenden Dinos-Automobilwerke in Berlin die ehemalige Werft des Flugzeugbaus Friedrichshafen.[1] Der Direktor der Dinos-Werke, Kapitänleutnant a.D. *Walter Hormel,* hatte sich als Pilot und Mitherausgeber des »Taschenbuchs der Luftflotten« einen Namen gemacht. Er hatte die Werft bereits während des Krieges geleitet und war zugleich Leiter der Warnemünder Seeflug-Abnahmekommission gewesen. Parallel zu dem anlaufenden Bau von Zweitaktmotoren wurde in der Werft in Abstimmung mit dem Reichsfischerei-Kommissar eine Ausweichproduktion von Fischkuttern, Motorbooten und Eissegeljachten aufgenommen.
Hugo Stinnes hatte bereits Ende 1916 einen Einstieg in den Flugzeugbau angestrebt. Angeregt hatte dieses Vorhaben Major *Felix Wagenführ*, der ab 1911 die Lehr- und Versuchsanstalt für das Militärflugwesen in Döberitz und anschließend die 1915 auf dem Gelände der DVL in Adlershof eingerichtete »Prüfanstalt und Werft der Fliegertruppe« (PuW) leitete. Ab 1916 war er als Kommandeur der Flugzeugmeisterei verantwortlich für Beschaffungsfragen und wirkte maßgeblich am Aufbau der deutschen Fliegertruppe mit. Nach dem Krieg schaltete er sich als Vorsitzender der Luftfahrt-Friedenskommission in die Verhandlungen hinsichtlich der Verwendung der Werftanlagen des ehemaligen Flugzeugbaus Friedrichshafen in Warnemünde ein und war an der Gründung der Arado Handels Gesellschaft beteiligt.
Hauptmann *Joly*, ein Ingenieur mit kaufmännischer Ausbildung, der in dem von *Wagenführ* geleiteten Inspektorat der Fliegertruppen diente und Kommandant des Luftstützpunktes Döberitz war, ließ *Hugo Stinnes* eine im November 1916 verfaßte Ausarbeitung mit dem Titel »Flugzeug und Flugzeugindustrie« zugehen, in der er zum Ausdruck brachte, daß dem Luftkrieg die Zukunft gehörte. Das auf die Zeit nach dem Krieg und *Stinnes* zugeschnittene Exposé empfahl zwecks Rationalisierung der Flugzeugproduktion die Errichtung eines Konzerns mit der Bezeichnung »Reichsflugzeugwerke«, der *Stinnes* zum »Krupp der Lüfte« machen sollte.
Stinnes, der sich bereits dem Aluminiumgeschäft zugewandt hatte und beabsichtigte, das Volumen seiner Feinblechproduktion durch die Errichtung eines Flugzeugtrustes erheblich zu erhöhen, teilte die Auffassung *Wagenführs*, daß sich das von *Hugo Junkers* entwickelte Ganzmetall-Flugzeug durchsetzen werde. Außerdem plante *Stinnes* den Flugzeugbau mit der Produktion von Automobilen und Dieselmotoren und seinen Schiffahrtsbeteiligungen zu verzahnen und gleichzeitig in das Erdölgeschäft einzusteigen.
Im März 1917 teilte *Stinnes* seinem Sohn *Edmund*[2] mit:

»Ich hoffe, daß wir dann bald ans Fliegen kommen, und zwar rein auf Metall.«

Hugo Stinnes strebte eine Partnerschaft mit Fokker, Junkers und der Leipziger Firma Aviatic an. Die seinerzeit von *Wagenführ* koordinierten Verhandlungen scheiterten jedoch ebenso wie die Fühlungnahmen mit den Firmen Rumpler, Luftverkehrsgesellschaft und Argo. Probleme bereitete auch die Beschaffung von Motoren, die seitens der Heeresverwaltung direkt geliefert wurden. Als auch das Reich die erwartete Beteiligung ablehnte, kam *Stinnes* Ende 1917 zu der Überzeugung, daß der geeignete Einstieg in das Flugzeugwesen ein Jahr zuvor verpaßt worden war und inzwischen die Schwierigkeiten unüberwindbar waren. Mit Blick auf die Nachkriegszeit befürchtete er zudem, daß angesichts des zunächst zu erwartenden Überflusses an Flugzeugen Neufabrikationen nicht lukrativ sein würden.
Ungeachtet dieser Prognose setzte *Stinnes* bald nach Kriegsende seine Bemühungen fort, im Flugzeugbau Fuß zu fassen. *Wagenführ*, der im Jahr 1921 aus dem Heeresdienst ausschied, wurde bei Stinnes tätig und sollte als Kenner der Luftfahrtbranche den Konzern bei seiner geplanten Verdrängungsstrategie gegenüber anderen Flugzeugfirmen beraten.
Im Rahmen dieser Strategie erwarb *Stinnes* Anfang 1920 die Aktienmehrheit der Loeb-Automobilwerke in Berlin-Charlottenburg, die bald darauf in Dinos-Automobilwerke umbenannt wurden.[3] Bereits 1921 waren die Dinos-Automobilwerke Mitglied des Verbandes Deutscher Flugzeugindustrieller.[4] Mit dem Ziel, sich in die Verkehrsluftfahrt einzuschalten, beteiligte sich *Stinnes* an der Aero-Lloyd Gesellschaft. Mittelfristig strebte der Konzern die Fertigung von Flugzeugen nach einheitlichen Richtlinien und die Errichtung von eigenen Produktionsstätten auf dem Balkan, im Fernen Osten und in Nord- und Südamerika an und übernahm1924 zu diesem Zweck die Ikarus-Werke in Novisad/Jugoslawien. Im gleichen Jahr wurde in Berlin die Stinnes-Tochtergesellschaft Aquila Verkehrs G.m.b.H. gegründet, der die Werft Warnemünde als Produktionsstätte für Flugzeuge zur Verfügung stehen sollte.[5] Die Leitung dieser Firma übernahm Major a. D. *Erich Serno*, der im Krieg als Berater der türkischen Luftstreitkräfte tätig gewesen war.
Serno bahnte auch eine Zusammenarbeit mit den nach Kriegsende von Schwerin nach Holland verlagerten Fokker-Flugzeugwerken an, deren Flugzeuge Stinnes welt-

weit vertrieb. Als die Reichsregierung 1922 in Erwartung ausländischer Übergriffe verdeckte Vorbereitungen für eine Luftrüstung traf, schlug Major *Hellmuth Wilberg*, der Leiter des Luftschutzreferats im Reichswehrministerium, den geheimen Ankauf von Jagdflugzeugen aus den Beständen *Fokkers* vor, die unter Mitwirkung der deutschen Behörden nach Kriegsende durch einen Transport nach Holland dem Zugriff der Alliierten entzogen worden waren. *Wilberg* beauftragte mit der Durchführung der Aktion Hauptmann *Kurt Student*. *Student* hatte ab 1915 Fokker-Kampfeinsitzer geflogen und gegen Kriegsende die Vergleichstests für Jagdflugzeuge in Adlershof geleitet. Ab 1923 betreute er im Heereswaffenamt das für Ausrüstung und Bewaffnung zuständige Referat »Flugtechnik«.

Um den Ankauf unauffällig abzuwickeln, wurden mit *Felix Wagenführ* und *Walter Hormel* zwei Mitarbeiter des Stinnes-Konzerns als verdeckte Mittelsmänner eingeschaltet. Beide vereinbarten im Spätsommer 1923 mit *Friedrich Wilhelm Seekatz*, dem Geschäftsführer der Fokker-Flugzeugwerke, die Lieferung von je 50 Jagdeinsitzern vom Typ D XI und D XIII, deren fingierter Bestimmungsort Südamerika war. Am 26. Juni 1925 verließ der Dampfer »Edmund Hugo Stinnes 4« den Hafen von Stettin in Richtung Leningrad mit 50 Flugzeugen des Typs Fokker DXIII an Bord. Die Jagdflugzeuge wurden in das russische Fliegerzentrum in Lipezk weitertransportiert, das der Reichswehr für geheime militärische Erprobungszwecke zur Verfügung stand.

Nachdem im Dezember 1922 *Ernst Heinkel* in Warnemünde Werksanlagen auf dem östlichen Warnow-Ufer zu Produktionszwecken übernommen hatte, bestellte *Hormel* 1923 als Strohmann für eine auswärtige Macht über die Firma Stinnes bei Heinkel einige Flugzeuge vom Typ HS 1. 1924 beteiligte sich *Heinkel* unter Vermittlung von *Hormel* und *Serno* als Konstrukteur an der Aquila Verkehrs G.m.b.H. Im geheimen Auftrag der Reichswehr entstanden in der Warnemünder Dinos-Werft 15 Lizenzbauten des Doppeldeckers Heinkel HD 21 (W.Nr. 001-015) und vier des Doppeldeckers HD 32 (W.Nr. 016-019) einschließlich Bewaffnung. Der Typ HD 17 war zwar geplant, es kam aber in Warnemünde nicht zu einer Fertigung. Die Flugzeuge wurden an die Stettiner und Süddeutsche Sportflieger GmbH und an die Deutschen Verkehrsfliegerschulen (DVS) geliefert. Sie dienten ab 1925 im Eprobungszentrum Lipezk der Aufklärer- und der Jagdfliegerausbildung.[6] Ein im Mai 1925 gefertigtes Schulflugzeug vom Typ HD 21 (W.Nr. 7, D-677) war ab September 1926 bei der Deutschen Versuchsanstalt für Luftfahrt (DVL) stationiert.

Der Tod von *Hugo Stinnes* am 10. April 1924 war ein Ereignis von höchster wirtschaftlicher und politischer Bedeutung. Als sich im Frühjahr 1925 die Zahlungsunfähigkeit seines Konzerns herausstellte, bahnte sich dessen rascher Zerfall an, der durch Rivalitäten zwischen seinen Söhnen *Hugo Stinnes jun.* und *Edmund Stinnes* verstärkt wurde. *Edmund Stinnes* erreichte mit Mitteln, die an Erpressung grenzten, daß ihm der volle Erbteil ausgezahlt wurde, und trennte sich von der Firma. Er behielt jedoch unter anderem die Aktienmehrheit bei den Dinos-Automobilwerken.

Während die Aquila Verkehrs G.m.b.H. liquidiert wurde, wurde die bis zum 25. Februar 1925 der Hamburger Stinnes A.G. unterstellte Dinos-Werft in Warnemünde auf Druck der Banken durch die Stinnes-Beauftragten *Walter Hormel* und *Felix Wagenführ* verkauft. *Hormel* gab am 7. April 1925 zusammen mit dem Kaufmann *Dr. Werner Haensel* vor dem Notar *Dr. Cadmus* die Gründung einer Nachfolgegesellschaft unter der Bezeichnung Arado Handels Gesellschaft G.m.b.H. bekannt.[7] Die Geschäftsführung übernahmen *Walter Hormel* und *Felix Wagenführ*. Am 10. August 1925 wurde die Arado Handels Gesellschaft grundbuchlich als Eigentümerin der Warnemünder Werft eingetragen. Als Zweck der Firmengründung wurde »die Fabrikation, der Vertrieb und Betrieb von Fahrzeugen aller Art« angegeben. Die Bezeichnung »Handels Gesellschaft« diente als Tarnung der geplanten Flugzeugproduktion gegenüber der Überwachungskommission der Alliierten und sollte vermutlich den Vertrieb landwirtschaftlicher Geräte vortäuschen. Der spanische Begriff »Arado« bedeutete »Pflug«. Er sollte auf das Durchpflügen der Meere durch Schiffe hinweisen und war vom Stinnes-Konzern als Codewort »Stinnarado« im Rahmen von Schiffslieferungen nach Südamerika verwendet worden.[8]

Heinrich Lübbe übernimmt Mehrheitsanteile des Unternehmens

Der Verkauf der Werft an *Hormel* war eine Interimslösung. Noch bevor die Arado Handels Gesellschaft den Bau eigener Flugzeuge aufnahm, schied er aus dem Unternehmen aus und wurde nach einer Tätigkeit bei Rohrbach im Februar 1932 von *Oskar Henschel* mit der Gründung eines Zweigwerks beauftragt, das im Flugzeugbau tätig werden sollte.

Im Herbst des Jahres 1925 übernahm der Ingenieur *Heinrich Friedrich August Lübbe* die Mehrheitsanteile *Hormels* an der Arado Handels Gesellschaft. *Wagenführ* blieb Geschäftsführer und wurde Minderheitsgesellschafter. Am 4. September 1925 trat *Erich Serno* als Prokurist, von der Aquila Verkehrs G.m.b.H. kommend, in die Firma ein. Am 3. November 1925 beantragten die neuen Gesellschafter eine Erhöhung des Stammkapitals auf 150 000

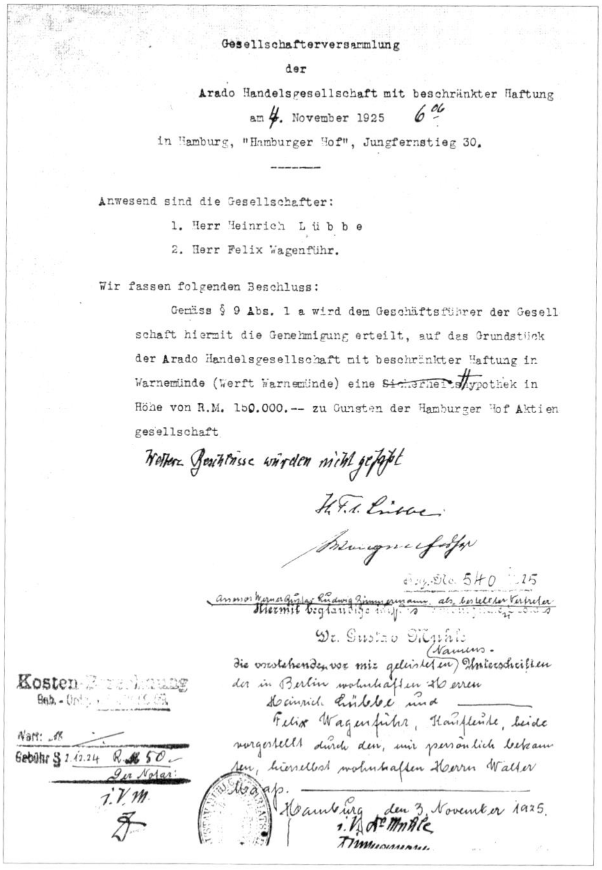

Gesellschafterversammlung

der

Arado Handelsgesellschaft mit beschränkter Haftung

am 4. November 1925 6 06

in Hamburg, "Hamburger Hof", Jungfernstieg 30.

Anwesend sind die Gesellschafter:

1. Herr Heinrich Lübbe
2. Herr Felix Wagenführ.

Wir fassen folgenden Beschluss:

Gemäss § 9 Abs. 1 a wird dem Geschäftsführer der Gesellschaft hiermit die Genehmigung erteilt, auf das Grundstück der Arado Handelsgesellschaft mit beschränkter Haftung in Warnemünde (Werft Warnemünde) eine ~~Sicherheits~~Hypothek in Höhe von R.M. 150.000.-- zu Gunsten der Hamburger Hof Aktiengesellschaft

Weitere Beschlüsse wurden nicht gefaßt

H. F. A. Lübbe

Wagenführ

Reg. No. 540 1925

Hiermit beglaubige ich, ...

Dr. Gustav Mühle

die vorstehenden, vor mir geleisteten (Namens-)Unterschriften der in Berlin wohnhaften Herren Heinrich Lübbe und Felix Wagenführ, Kaufleute, beide vorgestellt durch den, mir persönlich bekannten, hierselbst wohnhaften Herrn Walter Maap.

Hamburg, den 3. November 1925.

i. V. Dr. Mühle

Kosten-Berechnung

Gebühr § 2.12.24 R.M. 50.-

Der Notar:

i. V. M.

Übernahme der Werft durch *Heinrich F. A. Lübbe* und *Felix Wagenführ* (4.11.1925).

Heinrich F. A. Lübbe (1928).

RM. Neunzig Prozent davon übernahm *Lübbe.*[9] Am 21. Januar 1926 wurde die Firma im Handelsregister des Amtsgerichts Berlin-Mitte eingetragen.[10]

Lübbes Werdegang bis zur Erlangung der Fluglizenz

Heinrich Lübbe, der die Warnemünder Werft bereits seit 1924 kommissarisch geleitet hatte, verfügte über langjährige Erfahrungen als Pilot und als Konstrukteur von Flugzeugwaffen. Nach einer Uhrmacherlehre und einer Ausbildung als Maschinenbauingenieur bei der Marine hatte er sich mit Fragen der optischen Feinmechnanik und der Kinematographie befaßt und 1908 das erste Filmtheater der Stadt Utrecht eröffnet. Nachdem er während eines Aufenthaltes in den Vereinigten Staaten auf die Flugversuche der Gebrüder *Wright* aufmerksam geworden war, reiste er im Jahr 1909 nach Paris und nahm Kontakt mit den Piloten *Edmund Audemars*, *Roland Garros* und *Jan Olieslaegers* auf. Am 25. Juli 1909 wurde er Zeuge der Überquerung des Ärmelkanals durch *Louis Blériot*.
Mit dem Ziel, selbst »Aviateur« zu werden, unterzeichnete er im Juli 1911 in Berlin-Johannisthal einen Ausbildungsvertrag bei *Edmund Rumpler*. Am 31. Juli schrieb er an seine Geschwister: »Bin heute im Lunapark. Viel Vergnügen gehabt. Gestern habe ich zweimal geflogen. Wollte, man könnte schon gleich hier bleiben«. Zwei Wochen später bezog er in Berlin-Johannisthal mit *Anthony Fokker* eine gemeinsame Wohnung.[11]
Nach dem ersten Alleinflug am 16. September 1911 erhielt er am 17. November als zehnter Flugschüler auf der Etrich-Rumpler-Taube die deutsche Fluglizenz Nr. 134.

Erfolge als Flieger

Nach dem Erwerb einer eigenen Rumpler-Taube wurde *Lübbe* zunächst Fluglehrer beim Schlesischen Aero-Club in Breslau. Wie kaum ein anderer Flieger seiner Zeit verschrieb er sich leidenschaftlich der Vision, für die praktische Nutzung des noch jungen Flugwesens zu werben. Er beförderte am 19. Mai 1912 zwischen Mannheim und Heidelberg die erste offizielle deutsche Luftpost und stellte sein Flugzeug der in Neustrelitz weilenden britischen Königin für Kurierzwecke zur Verfügung. Den Durchbruch als Pilot erzielte er durch einen Sieg bei der Wanner Pfingstflugwoche 1912, zu dem er von der anwesenden Schwester des deutschen Kaisers beglückwünscht wurde. Anschließend wurde er »der Liebling des Publikums« bei den Flugwettbewerben im Ruhrrevier.[12] In Wanne stellte er sein Flugzeug der ersten westfälischen Fliegerschule zur Verfügung, beriet ortsansässige Flugzeugbauer und flog Neukonstruktionen ein.
Im Spätherbst 1912 schiffte sich *Lübbe* in Begleitung sei-

Felix Wagenführ, Firmengründer, Teilhaber und Geschäftsführer der Arado Handels Gesellschaft, im Kreise damaliger Flugpioniere: Von links, hintere Reihe: *Robert Thelen, Felix Wagenführ, Dr. Fritz Huth, Karl Grulich, Hans Grade, Dr. Wilhelm Hoff.* Vordere Reihe: *Hermann Dorner, Willi Schultze-Herfort* und *Oskar Ursinus.*

Heinrich F. A. Lübbe in Paris zum Zeitpunkt seiner ersten Kontaktaufnahme mit französischen Piloten (9.6.1909).

Heinrich F. A. Lübbe (Mitte) als Flugschüler in Johannisthal neben den Pilotenanwärtern *Hermann Fremery* (links) und *Willy Rosenstein* (rechts) in einer Etrich-Rumpler-Taube (Herbst 1911).

ner Braut *Ottilie Lindemann*, der Tochter eines Düsseldorfer Textilgroßhändlers, mit zwei Rumpler-Flugzeugen nach Buenos Aires ein, wo er mit einem Flug in der Rumpler-Taube den ersten argentinischen Militärflugplatz einweihte. Anschließend setzte er sich auf mehreren Flugkonkurrenzen erfolgreich gegen die in Südamerika bereits eingeführte Marke Blériot durch. Am 6. Januar 1913 er-

Heinrich F.A. Lübbe am Steuer einer Etrich-Rumpler-Taube im Jahr 1911.

Heinrich F.A. Lübbe vor Beginn seiner Südamerika-Expedition im Führersitz (hinten) einer Rumpler-Taube in Johannisthal im Dezember 1912.

zielte er mit einem 257 Kilometer langen Passagierflug über dem Mündungsbereich des La Plata von Buenos Aires nach Montevideo eine Weltbestleistung im Bereich der Überwasserflüge.

Über den sogenannten »La-Plata-Flieger« hieß es in der argentinischen Presse: »Ein neuer Flugrekord: Vor kurzem erst stellte der Schweizer-Argentinier *Teodoro Fels* einen Rekord auf, als er mit seinem Aeroplan über den Rio de la Plata von Buenos Aires nach Montevideo flog. Diese Leistung ist jetzt bereits überholt worden, und zwar durch einen Flieger der germanischen Rasse. Diesmal war es der deutsche Flieger *Heinrich Lübbe*, der erst kürzlich von Deutschland nach hier gekommen ist, um auf hiesigen Flugplätzen mit seinem Apparat Rumpler-Taube Flüge zu veranstalten. Seine Leistung steht insoweit noch über der von *Fels*, als er auf seiner Reise nach der Hauptstadt des Nachbarlandes noch einen Passagier mitnahm. Diese Fahrt bedeutet nicht nur einen Triumph für den deutschen Flieger, sondern auch für die deutsche Industrie, da die Rumpler-Taube ein vollständig deutscher Apparat ist, auch der Motor ist deutsches Fabrikat. In der Fliegerei hatte Deutschland lange Zeit den Nachteil, daß man es nicht verstand, die kleinen und kräftigen Motoren herzustellen, denen Frankreich sein Vorwärtskommen im Flugwesen zu verdanken hatte. Nun hat man aber in Deutschland auch derartige Motoren; der der Rumpler-Taube ist sogar nach dem Urteil der Sachverständigen besser als der französische Gnôme-Motor. Der gestrige Flug wird jedenfalls die Folge haben, daß man in den Flugapparaten hier auf deutsche Fabrikate reflektieren muß.«[13]

Nach einer Flugexpedition in das Innere Argentiniens, die die Zweckmäßigkeit des Motorflugzeugs in verkehrsmäßig unerschlossenen Gebieten demonstrieren sollte, kehrte *Lübbe* nach Deutschland zurück und wurde im Herbst 1913 Preisträger im Rahmen der Langstreckenflüge zurDeutschen Nationalflugspende.

Unter dem Titel »Flugversuch Berlin-Paris« berichtete die Berliner Presse: »Der Flieger *Lübbe*, der gestern morgen 6 Uhr 37 auf einem Rumpler-Eindecker ohne Passagier in Johannisthal zu einem Fluge Berlin-Paris aufgestiegen war, mußte, wie uns drahtlich gemeldet wird, um 12 Uhr mittags bei Rheine i.W. infolge Motordefekts niedergehen. Er konnte gestern die Luftreise nicht fortsetzen, will aber heute früh versuchen, Paris zu erreichen. *Lübbe* will mit günstigem Westwind über ganz Deutschland hinweg von Paris aus nach Warschau fliegen. Er bewirbt sich um den großen Preis der Nationalflugspende.«[14] Wenig später meldete die Presse unter der Überschrift »Fliegerunfall in Johannisthal«: »Bei der Landung im Nebel verunglückt ist heute früh in Johannisthal der Rumplerpilot *Lübbe*, der um 11 Uhr 55 Minuten nachts in Wanne zu einem größeren Fernflug um den Preis der National-Flugspende auf einer Taube dieser Konstruktion gestartet war. *Lübbe* traf in dichtem Nebel heute früh um 4 Uhr 30 Minuten über dem Flugplatz Johannisthal ein, hatte aber jede Orientierung verloren und gab verschiedene Alarmschüsse ab, die aber ungehört verhallten. Nachdem er fast eine Stunde im Nebelmeer umhergeirrt war, entschloß sich *Lübbe* schließlich zur Landung. Er täuschte sich aber in der Höhe, setzte den Apparat zu hart auf den Erdboden und flog heraus. Er kam mit nicht lebensgefährlichen Wunden am Kopf und an den Füßen davon und fand auf seinen Wunsch Aufnahme im Kreiskrankenhaus Britz. Die Rumpler-Taube wurde bei der Landung vollständig zertrümmert.«[15]

Konstruktion des weltersten synchronisierten Flugzeug-Maschinengewehrs

Lübbe gab wegen einer fortschreitenden Lungenerkrankung Ende 1913 das aktive Fliegen auf. Nachdem er bereits zuvor geschäftlich mit den Rumpler-Werken, den Düsseldorfer Aeroplan-Werken, der Wanner Flugplatzgesellschaft und dem Wanner Flugzeugkonstrukteur *Schumacher* zusammengearbeitet hatte, empfahl er im Februar 1914 seinem ehemaligen Fluglehrer *Josef Suwelack* die Errichtung einer gemeinsamen Gesellschaft zum Bau und Vertrieb von Flugzeugen in Düsseldorf. *Suwelack* war seinerzeit Chefkonstrukteur der Essener Kondor-Flugzeugwerke. *Lübbe* unterbreitete Vorschläge für »eine ganz neue Form im Flugzeuge«, mit denen eine »hohe Geschwindigkeit und eine große Tragfähigkeit« erzielt werden sollte, und empfahl unter anderem eine neuartige Rumpfverspannung sowie Spezialschwimmer bei See-Flugzeugen »für einen kurzen Anlauf auf Wasser«.[16]

Noch ehe seine Verhandlungen mit den Kondor-Werken zu greifbaren Ergebnissen führten, kam es im Frühjahr 1914 zu einer Zusammenarbeit *Lübbes* mit seinem Fliegerfreund *Anthony Fokker*. Auf der Grundlage von Entwürfen für eine effiziente Bewaffnung der Flugzeuge, die ab 1910 in Zusammenarbeit *August Euler* entstanden waren, schlug *Lübbe* vor, gemeinsam erstmals ein reines Kampfflugzeug zu entwickeln. Im Unterschied zu den Kondor-Werken hatte sich der junge holländische Flugzeugbauer bereits auf den Bau »schneller Eindecker mit Rotationsmotor« eingestellt, wie sie *Felix Wagenführ* von der Generalinspektion der Fliegertruppen favorisierte. Um das Waffenprojekt vorerst geheimzuhalten, wurde *Lübbe* offiziell als Fluglehrer eingestellt. De facto war er jedoch Leiter der Waffenabteilung. Er entwickelte eine Maschinengewehr-Steuerung, die erstmals das Schießen durch

Heinrich F. A. Lübbe (links) in dem Eindecker Fok. M 5 K bei der Erprobung seiner MG-Steuerung neben *Anthony Fokker* (Mai 1915). Neben dem Flugzeug *Lübbes* Assistent *Curt Heber.*

H. F. A. Lübbe (mit Hut) bei der Einweisung in das Waffensystem des Kampfeinsitzers Fok. D I im Gespräch mit *Anthony Fokker* und *Waldemar v. Buttlar*. Zweiter von rechts: *Oswald Boelcke* (Frühjahr 1916).

Heinrich F. A. Lübbe bei Schießversuchen mit L.M.G. 08 auf Pivot (1915).

den laufenden Propeller ermöglichte.[17] Durch den Einbau dieser Vorrichtung in den Fokker-Eindecker E I entstand Anfang 1915 der welterste Kampfeinsitzer.[18] 1916 übertrug ihm *Fokker* den Aufbau und die Leitung seiner Waffenfabrik in Berlin.[19] Bis Kriegsende hatte *Lübbe* an der Weiterentwicklung der Flugzeugbewaffnung maßgeblichen Anteil.

Gründung einer Versuchsanstalt für Waffen- und Maschinenbau in Berlin

Nach der Übersiedlung *Fokkers* nach Holland im Jahr 1919 gründete *Lübbe* in Berlin eine »Versuchsanstalt für Waffen- und Maschinenbau«.[20] Bekannt wurden offiziell nur zivile Patente für Stromabnehmer bei Elektrofahrzeugen, Hebevorrichtungen, Schiffsschrauben und optische Zielgeräte.[21] Sie kamen vermutlich sowohl in den Berliner Dinos-Automobilwerken als auch in der dieser Firma angeschlossenen Flugzeugwerft Warnemünde zur Anwendung. Auf diesem Hintergrund wird folgender Hinweis aus dem Jahr 1921 verständlich: »Herr *Lübbe* erzählte mir, daß er gegenwärtig in drei Fabriken 3 000 Arbeiter beschäftige, sehr viel zu tun habe und ganz ruhig in die Zukunft sehe, obwohl die Aussichten für das Geschäft hier im allgemeinen sehr trübe sind«.[22]

Lübbe setzte aber trotz der Restriktionen durch die Siegermächte unter dem Schutz der deutschen Behörden die Entwicklung von Flugzeugwaffen fort. Die Reichswehr war bestrebt, ihn als Waffentechniker in den Aufbau einer künftigen Jagdwaffe einzubinden, und hatte von ihm 1923 ein Patent für ein Motorgewehr erworben, das zusammen mit einem wassergekühlten Höhenmotor der Dinos-Automobilwerke bei der E-Stelle Rechlin in der Zeit vom 1. Februar bis zum 30. Juni 1925 erprobt werden sollte.[23] Im Zuge des bereits erwähnten Ankaufs von Fokker-Jagdflugzeugen, deren Napier-Lion-Motoren auf Vermittlung *Lübbes* durch seinen ehemaligen waffentechnischen Assistenten *Curt Heber* in England abgenommen wurden, hatte die Reichswehr auf die Mitlieferung einer Bewaffnung verzichtet, aber eine Vorrüstung für den Einbau eines offensichtlich vorhandenen deutschen Maschinengewehrs gewünscht.

Beim Ankauf der Warnemünder Stinnes-Werft kamen *Lübbe* sein Ruf als Waffenfachmann und die Vermittlerdienste *Felix Wagenführs* zwischen der Reichswehr und Stinnes zugute. Einzelheiten dieses Geschäftes gab *Alfred Richard Weyl,* Referent für Flugzeuginstrumente im Heereswaffenamt, nach seiner Amtsenthebung durch *Kurt Student* und seiner nachfolgenden Emigration preis: »Es war für mich dann etwas überraschend, als *Lübbe* (etwa 1923) mit seinem Motorgewehr an uns herantrat. Es wurde übrigens angekauft ... Die Waffe wurde dann, gleichzeitig mit dem Siemens-Gewehr, in einer Geheimabteilung von Siemens (Materialprüfung II) entwickelt ... Mit dem Erlös erwarb er von Stinnes die Dinos-Werft als Arado Werke, vermutlich auch noch mit Reichsbeteiligung.«[24]

◀ Zwölfrohriges Flugzeug-Motorgewehr der Fokker-Waffenfabrik nach Entwürfen von *Lübbe* (1918).

Rethel wird Leiter des technischen Büros der Arado Handels Gesellschaft

Nachdem *Ernst Heinkel* sich weigerte, für die Arado Handels Gesellschaft die Konstruktionsleitung zu übernehmen, wurde der Ingenieur *Walter Rethel* als Leiter des technischen Büros gewonnen. Mitte 1925 kam *Rethel* mit einigen Mitarbeitern nach Warnemünde. Er galt als Spezialist auf dem Gebiet des autogenen Schweißens und Kenner des von *Fokker* in den Flugzeugbau eingeführten, freitragenden Tragflächenbaus. Vor allem aber brachte er seine Erfahrungen als Konstrukteur von Jagdflugzeugen ein.[25]
Nach einem Maschinenbaustudium von 1912 bis 1914 in Dortmund hatte *Rethel,* mit einer einjährigen Unterbrechung von 1916 bis 1917 bei der LVG in Berlin, als Flugzeugkonstrukteur bei den Kondorwerken in Gelsenkirchen gearbeitet. In dieser Zeit entwickelte er mehrere Jagdeinsitzer, darunter den freitragenden Hochdecker E-3 A, der sich im Oktober 1918 als bestes Baumuster beim dritten Vergleichsfliegen in Adlershof erwies. Nach dem Krieg war er im Kondor-Zweigbüro in Hamburg und bei der holländischen Firma NAVO tätig, bevor er im Sommer 1920 in das Konstruktionsbüro der Fokker-Flugzeugwerke wechselte.

Die Flugzeugwerft Warnemünde bietet gute Infrastruktur

Die anfängliche Belegschaft der Warnemünder Arado-Werft bestand aus 68 Mitarbeitern. Sie wuchs bis 1927 auf 150 an und erreichte 1932 eine Größenordnung von 475 Personen. Im Konstruktionsbereich wurde *Rethel* von Oberingenieur *Paul Friedrich Looks* unterstützt. Technischer Betriebsleiter war bis 1932 *Fridolin Keidel*, der zuvor mit *Lübbe* bei Rumpler und Fokker tätig gewesen war. Die Verwaltung oblag dem Buchhalter *Siecke.* Für die Endmontage und den Einflugbetrieb war Flugbaumeister *Kürth* verantwortlich. Einflieger war der Pilot *Bartholomäus.* 1931 übernahm *Otto Affeldt* die neu eingerichteten Aufgabenbereiche Kalkulation, Arbeitsplanung, Materialvorbereitung und Vorrichtungsbau.

Die Warnemünder Werft bot vergleichsweise günstige Produktionsbedingungen. Die Montageabteilung verfügte über etwa 60 moderne und weitgehend von den Dinos-Werken übernommene Maschinen und einen elektrischen 5 t-Laufkran. Das Gelände betrug über 42 000 m^2, die bebaute Fläche 15 000 m^2. Die Bauten waren auf Holz- oder Eisenbetonpfahlgründung in Backstein oder Eisenbeton-

Die Werft der Arado Handels Gesellschaft in Warnemünde nach der Aufnahme des Flugzeugbaus im Jahr 1926: Montagehalle (Mitte), Verwaltungsgebäude mit Konstruktionsbüro und Slipway zum Breitling (rechts), Lagerhallen und Bootshafen (Vordergrund), Pförtnerhaus mit Kantine (links außen), anschließend Schlosserei und Waffenabteilung, Tischlerei und Lagerhallen.

Verwaltungsgebäude mit Konstruktionsbüro und Montagehalle der Arado-Werft.

bau ausgeführt. Um die zentrale Montagehalle mit Slipway zum Breitling gruppierten sich ein Verwaltungsgebäude mit Konstruktionsbüro, ein Wohn- und Kantinengebäude, eine Schlosserei, eine Waffenabteilung mit Einrichtungen für autogenes Schweißen und Feuerverzinkung, eine Tischlerei und Räumlichkeiten für Lagerhaltung und Holztrocknung. Die Kraft für die Werft wurde vom Elektrizitätswerk Rostock geliefert. Der 6 000 Volt-Drehstrom wurde durch zwei werkseigene Transformatoren in 380 Volt für Kraftbetrieb und 220 Volt für Beleuchtung umgeformt. Die Werft besaß zwar einen Gleisanschluß und eine Straßenanbindung nach Warnemünde, anfangs war allerdings noch kein Werksflugplatz vorhanden, so daß die Flugzeuge zur Erprobung und zum Einfliegen per Floß auf das gegenüberliegende Breitling-Ufer geschleppt werden mußten. Dort stand ein gemeinsam mit den Firmen Heinkel und Bachmann genutztes Fluggelände der Deutschen Verkehrsfliegerschule (DVS) zur Verfügung.

◀ Arado-Werbung (1926).

Die Flugzeuge der Anfangszeit

Zwischen April 1926 und dem Jahresende stellten die sechzehn damals bestehenden Flugzeugfirmen insgesamt nur 90 Flugzeuge her.[1] *Die Arado Handels Gesellschaft brachte ab 1926 jährlich mindestens einen neuen Flugzeugtyp heraus. Da es an Absatzmöglichkeiten fehlte, kamen aber kaum mehr als 10 bis 12 Flugzeuge im Jahr zum Verkauf. Um das wirtschaftliche Überleben der Werft zu sichern, mußten laufend andersartige Aufträge hereingenommen werden. Auch das reine Handelsgeschäft, das immer noch international bei Arado lief, brachte gewisse Gewinne.*

Beginn mit Schulflugzeugen

Leichte Schulflugzeuge S I und S III

Entsprechend der Tradition der Fokker Flugzeugwerke bevorzugte *Walter Rethel* während der Aufbauphase der Arado Handels Gesellschaft die Gemischtbauweise und das Verfahren der geschweißten Stahlrohrkonstruktion des Rumpfes. Bei der Planung wurden nur wenige Einzelheiten zeichnerisch festgelegt. Der Bau erfolgte nach mündlichen Angaben der Konstrukteure.
Die Rüstungsbeschränkungen erlaubten zunächst nur den Bau von Schulflugzeugen. Die erste Eigenkonstruktion war der zweisitzige Doppeldecker S I, der mit einem 88 kW (120 PS) leistenden Bristol-Lucifer-Dreizylinder-Sternmotor ausgerüstet war.
Einzelheiten der Konstruktion wurden werksseitig wie folgt beschrieben: »Die Tragflügel sind aus Holz gefertigt. Die Holme sind aus amerikanischem Spruce (Fichtenholz) und kastenförmig ausgebildet... Die Unterseite der Flügel ist mit Birkensperrholz beplankt; sie nimmt gleichzeitig die Diagonalkräfte auf. Die Oberseite ist mit Stoff bezogen, und zwar nach einem neuen Verfahren von Arado derart, daß die Bespannung jederzeit abgenommen werden kann, ohne den Stoff zu beschädigen... Der Oberflügel ist durchgehend und freitragend. Die Beschläge sind aus Leichtmetall mit Stahlbuchsen hergestellt. Der Oberflügel ist im Kugelbolzen auf einem Baldachinstrebenaufbau gelagert. Lange schmale Querruder, die verschiedene Ausschlagwinkel haben, sichern die Quersteuerung. Die Unterflügel sind geteilt. In der Ausführung gleichen sie dem Oberflügel. Sie sind durch einen V-Stiel zum Strebenaufbau der Oberflügellagerung abgestützt. Die weit außen liegenden V-Stiele nehmen die Torsion des Obertragdecks auf... Der Rumpf ist aus Stahlrohr... Seine Bekleidung besteht aus besonders aufgezogenem Stoff.

Walter Rethel (rechts) während seiner Tätigkeit als Chefkonstrukteur der Kondor-Werke vor dem Kampfeinsitzer Kondor E-3 A (1918). Neben ihm *Fridolin Keidel*, der spätere technische Betriebsleiter der Arado Handels Gesellschaft.

Walter Rethel (rechts) während seiner Tätigkeit als Konstrukteur bei den Fokker-Werken in dem Doppeldecker Fok. S II (1922).

Arado S I mit Bristol »Lucifer«-Motor vor dem Floßtransport zum Fluggelände auf dem östlichen Breitling-Ufer.

Selbst bei längerer Betriebsdauer ist ein Durchscheuern ausgeschlossen... Die Oberseite des Rumpfes ist mit einer Verschalung versehen. Diese ist in wenigen Minuten abnehmbar, so daß Rumpf und Steuerung leicht überwacht werden können... Das Fahrgestell besteht aus vier Streben, Diagonalverspannung und einer Achse. Die hinteren Streben sind gefedert. Die Gummiwicklung ist übersichtlich und äußerst einfach auszuwechseln... Das Seitensteuer wird durch Pendelhebel betätigt. Ein Abrutschen des Seitensteuers kann nicht mehr eintreten. Die Höhenflosse kann durch einen Hebel während des Fluges nach oben beziehungsweise unten leicht verstellt werden. Hierdurch kann jede Längslastigkeit behoben werden... Durch die Staffelung der Flügelzelle ist die gute Sicht gewährleistet. Im Oberflügel befindet sich der Kompaß; er wird dort nicht durch Eisenteile störend beeinflußt. Das Höhenruder ist geteilt und durch Gestänge am Knüppel angeschlossen. Es ist nicht ausgeglichen. Das Seitenruder ist ebenfalls unausgeglichen und durch Kabel mit dem Fußhebel verbunden.«[2]

Der Motor konnte nach vorn unten geschwenkt werden, so daß er von zwei Mann ohne Benutzung eines Flaschenzuges abgenommen werden konnte. Das Flugzeug war mit einem Feuerlöscher, Rückenkissenfallschirmen, leicht lösbaren Schultergurten für die Insassen, einer abschaltbaren Schülersteuerung, einem Benzinanzeiger und einem Brandschott zwischen Motor und Sitzen ausgerüstet. Zwei im Oberflügel untergebrachte Benzintanks aus Messing waren an Bändern aufgehängt, um in jeder Fluglage ohne Spannung bleiben zu können. Ihr Inhalt erlaubte eine Flugdauer von vier Stunden.

Das gut durchdachte, gebrauchsfähige und kunstflugtaugliche Flugzeug erfüllte seinerzeit alle Anforderungen an eine moderne Schulmaschine. Die »Illustrierte Flug-Woche« veröffentlichte folgenden Kommentar: »Das Arado Schulflugzeug Muster Ar S I ist nach den neuesten Erfahrungen und modernsten Anforderungen, die heute an ein Schulflugzeug gestellt werden, gebaut. Seine besonderen Vorzüge sind: Hervorragende Flugeigenschaften, gute

Heinrich und *Ottilie Lübbe* vor dem Schulflugzeug Arado S I, der ersten Eigenkonstruktion der Arado Handels Gesellschaft (1926).

Stabilität und leichte Wendigkeit, Unempfindlichkeit auf Überziehen und Steuerfehler, keine Trägheit der Maschine, leichtes Landen und Starten, geringer An- und Auslauf, Fahrgestell mit neuartiger Federung, gute Übersicht der Einzelteile, leichte Zugänglichkeit in allen Teilen, schnelle Auswechselung einzelner Teile und leichte Ausbesserungsmöglichkeiten, sicheres und rasches Auf- und Abrüsten des Flugzeuges, gute Verständigung zwischen Lehrer und Schüler, Aus- und Einschaltbarkeit der Schülersteuerung im Fluge, bequeme Sitze und sichere Unterbringung der Fallschirme, schnelles Anschnallen und Lösen der Schultergurte, sichere Brennstoffanzeiger, gute Übersicht sämtlicher Bordgeräte von beiden Insassen, hervorragende und sachgemäß durchgeführte Werkstattarbeit, Formschönheit des Flugzeuges.«[3]
Das erste Flugzeug erhielt im Anschluß an die vorausgegangenen Lizenzproduktionen die Werknummer 20. Es wurde 1927 auf der Mailänder Mustermesse ausgestellt, wo erstmalig die deutsche Luftfahrtindustrie durch eine Kollektivschau der Firmen Arado, Albatros, Caspar, Dornier, Focke-Wulf, Junkers, Messerschmitt, Rohrbach sowie einiger Motoren- und Zubehörhersteller vertreten war. Unter der Zulassung D-817 war es im Februar 1928 bei der Deutschen Versuchsanstalt für Luftfahrt (DVL) in Adlershof registriert. Bis 1930 diente es Ausbildungszwecken. Nachträglich wurde es auf den ab 1925 gebauten Motor Siemens Sh 12 mit einer Nennleistung von 92 kW (125 PS) umgerüstet.
Diesen Motor, der eine Höchstgeschwindigkeit von 140 km/h erbrachte, erhielt von Anfang an das baugleiche zweite Flugzeug S Ia (W.Nr. 21). Es wurde unter der Zulassung D-994 in der Fliegerschule Staaken in Dienst gestellt und nahm mit dem Piloten Hauptmann *Lorenz* erfolgreich am Berliner Zeitungs-Flug teil. Für die dritte Zelle (W.Nr. 22) fand sich kein geeignetes Triebwerk. Ein alter 100-PS-Mercedes-Motor aus der Kriegszeit erwies sich als ungeeignet, weil er die Schwerpunktlage des Flugzeugs ungünstig beeinflußte. Erst nach fünf Jahren soll das

Muster		**S I**
Triebwerk		Siemens Sh 12 (125 PS, 92 kW) oder Bristol Lucifer (120 PS, 88 kW)
Besatzung		2
Länge	m	7,44
Höhe	m	2,85
Spannweite	m	8,5/11,5
Flügelfläche	m^2	26,5
Rüstmasse	kg	615
Zuladung	kg	300
Flugmasse	kg	915
Höchstgeschw.	km/h	140
Reisegeschw.	km/h	120
Steiggeschw.	m/s	1[1]
Dienstgipfelhöhe	m	4000[2]
Reichweite	km	500
Startrollstrecke	m	55
Landerollstrecke	m	57
Flächenbelastung	kg/m^2	34,50
Leistungsbelastung	kg/PS	7,65
Flächenleistung	PS/m^2	4,53

[1] in 2500 m Höhe. Steigzeit 19 min auf 2000 m Höhe
[2] mit Vollast

Arado S I mit Siemens Sh 12-Motor (W.Nr. 20, D-817) auf dem Flugplatz Warnemünde. Im Hintergrund die Gebäude der Firma Bachmann.

Hauptmann *Lorenz* in der Arado S I mit Bristol »Lucifer«-Motor.

Arado S I mit Bristol »Lucifer«-Motor vor dem Floßtransport zum Fluggelände auf dem östlichen Breitling-Ufer.

Das Schulflugzeug Arado S III (W.Nr. 39).

Muster		S III
Triebwerk		Siemens Sh 12 125 PS (92 kW)
Besatzung		2
Länge	m	7,50
Höhe	m	2,75
Spannweite	m	8,50/11,50
Flügelfläche	m^2	27,30
Rüstmasse	kg	600
Kraftstoff	kg	45
Besatzung	kg	160
Nutzlast	kg	20[1]
Zuladung	kg	225
Flugmasse	kg	825
Höchstgeschw.	km/h	128
Steiggeschw.	m/s	[2]
Dienstgipfelhöhe	m	3700
Reichweite	km	250
Startrollstrecke	m	55
Landerollstrecke	m	37
Flächenbelastung	kg/m^2	30,00
Leistungsbelastung	kg/PS	8,70
Flächenleistung	PS/m^2	3,48

[1] Schmierstoff 15 kg, Ausrüstung 5 kg
[2] 10 min auf 1000 m, 22,5 min auf 2000 m

fertiggestellte Flugzeug an die Firma Bachmann in Warnemünde verkauft worden sein.
Die Bauweise, Maße und Leistungen des im Herbst 1927 entstandenen zweisitzigen, freitragenden Doppeldeckers S III (W.Nr. 39) entsprachen in etwa denen des Vorgängers S I. Der Antrieb erfolgte erneut durch einen Siemens-Sternmotor Sh 12. Die Unterflügelabstützung entfiel jedoch, und die Flügelenden erhielten einen N-Stiel. Das Flugzeug wurde auf dem Landweg in die Türkei exportiert und sollte als Anfangsschulflugzeug verwendet werden. Die Lieferzeit war äußerst knapp bemessen, so daß der Bau ohne Konstruktionszeichnungen angeblich innerhalb von acht Tagen erfolgen mußte.

Schulflugzeuge SC I und II: Leistungssteigerung und Serienbau

Nach den positiven Erfahrungen mit den ersten Flugzeugmustern brachte die Arado Handels Gesellschaft 1926 als Weiterentwicklung das schwerere Schul- und Übungsflugzeug SC I heraus. Die obere Spannweite erhöhte sich

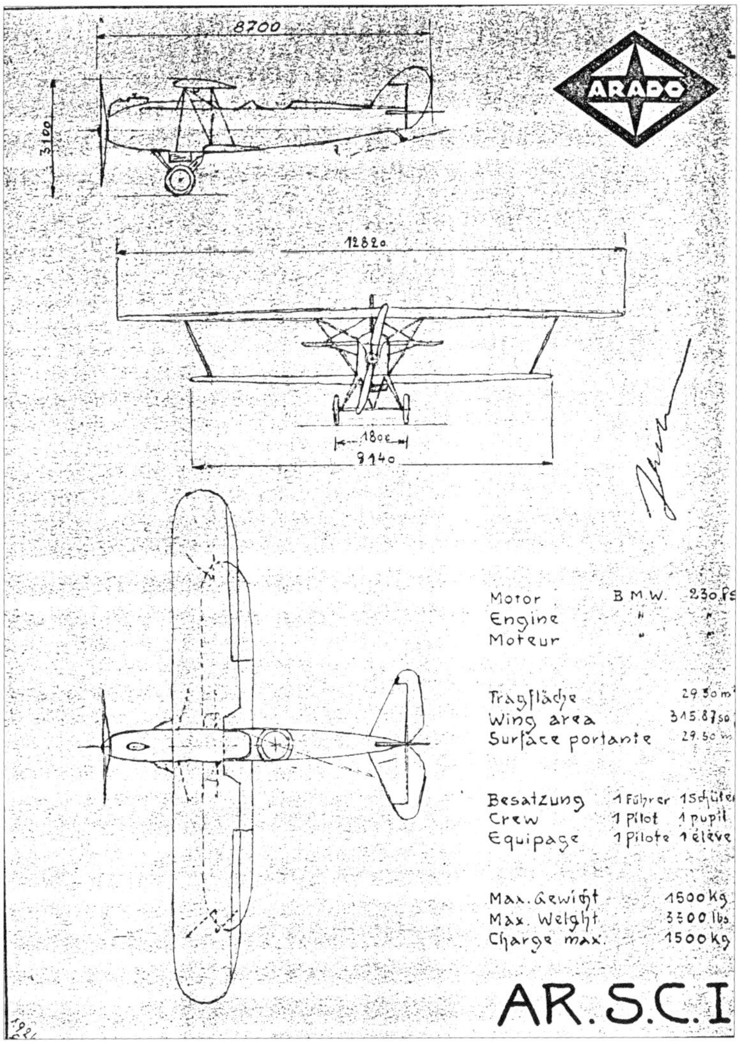

Typenblatt des Schulflugzeugs Arado SC I (1926).

gegenüber dem Anfangstyp S I von 11,5 m auf 12,82 m, die tragende Fläche von 26,5 m^2 auf 29,32 m^2. Deutlich höher war der Anstieg des Fluggewichts von 915 kg auf 1 500 kg, so daß sich eine von 34 kg/m^2 auf 51 kg/m^2 vergrößerte Flächenbelastung ergab. Der zweisitzige Doppeldecker war mit einem 169 kW (230 PS) starken BMW IV-Reihenmotor ausgerüstet und erreichte die für die damalige Zeit beachtliche Höchstgeschwindigkeit von 180 km/h. Die Flugdauer betrug bis zu sechs Stunden. Aufgrund der erhöhten Motorleistung sank gegenüber dem Typ S I die Leistungsbelastung von 7,6 kg/PS auf 6,5 kg/PS.

Arado SC I und Betriebsangehörige vor der Montagehalle, darunter der Leiter des technischen Büros *Rüter* (zweiter von links) und Flugbaumeister *Kürth* (zweiter von rechts).

Die bisherige freitragende und gestaffelte Bauweise der Tragflügel wurde beibehalten. Der Oberflügel war gelenkig an einem abnehmbaren Baldachin befestigt, der durch eine V-Strebe mit den Rumpfoberkanten und durch zwei Einzelstreben mit den Rumpfunterkanten verbunden war. Der gestaffelte, kürzere Unterflügel war an der Rumpfunterkante angeschlossen. An den Enden der Tragflächen saß ein schräger N-Stiel. Rumpf, Leitwerk, Motorblock sowie alle geschweißten Beschläge waren mit Aluminium-Feuerbronze gestrichen, deren Risse frühzeitig Deformationen an besonders beanspruchten Knotenpunkten anzeigen sollten. Flügelaufhängungs- und Endstielbeschläge bestanden aus Duralumin mit eingesetzten Stahlbuchsen.

Von diesem Baumuster wurde erstmals eine größere Stückzahl von 14 Einheiten (W.Nr. 23 - 30, W.Nr. 32 - 37) gebaut. Offiziell wurden die Aufträge für die Türkei deklariert. In Wirklichkeit waren die Flugzeuge für die deutschen Verkehrs-Fliegerschulen bestimmt, unter anderem für Schleißheim und Staaken. Nachdem bereits das erste Flugzeug (W.Nr. 23, D-965) nach Staaken gelangt war, waren ab Februar/März 1928 auch alle anderen mit Ausnahme der W.Nr. 37 bei der DVL stationiert. Die Werknummer 37 (D-1311) befand sich ab Februar 1928 bei der Erprobungsstelle Albatros in Rechlin. Als sich die Rechliner Piloten *Stephan von Prondzynski* und *Georg Wollé* mit diesem Flugzeug kurz vor ihrem Ziel in Adlershof befanden, kam es beinahe zu einem verhängnisvollen Unfall mitten über Berlin. Nachdem der Motor ausgesetzt hatte, gelang es ihnen nur mit Mühe, eine freie Fläche für eine Notlandung zu finden.

Das gleiche Flugzeug diente als Prototyp für das mit einem 235 kW (320 PS) leistenden BMW Va-Motor ausgerüstete, stärker motorisierte und leicht größer dimensionierte Nachfolgemodell SC II. Es wurde in den Jahren 1928 bis 1930 gebaut und war nach Werksangaben für fortgeschrittene Flugschüler gedacht, die ihre Ausbildung auf Flugzeugen der A-Klasse beendet hatten und auf

Arado SC I während des Floßtransportes zum Fluggelände.

Arado SC I auf dem Flugplatz Warnemünde. Vor dem Flugzeug *Walter Rethel (*Mitte)

Arado SC I (W.Nr. 37, D-1311). Im Hintergrund die Heinkel-Werke. Das Flugzeug war ab Februar 1928 bei der Albatros G.m.b.H. in Berlin-Johannisthal stationiert und wurde im April 1928 zerstört.

Typenblatt des Schulflugzeugs Arado SC II (1927). ▼

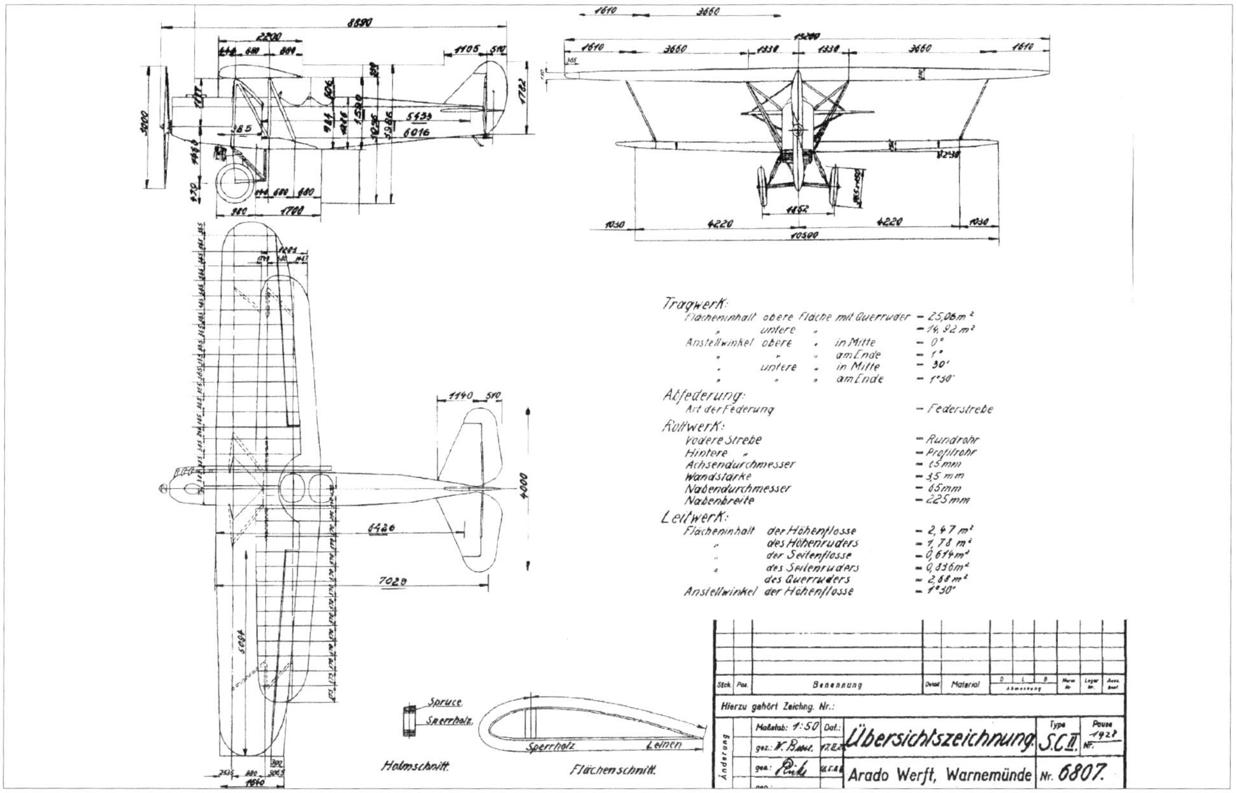

Fahrwerk der Arado SC II mit Ölkühler.

Arado SC I (W.Nr. 27, D-1035 und W.Nr. 35, D-1241) der DVS Schleißheim über dem »Wilden Kaiser«. W.Nr. 27 ab Februar 1928 bei DVS, im November 1932 abgewrackt. W.Nr. 35 im Oktober 1931 zerstört.

B-Verkehrsmaschinen übergehen wollten. Obwohl der Flugzeugtyp aufgrund des schwachen Fahrgestells dazu neigte, leicht auf die Flügel zu gehen und beim Landen auszubrechen, erwies er sich als brauchbar und wurde auf der Internationalen Luftfahrtausstellung in Berlin und auf dem Pariser Aéro-Salon gezeigt.
Nahezu alle der zehn in Serie gebauten Flugzeuge der Baureihe SC II (W.Nr. 40-46, W.Nr. 50, W.Nr. 51 und 62) wurden an die Deutschen Verkehrsfliegerschulen geliefert. Ein Flugzeug wurde nach China exportiert. Neun der vierzehn Flugzeuge vom Typ SC I gingen, vor allem aufgrund der erhöhten Risiken während des Schulbetriebs, zu Bruch. Die letzte, als Prototyp für die SC II dienende W.Nr. 37, stürzte während eines Abnahmefluges vor Vertretern der DVL am 24. April 1928 nach Motorversagen in Warnemünde ab. Auch fünf Flugzeuge vom Typ SC II gingen frühzeitig verloren.[4] Das letzte, nachträglich im Jahr 1931 gebaute Flugzeug (W.Nr. 62, D-1984) war zunächst bei der DVL in Adlershof und ab Februar 1932 bei der Deutschen Luftfahrt G.m.b.H. stationiert.

Marine-Schulflugzeug W II

Schon im Sommer 1926 übernahm Arado die Fertigstellung des dreimotorigen Schwimmer-Flugzeugs Gerbrecht W 3, das an einem Seeflug-Wettbewerb in Warnemünde teilnehmen sollte.[5] 1927 begann Arado in unmittelbarer Konkurrenz zu Heinkel mit dem Bau eines eigenen See-Schulflugzeugs für die Deutsche Verkehrsfliegerschule in Warnemünde, von dem im Jahr 1928 zwei Exemplare unter der Musterbezeichnung Arado W II ausgeliefert wurden.
Die Zielsetzung für die Konstruktion wurde wie folgt beschrieben: »Die Umschulung der angehenden Verkehrsflugzeugführer auf mehrmotorige Seeflugzeuge mittels

Arado SC II (W.Nr. 41, D-1390. Totalschaden September 1929.

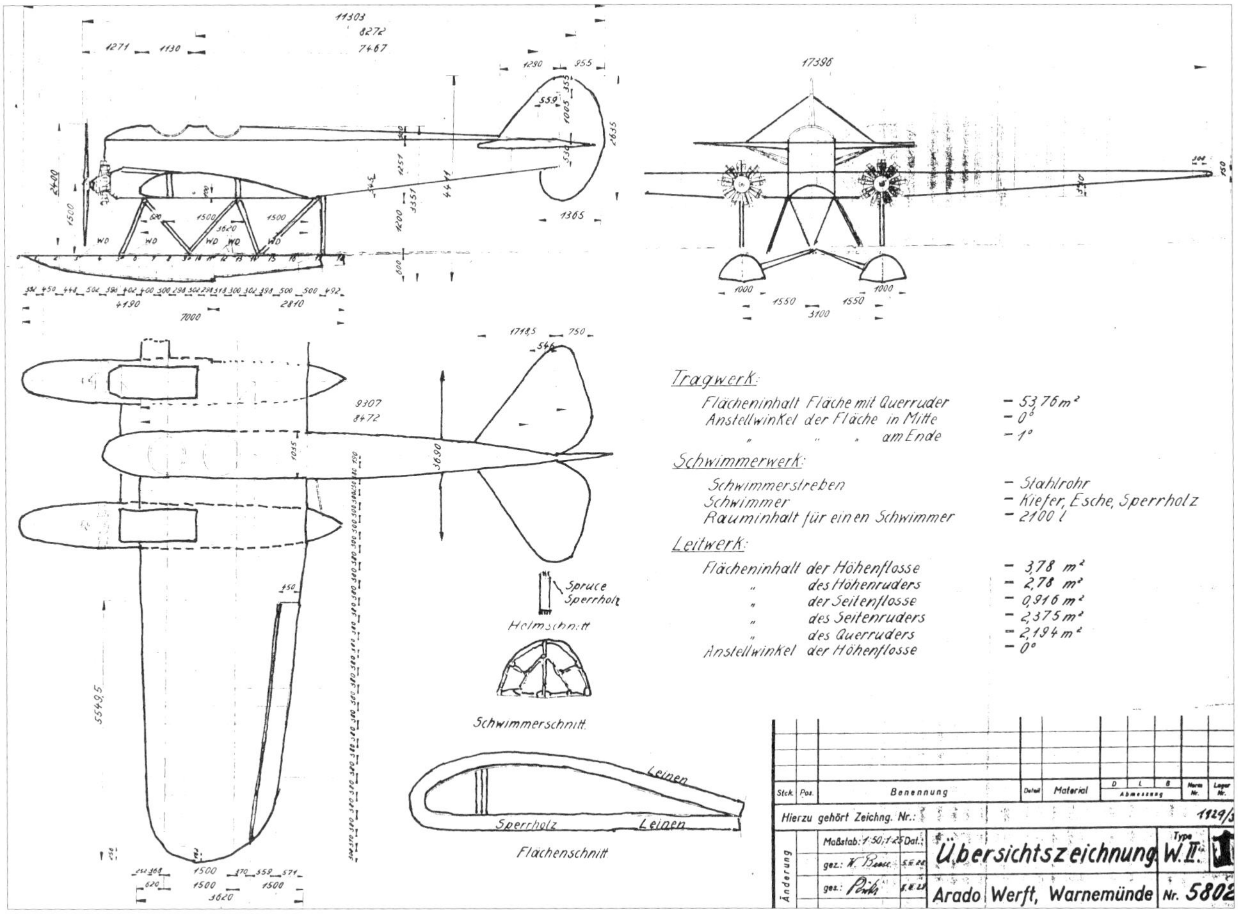

Arado W II, Faksimile der Originalzeichnung.

Rumpfgerüste der Arado SC I und Wasserflugzeug Gerbrecht W 3 in der Montagehalle (1926).

Arado W II (W.Nr. 38, D-1412).

Arado W II.

Arado W II.

Arado W II auf dem Breitling.

der vorhandenen See-Verkehrsflugzeuge ist infolge der enormen Unterhaltungs- und Herstellungskosten dieser Typen zu teuer. Es sollte daher ein zweimotoriges See-Schulflugzeug mit verhältnismäßig schwachen Motoren gesucht werden, also billig in Anschaffung, Unterhaltung und Betrieb, welches aber für den Schulbetrieb gute Flugeigenschaften und Seetüchtigkeit bis Seegang 3 haben mußte.«[6] Die gestellte Aufgabe wurde mit einfachsten Mitteln gelöst. Da das Flugzeug aus Kostengründen nicht in Duralumin, sondern in Gemischtbauweise mit Holzschwimmern erstellt wurde, war mit einem hohen Rüstgewicht zu rechnen, das sich weiter erhöhte, da die Flächen zur Vermeidung einer zu hohen Leistungsbelastung mit einer Spannweite von 17,4 m und einer Fläche von 53,76 m^2 sehr groß dimensioniert waren. Die ganz aus Holz gefertigte Tragfläche besaß zwei durchgehende Kastenholme,

Arado W II im Fluge vor der Arado-Werft.

die aus lamellierten Gurten, Sperrholzstegen und Schotten bestanden. Die Stege hatten in jeder Schottabteilung Öffnungen zur Entlüftung. Zur Aufnahme der Motorgondeln diente ein Stahlrohrbock, der hinter einem Brandschott gleichzeitig die Brennstofftanks aufnahm. Die Tragfläche war als Sicherung gegen Verdrehung von der Nase bis zum Hinterholm mit Sperrholz beplankt und bis zur Hinterkante mit Leinen bespannt. Um die Start- und Flugeigenschaften günstig zu gestalten, sollten die Flächen möglichst unbeeinflußt sein. Dies sprach für einen freitragenden Tiefdecker. Aufgrund der großen Holmabstände ergab sich eine große Anschlußbasis für die Schwimmer mit entsprechend geringen Kräften in den Streben. Der tiefliegende Flügel erlaubte, daß die Streben kurz gehalten werden konnten und die Schwerpunktlage über dem Wasser niedrig lag. Der Luftschraubenwirkungsgrad war günstig, indem die beiden Siemens Sh 12-Sternmotoren mit einer Leistung von je 85 kW (108 PS) weit vor den Flügel verlagert wurden, der Querschnitt der Motorgondeln gering und der Bereich hinter den Luftschrauben frei von Streben war. Die halbrunden Schwimmer hatten einen relativ geringen Querschnitt bei genügender Stufenfläche und ausreichendem Inhalt. Der Rumpf bestand aus einem Stahlrohr-Stahldrahtfachwerk. Die beiden hintereinander liegenden Sitze waren mit einer Doppelsteuerung ausgestattet. Da eine elektrische Starteranlage infolge des hohen Gewichtes nicht in Frage kam, wurde eine Art Kickstarter entwickelt. Mit einem Hebel und einem entsprechenden Kuppelgestänge konnte jeder Motor einzeln durchgedreht und dann mittels des Anlaßmagneten zum Laufen gebracht werden. Trotz eines hohen Leistungsgewichts betrug die Startzeit nur neun Sekunden. Die Höchstgeschwindigkeit belief sich auf 145 km/h.
Die beiden im Laufe des Jahres 1927 entstandenen Flugzeuge mit den Kennzeichen D-1544 (W.Nr. 48) und D-1412 (W.Nr. 38) stellten zwar eine zweckorientierte Gesamtlösung dar, fanden jedoch keine uneingeschränkte Anerkennung, weil ihre Seetauglichkeit aufgrund der schwachen Schwimmerkonstruktion eingeschränkt war. Sie wurden im Schulbetrieb der Deutschen Verkehrsfliegerschulen in List auf Sylt und Warnemünde überwiegend für Platzflüge eingesetzt. Ein Flugzeug (D-1412) ging 1935 zu Bruch, während das Schwesterflugzeug bis 1937 im Einsatz blieb.

Muster		**W II**
Triebwerk		2 x Siemens Sh 12 216 PS (159 kW)
Besatzung		2
Länge	m	12,55
Höhe	m	3,20
Spannweite	m	17,40
Flügelfläche	m^2	53,76
Rüstmasse	kg	1680
Kraftstoff	kg	160
Besatzung	kg	160
Zuladung	kg	320
Flugmasse	kg	2000
Höchstgeschw.	km/h	145
Steiggeschw.	m/s	[1]
Dienstgipfelhöhe	m	2000
Flächenbelastung	kg/m^2	37,3
Leistungsbelastung	kg/PS	9,25
Flächenleistung	PS/m^2	4,02

[1] 16 min auf 1000 m Höhe

Militärische Prototypen

Die ausschließliche Produktion von Schulflugzeugen konnte die Arado Handels Gesellschaft auf Dauer nicht lebensfähig erhalten. Nach der Lockerung der bisherigen Baubeschränkungen am 28. Mai 1926 in Form der sogenannten »Begriffsbestimmungen« begann unter größter Geheimhaltung die Entwicklung militärischer Prototypen. 1927 legte das Heereswaffenamt einen Kostenvoranschlag für ein Vierjahresprogramm für die Luftrüstung vor, das einen bescheidenen Anfangsbestand von 247 Flugzeugen vorsah. Für höhere, für das folgende Jahr geplante Liefermengen standen angesichts der sich abzeichnenden Wirtschaftskrise die erforderlichen Finanzmittel des Reichsverkehrsministeriums nicht mehr zur Verfügung. Die Luftfahrtindustrie war umgekehrt aufgrund der geringen Verdienstspannen nicht in der Lage, ihre Produktionskapazität aus eigener Kraft auszubauen.
Regimekritiker wie der Publizist *Carl von Ossietzky* prangerten seinerzeit die Aufrüstungspläne und die Subventionspolitik der Regierung an: »Die deutsche Flugzeug-Industrie erhält keine Subventionen, sondern wird nur für die Aufträge bezahlt, die vom Reich und von der Lufthansa gegeben werden. Dieser Vers, den die Industrie uns immer wieder vorsingt, stimmt. Die Frage ist dabei, nach welchen Gesichtspunkten die Aufträge erteilt werden und ob es wirklich nötig ist, für unsern geringen Bedarf an Verkehrs- und Sportflugzeugen ein halbes Dutzend Flugzeugfabriken künstlich am Leben zu erhalten. Gewiß, Firmen wie Junkers, Dornier und Heinkel sind lebensfähig. Aber schon bei Rohrbach wird man skeptisch. Diese Firma ist die anerkannt teuerste Flugzeugfabrik und deshalb überhaupt nicht international konkurrenzfähig. Und trotzdem ist Rohrbach nach wie vor Lieblingskind der Marineleitung, und der Geist des Wehretats ist für die kaufmännische Unfähigkeit dieser Firma wohl mitverantwortlich... Diese[7] soll dann auch gleich Arado, Focke-Wulf und Albatros erwerben, damit man endlich erfährt, zu welchem Zweck diese Firmen da sind... Gerade im Fall Albatros müßte der Haushaltsausschuß des Reichstags einmal die Frage untersuchen, in welchem Verhältnis die den Flugzeugfirmen gewährten Subventionsgelder zu ihren Leistungen stehen. Wo sind die Abnehmer für Albatros und Arado?«[8]

Jagdeinsitzer SD I – SD III ohne Fortune

Die Planung der Reichswehr, für die es bislang weder einheitliche Feststellungs- noch genormte Fertigungsverfahren gab, konzentrierte sich ab 1927 auf vier erste Militärtypen. Da die Reichsregierung primär einen Einfall der Polen und Tschechen befürchtete und noch keine Offensivpläne mit Bomberverbänden verfolgte, hatte das Projekt für einen Jagdeinsitzer mit dem Decknamen »Heitag«[9] Priorität. Darüber hinaus sollten ein Erkundungsflugzeug für die Divisionsaufklärungsstaffeln, ein Nachtjagd- und Erkundungsflugzeug und ein Mehrzweckflugzeug zur Langstreckenerkundung und zum Bombenabwurf entwickelt werden.
Als sich Arado um den Entwicklungsauftrag für den Jagdeinsitzer bewarb, waren die Aussichten günstig. Mit Junkers konnte sich die Reichsregierung nur schlecht über eine Zusammenarbeit auf dem Rüstungssektor einigen. Arado galt seinerzeit offiziel als führend auf dem Gebiet des Gemischtbaus, der aus Kostengründen zunächst bevor-

Der Kampfeinsitzer Arado SD I (W.Nr. 49).

Arado SD II (W.Nr. 52).

zugt wurde.[10] Nachdem Hauptmann *Kurt Student* als Beauftragter zusammen mit Hauptmann *Hellmuth Wilberg* unter dem Decknamen *Seebach* erste Geheimverhandlungen mit Arado, Albatros, Heinkel und Dornier geführt hatte, wurde die Arado Handels Gesellschaft mit der Entwicklung von ersten Prototypen beauftragt.
Der erste, werksseitig als »einsitziges Postflugzeug« deklarierte Prototyp SD I[11] (W.Nr. 49) wurde weitgehend im Stil der früheren Fokker-Jagdflugzeuge D VII und D XIII entwickelt. Die freitragenden, einholmigen Flächen des Anderthalbdeckers wiesen an ihren Enden einen V-Stiel auf und waren zum Rumpf doppelt abgestrebt. Querruder waren nur im Oberflügel vorhanden. Das kleine und schnittige Flugzeug hatte eine Spannweite von nur 8,4 m und eine Länge von 6,75 m. Es war mit einem 312 kW (425 PS) leistenden Bristol-Jupiter-Sternmotor ausgerüstet und erreichte bei einer Flugmasse von 1 230 kg eine Höchstgeschwindigkeit von 275 km/h. Erstmals wurden bei Arado Radbremsen und als Federbeine ausgebildete Fahrwerksstreben verwendet. Als Bewaffnung waren ein bis zwei MG 08/15 vorgesehen.
Am 6. Juni 1927, als sich das Flugzeug auf einem Erprobungsflug in Rechlin befand, landete dort überraschend ein zweisitziges englisches Sportflugzeug mit einer Offiziersbesatzung. Es blieb ungeklärt, ob es sich um einen Zufall oder um eine getarnte Aufklärung handelte. Das Ereignis blieb jedoch ohne diplomatische Folgen.[12]
Am 18. Juni fand eine Flugdemonstration in Warnemünde vor einer Besichtigungskommission unter Leitung von *Kurt Student* statt. Bevor das Flugzeug, wie zuvor schon das Baumuster SC I, in Lipezk erprobt werden konnte, führte sein Absturz am 11. Oktober in Rechlin zu einem Rückschlag in der Erprobung. *Dr. Theodor Bienen*, ein erfahrener Flieger der Kriegszeit und Mitarbeiter der DVL am Müritzsee, hatte das Flugzeug, das bis dahin 20 Versuchsflüge hinter sich hatte, aber noch nicht zugelassen war, zuvor trainingsmäßig geflogen. Da der englische Flugmotor, anders als in Deutschland üblich, eine entge-

Der Kampfeinsitzer Arado SD III (W.Nr. 54, D-1973).

gengesetzte Drehrichtung der Luftschraube aufwies, war ihm die Maschine nach einem ersten Start nach rechts ausgebrochen. Der Pilot konnte die Situation nur mit Mühe meistern und das Flugzeug im letzten Moment über Alleebäume wegziehen. Als er bei einem weiteren Flug einige Kunstflugfiguren mit Rollen in niedriger Höhe durchführen wollte, rutschte er über den rechten Flügel ab. Das Flugzeug verbrannte nach dem Aufschlag auf dem Boden. Der zunächst geheimgehaltene Absturz wurde erst im folgenden Jahr durch einen Hinweis in einer Berliner Fachzeitschrift bekannt.[13] Deren Herausgeber *Alfred Richard Weyl* mußte allerdings die militärische Erprobung verschweigen und von einem verunglückten »Arado-Sportflugzeug« sprechen.

Der Jagdeinsitzer SD I erwies sich angesichts der hohen Flächenbelastung, eines relativ kurzen Rumpfes und eines zu kleinen Seitenleitwerks festigkeitsmäßig als unterdimensioniert und war labil in der Kurve. Ende 1928 folgte die modifizierte Version SD II (W.Nr. 52). Bei dem ebenfalls nie zugelassenen zweiten Prototyp wurden aerodynamische Entfeinerungen im Hinblick auf eine sicherere Handhabung beim Truppeneinsatz vorgenommen. Er erhielt zweiholmige Tragflächen, die diagonal verspannt wurden. Dafür entfiel die bisherige Abstrebung zum Rumpf. Der V-Stiel wurde durch einen N-Stiel ersetzt. Der Rumpf wurde von 6,75 m auf 7,40 m, die Spannweite von 8,40 m auf 9,90 m vergrößert. Das Flugzeug wurde mit einem Siemens-Jupiter-Motor, der eine erhöhte Leistung von 360 kW (490 PS) hatte, und einer zweiflügeligen Luftschraube ausgerüstet. Dadurch wurden die Steigzeiten leicht verbessert, während die Höchstgeschwindigkeit aufgrund der höheren Flugmasse niedriger lag.

Der dritte Prototyp SD III (W.Nr. 54) besaß die gleiche Zelle, erhielt jedoch einen 390 kW (530 PS) starken Siemens-Jupiter-Getriebemotor. Dessen Einbau hatte einen größeren Abstand zwischen der vorderen Zylinderkante und der Luftschraubennabe und damit eine von 7,40 m auf 7,75 m vergrößerte Rumpflänge zur Folge. Die überdimensional große, dreiflügelige Luftschraube machte ein verlängertes Fahrgestell erforderlich. Zusammen mit dem starken Drall der Luftschraube bewirkte der ungewöhnlich hohe Anstellwinkel am Boden ein verschlechtertes Start- und Landeverhalten. Die maximalen Geschwindigkeitswerte lagen mit 238 km/h zwar etwas höher als bei dem Vorläufer SD II, erreichten aber nicht die Werte des leichteren ersten Versuchsmusters SD I. Das erst im Oktober 1932 unter D-1973 zugelassene Flugzeug fand keine uneingeschränkte Zustimmung. Es wurde, wie der Vorläufer SD II, in Staaken, bei der E-Stelle Rechlin und in Lipezk erprobt, ging aber nicht in Serie.

Marine-Jagdflugzeug SSD I, die erste deutsche Zentralschwimmer-Konstruktion

Gemäß einer Ausschreibung für ein katapultfähiges Marine-Mehrzweckjagdflugzeug entstand 1929 der verspannte Doppeldecker SSD I (W.Nr. 53)[14], der als »einsitziges See-Postflugzeug« getarnt wurde. Es handelte sich um das erste deutsche Flugzeug mit Zentralschwimmer und seitlichen Stützschwimmern. Durch Umrüstung stand es auch als Landflugzeug für die Erprobung in Lipezk zur Verfügung.

Muster		**Arado SD I**	**Arado SD II**	**Arado SD III**
Triebwerk		Bristol Jupiter 9-Zyl. Stern, 312 kW (425 PS)	Siemens Jupiter 9-Zyl. Stern, 360 kW (490 PS)	Siemens Jupiter 9-Zyl. Stern, 390 kW (530 PS)
Besatzung		1	1	1
Länge	m	6,75	7,40	7,75
Höhe	m	2,90	2,95	3,20
Spannweite	m	8,40	9,90	9,90
Flügelfläche	m^2	16,8	22,90	23,30
Flächenbelastung	kg/m^2	73,2	77,29	
Leistungsbelastung	kg/PS	2,89	3,61	
Leermasse	kg	850	1445	
Flugmasse	kg	1230	1770	
Höchstgeschwindigkeit	km/h	275	225	238
Steigzeit auf 1 km	min	1,6	1,5	1,4
Dienstgipfelhöhe	m	8000	6400	

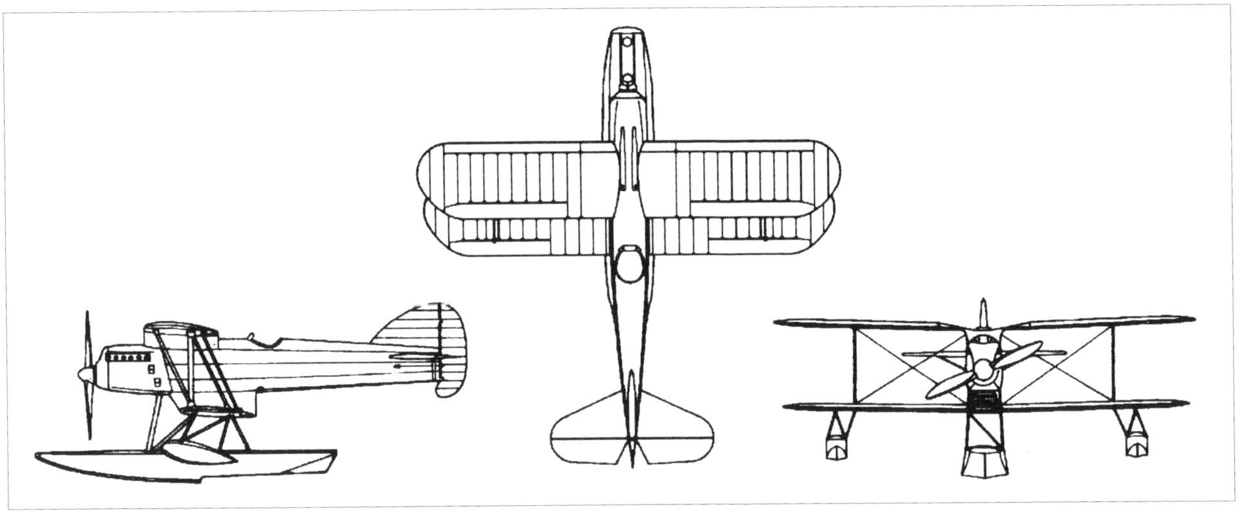

Das Marine-Jagdflugzeug Arado SSD I.

Rumpfgerüst der Arado SSD I/Land.

Arado SSD I (W.Nr. 53, D-1905) vor dem Katapultstart (1929).

Arado SSD I auf dem Breitling.

Ungewöhnlich war der direkt über dem Rumpf befestigte Oberflügel mit einem »Augenpunkt«, über den hinweg der Pilot freie Sicht hatte. Um angesichts des heruntergezogenen Oberflügels den erforderlichen Mindestabstand zwischen den Tragflächen beizubehalten und andererseits einen aerodynamisch störenden Spalt zwischen Rumpf und Unterflügel zu vermeiden, wurde der Wasserkühler in einer Verkleidung als sogenannter »Tunnelkühler« in diesen Spalt eingebaut. Als Antrieb diente ein BMW VI-Reihenmotor mit einer Leistung von von 477 kW (650 PS). Trotz einer relativ hohen Flugmasse von 2 030 kg erreichte das Flugzeug eine Höchstgeschwindigkeit von 280 km/h und eine Steigleistung von 1,5 Minuten auf 1 000 Meter.

Da die Marine das mit Doppelschwimmern versehene-Konkurrenzmuster HD 38, von dem Arado einige Einheiten nachbaute, bevorzugte, blieb es bei einem Prototyp. Er wurde im Juli 1930 als D-1905 in die deutsche Luftfahrzeugrolle eingetragen und war nacheinander im Besitz der Luftdienst GmbH und der DVS, bevor er 1933 bei einer Landung auf dem Breitling zu Bruch ging.

Muster		**Arado SSD I**
Triebwerk		1 x BMW VI 477 kW (650 PS)
Besatzung		1
Länge	m	10,10
Höhe	m	3,40
Spannweite	m	10,00
Flügelfläche	m^2	30,90
Flächenbelastung	kg/m^2	66,00
Leistungsbelastung	kg/PS	3,14
Leermasse	kg	1626
Flugmasse	kg	2030
Höchstgeschwindigkeit	km/h	280
Landegeschwindigkeit	km/h	105
Steigzeit auf H = 1 km	min.	1,5
Dienstgipfelhöhe	m	6800

Projekt des Torpedoflugzeugs J 1

Im Frühjahr 1926 baute die Arado Handel Gesellschaft ein sogenanntes »Streuflugzeug«. Es handelte sich um einen

Arado SSD I/ Land vor dem Stabsgebäude der DVS in Warnemünde (Juli 1930).

Torpedo-Flugzeug Arado J 1 (1929).

seinerzeit als »Sonderbauart« A.J.I bezeichneten, halbfreitragenden Tiefdecker mit dickem Profil und starker V-Stellung. Die Streubehälter waren beiderseits im Flügel untergebracht, um eine breite Streufläche zu erreichen und ein Verschmutzen des Rumpfes zu verhindern. Das Flugzeug wurde jedoch nicht weiterentwickelt.[15] Auffällig ist allerdings, daß Arado um 1929 eine Attrappe für ein einsitziges Torpedo-Flugzeug J 1 erstellte, das augenfällige bauliche Ähnlichkeit mit dem zuvor gebauten Streuflugzeug hatte. Der Torpedoträger sollte mit einem BMW-Motor ausgestattet werden. Die Tiefdecker-Bauweise erwies sich erneut als geeignet für die Aufnahme von zwei unter den Flügeln aufgehängte Torpedos. Die Trägerstreben griffen etwa am Aufhängungspunkt der Torpedos an. Das Baumuster wurde nicht für militärische Zwecke angefordert. Es bleibt anzunehmen, daß während seiner Entwicklung aus Geheimhaltungsgründen die Tarnbezeichnung als »Streuflugzeug« benutzt wurde.

Kampf um den zivilen Markt

Heinrich Lübbe hatte im Frühjahr 1912 auf der Allgemeinen Luftfahrt-Ausstellung (ALA) in Berlin die Vorstellung einer Attrappe des ersten deutschen Kabinenflugzeugs in Form einer umgebauten, motorlosen Rumpler-Taube mit der Bezeichnung »Delphin« erlebt. Die zeitgleich von Rumpler gebaute sogenannte »Loutzkoy Riesen-Taube«, die erste flugfähige deutsche Konstruktion mit zwei Motoren, war dagegen bereits ein Meilenstein in der Entwicklung verkehrstauglicher Flugzeuge, indem zwei unabhängig auf eine doppelte Luftschraube wirkende Triebwerke die Flugleistung und die Betriebssicherheit erhöhten. Noch im gleichen Jahr zeigte *Lübbe* mit der Durchführung des ersten offiziellen deutschen Postflugs neue Perspektiven des künftigen Luftverkehrs auf. Ein Jahr später wurde er durch seinen Weltrekord-Flug in Südamerika, der unter Mitnahme eines Passagiers über die 257 Kilometer lange Wasserstrecke von Buenos Aires nach Montevideo führte, zum Pionier der Passagierbeförderung. Anschließend stellte er mit Flügen im Rahmen der Wettbewerbe zur Deutschen Nationalflugspende die Leistungsfähigkeit des Flugzeugs auf Langstrecken erneut unter Beweis. Auf diesem Hintergrund nahm die Arado Handels Gesellschaft Ende 1927 den Bau eines ersten Verkehrsflugzeugs in Angriff, dessen anschließender Einsatz als »Postexpreßflugzeug« auf der Südatlantikstrecke an *Lübbes* frühere, durch den Ersten Weltkrieg unterbrochene Pläne, den südamerikanischen Subkontinent für den Luftverkehr zu erschließen, anknüpfen sollte.

»Postexpreßflugzeug« V I wird Pionier der Luftpostbeförderung

1927 hatte der Transatlantikflug des Postfliegers *Charles Lindbergh*, zu dem *Lübbe* persönliche Beziehungen unterhielt,[16] für neue Impulse gesorgt. Zeitgleich erreichte ein Dornier-Flugzeug von der Schweiz aus Südafrika. Im

H. F. A. Lübbe »als Beförderer der Ersten Deutschen Reichsluftpost« in einer Rumpler-Taube in Heidelberg (19.5.1912).

Die von *Lübbe* beförderte erste deutsche Luftpost-Karte.

April 1928 gelang der Besatzung des Junkers-Flugzeugs W 33 die erste Überquerung des Atlantiks in ost-westlicher Richtung.
Obwohl Junkers Mitte der zwanziger Jahre bereits das richtungweisende Ganzmetall-Flugzeug F 13 baute, waren die Verkehrsflugzeuge mehrheitlich behelfsmäßig umkonstruierte Militärflugzeuge wie die Marineflugzeuge FF 45 und FF 49 der Flugzeugwerke Friedrichshafen.
Das Moedebecksche Taschenbuch für Flugtechniker und Luftschiffer kommentierte 1923 den Entwicklungsstand bei Verkehrsflugzeugen wie folgt: »Wir sind heute vom eigentlichen Verkehrsflugzeug – bis auf wenige Ausnahmen – noch recht weit entfernt. Das kommende Verkehrsflugzeug setzt einen Verkehrsflugmotor voraus, fordert ferner geringe Anschaffungs- und Betriebskosten, gute Flugleistungen, ausgezeichnete Flugeigenschaften, unbedingte Sicherheit und Zuverlässigkeit, Bequemlichkeit für die Reisenden und eine lange Lebensdauer.«

Von *Walter Rethel* konstruiertes, viersitziges Verkehrsflugzeug der holländischen Firma NAVO (1920).

Walter Rethel verfügte über einschlägige Erfahrungen beim Bau von Verkehrsflugzeugen. Nach dem Ende des Ersten Weltkriegs hatte er für die Kondor-Flugzeugwerke den zweimotorigen Tiefdecker P-8 mit einer Kabine für zehn Passagiere und anschließend einen von der holländischen Flugzeugfirma NAVO gebauten einmotorigen, viersitzigen Hochdecker entworfen. Für die Fokker-Werke entwickelte er unter anderem das Flugboot FB-1 und den

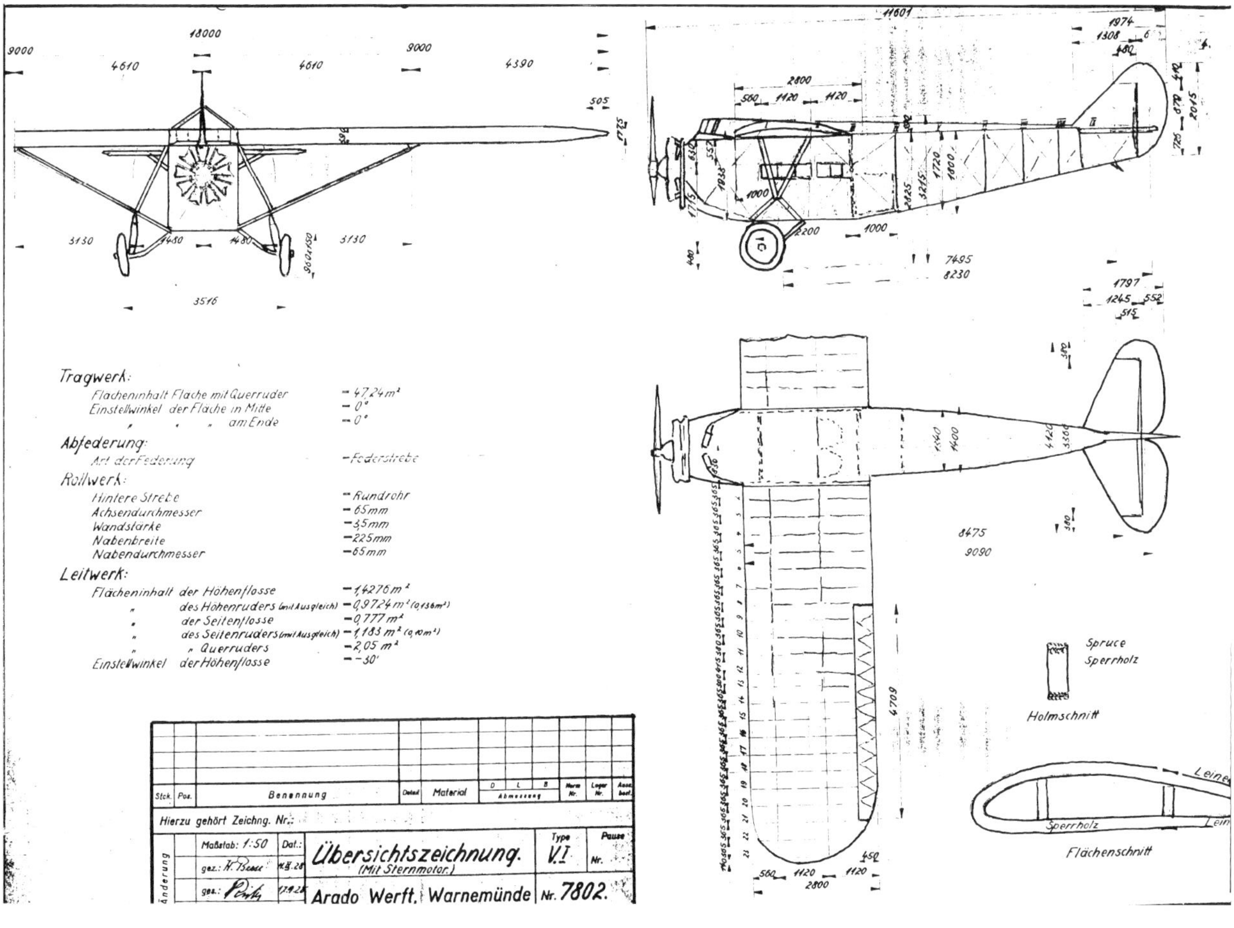

Dreiseitenansicht des Verkehrsflugzeugs Arado V I (1928).

Prototyp für das legendäre Verkehrsflugzeug F-VII, das am 9. Mai 1925 als erstes Flugzeug den Nordpol erreichte.

Das von *Rethel* konstruierte Verkehrsflugzeug Arado V I (W.Nr. 47) war als einmotoriger, halbfreitragender Hochdecker ausgelegt. Es wurde werksseitig wie folgt beschrieben: »Als Verkehrsmaschine hat die geräumige Kabine folgende Abmessung: Länge 2,20 m, Breite 1,35 m, Höhe 1,90 m. Die vier Fluggastsitze stehen in Flugrichtung. Die Sitze sind herausnehmbar und gegen Liegesessel auszutauschen. Hinter der Kabine befindet sich ein Gepäckraum mit folgenden Abmessungen: Länge 0,95 m, Breite 1,30 m, Höhe 1,70 m. Der Gepäckraum ist von der Kabine durch eine Sperrholzwand getrennt. In dieser Wand ist eine Verbindungstür, die Kabine und Gepäckraum verbindet. In die Hälfte des Gepäckraumes kann ohne weiteres eine Toilette eingebaut werden. Die Kabinenfenster mit Triplex-Scheiben sind durchgehend und zum Teil aufschiebbar. Eine Heizanlage und eine Belüftung der Kabine sind auch vorgesehen. Soll die Maschine als Frachtmaschine geflogen werden, so kann die Verbindungstür herausgenommen werden. Der ganze Frachtraum hat dann eine Länge von 3,15 m. Ferner kann die Maschine auch noch zu anderen Zwecken verwandt werden, z. B. für Photographierzwecke, da die Fußböden herausnehmbar sind und gegen andere ausgetauscht werden können.

Die zwei Führersitze sind gegenüber den Sitzen in der Kabine erhöht angeordnet. Die Sitze sind im Fluge nach oben und nach unten sowie nach vorne und hinten verstellbar. Durch die erhöhten Sitze ist eine gute Sicht nach vorne über den Motor gewährleistet. Der ganze Führerraum ist vollkommen geschlossen. Die vor den Führern liegenden Triplex-Scheiben sind zur Hälfte aufschiebbar. Vor dem Führer sind auf einem gut übersichtlichen Instrumentenbrett sämtliche Flug- und Überwachungsinstrumente sowie Bedienungsgestänge angebracht. Der Führerraum ist von der Kabine durch eine Tür in der vorderen Kabinenwand, ferner durch eine Klappe, die sich im Boden des Führerraums befindet, und durch eine Klappe, die sich in der Decke des Führerraums befindet, einsteigbar. Der Rumpf mit Motorblock ist eine Stahlrohrfachwerkkon-

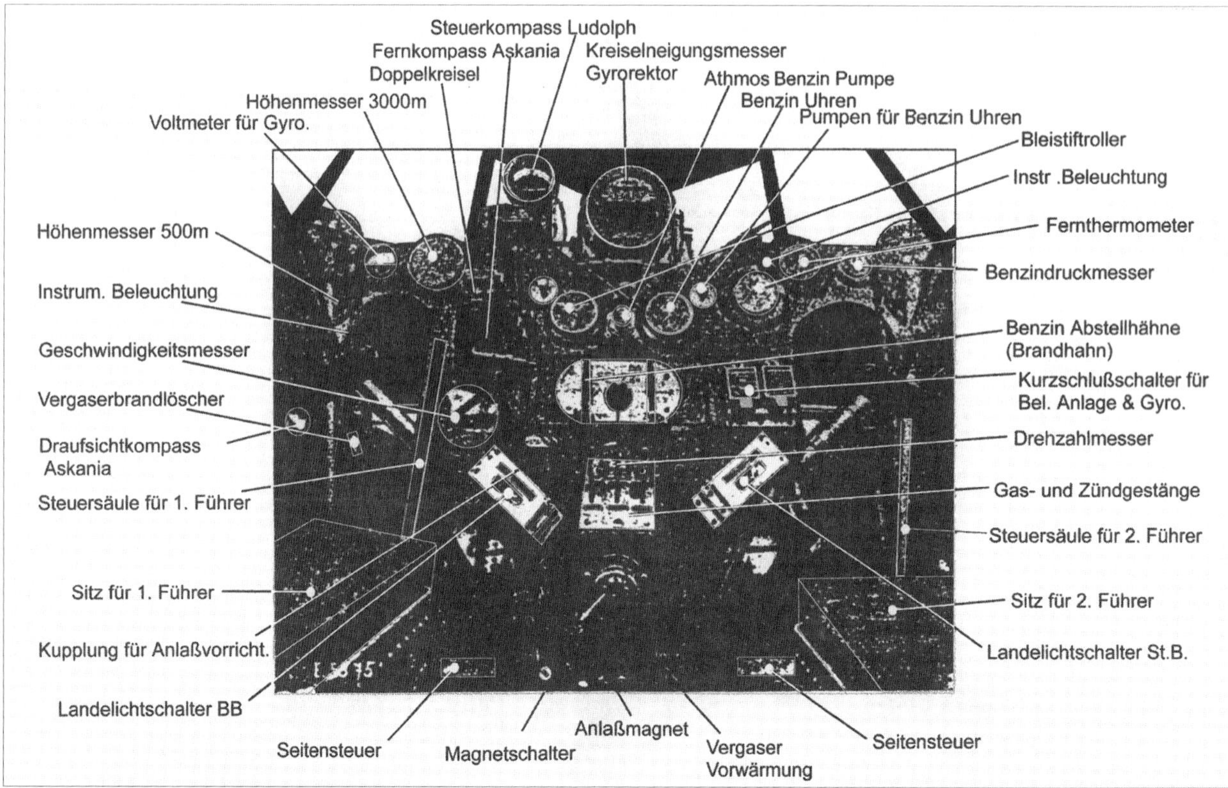

Instrumentenbrett der Arado V I.

Muster		Ar V I[1]	Ar V I[3]
Triebwerk		Pratt & Whitney »Hornet« 500 PS (368 kW)	Pratt & Whitney »Hornet« 500 PS (368 kW)
Besatzung		2	2
Länge	m	12,00	12,00
Höhe	m	3,15	3,15
Spannweite	m	18,00	18,00
Flügelfläche	m²	47,24	47,24
Rüstmasse	kg	1520[2]	1520[4]
Kraftstoff	kg	435	435
Besatzung	kg	80	80
Nutzlast	kg	485	915
Zuladung	kg	1000	1430
Flugmasse	kg	2520	2950
Höchstgeschw.	km/h	210	220/230
Flächenbelastung	kg/m²	53,3	62,4
Leistungsbelastung	kg/PS	5,03	5,9
Flächenleistung	PS/m²	10,58	10,58

[1] Verkehrsflugzeug
[2] einschl. Sessel und Kabinenausstattung
[3] Frachtflugzeug
[4] einschl. Sessel und Kabinenausstattung

Arado V I vor der Montagehalle.

struktion. Der Rumpfrücken ist abnehmbar, was eine schnelle und gründliche Kontrolle des Rumpfinnern gestattet. Das Fahrgestell hat eine große Spurweite von 3,51 m. Die Achse ist geteilt und am Rumpf-Untergurt angeschlossen. Das Höhen- und Seitenleitwerk ist in Stahlrohrkonstruktion ausgeführt. Die Höhenflosse ist im Fluge verstellbar, wodurch das Flugzeug bei verschiedenen Zuladungen ausgeglichen geflogen werden kann. Bei langen Verkehrsflügen ist dieses sehr erwünscht, da der Führer nicht durch das Steuern der Maschine ermüdet. Die Fläche ist zweiteilig ausgeführt und am Rumpf gelenkig aufgehängt. Ein V-Stiel stützt die Fläche gegen den Rumpf ab. Die Fläche ist von Hinterholm bis Nase mit Sperrholz beplankt, von Hinterholm bis Ende ist die Fläche mit Leinen bespannt. Bei der Flügeldemontage können die V-Stiele leicht am Flügel angeklappt werden. Die Brennstoffbehälter sind rechts und links von der Kabine in der Fläche untergebracht. Der Öltank ist als Flügelnasentank ausgebildet und liegt rechts vom Führerraum. Der 500-PS-Pratt & Whitney ›Hornet‹-Motor ist in der Rumpfspitze eingebaut. Angelassen wird derselbe durch einen Eclipse-Handanlasser. Die Handkurbel ist bequem vom Boden aus zu betätigen.«

Auf dieses mit einem Standard Steel-Dreiblattpropeller versehene, linksdrehende amerikanische Triebwerk mit einer Leistung von 368 kW mußte Arado zurückgreifen, da leistungsstarke, luftgekühlte Flugmotoren seinerzeit in Deutschland nicht zur Verfügung standen. Es verlieh dem Flugzeug die beachtliche Höchstgeschwindigkeit von 210 km/h und eine Reisegeschwindigkeit von 185 km/h. Angesichts des geringen Treibstoffverbrauchs von 90 Litern pro Stunde betrug die maximale Flugzeit bei einer Zuladung von 1 000 kg etwa zehn Stunden. Die großen Treibstoffreserven gestatteten bei einer Drosselung des Trieb-

Arado V I (W.Nr. 47) während der Erprobung in Warnemünde.

Arado V I (D-1594) nach der Zulassung auf dem Flugplatz Warnemünde.

werks auf 60 Prozent seiner Leistung Nonstopflüge über eine Reichweite von 2 000 Kilometern und Landungen auf einem entfernteren Ausweichflughafen bei schlechten Sichtverhältnissen.
Langfristig wurde ein Lizenz-Triebwerk von BMW auf der Grundlage des Pratt & Whitney-Motors in Aussicht genommen. Die Erfahrungen mit dem Original-Motor sollten die Arbeit der deutschen Hersteller unterstützen.

Arado V I auf der Internationalen Luftfahrt-Ausstellung in Berlin (1928).

Alternativ wäre vorab nur ein um 150 kg leichterer Junkers-Motor mit zugleich niedrigerem Verbrauch in Frage gekommen. Die Flugmasse von 2 350 kg hätte bei gleicher Nutzlast von 485 kg in diesem Fall um 200 kg niedriger gelegen. Der Nachteil des mit 220 kW (300 PS) deutlich leistungsschwächeren Triebwerks bestand jedoch in einer höheren Leistungsbelastung von 7,83 kg/PS und einem Geschwindigkeitsverlust von bis zu 30 km/h.
Die Arado V I erwies sich während der Erprobung als äußerst eigenstabil und wetterunempfindlich und fand im Jahr 1928 auf der Internationalen Luftfahrt-Ausstellung (ILA) in Berlin allgemeine Anerkennung. Ursprünglich sollte das Flugzeug im Passagier- oder Frachtdienst sowie für diverse Spezialaufgaben verwendet werden. Der werksseitige Hinweis auf die Möglichkeit, im Rumpfboden Kameras zu installieren, ließ auch auf einen militärischen Einsatz als Aufklärer oder eine Verwendung als Behelfsbomber schließen.
Das Luftfahrtdepartement des Heereswaffenamtes definierte 1929 die Bauart von Junkers als »Duralrohrbau, die von Dornier als »Duralstahlbau«, die von Rohrbach als »Duralprofilbau« und die von Albatros als »Stahlrohrduralbau«. Focke-Wulf und die Bayerischen Flugzeugwerke wurden dem »Holzbau«, Heinkel und Arado dem »reinen Gemischtbau« zugeordnet.
Arado hielt die Frage der Dauerhaftigkeit von Aluminiumlegierungen noch für ungeklärt. Die Holz- und Gemischtbauweise wurde zudem nicht nur im Kriegsfall aus Gründen der leichteren Beschaffung weiterhin bevorzugt, sondern es herrschte auch hinsichtlich der Konstruktion von Verkehrsflugzeugen die Auffassung, daß »ein fliegerisches Gerät möglichst billig herzustellen« sei, »das mit möglichst geringem Brennstoffverbrauch unter möglichst großer Sicherheit ein möglichst großes Gewicht möglichst weit befördert«.[17]

Arado V I wird für Luft Hansa optimiert

Auch bei der Luft Hansa standen seinerzeit wirtschaftliche Aspekte bei der Anforderung neuer Postflugzeuge im Vordergrund. Der Flugzeugführer und der Bordmonteur sollten nebeneinander Platz finden, so daß sich ein relativ großer Rumpfquerschnitt mit erhöhtem Luftwiderstand ergab. Vorgeschrieben war eine Motorleistung von 500 PS und eine Mindestgeschwindigkeit von 260 km/h. Die geforderte Flugleistung stieß an die Grenze des technisch Möglichen. Die Bayerischen Flugzeugwerke konnten die gestellten Bedingungen zunächst ebensowenig erfüllen wie ein Versuchsflugzeug von Focke-Wulf, so daß nach dessen unbefriedigend verlaufener Erprobung eine Konventionalstrafe an die Luft Hansa gezahlt werden mußte. Die im Vergleich zu anderen Postflugzeugen der Luft Han-

Arado V I mit Luft Hansa-Aufschrift vor der Montagehalle.

sa überlegene Kraftreserve des Triebwerks sollte der Arado V I bei voller Belastung ein Überfliegen von Schlechtwettergebieten und eine Fortsetzung des Kurses in größerer Höhe gestatten. Auf diese Weise sollten auch größere Gebirgsketten im Blindflug gefahrlos überquert und Nachtflüge ohne entsprechende Streckenbefeuerung durchgeführt werden können.
Arado hatte beim Bau der V I nicht nur die Wirtschaftlichkeit und Leistungsfähigkeit des Flugzeugs im Auge, sondern war auch um die Flugsicherheit bemüht. Zu den Sicherheitseinrichtungen gehörten Positionslichter und ein Vergaserbrandlöscher. Als Bordinstrumente wurden unter anderem ein Askania-Fernkompaß, ein Kreiselneigungsmesser zur Anzeige der Schräglage nach dem System »Gyrorector«, eine Doppelsteuerung und ein Fernthermometer zur Messung der Außentemperatur in größeren Höhen eingebaut.
Die angespannte Finanzlage der Luft Hansa erlaubte seinerzeit noch keine durchgehende Befeuerung der Strecken, obwohl der angestrebte große Aktionsradius Nachtflüge unausweichlich machte. Ein Nachtstreckenausbau bestand zunächst nur auf der Route von Berlin nach Königsberg und Hannover. Zur Kursbestimmung dienten ansonsten Übersichtskarten von dem überflogenen Gelände. Bei Blindflügen in Nebel- und Schlechtwettergebieten wurde der Standort nach dem Kompaß unter Berücksichtigung der Flugdauer und der voraussichtlichen Geschwindigkeit bestimmt.
Die Arado V I verfügte auch noch nicht über Funkeinrichtungen oder Navigationshilfen. Elektrische und akustische Verfahren zur Höhenbestimmung und drahtlose Einrichtungen zur Eigen- und Fremdpeilung befanden sich seinerzeit erst in Entwicklung. Obwohl der Flug im Nebel bereits praktisch erprobt sei, sei die Frage der Landung im Nebel noch nicht gelöst, räumte *Erhard Milch,* 1927 Vorstandsmitglied der Luft Hansa, ein und fügte hinzu: »Es findet daher auch heute noch eine Unterbrechung im Luftverkehr statt, wenn der Zielort im Nebel liegt. An der Entwicklung von Instrumenten, die auch dieses letzte Problem des Wetterfluges noch lösen werden, wird gearbeitet.«
Nach den drastischen Kürzungen der Reichsbehilfen im Jahr 1929 hing das wirtschaftliche Überleben der 1926 gegründeten Luft Hansa von zusätzlichen Aufträgen durch die Reichspost ab. Postgut gewährleistete gegenüber der Personenbeförderung eine günstigere Ausnutzung der Nutzlast, so daß die Eil-Beförderung von Postgut wirtschaftlich besonders attraktiv erschien. Der Luft Hansa-Direktor *Carl August von Gablenz* und der Prokurist *Joachim von Schröder* planten, die Arado V I zur Erkundung der verkehrsrechtlichen, wirtschaftlichen und technischen Voraussetzungen im Zuge der Erschließung neuer internationaler Luftpoststrecken einzusetzen. Nachdem sich die Luft Hansa an der nationalen Fluggesellschaft Iberia, die den Flugverkehr auf der Strecke Madrid-Barcelona am 14. Dezember 1927 eröffnet hatte, beteiligt hatte und zum Schrittmacher im Nordatlantikverkehr geworden war, plante sie Langstreckenflüge nach Sevilla, die anschließend zwecks Vorbereitung einer Luftpostverbindung nach Südamerika bis zu den Kanaren ausgeweitet werden sollten. Sie ließ in einer Sonderausgabe der »Luft Hansa Nachrichten«, die *Joachim von Schröder* mit persönlicher Widmung *Walter Rethel* zugehen ließ, verlauten, die Aktion solle »die Bedeutung und die großen Möglichkeiten eines Langstrecken-Postverkehrs auf das wirksamste dokumentieren und gleichzeitig den Behörden, Wirtschaftskreisen und der breiten Öffentlichkeit beweisen, daß mit den heutigen flugtechnischen Mitteln die Durchführung eines regelmäßigen Postexpreßverkehrs durchaus im Rahmen der Möglichkeiten liegt.«[18]

Die Mitnahme von Postgut auf regulären nationalen Passagierflügen war bereits gängige Praxis. Darüber hinaus waren auch sogenannte nationale Reichspostlinien zur ausschließlichen Beförderung von Post- und Frachtgut errichtet worden. Der große Anteil von Frachtgut und die zahlreichen Zwischenlandungen entsprachen aber nicht den Gesichtspunkten eines schnellen Postverkehrs. Als »höchste Entwicklungsstufe des Postverkehrs« wurde deshalb angestrebt, unter äußerster Beschränkung der Zwischenlandungen »hochwertige Ladung mit großem Eilwert« durch »Spezial-Postflugzeuge« auf schnellstem Wege über größere Entfernungen zu befördern. Die Luft Hansa betrachtete hinsichtlich der Errichtung einer »Transocean-Luftverbindung« nach Südamerika die europäische Etappe über die iberische Halbinsel als »postalische Pionierarbeit für den gesamten zukünftigen Langstrecken-Postverkehr«.[19]

Zu den Umrüstungen vor der Indienststellung als Postexpreßflugzeug gehörten ein Niedrigsetzen des Daches über dem Führerraum, eine windschnittigere Verkleidung der Strebenknotenpunkte und ein Auswechseln von Teilen der Kabineneinrichtung gegen zusätzliche Brennstofftanks. Mit Zustimmung des Reichsverkehrsministeriums durfte die Flugmasse für Langstreckenflüge auf 3 500 kg erhöht werden.

Nach der Zulassung unter dem Kennzeichen D-1594 wurde das Postexpreßflugzeug im Herbst 1929 von der Luft Hansa übernommen. Eine Sondernummer der Luft Hansa-Nachrichten stellte es am 10. Oktober 1929 mit folgendem Kommentar vor: »Die Arado-Werke, Warnemünde, sind bisher als Erbauer von Verkehrsflugzeugen wenig hervorgetreten. Sie genießen aber durch ihre allseitig anerkannte hervorragende Qualitätsarbeit im Sport- und Schulflugzeugbau, wo sie zu einer der führenden Firmen zählen, einen guten Ruf... Wenn dem deutschen Luftverkehr auch ... in dem bewährten Postflugzeug Junkers W 33 eine ausgezeichnete Ganzmetallmaschine zur Verfügung steht, so ist es nur zu begrüßen, daß nunmehr in der Arado V I ein zweites hochwertiges Postflugzeug an die Öffentlichkeit gekommen ist, das nach anderen Gesichtspunkten gebaut und dementsprechend eingesetzt werden kann.«[20]

Luftpost-Pionierflüge

Die geplanten Postflüge standen unter der persönlichen Leitung des Luft Hansa-Prokuristen *Joachim von Schröder*, der zugleich zweiter Pilot war. Erster Pilot war *Erich Albrecht. Fritz Eichentopf* war für die technische Überwachung und die Wartung auf den Etappenplätzen verantwortlich. Die gleiche Mannschaft hatte im September 1928 auf dem Junkers-Flugzeug W 33 »Ural« Postexpreßflüge bis nach Irkutsk/Sibirien durchgeführt.

Am 7. September 1929 begann ohne Ankündigung in der Öffentlichkeit nachts um 2.35 Uhr der erste Erkundungsflug von Berlin nach Sevilla, wo die Deutsche Luftschiffahrts Aktiengesellschaft (Delag) eine Relaisstation mit Ankermast für Luftschiffe unterhielt. Bei klarer Sicht dienten zunächst die Lichter der mitteldeutschen Industrieanlagen bei Halle an der Elbe als Orientierungshilfe. Ab der Wetterscheide des Thüringer Waldes mußten Wolkenfelder durchflogen werden. Bodensicht wurde erst wieder über Bamberg möglich. Der Flugplatz Stuttgart-Böblingen wurde in niedriger Höhe überflogen, damit eine Meldung nach Tempelhof übermittelt werden konnte. Über dem Schweizer Jura wurde ein Durchstieg über die dichte Bewölkung erforderlich. Nach einer Zwischenlandung in Marseille um 9.45 Uhr erfolgte der Start zur zweiten Etappe. Die Pyrenäen wurden in einer Höhe von 3 000 Metern überflogen. Die restliche Strecke wurde nach Kompaß zurückgelegt. Um 18.15 Uhr MEZ erreichte das Postexpreßflugzeug seinen 2 500 Kilometer entfernten Bestimmungsort nach einer Gesamtflugzeit von knapp 15 Stunden. Selbst die beiden rund 1 200 Kilometer langen Teiletappen betrugen entfernungsmäßig etwa das Vierfache gegenüber den normalen Distanzen im mitteleuropäischen Streckenverkehr. Einem mitgeführten Sortiment von Prospekten deutscher Funkfirmen war ein Zettel beigefügt mit dem Aufdruck: »Unseren spanischen Freunden die besten Grüße mit dem ersten Flugzeug der Deutschen Luft Hansa Berlin-Sevilla am 8. September 1929.«

Um die Leistungsfähigkeit des Flugzeugs unter Beweis zu stellen, wurde noch in derselben Nacht nach Tempelhof zurückgeflogen. Der Flug wurde in der Zeit vom 24. September bis zum 1. Oktober wiederholt. Am 25. Oktober 1929 erfolgte der Start zu einem Non-Stopflug nach Konstantinopel zur Erkundung einer südlichen Flugroute in den Fernen Osten. Das Unternehmen stellte eine besondere Herausforderung dar, da mehrere Wetterscheiden und Gebirgsketten zu überfliegen waren und die meteorologischen Bedingungen angesichts der fortgeschrittenen herbstlichen Jahreszeit ungünstig waren.

Flugkapitän *Albrecht* ließ auf dem von acht Scheinwerfern beleuchteten Flugfeld von Berlin-Tempelhof kurz nach drei Uhr nachts den Motor warmlaufen, bevor er mit Betriebsstoff für 16 Stunden um 3.25 Uhr auf die Startbahn rollte. Das 1 820 km entfernte Ziel, der Flugplatz San Stefano bei Konstantinopel, wurde nach einem Flug von zehn Stunden und 35 Minuten ohne Zwischenlandung erreicht. Die mitgeführte Post wurde sofort zum örtlichen Hauptpostamt befördert und erreichte binnen zwei Stunden ihre Empfänger.

Nach einem Rundflug über Konstantinopel unter Mitnahme eines türkischen Co-Piloten erfolgte vier Tage später bei mondloser Nacht der Rückflug nach Berlin mit einer Post- und Zeitungsfracht. Über die Wetterverhältnisse hatte sich die Besatzung vor dem Abflug telegrafisch in Berlin informiert. Die Unebenheit des provisorischen Flugfeldes bedeutete bei dem Nachtstart der schwerbeladenen Maschine ein erhebliches Risiko. Die Besatzung besorgte eigenhändig Sturmlaternen, die von türkischen Flugplatzbediensteten zur Markierung der Startstrecke auf dem Flugfeld verteilt wurden. Da sich die Besatzung über der dünnbesiedelten Gegend bei geschlossener Wolkendecke nicht an Erdlichtern orientieren konnte, bestimmte sie den Kurs fast ausschließlich mit Hilfe des Kompaß. Einer Gewitterfront über dem Balkangebirge konnte sie dank der großen Kraft- und Treibstoffreserven des Flugzeugs durch den Aufstieg auf eine Höhe von 3 500 Meter ausweichen. Tiefhängende Wolken und zonenweiser Nebel im Donautal wurden in geringer Höhe unterflogen. Nach einer kritischen Flugstrecke, als beim Donaudurchbruch an der serbischen Grenze Stratuswolken bis zu den höchsten Erhebungen der Berge hinunterreichten, wurde Wien um 11.15 Uhr bei Sonnenschein erreicht. Eine verabredete Platzrunde über der Stadt war das Zeichen für die Übermittlung eines »Flugmeldedienst-Telegramms« durch die österreichische Luftverkehrs AG an die Flugleitung in Berlin-Tempelhof. Der »Wettlauf mit dem Telegramm«, wie die türkische Zeitung »Sonsaat« kommentierte, wurde von dem Postflugzeug gewonnen, denn die telegrafische Nachricht traf erst bei der Landung der Maschine in Berlin um 1.05 Uhr ein. Die reine Flugzeit für Hin- und Rückflug über 3 670 Kilometer betrug 20 Stunden und 45 Minuten. Die von Konstantinopel mitgeführte Post, zu der auch eine an die Arado Handels Gesellschaft gerichtete »Erste Luftexpreß-Postkarte« gehörte, wurde kurz nach

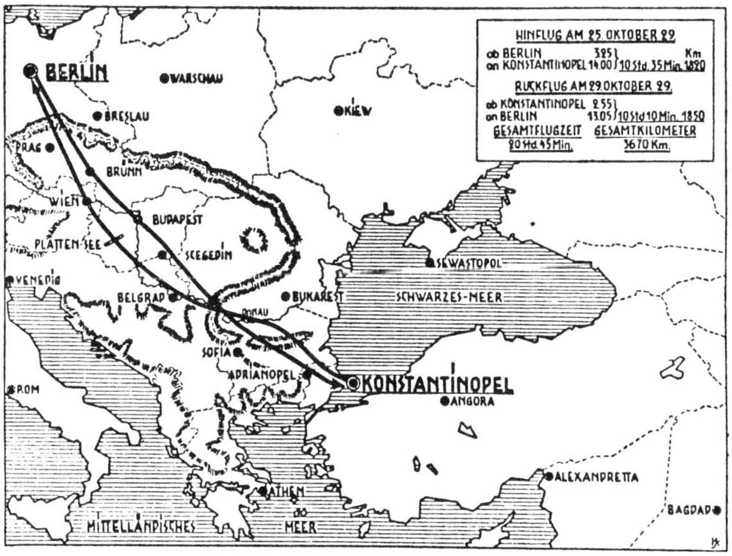

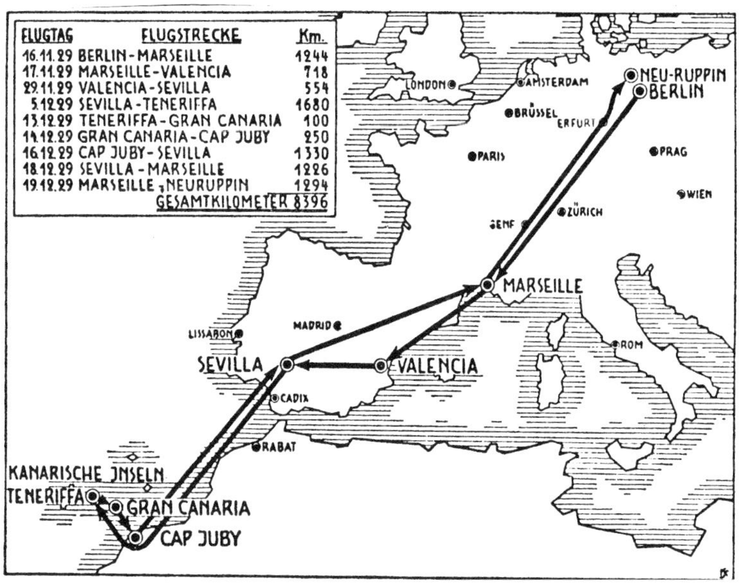

Flugstrecken der Arado V I nach Konstantinopel und Teneriffa.

ein Uhr, unmittelbar nach ihrem Eingang bei dem »Zweigluftpostamt« des Berliner Zentralflughafens, ausgetragen. Vertreter der Firma Arado, des Reichsverkehrsministeriums, der Flughafenverwaltung und der Luft Hansa mit Vorstandsmitglied *Erhard Milch* an der Spitze bereiteten der Besatzung einen begeisterten Empfang.

Ermutigt durch die neuerliche Rekordleistung auf der Strecke von Berlin nach Konstantinopel, entschloß sich

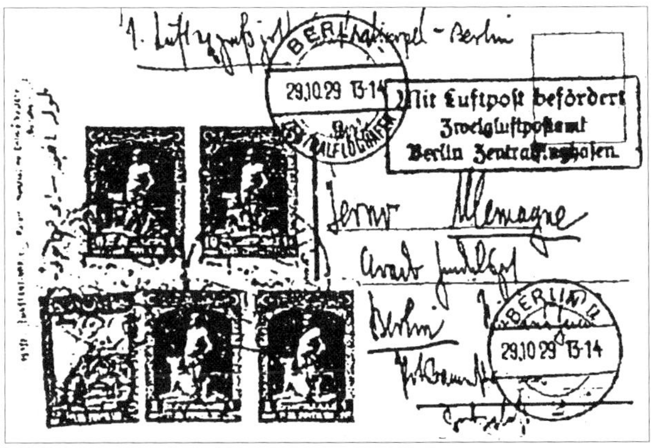

Von der Arado V I am 29.10.1929 von Konstantinopel nach Berlin beförderte »Erste Luftexpreßpost«.

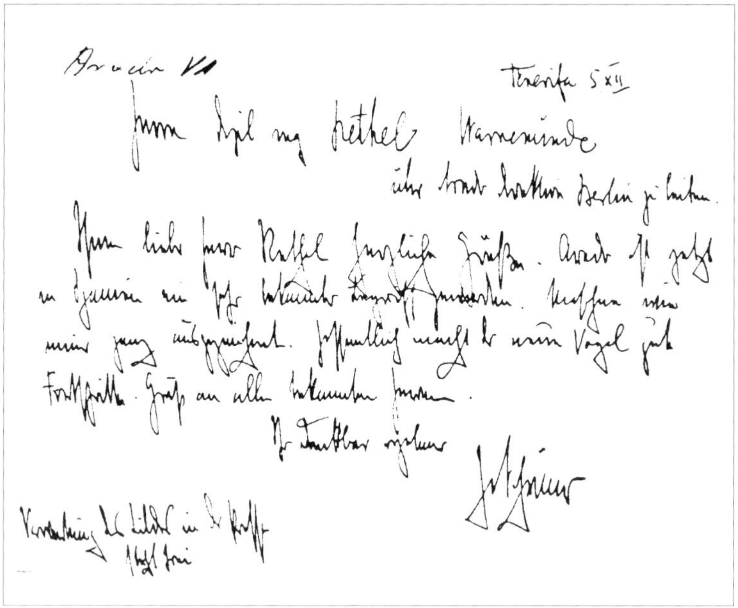

Nachricht von Flugkapitän *Joachim von Schröder* nach der Landung in Teneriffa (5.12.1929): »Unserm lieben Herrn *Rethel* herzliche Grüße. Arado ist jetzt im ganzen ein sehr bekannter Begriff geworden. Machen wir immer ganz ausgezeichnet.«

die Luft Hansa zu einer Ausdehnung der Flugstrecke Berlin-Sevilla bis zu den Kanaren. Die Erschließung des Archipels durch die Luftfahrt betrachtete man dort als wichtigen Schritt zur Überwindung der insulären Isolation. 1924 war erstmals ein größeres Wasserflugzeug von Europa aus zu den Kanaren gelangt. Im Januar des Jahres startete *Ramon Franco,* der Bruder des späteren spanischen Regierungschefs, mit einem Dornier-Wal zu einem Fernflug nach Teneriffa und Marokko. Zwei Jahre später unternahm er mit dem gleichen Flugzeug auf den Kanaren eine Zwischenlandung, bevor er von den Kapverdischen Inseln aus zu einer Überquerung des Südatlantiks aufbrach. Im Juli 1928 unternahm der Dornier-Wal »Lübeck« im Auftrag der Luft Hansa einen Erprobungsflug nach Las Palmas auf Gran Canaria.

Die Besatzung der Arado V I. Von links: Bordwart *Fritz Eichentopf*, die Piloten *Ernst Albrecht* und *Joachim von Schröder.*

Mit dem Postexpreßflugzeug Arado V I kam erstmals ein größeres Landflugzeug auf dem über 4 000 Kilometer langen Teilstück der künftigen Südamerika-Route von Berlin bis Teneriffa zum Einsatz. Nach Zwischenlandungen in Marseille und Sevilla wurde am 5. Dezember die letzte, 1600 Kilometer lange Teilstrecke bis zu dem behelfsmäßigen Flugplatz Los Rodeos bei La Laguna in Teneriffa in zehn Stunden und vierzig Minuten zurückgelegt. Die Landung auf der meist nebelverhangenen Hochebene von La Laguna war nicht ohne Risiko. Ebene Landeplätze waren ansonsten aufgrund der gebirgigen und zerklüfteten Beschaffenheit des Geländes kaum vorhanden.[21] In Los Rodeos wurde die Besatzung von Vertretern der spanischen Behörden, verschiedener Luftfahrtorganisationen und der deutschen Gesandtschaft begrüßt. Die Inselzeitung »La Tarde« veröffentlichte auf ihrer Titelseite eine eigens angefertigte Zeichnung der Arado V I und ließ die »mutigen Flieger« (los intrepidos aviadores) hochleben. Es folgten zahlreiche Interviews und Empfänge. Nach mehreren Flügen zur Erkundung von See- und Landflughäfen in der Region wurde das Flugzeug am 12. Dezember vom örtlichen Bischof auf den Namen »Tenerife« getauft. In Anbetracht des Andrangs von rund 15 000 begeisterten Zuschauern mußten während des Festaktes besondere Sicherheitsvorkehrungen getroffen werden.[22]

Absturz nach Bodenberührung

Am folgenden Tag startete das Flugzeug unter den Klängen des Deutschlandliedes und der spanischen Nationalhymne zu einem Rundflug um die Insel. Beim Start funkte *von Schröder*: »Daß nur am Freitag, dem 13. nichts schief geht!«

Nach einem Zwischenstop auf dem Behelfsflugplatz Gando bei Las Palmas auf der Nachbarinsel Gran Canaria wurde am 14. Dezember der Rückflug über Cap Judy in Afrika angetreten. Er fand unter einem verhängnisvollen Zeitdruck statt. »Wir wollten doch rechtzeitig zu Weihnachten zu Hause sein und daher ohne Zwischenlandung bis Berlin durchfliegen«, erinnerte sich Bordwart *Eichentopf* später und fügte hinzu: »Unser Postflug Berlin-Teneriffa-Berlin sollte unser erfolgreiches Jahr 1929 abschließen...Und dann wollten wir neue Fernflüge nach China und Japan und Indien vorbereiten.«

Arado V I während der Taufe auf dem Flugfeld Los Rodeos in Teneriffa (12.12.1929).

Nach dem Start in Marseille am 19. Dezember um 8.30 Uhr rechnete man angesichts der 985 km langen Schlußetappe mit einer Ankunft in Berlin gegen 17.15 Uhr. Kurz vor Erreichen des Ziels kam es jedoch zum Absturz des Flugzeugs während eines Tiefflugs im Nebel. Auf dem Tempelhofer Feld hatte *Erhard Milch* zusammen mit anderen Vertretern der Luft Hansa, der Behörden und der Presse vergeblich auf die Rückkehr seines Freundes *von Schröder* gewartet. Gegen 19.20 Uhr ging bei der Hauptverwaltung der Luft Hansa ein Telefonanruf des Bordwartes *Eichentopf* ein, der den Tod beider Flugzeugführer meldete. *Eichentopf* hatte leicht verletzt überlebt.
Milch fuhr umgehend mit *von Gablenz* und einigen Untersuchungsexperten zur Absturzstelle, wo er um 21.30 Uhr eintraf und einen ersten Bericht über den Hergang der Katastrophe erhielt. Der Absturz war prinzipiell die Folge eines Leichtsinns des Piloten, der trotz unzureichender Navigationshilfen beim Eintritt in Nebelgebiete von einer Ausweichlandung abgesehen und sich weit über Berlin hinaus in die Gegend von Neuruppin verirrt hatte. Gegen 18.15 Uhr kam es bei Wustrau im Tiefflug zu einer Bodenberührung. Das Flugzeug stürzte ab und ging in Brand auf.
Eichentopf beschrieb den Hergang des Unfalls wie folgt: »Über der Erde wälzte sich grauer Nebel. Also Kompaßfliegen...Wir gingen noch tiefer hinunter und umkreisten die Stadt. Endlich konnten wir das Schild am Bahnhof entziffern: ›Neuruppin‹. Verdammt, also waren wir schon westlich an Berlin vorbeigeflogen. *Albrecht* klemmte sich gleich an die Bahnlinie nach Berlin. Vor uns fauchte ein Zug und sprühte Funken in die Nacht hinein. Schon hatten wir ihn überholt. Dann lagen schwarze Wolken auf dem Land. Drunter durch ging nicht. Das Flugzeug legte sich schräg in die Kurve. Die beiden wollten wohl westlich um den Dreck herum. Der Boden war auf einmal ganz nah, und die rechte Flügelspitze streifte den Ackerboden. Es gab einen mächtigen Ruck, aber eigentlich weiß ich das gar nicht mehr so genau. Ich lag auf einmal außerhalb der Maschine im Dreck. Die Maschine hatte sich überschlagen und brannte. Ich hatte beim Überschlag wohl ein Loch in den Rumpfboden gerissen, durch das ich herausgeschleudert worden war... Dann rannte ich hin, stolperte und fand Herrn *von Schröder*, auch im Freien liegend. Er rührte sich nicht. Da hörte ich eine Stimme ... Es war ein Fußgänger, der heranrannte. ›Da liegt noch einer drin‹, brüllte ich ihn an. Wir zogen dann *Albrecht* heraus, der auch bewußtlos war. Und Post und Gepäck rissen wir mit heraus.«[23]
Die in Teneriffa über Radio empfangene und dort wenig später von dem Vertreter der Luft Hansa, *Baron von Winterfeld*, bestätigte Unglücksnachricht löste große Betroffenheit aus. Noch am 19. Dezember 1947 notierte *Milch*, als er wegen seiner späteren Tätigkeit als Staatssekretär im RLM in Nürnberg inhaftiert war, in seinem Tagebuch: »*Jochen von Schröders* Todestag vor 18 Jahren ...Was liegt alles dazwischen, und wie scharf ist noch die Erinnerung an die Nacht, als ich nach Wustrau fuhr!« Ein um 1935 vermutlich im Auftrag von *Milch* am Absturzort errichtetes Denkmal erinnert dort bis heute an die »Vorkämpfer für Deutschlands Luftgeltung«.
Da die Luft Hansa vertraglich nicht an den Baukosten beteiligt war, bedeutete der Verlust des Flugzeugs für die Arado Handels Gesellschaft einen erheblichen finanziellen Schaden, der sich in der Jahresbilanz für 1929 als »Flugzeugbau-Verlust« mit 154 440 Mark niederschlug. Da das Unternehmen nicht zuletzt aus diesem Grund in diesem Jahr ohne Gewinne blieb, war es außerstande, den

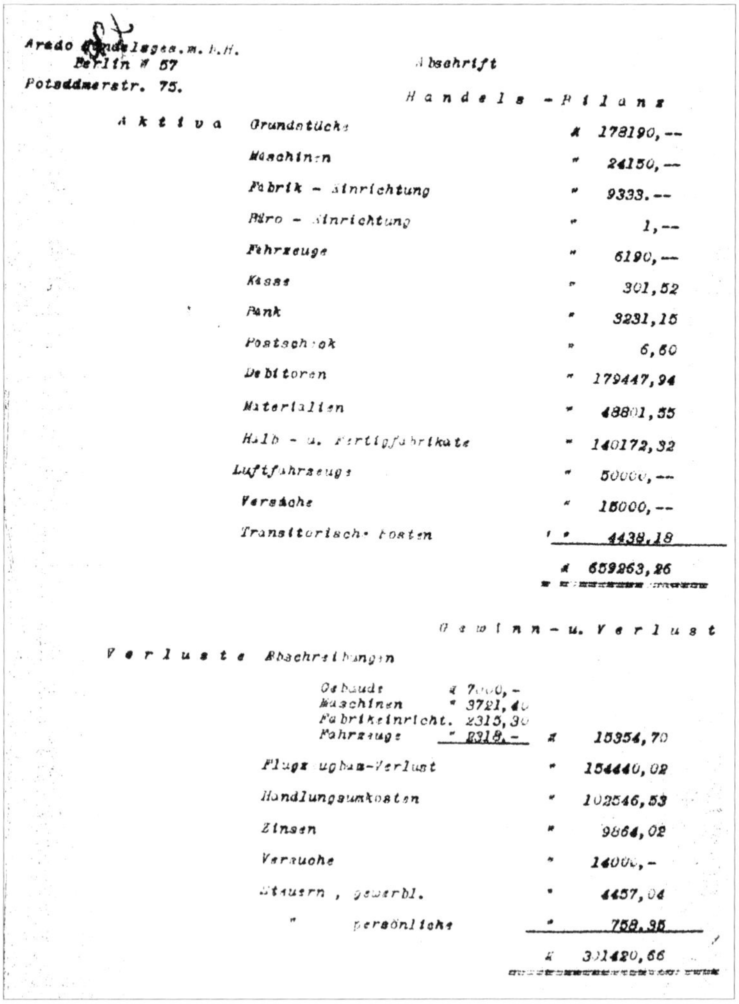

Arado Handelsges.m.b.H.
Berlin W 57
Potsdamerstr. 75.

Abschrift

Handels-Bilanz

Aktiva	Grundstücke	RM 178190,--
	Maschinen	" 24150,--
	Fabrik-Einrichtung	" 9333.--
	Büro-Einrichtung	" 1,--
	Fahrzeuge	" 6190,--
	Kasse	" 301,52
	Bank	" 3231,15
	Postscheck	" 6,60
	Debitoren	" 179447,94
	Materialien	" 48801,55
	Halb- u. Fertigfabrikate	" 140172,32
	Luftfahrzeuge	" 50000,--
	Versuche	" 15000,--
	Transitorische Kosten	" 4438,18
		RM 659263,26

Gewinn-u. Verlust

Verluste	Abschreibungen		
	Gebäude	RM 7000,-	
	Maschinen	" 3721,40	
	Fabrikeinricht.	2315,30	
	Fahrzeuge	" 2318,-	RM 15354,70
	Flugzeugbau-Verlust		" 154440,02
	Handlungsunkosten		" 102546,53
	Zinsen		" 9864,02
	Versuche		" 14000,-
	Steuern, gewerbl.		" 4457,04
	" persönliche		" 758,35
			RM 301420,66

Bilanz der Arado Handels Gesellschaft (1929) mit »Flugzeugbau-Verlust« in Höhe von 154.440 RM nach dem Absturz der Arado V I.

Weiterbau des Flugzeugs aus eigener Kraft zu betreiben. Da gleichzeitig die Investitionsmittel der Luft Hansa in der Folgezeit nur die Förderung weniger Projekte erlaubten, mußte der im Bau befindliche zweite Prototyp V Ia (W.Nr. 55) verschrottet werden. Flugkapitän *von Schröder* hatte noch kurz vor seinem Tod Verbesserungsvorschläge gemacht, die zu einer vergrößerten Reichweite von 4 000 km, zu einer Geschwindigkeitssteigerung auf 220 bis 230 km/h und zu einer Erhöhung der zahlenden Nutzlast auf 500 kg führen sollten. Wie zweckorientiert der optimierte Entwurf war, geht aus einer Ausschreibung der Luft Hansa für ein zweisitziges Postflugzeug aus dem Jahr 1932 hervor, das eine Geschwindigkeit von 230 km/h und eine Reichweite von 1 000 Kilometern aufweisen und eine Nutzlast von 500 kg befördern sollte.[24]

Am 10. Januar 1930 wurde zwischen der Luft Hansa und der Türkei ein Verkehrsabkommen zwecks Aufnahme eines regelmäßigen täglichen Luftpostdienstes zwischen Wien und Konstantinopel in der Zeit vom 5. Mai bis zum 31. Oktober 1930 geschlossen. Die Beförderung auf der Strecke von Berlin nach Wien erfolgte auf dem Bahnweg und wurde anschließend von einem Junkers-Flugzeug übernommen. Dabei kam *Fritz Eichentopf* mit einer Ju W 34 auf dem Rückflug von der Türkei bei Traunstein ums Leben. Den Atlantikverkehr nach Natal in Brasilien und New York leitete 1932 ein Flugboot des Typs Do X mit einer Überfliegung der Kanarischen Inseln auf dem Weg von Lissabon zu den Kapverdischen Inseln ein. Der erste planmäßige Südatlantik-Postverkehr fand im Februar 1934 statt, wobei die Teilstrecke Berlin-Sevilla mit Heinkel-Verkehrsflugzeugen He 70 geflogen wurde. Auf den restlichen Etappen über Las Palmas bis zum westafrikanischen Bathurst wurden Ju 52-Flugzeuge und anschließend bis Brasilien Dornier-Wal-Flugboote eingesetzt.

Sportflugzeug L I

Zeitgleich mit der Entwicklung größerer Verkehrsflugzeuge nahm die Arado Handels Gesellschaft den Bau leichter Sport- und Reiseflugzeuge auf. Nach der Auflösung der Seeflug GmbH im Jahr 1927 versprach die Einrichtung einer Verkehrsfliegerschule (DVS) und die Gründung des Mecklenburgischen Aero-Clubs (MAC) in Warnemünde günstige Absatzchancen. Der MAC wollte sich an einem für den Zeitraum vom 2. bis 20. August 1929 angesetzten, internationalen Europa-Rundflug beteiligen, für den der Aero-Club von Frankreich einen Wanderpokal gestiftet hatte. Der MAC gab bei Arado eine leichte, zweisitzige Maschine in Auftrag und schlug vor, den Ingenieur *Hermann Hofmann* von der Akaflieg Darmstadt für die Entwicklung heranzuziehen.[25]

Der Bau des Sportflugzeugs Arado L I (W.Nr. 56) wurde unter der Bedingung aufgenommen, daß *Hofmann* die alleinige Verantwortung für die Konstruktion und die Berechnung übernahm. Er entwickelte unter Vernachlässigung der Kunstflugtauglichkeit einen freitragenden Hochdecker mit einer Spannweite von zehn Metern. Mittels einer guten aerodynamischen Gestaltung und einer geringen Flugmasse von 500 kg hoffte er mit einem nur 29 kW (40 PS) starken Salmson AD 9-Sternmotor eine relativ hohe Reisegeschwindigkeit zu erzielen. Das schnittige Flugzeug mit zwei hintereinander angeordneten offenen Sitzen

Das Sportflugzeug Arado L I (W.Nr. 56, D-1707) auf dem Flugplatz Warnemünde. Im Flugzeug der Konstrukteur *Hofmann* und ein Pilot des Mecklenburgischen Aero Clubs (MAC).

erhielt den Namen »Ostseebad Warnemünde« und wurde im Juli 1929 unter der Kennung D-1707 zugelassen.
Die Flugerprobungen, die vom Konstrukteur selbst vorgenommen wurden, ließen eine Höchstgeschwindigkeit von 150 km/h, zufriedenstellende Flugeigenschaften und gute Sichtverhältnisse erkennen. Es zeigte sich lediglich eine unbedeutende Instabilität um die Querachse.
Der Überführungsflug nach Paris, auf dem *Hofmann* von einem Piloten des MAC begleitet wurde, verlief trotz schlechten Wetters ohne Zwischenfall. Nach der technischen Abnahme startete das Flugzeug am 5. August zu einem Kraftstoffverbrauchsmeßflug. Wegen zu großer Erhitzung des Motors war eine Notlandung 30 Kilometer südlich von Paris erforderlich. Nach dem Wechsel der Vergaseranlage unternahm *Hofmann* den Rückflug nach Paris allein und geriet bei Kunstflugversuchen in der Rückenlage ins Trudeln. Es ist zu vermuten, daß das ungewöhnliche, hängende Steuer nach einem Bedienungsfehler zu Drücken führte, denen die Tragflächenkonstruktion nicht gewachsen war. Sie löste sich und brach in der Mitte. Bei dem Absturz aus 400 m Höhe wurde *Hofmann* tödlich verletzt.

Ar L IIa (W.Nr. 59, D-1874) mit Gummifederung des Fahrgestells in Rhombenform.

Sport- und Reiseflugzeug L II

Nach dem mißglückten Auftakt mit dem Sportflugzeug Arado L I beauftragte die Arado Handels Gesellschaft *Walter Rethel* mit der Konstruktion des Nachfolgemodells L II, das als Reise- und Zubringerflugzeug, aber zugleich als Reklame-, Post- und Lichtbildflugzeug eingesetzt werden sollte. Im Anschluß an die Erprobung im November 1929 wurde der erste Prototyp (W.Nr. 57, D-1771) im Februar 1930 zugelassen.
Die Konstruktion war auf Wirtschaftlichkeit, Handlichkeit und Sicherheit angelegt. Der freitragende Schulterdecker von 670 kg Fluggewicht hatte unmittelbar auf der Kabine ruhende Tragflächen in Holzbauweise, die einschließlich der Querruder mit Sperrholz beplankt waren. Der Rumpf bestand aus einer leinenbespannten Stahlrohrkonstruktion. Um bei der Hochdeckerbauweise und der Breite des Rumpfes eine gute Höhenleitwerks-Wirkung zu erzielen, wurde das Höhenleitwerk auf einer fest mit dem Rumpf verschweißten Kielflosse erhöht angeordnet und auf jeder Seite mittels einer Strebe zum Rumpfobergurt abgestützt. Das Seitenruder überragte die Kielflosse und hatte oben einen Ausgleich.
Als Triebwerk wurde ein luftgekühlter Argus-Reihenmotor As 8 mit hängenden Zylindern eingebaut, der bei einer

Arado L II »Treff-As« (W.Nr. 57, D-1771).

Drehzahl von 1 400 Umdrehungen/min 59 kW (80 PS) leistete. Hinter dem mit Aluminium verkleideten Motor war ein Brandschott eingebaut, der den Innenraum von Ölspritzern freihielt. In den Flügeln befanden sich zwei Brennstoffbehälter mit je 65 Litern Inhalt. Das Fahrwerk hatte anfangs eine durchgehende Starrachse mit seitlich angeschweißten Federringen. Eine spätere Ausführung wies eine hochgezogene Achse mit vier Lenkern auf, die rhombenförmig angelenkt waren und von übereinandergeschichteten Gummiringen zusammengezogen wurden. Durch eine verbesserte Ausführung mit Gummischeiben und einem verkleinerten Gehäuse konnte der Luftwiderstand weiter verringert werden. Der Pilot verfügte über eine Einrichtung, mittels derer statt des Schleifsporns am Rumpfende ein Rad in Tätigkeit versetzt wurde, das ein leichtes Rollen auf Zementbahnen ermöglichte.
Die Sitze waren zur besseren Verständigung zwischen Fluglehrer und Schüler erstmals nebeneinander angeordnet. Die Kabine hatte einen Gepäckraum sowie Netze zum Ablegen von Karten oder Handschuhen. Splitterfreie vordere Scheiben aus Triplex-Glas und zwei verstellbare, seitliche Windschutzscheiben schützten vor Luftzug, so daß ein Reisen ohne Brille und Schutzbekleidung für den »Herrenflieger« und die »selbstfliegende Dame« möglich wurde. Das Flugzeug mit dem Beinamen »Treff-As« und

Arado L II mit Argus As 8a-Motor.

Rumpfgerüst der Arado L II vor der Montagehalle in Warnemünde.

Arado L II.

Fahrwerks-Federungen der Arado L II (Prinzip-Skizze *Hans Rebeski*): Rhombenförmige Ausführung mit Gummiringen (links), rechteckige Ausführung mit Gummischeiben (rechts). ▼

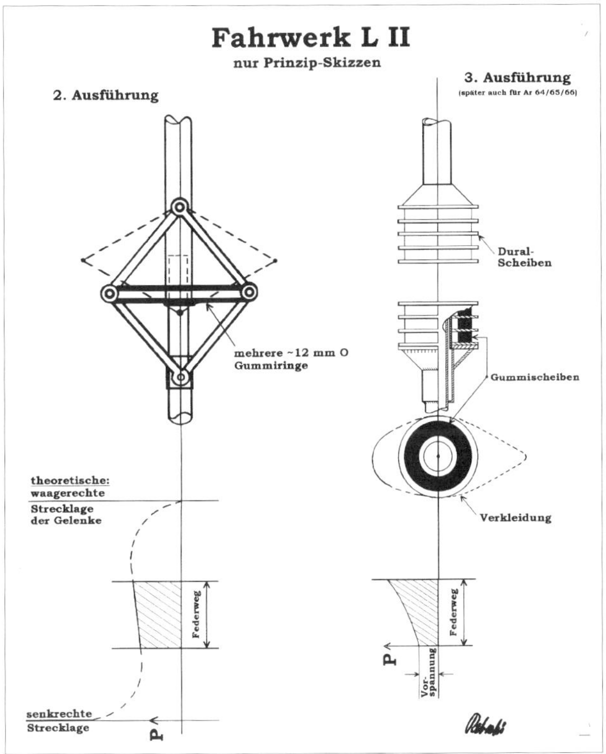

einer entsprechenden Bemalung kam bei Rundflügen in Warnemünde wiederholt zum Einsatz und war bei *Lübbes* Töchtern entsprechend beliebt.

Weiterentwicklung mit Klappflügeln

Als Weiterentwicklung der Arado L II, die nur in einem Exemplar gebaut wurde und im November 1936 in Verlust geriet, entstand für den Europa-Rundflug 1930 eine in Spannweite und Länge leicht vergrößerte Ausführung als L IIa, von der vier Flugzeuge (W.Nr. 58 bis 61, D-1873 bis D-1876) erstellt wurden. Eine Besonderheit waren die von der Wettbewerbsausschreibung geforderten, klappbaren Tragflächen. Der Raumbedarf bei geklappten Flügeln betrug nur 2,75 x 3,26 x 7,52 m.
Die Abstrebungen zum Rumpf konnten ebenso wie die Querruder-Stoßstangen durch Schnellverschluß gelöst werden, so daß die Fläche ohne Trennung der Metallschläuche der Brennstoffleitungen nach hinten geschwenkt und durch einen Verbindungsbeschlag an dem Randbogen der Höhenflosse befestigt werden konnte.
Am 15. April 1930 wurden alle vier Flugzeuge für den vom Deutschen Aero-Club ausgerichteten Internationalen Europa-Rundflug gemeldet, darunter drei von der Arado

Drei Arado L II a in der Warnemünder Montagehalle. Bildmitte: W.Nr. 59, D-1874, und Flugbaumeister *Kürth* (mit Kittel).

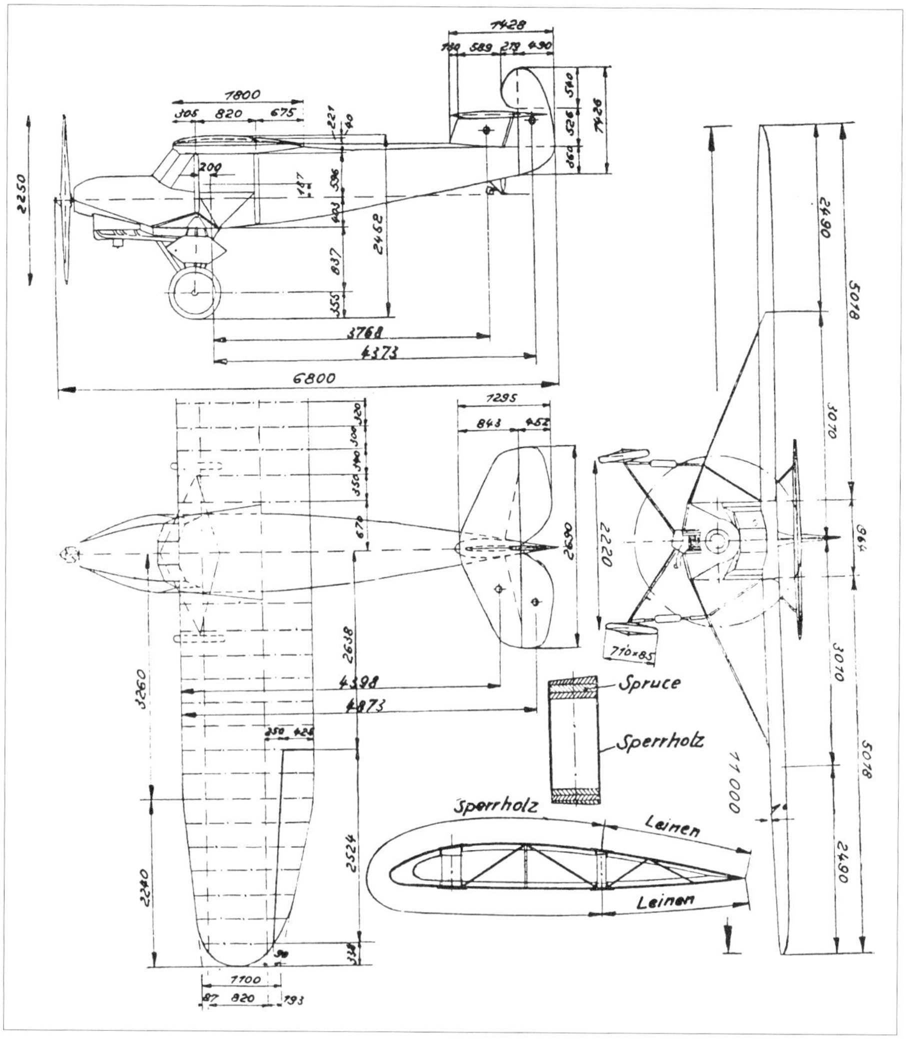

Dreiseitenansicht des Sport- und Reiseflugzeugs Arado L IIa (1929).

unten links:
Arado L II a mit beigeklappten Tragflächen.

unten rechts: Die Arado L II a (W.Nr. 60, D-1875) nach einer Bruchlandung während der Erprobung in Travemünde (1931).

Handels Gesellschaft, für die die Piloten *Peschke* (D-1875), *von Dungern* (D-1874) und *Dr. Pasewaldt* (D-1876) flogen. Für die DVS Braunschweig flog der Pilot *Stutz* (D-1873).
Wie sich nach ersten Probeflügen Ende Juni herausstellte, wurde der luftgekühlte Argus As 8-Reihenmotor nicht ausreichend gekühlt, so daß die Öltemperatur schnell über 90 Grad stieg. Eine Überhitzung der Zylinderköpfe führte zu zwei Notlandungen. Durch eine improvisierte Anbringung einer außerhalb des Rumpfes angebrachten Ölschlange wurde eine ausreichende Kühlung sichergestellt.
Als Kriterien bei der technischen Vorprüfung vor Beginn des Europa-Rundflugs galten die Bequemlichkeit und die Sichtverhältnisse, die Fahrwerks- und Anlaßvorrichtungen, die Bordinstrumente sowie die Sicherheitseinrichtungen. Bewertet wurden ferner die Zeit für das Ab- und Aufrüsten des Flugzeugs durch die Besatzung einschließlich des Zusammenklappens der Tragflächen, die Start- und Landestrecke, die Mindestfluggeschwindigkeit und der Kraftstoffverbrauch. Während des Wettbewerbs war der Austausch von Rädern, Luftschrauben und Fahrgestellstreben beschränkt. Reparaturen durften nur mit dem Bordwerkzeug ausgeführt werden.
Von den ursprünglich gemeldeten 101 internationalen Teilnehmern traten 60 zum Streckenflug über 7 560 km an. Der DVS-Fluglehrer *Stutz* flog mit der L IIa D-1873 am 20. Juli die 818 Kilometer lange Strecke Berlin-Braunschweig-Frankfurt/Main-Reims in reiner Flugzeit von sieben Stunden und 15 Minuten. Am 21. Juli führte die Route über 865 km in neun Stunden und 22 Minuten von Reims über Bristol und London und zurück nach St. Inglevert. Nach einem vorübergehenden Startverbot wegen schlechten Wetters in Reims wurde der Flug durch Regen und schlechte Sicht behindert. Über dem Kanal lagen die Wolken teilweise auf, und es herrschte ein heftiger Gegenwind von 60 km/h bei Seegang vier bis fünf. Nach Erreichen der englischen Küste mußte bei Regenschauern und dichten Wolken in einer Höhe von nur 50 bis 100 m geflogen werden. Nach dem Rückflug über den Kanal verzögerte sich der Start zur dritten Etappe von St. Inglevert über Paris nach Poitiers wegen eines Defektes am Fahrgestell. Am 23. Juli endete die vierte Etappe nach 350 Kilometern mit einer Notlandung bei Pau. Grund dafür war eine Unachtsamkeit des Begleiters, der beim Öffnen der vorderen Scheibe die Landkarte verlor. Der Pilot setzte den Flug etwa 150 km ohne Kartenorientierung fort, bevor er sich zu einer improvisierten Landung entschloß. Als *Stutz* versuchte, das Flugzeug auf dem nur 150 m langen Landeort ›durchsacken‹ zu lassen, gingen Fahrgestell und Propeller zu Bruch, so daß die Maschine für den restlichen Wettbewerb ausfiel.
Stutz kam in einem Erfahrungsbericht zu einer sehr positiven Beurteilung des Flugzeugs:
»Die Arado L IIa besitzt rein fliegerisch alle guten Eigen-

Muster		**Arado L I**	**Arado L II**	**Arado L IIa**
Triebwerk		Salmson Ad 9 9-Zylinder Stern 29 kW (40 PS)	Argus As 8a 4-Zyl. Reihe 59 kW (80 PS)	Argus As 8R 4-Zyl. Reihe 81 kW (110 PS)
Besatzung		2	2	2
Länge	m	6,00	6,72	6,72
Höhe	m		2,28	2,28
Spannweite	m	10,00	10,50	11,00
Flügelfläche	m^2		16,00	17,00
Flächenbelastung	kg/m^2		41,88	45,88
Leistungsbelastung	kg/PS		8,38	7,09
Rüstmasse	kg	272	405	460
Kraftstoff	kg		70	95
Besatzung	kg		150	150
Zuladung	kg		45	35
Flugmasse	kg	500	670	740[1]
Höchstgeschwindigkeit	km/h	140	162	185
Steigzeit auf 1 km	min		7,30	7,80
Dienstgipfelhöhe	m			2000
Reichweite km/h	km			700

[1] Als Reiseflugzeug: 780 kg

schaften eines kleinen Reiseflugzeugs. Die beiden nebeneinanderliegenden Sitze sind bequem und gut gegen Regen abgedeckt. Neben den guten Flugeigenschaften ist besonders zu erwähnen, daß es sich in den Böen selbst auspendelt, was ich in dem böigen Wetter über England empfand.«[26]
Nachdem ein weiteres Arado-Flugzeug ausgefallen war, kamen die beiden restlichen nach den Streckenflügen neben weiteren 33 Teilnehmern in die technische Wertung. Sie belegten die Plätze 18 und 22 und erreichten drei Viertel der Punkte des Besten.[27]
Zwei Arado L IIa (D-1875 und D-1876) nahmen 1931 am Deutschlandflug teil. Obwohl die L IIa D-1875 während einer vorausgehenden Erprobung in Travemünde eine Bruchlandung erlitt, gingen die Piloten *W. Hagen* und *Th. Osterkampf* am 15. August mit beiden Flugzeugen nach den vorausgegangenen Leistungsprüfungen an den Start. Sie gehörten zu den 14 von 19 Teilnehmern, die den Rundkurs erfolgreich beenden konnten.
Trotz der positiven Erfahrungen mit der »Hochzeitskutsche«, wie der Spitzname des Flugzeugs lautete, stand das weitere Schicksal des Sport- und Reiseflugzeugs Arado L II a unter einem schlechten Stern. Die angestrebte Lücke auf dem zivilen Markt erwies sich als trügerisch, so daß der Weiterbau aufgrund einer allgemein schlechten Absatzlage nicht fortgesetzt werden konnte. 1931 mußte Arado seine Leicht-Flugzeuge mit einem Rabatt von 4 000 Mark zum Kauf anbieten.[28] Eine von der Akademischen Flieger-Gruppe Berlin erworbene L II a wurde bis 1933 geflogen.

Ersatzfertigung während der Wirtschaftskrise

Nach dem Bau von 19 Lizenzflugzeugen während der Stinnes-Ära hatte die Arado Handels Gesellschaft von 1926 bis Ende 1930 neun eigene Baumuster entwickelt und insgesamt 43 Flugzeuge gefertigt. Die höchste jährliche Produktionsrate lag bei 19 Einheiten. Das Auftragsvolumen durch das Reichsverkehrsministerium hatte sich bis 1928 jährlich verdoppelt, lag aber, abgesehen von Focke-Wulf, deutlich unter dem von Junkers, Rohrbach, Udet/BFW, Albatros und Heinkel.[1]
Die ab 1930 einsetzende allgemeine Wirtschaftskrise führte zu einem Absatzrückgang in der Flugzeugindustrie. Finanzielle Eigenmittel für Innovationen standen den kleineren Privatfirmen nur begrenzt zur Verfügung. Angesichts der Vielzahl konkurrierender Firmen und der angebotenen Flugzeugmuster drohte die Zersplitterung der vom Reichsverkehrsministerium bereitgestellten Subventionsmittel. Da die generell geringen Stückzahlen keinen größeren Entwicklungsaufwand rechtfertigten, versprach sich Arado, wie viele andere Firmen, von der Beibehaltung der kostengünstigen Gemischtbauweise bessere Marktchancen. Dadurch ging jedoch der Anschluß an Hersteller wie Dornier, Junkers und Rohrbach, die bereits zur Metallbauweise übergegangen waren, vorübergehend verloren.
Erschwerend kam hinzu, daß es nach dem Wegbrechen des zivilen Inlandsmarktes bei Arado nicht zu einer Ausweichproduktion im Ausland kam. Die meisten Abnehmer waren halbstaatlich wie die Deutsche Versuchsanstalt für Luftfahrt (DVL), die Deutsche Verkehrsfliegerschule (DVS) und die Luft Hansa. Es fehlte auch die Kooperation mit einer betriebseigenen Luftreederei. In den Jahren 1929 und 1930 produzierte Arado, abgesehen von einigen Nachbauten der HD 38, nur fünf beziehungsweise vier Einheiten jährlich. Als die Flugzeugproduktion anschließend einen allgemeinen Tiefpunkt erreichte, traten in den Bilanzen der Jahre 1930 und 1931 erneut Verluste auf. Trotz einer 1929 vom Reich bewilligten staatlichen Umstellungsbeihilfe von 250 000 Reichsmark befand sich das Unternehmen wie viele andere Flugzeugfirmen am Rand des wirtschaftlichen Zusammenbruchs.

Möbelproduktion und Bootsbau

Obwohl *Lübbe* die Tagesgeschäfte und die Repräsentation des Unternehmens weitgehend seinem Teilhaber und Geschäftsführer *Felix Wagenführ* und dem Prokuristen *Erich Serno* überließ, behielt er als Mehrheitsgesellschafter die Fäden der Firmenpolitik fest in der Hand. Um Verluste auszugleichen und Lohnstreiks, wie sie bei Heinkel eintraten, zu vermeiden, deckte er im Oktober 1930 anstehende Zinszahlungen mit eigenen Mitteln ab.[2] Der Produktionseinbruch wurde teilweise durch Ersatzfertigungen ausgeglichen, indem in der Werft Boote gebaut und Möbel für das Rostocker Krankenhaus gefertigt wurden. An Argentinien wurden 10 000 Stück Boots-Ruder geliefert.

Das »rasende Laboratorium«

Weitere Überbrückungsaufträge waren *Walter Rethels* Ruf als Spezialist für autogenes Schweißen zu verdanken. Er hatte mit diesem Verfahren einen aus Stahlrohr gefertigten, motorisierten Kran entwickelt, der bei einem Eigengewicht von nur 300 kg eine Tragfähigkeit von 1 000 kg hatte und zum Ein- und Ausbau von Flugmotoren verwendet wurde.
Rethel hatte die autogene Schweißtechnik soweit opti-

Der von *Walter Rethel* konstruierte Autokran der Arado Handels Gesellschaft fand u.a. Verwendung beim Einbau von Flugzeugmotoren.

Ein 1930 nach Entwürfen von *Paul Friedrich Looks* für die Hamburger Schiffbauversuchsanstalt von der Arado Handels Gesellschaft entwickelter Schleppwagen für Flugtanks.

miert, daß sie auch von weniger geübten Fachkräften gehandhabt werden konnte. Sie kam auch bei einem Auftrag der Hamburger Schiffsbauversuchsanstalt für einen »Schleppwagen für Flugtanks« zur Anwendung, dessen Entwurf im Dezember 1930 von Oberingenieur *Paul Friedrich Looks* fertiggestellt wurde. Der als »rasendes Laboratorium« bezeichnete Wagen konnte Schiffsmodelle und Flugzeugschwimmer auf Schienen mit einer Geschwindigkeit von 20 m/sek. über eine ovale Wasserbahn schleppen. Er war 15 Meter lang und fast fünf Meter breit, hatte eine Spurweite von sechs Metern und ein Gewicht von 2 400 kg. Angetrieben wurde er von zwei Gleichstrom-Motoren mit einer Leistung von je 40 kW.

Waffenentwicklung

Die von *Lübbe* betriebene Waffenentwicklung sicherte dem Unternehmen ein weiteres wirtschaftliches Standbein. Arado lieferte Gewehrverschlüsse, Transportwagen für die Bombe W 300 und Bombenabwurfvorrichtungen für die 50-kg-Bombe C 50. Da diese Aufträge unter größter Geheimhaltung abgewickelt wurden, sorgte der Umstand, daß der damals zehnjährige Sohn *Walter Rethels* auf dem Werftgelände eine hölzerne Bomben-Attrappe fand, für beträchtliche Aufregung.
Als nach neuerlichen Lungenblutungen um 1922 ein Aufenthalt *Lübbes* in einem bayerischen Sanatorium erforderlich wurde, äußerte *Ottilie Lübbe* besorgt: »Er tut mir dann so leid, ist so ein kluger Kopf und so fleißig.« *Lübbe* lebte nicht zuletzt aufgrund seiner angegriffenen Gesundheit sehr zurückgezogen. In Berlin-Grunewald bewohnte er ein von dem Berliner Architekten *Hermann Muthesius* entworfenes Landhaus.[3] Als Nachbar des AEG-Industriellen und späteren Außenministers *Walther Rathenau*[4] gehörte er zu den »einfachen, schweren Kapitalisten«, wie die Grunewalder von dem dort ansässigen Literaturkritiker *Alfred Kerr* spöttisch genannt wurden. Vermutlich auch aus Gründen der Geheimhaltung verlagerte *Lübbe* seine Waffenexperimente in sein privates Labor in Grunewald, das mit Dunkelkammer, Blaupausengerät, Schweißapparaturen sowie einem Spezialofen zum Sintern von Leichtmetallen ausgestattet war. Für Schießversuche stand ein 20 Meter langer unterirdischer Tunnel zur Verfügung.
Im Jahr 1931 suchte *Otto Affeldt*, der Leiter des technischen Betriebsbüros in Warnemünde, *Lübbe* in Berlin-Grunewald auf, um den Kauf von Werkzeugmaschinen zu besprechen. Er wurde begleitet von *Curt Heber*, der vormals *Lübbes* Assistent im Waffenbüro der Fokker Flugzeugwerke gewesen war und inzwischen in Berlin-Britz ein Konstruktionsbüro für Flugzeugwaffen unterhielt. *Affeldt* hatte den Eindruck, daß *Lübbes* »attraktive und couragiert wirkende Frau geschäftlich das Heft in der Hand hatte«, während *Lübbe* selbst verschlossen wirkte und vornehmlich an Waffentechnik interessiert schien.
Im gleichen Jahr führte *Heber* in der Schlosserei der Arado-Werft Besprechungen mit *Affeldt*. Nach *Hebers* Entwürfen wurden, in Zusammenarbeit mit Siemens, in Warnemünde Bombenabwurfvorrichtungen gebaut. Obwohl Werksangehörige über ihren engsten Verantwortungsbereich hinaus generell keinen Einblick in innerbetriebliche Zuständigkeiten erhielten, erfuhr *Affeldt,* der dem Firmeninhaber in Warnemünde nie persönlich begegnet war, bei dieser Gelegenheit von »dubiosen« Verhandlungen über Waffengeschäfte mit der Reichswehr. Wie sich Oberingenieur *Hans Rebeski* erinnerte, »war *Lübbe* nur ganz sporadisch in Warnemünde und kümmerte sich bei seinen Besuchen relativ wenig um den Flugzeugbau, sondern war nur in Warnemünde, wenn wir militärische Aufträge für Flugzeugausrüstung hatten.« Aus Geheimhaltungsgrün-

den wurde er bei seinen gelegentlichen Besprechungen mit *Lübbe* nicht über die Identität seines Gesprächspartners informiert.[5]

Da sich *Lübbe* »aufgrund seiner Tätigkeit als Waffenkonstrukteur im Ersten Weltkrieg hinsichtlich der damals gebräuchlichen MG-Steuerung am besten auskannte«[6], wurden um 1929/30 in Warnemünde 200 Steuerungen für Flugzeugmaschinengewehre nach seinen Entwürfen gefertigt. Im Februar 1930 erfolgte unter der Regie des Reichsverbandes der Deutschen Luftfahrtindustrie in einer abgeschirmten Halle des Flugplatzes Staaken ihr probeweiser Einbau in das Junkers-Flugzeug W 33. Anschließend wurde das Waffensystem wieder ausgebaut und separat nach Lipezk zur militärischen Erprobung verschickt. *Rebeski*, der 1930 und 1931 jeweils für sechs Monate im Auftrage des Heereswaffenamtes die Erprobung in Lipezk überwachte, wurde nach Absprachen mit der Geschäftsleitung in Berlin offiziell von Arado entlassen und erhielt einen Decknamen.

Im Dezember 1931 beschrieb *Lübbes* Frau *Ottilie* die Auswirkungen der Wirtschaftskrise wie folgt: »Hier, besonders in der Großstadt, ist die Arbeitslosigkeit sehr groß, und niemand weiß Rat; man hört und sieht hier nur Sorgen. Ich glaube, niemand hätte eine solche Auswirkung vom Krieg erwartet. Und jedes Land ist merkwürdigerweise betroffen. Also für alle ein karges Weihnachten. Unsere Fabrik ist eine der wenigen Flugzeugfabriken, die überhaupt noch etwas zu tun haben.«[7]

Ottilie Lübbe äußerte ihre Besorgnis wegen der Arbeitsüberlastung ihres Mannes seinerzeit wie folgt: »Er arbeitet beinah zu viel, und es kommen dann ab und zu die Schmerzen im Leib wieder...*Heinz* arbeitet ja neben seiner Fabrik immer noch Neuheiten aus und hat eben heute noch ein Patent erteilt bekommen. Ein schönes Weihnachtsgeschenk und etwas für die Zukunft.«[8] *Ottilie Lübbe* bezog sich auf ein Patent für eine automatische 2-cm-Flugzeugkanone mit Gasdruckantrieb. Diese Waffe wurde seinerzeit wie folgt beschrieben:

»Der bekannte Berliner Ingenieur *H. F. A. Lübbe* erstellte 1929 ein Arbeitsmodell einer automatischen Waffe, die er als das non plus ultra im Bereich der Flugzeugbewaffnung ansah. Diese Waffe hatte einen Gasdruckantrieb und ein Kaliber von 20 mm und war in der Lage, 360 Schuß in der Minute abzufeuern. Sie war luftgekühlt, hatte ein Trommelmagazin und wog ohne den Zuführer nur 107 Pfund (48,5 kg). Diese Merkmale sind ein Beweis für die sorgfältige Planung, die hinter diesem Entwurf steckte. Die Einzelteile waren so konstruiert, daß sie für eine Massenproduktion geeignet waren, und die geniale Einfachheit der Konstruktion läßt sich daran erkennen, daß die gesamte Waffe nur aus 50 Einzelteilen bestand. Rheinmetall, Deutschlands große Waffenschmiede, interessierte sich für die Kanone, und 1931 erfuhr sie durch führende Experten dieser Firma eine hervorragende Beurteilung. Das deutsche Waffenprüfungsamt unterzog angeblich drei Exemplare dieser Waffe einer Prüfung auf ihrem Testgelände. Die Ergebnisse dieser Tests sollen unbefriedigend ausgefallen sein, und nach einem weiteren Versuch, diese Waffe in Serie gehen zu lassen, wurden derartige Anstrengungen weder von dem Erfinder noch von den deutschen Beschaffungsämtern unternommen.«[9]

Ein Hinweis aus Rechlin bestätigt, daß sich die Waffenprüfanstalt mit *Lübbes* Erfindung befaßte: »Von Wa Prüf 6F war, anschließend an den Stand der Entwicklung am Ende des Ersten Weltkriegs, zum Beispiel die Weiterentwicklung des 2-cm-Lübke-MG, des 7,8-cm-Gebauer-Motor MG und des Siemens Motor-MG wieder aufgenommen worden.«[10]

Bezüglich der Einführung großkalibriger Flugzeugwaffen war Deutschland im Rückstand. 1934 wurde zunächst das kleinkalibrige Flugzeug-Maschinengewehr MG 17 zur Beschaffung freigegeben. 1935 mußte die Luftwaffe die Lizenz für die schweizerische 2-cm-Oerlikon-Kanone MG FF ankaufen. Nach dem versuchsweisen Einbau von zwei-Zentimeter-Flugzeugkanonen im Jahr 1937 erlangten großkalibrige Waffen erst nach Kriegsbeginn Serienreife.[11]

Wie Experten nachträglich feststellten, war *Lübbes* Konstruktion »ein hervorragender Gasdrucklader und ein Schritt nach vorn.«[12] Unabhängig von der Qualität der Waffe hegte die Reichwehr jedoch Vorbehalte gegenüber dem Gasdrucklader und wollte in der Anfangsphase der

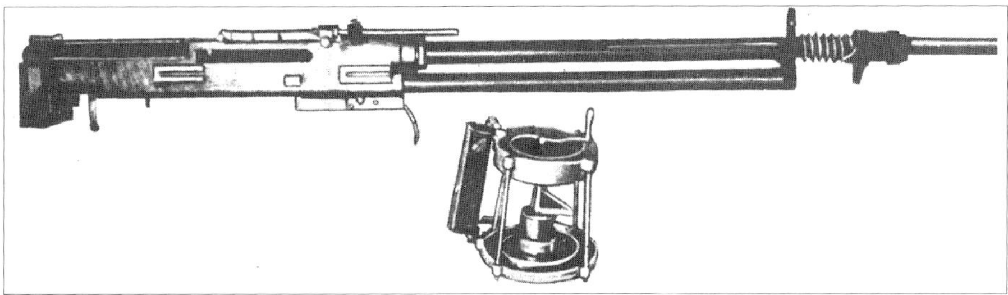

Gasgetriebene 2-cm-Flugzeug-Kanone Patent *H. F. A. Lübbe* 1931.

Luftrüstung aus Kostengründen auf dieses technisch aufwendigere Verfahren verzichten. Sie forderte den Rückstoßlader und bevorzugte unter anderem das MG C/30 L, das sich als Fehlschlag erwies. Die Russen entwickelten dagegen beide Systeme parallel und machten mit beiden gute Erfahrungen.

Die fehlende Akzeptanz für sein Patent in Deutschland veranlaßte *Lübbe*, die Waffe den Vereinigten Staaten zum Kauf anzubieten. Sein Angebot erfolgte auf Anraten wirtschaftlich einflußreicher Verwandter in den USA unter Vermittlung von *Charles Lindbergh,* dessen Schwiegervater im Aufsichtsrat einer amerikanischen Flugzeugfirma vertreten war. Der amerikanische Militärattaché in Berlin übermittelte Ende 1931 ein Gutachten in die USA, das eine Beschreibung der Waffe, sieben Fotos als Anlage und den Vermerk enthielt, daß der Erfinder bereit sei, die Waffe zu verkaufen.[13] Mit diesem Verkaufsangebot machte sich *Lübbe* bei den deutschen Behörden ähnlich suspekt wie der Flugzeugkonstrukteur *Antonius Raab*, der gleichfalls Geschäftsverbindungen mit *Lindbergh* unterhielt.[14]

Auf einer Versammlung deutscher Flugzeugkonstrukteure und Luftfahrtindustrieller im Jahre 1931 wurde die Arado Handels Gesellschaft durch den Prokuristen *Erich Serno* und den Minderheitsgesellschafter und Geschäftsführer *Felix Wagenführ* vertreten, während der Hauptgesellschafter *Heinrich Lübbe* nicht anwesend war. Von links nach rechts, hintere Reihe: Major *Willi Lehmann, Willy Messerschmitt* (BFW), *Freiherr Waldemar von Buttlar* (BMW), *Felix Kasinger* (SFW), *Erwin Pfisterer* (Junkers), *August Mühlen* (Junkers), *August Stelling* (WLG), Major *Erich Serno (Arado), Friedrich Wilhelm (Fritz) Siebel* (Leichtflugzeugbau Klemm), *Hanns Klemm* (Leichtflugzeugbau Klemm), *Otto Mielatz* (Dornier), *Baron Hermann von Pfistermeister* (Heinkel), *Walter Hormel* (Heinkel), *von Sydow, Henrich Focke* (Focke-Wulf Flugzeugbau), *Oesterle, Werner Naumann* (Focke-Wulf Flugzeugbau), N.N., N.N. Vordere Reihe von links *nach rechts: Walter Huth* (Albatros), *Hugo Junkers,* Konteradmiral a.D. *Rudolf Lahs* (Präsident des RDLI), *Claude Dornier, Moritz Strauß* (Argus), Oberstleutnant a.D. *Felix Wagenführ* (Arado), *Ernst Heinkel, Wolf.*

Aufschwung durch Rüstungsaufträge

Nach der in den frühen dreißiger Jahren vieldiskutierten Douhetschen Theorie galt eine Verteidigung ohne eine Bomberwaffe als wenig aussichtsreich. Allerdings waren zwei Drittel der bis 1932 gebauten Militärflugzeuge nur als Aufklärer geeignet, und das Truppenamt scheute vorerst den Bau von Bombern nicht nur aus Kostengründen, sondern auch aus der Befürchtung heraus, das Ausland könnte auf eine Angriffsabsicht schließen. Im Rahmen eines beschränkten, defensiven Rüstungskonzeptes förderte das Truppenamt vorrangig die Entwicklung von leistungsfähigen Flugmotoren und Jagdflugzeugen.
Am 19. Mai 1930 wurde im Rahmen des von 1931 bis 1937 reichenden Fliegerrüstungsprogramms durch Oberstleutnant Helmut Felmy, dem Chef des Stabes der Inspektion der Waffenschulen, der Grundstein für eine sogenannte »Risikoluftwaffe« gelegt und, unter Mißachtung des Bauverbots für Militärflugzeuge, beschlossen, im Mobilmachungsfall unter anderem zwei Jagdgeschwader bereitzustellen.[1] Am 29. November 1930 einigte sich Felmy in einer Besprechung mit dem Reichswehrminister, dem Außen- und dem Verkehrsminister sowie dem Chef der Fliegerinspektion über die geheime Aufstellung von 22 Flugzeugstaffeln, darunter sechs Jagdstaffeln, bis 1937.[2] Der Aufstellungsbeschluß für die ersten als »Reklamestaffeln« getarnten Einheiten datiert vom 1. Oktober 1930. Am 20. Januar 1931 wurden die Staffeln für den Notstand freigegeben. Am 1. Februar 1932 veranlaßte Felmy eine Aufstockung des Flugzeugbestandes auf 960 Einheiten, darunter 162 Jagdflugzeuge. Die Realität sah zu diesem Zeitpunkt anders aus. Im April 1932 verfügte die Reichswehr über 228 Flugzeuge, von denen nur 36 rein militärische Baumuster waren. Der Rest bestand aus behelfsmäßig umgerüsteten Zivilflugzeugen.[3]

Serienfertigung für die Risiko-Luftflotte der Reichswehr

Mitte 1931 stellten die nach den vorausgegangenen Rationalisierungsmaßnahmen verbliebenen Firmen Junkers, Dornier, Heinkel, Focke-Wulf, Arado und Klemm »das Mindestmaß dessen dar, das für die Belange des Reichswehrministeriums erhalten werden muß«[4].
Ein Lagebericht kam zu dem Ergebnis, daß außer Junkers nur Arado und Heinkel kreditwürdig waren und für eine Serienproduktion von Jagdeinsitzern in Frage kamen.[5] Die Dornier-Werke, die mit den liquidierten Albatros-Werken fusionierten Focke-Wulf-Werke und die Bayerischen Flugzeugwerke verfügten über keine Erfahrungen beim Bau von Jagdflugzeugen. Nur Heinkel, Arado und Klemm wiesen ein zur Erhaltung der Kapazität notwendiges Auftragsvolumen auf.[6] Die Junkers Flugzeugwerke litten unter erheblichen Liquiditätsschwierigkeiten. Außerdem war das Verhältnis der Firma zum Reichsverkehrsministerium getrübt. Ein von Junkers entwickeltes Ganzmetall-Jagdflugzeug erwies sich zudem als zu kostenträchtig. Arado galt dagegen neben Heinkel als der qualifizierteste Hersteller im Bereich des Gemischtbaus, der damals für den Serienbau favorisiert wurde. Die ab 1927 von Arado entwickelten Prototypen für Jagdeinsitzer entsprachen zwar nicht voll den Erwartungen des Heereswaffenamtes, sie sollten aber ab 1929 auf der Grundlage neuer technischer

Prototyp der Ar 64.

Forderungen zur Serienreife weiterentwickelt werden. Im Anschluß an den vorausgegangenen Entwicklungsauftrag für Jäger-Prototypen erhielt die Arado Handels Gesellschaft deshalb den ersten Serienauftrag für Jagdeinsitzer mit der Folge, daß die Produktion in den Jahren 1931 und 1932 gegenläufig zum allgemeinen Trend wieder anstieg, und zwar jährlich auf neun beziehungsweise elf Einheiten. Da sich in der Folgezeit die von Arado entwickelten Jagdflugzeuge außerordentlich bewährten, steigerte sich bis 1935 der Umsatz des Unternehmens kontinuierlich, so daß *Ottilie Lübbe* bereits im März 1932 feststellen konnte: »Im großen und ganzen geht es uns noch gut. Wir hoffen, das Schlimmste überwunden zu haben. Unsere Fabrik ist ganz gut beschäftigt, wenn auch nicht mit so großen Gewinnen wie sonst.«[7]

Ar 64, erster Serien-Jagdeinsitzer der Nachkriegszeit

Der ab 1930 entwickelte Jagdeinsitzer Ar 64 war als Ersatz für die bisher verwendete Fokker D XIII gedacht. Er wurde in Gemischtbauweise als offener Doppeldecker mit normaler Flügelstaffelung und N-Stiel der Tragflächen erstellt. Intern wurde der Flugzeugtyp als Weiterentwicklung der Prototypen SD I bis SD III unter der Bezeichnung SD IV geführt. Zur Verbesserung der Flugeigenschaften erhielt er im Unterschied zu seinen Vorgängern einen verlängerten Rumpf und ein größeres Seitenleitwerk mit schmalerer Flosse. Die Spannweite betrug 9,90 m, die Länge 7,75 m, die Flügelfläche 23,3 m^2 und die Flugmasse 1 705 kg. Dies ergab eine Flächenbelastung von 73,2 kg/m^2.

Die Ar 64 A war mit dem bereits in dem Jagdeinsitzer SD III verwendeten Siemens-Jupiter VI-Getriebemotor ausgerüstet. Der mit einer Vierblatt-Holzluftschraube der Fir-

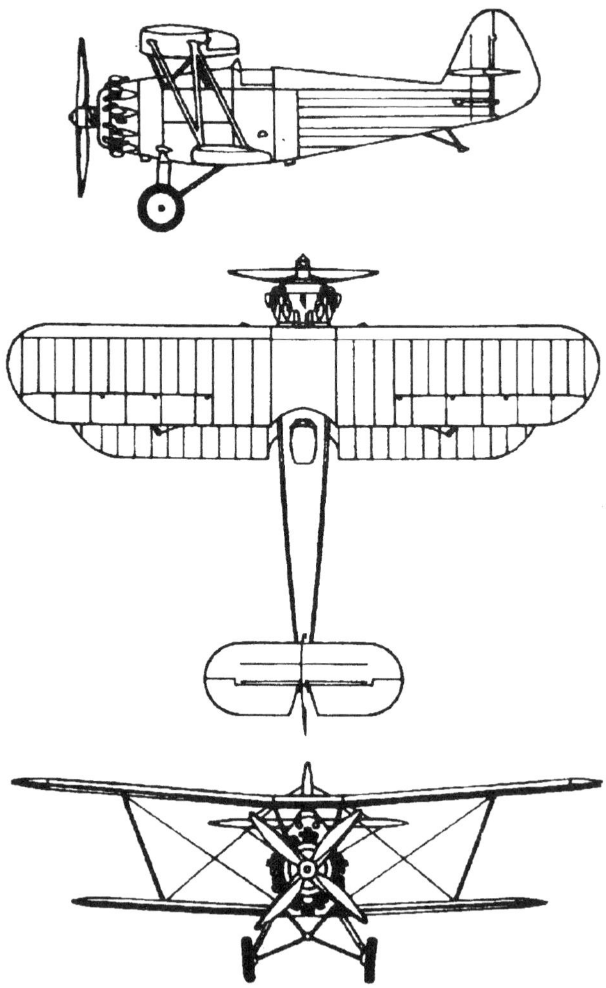

Dreiseitenansicht des Jagdeinsitzers Ar 64.

Prototyp der Ar 64.

ma Schwarz kombinierte Motor leistete 390 kW (530 PS). Bei einer Leistungsbelastung von 3,22 kg/PS konnte so eine Höchstgeschwindigkeit von 250 km/h erzielt werden. Mit Rücksicht auf die begrenzte Leistung der Synchronisation der beiden Maschinengewehre 08/15 wurde bei der Erprobung eine zweiflügelige Luftschraube verwendet. Charakteristisch waren die stromlinienförmigen Ablaufbleche um die Zylinder des Sternmotors zur Verminderung des Luftwiderstandes. Die beiden Musterflugzeuge der Baureihe B erhielten einen BMW-VI-Motor mit einer Leistung von 469 kW (640 PS). In die zellenmäßig verbesserten Serienversionen Ar 64 C und D wurde erneut der Siemens-Jupiter-Motor eingebaut. Die Ar 64 erhielt als erstes Arado-Flugzeug hydraulische Radbremsen, die Baureihe Ar 64 E erstmals ein verkleidetes Fahrgestell.

In der E-Stelle Staaken befanden sich 1931 drei Flugzeuge der Baureihe Ar 64 C[8], vier Flugzeuge der Baureihe Ar 64 D[9] sowie vier Flugzeuge der Baureihe Ar 64 E.[10] Nachdem für den 1. Oktober 1929 die Flugzeugbestandsliste für Lipezk vorübergehend kein Arado-Flugzeug mehr aufwies, waren 1931 dort unter anderem zwei Jagdeinsitzer Ar 64 D registriert, die zuvor in Rechlin erprobt worden waren.[11]

Die Sowjets waren an der Ar 64 äußerst interessiert, jedoch zunehmend unzufrieden mit dem gezeigten Gerät. Sie führten dies auf die veränderte politische Lage in Deutschland zurück. Der Chef der russischen Luftwaffe *Alksnis* drohte, die Zusammenarbeit einzustellen, und verlangte am 26. März 1932 die Vorführung eines Arado-Jagdflugzeugs mit Rolls-Royce-Motor. *Alksnis* gab zu verstehen, daß er Informationen aus der Presse habe, wonach das Flugzeug eine Geschwindigkeit von 430 km/h erreiche und in fünf Minuten auf 5 000 m steigen könne.[12] Die deutsche Seite reagierte ausweichend und bezeichnete die Meldungen als unglaubwürdig. Das gewünschte »Rolls-Royce Arado-Jagdflugzeug« wurde den Sowjets schließlich während einer Besichtigung deutscher Flugzeugwerke im Dezember 1932 vorgeführt.[13] Es handelte sich vermutlich um den in Entwicklung befindlichen, mit Rolls-Royce-Motor ausgerüsteten Jagdeinsitzer Ar 67, der jedoch keinesfalls die erwartete Höchstgeschwindigkeit aufwies.

Obwohl die Ar 64 zum Ausbrechen neigte und die Start- und Landeeigenschaften zu wünschen übrig ließen, erwies sie sich als eine weitgehend gelungene Konstruktion, so daß das von Heinkel entwickelte Konkurrenzmuster HD 43 aufgegeben und die Lizenzrechte an die Sowjetunion vergeben wurden.

Für 1932 lag Arado zunächst ein Lieferauftrag über sechs Serienflugzeuge vor, dem sich 1933 ein weiterer über sieben anschloß. In dem im Mai 1933 von *Göring* erstellten, bis April 1934 reichenden ersten Lieferplan waren 60 Einheiten des Baumusters Ar 64 D vorgesehen. Zu der geplanten Serienproduktion von monatlich 27 Flugzeugen kam es jedoch nicht, da der Nachfolgetyp schneller als erwartet anlief. In dem vom 1. Januar 1934 bis zum 30. September 1935 reichenden »Rheinlandprogramm« wurden nur 19 Einheiten angefordert, deren Lieferung werksseitig am 30. April 1936 bestätigt wurde. Nach der Auslieferung eines ersten Flugzeugs im Jahr 1933 wurden nach Werksangaben 18 Einheiten in Warnemünde gefertigt, und zwar je neun im Januar und Februar 1934. Zwölf zusätzliche Einheiten wurden 1932 und 1933 bei Focke-Wulf in Lizenz hergestellt. In den Jahren 1934 und 1935 gehörten fünf Flugzeuge zum Bestand der Jagdfliegerschule Schleißheim.[14] Sechs Flugzeuge der Baureihen Ar 64 D und Ar 64 E waren bei den Deutschen Verkehrsfliegerschulen stationiert.[15] Einige Flugzeuge gelangten zum Jagdgeschwader 132 nach Döberitz.

Ar 65, erster deutscher Standardjäger

Mit dem ab 1931 entwickelten Baumuster Ar 65 bot Arado seinerzeit den leistungsfähigsten deutschen Jagdeinsitzer an, der nach Ansicht von *Rüdiger Kosin* »allen Forderungen an Festigkeit, Flugeigenschaften und Betriebssicherheit gerecht wird«.[16] Der ursprünglich unter der Musterbezeichnung SD V konzipierte, gestaffelte Doppeldecker unterschied sich in der Bauweise nur geringfügig von der Ar 64. Die Rumpflänge war mit 8,37 m allerdings ebenso vergrößert wie die Spannweite, die im Oberflügel 11,20 m und im Unterflügel 9,20 m betrug. Infolge der vergrößerten Fläche von 30 m² sank die Flächenbelastung auf 65 kg/m².

Die Flugleistungen wurden durch den Einbau des neuentwickelten und teilweise mit dem Vorläufer Ar 64 bereits erprobten BMW VI-Reihenmotors 7,3 Z, der 552 kW (750 PS) leistete, verbessert. Bei einer Flugmasse von 1 920 kg

Ar 65 A in Warnemünde.

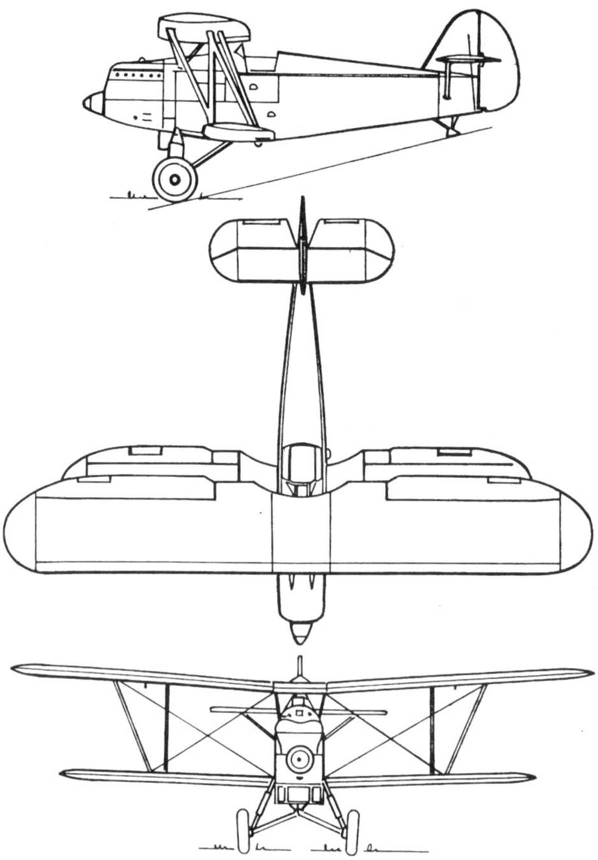

Dreiseitenansicht des Jagdeinsitzers Ar 65.

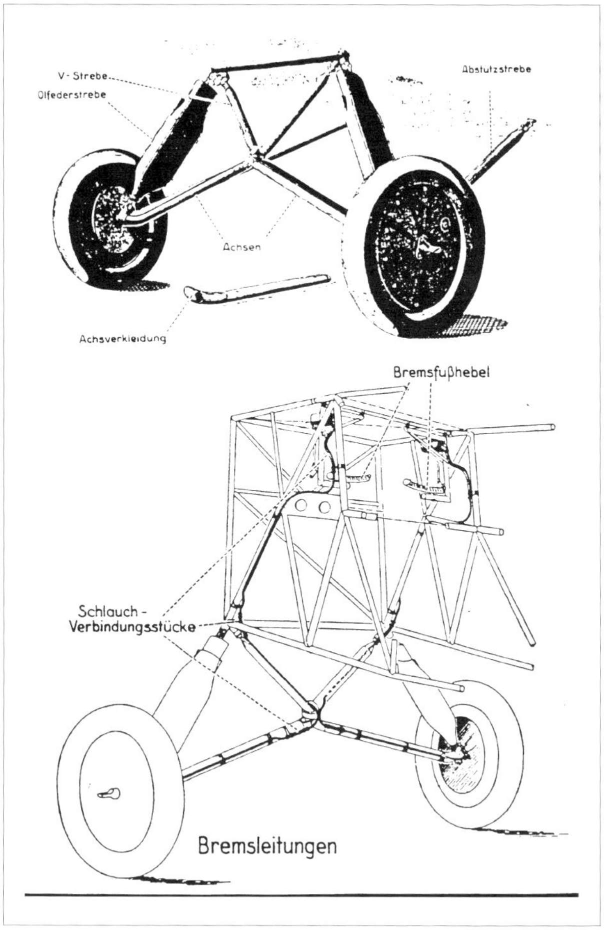

Fahrwerk der Ar 65 mit geteilter Achse und hydraulischen Radbremsen (Grafik G. Sengfelder).

ergab sich eine Leistungsbelastung von 2,6 kg/PS. Die Dienstgipfelhöhe betrug 7 350 m, die Reichweite 420 km. Nach Ansicht der Rechliner Piloten, die »bis zu diesem Muster als stärksten Motor den As 10 geflogen hatten, bedeutete der BMW VI in der Ar 65 einen auffälligen Schritt nach vorn«.[17]

Flugleistungen des Baumusters Ar 65 A (ohne Bombenlast)[18]

Höhe km	Steigzeit min.	Horizontalgeschwindigkeit km/h
0	0	282
1	1,60	280
2	3,40	278
4	8,40	267
7	30,00	210

Der Prototyp Ar 65 A (W.Nr. 71, D-2218) befand sich 1931 neben dem Prototyp Ar 65 B (W.Nr. 77, D-IGIL) bei der E-Stelle Staaken und war 1932/33 als letztes Baumuster der Arado Handels Gesellschaft in Lipezk stationiert. Im November 1932 nahmen zwei Flugzeuge der Baureihen Ar 65 A und Ar 65 B[19] in Travemünde an einem Vergleichsfliegen teil mit dem Ergebnis, daß das Baumuster für die Ausrüstung der getarnten Jagdverbände ausgewählt wurde.

Die Baureihen Ar 65 D bis Ar 65 F wiesen geringfügige Zellenverbesserungen auf und erhielten erstmals Querruder im Ober- und Unterflügel. Als Grundmuster für die Serienfertigung wurde die Baureihe Ar 65 F gewählt. Im Berichtsmonat vom 26. Juli bis zum 25. August 1934 erfolgte in Rechlin eine 100-Stunden-Erprobung des Verstellpropellers mit einem Flugzeug der Baureihe Ar 65 D (D-

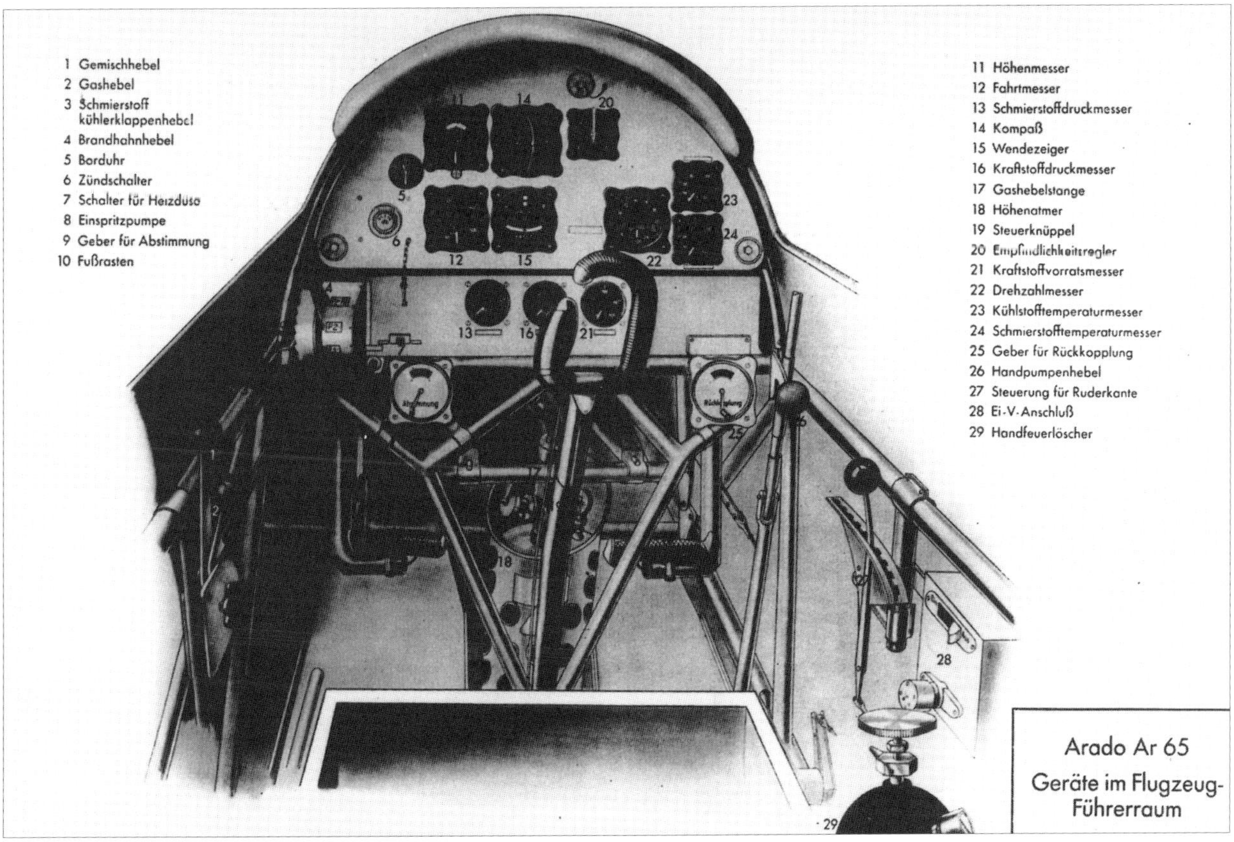

Cockpit der Ar 65.

2858).[20] Am 8. Juni und 1. Juli 1935 fanden bei der DVL in Adlershof Meßflüge mit Ar 65 D-IHOO statt.[21]

1933 lieferten alle deutschen Flugzeugwerke monatlich lediglich 31 Flugzeuge. Im September 1933 sah der Lieferplan für die kommenden zwei Jahre eine Verdoppelung der Produktion vor. Das »Rheinlandprogramm« vom Januar 1934 ging von einem Monatsausstoß von 293 Flugzeugen und einer Bereitstellung von 345 Jagdflugzeugen bis zum 30. September 1935 aus, darunter 85 Einheiten vom Typ Ar 65. Von den 141 gleichzeitig angeforderten Einheiten des Jagdeinsitzers He 51 sollte Arado 70 Einheiten in Lizenz fertigen.

Im April 1932 waren die beiden ersten Serienflugzeuge vom Typ Ar 65 im Bau. Nach der Auslieferung von 79 Einheiten im Jahr 1934 und 85 Einheiten bis zum 28. Februar 1935 entstanden weitere 49 Einheiten. Da Arado über keine ausreichende Baukapazität verfügte, wurden im September 1934 zwölf Flugzeuge der ausrüstungsmäßig geringfügig veränderten Baureihe G bei Erla in Lizenz gebaut, denen zwölf weitere folgten. Die Baukosten für die ersten Maschinen betrugen 87 000 RM. Ab dem dritten Exemplar reduzierten sie sich auf 57 000 RM.[22] Ago stellte nach Werksangaben von Arado insgesamt 36 Lizenzflugzeuge her, darunter 19 Einheiten der Baureihe Ar 65 F im Jahr 1935. Nachdem das Plansoll von 157 Einheiten bis zum 30. April 1936 mit einer Ausbringung von 171 Einheiten leicht überschritten worden war, belief sich die Gesamtproduktion einschließlich der Lizenzbauten vermutlich auf 194 Einheiten.

Ab April 1934 gelangten die meisten der mit zwei synchronisierten MG 08/15 und erstmals einem Vertikalmagazin zum Abwurf von sechs 10-kg-Bomben ausgerüsteten Flugzeuge mit ziviler Zulassung zu den Reklamestaffeln »Mitteldeutschland« in Döberitz und zu Staffeln der DVS Schleißheim. 80 Einheiten erhielt das Jagdgeschwader 132 in Döberitz.

Als im März 1936 Jagdflugzeuge vom Typ Ar 65 des Jagdgeschwaders III/134 im Zuge der Rheinlandbesetzung de-

Ar 65 F (D-IROV) auf dem Warnemünder Flugplatz.

monstrativ den Kölner Dom umflogen, verfehlte die Aktion nicht ihre außenpolitische Wirkung. Nachdem *Görings* erster Lieferplan heimlich nach England geschmuggelt worden war, wurde der Jageinsitzer Ar 65 in England als »Spitzenleistung« der deutschen Industrie mit einem »überlegenen Angriffswert« bezeichnet. In einer Veröffentlichung hieß es: »Bezeichnend ist, daß das Richthofen-Kampfgeschwader, die erste seit *Görings* Ankündigung der Militärluftfahrt in Hitler-Deutschland offiziell genannte Fliegerformation, die als Elite-Fliegertruppe herausgestellt wird, mit Arado 65-Maschinen ausgerüstet ist. An dem Flug über Berlin anlässlich der grossen Luftschutzübung im März 1935 haben Arado 65-Maschinen teilgenommen. Auch an der Flugdemonstration zu Ehren der Vermählung Görings haben nach der ›Berliner Börsenzeitung‹ vom 10. April 1935 neun Staffeln des Richthofen-Geschwaders teilgenommen.«[23]
Dagegen meldete der ab August 1935 in Berlin tätige Militärattaché *Truman Smith* dem amerikanischen Geheimdienst, der Jäger Ar 65 sei den amerikanischen Jagdflugzeugen unterlegen.[24] Als er später vor der angeblichen Gefahr der deutschen Luftrüstung warnte, wurde er bezichtigt, einer übertriebenen deutschen Propaganda erlegen zu sein.
Ab November 1935 befand sich der Prototyp Ar 65 B

Muster		**Ar 64 C**	**Ar 65 A**
Triebwerk		Siemens Jupiter, 9-Zyl. Stern 390 kW (530 PS)	BMW VI, 12-Zyl. R 552 kW(750 PS)
Besatzung		1	1
Länge	m	7,75	8,37
Höhe	m	2,95	3,42
Spannweite	m	9,90	11,20
Flügelfläche	m^2	23,30	30,00
Flächenbelastung	kg/m^2	73,20	65,0
Leistungsbelastung	kg/PS	3,22	2,6
Leermasse	kg	1235	1510
Flugmasse	kg	1705	1920
Höchstgeschwindigkeit	km/h	250	282
Steiggeschwindigkeit	m/s	1000/1,8	1000/1,6
Dienstgipfelhöhe	m	6800	7350
Reichweite	km		420

Ar 65 F (D-ILOI) der Jagdfliegerschule Schleißheim (1935).

(W.Nr. 77, D-IGIL) zur weiteren Erprobung in Rechlin. Eine Ar 65 F (D-IHOO) diente vom 8. Juni 1935 bis Dezember 1937 als Erprobungsträger in Brandenburg.[25] Bei der Deutschen Forschungsanstalt für Segelflug wurden mit der Ar 65 Schleppversuche durchgeführt. Zwölf Einheiten wurden 1937 nach Bulgarien exportiert. Der noch 1939 zum Bestand des Jagdgeschwaders 134 in Düsseldorf gehörende Jäger war bis 1943 in offiziellen Wartungsplänen verzeichnet und vereinzelt noch während des Krieges bei verschiedenen Fliegerschulen im Einsatz.

Jagdtrainer Ar 66 geht in Großserie

Nachdem sich das Jagdflugzeug Ar 65 bewährt hatte, lag die Beauftragung der Arado Handels Gesellschaft mit der Entwicklung militärischer Schulflugzeuge nahe. Als Arado um 1930 erste Entwürfe erstellte, standen der Deutschen Verkehrsfliegerschule nicht genügend Förderungsgelder zur Verfügung, so daß eine Auftragserteilung zunächst zurückgestellt wurde. Arado betrieb jedoch die Entwicklung auf eigene Kosten weiter. Nachdem zwei Konkurrenzentwicklungen nicht zufriedenstellten, übernahm die Erprobungsstelle des Reichsverbandes der Deutschen Luftfahrtindustrie (RDL) in Staaken die Erprobung. Der Entwurf sah einen gestaffelten Doppeldecker in Gemischtbauweise mit einer Spannweite von zehn Metern und einer Flugmasse von 1 305 kg vor. Eine konstruktive Besonderheit war die ungewöhnlich hoch angesetzte und weit vor dem Seitenleitwerk gelagerte Höhenflosse. Der erste Prototyp Ar 66 A (W.Nr. 78, D-2335) war im September 1932 in Staaken registriert. Die Baureihe Ar 66 A erhielt ein Argus As 10-Triebwerk mit einer Leistung von 147 kW (200 PS), mit dem das leichte, zweisitzige Flugzeug eine Höchstgeschwindigkeit von 200 km/h erreichte. Die ab 1933 mit dem Prototyp D-IZOF anlaufende Serienversion Ar 66 C war mit dem leistungsstärkeren Triebwerk Argus As 10C-2 ausgerüstet, das 176 kW (240 PS) leistete. Sie besaß ein verbessertes Fahrgestell mit ölgedämpften Federstreben, Radbremsen und Niederdruckreifen, Höhen- und Seitenleitwerk mit Hornausgleich und Querruder mit Massenausgleich an den Tragflächen, deren Pfeilung und V-Stellung leicht verändert wurde. Zu Erprobungszwecken waren die Flugzeuge Ar 66 A D-IXOS und D-IJON im März beziehungsweise im Oktober 1935 bei der DVL in Adlershof stationiert. Zu Abnahmezwecken befand sich dort auch die Ar 66 D-IHAU, die am 30. Januar 1936 wieder nach Brandenburg überführt wurde.[26] Am 1. Januar 1935 belief sich das Plansoll bei Arado auf 1 315 Flugzeuge, von denen 732 bis Mai 1936 ausgeliefert waren. Laut abgeändertem Lieferprogramm für 1936/37 belief sich der ausstehende Auftragsbestand auf 1043 Einheiten. Bis Ende 1936 produzierte Arado insgesamt 900 Flugzeuge. Von den 311 noch zu liefernden Einheiten wurden 244 bis April 1937 gefertigt[27] und bis August des Jahres in Brandenburg eingeflogen.[28] Die Mühlenbau und Industrie AG (Miag) lieferte 88 Einheiten. Bei Ago entstanden zunächst zehn, später weitere 76 Lizenzbauten. 1936 fertigten die Bayerischen Flugzeugwerke 88 Einheiten der Baureihen Ar 66 C und Ar 66 D. Bis

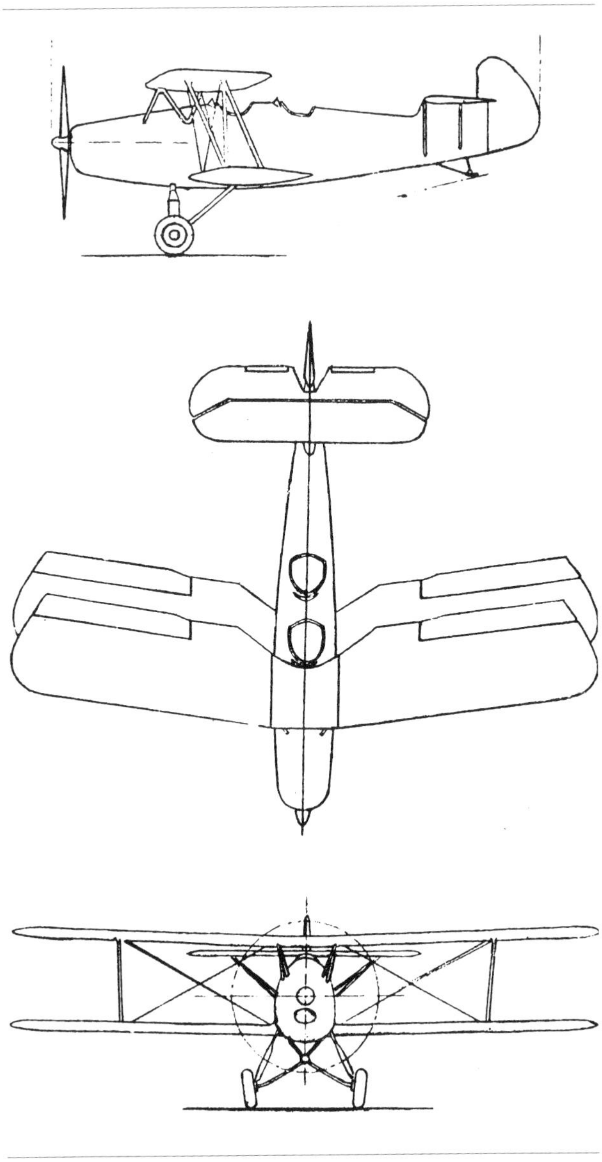

Dreiseitenansicht des Jagdtrainers Ar 66.

Ar 66 (D-IZOF), Prototyp der Baureihe C. Einsatz bei Außenaufnahmen für den UFA-Film »Pour le Mérite« (März 1935).

Ar 66 (D-IROZ).

Ar 66 C (D-IZEE) der Sch/Flea.14 in Detmold mit abgedecktem Schülersitz für das Blindflugtraining nach einer Außenlandung bei Lemgo/Lippe.

Ar 66 B/See (D-2557).

Staffel mit Ar 66 beim Deutschen Luftfahrt Verband (DLV) in Hamburg.

März 1937 wurden weitere 96 Einheiten von Miag produziert. Die Gesamtproduktion betrug vermutlich etwa 1 400 Einheiten. Höhere Stückzahlen konnte Arado später nur mit dem Jagdtrainer Ar 96 erzielen. Die Flugzeuge wurden bei der Anfangsschulung, als Übungsjagdeinsitzer, zur Ausbildung von Maschinengewehrschützen, Funkentelegraphen und Bombenwerfern, zur Lichtbildauswertung und zum Kunst-, Blind- und Nachtflug eingesetzt. Für den Winterflugbetrieb waren Schneekufen vorgesehen. Es dürfte auch an kleinen Stationierungsorten für viele Jahre keinen Flugzeugführer gegeben haben, der in seiner Ausbildungszeit nicht mit der Ar 66 in Berührung gekommen wäre.[29] Das Flugzeug galt als zuverlässig und gutmütig. Abgesehen von einem verhängnisvollen Zusammenstoß mit einer Ju 52 über Hamburg am 9. Mai 1935 kam es nicht zu größeren Unfällen. 1935 nahmen sieben Flugzeuge der Baureihe Ar 66 C (D-IRYL, D-IHYV, D-IKOT, D-INIV, D-IKEN, D-IDEH, D-IGYT) am Deutschlandflug teil. Die Ar 66 wurde gelegentlich auch für Überlandflüge eingesetzt. Am 1. und 2. Dezember 1934 flog der Pilot *Richard Perlia* im Auftrag der DVL mit einer Ar 66 C (D-IDEZ) von Warnemünde über Hamburg und Essen bis Düsseldorf. Die Flugzeit für die 350 Kilometer lange Teilstrecke von Hamburg nach Essen betrug zwei Stunden und 27 Minuten. 1938 wurden aus einer Ar 66 spektakuläre Außenaufnahmen für den Ufa-Film »Pour le Mérite« gedreht. Nach dem Bau der ersten Schwimmerausführung Ar 66 B (D-2557) und deren Erprobung in Staaken entstanden insgesamt zehn Marine-Flugzeuge. Für Exportzwecke publizierte Arado erstmals mehrspra-

Ar 66 (D-IROZ) in der Arado-Werbung.

chiges Werbematerial. Sechs Einheiten der Baureihe C wurden 1937 während des Bürgerkrieges nach Spanien geliefert. 1939 diente das Flugzeug der Fotoaufklärung über dem polnischen Korridor. Ein Flugzeug (GJ+AA) war noch 1940 in Rechlin stationiert. Ab 1943 wurden einige Flugzeuge in Nachtschlachtgruppen für Störangriffe hinter der Ostfront und bei Kriegsende in Norwegen als Nahaufklärer der NAGr 32 eingesetzt. Eine 1936 ausgelieferte Ar 66 D (W.Nr. 1258) startete am 9. April 1945 von einem Feldflugplatz bei Zwickau. Der Zeitpunkt, die Flugrichtung und die ungewöhnlich lange Flugstrecke bis zum Absturzort über dem Starnberger See legen die Vermutung nahe, daß es sich nicht um einen angeblichen »Schulflug« handelte. Das Wrack befindet sich im Deutschen Museum München.[30]

Muster		**Ar 66**
Triebwerk		Argus As 10C, 8-Zyl. luftgekühlt, 176 kW (240 PS)
Besatzung		2
Länge	m	8,30
Höhe	m	2,93
Spannweite	m	10,00
Flügelfläche	m^2	29,63
Flächenbelastung	kg/m^2	44
Leistungsbelastung	kg/PS	5,4
Leermasse	kg	885
Gesamtlast	kg	420
Flugmasse	kg	1305
Höchstgeschwindigkeit	km/h	210
Steigzeit auf 1 km	min	4,1
Dienstgipfelhöhe	m	4500
Reichweite	km	716

Neubesetzung der technischen Leitung durch Walter Blume

Nachdem 1931 *Lübbes* Versuch, ein Waffenpatent in die USA zu verkaufen, erstmals das Mißtrauen der Luftfahrtbehörden geweckt hatte, erzwang das Reichsverkehrsministerium Anfang 1932 die Neubesetzung der technischen Leitung durch den Diplom-Ingenieur *Walter Blume.* Diese Maßnahme erwies sich als der Beginn eines folgenschweren Umbruchs in der Firmengeschichte der Arado Handels Gesellschaft.

Kleinere Flugzeugfirmen hatten bereits zur Weimarer Zeit unter indirekten behördlichen Zwangsmaßnahmen zur Rationalisierung und Konzentration der Flugzeugindustrie gelitten. Ab 1930 beurteilte die Fertigungs G.m.b.H., eine geheime Abteilung für militärisches Flugwesen im Auftrag des fliegertechnischen Entwicklungsreferats im Heereswaffenamt, die bestehenden Flugzeughersteller auf ihre Eignung für Massenproduktion und schloß mit ihnen Verträge ab.

Im Sommer 1929 hatte die Schlüsselkommission des Reichstags die Beihilfen für Rohrbach, Klemm, Raab-Katzenstein und Arado gestrichen.[31] Das Luftfahrtdepartement im Heereswaffenamt behielt sich aber das Recht

Das Wrack der aus dem Starnberger See geborgenen Ar 66 D (W.Nr. 1258).

Walter Blume als Jagdflieger im Ersten Weltkrieg.

Walter Blume mit dem Orden »Pour le Mérite« in der Uniform des Standartenführers des Nationalsozialistischen Fliegerkorps (NSFK).

vor, Arado künftig auf eigene Rechnung Aufträge zu erteilen. Nach Aussagen *Henrich Fockes* gehörte die Firma Focke-Wulf zu »vier vom Ministerium kaltgestellten Firmen«. Ministerialdirigent *Ernst Brandenburg* erklärte ihm: »Ja, Herr *Focke*, Sie sind eben – wie soll ich sagen – nicht so bekannt und berühmt wie die anderen Firmen.« *Focke* erkannte, »daß es fortan im Flugwesen mit der freien Wirtschaft vorbei war«, und stellte rückblickend fest: »Durch die Notwendigkeit, vom Staat Aufträge zu erhalten, verschaffte sich dieser einen mit den Jahren zunehmenden Einfluß auf firmeneigene Entscheidungen, nicht zuletzt auf dem personalen Sektor. Eine wurde für mich und meine Arbeit zum Verhängnis.«[32]

Das Heereswaffenamt plante, das Rationalisierungsprogramm der Schlüsselkommission zu benutzen, um über eine Fusionierung kleinerer Firmen einen »zweiten Konzern« als Gegengewicht zu Junkers zu bilden, der aus Rohrbach, Albatros, Focke-Wulf und BMW bestehen sollte. Der Plan zerschlug sich. Rohrbach ging in Konkurs. Es blieb bei der Fusionierung der nicht mehr als förderungswürdig betrachteten Firmen Focke-Wulf und Albatros. Lediglich Arado konnte seine Selbständigkeit bewahren.

Der gegen den Willen *Fockes* erfolgte Zusammenschluß von Focke-Wulf und Albatros hatte jedoch indirekte Auswirkungen auf Arado. Der bisherige technische Leiter bei Albatros, Diplom-Ingenieur *Walter Blume*, beanspruchte in der mit Focke-Wulf fusionierten Firma die technische Gesamtleitung. *Focke*, der *Blumes* Einstellung auf Druck ministerieller Kreise nicht akzeptieren wollte, führte »lange und unerfreuliche Verhandlungen« mit ihm und war »fest entschlossen, nicht einen Schritt zu weichen«.[33]

Walter Blume hatte sich nach dem Abitur und einer kurzen Tätigkeit als Ingenieurpraktikant bei Kriegsbeginn als Freiwilliger gemeldet. Nach Ablegung der Feldpilotenprüfung am 30. März 1916 holten ihn 1917 *Bruno Loerzer* und *Hermann Göring* in die Jagdstaffel 25. 1918 wurde er Führer der Jagdstaffel 9. Nach 28 Luftsiegen wurde er mit dem Orden »Pour le Mérite« ausgezeichnet.

1919 begann er zusammen mit seinem ehemaligen Staffelkameraden *Fritz Heinrich Hentzen*, dem späteren Segelflug-Rekordhalter und Direktor der Bayerischen Flugzeugwerke, ein Studium an der Technischen Hochschule Hannover, unterbrach es jedoch mehrfach. Im Sommer 1919 tat er Dienst als Flugleiter beim mobilen Reichswehrfliegerhorst in Döberitz und im Frühjahr 1920 als zeitfreiwilliger Flugzeugführer in der Kurierstaffel der Reichswehrbrigade 10. 1922 wirkte er in Berlin kurzzeitig bei der Rumpler-Ozeanflug GmbH an einem Projekt für Transatlantik-Flugzeuge mit. Im Rahmen der Akademischen Fliegergruppe Hannover beteiligte er sich an der Konstruktion des Segelflugzeugs »Vampyr«.

Nach der Erlangung des Ingenieurdiploms entwickelte er zusammen mit *Hentzen* ab 1924 in einer Versuchswerkstätte in Berlin-Adlershof zwei Leichtflugzeuge. Von 1924 bis 1926 war er als beratender Ingenieur bei der Inspektion für Waffen und Gerät tätig, bevor er im Herbst 1926 Chefkonstrukteur bei Albatros wurde. Er war an den Entwürfen der Firma für leichte Sport- und Schulflugzeuge beteiligt, die in kleinen Stückzahlen überwiegend als Doppeldecker in konventioneller Gemischtbauweise gefertigt wurden.

Blumes Ambitionen bei Focke-Wulf stand der von dem in Konkurs geratenen Rohrbach Metall-Flugzeugbau kommende Diplomingenieur *Kurt Tank* im Wege, der *Focke* Anfang 1932 vom Ministerium telefonisch »mit auffallender Eindringlichkeit« als Projektingenieur empfohlen wurde. »Mit dem gleichen intensiven Drängen bot er sich dann selbst an«, erinnerte sich *Focke*. *Focke* zog anschließend Erkundigungen über *Tank* ein, »die nicht gerade in allem als positiv zu bezeichnen waren.«[34] *Tank* verleumdete *Focke* wegen seiner Beschäftigung mit Rotorflugzeugen als »Spinner« und forderte mit Unterstützung der Behörden vom Aufsichtsrat unverblümt den Posten des technischen Direktors. *Focke* konnte sich nur durch ein Nachgeben das Wohlwollen der Behörden sichern.

Nachdem *Blume* nach den Worten *Fockes* bei Focke-Wulf »das Rennen aufgegeben hatte«, wurde er im Januar 1932 vom Reichsverkehrsministerium zum neuen technischen Leiter der Arado Handels Gesellschaft anstelle des

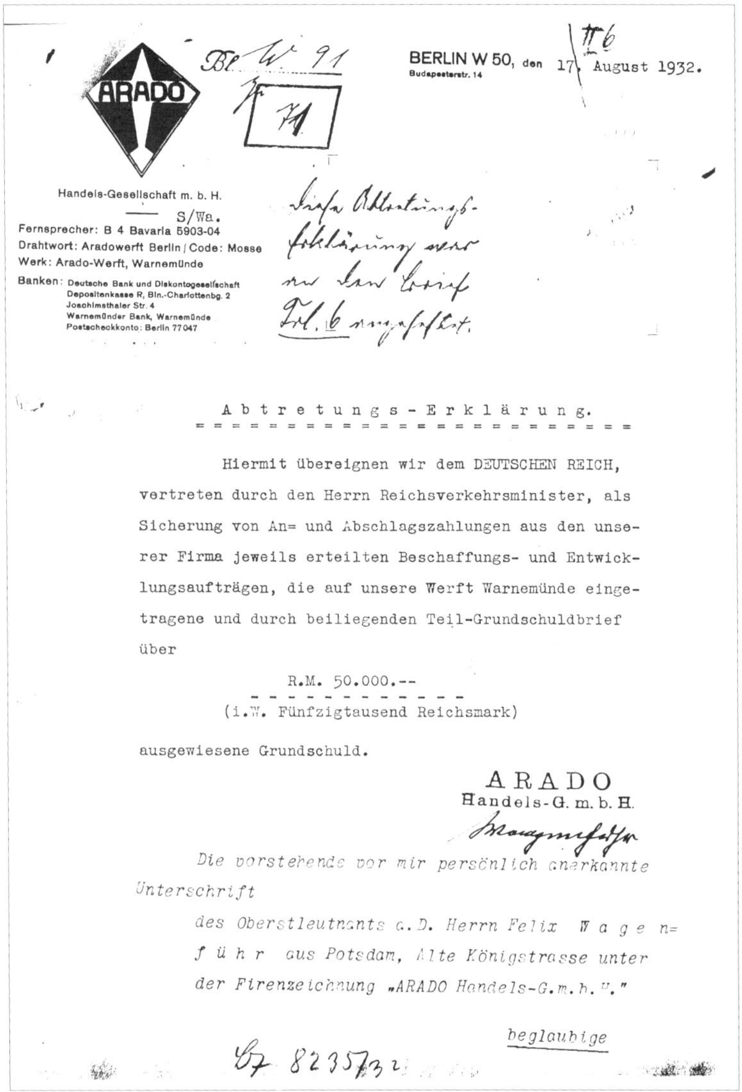

ARADO

Handels-Gesellschaft m. b. H.

S/Wa.

Fernsprecher: B 4 Bavaria 5903-04
Drahtwort: Aradowerft Berlin | Code: Mosse
Werk: Arado-Werft, Warnemünde
Banken: Deutsche Bank und Diskontogesellschaft Depositenkasse R, Bln.-Charlottenbg. 2 Joachimsthaler Str. 4
Warnemünder Bank, Warnemünde
Postscheckkonto: Berlin 77047

BERLIN W 50, den 17. August 1932.
Budapesterstr. 14

A b t r e t u n g s - E r k l ä r u n g.

Hiermit übereignen wir dem DEUTSCHEN REICH, vertreten durch den Herrn Reichsverkehrsminister, als Sicherung von An= und Abschlagszahlungen aus den unserer Firma jeweils erteilten Beschaffungs- und Entwicklungsaufträgen, die auf unsere Werft Warnemünde eingetragene und durch beiliegenden Teil-Grundschuldbrief über

R.M. 50.000.--
(i.W. Fünfzigtausend Reichsmark)

ausgewiesene Grundschuld.

ARADO
Handels-G. m. b. H.

Die vorstehende vor mir persönlich anerkannte Unterschrift des Oberstleutnants a.D. Herrn Felix W a g e n f ü h r aus Potsdam, Alte Königstrasse unter der Firmenzeichnung „ARADO Handels-G.m.b.H."

beglaubige

Abtretungserklärung der Arado Handels Gesellschaft für An- und Abschlagszahlungen durch das Reichsverkehrsminsterium (17.8.1932).

langjährigen Chefkonstrukteurs *Rethel* bestimmt. Das Ministerium benutzte als Druckmittel seinen Einfluß als Kapitalgeber. Mit den ersten größeren Rüstungsaufträgen des Jahres 1932 für die Ar 66 waren »An- und Abschlagszahlungen für erteilte Beschaffungs- und Entwicklungsaufträge« in einer Gesamthöhe von 200 000 RM verbunden, für die am 17. August 1932 eine Grundschuld auf die Werft Warnemünde zugunsten des Deutschen Reiches eingetragen wurde. Die Arado Handels Gesellschaft war zwar größenordnungsmäßig nach Junkers, Heinkel und Dornier der wichtigste Flugzeughersteller, ihr wirtschaftliches Überleben war aber ohne staatlichen Kapitalzufluß gefährdet, so daß die erzwungene Neubesetzung der technischen Leitung hingenommen werden mußte.

Drahtzieher dieser Regelung waren Kreise um den späteren Reichsluftfahrtminister *Hermann Göring,* der frühzeitig bestrebt war, Fliegerkameraden aus der Zeit des Ersten Weltkriegs, zumal wenn sie der nationalsozialistischen Bewegung aufgeschlossen gegenüberstanden, in führende Positionen zu bringen.[35] Zu ihnen gehörte *Carl-August von Schoenebeck*, der Ende 1931 nach sechsjähriger Tätigkeit in Lipezk Chefpilot der Arado Handels Gesellschaft wurde.[36] Nach eigenen Aussagen erfolgte seine Einstellung, »da man in Berlin großen Wert darauf legte, daß ich auf Grund meiner Erfahrung mit Einsitzern die deutsche Industrie bei der Entwicklung von Jagdflugzeugen berate. Es begann nun für mich eine recht lebhafte fliegerische Tätigkeit, denn alle Flugzeugfirmen wie Arado, Heinkel, Junkers und Dornier

Carl-August von Schoenebeck, ab 1931 Chefpilot der Arado Handels Gesellschaft, als Jagdflieger im Ersten Weltkrieg.

Begrüßung ausländischer Gäste durch *Felix Wagenführ* (Bildmitte, mit Mantel) und die 1932 neu eingestellten Abteilungsleiter *Josef Blaß*/Aerodynamik (rechts mit Aktenmappe) und *Franz Meyer*/Entwurf (zweiter von rechts) im Werk Brandenburg (1937).

fingen nun an, gewisse Typen zu entwickeln, Schul- wie auch Militärflugzeuge, die sehr viel Arbeit erforderten. Durch den Versailler Vertrag war ein ganzes Jahrzehnt für die Entwicklung verlorengegangen. Die Arado 65 (von mir speziell entwickelt) war das Jagdflugzeug, das später die erste Standardwaffe für die Jagdflieger wurde.« [37]

Von Schoenebeck, der die Jagdfliegerpiloten der DVS mit den neuesten Arado-Flugzeugen vertraut machte, hatte bei Arado eine »gute und selbständige Stellung«. Seine Mitwirkung bei der Berufung *Walter Blumes* schilderte er wie folgt: »Meine Tätigkeit bei Arado brachte mich oft in Verbindung mit dem späteren RLM in Berlin, mit meinem Freund *Ernst Udet* und General *Milch*. Auch *Göring* war in Berlin, dem ich in früheren Zeiten oft geholfen hatte beim Verkauf seiner Fallschirme. Neben Arado gab es noch die Seefliegerschule, zu der wir einen netten Kontakt hatten. Unter anderem verkehrten wir auch im Hause des Flugzeugkonstrukteurs *Heinkel*...Zur Leitung ist noch zu sagen, daß die leitenden Herren Oberst a. D. *Wagenführ* und Major a. D. *Serno* waren, die beide auch in Berlin saßen.[38] In Warnemünde wurde das Werk von Chefkonstrukteur *Rethel* geleitet, später von *Walter Blume*, einem Pour le Mérite-Jagdflieger aus dem Ersten Weltkrieg. Er war zuerst bei Albatros, ich holte ihn dann zu Arado.«[39] Mit *von Schoenebeck* und *Blume* gelangten seinerzeit, unter Ausnutzung des neuen politischen Zeitgeistes, zwei ambitionierte Vertreter der jüngeren Generation bei Arado in führende Positionen. Damit war ein tiefgreifender innerbetrieblicher Konflikt vorprogrammiert. Bezeichnend dafür ist, daß *von Schoenebeck* den Firmeninhaber *Lübbe* unerwähnt ließ. Seine Fliegerkameraden *Blume* und *Göring* hatten einst *Rethel* zur »genialen Konstruktion« seines Kondor-Jagdeinsitzers gratuliert. Die Behauptung *von Schoenebeck*, er selbst habe an der Entwicklung der Ar 65 maßgeblich mitgewirkt, läßt darauf schließen, daß er inzwischen die Fachkompetenz des Chefkonstrukteurs zumindest in Frage stellte.

Wie sich *Hans Rebeski*, der dem Unternehmen seit 1929 angehörte, erinnerte, »war die Zuständigkeit von *Rethel* als Chefkonstrukteur (TC) durch das Einsetzen von *Blume* als Chef vom gesamten T-Bereich ab 1932 natürlich nicht gerade besser geworden«.[40] Mit der Ablösung *Rethels* war die gleichzeitige Übernahme von sieben bisherigen Mitarbeitern *Blumes* verbunden, von denen *Josef Blaß* (Aerodynamik), *Franz Meyer* (Entwurf), *Hoffmann* (Fahrwerk), *Walter Föhring* (Einrichtung, Steuerung) sowie *Walter Reinhardt* (Rumpf, Triebwerk, Leitwerk) die wichtigsten Resortleitungen übernahmen. Dadurch wurde das Betriebsklima weiter verschärft, so daß ein Teil des bisherigen Stammpersonals ausschied. Der Verwaltungschef *Sieke* und der Oberingenieur *Paul Friedrich Looks* wechselten zur Firma *Bachmann* in Ribnitz. Der Organisationsleiter *Otto Affeldt* ging zu *Curt Heber* in Berlin-Britz. Der mit *Lübbe* eng befreundete technische Betriebsführer *Fridolin Keidel* mußte aufgrund dubioser Beschuldigungen seitens des von politisch radikalen Mitgliedern besetzten Betriebsrates die Firma verlassen und wurde als Flugingenieur bei der Seeflugstation Warnemünde tätig.

Die Abwanderung bisheriger Mitarbeiter schwächte naturgemäß die Position *Lübbes* als Firmeninhaber. Für den Fall einer weiteren Beschneidung seines Einflusses trat er am 2. November 1932 vorbeugend einen persönlichen Kredit an die Firma über 120 000 Goldmark an eine Bank ab. Da allgemein eine verstärkte Investitionsbereitschaft erwartet wurde, kam beim Reichsverkehrsministerium erneut der Verdacht mangelnder Kooperationsbereitschaft auf.
In der Absicht, die Firmenleitung zu diskreditieren, ordnete das Ministerium am 29. Dezember 1932 eine überraschende Bilanzprüfung an. Deren Auswertung ergab vermeintliche Unstimmigkeiten.[41] Der Verwaltungschef *Sieke* und der Buchhalter *Gößler* hatten wahrheitsgemäß erklärt: »Darlehen sind der Gesellschaft von den Gesellschaftern nicht gewährt, doch ist für diesen umfangreichen Betrieb das Stammkapitel von 150 000 RM ausreichend, da bei Übernahme von Bestellungen (Flugzeugen) Anzahlungen geleistet werden müssen.« Dem Bilanzprüfer OStS *Ballschneider* war allerdings nicht entgangen, daß »120 000 RM schon seit 1925 der GmbH als Darlehen zur Verfügung gestellt von dem Gesellschafter *Lübbe*« kurzfristig zurückgezogen worden waren. Auf der Suche nach belastendem Material bemängelte der Prüfer: »Demnach wäre aber zu erörtern gewesen, wozu die 120 000 RM aufgenommen werden mußten. Abgesehen davon, daß 1925 die 120 000 RM auch von anderer Seite als Hyp. Darl. hätten bezahlt werden können, kann ein Nachlassen wegen Gesellschaftssteuer aus diesen 120 000 RM nicht in Frage kommen, da die Angelegenheit schon mit Ablauf des Jahres 1930 verjährt war.«
Angesichts der psychischen Belastung, die die latenten Spannungen zwischen Arado und den Luftfahrtbehörden und die werksinternen Auseinandersetzungen bereits im Vorfeld der Machtübernahme mit sich brachten, klagte *Lübbes* Frau *Ottlie*: »Heinz war wieder krank. Sein altes Leiden. Wenn er nicht durch die Fabrik so viel Aufregung hätte, wäre es sicher besser. Angesichts der Lage in Deutschland muß jeder sehr auf dem Posten sein.«[42]

Leistungsgesteigerte Jagdeinsitzer und Schulflugzeuge während der Aufbauphase der Luftwaffe

Nach den Erfolgen der Arado Handels Gesellschaft bei der Neukonstruktion von Jagdeinsitzern kam es rasch zur Entwicklung von Nachfolgemustern mit gesteigerter Leistung. Obwohl insbesondere die Heinkel Flugzeugwerke bemüht waren, den Vorsprung von Arado aufzuholen, blieb die Arado Handels Gesellschaft der Konkurrenz bis Mitte der dreißiger Jahre stets eine Nasenlänge voraus.

Jagdeinsitzer Ar 67, Erprobungsträger für trudelsichere Leitwerke

Die Leitwerksanordnung des Versuchsflugzeugs Ar 67 ließ erstmals *Blumes* Einfluß auf die Entwicklung neuer Arado-Baumuster erkennen. Nach Aussagen des Rechliner Piloten *Heinrich Beauvais* »machte der Jagdeinsitzer Ar 65 fliegerisch keine Schwierigkeiten – bis auf das Trudeln«, dem beim militärischen Einsatz große Bedeutung zugemessen wurde. *Beauvais* erinnerte sich, daß »der Vogel ...munter weiter drehte«, als er aus einer Höhe von 1 000 Metern ins Trudeln überging und nach wenigen Umdrehungen ausgleiten wollte.«[43] Deshalb diente die 1932 entwickelte Ar 67 als Erprobungsträger für eine neuartige Leitwerksanordnung, mit der der Trudelvorgang besser kontrolliert werden sollte und die anschließend für Arado typisch wurde.
Wie sich *Hans Rebeski* erinnerte, wurde das Seitenleitwerk vor das Höhenleitwerk gelegt, »indem diese Anordnung ein besseres Herauskommen beim Trudeln ermöglichte, da das Seitenleitwerk als erstes benötigt wird, um dem Trudeln entgegenzusteuern. Wenn es hinter dem Höhenleitwerk liegt, wird das Seitenleitwerk beim Trudeln vom Höhenleitwerk abgeschirmt, und dadurch hat das Seitenleitwerk wenig Wirkung, um die Trudelwirkung zu beenden. Ich habe es selbst beim Kunstflug erprobt.«[44]
Der Unterflügel der Ar 67 war im Verhältnis zum Oberflügel relativ groß gehalten, um eine ausreichende Wirkung der über die ganze Spannweite reichenden Landeklappen zu erzielen. Aufgrund der Dämpfung durch den großen Unterflügel reichte die Wirkung der nur im Oberflügel vorhandenen Querruder trotz großzügiger Bemessung nicht voll aus, um die erwünschte Rollwendigkeit zu erzielen. Ein weiterer Nachteil war, daß das in England erworbene, 440 kW (600 PS) starke Rolls-Royce »Kestrel VI«-Triebwerk weniger Leistung erbrachte als der im Vorgänger Ar 65 verwendete BMW-Motor. Durch eine Her-

absetzung des Fluggewichtes und aerodynamische Verbesserungen wurde zwar eine Höchstgeschwindigkeit von 340 km/h erreicht. Der Drehzahlabfall der für größere Höhen ausgeführten Luftschraube führte aber am Boden zu einer wesentlichen Verringerung der Nennleistung des Motors. Statt der bei Vollast in 4,2 km Höhe erreichbaren 469 kW (640 PS) wurden am Boden nur 386 kW (525 PS) gemessen. Da sich keine überzeugenden Start- und Geschwindigkeitsleistungen ergaben, blieb es angesichts des erwarteten Nachfolgemusters Ar 68 bei einem Prototyp (W.Nr. 80, D-IBIK).

Muster		**Ar 67**
Triebwerk		Rolls Royce Kestrel VI, 12-Zyl. V-Motor 440 kW (600 PS)
Besatzung		1
Länge	m	7,90
Höhe	m	3,10
Spannweite	m	9,68
Flügelfläche	m^2	25,10
Flächenbelastung	kg/m^2	66,2
Leistungsbelastung	kg/PS	2,70
Leermasse	kg	1270
Flugmasse	kg	1660
Höchstgeschwindigkeit	km/h	340
Steiggeschwindigkeit	m/s	1000/1,5
Dienstgipfelhöhe	m	9300

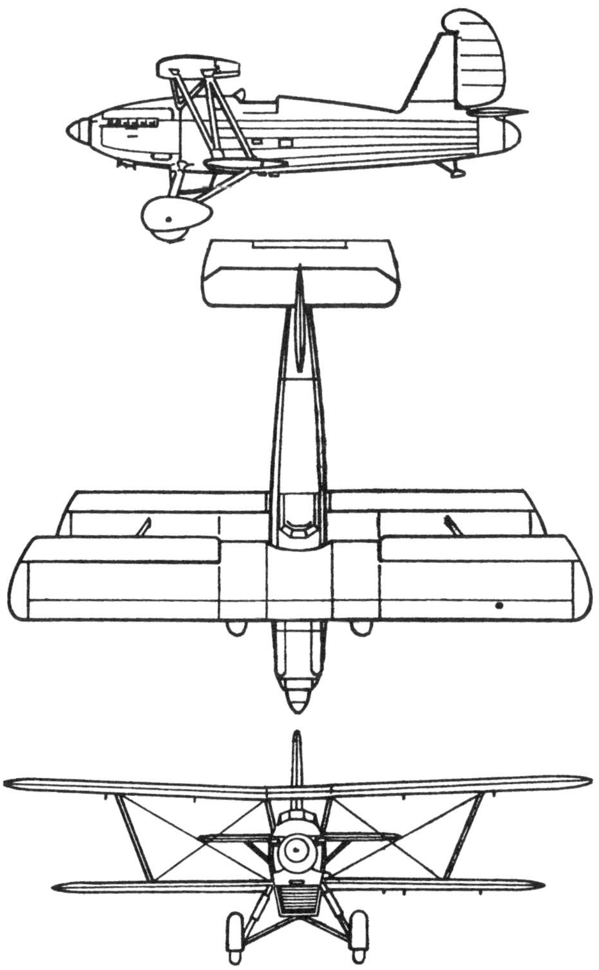

◀ Dreiseitenansicht des Jagdeinsitzers Ar 67.

Ar 67 V-1 mit vorversetztem Seitenleitwerk (W.Nr. 80, D-IBIK).

Ar 68, leistungsfähigster deutscher Jagdeinsitzer

Nach dem Erlaß zur Bildung einer selbständigen Reichsluftwaffe am 26. Februar 1933 galt das Interesse des Reichsluftfahrtministeriums neben der Schaffung einer ideologisch verläßlichen Kommandostruktur vor allem der raschen Produktionssteigerung. In einer geheimen Kommandosache vom 20. Mai 1933 hieß es: »Bei unserer jetzigen Lage in der Luft sind wir bei einem jetzt ausbrechenden Kriege nahezu wehrlos ... Es müssen daher Mittel und Wege gesucht werden, diesen Zustand zu verbessern und zu überwinden.«

Reichsluftfahrtminister *Hermann Göring* versicherte, daß die Regierung der Flugzeugindustrie ab sofort hohe Kredite zur Verfügung stellen werde, und kündigte auf einer Industriellenversammlung an, er habe vom Führer den Auftrag erhalten, »binnen einem Jahr die Wende in der Stellung Deutschlands auf dem Gebiet der Luftfahrt herbeizuführen.«

Die versprochene finanzielle Unterstützung wurde bereits am 2. Februar 1933 vom Kabinett beschlossen. Als Sofortmaßnahme wurden 40 Millionen RM bewilligt und im ersten Halbjahr 1933 Rüstungsaufträge in Höhe von rund 53 Millionen RM an die sechs wichtigsten Firmen vergeben. Arado erhielt 5 849 000 RM.

Reichskredite in RM für die Zellen- und Motorenindustrie im 1. Halbjahr 1933:[45]

Heinkel	10 957 338
Dornier	9 392 000
BMW	7 744 300
Junkers	6 087 393
Siemens	6 042 500
Arado	5 849 000

Nach damaliger Auffassung »waren eine Reihe von alten Luftfahrtfirmen wie z. B. Focke-Wulf, Junkers, Dornier, Heinkel, Klemm, Arado vorhanden, deren man sich als Zellen für den weiteren Aufbau bedienen konnte. Die deutsche Luftfahrtindustrie verfügte damals auch über Flugzeugmuster, die dem Vergleich mit Konstruktionen ähnlicher Art im Ausland durchaus standhalten konnten... Als in den Jahren nach 1933 das Reich sich zu einer Luftrüstung und damit zu einem verstärkten Ausbau der Luftfahrtindustrie entschloß, war es nur natürlich, daß man auf die vorhandenen Unternehmen zurückgriff. In erster Linie war man bestrebt, vorhandene Produktionsanlagen auszubauen. Es war aber von Anfang an klar, daß darüber hinaus die Erstellung von neuen Kapazitäten erforderlich war, um den Lieferungsansprüchen der Luftwaffe zu genügen. Die außenpolitische Situation zwang dazu, die Aufrüstung der Luftwaffe in einer möglichst kurzen Zeit durchzuführen«. Es war jedoch zu befürchten, daß von Seiten des privaten Kapitals »das Risiko des forcierten Aufbaus der Luftfahrtindustrie aus wirtschaftlichen, zum Teil auch aus politischen Gründen, als zu groß angesehen wurde«.[46]

Mit der Ar 68 bot Arado den seinerzeit leistungsstärksten Jagdeinsitzer an. Durch eine weitgehende Reduzierung der Spannkabel und ein Herausziehen des Rumpfes nach hinten entstand ein äußerst elegantes, wendiges und trudelsicheres Flugzeug.[47] Mit einer oberen Spannweite von 11 m, einer Länge von 9,50 m und einer Flugmasse von 2 020 kg war es deutlich größer dimensioniert als seine Vorläufer. Der Rumpf des Anderthalb-Deckers war, wie üblich, eine Stahlrohrkonstruktion. Er war im vorderen Bereich bis zum Cockpit und anschließend auf dem Rumpfrücken bis zum Leitwerk mit Blech beplankt. Die Rumpfseiten und die Rumpfunterseite waren mit Stoff bespannt. Die mit der Ar 67 eingeführte Vorverlagerung des Seitenleitwerks wurde beibehalten. Die Höhen- und Seitenruder bestanden aus einer Metall-Unterkonstruktion mit Blechbeplankung auf den Flossen und Stoffbespannung auf den Ruderflächen. Das weit nach hinten und unten verlagerte Höhenruder war ungeteilt und mit einer im Flug nachstellbaren Trimmfläche ausgestattet. Zur Erhöhung der Festigkeit waren beide Flossen durch V-Streben gegeneinander abgestützt. Die obere der teils sperrholzbeplankten, teils stoffbespannten Tragflächen besaß Querruder und war mittig über einen Baldachin auf N-Streben fest mit dem Rumpf verbunden, während die untere Fläche an der Rumpfunterseite angeschlossen war und blechbeplankte Landeklappen hatte. Das starre, freitragende und aerodynamisch gut verkleidete Einbein-Fahrwerk hatte Federbeine mit Öldämpfung. Das Spornrad war mit einer Druckgummifederung ausgerüstet.

Der erste Prototyp (W.Nr. 99, D-IKIN), der am 10. Februar 1936 von dem Werkspiloten *Richard Perlia* von Brandenburg erneut nach Rechlin überführt wurde, sowie der vierte Prototyp (D-ITAR) erhielten den 1929 entwickelten BMW VI-Motor, der eine Nennleistung von 550 kW (750 PS) besaß. Der Nachteil des Motors bestand darin, daß er als Dauerleistung nur 551 PS abgab und für größere Höhen wenig geeignet war. Bauartbedingt ragten die Zylinder aus der Rumpfkontur heraus, so daß sie die Sicht des Piloten behinderten und ihn ungeschützt den Abgasen aussetzten. Heinkel hatte aus diesem Grund bei dem mit dem gleichen Triebwerk ausgerüsteten Konkurrenzmodell He 51 aerodynamisch schädliche, nach unten führende Auspuffanlagen installieren lassen.

Muster		Ar 68 F
Triebwerk		BMW VI, 750 PS (551 kW)
Besatzung		1
Länge	m	9,50
Höhe	m	3,30
Spannweite	m	8,00/11,00
Flügelfläche	m²	27,30
Rüstmasse		1600
Zuladung	kg	420
Flugmasse	kg	2020
Höchstgeschw.	km/h	330[1]
Steiggeschw.	m/s	[2]
Dienstgipfelhöhe	m	7400
Reichweite	km	500
Flächenbelastung	kg/m²	74,00
Leistungsbelastung	kg/PS	2,70
Flächenleistung	PS/m²	27,45

[1] in 0 m, 310 km/h in 4000 m, 295 km/h in 6000 m
[2] 16 min auf 6000 m

1935 bot Junkers den Zwölfzylinder-Jumo 210-Motor mit einer Leistung von 530 kW (720 PS) an, der in den zweiten (D-IVUS) sowie in den dritten und fünften Prototyp (D-IBAS, D-ITEP) eingebaut wurde. Er bot aufgrund seiner hängenden Zylinder günstigere Einbaumöglichkeiten. Seine Kühler dienten gleichzeitig als Wärmetauscher. Der Hauptvorteil bestand aber in der Eignung als Höhenmotor, wodurch die Nennleistungshöhe von 0 auf 3 400 m gebracht wurde. Während zuvor die am Boden erzielte Höchstgeschwindigkeit von 330 km/h in Höhen um 4 000 m auf 310 km/h absank, betrug sie mit dem Jumo-Motor in dieser Höhe 325 km/h. Zusammen mit anderen Neuentwicklungen wurde der Prototyp Ar 68 V-5 am 28. Mai 1936 *Göring* in Rechlin vorgeführt. *Ernst Udet* setzte sich in seiner Fuktion als Inspekteur der Jagdflieger bei einem Vergleichsfliegen zu Scheinluftkämpfen persönlich an das Steuer und konnte den ebenfalls als Ablösung der Ar 65 gedachten Jäger He 51 spielend auskurven.

Da die Jumo-Triebwerke zunächst nicht in ausreichender Zahl zur Verfügung standen, wurde vor der endgültigen E-Serie zunächst eine F-Serie mit BMW-Motor gebaut. Beide Serienversionen waren im Aufbau gleich. Als Bewaffnung dienten zwei gesteuerte, über dem Triebwerk angeordnete MG 17 und ein Magazin für sechs SC 10-Bomben. Im April 1936 wurde mit der Ar 68 bereits die später eingeführte starre Schrägbewaffnung erprobt. *Heinrich Beauvais* kam nach der Erprobung von zwei Flugzeugen der Baureihe Ar 68 E (D-ITKU, D-IXUA) bei der DVL in Rechlin zu dem Ergebnis, »daß sich die Ar 68 ähnlich flog wie die He 51«. Neuartig waren für ihn »der Ladermotor Jumo 210 und die Landeklappen, die wenig wirksam waren«.[48]

Nachdem das Projekt Ar 68 G wegen des Fehlens geeigneter Höhenmotoren nicht weiterverfolgt wurde, entwickelte Arado Ende 1936 das Versuchsmuster D-ISIX zur Vorbereitung der Baureihe Ar 68 H. Es besaß erstmals einen mit einer gewölbten Schiebehaube abgedeckten Führersitz und erhielt als erstes deutsches Jagdflugzeug den Neunzylindermotor BMW 132 Da, eine Lizenzproduktion des Pratt & Whitney »Hornet«. Die Leistung des 625 kW (850 PS) starken Sternmotors ermöglichte eine Höchstgeschwindigkeit um 400 km/h und eine Gipfelhöhe von über 9 000 m.

Ar 68 V-2 (D-IVUS) im Fluge über der Warnow.

Ar 68 V-3 (D-IBAS).

Staffel mit Ar 68 F.

Ar 68 E. ▼

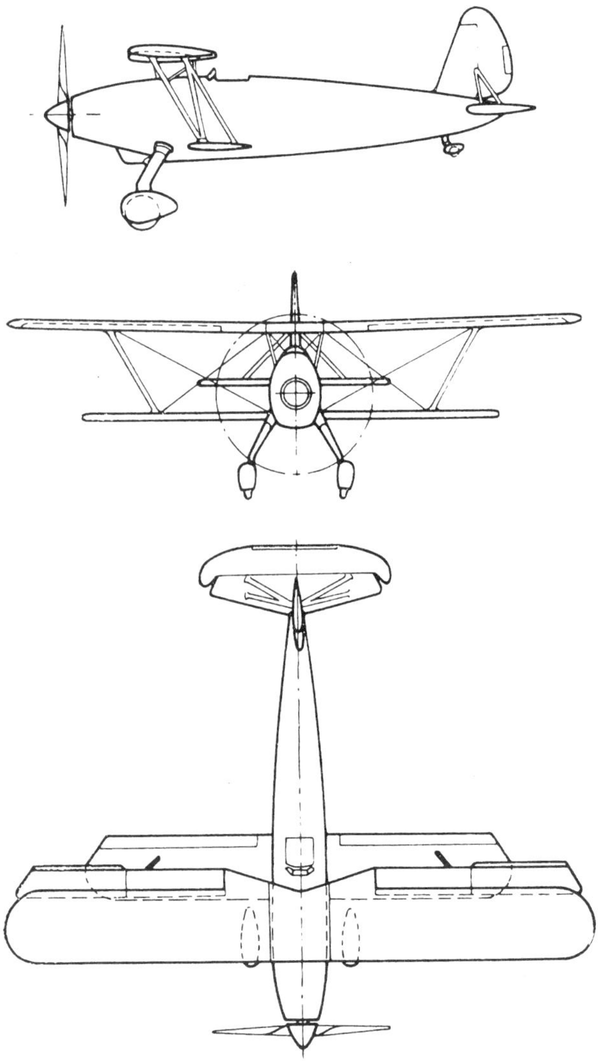

Dreiseitenansicht der Ar 68 E.

Muster		**Ar 68 E**
Triebwerk		Jumo 210, 735 PS (540 kW)
Besatzung		1
Länge	m	9,50
Höhe	m	3,30
Spannweite	m	8,00/11,00
Flügelfläche	m^2	27,30
Rüstmasse		1600
Zuladung	kg	420
Flugmasse	kg	2020
Höchstgeschw.	km/h	306[1]
Steiggeschw.	m/s	[2]
Dienstgipfelhöhe	m	8100
Reichweite	km	500
Flächenbelastung	kg/m^2	74,00
Leistungsbelastung	kg/PS	2,75
Flächenleistung	PS/m^2	26,95

[1] in 0 m Höhe, 325 km/h in 4000 m Höhe
[2] 10 min auf 6000 m, in Bodennähe 12,6 m/s.

Staffel mit Ar 68 E.

Ar 68 H V-1 (D-ISIX) mit Höhenmotor BMW 116.

Von den für die Serie vorgesehenen Baureihen der Ar 68 sollte Arado 324 Einheiten liefern.[49] Bis Mai 1936 wurden zehn erste Flugzeuge ausgeliefert. Bis April 1937 entstanden laut neuem Plansoll von 327 Einheiten 310 Flugzeuge.[50] 26 Lizenzbauten lieferte Erla[51], 17 Fieseler. Bis zum 1. Juli 1937 belief sich die Gesamtproduktion auf 424, bis zum 31. März 1938 auf 514 Einheiten.

Die Flugzeuge der Baureihe Ar 68 E gingen als Standardfluggerät an die Jagdgeschwader 134 und 131. Zwei der sieben mit diesem Jäger ausgerüstete Staffeln wirkten bei der Wiederbesetzung des Rheinlandes mit. Drei Flugzeuge der Baureihe Ar 68 E dienten 1938 während des Spanischen Bürgerkriegs der Fronterprobung. Noch bei Ausbruch des Zweiten Weltkriegs waren 28 Flugzeuge der Baureihe Ar 68 E bei einer der 17 Nachtjagdgruppen eingesetzt.[52]

Leichter Übungseinsitzer Ar 69

Mitte der dreißiger Jahre entwickelte Arado den leichten Übungseinsitzer Ar 69. Der Doppeldecker erhielt wie die Baumuster Ar 67 und 68 ein vorverlegtes Seitenleitwerk. Die beiden stark gestaffelten Tragflächen, die eine Pfeilung von 10 Grad hatten, waren mit 9 m gleich lang. Von der Baureihe Ar 69 A, die eine Leermasse von 505 kg aufwies und mit einem 99 kW (135 PS) leistenden Argus As 8 B-Motor ausgerüstet war, wurden 1934 drei Versuchsmuster (W.Nr. 113 bis 115) gebaut, unter ihnen der in Rechlin erprobte Prototyp D-2821.
Die baugleiche Version Ar 69 B erhielt einen 110 kW (150 PS) starken Bramo Sh 14 A-Motor, mit dem sich die Höchstgeschwindigkeit auf 184 km/h steigerte. Alternativ zu einer Ausführung in geschwungener Form erhielten beide Baureihen auch ein Leitwerk mit eckiger Form und

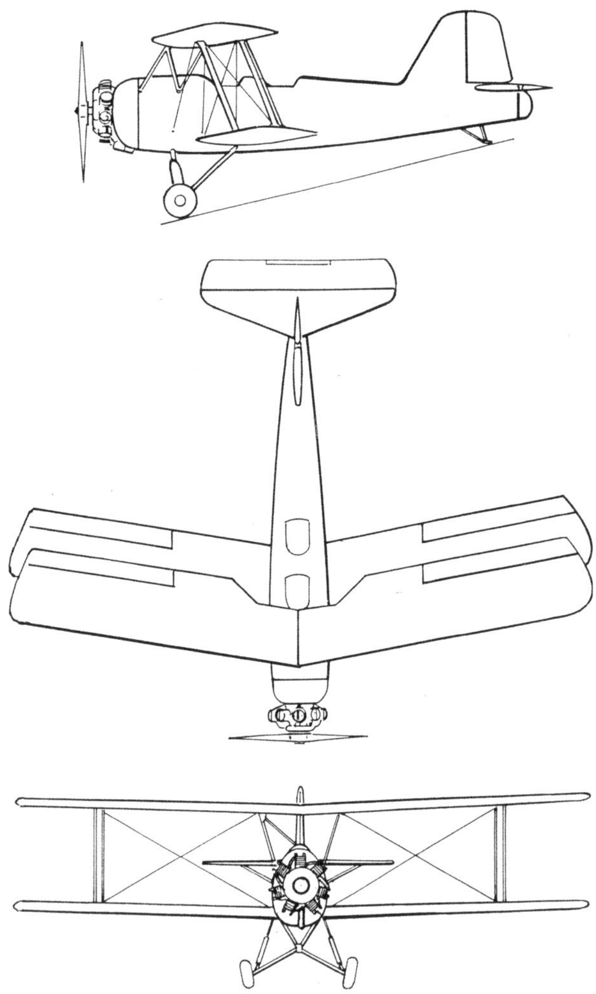

Ar 69 B (D-EPYT).

größerer Tiefe. Bis zum 30. April 1936 wurde eine Kleinserie von sechs Einheiten erstellt (W.Nr. 136 bis 141, D-2824-2829). Das letzte Flugzeug wurde im November 1937 in Brandenburg eingeflogen.[53] Von der Einsitzer-Ausführung Ar 69 D, die für den Kunstflug gedacht war, entstand ein Einzelexemplar.
Die Ar 69 wurde vorwiegend zu luftsportlichen Zwecken vom Nationalsozialistischen Fliegerkorps (NSFK) geflogen. Hauptmann a. D. *Dittmar* belegte 1937 bei dem Orientierungsflug »Quer durch die Kurmark« einen Platz im ersten Drittel der Gesamtwertung und den zweiten Platz beim »Zweiten Küstenflug«, der von Königsberg bis Westerland führte.
Das im November 1934 auf dem XIV. Pariser Aéro-Salon ausgestellte Flugzeug konnte in der Klasse der leichten Schulflugzeuge mit den ebenfalls gezeigten Typen He 70 und Bf 108 bezüglich der Geschwindigkeit nicht konkurrieren, wenn auch die Steigleistung gegenüber der Bf 108 deutlich besser war. Der Vorsprung der Konkurrenz konnte erst nachfolgend mit den Schulflugzeug Ar 96 und dem Sportflugzeug Ar 79 aufgeholt werden.

links: Dreiseitenansicht des Schulflugzeugs Arado Ar 69.

Ar 69 A (W.Nr. 114, D-2822).

Übungseinsitzer und »Heimatschützer« Ar 76

Das RLM forderte 1933 ein kunstflugtaugliches Übungsflugzeug für fortgeschrittene Flugschüler, das sich zugleich als »Heimatjäger« zum Objektschutz eignen und deshalb mit ein bis zwei MG 17 und einem Bombenmagazin ausgerüstet werden sollte. Vorgeschrieben war der Argus As 10 C-Motor, der 175 kW (240 PS) leistete.
Im Rahmen dieser Ausschreibung, an der sich auch Henschel, Focke-Wulf und Heinkel beteiligten, entwickelte Arado das »schnelle Übungsflugzeug« Ar 76. Um in der Spannweite nicht zu weit herunterzugehen, damit annähernd die Flugeigenschaften des Jagdeinsitzers erreicht wurden, blieb nur die Eindeckerlösung. Für Heinkel entwarf *Robert Lusser* einen freitragenden Tiefdecker mit einziehbarem Fahrgestell. Der Entwurf erschien dem Auftraggeber zu ambitiös. Daraufhin bot Heinkel nachträglich einen Doppeldecker an. Dessen Nachteil bestand darin, daß die dünnen Flügelprofile beim Überziehen zu einer laminaren Ablösung und einem Auftriebsverlust an den Flügelenden führten. Henschel entwickelte zunächst einen abgestrebten Schulterdecker, der anschließend zum Tiefdecker umkonstruiert wurde. In diesem Fall hielt das Amt die Ganzmetall-Bauweise für zu aufwendig. Außerdem hatten die dünnen Flügelschnitte im Innenbereich eine relativ hohe Geringstgeschwindigkeit zur Folge.
Arado und Focke-Wulf entschieden sich für einen in Gemischtbauweise gefertigten, abgestrebten Hochdecker, da er die günstigsten Sichtverhältnisse bot. Nach dem Absturz des Prototyps Ar 76 V-3 (W.Nr. 365, D-ISEN) wurde die Erprobung mit der Ar 76 V-1 (W.Nr. 363, D-IBET) und V-2 (W.Nr. 364, D-IRAS, Rechliner Stammkennzeichen TI+HX) fortgesetzt. Bei einem Vergleichsfliegen, das vom 26. Juli bis 25. August 1934 in Rechlin stattfand,

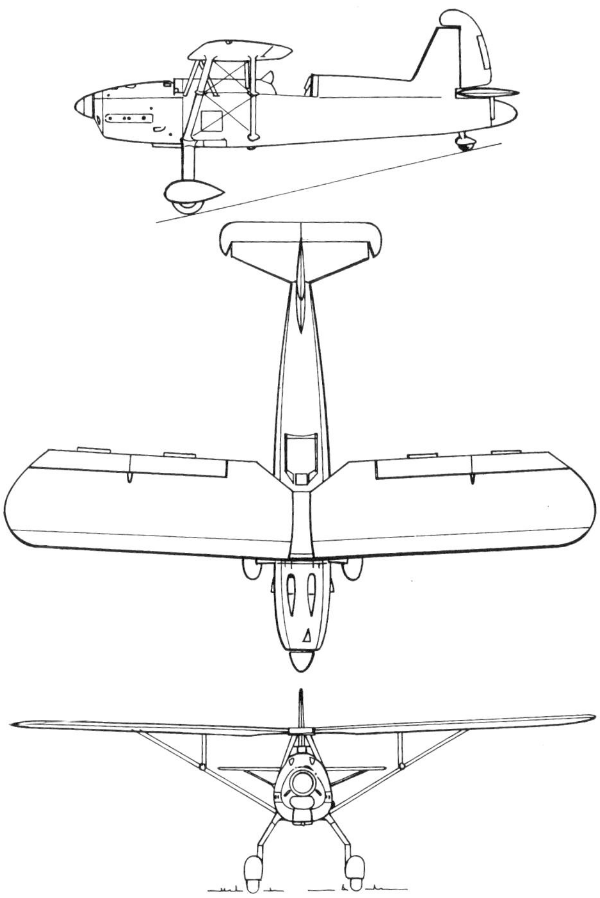

Dreiseitenansicht des Übungs-Jagdeinsitzers Ar 76.

Ar 76 V-2 (W.Nr. 364, D-IRAS).

Ar 76 (D-IQUO).

ließ die Ar 79 ausgezeichnete Flugeigenschaften erkennen. Bezüglich der Richtungsstabilität und der Trudeleigenschaften war sie aufgrund des vorverlegten Seitensteuers der Fw 56 »Stösser« überlegen. Das mit starrem und verkleideten Fahrwerk versehene Flugzeug war allerdings der Konkurrenzentwicklung an Feinfühligkeit unterlegen und erreichte aufgrund der relativ hohen Flugmasse von 1070 kg auch nur eine geringere Geschwindigkeit von 267 km/h.
Nachdem Henschel und Heinkel im Vorfeld ausgeschieden waren, erhielten Arado und Focke-Wulf 1935 Serienaufträge. Arado baute größere Stückzahlen als gemeinhin angenommen. Bis Mai 1936 wurden 176 Einheiten gefertigt.[54] Nach Werksangaben wurde die geplante Gesamtausbringung von 182 Einheiten am 1. April 1938 erreicht. Der Großteil von ihnen wurde von Februar 1936 bis März 1938 in Brandenburg eingeflogen.[55]
Die beiden ersten Prototypen blieben als Werksmaschinen bei Arado.[56] Bis 1941 diente das Flugzeug vor allem Sport- und Ausbildungszwecken. Für militärische Zwecke reichten die Flugleistungen jedoch schon bald nicht mehr aus, so daß nur wenige Flugzeuge an die Lufttwaffe geliefert wurden, unter anderem an die Luftkriegsakademie in Gatow. Nachdem das Flugzeug im Frühjahr 1937 in Stockholm ausgestellt worden war, ging es zum Teil in den Export.

Muster		**Ar 69 B**	**Ar 76 A**
Triebwerk		Bramo Sh 14 A 7-Zylinder- 110 kW (150 PS)	Argus As 10 C 8-Zyl. V-Motor 175 kW (240 PS)
Besatzung		2	1
Länge	m	7,22	7,20
Höhe	m	2,75	2,55
Spannweite	m	9,00	9,50
Flügelfläche	m²	20,70	13,34
Flächenbelastung	kg/m²	32,85	80,15
Leistungsbelastung	kg/PS	4,54	4,46
Leermasse	kg	540	750
Zuladung	kg	140	320
Flugmasse	kg	680	1070
Höchstgeschwindigkeit	km/h	184	267
Steigzeit auf 1 km	min	3,4	2,5
Dienstgipfelhöhe	m	5600	6400
Reichweite	km	560	470

Zweimotoriges Schulflugzeug Ar 77, erster Arado-Tiefdecker

Das 1935 erstmals als freitragender Tiefdecker ausgelegte, viersitzige Schulflugzeug Ar 77 war mit einer Flugmasse von 2 940 kg und einer Spannweite von 19,20 m das größte bislang von Arado entwickelte Baumuster. Das Höhenleitwerk war weit vorn und hoch an der Seitenflosse angesetzt und durch N-Stiele zum Rumpf hin abgestrebt. Zwei Argus As 10C-Motoren von je 175 kW (240 PS) Leistung verliehen dem Flugzeug eine Höchstgeschwindigkeit von 240 km/h. Das mit Einrichtungen für Blindflug, FT, Peilung und Nachtflug ausgerüstete Flugzeug diente in erster Linie der Ausbildung auf zweimotorigen Maschinen. Im vorderen, offenen Teil des Cockpits war Platz für einen Lehrer mit Flugschüler, der hintere Teil war geschlossen und für einen Funker nebst Begleiter vorgesehen. Gedacht war auch an eine Verwendung als Mehrzweckflugzeug und »Zubringerflugzeug«.

Arado hatte sich weder für ein Einziehfahrwerk noch für eine Ganzmetallkonstruktion entschließen können. Nur Bug und Unterseite bis Kabinenende waren mit Aluminium-Blech beplankt. Erstmals wurde aber das Verfahren der Holz-Metallklebung verwendet. Die Anschlüsse der Außenflügel bestanden aus sogenannten »Nudu-Platten«, das heißt, die Holme der Außenflügel waren mit Beschlägen aus Dural versehen, die keilförmig auslaufend in die aus Nußbaum bestehenden Holzgurte der Flügelholme eingeleimt waren.

Aufgrund eines Streites mit der Abnahmebehörde um die Festigkeit der Flügelanschlüsse erfolgte die Freigabe erst

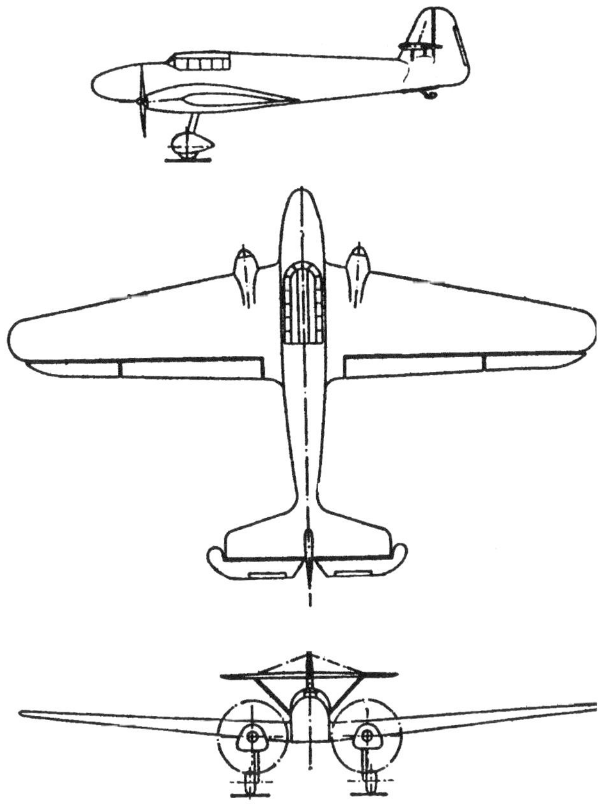

Dreiseitenansicht des zweimotorigen Schulflugzeugs Ar 77.

Ar 77 V-1 (W.Nr. 845, D-ABIM).

Ar 77 V-1.

Ar 77 V-1.

nach monatelangen Festigkeitsproben. 1935 traf die V-1 (W.Nr. 845, D-ABIM) in Rechlin ein. Die Gesamtbewertung im folgenden Jahr war gut. Das starre Fahrwerk beeinflußte jedoch negativ das Steigvermögen und die Höchstgeschwindigkeit. Außerdem war das Flugzeug um die Längsachse relativ träge, so daß es sich gegen den ebenfalls in Gemischtbauweise gefertigten Konkurrenzentwurf Fw 58 »Weihe« nicht durchsetzen konnte. Vermutlich kam es nach dem Bau des zweiten Prototyps (W.Nr. 846, D-AJAZ) nicht mehr zur Fertigstellung des dritten V-Musters. Die Flugzeuge dienten bis zum Sommer 1937 in Rechlin als Versuchsträger für die FT-Erprobung und sollen später an die Türkei geliefert worden sein.[57]

Muster		**Ar 77**
Triebwerk		2 x Argus As 10C, 8-Zyl. Luftgekühlt, 175 kW (240PS)
Besatzung		4
Länge	m	12,50
Höhe	m	3,20
Spannweite	m	19,20
Flügelfläche	m^2	50,50
Flächenbelastung	kg/m^2	57,23
Leistungsbelastung	kg/PS	6,02
Leermasse	kg	1930
Gesamtlast	kg	1010
Flugmasse	kg	2940
Höchstgeschwindigkeit	km/h	240
Steigzeit auf 1 km	min	3,5
Dienstgipfelhöhe	m	5000
Reichweite	km	720

Flugzeugbau im Zeichen des technischen Wandels

Als in den frühen dreißiger Jahren die Frage der Modernisierung der Kampfflugzeuge anstand, erlitt Arado einen unerwarteten Rückschlag. Bereits zu Beginn des Jahres 1933 hatten Arado und Heinkel dem Amt erste Entwürfe für einen Jagdeinsitzer der neuen Generation eingereicht. Es wurde allgemein erwartet, daß sich Arado oder Heinkel durchsetzen würden, da nur diese Firmen über Erfahrungen im Serienbau von Jagdflugzeugen verfügten. Für Arado sprach insbesondere, daß Walter Blume als Jagdflieger des Ersten Weltkriegs und Heinrich Lübbe als Konstrukteur des ersten synchronisierten Flugzeugmaschinengewehrs hohes Ansehen genossen und sich beide werksseitig mit der Weiterentwicklung von Waffensystemen für schnelle Kampfflugzeuge befaßten.
In einer Ausschreibung vom Dezember 1933 verlangte das RLM einen »Verfolgungsjagdeinsitzer« in Form eines freitragenden, nach aerodynamischen Gesichtspunkten gestalteten Tiefdeckers in Ganzmetall-Bauweise mit guter Kurven- und Rollwendigkeit, absoluter Sturzflugfestigkeit und einwandfreiem Trudelverhalten. Die geforderte Geschwindigkeit in 6000 m Höhe sollte über 400 km/h liegen. Vor der endgültigen Aufgabenstellung an die Industrie im Februar 1934 wurden überraschend auch Focke-Wulf und die Bayerischen Flugzeugwerke in die Entwicklung einbezogen. Die technischen Leiter dieser Firmen, Kurt Tank und Willy Messerschmitt, verfügten zwar über eine gut funktionierende Lobby beim Amt, beide Unternehmen galten jedoch aufgrund ihrer angeschlagenen Finanzlage bislang als Außenseiter. Focke-Wulf hatte die Folgen der Fusion mit Albatros noch nicht völlig überwunden. Die Bayerischen Flugzeugwerke hatten bis zum Flugzeugbeschaffungsprogramm vom 1. November 1935 nur durch zusätzliche Nachbauaufträge für Arado und Heinkel eine hinreichende Auslastung erreicht.

Göring hatte bereits im Herbst 1933 *Theo Croneiß*, der kurz zuvor zum Vorsitzenden des Aufsichtsrates der BFW ernannt worden war, streng vertraulich einen Entwicklungsauftrag für einen neuen Jagdeinsitzer in Aussicht gestellt und seine Unterstützung dahingehend angeboten, die Firma im Vorfeld entsprechend auszubauen.[1] Nach eigenen Aussagen wurde *Willy Messerschmitt* anschließend von Major *Wilhelm Wimmer*, dem damaligen Chef des Technischen Amtes, zu einer Bewerbung gedrängt. *Messerschmitt* will dem Reichsluftfahrtministerium (RLM) zunächst mitgeteilt haben, daß seiner Ansicht nach die gestellten Bedingungen nicht zu einem ausreichend leistungsfähigen Jäger führen konnten. Daraufhin soll Generalstabschef *Walter Wever* ihm versichert haben, er könne im Unterschied zu den anderen Firmen den Auftrag ohne jede Bedingung erhalten.[2]

Die technischen Anforderungen des RLM für das künftige Jagdflugzeug hatten beträchtliche Umstellungsmaßnahmen für die Industrie zur Folge. Mit der Einführung der Ganzmetall-Bauweise, aerodynamisch verbesserter Rumpfformen und Tragflächenprofile, auftriebserhöhender Hilfsflügel, Höhenmotoren, Druckkabinen und Einziehfahrwerken standen weitreichende Modernisierungen an. Innerhalb der Luftwaffenführung bestand jedoch anfangs keineswegs Einmütigkeit über alle Details. Noch 1929 hatte sich *Wolfram Freiherr von Richthofen*, später Abteilungsleiter im Technischen Amt, in einer Studie für die Holzbauweise im Falle eines Krieges ausgesprochen, bevor *Milch* im April 1933 in einem einleitenden Referat auf einer Besprechung mit führenden Industriellen der Metall-Branche bei *Ernst Heinkel* in Warnemünde entschied, Holz komme für den Flugzeugbau nicht mehr in Frage, »weil Holz bei Schußverletzungen platzt«.[3] Noch im Okober 1936 stand die Ganzmetall-Bauweise als vordringliche Frage auf der Tagesordnung einer von der Deutschen Gesellschaft für Luftfahrtforschung organisierten Vortragsreihe, auf der *Hall F. Hibbard*, Chefkonstrukteur der Lockheed Aircraft Corporation, über »Das Schnellflugzeug, seine Entwicklung und Zielsetzung« und *Dr. Heinrich Hertel* über »Konstruktion und versuchsmäßige Erfahrungen mit Schalenrümpfen« referierten. Umstritten blieb auch zum Teil, ob ausschließlich die Tiefdecker-Bauweise zum Tragen kommen sollte.

Kurz bevor bei den Bayerischen Flugzeugwerken im Mai 1935 der erste Prototyp zum Einfliegen bereitstand, soll *Ernst Udet* noch die Ansicht vertreten haben, daß dieser Tiefdecker »nie ein Jäger« werden könne und die ihm aus der Zeit des Ersten Weltkriegs vertraute Bauweise als Doppeldecker beibehalten werden müsse.[4]

Rethel entwickelt »Arado-Schalenbauweise«

Die Einführung der Ganzmetall-Bauweise verlief bei Arado nicht ohne Komplikationen. *Walter Rethel* galt als versierter Fachmann für die Schweißtechnik, wie sie bei der Gemischtbauweise zur Fertigung von Stahlrohr-Flugzeugrümpfen zur Anwendung kam. Als er sich ab 1934 mit der Ganzmetall-Bauweise befaßte, betrat er technisches Neuland. Die von ihm entwickelte »Arado-Bauweise für Schalenrümpfe«[5] sah einen konisch verlaufenden Längsverbund aus Glatt- und Profilbahnen vor, aus der sich folgende Vorteile ergaben:[6]

1. Herstellung einer doppelt gewölbten Schale unter Vermeidung möglichst jeder Treibarbeit und unter Einhaltung eines sauberen Straks
2. Verwendung von normalen Werkzeugmaschinen, Vermeidung von Sondervorrichtungen
3. Schaffung von genormten Halbzeugen, verwendbar für verschiedene Rumpftypen
4. Möglichkeit der Maschinennietung bzw. elekrischen Punktschweißung
5. Verwendung von Bandmaterial auch für die Behäutung

Im einzelnen erläuterte *Rethel* die Arado-Schalenbauweise wie folgt: »Unterteilt man die Oberfläche eines Rumpfes in eine große Anzahl längsverlaufender Streifen, so entsteht im Querschnitt ein Vieleck. Wenn nun diese Streifen als Blechbahnen zwecks Vernietung eine um die andere breiter gemacht werden, so werden diese Überlappungen wegen der Rumpfwölbung um gewisse Beträge etwas sperren. Man kann sich aber leicht vorstellen, daß durch die Vernietung die Blechstreifen ohne weiteres zum Anliegen gebracht werden, dabei wölben sich aber die Bahnen, und das Vieleck geht in einen runden oder ovalen Querschnitt über. Hat nun der Rumpf eine doppeltgewölbte Form, wie es meistens bei aerodynamisch gut gebildeten Rümpfen der Fall ist, so verlaufen die Ränder der Blechbahnen nicht geradlinig, sondern im schwachen Bogen, die Bahnen haben also die Form wie Faßdauben.
Um nun in den Nietnähten einen sauberen Strak zu erhalten, müßte man unter jeder Naht ein Profil anordnen ...Diese Anordnung ist bei der Arado-Bauweise nicht gemacht worden, und in diesem Punkt unterscheidet sie sich im wesentlichen von anderen Bauweisen: Die erforderlichen Profile werden durch beiderseitiges Abkanten der Ränder jeder zweiten Bahn erhalten. Wir haben also abwechselnd Profil- und Glattbahnen.«[7]
Die Glattbahnen wurden mit Rollenmessern zugeschnitten, konnten aber auch in Paketen auf der Bandsäge oder mit der Oberfräse bearbeitet werden. Die Profilbahnen wurden mittels Abkantbänken erstellt. Für große Serien konnten auch Pressen oder Walzen eingesetzt werden. Anschließend wurden die Werkstücke mittels Bohrschablonen mit Nietlöchern versehen. Nachdem die Profilbahnen durch Gurte auf den Spanten zum Anliegen gebracht und mit Heftschrauben befestigt waren, wurden sie zusammen mit den Glattbahnen maschinell vernietet. Anschließend wurden die beiden Halbschalen durch Handvernietung zusammengesetzt.
Fertigungstechnisch hatte dieses Verfahren nach Ansicht *Rethels* den Vorteil, daß »die längslaufenden, nur schwach gekrümmten Nähte sich erheblich schneller nieten (lassen) als querlaufende Stöße«, daß durch die beliebige Unterteilung »die Schale durch mehrere Nietmaschinen gleichzeitig genietet werden kann« und »die Vereinigung der Teile durch Maschinennietung ... bis zu den Halbschalen durchgeführt werden (kann), so daß nur zwei Nähte für Handnietung übrig bleiben«.
Die »Arado-Schalenbauweise« entsprach der geltenden Forderung nach einem kostensparenden Verfahren. Wesentliche Arbeitsschritte wie der Zuschnitt wurden vereinfacht beziehungsweise konnten mit normalen Werkzeugmaschinen durchgeführt werden. Insbesondere mußten die Behäutungsbleche nicht kostenaufwendig über Streckziehklötze gezogen werden.
Nach Ansicht des damaligen Konstruktionsleiters *Hans Rebeski* »wurde der Vorteil der Einsparung der Kosten für Streckziehklötze aber gemindert durch die relativ hohe Nietzahl, die sich dann bei jedem Flugzeug auswirkte. Bei hoher Stückzahl übersteigen die Nietkosten die Kosten für Streckziehklötze. Diese Fertigung ist daher weniger für große Stückzahlen geeignet. Ein weiterer Nachteil dieser Blechkonstruktion ist das relativ hohe Gewicht. Dadurch, daß die Blechstärke von vorne bis hinten gleich stark sein muß, sowie durch die ernorme Konzentration der Längsstringer im hinteren Rumpfteil ... ist ein optimales Rumpfgewicht nicht zu erreichen«.[8]

Jagdeinsitzer Ar 80

Die von *Rethel* entwickelte Ganzmetall-Schalenbauweise kam erstmals bei dem Jagdeinsitzer Ar 80 zur Anwendung. Das Flugzeug war als Tiefdecker ausgelegt und hatte die seinerzeit noch obligatorische offene Einmann-Kabine. Bei einer Spannweite von 11,80 m, einer Flügelfläche von 21 m^2 und einer Flugmasse von 2 100 kg ergab sich eine Flächenbelastung von 100 kg/m^2.

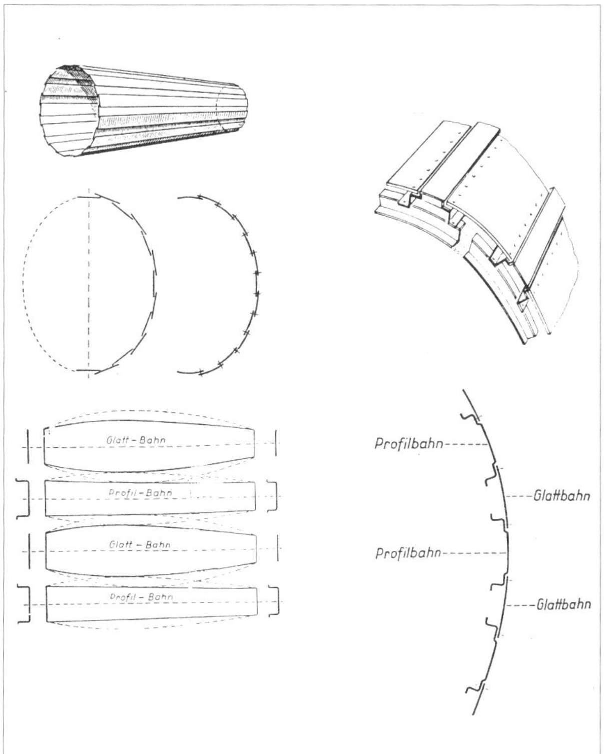

Schematische Darstellung der Arado-Schalenbauweise. Von oben: Schalenrumpf mit überlappenden Längsbahnen, Wechsel von Glatt- und Profilbahnen, montierte Rumpfbehäutung (o. r.).

Festspannen der Rumpfbehäutung des Jagdeinsitzers Ar 80.

Charakteristisch war die bei Heinkel bereits 1932 mit dem Schnellverkehrsflugzeug He 70 eingeführte leichte Abwärtsknickung der Tragflächen, durch die die Fahrwerkslänge so minimal wie möglich gehalten werden konnte. Für die Verbindung von Rumpf und Tragflächen hatte *Rethel* ein spezielles Verfahren entwickelt, um die Stahlrohrkonstruktion des Tragflächenmittelstücks an den Rumpf anzuschließen.

Hans Rebeski beschrieb das Konstruktionsprinzip des Flügelanschlusses wie folgt: »Der Flügelanschluß bestand aus einem gefrästen ›U-Profil‹, welches mit einer Blechschale zu einem Hohlprofil verschweißt wurde. Nach dem Verschweißen wurde das Hohlprofil auf einer Presse stückweise entsprechend dem Flügelprofil gebogen. In einer gesonderten Zusammenbauvorrichtung wurden dann die Rohrstutzen und sonstigen Beschläge geheftet, bevor daraufhin das ganze Gebilde vollkommen ausgeschweißt wurde. Dann wurde ....die Flügelanschlußfläche plan gefräst, und es folgte das Bohren der Löcher. Dadurch war die Austauschbarkeit der Außenflügel sichergestellt. Das fertig ausgeschweißte Gebilde wurde dann in die Rumpf-Großvorrichtung eingesetzt und mittels der Muffen nur mit Ringschweißung mit dem ... Rumfgerüst verbunden. Diese Methode der Verbindung mit Rohrmuffen wurde für alle komplizierten Rumpfknotenpunkte angewendet. Dadurch ist der unvermeidliche Schweißverzug langer Schweißnähte ohne Einfluß auf das Rumpfgerüst.«[9]

Für den schnellen Triebwerkswechsel stand ein spezieller Anschlußbeschlag zur Verfügung, der bereits in dem Jagdflugzeug Ar 68 benutzt wurde. Der vordere Rumpfbereich war als geschweißtes Stahlrohrgerüst ausgeführt. Die Unterkonstruktion war mit einer abnehmbaren Verkleidung aus Aluminiumblech abgedeckt, um eine leichte Zugänglichkeit bei der Wartung aller Einbauten zu gewährleisten. Das freitragende Leitwerk hatte Trimmklappen und Ausgleichshörner und war im Ruderbereich stoffbespannt, während die Flossen blechbeplankt waren. Die beiden Kraftstofftanks aus etwa 10 mm dickem Buna-Material waren in geklebten Cotonitkästen untergebracht, die verhinderten, daß bei Beschuß ein Geschoß einen Funken in den Tankraum hineinzog.

Hohe Flugmasse und unausgereiftes Einziehfahrwerk

Die Ar 80 ließ nach Ansicht des Arado-Einfliegers *Kurt Starck*[10] »hervorragende Flugeigenschaften« erkennen.[11] Allerdings fiel die Flugmasse aufgrund der gewählten Schalenbauweise um 16 Prozent höher aus als veranschlagt, so daß mit einer Höchstgeschwindigkeit von 425 km/h in 4 000 Meter Höhe die erhofften Werte nicht erzielt wurden.

Durch Anlaufschwierigkeiten bei der Entwicklung des

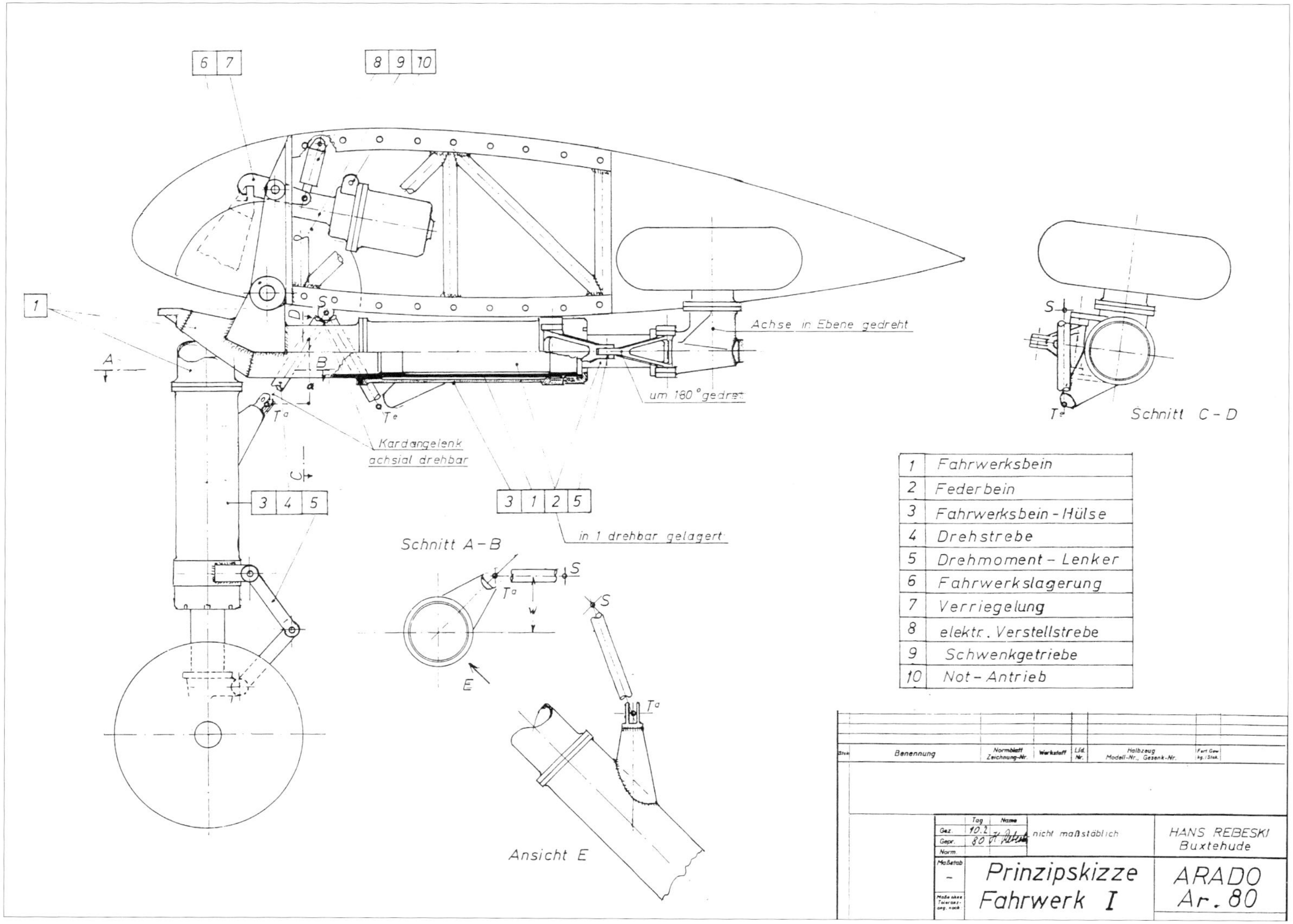

Prinzipskizze zur Fahrwerkskonstruktion der Ar 80 (H. Rebeski).

Einziehfahrwerks stand darüber hinaus das Flugzeug nicht termingerecht für Vergleichsflüge zur Verfügung.
Das Fahrwerk war am äußersten Ende des Stahlrohr-Flügelmittelstücks angeordnet, um eine große Spurweite zu erhalten, und lag damit zwangsläufig im Flügelknick. Das von *Messerschmitt* gewählte Verfahren, das Fahrwerk am Rumpf zu befestigen, war weniger aufwendig, hatte aber eine geringere Spurbreite zur Folge, die durch Spreizung der Federbeine nur bedingt ausgeglichen werden konnte. In der Befürchtung, ein Zerschneiden der Längsstringer der Außenflügel könne zu einem Stabilitätsverlust führen, entschied sich Arado für ein Fahrwerksbein, das vor dem Vorderholm drehbar gelagert war und zugleich seitlich und nach hinten eingeschwenkt wurde. Dafür war eine Drehbewegung des Fahrwerkbeins samt Rad um etwa 90 Grad zusätzlich zur Schwenkung des gesamten Fahrwerks nach hinten erforderlich. Das flachgedrehte Rad wurde von einem Radkasten hinter dem Hinterholm des Flügels aufgenommen. Mittels einer aufwendigen Mechanik wurde das Federbein drehbar im Fahrwerksbein gelagert. Das Drehmoment um die Federbeinachse wurde vom Drehmoment-Lenker auf eine auf das Federbein aufgeschobene Fahrwerksbein-Hülse übertragen, die am oberen Ende an einem Festpunkt am Flügelmittelstück angelenkt war.
Der durchaus sinnvolle und aus Gründen der Platzersparnis noch gegen Kriegsende beim Bugradfahrwerk des Strahlbombers Ju 287 verwendete Fahrwerksmechanismus funktionierte am Boden im aufgebockten Zustand einwandfrei. Im Fluge jedoch, wenn das Rad schon halb gedreht war, wurde die Reibung der Hülse auf dem Fahrwerksbein durch den Staudruck so groß, daß die in der Flügelnase angelenkte Stoßstange sich nicht mehr drehen ließ und den Einziehvorgang blockierte.
Drei Monate vor der Fertigstellung bei den Bayerischen Flugzeugwerken wurde im Juli 1934 die erste Attrappe der Ar 80 besichtigt. Der erste Prototyp erhielt mit dem englischen 510 kW (695 PS) leistenden Rolls-Royce »Kestrel«-Motor das stärkste seinerzeit zur Verfügung stehende Triebwerk.[12] Er wurde im Juli 1935, zwei Monate nach der ersten Bf 109, fertig. Bei Trudelversuchen in Brandenburg mußte der Pilot *Schröder* mit dem Fallschirm aussteigen. Das Flugzeug dürfte erheblich beschädigt worden sein. *Schröder*, ab 1935 Nachfolger des Chef-Piloten *von Schoenebeck*, schied im Februar 1936 verletzungsbedingt aus. Sein Nachfolger bis 1939 wurde *Kurt Starck*.
Der zweite Prototyp der Ar 80 (D-ILOH) wurde im Oktober 1935 fertig. Er entstand erneut mit Knickflügel und offener Einmann-Kabine. Da der für die Serie geplante Junkers-Motor weiterhin nicht lieferbar war, wurde zunächst erneut der Rolls-Royce-»Kestrel« verwendet. Da Arado nur ein Motor dieses Typs zur Verfügung stand, ist

Ar 80 V-2 (D-ILOH) mit RR »Kestrel«.

Ar 80 V-2 mit Jumo 210.

Ar 80 V-2 (D-IMEM), Umbau mit geschlossener Kabine.

zu vermuten, daß er aus der nicht wieder aufgerüsteten V-1 stammte. Nachträglich wurde das Flugzeug auf den Jumo 210 C-Motor mit einer Leistung von 447 kW (610 PS) umgerüstet und erhielt eine von den Bayerischen Flugzeugwerken von Anfang an vorgesehene, aber von Heinkel erst mit dem sechsten Prototyp einführte geschlossene Kabine.

Der dritte, im Dezember 1935 fertiggestellte Prototyp der Ar 80 war von Anfang an mit dem Jumo-Motor und einer verstellbaren Luftschraube ausgerüstet, wodurch sich die Höchstgeschwindigkeit auf 435 km/h steigerte.

Ausscheiden beim Jäger-Wettbewerb

Im Januar 1936 sollte die Ar 80 V-2 zur Erprobung in Travemünde eintreffen. Obwohl eine verbesserte zweite Fahrwerksausführung mit zusätzlicher Schiebehülse und Kulissenführung nach Angabe von *Hans Rebeski* »funktionsmäßig einwandfrei« war, wurde das Fahrwerk mit verkleideter Strebe und Rad festgesetzt. Das Flugzeug kam damit für das Vergleichsfliegen im Februar 1936 nicht mehr in Frage.[13] Die vorgesehenen sieben 0-Serien-Einheiten wurden Ende 1935 zunächst storniert[14] und im Flugzeugentwicklungsplan vom 1. Januar 1936 gestrichen.

Die Hintergründe für das Ausscheiden der Ar 80 waren bislang weithin ungeklärt. Offiziell begründete Arado die Streichung der Vorserienflugzeuge damit, daß die Ar 80 »ebensowenig wie die Konkurrenzentwicklungen den Erwartungen entsprach, die man an dieses neuartige Flugzeug stellte«.[15] *Hans Rebeski* sah den Grund für die Absetzung der Ar 80 darin, daß »durch die lange Erprobungszeit das Wettbewerbsflugzeug[16] bereits weit in der Erprobung fortgeschritten war« und nach der Umkonstruktion des Fahrwerks mit einer »weiteren Erhöhung des schon ohnehin hohen Fahrwerks-Gewichtes« und einer »nicht unerheblichen Erhöhung« der Fertigungskosten zu rechnen war.[17] *Rüdiger Kosin* führte die »etwas unglückliche Rolle« der Ar 80 eher darauf zurück, daß »*Blumes* Interesse mehr dem ›Luftkreuzer‹ als Zerstörer galt«[18] als dem einmotorigen Jäger.

Die Entwicklung der Ar 80 wurde vermutlich auch durch das von Anfang an gestörte Vertrauensverhältnis zwischen *Blume* und *Rethel* beeinträchtigt. Wie sich *Rebeski* erinnerte, machte *Blume* intern einseitig *Rethel* für den Rückschlag verantwortlich: »Durch den Reinfall mit der Ar 80, indem es *Rethel* nicht gelang, das Einziehfahrwerk im Fluge funktionsfähig zu machen, war für das Verhältnis zwischen *Blume* und *Rethel* nicht gerade förderlich. *Blume* hatte angeordnet, daß *Rethel* erst dann nach Brandenburg übersiedelt, wenn er die Funktion in Ordnung bekommen hat.«[19] Damit war der Chefkonstrukteur diskreditiert. *Reinhold Platz*, der bei den Fokker Flugzeugwerken ausgeschieden war, weil *Anthony Fokker* an der Gemischtbauweise festhielt, räumte ein, daß *Rethel* »sicher recht gut, aber für die von mir immer angestrebte einfachste Konstruktion nicht der Mann« war.[20] Andererseits trug *Blume* als *Rethels* Vorgesetzter eine Mitverantwortung, indem er nach Aussagen von *Rebeski* die Entwicklung des Einziehfahrwerks anfänglich in der Annahme verzögerte, die Aussparungen für den Radkasten seien aerodynamisch schädlich und die Gewichtserparnis beim Verzicht auf eine Einziehmechanik sei entscheidender als der erhöhte Luftwiderstand eines starren Fahrwerks. Insofern wurde Arado möglicherweise zum Verhängnis, daß sich *Blume*, ähnlich wie *Udet*, zu lange an seine Erfahrung als Jagdflieger des Ersten Weltkriegs klammerte, während *Willy Messerschmitt* und *Ernst Heinkel* konsequent neue Wege gingen. Dies war dem RLM vermutlich nicht verborgen geblieben, so daß durchaus denkbar ist, daß Arado, wie die Focke-Wulf Flugzeugwerke mit ihrem veralteten Hochdecker-Entwurf, frühzeitiger als angenommen aus dem Rennen ausschieden.

In der amerikanischen Luftfahrtliteratur wurde sogar spekuliert, daß Arado gezielt benachteiligt wurde, indem das RLM dem Unternehmen anfänglich mitgeteilt habe, daß »auf keinen Fall ein einziehbares Fahrgestell in Frage käme, da es noch nicht genügend betriebssicher sei«.[21] Ob das RLM später, wie behauptet, die verzögerte Fertigstellung der Ar 80 umgekehrt als Sabotageakt *Lübbes* ausgelegt und als Vorwand für zeitgleich eingeleitete Maßnahmen zur Zwangsenteignung seines Unterneh-

mens genutzt hat,[22] läßt sich heute nicht mehr einwandfrei überprüfen.
Nach dem bauartbedingten Ausscheiden des Hochdeckers Fw 159 stieß auch der aerodynamisch äußerst verfeinerte Tiefdecker He 112 auf Ablehnung, da er in der Leistung der Bf 109 nicht entscheidend überlegen war, jedoch angeblich einen wesentlich größeren Fertigungsaufwand verursachte. Bei Arado war man allerdings der Auffassung, daß der nach dem Prinzip der konsequenten Leichtigkeit erzielte Geschwindigkeitsvorteil der Bf 109 durch eine »riskante« Bauweise erkauft wurde. Man wies darüber hinaus auf konkrete konstruktive Schwächen hin. *Messerschmitt* argumentierte zwar, daß die von ihm gewählte Anbringung des Fahrwerks am Rumpf den Flügel entlaste, andererseits neigte nach Aussagen von *Kurt Starck* die Bf 109 aufgrund der daraus resultierenden geringen Spurweite zum Wegknicken und ließ sie bei der Landung »leicht auf die Flügel kippen«.[23]

Erprobungsträger für Fowler-Flügel und Motorkanonen

Da zum Zeitpunkt der Fertigstellung der V-3 feststand, daß die Ar 80 als Verfolgungsjäger nicht mehr in Frage kam, wurde das Baumuster zunächst als Erprobungsträger für auftriebserhöhende Fowler-Flügel eingesetzt.
Entsprechende Verfahren wurden von *Walter Blume* und *Franz Meyer* entwickelt und von *Hans Rebeski* als »Arado-Wanderflügel« optimiert.[24] Anders als die üblichen

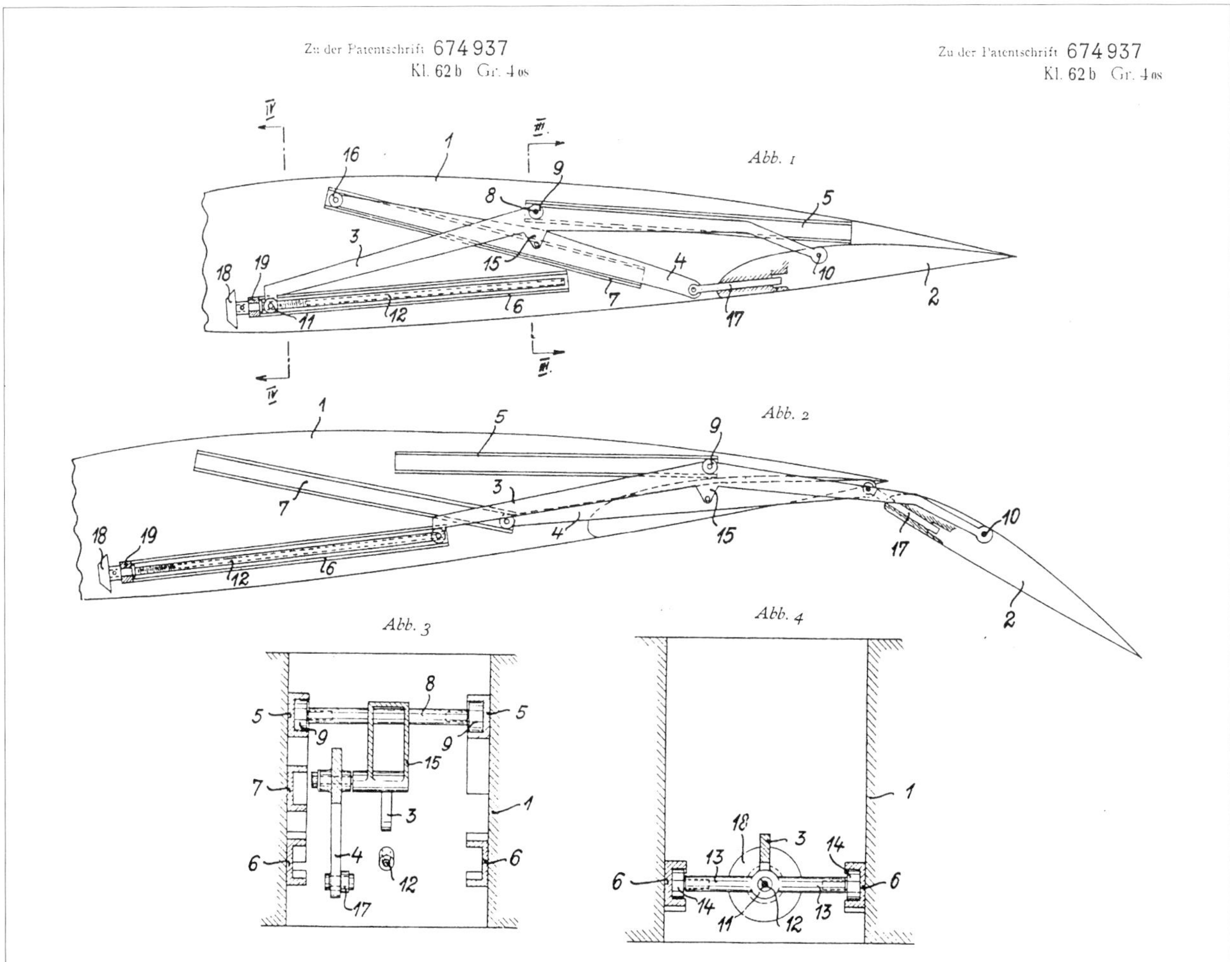

»Einrichtung zum Verstellen von Flugzeughilfsflügeln« für den Fowler-Antrieb der Ar 80 (Patent Nr. 674 936, *H. Rebeski*, 1938).

Landeklappen ließen sich die Fowlerklappen nicht nur nach unten schwenken, sondern zugleich nach hinten hinausschieben. Maßgeblich war, daß eine absolut steife Landehilfe erreicht wurde, die jedes Risiko von Schwingungen ausschloß.
Abweichend von dem ursprünglichen Konzept, das außerhalb des Profils liegende Stoßstangen vorgesehen hatte, wurde der Hilfsflügel an einem inneren und einem äußeren Schlitten aufgehängt, die jeweils mit einer Stoßstange und einem Wagen verbunden waren, der zwischen den Holmen in Schienen geführt und durch selbsthemmende Spindeln in Profiltiefe verschiebbar war. Die Spindeln waren durch Ketten so miteinander verbunden, daß sie verschiedene Umdrehungen machten. Hierdurch wurde ein trapezförmiges Ausfahren des Hilfsflügels erreicht. Dessen Schwenkung wurde durch zwei Stoßstangen bewirkt, die mit einem Hebel gekoppelt waren, der wiederum um die vorderen Achse des Wagens drehbar war und in einer an der Flügelrippe befestigten Schiene geführt wurde. Um den bei jeder Lage der Hilfsflügels unvermeidlichen Auftriebssprung zwischen Fowler- und Querruderbereich und die dadurch bedingte ungünstige Auftriebsverteilung über die Flügelspannweite zu vermeiden, wurde parallel eine Ausführung entwickelt, die ein gleichzeitiges Herausschieben des Querruders ermöglichte. Die endgültige Ausführung erhielt die Bezeichnung »Arado-Wander-Querruder« beziehungsweise »Arado-Wanderflügel«. Um den Fowler in der Spannweite möglichst bis an den Rumpf heranzuführen und die Auftriebsmessungen nicht durch den Flügelknick zu verfälschen, wurde eine Ausführung der Ar 80 mit geradem Flügel, unter Vorverlagerung des Wasserkühlers, als Erprobungsträger eingesetzt. Die Kabine wurde für die Mitnahme eines Begleiters, der die Funktion der Fowlerklappen überwachen sollte, zweisitzig ausgelegt.
Die Erprobung erfolgte mit der Ar 80 D-IPBN, vermutlich im Juli und August 1937.[25]
In Deutschland setzte sich relativ spät die Erkenntnis durch, daß angesichts des Panzerschutzes der Metall-Flugzeuge die Bewaffnung verstärkt werden mußte. Im März 1936 forderte LC II1 für die Erprobung mit der Bf 109 V-3 in Travemünde zunächst nur zwei gesteuerte MG 17. Angestrebt wurde der Einbau der durch die Welle schießenden 2-cm-Waffe MG C/30L, die später durch das MG FF und MG 151 ersetzt wurde. Bei der Ar 80 wurde die Waffe in starrer Ausführung auf einer Lafette gelagert, die am Apparateteil des Motors angeschraubt war. Ihr Lauf führte durch einen Kanal im Motor und die hohle Propellerwelle. Der Rückstoß wurde über eine elastische Pufferung abgefangen, so daß die Zelle keinen übermäßigen Beanspruchungen ausgesetzt war. Die Waffenerprobung könnte zeitlich mit Erprobungsflügen zusammenfallen, die im September und Oktober 1936 in Brandenburg erfolgten.[26] Sie wurde anschließend in Adlershof fortgesetzt.

Ar 80 mit Knickflügel. Erprobungsträger für MG FF.

Ar 80 (D-IROK) mit Knickflügel und offener Kabine.

Ar 80 (D-IPBN). Erprobungsträger für Fowler-Flügel und MG FF.

Die Ar 80 war vermutlich das erste deutsche Kanonenflugzeug. Die Erprobung großkalibriger Waffen mit der Bf 109 B, die anfänglich unter Kühlschwierigkeiten und Vibrationserscheinungen litt, wurde erst 1937 aufgenommen.

An der Waffenerprobung war sowohl eine Ar 80 mit Knickflügel als auch eine Ausführung mit geradem Flügel beteiligt. Wenn die von Zeitzeugen wiederholt bekräftigte Behauptung zutrifft, daß nur drei Prototypen gebaut wurden,[27] könnte es sich bei den Erprobungsträgern um die Ar 80 V-3 D-IROK und die durch Umbau der V-3 mit geradem Flügel entstandene Ar 80 D-IPBN gehandelt haben. Auch im Fall der Ar 80 V-2 wurde nachweislich als Folge eines Umbaus mit geschlossener Kabine das ursprüngliche Kennzeichen von D-ILOH in D-IMEM abgeändert. Andererseits existieren weitere Kennzeichen für die Ar 80, deren Vergabe schwerlich nur mit Umbauten zu erklären ist.[28] Mehrfach dokumentiert ist zudem eine Ar 80 V-5 (W.Nr. 1297). Über die Existenz einer vorausgegangenen Ar 80 V-4 liegen dagegen nur unbestätigte Angaben dahingehend vor, daß die Kennzeichen zunächst D-INEI und nach der Ausrüstung mit einem Jumo 210 G-Motor D-ILNI gewesen sein sollen. Beide V-Muster könnten aus Materialbeständen der gestrichenen 0-Serie gebaut worden sein. Fest steht, daß *Walter Kröger*, der 1939 bei Arado seine Tätigkeit als Einflieger aufgenommen hatte und später Chefpilot des Unternehmens wurde, am 6. November des Jahres mit der Ar 80 V-5 in Brandenburg einen ersten Musterflug unter Mitnahme des Begleiters *Hohmann* unternahm. Im Juni 1940 folgten vier Korrekturflüge. Anschließend war das Flugzeug bei der E-Stelle Travemünde stationiert.[29] Es erscheint unwahrscheinlich, ist aber nicht völlig auszuschließen, daß es sich bei dem von *Kröger* für die V-5 angegebenen Kennzeichen D-IPRN um einen Schreibfehler und eine Verwechslung mit der Ar 80 D-IPBN, die auch zweisitzig war, handelte. Die V-5 diente als Erprobungsträger für eine von Arado entwickelte Sicherheitssteuerung, die bei hoher Fluggeschwindigkeit die Ausschläge aller Ruder bei gleichem Knüppelausschlag auf ein Fünftel begrenzte. Die Firma Patin war aufgefordert worden, einen Fahrtmesser zu entwickeln, bei dem die Stellung des Fahrtanzeigers durch feine Drahtbürsten, sogenannte »Mückenbeine«, abgenommen werden konnte. Von Arado wurde das System dahingehend verbessert, daß mittels einer Brückenschaltung Elektromotoren die Verstellung der Stoßstangenanlenkung an die Knüppelsteuerung in Abhängigkeit von der Fluggeschwindigkeit vornahmen.

Flugbaumeister *Walter Kröger*, ab 1939 Chefpilot der Arado Flugzeugwerke.

Eindecker kontra Doppeldecker

Der Bombenabwurf im Sturzflug war erstmals in den zwanziger Jahren von der amerikanischen Marine zur Bekämpfung von Punktzielen praktiziert worden. Um 1930 entstand bei der Firma Curtiss das Sturzkampfflugzeug »Hawk«, von dessen Kunstflugtauglichkeit *Ernst Udet* fasziniert war. In der Annahme, daß sich mit diesem Flugzeug neue militärische Möglichkeiten eröffneten, überredete er *Göring* zum Ankauf von zwei Flugzeugen auf Kosten der deutschen Regierung und führte sie im Dezember 1933 in Rechlin vor. Die erhoffte Zustimmung blieb jedoch aus, da das Amt in der He 50 ein ausreichend sturzflugfähiges Gerät sah.
Erst nach Flugvorführungen mit dem Heimatschutzjäger Fw 56 »Stößer« erreichte *Udet*, daß sich das Amt zur Einführung ausgesprochener Sturzkampfflugzeuge entschloß. Es setzte sich die Einsicht durch, daß der Stuka angesichts der ballistischen und zieltechnischen Probleme beim horizontalen Reihenabwurf von Bomben eine sinnvolle Alternative zum schweren Bomber war und sich besonders zur Unterstützung der Infanterie eignete. Die Wahl fiel in einem ersten Sofortprogramm auf den Anderthalbdecker Hs 123 der Henschel-Werke, dessen offizielle Vorführung im Mai 1935 stattfand. Trotz verhängnisvoller Abstürze, die auf konstruktive Mängel im Tragflächenbau zurückzuführen waren, gelangte das Flugzeug zur Serienreife und wurde im Spanischen Bürgerkrieg und später im Polen- und Norwegenfeldzug eingesetzt.

Sturzkampfbomber Ar 81

An der dem Sofortprogramm nachgeschalteten zweiten Phase der Stuka-Ausschreibung beteiligten sich Junkers, Arado und Heinkel. Der Sturzkampfbomber Ar 81 war als zweisitziger, verspannter Doppeldecker in Ganzmetallbauweise ausgelegt. *Udet* soll anfänglich den Arado-Entwurf favorisiert und nach Ansicht des Arado-Einfliegers *Kurt Starck* die Bauweise als Doppeldecker empfohlen haben. *Ernst Heinkel* äußerte nachträglich seine Verwunderung über das »starre Anklammern an den Doppeldecker«, der seiner Ansicht nach 1934 schon zum »alten Eisen« gehörte.[30] Vermutlich war man sich auch bei Arado nicht ganz sicher, ob ein Doppeldecker noch zeitgemäß war, denn aus Entwurfsskizzen geht hervor, daß Arado einen Alternativentwurf für eine Tiefdeckerausführung mit Knickflügel erstellt hatte, der aber nicht zur Ausführung kam.
Das Fahrwerk der Ar 81 war starr und verkleidet, die Kabine bis auf die Heckpartie geschlossen. Mit einer Spannweite von 11 m und einer Flugmasse von 3 198 kg war das Flugzeug etwas kleiner dimensioniert als der Junkers-Stuka Ju 87. Als Antrieb diente ein Jumo 210 B-Motor mit einer im Fluge verstellbaren Luftschraube und einer Leistung von 469 kW (640 PS). Die Leistungsbelastung betrug 5,0 kg/PS, die Höchstgeschwindigkeit 330 km/h in 4 000 m Höhe, die Endgeschwindigkeit im Sturzflug 600

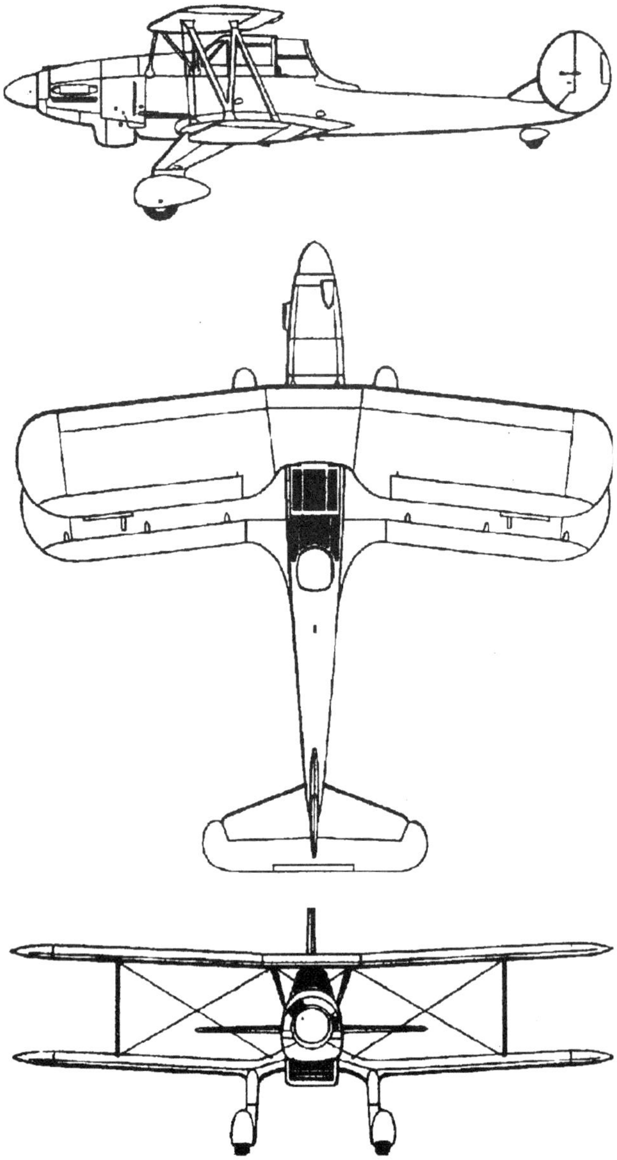

Dreiseitenansicht des Stukas Ar 81.

Alternativentwurf für den Stuka Ar 81 als Tiefdecker mit Knickflügel.

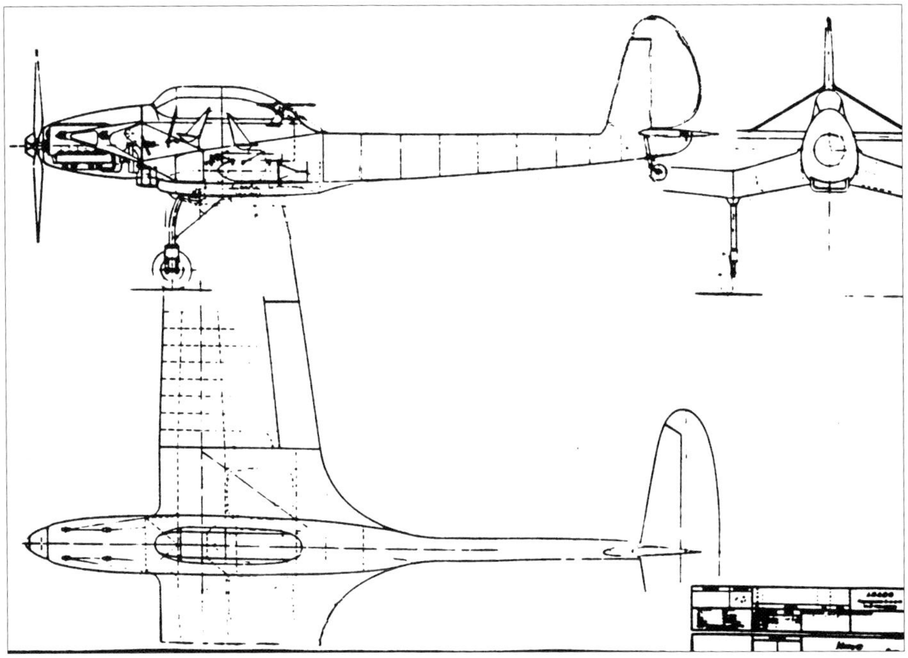

km/h. Die Bewaffnung bestand aus einem starren MG 17 für den Piloten, einem beweglichen MG 15 für den Heckschützen und einer unter dem Rumpf aufgehängten Bombe. Wie bei dem ersten Junkers-Stuka wiesen die Prototypen Ar 81 V-1 (W.Nr. 901, D-UJOX) und V-2 (W.Nr. 902, D-UPAR) ein Doppelleitwerk auf, das ein besseres

Ar 81 V-1 (W. Nr. 901, D-UJOX) ursprüglich mit geteiltem Seitenleitwerk.

Ar 81 V-2 (W.Nr. 902, D-UPAR) mit geteiltem Seitenleitwerk.

Ar 81 V-3 (W.Nr. 903, D-UDEX) mit einfachem Seitenleitwerk.

Schußfeld nach hinten gewährleistete. Der dritte Prototyp (W.Nr 903, D-UDEX) erhielt ein für den Sturzflug besser geeignetes Zentralseitenleitwerk. Erstmals wurden die Landeklappen bei diesem Flugzeug hydraulisch betätigt. Die von *Hans Rebeski* entwickelte Hydraulik-Anlage, mit der sich die Stellung der Landeklappen stufenlos vom Piloten regulieren ließ, wurde in überarbeiteter Form später in allen Arado-Flugzeugen verwendet.
Arado hatte bis Dezember 1934 den Attrappenbau abgeschlossen. Im Laufe des Jahres 1935 wurde die Werkserprobung mit dem ersten Prototyp aufgenommen. Nicht ganz unerheblich für die nachfolgende Ausscheidung dürfte gewesen sein, daß die Junkers-Werke bereits im April 1934 vorausschauend eine erste Attrappe der Ju 87 erstellt hatten. Außerdem hatte das RLM, nach der vorab erteilten Genehmigung von drei Versuchsmustern, im Januar 1935 einen Forderungskatalog aufgestellt, der ganz auf das Junkers-Konzept zugeschnitten war und zeitgleich Junkers bereits einen Lieferauftrag über 118 Einheiten zugesagt.
Nachdem es im September 1935 bei Junkers zum Erstflug gekommen war, wurde die Ju 87 V-2 am 19. März 1936 in Rechlin von *Udet* getestet. Oberst *Wolfram von Richthofen* vom Technischen Amt äußerte zunächst Bedenken, nachdem sich bei der Ju 87 anfänglich im Sturzflug Teile der Außenhaut gelöst hatten und es zu Totalverlusten gekommen war.
Vor der Fertigstellung des dritten Prototyps nahm die Ar 81 V-1 im Juli 1936 in Rechlin an einem Vergleichsfliegen teil und bewährte sich nach Aussagen des damaligen Chef-

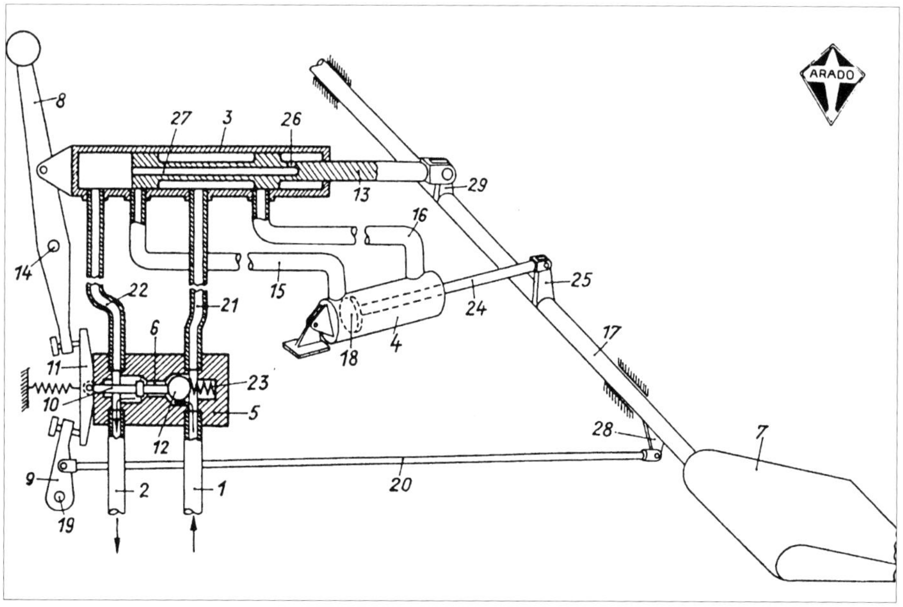

Hydraulik für den Landeflügel der Ar 81 (Patent H. Rebeski, 1938): Steuerhebel (8), Kolbenstoßstange (13), Steuerzylinder (3).

Piloten *Kurt Starck* bestens: »Die Ar 81, ohne Landeklappen, stürzte ich wiederholt senkrecht bis zur Endgeschwindigkeit von ca. 600 km/h ohne Probleme. Bei der Vorführung vor dem Generalstab, als die Typen He 118, Ju 87 und Ar 81 vorgeführt wurden, warf ich als einziger eine 500-kg-Bombe im senkrechten Sturzflug ab. *Udet*, der mich seit 1931 kannte, klopfte mir lobend auf die Schulter, als er das Flugzeug für einen Probeflug übernahm...Die Ar 81 war m. E. als Stuka am besten geeignet.«[31]

Die Piloten der He 118 führten beim Vergleichsfliegen nur einen stark gedrückten Bahnneigungsflug vor. *Udet*, der inzwischen den Heinkel-Stuka favorisierte, wollte diesen schlechten Eindruck verbessern und entschloß sich zu einem persönlichen Nachfliegen. Dabei brachte er durch eine Fehlbedienung der Luftschraubeneinstellung das Flugzeug zum Absturz. Obwohl der Absturz nicht durch einen konstruktiven Fehler verursacht wurde, schied die He 118 damit aus dem Wettbewerb aus.

Bevor auch die Ar 81 endgültig gestrichen wurde, informierte sich *Udet* im Sommer in Brandenburg noch einmal persönlich über den Fortgang der Entwicklung. Am 2. Oktober 1936 wurde die Ar 81 V-2 erneut von Brandenburg nach Rechlin überführt und die V-1 am 17. Oktober wieder nach Brandenburg zurückgeflogen.[32] Obwohl das Amt noch im November 1936 sieben Vorserienflugzeuge anforderte[33], war die Entscheidung zugunsten der Ju 87 zwischenzeitlich endgültig gefallen.

Hintergründe der Auftragsvergabe

Bezüglich Wendigkeit und Steigfähigkeit war der Doppeldecker dem Eindecker prinzipiell überlegen. Die Ar 81 erreichte eine Höhe von 4 000 Metern in elf Minuten, während der Junkers-Stuka für einen Aufstieg auf 3 000 Meter 23 Minuten benötigte. Im Vergleich zu den ersten Prototypen von Junkers schnitt der leichtere Arado-Stuka bei gleicher Leistungsbelastung, aber einer geringeren Flächenbelastung auch hinsichtlich Höchstgeschwindigkeit und Reichweite besser ab.

Der grundsätzliche Nachteil des Arado-Doppeldeckers bestand darin, daß sich die Geschwindigkeit nicht im gleichen Maße wie bei einem Eindecker steigern ließ. Obwohl im nachhinein verständlich ist, daß die bereits veraltete Doppeldecker-Bauweise letztlich zum Ausscheiden des Arado-Stukas führen mußte, gab es Spekulationen dahingehend, daß *Walter Blume* bereits im Vorfeld der Planung taktisch ausmanövriert wurde. Der Jagdflieger *Adolf Galland* mutmaßte, daß *Blume* »kein Geschäftsmann« war und sich bei Verhandlungen mit dem Technischen Amt von der Konkurrenz »leicht an die Wand drücken« ließ. Er fügte hinzu: »Ich habe Professor *Blume* persönlich gut gekannt. Er war sehr fähig. Ich glaube, es fehlte ihm und der Firma an einer starken Lobby.«[34] Umgekehrt »buckelte« nach Einschätzung von *Kurt Starck* »das Luftfahrtministerium vor *Koppenberg*«, dem Generaldirektor der Junkers-Werke.[35] Diese Auffassung teilte auch *Hans Rebeski*, der in der Ar 81 »konstruktiv einen Erfolg, ... kaufmännisch jedoch einen Mißerfolg« sah. Er erinnerte sich, daß *Blume* sich seinerzeit bei allen Mitarbeitern des Konstruktionsbüros im Namen des Amtes für die gute Konstruktion bedankt habe, aber zugleich mitgeteilt habe, daß aus »Kostengründen« der Junkers-Typ genommen wurde.[36] *Rebeski* entnahm dieser Mitteilung, daß es Junkers verstanden habe, »durch irgendwelche Hintertüren die Genehmigung zu erhalten, das Material für 20 Flugzeuge zu beschaffen, und daß man bei Vergabe des Serienauftrages argumentiert habe, man könne das Material doch nicht wegwerfen.«[37] Der Aerodynamiker *Rüdiger Kosin* bezeichnete diese Begründung als »faule Ausrede« dafür, daß Junkers »bessere Karten beim Amt« hatte. Während eines Gesprächs, das er im Herbst 1936 anläßlich seiner Einstellung mit *Blume* führte, war »das Stuka-Problem im Gespräch und das Haus voller Leute aus dem Amt«. *Blume*, den er für »ehrgeizig als Konstrukteur«, aber gleichfalls nicht für einen »Geschäftsmann« hielt, habe sich seinerzeit zu Recht Hoffnungen gemacht, da »der Junkers-Stuka die schlechtere Maschine und eine Fehlentscheidung« gewesen sei.[38]

Muster Triebwerk		**Ar 80 V-3** Jumo 210 C 447 kW (610 PS)	**Ar 81 V-2** Jumo 210 B 469 kW (640 PS)
Besatzung		1	2
Länge	m	10,10	10,50
Höhe	m	2,75	3,60
Spannweite	m	11,80	11,00
Flügelfläche	m^2	21,00	35,60
Flächenbelastung	kg/m^2	100,00	90,00
Leistungsbelastung	kg/PS	3,44	5,00
Leermasse	kg	1645	2069
Gesamtlast	kg	455	1129
Flugmasse	kg	2100	3198
Höchstgeschwindigkeit	km/h	425	330
Steigzeit	min	9,5/6 km	11/4 km
Dienstgipfelhöhe	m	10 000	6600
Reichweite	km	600	790

Umstrukturierung zum Reichskonzern

Nachdem bereits die erzwungene Übernahme der technischen Leitung durch Walter Blume zu einem gespannten Verhältnis zu den Luftfahrtbehörden geführt hatte, geriet Lübbe nach der Machtübernahme verstärkt unter Druck. Dr. Heinrich Koppenberg, ab 1933 Vorsitzer der Firma Junkers, stellte rückblickend fest, »die deutsche Luftfahrt ... basierte in ihrer Leistung und Entwicklung auf der Initiative verhältnismäßig weniger für die Luftfahrt ... begeisterter Personen... Die Verhältnisse änderten sich, als der Nationalsozialismus zur Macht gekommen war... Wer alsdann kritisch wurde und ein freies Wort riskierte, wurde von den Gläubigen in seiner Umgebung zum Schweigen gebracht, und im Hintergrund wartete bereits der Terror der Gestapo.«[1]

Stationen der Gleichschaltung

Bereits im April 1933 hatte sich bei ersten Verhandlungen mit Vertretern der Flugzeugindustrie gezeigt, daß die Nationalsozialisten »eine Majorisierung durch die Großindustrie« befürchteten.[2] Dieser Zielkonflikt, der die Luftrüstung bis weit in die Kriegszeit hinein überschattete, wurde dadurch verstärkt, daß sich »die Unternehmer als Ingenieure gegen die Einschränkung ihrer Kreativität« und »gegen den ihrer Meinung nach oft inkompetenten und komplexen Verwaltungsapparat des RLM zur Wehr setzten.[3]

Eine ministerielle Studie ließ erkennen, daß sich die Luftwaffenführung dieser Problematik durchaus bewußt war. Sie kam zu folgender Einschätzung: »Der Unternehmer im besten Sinne des Wortes ... wird die Form einer Beteiligung des RLM nur mit größten Bedenken und mit größtem Unbehagen annehmen. Er will selbst Herr seiner Verantwortung bleiben, will sich diese nicht aus der Hand nehmen lassen, ist seiner ganzen Charakterveranlagung nach ein Einspänner.« Der Verfasser rechnete insbesondere mit Konflikten, wenn »Anschauungsdifferenzen über wichtige wirtschaftliche Maßnahmen oder Personalfragen aufkommen«, und kam zu dem Schluß, daß die Tätigkeit eines vom RLM eingesetzten »Vertrauensmannes natürlich eine Fülle von Streitmöglichkeiten mit dem bisher allein bestimmenden Unternehmer zur Folge« habe.[4]

Nach damaliger Auffassung gab es »befähigte Industrieführer mit leistungsfähiger Fabrikationskapazität (Dornier), die sich innerlich gegen jede Erweiterung über den Rahmen hinaus wehrten, den sie persönlich noch gut übersehen konnten und finanziell für vertretbar hielten, ohne zu sehr in die Abhängigkeit des Reiches zu kommen«. Sie mußten »investierungsfreundlicher gestimmt werden«. Andere »steckten die Grenzen meistens nur mit Reichsgeldern arbeitender Werke (Junkers) zu weit, da sie sich Geltung und Anerkennung mit entsprechendem Einkommen für die leitenden Köpfe davon versprachen«. In diesem Fall »galt es zu bremsen beziehungsweise ihr Erfahrungsgut in andere Hände mit eigenwirtschaftlicher Finanzkontrolle (Henschel-Schönefeld) hinüber gleiten zu lassen«. »Tüchtigen Technikern als Industrieführer mit begrenzter kaufmännischer Denkweise« sollte »ein großzügiger Kaufmann koordiniert oder auch der bereits eingesetzte Kaufmann ›ministeriell‹ gestützt werden«. Auch ein umgekehrtes Vorgehen im Sinne einer »Ergänzung eines nur kaufmännisch denkenden Industrieführers durch einen maßgebenden Techniker« war denkbar.[5]

Mit der Einsetzung *Walter Blumes* zum technischen Leiter war bei Arado bereits im Vorfeld eine der genannten Maßnahmen durchgesetzt worden.

Da die Führung der Luftwaffe zunächst eine möglichst rasche quantitative Steigerung der Luftrüstung auf der Basis der unmittelbar verfügbaren Flugzeugtypen anstrebte, scheute sie angesichts der rüstungspolitischen Bedeutung, die Arado als Lieferant der Ar 68 und Ar 66 zukam, zunächst vor direkten Eingriffen in die Unternehmensführung zurück. Seit März 1933 hatte *Milch* jedoch bereits »eine Art Generallösung für die Ausbalancierung der Machtpositionen in der Luftfahrtpolitik« forciert. Sie bestand in der Bildung eines großen Flugzeugtrusts unter Zusammenfassung von Unternehmern, die zum großindustriellen Unterstützerkreis der NSDAP gehörten, mit solchen, die entweder als Unterlieferanten oder als Produzenten von Flugzeugen das ›Eintrittsbillet‹ erwerben wollten«.[6] Diese Planung bedrohte aus der Sicht *Heinrich Lübbes* massiv die Eigenständigkeit seines Unternehmens. Wie *Hugo Junkers* empfand *Lübbe* die dirigistische, auf Massenproduktion unter Führung weniger vom RLM ausgewählter Firmen ausgerichtete Planwirtschaft als Gleichschaltung. Arado gehörte zu den privatwirtschaftlich geführten Stammfirmen, deren Leiter auf die Qualität der Entwürfe, auf handwerkliche Wertabeit und auf die Überschaubarkeit ihres Betriebs größeren Wert legten als auf Expansion und Gewinnsteigerung. Ideologisch neigten die Nationalsozialisten paradoxerweise dazu, solche Betriebe eher zu erhalten, obwohl solche Strukturen lange Zeit verhinderten, daß die Industrie die hochgesteckten Produktionsziele verwirklichen konnte. Auch viele Facharbeiter zeigten wenig Neigung, in Großbetriebe zu wechseln, da auch sie einen Verlust an Selbstverantwortung befürchteten.[7]

Der Dissens zwischen *Lübbe* und den Nationalsozialisten war nicht nur wirtschaftspolitischer, sondern auch ethischer Natur. Nach Aussagen seiner Tochter *Erika* wandte er sich entschieden gegen »kommunistische, sozialistische und andere Kampffronten, die nichts mehr von Gottes Wort wissen wollen, sondern es auf die gemeinste und niedrigste Art und Weise zu beschimpfen suchen«.[8] *Lübbe* befürwortete grundsätzlich die Wehrhaftigkeit des Staates, unterstellte aber den damaligen Machthabern unverantwortliche Aggressionsabsichten. Nach Aussagen seiner Tochter *Margrit* »verlor er beide Flugzeugfabriken (Warnemünde und Brandenburg), weil er nicht für *Hitlers* Krieg bauen wollte«.[9]

Obwohl der Plan einer Flugzeug-Union »als Modell nationalsozialistischer Unterwanderung existierender industrieller Strukturen«[10] zunächst scheiterte, hatten bei vielen Neugründungen nationalsozialistische Kreise, etwa in Form eines Kontaktmanns *Görings*, ihre Hand im Spiel. Bei der Weserflug gelangte *Herbert Göring,* ein Halbbruder des Ministers, in den Beirat. Mit *Fritz Siebel* kam ein Mann zum Zuge, der dem Minister zuvor bei der Bestreitung seines Lebensunterhaltes behilflich gewesen war. Bei Henschel wurde *Wilhelm Tengelmann* in den Aufsichtsrat gewählt, der seit 1932 dem wirtschaftspolitischen Beratergremium des Ministers angehörte.[11]

Nennenswerter Widerstand gegen den neuen rüstungspolitischen Kurs regte sich nur bei Junkers und Arado. *Henrich Focke* räumte ein, »aus berufsegoistischen Gründen« Parteimitglied geworden zu sein, um »den mir feindlichen nationalsozialistischen Elementen innerhalb der Firma besser begegnen zu können.« *Claude Dornier* hielt sich im Hintergrund. *Ernst Heinkel* und *Willy Messerschmitt* kooperierten mit dem RLM. Die Aufsteiger in der Branche wie die Gothaer Waggonfabrik, Blohm & Voss, Fieseler, Siebel, Miag, Ago, Erla und Henschel versprachen sich von einer Beteiligung an illiquiden Flugzeugfirmen wie Rohrbach oder einer Übernahme von bereits enteigneten Werken wie Raab-Katzenstein den Eintritt in den Flugzeugbau. *Walter Hormel* plante im Winter 1932/33 unter anderem die Übernahme von Anteilen der Arado Handels Gesellschaft durch Henschel.[12]

Für Eingeweihte war nach der Machtübernahme unverkennbar, daß die Luftwaffe künftig eine bevorzugte politische Rolle bei der notfalls gewaltsamen Durchsetzung nationaler Interessen spielen sollte. Am 19. März 1934 sollte eine Meldung, daß ausländische Flugzeuge heimlich Berlin überflogen hätten, in der Öffentlichkeit die Furcht vor einer ausländischen Intervention wecken und eine breite Zustimmung zu der bislang verdeckt betriebenen Luftrüstung fördern. Am 16. März 1935 führte Deutschland die Wehrpflicht wieder ein. In einem zeitgleichen »Erlaß über die Reichsluftwaffe« hieß es: »Der Reichsminister der Luftwaffe wird ermächtigt, nach und nach die Enttarnung der Luftwaffe in einem von ihm zu bestimmenden Tempo und Umfange durchzuführen. Dabei ist jede Maßnahme, die geeignet ist, Aufsehen in der Öffentlichkeit zu erregen, zu vermeiden. Im besonderen sind Presseerörterungen nach wie vor zu unterlassen.« Am 19. März 1935 wurde die vermeintliche Stärke der Luftwaffe im Rahmen einer »Übung des zivilen Luftschutzes« durch das Erscheinen von Staffeln des Jagdgeschwaders »Richthofen« über Berlin demonstriert. Am 28. März stattete *Hitler* in Begleitung von Reichsminister *Hermann Göring* und Staatssekretär *Erhard Milch* einer in Döberitz stationierten Gruppe des Geschwaders einen offiziellen Besuch

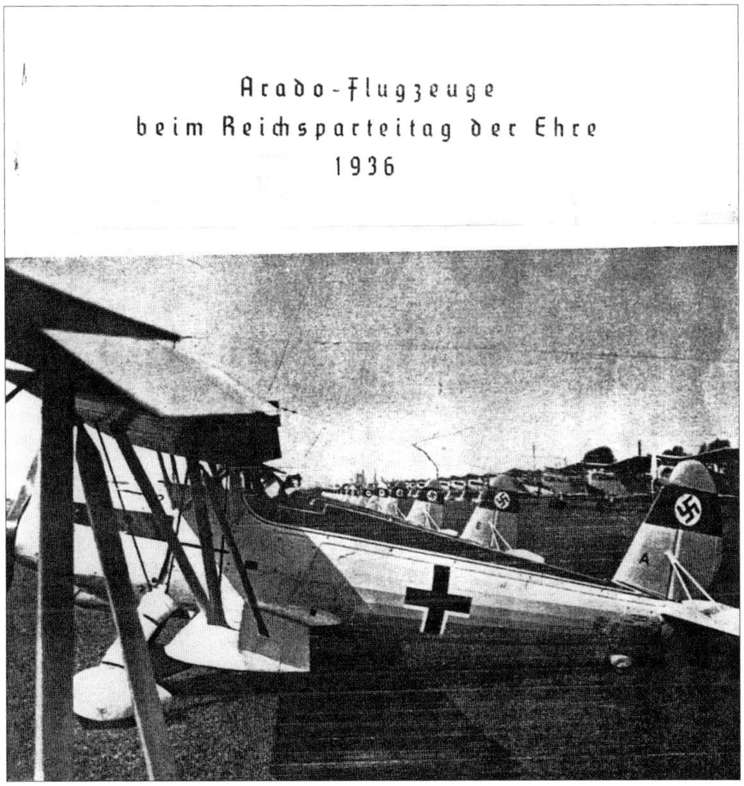

Staffel mit Ar 68 F auf dem Reichsparteitag in Nürnberg (1936).

ab. Bezüglich der Jagdflugzeuge des Geschwaders vom Typ Ar 65 verlautete in der Presse: »Wir haben das beste und modernste an Maschinen, was es zur Zeit überhaupt gibt.«[13] 1936 überflogen Arado-Jagdflugzeuge demonstrativ das Gelände des »Reichsparteitags der Ehre« in Nürnberg unter der Parole »Die deutsche Luftwaffe ist in ihrem Werden und in ihrem Aufstieg von nationalsozialistischem Wollen und nationalsozialistischer Leistung getragen worden«.
Die Besorgnis angesichts der deutschen Aufrüstung löste im Frühjahr 1935 hektische diplomatische Aktivitäten bei den Westmächten aus.[14] Im Ausland machte man auf die Überwachung der Betriebe durch Schutzpolizei und auf Vereidigungen der Arbeiter zur Schweigepflicht aufmerksam und warnte vor einer »nationalsozialistischen Eroberermoral«: »Aber wie phantastisch auch die Lügen der *Hitler*-Regierung gewesen sind: Sie allein haben nicht genügt, um die Umwelt zu täuschen...Das Geheimnis der *Göring'schen* Militäraviatik wurde vor allem dadurch verhüllt, dass zur deutschen Lüge das deutsche Schweigen trat. Strenge Zensurmaßnahmen haben verhindert, dass in den deutschen Zeitungen und Zeitschriften Meinungen erschienen, die Rückschlüsse auf das wirkliche Ausmaß der *Göring'schen* Aviatik und auf das Tempo ihrer Entwicklung erlauben.«[15]

Aus Arado Handels Gesellschaft wird Arado Flugzeugwerke

In der Annahme, daß sich der Flugzeugbau der Arado Handels Gesellschaft nicht länger geheimhalten ließ, wurde am 4. März 1933 der Firmenname in Arado Flugzeugwerke abgeändert.[16] Zugleich wurde der bisherige Prokurist *Erich Serno* zum zweiten Geschäftsführer neben *Felix Wagenführ* bestellt. Die Kennzeichnung der Flugzeuge wurde, ausgehend von dem Baumuster Ar 64, künftig durch die Buchstaben »Ar« vorgenommen. Ab dem Baumuster Ar 65 wurde das am Leitwerk übliche Arado-Firmenlogo durch das Hakenkreuz ersetzt. Nach weiteren Änderungen des Gesellschaftervertrages am 29. März sowie am 21. Dezember 1933 mußte Arado 1934 An- und Abschlagszahlungen des RLM in Höhe von 350 000,– RM durch die Übereignung von Materialvorräten an das RLM absichern.[17]

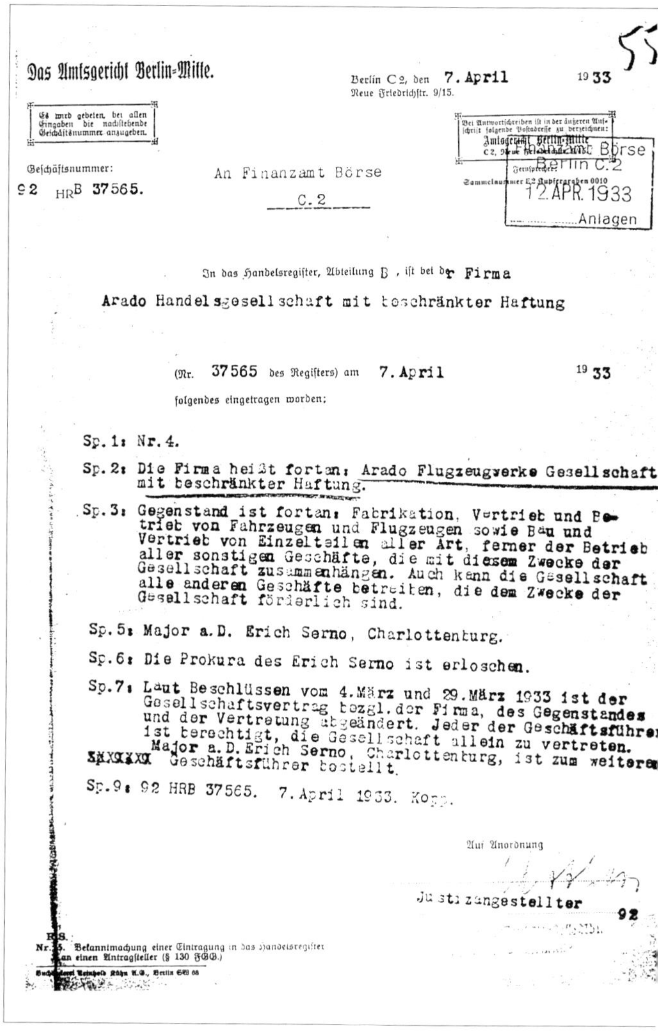
55

Das Amtsgericht Berlin-Mitte.

Berlin C 2, den 7. April 1933
Neue Friedrichstr. 9/15.

Es wird gebeten, bei allen Eingaben die nachstehende Geschäftsnummer anzugeben.

Geschäftsnummer:
92 HRB 37565.

An Finanzamt Börse
C.2

Finanzamt Börse Berlin C.2
12. APR. 1933
Anlagen

In das Handelsregister, Abteilung B, ist bei der Firma
Arado Handelsgesellschaft mit beschränkter Haftung
(Nr. 37565 des Registers) am 7. April 1933
folgendes eingetragen worden:

Sp. 1: Nr. 4.
Sp. 2: Die Firma heißt fortan: Arado Flugzeugwerke Gesellschaft mit beschränkter Haftung.
Sp. 3: Gegenstand ist fortan: Fabrikation, Vertrieb und Betrieb von Fahrzeugen und Flugzeugen sowie Bau und Vertrieb von Einzelteilen aller Art, ferner der Betrieb aller sonstigen Geschäfte, die mit diesem Zwecke der Gesellschaft zusammenhängen. Auch kann die Gesellschaft alle anderen Geschäfte betreiben, die dem Zwecke der Gesellschaft förderlich sind.
Sp. 5: Major a.D. Erich Serno, Charlottenburg.
Sp. 6: Die Prokura des Erich Serno ist erloschen.
Sp. 7: Laut Beschlüssen vom 4. März und 29. März 1933 ist der Gesellschaftsvertrag bezgl. der Firma, des Gegenstandes und der Vertretung abgeändert. Jeder der Geschäftsführer ist berechtigt, die Gesellschaft allein zu vertreten. Major a.D. Erich Serno, Charlottenburg, ist zum weiteren Geschäftsführer bestellt.
Sp. 9: 92 HRB 37565. 7. April 1933. Kopp.

Auf Anordnung
Justizangestellter 92

Änderung des Firmennamens in »Arado Flugzeugwerke« (Handelsregistereintrag 7.4.1933).

Firmen-Logo der Arado Flugzeugwerke mit Berliner Geschäftsadresse (1934 bis 1936).

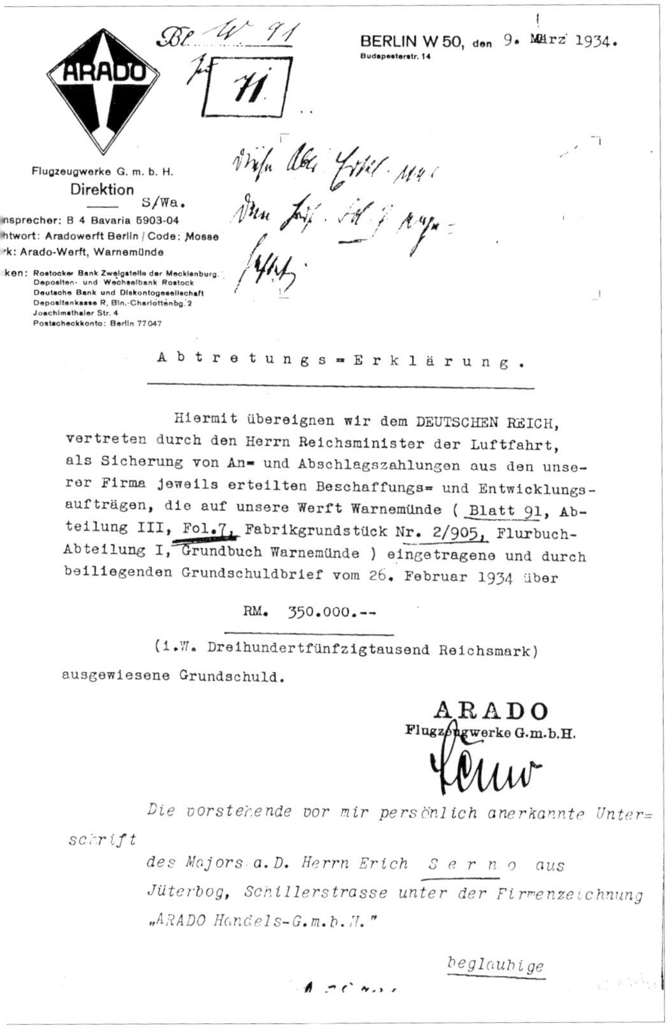
BERLIN W 50, den 9. März 1934.
Budapesterstr. 14

ARADO

Flugzeugwerke G. m. b. H.
Direktion
S/Wa.
...nsprecher: B 4 Bavaria 5903-04
...htwort: Aradowerft Berlin / Code: Mosse
...k: Arado-Werft, Warnemünde
...ken: Rostocker Bank Zweigstelle der Mecklenburg. Depositen- und Wechselbank Rostock
Deutsche Bank und Diskontogesellschaft Depositenkasse R, Bln.-Charlottenbg. 2 Joachimsthaler Str. 4
Postscheckkonto: Berlin 77047

A b t r e t u n g s - E r k l ä r u n g .

Hiermit übereignen wir dem DEUTSCHEN REICH, vertreten durch den Herrn Reichsminister der Luftfahrt, als Sicherung von An- und Abschlagszahlungen aus den unserer Firma jeweils erteilten Beschaffungs- und Entwicklungsaufträgen, die auf unsere Werft Warnemünde (Blatt 91, Abteilung III, Fol.7, Fabrikgrundstück Nr. 2/905, Flurbuch-Abteilung I, Grundbuch Warnemünde) eingetragene und durch beiliegenden Grundschuldbrief vom 26. Februar 1934 über

RM. 350.000.--

(i.W. Dreihundertfünfzigtausend Reichsmark)

ausgewiesene Grundschuld.

ARADO
Flugzeugwerke G.m.b.H.

Die vorstehende vor mir persönlich anerkannte Unterschrift des Majors a.D. Herrn Erich Serno aus Jüterbog, Schillerstrasse unter der Firmenzeichnung „ARADO Handels-G.m.b.H."

beglaubige

Abtretungserklärung der Arado Flugzeugwerke für Abschlagszahlungen durch das RLM (März 1934).

Lübbe wird als Staatsfeind verhaftet

Wie im Fall *Hugo Junkers* und *Henrich Focke* wurden Agitatoren in *Lübbes* Unternehmen eingeschleust mit dem Ziel, ihn gegenüber Teilen der Betriebsleitung zu isolieren. Auf der Suche nach belastenden Äußerungen benutzte die Gestapo seinen Gärtner als Spitzel und ließ Abhörgeräte in seinem Haus installieren. Seinen Protest äußerte *Lübbe* zuweilen spontan. Als Schlägertrupps seinen offenen Wagen mit Flaschen bewarfen und Insassen verletzten, griff er zu seinem Revolver. Als ihm von fanatisierten Werksgruppen das Betreten seiner Firma verwehrt wurde, verschaffte er sich Zutritt, indem er mit seinem Wagen das Werkstor durchbrach.

Nachdem die Einschüchterungsmaßnahmen gegenüber *Lübbe* ohne Wirkung geblieben waren, leitete das RLM Maßnahmen zur Zwangsverstaatlichung der Arado Flugzeugwerke ein unter »Rückgriff auf die Freiheitsberaubung als Mittel der Erpressung«, wie es bei nichtjüdischen Industriellen ansonsten nur im Fall von *Hugo Junkers* der Fall war.[18] Die rechtliche Absicherung für Zwangsenteignungen war bereits im August 1934 mit dem »Gesetz über die deutsche Luftfahrtindustrie« erfolgt, das im September 1934 in einer Änderung des Luftverkehrsgesetzes mündete mit der Maßgabe, daß Flugzeugfirmen gegen eine angemessene Entschädigung verstaatlicht werden konnten.[19]

Nachdem Staatssekretär *Erhard Milch* in Begleitung von Oberst *Wilhelm Wimmer*, dem Chef des Technischen Amtes, und dem Abteilungschef für Beschaffung Major *Fritz Löb* am 2. Juli 1935 das Brandenburger Zweigwerk inspiziert hatte, meldete im August 1935 zur Mittagszeit *Lübbes* Hausmädchen, daß die Polizei den »Herrn Direktor« sprechen wolle. *Lübbe* schlug ungestüm mit der Faust auf den Tisch, so daß ein Teller zerbrach und seine Hand blutete. Nach der ersten Erregung verließ er wortlos das Zimmer und teilte der Famile anschließend mit, daß man seine Akten durchsucht habe und er verhaftet sei.

Staatssekretär *Erhard Milch.*

Margrit Lübbe beschrieb die Verhaftung ihres Vaters wie folgt: »Ich erinnere mich noch sehr deutlich des schrecklichen Tages 1935, als es beim Mittagessen klingelte und die Geheime Staatspolizei stand draußen. Mein Vater mußte dann mit. Die Nazis verlangten, er solle mit ihnen arbeiten, also in die NS-Partei eintreten und das Reich an den Arado-Flugzeugwerken beteiligen. Väty[20] lehnte

H. F. A. Lübbe (zweiter von links) in seinem Jagdrevier in Ferchesar/Havel (1935).

natürlich ab. So wurde er gezwungen, das Werk an das Reich zu verkaufen. Er bekam nur ein Zwölftel des von den Nazis ausgerechneten Wertes, der Rest sollte später bezahlt werden, was bis heute noch nicht erfolgte. Ja, es waren schreckliche Tage, und seitdem konnte sich Väty auch nicht mehr erholen. Wir mußten noch froh sein, daß er nicht ins KZ kam.«[21]

Während seiner Inhaftierung drohte man *Lübbe,* wie zuvor *Hugo Junkers,* mit einer Anklage wegen Landesverrat. Als weiteres Druckmittel kündigte das RLM die Umwandlung von Krediten in reichseigenes Stammkapital an, durch die der Staat automatisch zum Mehrheitseigner von Arado geworden wäre. Aus Sorge um das Schicksal seiner Familie mußte *Lübbe* auf die Forderungen des RLM eingehen. Bis zur vertraglichen Regelung der Enteignung stand er unter Hausarrest.

RLM ordnet bei Arado erste geheime Probemobilmachung an

Das RLM betrachtete Arado anschließend de facto als reichseigen. Mit Erlaß vom 1. November 1935 setzte *Milch* bei Arado sogenannte »Industriebeauftragte« ein, die »sich über alle wichtigen Vorgänge im Unternehmen auf dem Laufenden zu halten« hatten und die zuständige Abwehrstelle »bei der Durchführung aller für die Geheimhaltung und Tarnung ... erteilten Weisungen« zu unterstützen hatten.[22] Im Bewußtsein seiner inzwischen erlangten Kontrolle über die Arado Flugzeugwerke führte *Milch* am 30. Januar 1936 Reichskriegsminister *Werner von Blomberg* demonstrativ das neue Hauptwerk Brandenburg vor. Im März folgte der Besuch des preußischen Innenministers *Frick* in Gegenwart von 6 000 geladenen Gästen.

Noch vor der vertraglichen Regelung der Enteignung paßte das RLM die Arado Flugzeugwerke auch produktionsmäßig seinen rüstungspolitischen Zielen an. In der Absicht, die Lieferkapazität des Unternehmens schlagartig zu erhöhen und verstärkt auf Lizenzfertigungen umzustellen, ordnete *Milch* im Oktober 1935 in Brandenburg die erste Probemobilmachung in einem deutschen Luftfahrtunternehmen an. Die Werksleitung wurde angewiesen, gegenüber der Belegschaft nur von einer »plötzlich erforderlichen Verstärkung der Produktion« zu sprechen. Die Durchführungsanweisung für die Probemobilmachung erhielt die Geschäftsleitung in Brandenburg durch einen Offizier des RLM an einem Sonntagnachmittag. Die Aktion, deren Dauer unbestimmt war, hatte am folgenden Tag um sieben Uhr zu beginnen. Das Ziel war, die Höhe der Produktion während eines Zeitraums von 18 Wochen monatlich kontinuierlich zu steigern.

Das Werk Brandenburg war seinerzeit noch im Aufbau begriffen. Im Laufe des Jahres 1935 wurden dort insgesamt 128 Flugzeuge gefertigt, und zwar 36 Einheiten vom Typ Ar 66, 85 Einheiten vom Typ Ar 76 und sieben Lizenzbauten vom Typ He 51. Das RLM ordnete die Aufnahme der Lizenzfertigung des Junkers-Flugzeugs W 34 an, um die geplante Großserienproduktion von Ganzmetall-Flugzeugen vorzubereiten.[23]

Nach sechs Wochen wurde die Produktion auf 40, nach weiteren sechs Wochen auf 70 und schließlich auf 120 Einheiten monatlich gesteigert. Die Belegschaft in Brandenburg betrug vor der Maßnahme 2 000 Mann. Sie wurde bis zu ihrer Beendigung kontinuierlich auf 6 000 Mann verstärkt, obwohl der Mindestbedarf an produktiven Arbeitskräften für den Mob-Fall mit Stichtag 1. Oktober 1935 nur mit 3125 veranschlagt war. Dabei wurde berücksichtigt, daß Facharbeiter wie Meister, Ingenieure und Verwaltungskräfte, deren Anforderung aus dem gesamten Reichsgebiet über das RLM lief, innerhalb von drei Tagen bereitzustellen waren. Ehe die fast ausnahmslos im Flugzeugbau unerfahrenen, neuen Arbeitskräfte für die Fertigung herangezogen werden konnten, mußten sie, mit Ausnahme weniger Spezialisten, zwei von der Firma eingerichtete Schulungskurse von drei bis vier Wochen Dauer durchlaufen.

Parallel dazu verlief die Erweiterung der Fertigungseinrichtungen. Zu Beginn der Probemobilmachung standen etwa 10 000 m^2 Produktionsfläche zur Verfügung. Der Ausbau sollte bis Herbst 1936 beendet sein. Die laufenden Bauarbeiten wurden beschleunigt durchgeführt, so daß schon nach vier Wochen Werksanlagen von etwa 21 000 m^2 verfügbar waren. Die Bereitstellung von Räumlichkeiten für die Bau- und Materialkontrolle, den Vorrichtungsbau, die Lagerhaltung, die vom RLM eingesetzte Bauaufsicht, die Abteilungen Einkauf und Buchhaltung, das technische Büro und die Einfliegerabteilung konnte nur durch eine vorläufige Barackenunterbringung gelöst werden. Ein erheblicher Aufwand, der anfangs nur durch werkfremde Einsatzkräfte aufgefangen werden konnte, entstand durch die Einrichtung von Küchenräumen, sanitären Anlagen und Räumlichkeiten für die medizinische und soziale Betreuung der neuen Mitarbeiter.

Ein entscheidender planerischer Aspekt im Zuge der Probemobilmachung war, daß die Lagerhaltung von Material laufend über dem Normalbestand zu halten war, so daß in einem angenommenen Kriegsfall eine ausreichende Reserve für eine Produktionssteigerung gewährleistet war. Die dabei gewonnenen Erfahrungen führten zwei Jahre später zur Ausarbeitung eines allgemeinen »Mob-Kalenders«, dessen Anordnungen in geheimen, schriftlichen Befehlen allen Luftfahrtunternehmen zugingen, die wiederum genauestens Bericht über alle werksinternen Maßnahmen zu erstatten hatten. Eine weitere grundsätzliche Auflage des RLM bestand darin, daß gegebenenfalls eine sofortige Umstellung des Typenprogramms vorgenommen werden mußte und alle staatlichen Maßnahmen zur Sicherstellung des Programms ohne Rücksicht auf Kosten zu treffen waren.

Die Geschäftsführung wird abgelöst

Nachdem *Milch* am 2. Februar 1936 einen Prüfungsbericht zur wirtschaftlichen Lage der Arado Flugzeugwerke vorgelegt hatte, leitete er am 5. Februar die Ablösung der bisherigen Geschäftsführung ein. Er teilte der Direktion der Arado Flugzeugwerke mit, daß ab sofort der Diplomingenieur *Rudolf Heinemann* allein zur kaufmännischen Leitung des Unternehmens befugt sei.[24]

Milch begründete seine Weisung wie folgt: »Eine Prüfung der allgemeinen und wirtschaftlichen Verhältnisse der Arado Fluzeugwerke G.m.b.H. hat ergeben, daß eine Änderung in der kaufmännischen Leitung des Werkes geboten ist.« Diese verklausulierte Begründung galt seinerzeit als Indiz dafür, daß eine Firmenleitung sich als nicht systemkonform erwiesen hatte. Bereits am 10. Februar wies Ministerialdirektor *Dr. Wilhelm Hergesell,* Geschäftsführer der reichseigenen Bank der Deutschen Luftfahrt und Leiter der für Preis- und Finanzierungsfragen zuständigen Abteilung LD I im RLM, in *Milchs* Auftrag *Heinemann* an, »mit tunlichster Beschleunigung die Geschäftsleitung zu übernehmen«, und sicherte zu: »Der formale Abschluß des Vertrages wird unverzüglich vorgenommen werden, sobald die Anteile des bisherigen Hauptgesellschafters seiner Zusage gemäß auf das Reich übergegangen sind.«[25]

Hergesell verstand sich nur als ausführendes Organ innerhalb der Finanzabteilung des RLM, hatte aber 1935 Staatssekretär *Milch* darauf hingewiesen, daß die gewählten Finanzierungsmethoden des RLM »erheblichen Vorwürfen seitens des C-Amtes und der Industrie ausgesetzt« waren. Er warnte auch vor »wirtschaftlich ungünstigen und bedenklichen Erweiterungsplänen« und einem »passiven Widerstand der Stammindustrie gegen Selbstfinanzierung, zum Teil auch gegen Kreditaufnahme«, weil damit eine unerwünschte Einflußnahme auf ihre Geschäftspolitik verbunden sei. Er betonte, stets auftragsgemäß gehandelt zu haben, und gab zu bedenken, daß eine Ablösung seiner Person »als betontes Abschrecken von der bisher verfolgten Linie wirken und auch als Schlappe und Zurückweichen des RLM vor den Angriffen der Industrie gedeutet werden« könnte.[26]

Vertragliche Überführung in Reichseigentum

Am 25. April 1936 erfolgte die vertragliche Regelung der Enteignung vor dem Berliner Notar *Dr. Karl Fritz Jonas* in Anwesenheit von *Rudolf Heinemann* und *Carl Hennig,* dem Vertreter der staatlichen Luftfahrtkontor GmbH. *Heinemann* und *Hennig* galten als persönlich bekannt, während sich *Lübbe* und *Wagenführ* durch das Zeugnis eines vom RLM bestellten Gewährsmannes ausweisen lassen mußten. *Lübbe* gab folgende vorbereitete Erklärung ab: »Ich übertrage hiermit meine Anteile an der Arado Flugzeugwerke GmbH in Berlin im Betrage von nominal RM 135 000 mit sofortiger Wirkung auf die Luftfahrtkontor GmbH.« Vertragsgemäß sollte der Kaufpreis durch eine Kommission bestimmt werden, falls innerhalb von 14 Tagen keine gütliche Einigung herbeigeführt werden könnte.[27] Die Kommission sollte aus einem von dem Reichswirtschaftsminister zu bestimmenden Obmann und aus je einem von jeder der beiden Parteien zu ernennenden Schiedsmann bestehen.[28] Die Parteien erklärten sich im voraus mit dieser Art der Wertfestsetzung einverstanden.

Unter den damaligen Verhältnissen war die Objektivität des von einer Reichsbehörde benannten Obmanns aber grundsätzlich in Frage gestellt, so daß der von *Lübbe* benannte Vertreter jederzeit überstimmt werden konnte. Da offenkundig nicht mit einer einvernehmlichen Regelung des Kaufpreises gerechnet wurde, war durch die Zusammensetzung des Schiedsgerichtes sichergestellt, daß der Kaufpreis jederzeit vom Reich diktiert werden konnte. Angesichts des Vorwurfs eines staatsgefährdenden Ver-

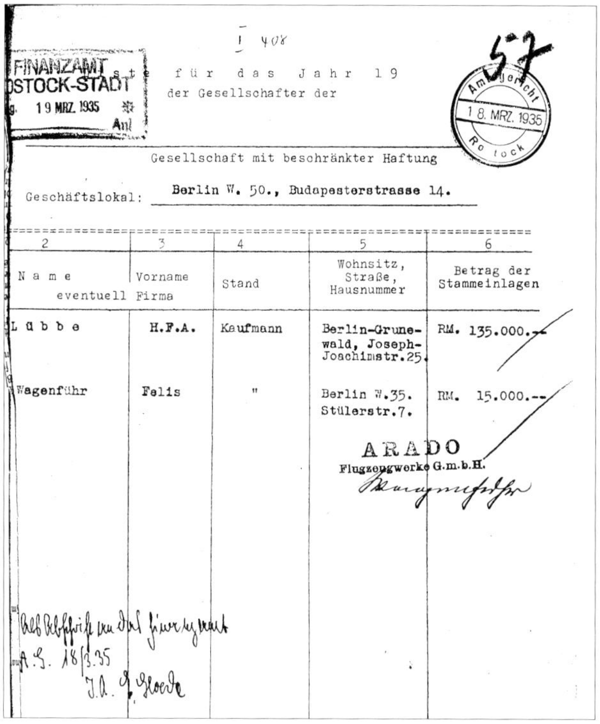

für das Jahr 19
der Gesellschafter der

Gesellschaft mit beschränkter Haftung

Geschäftslokal: Berlin W. 50., Budapesterstrasse 14.

2	3	4	5	6
Name eventuell	Vorname Firma	Stand	Wohnsitz, Straße, Hausnummer	Betrag der Stammeinlagen
Lübbe	H.F.A.	Kaufmann	Berlin-Grunewald, Joseph-Joachimstr.25.	RM. 135.000.--
Wagenführ	Felis	"	Berlin W.35. Stülerstr.7.	RM. 15.000.--

ARADO
Flugzeugwerke G.m.b.H.

haltens waren weder eine Entschädigung noch die in anderen Fällen in Aussicht gestellte Option eines späteren Rückkaufes der Reichsanteile zu erwarten.

Die Enteignung wurde offiziell geheimgehalten. Unmittelbar vor der vertraglichen Regelung teilte der designierte Geschäftsführer *Rudolf Heinemann* auf eine Anfrage des Amtsgerichts Rostock bezüglich rechtlicher Maßnahmen in dem Warnemünder Arado-Werk mit, »daß wir auch zur Zeit keine Änderungen vorzunehmen gedenken«.[29]

Ein Geheimbericht zur Finanzlage von Arado rechtfertigte die Zwangsverstaatlichung wie folgt: »Ungeachtet der schweren Aufgabe, der Kürze der Fristen und der Angespanntheit des Haushalts ist es gelungen, den technischen Aufbau der Luftfahrtindustrie in wenigen Jahren weitgehend auszuführen. Hierbei konnte es auf Form und zukünftige Auswirkungen der getroffenen Finanzierungsmaßnahmen entscheidend nicht ankommen. Überlegungen dieser Art durften eine Berücksichtigung nur insofern

◂ Gesellschafter-Verzeichnis der Arado Flugzeugwerke vom (18.3.1935).

Vertrag bezüglich der Übernahme der Arado Flugzeugwerke durch das Reich (25.4.1936). ▾

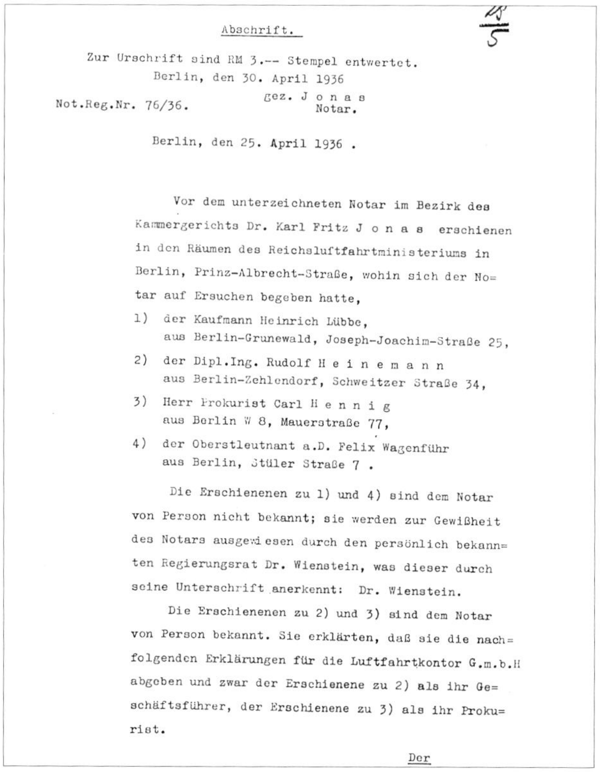

Abschrift.

Zur Urschrift sind RM 3.-- Stempel entwertet.
Berlin, den 30. April 1936
gez. J o n a s
Not.Reg.Nr. 76/36. Notar.

Berlin, den 25. April 1936 .

Vor dem unterzeichneten Notar im Bezirk des Kammergerichts Dr. Karl Fritz J o n a s erschienen in den Räumen des Reichsluftfahrtministeriums in Berlin, Prinz-Albrecht-Straße, wohin sich der Notar auf Ersuchen begeben hatte,

1) der Kaufmann Heinrich Lübbe, aus Berlin-Grunewald, Joseph-Joachim-Straße 25,
2) der Dipl.Ing. Rudolf H e i n e m a n n aus Berlin-Zehlendorf, Schweitzer Straße 34,
3) Herr Prokurist Carl H e n n i g aus Berlin W 8, Mauerstraße 77,
4) der Oberstleutnant a.D. Felix Wagenführ aus Berlin, Stüler Straße 7 .

Die Erschienenen zu 1) und 4) sind dem Notar von Person nicht bekannt; sie werden zur Gewißheit des Notars ausgewiesen durch den persönlich bekannten Regierungsrat Dr. Wienstein, was dieser durch seine Unterschrift anerkennt: Dr. Wienstein.

Die Erschienenen zu 2) und 3) sind dem Notar von Person bekannt. Sie erklärten, daß sie die nachfolgenden Erklärungen für die Luftfahrtkontor G.m.b.H abgeben und zwar der Erschienene zu 2) als ihr Geschäftsführer, der Erschienene zu 3) als ihr Prokurist.

Der

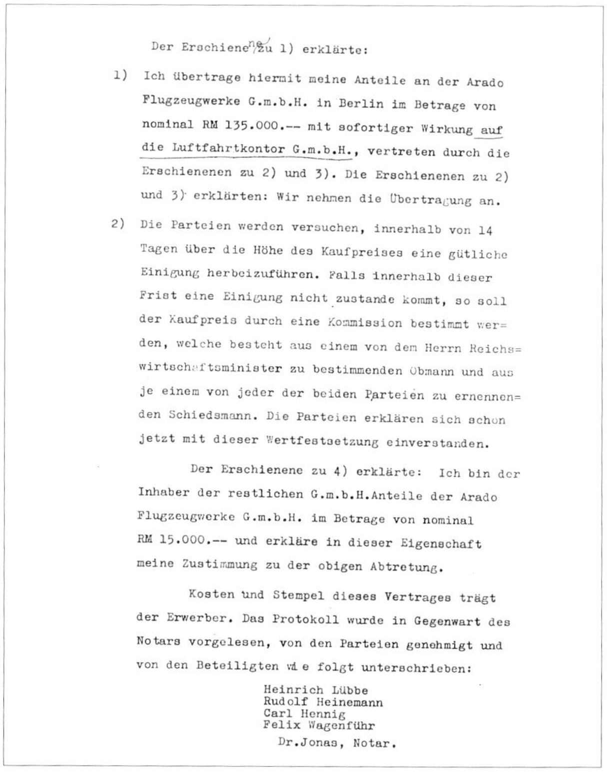

Der Erschienene zu 1) erklärte:

1) Ich übertrage hiermit meine Anteile an der Arado Flugzeugwerke G.m.b.H. in Berlin im Betrage von nominal RM 135.000.-- mit sofortiger Wirkung auf die Luftfahrtkontor G.m.b.H., vertreten durch die Erschienenen zu 2) und 3). Die Erschienenen zu 2) und 3) erklärten: Wir nehmen die Übertragung an.

2) Die Parteien werden versuchen, innerhalb von 14 Tagen über die Höhe des Kaufpreises eine gütliche Einigung herbeizuführen. Falls innerhalb dieser Frist eine Einigung nicht zustande kommt, so soll der Kaufpreis durch eine Kommission bestimmt werden, welche besteht aus einem von dem Herrn Reichswirtschaftsminister zu bestimmenden Obmann und aus je einem von jeder der beiden Parteien zu ernennenden Schiedsmann. Die Parteien erklären sich schon jetzt mit dieser Wertfestsetzung einverstanden.

Der Erschienene zu 4) erklärte: Ich bin der Inhaber der restlichen G.m.b.H.Anteile der Arado Flugzeugwerke G.m.b.H. im Betrage von nominal RM 15.000.-- und erkläre in dieser Eigenschaft meine Zustimmung zu der obigen Abtretung.

Kosten und Stempel dieses Vertrages trägt der Erwerber. Das Protokoll wurde in Gegenwart des Notars vorgelesen, von den Parteien genehmigt und von den Beteiligten wie folgt unterschrieben:

Heinrich Lübbe
Rudolf Heinemann
Carl Hennig
Felix Wagenführ
Dr.Jonas, Notar.

finden, als rüstungspolitische Erwägungen es erforderten. Subtile Erörterungen über rechtliche, mit dem Eingreifen des Staates verbundene Eventualitäten hätten den technischen Ausbau der Industrie in einem unerträglichen Masse gehemmt. Die Beschleunigung der Arbeiten war aber vornehmste Pflicht des verantwortlichen Ressorts gegenüber der Allgemeinheit, deren Schutz der Ausbau bezweckte... Erwägungen gesellschaftsrechtlicher Art spielten nicht die geringste Rolle. Die an der Aufrüstung beteiligten Firmen der Luftfahrtindustrie figurierten gegenüber dem Reichsluftfahrtministerium nicht als Gesellschaften, sondern als Vollstrecker eines staatlichen Auftrags.«[30]

Ein vermutlich dem RLM nahestehender, anonymer Autor begründete nach Kriegsende in einem Auftragsbericht für die Siegermächte die Enteignung damit, daß sich *Lübbe* bereits unmittelbar nach der Machtübernahme mit der nationalsozialistischen Luftwaffenführung überworfen hatte, und stellte fest: »Im Laufe des Jahres 1933 geriet der Besitzer der Arado-Werke, Herr *Lübbe*, mit dem RLM ...in Differenzen und mußte aus der Gesellschaft ausscheiden.« *Lübbes* angeblich mangelnde Kooperationsbereitschaft und sein schlechtes Management wurden im einzelnen damit begründet, »daß der Besitzer des Unternehmens sich nicht aktiv an der Leitung beteiligte, von ihm bzw. durch ihn keine finanzielle Unterstützung möglich war, vielmehr die finanziellen Entnahmen, die er jährlich an die Firma stellte, bei dem Umsatz kaum zu verantworten waren«. [31]

Abgesehen davon, daß eine derartige Begründung nur in einem totalitären Staat eine Enteignung rechtfertigen konnte, war sie insofern unglaubwürdig, als *Lübbe* seine Firma in wirtschaftlich schwierigen Zeiten bis 1933 unter persönlichem Einsatz vor dem Zusammenbruch bewahrt hatte und die Abtretung seiner Firmenanteile an das Reich erst durchgesetzt wurde, als die Bilanz von 1935 bereits wieder Gewinne von 41 558 RM aufwies und, wie die Gewinne von 448 849 RM im Jahr 1936 bewiesen, eine weitere Verbesserung der Ertragslage zu erwarten war.

Die mit großer Dringlichkeit vollzogene Enteignung fand auf dem Hintergrund einer akuten Kriegsgefahr statt. Nachdem Deutschland am 7. März 1936 in das Rheinland einmarschiert war und der Völkerbundsrat dieses Vorgehen am 19. März verurteilt hatte, erwog Frankreich die Mobilmachung. Auf diesem Hintergrund rechtfertigte Ministerialdirektor *Dr. Wilhelm Hergesell* in einer vertraulichen Mitteilung an den Reichsminister für Finanzen vom 14. Mai 1936 die Eile, mit der die Enteignung vorgenommen wurde, wie folgt: »Eine Prüfung der allgemeinen und wirtschaftlichen Verhältnisse der Arado Flugzeugwerke GmbH hatte ergeben, daß Herr *Lübbe* einen sehr schädlichen Einfluß auf das Werk ausübte. Die rüstungspolitischen Erfordernisse machten deshalb eine Übernahme der Anteile auf das Reich erforderlich. Um weiteren Schaden zu verhüten, war dringende Eile geboten, sodaß die Zustimmung des Herrn Reichsministers der Finanzen vorher nicht mehr eingeholt werden konnte.«[32]

Manipulierte Firmengeschichte

Die Behörden waren bemüht, die Spuren der Zwangsenteignung nach Möglichkeit zu verwischen. In diesem Sinn manipulierte auch die neue Betriebsleitung die Geschichte des Unternehmens. Eine wenige Monate nach der Verstaatlichung erschienene Werkschronik enthielt noch den Hinweis, daß *Lübbe* und *Wagenführ* Arado »käuflich erwarben«.[33] Die Werkszeitschrift »Arado-Bote« beschränkte sich wenig später auf die Mitteilung, daß das Unternehmen 1925 »von *Hugo Stinnes* verkauft« wurde.[34] Im Geleitwort verwies *Erich Serno* darauf, daß »die Firma in den letzten vier Jahren zu einem namhaften Flugzeug-Konzern Deutschlands ausgebaut werden« konnte, unterließ jedoch jeden Hinweis auf die ein Jahr zuvor vorgenommene Verstaatlichung. Diesem Beispiel folgte nicht nur der seinerzeit bekannte Luftfahrtpublizist *Walter Zuerl*[35], der unter anderem das Deutsche Museum zur »restlosen Namensentfernung« im Fall des »Volljuden *Edmund Rumpler«* gedrängt hatte[36], sondern die gesamte Luftfahrt-Literatur des Dritten Reiches.[37] Der Luftfahrthistoriker *Peter Supf*, der von dem Pressesprecher der NSFK-Standarte 40[38] *Hanns Baudisch* wiederholt zu Namensunterschlagungen gedrängt worden war, würdigte zwar *Lübbe* als Pilot und Waffenkonstrukteur, mußte sich aber bezüglich Arado mit dem vagen Hinweis begnügen, daß *Lübbe* nach dem Ersten Weltkrieg »Hauptinhaber einer der großen flugzeugbauenden Gesellschaften in Berlin« war.[39]

Die Luftfahrtliteratur nach 1945 übernahm die Vorgaben aus der Vergangenheit.[40] Bislang wurde nur in der ausländischen Luftfahrtliteratur gelegentlich erwähnt, daß die Enteignung »von den Nazis als Abschreckungsmaßnahme für die übrigen Luftfahrtunternehmen« erfolgte.[41]

Lübbe lebte nach seiner Enteignung als Geächteter. Angesichts des Ausbleibens der erwarteten Entschädigungszahlung durch den Staat verschlechterte sich seine wirtschafliche Lage nach 1936 zunehmend. Er war auf Einnahmen aus Patentierungen angewiesen. Nach einer Geschäftsreise im ungeheizten Zug am 7. März 1940 erlitt er einen Rückfall seines Lungenleidens und verstarb am 14. März. Unter dem Druck der Verhältnisse vermied seine Familie jeden Hinweis auf sein berufliches Wirken in den

Todesanzeigen der Berliner Zeitungen. Aus Furcht vor Repressalien wagten Freunde der Familie es nicht, an der Beisetzung auf dem Südwestfriedhof in Berlin-Stahnsdorf teilzunehmen. Auf *Lübbes* Grab, das in der Nähe der Gräber von *Edmund Rumpler* und *Adolf Rohrbach* liegt, wurde lediglich der Bronzeguß eines Flugzeug-Maschinengewehrs angebracht, der an seine lang zurückliegende Pionierleistung als Waffenkonstrukteur erinnern sollte.[42]
Die Betriebsleitung von Arado gedachte im Frühjahr 1940 jener Werksangehörigen, die »den Heldentod für Führer und Vaterland« gestorben waren, überging jedoch das kürzliche Ableben des ehemaligen Hauptgesellschafters. Auf einer Jubiläumsveranstaltung im gleichen Jahr würdigte die Betriebsleitung *Wagenführ* als »alten bewährten Pionier der deutschen Luftfahrt und Geschäftsführer unserer Gesellschaft seit ihrer Gründung«, verschwieg aber, daß er weiterhin privater Anteilseigner war. Der Reichsminister für Finanzen hatte 1937 gegenüber dem RLM bemängelt, daß *Wagenführs* Anteile »aus mir nicht näher bekannten Gründen« nicht in Reichsbesitz übergegangen waren.[43] Zu ähnlichen Maßnahmen wie gegenüber *Lübbe* kam es aber nicht. *Wagenführ* war unter dem Druck der Verhältnisse offensichtlich äußerlich auf Distanz zu seinem ehemaligen Geschäftspartner gegangen und so von Repressalien verschont geblieben. Eine Verfügung aus dem Jahr 1930, mit der *Wagenführ* als Testamentsvollstrecker eingesetzt wurde, wurde von *Lübbe* bis zu seinem Tod am 14. März 1940 aber nicht widerrufen. Nachdem *Wagenführs* Einfluß erheblich geschwunden war, schied er 1943 als stellvertretender Geschäftsführer aus und wurde in den Beirat gewählt.

Rechtliche und innerbetriebliche Neuorganisation

Eine eiligst zusammengerufene Gesellschafterversammlung bestätigte zwei Tage nach der am 25. April 1936 vollzogenen Enteignung die Berufung *Rudolf Heinemanns* zum alleinverantwortlichen Geschäftsführer, obwohl der offizielle Anstellungsvertrag erst am 5. Oktober 1937 abgeschlossen wurde. Nach einer Reihe von rechtlichen und innerbetrieblichen Umstrukturierungsmaßnahmen teilte der Deutsche Reichsanzeiger am 9. Oktober 1936 mit, daß der neue Reichskonzern mit Geschäftssitz in Potsdam (Nowawes) am 9. September im örtlichen Handelsregister eingetragen worden war.[44]
Eine Gesellschafterversammlung vom 26. Juni 1936 hatte zuvor eine Abänderung des Gesellschaftervertrags da-

Rudolf Heinemann (1939).

hingehend beschlossen, daß die Geschäftsführung von einem fünfköpfigen Beirat zu kontrollieren war, dessen Mitglieder zum Teil auch in der Gesellschafterversammlung Sitz und Stimme hatten. Dem Beirat gehörten der Vorsitzende Ministerialdirektor *Dr. Wilhelm Hergesell*, der Fliegeroberstabsingenieur *Günther Tschersich*, *Dr. Dr. Emil Meyer* als Vertreter der Dresdner Bank und zwei Vertreter des Oberfinanzpräsidenten Brandenburg an. *Hergesell* vertrat im RLM die Finanzabteilung LD I, *Tschersich*, ein

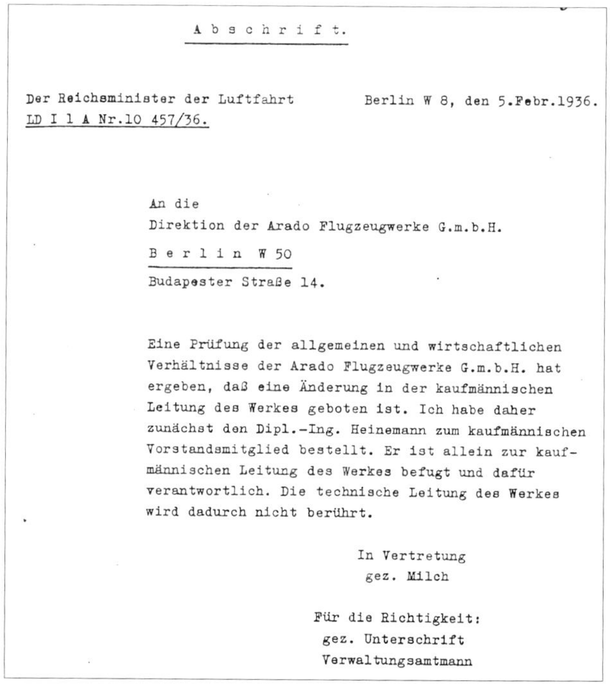

A b s c h r i f t.

Der Reichsminister der Luftfahrt — Berlin W 8, den 5.Febr.1936.
LD I 1 A Nr.10 457/36.

An die
Direktion der Arado Flugzeugwerke G.m.b.H.
B e r l i n W 50
Budapester Straße 14.

Eine Prüfung der allgemeinen und wirtschaftlichen Verhältnisse der Arado Flugzeugwerke G.m.b.H. hat ergeben, daß eine Änderung in der kaufmännischen Leitung des Werkes geboten ist. Ich habe daher zunächst den Dipl.-Ing. Heinemann zum kaufmännischen Vorstandsmitglied bestellt. Er ist allein zur kaufmännischen Leitung des Werkes befugt und dafür verantwortlich. Die technische Leitung des Werkes wird dadurch nicht berührt.

In Vertretung
gez. Milch

Für die Richtigkeit:
gez. Unterschrift
Verwaltungsamtmann

Bestellung des Diplomingenieurs *Rudolf Heinemann* zum neuen Geschäftsführer durch Staatssekretär *Erhard Milch* (5.2.1936).

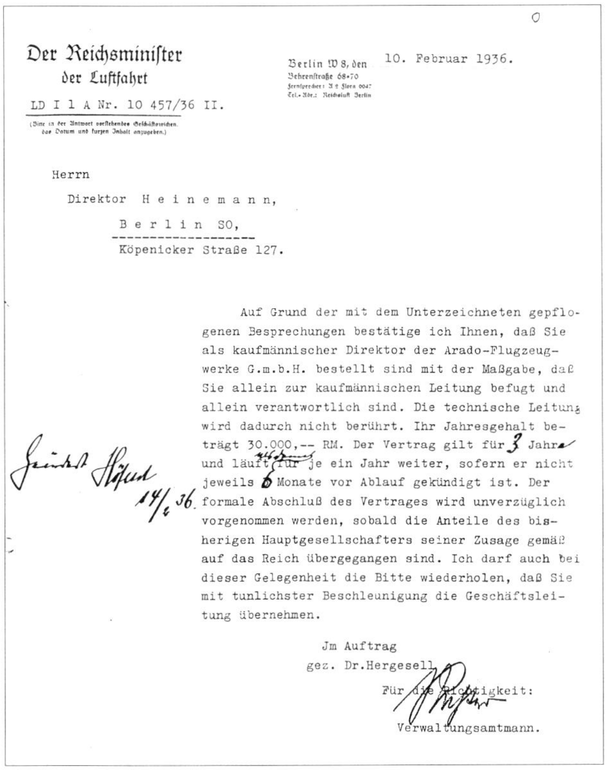

Der Reichsminister
der Luftfahrt

LD I 1 A Nr. 10 457/36 II.

(Bitte in der Antwort vorstehendes Geschäftszeichen, das Datum und kurzen Inhalt anzugeben.)

Berlin W 8, den 10. Februar 1936.
Behrenstraße 68-70
Fernsprecher: A 2 Flora 0047
Tel.-Adr.: Reichsluft Berlin

Herrn
Direktor Heinemann,
Berlin SO,
Köpenicker Straße 127.

Auf Grund der mit dem Unterzeichneten gepflogenen Besprechungen bestätige ich Ihnen, daß Sie als kaufmännischer Direktor der Arado-Flugzeugwerke G.m.b.H. bestellt sind mit der Maßgabe, daß Sie allein zur kaufmännischen Leitung befugt und allein verantwortlich sind. Die technische Leitung wird dadurch nicht berührt. Ihr Jahresgehalt beträgt 30.000,-- RM. Der Vertrag gilt für 3 Jahre und läuft für je ein Jahr weiter, sofern er nicht jeweils 6 Monate vor Ablauf gekündigt ist. Der formale Abschluß des Vertrages wird unverzüglich vorgenommen werden, sobald die Anteile des bisherigen Hauptgesellschafters seiner Zusage gemäß auf das Reich übergegangen sind. Ich darf auch bei dieser Gelegenheit die Bitte wiederholen, daß Sie mit tunlichster Beschleunigung die Geschäftsleitung übernehmen.

Jm Auftrag
gez. Dr. Hergesell
Für die Richtigkeit:
Verwaltungsamtmann.

Bestätigung der Amtseinsetzung des neuen Geschäftsführers *Rudolf Heinemann* durch das Amt LD I unter Hinweis auf die de facto vollzogene Enteignung *Heinrich Lübbes* (10.2.1936).

enger Freund *Görings*, leitete die Beschaffungsabteilung LC III.[45] *Tschersich* hatte 1931 in einer Denkschrift die Errichtung staatlich gelenkter Flugzeugtrusts analog zur sowjetischen Luftfahrtindustrie befürwortet und gefordert, daß die unternehmerische Handlungsfreiheit völlig hinter den Erfordernissen der Rüstung zurücktreten müsse.

Erhard Milch verfügte 1938, daß die Vertreter der Finanzbehörde »wegen der Größe und Bedeutung der Aradowerke« durch einen Repräsentanten des Reichsfinanzministeriums ersetzt wurden und *Dr. Hergesell* als Vorsitzender des Beirats von dem SS-Oberführer *Fritz Kranefuß*[46] abgelöst wurde.[47] Bis zum Jahr 1940 wurde der Beirat durch weitere Vertreter des RLM verstärkt und bestand neben dem Vorsitzer aus den Mitgliedern *Hellmuth Roehnert,* Vorsitzer des Vorstandes der Rheinmetall-Borsig AG Berlin, *Alois Cejka,* Ministerialdirektor im RLM[48] und zugleich Vorsitzer der Gesellschafterversammlung, *Josef Mayer,* Ministerialrat im RFM, Professor *Dr. Dr. Emil Meyer,* Vorstandsmitglied der Dresdner Bank Berlin, *Dipl.-Ing. Gottfried Reidenbach,* Oberstingenieur im RLM[49], *Fritz Rudorf,* Vorsitzer des Vorstandes der Bank der Deutschen Luftfahrt AG Berlin, *Günther Tschersich,* Generalingenieur im RLM, und *Dr. Heinrich Wiegand,* Oberregierungsrat im RLM. *Roehnert* war neben *Kranefuß* und *Mayer* eine Schlüsselfigur des »Keppler-Kreises«, der frühzeitig eine staatlich kontrollierte Rüstungsindustrie propagiert hatte, und der Prototyp des Wirtschaftsfunktionärs, der Eigentumstitel des Reiches im Auftrag *Görings* verwaltete.

Nachdem *Walter Blume* 1936 zu einem von vier Prokuristen ernannt worden war, übernahm er nach dem Ausscheiden *Erich Sernos* zum 31. Dezember 1938 auch das Amt als weiterer Geschäftsführer neben *Heinemann* und *Wagenführ.* Am 10. Dezember 1937 wurde er zum Wehrwirtschaftsführer ernannt. Am 27. August 1939 wurde er anläßlich eines Gedenktages zum Beginn des Ersten Weltkriegs und der Schlacht bei Tannenberg zum Major der Reserve befördert. Ab dem 1. Juli 1943 war er Hauptbetriebsführer. Er war ordentliches Mitglied der Deutschen Akademie der Luftfahrtforschung, Mitglied des Senats der Lilienthal-Gesellschaft für Luftfahrtforschung und Mitarbeiter der Aerodynamischen Versuchsanstalt Göttingen. Auf Vorschlag von *Milch* wurde ihm von Rüstungs-

Generalingenieur *Günther Tschersich*, Beiratsmitglied der Arado Flugzeugwerke.

Walter Blume (Mitte) und *Rudolf Heinemann* (rechts) auf einer Rundfahrt auf dem Plauer See mit dänischen Gästen (1937). ▶

Es zeichnen

als Geschäftsführer:

Oberstleutnant a. D. Felix Wagenführ

Dipl.-Ing. Rudolf Heinemann

Dipl.-Ing. Walter Blume

als Prokuristen:

Hermann Borries

Kurt Dunkelmann

Wolfgang Frhr. von Feilitzsch

Dipl.-Kfm. Friedrich Heck

Dipl.-Ing. Edgar Hoffmann

Bruno Hopstock

Dipl.-Kfm. Karl Kappel

Dipl.-Kfm. Franz Heinrich Lizan

Ger.-Ass. a. D. Hans Potratz

Dr.-Ing. Kurt Reichel

Die Handlungsbevollmächtigten, die bei unserer Hauptverwaltung und in unseren Außenwerken Warnemünde, Brandenburg/Havel, Wittenberg/Elbe, Rathenow und Anklam/Pommern gemeinsam mit einem Geschäftsführer, Prokuristen oder einem anderen Handlungsbevollmächtigten unterschriftsberechtigt sind, sind in dem Vollmachtsbuch unserer Gesellschaft verzeichnet. Bei der Hauptverwaltung und in unseren Werken liegen Vollmachtsbücher zur Einsicht aus.

Geschäftsführer und Prokuristen der Arado Flugzeugwerke nach der Verstaatlichung.

Von links: *Ernst Heinkel, Ernst Udet, Walter Blume, Roluf Lucht* und *Willy Messerschmitt* während eines Empfangs im RLM.

minister *Albert Speer* am 12. Oktober 1944 der Professorentitel E. h. verliehen.
Beginnend mit dem Jahresabschluß für 1937 übernahm die Deutsche Revisions- und Treuhandaktiengesellschaft die Kontrolle der Jahresabschlußberichte. Die Abschlüsse von 1934 bis 1936 wurden nachträglich in einer Gesellschafterversammlung vom 15. Dezember 1937 genehmigt.
Die Geschäftsführung hatte über *Gottfried Reidenbach* monatliche Beirats-Berichte mit Angaben zur Beschäftigungslage, zu allen Bauvorhaben, zur Entwicklungstätigkeit und zur Umsatz-, Finanz- und Produktionsentwicklung zu liefern. Das Technische Amt entschied über Stückzahlen, Termine, Richt- und Festpreise sowie über die Verteilung der Fertigung auf die einzelnen Zweigwerke. Es organisierte die Beschaffung von Bauzeichnungen für Lizenzmuster und die Kooperation mit Nachbauwerken. Auf Veranlassung des RLM mußten die Henschel-Werke, die aufgrund ihrer Lizenzproduktion für Junkers über Erfahrung im Ganzmetallbau verfügten, Arado Leihpersonal zur Verfügung stellen. Im Unterschied zu den privatwirtschaftlich geführten Firmen reagierte die auf Konfliktvermeidung bedachte Geschäftsführung des Staatskonzerns äußerst sensibel auf Kompetenzstreitigkeiten im Technischen Amt und die oftmals daraus resultierenden Änderungen des Beschaffungsprogramms. Laufende betriebsfremde Eingriffe in die Unternehmensplanung führten zu zeitraubenden Neukalkulationen, die sich in Terminüberschreitungen, Gewinneinbußen und Materialverlusten niederschlugen.

Kapazität wird erweitert

Von 1932 bis 1933 war die Jahresproduktion bei Arado auf 69 Flugzeuge angestiegen. Im Jahr 1934 erhöhte sie sich auf 353 Einheiten. Der rasche Produktionsanstieg ging vor allem auf die Anforderung des Jagdflugzeug Ar 68 und des Schulflugzeugs Ar 66 zurück, für das bereits ein erster Lieferauftrag 320 Einheiten vorgesehen hatte. Bis 1933 erhöhte sich die Belegschaft von 200 auf 500 Mitarbeiter. Gleichzeitig erfolgten noch vor der Verstaatlichung eine Umstellung auf neue Planungs- und Fertigungsmethoden und ein erster Ausbau der Werksanlagen. Mit der Vorbereitung der Großserienproduktion in Warnemünde wurde 1934 der neue Betriebsdirektor *Max Caemmerer* beauftragt, der zuvor bei den Brennabor-Werken/Brandenburg tätig war. Das Unternehmen war 1932 nach Liquiditätsschwierigkeiten in eine Aktiengesellschaft umgewandelt und zum Teil in die Produktion von Arado einbezogen worden.

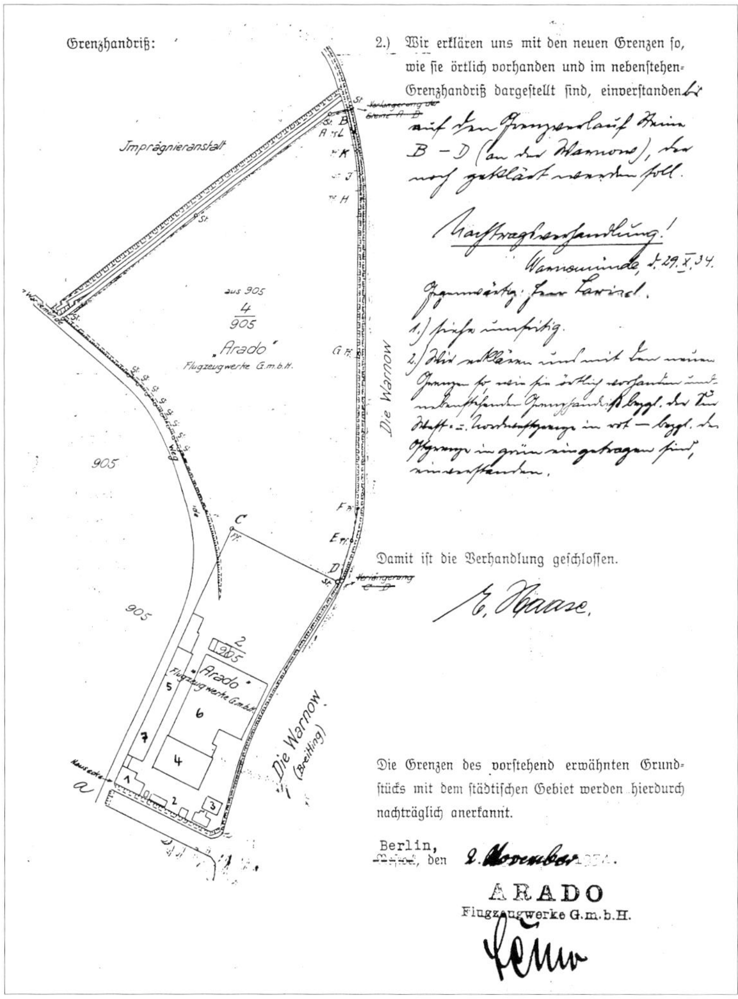

Ausbauzustand des Werks Warnemünde mit neuer Montagehalle (6) und Erweiterungsgelände 4/905 (2.11.1934).

1933 war in Warnemünde eine neue Fabrikationshalle mit einer Fläche von 2 250 m^2 zur Aufnahme der Teilefabrikation, der Materialprüfung und der Lagerhaltung entstanden. Wie aus Grenzverhandlungen vom 13. September 1934 hervorgeht, sollten die Werksanlagen weiter vergrößert werden. Durch Inanspruchnahme eines bestehenden Vorkaufrechtes erwarb Arado in diesem Jahr zusätzliches Gelände nördlich der bestehenden Anlagen. Es wurden drei neue Montagehallen mit einer Fläche von insgesamt 6 185 m^2, ein neues Kesselhaus mit Transformatorenstation und ein weiteres Kantinengebäude errichtet. In

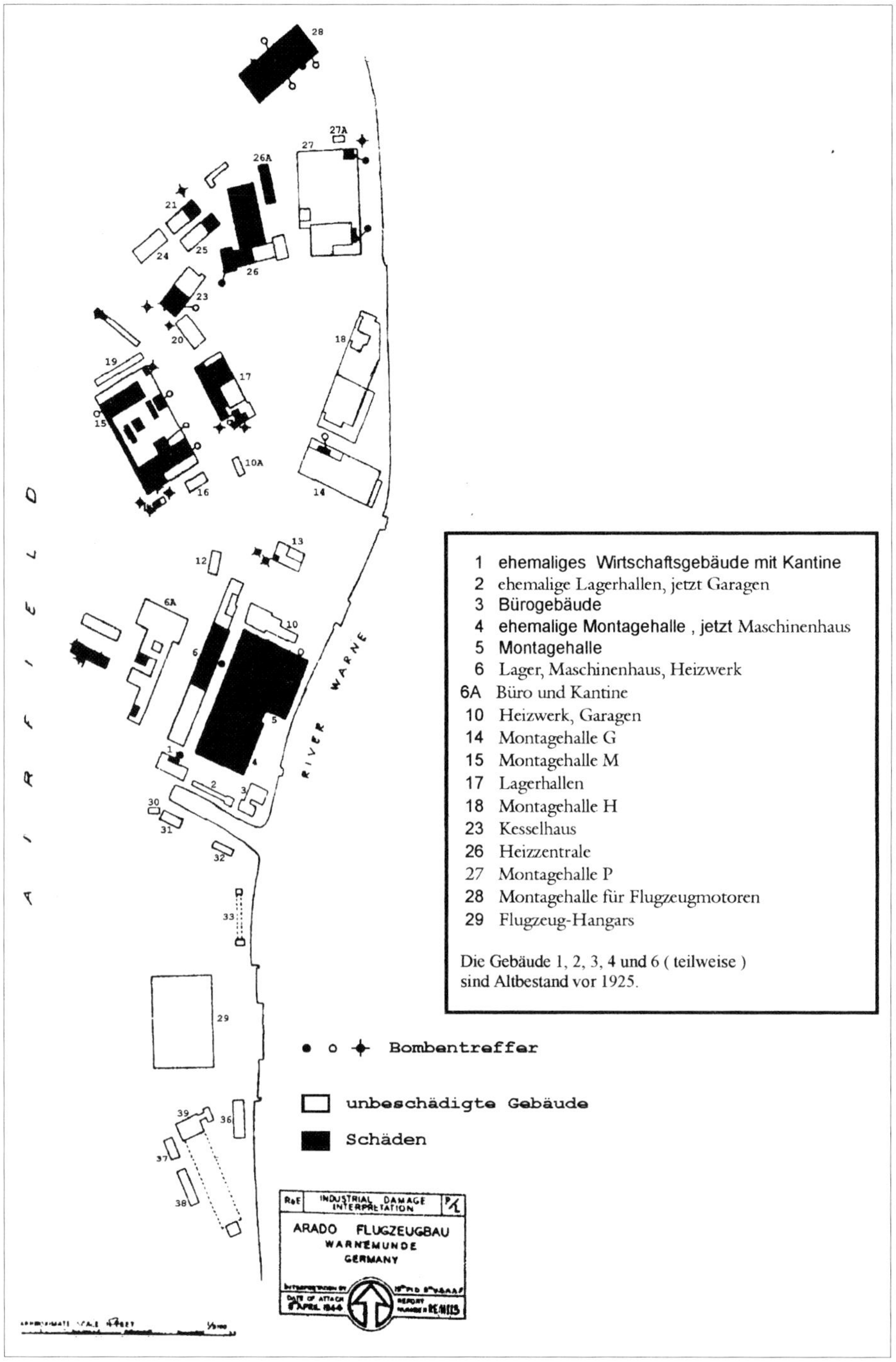

Ausbauzustand des Werks Warnemünde 1944. Die Schäden entstanden durch eine Bombardierung vom 9.4.1944.

der ursprünglichen Montagehalle erfolgte nur noch die Teileproduktion. Durch Aufspülung von Gelände im Bereich der Laak-Bucht wurde die Anlegung eines firmeneigenen Flugplatzes möglich, auf dem zwei Flughallen mit einer Fläche von je 1 200 m² gebaut wurden. 1936 wurden auch die südlich des Laak-Kanals gelegenen Anlagen der

Das ehemalige Verwaltungsgebäude der Arado Flugzeugwerke in Potsdam.

Chemischen und Teerproduktenfabrik Warnemünde GmbH übernommen.
Auf Verlangen des RLM hatte Arado Ende 1933 in Potsdam-Babelsberg das stillgelegte Werksgelände der Firma Elektrola aufgekauft,[50] in deren Verwaltungsgebäude am 25. Juni 1936 zunächst die bislang in Berlin ansässige Hauptverwaltung verlegt wurde.[51]
Das Zweigwerk Brandenburg war am 6. September 1934

Das 1934 von Warnemünde nach Brandenburg verlagerte Konstruktionsbüro.

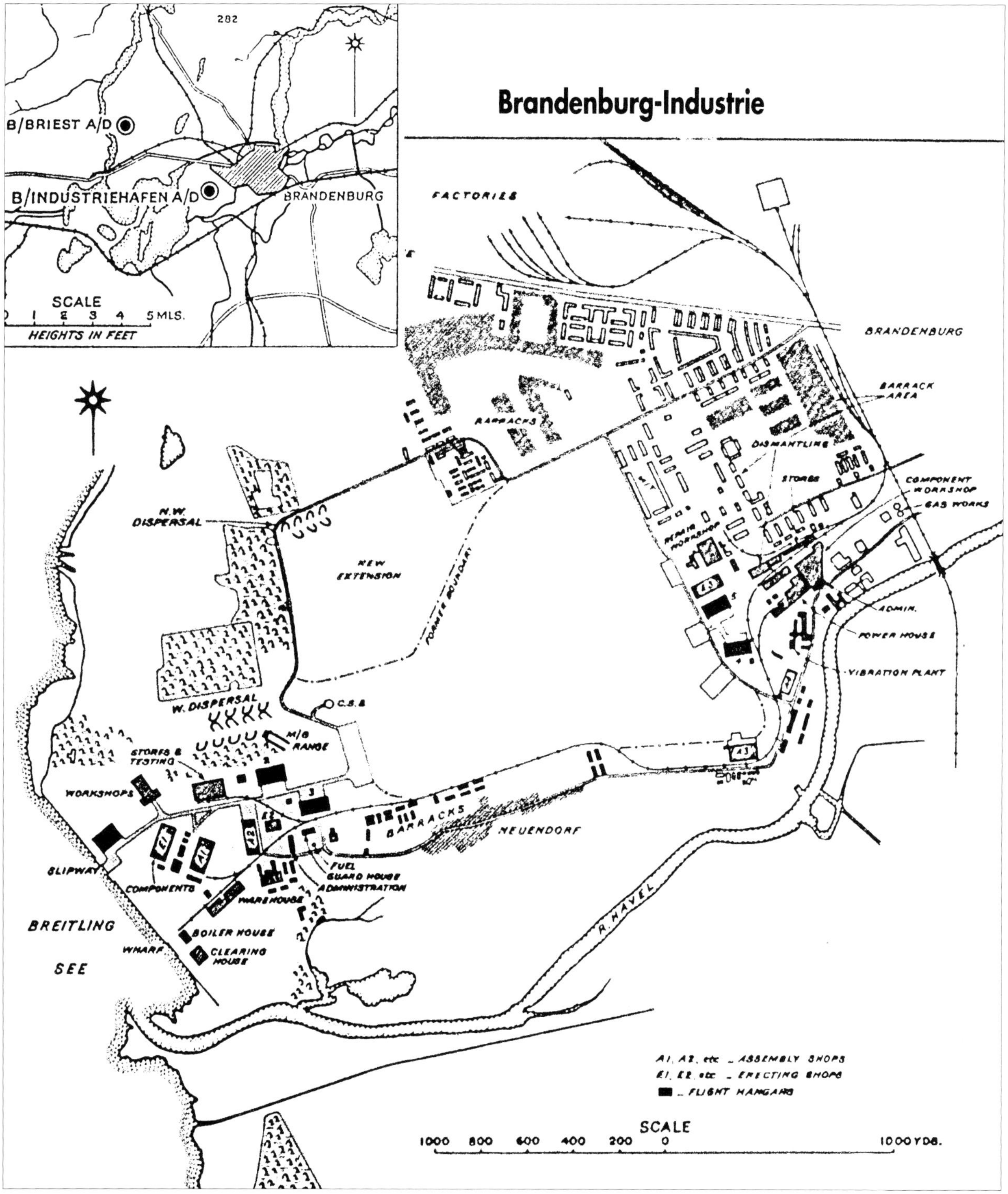

Die Arado-Werke Brandenburg-Neuendorf.

nach dem Ankauf der Werksgebäude der 1929 in Konkurs gegangenen Hartungschen Eisengießerei gegründet worden.[52] Der Standort Brandenburg erschien günstig aufgrund des Vorhandenseins von Facharbeitern der Metallbranche, der neuen Autobahnanbindung und der Nähe zu der Betriebsverwaltung und den militärischen Dienststellen in Berlin. Mit der Inbetriebnahme des Zweigwerks am 1. Februar 1935 wurden die kapazitätsmäßigen Voraussetzungen für den Großserienbau wesentlich verbessert. Bevor die Produktion in bescheidenem Umfang anlief, wurden im Herbst 1934 die Entwicklungsabteilung und das Konstruktionsbüro von Warnemünde nach Brandenburg verlagert. Das erste in Brandenburg gefertigte Flugzeug, eine Ar 66, wurde am 11. April 1935 vom Werkspiloten *Kurt Starck* eingeflogen.

Den Aufbau des neuen Betriebs leitete der Ingenieur *Erwin Martin*, ein Militärflieger aus dem Ersten Weltkrieg. *Max Caemmerer* wurde, wie zuvor bereits in Warnemünde, mit der technischen Leitung beauftragt. Die vorhandene Grundfläche betrug 118 000 m², die bebaute Fläche 45 000 m². Nach der sprunghaften Vergrößerung des Werks im Zuge der Probemobilmachung vom Herbst 1935 stieg die Gesamtfläche der Fabrikationseinrichtungen der Arado Flugzeugwerke von anfänglichen 48 000 m² im Jahr 1934 auf 79 000 m² im Jahr 1935 und 112 000 m² im Jahr 1936.[53]

Im Zuge der Errichtung neuer Zweigwerke wurde eine Umverteilung der Produktionsaufgaben vorgenommen. Ab Ende 1936 fertigte das ehemalige Stammwerk Warnemünde sämtliche Seeflugzeuge, übernahm jedoch ansonsten nur Teilbereiche des Rumpfbaus und der Endmontage.

Brandenburg nahm neben der Entwicklungsabteilung und dem Konstruktionsbüro auch den Attrappen- und Versuchsbau auf, für den ab Herbst 1935 die Halle Q mit einer Fläche von 4 750 m² zur Verfügung stand. In zwei neuerrichteten, großen Hallen T und S erfolgten der Zellenbau sowie die Endmontage von Landflugzeugen. Da der Besitzer der Elisabeth-Hütte, *Oskar Wiederholz*, sich weigerte, Gelände, das Arado gepachtet hatte, zu veräußern, kam es zu einer Enteignung. Bis 1940 entstanden in Brandenburg, das bezüglich der Belegschaft und des Anlagevermögens zu diesem Zeitpunkt das größte Zweigwerk war, ein neues Reparaturwerk, ein Preßwerk und ein Heizhaus.

Wichtige örtliche Zulieferer waren die Elisabeth-Hütte, die Gußteile produzierte, und das Excelsior-Werk, das Elektroausrüstungen herstellte. Im Jahr 1939 waren rund 80 Firmen mit einem Umsatz von rund 58 Millionen RM als Zulieferer für Arado tätig, an der Spitze die Dürener Metallwerke in Berlin als Lieferant für Duraluminium, gefolgt von der Leipziger Firma Schelter & Giesecke als Lieferant für Drehteile, der Berliner Firma Raspe & Co als Lieferant für Gummibehälter und der Firma Vereinigte Leichtmetall in Hannover.

Das mit dem Werk Brandenburg durch eine Werksbahn verbundene Zweigwerk Neuendorf wurde 1938 eröffnet. Auf dem zugehörigen, ständig erweiterten Flugplatz fand der Einflugbetrieb statt. Der Aufbau war nach der Errichtung einer Endmontage-Halle, von zwei Flughallen, einem Hauptlager, einer Lehrwerkstatt , einer Halle für die Vormontage, einer Ablaufbahn für Seeflugzeuge, einer Schießbahn sowie eines Prüfstandes für Strahltriebwerke bis 1939 abgeschlossen. Neuendorf übernahm anschließend den gesamten Großserienbau, während in Brandenburg nur noch die Entwicklungsabteilung, der Versuchs- und Teilebau, die Materialprüfung und die Reparaturabteilung verblieben.

Das Zweigwerk Anklam, das am 1. April 1937 den Betrieb aufnahm, diente Warnemünde als Zulieferer für Bombenträger, Schwimmer und Tragflächen. Am 1. Juni 1937 erfolgte die Inbetriebnahme der Zweigwerke Rathenow und Wittenberg. In den beiden großen Fertigungshallen H und E des Werks Rathenow wurden in erster Linie Tragflächen gebaut. Die Halle D beherbergte die Materialprüfung, die Presserei und die Glühöfen. Das Werk Wittenberg lieferte vor allem Flugzeugrümpfe. Im Oktober 1941 übernahm Arado auch die Anlagen des zwangsenteigneten Märkischen Metallbaus in Oranienburg.[54]

Mitte 1941 standen zwar noch erhebliche Bauvorhaben mit einem geplanten Kostenaufwand von rund neun Millionen RM an, sie konnten aber großenteils nicht mehr ausgeführt werden.[55]

Dem Ausbau der Werksanlagen wurde durch eine betriebliche Reorganisation Rechnung getragen. Es entstanden die getrennten Betriebsgruppen Nord (Warnemünde und Anklam) und Süd (Babelsberg, Brandenburg, Wittenberg, Rathenow). Das neue Ressort »Hauptbetriebsleitung« in Brandenburg nahm alle zentralen Aufgaben einschließlich der Verbindung zum RLM wahr. Potsdam blieb zwar offizieller Geschäftssitz des Unternehmens, doch wurde im November 1940 die bislang dort untergebrachte kaufmännische Verwaltung mit der technischen Verwaltung in Brandenburg zusammengelegt, da in Babelsberg akuter Raummangel bestand. Außerdem sollten die dortigen Anlagen, in denen zuvor Leitwerke gefertigt worden waren, künftig 90 Prozent der gesamten Drehteile liefern, um die Abhängigkeit von Zulieferbetrieben zu verringern.

Warnemünde zählte am 31. Dezember 1932 eine »Gefolgschaft« von 287 Mitarbeitern. Bis zum Jahresende 1933 erhöhte sich deren Zahl auf 753. Ende 1934 hatten Warnemünde und Brandenburg eine Gesamtbelegschaft von 2 485 Mitarbeitern. Eine Auflistung der Gesamtzahl

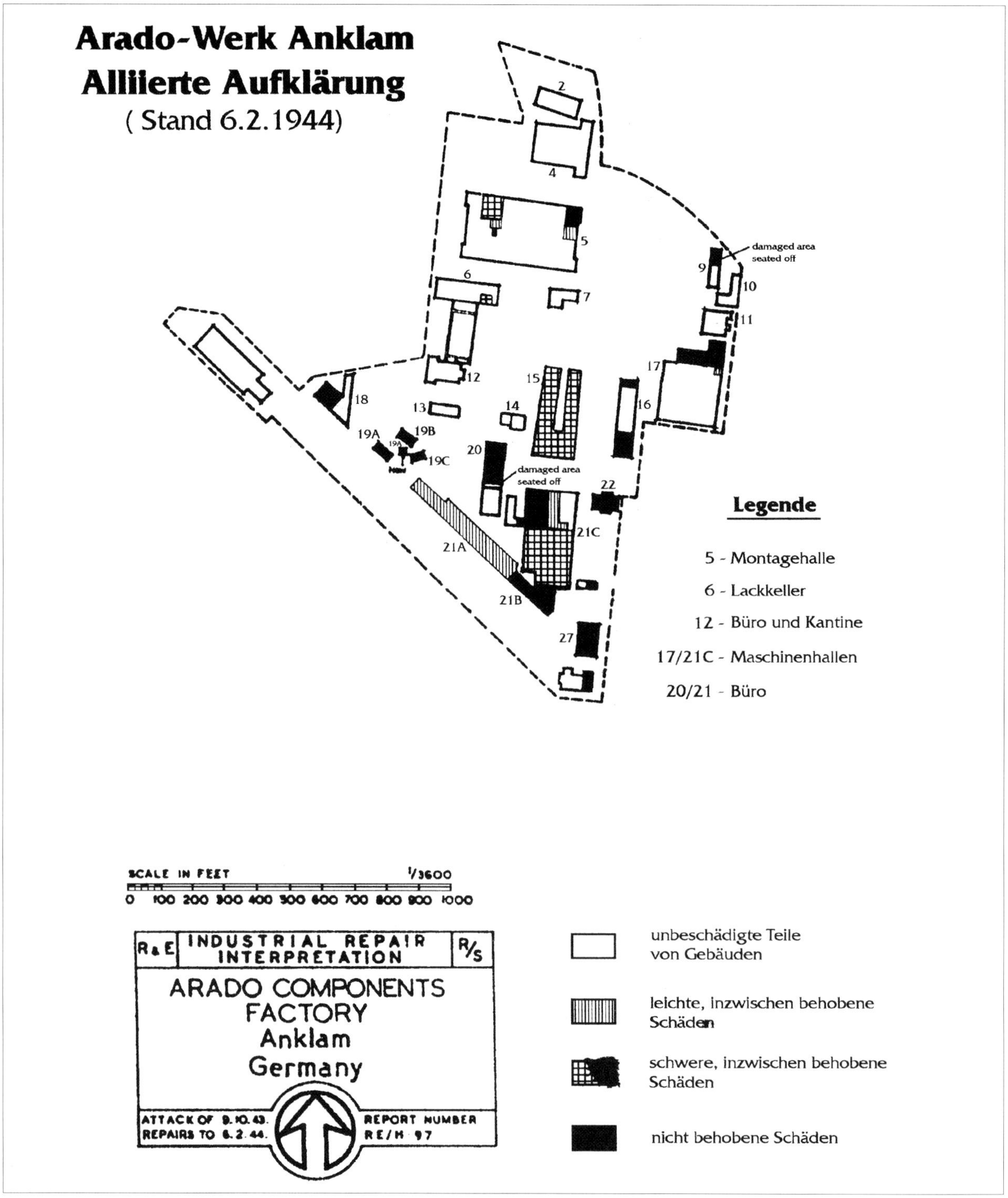

.Das Arado-Zweigwerk Anklam (1944).

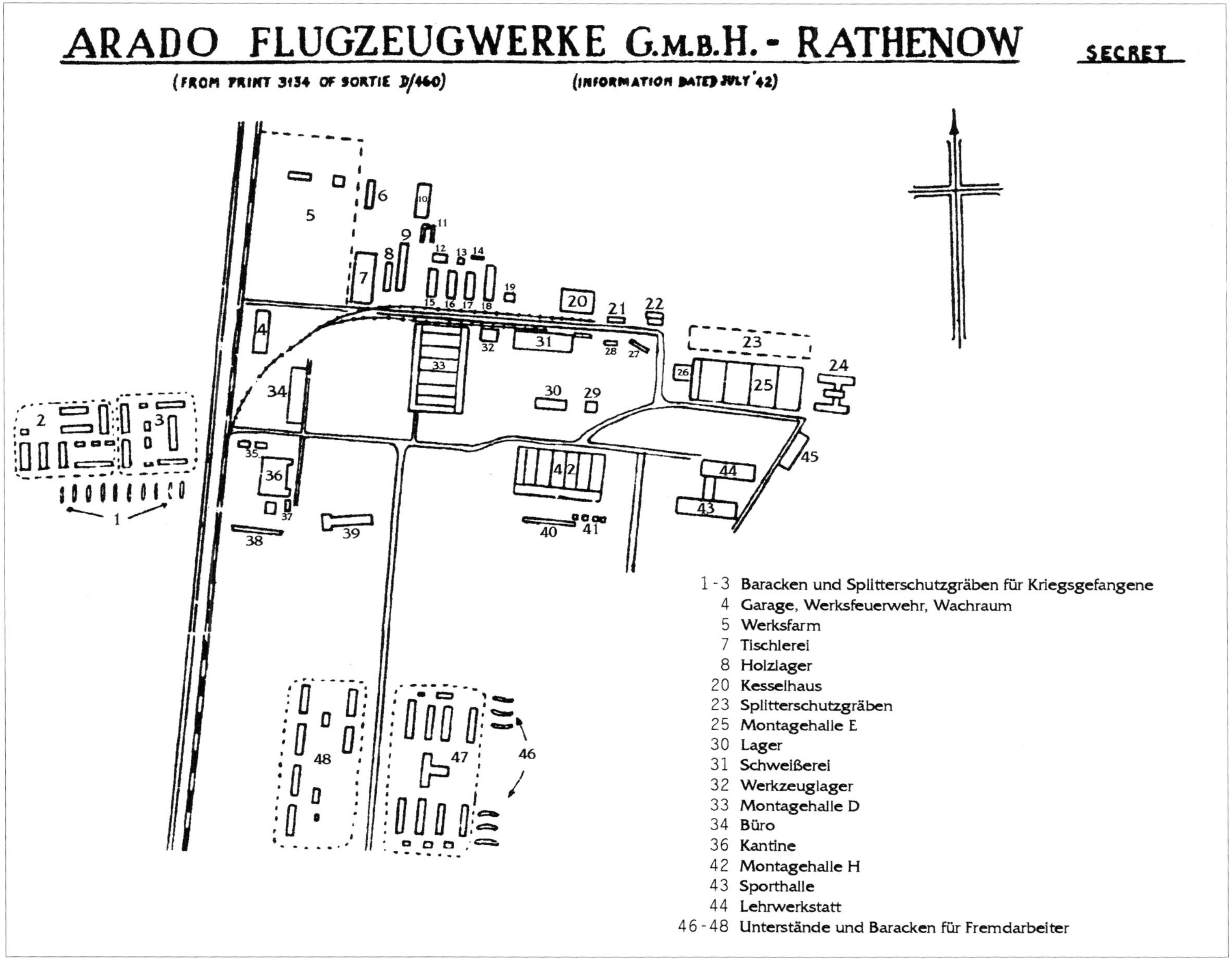

Das Arado-Zweigwerk Rathenow (Juli 1944)

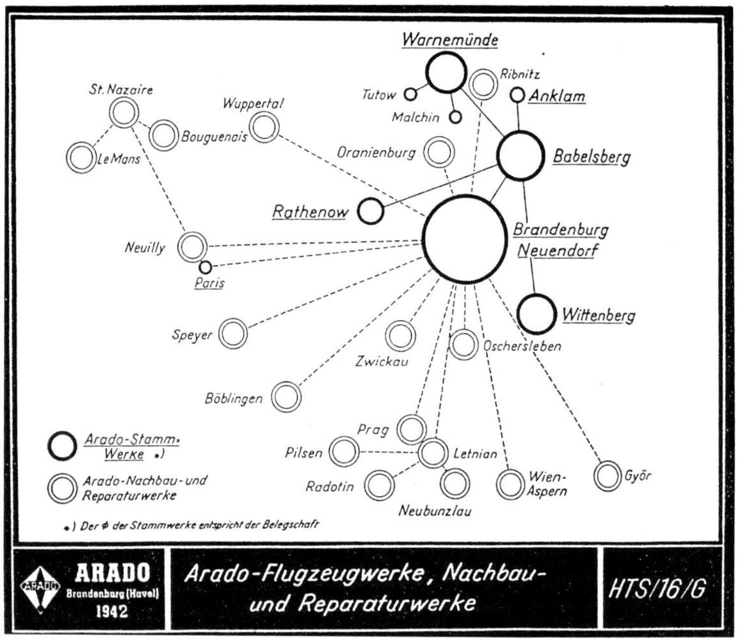

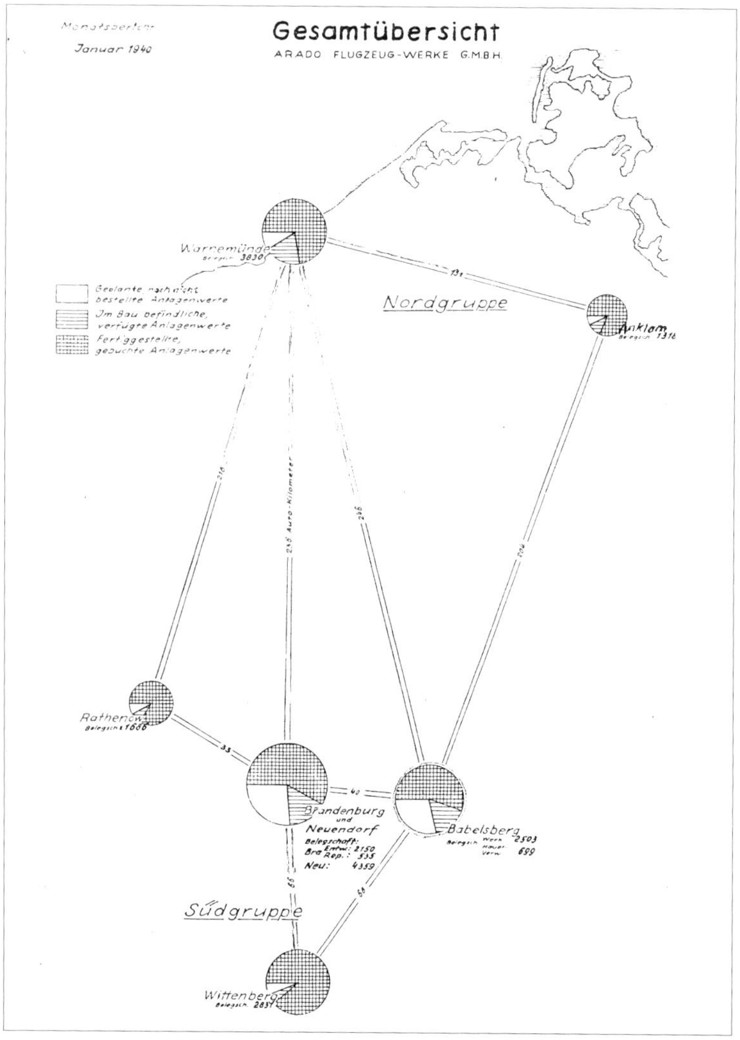

des Personals in den deutschen Flugzeugzellen- und Motorenwerken verzeichnete unter dem Stichtag 1. April 1935 für das Werk Warnemünde 1 900 und für das Werk Brandenburg 1 000 Beschäftigte.[56]

Die Belegschaft der Zellenindustrie im Oktober 1935:[57]

Junkers	9 483
Heinkel	7 611
Dornier	7 080
ATG	3 902
Arado	3 749
Henschel	3 672
Focke-Wulf	3 174
Bayerische Flugzeugwerke	2 344

Gesamtzahl der Beschäftigten bei den Arado Flugzeugwerken (bis Jahresende):

1935:	6 785	1938:	14 577
1936:	8 875	1940:	22 000
1937:	10 248	1942:	27 000

1936 beschäftigten die beiden Staatskonzerne Junkers und Arado rund ein Viertel der Arbeitskräfte in der Flugzeugindustrie. Ende 1942 wurde Arado mit einer Zahl von 27 000 Beschäftigten nur von Junkers und Heinkel übertroffen. Diesen Rang konnte das Unternehmen bis Kriegsende behaupten. Ihren Höchststand von rund 33 000 Mitarbeitern erreichte die Belegschaft im Herbst 1944.

Kapital wird aufgestockt

In der Anlaufphase der Kapazitätserweiterung von 1933 bis 1935 lieferte Arado 863 Flugzeuge. In der Aufbauphase der folgenden drei Jahre verdoppelte sich die Gesamtliefermenge auf 1 629 Einheiten. Da jedoch die Erweiterung der Fabrikationsanlagen Vorrang hatte, verlangsamte sich der Produktionsanstieg von 839 Einheiten im Jahr 1936 zunächst auf 440 Einheiten im Jahr 1937 und 350 Einheiten im Jahr 1938. Erst in der anschließenden Ausbauphase stieg die Jahresproduktion 1939 und 1940 wieder auf 625 beziehungsweise 690 Einheiten an,[58] so daß sich die Gesamtliefermenge von 1939 bis 1941 auf 2 336 Einheiten erhöhte.

Stamm-, Neben- und Reparaturbetriebe der Arado Flugzeugwerke 1942 (oben).

Ausbauzustand nach der Umgliederung in Nord- und Südgruppe 1940 (links).

Hinsichtlich der Umsatzmenge lag Arado von 1934 bis 1938 hinter Junkers auf dem zweiten Platz. Das Verhältnis von Umsatz zum investierten Kapital war jedoch in beiden Fällen ungünstig, wie die niedrigen Kapitalumschlagsziffern erkennen ließen.

Die Liquidität des Unternehmens hing von der Kreditierung über die ab 1934 im Auftrag des RLM tätige Luftfahrtkontor GmbH ab, die sich ab 1938 durch Kapitalaufstockung zu einer eigenständigen Bankinstitution entwickelte. Sie entschied ausschließlich nach »politischen Notwendigkeiten« über Investitionszwischenkredite, Kapitalschnitte und sogenannte staatliche Abschreibungsgarantien, die im Fall eines Abfallens der Rüstungsproduktion Verlusten vorbeugen sollten. Im Jahr 1940 wurde die Einrichtung in eine Aktiengesellschaft umgewandelt und führte die Bezeichnung Bank der deutschen Luftfahrt AG.[59] Als Tochtergesellschaft verwaltete die Luftfahrtanlagen GmbH den reichseigenen Grundbesitz. Sie war ab Oktober 1938 für die Bewilligung sämtlicher Bauvorhaben zuständig und bestimmte, welche davon kriegswirtschaftlich sinnvoll erschienen. Anträge zur Bewilligung größerer Bauvorhaben wurden häufig mit der Begründung zurückgewiesen, die hohen Investierungsschulden von Arado ließen solche Maßnahmen nicht zu.

Im Jahr 1938 erhöhte sich der zu 95 Prozent mit dem RLM abgewickelte Jahresumsatz um 23 Millionen Reichsmark auf 76 Millionen Reichsmark. Im Geschäftsbericht für das Jahr 1937 kritisierte die Treuhand den Anstieg der Aufwendungen. Die Betriebsführung begründete diese Entwicklung mit der Produktionsaufnahme fremder Typen, die ein »Einarbeiten der Belegschaft auf die andersgearteten Arbeitsmethoden« erforderlich gemacht habe. Außerdem verwies sie darauf, daß »in bedeutendem Umfang während des Baus konstruktive und sonstige Änderungen zu berücksichtigen gewesen« seien. Die erhöhten Unkosten wurden auch auf »organisatorische Umstellungen auf allen Gebieten, eine nicht immer gute Beschäftigungslage und höhere Steuern« zurückgeführt.[60] Dennoch forderte das RLM weiterhin, daß Arado »zukünftig in der Lage sein wird, günstiger, das heißt zu niedrigeren Preisen zu arbeiten und Verluste zu vermeiden«.[61]

Umfangreiche Baumaßnahmen verursachten 1937 Investitionen von 29,5 Millionen RM, die sich auf die einzelnen Werke wie folgt verteilten: Babelsberg 4,6 Millionen RM, Wittenberg 4,3 Millionen RM, Rathenow 3,1 Millio-

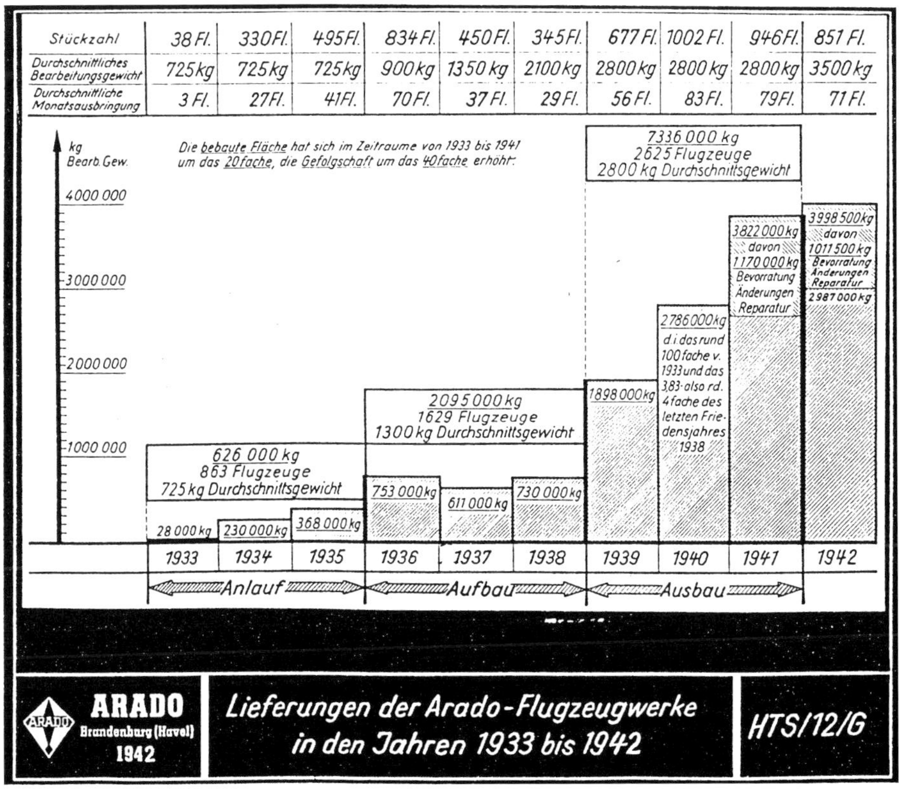

Lieferumfang der Arado Flugzeugwerke bis 1942.

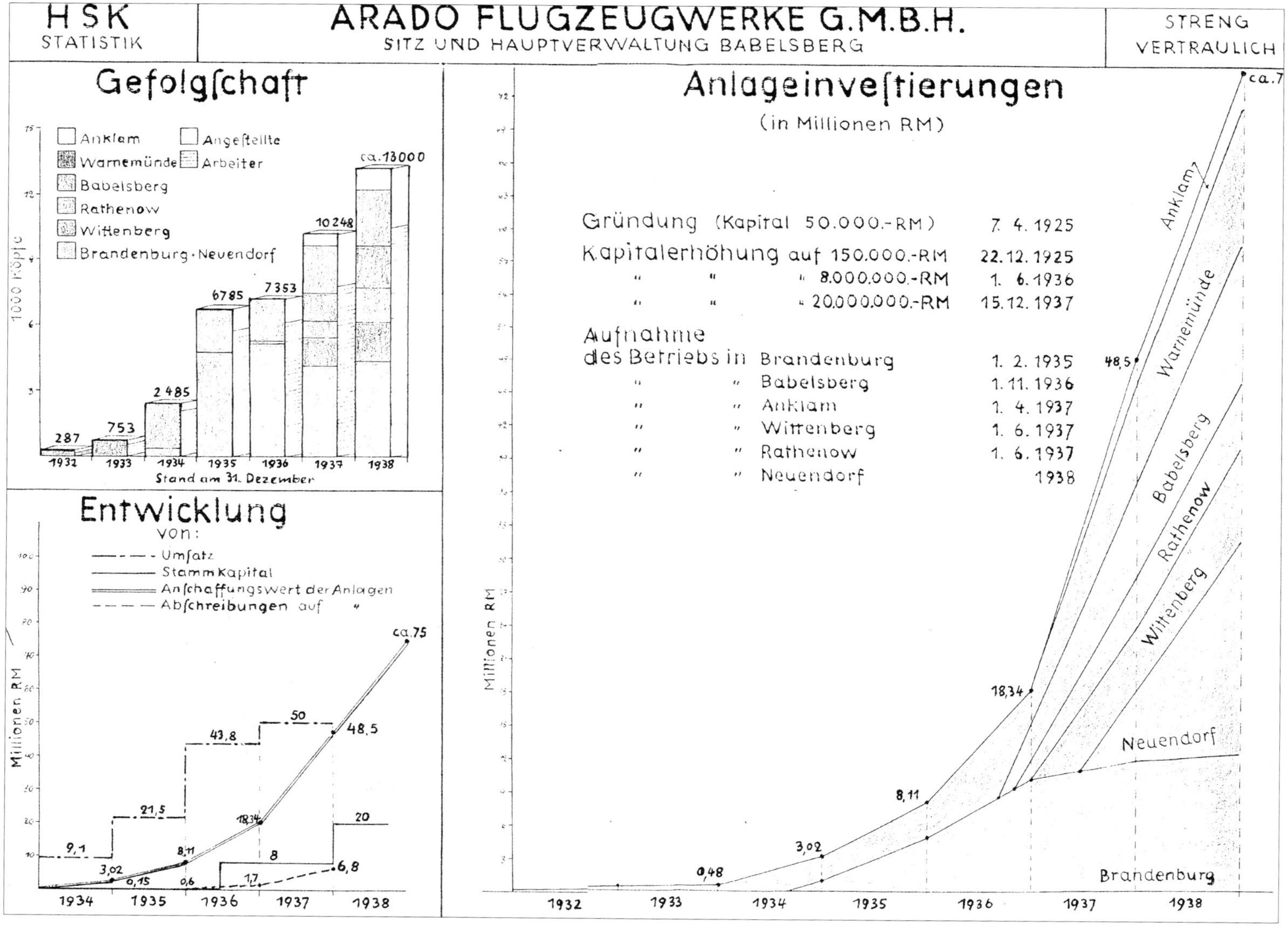

Die wirtschaftliche Entwicklung der Arado Flugzeugwerke bis 1938.

nen RM, Neuendorf einschließlich Brandenburg 3,0 Millionen RM, Warnemünde 2,3 Millionen RM, Anklam 1,8 Millionen RM. Dazu kamen Anzahlungen auf im Bau befindliche Anlagen in Höhe von 10,4 Millionen RM. Für die kommenden Jahre waren für den weiteren Ausbau der Werke weitere Aufwendungen in Höhe von 33 Millionen RM vorgesehen.[62]
Von den Baukosten in Höhe von insgesamt 16 Millionen RM des Jahres 1938 entfielen auf Neuendorf 3,8 Millionen RM, Warnemünde 3,0 Millionen RM und Babelsberg 3,8 Millionen RM. 1939 fielen noch einmal Baukosten von 14 Millionen RM an. Zur Abrundung der bereits an-

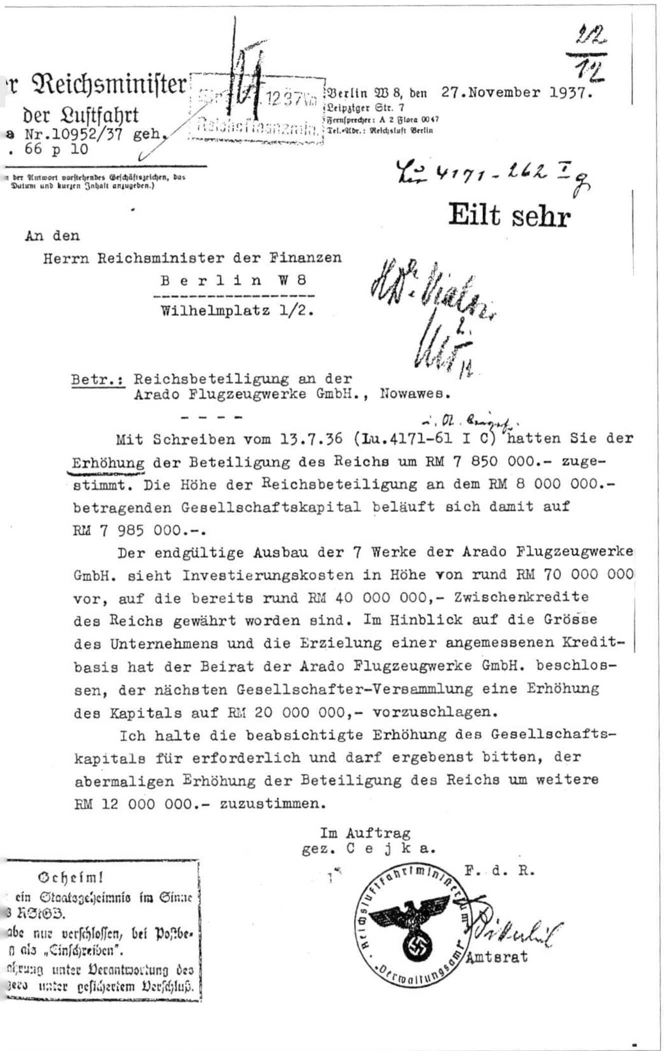

[De]r Reichsminister der Luftfahrt
[L]a Nr.10952/37 geh.
. 66 p 10

[I]n der Antwort vorstehendes Geschäftszeichen, das Datum und kurzen Inhalt anzugeben.)

Berlin W 8, den 27.November 1937.
Leipziger Str. 7
Fernsprecher: A 2 Flora 0047
Tel.-Adr.: Reichsluft Berlin

Lu 4171-262 I g

Eilt sehr

An den
Herrn Reichsminister der Finanzen
Berlin W 8
Wilhelmplatz 1/2.

Betr.: Reichsbeteiligung an der Arado Flugzeugwerke GmbH., Nowawes.

Mit Schreiben vom 13.7.36 (Lu.4171-61 I C) hatten Sie der Erhöhung der Beteiligung des Reichs um RM 7 850 000.- zugestimmt. Die Höhe der Reichsbeteiligung an dem RM 8 000 000.- betragenden Gesellschaftskapital beläuft sich damit auf RM 7 985 000.-.

Der endgültige Ausbau der 7 Werke der Arado Flugzeugwerke GmbH. sieht Investierungskosten in Höhe von rund RM 70 000 000 vor, auf die bereits rund RM 40 000 000,- Zwischenkredite des Reichs gewährt worden sind. Im Hinblick auf die Grösse des Unternehmens und die Erzielung einer angemessenen Kreditbasis hat der Beirat der Arado Flugzeugwerke GmbH. beschlossen, der nächsten Gesellschafter-Versammlung eine Erhöhung des Kapitals auf RM 20 000 000,- vorzuschlagen.

Ich halte die beabsichtigte Erhöhung des Gesellschaftskapitals für erforderlich und darf ergebenst bitten, der abermaligen Erhöhung der Beteiligung des Reichs um weitere RM 12 000 000.- zuzustimmen.

Im Auftrag
gez. C e j k a.

F. d. R.
Amtsrat

Geheim!
ein Staatsgeheimnis im Sinne
[...]3 RStGB.
[...]abe nur verschlossen, bei Postbe[...]
[...]n als „Einschreiben".
[...]hrung unter Verantwortung des
[...]ers unter gesichertem Verschluß.

Aufstockung des Gesellschaftskapitals 1936-37.

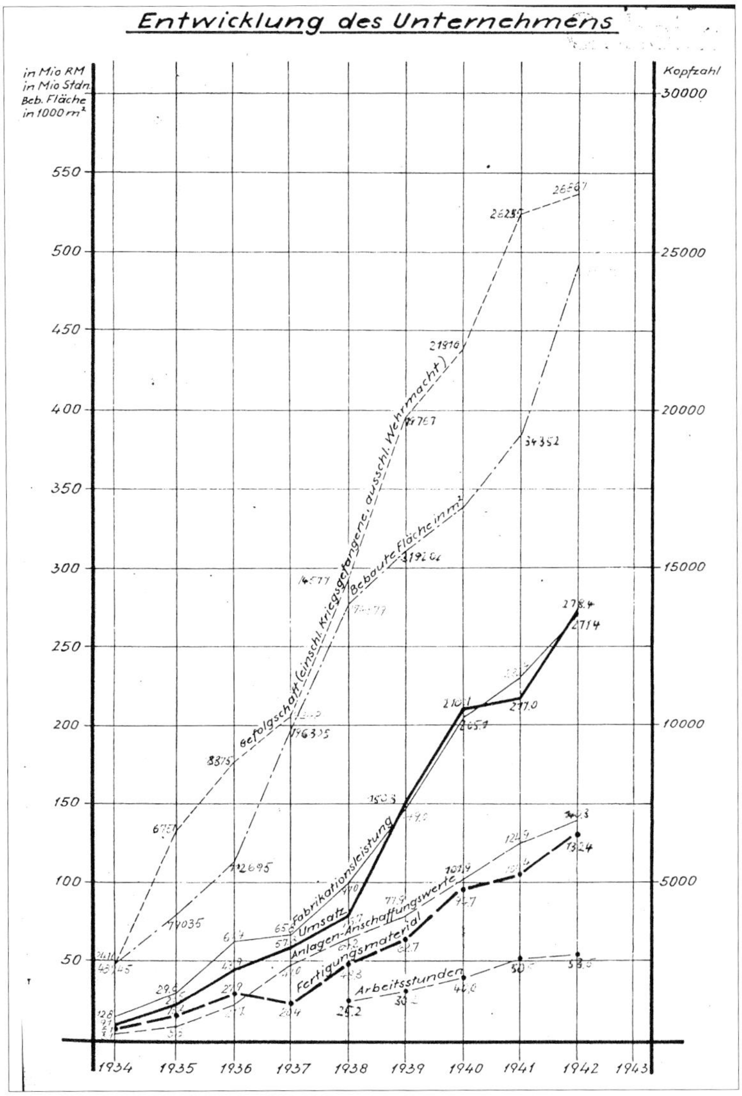

Die wirtschaftliche Entwicklung der Arado Flugzeugwerke bis 1943.

gelaufenen Baumaßnahmen und durch die sich bei Kriegsausbruch ergebenden neuen Aufgaben wurden 1939 weitere 32,5 Millionen Reichsmark für weitere Bauvorhaben veranschlagt. 1940 beschränkten sich die Aufwendungen jedoch auf zwei Millionen RM.
Bis zum 31. Dezember 1935 betrug die öffentliche Förderung 4 555 000 RM. Im Laufe des Jahres 1936 wurden zusätzlich 13 650 000 RM zur Verfügung gestellt. Bis Ende 1938 wurden Arado staatliche Kredite in Höhe von rund 63 Millionen RM gewährt. Obwohl im Juli 1939 die

Schuldenlast des Unternehmens durch eine öffentliche Beihilfe in Höhe von 26,5 Millionen RM formell verringert worden war, ließ die Bilanz zum 31. Dezember 1939 erkennen, daß »das Verhältnis zwischen eigenen und fremden Mitteln infolge der weiteren Vergrößerung des Unternehmens gegenüber der Vorjahresbilanz nicht verbessert wurde«.[63] Den Fremdmitteln in Höhe von 118 Millionen RM standen nur Eigenmittel in Höhe von 44 Millionen RM gegenüber. Im Jahr 1942 erhielt Arado eine weitere Reichsbeihilfe in Höhe von 8,4 Millionen RM. Als Bedingung für die Gewährung der Beihilfen mußte sich Arado mit der Preis- und Wirtschaftsprüfung durch das RLM einverstanden erklären und für einen Teil der Kreditschulden Bankkredite aufnehmen.
Nach der Übernahme durch das Reich hatte das RLM am 11. Juni 1936 dem Reichsfinanzministerium mitgeteilt, daß das Stammkapital von 150 000 Mark bei dem seinerzeitigen Investitionsstand von 12 Millionen RM unzureichend sei und deshalb eine Erhöhung um 7,85 Millionen RM auf 8 Millionen RM geplant sei. Diese Maßnahme wurde am 26. Juni 1936 unter Hinweis auf einen abgeänderten Gesellschaftsvertrag vereinbart.[64] Am 27. November 1937 ließ das RLM das Reichsfinanzminsterium wissen: »Der endgültige Ausbau der 7 Werke der Arado Flugzeugwerke GmbH sieht Investitionskosten in Höhe von rund RM 70 Millionen vor, auf die bereits rund RM 40 000 000,– Zwischenkredite des Reichs gewährt worden sind. Im Hinblick auf die Größe des Unternehmens und die Erzielung einer angemessenen Kreditbasis hat der Beirat der Arado Flugzeugwerke GmbH beschlossen, eine Erhöhung des Kapitals auf RM 20 000 000,- vorzuschlagen.«[65] Bis Kriegsende stieg das Stammkapital auf 50 Millionen RM.

Werbung der Arado Flugzeugwerke.

Nationalsozialistischer Musterbetrieb

In offiziellen Verlautbarungen wurde der Reichskonzern als »nationalsozialistische Betriebsgemeinschaft« bezeichnet, die alle gestellten Aufgaben »in wahrhaft nationalsozialistischem Geist« gelöst habe. Obwohl das RLM wiederholt Kritik an der Ertragslage übte, diente der Reichskonzern als Vorzeigeobjekt gegenüber privatwirtschaftlich geführten Firmen bezüglich planwirtschaftlicher Pflichterfüllung, kostengünstiger Produktion sowie sozialer und ideologischer Betreuung des Personals. Diese Propaganda basierte auf der Vorstellung einer solidarischen Volksgemeinschaft, zu deren Schutz der Staat die absolute Kontrolle ausübte. Der Privatkapitalismus war jedoch nur durch einen Staatskapitalismus ersetzt worden, ohne daß die Eigendynamik der Wirtschaft dadurch völlig unterbunden wurde. Die neuen »Betriebsführer« in der Luftfahrtindustrie waren offiziell »Vollstrecker eines staatlichen Auftrags«. Sie verfügten aber über ein ähnliches Machtpotential wie zu Zeiten des Privatkapitalismus und genossen vergleichbare Privilegien. Auch wenn sie die rüstungspolitischen Ziele der Nationalsozialisten begrüßten und die Übernahme aller Staatsfunktionen durch Parteiorgane bejahten, mißtrauten sie dem Prinzip der totalen Wirtschaftslenkung und scheuten sich nicht, sich dem staatlichen Dirigismus in ihrem eigenen Einflußbereich notfalls zu entziehen. Ministerialdirektor *Alois Cejka*, Beiratsmitglied und im RLM für Aufträge, Verträge

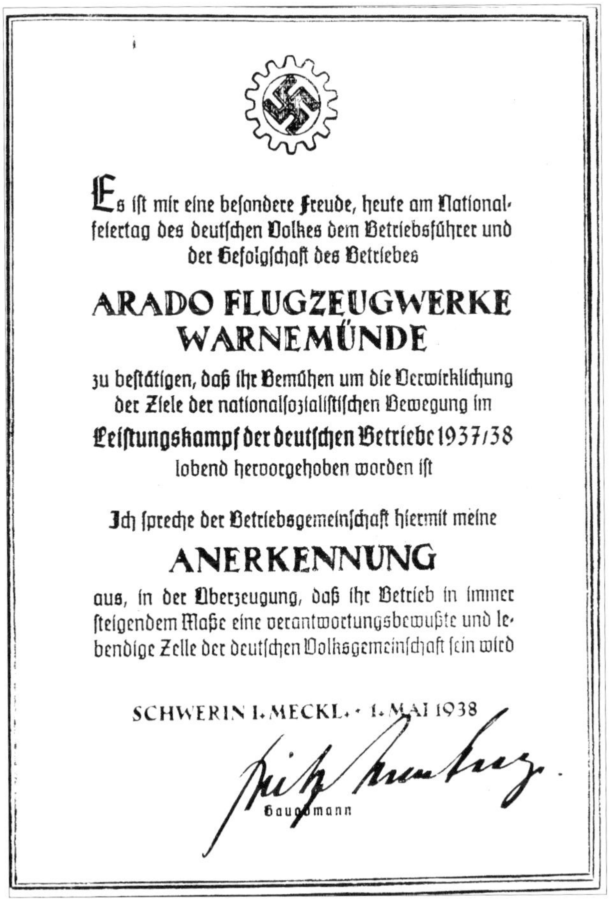
Es ist mir eine besondere Freude, heute am National-feiertag des deutschen Volkes dem Betriebsführer und der Gefolgschaft des Betriebes

ARADO FLUGZEUGWERKE WARNEMÜNDE

zu bestätigen, daß ihr Bemühen um die Verwirklichung der Ziele der nationalsozialistischen Bewegung im Leistungskampf der deutschen Betriebe 1937/38 lobend hervorgehoben worden ist

Ich spreche der Betriebsgemeinschaft hiermit meine

ANERKENNUNG

aus, in der Überzeugung, daß ihr Betrieb in immer steigendem Maße eine verantwortungsbewußte und lebendige Zelle der deutschen Volksgemeinschaft sein wird

SCHWERIN I. MECKL. · 1. MAI 1938

Gauobmann

Leistungsurkunde für das Werk Warnemünde (1.5.1938).

Walter Blume im Segelflieger-Lager des NSFK-Sturms 4/25 in Milow (1938).

und Finanzen zuständig, schwor nach Kriegsausbruch die Geschäftsführung auf ein besonders vorbildliches Verhalten ein und betonte, entscheidend sei in der gegenwärtigen Kriegslage, Material und Arbeiter einzusparen, hingegen seien hohe Festpreise »kein Zeichen guter Führung«. Die genehmigten Höchstgewinne durften neun Prozent nicht übersteigen und sollten für Rücklagen und Sozialfonds und für die Schuldentilgung verwendet werden. Für Maßnahmen der Berufserziehung, der Sozial- und Gesundheitsfürsorge und zur Körperertüchtigung wurden Investitionen vorgenommen, die aus privatwirtschaftlicher Sicht wenig gewinnbringend waren.

An allen größeren Standorten entstanden Werkssiedlungen. Allein in Warnemünde wurden Wohnungen für 1 200 Mitarbeiter geschaffen. In Brandenburg wurden 472 Wohnungen und 72 Siedlungsstellen, in Wittenberg 750 Wohnungen zur Verfügung gestellt.[66]

Es wurden eine werkseigene Sektion des Nationalsozialistischen Fliegerkorps, Werkscharen, Werkfrauengruppen, Musik- und Spielmannszüge und Betriebssportgemeinschaften ins Leben gerufen. Besondere Bedeutung wurde

Walter Blume (rechts außen) und Frau *Maria* (Bildmitte mit Hut) mit Werksangehörigen (um 1938).

der politischen und weltanschaulichen Schulung beigemessen, zu der die Teilnahme am Reichsparteitag, an Kursen und Lehrgängen der Partei und deren Gliederungen und an DAF-Studienfahrten gehörten.
Das Werk Brandenburg erhielt 1938 das »Gaudiplom für hervorragende Leistungen«, gefolgt von Babelsberg, Warnemünde und Rathenow. Am 1. Mai 1940 wurde das Werk Wittenberg zum »nationalsozialistischen Musterbetrieb« erklärt. 1941 erhielten auch die Werke Warnemünde und Rathenow diese Auszeichnung. 1942 wurde dem gesamten Unternehmen die Urkunde »für hohen und vorbildlichen Einsatz« für die Kriegsproduktion verliehen. Mehrere Zweigwerke erhielten bis 1944 die Auszeichnung als »Kriegsmusterbetriebe«. Den Werken Rathenow und Warnemünde wurde das Leistungsabzeichen für vorbildliche Berufserziehung, für gesundes Wohnen und Siedeln sowie für vorbildliche Förderung von »Kraft durch Freude« zuerkannt.

Der Gemeinschaftsgedanke führte zu besonderen Verpflichtungen der Belegschaft. Bei Kriegsbeginn gab die Patentabteilung der Firma Richtlinien für »erfinderisch tätige Gefolgschaftsmitglieder« heraus mit der Weisung, »die die Interessensgebiete unseres Werkes betreffenden Erfindungen« der Betriebsleitung zu melden. Die Verbundenheit mit der Truppe kam in zwei Patenschaften mit Fliegereinheiten zum Ausdruck. Am 28. Oktober 1936, dem Todestag des Jagdfliegers *Oswald Boelcke*, erfolgte die Fahnenübergabe an die Patenstaffel in List/Sylt durch General *Hermann Thomson.*

Entwicklung und Produktion nach der Verstaatlichung

Das Reichsluftfahrtministerium erteilte Arado nach dem Scheitern der Ar 80 und Ar 81 zunächst keine Entwicklungsaufträge für Kampfflugzeuge mehr. Zugunsten einer umfangreichen Lizenzproduktion vergab es darüber hinaus überwiegend nur Entwicklungsaufträge für solche Flugzeugtypen, für die eine Massenproduktion nicht vorgesehen war. Damit verloren die Arado Flugzeugwerke, die zuvor zahlreiche Flugzeugtypen bei anderen Firmen hatten nachbauen lassen, ab 1936 vorübergehend an Bedeutung als Entwicklungsfirma.

Seeflugzeuge und Aufklärer

Aus einem Verzeichnis des RLM vom Juni 1936 geht hervor, daß Arado im Vergleich zu den Bayerischen Flugzeugwerken seinerzeit noch die doppelte Anzahl an militärischen Flugzeugtypen lieferte. Es verzeichnete aber außer den gängigen Arado-Baumustern Ar 64, Ar 65, Ar 68, Ar 76, Ar 80, Ar 81 als Neuentwicklung nur den »Küsten- und Bordaufklärer« Ar 95. Als weitere Entwicklungsprojekte wurden ein »Trägermehrzweckflugzeug« und ein »kleiner Borderkunder« genannt.[1] Das Schulflugzeug Ar 66 wurde nicht erwähnt. Bezüglich der Ar 64 wurde vermerkt »nur bei Schulen verwendet«. Der Jagdeinsitzer Ar 65 sowie der Übungseinsitzer Ar 76 galten ebenfalls als Auslaufmodelle. Nachdem die Anforderung von Vorserienflugzeugen der Ar 80 und Ar 81 gestrichen worden war, sah der bis 1938 geltende Lieferplan Nr. 4 vom 1. November 1936 nurmehr die Lieferung einer Restmenge von 311 Einheiten der Ar 66 und 327 Einheiten der Ar 68 vor.

Es zeichnete sich deutlich ab, daß Arado zunächst neue Entwicklungsaufträge nur für Aufklärungs-, See- und Schulflugzeuge erhalten sollte. Die Entwicklungsaufträge im Lieferplan Nr. 4 ergingen unter dem Vorbehalt »Liefertermine nach Vereinbarung«, da die Lizenzproduktion nicht beeinträchtigt werden durfte. Von dem Mehrzweckflugzeug Ar 95 sollten 15, von dem Trägerflugzeug Ar 195 und dem Bordflugzeug Ar 196 je sechs Prototypen gebaut werden. Von dem Schulflugzeug Ar 96 und dem Trägerflugzeug Ar 197 wurden zunächst jeweils sieben Prototypen angefordert. Bis Kriegsbeginn wurden weitere Entwicklungsaufträge für den Naherkunder Ar 198, den U-Boot-Borderkunder Ar 231, das Marine-Flugzeug Ar 199 und das Sport- und Reiseflugzeug Ar 79 erteilt.
Für dieses Typenprogramm waren überwiegend nur Kleinserien geplant. Größere Stückzahlen erzielten nur das Bordflugzeug Ar 196 und das Schulflugzeug Ar 96. Von dem Mehrzweckflugzeug Ar 95 und dem Marine-Schulflugzeug Ar 199 wurden nur Vorserien gebaut. Von

Ar 95 V-5 (W.Nr. 950, D-OHGV).

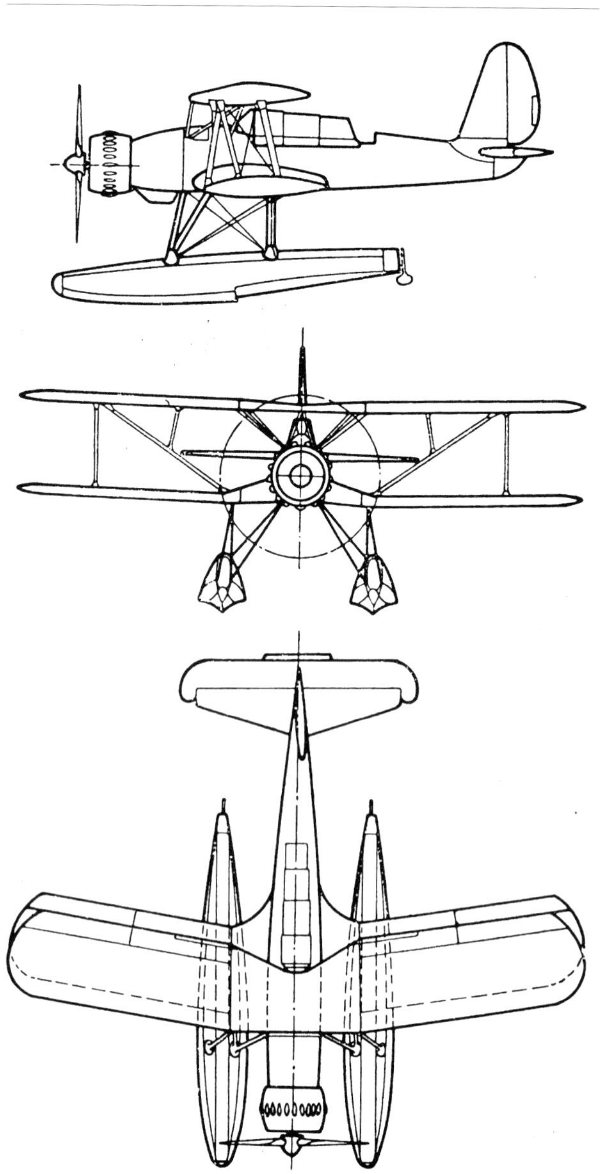

Dreiseitenansicht des Mehrzweckflugzeugs Ar 95 See.

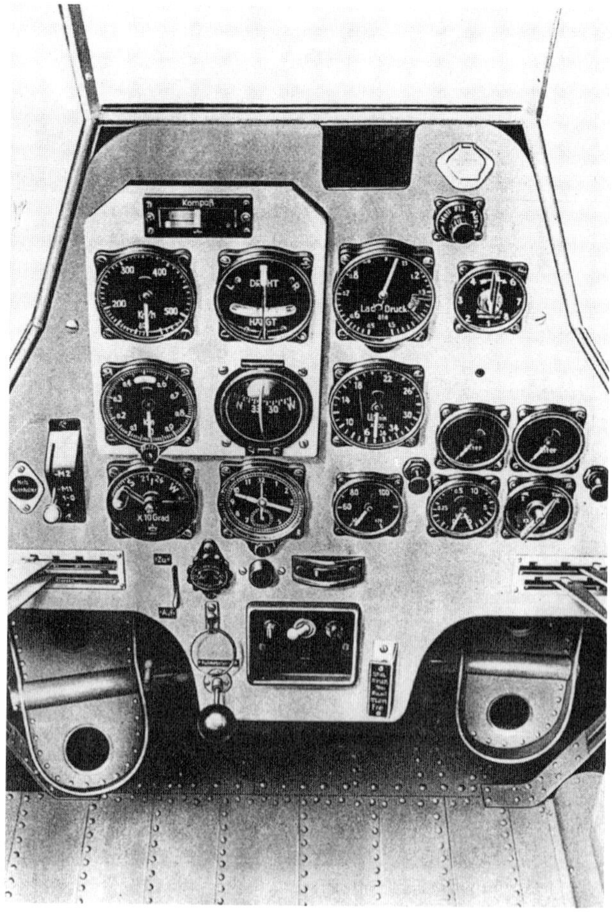

Instrumentenbrett der Arado Ar 95.

dem Mehrzweckflugzeug Ar 195 und dem Naherkunder Ar 198, die leistungsmäßig nicht völlig zufriedenstellten, entstanden ebenso nur Prototypen wie von dem Trägerflugzeug Ar 197 sowie dem U-Boot-Borderkunder Ar 231, die aufgrund operativer Fehleinschätzungen des RLM gestrichen wurden. Den geplanten Weiterbau der Ar 79 verhinderte der Kriegsausbruch.

Die Kompetenzen *Walter Rethels* waren nach der Übernahme der technischen Leitung durch *Blume* ab 1932 zunehmend eingeschränkt worden. Nach der Ausschaltung des Firmeninhabers im Jahr 1936 geriet *Rethel* verstärkt unter Druck. Während *Anthony Fokker* am 18. Juni 1936 *Rethel* demonstrativ wissen ließ, »ich verfolge mit Interesse Ihre neuen Kreationen«, wurde ihm werksintern angelastet, er habe sich zu lange gegen die Metallbauweise gesperrt und sei allein für das Scheitern der Ar 80 und Ar 81 verantwortlich. Daraufhin kam es zum endgültigen Bruch zwischen ihm und *Walter Blume*. *Rethel* wurde jedoch verpflichtet, übergangsweise im Entwicklungsbüro weiterzuarbeiten. Deshalb ließen, mit Ausnahme des von *Walter Blume* betreuten Schulflugzeugs Ar 79, die meisten der bis zu seinem Ausscheiden bei Arado im März 1938 entstandenen Entwürfe weiterhin seine Handschrift als Konstrukteur erkennen.

Mehrzweckflugzeug Ar 95

Das Mehrzweckflugzeug Ar 95 unterschied sich von den in Gemischtbauweise gefertigten Wasserflugzeugen Arado SSD, Arado W II und der Schwimmerausführung Ar 66 B durch seine Ganzmetall-Konstruktion. Der Rumpf hatte eine auf Spanten vernietete, tragende Außenhaut und war in Dural-Schalenbauweise ausgeführt. Obwohl die Doppeldeckerbauweise den künftigen Ansprüchen an leistungsstarke, seetüchtige, katapultfähige und effektiv bewaffnete See-Kampfflugzeuge kaum mehr genügte, wurde sie vom Amt gefordert, weil sie eine größere Tragfähigkeit versprach.
Während die Heinkel-Flugzeugwerke den Konkurrenzentwurf He 114 als reinen Borderkunder auslegten, entschied sich Arado für ein Mehrzweckflugzeug, das in einer Landausführung auch als Trägerflugzeug vorgesehen war. Vor dem dreisitzigen Führerraum befand sich ein Seeausrüstungsraum, darunter ein Geräteraum. Unter dem Führerraum und in den beiden einstufigen Schwimmern waren Kraftstoffbehälter untergebracht. Unterhalb des Schwimmerkiels befanden sich hochziehbare Wasserruder. Der Rumpfboden hatte ein Sichtfenster. Das Tragwerk hatte schwenkbare Ober- und Unterflügel. Höhen- und Seitenflosse waren aus Leichtmetall und freitragend am Rumpf angeschlossen. Die Trimmkante des Höhenruders war im Fluge, die des Seitenruders und der Querruder am Boden verstellbar.
Werksseitig wurde die Verwendungsweise der Ar 95 wie folgt beschrieben: »Die Ar 95 ist ein Mehrzwecke-Hochleistungsflugzeug mit den Hauptverwendungszwecken als Torpedoträger und Fernaufklärer. Außerdem kann das Flugzeug als Nahaufklärer bzw. Artilleriefiugzeug, Bomber, Nebler oder Scheibenschlepper verwendet werden. Durch Auswechslung der Schwimmer gegen ein Fahrgestell und Anbringen eines Spornrades kann die Maschine

Ar 95 V-1 (W.Nr. 946, D-OHEO) mit Jumo 210.

Ar 95 V-2 (W.Nr. 947, D-OLUO) mit BMW 132 D.

Ar 95 V-3 (W.Nr. 948, D-ODGY).

Ar 95 V-3 mit Torpedo.

als Landflugzeug mit denselben Verwendungsmöglichkeiten eingesetzt werden. Die Ganzmetall-Ausführung trägt den besonderen Erfordernissen der Seefliegerei, den klimatischen Verhältnissen und der Lebensdauer des Flugzeuges Rechnung. Die kleinen Abmessungen, die Katapultfähigkeit und die Klappbarkeit der Flügel geben der Maschine einen erweiterten Verwendungsbereich, welcher im Hinblick auf die Idee des Mehrzweckeflugzeuges große Vorteile besitzt, besonders wenn bei der Seemaschine an den Einsatz auf Schiffen, bei der Landmaschine an den Einsatz auf dem Flugzeugträger gedacht wird. Die großen Reichweiten von 2400 Kilometer bei der Seemaschine und 1 610 Kilometer bei der Landmaschine gestatten es, den Flugzeugen Aufgaben zu übertragen, welche sonst nur von Spezialflugzeugen übernommen werden können.«

Von der Schwimmerausführung wurden vier Prototypen gefertigt. Der erste Prototyp (W.Nr. 946, D-OHEO), der sich ab dem 22. Februar 1937 bei der E-Stelle Travemünde befand, erhielt das flüssigkeitsgekühlte 499 kW (680 PS) leistende Jumo 210-Triebwerk. Da dieser Motor nur eine Höchstgeschwindigkeit von 280 km/h ermöglichte, wurden der zweite Prototyp (W.Nr. 947, D-OLUO), der dritte (W.Nr. 948, D-ODGY) und der für die Serienausführung A-0 vorgesehene fünfte (D-OHGV) mit dem luftgekühlten BMW 132 Dc-Sternmotor ausgerüstet, der 621 kW (845 PS) leistete. In Kombination mit einer NACA-Haube und einer dreiflügeligen Junkers-Hamilton-Metall-Verstelluftschraube wurde dieser Motor auch in den vierten Prototyp eingebaut, der die Landausführung Ar 95 L vorbereiten sollte und eine hosenartige Fahrwerksverkleidung besaß, in der die Kraftstoffbehälter untergebracht waren. Während die ersten beiden Musterflugzeuge eine

Ar 95 L mit beigeklappten Flächen.

Ar 95 L.

zweisitzige, nach hinten offene Kabine besaßen, war die Kabine anschließend nach allen Seiten geschlossen und für die Aufnahme des Piloten, eines Beobachters und Funkers sowie eines Schützen ausgelegt. Das Flugzeug war mit einem vorderen starren und einem hinteren beweglichen Maschinengewehr bewaffnet. Am Unterflügel befanden sich Aufhängungen für sechs Bomben zu 50 kg bzw. ein 500-kg-Torpedo.
Nachdem sich das Flugzeug im Sommer 1938 auf einem Rundflug durch Skandinavien bewährt hatte und auf Ausstellungen in Helsinki und Belgrad gezeigt worden war, forderte *Udet* am 24. Juni einen Bericht an. Das Amt war jedoch an einer Verwendung wenig interessiert, da die Leistungen für den Trägereinsatz nicht zufriedenstellten. 1936 wurde eine Vorserie von 15 Schwimmerzeugen angefordert, die in Warnemünde gebaut wurde. Zwölf weitere Einheiten wurden für 1941 angefordert.[2] Von den Vorserienflugzeugen gingen zu Beginn des Krieges acht an die Luftwafffe.[3] Sie wurden zu Beginn des Rußlandfeldzuges im Ostseeraum und später in Rumänien eingesetzt. Einige Flugzeuge erhielt die spanische Luftwaffe. Sie operierten 1938 in der Legion Condor auf Mallorca und blieben bis 1948 im Dienst.[4] Neun Flugzeuge wurden nach Chile exportiert. Eine geplante Lieferung an die Türkei kam nicht mehr zustande.
Anläßlich der Vorführung der Ar 95 vor einer chilenischen Kommission Ende März 1938 auf dem Plauer See bei Brandenburg stellte der Werkspilot *Richard Perlia* bei vor-

Ar 95 V-4/Land (W.Nr. 949).

Ar 95/See mit chilenischen Kennzeichen.

links: Entlassungszeugnis für den Einflieger *Richard Perlia.*

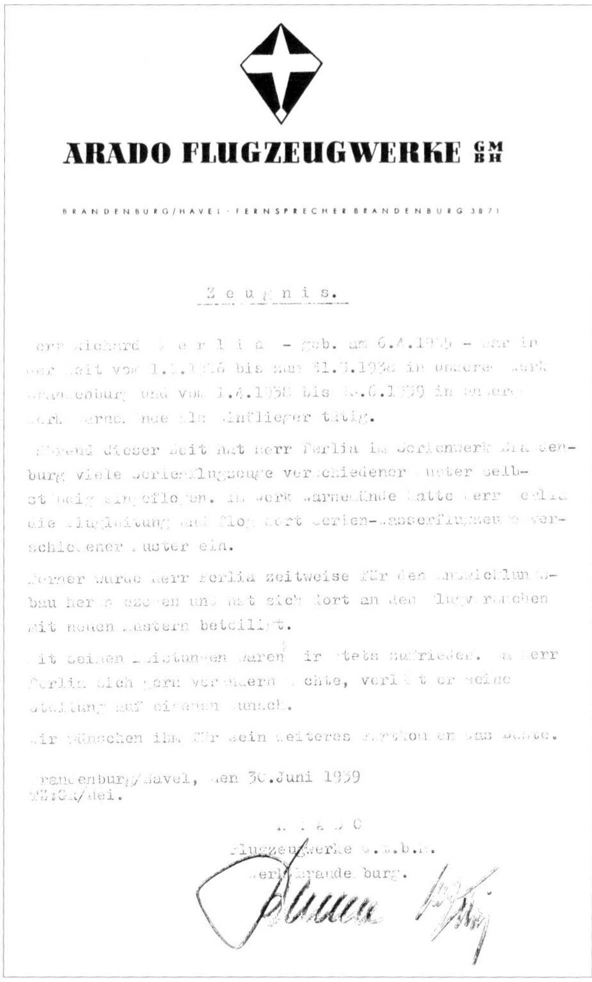

ARADO FLUGZEUGWERKE G M B H

BRANDENBURG/HAVEL · FERNSPRECHER BRANDENBURG 3871

Zeugnis.

Herr Richard P e r l i a - geb. am 6.4.19[illegible] - war in der Zeit vom 1.[illegible].1936 bis zum 31.3.1938 in unserem Werk Brandenburg und vom 1.4.1938 bis [illegible].6.1939 in unserem Werk Warnemünde als Einflieger tätig.

Während dieser Zeit hat Herr Perlia im Serienwerk Brandenburg viele Serienflugzeuge verschiedener Muster selbständig eingeflogen. Im Werk Warnemünde hatte Herr Perlia die Flugleitung und flog dort Serien-Wasserflugzeuge verschiedener Muster ein.

Ferner wurde Herr Perlia zeitweise für den Entwicklungsbau herangezogen und hat sich dort an den Flugversuchen mit neuen Mustern beteiligt.

Mit seinen Leistungen waren wir stets zufrieden. Da Herr Perlia sich gern verändern möchte, verläßt er seine Stellung auf eigenen Wunsch.

Wir wünschen ihm für sein weiteres Fortkommen das Beste.

Brandenburg/Havel, den 30.Juni 1939
TZ:Gr/Hei.

A r a d o
Flugzeugwerke G.m.b.H.
Werk Brandenburg.

sichtigem Stürzen und anschließendem Hochziehen zum Turn und Slip ein leichtes Vibrieren in der Zelle fest. Er führte diese Erscheinung auf die vergleichsweise schweren Schwimmer zurück und erstattete *Walter Blume* Bericht, der daraufhin jede übermäßige Beanspruchung des Flugzeugs untersagte. Die weitere Vorführung wurde dem Werkspiloten Graf *Rességuier* übertragen.[5] Er drehte trotz gegenteiliger Anweisung in der geringen Höhe von 200 Metern eine gerissene Rolle. Dabei brach die Halterung zur Höhenflosse, und die Maschine wurde steuerlos. Der Druck des defekten Ruders auf den Steuerknüppel klemmte den Piloten ein, so daß der ohnehin in dieser Höhe riskante Ausstieg nicht mehr gelang. Die Werksleitung beklagte in einem Nachruf den Tod eines »vorbildlichen Arbeitskameraden«, der zu Arado gestoßen sei, weil er in seiner österreichischen Heimat »den politischen Führern nicht mehr folgen« konnte, machte aber über die genauen Hintergründe seines Absturzes keine Angaben.[6]

Trägerflugzeug Ar 195

Nachdem sich die He 114 als Bordflugzeug nicht bewährt hatte und auch die Festigkeitsanforderungen für den Katapultstart nicht erfüllte, beteiligte sich Arado im Frühjahr 1937 zusammen mit Fieseler mit dem einsitzigen Doppeldecker Ar 195 an einer Ausschreibung für ein spezielles Trägerflugzeug. Bei vergleichbarer Grundbauart und Ausrüstung wie bei der Landausführung Ar 95 L waren folgende Vorgaben zu erfüllen:

1. Eine hochliegende, weiter nach vorn verlagerte Kabine für optimale Sicht bei der Landung auf dem Trägerschiff.

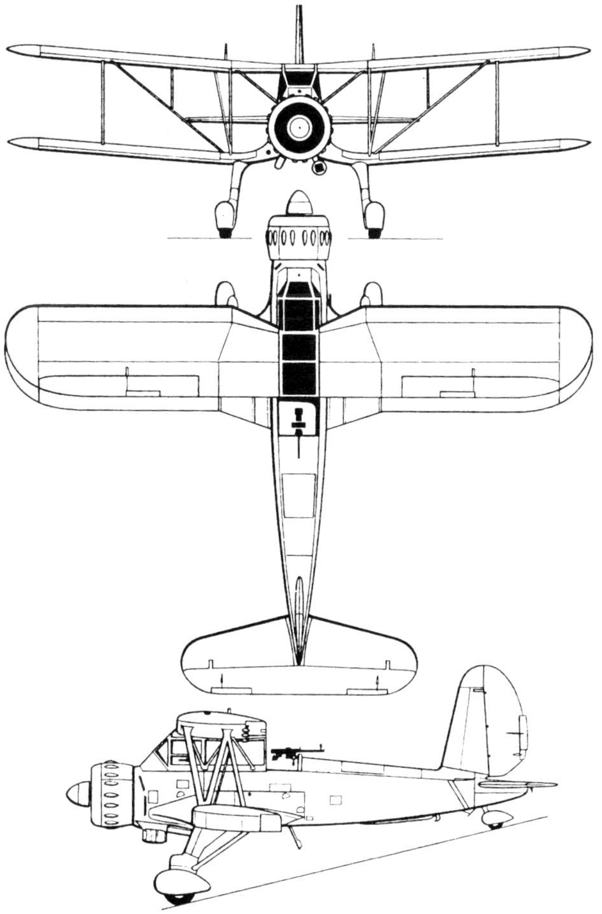

Dreiseitenansicht des Trägerflugzeugs Ar 195 V-1 (W.Nr. 2439, D-OBDB).

2. Ein absprengbares Fahrwerk zur Vermeidung der Überschlaggefahr bei Notwasserung.
3. Der Einbau von Auftriebsmitteln zur Erhaltung der Schwimmfähigkeit bis zur Rettung.
4. Fanghaken vor dem Spornrad für die an Deck ausgelegten Bremsseile.
5. Eine Mindestreichweite von 1 000 km, Zusatzbehälter zur Reichweitenverlängerung, eine Höchstgeschwindigkeit von 300 km/h bei voller Kampfzuladung und eine Festigkeit für Sturzfluggeschwindigkeiten bis 600 km/h.

Die Ar 195 gehörte neben der Bf 109/Träger, der Ju 87b und der Fi 167 zu 500 geplanten Bord- und Trägerflugzeugen. Im Sommer 1937 hatten Arado und Fieseler einen

Ar 195 V-3 (W.Nr. 2441, D-ODSG).

ersten Prototyp fertiggestellt. Vorgesehen war der Bau von sechs Prototypen.[7] 1938 wurden 15 Vorserienflugzeuge angefordert.[8]
Bei der Erprobung der Musterflugzeuge Ar 195 V-1 (W.Nr. 2439, D-OBDB), V-2 (W.Nr. 2440, D-OCLN) und V-3 (W.Nr. 2441, D-ODSG)[9] in Travemünde stellte sich jedoch heraus, daß der Doppeldecker unter Verwendung des BMW 132 M-Motors, der 610 kW (830 PS) leistete, unter den Flugleistungen des Vorläufers Ar 95 blieb und weder die Mindestforderung für die Höchstgeschwindigkeit noch für die Reichweite erfüllte. Es erfolgte deshalb nach der Fertigstellung des dritten Versuchsmusters kein Weiterbau. Die Musterflugzeuge dienten bis 1942/43 bei der E-Stelle See in Travemünde als Erprobungsträger für Bremsseilanlagen.

Ar 195.

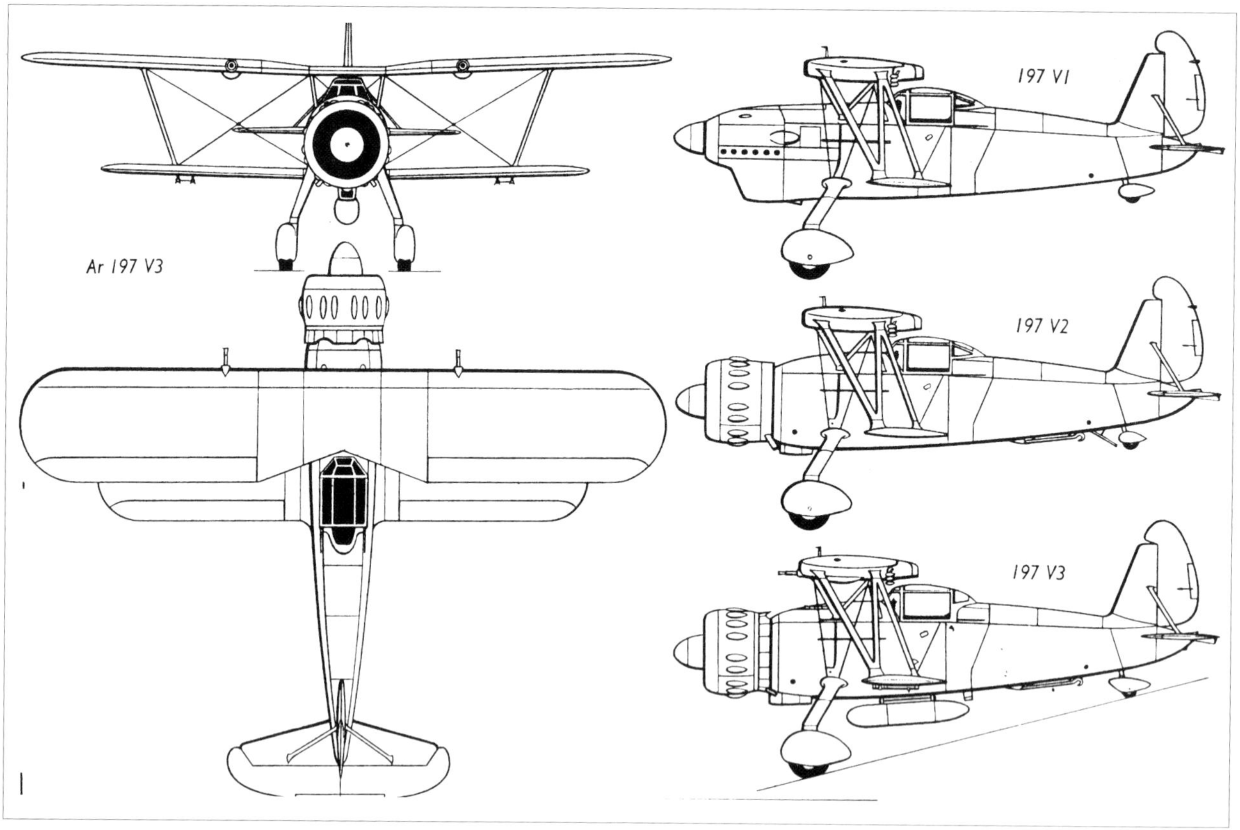

Dreiseitenansicht des Trägerflugzeugs Ar 197.

Trägerflugzeug Ar 197, der letzte deutsche Doppeldecker

Mit dem Doppeldecker Ar 197 entwickelte Arado ein zweites spezielles Trägerflugzeug. Der erste Prototyp (W.Nr. 2071, D-ITSE) wurde im Frühjahr 1937 in Brandenburg eingeflogen. Weitere Versuchsflüge erfolgten im Juli und August. Der erste Prototyp war als reines Jagdflugzeug in Form einer Weiterentwicklung der Ar 68 H ausgelegt. Als Triebwerk wurde der flüssigkeitsgekühlte 12-Zylinder-Motor DB 600 A mit einer Leistung von 662 kW (900 PS) verwendet. Der zweite Prototyp (W.Nr. 2072, D-IPCE) sowie der dritte (W.Nr. 2073, D-IVLE) erhielten den luftgekühlten BMW 132 J-Sternmotor, der nur 599 kW (815) PS leistete. Der zweite Prototyp wurde für den Einsatz auf Trägerschiffen mit Aufhängevorrichtungen für Bomben und Torpedos und beiklappbaren Tragflächen ausgerüstet.[10] Der dritte Prototyp erhielt eine vollständige Bewaffnung mit zwei starren MG 17 im Rumpf und zwei 20-mm-Bordkanonen MG FF im Oberflügel.

Ar 197 V-3 (W.Nr. 2073, D-IVLE).

Von April bis Juni 1940 befanden sich die beiden ersten Prototypen zur Erprobung in Travemünde.

Ar 197 V-1 (W.Nr. 2071, D-ITSE).

Ar 197 A-O.

Im Lieferprogramm Nr. 4 vom 1.11.1936 forderte das Amt sieben Vorserienflugzeuge an. Im Lieferprogramm Nr. 10 vom 1.4.1939 erhöhte sich die Anforderung auf zehn Einheiten. Obwohl sich der letzte deutsche Doppeldecker mit einer Höchstgeschwindigkeit von 400 km/h als der schnellste seiner Bauart erwies, kam es nur zum Bau von drei A-0-Flugzeugen (A-01, W.Nr. 3665, D-IPCA; A-02, W.Nr. 3666, D-IEMX; A-03, W.Nr. 3667, D-IRHG), da der Flugzeugträger »Graf Zeppelin« nicht fertiggestellt wurde. Sie befanden sich ab November 1939 als erste deutsche Trägerflugzeuge zur Trägerjagdschulung in Travemünde und wurden am 27. August 1940 *Ernst Udet* vorgeführt.

Ar 197 (DA+NO) beim Katapultstart.

Muster		**Ar 95 V-5 (See)**	**Ar 95 V-4 (Land)**	**Ar 195**
Triebwerk		BMW 132 Dc 621 kW (845 PS)	BMW 132 Dc, 621 kW (845 PS)	BMW 132 M 610 kW (830 PS)
Besatzung		3	3	2
Länge	m	11,10	10,80	10,50
Höhe	m	5,20	3,90	3,60
Spannweite	m	12,50	12,50[1]	12,50
Flügelfläche	m^2	45,40	45,40	46,00
Flächenbelastung	kg/m^2	78,50	72,50	81,40
Leistungsbelastung	kg/PS	4,23	3,91	4,51
Leermasse	kg	2450	2235	2380
Zuladung	kg	1120	1065	1366
Flugmasse	kg	3570	3300	3746
Höchstgeschwindigkeit	km/h	302	308	290
Steigzeit	min	2,5/1 km	2,2/1 km	3,6/1 km
Dienstgipfelhöhe	m	7300	8000	6000
Reichweite	km	2200	1400	750

[1] Geklappt: 5,80 m

Arado Ar 196 V-2 (W.Nr. 2590, D-IHQI) mit Seitenschwimmern.

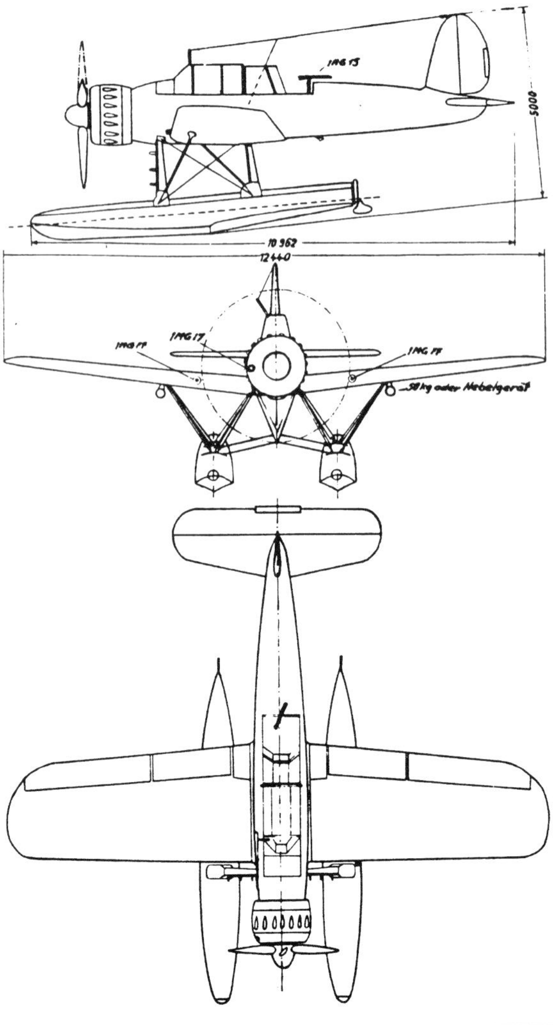

links: Typenblatt der Ar 196 A-3 (1942).

Bordflugzeug Ar 196 wird Standardmuster der Marine

Nachdem die Baumuster Ar 95, Ar 195 und Ar 197 nicht im erwarteten Umfang in Serie gegangen waren und die Produktion der Ar 66 und Ar 68 auslief, war Arado zum Stichtag 23. Juli 1938 in einer Aufstellung des RLM über vorrangige Baumuster vorübergehend nicht mehr mit Eigenentwicklungen vertreten. Erst mit dem Bordflugzeug Ar 196 gelang ein entscheidender Durchbruch. Die Zelle des halbfreitragenden Tiefdeckers erinnerte an die Ar 95. Bis hinter die zweisitzige, verglaste und nach hinten offene Kabine war der Stahlrohrrumpf, wie die anklappbaren Tragflächen, mit Blech beplankt. Der Rest des Rumpfes und die Ruder wiesen eine Stoffbehäutung auf. Das Flugzeug war katapultstart-, hochsee-, blindflug- und sturzflugtauglich.

Während Arado aufgefordert wurde, sechs Prototypen zu entwickeln, erhielt Focke-Wulf einen parallelen Entwicklungsauftrag für vier Prototypen des Doppeldeckers Fw 62. Bei der Erprobung in Travemünde erwies sich der Arado-Eindecker aufgrund seiner besseren Flugleistungen, der höheren Zuladung, der leichteren Handhabung und der größeren Robustheit als überlegen.

Der Erstflug der Ar 196 V-1 (W.Nr. 2589, D-IEHK) fand im Sommer 1937 auf dem Plauer See bei Brandenburg statt. Ab dem 10. September 1937 befand sich die V-1 zur Erprobung in Travemünde. Durch einen Triebwerksumbau, eine flachere und hinten geschlossene Kabine und den Ausbau der militärischen Einrichtungen entstand eine Spezialausführung für Rekordflüge, die jedoch aus Geheimhaltungsgründen vom RLM untersagt wurden. Bis Ende 1937 kamen auch die V-2 (W.Nr. 2590, D-IHQI), die V-3 (W.Nr. 2591, D-ILRE), die V-4 (W.Nr. 2592, D-

Das Bordflugzeug Ar 196 V-1 (W.Nr. 2589, D-IEHK) mit Seitenschwimmern.

Ar 196 V-4 (W.Nr. 2592, D-OVMB) mit Zentralschwimmer.

OVMB) und die V-5 (W.Nr. 2593, D-OHGV) in die Flugerprobung.
Während die beiden ersten Prototypen Doppelschwimmer erhielten, wurden die nachfolgenden mit Zentralschwimmer ausgerüstet. Bei der Bauart mit Zentralschwimmer wurden beim Wassern die Tragflächen weniger belastet und die Landestöße unmittelbar vom Rumpf absorbiert. Von Nachteil war jedoch, daß die Stützschwimmer bei seitlichem Wellenschlag leicht zum Kippen des Flugzeugs führten. Der vierte Prototyp, der ein strömungsgünstigeres Schwimmwerk mit vereinfachter Strebenausführung erhielt, brannte am 8. Dezember 1938 bei der Erprobung in Travemünde aus, nachdem der Landestoß zum Bruch des Triebwerksgerüstes geführt hatte.
Für die Serie wurde die Zweischwimmer-Ausführung gewählt, da sie stabiler im Rollverhalten und sicherer bei Start und Landung war. 1939/40 entwickelte Arado diverse Neuerungen zur Anordnung und Form der Schwimmerkonstruktion.[11] Die Doppelschwimmer konnten gegeneinander ausgetauscht und auch durch gefederte Eiskufen ersetzt werden.

Die Serie erhielt den BMW 132 K-Motor mit einer Leistung von 710 kW (960 PS) in Verbindung mit einer bereits in dem ersten Prototyp getesteten Dreiblatt-Luftschraube. Im November 1937 lagen die Konstruktionszeichnungen für die Serie vor. Im Februar 1938 erteilte das Technische Amt einen Auftrag über zehn Vorserienflugzeug Ar 196 A-0, deren Endmontage ab November 1938 in Warnemünde begann. Zwei Vorserienflugzeuge (W.Nr. 2522, D-ISFD)[12] sowie D-ISLD wurden in Travemünde erprobt. Die Truppenerprobung erfolgte in den ersten Wochen des Jahres 1939.
Mitte 1939 war Arado hinsichtlich des Generalstabsprogramms mit der Lieferung im Rückstand, bis Jahresende wurde jedoch ein Ausgleich erzielt. Bis Ende 1939 wurden 38 Einheiten der Serie Ar 196 A-1 an die Bordfliegerstaffeln geliefert, davon 34 zwischen August und Dezember.[13]
Da die Flugzeuge der Baureihe A-1 reine Aufklärer waren, verfügten sie nur über ein bewegliches MG 15 auf Arado-Kurbellafette für den Beobachter sowie über Aufhängevorrichtungen für zwei 50-kg-Bomben zur Bekämpfung

Beschaffung Ar 196 A-1 im zweiten Halbjahr 1939:

	August	September	November	Dezember
Soll:	12	18	22	26
Ist:	7	15	28	34

von Schiffszielen. Die ab November 1939 anlaufende Baureihe A-2 diente nicht nur als Bordflugzeug, sondern wurde auch von Küstenstützpunkten an der Nord- und Ostsee aus eingesetzt, um Schiffstransporte zu stören und gegnerische Flugzeuge abzufangen. Wie erstmals bei dem vierten Prototyp wurde deshalb die Bewaffnung durch ein zusätzliches MG 17 im Rumpf und je ein MG-FF in den Tragflächen verstärkt. Angesichts der Spritzwassergefährdung der Flügelwaffen wurden spezielle Mündungsschutzrohre erforderlich.

Das wegen seiner Robustheit und Wendigkeit außerordentlich geschätzte Flugzeug wurde im September 1940 als einziges Baumuster von Arado in die Sonderstufe des Beschaffungsprogramms aufgenommen. 1940 wurden neben 98 Einheiten der Baureihen A-1 und A-2 auch 140 Einheiten der Baureihe A-3 gefertigt, von der weitere 79 Einheiten im Jahr 1941 entstanden. Ende 1940 lief als Ersatz für die Baureihe A-1 die Produktion der Baureihe Ar 196 A-4 an, die ausschließlich für den Einsatz als Bordflugzeug ausgerüstet wurde. Von der letzten, ab dem Frühjahr 1943 anlaufenden Baureihe Ar 196 A-5 wurden in Warnemünde im Verlauf des Jahres 83 Einheiten produziert. Weitere 22 Einheiten folgten bis zum März 1944. Die Zelle war identisch mit der der Baureihe Ar 196 A-3. Die Funkausrüstung wurde verbessert. Im Beobachterstand wurde statt des beweglichen MG 15 das Zwillings-MG 81 eingebaut, mit dem auch die Baureihe Ar 196 A-3 nachgerüstet wurde. Diese Flugzeuge wurden vorwiegend zur U-Boot-Bekämpfung im westfranzösischen Küstenraum, im Mittelmeer, der Ägäis und im Schwarzen Meer eingesetzt. 1942 waren bei der französischen Firma SN-CASO[14] 23 Lizenzmuster im Bau. Die Fokker-Werke in Amsterdam, die im Sommer 1943 mit dem Bau der Version A-5 beauftragt worden waren, lieferten 69 Einheiten bis August 1944. Nach Schätzungen wurden von der Ar 196, deren Fertigung im Sommer 1944 auslief, zwischen 435 und 527 Einheiten einschließlich der holländischen und französischen Lizenzlieferungen gebaut.

Von der Baureihe Ar 196 B, die wie die Prototypen V-3 bis V-5 mit Zentralschwimmern ausgerüstet wurde, entstanden 1940/41 einige Null-Serienmaschinen.[15] Für die aerodynamisch verbesserte Baureihe Ar 196 C wurden wegen des höheren Fluggewichtes größere Doppelschwimmer entwickelt. Die Untersuchungen wurden vom Institut für Seeflugwesen der DVL in Hamburg durchgeführt. Erprobt wurde bei diesem Projekt, das nicht in Serie ging, auch das MG 151. Ab 1942 war im Rahmen des Projektes E 380 eine Trägerversion mit stärkerem Panzerschutz und verbesserter Bewaffnung in Planung. Zum Bau des Flugzeugs, das mit einem Argus As 411-Triebwerk eine Höchstgeschwindigkeit von 383 km/h erreichen sollte, kam es infolge des Kriegsverlaufs nicht.

Die erste Stationierung erfolgte auf dem Panzerkreuzer »Admiral Graf Spee«, der Mitte 1939 in den Südatlantik auslief. Der erste Schleuderstart wurde am 3. September 1941 auf dem Schlachtschiff »Tirpitz« unternommen. Weitere Stationierungen erfolgten auf den Schlachtschiffen »Bismarck«, »Gneisenau« und »Scharnhorst«, den Kreuzern »Prinz Eugen«, »Karlsruhe« und »Blücher« sowie auf den Hilfskreuzern »Admiral Hipper«, »Orion«, »Thor«, »Komet«, »Kormoran«, »Michel«, »Stier« und »Pinguin«. Flugzeuge der 5./BordFl.Gr.196 sicherten während des Norwegenfeldzugs die deutschen Truppentransporter im Skagerrak und griffen die norwegische Küstenverteidigung bei Trondheim und Kristiansand an. Während dieses Unternehmens gingen drei Flugzeuge beim Untergang des Kreuzers »Blücher« verloren. Ein Flugzeug wurde nach einer Notlandung von norwegischen

Ar 196 A-2 (W.Nr. 0124, GA+DX).

Werksmontage der Ar 196.

Truppen erbeutet. Ein auf dem Kriegsschiff »Admiral Hipper« stationiertes Flugzeug flog am 9. April 1940 Aufklärung westlich von Norwegen. Ein auf dem Panzerkreuzer »Graf Spee« stationiertes Flugzeug der Baureihe A-1 wurde am 13. Dezember 1939 kurz vor dem Schleuderstart durch britischen Bombenangriff zerstört. In Verlust geriet auch ein Flugzeug beim Untergang des Kreuzers »Karlsruhe«. Am 26. Mai 1941 wurde das Schlachtschiff »Bismarck«, auf dem vier Ar 196 stationiert waren, von einem britischen Flugboot entdeckt. Der Versuch, den Angreifer mit einer Ar 196 A-4 abzufangen, mißlang. Das deutsche Schiff wurde wenig später vom Gegner versenkt. Der erfolgreiche Einsatz einer Ar 196 A-2 der ersten Staffel/Küstenfliegergruppe 706, die am 5. Mai 1940 im Kattegat das durch eine Mine beschädigte britische Unterseeboot »HMS Seal« aufbrachte, wurde propagandistisch hochgespielt mit Formulierungen wie »dieser gewaltige, langgestreckte Riese aus Erz hat einen Stoß be-

Muster		**Ar 196 A**	**Ar 197 V-3**
Triebwerk		BMW 132 K 710 kW (960 PS)	BMW 132 J 599 kW (815 PS)
Besatzung		2	1
Länge	m	11,00	9,20
Höhe	m	4,45	3,60
Spannweite	m	12,50	11,00
Flügelfläche	m^2	28,50	27,80
Flächenbelastung	kg/m^2	130,88	87,40
Leistungsbelastung	kg/PS	3,89	2,98
Leermasse	kg	2990	1800
Gesamtlast	kg		625
Flugmasse	kg	3730	2425
Höchstgeschwindigkeit	km/h	320	400
Steigzeit	min	2,6/1 km	5,3/4 km
Dienstgipfelhöhe	m	7000	9200
Reichweite	km	1070	695

kommen wie durch Faustschlag eines Giganten, der in die Wasser fuhr«.[16]

Die Ar 196 ging auch an das 101. und 102. rumänische Küstengeschwader und die 161. bulgarische Küstenstaffel. Zwölf im Jahr 1940 bestellte und 1942 gelieferte Ar 196 A-3 waren bei Varna/Bulgarien stationiert. Das KG 200 verfügte über zwei Flugzeuge (A3+AC und A3+BC) zur Versorgung von Agenten im den karelisch-finnischen Gewässern. Die Ar 196 war auch beim Seenotdienst im Einsatz und verschiedentlich an Evakuierungsmaßnahmen beteiligt. Sie blieb als einziges deutsches Seeflugzeug bis Kriegsende im Einsatz. Am 18. Juni 1945 verlegte eine Ar 196 des Rettungsdienstes nach letzten Einsätzen auf britischen Befehl von Guldborg in Dänemark nach Schleswig.

U-Boot-Borderkunder Ar 231

Angesichts der mangelhaften Fernsicht der U-Boote erwog die deutsche Kriegsmarine schon 1917 die Unterbringung eines bordgestützten, zerlegbaren Schwimmerflugzeugs zu Erkundungszwecken. Das Vorhaben scheiterte jedoch daran, daß der vorgesehene U-Boot-Typ bis Kriegsende nicht mehr fertiggestellt werden konnte. Nachdem zu Beginn der dreißiger Jahre Frankreich und Japan entsprechende Pläne wieder aufgegriffen hatten, plante das Oberkommando der deutschen Kriegsmarine kurz vor Beginn des Zweiten Weltkriegs den Bau größerer U-Boote mit Fernaufgaben im Atlantik. Bevor Radar zur Erkundung von Zielen zur Verfügung stand, sollten zerlegbare Kleinflugzeuge als sogenanntes »U-Boot-Auge« die Aufklärung übernehmen. Die Größe der neuen U-Boote ermöglichte ihre Unterbringung in einem druckfesten Behälter. Das mittels eines Ladebaumes aus- und einsetzbare Flugzeug sollte kleine Ausmaße besitzen, leicht montierbar sein, über Nachrichten- und Signalgeräte, Sicherheitseinrichtungen und Rettungsgeräte verfügen und kurze Start- und Landezeiten haben.

Die am 27. Februar 1939 Generalluftzeugmeister *Ernst Udet* übermittelten taktisch-technischen Forderungen der Luftwaffeninspektion der Marineflieger sahen »die Entwicklung eines einsitzigen und einmotorigen Bordflugzeugs für U-Boote zur Aufklärung im freien Seeraum (Atlantik)« vor. Der größtmögliche Raum, der aus Sicherheits- und Festigkeitsgründen zur Unterbringung des Flugzeuges zur Verfügung gestellt werden konnte, war eine vertikale Röhre von höchstens 7,5 m Länge und 2,25 m lichter Weite. Eine über das Deck emporragende Röhre hätte die seemännische Handhabung und das Verstauen des Flugzeugs behindert. Beim Bau des Versuchsmusters war zu berücksichtigen, daß zur Vermeidung von Beschädigungen infolge der geringen Standfestigkeit des U-Bootes im Seegang das Flugzeug in horizontaler Lage zusammengeklappt und in einem muldenförmigen Schlitten festgezurrt werden mußte. Dieser Schlitten war sowohl an Deck wie auch in der Unterbringungsröhre zwangsläufig geführt und sollte beim Vorheißen alle auftretenden Kräfte aufnehmen. Da keine andere Möglichkeit, das Flugzeug unbeschädigt an Deck zu heißen, vorhanden war, mußte dieser Schlitten ebenfalls in der Unterbringungsröhre Platz finden.

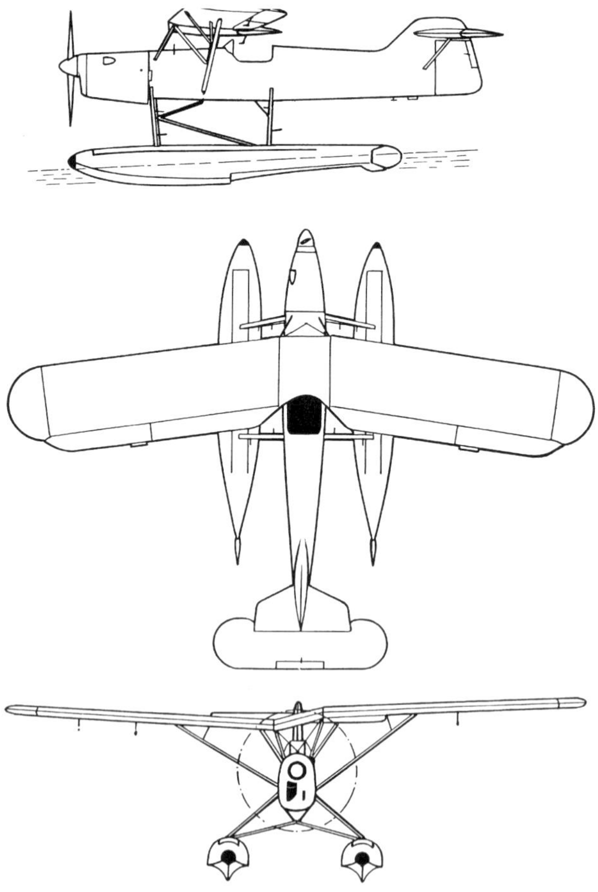

Dreiseitenansicht des U-Boot-Aufklärers Ar 231.

Im Sommer 1938 erhielt Arado einen entsprechenden Entwicklungsauftrag für den U-Boot-Borderkunder Ar 231. *Emil Eckstein* erstellte unter der Projektbezeichnung E 300 in Brandenburg mehrere Entwurfsvarianten. Die werksseitige Flugerprobung sollte auf dem Breitling in Warnemünde stattfinden. In einer Besprechung beim Oberkommando der Marine am 1. Dezember 1938 wurden

Ar 231 V-1 (W.Nr. 231 0001, KK+BP).

die zulässigen Abmessungen des Flugzeugs, die Anordnung der Flugzeugkammer, die gewünschten Flugleistungen und die Ausrüstung mit geeigneten Nachrichtengeräten abgeklärt. Die Messungen am Schwimmwerk wurden beim Institut für Seewesen der DVL in Hamburg an einem Originalschwimmer und an einem Modell im Maßstab 1:3 vorgenommen.
Einen Tag nach der Festlegung der endgültigen Forderungen wurde der Auftrag für den unverzüglichen Beginn einer Vorentwicklung eines »Kleinflugzeuges See« erteilt.[17] Diese Bezeichnung statt »Bordflugzeug für U-Boote« erfolgte vermutlich ebenso aus Geheimhaltungsgründen wie der im internen Schriftverkehr zwischen dem Amt und dem Werk angegebene Verwendungszweck »Beobachtung beim Walfang«.

Ar 231 in einer Tunnel-Attrappe.

Ar 231 beim Einbringen per Ladebaum.

Während der folgenden Projektphase war zu berücksichtigen, daß der Schachtraum zur Vermeidung von Korrosion unbedingt trocken zu halten war und daß sich eine Kraftstoffmenge von 1 000 Litern für einen zehn- bis 15-fachen Einsatz außerhalb des Druckkörpers des U-Bootes in flutbaren Kammern unterbringen ließ. Ein Spezialkran

Ar 231 V-2 (W.Nr. 231 0002, KK+BQ) mit beigeklappten Flächen auf einem Schlitten.

und ein Spezialschlitten waren zum Einbringen in die Röhre des U-Bootes erforderlich.
Obwohl der Bauauftrag erst am 8. Januar 1940 erteilt wurde, begann Arado schon am 9. Oktober 1939 mit der Konstruktion. Am 6. Dezember 1939 wurde die Attrappe besichtigt. Die Anfertigung der Zeichnungen begann am 5. Januar 1940. Das als abgestrebter Hochdecker ausgelegte Kleinflugzeug war mit einem 118 kW (160 PS) starken, luftgekühlten 6-Zylinder-Viertakt-Reihenmotor vom Typ Hirth HM 501A ausgestattet. Der mit Hydronalium-Blech beplankte Schalenrumpf hatte einen ovalen Querschnitt, der sich nach hinten verjüngte und in die fest angebaute Seitenflosse auslief. Erstmals wurde in Deutschland ein Seitenleitwerk in Verbindung mit einem oben liegenden Höhenleitwerk entwickelt. Die Höhenflosse war zweiteilig, in Ganzmetall ausgeführt und an drei Punkten an der Seitenflosse angeschlossen. Das stoffbespannte Höhenruder war gewichtsausgeglichen und besaß zum Austrimmen des Flugzeugs in der Luft ein zusätzliches Hilfsruder, das vom Führersitz aus verstellt werden konnte. Die Doppelschwimmer waren einstufig, hatten ein halbrundes Deck mit gekielter Bodenform und verfügten am Heck über ein nicht aufholbares Hohlkörper-Wasserruder mit Massenausgleich. Das Schwimmergestell war gelenkig an den Rumpf und die Schwimmer angeschlossen. Zunächst waren zwei getrennte Klappvorgänge für das Schwimmwerk erforderlich. Auf des Basis eines Arado-Patents aus dem Jahr 1938 wurde später ein beschleunigtes Anklappen an den Rumpf mit nur einem Bewegungsvorgang ohne Lösen von Streben und Bolzen möglich.
Das Tragwerk des Hochdeckers war mit einem festen, abgestrebten Flächenmittelstück und klappbaren Flächen

Schwimmwerk (Gr. 43—46).

b 43₀₄ Pat. **695 919** v. 21. 9. 38, veröff. 5. 9. 40. **Arado Flugzeugwerke G. m. b. H., Potsdam*).** *Klappbares Schwimmwerk für Flugzeuge.*

Die bekannten Schwimmwerke gestatten zwar die Unterbringung des Flugzeugs auf kleinstem Raum, z. B. in einem druckfesten Zylinder auf einem U-Boot, jedoch haben sie den Nachteil, daß zum Beiklappen eines Schwimmers zwei getrennte Bewegungsvorgänge

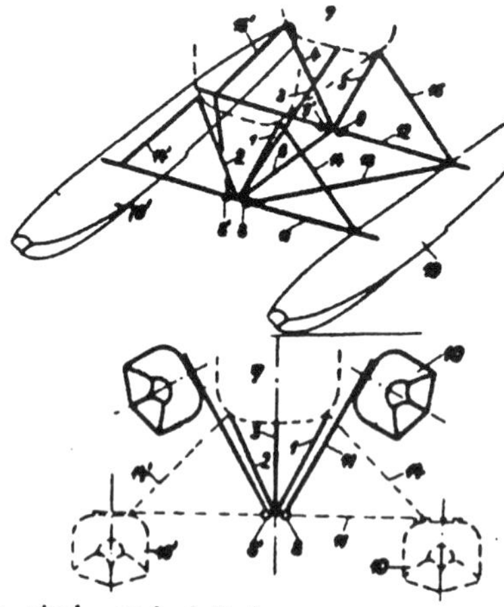

nötig sind, und daß ferner ziemlich viel Streben gelöst werden müssen, so daß das Klappen viel Zeit in Anspruch nimmt.

Patentanspruch:

Klappbares Schwimmwerk für Flugzeuge, bei dem jeder Schwimmer um eine etwa parallel zur Flugzeuglängsachse liegende Achse, deren Lager an einem mit dem Flugzeugrumpf verbundenen starren Strebengerüst angeordnet sind, schwenkbar ist, gekennzeichnet durch die Anlenkung von Schwimmerabstandstreben (11, 12) am unteren Teil des Strebengerüstes (1 bis 6) mit solchem Schwenkbereich, daß die Schwimmer nach Lösen der zum Rumpf führenden Streben (14, 15) durch je eine Bewegung an den Rumpf (7) heranschwingbar sind.

*) Albert Bäßler, Brandenburg, Havel, ist als Erfinder genannt worden.

Arado-Patent Nr. 695 919 für ein Schwimmwerk.

ausgebildet. Das Mittelstück war, in Flugrichtung gesehen, nach links oben um 11,5 Grad schräg gestellt, damit die Flächen im geschwenkten Zustand geschränkt über-

einander zu liegen kamen. Eine Bewaffnung war nicht vorgesehen.
Nach seinem Erstflug am 25. Juli 1940 wurde der erste Prototyp am 20. November des gleichen Jahres bei der E-Stelle Travemünde vorgeführt. Bis zum Mai 1941 Jahres wurden weitere drei Versuchsmuster nach Travemünde überstellt. Bis September 1941 erfolgten Zellen- und Triebwerksdauererprobungen und Versuche hinsichtlich der Verdrängungsverhältnisse der Schwimmer, der Flugeigenschaften und der Seetüchtigkeit.
Die spätere Absetzung der Ar 231 war die Folge einer planerischen Fehleinschätzung. Als im August die ersten Frontbesatzungen eingewiesen wurden, stellte sich bei der Durchführung von Seelandungen heraus, daß das Flugzeug bei stärkerem Seegang nicht ohne Kollisionsgefahr an das U-Boot herangebracht werden konnte. Außerdem fürchteten die U-Boot-Kommandanten, das aufgetauchte Schiff rund zehn Minuten lang bei Tageslicht während des Einbringens und Demontierens bereithalten zu müssen. Nachdem schließlich auch der Bau des Groß-Unterseebootes vom Typ XI eingestellt wurde, bestand für den Bordaufklärer kein Bedarf mehr. Statt der ursprünglich sechs angeforderten Musterflugzeuge blieb es bei nur vier Prototypen (W.Nr. 231 0001-231 0004).[18] Die Aufgabe des Arado-Projektes bedeutete einen Verlust von rund 85 000 Konstruktionsstunden während der Vorarbeiten und jeweils 25 000 bis 30 000 Arbeitsstunden für die Erstellung der ersten vier Musterflugzeuge. Nach der Verschrottung der beiden ersten Prototypen im März 1943 wurden die verbliebenen für den Handels-Schutz-Kreuzer »Stier« freigegeben. Es kam nur zu einem einzigen Einsatz im Jahr 1942, bevor das Schiff am 27. September 1942 nach einem Seegefecht aufgegeben werden mußte. Als preiswerterer Ersatz dienten rund 100 Einheiten des motorlosen und zusammenklappbaren Klein-Tragschraubers Focke-Achgelis Fa 330, der im U-Boot-Schlepp die Luftüberwachung ermöglichte und im Notfall einfach gekappt werden konnte.

Naherkunder Ar 198, das »fliegende Aquarium«

1936 nahm Arado zusammen mit Blohm & Voss, Focke-Wulf und Henschel an einer Ausschreibung für einen Naherkunder teil. Arado erhielt im Juli 1937 den Bauauftrag

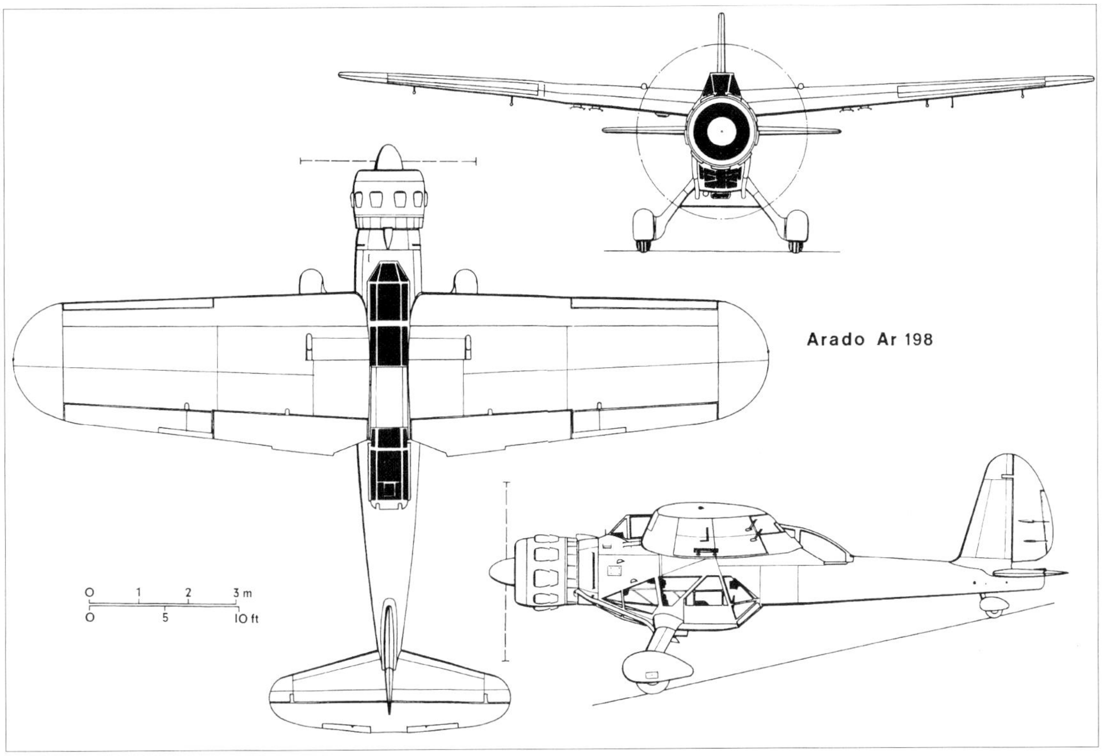

Dreiseitenansicht des Nahaufklärers Ar 198.

für eine Vorserie des taktischen Gefechtsaufklärers Ar 198.
Der recht eigenwillige Entwurf wurde werksseitig wie folgt beschrieben: »Das Baumuster kann zur taktischen und Gefechts-Luftaufklärung eingesetzt werden. Zu diesem Zweck wird ein kleines oder mittleres Reihenbildgerät aufgehängt, das leicht ausgebaut werden kann. Windschutzscheibe und beide Seitenscheiben aus splitterfreiem Hartglas, Glasbeplankung der übrigen Haube aus Plexiglas. Linke Seitenscheibe des Windschutzes ist zur Frischluftzuführung abklappbar. Die reichliche Verglasung des Beobachterraumes gewährt eine weite, nach allen Richtungen vom Horizont begrenzte Bodensicht.«
Von den zwei großzügig verglasten Kabinen war die obere für den Piloten und den Bordschützen und die unter den Tragflächen angeordnete für den Beobachter vorgesehen. Diese Bauweise brachte dem Flugzeug den Beinamen »Fliegendes Aquarium« ein. Der Rumpfvorderteil des mit starrem Fahrwerk versehenen, freitragenden Schulterdeckers war als Stahlgerüst mit Leichtmetallbeplankung ausgebildet, in das das Triebwerk integriert war. Die Tragflächen waren zweiteilig in zweiholmiger Ganzmetall-Bauweise erstellt. Der schlanke hintere Rumpfteil war als reiner Leitwerksträger ohne Geräteeinbau in Ganzmetall-Schalenbauweise ausgelegt.
Der Einsatz als Gefechtserkunder setzte neben guten Sichtverhältnissen optimale Langsam- und Schnellflugeigenschaften voraus. Deshalb wurde das leistungsstarke Triebwerk Bramo 323 A mit 661 kW (900 PS) Startleistung gewählt. Die Höchstgeschwindigkeit betrug 360 km/h in 3,5 km Höhe, die Langsamfluggeschwindigkeit in Bodennähe 118 km/h. Geplant war eine Aufhängung für eine Bombenzuladung von 4 x 50 kg unter den Tragflächen. Außerdem waren Abwehrmöglichkeiten gegen Angriffe aus der Luft und vom Boden aus vorgesehen. Dazu gehörten zwei nach vorn gerichtete, starr in den Tragflächen eingebaute MG 17, ein bewegliches, nach oben gerichtetes MG 15 auf Arado-Kurbellafette im hinteren Kanzelaufbau sowie ein nach unten gerichtetes, bewegliches MG 15 auf Linsenlafette im unteren Kanzelteil. Zu einer Waffenerprobung kam es allerdings nicht mehr. Während eines Vergleichsfliegens in Rechlin im Oktober 1938 mit den Konkurrenzentwicklungen BV 141 und Fw 189 stellte sich heraus, daß die aerodynamischen Bedingungen erfüllt wurden, daß angeblich aber die Flugeigenschaften einen »nicht ganz befriedigenden Eindruck« machten.[19] Daraufhin wurde der Flugzeugtyp nach dem Bau von drei Versuchsmustern (W.Nr. 2651-2653) vom Programm gestrichen.

Muster		**Ar 231**	**Ar 198**
Triebwerk		Hirth HM 501a 118 kW (160 PS)	BMW-Bramo 323A 661 kW (900 PS)
Besatzung		1	3
Länge	m	7,92	11,80
Höhe	m	3,12	4,60
Spannweite	m	10,18	14,90
Flügelfläche	m^2	15,20	35,20
Flächenbelastung	kg/m^2	70,00	86,00
Leistungsbelastung	kg/PS	6,50	3,40
Leermasse	kg	883	2180
Flugmasse	kg	1050	3144
Höchstgeschwindigkeit	km/h	170	360
Steigzeit auf 1 km	min		3,40
Dienstgipfelhöhe	m	3000	7400
Reichweite	km	500	960

Arado Ar 198 V-1 (W.Nr. 2651, D-ODLG).

Schul- und Reiseflugzeuge

Ar 96, das meistgebaute Übungsflugzeug der Luftwaffe

Das Firmenimage der Arado Flugzeugwerke wurde ab 1936 zunehmend durch den Bau von Schul- und Übungsflugzeugen geprägt. Besonders mit dem als Ersatz für die Fw 55 entwickelten militärischen Schulflugzeug Ar 96, einem modernen Ganzmetall-Tiefdecker, erzielte Arado uneingeschränkte Anerkennung und hohe Produktionszahlen.

Entwurf als Ganzmetall-Tiefdecker

Das Grundkonzept der von *Walter Rethel* bei der Ar 80 erstmals verwendeteten Längsstreifenbauweise des Rumpfes wurde beibehalten. Die an ihren Überlappungen auf z-förmigen Längsstringern verbundenen Bahnen waren jedoch breiter, vorgekrümmt und in Längsrichtung unterteilt, so daß zwecks Gewichtseinsparung nach einigen Spanten ihre Stärke nach hinten abnahm.
Die Tragflächen hatten automatische Vorflügel. Die im Fluge trimmbaren Ruder waren aerodynamisch und statisch ausgeglichen. Die Trimmklappen der Querruder waren als Flettner-Ausgleichsruder ausgebildet. Die Querruder waren mit den hydraulisch betätigten Landeklappen gekuppelt, die erstmals mit dem Stuka Ar 81 erprobt worden waren. Typisch für den Entwurf war erneut die Arado-Leitwerksanordnung mit vorversetztem Seitenleitwerk zur Verringerung der Trudelgefahr. Die Sicherheitsvorrichtungen für den Schulbetrieb waren aufwendig. Vergaß der Schüler das Einfahren der Landeklappen, so fuhren sie nach Erreichen einer bestimmten Fluggeschwindigkeit automatisch ein. Beim Ausfall des durch eine Hydraulik betätigten Hauptfahrwerks und der Bremsen stand eine Handpumpe zur Verfügung.
Das robuste, wartungsfreundliche und im Flugverhalten gutmütige Flugzeug war als Mehrzweckflugzeug ausgelegt. Ursprünglich für Schulung, Nachtflug, Kunstflug, FT-Flug, MG-Schießen mit automatischer Zielkamera, Luftbildaufklärung mittels Reihenmeßkamera und Bombenwurf konzipiert, wurde das Flugzeug später überwiegend für das Jagdfliegertraining und gelegentlich auch als Kurierflugzeug eingesetzt.
Am 9. März 1936 wurde der Entwurf werksseitig durchgesprochen. Nach der endgültigen Festlegung der Ausrüstung und der Ermittlung der Gewichte sollten umgehend die Bauzeichnungen zwecks Erstellung einer Attrappe angefertigt werden.

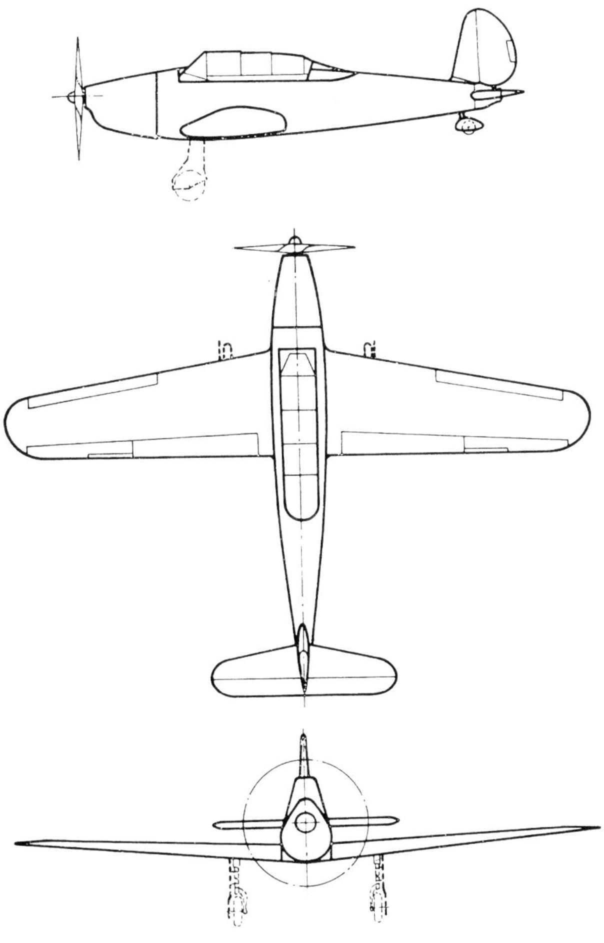

Dreiseitenansicht des Schulflugzeugs Ar 96 B.

Vom Prototyp zur Massenfertigung

Der Lieferplan Nr. 4 vom 1. November 1936 sah den Bau von sieben Prototypen vor. Im Herbst 1936 wurde der erste Prototyp V-1 (W.Nr. 2067, D-IRUU) fertiggestellt. Einige nachträgliche Änderungen wurden bei den nachfolgenden Prototypen V-2 (W.Nr. 2068, D-IFHD), V-3 (W.Nr. 2069, D-IGME), V-4 (W.Nr. 2070, D-IZIE), V-5 (W.Nr. 2071, D-INDQ) und V-6 (W.Nr. 2072, D-IWCY) übernommen. Die ursprüngliche Stahlrohrbrücke zwischen Tragflächen, Rumpf und Fahrwerk wurde zugunsten einer durchgehenden Holmkonstruktion aufgegeben. Der Hornausgleich am Seitenleitwerk entfiel. Die Kabinenverglasung wurde verbreitert. Das anfänglich nach außen einziehbare Fahrwerk wurde durch ein breiteres, nach innen

Schalenrumpf der Ar 96.

Ar 96 V-1 (W.Nr. 2067, D-IRUU) mit Argus As 10 und nach außen einziehbarem Fahrwerk.

Ar 96 V-1, Ausführung mit geänderter Kabinenverglasung und nach innen einziehbarem Fahrwerk.

Ar 96 V-2 (W.Nr. 2068, D-IFHD) mit Argus As 10.

Besichtigung der Ar 96 A in Brandenburg (1937). Von links: *Josef Blaß* (aerodynamische Abteilung), *Theodor Rowehl, Ernst Udet , Walter Blume*, unbekannt.

einziehbares ersetzt, um den Sicherheitsanforderungen bei der Schulung entgegenzukommen.
Im Sommer 1937 befand sich der erste Prototyp zu Erprobungszwecken in Rechlin. Die Ergebnisse waren auf Anhieb so vielversprechend, daß *Ernst Udet* als Chef des Technischen Amtes 1937 die Arado Flugzeugwerke aufsuchte und sich selbst an das Steuer setzte. Da die Leistung des luftgekühlten Argus As 10 C-Motors von 176 kW (240 PS) in Anbetracht der Flugmasse von 1 500 kg zu gering war, erhielten die V-3 und alle Flugzeuge ab der V-5 das neuentwickelte Argus As 410 A-Triebwerk. Der Motor, der zwölf in V-Form hängend angeordnete Zylinder und eine Verstell-Luftschraube aufwies, hatte eine Leistung von 342 kW (465 PS). Die V-3 wurde zusammen mit der V-4 im Sommer 1938 der E-Stelle Rechlin zur Nacherprobung übergeben. Da das Argus-Triebwerk As 410 anfangs nicht in ausreichender Stückzahl lieferbar war, lief im Juli 1939 auf der Grundlage der Ar 96 V-6[20] mit dem schwächeren Argus As 10 die Serie Ar 96 A-0 an, an deren Vorbereitung und der Ersatzteilfertigung 1940 und 1941 die Klemm-Werke beteiligt waren. Die V-6 war neben zwei Vorserienflugzeugen (W.Nr. 2880, GJ+AM und GJ+AD) bis September 1940 in Rechlin stationiert.
Der Lieferplan Nr. 7 vom 1. Januar 1937 sah den Bau von 12 ersten Einheiten vor. Im Lieferplan Nr. 8 vom 1. April 1938 waren 20 Einheiten verzeichnet. Laut Lieferplan Nr. 10 vom 1. Januar 1939 erhöhte sich die Anforderung auf 603 Einheiten, von denen 187 Einheiten ab April 1939 bei Ago produziert werden sollten. Zusammen mit dieser Lizenzfirma fertigte Arado bis April 1940 insgesamt 167 Einheiten. Im August 1940 begann Ago mit der Auslieferung der mit As 410 A-Triebwerk ausgestatteten Serie Ar 96 B-1. Ago stellte 1940 insgesamt 361 Einheiten her. Bis zum 30. September 1941 produzierten Ago und die tsche-

Ernst Udet (links) in Brandenburg vor dem Probeflug mit Ar 96 (1937).

Bruchlandung der Ar 96 B (W.Nr. 96 4312, VH+OL) im Lizenzwerk Avia/Prag (8.11.1941).

Ar 96 B (W.Nr. 96 4540, PH+GN), Baujahr 1942, in der flugtechnischen Versuchsanstalt der Firma Letov/Prag. Die Quasten auf den Tragflächen dienten den Geschwindigkeits-Tests.

chische Firma Avia über 1 000 Einheiten.[21] Das Flugzeugprogramm Nr. 22/1 sah eine monatliche Produktionsrate von 25 Einheiten bis März 1943 vor, die bis Juni des Jahres auf 40 Einheiten zu steigern war. Nach der Einschaltung der Ago-Werke in den Lizenzbau der Fw 190 wurde ab April 1941 die Produktion auf weitere tschechische Standorte wie Eger, Jungbunzlau und Krensko verlagert. Von 1943 bis Kriegsende liefen zusätzlich 550 Einheiten in dem tschechischen Zweigwerk Letov vom Band. Bis 1945 fertigte Avia 1 825 Einheiten. Nach Kriegsende wurde die tschechische Produktion unter der Bezeichnung C-2 bis 1949 fortgesetzt. In Frankreich entstanden 23 Einheiten.

Im April 1941 wurden 130 Maschinen von Ungarn in Auftrag gegeben, von denen 98 Einheiten bis 1944 ausgeliefert wurden. Bulgarien erhielt 21, Rumänien 40 und die Slowakei sechs Flugzeuge. Für Bulgarien wurde auf der Grundlage der Ar 96 B V-9 (W.Nr. 2075, D-IXWZ) eine Mehrzweckversion mit offenem hinterem Cockpit und einer beweglichen Abwehrbewaffnung auf Arado-Lafette sowie einer Bombenabwurfeinrichtung entwickelt. Nachdem 1943 zunächst elf Ar 96 B in Ungarn montiert wurden, lieferte 1944 die Budapester Firma MAVAG 266 Motoren vom Typ As 410A-1 sowie 300 Propeller. Nach dem Zusammenbruch der Produktion in Ungarn wies die Außenstelle des RLM in Dessau am 19. September 1944 Arado an, 238 Einheiten der Baureihe Ar 96 B-2 bis März 1946 nach Ungarn zu liefern.

Beginn der Serienproduktion der Ar 96 B bei Letov (Dezember 1943). Vorn: Ar 96 B (NT+DL).

Ar 96 V-9 (W.Nr. 2075, D-IXWZ), Exportausführung für Bulgarien mit Argus As 10, Verstell-Luftschraube, FT-Anlage, Bombenabwurfeinrichtung und Heckbewaffnung auf Arado-Lafette.

Nachdem das Trägerflugzeug Ar 197 nicht in Serie gegangen war, wurden in Travemünde sechs mit Katapultbeschlägen und Fanghaken ausgerüstete Flugzeuge der Baureihe Ar 96 B-1 für den Träger-Einsatz erprobt. Die zur Jägerschulung bestimmte Serie Ar 96 B-2 wurde in geringerer Stückzahl gebaut. Die Versionen B-3 und B-5 bis B-8 unterschieden sich nur in der Ausrüstung. Die Baureihe B-5 erhielt die gleiche Zelle wie die Serie B-2, war jedoch mit dem verbesserten Funksystem FuG ZY ausgestattet. Nicht in Serie ging die Baureihe C, die auch für den Bombenabwurf ausgelegt war. Ob eine 1938 für den Export geplante Version mit Wright »Whirlwind« R 975 E-Sternmotor gebaut wurde, ist ungeklärt.
Bis Dezember 1944 wurden 2 279 Einheiten ausgeliefert.

Ar 96 B (VB+YT) mit Argus As 410.

Cockpit der Ar 96 B.

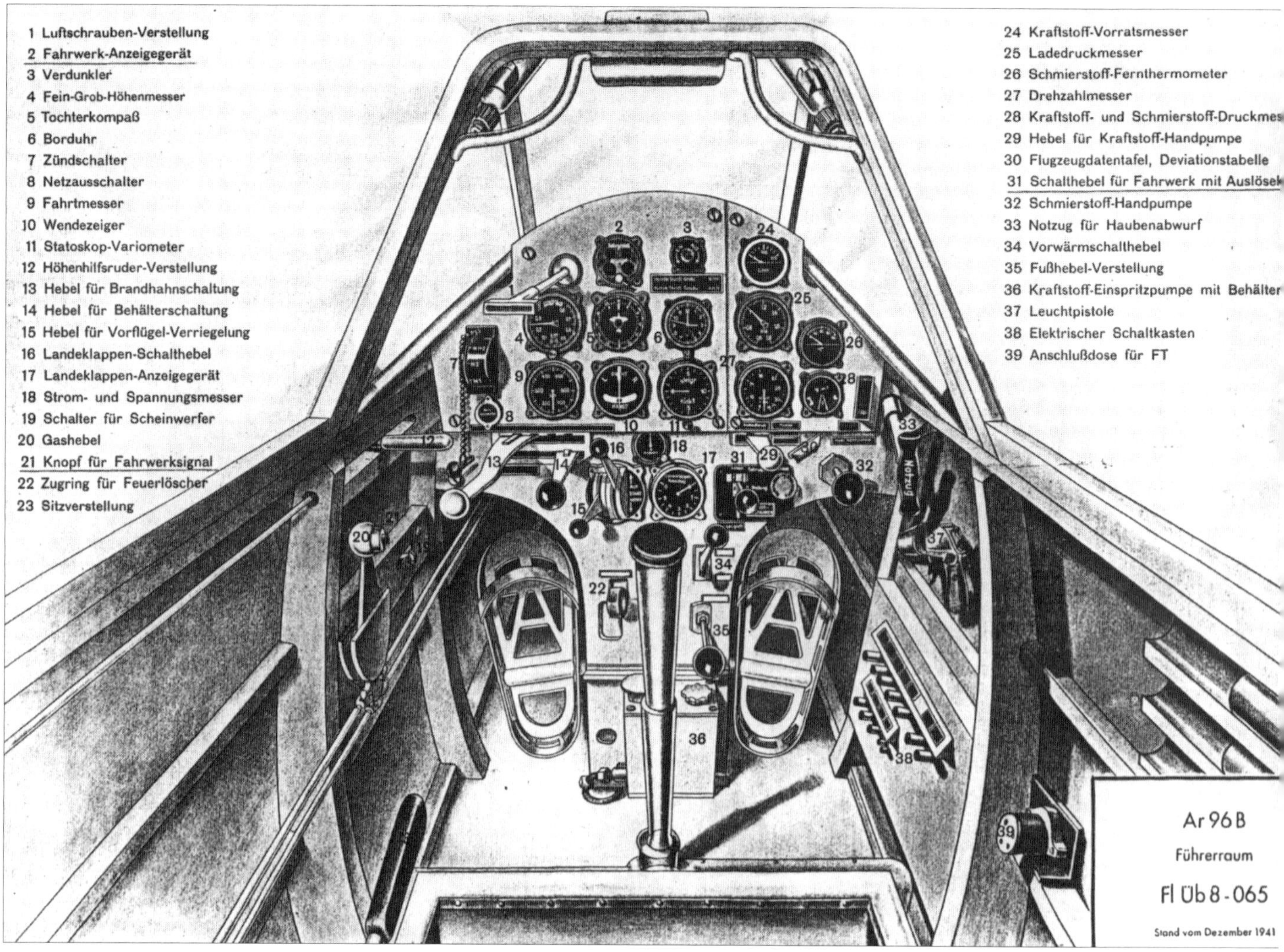

Bedienungsinstrumente im Führerraum der Ar 96 B.

Die Gesamtausbringung dürfte aber noch höher gelegen haben und wird auf rund 3 400 Einheiten geschätzt. Damit erzielte die Ar 96 Stückzahlen, die deutlich über denen der übrigen sechs von der Luftwaffe eingesetzten Schulflugzeuge lagen. Die Anerkennung, die dem im Frühjahr 1937 auf der Internationalen Luftfahrt-Ausstellung in Brüssel und im Oktober in Mailand ausgestellten Flugzeug bei den Luftwaffenpiloten zuteil wurde, spiegelt sich in einer Werksveröffentlichung unter dem Titel »Unsere Ar 96« wider: »Die Ausbildung des fliegenden Personals unserer stolzen Luftwaffe wird auf besonderen Schulen mit aller Gründlichkeit betrieben. Vor allem wird dem Jagdfliegernachwuchs ein hohes fliegerisches Können vermittelt...Unsere Arado Ar 96 hat sich bei dieser Schulung der künftigen Jagdflieger als Schulflugzeug hervorragend bewährt. Ein junger Jagdflieger, der aus dieser Schule zum Fronteinsatz kommt, wird schon nach wenigen Feindflügen zu einem vom Feind gefürchteten Kämpfer.«

Marine-Schulflugzeug Ar 199

Das Technische Amt verlangte noch vor Kriegsbeginn ein modernes Marine-Schulflugzeug. Arado entwickelte zu diesem Zweck ab 1938 in Anlehnung an das Schulflugzeug Ar 96 den mit einem Argus 410 C-Motor ausgerüsteten,

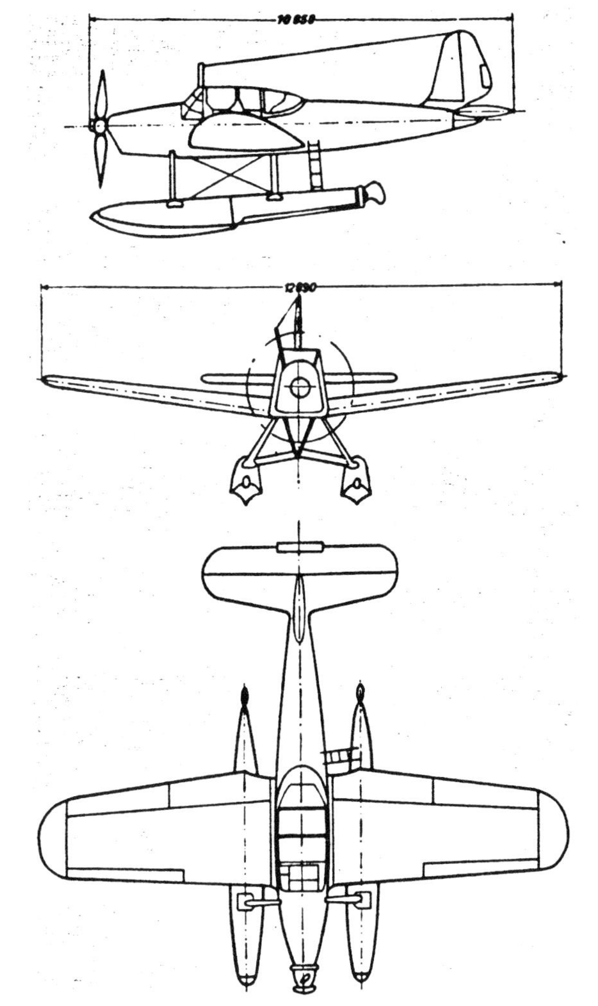

Typenblatt des See-Schulflugzeugs Ar 199.

Ar 199 V-2 (W.Nr. 3672, D-ISBC, Rechliner Stammkennzeichen BH+BM).

Ar 199 V-5 (W.Nr. 3676, RC+HR) mit Verstell-Luftschraube.

katapultfähigen Ganzmetall-Tiefdecker Ar 199. Das Flugzeug besaß aufgrund der starren Vorflügel und großflächigen Querruder und Landeklappen hervorragende Flugeigenschaften. Hinter dem Führerraum, in dem Schüler und Lehrer nebeneinander saßen, war Platz für einen Funker. Ab 1939 wurden fünf Prototypen erstellt, von denen die ersten vier eine VDM-Einstell-Luftschraube, das letzte sowie die Serienausführung eine Argus-Verstell-Luftschraube besaßen. Die Versuchsmuster V-1 (W.Nr. 3671, D-IRFB)[22], V-2 (W.Nr. 3672, D-ISBC)[23], V-3 (W.Nr. 3673, D-ITLF)[24] und V-4 (W.Nr. 3674, BH+AN) wurden ab 1939 von der E-Stelle Travemünde getestet. Die V-4 diente als Musterflugzeug für die Vorserie, die zuletzt am 27.1.1941 in Travemünde nachgewiesene V-5 (W.Nr. 3676, RC+HR) als Erprobungsträger für geänderte Landeklappen.

Im Lieferplan Nr. 10 vom 1. Januar 1939 wurden 65 Einheiten angefordert. Nach einer Vorserie A-0 von 26 Einheiten (W.Nr. 0001-026), von denen die letzten vier bis Juni 1943 in Frankreich produziert wurden, wurde der Weiterbau jedoch eingestellt. Angesichts des vorrangigen Bedarfs an Kampfflugzeugen standen die erforderlichen Fertigungskapazitäten nicht zur Verfügung.

Der erste Prototyp war 1943 in Kemi/Finnland stationiert, der 1941 zur Reisemaschine umgebaute dritte im Sommer 1942 bei der 10. Staffel des Seenot-Kommandos IX in

Muster		**Ar 96 A**	**Ar 96 B-1**	**Ar 199 V-5**
Triebwerk		8-Zyl. Argus As 10 C 176 kW (240 PS)	Argus As 410 A 342 kW (465 PS)	12-Zyl. Argus 410 C 331 kW (450 PS)
Besatzung		2	2	2
Länge	m	8,72	9,13	10,57
Höhe	m	2,64	2,64	4,36
Spannweite	m	11,00	11,00	12,70
Flügelfläche	m^2	17,10	17,10	30,40
Flächenbelastung	kg/m^2	87,95	99,50	67,85
Leistungsbelastung	kg/PS	6,25	4,47	5,41
Leermasse	kg	1045	1295	1676
Rüstmasse	kg	1128		
Zuladung	kg	372		
Gesamtlast	kg	455	405	384
Flugmasse	kg	1500	1700	2060
Höchstgeschwindigkeit	km/h	275	330	260
Steigzeit	min	3,5/1 km	2,2/1 km	11,0/3 km
Dienstgipfelhöhe	m	4900	7100	6500
Reichweite	km	950	990	740

Norwegen. Die V-4 befand sich 1940 in Bergen. Die Vorserienflugzeuge wurden vorwiegend als Seenotrettungsflugzeuge eingesetzt.[25]

Einstieg in den »Lufttourismus« mit dem Sport- und Reiseflugzeug Ar 79

Die Gleichschaltung des Sportflugwesens nach 1933 hatte zur Folge, daß alle Neuentwicklungen in diesem Bereich vom RLM gesteuert wurden. Als 1937 die Nachfrage für deutsche Militärflugzeuge im Ausland nachließ, kam *Udet* in einer Analyse zu dem Schluß, »mit Beendigung der Aufrüstung der Entwicklung von Sport- und Verkehrsflugzeugen eine größere Pflege zukommen zu lassen, um aussichtsreiche Märkte, vor allem in Südamerika, zu erobern und um der Industrie nach Abfall der Beschäftigung durch den K-Flugzeugbau die notwendige Ausweichbeschäftigung – soweit möglich – zu geben.«[26] Im Rahmen dieser Vorgabe und ausgehend von dem Motto *Görings*, die Deutschen sollten ein Volk von Fliegern werden, plante Arado in der kurzen Phase des wirtschaftlichen Aufschwungs vor Kriegsbeginn den Einstieg in den künftigen »Lufttourismus«. *Walter Blume* machte darüber hinaus dem RLM das Projekt des Sport- und Reiseflugzeugs Ar 79, dem einzigen zivilen Baumuster der Firma nach 1930, dadurch schmackhaft, daß das Flugzeug dem Nationalsozialistischen Fliegerkorps (NSFK) für Zwecke der paramilitärischen Pilotenschulung angeboten wurde.

Ar 79 V-3 (D-EHCR).

Hinsichtlich der Betriebskosten und des Anschaffungspreises, der etwa 18 000 Reichsmark abzüglich eines möglichen Zuschusses durch das RLM betrug, sollte die Ar 79 bei leistungsmäßiger Überlegenheit wirtschaftlich einem Personenwagen der gehobenen Klasse entsprechen. Damit wurde auf dem Gebiet der Luftfahrt eine Entwicklung propagiert, die die Automobilbranche mit einem »Volkswagen« bereits zuvor angekündigt hatte.[27]

In einer Werbeschrift empfahl Arado unter der Überschrift »Reisen mit der Ar 79« das Flugzeug als Alternative zum

Automobil- und Bahnverkehr: »Warum überhaupt Privatreiseflugzeug? Wenn Sie das einen langjährigen Flugzeugbesitzer fragen, dann spüren Sie aus seinen Worten die Liebe zu dem Fluidum, das die Lufttouristik umgibt. Fliegen um seiner selbst willen ist zwar wunderbar, aber es ist ein nicht ganz billiger Sport. Wenn Sie aber viel und schnell geschäftlich reisen müssen, ist die Ar 79 bestimmt kein Luxus mehr, obwohl die Maschine bis ins Kleinste mit Liebe und Sorgfalt durchkonstruiert wurde. Denn der Anschaffungspreis entspricht durchaus dem eines guten Reisewagens, und die Unterhaltungskosten sind infolge der Wahl bester Werkstoffe und eines Benzinverbrauchs von nur 11 Litern auf 100 km denkbar gering. An Reisekosten ergibt sich für die Ar 79 dadurch noch eine Ersparnis, daß ihr Weg – die Luftlinie – kürzer als die Verbindung auf der Erde ist. Bei ungünstigem Wind ist die Ar 79 wegen ihrer hohen Geschwindigkeit gegenüber einem langsamen Flugzeug besonders im Vorteil: denn beispielsweise bei 50 km/h Gegenwind legt eine Maschine mit 100 km/h Reisegeschwindigkeit über der Erde eine Strecke von nur 50 km zurück, ein Flugzeug mit 200 km/h Reisegeschwindigkeit jedoch 150 km – also bereits das dreifache, obwohl es nur doppelt so schnell ist...Und nun rechnen Sie bitte einmal mit: Sie wollen zu einem 500 km entfernten Ort reisen. Der D-Zug macht 80 km/h Durchschnitt. Ihr Kraftwagen vielleicht auch. Aber die Ar 79 über 200. Für die Fahrt brauchen Sie also 7 Stunden, für den Flug mit der Ar 79 nur zweieinhalb. Hin und zurück bedeutet das 5 Stunden statt 14! Wissen Sie, was das heißt? Sie sparen Zeit und Geld. Sie haben Ruhe. Sie sind an keinen Fahrplan gebunden. Wenn Sie am gleichen Tag wieder heim wollen – das können Sie jetzt! -, dann brauchen Sie nicht Koffer zu packen, nächtliche Eisenbahnfahrt oder Hotelübernachtung auf sich zu nehmen. Stattdessen können Sie sogar mehrere, ziemlich entfernt voneinander liegende Orte am gleichen Tag aufsuchen, wenn es nötig ist. Und Sie haben das herrliche Erlebnis eines Fluges dazu.«

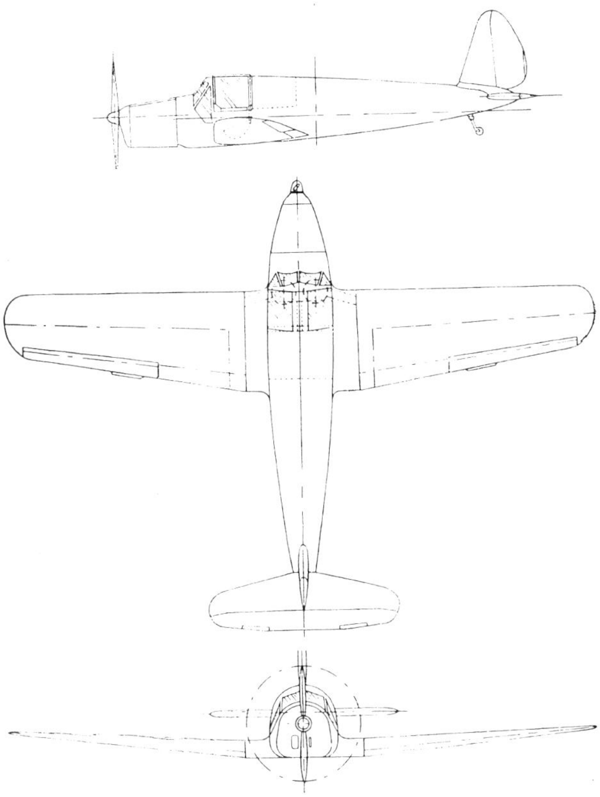

Dreiseitenansicht des Sport- und Reiseflugzeugs Ar 79.

Entwurf und Prototypen

Das robuste und handliche Flugzeug wurde in Anlehnung an das frühere Sportflugzeug Arado L II entworfen und war speziell für die A 2- bzw. K 1-Schulung gedacht. Bevor gegen Kriegsende aus Gründen der Materialersparnis

Ar 79 V-1 (D-EKCX).

Kabine, Fahrwerk und Motor der Ar 79.

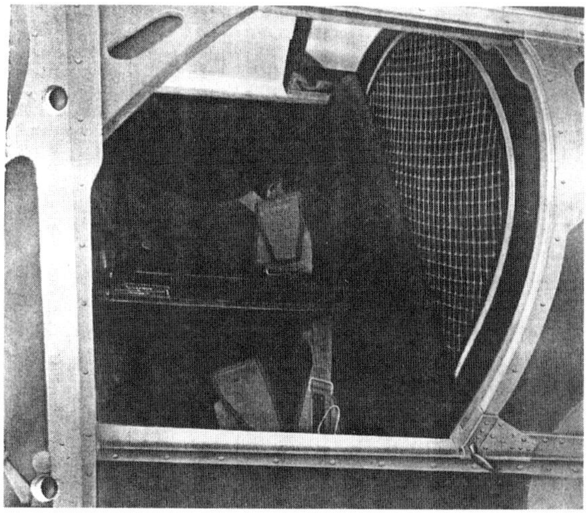

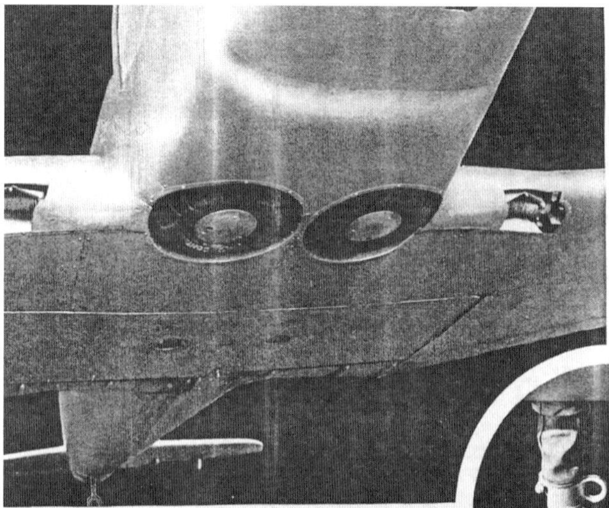

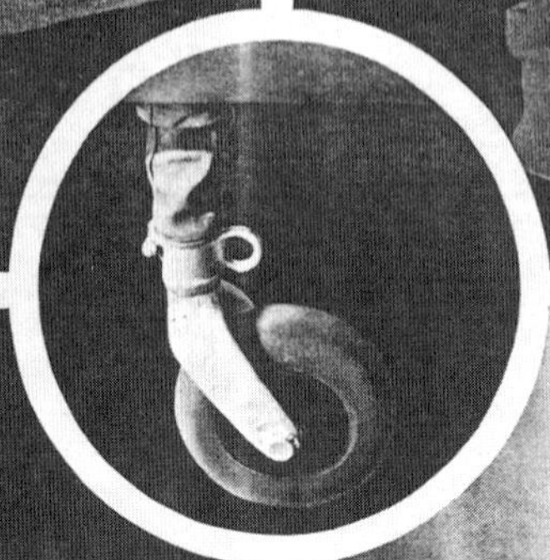

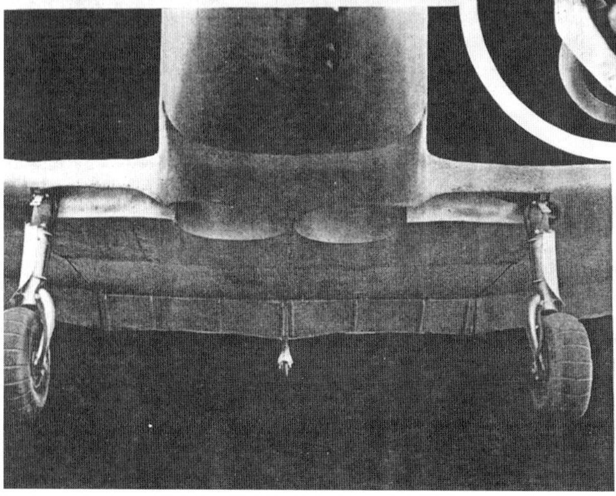

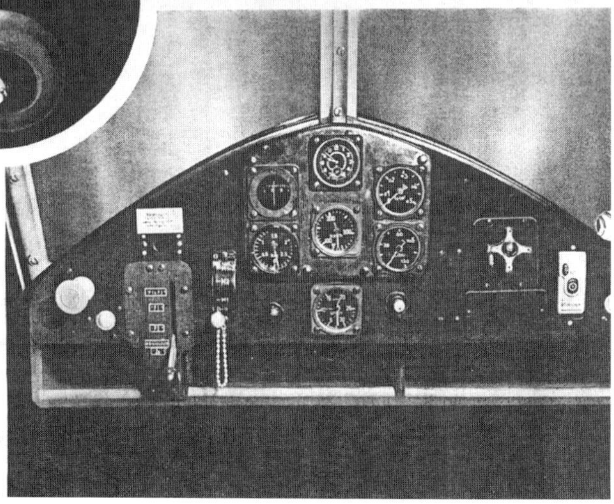

erneut auf die Holzbauweise zurückgegriffen wurde, hatte bis Ende des Jahres 1939 »produktionsmäßig eine weitere Verlagerung zur Metallbauweise stattgefunden«, so daß »nur noch bei der Fabrikation des Baumusters Ar 79 die Holzbauweise vertreten« war.[28] Dennoch gehörte die Ar 79 von der technischen Ausgereiftheit und Ästhetik seinerzeit zum Besten, was der deutsche Flugzeugbau in diesem Marktsegment zu bieten hatte. Zur Qualität des voll kunstflugtauglichen Flugzeugs trugen besonders seine Wendigkeit und der zuverlässige Hirth-Motor HM 504 A bei, der auf langen Strecken mit Vollgas geflogen werden konnte.[29]

Zur Konzeption und zur Bauweise machte Arado folgende Angaben: »In zweckmäßiger Anpassung an die vorgesehenen Verwendungszwecke als Schul-, Übungs- und Reiseflugzeug ist die Ar 79 als freitragender Tiefdecker in Gemischtbauweise entworfen. Die Anwendung modernster Konstruktionsgedanken auf die Entwicklung eines Leichtflugzeugs vermittelt der Ar 79 in interessanter Weise ausgezeichnete Flugeigenschaften und hervorragende Leistungen bei geringen Betriebskosten – und damit Sicherheit und Wirtschaftlichkeit. Der vordere Teil des Rumpfes ist bis hinter die beiden nebeneinanderliegenden Sitze als Stahlrohrfachwerk, der rückwärtige in Schalenbauweise aus Elektron ausgeführt. Die völlig verglaste Kabine bildet in aerodynamischer Hinsicht ein organisches Teil des Rumpfes. Die Ausbildung des Oberteils als Schiebehaube ermöglicht schnellen und bequemen Ein- und Ausstieg. Die Kabine erfüllt in allen Beziehungen (Instrumentierung, Doppelsteuer, gute Sicht) die Bedingungen, die man an ein vollwertiges, leichtes Ausbildungs- und Reiseflugzeug stellen muß. Das Fahrwerk ist selbstverständlich einziehbar. Die Betätigung erfolgt mittels eines in den Endstellungen verriegelbaren Handgriffes. Die Spurweite von 2 m, die hydraulischen Bremsen und der Spurzwang des Sporns gewähren der Maschine vorzügliche Rolleigenschaften. Das fest mit dem Rumpf vernietete Seitenleitwerk und die am Boden verstellbare Höhenflosse sind in Ganzmetallbauweise hergestellt. Aus einem stoffbespannten Leichtmetallgerüst bestehen Seiten- und Querruder, die Bügelkanten besitzen, sowie das im Fluge trimmbare Höhenruder. Die unter dem Rumpf durchgehenden Spreizklappen verleihen der Ar 79 dank dieser Konstruktion eine außerordentlich niedrige Mindest- und Landegeschwindigkeit. Die Tragflächen in Holzausführung – teils mit Sperrholz beplankt, teils stoffbespannt – sind mittels drei Bolzen vom Flügelstummel lösbar. Der statische Aufbau besteht aus einem Holm mit angeschlossener Torsionsnase. Als Triebwerk wird der Hirth HM 504 A2, ein luftgekühlter Reihenmotor, eingebaut, der 105 PS entwickelt. Stattdessen kann auch ein leichterer Motor, z. B. der 80 PS leistende Hirth HM 60R, vorgesehen werden. Die beiden unter dem Gepäckraum eingebauten Tanks fassen je 60 Liter, wodurch die Ar 79 eine Reichweite von über 1 000 km erhält.«

Muster		**Ar 79**
Triebwerk		Hirth HM 504 A2 77 kW (105 PS)
Besatzung		2
Länge	m	7,60
Höhe	m	2,10
Spannweite	m	10,00
Flügelfläche	m²	14,00
Flächenbelastung	kg/m²	59,30
Leistungsbelastung	kg/PS	7,61
Startstrecke	m	180
Betriebsart		Reise/Schulung/Kunstflug
Leermasse	kg	526 / 526 / 526
Gesamtlast	kg	274 / 304 / 139
Flugmasse	kg	800 / 800 / 665
Höchstgeschwindigkeit	km/h	230 / 230 /230
Reisegeschwindigkeit	km/h	205 / 205 / 205
Landegeschwindigkeit	km/h	77 / 75 / 68
Steigzeit auf H = 1 km	min.	5,2 / 4,8 / 3,8
H = 2 km	min.	12,0 / 11,2 / 8,4
Dienstgipfelhöhe	m	4500 / 4500 / 5300
Flugdauer	h	5,0 / 5,0 / 2,5
Reichweite	km	1025 / 1025 / 515

Hinsichtlich der Relation von Motorstärke und Leistung schnitt das Flugzeug äußerst günstig ab. Bessere Werte konnten seinerzeit nur mit wesentlich stärker motorisierten Flugzeugen wie der Bf 108 erzielt werden. Das Schulflugzeug Ar 69, dessen Triebwerk eine um rund ein Drittel höhere Leistung hatte, erreichte bei gleicher Zuladung eine Höchstgeschwindigkeit von 184 km/h, während die

Bau- und Leistungsangaben bekannter deutscher Sport-, Reise- und Übungsflugzeuge[30]

Baumuster	PS	kg Zuladung	kg/PS	Vmax (km/h)
Ar 79	105	300	7,23	230
Ar 66	240	425	5,60	210
Ar 76	240	350	4,50	267
Fi 99	160	255	5,47	236
Kl 35B	105	290	7,15	210
Bü 180	60	245	8,40	175
Bf 108	240	545	5,63	291
Fw 44	160	335	5,62	185

Walter Blume (mit Hut) mit der Mannschaft des Deutschlandfluges (Mai 1938).

Ar 79 es auf 230 km/h brachte. Noch eindrucksvoller war die Überlegenheit in der Reichweite. Sie betrug 1 025 km gegenüber 560 km.

Die Prototypen Ar 79 V-1 (D-EKCX), V-2 (D-EDCG) und V-3 (D-EHCR) entstanden Anfang 1938. Die Erprobung in Rechlin verlief zufriedenstellend. Beanstandet wurde lediglich die enge Kabine. Nach Worten des Rechliner Technikers *Heinrich Beauvais* »kämpften beim Kunstflug die Hand am Knüppel, die linke am Gas und das linke Knie um den erforderlichen Raum«.[31] *Walter Blume* äußerte bei einer Besichtigung der Kabine gegenüber dem Konstruktionsleiter *Hans Rebeski* scherzhaft, daß die jungen Piloten demnächst »gewiß weniger Platz beanspruchten« als er.

Im Vorfeld der geplanten Teilnahme am Deutschlandflug stellte *Blume* das Flugzeug am 18. Mai in Brandenburg der Presse vor. Er verwies auf die gelungene aerodynamische Formgebung, die Wirtschaftlichkeit, die hohen Flugleistungen und die ungewöhnlich große Reichweite. Im Hinblick auf die bescheidene Größe des Flugzeugs bezeichnete er die Ausführung mit Spreizklappen und Einziehfahrwerk »technisch als einen Schritt in die Zukunft«.

Flugwettbewerbe und Rekordflüge mit Ar 79

Die erste Bewährungsprobe erfolgte im Mai 1938 mit der Teilnahme der Ar 79 am »Deutschlandflug«, der über das gesamte Reichsgebiet von Königsberg über den Bodensee bis Wien führte. Die Arado-Mannschaft konnte alle Wertungsplätze ansteuern und und erzielte einen 20. Platz. Abgesehen von einer Beschädigung der Ansaugdichtung bei dem von der Besatzung *Dittmar-Grabler* geflogenen Flugzeug und einem Defekt der Fahrwerksbremse bei dem von den Piloten *Weigand* und *Altrogge* geflogenen Schwesterflugzeug gab es auf der über 12 000 Kilometer langen Strecke keine Ausfälle.

Wenig später erregte das Flugzeug Aufsehen durch mehrere Rekordflüge. Nachdem am 21. Juni 1938 der Werkspilot *Max Schnirring* die Höchstgeschwindigkeit über 100 Kilometer in der Leichtflugzeugkategorie bis vier Liter Gesamthubraum sowohl allein als auch mit Begleiter überboten hatte, erzielte der Militärpilot *Lüber* mit dem Prototyp V-1 am 15. Juli Weltbestzeit mit einer Durchschnittsgeschwindigkeit von 229 km/h über 1 000 km. Er durchflog von morgens 4.06 Uhr bis 8.28 Uhr zwanzig Mal die fünfzig Kilometer lange Meßstrecke bei Brandenburg in 50 bis 100 m Höhe und überbot die bisher von einem tschechischen Flugzeug gehaltene Bestleistung. Am 29. Juli erzielte der Werkspilot *»Bobby« Seelbach* mit dem dritten Prototyp auf einer Strecke von 2 000 km bei einer Durchschnittsgeschwindigkeit von 227,029 km/h und einer Gesamtflugzeit von acht Stunden und 48 Minuten den dritten Weltrekord für Arado. Die Berliner Presse meldete: »Deutsche Leichtflugzeuge führen!«

Ein werksseitiger Bericht zu *Seelbachs* Rekordflug vermittelt folgende Einzelheiten: »Von Thornau – in der Nähe von Stendal -, wo ein weissleuchtendes Signaltuch ausge-

Walter Blume (links) und der Rekord-Pilot *»Bobby« Seelbach.*

legt war, jagte nun das Flugzeug mit Vollgas zur nördlichen Wendemarke, der Turmspitze eines Ausflugslokals an der Nordspitze des Tegeler Sees in Berlin. Zehnmal ging es nun zwischen Thornau und Berlin-Tegel hin und zurück über die 100 km. Mit Blitzes Schnelle schoss die Maschine – zuweilen nur 5 – 10 m über dem Erdboden dahin. Fast auf die Sekunde genau erreichte die Rekordmaschine die Wendemarke zu der errechneten Zeit, und befriedigt nahmen die Werkskameraden in Brandenburg die telefonischen Meldungen der Kontrolle entgegen. Nach der fünften Runde begann es zu regnen; die Wolkendecke sank immer tiefer, aber der Pilot dachte nicht daran, den Weltrekordversuch abzubrechen, sondern er hoffte im Gegenteil, dass die ›Etappe nicht schlapp machen würde‹. So flog er haargenau immer die gleichen 100 km hin und zurück, so dass schließlich die Dorfbewohner und Bauern auf der Zielstrecke mitsamt ihren ›Ackergäulen‹ langsam ›nervös‹ wurden. Einer versuchte sogar, das sehr tief fliegende Rekordflugzeug mit Steinen zu bombardieren. Der Pilot berichtete später lachend, dass er am liebsten seine Thermosflasche als Wurfgeschoss benutzt hätte.«

Rudolf Jenett (links) und *Horst Pulkowski* am Steuer der Ar 79 V-3.

Verabschiedung der Piloten *Rudolf Jenett* (rechts außen) und *Horst Pulkowski* (zweiter von links) durch *W. Blume* (links außen) in Brandenburg vor dem Start der Ar 79 nach Indien und Australien (17.12.1938).

Nachdem das Rekordflugzeug am 27. August 1938 auf einem Flugtag in Brandenburg im Mittelpunkt des Interesses gestanden hatte, machte der dritte Prototyp unter Oberleutnant *Horst Pulkowski* und Leutnant *Rudolf Jenett* Geschichte durch einen Langstreckenflug nach Australien. *Pulkowski* war Flugleiter in Stendal. Der leidenschaftliche Flieger und Fotograf, der im Sommer 1938 bereits einen Flug von Nürnberg nach Nairobi durchgeführt hatte, wurde durch eine Werksanzeige auf die Ar 79 aufmerksam. Er wurde von Arado als Pilot ausgewählt unter der Bedingung, daß er den Versuch unternahm, einen Langstreckenrekord aufzustellen, und für Schauflüge zur Verfügung stand. *Rudolf Jenett* wurde als Copilot vom Generalstab der Luftwaffe vorgeschlagen.

Für die Vorbereitung des Unternehmens standen nur wenige Wochen zur Verfügung. *Jenett* ließ sich vor dem Flug von dem Atlantikflieger *Wolfgang Gronau* beraten. Die Beschaffung von Devisen und Einreisegenehmigungen war nur unter Mithilfe des RLM und der Firma Shell möglich. Die angespannte politische Lage und Spekulationen, daß der Flug Spionagezwecken dienen könnte, hatten zur Folge, daß die Überfluggenehmigungen über holländisches Territorium mit strikten Auflagen zur Umgehung von militärischen Sperrgebieten verbunden waren.

In Brandenburg wurden die Piloten, umringt von Reportern und Kameraleuten der Wochenschau und des Fernsehens, am 17. Dezember 1938 vor Tagesanbruch bei minus 15 Grad von *Walter Blume* verabschiedet. Nach dem Start um 10.56 Uhr stellte sich heraus, daß sich das Fahrwerk nur halb einfahren ließ. Eine Untersuchung nach der Umkehr der Piloten ergab, daß Landkarten ein Scharnier blockiert hatten.

Nach einem erneuten Start führten die ersten Etappen nach

Flugstrecken der Ar 79 V-3 vom 17. 12. 1938 bis 5. 2. 1939.

Ar 79 V-3 vor dem Start am 17.12.1938.

Bengasi in Nordafrika. Um möglichst längere Seestrecken und schwer prognostizierbare Wetterzonen auf dem Weg nach Australien zu vermeiden, wurde eine Route über Indien gewählt. Die 6 400 km lange Etappe von Bengasi zum indischen Gaya, die etwa der Flugstrecke von Berlin nach New York entspricht, sollte im Nonstop-Flug zurückgelegt werden. Der bisherige internationale Entfernungsrekord lag bei 4 175 km. Für diesen Rekordversuch wurden die beiden serienmäßigen Treibstofftanks mit je 60 Litern Inhalt durch einen 500 Liter fassenden Behälter im Rumpf ersetzt und durch einen über 100 Liter fassenden, abwerfbaren Zusatztank unter dem Rumpf ergänzt. Die Flächentanks waren ausgebaut worden, um in den Hohlräumen Gepäck zu verstauen. Das Flugzeug war um ein Drittel überladen, denn allein das Gewicht des mitgeführten Treibstoffs entsprach etwa der normalen Flugmasse einschließlich Ausrüstung. *Ernst Udet* griff auf Bitten von

Ar 79 V-3 mit abwerfbarem Zusatztank.

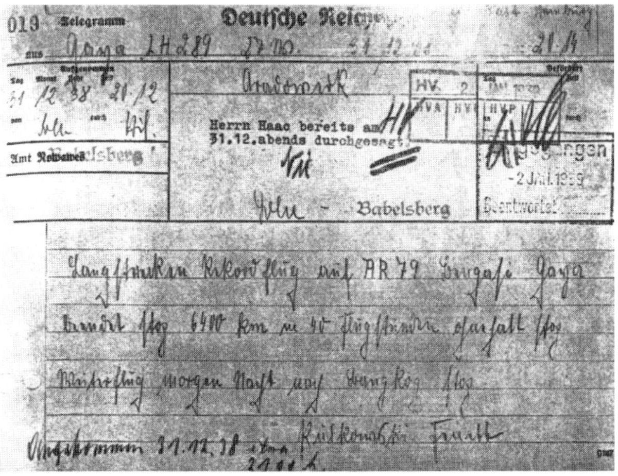

Telegramm Deutsche Reich...

Herrn Haac bereits am 31.12.abends durchgesagt

Babelsberg

Telegrafische Meldung von der Landung der Ar 79 V-3 in Gaya/Indien (31.12.1938).

Rudolf Jenett und *Horst Pulkowski* auf den Philippinen (27.1.1939).

Walter Blume zweimal persönlich ein, um unter diesen Bedingungen eine Sondererlaubnis für einen Start zu erwirken.
Das vollgetankte Flugzeug gewann beim Aufstieg in Bengasi nur mit Mühe Höhe und war über die Ruder kaum zu kontrollieren. Nachdem beim Start der Zusatztank abgerissen war und Sandstürme bis zum 29. Dezember einen erneuten Start verhinderten, geriet das Unternehmen in Zeitnot, da der Rekordflug noch vor Ablauf des Jahres erfolgen mußte Nach fast vierzigstündigem Flug, bei dem sich die Piloten dank des Mittelsteuers in der Führung des Flugzeugs ohne Sitzwechsel ablösen konnten, war am 31. Dezember 1938 gegen 13.26 Uhr das Ziel Gaya erreicht und ein neuer Weltrekord aufgestellt. Beim Rollen zum Abstellplatz war das Benzin bis zum letzten Tropfen aufgebraucht.
Das propagandistische Echo auf die am Silvesterabend des Jahres 1938 in Deutschland eintreffende telegrafische Nachricht von der Landung war groß. Staatssekretär *Milch* telegrafierte: »Zu der erfolgreichen Durchführung des Langstreckenfluges Bengasi bis Gaya der Besatzung Oberleutnant *Pulkowski* und Leutnant *Jenett* mit dem Flugzeug Ar 79 meine besten Glückwünsche!« *Göring* kabelte: »Ich bin stolz, daß es gerade Ihnen gelungen ist, das vergangene Jahr so erfolgreich zu beschließen«. Er brachte seine Genugtuung zum Ausdruck, daß zwei Luftwaffenangehörige die Rekordleistung erzielt hatten.
Längere Überwasserstrecken, der Verlust der Orientierung während der Überquerung des australischen Kontinents und der einsetzende Monsun machten den bereits am 1. Januar fortgesetzten Flug äußerst gefahrvoll.
Am 9. Februar landete die Besatzung nach einer Flugstrecke von über 37 000 km im indischen Madras. Nachdem *Jenett* am Morgen des folgenden Tages zunächst die Handlichkeit und Beweglichkeit des Flugzeugs demonstriert hatte, brachte anschließend während einer Platzrunde in niedriger Höhe der Zusammenstoß mit einem großen Raubvogel das von *Pulkowski* gesteuerte Flugzeug zum Absturz. *Pulkowski* erlitt einen Schädelbruch und war sofort tot. Sein indischer Fluggast verstarb auf dem Transport in ein Krankenhaus. Untersuchungen in Indien und Rechlin ergaben, daß der geborstene Propeller eine Unwucht auslöste, die zu einem Schwingungsbruch des Mittelholms in der linken Fläche führte.
Jenett, der beim britischen Standort-Ältesten in Madras eine würdige Trauerfeier für seinen Kameraden erwirkt hatte, erstattete nach seiner Rückkehr *Udet* und *Milch* Bericht. Die öffentliche Berichterstattung täuschte über das tatsächliche Risiko des Unternehmens bewußt hinweg und ließ über die aufgetretenen Schwierigkeiten nichts verlauten.
Im Laufe des Jahres 1939 kam es zu weiteren Erfolgen mit der Ar 79. Am 31. Juli gewann NSFK-Sturmführer *Hans Kuhn* beim Rennen A auf dem Internationalen Luftrennen in Frankfurt am Main den ersten Platz und einen »Ehrenpreis des Herrn Generalfeldmarschall *Göring*«. Unter den sechsundzwanzig Konkurrenten befanden sich auch Generalleutnant *Christiansen* und Generalmajor *Udet*. Oberstleutnant *Junck* sicherte sich im Rennen B hinter einem bedeutend leistungsstärkeren englischen Flugzeug den zweiten Platz und den »Ehrenpreis des Staatssekretärs Generaloberst *Milch*«.
Mit dem Flugzeug gewann Arado 1939 auch drei erste Preise beim Fliegertreffen in Brighton sowie einen zweiten Preis im technischen Wettbewerb des Raduno del Littorio in Venedig. An den Wettbewerb in Italien erinnerte sich *Heinrich Beauvais* wie folgt: »Mit zwei Maschinen nahmen wir 1939 an einem Wettbewerb in Rimini teil. Eine Maschine wurde von Oberleutnant *Riechers* und Oberleutnant *Trautwein* geflogen, die andere zivile von *Balke* und mir. Beim Flug Regensburg-München-Venedig ...gestattete (am Brenner) die Wolkendecke ganz knapp ein Durchkommen. Im Wettbewerb war über eine quergespannte Schnur möglichst raumsparend zu landen. (Es) gelang mir die kürzeste Landung ...Desweiteren stand ein Rundflug auf dem Programm. Beim Rundflug war der Start in Asagio einigermaßen spannend. Der Ort liegt in 1 400 Metern Höhe, und die Grasbahn war nicht allzu lang, so daß wir schwer durch die immer noch recht vollen Tanks über Erdwälle und Schießstände hinweg abhoben.«[32]
Im Juli 1939 wurde die Ar 79 auf dem Brüsseler Aéro-Salon und im Laufe des gleichen Jahres auch auf der Ausstellung »ILIS« in Stockholm gezeigt. Der bei Arado für »Vertrieb und Propaganda« verantwortliche Ressortleiter *Wittenstein*/Abteilung HVP räumte angesichts der allgemeinen Geheimhaltungspflicht im Flugzeugbau das »Dilemma« ein, »im Interesse der voraussichtlichen Abnehmer zwar äußerste Diskretion wahren, jedoch trotzdem das Erzeugnis und seine Qualität bekanntmachen zu müssen.« Typenkataloge von Flugzeugen, für die eine militärische Verwendung vorgesehen war, bestanden deshalb aus einem Grundblatt mit einer zusätzlichen, durchsichtigen Cellophanseite, auf der die militärische Ausrüstung verzeichnet war.
Im Jahr 1939 entstanden 17 Einheiten der Ar 79 A. Vorgesehen war die Produktion von 100 Flugzeugen der Baureihen B, D und E bis zum 1. Juni 1940.[33] Ob dieser Lieferauftrag erfüllt wurde, ist offen.[34]
Das Flugzeug wurde als Kurierflugzeug und für werksseitige Dienstreisen eingesetzt. Der Werkspilot *Richard Perlia* flog am 8. August 1940 mit der Ar 79 GJ+AG in 190 Minuten von Rechlin nach Prag. Mit der Ar 79 DC+DY benötigte Uffz. *Werner Umlauff* am 4. April 1944 für die

Arado Ar 79 auf dem Brüsseler Aero-Salon 1939.

Flugkapitän *Hanna Reitsch* am Steuer einer Ar 79 in Bremen (1942).

Strecke Paris-Wiesbaden 165 Minuten, für einen Passagierflug am 24. Mai 1944 mit *Hitlers* Sekretärin Frau *Krembs* mit der Ar 79 VA+HL von Berlin nach Ainring 175 Minuten.

Private Besitzer waren neben *Ernst Udet* weitere Prominente wie die Fliegerin *Hanna Reitsch*, der Schauspieler *Heinz Rühmann*, der Industrielle *Alfred Krupp von Bohlen und Halbach* sowie der Generaldirektor der ungarischen

Istvan von Horthy, Sohn des ungarischen Reichsverwesers, beim Besteigen einer Ar 79 in Ungarn (13.10.1939). Vor dem Flugzeug *Walter Blume*.

Eisen-, Stahl- und Maschinenwerke *Stephan von Horthy*. *Istvan von Horthy*, der Sohn des ungarischen Reichsverwesers, flog zusammen mit seiner Frau 1940 mit dem Flugzeug nach Indien.[35]

Während des Krieges diente die Ar 79 auch militärischen Erprobungszwecken. Sie wurde zum Beispiel als Luftziel für Jäger und für Vergleichsflüge mit dem Strahlflugzeug Ar 234 S3 zur Messung der Außentemperatur herangezogen.[36]

Rudolf Jenett zollte der Ar 79 bis heute uneingeschränkte Anerkennung: »Im Reiseflug benötigte die Ar 79 nicht mehr als neun Liter auf 100 Kilometer, also damals schon ein Prototyp für die heutige energiebewußte Zeit der 90er Jahre. 200 km/h Reise- und 220 km/h Vollgas waren Werte, die bis heute kaum noch erreicht werden, wenn man den geringen Spritverbrauch zugrundelegt...Wenn die Maschine einmal richtig eingeflogen war mittels Trimmkanten, so konnte man die Steuer voll loslassen, und sie flog stur weiter geradeaus. Wollte man die Luftaufsicht etwas ärgern, so schwebte man bis auf zwei Meter Höhe ein, mit eingefahrenem Fahrwerk. Tat man so, als ob man zur Landung ansetzte, so sah die Polizei ›rot‹ und schoß auch rotes Leuchtsignal. Dann ließ man das Fahrwerk, durch Federn unterstützt, blitzschnell raus und einrasten, und schon ›saß die Kiste‹. Mußte man wirklich einmal notlanden, so slipte man bei voll angestellter Landeklappe zur Seite, dadurch hatte man nach vorn einen großen Teil der Fahrt weggenommen, doch die Sinkgeschwindigkeit hatte dagegen rapide zugenommen, und wer dann ›die Sache raus hatte‹, der konnte sie mit 60 km/h noch schnell hinsetzen.«[37]

Der ehemalige Werkspilot *Richard Perlia* zog folgendes Resümee: »Die Arado 79 gehorchte dem Piloten aufs Wort. Ich war selbst als Testpilot bei der Erprobung dabei gewesen, und man hatte an alles gedacht ... Die Ar 79 vermittelte dem Piloten das Gefühl grenzenloser Sicherheit, das allerdings oft auch zu übermütigen Flugvorführungen verleitete. So packte es mich auch eines Tages, als ich mit dem Leiter der Reparaturwerkstatt, die Junkers während des Krieges für den Bomber Ju 88 eingerichtet hatte, von Villacoublay nach Paris flog. Wir umkreisten den Eiffelturm in Höhe des ersten Restaurants, und ich fragte meinen Gast: ›Sind Sie gut angeschnallt?‹ Dann ging's los. Andrücken aus dem Reiseflug von 200 auf 250 km/h, dann, schwupps, nach oben in die Rückenlage, dann wieder nach unten, und das dreimal, immer am Restaurant vorbei, ein Looping nach dem anderen, ohne Höhe zu verlieren.«[38]

Lizenzfertigung steigt kontinuierlich

Während vor der Verstaatlichung Ago, Erla, Miag, Fieseler, Focke-Wulf und die Bayerischen Flugzeugwerke Lizenznehmer von Arado waren, ließ das Technische Amt anschließend Großserien für vorrangige Standardtypen wie den Bomber He 111, den Jagdeinsitzer Bf 109, die Bomber Ju 88 und He 177 sowie den Jagdeinsitzer Fw 190 bei Arado nachbauen. Die Lizenzfertigung machte anfangs etwa 30 Prozent der Gesamtproduktion aus und stieg kontinuierlich.

Auf einer Festsitzung der Akademie für Luftfahrtforschung am 3. März 1939 rechtfertigte *Ernst Udet* nachträglich diese erzwungene Umstellung. Er hob zunächst anerkennend hervor, daß man Arado-Flugzeuge auf allen Flugplätzen der Luftwaffe und des Flugsports finde, daß ein Arado-Verkehrsflugzeug vor 1933 mit Erfolg bei der Deutschen Lufthansa eingesetzt worden sei und daß von Arado beim Aufbau der Luftwaffe ein Großteil der Schulflugzeuge und die ersten frontfähigen Jagdeinsitzer geliefert worden seien. Er bestritt ausdrücklich, daß »staatskapitalistische Gedanken« das RLM bewogen hätten, Arado nicht mehr mit entsprechenden Entwicklungsaufträgen zu betrauen; und betonte, die »Eigeninitiative der Unternehmer« sei zu wertvoll, um sie abzudrosseln. Zugleich schränkte er aber ein, es gebe mit Arado und Focke-Wulf »unter den Stammfirmen der deutschen Flugzeugindustrie zwei Werke, die bis vor kurzer Zeit kaum dem Namen nach der Öffentlichkeit bekannt« gewesen seien und bei denen »die Persönlichkeiten ganz hinter dem Firmennamen zurücktreten«. Er würdigte *Walter Blumes* Verdienste als »hervorragenden Chefkonstrukteur und Pour-le-Mérite-Flieger«, wies aber auf die Notwendigkeit einer »Konzentrierung auf wenige, grundsäzlich wichtige Aufgaben« hin, bei der »die individuellen Leistungen der Werke und ihrer leitenden Techniker zu berücksichtigen« seien. Ausdrücklich fügte er hinzu: »Schöpferisch hervorragende Kräfte erhalten weiteren Spielraum als andere, deren organisatorische Begabung dafür in der Ausgestaltung der Massenherstellung ausgewertet wird.« Abschließend versuchte er, die dirigistischen Maßnahmen des RLM gegenüber Arado mit dem Hinweis zu verbrämen: »Hätte man sich früher vorstellen können, daß ein Flugzeugwerk auf den Bau seiner eigenen Typen verzichtet und sich mit Schwung auf die Serienherstellung der Lizenz-Type der ›Konkurrenz‹ stürzt ? Gewiß hat das etwas Entsagungsvolles. Aber straffe Führung und kameradschaftlicher Geist machen solche Opfer eben möglich. Die größte Leistung der Arado Flugzeugwerke ist jedoch die großzügige Ausdehnung ihrer Produktionsstätten«. [39]

Offene Kritik an der Aufgabenverteilung durch das RLM, die nicht mehr nach den Regeln des freien Wettbewerbs erfolgte, war werksseitig nicht mehr zu erwarten. Im Ausland vertrat man dagegen die Auffassung, daß bezüglich der Güte der Konstruktion und der Flugleistungen viele Arado-Prototypen grundsätzlich den Vorgaben der Luftwaffe besser entsprochen hätten als andere Baumuster, die anschließend zur Standardausrüstung gehörten. Als »Favorit« der ihn finanziell unterstützenden Nazipartei habe *Messerschmitt* bei der stillschweigenden Aufteilung der Interessenssphären die Oberhand gewonnen, während Arado frühzeitig gedrängt worden sei, weitgehend auf eigene Entwicklungsarbeiten zu verzichten.[40]

Nachdem der Versuchsbau in Warnemünde in der sogenannten Junkershalle erstmals eine gesonderte Abteilung erhalten hatte und er Ende 1935 mit der Inbetriebnahme der ersten Versuchsbau-Halle in Brandenburg und der 1936 und 1937 gebauten Hallen T und S räumlich, aber auch personell aufgestockt worden war, mußte er die überlastete Abteilung Serienfertigung mitbetreuen und Flugzeugreparaturen überwachen, bevor unter Leitung des Ingenieurs *Holmig* eine eigene Abteilung für den Serienbau von Lizenzmustern eingerichtet wurde.

Zahl der technischen Angestellten im Entwicklungsbereich[41]:

	Junkers	**Heinkel**	**Arado**
1933	75	105	95
1934	170	225	125
1935	245	420	240
1936	360	480	455
1937	425	450	470
1938	540	575	425
1939	530	620	480

Auch im Konstruktionsbereich hatte zunächst der Raum- und Fachkräftemangel den geplanten Ausbau verzögert. In den Jahren 1935 und 1936 verdoppelte sich jährlich die Zahl der technischen Angestellten. Das Konstruktionsbüro wurde zwar im Zuge einer Reduzierung der bisherigen sechs Verwaltungsabteilungen auf die Ressorts »Entwicklung«, »Hauptbetriebsleitung« und »Fabrikationskontrolle« von der Betreuung der Serienfertigung entbunden. Ab dem 1. September 1939 mußte das Technische Büro aber auf Veranlassung des RLM Mitarbeiter für anderweitige kriegswichtige Aufgaben abgeben.

Ab 1939 nahm bei Arado die Zahl der Konstrukteure und Zeichner vergleichsweise wenig zu. 1944 wiesen die fünf größten Firmen Junkers, Heinkel, Messerschmitt, Focke-Wulf und Arado rund 55 Prozent der Belegschaft der gesamten Zellenindustrie und, unter Einschluß von Dornier, 10 914 der insgesamt 13 030 im Entwicklungs- und Konstruktionsbereich tätigen Ingenieure auf. Der Anteil von 882 entsprechenden Fachkräften war bei Arado aber proportional gering.

Personalausstattung im Konstruktions- und Entwicklungsbereich der Zellenindustrie Mitte 1944:

Junkers	2 726
Focke-Wulf	2 470
Heinkel	1 832
Messerschmitt	1 636
Dornier	1 368
Arado	882

Alois Cejka, Beiratsmitglied und Vorsitzer der Gesellschafterversammlung, kritisierte wiederholt »die Höhe des Entwicklungs- und Konstruktionsaufwandes« bei Arado.[42] Er warf Arado eine unnötige Unkostensteigerung durch die Einstellung zusätzlicher Konstrukteure, eine Überbevorratung von Material, ein »unzeitgemäßes Gewinnstreben« und ein »unzulässiges privatwirtschaftliches Denken« vor in einer Zeit, da »alle Kräfte der Serienfabrikation dienen« sollten. Der Geschäftsführer *Rudolf Heinemann* wies diese Vorwürfe zurück und machte geltend, daß die Unkostensteigerungen vornehmlich kriegsbedingt seien.[43] *Walter Blume* machte dafür »dauernde Programmänderungen« verantwortlich. Ende 1940 bemängelte er unter Hinweis auf gesteigerte Aufgaben, daß das Konstruktionsbüro unter Raum- und Personalmangel leide und daß »eine geschlossene Vorentwicklungsabteilung mit Unterdruck-Kältekammer, Beschußkanal, Triebwerksprüfstand, Bewaffnungsprüfstand, Prüfstand für Musterflugzeuge, Attrappenbau, Festigkeitslaboratorium, Materialforschung« sowie ein Windkanal fehlten.[44] Obwohl der Referent des Technischen Amtes *Gottfried Reidenbach* einräumte, daß »die Entwicklung auf lange Sicht betrieben« werden müsse und »zudem besonders auf dem Gebiet der Forschung viel nachzuholen« sei, verweigerte sein Amtskollege *Günther Tschersich* entsprechende Investitionen mit der Begründung, »daß nur Bauvorhaben genehmigt werden könnten, die eine Steigerung der Produktion erzielen«.

He 51, He 59, He 60 und W 34

Das Jagflugzeug He 51 war nach der HD 38 die erste Lizenzproduktion der Arado Flugzeugwerke. Da die ersten Serienjagdflugzeuge vom Typ Bf 109 erst im Dezember

1936 ausgeliefert werden konnten, mußte die He 51 neben der Ar 68 zunächst weitergebaut werden. Ab 1935 wurden von der He 51 in Warnemünde insgesamt 303 Einheiten nachgebaut. Von den letzten 73 Einheiten (W.Nr. 1437-1472, 1532-1567, 1774-1776) wurden 65 im Jahr 1936 und zwei weitere bis Ende 1937 ausgeliefert.

Gesamtproduktion für Jagdeinsitzer:

Typ	bis 1.10.1936	bis 31.3.1938	Summe
He 51	504	2	506
Ar 64/65	189	0	189
Ar 68	242	272	514

1936 entstanden in Warnemünde 16 Einheiten des Seeflugzeugs He 59. Die Lieferpläne Nr. 4 vom 1. November 1936 und Nr. 5 vom 1. April 1937 sahen den Lizenzbau von insgesamt 74 Einheiten bis Anfang 1938 vor. Bis April 1937 wurden 31 Flugzeuge fertig. Die Gesamtlieferung des Jahres 1937 betrug 49 Einheiten. 47 Einheiten wurden im Laufe des Jahres 1938 und zehn weitere im Jahr 1939 gebaut.
Von den zunächst 196 angeforderten Einheiten des Bordflugzeugs He 60 sollten 72 bis April 1937 in Warnemünde gebaut werden. Der anschließende Lieferplan Nr. 5 vom 1. April 1937 sah eine Gesamtausbringung von 238 Flugzeugen vor. Bis Oktober 1936 wurden 124 Einheiten ausgeliefert, bis April 1937 insgesamt 172. Weitere 66 Einheiten sollten bis April 1938 entstehen.
Ab November 1936 sollten in Brandenburg 245 Nachbauten des Junkers-Flugzeugs W 34 gefertigt werden. Nachdem die Anforderung auf 198 Einheiten reduziert worden war, wurden 138 Einheiten im Jahr 1937 produziert und bis März 1938 eingeflogen.
Der geplante Nachbau von 130 Einheiten des Übungseinsitzers Fw 56 wurde bereits nach dem Anlauf der Serie abgebrochen. Durch die Anlaufkosten und die Verschrottung des bereits verarbeiteten Materials entstanden Verluste in Höhe von 830 819 RM.[45] Der vorgesehene Nachbau des Seeaufklärers He 114 unterblieb zugunsten von entsprechenden Eigenentwicklungen von Arado.

Abgelieferte Flugzeuge 1936/37:[46]

Typ	1936 Zahl (Einzelpreis/Gesamtwert) RM Mill.RM	1937 Zahl (Einzelpreis/Gesamtwert) RM Mill. RM
Ar 66	270 (26 900,-/ 7,3)	109 (30 700,-/ 3,3)
Ar 68	302 (49 500,-/ 14,9)	73 (50 800,-/ 3,7)
Ar 76	105 (– / 1,0)	–
W 34	–	138 (93 200,-/ 12,9)
He 51	65 (– / 0,7)	2 (84 000,-/ 0,2)
He 59	16 (211 000,-/ 3,4)	49 (209 000,-/ 10,3)
He 60	81 (77 500,-/ 6,3)	69 (82 000,-/ 5,9)

Bomber He 111

Um die Komplexität der Rüstungssteuerung durch das Technische Amt zu reduzieren, wurden sieben sogenannte »Bomberkonzerne« unter Führung jeweils einer Stammfirma errichtet, auf die rund 55 Prozent der geplanten personellen Kapazität der Flugzeugindustrie entfielen. Ab Sommer 1936 wurde der aus den Firmen Blohm & Voss und Weserflug bestehende Konzern 3 aufgelöst und durch den Konzern »Arado-Süd« unter Führung des Werks Brandenburg ersetzt, in dem am 1. Oktober 1938 von den insgesamt 74 847 Arbeitskräften der Bomberkonzerne 10 081 tätig waren.
Der Konzern »Arado-Süd« erhielt am 1. November 1936 einen Anfangsauftrag über 74 Einheiten für den Bomber He 111. Für das Beschaffungsjahr 1937/38 war der Bau von zehn ersten Einheiten vorgesehen. Im September 1937 wurde die Produktion in Brandenburg aufgenommen. Im Jahr 1938 entstanden insgesamt 67 Einheiten. 1939 machte die Lieferung von 265 Einheiten zwei Drittel des Zellenumsatzes bei Arado aus. Von Februar 1939 bis Ende März 1940 sollten 292 Einheiten gebaut werden. Bis zur Einstellung der Produktion im Sommer 1940 entstanden vermutlich mehr als 450 Einheiten.

Jagdeinsitzer Bf 109

Zum Jahresende 1937 wurde das Produktionsprofil von Arado werksseitig wie folgt umrissen: »Die im Vorjahr eingeleitete Aufgliederung nach Fabrikationshauptgruppen ist im Berichtsjahr im wesentlichen durchgeführt worden. Bei der Brandenburger Fabrikationsgruppe wurden ausschließlich Landflugzeuge gebaut; der Rumpf- und Flächenbau ist seit Mitte des Jahres 1937 in den Werken Wittenberg und Rathenow untergebracht, während die Endmontage noch in Brandenburg und der Leitwerksbau in Babelsberg liegt. Die Warnemünder Fabrikationsgruppe (Seeflugzeugbau) umfaßt neben dem Werk Warnemünde das Zubringerwerk Anklam, das dem Bau von Leitwerken dient... Das Fabrikationsprogramm erstreckte sich in verstärktem Maße auf fremde Baumuster. In der Hauptsache wurden Flugzeuge der Heinkel Flugzeugwerke (He 51, He 59, He 60, He 111), der Junkers Flugzeug- und Motorenwerke (W 34) und der Bayerischen Flugzeugwerke (Bf 109) gebaut. An Arado-Typen gehörten nur die in 1938 auslaufenden Baumuster Ar 66 und Ar 68 und außerdem die Ar 81 (7 Zellen) sowie die neuentwickelte Ar 95 zum Fabrikationsprogramm. Im Entwicklungsbau ist die Entwicklung bzw. Erprobung der Ar 95, Ar 96, Ar 196, Ar 197, Ar 198 zu erwähnen.«[47]

Der Nachbau der ersten 48 Einheiten des Jagdeinsitzers Bf 109 begann in Warnemünde ab Oktober 1937 unter Zulieferung des Zweigwerks Anklam. 1938 wurden 145 Einheiten erstellt.[48] 1939 folgten 252 Einheiten.[49] 1940 belief sich die Anforderung auf insgesamt 1009 Einheiten, von denen 346 Flugzeuge noch im gleichen Jahr gebaut wurden. Bis Ende 1942 wurden insgesamt 793 Einheiten der Baureihen 109 D[50], 109 E[51] und 109 F[52] ausgeliefert.

Im Jahr 1940 trat *Rudolf Heß* an die Arado Flugzeugwerke heran mit der Bitte, ihm ein Jagdflugzeug Bf 109 zur Verfügung zu stellen. Nachdem Arado abgelehnt hatte, führte er seinen brisanten Plan, auf eigene Faust nach England zu fliegen und über einen Waffenstillstand zu verhandeln, mit einer von *Messerschmitt* bereitgestellten Bf 110 durch.

Vorgesehene Lieferungen der Arado Flugzeugwerke im Beschaffungsjahr 1937/38:[53]

	Baumuster	monatl. Höchstausbringung (Frieden)	(Mob)
Arado Brandenburg	He 111	10	45
	W 34	16	–
	Ar 66	(20)	–
Arado Warnemünde	Bf 109	9	25
	He 114	(5)	15
	He 115	–	12
	He 59	3	–
	He 60	6	–

Zellenbau der Arado Flugzeugwerke 1938 und 1939:[54]

	Anzahl 1938	Anzahl 1939
He 111	67	265
Me 109	145	252
Ar 196	2	38
He 59	47	10
Andere	85	60
insgesamt	346	625

Die Fertigung des Bordflugzeugs Ar 196 war 1938 und 1939 im Vergleich zu der des Bombers He 111 und des Jägers Bf 109 mengenmäßig von untergeordneter Bedeutung. Von den sonstigen im Jahr 1939 produzierten 60 Zellen entfielen acht auf das Trägerflugzeug Ar 197, siebzehn auf das Sportflugzeug Ar 79 und sieben auf das Schulflugzeug Ar 96.[55]

Bomber Ju 88

Als nach anfänglichen Umstellungsproblemen Arado inzwischen einen guten Ruf als Nachbauwerk genoß, wurde Ende 1939 die Lizenzfertigung des Bombers He 111 durch die Serienreifmachung und den Bau des Bombers Ju 88 abgelöst. In Brandenburg und Rathenow entstanden Zwischenträger und Flächen. Die ersten 64 Satz Flächen wurden noch im Jahr 1939 gefertigt. Die Endmontage wurde in Neuendorf unter Anlieferung der Rümpfe durch Henschel und der Leitwerke durch AEG vorgenommen. Für die im Vergleich zu dem Bomber He 111 erheblich aufwendigere Produktion, die sich auf insgesamt 577 Einheiten belief, wurde 1940 rund die Hälfte der Gesamtfertigungskapazität eingesetzt.

Vorgaben für die Fertigung von insgesamt 250 Ju 88 für den Monat April 1940[56]:

Junkers	40 Stück
Dornier/Wismar und Heinkel	60 Stück
ATG und Siebel	50 Stück
Dornier/Oberpfaffenhofen	30 Stück
Arado/Brandenburg und Henschel	70 Stück

Laut Lieferplan Nr. 10 vom 1. April 1939 sollte Arado 292 Einheiten des Bombers He 111, 264 Einheiten des Jagdflugzeugs Bf 109 und 84 Einheiten des Bombers Ju 88 liefern. Dem stand nur ein Auftrag von 77 Einheiten für das Schulflugzeug Ar 96, 74 Einheiten für das Bordflugzeug Ar 196, zehn Einheiten für das Trägerflugzeug Ar 197 und drei Einheiten für das Marine-Schulflugzeug Ar 199 gegenüber.

Bei Kriegsbeginn war Arado zu rund 80 Prozent mit Nachbauten ausgelastet. Wertmäßig lag der Anteil noch höher, da die Schul- und Seeflugzeuge von Arado einen geringeren Auftragswert hatten. Innerhalb der Jahreslieferung vom 1. April 1939 bis zum 31. März 1940 wurde eine Gesamtzahl von 660 Einheiten der Lizenzmuster Me 109, Ju 88 und He 111 mit einem Lieferwert von 116 358 000 RM angefordert. Das beste Gewinnergebnis wurde innerhalb des Ju 88-Programms erzielt. Dem Lieferwert für Nachbauten stand nur ein Lieferwert von 17 099 000 RM für 164 Einheiten eigener Baumuster gegenüber.[57] Der vergleichsweise geringe Anteil an der Gesamtproduktion ergab sich dadurch, daß ab 1940 bis Mitte 1944 nur noch zwei Arado-Flugzeuge, das Bordflugzeug Ar 196 und das Schulflugzeug Ar 96, in Großserie produziert wurden und das Schulflugzeug Ar 96 zunehmend bei Nachbaufirmen gefertigt wurde.

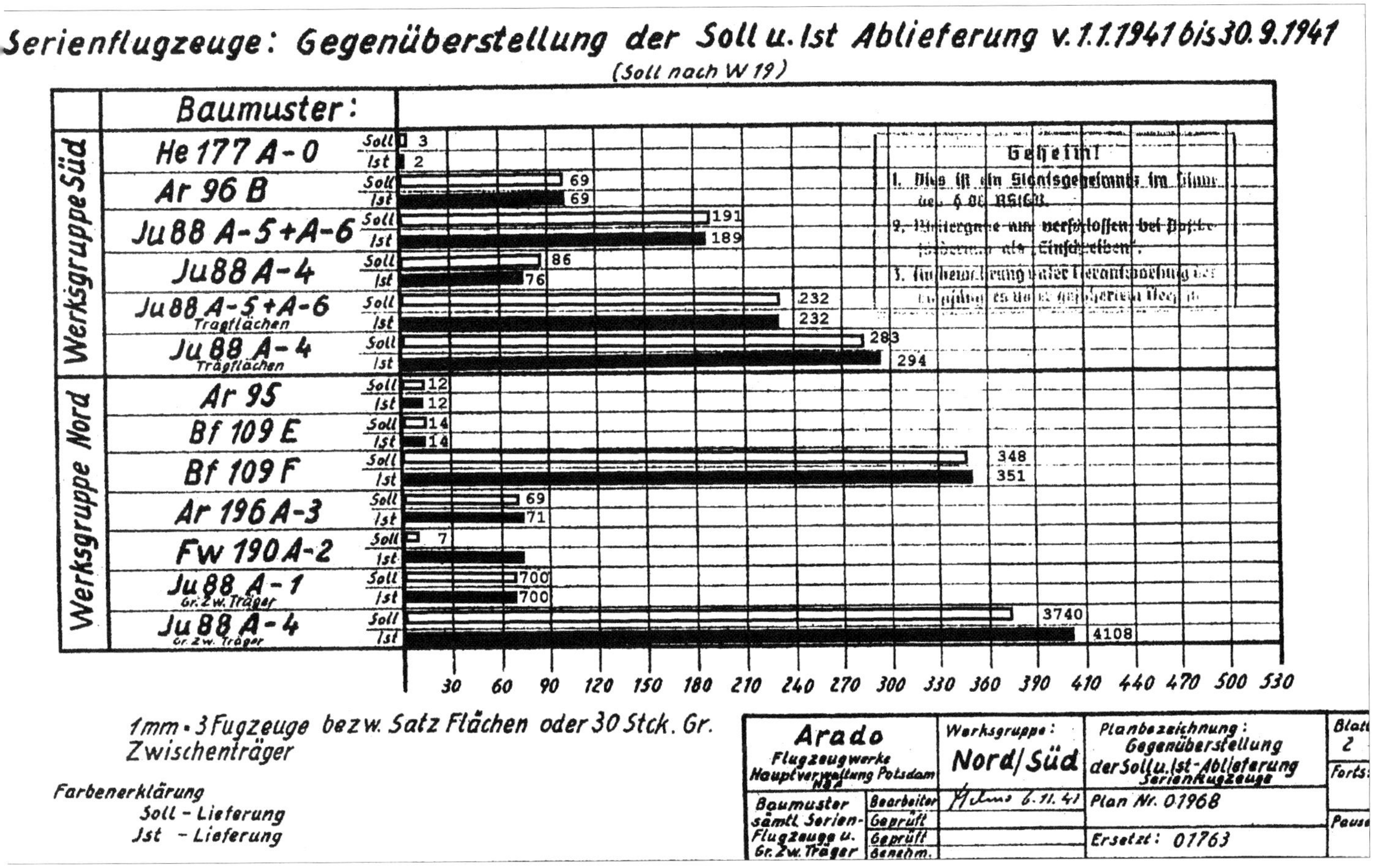

Serienfertigung der Arado Flugzeugwerke 1941.

Serienproduktion und Auftragsbestand der Arado Flugzeugwerke 1940:[58]

1. Teile und Montage Ju 88:

	Anforderung 1.1.1940	Jahresproduktion	Anforderung 31.12.1940
Satz Flächen	1 736	737	558
Montagen	894	274	354
Zwischenträger		8 597	
Satz Leitwerke		174	

Gewinn in RM:
12 443 400,–

2. Zellen:

Typ	Anforderung 1.1.1940	Jahreslieferung 1940	Anforderung 31.12.1940
He 111 H	117	117	–
Bf 109 E	1009	346 (Bf 109 F anlaufend)	371
Ar 96	153	77	69
Ar 79	35	35	–
Ar 95	–	15	12
Ar 196	150	97	111
Ar 197	3	3	–
He 177	–	–	36
Fw 190	–	–	245
Ar 199	–	–	20
Ar 231	–	–	6

Zellenproduktion insgesamt: 690
Gewinn in RM: 10 506 049,-

Bomber He 177

Ab 1942 baute Arado an Lizenztypen nur noch die He 177 und die Fw 190. Die Südgruppe übernahm den Bomber He 177, von dem die ersten 36 Einheiten der Baureihe A-0 Ende 1940 entstanden. Bis Juni 1942 produzierte das Werk Brandenburg 130 Einheiten der Baureihe A-1. Ende 1943 wurde auf die Baureihe A-5 umgestellt. In Neuendorf wurden insgesamt etwa 770 Einheiten gebaut. Aufgrund der Priorität der He 177 wurde Arado im Juli 1942 hinter Junkers, Messerschmitt und Focke-Wulf zusammen mit Heinkel in die höchste Dringlichkeitsstufe der Arbeitskräftezuweisung eingeordnet. Ab Januar 1944 sollte Arado monatlich zunächst 30 und bis September bis zu 50 Einheiten fertigen.[59] Der Bomber erlangte allerdings nie Einsatzreife. Nachdem allein bei Arado während der Erprobung zwölf Flugzeuge zu Bruch gegangen waren und die Produktion dringend anderweitig benötigte Kapazitäten blockiert hatte, mußte sie im September 1944 eingestellt werden. Als *Blume* am 18. März 1943 eine Aussprache *Görings* mit Vertretern der Luftrüstungsbetriebe protokollierte, hielt er bezüglich der He 177 die Worte des Reichsmarschalls verbitert wie folgt fest: »Eine Kalamität nach der anderen; wenn das Biest in einem Jahre fertig sein sollte, dann ist es veraltet! Ich schenke Ihnen die beste Maschine der Welt (Anspielung), wenn ich sie nicht einsetzen kann! Vor halbem Jahr sagt He: Wenn Sturzforderung weg ist, Flugzeug einsatzfähig. Wann nun einsatzfähig? He: Im September, im Herbst. RM: Bin belogen worden; glaube doch nicht dran. He 177 ist die größte Schluderei, die vorgekommen ist.«

Jagdeinsitzer Fw 190

Ende 1940 wurden bei Arado die ersten 371 Einheiten des Jägers Fw 190 in Auftrag gegeben. Ab August 1941 baute die Nordgruppe in Warnemünde das Flugzeug unter Zulieferung der Tragflächen durch das Zweigwerk Anklam. Ab Januar 1944 sollte die monatliche Ausbringung von 90 auf 250 Einheiten gesteigert werden.[60] Die Fertigung, die sich bis Ende 1944 vermutlich auf rund 4 000 Einheiten belief, wurde bis Kriegsende fortgeführt und nach der Streichung der He 177 auch in der Südgruppe vorgenommen.

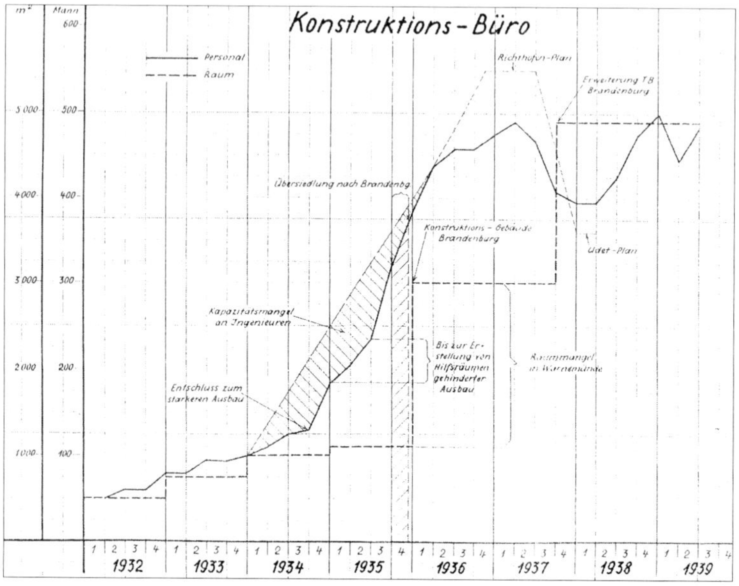

Raum- und Personalbestand im Konstruktionsbereich 1932-1939.

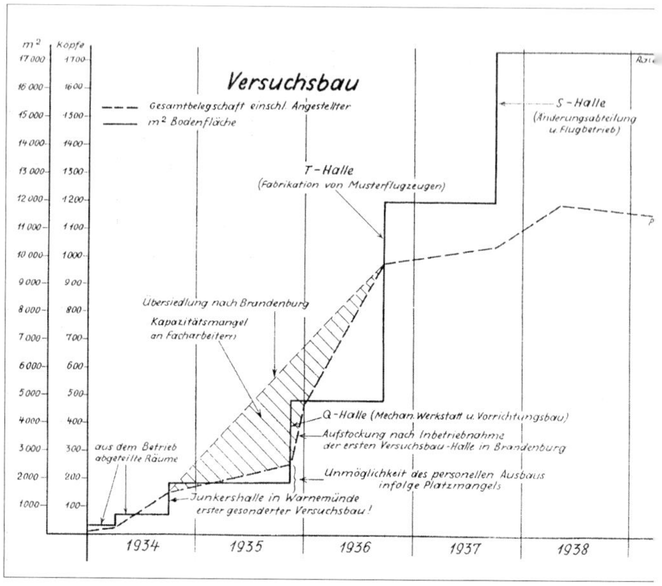

Raum- und Personalbestand im Versuchsbau 1934-1939.

Der Weg zum Hochleistungsflugzeug

Walter Rethel wurde 1938 nach seinem Ausscheiden bei Arado mit Unterstützung des RLM zum Leiter des Konstruktionsbüros bei Messerschmitt berufen. Am 30. Juni 1939 beglückwünschte ihn Ernst Udet zu seinem »bisher erfolgreichen Wirken«. Am 21. November des Jahres sprachen ihm Willy Messerschmitt und der Pilot Fritz Wendel ihre »dankbare Anerkennung für die erfolgreiche Mitarbeit« aus. Nach Rethels Ausscheiden übernahm der bisherige Leiter des Konstruktionsbüros Walter Reinhardt bei Arado vorübergehend die Funktion eines Verbindungsmanns zwischen der Entwurfsabteilung und dem Konstruktionsbüro.
In der Absicht, den Anschluß an die inzwischen führenden Unternehmen Junkers und Messerschmitt rasch wiederzugewinnen, hatte Walter Blume ab 1936 neue Entwürfe für Hochleistungsflugzeuge erstellt. Diese Arbeiten erfolgten weitgehend unter Ausschluß von Rethel in Zusammenarbeit mit neuen Mitarbeitern wie Wilhelm van Nes und Rüdiger Kosin und ohne eindeutige Absicherung durch das Technische Amt.

Van Nes wurde am 26. September 1900 in Freiburg im Breisgau geboren. Nach seiner Teilnahme am Ersten Weltkrieg studierte er von 1919 bis 1924 Maschinenbau und Naturwissenschaften an der Technischen Hochschule Stuttgart und der Universität Freiburg. Im Anschluß an seine Diplomprüfung war er Gruppenführer im Statischen Büro der Heinkel-Werke in Warnemünde. Von 1926 bis 1927 war er an dem Flugzeugunternehmen Guritzer-van Nes in Salzburg beteiligt. Nach anschließender wissenschaftlicher Tätigkeit war er von 1929 bis 1931 an der Seite *Walter Blumes* bei Albatros als Entwurfsingenieur tätig. Nach der Fusion von Albatros und Focke-Wulf trennten sich vorübergehend ihre Wege. 1935 wurde *van Nes* im Zuge der betrieblichen Neuorganisation Leiter des Entwurfsbüros (TEW) bei Arado. Sein Vorgänger *Franz Meyer*, der 1932 von Albatros übernommen worden war, verlor anschließend an Einfluß. *Van Nes, der* nahezu alle Neuentwürfe bis 1945 betreute, genoß hohes Ansehen. 1942 wurde er zum korrespondierenden Mitglied der Deutschen Akademie der Luftfahrtforschung ernannt.
Rüdiger Kosin wurde 1909 in Neustadt/Westfalen geboren. Nach einer Ausbildung als Flugbaumeister und der Erlangung des Ingenieurdiploms arbeitete er zunächst im Projektbüro der Ernst Heinkel Flugzeugwerke. Nach eigenen Aussagen wollte er das von Heinkel verfolgte Konzept des zentral angeordneten Doppelmotors nicht mittragen, weil die Oberflächenkühlung noch nicht ausreichend erforscht war. Er befürwortete das Kanzelflugzeug mit zwei Einzeltriebwerken und Ringkühlern. Aufgrund derartiger Meinungsunterschiede schied er bei Heinkel aus und trat am 1. Dezember 1936 als Gruppenführer in das Entwurfsbüro der Arado Flugzeugwerke ein.
Sein Aufgabengebiet umfaßte die Berechnung von Flugleistungen und Flugeigenschaften, die allgemeine aerodynamische Forschung, die Thermodynamik sowie die Auswahl und den Einbau von Triebwerken und Luftschrau-

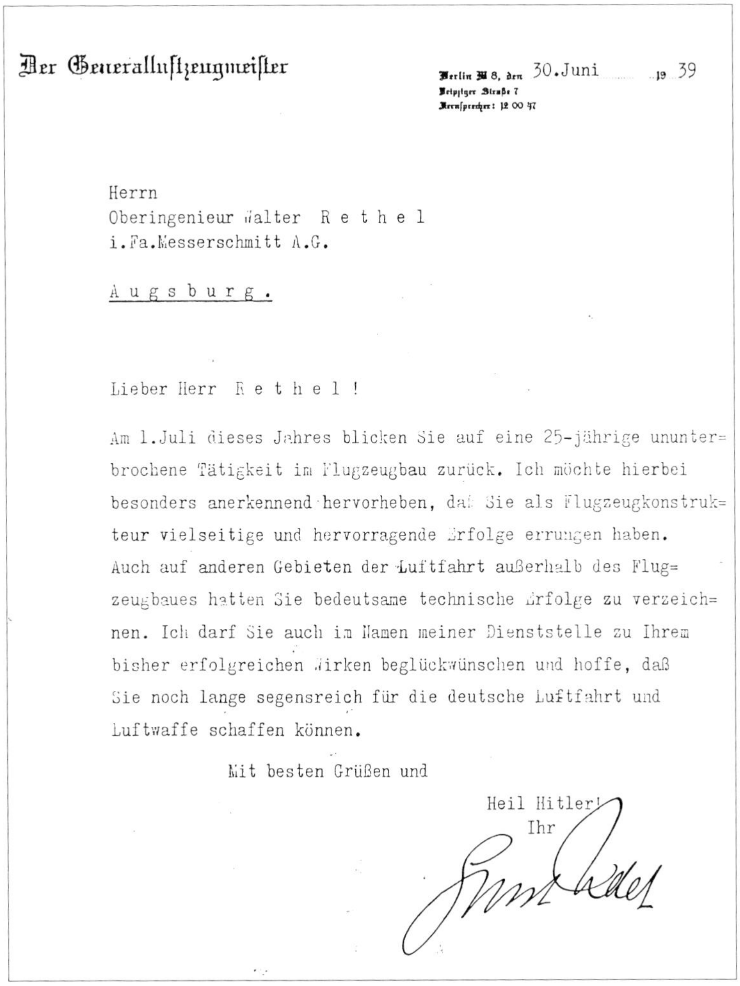
Der Generalluftzeugmeister

Berlin W 8, den 30. Juni 1939
Leipziger Straße 7
Fernsprecher: 12 00 47

Herrn
Oberingenieur Walter R e t h e l
i.Fa. Messerschmitt A.G.

A u g s b u r g .

Lieber Herr R e t h e l !

Am 1. Juli dieses Jahres blicken Sie auf eine 25-jährige ununterbrochene Tätigkeit im Flugzeugbau zurück. Ich möchte hierbei besonders anerkennend hervorheben, daß Sie als Flugzeugkonstrukteur vielseitige und hervorragende Erfolge errungen haben. Auch auf anderen Gebieten der Luftfahrt außerhalb des Flugzeugbaues hatten Sie bedeutsame technische Erfolge zu verzeichnen. Ich darf Sie auch im Namen meiner Dienststelle zu Ihrem bisher erfolgreichen Wirken beglückwünschen und hoffe, daß Sie noch lange segensreich für die deutsche Luftfahrt und Luftwaffe schaffen können.

Mit besten Grüßen und

Heil Hitler!
Ihr
Ernst Udet

Ernst Udet gratuliert *Walter Rethel* zu seiner neuen Tätigkeit im Konstruktionsbüro der Messerschmitt Flugzeugwerke (1939).

Rüdiger Kosin, Gruppenführer und späterer Leiter der aerodynamischen Abteilung der Arado Flugzeugwerke (1937).

Walter Rethel (links) nach seinem Wechsel zu Messerschmitt.

ben. *Walter Blume* schätzte ihn als »überdurchschnittlich begabten Ingenieur«, dem Arado »viele erfolgreiche Anregungen verdankte«.[1] *Kosin* löste am 1. September 1940 *Josef Blaß* als Leiter der aerodynamischen Abteilung ab, die seinerzeit 40 Mitarbeiter umfaßte, darunter zehn Wissenschaftler. Nach Angaben von *Kosin* entstanden in Zusammenarbeit mit *van Nes* bis 1943 »etwa 80 Projekte und Prototypen«, so daß »der Arado-Konzern hinsichtlich der Entwicklungsarbeit der größte Deutschlands« war.[2] Sein Einfluß wirkte sich vor allem bei der Entwicklung des Strahlflugzeugs Ar 234 entscheidend aus.

Van Nes und *Kosin* brachten zahlreiche Werkspatente ein.[3] Der Reichsverband der deutschen Luftfahrtindustrie (RDLI) erstellte 1938 eine bis 1945 gültige Rangliste der Flugzeugfirmen. Die sieben als Entwicklungsbetriebe klassifizierten Firmen Arado, Junkers, Messerschmitt, Dornier, Heinkel, Focke-Wulf und Henschel wiesen über 80 Prozent der Patentanmeldungen auf. Arado lag diesbezüglich etwa gleichauf mit Messerschmitt auf Platz drei.

Patentanmeldungen im deutschen Flugzeugbau 1939-1943:[4]

	1939	1940	1941	1942	1943
Henschel	41	31	22	32	13
Heinkel	40	42	44	52	28
Junkers	36	43	38	63	20
Arado	30	12	18	44	10
Messerschmitt	25	49	33	38	7

Der Stellenwert der Arado Flugzeugwerke als Entwicklungsfirma läßt sich keinesfalls nur aus den bis Kriegsbeginn gebauten Flugzeugtypen ermessen. Er ergibt sich vielmehr aus einer relativ großen Zahl zum Teil vielversprechender Projekte. Ein werksseitiger Bericht zur Entwicklungstätigkeit von Arado nannte Ende 1940 Entwürfe für einen billigeren Ersatz der Ar 96 und der Ar 79 sowie die Weiterentwicklung des Bordflugzeugs Ar 196. Als entscheidende Neuentwicklungen wurden der Entwurf und die Attrappe des Höhenzerstörers Ar 340, der Entwurf eines Sondertransportflugzeugs Ar 232, die Studie E 390 für ein 25-sitziges Verkehrsflugzeug, Vorstudien für einen nicht näher spezifizierten Schnellbomber, die Weiterentwicklung eines Zerstörers als Ar 240 und Vorentwürfe für ein Kolonial-Amphibium Ar 430 angekündigt. Als spezielles Entwicklungsziel galt die Konstruktion einer ferngerichteten Waffenanlage mit optischem Visier sowie einer Sicherheitssteuerung.[5] Unerwähnt blieb, daß von dem Zerstörer Ar 240 eine Variante E 310 als Trägerflugzeug abgeleitet werden sollte und daß Arado einen Entwicklungsauftrag für einen strahlgetriebenen Aufklärer erhalten hatte.

Blume, der in dieses Entwicklungsprogramm große Hoffnungen setzte, beklagte Ende 1941, daß die Entwicklung »unter sehr ungünstigen Umständen in das Jahr 1941 eingetreten« sei, daß sie »trotz vieler Schwierigkeiten, Einschränkungen und Hemmungen ihre Aufgabe gut gelöst« habe und »daß es nicht ihr Verschulden sei, wenn ihr die sichtbare Anerkennung versagt« bleibe. Nachdem der Entwurf E 310 für ein schnelles Trägerflugzeug nicht zum Tragen gekommen war, bedauerte er insbesondere, daß die »entwickelten und gut beurteilten Flugzeugtypen Ar 231 und Ar 199 nicht in Serie gebaut« worden seien. Er beklagte insbesondere, daß »die bereits zu 85 Prozent durchgeführte Entwicklung des Bombers Ar 340 Anfang 1941 abgebrochen wurde, um die Vielzahl der Muster einzuschränken«, daß für das Mehrkampfflugzeug Ar 240, das »zur Zeit der schnellste Zerstörer der Welt« sei, kein Dringlichkeitsbedarf gegeben sei und nur mit einer kleinen Serie gerechnet werden könne.[6] *Blume* konnte dagegen 1941 die Auftragserteilung für den schweren Transporter Ar 232 ankündigen, der seinerzeit im Bau war und im Frühjahr 1942 in die Erprobung gehen sollte.

Erste Projekte für Transport- und Verkehrsflugzeuge

Der allgemeine Glaube an eine kurze Kriegsdauer hatte zur Folge, daß die Luftwaffenführung an der Neuentwicklung von Kampfflugzeugen über die bei Kriegsbeginn zur Verfügung stehenden Flugzeugmuster hinaus geringes Interesse zeigte. Wie andere Industrieführer hielt Walter Blume aus dem gleichen Grund die einseitige Auslastung durch Rüstungsaufträge für riskant und nahm zum Teil Projekte für zivile Verkehrszwecke in Angriff, obwohl offiziell Umstellungsperspektiven für eine friedensmäßige Produktion noch fehlten.

Entwurf E 390 eines Höhenverkehrsflugzeugs

Der Entwurf für das Höhenverkehrsflugzeugzeug E 390 stammte vom Juli 1940.[7] *Rüdiger Kosin,* der in einer Werksbesprechung energisch auf den Vorrang der Kampfflugzeuge verwies, wurde vom Leiter der Triebwerksabteilung vorgehalten, daß sich andere Firmen bereits »mitten in der Umstellung auf Friedensverhältnisse« befänden.[8]

Das ehrgeizige Projekt sah vor, daß das Flugzeug bei Mitnahme von jeweils 1,5 to Fracht 32 Passagiere über eine Entfernung von 2 000 km oder alternativ 12 Passagiere über eine Entfernung von 4 000 km befördern sollte. Bei einer Gesamtlänge des Flugzeugs von 24,5 m betrug die Länge des Passagierraums 15,4 m. Mit diesen Maßen war er fünf Meter länger als bei der ebenfalls für 32 Passagiere ausgelegten Ju 90, obwohl dieses Verkehrsflugzeug eine größere Rumpflänge von 26,45 m hatte. Auch das zur Verfügung stehende Raumvolumen pro Passagier fiel günstiger aus.

Mit einer Transozean-Version für 12 Passagiere und einer Reichweite von 6 000 km sollten Fernziele wie New York, Buenos Aires, Kapstadt, Sidney und Tokio erreicht werden. Zur Verfügung standen zwölf Betten und ein Aufenthaltsraum mit acht Sesseln. Die Besatzung bestand aus zwei Piloten, einem Funker und einem Steward. Vorgesehen war erstmals eine einwandig aufgebaute und mit Wärme- und Schallisolierung ausgekleidete Druckkabine mit doppelter Presseranlage, um ein wirtschaftliches Fliegen in einer Höhe über 3 000 m zu ermöglichen.

Als Antrieb sollten vier als Doppeltriebwerke angeordnete Dieselmotoren Jumo 208 mit Ladeluftkühlern und einer Startleistung von jeweils 1 100 kW (1 500 PS) verwendet werden. Die schnellste Version sollte eine maximale Reisegeschwindigkeit von 514 km/h erzielen, die während des Fluges kurzfristig auf 553 km/h gesteigert werden konnte. Die gekuppelten, vierflügeligen Luftschrauben mit vollautomatischer Blattverstellung hatten einen

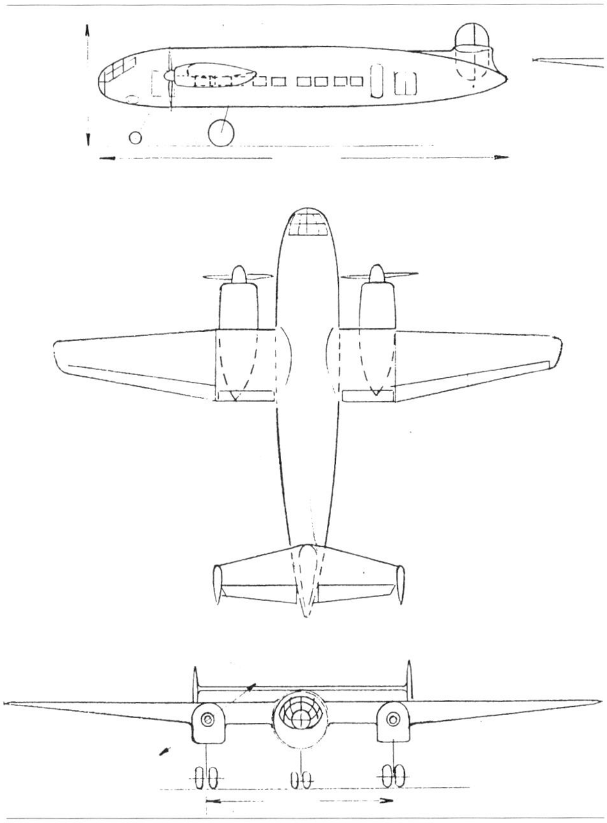

Dreiseitenansicht des Höhenverkehrsflugzeugs Arado E 390 mit zwei Junkers-Doppel-Motoren (1940).

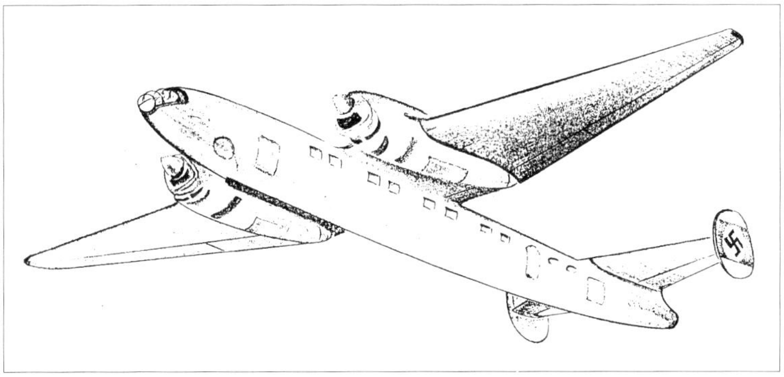

Arado E 390.

Durchmesser von 4,4 m. Geplant waren ein Dreibeinfahrwerk, ein geteiltes Seitenleitwerk sowie Fowlerflügel mit Wanderquerruder als Start- und Landehilfe. Der Ausgleich der Ruderkräfte und der Quertrimmung sollte durch elektrisch angetriebene und im Fluge verstellbare Trimmklappen erfolgen. Die Tragflächen, in denen die Kraftstoffbehälter untergebracht waren, hatten eine Spannweite von 29,8 m. Sie bestanden aus zwei rechteckigen, an den Hauptspanten des Rumpfes angeschlossenen Mittelteilen und aus zwei trapezförmigen Außenflügeln. Die Flügelnasen sollten zum Schutz gegen Vereisung mittels vier Kärcheröfen beheizt werden. Auf die Durchführung der Tragflächenholme durch den als Vollschale in Glattblech ausgeführten Rumpf wurde zugunsten der Durchgangshöhe im Fahrgastraum verzichtet. Neben einem seitlichen Einstieg waren ein absprengbarer Notausstieg sowie Sicherheitseinrichtungen für den Fall einer Notwasserung vorgesehen. Arado veröffentlichte im Februar 1941 eine zwanzigseitige Werbeschrift für das Projekt. Der Kriegsverlauf ließ aber den Bau dieses Verkehrsflugzeugs nicht mehr zu.

Entwürfe E 441 und E 470 für Großraumtransporter

Parallel zu dem Höhenverkehrsflugzeug E 390, für das eine Umrüstung zum Transporter nur vorgesehen war, entstanden mehrere Vorentwürfe für reine Großraumtransporter. Sie stießen technisch und kapazitätsmäßig an die Grenzen des damals Möglichen. Der Entwurf E 441, von dem nur spärliche Daten erhalten sind, sah einen viermotorigen Transporter mit einer Spannweite von 38 m, einer Länge von 26,3 m und einer Flugmasse von 29 000 kg vor. Bei einer Ausrüstung mit vier BMW 801-Triebwerken wurde eine Höchstgeschwindigkeit von 384 km/h und eine Steigzeit von 15,4 Minuten auf eine Höhe von 7 000 m erwartet.

Der größer dimensionierte Vorentwurf E 470, von dem auch eine Version als Fernbomber entstehen sollte, entstand im Dezember 1941. Da dieses gigantische Zukunftsprojekt die gegebenen Möglichkeiten weit überstieg, blieb es bei Leistungsberechnungen und Untersuchungen zur Statik und Gewichtsverteilung.

Im Mittelpunkt des Interesses stand die Frage, inwieweit »die Vergrößerung der Zuladung bei gleichem Baugewicht durch Lastverteilung über die Spannweite« möglich war. Charakteristisch war demzufolge die übergroße Spannweite der Entwürfe. Sie reichten von 47 m bis 68 m mit Flächeninhalten von 300 bis 392 m². Die Flugmassen lagen zwischen 88 000 und 157 000 kg.

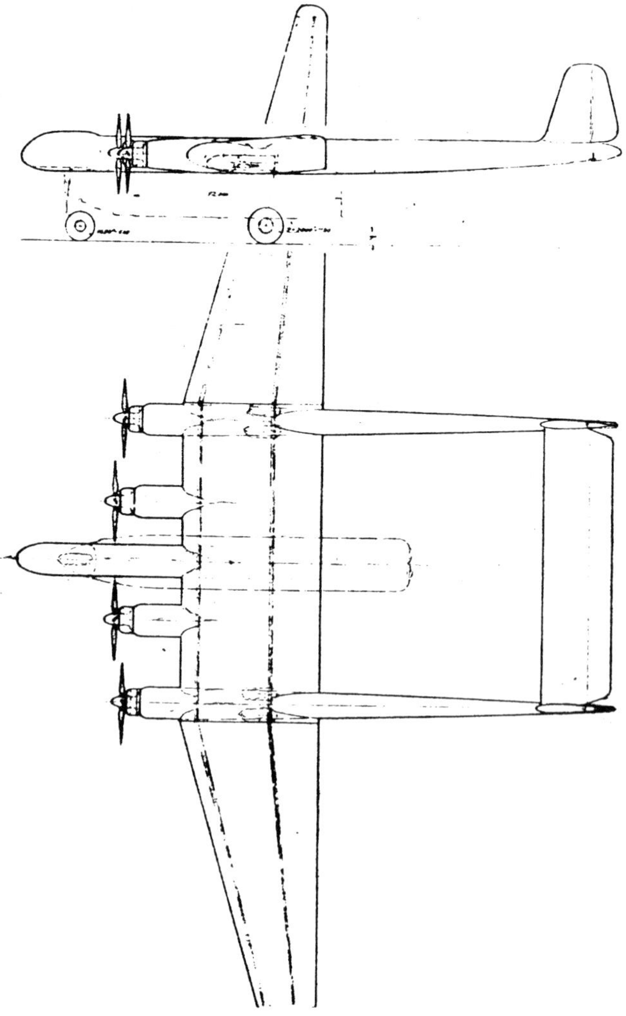

Zweiseitenansicht des Großraumtransporter/Fernbomber-Projektes Arado E 470 mit vier DB 613-Motoren (1941).

Unter der Voraussetzung, daß beim Ausfliegen der Treibstoffbehälter in den Flächen die Reihenfolge von innen nach außen eingehalten wurde, sollte eine unproblematische »Vereinigung von zwei Verwendungszwecken in einem Flugzeug« möglich sein.[9] Bei gleicher Leermasse von 55 000 kg sollte zum Beispiel eine Transporter-Ausführung eine Startmasse von 93 000 kg und die Fernbomber-Ausführung eine Startmasse von 130 000 kg aufweisen. Von der Zuladung des Fernbombers sollten nur 5000 kg auf die Nutzlast, jedoch 69 000 kg auf den Kraftstoff entfallen. Die Zuladung des Transporters setzte sich da-

gegen aus 20 000 kg Nutzlast und 17 000 kg Kraftstoff zusammen.
Vorgesehen war eine zentrale Rumpfgondel, die als Druckkammer für eine vierköpfige Besatzung ausgebildet war. In einem unter dem Flächenmittelstück angebrachten Behälter, der mittels Schnellverschlüssen gelöst werden konnte, konnte eine Last von 39 000 kg mitgeführt werden. Das doppelt bereifte Hauptfahrwerk wurde in den vorderen Teil der beiden Leitwerksträger, die durch das Höhenleitwerk miteinander verbunden waren, eingezogen. Das Bugrad wurde von der Rumpfgondel aufgenommen.
Zur Erfüllung von Langstreckenaufgaben erschien eine Dauerleistung der Triebwerke von mindestens 8 232 kW (11 200 PS) erforderlich. Geplant war der Einbau von BMW 801- oder DB 613-Motoren in zwei- bis sechsfacher Anordnung. Mit den Ausführungsbeispielen E 470 A bis D sollte eine Nutzlast von 20 000 kg über eine Entfernung von 3 500 km befördert werden können. Alternativ war bei einer Reichweite von 15 000 km die Nutzlast auf 5 000 kg reduziert. In der leistungsstärksten Auführung sollte die Höchstgeschwindigkeit 542 km/h betragen. Außerdem waren eine viermotorige Ausführung E 470 E und eine Langstreckenausführung E 470 F mit geringerer Flugmasse geplant.

Vorentwurf[10]:

Muster		**E 470 A**	**E 470 B**
Triebwerk		4 x DB 613	6 x DB 613
Startleistung	PS	14 000	21 000
Kampfleistung H = 5,1 km	PS	12 400	18 600
Dauerleistung H = 5 km	PS	10 700	16 050
Spannweite	m	47,30	54,00
Fläche	m²	300	392
Flugweg	kg	30 000	37 500
Baugewicht	kg	47 000	63 000
Ausrüstung	kg	3 000	3 000
Rüstmasse	kg	50 000	66 000
Aufgabenstellung 20 000 kg auf 3500 km			
Zuladung	kg	38 000	42 500
Flugmasse	kg	88 000	108 500
Flächenbelastung	kg/m²	293	277
Leistungsbelastung	kg/PS	6,28	5,15
Optimale Reichweite	km	3 260	3 520
V_{max} in H = 6 km	km/h	497	527
Aufgabenstellung 50 000 kg auf 15 000 km			
Zuladung	kg	85 500	107 500
Flugmasse	kg	136 500	175 000
Flächenbelastung	kg/m²	452	447
Leistungsbelastung	kg/PS	9,7	8,35
Optimale Reichweite	km	14 900	14 950

Angesichts der übergroßen Spannweiten und des verdickten Profils im Flügelmittelstück wurde erwogen, im Flügelbereich auch Lasten und Zusatzstrahlgeräte unterzubringen. Letztere sollten beim Kampfeinsatz ausgefahren werden und die Höchstgeschwindigkeit auf 605 km/h erhöhen.

Versuchsmuster für Amphibien-Transporter Ar 430

Das Projekt für einen zweimotorigen Amphibien-Transporter wurde 1940 unter der Projektbezeichnung E 233 in

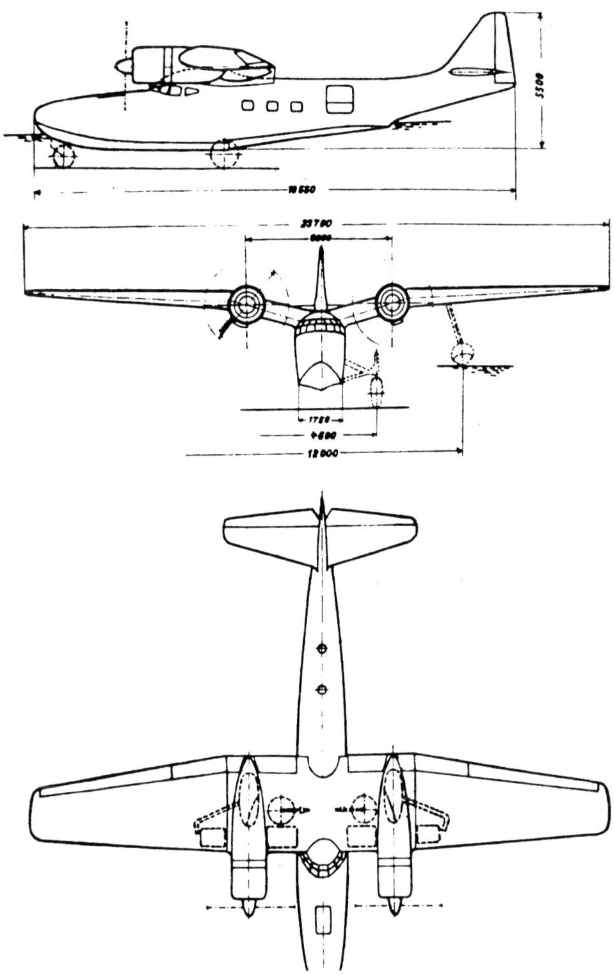

Typenblatt des Amphibientransporters E 430/Ar 233 (1942).

Angriff genommen und erfuhr als Ar 430 in überarbeiteter Form die Zustimmung des RLM. Der für zwei Besatzungsmitglieder und sechs bis acht Passagiere ausgelegte Ganzmetall-Schulterdecker hatte eine Spannweite von 23,79 m, eine Länge von 20,92 m und eine Flugmasse von 9 434 kg. Die Serienausführung sollte von zwei Bramo 323 R2-Motoren mit einer Leistung von je 736 kW (1 000 PS) angetrieben werden und eine Höchstgeschwindigkeit von 313 km/h erreichen. Das Flugzeug besaß einen zweistufigen Bootsrumpf, ein einziehbares Land-Fahrwerk in Dreibein-Konstruktion und einen dreiteiligen, geknickten Tragflügel mit seitlichen Stützschwimmern. Vorgesehen waren eine Flügelnasenbeheizung zur Enteisung und, für den Einsatz in Afrika und den mittelmeerischen Küstengebieten, eine Klimaanlage.
Im Januar 1941 entstanden Berechnungen und Zeichnungen für die Tragflächen und das Leitwerk. Nach dem Bau einer Attrappe und Spritzwasserversuchen im Wasserkanal des Instituts für Seeflugwesen der DVL in Hamburg wurde der Entwurf 1943 der französischen Firma Dewoitine übergeben. Ab April des gleichen Jahres wurden von der Firma Sipa Leitwerke und Landeklappen zugeliefert.[11] Für das erste Versuchsmuster war der Einbau von zwei Gnôme-Rhône 14 M-Motoren mit einer Leistung von je 515 kW (700 PS) geplant. Kurz vor der Fertigstellung des ersten Prototyps mußte das Projekt aufgrund des Kriegsverlaufs Mitte 1944 abgesetzt werden.

Kampfzonentransporter Ar 232 »Tatzelwurm«

Mit der Entwicklung des Kampfzonentransporters Ar 232 gelang Arado ein entscheidender Durchbruch. Der Entwurf ging auf einen Entwicklungsauftrag zurück, den Arado, Fieseler und Henschel im Herbst 1939 erhielten. Zunächst war an einen mittleren Transporter als Ersatz für die veraltete Ju 52 gedacht. Als bei der Besetzung der Niederlande die Landeflächen vom Gegner mit einfachen Mitteln unbenutzbar gemacht wurden und es im Transporterbereich dadurch zu großen Verlusten gekommen war, spezifizierte das RLM Ende 1940 den Entwicklungsauftrag hinsichtlich eines »geländegängigen Transporters für die Verwendung in Frontnähe«.

Ar 232 V-2 (W.Nr. 232 0002, VD+YB) während der Erprobung.

Mit dem unter der Projektnummer E 440 von Wilhelm van Nes erstellten Entwurf für den Transporter Ar 232 betrat Arado technisches Neuland und setzte hinsichtlich der Auslegung Maßstäbe für Nachkriegsentwicklungen wie den Transporter »Noratlas«. Das Flugzeug übertraf in der leistungsstärksten Ausführung die Ju 52 bei doppelter Nutzlast um rund 70 km/h in der Höchstgeschwindigkeit. Darüber hinaus setzte der geforderte Verwendungszweck voraus, daß es geländegängig war und, bei möglichst geringen Start- und Landegeschwindigkeiten, mit kürzesten Rollstrecken auskam. Das für eine vierköpfige Besatzung vorgesehene Flugzeug sollte schwere und sperrige Lasten über eine Entfernung von rund 1 500 km bis in unmittelbare Frontnähe befördern, schnell be- und entladen werden können und in zerlegtem Zustand eine Beförderung per Bahn gestatten.

Ar 232 B-01 (vorn) und A-07 (W.Nr. 010 0009, TC+ED) in der Brandenburger Montagehalle.

Entwurf mit geländegängigem Raupenfahrwerk

Die Entwurfsbeschreibung vom 24. Januar 1941 sah einen freitragenden Hochdecker in Glattblech-Schalenbauweise vor mit einem bodennahen Rumpf und einem geräumigen Lastraum hinter der Führerkabine mit einer Länge von 6,60 m, einer lichten Breite von 2,30 m und einer Höhe von 2,00 m. Zum Beladen war im Innern ein Laufkran vorhanden. Die errechnete Flugmasse betrug 15 000 kg bei normaler Gesamtlast von 5 000 kg. Unter Überlastbedingungen sollten zusätzlich 3 000 kg befördert werden, so daß der Transporter wahlweise 48 Mann mit voller Ausrüstung oder schweres Gerät aufnehmen konnte.[12]

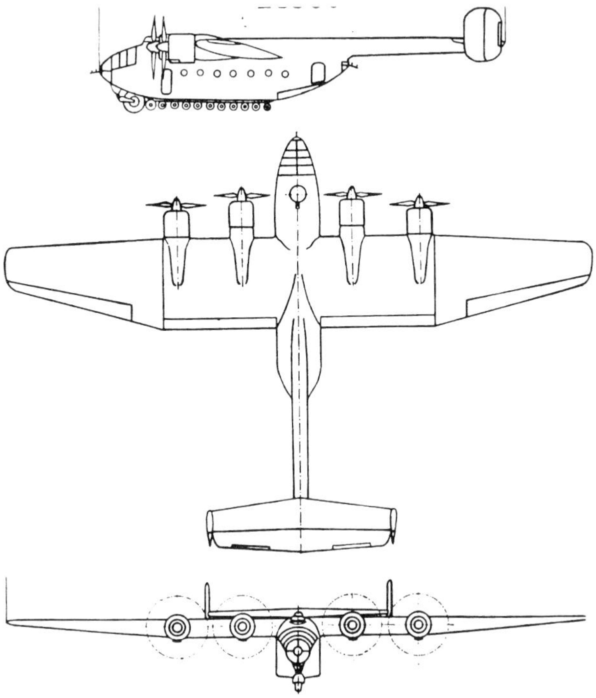

Dreiseitenansicht der Ar 232 B (1942).

Als Antrieb dienten zwei luftgekühlte 14-Zylinder-Doppelsterntriebwerke vom Typ BMW 801 A mit einer Leistung von je 1 150 kW (1 560 PS). Sie arbeiteten nach dem Viertaktverfahren mit Kraftstoffeinspritzung in die Zylinder und hatten zur Aufladung ein einstufiges Kreiselgebläse mit zwei selbsttätig geschalteten Ladergängen. Die Motoren hatten Untersetzungsgetriebe für automatisch verstellbare VDM-Dreiblatt-Luftschrauben mit einem Durchmesser von 4,20 m.[13]

Der hintere Teil des Rumpfbodens konnte hydraulisch als Laderampe abgeklappt und im Fluge zwecks Lastenabwurf oder Fallschirmjäger-Absprung geöffnet werden. Im Unterschied zu dem bereits im Projektstadium ausgeschiedenen Henschel-Entwurf mit doppeltem Leitwerksträger setzte sich das Rumpfende des Arado-Transporters als schlanker, aus zwei Halbschalen zusammengesetzter Leitwerksträger fort. Er war an einem Spant des Rumpfhecks und am Hinterholm befestigt und lag so hoch, daß er beim Beladen nicht störte. Das Seitenleitwerk war geteilt und besaß zwei Endscheiben. Das freitragende Höhenleitwerk war auf dem Leitwerksträger aufgesetzt,

Ar 232 B-01 (W.Nr. 011 0013, KI+ZT) während der Montage in Brandenburg.

an dessen Ende als Rüstsatz ein Geschirr für Lastensegler vorgesehen war.

Der dreiteilige, zweiholmige Flügel bestand aus einem durchgehenden rechteckigen Mittelstück, in dem die leckgeschützten Kraftstoffbehälter sowie das Fahrwerk untergebracht waren. Daran schlossen sich die beiden trapezförmigen Außenflügel an. Durch die Verwendung eines zuvor mit der Ar 80 erprobten Hochauftriebsflügels mit herausschiebbaren und drehbaren Auftriebsklappen ließ sich die Länge der Start- und Landestrecke erheblich verkürzen.

Das Handbuch zur Ar 232 A-0 beschrieb die Einrichtungen des Landeflügels wie folgt: »Am Flügelmittelteil befindet sich links und rechts vom Rumpf je ein aus einem einholmigen Leichtmetallgerüst mit verdrehsteifer Blechnase bestehender Landeflügel. Er hat oben Glattblechbeplankung, unten Stoffbespannung und ist an zwei Auslegern gelagert. Die Außenflügel sind mit je einem sich nach außen verjüngenden Landeflügel versehen. Der einzelne Landeflügel besteht aus einem einholmigen Leichtmetallgerüst mit verdrehsteifer Nase, oben und unten mit Glattblech beplankt. Er ist in Länge des Querruders abgesetzt, hat hinter dem Holm einen geschlossenen Düsenkasten und ist an zwei Auslegern am Außenflügel gelagert.«

Die Landeflügel wurden durch elektrischen Antrieb aus- und eingefahren. Sie konnten bei Ausfall des elektrischen Antriebs mittels einer Handkurbel notausgefahren werden. Eine Notbedienung stand auch für das elektro-hydraulisch betätigte normale Dreibein-Fahrwerk zur Verfügung. Es handelte sich um eines der ersten seiner Art, das bei einem deutschen Einsatzflugzeug verwendet wurde, und war für vorbereitete Flugplätze gedacht. Den Beinamen »Tatzelwurm« oder »Tausendfüßler« erhielt das Flugzeug aufgrund eines zusätzlichen Fahrwerks, mit dem es bei reduzierter Nutzlast auf unebenem Gelände starten und landen konnte. Nachdem ursprünglich an eine Ausführung mit einem Raupenband aus Gummi gedacht war, erwies sich anschließend ein sogenanntes »Vielrollenfahrwerk« als die zweckmäßigere Lösung. Der Landestoß wurde von dem ölgedämpften, in geschleppter Anordnung konstruierten Bugrad-Fahrwerk aufgenommen. Es besaß aufgrund seiner Größe ein beträchtliches Schluckvermögen

Laderaum der Ar 232.

Landeflügelsteuerung der Ar 232.

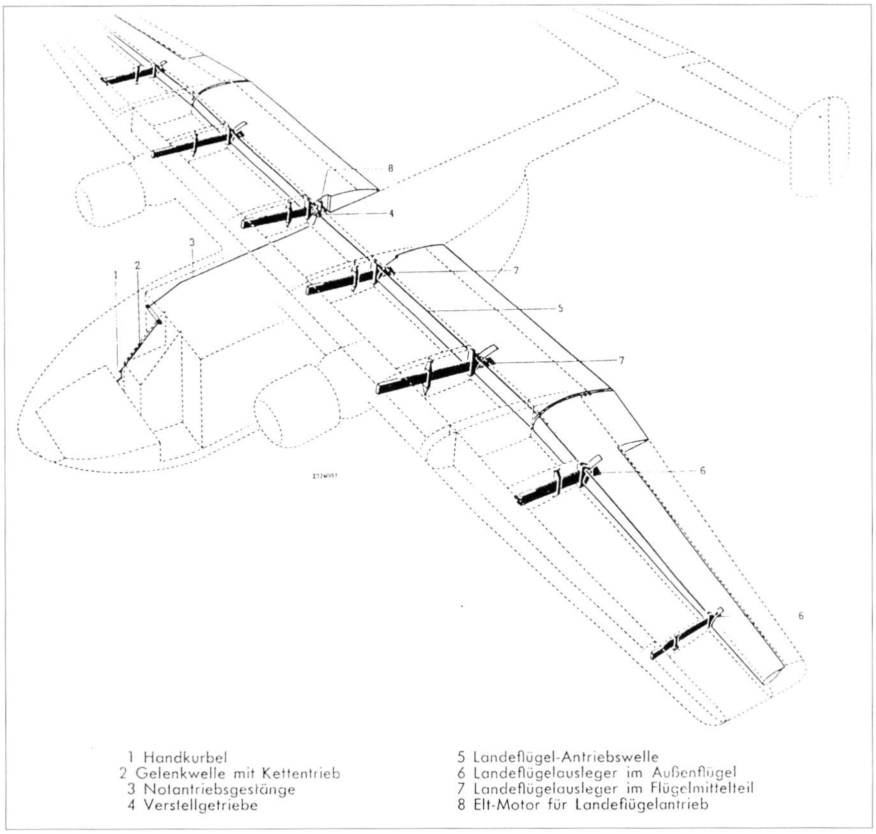

unten links: Landeflügel und Querruderlagerung der Ar 232 V-1.

unten rechts: Einstieg und Fahrwerk der Ar 232 V-1.

und bewirkte eine gewisse Verdichtung des Bodens. Durch Einfahren des Bugrades und ein Verkürzen der Federbeine des Hauptfahrwerks erfolgte ein Absenken des Flugzeugs auf die Ebene eines 60 cm höher liegenden, in zwei Reihen mittig unter dem Rumpf angeordneten Rollenfahrwerks, das aus einer Doppelreihe von elf Niederdruck-Ballonreifen bestand, die an abgefederten Schwenkarmen gelagert waren. Nach dem Absenken konnte der abgestellte Transporter leicht beladen werden. Das Flugzeug-Handbuch Ar 232 A-0 enthielt im einzelnen folgende Hinweise: »Das Hauptfahrwerk mit den bis zur Rollenfahrwerksebene verkürzten Fahrwerksbeinen bildet zusammen mit dem Rollenfahrwerk ein Allgelände-Fahrwerk. Das Flugzeug startet normal nur mit dem Hauptfahrwerk; das Rollenfahrwerk berührt hierbei nicht den Erdboden. Die Landung erfolgt in allen Fällen auf dem Allgelände-Fahrwerk. Es ist aber auch eine Landung auf dem Hauptfahrwerk möglich. Zum Starten und Landen im freien Gelände dient das Allgelände-Fahrwerk, welches ein Rollen und Starten auf weichem Boden mit kleinen Hindernissen ermöglicht. Beim Rollen im freien Gelände kann zum Überwinden größerer Hindernisse ... das Bugrad gesondert ausgefahren werden.«
Während das Absenken des Rumpfes von einem Kranhaken bei Vorversuchen in der Halle einwandfrei funktionierte, erfolgte dies bei der Flugerprobung auf einem speziell hergerichteten Hindernisgelände erst beim Weiterrollen, weil beim Abbremsen zusätzliche Kräfte von vorn einwirkten. Es zeigte sich, daß das untere Federbein des von der Firma Kronprinz entwickelten Systems aufgrund einer zu geringen Führungslänge klemmte. Zwecks beschleunigter Behebung dieses Mangels erfolgten die Änderungen nach mündlichen Angaben durch die Konstruktionsabteilung dahingehend, daß die Einstecktiefe des unteren Federbeins vergrößert wurde.
Wie aus Notizen *Walter Blumes* im Anschluß an eine Rede *Görings* vom 13. September 1942 hervorgeht, war der Transporter besonders für Spezialeinsätze in Nordafrika und in der Arktis gedacht. Zu den vorgesehenen Rüstsätzen gehörten eine Winter- oder Tropenausrüstung, eine Funkanlage, ein Schlauchboot, eine Ölfeuerheizung, ein Notstromaggregat und abgefederte Schneekufen für die Wettererkundung in der Arktis.[14] Untersuchungen der Amtsgruppe LC 2/FP am 26.9.1941 in Adlershof ergaben, daß Schneekufen mit Holzböden eine größere Festigkeit aufwiesen als Kufen aus Metall. Ob das Verfahren realisiert wurde und zur Anwendung kam, ist ungewiß. Zur Ausrüstung gehörten Waffenstände mit MG 81Z im Bug, auf der Oberseite des Rumpfes sowie im Heck. Ferner konnten MG-Fensterlafetten im Lastraum zur seitlichen Abwehr angebracht werden. Im Oktober 1943 erfolgten auch Schleppversuche mit angehängten Lastenseglern DFS 230 und Go 242. Sie verliefen erfolgreich, wurden aber eingestellt, da der Gewinn an beförderter Nutzlast unerheblich war.

Bau der Prototypen

Aus einer Aktennotiz vom 14. Februar 1941 geht hervor, daß zur Vorbereitung der zweimotorigen Vorserie A-0

Ar 232 V-1 (W.Nr. 232 0001, GH+GN) nach der Fertigstellung.

zwei Versuchsmuster und eine Bruchzelle erstellt werden sollten, deren Zeichnungen bis April beschleunigt auszuliefern waren. Als Fertigstellungstermin war der Zeitraum von Oktober bis Dezember 1941 vorgesehen. Die Teilekonstruktion begann am 30. März 1941. Am 26. Mai fand die erste Attrappenbesichtigung statt.[15] Berechnungen zur Massenverteilung und zur Schwerpunktlage erfolgten im Juni 1941.
Die aufwendige Technik führte zu einem längeren Erprobungszeitraum. Einer RLM-Mitteilung vom 10. Oktober 1941 ist zu entnehmen, daß seinerzeit die Festigkeitsuntersuchungen für das Hauptfahrwerk noch nicht abgeschlossen waren. Am 7. Mai 1942 wurden werksseitig Änderungen hinsichtlich des Antriebs für Leitwerk und Landeflügel besprochen. Der erste Prototyp (W.Nr. 232 0001, GH+GN) flog erstmals in Brandenburg am 28. Juni 1942. Er sollte laut Lieferplan Nr. 21 vom 1. Februar 1942 der Triebwerkserprobung und der allgemeinen Erprobung dienen. Die Flugerprobung dauerte bis zum 25. September 1942. Zwischenzeitlich war die V-1 am 28. August in Brandenburg Vertretern des RLM vorgeführt worden. Am 3. September 1942 wurde die V-1 erstmals in Rechlin geflogen. Die anschließende Stationierung im Werk ab Januar 1943 diente vor allem der Fahrwerkserprobung. Am 29. Oktober 1943 wurde die V-1 von einem Piloten der E-Stelle nach Rechlin gebracht, der dort in den folgenden drei Monaten ein eingehendes Programm zur Erprobung des Fahrwerks durchführte.[16] Die letzte Eintragung stammt vom 12. Januar 1944. Im Lieferplan Nr. 225 vom 24. April 1944 wurde die Ar 232 V-1 nicht mehr erwähnt. Mit dem zweiten Prototyp (W.Nr. 232 0002), der laut Lieferplan Nr. 21 ebenfalls der allgemeinen Erprobung dienen sollte, wurden insbesondere Anlagen zur Grenzschichtbeeinflussung erprobt.

Vorserie Ar 232 A-0

Die Abmessungen und Gewichte der Baureihe Ar 232 A lagen etwas über denen des Vorentwurfs. Die Spannweite war mit 32,0 m um vier Meter größer, die Flügelfläche betrug 135,0 m² gegenüber 120 m². Die Flugmasse stieg von 15 000 kg auf 16 900 kg bei Normallast.[17] Angesichts der offenen Frage, ob sich die Luftwaffe den hochentwickelten Transporter leisten könne, kam es zu ständig wechselnden Lieferanforderungen. Im Februar 1941 ging man werksseitig zunächst davon aus, daß im Anschluß an den Bau der Musterflugzeuge 35 Vorserienflugzeuge der Baureihe A-0 im Zeitraum von Mai bis Dezember 1942 im Zweigwerk Eger gebaut werden sollten. In einer Werksbesprechung vom 3. Juni 1941 wurde der Besuch von *Gottfried Reidenbach* angekündigt, mit dem vereinbart werden sollte, »daß von der Ar 232 zehn Stück A-0 Serienflugzeuge zweimotorig gebaut werden.« Der Lieferplan Nr. 19/2 vom 1. Juni 1941 gab zwar die Materialbeschaffung für 75 Einheiten der Serie A-1 frei, führte jedoch nur sechs bis Dezember 1942 zu liefernde Nullserien-Flugzeuge auf. Laut Werksprotokoll vom 5. Juni 1941 waren wieder zehn Vorserienflugzeuge geplant. Nachdem laut Lieferplan Nr. 20 vom 15. Oktober 1941 die Entwicklung des Transporters vorübergehend ausgesetzt worden war, wurden in dem Nachfolgeprogramm vom 15. März 1942 erneut zehn Einheiten der Baureihe A-0 angefordert. Am 15. April 1942 äußerte *Milch* in einer Besprechung mit *Blume* aber überraschend, daß die Ar 232 »verhältnismäßig wenig wichtig« sei, und sprach von einem »taktischen Transporter«, für den vermutlich nur eine bescheidene Serie zu erwarten war. Von der Vorserie A-0 entstanden bis Mitte 1943 zehn Einheiten (W.Nr. 010 0003-010 0012).

Arado Ar 232 A-03 (W.Nr. 010 0005, VD+YC). Das Flugzeug wurde am 15. 8. 1943 durch Absturz zerstört.

Die britische Luftbildauswertung hatte 1942 mit der Überwachung der Erprobungsstelle Rechlin begonnen. Am 28. April 1943 waren zwei Vorserienflugzeuge der Baureihe A-0 die ersten mit einer neuartigen Aufklärungsmethode in Rechlin identifizierten Versuchsflugzeuge.[18]

Viermotorige Baureihe Ar 232 B-0

Am 6. November 1942 sah *Blume* Anhaltspunkte dafür, daß das RLM an der Ar 232 »starkes Interesse« habe und »daher auch Unterstützung« zu erwarten sei. Er wollte deshalb die »Erprobung auf höchste Dringlichkeitsstufe setzen« und eine »Erfahrungsübertragung« für die Baureihe B einleiten.

Die Entwicklung der viermotorigen Vorserie B-0 wurde vom Technischen Amt mit dem Ziel einer Leistungssteigerung angeordnet. Innerhalb dieser Baureihe sollte unter der Projektbezeichnung E 401 auch eine Schwimmerversion entwickelt werden.[19]

Da die für die Baureihe A-0 verwendeten Triebwerke dringend für die Produktion von Jagdflugzeugen benötigt wurden, entschied man sich für vier BMW/Bramo 323 R2-Sternmotoren mit einer Leistung von je 735 kW (1 000 PS).[20] Die zusätzlichen Triebwerke erhöhten zum einen die Sicherheit beim Ausfall eines Motors. Zum anderen führte die Verdoppelung der Motorenzahl bei Normallast zu einer geringeren Leistungsbelastung von 4,38 statt 5,13 kg/PS.[21] Die Nutzlast sank dagegen geringfügig, denn die auf 17 500 kg erhöhte Abflugmasse ergab sich durch die zusätzlichen Triebwerke und die gegenüber der Baureihe A-0 um 2,5 m auf 33,5 m vergrößerte Spannweite.[22]

Im Anschluß an das letzte der zehn A-0-Vorserienflugzeuge (W.Nr. 010 0012) entstanden zunächst die Transporter Ar 232 B-01 (W.Nr. 011 0013, KI+ZT) und B-02 (W.Nr. 011 0014). Die B-01 startete am 30. Juli 1943 nach zweimonatiger Verzögerung zu ihrem Erstflug.[23]

Im März 1942 wurden 20 Vorserienflugzeuge der Baureihe Ar 232 B-0 angefordert.[24] Im Juli des Jahres erhöhte sich die angeforderte Liefermenge auf 127 Einheiten der Baureihe B-1, deren Fertigung im November 1942 anlaufen sollte.[25]

Baustop für den »Aluminiumfresser«

Die Vorgaben für die Liefermengen der Ar 232 erwiesen sich 1943 erneut als unrealistisch. Während einer Entwicklungsbesprechung am 7. August 1942 lehnte Generalmajor *Carl August von Gablenz* als Chef des Planungsamtes den Weiterbau ab. Er war der Auffassung, daß auch von dem bewährten Baumuster Ju 52 entsprechende Aufgaben weitgehend übernommen werden könnten, und bezeichnete die Ar 232 als »Aluminiumfresser schlimmster Sorte«. Fbm. *Walter Friebel*, der Leiter der Flugzeugentwicklung,[26] hielt dem entgegen, daß das Spezialflugzeug auf Vorschlag des Technischen Amtes entwickelt worden sei, daß es die Bedingung der Geländegängigkeit und einer Startrollstrecke von 100 Metern erfüllt habe und besonders im Winter eine ideale Verwendung finde. Nachdem sich Generalstabsingenieur *Roluf Lucht* der zuvor laut gewordenen Kritik mit der Äußerung angeschlossen hatte, daß man sich »aufgrund der Kapazitätsverhältnisse die Maschine nicht leisten könne und sie deshalb auf Eis legen müsse«, erklärte auch *Milch*, daß er »die Maschine streichen würde, wenn er könnte«. Zehn Tage später wurde auf einer Amtschefbesprechung beschlossen, innerhalb der nächsten drei Monate zu entscheiden, ob die Ar 232 weiterhin in das Bauprogramm aufgenommen werden sollte. Im einzelnen vermerkte das Protokoll: »Da die Ar 232 große Entwicklungskapazitäten erfordert und einen starken Leichtmetallverbrauch bringt und gegenüber der Ju 352 lediglich den Vorteil des kürzeren Starts und der kürzeren Landung bietet, bittet der Gen.FM nochmals

Ar 232 B-01 (W.Nr. 011 0013, KI+ZT).

Entwurfsbeschreibung vom		30.8.1941	30.8.1941
Muster		**Ar 232 A**	**Ar 232 B**
Triebwerk		BMW 801 A-1	Bramo 323 P-1
Startleistung		2 x 1560 PS	4 x 1000 PS
Spannweite	m	32,00	33,50
Länge	m	23,50	23,50
Höhe	m	6,60	6,60
Flügelfläche	m^2	135,00	142,50
Luftschraube		VDM	VDM
Durchmesser	m	4,30	3,50
		normal/Überlast	normal/Überlast
Rüstmasse	kg	11 235 / 11 235	12 780 / 12 780
Zuladung	kg	4 765 / 7 265	4 720 / 7 220
Abfluggewicht	kg	16 000 / 18 500	17 500 / 20 000
Zielgewicht	kg	15 000 / 17 500	16 500 / 19 000
Kraftstoffmenge	kg	2 000 / 2 000	2 000 / 2 000
Flächenbelastung beim Start	kg/m^2	118 / 137	123 / 140
Leistungsbelastung beim Start	kg/PS	5,13 / 5,92	4,38 / 5,00
Rollstrecke	m	200 / 355	157 / 220
Startweg auf H = 20 m	m	445 / 720	350 / 460
Mittl. Reisegeschwindigkeit			
Hinflug H = 4 km	km/h	233 / 195	236 / 213
Rückflug H = 4 km	km/h	252 / 252	255/255
Flugdauer	h	6,2 / 6,2	5,7 / 5,7
Flugstrecke	km	1 500 / 1380	1 400 / 1335
Kraftstoffverbrauch	g/PSh	215 / 215	208 / 208
Kampfleistungen am Ziel:			
V-max in H = 0 km	km/h	282 / 278	283 / 280
in H = 2 km	km/h	287 / 278	303 / 300
in H = 4 km	km/h	305 / 296	312 / 308
in H = 6 km	km/h	296 / 277	305 / 292
Steigzeit auf H = 1 km	min	2,8 / 3,9	2,8 / 3,5
H = 2 km	min	5,7 / 8,0	5,4 / 7,0
H = 4 km	min	13,0 / 18,6	11,5 / 15,8
H = 6 km	min	22,0 / 34,6	20,0 / 27,5
Dienstgipfelhöhe	m	7 600 / 6 400	8 000 / 6 900
Landegewicht am Ziel	kg	15 000 / 17 500	16 500 / 19 000
mit Last	kg/m^2	111 / 130	116 / 133
Flächenbelastung am Ziel	m	91 / 98	92 / 99

gründlich zu erwägen, ob dieses Baumuster nicht abgesetzt werden kann. Es könnten statt dessen pro Ar 232 etwa vier Ju 352 geliefert werden.«

Im September 1943 wurde entschieden, daß anstelle der vorgesehenen Lieferung von 20 Einheiten nur noch drei gebaut werden sollten.[27] Zu diesem Zeitpunkt waren fünf Flugzeuge der Baureihe Ar 232 B-0 im Flugbetrieb. Drei weitere befanden sich in Brandenburg in der Endmontage. Für die restlichen zwölf lief die Großbauteil- und Einzelteilfertigung. Auf diesem Hintergrund wurde zunächst ein Lieferauftrag über acht Einheiten aufrechterhalten, der in den Lieferplänen vom Mai und Juli 1944 auf zwölf Einheiten erweitert wurde.[28]

Das im Zusammenhang mit der Vorführung einer Ar 232 B-0 am 23. November 1944 erstellte Protokoll enthielt den Vermerk: »Wegen der kostspieligen Bauart kann aber nur eine Nullserie von 20 Stück gebaut werden«. Dies deutet darauf hin, daß die Lieferung der restlichen zwölf Einheiten erwartet wurde. Offensichtlich bestand hinsichtlich des tatsächlichen Auslieferungsstandes seinerzeit Unklarheit, denn ein für eine Vorführung am 13. Juni 1944 in Rechlin vorgesehenes Flugzeug[29] wurde fälschlich als Ar 232 B-020 (W.Nr. 011 0032) angekündigt.[30] Bis zum 15. Juli 1944 waren aber erst zehn Flugzeuge ausgeliefert.

Am 13. Juni 1944 wurde in Rechlin von Stabsingenieur *Bader* die Ar 232 B-010 vorgeführt.[31] Der Bericht enthielt folgende Mitteilung: »Das Gelände bestand aus vier Gräben bis zu 1,50 m Breite mit jeweils einem Wall vor und hinter dem Graben aus ca.180 cm hohem losen Sand. Dazwischen verstreut kleinere Bombentrichter. Über diese Hindernisse wurde gestartet und gelandet. Vereinzelt wurde das Flugzeug direkt auf einem Graben aufgesetzt. Machte großen Eindruck.«

Trotz dieses erneuten Leistungsnachweises blieben einige Rechliner Techniker wie *Heinrich Beauvais* skeptisch. Sie glaubten, beim Überrollen von Gräben »aus dem Innern

Ar 232 B-09 (W.Nr. 011 0031, GD+XP) mit Verbandskennzeichen J4+UH der Tr.fl.st.5 in Mühldorf (Frühjahr 1944). Das Flugzeug wurde am 25.4.1945 von einem englischen Nachtjäger abgeschossen.

des Flugzeugs allerhand zu hören«, und wurden »den Gedanken nicht los, daß diese harten Stöße beim Rollen Schäden verursacht hatten«.[32] Auf die Vertreter der Firma Luftschiffbau Zeppelin G.m.b.H., die mit der Weiterentwicklung des Messerschmitt-Transporters Me 323 beauftragt war, machte die Ar 232 B-0 am 23. November 1944 in Brandenburg dagegen »einen sehr günstigen Eindruck«. Ruderwirkung und Stabilität waren in Ordnung. Die Sicht war nach ihrer Meinung »ausgezeichnet«, der Start »überraschend kurz«. Mit ausgefahrenem Fowler »stieg das Flugzeug mit 100 km/h in gut steuerbarem Zustand weg«, wie es hieß. Die Landung mit ausgefahrenen Fowler-Klappen erfolgte in sehr steilem Gleitwinkel bei 100 km/h Anschwebegeschwindigkeit. Die Ausrollstrecke betrug nur 120 m.[33]

Nachdem am 28. Juni 1944 aufgrund der verschärften Kriegslage der Bau von Transportern eingestellt werden mußte und auch die zwischenzeitlich geplante Weiterentwicklung als Einfachtransporter Ar 432 aufgegeben werden mußte, endete die Produktion der Ar 232 am 30. November mit der Auslieferung des Vorserienflugzeugs Ar 232 B-011.[34]

Sondereinsätze

Als Erprobungsträger blieb die Ar 232 V-2 bis Kriegsende im Werk. Für werksseitige Transportzwecke, unter anderem im Rahmen der Erprobung des Strahlflugzeugs Ar 234, stand auch die von *Walter Kröger* am 22. April 1943 eingeflogene Ar 232 A-05 (W.Nr. 010 0007, VD+YE) zur Verfügung.[35] Vermutlich mit der Ar 232 A-05, die im Sommer 1943 mehrfach auch von Rechliner Piloten nachgeflogen wurde, landete der Werkspilot *Jakob Kunz* am 10. Juni 1944 auf dem Flugplatz Hirschberg. In Absprache mit *Walter Kröger* hatte *Hans Rebeski* erreicht, daß das Flugzeug im Rahmen eines »Betriebsausflugs« dort den Mitgliedern des in Landeshut untergebrachten Konstruktionsbüros vorgeführt wurde. Der Wiederaufstieg mußte allerdings unerwartet rasch vorgenommen werden, denn der örtliche Volkssturm, der ein Absetzen feindlicher Spione vermutete, hatte versucht, ihn zu verhindern.

Die Ar 232 wurde mehrheitlich zur Versorgung eingeschlossener Frontbereiche an der Ostfront und im unwegsamen Gelände der Eismeerfront eingesetzt. Die erste und einzige ausschließlich mit der Ar 232 ausgerüstete Ein-

Ar 232 A, vermutlich A-05 (W.Nr. 010 0007, VD+YE), mit ausgefahrenem Fowler-Flügel auf dem Flugplatz Hirschberg/Schlesien mit Mitarbeitern des Konstruktionsbüros (10.6.1944). Untere Reihe von links: Leiter des Konstruktionsbüros TB-1 *Hans Rebeski* (12. v. l.), Flugzeugführer *Jakob Kunz* (15. v.l.), Leiter des Konstruktionsbüros TB 2 *Walter Föhring* (18. v.l.).

Die mit dem Fahrwerk eingesunkene Ar 232 A-010 (W.Nr. 010 0012, TC+EG) der Westa 5 auf der Bäreninsel/Norwegen nach der Wiederaufrichtung (7.8.1943).

heit war das im Juni 1943 in Berlin-Schönwalde aufgestellte und im Dezember nach Eger verlegte Ergänzungs-Transportgeschwader 7./Erg.TG.[36] Mehr als acht Flugzeuge, wie dies im Frühjahr und Sommer 1944 der Fall war, waren jedoch nie gleichzeitig bei den Verbänden im Einsatz.

Nach Aussagen des Konstruktionsleiters *Hans Rebeski* sollte bereits die im November 1942 fertiggestellte Ar 232 A-01 (W.Nr. 010 0003, VD+YA) kurzfristig für den Abtransport von Verwundeten im Raum Stalingrad eingesetzt werden. Der Abflug erfolgte jedoch erst nach der Einnahme von Stalingrad am 6. Februar 1943. *Rebeski* hatte Bedenken, der Truppe ein unausgereiftes Flugzeug zu überlassen, und bot in Absprache mit *Walter Blume* und dem Luftwaffenkommando an, die Besatzungen unter Mitnahme von Spezialwerkzeug zu begleiten. Da ihn ein Verkehrsunfall von der sofortigen Durchführung des Plans abhielt, flog das erste Flugzeug ohne ihn voraus. Als der unerfahrene Pilot über einem Waldgebiet bei Beutnitz/Kreis Crossen im Gleitflug Bodensicht gewinnen wollte, erhielt das Flugzeug Bodenberührung und stürzte ab. Der für den gleichen Zweck geplante Einsatz der im Februar 1943 ausgelieferten A-02 (W.Nr. 010 0004, VD+YB) wurde daraufhin gestrichen.

An der Ostfront wurde die Ar 232 vorwiegend im Raum Odessa und auf der Krim eingesetzt.[37] Die außergewöhnliche Geländegängigkeit der Ar 232 bewährte sich auch bei Einsätzen im Norden Europas. Am 17. Juli 1943 startete in Brandenburg Oblt. *Rudolf Schütze* mit der zweimotorigen Ar 232 A-010 (W.Nr. 010 0012, TC+EG) zum nördlichsten Flugplatz Europas in Banak in Norwegen.[38] *Schütze* sollte bei der Westa 5 Landungen in hohem Schnee in Spitzbergen und auf der Bäreninsel durchführen und automatische Wettergeräte absetzen. Die nötige Reichweite für derartige Flüge war durch den Einbau von Treibstoff-Zusatzbehältern mit einem Fassungsvermögen von 5 000 Litern gewährleistet. Bei der Landung auf dem Südkap Spitzbergens am 24. Juli 1943 knickte die rechte Seite des Haupfahrgestells ein, so daß das Flugzeug auf dem Vielradfahrgestell ausrollte und auf das Flächenende kippte. Dank der Höhenverstellbarkeit des Fahrwerks konnte die Besatzung die Maschine aus eigener Kraft wieder aufrichten. Dies gelang auch, als das Flugzeug am 7. August bei einer Landung auf der Bäreninsel bis zu den Radachsen im weichen Untergrund einsank. Bei den tagelangen Bergungsarbeiten wurde die Besatzung mit Material aus der Luft versorgt.

Das Flugzeug ging vor der Beendigung seiner Mission aufgrund einer Verkettung unglücklicher Umstände verloren. Am 26. August 1943 sollte es zwecks Überholung nach Brandenburg zurückgeführt und durch eine viermotorige Ausführung ersetzt werden. Kurz nach dem Start brach der Funkkontakt ab, das Flugzeug stürzte ab und ging in Flammen auf. Die Besatzung und alle Insassen, darunter einige Spezialisten des Herstellerwerkes, kamen ums Leben. Untersuchungen ergaben, daß das rechte Triebwerk zu einem Zeitpunkt versagte, als das Flugzeug sich kurz nach dem Start noch in den Wolken befand. Um einen Notlandeplatz zu finden, mußte der Pilot geländebedingt über den stehenden Motor nach rechts kurven. Dieses ohnehin schwierige Manöver wurde dadurch erschwert, daß die zweimotorige Ar 232 A wegen geringer Leistungsreserven im Einmotorenflug kaum zu halten war. Nachdem die Maschine mehr Höhe als erwartet verloren hatte und wieder aus den Wolken herauskam, flog sie bereits tiefer als die umliegenden, etwa 150 m hohen Berge. Bei dem Versuch des Piloten, noch über eine Bergkuppe

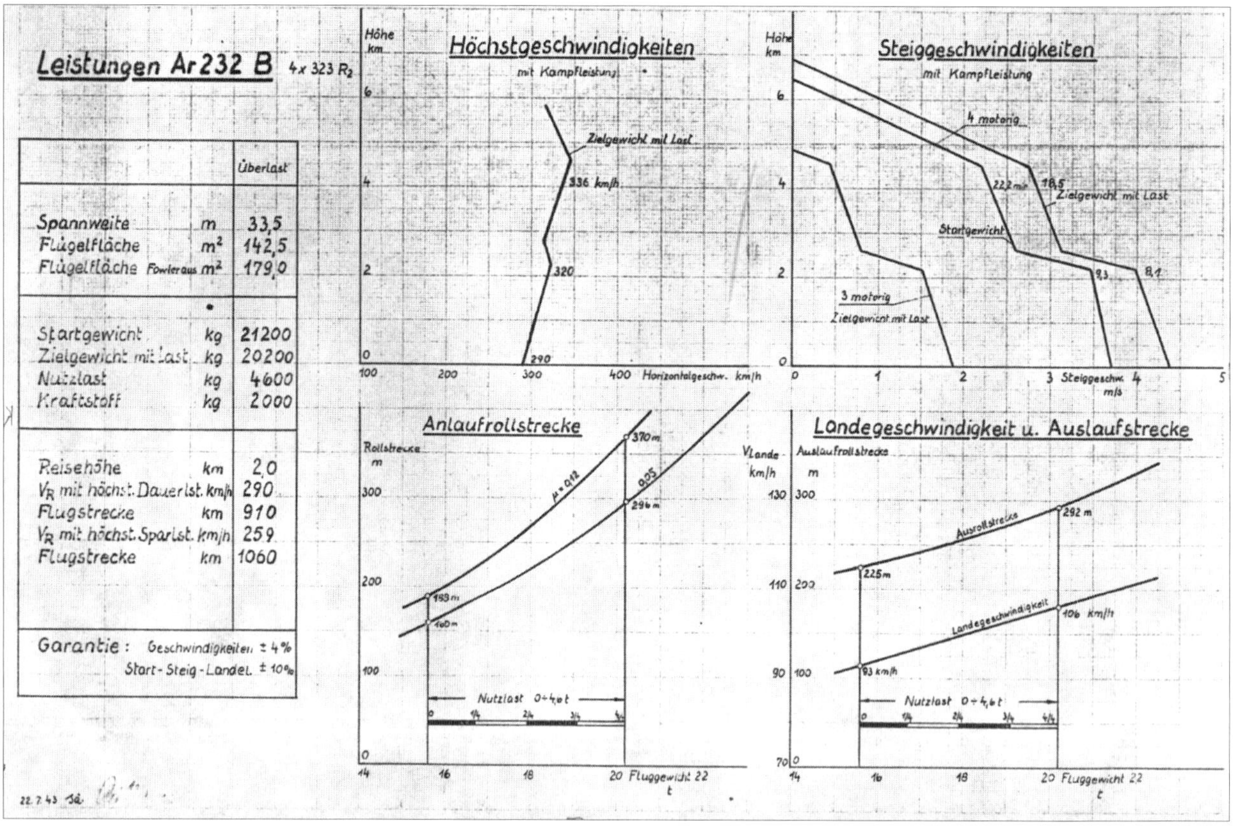

Flugleistungen der Ar 232 B (22.7.1943).

hinwegzuziehen, sackte sie durch und schlug unterhalb des Gipfels auf.

Die Geländegängigkeit des Flugzeugs ließ es für Sondereinsätze, unter anderem für geheime Sabotageaufträge im Rahmen des Sonderkommandos KG 200, geeignet erscheinen. Ein solches Unternehmen unter dem Decknamen »Zeppelin« hatte 1944 die Ermordung *Stalins* zum Ziel. Der sowjetische Diktator sollte am 27. Jahrestag der Oktoberrevolution im Kreml mittels eines in einer Aktentasche versteckten Sprengkörpers getötet werden, der per Funk gezündet werden sollte. Mit der Ausführung der Operation wurde ein übergelaufener Offizier betraut, der mit Papieren des stellvertretenden Leiters der Abwehrabteilung der 39. sowjetischen Armee ausgestattet wurde. Er wurde begleitet von einer ebenfalls übergelaufenen Funkerin, die als Unterleutnant im Sanitätsdienst getarnt war.

Ein erster Versuch zur Ausführung der Operation mit der Ar 232 A-08 (W.Nr. 010 0010, TC+EE)[39] wurde wegen schlechter Sichtverhältnisse im Zielgebiet abgebrochen. Bei einer Zwischenlandung in Minsk während des Rückflugs knickte ein Hauptfahrwerk ein. Es handelte sich um einen Sabotageakt, denn eine Untersuchung ergab angeblich, daß eine der Stützstreben angesägt war.[40]

Zur Vorbereitung eines zweiten Fluges mit der Ar 232 B-05 (W.Nr. 011 0017, KI+ZX)[41] wurden drei Fallschirmagenten zur Erkundung von Landeplätzen in den Wäldern bei Smolensk abgesetzt. Nach sowjetischer Darstellung soll der Funker übergelaufen sein und den Landeplatz verraten haben. Die sowjetische Abwehr ließ angeblich Feuerstellungen und Scheinwerferanlagen errichten für den Fall, daß die deutschen Flieger Verdacht schöpfen sollten und durchstarten wollten.

Mit den Agenten an Bord geriet das Flugzeug bereits vor dem Erreichen des Zielgebietes im Raum Smolensk in starkes Flakfeuer. Da außerdem das Wetter ungünstig war, entschloß sich der Pilot zu einer Kursänderung und nahm am 4. September 1944 auf einem Ausweichfeld bei dem Dorf Kuklowo eine Nachtlandung vor. Dabei wurde das Flugzeug so stark beschädigt, daß es nicht mehr zu einem

Arado | **Transporter** | **Ar 232 B**

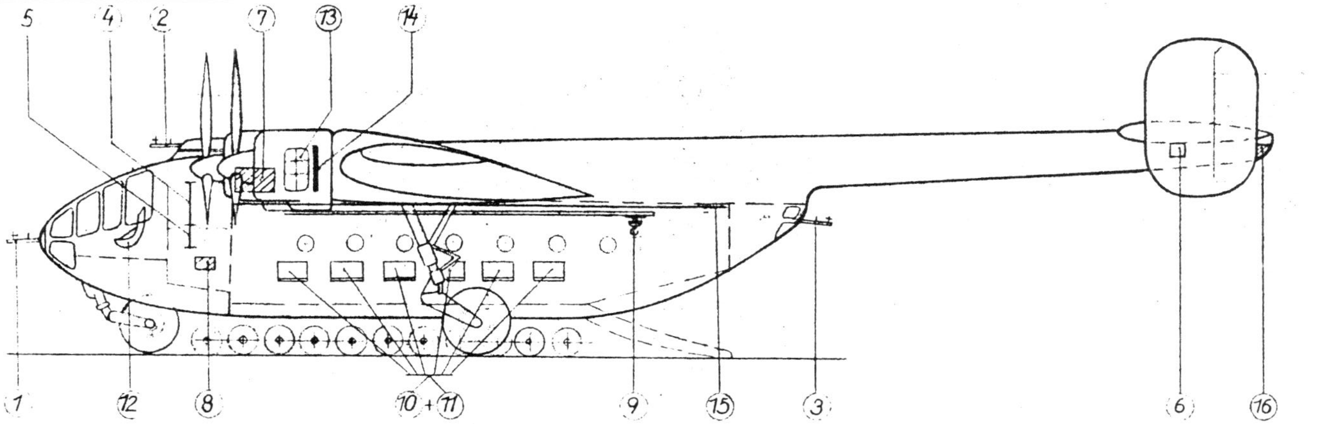

Nr.	Rüstsätze	Gewicht kg	Nr.	Rüstsätze	Gewicht kg
1.	A-Stand: 1 MG 81 Z beweglich mit 1000 Schuß	29 28	9.	Laufschiene und Laufkatze	79
2.	B-Stand: 1 MG 81 Z beweglich mit 1600 Schuß	78 45	10.	Klappsitze (6 Stück im Laderaum)	30
3.	C-Stand: 1 MG 81 Z beweglich mit 2000 Schuß	46 56	11.	Ausrüstung für Truppentransport (8 Sitzbänke)	193
4.	Gr. FT-Rahmen (FuG X, Peil G6, FuBl.2)	115	12.	Führerpanzersitz (Differenzgew.)	60
5.	Kl. FT-Rahmen (FuG 16)	30	13.	Schlauchboot	48
6.	Kurssteuerung (Rudermaschine i.Heck)	20	14.	Schlauchbootpanzerung	49
7.	Winter- oder Tropen-Ausrüstung	185	15.	Absprunganlage f. Fallschirmjäger	20
8.	Werkzeugtasche, Zurrseile, Bodenanker, Bezüge f. Kabine, Motor usw.	85	16.	Geschirr für Lastensegler	24

Bearbeiter: Entwurfsabteilung | *Bl.* 2

Rüstsätze der Ar 232 B.

Rückflug starten konnte.[42] Nachdem eine Ju 88 die Landestelle vermutlich nicht ausfindig machen konnte, geriet die Besatzung entweder in Gefangenschaft oder wurde erschossen. Die Agenten selbst sollen auf dem Weg nach Moskau am 7. September von einer Streife verhaftet und 1952 hingerichtet worden sein.[43]
Eine weitere Sondermission unter Führung des KG 200 war die Bereitstellung der Ar 232 im Oktober 1944 zur Versorgung einer hinter die sowjetischen Linien geratenen, von Oberstleutnant *Scherhorn* geführten deutschen Einheit.[44] Die Planung sah vor: »Nach erfolgter und gemeldeter Landeplatzerkundung durch Fähnrich *Wild* Einsatz von 4 Arado 232 nach Möglichkeit in einer Nacht zur einmaligen Großversorgung (20 to) sowie Rückführung der Schwerverwundeten und nicht Marschfähigen... Weitere Versorgung während des Rückmarsches ist vorgesehen... Lfl. Kdo. 6 bittet um Genehmigung der beabsichtigten Einsätze und Kommandierung der verfügbaren Arado 232 (mindestens 6) von XIV. Flg,Korps zum K.G. 200.«[45]
Bei der Aufnahme der Versorgungsflüge am 8. Dezember 1944 standen aber nur zwei Transporter, vermutlich A-06 (W.Nr. 010 0008, G6+VY) und B-07 (W.Nr. 011 0029, G6+YY), zur Verfügung.[46] Bis zum Februar 1945 konnte angesichts schlechter Sicht, technischer Probleme und feindlicher Abwehr nur vereinzelt Nachschub abgesetzt werden. Nach der Gefangennahme *Scherhorns* lief das Unternehmen aufgrund gegnerischer Täuschungsmanöver ins Leere.
Anfang März 1945 verlegten einige Ar 232 nach Tutow, wo sie dem 1./KG 200 eingegliedert wurden. Einige von ihnen wichen anschließend nach Mühldorf aus.
Eine Ar 232 erhielt am 19. April 1945 den Auftrag, das Wrack einer in Manching abgestürzten B-17 abzuholen. Am 23. April wurden zwei Ar 232 zur Versorgung eines eingeschlossenen Flugplatzes bei Zagreb abkommandiert. Von Tutow aus wurden gegen Ende April die letzten Einsätze zur Versorgung von Heeresverbänden geflogen, die den sich schließenden Ring um Berlin sprengen sollten.

Bei Kriegsende waren die meisten Arado-Transporter mit Ausnahme der bei dem Unternehmen »*Scherhorn*« eingesetzten Ar 232 B-07, die in Eggebek unversehrt in die Hände der Engländer gelangte, entweder durch Abschuß oder Tieffliegerangriffe in Verlust geraten. Der Rest wurde einschließlich der im Werk verbliebenen Ar 232 A-05 (W.Nr. 010 0007, VD+YE)[47], mit der *Walter Kröger* am 1. Mai 1945 kurz vor der Kapitulation Werksangehörige von Warnemünde nach Kaltenkirchen beförderte, von den Besatzungen vor der Erbeutung zerstört.

Ar 232 als Erprobungsträger für Grenzschichtbeeinflussung

Der auftriebserhöhende »Arado-Wanderflügel« mit angelenktem Wander-Querruder bewirkte eine Vergrößerung der Flügelfläche um 25 Prozent. Das Querruder wanderte beim Ausfahren des äußeren Landeflügels mit aus und gelangte dadurch in eine neue Null-Lage, behielt aber seine vollen Ausschläge. Zur Aufrechterhaltung der normalen Fluglage insbesondere nach dem Lastenabwurf wurde eine Einrichtung zur schnellen Verstellung der Trimmruder entwickelt, die sowohl eine Grob- als auch eine Feineinstellung erlaubte.[48]
Die Startstrecke der Ar 232 sollte ursprünglich durch die Verwendung von Startraketen verkürzt werden. Zur Verkürzung der Ausrollstrecke waren ein Bremsfallschirm oder Bremsraketen vorgesehen.[49] Die Forderung nach einer Steigerung der Startlasten und die damit verbundene Zunahme der Startstrecken führte zur Suche nach neuen Techniken zur Auftriebserhöhung. Zu diesem Zweck sollte die Ar 232 V-2 im Rahmen der Erforschung der Grenzschichtbeeinflussung eine Absauge- und Ausblasanlage erhalten, mit der ein maximaler Auftriebsbeiwert von 4,0 erreicht werden sollte.
Ansatzpunkt war die Frage, ob sich die Höhe der Sogspitze im Bereich vom Nasenradius des Tragflügelprofils durch geeignete Maßnahmen zu größeren Profiltiefen hin erhalten ließ. Untersuchungen im Windkanal der AVA Göttingen führten zu der Erkenntnis, daß eine Energiezufuhr über einen Spalt, welcher im Querrudernasen- bzw. Klappendrehpunktbereich in Spannweitenrichtung verläuft, eine Lösung darstellte. Mit einem Walter-Antrieb je Tragflügelseite sollte die Grenzschicht über dem Landeklappenbereich abgesaugt und über den Querruderbereich wieder ausgeblasen werden. Mit den Untersuchungen wurde der Aerodynamiker *Friedrich Wagner* beauftragt.
Im Juli 1941 erwartete Arado bereits die Lieferung einer Versuchsanlage durch die Aerodynamische Versuchsanstalt in Göttingen. Sie galt als erprobt und betriebsbereit. Eine »Entwurfsbeschreibung Ar 232 mit Absaugeflügel«, datiert vom 20. Februar 1942, belegt den geplanten »Einbau einer Absauge- und Ausblasanlage unter Fortfall des Fowlerflügels« in eine Flügelattrappe. Ein entsprechender Erprobungshinweis findet sich im Lieferprogramm Nr. 222 vom 1. November 1942. Ein Schriftwechsel mit der Firma Hirth in Zuffenhausen zwecks Lieferung einer Kleingasturbine vom Mai 1943 läßt erkennen, daß die Absaugeanlage seinerzeit noch nicht einsatzbereit war. Laut Lieferplan Nr. 225 vom 24. April 1944 befand sich die Ar 232 V-2 zu diesem Zeitpunkt im Werk und sollte bis Ende April erneut zur Erprobung der Grenzschichtbeeinflussung eingesetzt werden.

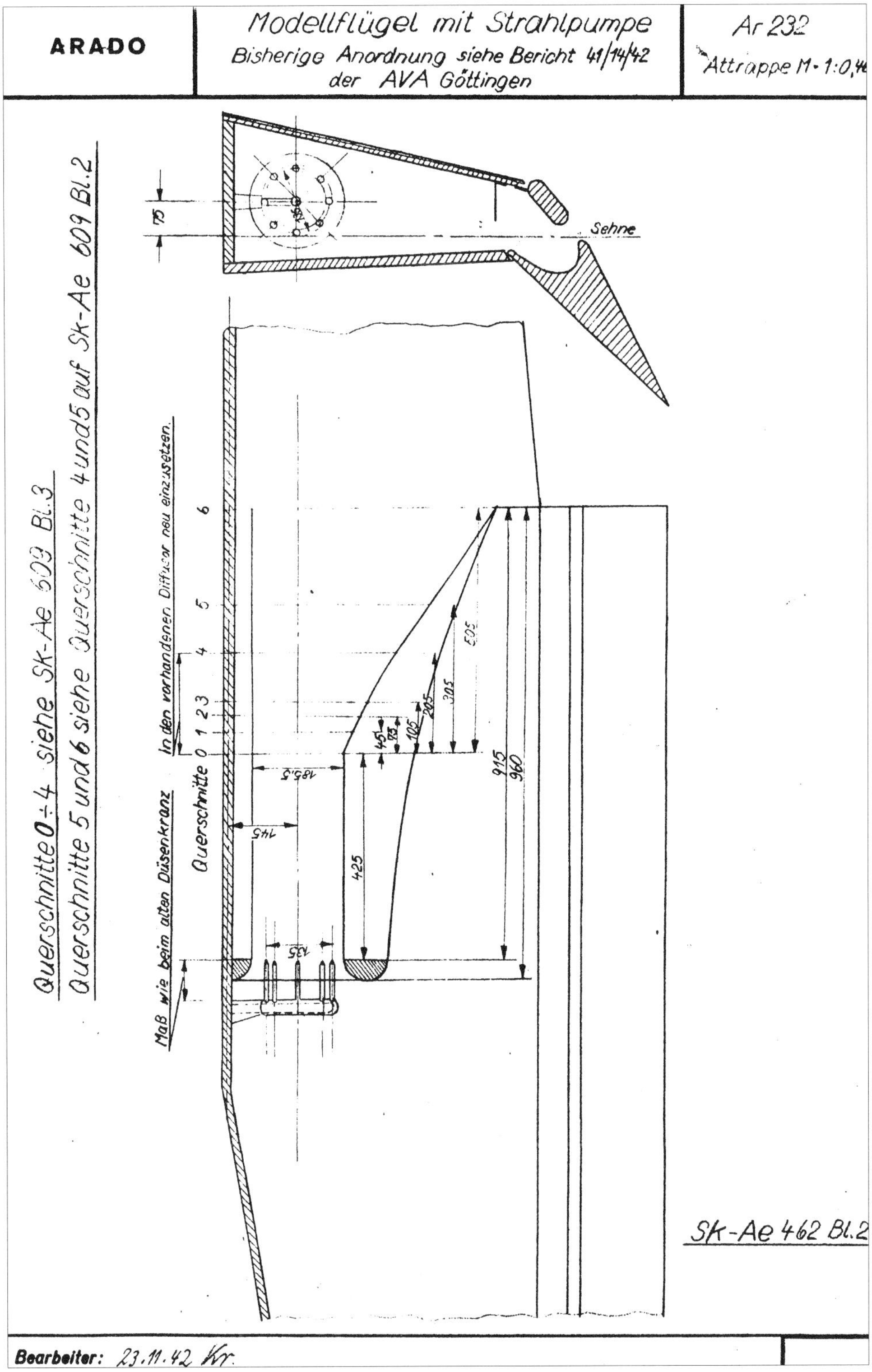

Modellflügel der Ar 232 V-2 mit Strahlpumpe zur Grenzschichtbeeinflussung (23.11.1942).

Ar 232 B des 1./KG 200 in Mühldorf (Frühjahr 1945).

Rolf Renatus, seinerzeit Mitarbeiter der mit dem Absaugeverfahren beschäftigten Arbeitsgruppe, beschrieb die Vorgehensweise zur Umsetzung der Göttinger Ergebnisse wie folgt:

»Als Antriebsgerät kommt eine Gasstrahlpumpe pro Tragflügelseite zum Einsatz, deren Treibstrahl mit Walter-Treibstoff erzeugt wird, welcher ebenfalls für Raketenmotore Anwendung fand. Die eingesaugte Luft wird anschließend wieder ausgeblasen. Die Gasstrahlpumpe hatte eine Zentraldüse und dazu konzentrisch einen ›Kranz‹ von acht weiteren Düsen. Sämtliche Düsen dieser Pumpe waren als Überschalldüsen (Lavaldüsen) ausgelegt. Auf dem Prüfstand bestätigte die Gasstrahlpumpe ihre Leistungsfähigkeit. Im Ergebnis konnten die aus den Göttinger Resultaten abgeleiteten Fördermengen des von neun Lavaldüsen erzeugten Treibstrahls nachgewiesen werden.Für die Übertragung auf die Ar 232 bestand der nächste Schritt in der Fixierung des Verhältnisses von saugbeaufschlagter zu blasbeaufschlagter Flügelfläche der beiden Tragflügelseiten. Der Absaugebereich begann jeweils in Rumpfnähe, da hier die günstigsten Gestaltungsmöglichkeiten für die Absaugung vorhanden waren.
Im Grenzbereich von Absaug- und Blasfläche hatte die Gasstrahlpumpe ihren Platz. All dies erfolgte vorerst an einem Originaltragflügeltorso mit dem Raum zwischen Hinterholm und Profilende sowie Rumpfanschluß bis Spannweitenende. Die verlangte Mengenverteilung in Spannweitenrichtung konnte durch bekannte, geeignete Mittel und über elastische, querschnittssteuernde Elemente erreicht werden. In diesem Zusammenhang verdient das handwerkliche Können der ›Arado-Blechkünstler‹ noch nachträglich Würdigung hinsichtlich Tempo und Qualität. Der kugelförmige Treibstofftank von etwa 1,2 m Durchmesser deckte die Wirkzeiten für einen Start und eine Landung mit ausreichender Sicherheit ab. Diese Untersuchungen fanden auf dem Brandenburger Gelände im Sommer 1942 statt.«[50]

Rüdiger Kosin beschrieb die Entwicklung wie folgt: »Das

Das Beuteflugzeug Ar 232 B-07 (W.Nr. 011 0029) in Farnborough.

von uns entwickelte System arbeitete auf folgender Grundlage: Absaugung auf der Innenseite des Flügels im Bereich der Landeklappen und Ausblasen am Außenflügel im Bereich der Querruder. Mit dieser Lösung ... brauchte nur die halbe Luftmenge transportiert zu werden, so daß der Platzbedarf und der Energieverbrauch gering waren. Die Gewinnung der erforderlichen Energie erwies sich als Problem und war Gegenstand längerer Untersuchungen. Anfangs zogen wir eine turbinengetriebene Walter-T-Stoff-Anlage in Erwägung. Da die Kieler Walter-Werke durch Aufträge der Marine völlig ausgelastet waren, mußten wir nach einer anderen Lösung Ausschau halten... Später setzten wir auf der Grundlage von Versuchen und Berechnungen, die mit dem Hochgeschwindigkeitskanal in Göttingen erfolgten, die Arbeiten zur Beeinflussung der Grenzschicht mittels einer Gasstrahlpumpe fort. In Zusammenarbeit mit den Walter-Werken in Kiel, die das Gerät lieferten, führten wir ein umfangreiches Versuchsprogramm durch mit dem Ziel, eine für unsere Zwecke geeignete Pumpe zu entwickeln. Alle von der Fachliteratur und den Herstellern beschriebenen Aggregate erschienen uns völlig unzureichend. 1943 waren die Arbeiten soweit fortgeschritten, daß in Brandenburg das gesamte Absauge- und Ausblassystem für die Ar 232 in Originalgröße ... getestet werden konnte. Im Winter 1943/44 wurde das System in den Versuchsträger Ar 232 V-2 eingebaut. Angesichts der Priorität der Flugerprobung mit Strahlflugzeugen mußte die Erprobung der Anlage im Fluge verschoben werden, und das Flugzeug diente anderweitigen, werksinternen Zwecken.[51] Kurz vor Kriegsende wurde es von einem Flugplatz östlich der Elbe nach Hamburg überführt.... Wir wissen nicht, ob die RAF die Anlage im Fluge erprobt hat.[52] Weder während der Tätigkeit für die RAF von Oktober 1945 bis Mai 1946 bei der AVA Göttingen noch während seines Aufenthaltes im Interrogation Centre in Wimbledon von Mai bis Oktober 1946 wurden der Verfasser oder einer seiner Mitarbeiter über die von ihnen erstellte Anlage zur Grenzschichtbeeinflussung befragt.«[53]

Erste Entwürfe und Projekte für schnelle Kampfflugzeuge

1933 war eine geheime deutsche Denkschrift zur Luftkriegskonzeption im Sinne der Doktrin Douhets zu dem Resultat gekommen, daß »das wirksamste Mittel, um die feindliche Luftflotte niederzukämpfen, der Angriff gegen die auf der Erde in ihren Flughäfen stehenden feindlichen Bombenträger« sei und »die Lagen, in denen leichte Jagdkräfte mit Erfolg gegen die Luftflotte eingesetzt werden können, in Zukunft zu den Ausnahmen gehören«.[54] Das operative Konzept der Luftwaffenführung war deshalb frühzeitig auf den offensiven Einsatz der Luftwaffe zur taktischen Heeresunterstützung ausgerichtet. Die Forderung des Generalstabsleiters Walter Wever nach einem strategischen Bomber blieb dagegen umstritten. Noch in einer 1936 veröffentlichten weiteren Denkschrift wurde die Notwendigkeit strategischer Luftangriffe zwar nicht ausgeschlossen, jedoch befürchtete man dadurch »auf die Dauer nur eine Versteifung des Widerstandswillens«.[55] Für die Luftangriffsverbände waren neben den reinen Sturzkampfverbänden mittlere Horizontalbomber wie die He 111 und anschließend die Ju 88 vorgesehen. Allerdings stellte sich zunehmend die Frage nach einem schweren Jäger mit größerer Reichweite, der den Schutz der eigenen Bomberflotten übernehmen und Angreifer vor Erreichen

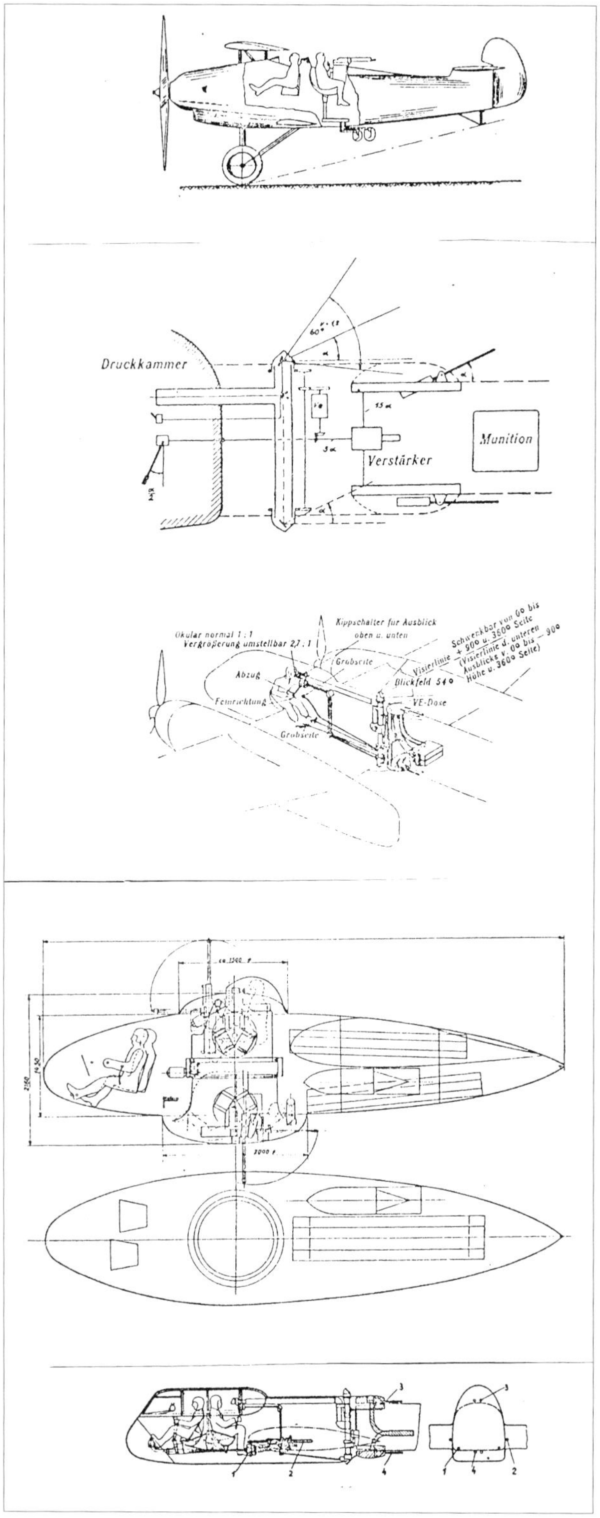

der Landesgrenzen abwehren konnte. Es blieb zunächst offen, ob mittlere Schnellbomber wie die Ju 88 aus wirtschaftlichen Gründen als Mehrzweckflugzeug ausgelegt werden sollten, um zugleich die Aufgaben eines Zerstörers, und darüber hinaus auch die des Fernaufklärers, zu übernehmen.

Die Aufgabenstellung für den künftigen Zerstörer hatte die Technische Entwicklungsabteilung des RLM erstmals im Juni 1934 festgelegt.[56] *Das Flugzeug sollte ein- bis zweimotorig sein, eine Besatzung von drei bis vier Mann aufnehmen und eine Höchstgeschwindigkeit von 400 km/h erreichen. In Anbetracht dieser Geschwindigkeit glaubte man, auf aufwendige rückwärtige Waffenstände verzichten zu können, und forderte als Abwehrbewaffnung nur ein Zwillings-MG. Nach Vorbesprechungen mit Willy Messerschmitt legte sich das RLM im Sommer des Jahres 1934 auf dessen Konzept des Zerstörers Bf 110 weitgehend fest. Die weitere Planung wurde von einer latenten Personalkrise in der Luftwaffenführung überschattet. Nach dem Tod Wevers war ab Mitte 1936 die Wechselbeziehung zwischen dem Generalstab und dem Technischen Amt gestört. Nachdem Udet am 9. Juni des gleichen Jahres von Wilhelm Wimmer die Leitung des Technischen Amtes übernommen hatte, wurde Staatssekretär Milch von ihm dienstlich immer häufiger übergangen. Udet verließ sich in Beschaffungsangelegenheiten weitgehend auf den Rat seiner Fliegerstabsingenieure August Ploch, den Chef des Stabes, und Günther Tschersich, den Leiter der Technischen Planung, die Milch nach dem Krieg als »die bösen Geister« Udets bezeichnete. Milchs Verhältnis zu Göring war gespannt, nicht zuletzt weil er Görings Vertrauen in Willy Messerschmitt nicht teilte.*

Entwurf E 500 eines schnellen Zerstörers

Als Jagdflieger des Ersten Weltkriegs stand *Walter Blume* unter dem prägenden Erlebnis, daß *Manfred von Richthofen* vermeintlich mangels einer Verteidigungsmöglichkeit nach hinten abgeschossen worden war.[57] Nicht zuletzt deshalb sollte der von ihm favorisierte künftige »Luftkreuzer«, unter dem ein schneller zweisitziger Flugzeugzerstörer zu verstehen war, mit einer effektiven rückwärtigen Bewaffnung ausgestattet sein. Obwohl er dieses

◀ Bewaffnungskonzepte für Jagdzweisitzer. Von oben: Entwurf für eine Sattellafette mit Luftruderantrieb (*W. Blume* 1930). Entwurf für eine ferngerichtete Heckbewaffnung mit elektromotorischem Verstärker (*Kurt Bornemann*). Entwürfe für eine ferngerichtete Heckbewaffnung, eine Gondel mit 2-cm Rh.Lb. 202-Kanonen und einen rückwärtigen Waffenstand mit Periskopvisier und Fernrichtantrieb (*W. Blume*).

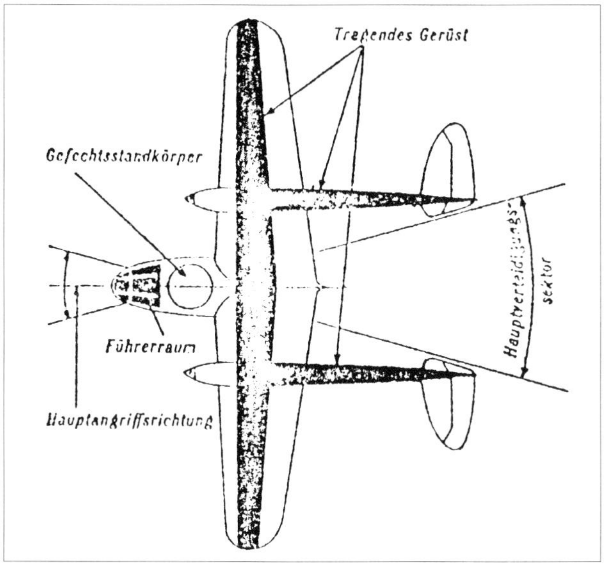

Skizze zur »praktischen« Idealform des Kampfflugzeugs *(W. Blume* 1935).

Ziel äußerst hartnäckig verfolgte und für zahlreiche Zerstörer- und Schnellbomberentwürfe der Arado Flugzeugwerke einplante, kamen die von Arado entwickelten ferngerichteten rückwärtigen Waffentürme erst Ende 1942 bei der Truppe zum Einsatz.

Ab 1925 hatte sich *Blume* bereits mit Entwürfen für entsprechende Waffenanlagen befaßt. Er hoffte diesbezüglich einen ähnlichen Durchbruch zu erzielen, wie er *Lübbe* zuvor im Fall der Vorwärtsbewaffnung der Jagdeinsitzer gelungen war. In einer waffentechnischen Studie bezog er sich noch 1942 wie folgt auf dessen Erfindung aus dem Jahr 1915: »Die im Weltkrieg getätigte geniale Erfindung, mit Maschinengewehren durch den Kreis einer laufenden Luftschraube gesteuert schießen zu können, ermöglichte die zentrale ›starre Bewaffnung‹ von einmotorigen Zugschraubenflugzeugen. Mit dieser Bewaffnungsart wurde mit einem Sprunge eine gewaltige Überlegenheit an Treffsicherheit gegenüber der ›beweglichen Bewaffnung‹ erzielt und damit die Grundlage für die besonders wirkungsvolle Anwendung im Jagdeinsitzer gegeben.«[58]

Blume sah Waffensysteme vor, »die in den Grundzügen der Anordnung und Bedienbarkeit denen der Jagdeinsitzer möglichst ähnlich waren«. Folgende Gesichtspunkte erschienen ihm von zentraler Bedeutung:

1. Vereinigung aller Bestandteile der Schußwaffe zu einer in sich starren, insgesamt aber im Flugzeug drehbaren, gegen den Luftstrom durch Verkleidungen geschützten Lafette.

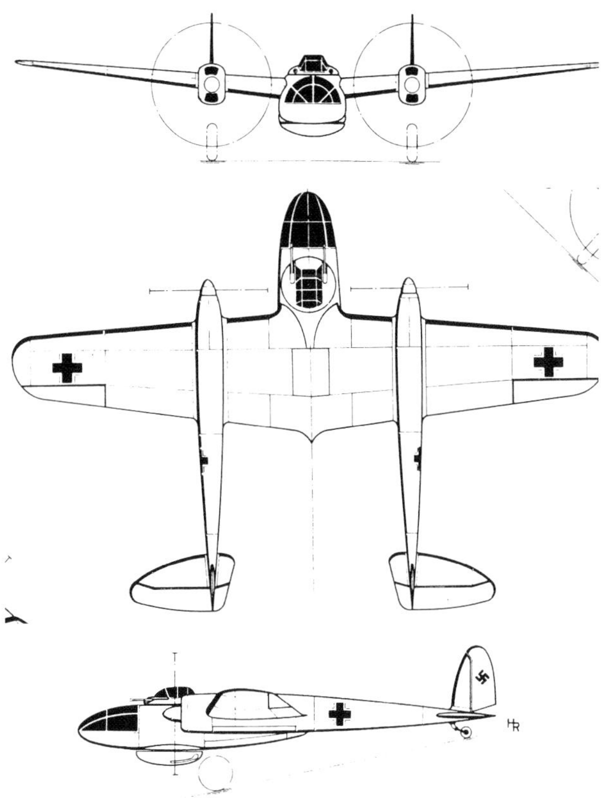

Dreiseitenansicht des Zerstörer-Projektes Arado E 500 (1937).

2. Antrieb oder Steuerung nach Art der Flugzeugsteuerung mit Waffenabzug am Steuergriff.
3. Einsatz von Hilfsmotoren zur Überwindung des Staudrucks auf die Waffe.

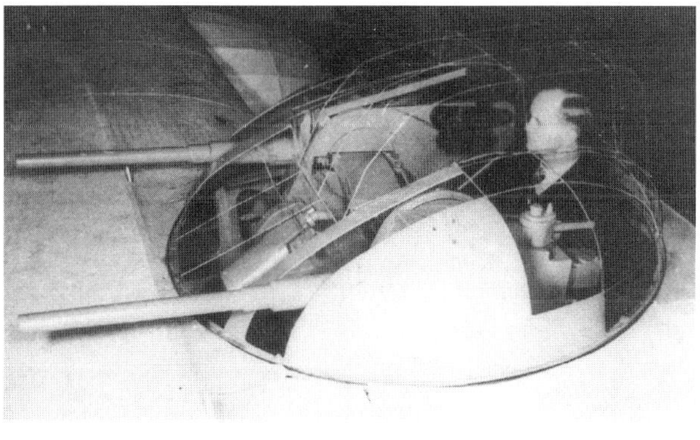

Attrappe des Waffenstandes für Arado E 500.

Der Einsatz von Hilfsmotoren ergab sich zwangsläufig aus der gesteigerten Geschwindigkeit der Flugzeuge, die eine manuelle Einwirkung auf die geschwenkte Waffe in einem offenen Waffenstand spätestens bei Geschwindigkeiten über 400 km/h infolge des Staudrucks unmöglich machte. Während seiner Beratertätigkeit bei der Inspektion für Waffen und Gerät von 1924 bis 1926 entwickelte *Blume* erste konkrete Vorstellungen zu einem Hilfsantrieb. Sein 1925 angemeldetes Patent für Drehtürme und Drehsitzlafetten sah eine Herabsetzung des Luftwiderstandes mittels eines Luftruders vor. Die Prüfung einer Waffenattrappe im Rahmen eines Jagdzweisitzer-Entwurfs, der 1930 während seiner Tätigkeit bei Albatros entstanden war, kam aber zu dem Ergebnis, daß die Anlage nicht allgemein verwendbar war.

Nach zweijähriger Unterbrechung nahm *Blume* ab 1932 bei Arado die Projektarbeit wieder auf. Zu diesem Zeitpunkt hatte *Lübbe* die Entwicklung einer großkalibrigen, automatischen Flugzeugwaffe abgeschlossen. Nachdem dessen Waffenpatent nicht die Zustimmung der Behörden gefunden hatte, faßte *Blume* zunächst die Verwendung einer 2-cm-Oerlikon-Kanone ins Auge.

Im Zuge der Entwicklung von Waffentürmen berücksichtigte *Blume* von Anfang an deren aerodynamische Integrierung in den Flugzeugrumpf. Auf der Suche nach der Idealform eines Kampfflugzeugs entwarf er zunächst ein Nurflügelflugzeug mit zwei halbkugelförmigen Waffenständen im Heck. Da Bauweise und Ausmaße dieses Entwurfes seinerzeit noch utopisch waren, mußte er das Projekt im Hinblick auf eine schnellere Verwirklichung fallen lassen. An seine Stelle trat ein kleinerer Flugzeugtyp, dessen geteiltes Leitwerk ein optimales Schußfeld für je zwei 2-cm-Ikaria-Kanonen in einem oberen und unteren Waffenturm bot. *Blumes* Konzept einer verkleideten, drehbaren Waffenlafette, die bei geringstem Raumbedarf günstige Schußwinkel gewährleistete, fand jedoch 1934 wenig Resonanz. Es blieb ein Fernziel, nachdem Berechnungen für einen mechanischen Hilfsantrieb mittels Preßluft- oder Hydraulikanlage zeigten, daß die benötigte Antriebsleistung mit bestehenden Mitteln nicht zu erreichen war.

Durchsetzen konnten sich dagegen konventionelle Lösungen wie die von Arado entwickelte, handbediente Lafette Typ K für offene Waffenstände, die in eine Reihe von Arado-Flugzeugen eingebaut wurde. Sie war als gekröpfte Kurbelwelle ausgebildet und besaß am freien Kurbelarm einen aufgesetzten Pivotkopf mit drehbar gelagertem Pivotzapfen.

Um nach der Streichung des Jagdeinsitzers Ar 80 verloren gegangenes Terrain bei der Entwicklung von Kampfflugzeugen wiederzugewinnen, nahm *Blume* Ende 1935 mit dem Entwurf E 500 die Projektierung eines Flugzeugzerstörers wieder auf. Waffentechnisch arbeitete er eng mit dem Diplomingenieur *Kurt Bornemann* zusammen. *Bornemann,* Mitglied der Deutschen Akademie der Luftfahrtforschung, der Lilienthal-Gesellschaft für Luftfahrtforschung und der Deutschen Gesellschaft für Wehrpolitik und Wehrwissenschaften, war nach einem Studium an der Technischen Hochschule Berlin und einer Tätigkeit als selbständiger Statiker ab 1935 in der Entwurfsabteilung von Arado tätig. 1938 wurde er Leiter der Waffenabteilung.

Der Zerstörer-Entwurf E 500 war für eine vierköpfige Besatzung ausgelegt. Das Flugzeug hatte eine unkonventionelle Form mit einem als kurze Gondel ausgebildeten Rumpf. Sie ergab sich aus dem Einbau von zwei Waffendrehtürmen mit 2-cm-Rh. Lb. 202-Kanonen der Firma Rheinmetall. Um ein freies hinteres Schußfeld zu gewährleisten, waren die Leitwerksträger als Fortsetzung der seitlichen Motorgondeln ausgebildet und die getrennten Leitwerke einseitig nach außen ausgeführt. Der obere Turm befand sich unmittelbar hinter der Vollsichtkanzel. Für den Schützen des zweiten Turms auf der Unterseite der Rumpfgondel war eine Liegewanne vorgesehen. Die Spannweite sollte 18,10 m, die Länge 12,65 m betragen. Der Antrieb sollte durch zwei Daimler-Benz-Reihenmotoren erfolgen.

Das RLM hielt den Entwurf auf weite Sicht für förderungswürdig und ordnete die Entwicklung von Versuchsflugzeugen an. Nachdem in Zusammenarbeit mit Rheinmetall-Borsig die Attrappe für einen Waffenturm erstellt worden war, kamen die Arbeiten aber vorzeitig zum Erliegen, da das Technische Amt nicht von einer kurzfristigen Einsatzreife ferngesteuerter rückwärtiger Waffenstände ausging und diesbezüglich keine ausreichenden Vorgaben machte.

Entwurf für Zerstörer E 651

Ende 1936 lagen neue taktisch-technische Forderungen für das schwere Jagdflugzeug vor, die weit über die 1934 gesteckten Ziele hinausgingen. Verlangt wurde ein mehrsitziges, schnelles und sturzflugfähiges Kanzelflugzeug mit einer Höchstgeschwindigkeit von 550 bis 600 km/h in sechs Kilometern Höhe. Als Defensivbewaffnung wurde erneut nur ein rückwärtiges Doppel-MG verlangt. Entwicklungsaufträge erhielten Focke-Wulf, Henschel und die Bayerischen Flugzeugwerke. Nachdem der zweimotorige, mehrsitzige Zerstörer Fw 57 von Focke-Wulf zu groß und zu schwer ausfiel und auch die zweimotorigen, einsitzigen Entwürfe Hs 124 und Fw 187 nicht auf Zu-

Viersitziges Zerstörer-Projekt Arado E 651 mit Rumpf-Motor und Fernwellen (1937/38).

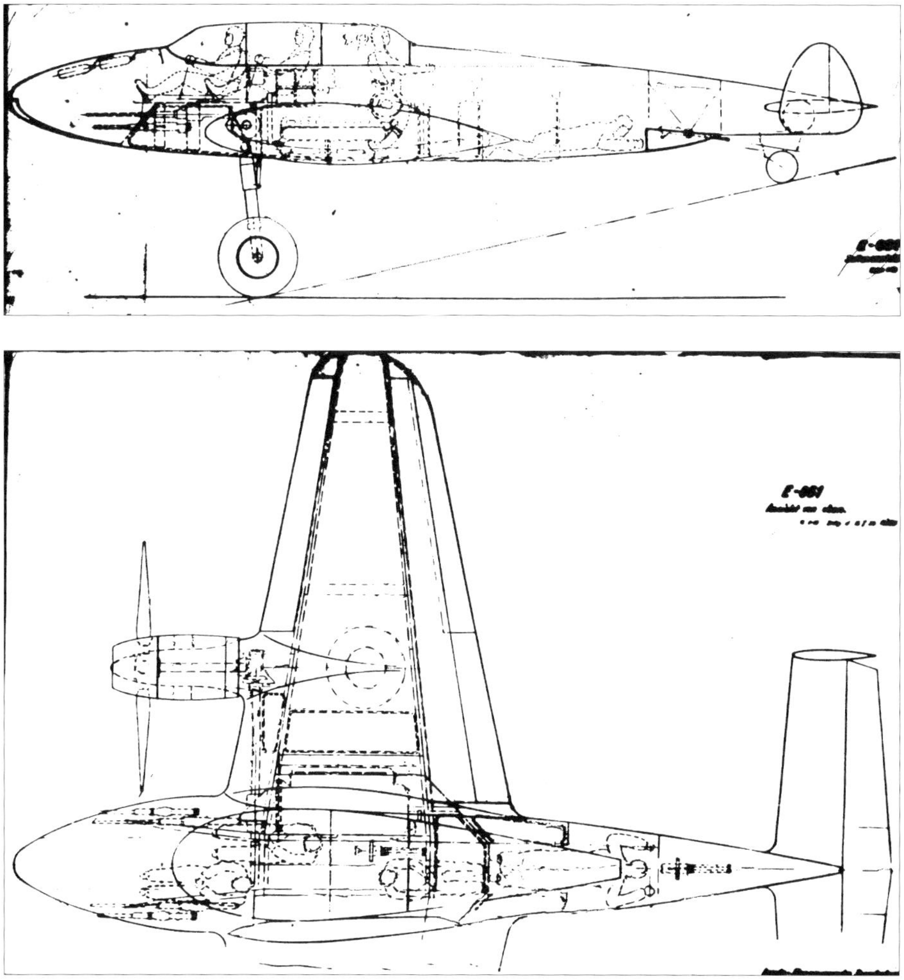

stimmung stießen, blieb es bei der Entscheidung zugunsten der Bf 110, deren erster Prototyp erstmals im Mai 1936 flog.

Trotz dieser erneuten Festlegung durch das RLM und ohne direkten Entwicklungsauftrag verfolgte Arado das Projekt eines Hochleistungs-Zerstörers weiter. Der aus dem Jahr 1937 stammende Entwurf E 651 sah einen freitragenden Tiefdecker mit aufgesetzter Kanzel und Endscheibenleitwerk vor.[59] Die Haupträder und das Spornrad waren einziehbar. In der Rumpfnase waren vier Kanonen vorgesehen. Die Abwehrbewaffnung bestand aus zwei MG 81 Z, die von einem obereren sitzenden und einem unteren liegenden Schützen bedient wurden. Um die Widerstandswerte zu verbessern, sollten die beiden Daimler-Benz-Höhentriebwerke im Rumpf-Flügel-Übergang eingebaut werden, so daß die Gondeln für die Luftschrauben im Durchmesser klein gehalten werden konnten. Die Motoren sollten über ein Winkelgetriebe gegenläufige Luftschrauben antreiben. Ein Freilauf-Getriebe sorgte dafür, daß beim Ausfall eines Motors der verbleibende auf beide Propeller arbeitete.

Das Projekt mußte jedoch abgesetzt werden, weil das Technische Amt und die Motorenindustrie eine überdurchschnittlich lange Entwicklungszeit und einen zu hohen Fertigungsaufwand befürchteten. Zeitgleich verfolgten die Heinkel Flugzeugwerke ein ähnliches Konzept mit dem Bomber He 119, der einen im Rumpf untergebrachten und über eine Fernwelle mit einem zentralen Propeller gekoppelten DB 606-Doppelmotor erhielt.[60] Das RLM lehnte jedoch auch diesen Entwurf ab und forderte für den Höhenaufklärer, Höhenjäger und Nachtjäger ein konventionelles zweimotoriges Kanzelflugzeug.

Projekt Höhenzerstörer und Schnellbomber Ar 340

Kurz vor Kriegsbeginn wurde »das leichte Kampfflugzeug als schwerer Stuka und schwerer Jäger« gefordert, mit dem in den Kampfräumen die Luftherrschaft zu erkämpfen war und im Sturzflugbombenwurf Punktziele zerstört werden sollten.[61] Damit war der Zerstörer eindeutig als schnelles Mehrzweck-Kampfflugzeug definiert.
Da weder die Ju 88 noch die Bf 162 die Erwartungen erfüllt hatten, sollte nach den Vorstellungen des Technischen Amtes ein moderner Schnellbomber aus dem Zerstörer Bf 110 abgeleitet werden. Die Messerschmitt-Werke hatten inzwischen nicht nur größenordnungsmäßig zu den bisherigen Großunternehmen aufschließen können, sondern genossen weiterhin eine bevorzugte Stellung als Entwicklungsfirma. Eine Bilanzanalyse der staatlichen Luftfahrt Kontor stellte 1939 fest: »Die Konstruktionserfolge von Herrn Prof. *Messerschmitt* haben dazu geführt, daß dem Werk in der Wahl der Typen als auch in der Fabrikationsgestaltung eine weit größere Freiheit seitens des RLM gelassen wurde als anderen Herstellerfirmen.«[62] Die technischen Richtlinien für den Zerstörer vom 15. Oktober 1938 waren deshalb auf den Nachfolgetyp Me 210 ausgerichtet, dessen Erstflug im September 1939 erfolgte.
Obwohl beabsichtigt war, »entwurfsmäßig bis zum Bau der Mustermaschine eine Anzahl von Werken parallel laufen« zu lassen, hatte *Udets* Stab Ende 1938 eine »starke Herabsetzung ...der Anzahl der Flugzeugmuster« gefordert und sich dafür ausgesprochen, »für jeden bestimmten Zweck nur ein einziges Muster« zu bauen.[63] Obwohl damit die Erfolgsaussichten für Parallelentwicklungen eher gering waren, legte Arado 1938 im Rahmen des Entwicklungsprogramms für einen zweimotorigen, sturzflugfähigen mittleren »Bomber B« den Entwurf für einen Schnellbomber und Höhenzerstörer E 340 vor.[64]
Der Entwurf sah ein Flugzeug mit einer Spannweite von 23 m und einer Länge von 18,65 m vor. Die vierköpfige Besatzung sollte in einer Druckkabine im Rumpfbug untergebracht werden. Die vordere Vollsichtkanzel mit Periskopvisier nahm bereits eine richtungweisende aerodynamische Gestaltung vorweg, wie sie später das Strahlflugzeug Ar 234 A aufwies. Vorgesehen war der Einbau überschwerer Triebwerke wie Jumo 222 oder DB 604.[65] Trotz der hohen Flugmasse von 17 800 kg sollte so mit Bombenlast in 6 km Höhe eine Höchstgeschwindigkeit von 630 km/h und eine Reichweite von 3 600 km erzielt werden.
Als besonderer Vorzug der Ar 340 wurden die fernbedienten rückwärtigen Waffenstände betrachtet. Sie waren für den Aufbau des Flugzeugs mitbestimmend. Um ein möglichst ungestörtes Schußfeld zu erhalten, war in Anlehnung an den vorausgegangenen Zerstörer-Entwurf E 500 erneut eine zentrale Rumpfgondel mit zwei Leitwerksträgern und getrennten Leitwerken vorgesehen. Das Flugzeug sollte fünf über ein Periskopvisier gesteuerte Waffenstände mit überdeckenden Schußsektoren erhalten, die mit Zwillings-MG 131 oder MG 151 ausgestattet

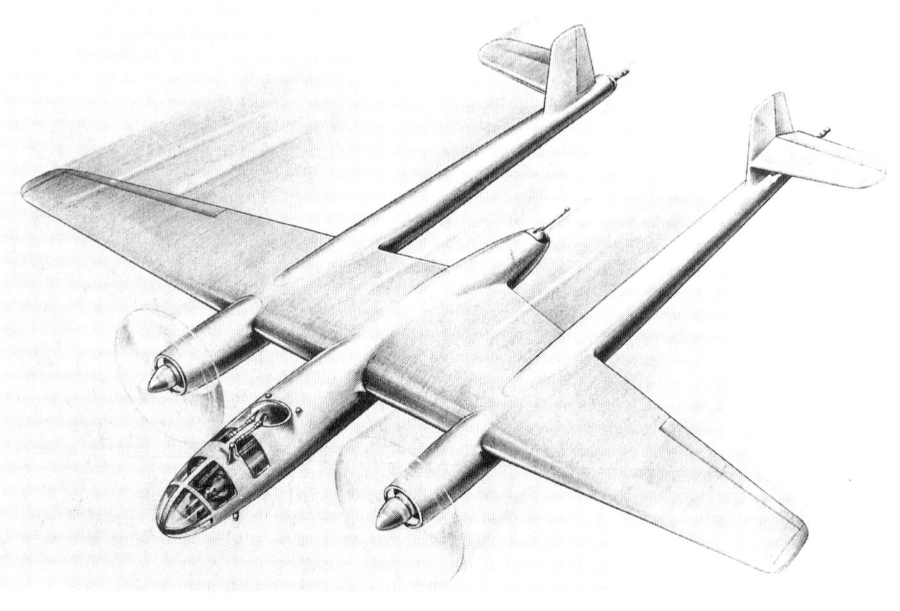

Zerstörer Ar 340 mit geteilten Leitwerksträgern und ferngerichtetem Heck-Waffenstand (1939).

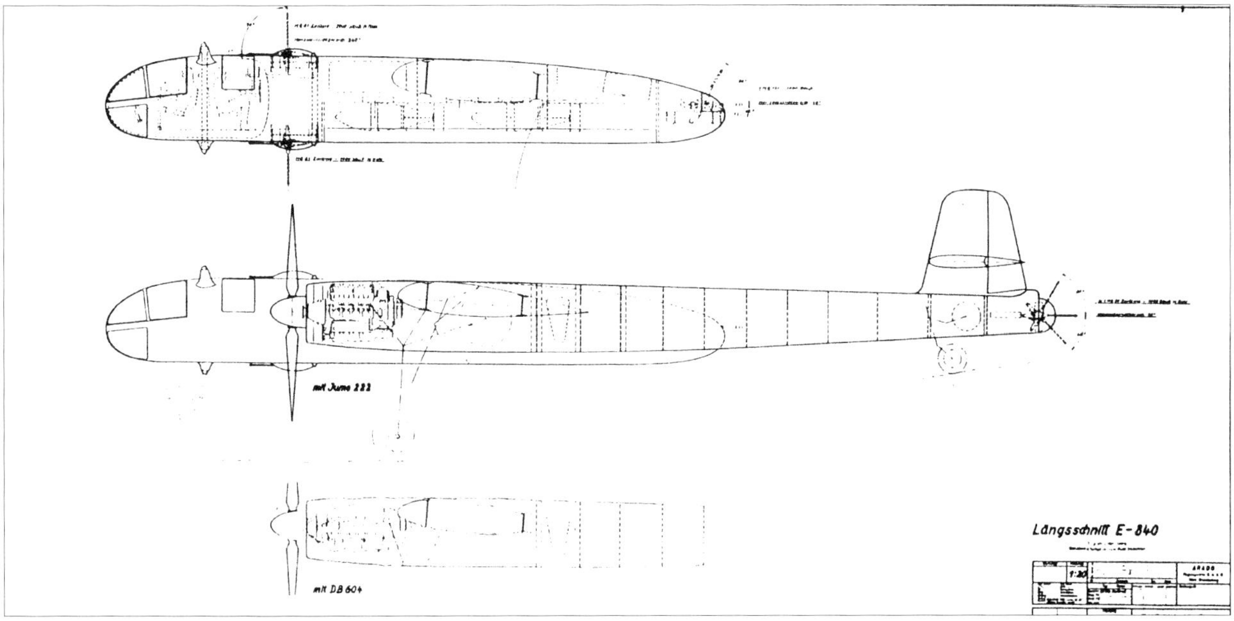

Längsschnitt der Ar 340.

werden sollten. Ein Waffenstand befand sich am Ende der Rumpfgondel. Weitere waren auf und unter dem Rumpf sowie am Ende der Leitwerksträger vorgesehen.
Hydraulisch angetriebene Waffenstände befanden sich seinerzeit in der Erprobung. Da die Resultate noch mäßig waren, betrieb Arado die Entwicklung in eigener Regie in Zusammenarbeit mit den Firmen Siemens Apparate GmbH, den Askania Werken, der Optischen Anstalt C.P. Goerz GmbH und der Deutschen Versuchsanstalt für Luftfahrt.
Die Ar 340 sollte deutlich größer sein, als der anschließendvon Arado in Lizenz gebaute Schnellbomber Ju 88. Bezüglich Spannweite, Flügelfläche und Flugmasse entsprach sie der Fw 191, Do 317 und Ju 288. Mit 630 km/h sollte sie die Höchstgeschwindigkeit dieser Konkurrenzentwicklungen, die bei maximal 550 km/h lag, ebenso übertreffen wie die der Ju 88 und des schweren Bombers He 177.[66]
Der Entwicklungsaufwand für den Schnellbomber Ar 340 war beträchtlich. Die Attrappe des Flugzeugs wurde Ende 1940 von der Fachabteilung des RLM besichtigt und fand grundsätzlich Zustimmung.[67] Änderungen wurden nur bei Details für die Bombenabwurfanlage gefordert. Arado erwartete einen Auftrag für zehn Musterflugzeuge.[68] Nachdem am am 28. Februar 1941 die Entwurfsunterlagen eingereicht waren, wurde das Projekt vom Ministerium abgesetzt, da die Entwicklung des »Bombers B« unerwartet eingestellt worden war.[69]

Entwurfsbeschreibung vom 5.4.1940:

Muster		**E 340**	**E 340**
Triebwerk		Jumo 222	DB 604
Besatzung		4	4
Länge	m	18,65	18,65
Höhe	m	5,15	5,15
Spannweite	m	23,00	23,00
Flügelfläche	m^2	69,00	69,00
Flächenbelastung beim Start	kg/m^2	258	256
Leistungsbelastung beim Start	kg/PS	4,45	3,56
Luftschrauben-Durchmesser	m	4,10	4,10
Rüstmasse	kg	11 680	11 680
Gesamtlast	kg	6102	6102
Flugmasse	kg	17 800	17 800
Zielgewicht mit Bomben	kg	15 950	15 950
Reisegeschwindigkeit (Hinflug H = 8 km)	km/h	473	473
Reisegeschwindigkeit (Rückflug H = 8 km)	km/h	510	510
Startweg auf 20 km	m	700	610

Muster		E 340	E 340
Rollstrecke	m	430	370
Reichweite	km	3 600	3 600
Flugdauer	h	7,33	7,33
Dienstgipfelhöhe	m	8 900	9 700
Leistungen am Ziel mit Bomben:			
V-max in H = 0 km	km/h	476	503
in H = 2 km	km/h	510	550
in H = 4 km	km/h	533	575
in H = 6 km	km/h	500	625
Volldruck-H = 6,2 km	km/h	585	630
H = 8 km	km/h	560	605
Steigzeit auf H = 1 km	min	1,9	1,5
H = 2 km	min	4,0	3,1
H = 4 km	min	8,6	6,3
H = 6 km	min	13,7	10,3
H = 8 km	min	23,0	16,5

Entwurf E 310 für ein Trägerflugzeug

Zu einem Zeitpunkt, als das Schicksal des Schnellbombers Ar 340 noch ungewiß war, befaßte sich Arado auch mit der Entwicklung eines schnellen Träger-Mehrzweckflugzeugs, das die Nachfolge der Bordflugzeuge Ar 195, Ar 197 und Fi 167 antreten sollte. Nachdem das RLM 1938 von Arado und Fieseler Entwürfe angefordert hatte, reichte Arado im Juni 1939 fünf Vorschläge ein.

Der für eine zweiköpfige Besatzung ausgelegte Entwurf E 310, der erstmals deutlich die Handschrift des Entwicklungschefs *van Nes* und des Aerodynamikers *Kosin* trug, sah im Unterschied zu den vorausgegangenen Entwürfen für Schnellkampfflugzeuge einen vergleichsweise konventionellen Tiefdecker mit vorderer Vollsichtkanzel, Zentralrumpf und Endscheiben-Seitenleitwerk vor.[70] Die Anfang 1940 aufgegebene einmotorige Version sollte den DB 601-Motor erhalten. Die zweimotorigen Ausführungen sollten wahlweise mit Motoren vom Typ DB 601, As 402, Jumo 210 oder BMW 132 ausgerüstet werden. Die erwarteten Flugleistungen lagen beträchtlich über denen der bisherigen Trägerflugzeuge. In der leistungsschwäch-

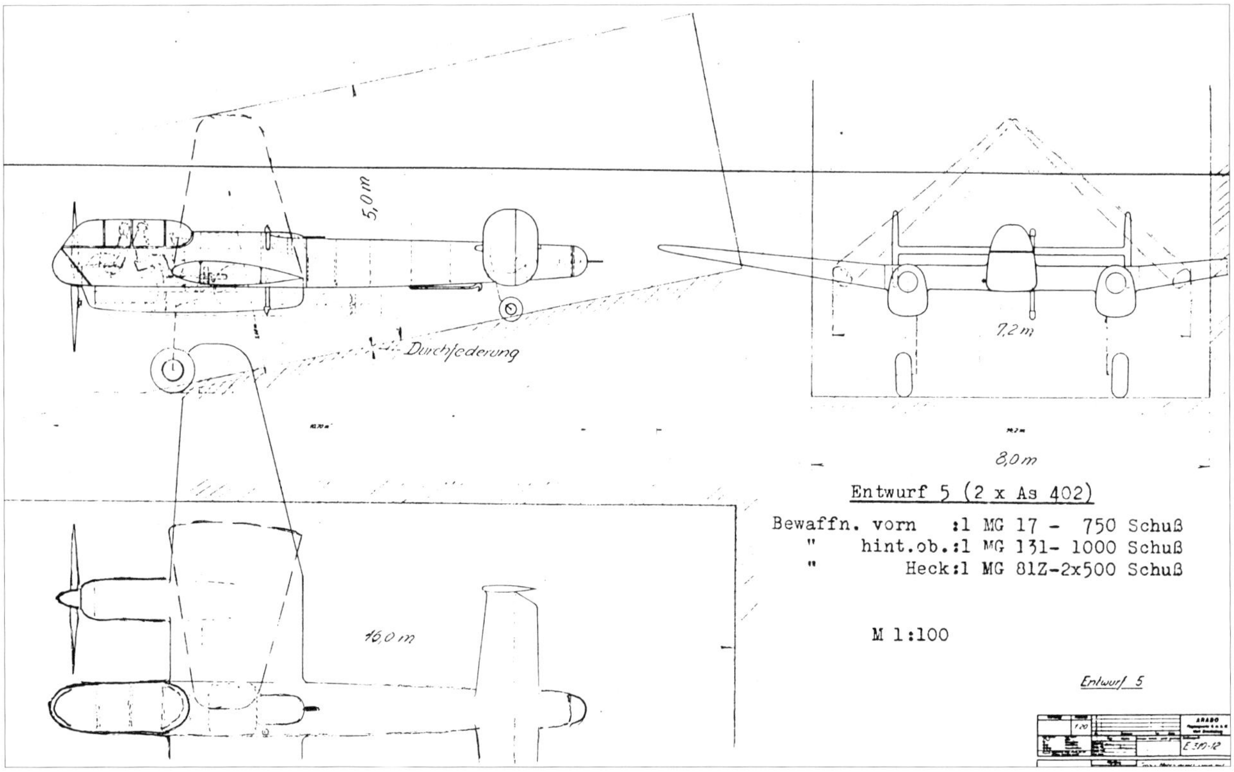

Dreiseitenansicht des Trägerflugzeugs Arado E 310/5 mit zwei As 402-Motoren (1939).

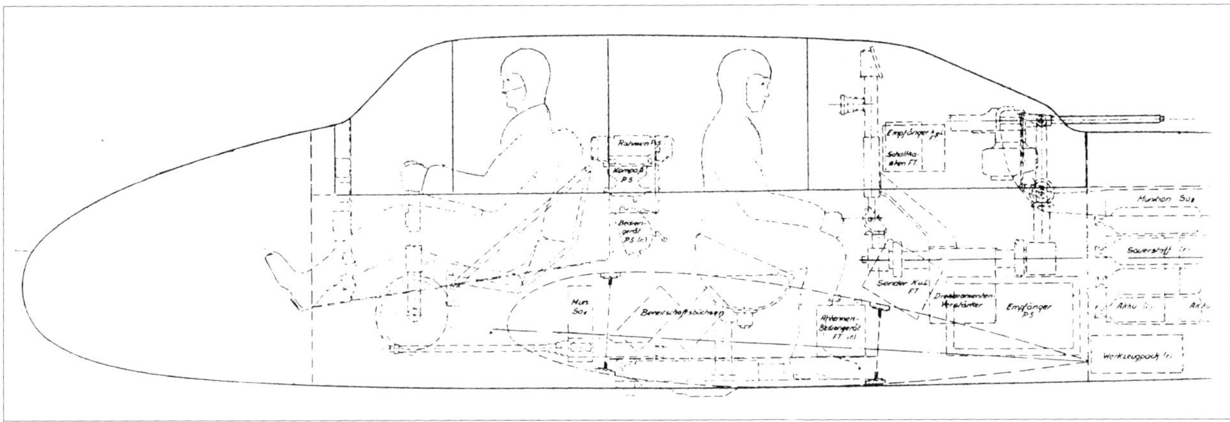

Schnittbild der Zweisitzer-Kabine für Arado E 310 mit ferngerichteter rückwärtiger Waffenanlage.

sten Ausführung mit zwei As 402-Motoren wurde die Höchstgeschwindigkeit in Volldruckhöhe mit 432 km/h veranschlagt. Die Höchstgeschwindigkeit mit zwei DB 601-Motoren wurde mit 630 km/h berechnet. Die Reichweiten lagen bei rund 800 km. Die Dienstgipfelhöhe betrug 5 500 m.

Die Spannweiten reichten je nach Motorausrüstung von 11,4 m bis 13,5 m. Für den Einsatz auf Flugzeugträgern konnten die Tragflächen nach oben geklappt werden, so daß sich die Breite des Flugzeugs auf 4,8 m bis 6,3 m reduzierte. Unter dem Rumpf befanden sich Aufhängungen für einen Torpedo und Fanghaken. Im Rumpfbug war ein

Flugzeugbeschreibung Ar 310 vom 8.6.1939 im Vergleich zu Ar 195:

Muster		**Ar 195**	**Ar 310**	**Ar 310**
Triebwerk		2 x BMW 132	2 x Jumo 210 F	2 x DB 601
Flugwerk	kg	1430	1759	2109
Triebwerk	kg	830	1800	2180
Ständige Ausrüstung	kg	146	165	165
Leermasse	kg	2406	3724	4454
Gesamtlast mit Torpedo	kg	1684	2476	2646
Flugmasse	kg	4090	6200	7100
Fläche	m^2	46	28,4	33
Spannweite	m	12,5	13	13,5
Breite in gekl. Zustand	m	5,3	6,0	6,30
Höhe in gekl. Zustand	m	3,9	5,0	5,20
Flächenbelastung Start	kg/m^2	89	218	215
Landegeschwindigkeit	km/h	94	127	126
Startlänge 0 m/sec Wind	m	150	275	213
Startlänge 10 m/sec Wind	m	70	150	116
vmax in H = 0 m	km/h	287	455	502
in H = 2000 m	km/h	290	475	540
in Volldruckhöhe	km/h	297 H = 0,9	540 H = 5,7	630 in H = 6,0
Dauerleistung 2000 m	km/h	250	432	482
Flugdauer	h	3,0	1,85	1,66
Reichweite	km	750	800	800

MG 17 vorgesehen. Die fernbediente rückwärtige Bewaffnung sollte aus einem MG 81 Z beziehungsweise MG 131 im oberen und einem MG 81 Z in einem unteren Waffenstand bestehen. Alternativ konnte das MG 81 Z im Rumpfende statt im unteren Waffenstand eingebaut werden. Als abzusehen war, daß die geplanten Flugzeugträger nicht gebaut wurden, wurde die Projektarbeit im Mai 1940 eingestellt.

Mehrkampfflugzeug Ar 240, die deutsche »Mosquito«

Am 30. Oktober 1938 hatte Generalingenieur Gottfried Reidenbach, Chef der Abteilung LC II im RLM, nach Aussage von Rüdiger Kosin überraschend das Werk Brandenburg aufgesucht und unter Anspielung auf die drohende Kriegsgefahr mitgeteilt: »Diesmal ist es noch gutgegangen. Nächstes Jahr im Herbst kommt der Tommy. Mit der 109 sind wir auf dem Jägersektor für längere Zeit gut bestückt, aber die 110 ist nicht das, was sie sein soll. Sie ist nicht schnell genug, und die Abwehrbewaffnung ist zu schwach, vor allem nach unten. Wir brauchen einen neuen Zerstörer. Sie und Messerschmitt sollen je einen bauen. Messerschmitt soll konservativ bleiben. Sie (Arado) können riskante Wege gehen. Aber wir müssen das Flugzeug in einem Jahr haben.«[71]

Reidenbach machte deutlich, daß die Geschwindigkeit so hoch wie möglich sein und die Flugstrecke möglichst 2 000 km betragen sollte. Diskutiert wurden die Sturzflugfähigkeit und die Abwehrbewaffnung, detaillierte Spezifikationen oder Terminvorgaben erfolgten aber nicht.

Die Auslegung des Zerstörers Ar 240 stand im Einklang mit den Vorgaben des Technischen Amtes und den aerodynamischen Vorstellungen Rüdiger Kosins. Sie wich erheblich von den früheren unorthodoxeren Entwürfen E 651 und Ar 340 ab und wies auffällige Parallelen zu dem Entwurf des Trägerflugzeugs E 310 auf. Das mit Druckkabine und ferngesteuerter Waffenanlage ausgerüstete Flugzeug, auf das 1939 zusammen mit den Baumustern Ar 96 und Ar 196 über zwei Drittel der Konstruktionskosten entfielen, sollte nicht nur eine leistungsstarke Alternative zum Zerstörer Me 210 sein, sondern als Schnellbomber zugleich in die Phalanx von Heinkel und Junkers einbrechen.

Arado erwartete nach längerer Unterbrechung dringlichst wieder einen Serienauftrag für ein Standard-Kampfflugzeug der Luftwaffe. Das hochgesteckte Ziel ließ allerdings eine relativ lange Entwicklungsdauer erwarten. Als die Ar 240 schließlich einsatzreif war, erlaubte die angespannte Kriegslage keinen Serienanlauf neben den bereits eingeführten, aber weniger leistungsfähigen Konkurrenzentwicklungen der Messerschmitt Flugzeugwerke. Nahezu alle V-Muster und Vorserienflugzeuge wurden in Ermangelung eines ähnlich schnellen Flugzeugtyps als Aufklärer eingesetzt.

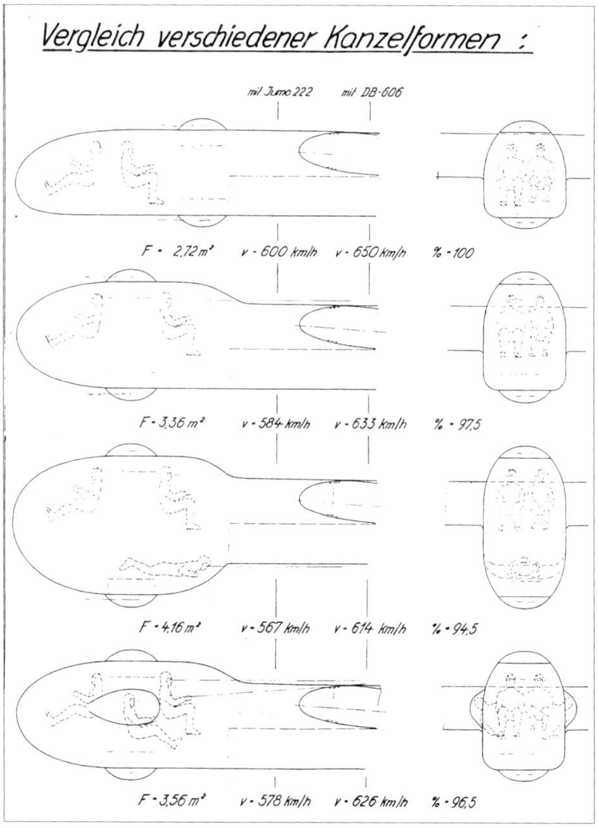

Untersuchung zu Kanzelformen für Kampfflugzeuge (Arado 1940).

Entwurf als Kanzelflugzeug mit minimalen Oberflächen

Der von *van Nes* unter der Projektbezeichnung E 625 gestaltete Entwurf sah ein als Mitteldecker ausgelegtes, zweisitziges Kanzelflugzeug mit aufgesetzter Kabinenhaube vor, das in Glattblech-Schalenbauweise erstellt werden sollte. Die Motorgondeln für die beiden vor den Flügeln liegenden Einzeltriebwerke befanden sich in dem rechteckigen Flügelmittelstück. Sie nahmen auch das nach hinten ohne Drehung einziehbare Doppelradfahrwerk auf. Das Spornrad am Heck war ebenfalls einziehbar. Das Höhenleitwerk war an der Rumpfoberseite angesetzt und

lief in ein zweiteiliges Endscheiben-Seitenleitwerk aus. Der besseren Beherrschung der Steuerkräfte diente die eine zuvor mit der Ar 80 erprobte Feinsteuerung, mittels derer das Übersetzungsverhältnis zwischen Knüppel beziehungsweise Pedalen und Rudern in Abhängigkeit vom Staudruck durch Handverstellung geändert werden konnte. Die Firma Patin lieferte zu diesem Zweck einen speziellen Fahrtmesser.[72] Höhen-, Seiten- und Querruder waren gewichtsausgeglichen. Das Höhenleitwerk besaß eine im Flug verstellbare Flosse. In Kärcheröfen erhitzte Luft sorgte für die Enteisung der Tragflächen und des Leitwerks. Von der Firma Continental wurden schußsichere Kraftstoffbehälter geliefert, die ca. 20 mm dicke Wandungen aus drei verschiedenen Gummi- bzw. Kunststoffschichten hatten. Bei einem MG-Durchschuß quoll die mittlere Schicht auf und dichtete das Loch ab. Da ein derartig dickwandiger Behälter nicht zusammenfaltbar war, mußte die Flügelbehäutung abschraubbar sein. Es wurden besondere »beulsteife« Behäutungsdeckel entwickelt, deren äußere Bleche durch etwa 25 mm hohe Hutprofile verstärkt wurden. Um die Kreuzungen dieser Profile aus Gewichtsgründen nicht aufwendig zusammennieten zu müssen, wurden die gesamten Profile eines Deckels als »Waffelblech« in einer Blechpresse in zwei Zügen gezogen. Danach wurden die inneren, zwischen den Profilen liegenden Blechflächen herausgeschnitten, und das Waffelblech in einer Vorrichtung mit dem äußeren Behäutungsblech wurde elektrisch punktverschweißt. Das Verfahren war zwar, wie vieles an der Ar 240, relativ aufwendig, aber nicht übermäßig kostenintensiv.
Die spezielle Auslegung mit dem Ziel kleinster Oberflächen, geringster Querschnitte und einer auf minimalen Luftwiderstand zugeschnittenen Triebwerksanordnung stieß dagegen in Grenzbereiche der damals zur Verfügung

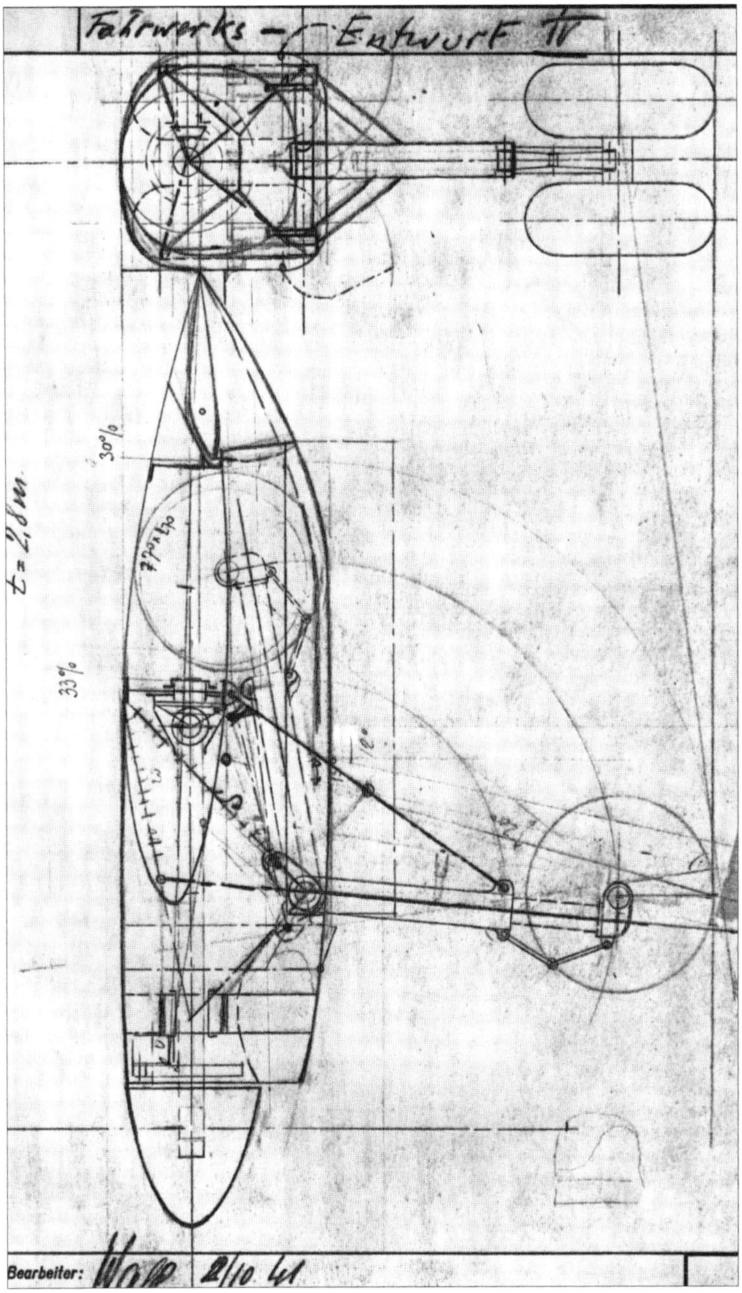

Entwurfsskizze E 654 für Motorgondel und Fahrwerk der Ar 240 V-4 bis V-7 (2.10.1941).

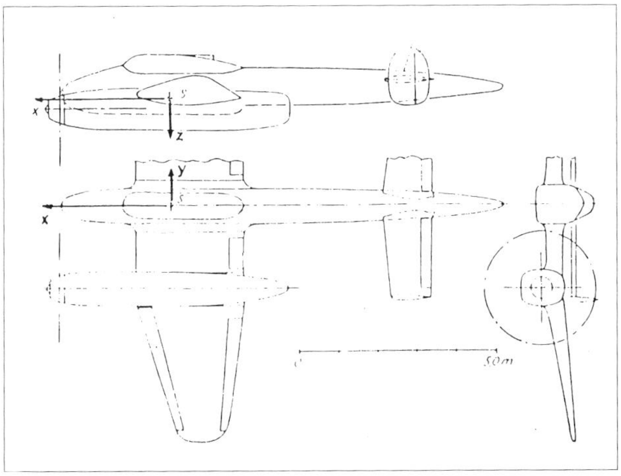

◄ Entwurfsskizze E 625 für den Zerstörer Ar 240 V-1 mit Kabinen-Anordnung über dem Mittelflügel (1939).

Ar 240 V-3.

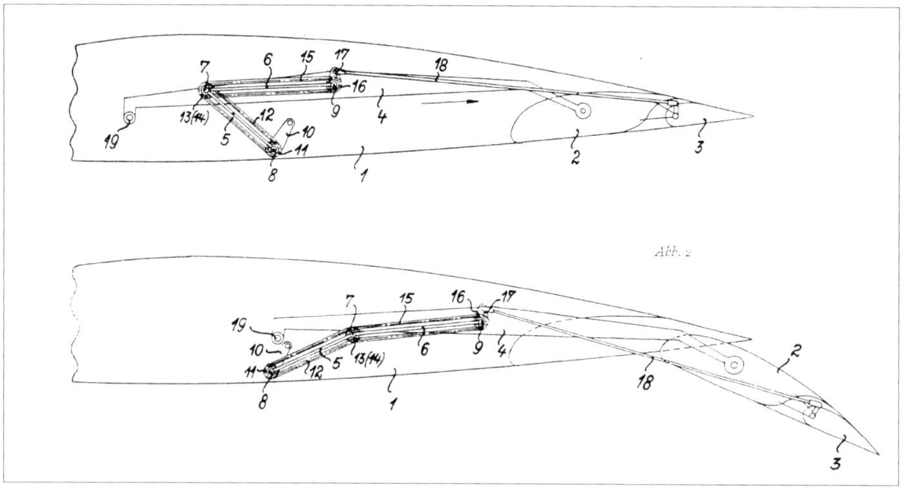

Der »Arado Wanderflügel« der Ar 240. (Patent Hans Rebeski Nr. 682 851/1938).
Abb. 1: Der Fowler-Flügel in eingefahrenem Zustand.
Abb. 2: Ausgefahrener Zustand.
1 = Hauptflügel, 2 = Hilfsflügel, 3 = Querruder, 4 = Ausleger für den Hilfsflügel.

Vorflügel und Außen-Fowler mit angelenktem Querruder der Ar 240 V-1.

Attrappe der Ar 240 V-3 mit ausgefahrenem Innen-Fowler.

stehenden Technik vor. Angesichts einer minimalen Flügelfläche und eines durch den geplanten Einbau einer Sturzflugbremse, einer Druckkabine und eines Waffenturms zusätzlich erhöhten Gewichts war eine kritische, bis 330 kg/m² reichende Flächenbelastung zu erwarten. Deshalb kam auftriebserhöhenden Hilfsflügeln größte Bedeutung zu. Die Tragflächen, deren Vorderkante um 17,5° nach hinten gepfeilt waren, hatten automatische Vorflügel. Hinsichtlich der Verwendung von Fowler-Flügeln konnte Arado auf werkseigene Patente und Erprobungen mit der Ar 80 zurückgreifen, die erstmals bei einer Neukonstruktion zur Anwendung kamen. Als moderne Landehilfe hatte *Hans Rebeski* zunächst versuchsmäßig ein horizontal geteiltes, sogenanntes »Fächer-Querruder« entwickelt, dessen obere Hälfte beim Aufschieben der Landehilfe als Überbrückung zwischen Hauptflügel und verschobenem Querruder diente.[73] Durch diese Landehilfe wurde die ungünstige Auftriebsverteilung zwischen dem Landeklappenbereich und dem Querruderbereich beseitigt, indem ein gleichzeitiges Herausschieben des Querruders möglich wurde. Der endgültige Arado-»Wanderflügel« war ein Stück des Tragflächenprofils, wobei der feste, vordere Tragflügel nach hinten bereits vor dem Profilende aufhörte. Das restliche Tragflügelprofil ragte mit seinem vorderen Teil unter das feste Tragflügelprofil und war nach hinten herausschiebbar und schwenkbar.

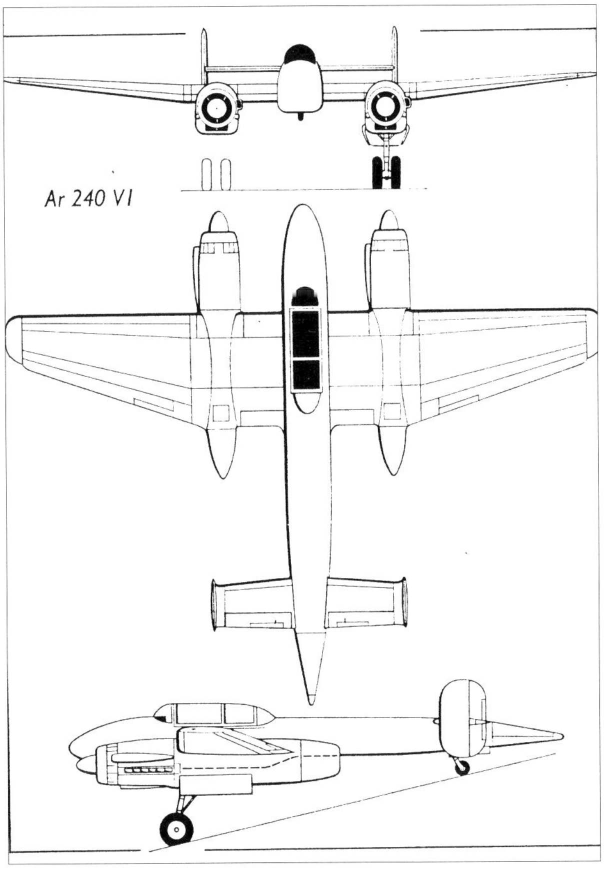

Dreiseitenansicht der Ar 240 V-1.

Prototypen der Baureihe Ar 240 A

Nach einer Attrappenbesichtigung am 31. März 1939 wurde vom RLM ein Auftrag zum Bau von sechs Versuchsflugzeugen der Ar 240 erteilt. Die weitere Entwicklung wurde jedoch frühzeitig von Irritationen überschattet. Bei Ausbruch des Krieges empfahl zwar der Generalstab der Luftwaffe, daß bei der Beschaffung ein »Schwerpunkt für die Angriffsluftwaffe« zu setzen sei, ohne daß die Entwicklung dadurch behindert werden sollte,[74] *Udet* verfügte allerdings eine »Verringerung der Entwicklungsvorhaben« zugunsten einer Konzentration auf die Rüstungsendfertigung.[75] Zukunftsentwicklungen maß er vergleichsweise geringe Bedeutung zu, da die Vorführung des

Bearbeitetes Foto der Ar 240 V-1 (W.Nr. 240 0001, DD+QL).

neuen Zerstörers Me 210 in Rechlin im Jahr 1939 große Erwartungen geweckt hatte und vermeintlich dessen baldige Serienreife erwarten ließ. Die Auftragsvergabe an Arado und die Unterlieferanten wurde deshalb offiziell vorübergehend angehalten und erst Ende 1939, als der Frankreichfeldzug bevorzustehen schien, wieder aufgehoben.

Auch anschließend waren die Aussichten für die Neuentwicklung eines Hochleistungsflugzeugs, wie es die Ar 240 werden sollte, wenig günstig, indem *Hitler* am 2. Februar 1940 im Vertrauen auf eine kurze Kriegsdauer die Förderung auf Projekte beschränkte, die innerhalb eines Jahres frontfertig würden. Als im Herbst 1940 die Vorbereitungen für einen Angriff auf England begannen, betrachtete die Luftwaffenführung die zur Verfügung stehenden Kampfflugzeuge qualitativ und quantitativ als ausreichend und räumte der Ausbringung der im Rückstand begriffenen, laufenden Serienproduktion Vorrang ein.

Der Bau des ersten Versuchsmusters begann im Oktober 1939. Die früheste erhaltene Entwurfsbeschreibung datiert vom 2. März 1940.[76]

Die Ar 240 V-1 (W.Nr. 240 0001, DD+QL) flog erstmals am 30. April 1940.[77] Die nachfolgenden Werksflüge dienten der Erprobung der allgemeinen Flugeigenschaften.[78] Im Sommer 1940 stand der Prototyp der Erprobungsstelle Rechlin zum Nachfliegen zur Verfügung. Nach Angabe der Flugzeugprogramme des C-Amtes vom 1. September 1940 bis zum 1. März 1941 sollte die allgemeine Werkserprobung fortgesetzt werden. Die Amtsberichte vom 1. Mai und 1. Juli 1941 verzeichneten eine Verwendung zur Zellenerprobung. Das Flugzeug geriet vermutlich frühzeitig in Verlust. Die Eintragungen des Einfliegers *Walter Kröger* enden mit dem 18. April 1941. Im Amtsbericht vom 1. Oktober 1941 wurde das Flugzeug nicht mehr erwähnt. Da die ferngesteuerte Abwehrbewaffnung noch nicht einsatzreif erschien, erhielt das erste Versuchsmuster nur zwei starr nach vorn feuernde, in der Flügelwurzel eingebaute MG 17.

Dies galt auch für die weitgehend baugleiche Ar 240 V-2 (W.Nr. 240 0002)[79], die am 15. September 1940 flugklar war. Zusammen mit dem ersten Prototyp wurde sie erstmals im Flugzeugprogramm des C-Amtes vom 1. September 1940 erwähnt. Die C-Amtsberichte lassen bis zum März 1941 eine allgemeine Werkserprobung erkennen, die werksseitig für den Zeitraum vom 6. April 1941 bis zum 11. Dezember 1942 dokumentiert ist.[80] Nach Werksangaben wurde das Flugzeug anschließend abgestellt, um später auf den BMW 801 TJ-Motor umgerüstet zu werden.[81]

Ringen um Stabilität

Eine werksseitige Leistungsstudie vom 21. Juli 1939 befaßte sich mit drei unterschiedlichen Bauzuständen der Ar 240. Geplant war eine Ausführung mit »kleinem Flügel«.mit und ohne Druckkabine sowie eine Ausführung mit »großem Flügel« und Druckkabine. Die Untersuchung ließ erkennen, daß bei einer Spannweite von 12,1 m eine Höchstgeschwindigkeit von 682 km/h erwartet werden konnte. Im Fall des Einbaus einer Druckkabine ergab sich jedoch sowohl ein Absinken der Höchstgeschwindigkeit als auch eine Verlängerung der Rollstrecke und eine Erhöhung der Landegeschwindigkeit. Bei einer Spannweite von 14,2 m war zwar mit einem weiteren Abfallen der Höchstgeschwindigkeit auf 667 km/h, aber mit den günstigeren Landewerten zu rechnen.

Trotz der vergrößerten Spannweite, durch die die Flächenbelastung von nahezu 300 kg/m^2 auf 277 kg/m sank, ergab die Flugerprobung, daß die beiden ersten Prototypen zwar äußerst schnell, aber wenig stabil um alle Achsen waren. Es traten Taumelerscheinungen in Form schlechter dynamischer Seitenstabilität bei gekoppelter Bewegung um Hoch- und Längsachse auf, die erst in Bodennähe abnahmen. Sie machten sich schnell und in kleinen Amplituden bemerkbar und erforderten große Aufmerksamkeit beim Aussteuern.

Um einen günstigeren Strömungsverlauf zu erzielen, hatte Arado eine vergleichbar große Dickenrücklage von etwa 30 Prozent gewählt.[82] Diese an sich wünschenswerte Profilgestaltung führte zu einem vergrößerten Nasenradius und zu einem vergrößerten Hinterkantenwinkel. Die negativen Begleiterscheinungen dieser Bauweise waren seinerzeit noch nicht ausreichend bekannt. Infolge der großen Hinterkantenwinkel war die Wirkung der langen und schmalen Spaltquerruder unzureichend, so daß die Stabilität um die Längsachse beeinträchtigt wurde. Eine erste Abhilfe erfolgte durch ein nachträgliches Aufdicken der Querruder an der Hinterkante. Darüber hinaus erfolgten laufend Untersuchungen zur möglichen Gewichtserleichterung bei sämtlichen Bauteilen und bei der Ausrüstung.[83]

Triebwerkserprobung

Die Ar 240 erhielt zunächst DB-601 A-Reihenmotoren mit einer Startleistung von je 809 kW (1 100 PS), eine vierflügelige Luftschraube von 2,9 m Durchmesser und eine elektrisch-hyraulische Verstellanlage mit Fliehkraftregler. Der Einspritzmotor, der sich ab 1937 zur Erprobung in Rechlin befand, bot aus aerodynamischer Sicht grundsätzlich bessere Einbaubedingungen für den Wasserkühler als die Junkersmotoren. Die Kühlerverkleidung ließ sich aber nicht wie geplant ausführen, weil das Motorenwerk ver-

Leistungskalkulation für die Ar 240 (21.7.1939)

Muster		Ar 240		
Merkmale		kleiner Flügel	kleiner Flügel Druckkabine	großer Flügel Druckkabine
Spannweite	m	12,1	12,1	14,2
Flügelfläche	m²	27,0	27,0	31,0
Flugmasse	kg	7900	8360	8600
Höchstgeschw.	km/h	682¹	674¹	667¹
Reisegeschw.	km/h	522¹	510	517,5¹
Steiggeschw.	m/sek	10,4²	9,5²	10,0²
Start über 20 m	m	592	650	602
Startrollstrecke	m	340	387	350
Landegeschw.	km/h	135	138	130
Bemerkungen		¹ in 6000 m ² in 4000 m 3,60 m/s in 7500 m	¹ 6000 m ² 4000 m 2,84 m/s in 7500 m	¹ 6000 m ² 4000 m 3,96 m/s in 7500 m

abredete bauliche Anpassungsmaßnahmen nicht durchführte und vorgesehene Leichtmetallkühler nicht fristgerecht bestellt wurden.[84] In Verbindung mit einem bis 130 Grad zugelassenen Wasser-Kühlsystem wurde daraufhin ein Ringkühler um das Luftschrauben-Untersetzungsgetriebe angeordnet, dessen Spreizklappen als Luftmengenregulativ wirkten und beim Normalflug eingezogen wurden, um den Strömungsverlauf an der Oberseite der Motorgondel möglichst günstig zu gestalten. Die Messungen zu den inneren Kühlerwiderständen, zum thermischen Wirkungsgrad der Ölkühler und zur Druckverteilung am Spreizkragen der Wasserkühler übertrug *Kosin* weitgehend seinem Mitarbeiter *Rolf Renatus*. Die Ölkühler, bei denen der Luftaustritt ebenfalls durch eine Spaltklappe reguliert wurde, befanden sich an der Unterseite der Motorgondel. Durch den Einbau zusätzlicher Ölkühler am Fahrwerk, sogenannten »Beinkühlern«, sollte Überhitzungserscheinungen beim Standlauf und bei geringen Geschwindigkeiten vorgebeugt werden.
Den Schwierigkeiten bei den Rollmomenten, den Drehungen im Fluge um die Längsachse wegen der großen Rückdrehmomente der Motoren gegenüber den Luftschrauben, sollte ursprünglich durch Motoren mit entgegengesetzter Drehrichtung entgegengewirkt werden, wie sie zuvor für den Zerstörer E 651 geplant waren. Konstruktionszeichnungen des diesbezüglich angeforderten Jumo 213/0-Triebwerks gingen Arado am 26. Juni 1940 zu.[85] Nachdem die Triebwerke nicht termingerecht geliefert wurden, waren erhebliche Änderungen am Flugwerk erforderlich, bis die Flugeigenschaften insoweit ausreichend waren, daß auf Motoren mit gegenläufiger Drehrichtung verzichtet werden konnte. Im Mai 1941 stellte Arado fest, daß inzwischen der Jumo 213 unter Fortfall der Gegenläufigkeit der Luftschrauben weggefallen und durch den gewichtlich leichteren DB 601 E ersetzt worden war.[86] Doch noch im September 1941 rechnete Arado damit, daß bis Ende 1942 der DB 603-Motor als Rechts- und Linksläufer geliefert würde, um eine angemessenere vordere Schwerpunktlage zu erzielen.[87]

Die Weiterentwicklung der Ar 240 stand laufend im Zeichen der offen Frage, auf welche Weise die Flugleistungen durch stärkere Triebwerke gesteigert werden konnten. Mittelfristig boten sich der DB 605, DB 603 A und der mit GM 1-Anlage ausgerüstete DB 603 G an. Im August 1941 erörterte *Blume* mit *van Nes* und *Franz Meyer* die weitere Planung und legte für die Zelle A-0 den DB 601 E, für die Zellen B-0 und C den DB 605, für die Baureihen D und E den DB 603 und als Endziel für die Baureihen F und G den DB 614 fest.[88] Die Entwürfe für die Baureihe Ar 240 G sollten bis Oktober 1941 fertigestellt werden. Die Serie sollte 1944 anlaufen.[89]
Im Juni 1942 plante *Blume* die Verwendung des DB 603 bereits für die Zelle C und zog auch den BWM 801 für diese Baureihe in Betracht.[90] Der BMW 801 sollte in die Prototypen V-10 bis V-12 zur Erprobung der Aufklärerversion Ar 240 C eingebaut werden. Als weitere Option galt der DB 627, den unter Umständen die zur Vorbereitung der

Zerstörer- und Nachtjägerversionen Ar 240 C und E vorgesehenen Prototypen V-13 bis V-16 erhalten sollten.[91]
Der DB 605 erfüllte nicht die gestellten Erwartungen. Mit dem leistungsstarken DB 603 G flog die Ar 240 C erst, als die angespannte Kapazitätslage nach Ansicht des Technischen Amtes keine Parallelentwicklung zu Messerschmitt mehr erlaubte. Auch die Termine für die Bereitstellung der übrigen Motoren schoben sich laufend hinaus. Der DB 627 kam erst 1943 auf den Prüfstand. Der BMW 801 sollte nachträglich erstmals in die V-2 eingebaut werden. Zwecks Umrüstung blieb dieser Prototyp im Werk.[92] Der BMW 801 ging jedoch erst Ende 1944 in Serie, nachdem die Entwicklung der Ar 240 bereits abgebrochen werden mußte. Von dem DB 614 wurde nur ein Versuchsmuster gebaut.
Das Vorhalten auf neue Motoren verursachte eine beträchtliche Planungsunsicherheit, da bei der Schwerpunktberechnung die unterschiedlichen Motorgewichte und die jeweils benötigte Schmier- und Brennstoffmenge eine wesentliche Rolle spielten. Um bei der Ausführung mit DB 603 dieselbe Schwerpunktlage zu erreichen wie bei der Ausführung mit DB 614, erschien es zum Beispiel erforderlich, das Triebwerk um etwa 30 cm vorzuverschieben.[93]

Forderung der Sturzflugtauglichkeit

Der vom Amt geforderte Einbau einer Sturzflugbremse widersprach sowohl wegen der damit verbundenen Gewichtsvermehrung als auch in taktischer Hinsicht konzeptionell dem Wesen des Schnellstflugzeugs. Als problematisch erwies sich zudem ihre Ausführung. Da an dem kleinen Flügel für den Einbau kein ausreichender Platz zur Verfügung stand und auch kein Einschnitt in die Flügelbehäutung vorgenommen werden sollte, kam nur ein ausfaltbarer Bremsschirm am Rumpfheck in Frage. Als Ausgleich für die dadurch bewirkte Schwerpunktverlagerung wurde eine Vorverlagerung der Triebwerke um etwa 35 cm ins Auge gefaßt. Werksseitig verlautete im Juni 1941: »Die Erprobung der alten Sturzflugbremse an der Ar 240 V-2 muß noch durchgeführt werden, da die Fallschirmbremse nach Angabe von Rechlin noch nicht befriedigt.«[94] Im Herbst wurde die rasche Erprobung erneut angemahnt. Ausweichlösungen für den Fall, daß die sogenannte »Arado-Schirmbremse« keine Verbesserung bringen sollte, wurden nicht ausgeschlossen.
Auch bei dem dritten Prototyp (W.Nr. 240 0003, KK+CD), mit dessen Bau im Mai 1940 begonnen worden war, wurde die Sturzflugbremse nur als Möglichkeit vorgesehen und zunächst durch einen Heckkonus ersetzt, dessen Kielflosse zugleich die Stabilität verbessern sollte. Diese Maßnahme bewirkte eine Rumpfverlängerung um 1,20 m auf 12,38 m.[95] Dabei mußte ein gewisses Mehrgewicht in Kauf genommen werden.
Die Erprobung der Sturzflugbremse begann Ende Oktober 1941.[96] Sie verschlang wertvolle Entwicklungskapazitäten und blieb ohne abschließendes Resultat, da die Ar 240 später als Sturzbomber nicht eingesetzt wurde.

Vorverlagerung der Kabine

Die vom Amt auch im Fall der Me 210 geforderte Vorverlagerung der Kabine und deren Verglasung im unteren Bugbereich sollte die Sichtverhältnisse beim Einsatz als Aufklärer und Sturzbomber verbessern. Die neue, aus diesem Grund für die Ar 240 V-3 von Arado entwickelte Kabine war der aerodynamischen Form des Rumpfes optimal angepaßt, hatte ein Minimum an Verstrebungen und erhielt eine abwerfbare Schiebehaube. Das doppelwandige, beheizte Plexiglas wurde von der Firma Kopperschmidt in Hamburg geliefert. Die Vorverlagerung der Kabine bewirkte allerdings eine Schwerpunktverschiebung und damit eine erneute Destabilisierung um die Hoch- und Querachse.[97]
Die Fertigstellung der V-3 verlief weniger zügig als erhofft. In einer Werksbesprechung vom 14. Februar 1941 zur Terminlage wurde gefordert, daß das Flugzeug zwecks weiterer Erprobung dringend bis zum 17. März fertigzustellen sei. Nach dem Erstflug am 9. Mai erfolgten regelmäßige Werkstattflüge bis Ende 1941, die der allgemeinen Erprobung der Flugeigenschaften dienten.
Am 16. Mai 1941 teilte der Einflieger *Walter Kröger* mit,

Attrappe von Rumpf- und Motorgondel der Ar 240 V-3.

Kabinen-Attrappe der Ar 240 V-3.

daß die hinterste Schwerpunktlage auf dreißig Prozent begrenzt war und höhere Werte nur für eine kurze Flugdauer in Kauf zu nehmen seien. Aus einem Werksprotokoll vom 17. Juni geht hervor, daß das Flugzeug bei Flügen mit zurückliegenden Schwerpunktlagen »im Steigflug und im Reiseflug instabil« war und von *Kröger* als »nicht mehr ungefährlich« bezeichnet wurde. Die Stabilität um die Hochachse erwies sich zwar als besser als zuvor, war aber auch mit 32 Prozent Schwerpunktrücklage begrenzt. Auf Befragung durch *Kosin*, »ob ein Flug im instabilen Zustand mit der V-3 überhaupt möglich« sei, erklärte *Kröger,* dies sei wohl möglich, aber äußerst anstrengend und hänge sehr von der Qualität des Einfliegers ab.

Eine Verbesserung der Stabilität um die Hochachse und eine größere Wirksamkeit der Seitenruder wurde von der Verlängerung des Rumpfhecks erwartet. Die Stabilität um

Kabinen-Attrappe der Ar 240 V-3.

die Querachse war durch die Vergrößerung der Spannweite von ursprünglich geplanten 12,1 m auf 14,3 m verbessert worden. Die Wirkung der Querruder bei geringer Geschwindigkeit reichte allerdings noch immer nicht völlig aus. Im Hinblick auf eine weitere Stabilitätsverbesserung wurden auch eine Vergrößerung des Höhenleitwerks und der Zwischenbau eines Rechteckteils in das Höhen-

Ar 240 V-3 (W.Nr. 240 0003, KK+CD).

Rückwärtiger Waffenstand und ausgefahrenener Landeflügel der Ar 240 V-3.

leitwerk, der bereits an der V-3 erprobt werden sollte, beschlossen. Da der Gewinn an Flugstabilität in keinem Verhältnis zum Fertigungsaufwand stand, entfiel der Vorflügel einschließlich der Pfeilung des vorderen Tragflächenrandes. Die Vorderkante der Tragflächen erhielt erstmals eine Enteisungsanlage.
Zum Zweck der Reichweitenverlängerung sollte die mitgeführte Treibstoffmenge erhöht werden. *Josef Blaß* vertrat in einer Werksbesprechung am 24. Juni 1941 die Auffassung, daß eine Verlängerung der Motorgondeln zur

Ar 240 V-3 mit eingefahrenem Landeflügel.

Aufnahme von zusätzlichem Treibstoff aerodynamisch untragbar sei, und schlug als Ersatz Zusatzbehälter an den Tragflächen vor.
Die baulichen Änderungen bewirkten ein gewisses Abweichen von dem anfänglichen Konzept der geringstmöglichen Massen und Oberflächen. Ausgleichende Leistungssteigerungen waren nur bedingt durch weitere aerodynamische Verfeinerungen zu erwarten. Der Zeitpunkt für die Serienreife leistungsstärkerer Motoren war weiterhin unbestimmt.
Im Februar 1941 wurden Berechnungen zur Gewichtslage bei unterschiedlichen Triebwerken vorgenommen. Da sich die Lieferung des Jumo 213-Motors weiter verzögerte, stand mittelfristig nur der DB 601 E-Motor zur Verfügung.[98]
Ungeachtet der noch ausstehenden Änderungen unterrichtete Arado am 7. Juni 1941 das RLM über den Generalingenieur *Roluf Lucht*, »daß die Flugerprobung der Ar 240 V-3 hinsichtlich der Flugeigenschaften ... fast abgeschlossen« sei und »die bei den ersten Versuchsflugzeugen festgestellten Mängel im Wesentlichen behoben« seien. Im Anschluß an eine für den 10. Juni vorgesehene Nachprüfung der Flugeigenschaften in Rechlin sollten Leistungsmessungen und Bahnneigungsflüge durchgeführt werden. Dieser Erprobungsteil war zurückgestellt worden, weil die benötigten Luftschrauben mit Doppelhaube nicht rechtzeitig zur Verfügung standen. Man ging davon aus, daß das gesamte Erprobungsprogramm bis Mitte Juli abgeschlossen war mit Ausnahme der Erprobung der Druckkabine, die erst mit dem vierten Prototyp stattfinden sollte.
Ungeklärt war auch, wie rasch die Entwicklung der ferngerichten Waffenstände vonstatten gehen würde und mit welchen Prototypen der leistungsstärkere DB 603-Motor erprobt werden sollte. *Blume* kam hinsichtlich der Verwendung dieses Motors bereits vorab zu dem folgenreichen Schluß: »603 erzwingt neues Flugzeug.«[99] Diese noch ausstehende Maßnahme wurde später zu einer entscheidenden Schlüsselfrage.
Am 25. Juni 1941 wurde der dritte Prototyp in Rechlin durch *Carl Francke* nachgeflogen.[100] Eine weitere Nachprüfung in Rechlin erfolgte am 3. August 1941 in Anwesenheit des Leiters der Versuchsstelle für Höhenflüge (VfH) *Theodor Rowehl* und des Chefs der Amtsgruppe Flugzeugentwicklung *Siegfried Knemeyer*. Ein werksseitiger Bericht des Aerodynamikers *Josef Blaß* zog anschließend eine positive Bilanz.[101] Die Flugeigenschaften um die Hochachse waren »restlos in Ordnung«. Nur die Querruder-Kräfte hielt man auf die Dauer noch für zu groß. Der Blindflug war »ohne weiteres gut möglich«. Zwecks besserer Sicht wurden neue Kabinenscheiben gewünscht. Die

Oberstleutnant *Theodor Rowehl,* Leiter der Versuchsstelle für Höhenflüge (VfH).

Oberstleutnant *Siegfried Knemeyer*, Entwicklungschef GL/C-3 beim RLM ab 1943.

Innentemperaturen der Kabine sollten gesenkt werden. Gefordert wurde eine Ablieferung im Herbst, notfalls auch ohne Druckkabine, deren Erprobung aber unbedingt weitergeführt werden sollte. Insgesamt wurde die Geschwindigkeit, neben einer starken Bewaffnung nach hinten, als ausschlaggebend angesehen.

Am 9. August 1941 mahnte *Blume* erneut die »schnellste Abstellung« der Mängel an. Am 2. September wurde erwartet, daß die V-3 am 16. des Monats erneut flugklar sei.[102] Am 17. Oktober wurde die Erprobung in Rechlin fortgesetzt. Nach einem vorübergehenden Truppeneinsatz zu Aufklärungszwecken über England blieb die Ar 240 V-3 als Erprobungsträger im Werk.

Entwicklung der Druckkabine

Der Zeitdruck wuchs. *Blume* besprach am 3. Juni 1941 mit *van Nes* Maßnahmen zur Stabilität und zur Schwerpunktlage, die ab dem vierten Prototyp zum Tragen kommen sollten. Dabei wurde entschieden, daß die endgültige Erprobung mit vergrößertem Außenflügel und Höhenleitwerk erst mit einem späteren Versuchsmuster erfolgen

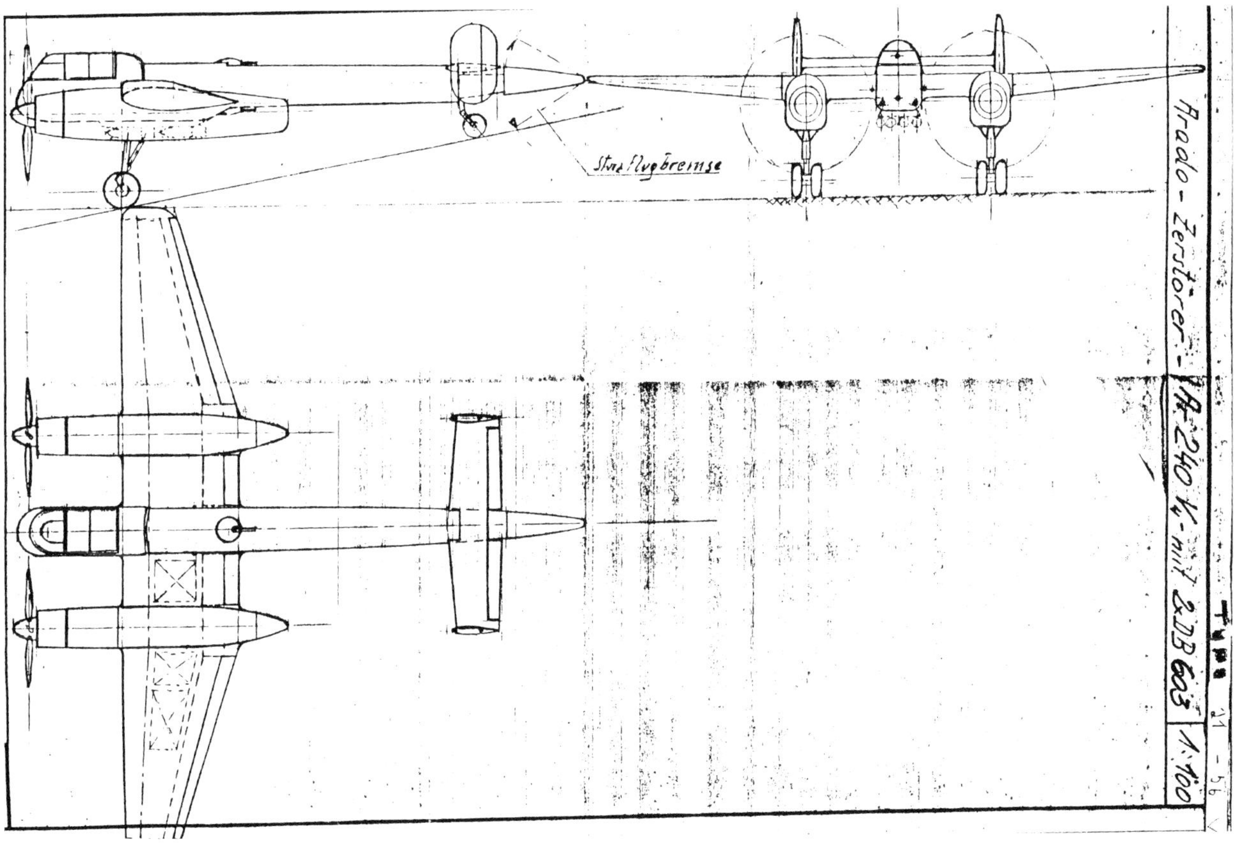

Dreiseitenansicht der Ar 240 V-4.

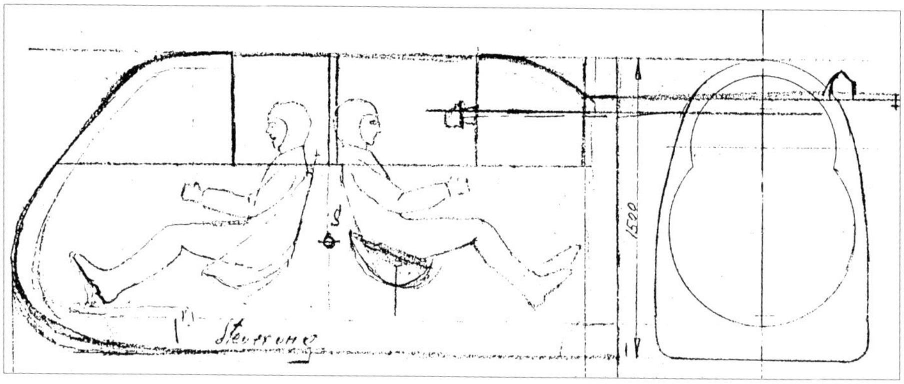

Entwurfsskizze E 654 zur Druckkabine der Ar 240 V-4 (September 1941).

Bewaffnungskonzept der Ar 240 V-5: Vordere Bewaffnung (MG 151), rückwärtige, ferngerichtete Waffenstände (MG 81 Z), Panzerschutz für die Besatzung und den Treibstoffbehälter im Rumpf. ▶

sollte.[103] Der Baubeginn der Prototypen V-4 bis V-6 (W.Nr. 240 0004 bis 240 0006) lag zwischen Mai und September 1940. Die weitgehend baugleichen Flugzeuge waren mit dem DB 601 E-Motor ausgerüstet, der eine Startleistung von 992 kW (1350 PS) hatte. Sie sollten zwecks Vorbereitung einer Vorserie A-0 bis zum 1. November 1942 der allgemeinen Erprobung dienen.[104]

Im Vordergrund der Bemühungen stand die Entwicklung einer Druckkabine. Am 30. Juni 1941 mahnte *Blume* das »rasche Durchziehen« von Änderungen an und bezog sich dabei auf die Temperatursenkung der Atemluft und die Verbesserung der Sichtverhältnisse durch eine Schlechtwetterscheibe.[105] Am 29. Oktober stand der Beginn der Druckkammererprobung an. Ein erster amtlicher Hinweis auf die Erprobung erfolgte im Flugzeugprogramm des C-Amtes vom 1. November 1942.

Die anfängliche Erprobung hatte ergeben, daß die Kabine »keinen Druck annahm«. Nachdem die als Sturzkampfbomber geplante V-4 nach einem ersten Werkstattflug am 19. Juni 1941 vorübergehend stillgelegt war, sollte sie nach dem Einbau von Zusatzkühlern und einer Abdichtung der Druckkammer am 4. Juli zum Zweck der weiteren Druckkammererprobung wieder flugklar sein.

Nach Aussagen des Gruppenleiters *Heinrich Beckmann* handelte es sich um »die erste bei Arado entwickelte Druckkabine«. Sie sollte »in ihrem Querschnitt auf den bestehenden Rumpfquerschnitt zugeschnitten und dem Querschnittprofil einer 1-Mann-Kabine angepaßt werden«.[106] Die Druckkabine bildete eine in sich abgeschlossene Baueinheit, die aus dem inneren Druckkörper, dem aus Gerüst und Beplankung aufgebauten Außenkörper sowie der oberhalb des Rumpfes liegenden Haube nebst Windschirm bestand. Der Aufbau erfolgte so, daß lediglich der Innenkörper den in der Kammer herrschenden Überdruck aufnahm, während die reinen Flugbeanspruchungen vom Außenkörper aufgenommen wurden. Zur Luftversorgung erhielt jeder Motor einen Presser, um eine ausreichende Versorgung auch beim Ausfall eines Aggregates zu gewährleisten. Die Atemluft wurde am Kanonenflansch der hohlen Luftschraubenwelle entnommen. Darüber hinaus stand auch eine Notsauerstoffanlage zur Verfügung.

Bezüglich der Gestaltung der Druckkabine fand am 1. und 2. August 1941 eine Werksbesprechnung unter Beteiligung aller in Frage kommenden Ressorts statt. Bei Flügen mit Höhenbetrieb hatte sich gezeigt, daß die Druckhaltung erneut unzureichend war, die Innentemperatur bis auf 38 Grad anstieg, die Innenscheiben beschlugen und die Sicht durch Spiegelungen beeinträchtigt wurde.

Die optischen Verzerrungen waren durch eine mangelhafte Fertigung der räumlich gekrümmten Scheiben entstanden. Im September 1941 stellte sich heraus, daß die bislang verwendete Plexiglassorte M 132 die schlechtesten statischen Eigenschaften besaß. Falls auch das bei der Firma Kopperschmidt bestellte neue Material optisch und strakmäßig nicht einwandfrei sein sollte, wurde der Einbau konventioneller Planscheiben erwogen, die zugleich als Panzerscheiben ausgebildet werden konnten. Hinsichtlich der Sicherheit der Kabine bei Beschuß setzte *van Nes* gesonderte Untersuchungen in Gang.[107]

Zur Kühlung und Entfeuchtung der Atemluft wurden ein von der Firma Henschel und der Deutschen Versuchsanstalt für Luftfahrt entwickelter Wärmetauscher in der Innenflügelnase sowie zwei regelbare Frischlufthutzen eingebaut. Erwogen wurde auch eine Trocknung der Presserluft mittels Einsetzen von Cylikalpatronen in die Atemluftleitung. Als Schutz gegen Verregnen, Beschlagen und Eisansatz wurde zumindest für die Serie eine Schlechtwetterscheibe als nötig erachtet. Aufgesetzte Innenscheiben mit direkt aufgetragenen Heizdrähten wirkten nur gegen das Beschlagen. Abhilfe gegen das Vereisen sollten äußere Heizscheiben in Verbindung mit einer Abreißkante und die Beaufschlagung der Scheiben mit Ultraschall schaffen. Entsprechende Vereisungsversuche waren be-

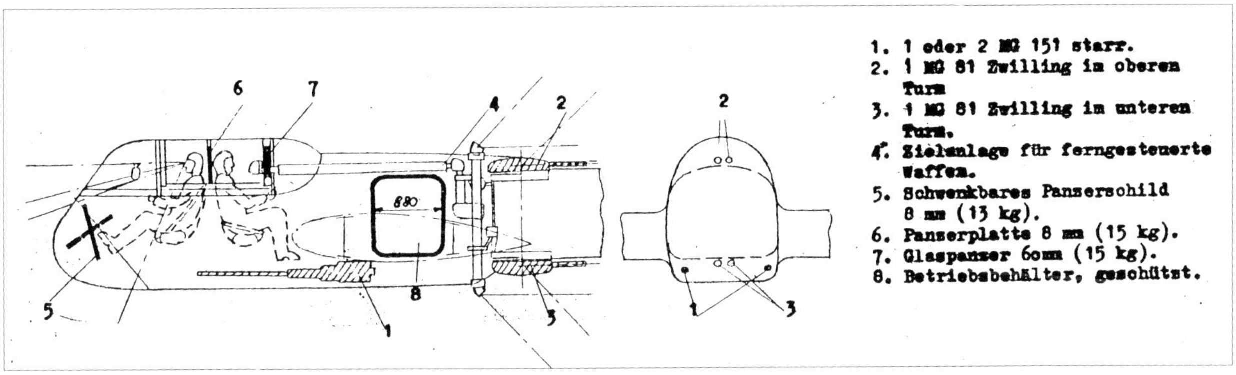

reits mit dem Rumpf der Ar 240 V-3 in Göttingen erfolgt. Die C-Amtsberichte bis zum 1. Februar 1942 lassen erkennen, daß auch eine Waffen- und Triebwerkserprobung geplant war. Am 24. Juli 1941 erfolgte jedoch der letzte Werksflug. Ein Werksprotokoll vom 2. September 1941 verzeichnet eine Bruchlandung, bei der der Druckkammeranschluß herausgerissen wurde. Ob dieser Unfall im Zusammenhang mit dem vermutlichen Totalverlust am 7. August steht, ist ungeklärt. Ab Oktober 1941 wurde die V-4 amtlich nicht mehr erwähnt und werksseitig als zerstört bezeichnet.[108]

Ferngerichtete rückwärtige Waffenstände

Bereits am 25. Januar 1940 hatte Arado der Erprobungsstelle Rechlin mitgeteilt, daß wegen des minimalen Rumpfquerschnitts im Unterschied zur Me 210 das Mitführen von Bomben im Rumpf unmöglich war, aber Aufhängevorrichtungen unter dem Rumpf und den Tragflächen vorgesehen waren.

Bei der Bewaffnung wurde auf eine starke Angriffs- und Abwehrwaffe besonderer Wert gelegt. Die Vorwärtsbewaffnung bestand anfänglich jedoch nur aus zwei MG 17 in den Flügelwurzeln. Sie wurden bei der Ar 240 V-3 vor dem Einsatz als Aufklärer wieder ausgebaut. Das MG 17 wurde später durch vier MG 151 ersetzt, von denen zwei im unteren Rumpfteil unterhalb der Druckkabine und zwei weitere an den Flügelwurzeln links und rechts des Rumpfes angeordnet waren. Darüber hinaus war vorgesehen, zwei weitere Kanonen oder eine großkalibrige Waffe als Rüstsatz unterhalb des Rumpfes mitzuführen. Wie aus der Projektbeschreibung E 654 vom Herbst 1941 hervorgeht, wurde auch der starre Einbau des MG C 30Lb in Kombination mit dem DB 614-Motor erwogen. Die Erprobung dieser durch die hohle Motorwelle feuernden 2-cm-Waffe mit der Ar 80 war bereits 1936 vom Technischen Amt empfohlen worden.

Große Erwartungen setzte *Blume* in den Einbau von rückwärtigen Waffenständen, die bei den als Zerstörer geplanten Prototypen V-5 und V-6 anfangs mit dem MG 81 Z bestückt werden sollten.

Die Fernsteuerung rückwärtiger Waffen war technisches Neuland. Die Periskopanlage ließ nach Versuchen im Göttinger Vereisungskanal zunächst erhebliche Mängel erkennen. Bei Sturzflügen war die Vereisung so stark, daß die Anlage einfror und die Optik erblindete. Nachdem das Problem durch eine Überdruckfüllung mit vorgetrockneter Luft gelöst wurde, stellte man fest, daß das Periskopvisier dem Schützen trotz 1,6-facher Vergrößerung kein ausreichendes Erfassen des Ziels gestattete und bei Nacht völlig ausfiel. Die von der Firma Siemens Apparate und Maschinen G.m.b.H./Berlin (SAM) und der DVL übernommene Entwicklung des Fernrichtantriebs FA 4 erwies sich als unbefriedigend und wurde eingestellt. Der von AEG entwickelte vollelektrische Antriebsverstärker FA 6 versagte ebenfalls. Nachdem der in Verbindung mit der Drehringlafette 77 Wa 3 verwendete hydraulische Weg-

Unteres, rückwärtiges MG 81 Z der Ar 240 V-5.

kraftverstärker FA 9 wiederholt von der DVL als fertig gemeldet worden war, aber nicht befriedigte, übernahm Arado in Zusammenarbeit mit der Firma Goerz die Entwicklung eines mit Periskopvisier PVE 6 ferngerichteten Waffenstandes einschließlich Lafetten, Durchladeeinrichtung und Antriebsaggregat.
Das Entwicklungsziel war ein Getriebe mit Servo-Drosselsteuerung. Als Übergangslösung für die Drosselsteuerung wurde zunächst der erprobte, von der Nachbaufirma Hofherr-Schranz in Wien gefertigte »Doppelthomatrieb« der Firma Askania eingesetzt. Die Getrieberäder wurden von der Firma Goerz gefertigt. Auf Veranlassung von Arado stellte die Firma Askania den Elektroantrieb der Ölpumpen auf hydraulischen Antrieb um. Nach abschließenden Änderungen stand das gesamte Richtgetriebe nach relativ kurzer Zeit zur Verfügung. Das Ergebnis der Standversuche befriedigte.
Die Waffenentwicklung wurde wiederholt durch systembedingte Organisationsmängel verzögert. Der Verwaltungsapparat des RLM war häufig außerstande, die mit Entwicklungs- und Zulieferaufgaben überlasteten Firmen zu kontrollieren, so daß es zu laufenden Terminverzögerungen kam. Um das verlustlose Ineinandergreifen der Arbeiten sicherzustellen, schaltete sich die werkseigene Waffenabteilung (TWa) in die Organisation und Durchführung der Transporte zu den Zulieferern ein. Sie erwirkte beim RLM eine Verfügung, durch die die Firma SAM als lizenzpflichtig erklärt wurde und die Anweisung erhielt, an Arado zwei Konstrukteure zwecks Erstellung von serienhaften Zeichnungen für den Fernrichtantrieb zu überstellen. Als endgültige Lösung für die Durchladevorrichtung entstand werksseitig das elektrisch-pneumatische Abfeuerungs- und Durchlade-Gerät EPAD, dessen Fertigung auf Veranlassung des RLM von der Firma Maihak übernommen wurde. Nach Angaben der E-Stelle Rechlin, bei der das erste Versuchsmuster erprobt wurde, sollte die Produktion bereits angelaufen sein. Als Arado in Erfahrung brachte, daß die entsprechenden Amtsaufträge bei Maihak noch nicht eingetroffen waren und bei der Firma erst die Planungsphase für die Vorrichtungen angelaufen war, übernahm die Waffenabteilung von Arado die weitere Fertigung. Als sich herausstellte, daß die Erprobung in Rechlin Änderungen erforderlich machte, der entsprechende Bericht jedoch nicht weitergeleitet wurde, koordinierten Arado-Kuriere den Anlauf der Serienfertigung.
Das unbürokratische, der gelenkten Wirtschaftsführung widersprechende Vorgehen von Arado erwies sich als äußerst effektiv. Arado drängte darauf, daß angesichts der »Dringlichkeit« der Waffenentwicklung und »der schwierigen allgemeinen Transport- und Beschaffungslage, die Beschaffung im Rahmen der reinen Entwicklung grundsätzlich von der die Entwicklung leitenden Dienststelle durchgeführt werden sollte«. Als solche wurde die werkseigene Waffenabteilung betrachtet, die entsprechende Kompetenzen gegenüber der E-Stelle Rechlin erhalten sollte. Da Arado befürchtete, daß der E-Stelle »der Gegenstand der Entwicklung und die im Zuge der Entwicklung gemachten Überlegungen und Erfahrungen, bisweilen sogar die Voraussetzungen der Entwicklung ...fremd« waren, sollte die Erprobung in Rechlin »firmenseitig gesehen auf die Dauer der Erprobung den Charakter einer Vorführung tragen«. Außerdem hielt man es für erforderlich, »daß die Information und Diskussion nur der entwicklungsleitenden Dienststelle (TWa)[109] vorbehalten bleibt, damit die Einheitlichkeit der Ausrichtung und der Interessenvertretung nicht gefährdet wird«.
Reibungsverluste traten auch innerbetrieblich auf. *Walter Blume* kritisierte, daß die Kooperationsbereitschaft der Abteilung für elektrische und hydraulische Versuche (TEV) mangelhaft sei und ihre »Einstellung die Fruchtbarkeit der Entwicklung untergräbt«. Diese Abteilung betrachtete sich im Fall einer Funktionsüberprüfung eines in der Entwicklung abgeschlossenen Gerätes als »selbständige und der Arbeit der Firma gegenüber fremde Institution«. Nur mit der Begründung, es handele sich um Forschungsversuche, konnte *Blume* eine nachträgliche Weisungsbefugnis der Firmenleitung erzwingen und die Versuchsgruppe TEV einsatzmäßig der Waffenabteilung unterstellen.
Die Versuchsflugzeuge V-5 und V-6 sollten als Zerstörer ausgelegt werden. Aus einem Werksbericht vom 29. Oktober 1941 geht hervor, daß nach der Behebung von Restmängeln und einer Kurzerprobung in Rechlin der Einbau des verbesserten Fernrichtantriebs FA 13 für zwei MG 131 in diese Flugzeuge erwartet wurde. Die über Periskop-Visier ferngesteuerten Abwehrwaffen befanden sich auf der Rumpfoberseite und der Rumpfunterseite. Die Waffen waren in zwei eigens von Arado entwickelten Lafetten montiert, an denen seitlich mitdrehend die Munitionskästen befestigt waren. Die gesamte Anlage wurde von einem Knüppelgriff in der Druckkabine, der gleichzeitig Waffe und Periskop-Visier steuerte, geschaltet.
Nach Standversuchen am 18. August 1941 war laut Arado-Werksbericht vom 2. September 1941 die Beurteilung positiv und »der Anlage nichts gleichwertiges entgegenzusetzen«. Die von Arado erzielten Fortschritte bei der Entwicklung der ferngerichteten rückwärtigen Waffen führten beim Technischen Amt aber nicht zu der erwarteten verstärkten Akzeptanz der Ar 240 als Zerstörer. Daß das Amt eher an einem Technologietransfer zugunsten laufender Serienmuster interessiert war, deutete sich an, indem es bereits im Juli 1940 die Erprobung der für den

Werbung der Arado Flugzeugwerke anläßlich des Australienfluges mit Ar 79 V-3 (D-EHCR).

Arado 79 A.

Die restaurierte Ar 79 (W.Nr. 0047, D-EMTV) nach der Landung in Tempelhof (8.5.1996). Im Cockpit der ehemalige Rekordflieger *Rudolf Jenett.*

Kabine der Ar 79 (W.Nr. 0047) mit modernisierter Ausstattung vor der Restaurierung durch die Lufthansa.

Diese Arado Ar 79 wurde 1939 gebaut, Ende 1994 vom Museum für Verkehr und Technik in Berlin erworben und von August 1995 bis April 1996 durch die Deutsche Lufthansa Berlin-Stiftung in der Werft der Lufthansa Technik in Hamburg flugfähig restauriert. Bevor das Flugzeug in einigen Jahren endgültig ins Museum kommt, wird es als Attraktion bei Veranstaltungen eingesetzt (siehe auch die Fotos der nächsten beiden Seiten).

D-EMVT

D-EMVT

< Arado Ar 79 und Messerschmitt Bf 108 der Lufthansa Berlin-Stiftung im Formationsflug.

ARADO
MEHRZWECKE-HOCHLEISTUNGSFLUGZEUG FÜR SEE- ODER LANDVERWENDUNG
GENERAL UTILITY AEROPLANE WITH EITHER FLOATS OR WHEELS
AR95

Arado Ar 196 A, 7R+BK, der 2./SAGr 125 im Mittelmeer. Aufgenommen vom Kriegsberichterstatter Scherer.

◀ Die Ar 95 in der Werbung (1939).

Ar 196 A-3 (W.Nr. 0219) in Plovdiv/Bulgarien.

Ar 196 A-5 (W.Nr. 623 183, T3+CH) der »Prinz Eugen« der Naval Air Station in Willow Grove/Pennsylvania. Das Flugzeug gehört ab 1995 zum Bestand des National Museum of Naval Aviation in Pensacola/Florida.

Ar 196 vor der Halle H in Warnemünde.

Arado 96 V-9 (W.Nr. 2075, D-IXWZ), Exportausführung für Bulgarien mit Verstell-Luftschraube, FT-Anlage, Bombenabwurfeinrichtung und beweglicher Heckbewaffnung auf Arado-Lafette.

Ar 396 aus französischer Lizenzproduktion (Totalschaden nach Absturz 1978).

Rumpf der von der »Prinz Eugen« stammenden Ar 196 A-5 (W.Nr. 623 167, T3+BH) bei der Naval Air Station in Norfolk/USA vor der Restaurierung, heute National Air and Space Museum/Washington.

Die Ar 196 A-5 während der Restaurierung.

Ar 234 B-2 (W.Nr. 140 312, FI+FT) in Wright Field/Ohio (Oktober 1945).

Cockpit des Beuteflugzeugs Ar 234 B-2 (W.Nr. 140 312, F1+FT) nach der Restaurierung in den USA.

Die Ar 234 B-2 während der Restaurierung in Silver Hill.

Der ehemalige Arado-Einflieger *Gunther Eheim* in der Ar 234 B-2 des National Air and Space Museums (11.11.1995).

Jumo-Triebwerk der Ar 234 B-2.

R-Gerät der Ar 234 B-2 in Silver Hill.

Ar 234 B-2 in Silver Hill.

Ar 234 B-2 in Silver Hill.

Ar 234 B-2 in Silver Hill.

Einbau in die Ar 240 V-3 vorgeplanten Waffenrichtanlage mit zehn Flugzeugen vom Typ Me 110 bis zum 1. Oktober 1941 anordnete und die Anlage anschließend für die Me 110 C freigab.[110]
Nach dem Ausfall des vierten Prototyps war der fünfte zunächst für weitere Leistungsnachweise in Rechlin vorgesehen. Der Erstflug erfolgte am 11. September 1941.[111] Nach ersten Kühlermeßflügen sollte das Flugzeug mit neuen Doppelhauben und Trapezkühlern versehen werden. Anhand der »mit der Ar 240 V-5 in Bodennähe erflogenen Werte« von 500 km/h (Notleistung 525 km/h) errechnete *Kosin* für die Ar 240 A maximal 625 km/h in Volldruckhöhe (Notleistung 645 km/h). Mit der Ar 240 B/C/D sollten anschließend 660/674/755 km/h (Notleistung 775 km/h) in Volldruckhöhe erreicht werden.[112] Ursprünglich hatte er bei einer Ausrüstung mit DB 603 E (Ar 240 A) eine Höchstgeschwindigkeit von 670 km/h in einer Volldruckhöhe von 6 000 m und bei einer Ausrüstung mit DB 605 (Ar 240 B) einen Höchstwert von 724 km/h veranschlagt.[113]
Wie aus werksseitigen Vermerken zur abschließenden Beurteilung in Rechlin hervorgeht, wartete *Blume* dringend auf den Serienauftrag für den »leistungsfähigsten Zerstörer der Welt«. Er war überzeugt, daß die Ar 240 aufgrund einer »harmonischen Abrundung des Entwurfs eine ausgezeichnete technische Gesamtleistung« darstellte. Er versicherte, daß Start und Landung inzwischen problemlos durchzuführen seien, da die hohe Flächenbelastung durch den Fowlerflügel ausgeglichen werde. Auch der Blind- und Einmotorenflug sei ohne weiteres möglich. Das Flugzeug sei allen Vergleichsflugzeugen aufgrund kleinster Zellenabmessungen, absoluter Volldruckhöhe, höherer Geschwindigkeit und Druckkammer überlegen und verfüge über die »erste wirklich zufriedenstellende Bewaffnung mit Fernantrieb und für Druckkabine geeignetem Visier«. Im einzelnen hob er hervor, daß das Schußfeld nach hinten durch die Anordnung der Waffentürme oberhalb und unterhalb des Rumpfes sowie durch die Anordnung des Leitwerks nicht eingeschränkt sei. Die Luftwiderstandswerte seien äußerst gering, da der obere Waffenstand im Windschatten der Kabine liege.

Abgabe von Prototypen an die Versuchsstelle für Höhenflug

Nach einer Werksbesichtigung am 4. Februar 1941 durch *Theodor Rowehl* und Flugbaumeister *Malz* als Vertreter des RLM und einer Besprechung im RLM mit Generalstabsingenieur *Roluf Lucht* am 11. Februar wurde unerwartet festgelegt, daß die laufenden Versuchsmuster als Aufklärer umzubauen waren und einer Truppendienststelle zur Verfügung gestellt werden sollten.[114] Nachdem die Me 210 endgültig als Aufklärer abgelehnt worden war und *Siegfried Knemeyer* am 3. August 1941 die Ar 240 V-3 nachgeflogen hatte und zu einem positiven Urteil gekommen war, betrachtete *Rowehl, der Leiter* der Versuchsstelle für Höhenflug, die Ar 240 »als ausgesprochenen Schnellaufklärer« im Gegensatz zum Höhenaufklärer Ju 86 P und Hs 130«.[115] Er versprach, *Udet* vom Ergebnis des Nachfliegens zu unterrichten. Obwohl die erhoffte Verwendung als Zerstörer zunächst zurückgestellt wurde, bot die frühzeitige Abgabe an die Truppe Arado Gelegenheit, die Leistungsfähigkeit der Ar 240 beim Truppeneinsatz unter Beweis zu stellen. *Van Nes* und *Franz Meyer* überreichten am 14.2.1941 der Versuchsstelle für Höhenflug in Oranienburg umgehend drei Baubeschreibungen als Erkunder. Vorgesehen waren zwei Reihenbildgeräte Rb 50/30 in den Gondeln.[116]
Am 17. Juni 1941 wurde für den bevorstehenden Einsatz als Aufklärer der Fortfall der beiden Gondelbehälter, die Verschiebung der Lichtbildgeräte bis an den Hinterholm, die Einkürzung der Gondeln, der Ausbau des Kärcherofens und der Sicherheitssteuergeräte beschlossen.[117] Der Verzicht auf einige Einbauten bewirkte einerseits eine Gewichtseinsparung. Der Fortfall der Gondelbehälter reduzierte allerdings die Treibstoffmenge und damit die Reichweite. Bezüglich der rückwärtigen Waffenstände bestand ebenso weiterhin »Klärungsbedarf« wie hinsichtlich der

Waffen-Erprobung der Ar 240 V-5 in Tarnewitz. Von rechts: Oberstleutnant *Theodor Rowehl*, Leiter der Aufklärungsgruppe Ob. d. L., Fl.Stabsing. *Schenk*, Fl.Stabsing. *Maximilian Bohlan*, Gruppenleiter Ballistik der E-Stelle, Fl.Stabsing. *Ludwig Röhm* (mit Schiffchen).

Elt.-Ausrüstung, der Ausführung der Druckkabine, des Gondelhecks, des Rumpfrückens und des Leitwerks. Abzusehen war erneut, daß die Vergrößerung der Außenflügel und des Heckleitwerks sowie der Versuchseinbau des DB 603-Motors erst später bei zwei Flugzeugen der Vorserie A-0 in Frage kam. Die Verschiebung größerer Änderungsmaßnahmen beschleunigte zwar die Fertigstellung, schloß aber das Risiko einer nicht restlos beseitigten Instabilität ein.

Bereits am 10. Februar 1941 war werksseitig darauf gedrängt worden, daß die V-5 und V-6 »schnellstens« bis Ende Juli abgeliefert werden sollten unter der Voraussetzung, daß bei der Erprobung der V-3 keine Rückschläge eintraten.[118]

Die fertiggestellte Ar 240 V-4 fiel im Oktober 1941 aus. Die gesetzten Fertigungs- und Erprobungstermine für die beiden nachfolgenden Prototypen konnten nicht annähernd eingehalten werden. Am 26. August 1941 rechnete *Blume* damit, daß die V-5 am 7. September, die V-6 am 14. Oktober »flugklar« war.[119] Am 13. Oktober befand sich die V-5 werksseitig »momentan in der Flugerprobung«.[120] Zunächst standen unter anderem ein Nachfliegen in Rechlin und die Ermittlung der Geschwindigkeit in Volldruckhöhe an. Ende Oktober sollten die endgültige Gondel, neue Scheiben, die Waffenanlage und die Lichtbildgeräte eingebaut werden. Darüber hinaus sollte das elektrische Bordnetz bereinigt werden. Am 15. Januar 1942 sollte die V-5 wieder »flugklar zum ersten Flug« sein. Am 29. Oktober wurden Geschwindigkeitsflüge mit der V-5 durchgeführt.[121] Dabei lagen »die mit Kampfleistung erflogenen Geschwindigkeiten 50-60 km/h höher als bei der Me 210«. Am 5. November war abzusehen, daß die V-5 erst am 10. November nach Rechlin überführt werden konnte und die noch ausstehenden Einbauten anschließend zu einem späteren Termin als vorgesehen vorgenommen werden mußten.[122] Man hoffte, daß das Flugzeug dennoch im Januar 1942 flugklar war und im Februar an die Versuchsstelle für Höhenflug abgeliefert werden konnte. Am 5. November 1941 forderte *Blume* angesichts fortbestehender Mängel hinsichtlich der Betriebssicherheit erneut die »schnellste Lieferung der im Bau befindlichen Flugzeuge« und »ein noch intensiveres ›fit‹-Machen«. Er notierte: »Anerkennung der Erprobungsergebnisse auf der einen Seite. Enttäuschungen auf der anderen (Elt.-Anlagen, Leitungen, Geräte, Häufigkeit des Ausfalls). Abkürzen des Nervenkrieges«.[123] Am 4. Januar 1942 stellte *Blume* fest, daß die V-5 erst ab dem 5. Februar flugklar sein könne.[124] Die Ablieferung an die Versuchsstelle für Höhenflüge erfolgte schließlich erst am 25. März 1942. Zuvor fanden noch zahlreiche Leistungsflüge in Brandenburg unter der Kontrolle der Bauaufsichtsleitung des RLM (BAL) statt, die im April 1942 fortgesetzt werden mußten. Im September 1942 war das Flugzeug erneut in Rechlin. Beanstandet wurden das Verhalten beim Einmotorenflug, eine Überhitzung der Triebwerke, der CO-Gehalt und die Temperatur der Höhenkammerluft, unzureichende Querruderwirksamkeit und ein zu hoher Wartungsaufwand. In einer werksseitigen Stellungnahme vom 25. September 1942 wurde der unbefriedigende Einmotorenflug darauf zurückgeführt, daß bei einer Reparatur in Rechlin das vergrößerte Trimmruder im Seitenleitwerk nicht eingebaut wurde. Man verwies darauf, daß die hohen Betriebstemperaturen der Triebwerke, die auch zu verminderten Motorleistungen geführt hätten, inzwischen

Ar 240 V-5 (W.Nr. 240 0005, T5 +MH) nach einer Bruchlandung.

Ar 240 V-5 während der Reparatur.

durch den Austausch der Schwermetall-Wasserkühler gegen solche aus Leichtmetall gesenkt worden seien. Eine weiter verbesserte Querruderwirksamkeit wurde für die Baureihe Ar 240 C in Aussicht gestellt. Als Ursache für den hohen CO-Gehalt und die erhöhte Temperatur in der Höhenkammer betrachtete Arado ein verstopftes Ansaugrohr. Da diese Rohre entsprechend den MG-Auslässen konstruiert waren, wurde vermutet, daß die Vorrichtung durch Mechaniker blockiert wurde, weil sie deren Bedeutung falsch eingeschätzt hatten. Abschließend hieß es in der Stellungnahme, daß von einer besonders schwierigen Wartung nicht gesprochen werden könne und daß ein erhöhter Wartungsaufwand »bei derart hochentwickelten Flugzeugen nicht zu vermeiden« sei.
Nach Umbauarbeiten und erneuten Werksflügen war die Ar 240 V-5 zum 15. Oktober 1942 zum Zweck erneuter Abnahme- und Kontrollflüge wieder flugklar. Ob der Aufenthalt im Werk mit Beschädigungen nach einer Bruchlandung in Verbindung stand, ist offen. Der letzte Werksflug fand am 29. Oktober 1942 statt.[125] Das Flugzeugprogramm des C-Amtes vom 1. November 1942 verzeichnet anschließend eine Stationierung bei der Versuchsstelle für Höhenflug.[126] Dort geriet die V-5 in Verlust.[127]
Das sechste Musterflugzeug befand sich am 29. Oktober 1941 in der Endmontage. Der Erstflug war für den 1. Dezember geplant. Anschließend sollte das Flugzeug bis zum 13. Dezember flugklar sein. Die Flugerprobung wurde jedoch erst am 18. Januar 1942 aufgenommen. Nach einem Abnahmeflug am 4. März wurde das Flugzeug an die Versuchsstelle für Höhenflug abgegeben.[128] Am 6. Juni 1942 wurde in Rechlin der Einflieger *Reck* eingewiesen, der im Laufe des Juni Kühlersteig- und Meßflüge unternahm. Im Juli setzte *Heinrich Beauvais* die Erprobung in Rechlin fort. Im November 1942 war das Flugzeug zu Reparaturzwecken wieder im Werk.[129] Während des anschließenden Einsatzes bei der Fernaufklärungsgruppe 3./(F)100 im Raum Charkow im Winter 1942/43 geriet es in Verlust.[130]

Vorserie Ar 240 A-0

Nach der Abgabe der V-5 und V-6 an die Truppe sollte die Erprobung mit Flugzeugen der Vorserie Ar 240 A-0 fortgesetzt werden. Der Bau der Vorserienflugzeuge war bereits am 26. April 1939 beschlossen worden.[131] Am 16. Mai erging ein entsprechender Vorbescheid.[132] Unter Berufung auf eine Vorabzusage durch den Generalstabsingenieur *Roluf Lucht* forderte *Walter Blume* am 12. Februar 1941 wie folgt erneut die Baugenehmigung:

An den
Herrn Generalluftzeugmeister
Reichsluftfahrtministerium — Geheim !
B e r l i n W 8
Leipziger Straße 7
HT: Bl/Pr 215 12.2.1941

Betr.: 0-Serie Ar 240.
Vorg: Besprechung im RLM am 11.2.41.

In der Besprechung am 11.2. bei Herrn Generalstabsingenieur *Lucht* trug der Linksunterzeichnete Folgendes vor:
Im Hinblick auf die Tatsache, daß die V-Flugzeuge V4 bis V6 einer Truppendienststelle zur Verfügung gestellt werden sollen und daher für technische und weitere Truppen-Erprobungszwecke keine Flugzeuge mehr vorhanden sind, schlägt Arado vor, eine 0-Serie von 6 Flugzeugen aufzulegen, die in der Zeit vom September 1941 bis Ende

April 1942 zur Ablieferung gebracht werden sollen. Die Voraussetzung für die Einhaltung der Termine ist die Einreihung dieser 0-Serie in die höchste Dringlichkeitsstufe, um das Material rechtzeitig heranzubekommen. Für den Fall, daß die höchste Dringlichkeitsstufe nicht erteilt werden kann, ist mit einer Terminverzögerung von ungefähr 2 Monaten zu rechnen. Es ist ferner beabsichtigt, unter Umständen die letzten dieser Stücke mit dem Motor DB 605 anstelle des DB 601 E auszurüsten. Herr Generalstabsing. *Lucht* stimmte dem Vorschlag zu mit der Weisung, die Arbeiten sofort anlaufen zu lassen, nähere technische Einzelheiten mit LC 2 noch zu vereinbaren und ein Angebot nachzureichen.

Heil Hitler !
A R A D O
Flugzeugwerke G.m.b.H.

gez. Blume gez. Blaß

Planung und Erprobung

Unter der Dringlichkeitsstufe SS sollten sechs Vorserienflugzeuge erstellt werden beziehungsweise vier im Fall einer geringeren Einstufung.[133] Die Genehmigung zum Bau der Flugzeuge wurde mit dem C-Amtsprogramm vom 15. März 1941 erteilt.[134] Die Einordnung in die Dringlichkeitsstufe SS erfolgte am 3. April 1941.[135] Am 17. Juni 1941 wurde beschlossen, daß die Vorserie A-0 den Musterflugzeugen V-4 bis V-6 entsprechen sollte.
Das Bauprogramm wurde aus Gründen des Zeitgewinns und mit Rücksicht auf die beschränkten Baukapazitäten nachträglich gestrafft. Laut Bericht der Bauaufsichtsleitung des RLM (BAL) vom November 1941 waren zu diesem Zeitpunkt vier Vorserienflugzeuge im Bau. Wie aus einem handschriftlichen Randvermerk in werksseitigen Planungsunterlagen hervorgeht, wurde im Nachgang beschlossen, die beiden letzten Vorserienflugzeuge A-05 und A-06 auf den DB 605-Motor umzurüsten und sie unter der Musterbezeichnung V-7 und V-8 zur Vorbereitung der Serie B-0 einzusetzen. Am 13. Oktober 1941 wurde darüber hinaus entschieden, daß die Vorserienflugzeuge A-03 und A-04 für einen späteren Umbau mit vergrößertem Außenflügel und DB 603-Motor vorzusehen waren.
Der Bau des ersten Vorserienflugzeugs (W.Nr. 240 0011, GL+QA) begann im Juni 1941. Im Oktober erfolgte die Montage, der Erstflug fand am 5. Juni 1942 statt. Die anschließende Werkserprobung dauerte bis Ende August. Am 15. August 1942 wurden von *Heinrich Beauvais* die Flugeigenschaften in Rechlin überprüft. Am 22. September meldete Arado das Flugzeug als flugklar. Die Auslieferung war für den 29. September vorgesehen.

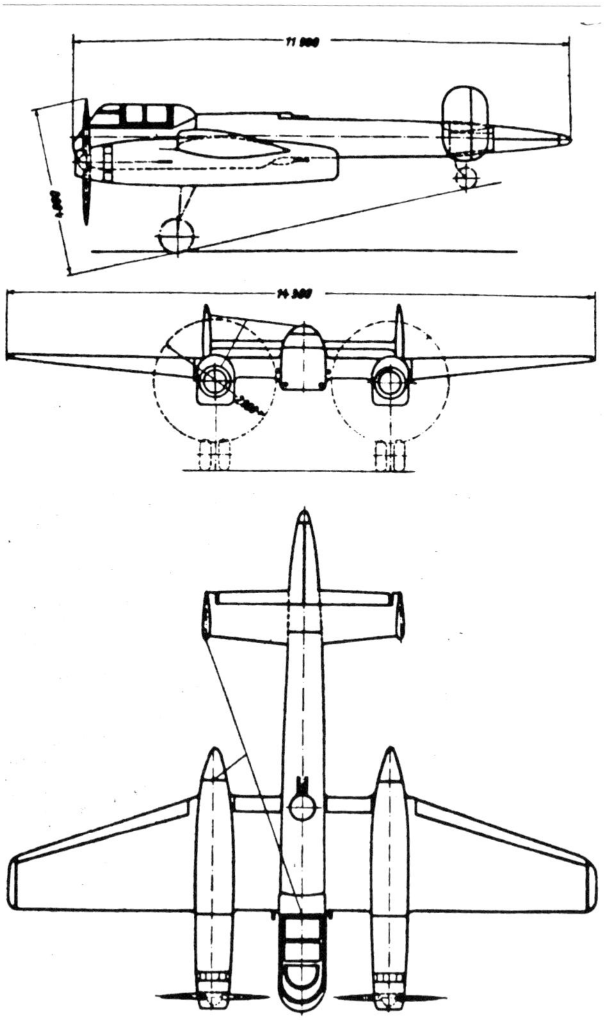

Typenblatt der Ar 240 A-0 (1.1.1942).

Truppeneinsatz als Aufklärer

Nach der Erprobung wurden die Vorserienflugzeuge Ar 240 A-01 und A-02 als Aufklärer eingesetzt, da kein leistungsmäßig vergleichbarer Flugzeugtyp vorhanden war. Im Anschluß an die Abnahme in Rechlin erfolgte in Tarnewitz eine Waffenerprobung der A-01 und die Einweisung einer Besatzung bei der Versuchsstelle für Höhenflüge. Ab dem 20. Oktober 1942 war das Flugzeug bei der Aufklärungsgruppe Ob.d.L. an der Ostfront im Raum Charkow im Einsatz.[136]
Das zweite Vorserienflugzeug (W.Nr. 240 0012, GL+QB) war ab Juli 1941 im Bau und nach Waffeneinbauten am

Ar 240 A-0.

Der Aufklärer Ar 240 A-01 (W.Nr. 240 0011, GL+QA, Verbandskennzeichen T5+YP) im Winter 1942/43 an der Ostfront.

Ar 240 A-02 (W.Nr. 240 0012, GL+QB).

22. September 1942 flugklar. Es wurde nach Korrektur- und Abnahmeflügen am 1. Oktober ebenfalls an die Versuchsstelle für Höhenflüge abgeliefert und war unter anderem in Petsamo/Nordfinnland im Einsatz.
Aus einem Erfahrungsbericht der 3./Aufklärungsgruppe Ob.d.L. vom November 1942 geht hervor, daß beide Vorserienflugzeuge im frontnahen Raum an stark flakgeschützen Schwerpunkten eingesetzt waren, die von der normalen Aufklärung mit der Ju 88 ausgespart werden mußten. Die Einsätze konnten »gut durchgeführt werden«. Das eingewiesene Wartungspersonal konnte alle auftretenden Beanstandungen beheben. Der Wartungsaufwand bei dem Triebwerk DB 601 E gegenüber dem Jumo 211 I wurde als größer bezeichnet. Vermutlich wurden die Triebwerke deshalb gewechselt.[137] Die Einsatzbereitschaft des Flugzeugs war auch bei niedrigen Temperaturen von minus 15 Grad gegeben. Die Flugzeuge waren laut Bericht in 8 000 m Höhe sehr wendig, ihre Flugeigenschaften auch im Blindflug gut. Die Druckkabine hatte sich bewährt. Eisansatz an den Flächen, den Luftschrauben und an der Kanzel wurde nicht beobachtet. Die Bilder wurden scharf. Die ferngerichtete, rückwärtige Bewaffnung hatte sich »bestens bewährt«. Es traten keine Störungen auf. Die Sicht durch die Periskope war »voll ausreichend und einwandfrei«. Die Treffsicherheit dieser Waffenanlage wurde weitaus besser beurteilt als die handgerichteter Waffen. Bei Probeflügen wurden 21 von 20 Ballonen abgeschossen. Die Anlage erschien auch im Vergleich zu der älteren, in der Ar 240 V-6 verwendeten, verbessert.[138]
Am 13. Mai 1943 teilte auch die Versuchsstelle für Höhenflüge bezüglich des Fronteinsatzes mit: »Die beiden Ar 240 haben sich im allgemeinen während des Winterfeldzugs im Osten gut bewährt. Infolge der kleinen Räder war der Einsatz während der Tauperiode erschwert und zum Teil unmöglich. Eine Ar 240 mußte anläßlich einer Bauchlandung im Partisanengebiet zerstört werden.«[139] Diese Verlustanzeige bezog sich vermutlich auf die A-01, die am 16. Februar 1943 aufgrund technischer Mängel verloren ging.[140] Die A-02 wurde am 24. Januar 1944 bei einer Bruchlandung beschädigt und zum Werk zurücktransportiert. Ob es zu einer Wiederinstandsetzung kam, ist zweifelhaft.
Die beiden folgenden Vorserienflugzeuge sollten der Weiterentwicklung dienen. Die A-03 (W.Nr. 240 0013, DI+CY) war ab August 1941 im Bau und absolvierte am 3. September 1942 ihren Erstflug. Danach muß es zu einem Unfall gekommen sein, denn bis zum 14. September sollte das Rumpfheck repariert werden. Im November 1942 war das Flugzeug in Rechlin. Am 28. April 1943 wurde es zwecks Durchführung von Meß- und Steigflügen erneut von Brandenburg zur Erprobungsstelle überführt. Ab dem 16. Juni 1943 war es wieder im Werk.
Das vierte Vorserienflugzeug (W.Nr. 240 0014, DI+CZ) wurde im September 1942 fertig. Am 18. Dezember 1942 unternahm *Heinrich Beauvais* in Rechlin Flüge zur Überprüfung der Flugeigenschaften. Anschließend war auch die A-04 wieder im Werk.

Das Debakel der Baureihe Ar 240 B

In einer Studie vom 10. Juli 1941 suchte *Blume* nach neuen Wegen, um die Ar 240 so schnell als möglich als Zerstörer zum Einsatz zu bringen. Im Zerstörer sah er vornehmlich einen gegen Bodenziele gerichteten Jagdbomber. Eine Variante als Höhenaufklärer sollte dagegen nur durch austauschbare Rüstsätze entstehen. Er ging von acht verschiedenen Verwendungszwecken aus, je nachdem ob der Einsatz im Bewegungs-, Stellungs- oder Seekrieg erfolgte beziehungsweise sich gegen Erdnahziele aus mittlerer Flughöhe, gegen Erdfernziele aus großer Höhe oder gegen Luftziele richtete. Einen Einsatz von Schnellflugzeugen als Sturzbomber hielt er jedoch für wenig sinnvoll und schlug einen Gleitangriff zur Bekämpfung entfernterer Punktziele aus großer Höhe mit einer dem Jäger gleichwertigen Geschwindigkeit vor. Aus der Erfahrung heraus, daß »der gegen England praktizierte eng gebundene Begleitschutz durch den Zerstörer Me 110 zahlenmäßig nicht zu verwirklichen war«, glaubte er, daß »der Verwendungszweck als Jäger gegen Luftziele in den Hintergrund getreten« und dieser Bereich durch »neu herauskommende Jäger gedeckt« sei. Im August 1941 mußte er diese Einschätzung erstmals revidieren und stellte sich angesichts der unzureichenden Abwehr feindlicher Bomber die Frage: »Was hat Me 110 bei der jetzigen englischen Tagesoffensive gemacht?«[141]

Planziel: Über den Aufklärer zum Zerstörer

Nach dem Anlaufen der Vorserie A-0 mit DB 601 E-Motor beabsichtige *Blume*, »auf mehreren Wegen weiterzugehen«.
Aus Werksunterlagen vom 18. Juni 1941 geht hervor, daß innerhalb der Baureihe B-0 Aufklärer, Bomber und Zerstörer entstehen sollten. Arado kündigte jedoch an: »Zur Ermöglichung einer beschleunigten Bereitstellung von Fernaufklärern empfiehlt es sich, eine kleinere Serie der Ar 240 mit DB 605 aufzulegen.«[142] Ein Umbau auf den DB 605-Motor, der mit einer Vorrichtung zur Wasser-Methanol-Einspritzung gegenüber dem DB 601 E-Motor eine höherere Startleistung von von 1 085 kW (1 475 PS) hatte, erschien problemlos. Der Einbau des DB 603-Mo-

tors ließ dagegen größere Änderungen erwarten, so daß zunächst weitere Erfahrungen beim Einsatz der Flugzeuge gewonnen werden sollten.
Im Rahmen dieser Planung stellte *Blume* am 22. Juli 1941 folgende Überlegungen an:[143]

1. Was ist an Gewichten noch aus A-0 herauszuholen unter Berücksichtigung des reinen Aufklärerzweckes? Keine Dimensionsänderungen, nur Ausbauten!
2. Wie sieht daraufhin DB 605-Aufklärer aus? Ausgangsgewichte für weitere Reihungen.
3. Mit diesem Ausgangsgewicht größere Spannweite.
4. Aerodynamische Verbesserungen festlegen.
5. Mit welchem Flugzeug Spannweitenversuch?

Nach der Rückkehr *Franz Meyers* von einem Besuch beim RLM bestand am 24. Juni 1941 nach Ansicht *Blumes* »Aussicht auf kleine Serie«. Er erwartete »voraussichtlich Vergrößerung der 0-Serie um 20 Stück mit 605«.[144] Am 1. November 1941 legte *Blume* seine Planungen Generalingenieur *Roluf Lucht* und Oberstingenieur *Gottfried Reidenbach* vor. Am 17. und 18. November führte er Besprechungen mit den Firmen Focke-Wulf, Erla und Ago hinsichtlich der Serienfertigung. Focke-Wulf lehnte sofort ab. Die Wahl fiel schließlich auf die Firma Apparatebau GmbH Oschersleben (Ago). Die Auslieferung war für Herbst 1942 bis Frühsommer 1943 vorgesehen und sollte soweit wie möglich beschleunigt werden. Die Materialfrage erschien im Unterschied zur Personalfrage günstig.
Am 19. August 1941 war entschieden worden, daß zur Vorbereitung der Baureihe B-0 die Prototypen V-7 und V-8 unter Verzicht auf jedes nur denkbare Gewicht baldmöglichst als Aufklärer mit Druckkabine fertiggestellt werden sollten.[145] Sie sollten DB 605-Motoren erhalten und ansonsten weitgehend baugleich mit der Vorserie A-0 sein. Ursprünglich vorgesehene Änderungen wie die Vergrößerung des Außenflügels und des Höhenleitwerks wurden durch Beschluß vom 21. Oktober 1941 rückgängig gemacht und sollten erst bei den Vorserienflugzeugen A-03 und A-04 im Zusammenhang mit einem Umbau auf den DB 603-Motor erfolgen.[146] Am 29. Oktober 1941 wurde endgültig festgelegt, daß zellenseitig mit Ausnahme einer Rumpfverlängerung um 18 cm auf 12,98 m keine Änderungen erfolgen sollten. Im Dezember 1941 wurde das RLM von dieser Planung unterrichtet.
Die V-7 und V-8 waren ab Dezember 1941 beziehungsweise ab Januar 1942 in Brandenburg im Bau und erstmals im Flugzeugprogramm des C-Amtes vom 1. Februar 1942 mit dem Hinweis auf eine allgemeine und eine Triebwerkserprobung verzeichnet. Sie sollten am 15. Oktober beziehungsweise am 15. Dezember 1942 an die Kontrolle ausgeliefert werden.[147]

Vermutlich waren ursprüglich für die zehn ersten V-Muster fortlaufende Werknummern vorgesehen. Obwohl der Bau der Prototypen nach Fertigstellung der V-6 durch die Vorserie A-0 unterbrochen wurde, wurden die ursprünglich für die Vorserie vorgesehenen Werknummern 240 0011 bis 240 0016 beibehalten.[148] Da die V-7 und V-8 anstelle der Vorserienflugzeuge A-05 und A-06 gebaut wurden, erhielten sie nachträglich deren Werknummern 240 0015 und 0016.[149] Diese an den tatsächlichen Fertigstellungsterminen orientierte Zählweise wurde mit den Werknummern 240 017 und 018 für die Musterflugzeuge V-9 und V-10 fortgesetzt.

Anforderung als Schnellbomber

Am 9. April 1942 trat nach einer Besprechung zwischen *Walter Blume* und Staatssekretär *Milch* eine unerwartete Wende in der Planung ein. *Milch* war auf der Suche nach dem von *Hitler* gewünschten Schnellbomber als Angriffs- und Vergeltungswaffe und teilte mit, daß die Ar 240 B in größerer Stückzahl für diesen Zweck gewünscht wurde. Er erläuterte seine Vorstellungen wie folgt: »Der Stand der Rüstung des Gegners und die operative Lage erfordern, daß 1943 Kampfflugzeuge für den Tag-Einsatz gegen England verfügbar sind. Ab 1943 ist damit zu rechnen, daß neuzeitliche englische und amerikanische Flugzeuge in größerer Zahl in Europa eingesetzt werden. Die Zermürbung des englischen Volkes durch Verluste im Empire wird soweit fortgeschritten sein, daß erfolgreiche Angriffe gegen England zum Zusammenbruch führen können. Nachtangriffe allein genügen nicht. Das Flugzeug Ar 240 ist hierfür als einziges geeignet und in seiner Entwicklung weit genug fortgeschritten. Es muß aber unbedingt im nächsten Jahr in größeren Verbänden eingesetzt werden können. Die Tagangriffe gegen England sollen in so großen Höhen geflogen werden, daß mit wirksamer Flak-Abwehr nicht mehr gerechnet werden braucht. Abwehr durch Jäger ist wegen der großen Geschwindigkeit der Ar 240 gleichfalls kaum zu befürchten. Schnellste Fertigstellung einer größeren Serie und unbedingte Betriebssicherheit sind so ausschlaggebend wichtig, daß jede vorherige Weiterentwicklung des Flugzeugs abgelehnt werden muß. Deshalb kommt auch die Ausrüstung mit Motoren, die einen neuen Einbau erfordern, also mit DB 603, DB 614, BMW 801 und BMW 801 J, nicht in Frage. Die geplante Ausrüstung mit DB 603 und die Entwicklung der Zelle zur Ar 240 kann als Studie weiterlaufen. Die für 1943 benötigte Serie erhält als Motor den DB 605.«[150]
Milch machte den Serienauftrag ausdrücklich von einer pünktlichen Ablieferung abhängig. Er sicherte außergewöhnliche Maßnahmen zu, die zum Teil »vom Führer« genehmigt werden sollten. Dazu gehörten die Befreiung der

Belegschaft des Herstellerwerkes vom Wehrdienst, die Einschaltung und zeitweilige Unterstellung anderer Werke wie Ago, Heinkel und Junkers sowie die Entsendung von Ingenieuren des RLM zu Unterlieferanten. Die Lieferung des Bombers He 177 durfte allerdings nicht beeinträchtigt werden. Der zuständige Referent Generalingenieur *Gottfried Reidenbach* schloß sich der Auffassung *Milchs* an und erklärte, »daß das Muster Ar 240 B, wie die Nachprüfung ergab, hinsichtlich Bauart und hinsichtlich der erforderlichen Baustoffe für den Serienbau geeignet ist«.

Der Einsatz als Schnellbomber ließ sich allerdings nur bedingt mit dem damaligen Entwicklungsstand der Ar 240 in Einklang bringen. *Blume* befürchtete, daß »die B-Zelle mit DB 605 am Ende ihrer Leistungen« war, daß der unter hoher Wärmebelastung leidende DB 605-Motor technisch »ausgeschöpft« war und nur von der nachfolgenden Baureihe C mit dem leistungsfähigeren DB 603-Motor »eine Leistungsüberlegenheit gegenüber dem Gegner auf längere Dauer« zu erwarten war.[151]

Obwohl eine Planung vom 6. September 1941 vorgesehen hatte, den DB 603-Motor bereits in den Prototypen V-3 und V-8 zu verwenden, hatte sich nachträglich herausgestellt, daß dieser Motor aus Schwerpunktgründen nicht ohne weiteres in die B-Zelle paßte und es kaum möglich schien, die zellenmäßig erforderlichen Anpassungsmaßnahmen zur Sicherung der Flugstabilität kurzfristig durchzuführen. *Blume* favorisierte zudem weiterhin eine Auslegung der Ar 240 B als Zerstörer, da sie als Bomber »eigenschaftsmäßig an der äußersten Grenze« lag. Die Schwerpunktlage war am ungünstigsten. Bezüglich der Stabilität war »die hintere Grenze erreicht bzw. überschritten«, so daß »keine Reserven gegen im Laufe der Zeit eintretende Notwendigkeiten« vorhanden waren. Die Querruderwirkung erschien ihm so »zweifelhaft«, daß er eine »dauernde Bemängelung durch die Truppe« befürchtete. Außerdem war in der Standardausführung der Druckkabine kaum Platz für ein Bombenvisier. Deshalb befürchtete er mit Blick auf das verstärkte Eingreifen der Amerikaner bei einem Einsatz von Flugzeugen der Baureihe B »Stillstand und Unterlegenheit« zu Beginn des Jahres 1944« und stellte Überlegungen hinsichtlich einer vorgezogenen Bereitstellung der C-Ausführung an. Er schloß erstmals auch den beschleunigten Übergang auf den Strahlantrieb nicht aus. Ungeachtet seiner Bedenken teilte *Blume* am 15. April 1942 *Milch* mit: »Entsprechend der mir erteilten Weisung, die Aussichten des in Flugerprobung begriffenen Aufkläreres Ar 240 – DB 601 E als Bomber mit DB 605 anstelle der noch in Arbeit befindlichen und daher unerprobten Weiterentwicklung mit neueren Motoren (DB 614 u. ähnliche) zu untersuchen, habe ich sofort eine Leistungsrechnung und eine industrielle Planung in Gang gesetzt«. Die maximale Kampfgeschwindigkeit mit einer Bombenlast von 1 000 kg veranschlagte er mit 572 km/h, die Notleistung nach Bombenwurf in 7 km Höhe mit 622 km/h. Als Eindringtiefe gab er 600 km, entsprechend 35 Prozent der Flugstrecke von 1 710 km, an.

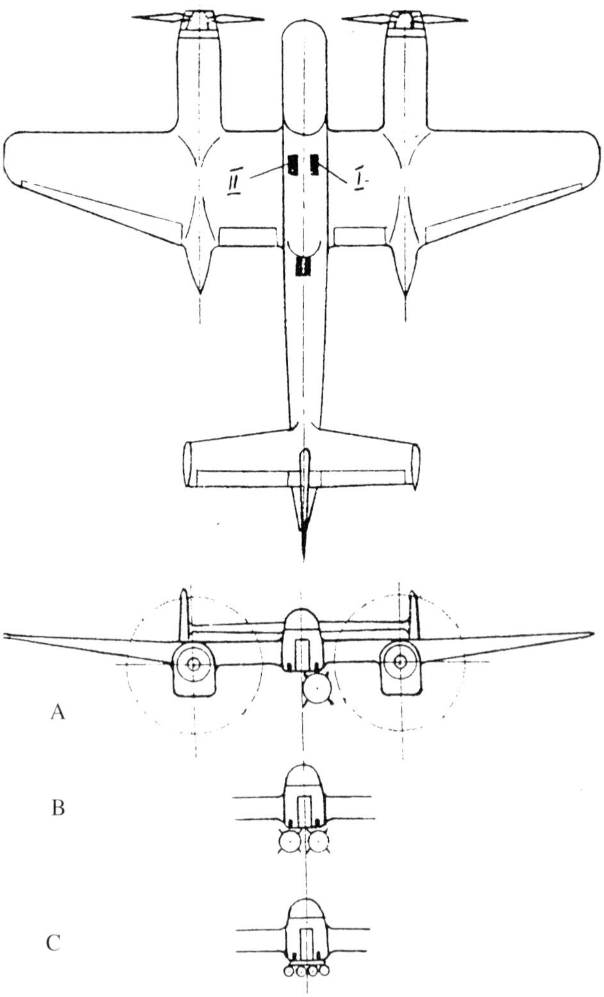

Abb.	Bezeichnung	Gesamtlast	Schloß-Nr.
A	1 x 1000 kg	1000 kg	I
B	2 x 500 kg	1000 kg	I u. II
C	8 x 50 kg am Zwischenträger	400 kg	I u. II

Bombenlasten der Ar 240 B-0 (20.4.1942).

Von links: Oberst *Edgar Petersen, Göring, Milch.*

Blumes bereitwilliges Eingehen auf die Forderungen des RLM sollte sich taktisch als eine verhängnisvolle Fehlentscheidung für die weitere Entwicklung der Ar 240 erweisen.

Die Konsequenzen seiner Entscheidung deuteten sich bereits zwei Tage nach seiner Zusage an, als *Blume* mit dem Hinweis, »die Auffassungen der Bomber, Zerstörer und Aufklärer müssen naturgemäß von einander abweichen«, *Milch* im nachhinein auf gewisse Risiken aufmerksam machte. Unter Bezug auf ein Nachfliegen durch Oberst *Edgar Petersen* in Rechlin im Oktober 1941 bezeichnete er die Ausführung als Zerstörer mit Ausnahme der Querruder-Wirksamkeit als »in den einzelnen Eigenschaftsarten befriedigend bis gut; teilweise besonders gut«. Für den Aufklärer sei die Querruder-Wirksamkeit »im Hinblick auf Hochstand der Ausbildung der Besatzung und geringe Stückzahl zu vertreten«. Er verwies auf eine inzwischen vorgenommene Querrudervergrößerung, räumte aber ein, es ließe sich »schlecht beurteilen, ob mit den vorhandenen Querrudereigenschaften die Bomber in ihrer breiten Masse so befriedigt werden könnten, daß hieraus keine Rückschläge entstehen.«

Beschaffungsmäßig veranschlagte er eine Fertigung von 58 Vorserienflugzeugen B-0 bei Ago bis August 1944. Von der Baureihe B-1 sollte Arado 53 Einheiten bis Ende 1943 und bis August 1944 insgesamt 533 Einheiten liefern. Er stellte allerdings in Aussicht, daß von der Baureihe C bis Ende 1943 alternativ 33 Einheiten und bis August 1944 insgesamt 485 Einheiten bereitgestellt werden könnten.[152]

Zurückziehung des Serienauftrags

Unter Berücksichtigung dieser Angaben fand am 23. April 1942 eine Besprechung mit dem RLM statt, auf der Generalingenieur *Reidenbach* zu folgender Schlußfolgerung kam: »Arado stellt also fest, daß sowohl die Zelle Ar 240 als auch der Motor DB 605 entwicklungsmäßig heute eine Endstufe darstellen, während es natürlich notwendig ist, für ein neu anlaufendes Flugzeugmuster sämtliche Entwicklungsmöglichkeiten der nächsten Jahre zu berücksichtigen.« *Reidenbach* nannte als Voraussetzung für den Serienauftrag, »daß die Fertigung bei Arado selbst anläuft unter Verzicht auf den Bau He 177 ab Mitte nächsten Jah-

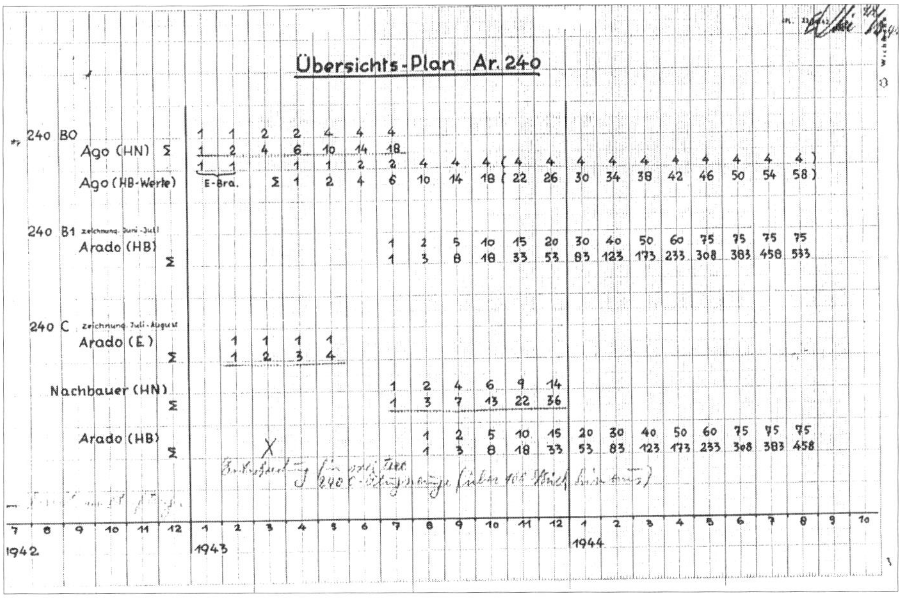

Übersichts-Plan Ar. 240

	7	8	9	10	11	12	1	2	3	4	5	6	7	8	9	10	11	12	1	2	3	4	5	6	7	8	9	10
	1942						1943												1944									
240 B0 Ago (HN)							1	1	2	2	4	4	4															
Σ							1	2	4	6	10	14	18															
Ago (HB-Werke)							1	1		1	1	2	2	4	4	4	(4	4	4	4	4	4	4	4	4	4)		
Σ							E-Bra.		Σ	1	2	4	6	10	14	18	(22	26	30	34	38	42	46	50	54	58)		
240 B1 Zeichnung Juni–Juli Arado (HB)													1	2	5	10	15	20	30	40	50	60	75	75	75	75		
Σ													1	3	8	18	33	53	83	123	173	233	308	383	458	533		
240 C Zeichnung Juli–August Arado (E)								1	1	1	1																	
Σ								1	2	3	4																	
Nachbauer (HN)													1	2	4	6	9	14										
Σ													1	3	7	13	22	36										
Arado (HB)														1	2	5	10	15	20	30	40	50	60	75	75	75		
Σ									X					1	3	8	18	33	53	83	123	173	233	308	383	458		

Terminplanung für Ar 240 B-0/B-1 und C (22.4.1942).

res«. Er befürchtete jedoch unter Hinweis »auf die bis dahin bestimmt noch nicht abgeschlossene Erprobung des Musters, deren Ergebnisse eine Änderung von fast fertiggestellten Flugzeugen zur Folge hätte«, »ähnliche Verhältnisse wie bei Me 210«. Er schätzte, daß der tatsächliche Serienanlauf »nicht vor Anfang 1944« und ohne Verzicht auf die He 177 noch zu einem wesentlich späteren Termin erfolgen könne.[153] Da für Mitte 1942 als Ablösung für den Zerstörer Me 210 der Serienanlauf der Me 410 A mit DB 603 erwartet wurde, kam *Reidenbachs* Urteil einer Absetzung der Ar 240 gleich.

Aus werksseitigen Terminübersichten vom 21. und 29. September 1942 geht hervor, daß zu diesem Zeitpunkt nur noch der Bau von 20 Vorserienflugzeugen B-0 bis Oktober 1943 vorgesehen war.[154] Die Firma Ago, die mit den Bauvorbereitungen bereits begonnen hatte, teilte am 20. Oktober dem RLM und Arado mit, daß aufgrund von Einberufungen, mangelnder Leutezuweisung und akutem Materialmangel die bis zum April 1943 geplante Ausbringung nicht gewährleistet sei, da die Fertigung des Jägers Fw 190 nicht beeinträchtigt werden durfte. Da inzwischen über das RLM keine Sondermaßnahmen mehr zu erwarten waren, wurde Arado dringend aufgefordert, selbst für Abhilfe zu sorgen. Damit stand fest, daß mit einem Serienbau für die Ar 240 B nicht mehr zu rechnen war.

Die nach anfänglicher Befürwortung unerwartete Ablehnung der Ar 240 B durch *Reidenbach* resultierte nicht zuletzt aus schlechten Erfahrungen mit Messerschmitt-Zerstörern. *Ernst Udet* hatte am 27. Juni 1941 in beschwörender Manier seine Besorgnis geäußert wegen der Unausgereiftheit, mit der die Me 210 ausgeliefert worden war. Er hatte *Willy Messerschmitt* wissen lassen, daß dessen »bevorzugte Stellung als Konstrukteur«, das in ihn gesetzte »grenzenlose Vertrauen« und die hohen Auszeichnungen für ihn Veranlassung sein müßten, sich und seine Arbeit kritischer zu betrachten. Er schloß mit dem Hinweis: »Ich bitte Dich, bei der Me 210...alle Maßnahmen zu treffen, die derartige Rückschläge ausschließen.«[155] Am 25. Juli 1941 hielt er *Messerschmitt* vor: »Wir bekommen diesen Monat wieder keine Me 210 zur Fronterprobung, so daß der Einsatz des Musters noch einmal um einen Monat hinausgeschoben werden muß. Ich habe außerdem den Eindruck, daß bei Dir nach der ersten Konstruktion viel zu viel Änderungen durchgeführt werden. Versuchsmuster und Serie sind so verschieden, daß die Prüf- und Erprobungsergebnisse nicht für die Truppenverwendung brauchbar sind.«[156] Ohne Arado namentlich zu nennen, hielt *Messerschmitt* ihm seinerzeit entgegen, daß eine Prüfung zwischen Aufwand und Erfolg bei anderen Firmen eindeutig für seine Arbeitsstätte spreche.

Die von *Udet* angesprochenen Probleme ergaben sich einerseits daraus, daß die einzelnen Firmen im Bestreben, die Konkurrenz auszuschalten, um die Gunst des RLM wetteiferten. Andererseits wies auch das Zusammenwirken von Lenkungsapparat und Luftfahrtindustrie Mängel auf. *Robert Lusser*, der die Verhältnisse bei Messerschmitt aus eigener Erfahrung kannte, beklagte im Januar 1942 in einer Denkschrift, daß sich der Versuch, das Entwicklungstempo zu steigern, als Illusion erwiesen habe und führte aus: »Infolge der noch fehlenden Erprobungsergebnisse wurden die Flugzeuge oft in völlig unreifem Zustand in Großserie genommen, was notwendig zu einem gewaltig gesteigerten Zeit- und Produktionsaufwand für Änderungen aller Art und zu einer Verstopfung der Werksanlagen führte.«[157]

Die vom RLM beschränkt aufrechterhaltene privatwirtschaftliche Konkurrenz hatte dazu geführt, daß sich auch Arado auf das lange geduldete Verfahren, viel zu kurze Termine für den Beginn der Nullserien anzugeben, eingelassen hatte. Die vom RLM eingeleiteten Gegenmaßnahmen wirkten sich erwartungsgemäß bei den vom Amt unmittelbar abhängigen Arado Flugzeugwerken entsprechend gravierend aus, zumal sowohl *Reidenbach* als auch *Tschersich* Beiratsmitglieder des Reichskonzerns waren. *Göring* erklärte in einer Ansprache an die Vertreter der Industrie, er habe durch *Udet* das Technische Amt mit dem Ziel umorganisieren lassen, »daß die Arbeit zwischen Ministerium und Industrie übersichtlicher und einfacher gestaltet werden kann«, und betonte: »Es ist nicht entscheidend, ob ein Junkers, ein Dornier, ein Heinkel, ein Messerschmitt oder eine andere Maschine gebaut wird; entscheidend ist, daß das beste deutsche Flugzeug gebaut wird; daß es in möglichst großer Anzahl gebaut wird, daß es rasch gebaut wird ... Alles andere ist belanglos. Das ist für Sie nicht ganz belanglos, meine Herren, das gebe ich zu, aber wenn Sie die Dinge im ganzen sehen, müssen Sie sich ja sagen: Über dem Werk steht die Waffe.«

Udet hatte nicht zuletzt aufgrund der verschleppten Entwicklung im Zerstörerbereich im Herbst 1941 den Freitod gewählt. Mit *Udet*, der mit *Blume* durch ein kameradschaftliches Verhältnis aus der Zeit des Ersten Weltkriegs verbunden war, verlor Arado eine wertvolle Stütze im Technischen Amt, zumal auch seine für Entwicklung und Beschaffung verantwortlichen Planungschefs *Gottfried Reidenbach* und *Günther Tschersich* in Ungnade fielen. Es kam zu Verfahren wegen »möglicher Versäumnisse und technischer Fehler«. *Göring* sprach von einem Betrugssystem, das man radikal abschaffen müsse, und kritisierte unter anderem die Vernachlässigung der ferngesteuerten Waffenstände mit den Worten: »Ich muß schon sagen, was müssen diese Leute denn in den Gehirnen gehabt haben? Sie kannten den Heckstand beim Gegner, und sie haben gar nicht daran gedacht, bei uns einen Heckstand zu bauen. Man sollte tatsächlich den *Reidenbach* heute abend abholen und ohne jedes Verfahren totschießen...Wenn nämlich in acht Tagen verkündet wird, daß der ehemalige Entwicklungschef, der ehemalige Planungschef und der ehemalige Stabschef des Generalluftzeugmeisters erschossen worden sind, werden Sie sehen, daß dann auf einmal dieser ganze Sauapparat dort unten anders auf Draht gehen wird.«[158] *Göring* sah erst davon ab, selbst als Zeuge bei einer Anklage aufzutreten, als man ihn darauf aufmerksam machte, daß man in diesem Fall »auch Leute aus der Wirtschaft in den Prozeß einbeziehen« müsse.[159]

Am 9. September 1941 wurde *Tschersich* fristlos beurlaubt. Im Sommer 1942 warf man ihm im Verlauf einer kriegsgerichtlichen Untersuchung »technische Unterlassungssünden und Fehlentscheidungen« vor. Er wurde zugleich des »Defaitismus und Pessimismus« bezichtigt, da er nach eigenen Aussagen wiederholt auf die »Unmöglichkeit der Durchführung der erforderlichen Beschaffungsmaßnahmen« hingewiesen hatte. *Siegfried Knemeyer* erhob sogar den Vorwurf der »Bestechlichkeit«. Seine endgültige Amtsenthebung am 1. November 1942 kam nach *Tschersichs* eigenen Angaben »einer Verurteilung gleich«.[160]

Während das Amt Sündenböcke suchte, mußte es sich selbst Kritik seitens des Generalstabs gefallen lassen, der sich im Juli 1942 darüber beschwerte, daß in einer Studie für ein neues Beschaffungsprogramm die »Einplanung des vom Führer mit äußerstem Nachdruck geforderten Schnellbombers und Höhenbombers überhaupt nicht erwähnt ist«.[161]

Als im April 1942 die endgültige Entscheidungsphase bezüglich der Weiterentwicklung der Ar 240 begann, nutzte *Messerschmitt* die Führungskrise im RLM. Von *Göring*, der sich enttäuscht von ihm abgewandt hatte und sich zugunsten von *Albert Speer* zunehmend aus der Verantwortung zurückgezogen hatte, mußte er Widerstand kaum mehr befürchten. *Udets* Nachfolger *Erhard Milch*, der die Vorrangstellung *Messerschmitts* mißbilligte und ihm vorwarf, es sei seine Schuld, daß die Me 210 gegenwärtig fehle und kein Ersatz dafür vorhanden sei, hatte inzwischen ebenfalls an Einfluß verloren. *Messerschmitt* bezeichnete ihn gegenüber *Hitler* als unfähig und riet, Konkurrenzmuster von Dornier und Arado verschrotten zu lassen. Auf *Milchs* Betreiben griff *Hitler* im Sinne des autoritären »Führerprinzips« vermehrt in Entscheidungsprozesse ein, so daß Sonderbevollmächtigte und Industrieräte eingesetzt und leitende Vertreter der Luftfahrtindustrie, darunter *Willy Messerschmitt* und der Junkers-Direktor *Dr. Heinrich Koppenberg*, ihrer Ämter enthoben wurden. *Blume* hatte aber durch sein wenig geschicktes Taktieren in der Frage des Bombers Ar 240 B, indem er ein vielversprechendes Baumuster zum falschen Zeitpunkt anbot, das Vertrauen *Milchs* verspielt. *Milch*, der als ausgesprochener Kritiker *Messerschmitts* einen entscheidenden Durchbruch für Arado hätte bewirken können, scheute daraufhin mehr denn je das Risiko einer zu breit gefächerten Entwicklung und stellte fest: »Wir stehen einfach vor der Frage: Haben wir 1943 gar keine Maschinen, oder haben wir in großer Menge Maschinen, die sich jetzt gut bewährt haben?« Er kündigte deshalb an, daß »1942/43 kein neues Flugzeugmuster in beachtlicher Zahl in Serie kommen kann«. Zugunsten eines Hochfahrens der Serienfertigung laufender Typen setzte er für 1943 eine bereits 1941 angekündigte Typenbereinigung von 51 auf 34 Baumuster und eine Gesamtsteigerung der Produktion um 64 Prozent gegenüber dem Vorjahr durch.[162]

Einsatz der Protoypen als Aufklärer

Nach der Streichung der Ar 240 B kamen die beiden Prototypen der Baureihe als Aufklärer zum Einsatz. Am 21. Januar 1943 wurden mit der V-7 (DH+ZU) Waffenfunktionstests unternommen. Die Bewaffnung bestand aus zwei MG 17 in den Flügelwurzeln und einer beweglichen Heckbewaffnung mit zwei MG 81 Z. Am 8. Januar 1943 erfolgten mit der baugleichen V-8 Korrekturflüge.Im April 1943 erfolgten im Werk Erprobungsflüge mit der V-7.

Nach Angaben des englischen Testpiloten *Eric Brown* wurde ein Flugzeug mit DB 605-Motor gegen Kriegsende in Merville/Frankreich aufgefunden[163]. Deutsche Kriegsgefangene hatten erklärt, das Flugzeug sei von einer Sonderaufklärungsstaffel verwendet worden. Obwohl dessen Werknummer nicht ermittelt werden konnte, weil sie angeblich übermalt war, könnte es sich um eine Ar 240 B gehandelt haben. Darauf läßt auch schließen, daß die bereits ausgebauten Waffen aus zwei in den Flügelwurzeln eingebauten MG 17 und vier über den Fernantrieb FA 13 gesteuerten MG 81 in Heckwaffenständen bestanden. Obwohl das Flugzeug längere Zeit ohne Wartung in einem Hangar gestanden hatte, brachte *Brown* es problemlos in die Luft. Er fand, daß es sich um ein außergewöhnliches Flugzeug mit herausragender Geschwindigkeit handelte, dessen Bedienung allerdings problematisch war. Er hielt das Verhalten um die Querachse für unberechenbar. Die Startstrecke war relativ lang, ein Fliegen mit losgelassener Steuerung nahezu unmöglich. Im überzogenen Flugzustand war mit schwer zu kontrollierenden Trudelbewegungen zu rechnen. Ähnlich negative Erfahrungen hatte *Brown* aber auch bei Probeflügen mit der Me 410 gemacht.[164]

Baureihe Ar 240 C, Vorstoß bis zur Leistungsgrenze der Kolbenmotoren

Nach Auskunft des Gruppenleiters in der Abteilung Entwicklung (TE) *Heinrich Beckmann* waren Arado die Besonderheiten der Ar 240 »in ihrer gewichtlichen Auswirkung im Vergleich mit der Mosquito, die ich übrigens als Beuteflugzeug bei Arado statisch und gewichtlich zerpflücken konnte«, geläufig.[165] In der Erwartung, daß eine Leistungsüberlegenheit der Ar 240 C gegenüber der Me 210 durch den Einbau des DB 603-Motors das Amt zu einem größeren Lieferauftrag für die »deutsche Mosquito« bewegen könnte, beschleunigte *Blume* die Entwicklung und begann mit der Kalkulation der mittelfristig benötigten Fertigungskapazitäten.

Leistungsvergleich:

	Ar 240 C	D.H. Mosquito	Me 210 A-1
Startleistung	3 500 PS	3 070 PS	2 380 PS
Flügelfläche	31,00 m²	41,80 m²	36,20 m²
Rüstgewicht	5 500 kg	7240 kg	7 070 kg
Fluggewicht	10 000 kg	11 400 kg	9 460 kg
Flächenbelastung	320 kg/m²	272 kg/m²	261,3 kg/m²
Leistungsbelastung	2,86 kg/PS	3,7 kg/PS	3,97 kg/PS
Vmax	680 km/h	486 km/h	573 km/h

Maßnahmen zur Leistungssteigerung

Blumes konsequentes Festhalten an einem Zerstörer mit konventionellem Antrieb war allerdings inzwischen innerbetrieblich auf Bedenken gestoßen. Bereits im Sommer 1941 war *Wilhelm van Nes* zu dem Ergebnis gekommen: »Der DB 603 bringt leistungsmäßig keine wesentliche Verbesserung gegenüber der DB 605-Ausführung. Diese tritt erst ein bei Verwendung des DB 603 mit Doppellader, dem DB 614. Daher muß der Entwurf sofort auf den DB 614 abgestellt werden.«[166] Seine Vorschläge faßte er wie folgt zusammen:

1. Um das Muster so rasch wie möglich voranzutreiben, ist es möglich, stark an die V-7 bis V-8 anzulehnen.
2. Das Triebwerk erfordert größere Luftschraubendurchmesser, wodurch zunächst ein Auseinanderrücken der Motoren erforderlich ist.
3. Außenflügel mit vergrößerter Spannweite.
4. Die Druckkabine soll in der Länge etwas vergrößert werden.
5. Eventuell Fortlassung der Trennstelle zwischen Rumpfmittelteil und Rumpfhinterteil, Unterbringung der Lichtbildanlage im Rumpf statt in den Gondeln, Unterbringung eines weiteren Kraftstoffbehälters im Rumpf.
6. Außenflügel-, Leitwerks- und Luftschraubenenteisung.
7. Einbau einer beweglichen Heckbewaffnung an Stelle der Sturzflugbremse.

Grundsätzlich legte *Van Nes* als Maßeinheit »die Stirnfläche eines Jagdeinsitzers mit DB 614« zugrunde. Er zog sowohl »Normal-Motoren« als auch, in Anlehnung an frühere Entwürfe, »Motoren in Tandem-Anordnung auf zentrale gegenläufige Luftschrauben oder auf je eine seitliche Luftschraube arbeitend« in Betracht.[167]

Als noch entschiedenerer Gegner einer weiteren Leistungsverbesserung bei Flugzeugen mit Otto-Motoren befürwortete der Chefaerodynamiker *Rüdiger Kosin* den rascheren Übergang auf den Strahlantrieb. Wie sich sein Mitarbeiter *Rolf Renatus* erinnerte, äußerte er im Zusammenhang mit Leistungsberechnungen zur Ar 240, mit denen der Aerodynamiker *Hugo Harbrink* beauftragt war, seine Bedenken sinngemäß wie folgt: »Der Kolbenmotor hat keine Chance gegenüber dem TL. Der Ringkühler vernichtet Energie und muß mit Luftwiderstand geschleppt werden. Die Luftschraube ist an der Leistungsgrenze, eine Vergrößerung des Durchmessers ist riskant. Es ist eine Sisyphusarbeit, hier noch einen Leistungszuwachs zu erzielen.«[168]

Kosin hatte am 5. Juli 1941 rechnerisch die voraussichtlichen Flugleistungen und Zellendaten der kurzfristig in Frage kommenden Triebwerke DB 601 E und 605 sowie der mittelfristig erwarteten Triebwerke DB 603 A, 603 G und 614 zusammengestellt.[169] Daraus ergab sich, daß die Leistungsbelastungen aufgrund der deutlich zunehmenden Motorleistungen leicht sanken, während die Höchstgeschwindigkeit bestenfalls um rund 70 km/h stieg. Außerdem mußten die durch die höheren Motorengewichte steigenden Flächenbelastungen durch eine Spannweitenvergrößerung ausgeglichen werden.

Am 8. August 1941 führte *Kosin* mit einem Vertreter der Abteilung LC 2 des RLM eine Besprechung hinsichtlich der zu erwartenden Flugleistungen, in der sich zeigte, daß die latente, werksintere Meinungskontroverse dem Amt nicht verborgen geblieben war. In Übereinstimmung mit *van Nes* vertrat *Kosin* in der Besprechung die Ansicht, »daß mit den angegebenen Leistungen des 603 eine wesentliche Steigerung der Flugleistungen gegenüber 601 E bzw. 605 nicht zu erwarten sei«. Sein Gesprächspartner *Malz* fühlte sich offensichtlich anders informiert und hielt ihm entgegen, »daß der 603 günstigere Leistungskennlinien zeige«.[170]

Malz bezweifelte offensichtlich, daß Arado geschlossen an der Baureihe Ar 240 C mit DB 603-Motor festhalten wollte. Im Protokoll hieß es diesbezüglich: »Herr *Malz* erkundigte sich nach dem Stand unserer Arbeiten an einem Zerstörer mit DB 603 bzw. fragte, ob wir bei der teils zu

Leistungskalkulation zur Ar 240 (R. Kosin, 57.1941):

1. Motoren

Motor	Startleistung	Kampfleistung am Boden	in Volldruckhöhe	Volldruckhöhe	Gewicht
601 E	1350	1200	1200	4,9	660
605 B4	1475	1300	1250	5,8	700
605 C3	(1550)	(1350)	(1300)	(5,8)+	700
603 B4	1750	1550	1530	5,1	825
603 C3	2000	1650	1600	5,8	925
614	2020	1810	1530	8,7	860

(+ Die eingeklammerten Werte sind aus den bis jetzt gültigen Leistungsangaben für 605 C3 entsprechend den Korrekturen für B4 geschätzt)

2. Zellendaten

Motor	Gewicht	Spannweite	Fläche	Flächen belastung	Leistungs-belastung
601 E	9,6 to	14,2 m	31 m^2	310 kg/m^2	4,0 kg/PS
605 B4	9,7 to	14,2 m	31 m^2	313 kg/m^2	3,88 kg/PS
605 C3	9,7 to	14,2 m	31 m^2	313 kg/m^2	3,76 kg/PS
603 B4	10,5 to	16,2 m	35 m^2	300 kg/m^2	3,43 kg/PS
603 C3	10,5 to	16,2 m	35 m^2	300 kg/m^2	3,28 kg/PS
614	10,7 to	16,2 m	35 m^2	306 kg/m^2	3,50 kg/PS

3. Leistungsangaben

Motor	vmax am Boden	vmax in 6 km	vmax absolut	Höhe für vmax absolut	Gipfelhöhe
601 E	513	631	631	6000	8750
605 B4	529	642	672	7150	9450
605 C3	535	655	688	7250	
603 B4	550	680	694	6500	9750
603 C3	563	695	727	7300	10350
614	577	703	800	10700	11600

fühlenden, teils geäußerten Ablehnung eines solchen Musters blieben. Herr *Malz* kam daraufhin m. E. auf die Hauptsache zu sprechen nämlich: Die 240 sei stets als Ablösung der 210 gedacht gewesen, da aber die Ablösung einer Maschine mit 601 E nur eine solche mit 603 sein könne, müßten wir eine solche Maschine bauen, falls wir in diesem Geschäft bleiben wollten. Vor allem sei der 603 unbedingt nötig, um die notwendige schwere Bewaffnung zu tragen und um größere Kaliber starten zu können. Herr *Christensen* hätte bei seinem Besuch im Frühsommer uns darüber genauestens unterrichtet und erwarte nun, daß wir mit beiden Beinen in ein solches Geschäft springen. Da wir augenscheinlich kein Interesse an einer solchen Aufgabe hätten, erhöbe sich bei ihnen die Frage, ob sie mit uns als Zerstörerentwicklungsfirma überhaupt noch rechnen könnten.«

Malz kündigte an, daß die Angelegenheit zwischen *Blume* und dem RLM zu klären sei, und warnte, daß inzwischen Heinkel mit dem Baumuster He 219 als zusätzlicher Bewerber auftreten könnte.

Mit Blick auf die Erwartungen des Amtes wurde im März 1942 die Planung der Baureihe C unter folgender Zielsetzung überarbeitet: »Der Grundgedanke bei dem Neuentwurf ist folgender: Durch Vergrößerung der Motorleistung und Arbeitshöhe soll unter Beibehaltung der Konstruktionsprinzipien – ja sogar bei Verwendung ganzer Baugruppen der Ar 240 – in kürzester Zeit ein Flugzeug geschaffen werden, das sowohl in seinen Flugleistungen wie auch in seiner Bewaffnung eine Spitzenstellung darstellt. Dieses Baumuster liegt bereits an der Grenze, die beim Stand der heutigen Technik und aus physikalischen Gründen dem Kolbentriebwerk gesetzt sind. Höchste Ge-

Entwurfsbeschreibung vom		6.11.1941		6.11.1941		6.3.1942	
Datenblatt vom			26.9.1942		28.9.1942		26.9.1942
Muster		**Ar 240 A-0**	**Ar 240 A-0**	**Ar 240 B-0**	**Ar 240 B-0**	**Ar 240 C**	**Ar 240 C**
Triebwerk		DB 601 E	DB 601 E	DB 605 A	DB 605 A	DB 603 A	DB 603 A
Startleistung		2 x 1350 PS	2 x 1350 PS	2 x 1475 PS	2 x 1475 PS	2 x 1750 PS	2 x 1750 PS
Kampfleistung in Volldruckh.		2 x 1200 PS	2 x 1200 PS	2 x 1250 PS	2 x 1250 PS	2 x 1530 PS	2 x 1510 PS
Volldruckhöhe		4900 m	4900 m	5800 m	5800 m	5100 m	5700 m
Spannweite	m	14,50	14,30	14,30	14,20	16,60	16,60
Länge	m	12,80	12,80	12,98	12,40	13,35	13,35
Höhe	m	3,79	3,70	3,70	3,75	3,96	3,96
Flügelfläche	m^2	31,00	31,00	31,00	31,00	35,00	35,00
Luftschraube		VDM	VDM	VDM	VDM	VDM	VDM
Durchmesser	m	2,96	2,96	2,96	2,96	3,40	3,40
Rüstmasse	kg	6800	6795	6970	7160	8480	8885
Zuladung	kg	1900	1895	1930	1925	2220	2650
Abfluggewicht	kg	8700	8690	8900	9085	10 700	11 535
Kraftstoffmenge	kg	1475	1480	1475	1480	1500	2065
Zielgewicht	kg	7950	7860	8150	8240	9900	10 349
Flächenbelastung am Ziel	kg/m^2	256	254	263	266	283	296
Leistungsbelastung am Ziel	kg/PS	3,31	3,28	3,26	3,30	3,24	3,43
Flugleistungen mit Zielgewicht:		Kampf-Leistung	Not-/ Kampf-Leistung	Kampf-Leistung	Not-/ Kampf-Leistung	Kampf-Leistung	Not-/ Kampf-Leistung
V-max in H = 0 km	km/h	500	500 / 480	517	523 / 503	535	550 / 535
in H = 2 km	km/h	550	540 / 532	570	570 / 550	583	595 / 575
in H = 4 km	km/h	582	563 / 540	598	595 / 578	618	626 / 609
in H = 6 km	km/h	620	605 / 580	630	614 / 600	650	650 / 634
in H = 7 km	km/h			660	630 / 622	570	660 / 650
in H = 8 km	km/h	605	569 / 538	642	600 / 590	657	634 / 624
Höchstzulässige Dauerleistungen:							
Reisegeschwindigkeit	km/h	575	515 / 525	580	540 / 550	600	590 / 600
Flugdauer	h	3,6	3,60	3,30	3,30	2,9	3,4
Flugstrecke	km	2010	1870	1920	1800	1720	2020
Kraftstoffverbrauch	g/PS.h	218	218	218	220	218	230
Wirtschaftliche Dauerleistungen:							
Reisegeschwindigkeit	km/h	502	465 / 475	536	493 / 506	535	535 / 545
Flugdauer	h	4,70	4,60	4,10	4,08	3,90	4,40
Flugstrecke	km	2340	2160	2200	2040	2090	2370
Kraftstoffverbrauch	g/PS.h	210	210	210	210	210	218
Steigzeit auf H = 1 km	m	1,6	1,70	1,6	1,5	1,4	1,4
auf H = 2 km	m	3,3	3,20	3,1	3,0	2,8	2,8
auf H = 4 km	m	6,8	6,60	6,5	6,4	5,6	5,8
auf H = 6 km	m	11,0	10,50	10,60	10,5	9,4	9,2
Dienstgipfelhöhe	m	9300	9300	10 000	10 200	9750	10 500
Landegewicht	kg	7635	7270	7835	7620	9700	9470
Landegeschwindigkeit	km/h	135	148	137	149	143	153

schwindigkeit in großer Höhe bei stärkster Angriffs- und Abwehrbewaffnung garantieren eine große Zahl von Einsatzmöglichkeiten, die heute ähnlichen Flugzeugen bereits verschlossen sind.«[171]

Bis Mitte Dezember 1941 war werksseitig der Motorblock für den DB 603 erstellt worden. Im Februar 1942 kam der Motor auf den Prüfstand. Im April 1942 sollte das erste Umbauflugzeug A-03/U1 flugklar sein und anschließend zur Triebwerkserprobung eingesetzt werden.[172] Der Beschluß zur Verwendung einer vergrößerten, vierflügeligen Luftschraube von 3,20 m Durchmesser zur Erhöhung des Schubs in einem Versuchsträger A-0 geht aus einem Werksprotokoll vom 9. September 1941 hervor. Durch einen unsymetrischen Einbau der Gondel sollte eventuell eine noch größere Schraube untergebracht werden. Am 8. Oktober wurde die Vergrößerung des Außenflügels und des Heckleitwerks zwecks Verbesserung der Stabilität beschlossen. Das auf 6,4 m² vergrößerte Höhenleitwerk war bereits mit der V-4 erprobt worden. Der vergrößerte Außenflügel mit neuem Profil und einer auf 16,60 m vergrößerten Spannweite sollte bis Juli 1942 fertiggestellt und bei dem ersten Umbauflugzeug mittels eines provisorischen Zwischenstücks erprobt werden, um eventuelle Risiken bei der späteren Verwendung in den Versuchsmustern V-9 bis V-15 auszuschließen.[173]

In einer Amtsbesprechung vom 14. April 1942 wurde bekannt, daß der Wiederanlauf der am 9. April angehaltenen Serienfertigung des Zerstörers Me 210 frühestens im Oktober erfolgen könne. Es wurde erwogen, auf den Wiederanlauf zu verzichten, da sich die Ju 88 angeblich auch als Zerstörer bewährt hatte. Zugleich wurde festgestellt: »Als billigeres Flugzeug kommt gegebenenfalls die Ar 240 in Frage, die dann Me 110 und Me 210 ersetzen würde. 1943 muß ein leichtes schnelles Kampfflugzeug mindestens in einer kleinen Serie (1 Geschwader) verfügbar sein, das zum Tagangriff gegen die Insel England eingesetzt werden kann.«

Arado überarbeitete erneut die Planung. Von der Ausführung der Ar 240 mit DB 601 E sollten die Druckkabine, das Rumpfwerk, das Steuerwerk und die allgemeine Ausrüstung übernommen werden. Als vorzunehmende Änderungen galten weiterhin eine Leitwerks- und Spannweitenvergrößerung. Der DB 603-Motor wurde als Zwischenlösung bezeichnet, während die Ausführung mit DB 614 weiterhin als Endlösung gedacht war.

Am 28. April 1942 unterbreitete *Blume* dem RLM einen detaillierten Vorschlag bezüglich des Weiterbaus. Er wiederholte, daß das Mehrkampfflugzeug Ar 240 bereits in seiner bisherigen Form »das leistungsfähigste seiner Art« sei, und verwies auf die in ihm verkörperten technischen Neuerungen wie Druckkabine, ferngesteuerte Bewaffnung und Arado-Fowlerflügel. Er räumte ein, daß die Baureihe B »im Bomberfall nicht der Gegenstand eines umfangreichen, militärischen und industriellen Einsatzes von langer Dauer« gewesen sei, und schlug vor, »im Hinblick auf die Zukunft und den dabei in 1944 besonders gesteigerten Anforderungen dringend zu empfehlen, die C-Zelle nicht als Studie, sondern als Entwicklung mit höchster Dringlichkeit und frei von allen Behinderungen weiter zu betreiben, sowie einen Serienanlauf nach Maßgabe der bestehenden Risiken für die C/D-Zelle jetzt schon vorzusehen«. In einem internen Vermerk vom gleichen Datum, in dem er für die eingetretenen Verzögerungen werksinterne Meinungsunterschiede und eine unbefriedigende »Arbeitseinstellung« verantwortlich machte, notierte er: »Intern sture Konzentration auf C/D. Wirkliches Fertigmachen des Flugzeugs. Ökonomie mit allen Kräften. Keine neuen Saiten. Will Ende des Jahres nicht wieder mit einer Absage kommen, wenn ich jetzt nach Absage B selbst mit einem Vorschlag C komme und diesen als besser und sicherer bezeichne.«

Auf Werksbesprechungen mahnte *Blume* die »Ausschaltung von Risiken« und »die Einhaltung der Termine« an und verstärkte die »Propaganda« gegenüber dem Amt mit dem Argument, die Ar 240 sei »keine schlechte Leistung bei einer Weiterentwicklung, die immer von allen gewünscht« werde.

Tauziehen um die Vorserie

Am 12. Mai 1942 forderte überraschend der Stabsingenieur *Walter Friebel* in einer Amtschefbesprechung »für den Einsatz auf kurze Sicht Me 109 Jabo und Me 210« und fügte hinzu: »Ar 240 kommt vorläufig für den Einsatz als Schnellkampfflugzeug nicht in Frage.« Auch Generaloberst *Jeschonnek,* der der Maximalgeschwindigkeit keine ausschlaggebende Bedeutung beimaß, schlug für die Wiederaufstellung einer Zerstörergruppe im Westen Messerschmitt-Flugzeuge anstelle der Ar 240 vor. Er empfahl lediglich entwicklungsmäßig eine Weiterbearbeitung der Ar 240 im Hinblick auf eine Leistungsverbesserung mit dem DB 603-Motor.

Milch zog daraufhin den am 16. März 1942 erteilten Auftrag zur Materialbeschaffung für 36 Vorserienflugzeuge der Ar 240 C zurück. *Blume* bedauerte, daß für die Entwicklung der Ar 240 nach wie vor kein Dringlichkeitsgrad gegeben und der Fortgang der gesamten Entwicklung in Frage gestellt sei. Am 19. Mai 1942 bat er Staatssekretär *Milch* mit folgendem Vorschlag um Klärung und Unterstützung:

»Hochzuverehrender Herr Generalfeldmarschall !

Die mir von Herrn Feldmarschall erteilte Weisung, für die nähere Zukunft ein schnelles, steigfähiges und kampf-

kräftiges Flugzeug herauszustellen, hat mir – auch nach der Erkenntnis, daß die Ar 240 B hierfür auf weitere Sicht nicht gut geeignet ist, – keine Ruhe gelassen. Ich habe daher die Lage der Ar 240 C – DB 603 – DB 627 eingehend geprüft und bin zu der Ansicht gekommen, daß die Wünsche des Herrn Feldmarschall, wenn auch mit der zwischenzeitlich eingetretenen Verspätung, u. U. doch noch in Erfüllung gehen könnten.«
Eine Rohplanung sah im Sommer 1942 vorgezogene Liefertermine vor. Nach einer Teilerprobung bis November 1942 sollte nach der Ausschaltung der Hauptrisiken eine umgehende Erhöhung des laufenden Auftrags von 40 C-Zellen auf 150 Stück mit Auslieferung bis zum Juni 1944 erfolgen sowie ein anschließender Serienbau von zunächst 30 und später 70 Einheiten pro Monat. Bis Ende 1944 sollten insgesamt 592 Einheiten gefertigt werden.
Als Voraussetzung nannte *Blume* die Einschaltung der Firma Ago und eines weiteren Firmenringes sowie der Reparatur-Abteilung von Arado, die teilweise von Arbeiten für die He 177 freigestellt werden sollte. Er stellte in Aussicht, »daß bei Vortritt einer kräftigen Stammfirma als Fahnenträger steile Pläne verwirklicht werden können wie im Fall der Ju 88.« Als wünschenswert bezeichnete er die erhöhte Zuweisung von Arbeitskräften an den Versuchsbau. Als besonderen Vorteil beim Bau der Ar 240 führte er die geringe Verlustrate an Material und den relativ geringen Anteil von knappen Halbzeugmengen aus Stahl an. Indem er aber weiterhin Risiken nicht ausschließen wollte und die Abziehung von Kapazitäten bei Arado und anderen Firmen forderte, hatte sein Vorschlag wenig Aussicht auf Erfolg.
Blume ließ am 7. Mai 1942 *Milch* wissen, daß *Reidenbach* nach Vorlage der jüngsten Planungsunterlagen die Lage für so reif halte, daß beim Staatssekretär Vortrag gehalten werden könne. Ihm wurde jedoch mitgeteilt, daß er am 1. Juni zunächst seine Vorstellungen gegenüber den Amtsreferenten erläutern solle. *Blume* warnte, es sei »keine Zeit mehr zu verlieren« und es käme auf den »Schutz der Entwicklungen vor Einziehungen« und auf die »Dringlichkeit für Unterlieferanten« an. Oberst *Dr. Georg Pasewaldt,* Chef der Amtsgruppe Entwicklung, plädierte für eine Erhöhung der Eindringtiefe auf 1 000 km. Strittig war auch, ob ein schneller Zerstörer mit gegebener Reichweite oder ein Bomber mit größerer Reichweite vorzuziehen sei. Hinsichtlich der von *Blume* gewünschten 150 Einheiten für ein schnelles Zerstörergeschwader wurde auf die Weisungsbefugnis des Staatssekretärs verwiesen. Oberst *Edgar Petersen*, Leiter der E-Stelle Rechlin, würdigte die Vorzüge der Ar 240 und sprach sich für einen Einsatz als Nachtjäger mit neuer Kabine und Höhenmotor »für Zeiten, wo englische Bomber hoch aufkommen«, aus, insbesondere unter Verwendung des BMW 801-Motors. Zur Lage gegenüber der Konkurrenz beruhigte er dahingehend, daß bei der Me 210 »kein Vorhalten auf DB 614 usw.« geplant sei und die Neuentwicklung He 219 erst ein Jahr später komme. Generalleutnant *Wolfgang Vorwald*, Chef des Technischen Amtes, schlug vor, Arado solle »durch schnelles Zugreifen die guten vorhandenen Ansätze ausbauen«, und versprach einen baldigen Vortrag beim Staatssekretär.
Am 9. Juni 1942 wurde *Blume* auf einer Besprechung von dem Amtsvertreter *Friebel* vorgehalten, die Erprobung habe ergeben, »daß die Ar 240 die erstrebte Geschwindigkeitssteigerung um 45 km/h unterschreitet«.[174] Die Ar 240 hatte zwar im Mai und August 1941 die Me 210 um 50 bis 60 km/h in der Geschwindigkeit übertroffen, aber

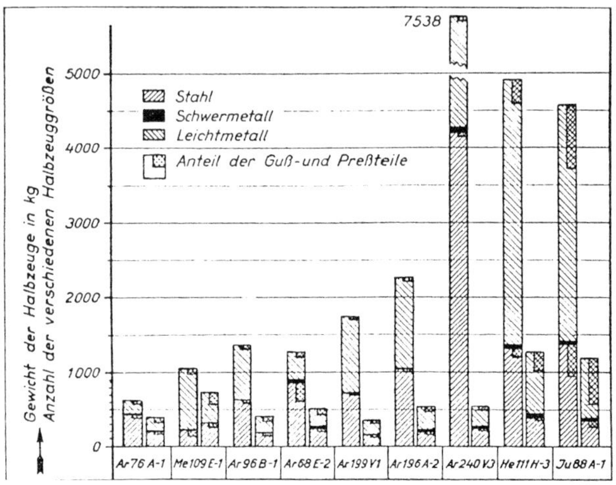

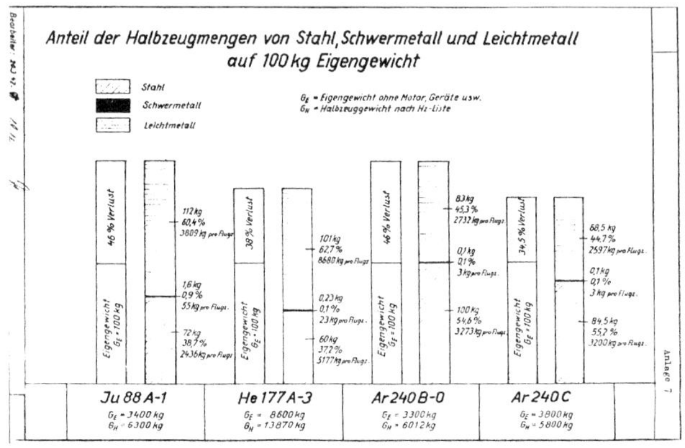

Typenbezogener Anteil der Halbzeugmengen (1941 und 1942).

Errechnete und erflogene Geschwindigkeitsleistungen Ar 240 A bis C:

Baureihe		**A**	**B**	**C**
21.7.1939:	Rechnerische Höchstleistung	682		
5.7.1941:	Rechnerische Höchstleistungen (R. Kosin)	631	672/688	694/727
6.11.1941:	Rechnerische Kampfleistung mit Zielgewicht in H = 6,2 km	625		
6.11.1941:	Rechnerische Kampfleistung mit Zielgewicht in H = 7,2 km		660	
6.3.1942:	Rechnerische Kampfleistung mit Zielgewicht in H = 7,0 km			670
20.4.1942:	Mit V-5 werksseitig unter Kontrolle der Bauaufsicht (BAL) erflogene Höchstleistung	610		
26.9.1942:	Rechnerische Kampf-/Notleistung in H = 6,0 km auf der Grundlage der mit V-5 bei der Versuchsstelle für Höhenflug (VfH) erflogenen Werte	580/605		
26.9. 1942:	Rechnerische Kampf-/Notleistung in H = 7,1 km auf der Grundlage der mit A-03/U1 in H = 6250 m erflogenen Leistung von 628 km/h			650/660
28.9.1942:	Rechnerische Kampf-/Notleistung in H = 7,0 km auf der Grundlage der mit A-0 erflogenen Leistungen		622/630	
25.11.1942:	Werksseitig mit Umbauflugzeugen A-03/A-04 erflogeneKampf/Notleistungen			660/680
	Rechnerische Kampf-/Notleistung mit DB 6036 in H = 11 km			720/740
19.1.1943:	Erflogene Kampfleistung mit A-04/U2 in H = 6,8 km ohne GM-1/errechnete Kampfleistung mit GM-1 in H = 8,0 km (Rechlin)			661/684

die 1939 erstmals geschätzten Flugleistungen bislang nicht erreicht. Im Juni 1942 war dem Amt bekannt geworden, daß die Höchstgeschwindigkeit im Unterschied zu dem von der V-5 mit DB 601 E-Motor erflogenen und durch die Bauaufsichtsleitung des RLM (BAL) bestätigten Wert von 610 km/h nicht erreicht wurde. Die Höchstgeschwindigkeit bei anschließenden einsatzmäßigen Bildflügen durch die Versuchsstelle für Höhenflug (VfH) im April 1942 hatte angeblich sogar nur bei 580 km/h gelegen.[175]
Friebel gab sich zuversichtlich, daß Arado die Garantien einhalten werde, hielt aber das Risiko für zu groß, um »der Ju 188 jetzt schon erhebliche Kapazitäten zu entziehen«. Dieser Schnellbomber und Aufklärer, von dem später über 1 000 Einheiten gefertigt wurden, erreichte allerdings nicht annähernd die von der Ar 240 erzielte Geschwindigkeit.

Theodor Rowehl, bislang ein ausdrücklicher Befürworter der Ar 240, sprach sich überraschend nicht mehr für einen Einsatz der Ar 240 als Aufklärer aus. Er behauptete nicht nur, daß die »Flugleistungen z. Zt. soviel schlechter geworden« seien und daß »die Geschwindigkeit der Ju 88 C und B nicht mehr übertroffen« werde, sondern auch, »daß die ersten Flugzeuge Ar 240 frisiert waren«. Er bemängelte außerdem, daß die Abwehrbewaffnung nicht zufriedenstelle, und befürchtete, daß »die außerordentlich hohe Flächenbelastung größte fliegerische Schwierigkeiten, insbesondere bei Nachteinsatz« zur Folge habe.
Milch regte an, die He 219 als Nachtjäger, Zerstörer und Schnellbomber einzusetzen. Auf den Einwand, die Abwehrbewaffnung dieses Flugzeugs sei wegen schlechter Sicht nach hinten unten unzureichend, schlug er vor, die Bewaffnungsfrage nochmals zu überprüfen, rechnete aber damit, daß »in den nächsten zwei bis drei Jahren die ferngesteuerte Waffe nur bedingt brauchbar sein wird«.
Friebel schloß sich der Empfehlung *Milchs*, die He 219 als Nachtjäger einzusetzen, mit der Begründung an, sie sei wegen ihres modernen Bugrades und einer geringeren Flächenbelastung von 278 kg/m^2 insbesondere bei Einsätzen auf Feldflugplätzen gut geeignet.
Blume bestritt die Notwendigkeit des Bugrades, mahnte jedoch wenig später unter dem Stichwort »Bugrad untersuchen« werksseitig an, daß das »Fahrgestell für die Nachtjägerausführung eventuell verstärkungsbedürftig« sei. Da er sich nicht dem Vorwurf aussetzen wollte, er ließe sich »an die Wand drücken«, hatte er auf der Besprechung bereits energisch eingewandt, daß beim Vergleich der Flächenbelastung der Fowlerflügel der Ar 240 nicht einbezogen wurde und trotz des Mehrgewichtes durch die Druckkabine im Vergleich zur He 219 die effektive Flächenbelastung der Ar 240 kleiner, allenfalls gleich sei. *Friebel* war mit dem Argument ausgewichen, daß es »letztlich nicht auf technische Details« ankomme und daß bei der Einsatzfrage »militärische Gründe« ausschlaggebend seien. *Milch* hatte daraufhin mit der Bemerkung eingegriffen: »*Friebel*, Sie brauchen Herrn *Blume* nicht zu schützen!« *Friebel* versuchte *Blume* damit zu beschwichtigen, daß »in vier Wochen wieder eine andere Einstellung vorhanden sei«, und machte die Genehmigung des Staatssekretärs für 40 Flugzeuge der Baureihe C von neuen Zerstörer-Richtlinien abhängig. *Blume*, der diese Auskunft als Ablehnung wertete, bestand erneut auf einem korrekten Vergleich der Flächenbelastung und warf *Friebel* vor,

es sei »ein Unsinn, diese Entwicklung mit so guten Ansätzen abzubrechen und sich auf ein Bein zu stellen«, zumal man doch wisse, daß zum Beispiel bei der Me 210 eine Festigkeit für 14 to-Lasten, wie für die Ar 240 C vorgesehen, nicht gegeben sei. In einer Gesprächsnotiz vermerkte er, seine Argumente seien *Friebel* »peinlich« gewesen und *Malz* sei »bedenklich geworden«. *Friebels* Vorschlag, wieder auf die Baureihe B als Aufklärer zurückzugreifen und die für die Baureihe C erwogenen 40 Einheiten umzulegen, ließ »tief blicken!« Man habe »insgesamt gar keinen klaren Überblick und Kenntnis von 240, von deren Stärken und Schwächen!«
Nachdem sich Oberst *Walter Storp* im Gegensatz zu Ministerialdirektor *Alois Cejka* abschließend für eine Weiterentwicklung der Ar 240 ausgesprochen hatte, sagte man *Blume* eine Prüfung der Möglichkeiten zu und versicherte, man wolle ihm »keine Knüppel zwischen die Beine werfen«. *Milch* entschied daraufhin dennoch, »daß die Ar 240 als Bomber vollständig abgesetzt wird«, aber »die als Aufklärer in Auftrag gegebenen 20 V-Flugzeuge für Oberst *Rowehl*« zu Ende gebaut werden sollten.
Drei Tage nach der Besprechung im Technischen Amt wurde *Blume* von *Malz* mitgeteilt, die Baumuster von Messerschmitt, Heinkel und Arado seien nur in der Ausrüstung verschieden, die im übrigen noch nicht festgelegt sei. Wenn man schon keinen Unterschied sehe, protestierte *Blume*, »dann müßte He 219 wegen Reichweite auch abgesägt werden, oder geht die Logik nicht so weit!« *Malz* hielt ihm kleinlaut entgegen, bei einem Nachtjäger spiele die Reichweite keine so große Rolle.[176]

Blume erfuhr am 26. Juni 1942 auf einer Besprechung bei Oberst *Edgar Petersen*, daß »die Me 210 auch in verbesserter Form für die Truppe nicht tragbar« und bei der He 219 auch für die Nachtjagd die Flächenbelastung zu hoch sei. *Petersen* gab zu verstehen, daß die Nachtjagd durch die Ju 188 gedeckt sei, räumte aber ein, daß »die Ar 240 einen großen Vorteil durch die ausgezeichnete Druckkabine« besitze. Er bezeichnete die Verwendung des BMW-801-Motors, der »weitergemacht« werde, als vielversprechend und fügte hinzu: »Wer zuerst ein Flugzeug hinstellt, macht das Rennen!«[177]
Als bekannt wurde, daß mit dem Serienbau dieses Motors, auf dessen drei erste Prototypen *Knemeyer* bereits im März des Jahres *Blume* verwiesen hatte, mittelfristig zu rechnen war, vermerkte *Blume* am 25. Juni 1942: »801 J läuft«. Einen Tag später notierte er: »Mit BMW 801 J den DB 603 überspringen. DB 603 Maschinen kommen infolge der Terminverschiebungen nicht mehr in Frage.«[178]
Die neue Zielsetzung veranlaßte *Blume*, seine ursprüngliche Planung vom April des Jahres zu revidieren, nach der die Musterflugzeuge V-11 bis V-16 der Vorbereitung der Baureihen D und E dienen sollten. Die Aufklärer, Bomber und Zerstörer der Baureihe D sollten sich in ihrer »vorläufigen Endausführung« zellenmäßig von der Baureihe C nur durch eine Verlängerung des Rumpfes um 1,82 m unterscheiden und mit DB 603- oder DB 614-Motor ausgerüstet werden. Das Musterflugzeug V-14 sollte einen Zerstörer mit DB 603 G und eine Weiterentwicklung als Bomber der Baureihe E vorbereiten. Dieser Bomber, für den eine erhöhte Bombenlast von zwei bis drei Tonnen vorgesehen war, sollte angesichts seines kaum von einem Jäger abweichenden Rumpfquerschnitts eine äußerst hohe Geschwindigkeit erreichen.[179] Wenig später wurde erwogen, einen Bomber mit vergrößerter Spannweite von 19 m bereits auf der Grundlage der Baureihe C in Angriff zu nehmen.[180] Die Baureihe F sah einen Aufklärer mit DB 614 und einen Kampfzerstörer vor.[181]

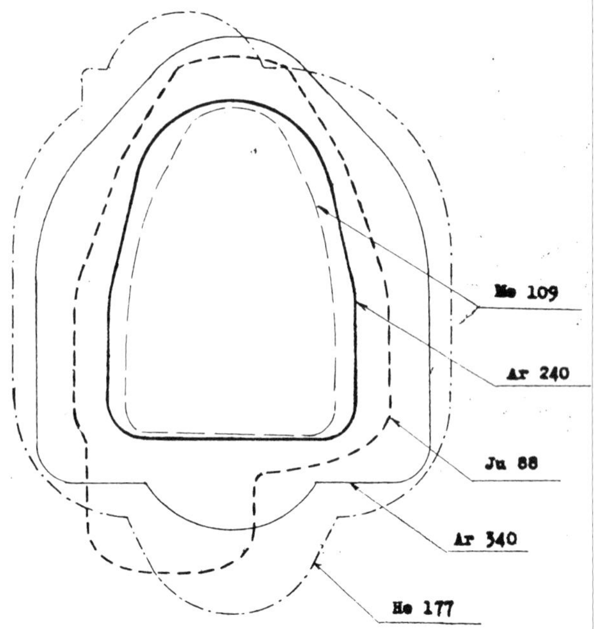

Querschnittsflächen:

Muster	m²
Me 109	1.05
Ar 240	1.42
Ju 88	2.20
Ar 340	2.85
He 177	3.70

Rumpf-Querschnitt der Ar 240 E im Vergleich (19.3.1942).

Im Juni 1942 mahnte *Blume*, die Weiterentwicklung trotz aller Rückschläge »im Auge zu behalten«.[182] Unter Hinweis auf die »zu unübersichtliche Diskussion der Verwendungszwecke« und die daraus resultierenden Ausrüstungs-, Gewichts- und Leistungsunterschiede warnte er: »Jede neue Planung und Änderung erhöht die Bedenken des Amtes bezüglich der Einsatzreife.« Aus seinen damaligen Dispositionen geht ein Vorziehen und eine Straffung der Entwicklungsschritte hervor. Die Bomberversionen entfielen. Die ursprünglich zur Vorbereitung der Baureihe D vorgesehenen Musterflugzeuge V-11 und V-12 sollten als Aufklärer mit BMW 801, die Musterflugzeuge V-13 und V-14 als Nachtjäger mit DB 627 und die Musterflugzeuge V-15 bis V-16 als Zerstörer ausgelegt werden. Für die beiden letzten Musterflugzeuge V-17 und V-18 stand nur die Verwendung des Triebwerks DB 627 fest.

Noch im gleichen Monat straffte *Blume* erneut seine Planungen, um mit der Baureihe C bereits Teilziele späterer Baureihen zu realisieren. Als »Nahziel« sollten mit den Prototypen V-9 bis V-12 ein Zerstörer und ein Nachtjäger mit DB 603 G der Baureihe C sowie ein ursprünglich im Rahmen der Baureihe E vorgesehener Aufklärer mit BWM 801 entstehen. Als »Zwischenziel« sollte der Zerstörer und Nachtjäger mit DB 627 ebenfalls auf die Baureihe C vorgezogen werden. Die Baureihe E, für die die Musterflugzeuge V-13 bis V-18 vorgesehen waren, wurde als »Fernziel« betrachtet. Nachdem im Juli 1942 zu erkennen war, daß das Amt an Nachtjägerversionen kaum Interesse hatte, wurde im September die Planung abschließend auf die Entwicklung eines Kampfzerstörers mit DB 603 G-Motor auf der Grundlage der Musterflugzeuge V-11 und V-12 beschränkt.

Die notwendigen Änderungen an der C-Zelle glaubte *Blume* rasch durchführen zu können. *Rowehl* galt als »Hauptinteressent«. In der Annahme, über ihn den BMW-Motor schneller zur Verfügung zu haben, sollten die Versuchsmuster V-9 und V-10 als Aufklärer mit diesem Motor gebaut werden.

Zwecks Vorbereitung der Baureihe C beantragte Arado die Genehmigung zum Bau der Versuchsmuster V-9 bis V-14 in Zerstörer-, Aufklärer- und Bomberausführung sowie einer späteren Nachtjägerversion. Im Fall einer sofortigen Auftragserteilung, die von dem Vertreter des LC II-Amtes *Christensen* zugesagt war, sollte das erste Versuchsmuster im Oktober 1942 fertig sein. Die nachfolgenden Prototypen V-11 und V-12 sollten »auf jeden Fall die für den Kampfzerstörer geforderte Ausrüstung erhalten«. Für die V-11 war zellenmäßig eine neue Kabine vorgesehen, die anschließend mit Druckbetrieb, Panzerung und Rückblickvisier mit dem zwölften Prototyp erprobt werden sollte. Das Leitwerk sowie das Fahrwerk sollten von der bisherigen C-Ausführung übernommen werden. Ob eine Flächenvergrößerung am Höhenleitwerk durch eine Spannweitenvergrößerung oder durch eine Vergrößerung der Profiltiefe zweckmäßiger war, sollte vorab anhand der gößeren Spannweite der Höhenflosse der A-03 erprobt werden. Für die Ausrüstung war der Stand der V-9 maßgebend. Bei der Zerstörerausführung sollte die starre Bewaffnung von zwei im Rumpfinnenflügel liegenden MG

Entwurfsbeschreibung		6.11.1941	19.3.1942
Muster		**Ar 240 D**	**Ar 240 E**
Triebwerk		DB 614	DB 603 G
Startleistung		2 x 2020 PS	2 x 2000 PS
Kampfleistung in Volldruckh.		2 x 1530 PS	2 x 1600 PS
Volldruckhöhe		8700 m	
Spannweite	m	16,6	19,0
Länge	m	15,17	
Höhe	m	3,96	
Flügelfläche	m²	35,00	41
Luftschraube		VDM	VDM
Durchmesser	m	3,40	
Rüstmasse	kg	8 830	9 120
Zuladung	kg	2 220	5 080
Abfluggewicht	kg	11 050	14 200
Kraftstoffmenge	kg	1 500	2 400
Zielgewicht	kg	10 250	12 920
Flächenbelastung am Ziel	kg/m²	293	315
Leistungsbelastung am Ziel	kg/PS	3,35	
Flugleistungen am Zielgewicht:		Kampfleistung	ohne/mit Bomben
V-max in H = 0 km	km/h	561	525 / 488
in H = 2km	km/h	598	
in H = 4 km	km/h	632	592 / 555
in H = 6 km	km/h	679	620 / 580
in H = 7 km	km/h		636 / 590
in H = 8 km	km/h	720	
in H = 10 km	km/h	750	
in H = 10,4 km	km/h	755	
Höchstzulässige Dauerleistung:			
Reisegeschwindigkeit	km/h	658	526 / 579
Flugdauer	h	2,65	4,36
Flugstrecke	km	1 740	2 410
Kraftstoffverbrauch	g/PS.h	225	210
Wirtschaftliche Dauerleistungen:			
Reisegeschwindigkeit	km/h	590	455 / 530
Flugdauer	h	3,3	5,7
Flugstrecke	km	1 970	2 800
Kraftstoffverbrauch	g/PS.h	225	205
Steigzeit auf H = 1 km	min.	1,3	1,4
auf H = 2 km	min.	2,6	2,8
auf H = 4 km	min.	5,4	5,7
auf H = 6 km	min.	8,7	9,1
auf H = 8 km	min.	12,6	
Dienstgipfelhöhe	m	12 000	10 500
Landegeschwindigkeit	km/h	145	137

151 wahlweise durch die Maschinenkanonen MK 103 und MK 108 ergänzt werden. Die Heckbewaffnung von zwei ferngerichteten Waffenständen mit MG 13-Zwilling sollte durch ein starres MG 151 in der Motorgondel verstärkt werden. Weitere Maßnahmen, die sich aus dem Einbau einer »Kutonase« zur Durchtrennung von Sperrvorrichtungen, der künftigen Einheitstriebwerke, der Sturzflugbremse und einer neuen FT-Anlage ergaben, wurden der Serienausführung vorbehalten.

Die künftigen Zerstörer-Bedingungen konnte *van Nes* am 2. Juli vorlegen. Die Planung des RLM sah vor, daß zwei Firmen, darunter Arado, eine Weiterentwicklung des Zerstörers auf der Grundlage bestehender Baumuster betreiben sollten. Mit dem Serienanlauf wurde allerdings nicht vor 1946 gerechnet. Abgesehen von den bislang in Serie gebauten Messerschmitt-Typen galten die von *Milch* favorisierten Weiterentwicklungen der Ju 88 zur Ju 188 und Ju 388[183] als mögliche Konkurrenten der Ar 240, während die Do 217 bereits als überholt angesehen wurde.[184] Die He 219 war nach Ansicht des Amtes als »Kampfzerstörer« voraussichtlich ungeeignet. Die Entwicklung der He 219 litt, wie bei der Ar 240, nicht nur darunter, daß die vorgesehenen Triebwerke später als erwartet zur Verfügung standen,[185] sondern auch darunter, daß die Flugstabilität zu wünschen übrig ließ und die Funktion der hydraulischen Abwehrbewaffnung und des Bugrades nicht einwandfrei war.[186]

(links oben)
Cockpit-Attrappe der Ar 240 V-9/V-10.

Rumpf-Attrappe der Ar 240 V-9/V-10.

Rumpf-Attrappe des Kampfzerstörers Ar 240 V-11 (9.12.1942).

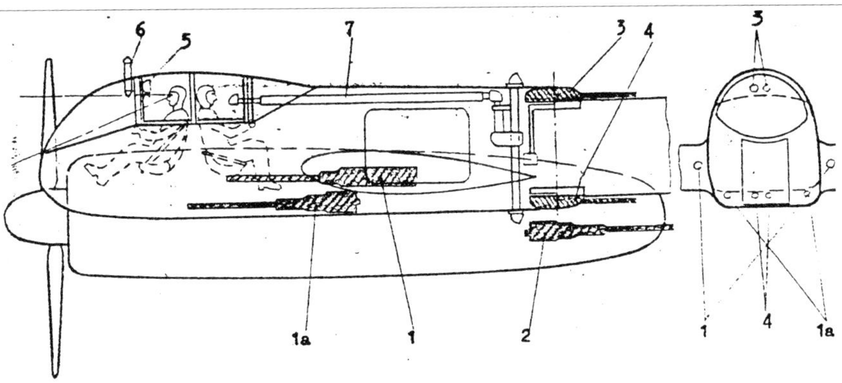

	Pos.	Anzahl	Waffe	Schuß je Lauf	Schußzahl gesamt
Starre Bewaffnung nach vorn	1 1a	2 2	MK 108 MG 151	100 300	200 600
Starre Bewaffnung nach hinten	2	1	MG 151 als Rüstsatz	300	300
Bewegliche Bewaffnung nach hinten	3 4	1 1	MG 131 Z MG 131 Z	450 450	900 900
Zielanlage	5 6 7	1 1 1	Stuvi 5 für starre Bewaffnung nach vorn. Rückblickfernrohr für starre Bewaffnung nach hinten. Periskopvisier für ferngesteuerte, bewegliche Waffen.		

Bewaffnungsplanung für den Zerstörer Ar 440 mit je zwei MG 151 und MK 108 vorn sowie einer rückwärtigen Bewaffnung mit einem starren MG 151 und zwei ferngerichteten MG 131 Z (17.9.1943).

Auf diesem Hintergrund schlug *Blume* in einer Studie vom Juli 1942 vor, den »Fernzerstörer« aus der He 177 und den »Jagdzerstörer« aus der Jägerserie zu entwickeln.[187] Diesbezüglich befürwortete er eine Weiterentwicklung aus dem Zerstörer Bf 110, an der auch Arado beteiligt werden sollte.

Für seine Pläne erhielt er unverhofft Unterstützung durch die Front, die händeringend einen zuverlässigen Zerstörer benötigte. *Gerhard Weyert*, Führer einer mit dem Zerstörer Me 210 ausgerüsteten Erprobungsstaffel, wandte sich am 12. August 1942 unter Umgehung des Amtes persönlich an *Blume* und bat angesichts der schlechten Erfahrungen mit dem Messerschmitt-Zerstörer um eine möglichst baldige Lieferung der Ar 240:

»Das Folgende war ein Trauerspiel: Die Maschine[188] war überhaupt noch nicht da, Messerschmitt baute sie dann in Serie, ohne daß eine Erprobung stattgefunden hatte. Als über 500 Flugzeuge fertig waren, ergab die Erprobung ein weitgehendes Versagen des Typs, und dann wurden die vielen Veränderungen durchgeführt, die Ihnen gewiß bekannt sind... Die Neuaufstellung war von vorn herein ein Krampf, da Me 210 ja immer noch nicht da war und andererseits die Herausbringung der Me 110 so knapp war, daß damit nicht zwei Zerstörergeschwader plus Nachtjagd und eine zusätzliche Zerstörergruppe im Einsatz auf den Beinen gehalten werden konnten. In Erkenntnis dieser Tatsache fahndete ich gleich im Frühjahr nach Ihrem Muster, interessierte auch Herren im RLM dafür, jedoch leider ohne Erfolg. In Rußland traf ich dann einen ehemaligen Einflieger Ihres Werks als St. d. Lw., der mir nähere Einzelheiten über Ihre Ar 240 erzählte. Zur Zeit bin ich mit meiner Gruppe nun wieder in Deutschland, um auf die Me 210 umzurüsten. Ich bin gespannt darauf, ob der Vogel nun hinhauen wird; ich glaube jedoch, daß auch in Zukunft noch Schwierigkeiten vorhanden sein werden. Da ich selbst meinen Geschwaderkommodore vertreten muß, bin ich leider nicht abkömmlich. Ich schicke daher morgen einen meiner Staff. Kptne los, der sich bei Messerschmitt, bei der Erprobungsstaffel Me 210, bei Heinkel und auch bei Ihnen, sehr geehrter Herr *Blume*, nach dem Stand der Dinge erkundigen soll.

Oblt. *Thierfelder* ist alter Zerstörer, Ritterkreuzträger und flugzeugtechnisch schwer beschlagen. Da man ja in ganz Deutschland nach einer Zerstörermaschine geradezu sucht, habe ich ganz besonders an Ihr Fabrikat gedacht. Die Bf 110 hat mit der F-Serie ihre Belastungsgrenze erreicht, die Me 210 soll angeblich nur aufgebraucht, aber nicht weitergebaut werden, der Heinkel-Zerstörer[189] ist erst im Werden, folglich ist in ganz absehbarer Zeit wieder ein maschinenmäßiger Stop für unsere Zerstörer zu erwarten. In diese Lücke möchte ich, wenn möglich und technisch durchführbar, Ihre Ar 240 einschalten; nicht als Lückenbüßer, sondern als Anerkennung für Ihre Arbeit, die so völlig unter den Tisch gesunken ist, sich ja aber als Aufklärer ganz vorzüglich bewähren soll.«

Nachdem es ab Mai 1942 zu den ersten »1 000-Bomber-Angriffen« auf deutsche Städte gekommen war, besprach *Blume* mit seinen engsten Mitarbeitern am 25. Juni das weitere Vorgehen. Er rechnete inzwischen in erster Linie mit einem künftigen Zerstörer-Einsatz gegen Luftziele und warf die Frage auf: »Mit welchen Gegnern ist 1944 zu rechnen, und welche Einsatzfälle ergeben sich daraus?

Der Aufklärer Ar 240 A-04/U2 (Frühjahr 1944), nach Aussagen des Piloten Oblt. *Horst Götz* (vierter von rechts) »die einzige Mühle, die bis 1944 noch nach England fliegen konnte«.

Hochfliegende Großbomber (bei) Tag und Nacht, tieffliegende Großbomber (bei) Nacht?«[190]
Göring kritisierte am 13. September 1942 in einer Besprechung mit Industrievertretern, daß »die anfängliche Überlegenheit auf dem Gebiet der Jäger und Zerstörer« verlorengegangen sei und daß der Gegner wie erwartet »nicht nur quantitativ aufgeholt« habe, »sondern qualitativ desgleichen«. *Milch* forderte zum Schutz der Produktionsstätten eine Luftwaffe, »die in der Verteidigung mit Jägern und Nachtjägern überlegen ist«, ohne den Bombersektor übermäßig einzuschränken. *Hitler* wünschte jedoch vorrangig Schnellbomber für punktuelle Vergeltungsschläge und zur Abwehr einer möglichen Invasion. Hinsichtlich des Schnellbombers beklagte *Göring*, es sei »alles in die Hose gegangen« und die Höhenbomber seien »älteste Klamotten«. Er forderte, man solle endlich »die Firmeninteressen hintenan lassen«. Für den Schnellbomber verlangte er eine »entscheidende Konstruktion«, die in einem Vierteljahr schneller als die feindlichen Jäger sein müsse, für den Zerstörer eine Eindringtiefe von 1 000 km, eine Geschwindigkeit von 700 km/h und eine Bombenlast von 1 000 kg. Nach wie vor bestand er jedoch darauf, daß Schnellbomber, Zerstörer, Nachtjäger und Erkunder aus einem Grundmuster zu entwickeln seien und daß Geschwindigkeit vor Schutz gehe, weshalb gegebenenfalls auf eine Bewaffnung verzichtet werden müsse.
Milch war um Klarstellung bemüht. Am 27. Juni 1942 nannte er als Entwicklungsaufgabe der Ar 240 den Zerstörereinsatz. Am 10. Juli versicherte er, daß »auf dem Sektor der Kampfzerstörer die Nachfolge der Bf 110 noch unbestimmt« sei.[191] Er verwies zugleich auf das »englische schnelle Fernflugzeug aus Holz, D.H. Mosquito«, betonte aber, daß von einer Verwendung der Ar 240 als Höhenbomber und Höhenjäger »auf deutscher Seite zur Zeit nicht die Rede sein« könne.

Streichung der Vorserie

Die Zurückziehung des am 16. März 1942 erteilten Auftrags zum Bau von 36 Vorserienflugzeugen der Baureihe Ar 240 C hatte negative Auswirkungen. Die erforderlichen Vorrichtungen waren zwar weitgehend vorhanden, die Materiallieferungen blieben aber zum Teil aus, da einige Unterlieferanten glaubten, die Entscheidung des Amtes beziehe sich auch auf die vier geplanten V-Muster. Im übrigen war nach Klarstellung ihr Interesse an einer schnellen Lieferung gesunken, da es sich nur noch um vier statt ursprünglich vierzig Flugzeuge handelte.
Laufende Verzögerungen bei den Zulieferern stellten die zügige Fertigstellung der Umbauflugzeuge A-03 und A-04 in Frage. Am 26. April 1942 teilten die Vereinigten Deutschen Metallwerke/Frankfurt (VDM) mit, daß zur Zeit noch die Rohlinge für die Luftschraubennaben fehlten. Die Bearbeitung der Rohlinge erfolgte per Hand und dauerte 12 Wochen zuzüglich der Montage- und Auswuchtarbeiten. Ein Abzweigen von einigen Exemplaren für die Ar 240 A-03/U1 erschien schwierig, größere Anschlußlieferungen ausgeschlossen. Als Arado die Lieferlage als untragbar bezeichnete, hielt die Firmenleitung, die später durch einen Reichskommissar ersetzt wurde, entgegen, daß die Fertigung der gewünschten Luftschrauben ursprünglich abgelehnt worden war und nur als Versuch laufen könne, falls dadurch keine Beeinträchtigung der laufenden Produktion zu befürchten sei.
Terminprobleme ergaben sich auch bei den Stuttgarter Zulieferern Süddeutsche Kühlerfabrik/Stuttgart (S.K.F.) und Elektron (E.C.). S.K.F. ließ am 22. April 1942 mitteilten, daß die angeforderten Wasser- und Ölkühler als reine Entwicklungsaufgaube ohne Aufnahme in ein Industrieprogramm nur »nebenherlaufen« könnten und künftig derartige »Sonderwünsche« nicht mehr berücksichtigt würden. In einem Reisebericht vom 22. April 1942 bemängelte Arado bezüglich Elektron »das absichtliche Hinhalten in der Lieferung der Federbeine und Sporne für die Ar 240 A-0«. Als Begründung für den Lieferverzug von einem Jahr gab der Zulieferer an, »daß die Ar 240 A-0 zu der Zeit überhaupt noch nicht diskutabel war und bis heute in keinem Industrieprogramm aufgenommen wurde«. Auf den Einwand, die Fertigung unterliege der Dringlichkeitsstufe SS, reagierte Oberstabsingenieur *Oemmler* vom Technischen Amt ausweichend, »daß heute der SS-Stufe alles zugehört und diese Bezeichnung bereits ihren Wert dadurch verloren hat«. Er ließ weiter wissen, »daß die Ar 240 nicht spruchreif und gegenüber den übrigen Serienmaschinen zurückzustellen sei«. Arado drohte mit einer Beschwerde bei Oberst *Rowehl*, worauf *Oemmler* ankündigte, daß er seinerseits diesem Schritt »zuvorkommen würde und Generalingenieur *Reidenbach* die Angelegenheit vortragen würde«.
Blume machte sich nur noch wenig Hoffnung, das Amt für einen Einsatz der Ar 240 als Zerstörer zu gewinnen. Als der damalige Leiter des Konstruktionsbüros *Rebeski* am 13. September 1942 mit *Blume* und *Milch* durch die Brandenburger Werkshallen ging, wollte er gehört haben, daß der Staatssekretär angesichts einer »verlassen dastehenden Ar 240« äußerte: »Rühren Sie die dumme Geschichte mit der Ar 240 nicht wieder auf!«
Blume drängte im September 1942 auf eine abschließende Klärung und forderte eine Revidierung des Ablehnungsbescheids und die Zustimmung zum Bau einer mit DB 603-Motoren ausgestatten Serie Ar 240 C:
»Deshalb geht unser Vorschlag dahin, den früheren Vorbescheid auf 36 0-Serienflugzeuge wieder aufleben zu

Ar 240 A 0-4/U2 (W.Nr. 240 0014, T9+GL) mit vergößerten, vierflügeligen Luftschrauben und neuen Mantelkühlern.

lassen, vor allem in Hinblick auf die guten Leistungen, auf die hohe Festigkeit und die moderne starke Bewaffnung der Flugzeuge. Die bisherige Erprobung der Ar 240 A-0/U1 (Umbauflugzeug mit DB 603-Motor) hat gezeigt, daß die Ar 240 mit DB 603-Motor hinsichtlich Leistungen und Eigenschaften sehr gewonnen hat gegenüber der Ausführung mit DB 601 E-Motor. Da außerdem der größte Teil des bestellten Materials außer Engpaßstellen vorhanden ist, besteht die Aussicht, diese 36 Flugzeuge im Anschluß an die B-0 Serie bei Ago zu bauen, falls der Vorbescheid umgehend wieder auflebt und sofort Anstrengungen getroffen werden, die notwendigen Engpaßteile heranzubringen. Es bestünde damit die Möglichkeit, schnell eine Anzahl Flugzeuge mit stärkeren Motoren zu erstellen, von denen ein Teil mit BMW 801 J-Motor ausgerüstet werden könnte.«[192]

Am 5. September 1942 standen die Ergebnisse der Flugerprobung mit dem ersten Umbauflugzeug A-03/U1 fest. Wie es hieß, waren die Flugeigenschaften »gegenüber der A-01 in der Längsachse und im Kurvenflug besser.« Die Hochachse war gleichwertig. Für die schwache Querachse und die Verbesserung der Schwerpunktlage wurden Verbesserungen durch die vergrößerte Höhenflosse erwartet. Nach einer Reparatur des Rumpfhecks sollten Korrektur-, Eigenschafts- und Meßflüge sowie ein Nachfliegen bei der E-Stelle erfolgen. Das zweite Umbauflugzeug A-04/U2 sollte Ende September 1942 flugklar sein. Bis zur Anlieferung der C-Außenflügel, der vergrößerten Leitwerke, der DB 603-Motoren und der neuen vierflügeligen Luftschrauben sollte die A-03/U1 stillgelegt werden, »um immer eine Maschine zum Vorfliegen zur Verfügung zu haben«. Nach dem Motorenwechsel sollte die Zelle der A-04/U2 für erneute Leistungsflüge vorbereitet werden. Für die Waffen und das Periskop waren nur Attrappen aufzubauen. Weitere Änderungen sollten erst erfolgen, wenn die A-03/U1 nach entsprechender Umrüstung wieder flugklar war. Zugleich beschloß Arado bezüglich der nachfolgenden Prototypen: »Die erste Maschine muß so schnell wie möglich ohne Rücksicht auf die Ausrüstung zur Erprobung der Eigenschaften und zur Leistungsermittlung in die Luft gebracht werden.« Der Zellenbau lief zu diesem Zeitpunkt noch nicht planmäßig. Falls ein Aufholen der ausfallenden Stunden unmöglich war, sollten sie durch Vereinfachungen, etwa beim Gondelheck oder der Druckkabine, eingespart werden.

Am 29. Oktober 1942 wurde die Ausführung der Baureihe Ar 240 C abschließend festgelegt. Im Vergleich zur Baureihe B erhöhte sich die Spannweite von 14,3 m auf 16,6 m, die Länge von 12,98 m auf 13,35 m, die Höhe von 3,75 m auf 3,96 m, die Flügelfläche von 31,3 m^2 auf 35,0 m^2. Durch die neuen Maße verschob sich der Fahrwerksan-

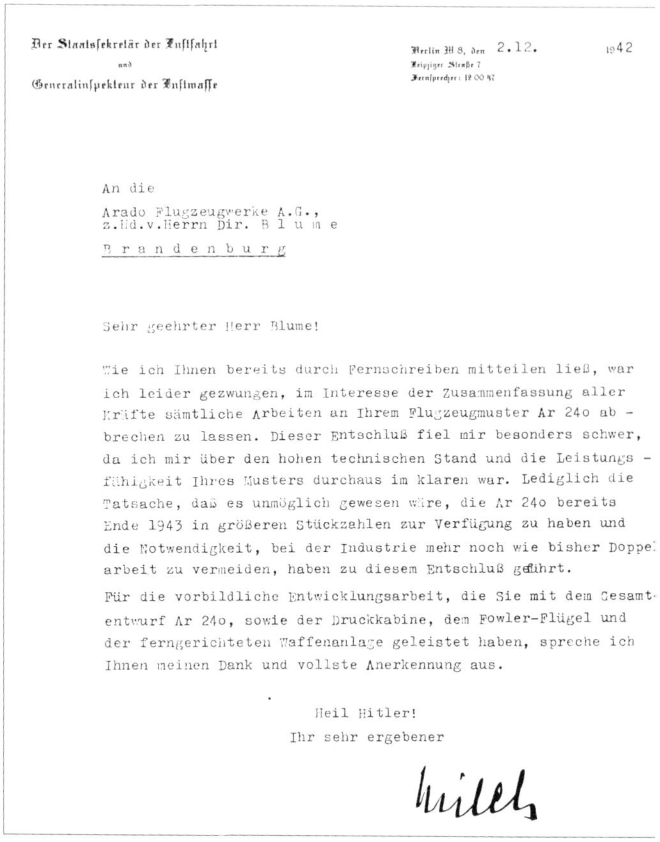

Der Staatssekretär der Luftfahrt
und
Generalinspekteur der Luftwaffe

Berlin W 8, den 2.12. 1942
Leipziger Straße 7
Fernsprecher: 12 00 47

An die
Arado Flugzeugwerke A.G.,
z.Hd.v.Herrn Dir. B l u m e
B r a n d e n b u r g

Sehr geehrter Herr Blume!

Wie ich Ihnen bereits durch Fernschreiben mitteilen ließ, war ich leider gezwungen, im Interesse der Zusammenfassung aller Kräfte sämtliche Arbeiten an Ihrem Flugzeugmuster Ar 24o ab - brechen zu lassen. Dieser Entschluß fiel mir besonders schwer, da ich mir über den hohen technischen Stand und die Leistungs - fähigkeit Ihres Musters durchaus im klaren war. Lediglich die Tatsache, daß es unmöglich gewesen wäre, die Ar 24o bereits Ende 1943 in größeren Stückzahlen zur Verfügung zu haben und die Notwendigkeit, bei der Industrie mehr noch wie bisher Doppel arbeit zu vermeiden, haben zu diesem Entschluß geführt.

Für die vorbildliche Entwicklungsarbeit, die Sie mit dem Gesamt- entwurf Ar 24o, sowie der Druckkabine, dem Fowler-Flügel und der ferngerichteten Waffenanlage geleistet haben, spreche ich Ihnen meinen Dank und vollste Anerkennung aus.

Heil Hitler!
Ihr sehr ergebener

Milch

Absetzungbescheid für die Ar 240 (2.12.1942).

schluß. Die Druckkabine wurde um 10 cm verlängert, der Durchmesser der Vierblatt-Luftschraube von 2,96 m auf 3,4 m vergrößert. Die Ausrüstung sollte der Ar 240 V-5 entsprechen. Vorgesehen waren die Mitnahme einer größeren Brennstoff- und Bombenmenge und die Verstärkung der Bewaffnung, die aus bis zu sechs MG 151 im Flügel-Rumpf-Übergang und unter dem Rumpf bestehen sollte. Das MG 81 in den beiden Waffentürmen sollte durch je ein bewegliches Zwillings-MG 131 ersetzt werden.

Am 6. November 1942, als sich in Stalingrad die Kriegswende ankündigte, fand im RLM eine Entwicklungsbesprechung statt, auf der *Göring* die gänzliche Absetzung der Ar 240 befahl. *Milch* übermittelte Arado umgehend telegrafisch die Anweisung, alle Arbeiten einzustellen. *Blume* kam auf einer kurzfristig anberaumten Unterredung mit ihm am 26. November 1942 auf das angeblich gestörte Verhältnis zum Amt zu sprechen und notierte anschließend: »Gespräch mit Gfm *Milch*: Bildung eines Vertrauenskreises – Vorausschau auf Entwicklung, um alle Komponenten steuern zu können – Linienfestlegung für die Firmen.« *Milch*, der angesichts der angespannten Rüstungslage keine Möglichkeit mehr für parallel laufende Entwicklungen sah, blieb bei seiner Entscheidung, gab jedoch zu verstehen, daß sie ihm »besonders schwer« gefallen sei, »da ich mir über den hohen technischen Stand und die Leistungsfähigkeit Ihres Musters durchaus im klaren war«.

Ar 440, schnellster deutscher Zweisitzer

Blume versuchte zu retten, was zu retten war, und bot dem Amt die Ar 240 C analog zur Me 410 mit neuer Typenbezeichnung Ar 440 als Aufklärer an. Bereits vor der von *Milch* verfügten Absetzung der Ar 240 hatte er die Entwicklungsplanung auf die Ar 440 abgestellt und folgende Bilanz gezogen: »Vorhandene Muster Ar 440. Annahme: Erkunder wird noch gewünscht. Zahl noch unbekannt, vermutlich 36 Stück. Fertigung: E-MMO. E. mit ganzen Flugzeugen beginnend, dann nur noch Montage. TEW und T.: Übergang auf klaren Erkunderzweck mit BMW 801 J. Wie weit kann die Zelle durch äußerste Vergrößerung (Zwischenstücke, Außenflügel) für den Zweck noch getrieben werden. Leitwerk? Äußerst wünschenswert Überbietung von Ju 88, die in ihren Leistungsgrößen zu analysieren ist«.[193]

Aus *Blumes* Vermerk war zu entnehmen, daß nach der Reparatur und der beabsichtigten erneuten Auslieferung der V-6 an die Truppe nur noch die V-3 und die Umbauflugzeuge A-03 und A-04 als Erprobungsträger zur Verfügung standen. Hinsichtlich der Verwendung entschied er: »V-3,

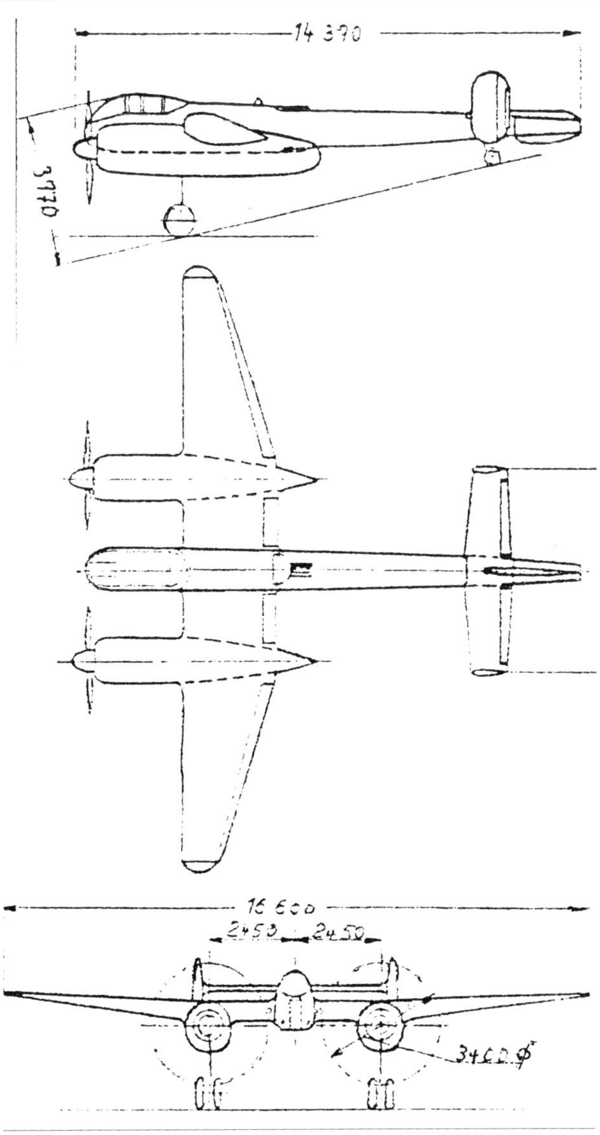

Typenblatt der Ar 440.

A-04 Versuchsträger TAE[194]. Versuchsprogramm zuschneiden nur auf grundsätzliche oder künftige Aufgaben TAE. Versuchsprogramm an HE[195]. A-03 an Rechlin. Rest an Oberst R.[196] Was kann hier aus Holz gemacht werden? B-0: Ersatzteile für O. R. möglich? V-6: Reparatur E«.

Am 1. Dezember 1942 vermerkte *Blume* unter »Nahziele«: »Kurzzeitige Verbesserungen an vorhandenem Gerät, keine Neukonstruktionen, z.B. Ar 440 – Motore – Betriebsstoffe – Glättung. Welche anderen Mittel? Welche

Grenzen? Ar 440 zunächst nur als Beispiel für die Arbeitsmethode angeführt; Gattungsbetrachtung folgt später.«

Blume war überzeugt, daß die in einer Projektbeschreibung vom Januar 1943 »als eine Weiterentwicklung der bereits bekannten Ar 240 anzusehende Ar 440« auch als Zerstörer und Schnellbomber eine ideale Sofortlösung darstellte, ehe Strahlflugzeuge einsatzbereit waren.

Er hielt inzwischen einen Einsatz gegen Luftziele für immer vordringlicher. Hinsichtlich dieser Jägeraufgabe ergaben sich allerdings in seinen Augen zwei unvereinbare Aufgabenstellungen. Der »schwere Jäger« zur Bomberbekämpfung sollte darauf abgestellt sein, ihn in seinen Flugeigenschaften überlegen zu machen, da er als Begleitschutz fast immer aus ungünstiger Position kämpfen müsse. Die wichtigsten Forderungen waren deshalb ein den feindlichen Jägern überlegenes Steigvermögen, mindestens eine Gleichwertigkeit der Geschwindigkeit und der Wendigkeit, eine ausreichende Panzerung und gute Höhenflugeigenschaften. Der notfalls einsitzige, aber zweimotorige, schwere Jäger bot gegenüber dem einmotorigen mehr Sicherheit, bessere Waffenwirkung und größere Reichweite. Die Aufgabe für den »Zerstörer im engeren Sinn« sah er in der Bekämpfung feindlicher Bomberkräfte und in der Großraumüberwachung, wozu eine hohe Geschwindigkeit, eine vernichtende Waffenwirkung, eine Panzerung und eine Flugdauer von etwa vier Stunden erforderlich waren.

Schnellbombervergleich E 530 / Ar 440

Flugleistungen

Benennung		E 530	Ar 440 Abwehrbewaffnung ohne	Ar 440 Abwehrbewaffnung mit
Motor		2x603 G	2x603 G	2x603 G
GM 1 Zusatz (für Zeit in Stunden)		1/2	1/2	1/2
Motorleistung nach		603-2087	603-2087	603-2087
Startleistung, (n=2700 U/min, p=1,50 ata)	PS	1900	1900	1900
Kampfleistung in Volldruckhöhe	PS	1480	1480	1480
Volldruckhöhe ohne GM 1	m	7000	7000	7000
Volldruckhöhe mit GM 1	m	9500	9500	9500
Abgasschub bei Kampfl.i.Volldruckhöhe	kg	95	95	95
Abfluggewicht	kg	10200	11980	12427
Zielgewicht ohne Bombe	kg	8750	10340	10875
Landegewichte	kg	7620	8965	9430
Kraftstoffmenge	kg	1800	2163	2163
Bombenlast		SD 500	SD 500	SD 500
Flügelfläche	m^2	35	35	35
Spannweite	m	16,6	16,6	16,6
Flächenbelastung am Ziel	kg/m^2	250	296	311
Startlänge	m	570	615	660
Steiggeschwindigkeit n.d.Start	m/sec	11,5	8,4	7,9
Reisegeschwindigkeit mit höchster Dauerleistung in H=7 km:				
im Hinflug mit Bombe	km/h	648	615	603
im Rückflug ohne Bombe	km/h	674	645	634
Flugstrecke	km	1850	2100	2070
Höchstgeschwindigkeit m. Zielgewicht ohne Bomben in Volldruckhöhe				
Notleistung ohne GM 1	km/h/in H	728/8,6	698/8,3	688/8,2
Kampfleistung ohne GM 1	km/h/in H	705/8,5	675/8,2	665/8,1
Notleistung mit GM 1	km/h/in H	780/11,3	750/11,2	740/11,1
Kampfleistung mit GM 1	km/h/in H	760/11,2	730/11,1	720/11,0
Landegeschwindigkeit	km/h	150	143	146
c_a - Lande		2,0	2,6	2,6

Flugleistungen des Schnellbombers Ar 440 im Vergleich zu dem Projekt E 530.

Blume fordete, der Hersteller müsse freie Hand haben, die Oberflächengestaltung, die Sichtverhältnisse und die Panzerung des Motors zu verbessern, Maßnahmen zur Erhöhung der Geschwindigkeit zu treffen sowie Druckschrauben zur Optimierung der Waffenunterbringung und gegenläufige Propeller einzuführen. Hinsichtlich der »Schnellbomber« ging er davon aus, daß die optimale Lösung für eine Annäherung seiner Geschwindigkeit an die der Jäger der Wegfall des Rumpfes als Störkörper und die Verlagerung des Besatzungsraums in eine der Motorgondeln sei. Bei einem Vergleich mit dem von Arado angedachten Doppelrumpf-Projekt E 530 kam er aber zu dem Schluß, daß die geringfügig langsamere, aber sofort einsatzfähige Ar 440 vorzuziehen sei. Abgesehen von der erprobten Druckkabine und dem ferngesteuerten hinteren Waffenstand sah er weitere Vorteile darin, daß es keine Sichtstörung bei der Zielerfassung durch einen vor der Kabine liegenden Motor gab, daß die Bedingungen für den Einbau von Visieren besser waren und daß herkömmliche Luftschraubenbremsen zur Verringerung der Abfanghöhe leichter anzubringen waren.[197]

Nach Werksangaben vom 25. November 1942 hatte das Umbauflugzeug A-03/U1 eine Höchstgeschwindigkeit von 660 km/h erreicht, das Umbauflugzeug A-04/U2 sogar 680 km/h. Nachdem Ende 1942 der erste Prototyp der Me 410 startklar war, wurde von der Ar 440 im Januar 1943 während eines kurzfristig anberaumten »Schnellbomber-Vergleichs« in Rechlin mit einer Kampfleistung von 661 km/h ein »Geschwindigkeitsvorsprung von 47 km/h« gegenüber der Me 410 als dem schnellsten Konkurrenzmuster erzielt, der sich im ungünstigsten Fall nach dem Erreichen der endgültigen Volldruckhöhe durch die Me 410 auf 37 km/h verringern konnte.[198] Die vergleichsweise größte Volldruckhöhe von sieben Kilometern hatte nur die Ar 440 erflogen, während die Vergleichsangabe für die Ju 88 S mittels Umrechnungen auf der Basis älterer

Vormuster erfolgte und die Angaben für die He 219 nur einer Projektbeschreibung entstammten. Der Bericht hob hervor, daß der Leistungsvorsprung der Ar 440 trotz eines Mehrgewichts erzielt wurde, das sich aus 600 kg zusätzlichem Treibstoff, zwei 500 kg-Bomben nebst nicht ausbaufähigen Aufhängungen ergab. Die Start- und Landeeigenschaften wurden als gut bezeichnet. Auch in der Reichweite lag die Ar 440 mit 1 590 km vorn.

Oberleutnant *Thierfelder*, der das Flugzeug in Rechlin geflogen und als Ar 440 A-04 bezeichnet hatte, kam auf einer Besprechung in Brandenburg zu folgender Beurteilung: »Die Maschine hat gute Starteigenschaften, indem sie keine Ausbrechneigung zeigt und einen sehr kurzen Startweg hat. Die Lastigkeitsänderungen nach dem Start durch Einfahren des Fahrwerks und der Fowlerflügel sind im Fluge leicht zu beherrschen. Die Maschine kommt gut in Kurvenlagen herein und liegt auch gut in der Kurve. Eine zu geringe Wirkung des Querruders wurde bemerkt beim sehr schnellen Wechseln von einer linken Steilkurve in eine rechte Steilkurve. Hierbei reagierte die Maschine erst besser, sowie eine sehr starke Seitenruderbetätigung hinzutritt. In diesem Punkte müßte noch eine Verbesserung geschehen... Im stark gedrückten Gleitanflug in der Art eines Tiefangriffes liegt die Maschine sehr ruhig und sicher im Ziel, so daß ein gutes Zielen gewährleistet sein würde. Beim Abfangen sind die Steuerdrucke keineswegs zu hoch. Es wurde Einmotorenflug mit stehendem linkem Motor ausgeführt. Der Geradeaus- und Kurvenflug war einwandfrei...Anschweben und Landung ist bei der Maschine einwandfrei, zumal sie mit einer sehr geringen Landegeschwindigkeit aufsetzt. Nach der Landung wurde keine Ausbrechneigung bemerkt. Die Lastigkeitsänderungen bei Ausfahren des Fahrwerks und der Fowlerflügel sind in keiner Weise beeinträchtigend und können leicht durch die Trimmung kompensiert werden.«

Thierfelders Verbesserungsvorschläge beschränkten sich auf die Instrumentierung und die Sichtverhältnisse. Sein abschließendes Urteil lautete: »Bis auf die Querrudereigenschaft wird die Maschine bei entsprechendem Umbau für verwendungsfähig für den Zerstörerzweck gehalten.«[199]

Damit waren frühere Bedenken einiger Rechlinger Ingenieure inzwischen weitgehend ausgeräumt. *Heinrich Beauvais* zum Beispiel hatte einerseits festgestellt: »Wegen der guten Leistungen, wenigstens ohne Außenlast, erschien die Ar 240 förderungswürdig. Die Handhabung machte trotz der hohen Flächenbelastung keine Schwierigkeiten.« Er hatte aber andererseits bemängelt: »Jedoch war die Rollwendigkeit viel zu gering... Das war eine Folge der 40 Prozent Dickenrücklage des Flügelprofils...*Francke* wollte das im Bericht bagatellisiert wissen.

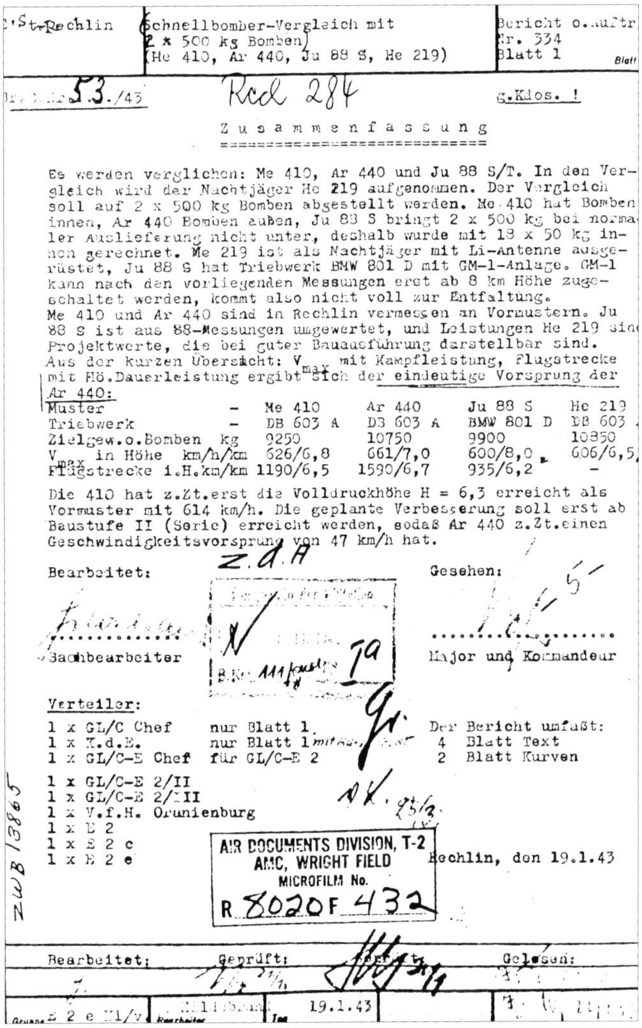

E.St. Rechlin — Schnellbomber-Vergleich mit 2 x 500 kg Bomben (He 410, Ar 440, Ju 88 S, He 219) — Bericht o. Auftr. Nr. 334 Blatt 1

Br. B. Nr. 53./43 Rcd 284 g.Kdos. !

Zusammenfassung

Es werden verglichen: Me 410, Ar 440 und Ju 88 S/T. In den Vergleich wird der Nachtjäger He 219 aufgenommen. Der Vergleich soll auf 2 x 500 kg Bomben abgestellt werden. Me 410 hat Bomben innen, Ar 440 Bomben außen, Ju 88 S bringt 2 x 500 kg bei normaler Auslieferung nicht unter, deshalb wurde mit 18 x 50 kg innen gerechnet. Me 219 ist als Nachtjäger mit Li-Antenne ausgerüstet, Ju 88 S hat Triebwerk BMW 801 D mit GM-1-Anlage. GM-1 kann nach den vorliegenden Messungen erst ab 8 km Höhe zugeschaltet werden, kommt also nicht voll zur Entfaltung.
Me 410 und Ar 440 sind in Rechlin vermessen an Vormustern. Ju 88 S ist aus 88-Messungen umgewertet, und Leistungen He 219 sind Projektwerte, die bei guter Bauausführung darstellbar sind.
Aus der kurzen Übersicht: V_{max} mit Kampfleistung, Flugstrecke mit Hö.Dauerleistung ergibt sich der eindeutige Vorsprung der Ar 440:

Muster	-	Me 410	Ar 440	Ju 88 S	He 219
Triebwerk	-	DB 603 A	DB 603 A	BMW 801 D	DB 603
Zielgew.o.Bomben	kg	9250	10750	9900	10850
V_{max} in Höhe	km/h/km	626/6,8	661/7,0	600/8,0	606/6,5
Flugstrecke i.H.	km/km	1190/6,5	1590/6,7	935/6,2	-

Die 410 hat z.Zt.erst die Volldruckhöhe H = 6,3 erreicht als Vormuster mit 614 km/h. Die geplante Verbesserung soll erst ab Baustufe II (Serie) erreicht werden, sodaß Ar 440 z.Zt.einen Geschwindigkeitsvorsprung von 47 km/h hat.

z.d.A.

Bearbeitet: Sachbearbeiter — Gesehen: Major und Kommandeur

Verteiler:
1 x GL/C Chef nur Blatt 1
1 x K.d.E. nur Blatt 1
1 x GL/C-E Chef für GL/C-E 2
1 x GL/C-E 2/II
1 x GL/C-E 2/III
1 x V.f.H. Oranienburg
1 x E 2
1 x E 2 c
1 x E 2 e

Der Bericht umfaßt:
4 Blatt Text
2 Blatt Kurven

AIR DOCUMENTS DIVISION, T-2
AMC, WRIGHT FIELD
MICROFILM No.
R 8020 F 432

ZWB/13865

Rechlin, den 19.1.43

Bearbeitet: Geprüft: Gelesen:
Gruppe E 2 e II/v — 19.1.43

Schnellbombervergleich Rechlin (19.1.1943).

Ar 240 A-04/U2.

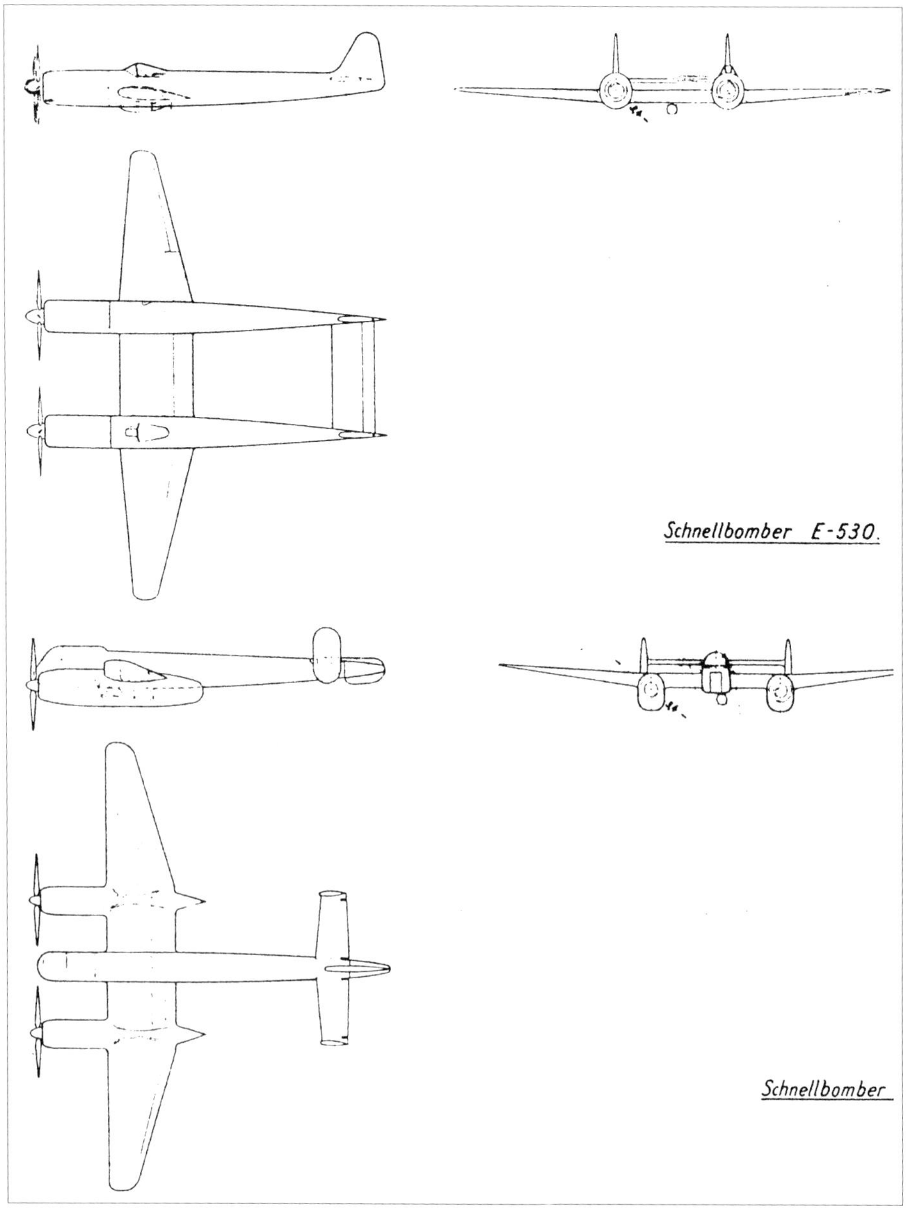

Schnellbomber-Vergleich Ar 440 - E 530.

Dagegen wehrte ich mich, denn so war das Flugzeug nicht einsatzfähig.«[200]

Blume entsprach einer am 26. November 1942 von *Milch* geäußerten Bitte, seine Vorstellung über die künftige Entwicklung im Flugzeugbau darzulegen, mit einer Studie vom 14. Januar 1943, in der er empfahl, den Herstellern ein genau definiertes Arbeitsfeld zuzuweisen. Ohne die Konkurrenzsituation von Arado und Messerschmitt zu nennen, bezeichnete er es als falsch, ein Projekt »in schärfster Konkurrenz bei zwei Firmen« laufen zu lassen. Das Amt solle zudem »Außenseiterentwicklungen« wie die von *Alexander Lippisch* besser berücksichtigen, Berichte von erfahrenen Frontoffizieren zur Ergänzung einholen und brauchbare Lösungsvorschläge unter dem Schutz der Urheberrechte an die letztlich allein mit dem Bau beauftragte Firma weiterleiten.

Unter Hinweis auf die Erfahrungen von Arado auf dem Gebiet der Schnellbomber, Zerstörer, Nachtjäger,

Schlechtwetterjäger und Zwangsaufklärer versuchte er, das Amt von den Vorzügen der Ar 440 zu überzeugen. Er verwies ausdrücklich auf Schwierigkeiten bei dem Heinkel-Nachtjäger He 219 und betonte, daß hinsichtlich der Sturzflugfähigkeit, der Hochdruckkabine und der ferngesteuerten Bewaffnung die Probleme bei Arado längst gelöst seien.
Er beklagte, daß Arado ständig vor »völlig gegensätzlichen Aufgaben« stehe und die Entwicklungsabteilung ständig »wechselnden Lagen gerecht zu werden« habe. Das Unternehmen habe 1942 und 1943 einige Typen herausgebracht, »die die volle Anerkennung des RLM fanden, deren Beschaffung jedoch im Hinblick auf das Reichsverteidigungsprogramm zu Einschränkungen führte«. Aus diesem Grund liefen bewährte Typen wie die Ar 196 aus, während das Schicksal neuer Baumuster noch ungewiß sei und »auch die in ihren Leistungen unerreichte Ar 240« nicht zur serienmäßigen Ausführung gelange.
Göring warf auf einer Besprechung in Karinhall am 18. März 1943 der Luftfahrtindustrie erneut vor, daß sowohl der schnelle Zerstörer als auch der Schnellbomber fehlten: »Sie erinnern sich, meine Herren, daß ich schon vor dem Krieg von dem Höhenbomber und dem Schnellbomber gesprochen habe. ...Ich habe Ihnen während des ganzen Krieges immer wieder sagen lassen, daß Höhenbomber und Schnellbomber zwei Typen sind, die uns endlich mal wieder einen gewissen Vorsprung geben müssen. ...Die Projekte, die, mit ganz geringen Ausnahmen, da sind, sind immer noch Zukunftsmusik und können erst Ende 1944, 1945 oder 1946 zur Ausführung kommen.« Er beklagte, daß der englische Schnellbomber »Mosquito« eine Geschwindigkeit ohnegleichen habe, er aber »mit leeren Händen« dastehe. Die deutschen Konstrukteure hätten sich »kindisch« über die Anfangserfolge gefreut, aber nicht an neue Dinge gedacht. So sei es zu unvorstellbaren Versäumnissen gekommen. Der »Blick in die Weite« habe gefehlt, stattdessen hätten »Stänkereien Platz gegriffen«. Er kritisierte, daß eine Änderung die andere jage und alles den Eindruck einer »völligen Stagnation« mache. Er warf die Frage auf, wo der Unternehmergeist und die Eigeninitiative geblieben seien, auf die man vertraut habe, und räumte ein, daß die staatlichen Werke vergleichsweise gut abgeschnitten hätten. Die »Steigerung alter Muster« betrachtete er als »nichts Gewaltiges«. Er gestand, daß sein eigenes Amt in den früheren Jahren versagt habe, und gab die Einsetzung eines Kriegsgerichtes bekannt, um zunächst den Überblick zu gewinnen und wenn nötig in Zukunft auch Urteile schreiben zu lassen.
Blume hielt in Besprechungsnotizen fest, daß *Messerschmitt* auf der Versammlung auf »noch heutige Überlegenheit« gepocht habe, sich »wie ein Aal« gewunden habe und »in unverfrorener Art« übertriebene Leistungen angegeben habe. *Görings* Kritik an der Me 210 unterstrich *Blume* mit den Worten: »Hier ist Wunderflugzeug versprochen worden; im Vertrauen darauf andere aussichtsreiche Muster abgestoppt. Ist größte Enttäuschung geworden, hat viel bestes Blut gekostet.« Die Forderung *Milchs, Messerschmitt* habe »in diesem Jahre keine andere Aufgabe als 410 und Jäger gegen England in Schwung zu bringen« und »410-Ausbringung muß gewährleistet werden«, kommentierte er wie folgt: »Mag sein, daß Entlastung bringt. Ich glaube noch nicht dran.« *Görings* Vorwurf, es sei »nichts getan worden«, hielt er entgegen, daß Arado für die geforderten Flugzeugtypen seit Jahren Vorarbeit geleistet habe, die Konkurrenz aber nur »weitreichende Versprechungen mit tausend Hintertürchen (Wenn`s und aber) gemacht« habe, »um ins Geschäft zu kommen«. Er stellte mit Befriedigung fest, daß »der Reichsminister schon gemaßregelt« habe und künftig »auch Vertreter der Industrie greifen und jetzt aber aburteilen lassen« werde. Unter Bezug auf häufige Entscheidungen »von oben ohne Absprache mit ihm« und eine zwei Tage vor der Rede *Görings* kurzfristig zurückgezogene finanzielle Zusage für die Ar 440 kündigte er an, daß er künftig nicht mehr der »Nachlässigkeit einer Abteilung oder eines Sachbearbeiters zum Opfer fallen« wolle. Angesichts der Forderung *Görings* nach »fertigen, betriebssicheren und leicht wartbaren Flugzeugen« räumte er »Sturheit auch bei uns« ein und betonte, daß er nach jüngsten Pannen mit dem Fowler-Flügel und einem geplatzten Ölbehälter eines Fahrwerks sein »ewiges Predigen, die Flugzeuge fertigzumachen«, leid sei.

Am 19. Januar 1943 wurde die Entwicklung eines Zerstörers und Schnellbombers, der mit einer 500-kg-Bombe eine Geschwindigkeit von 750 km/h erreichen sollte, auf einer Entwicklungsbesprechung im Amt ohne Beteiligung von Arado erörtert. Die Erwartung eines vermeintlich baldigen Serienanlaufs des unkonventionellen Entwurfs Do 335 mit Tandemanordnung der Triebwerke gab den Ausschlag, an der Absetzung der Ar 440 festzuhalten. Trotz einer Fürsprache bei *Göring* durch den Kontrollingenieur *Carl Hennig* informierte *Milch* am 13. Februar 1943 Arado, daß er bei seiner Ablehnung bleiben müsse. In einer Amtsbesprechung vom 16. Februar 1943 wurde daraufhin beschlossen: »Obwohl Ar 440 als Musterflugzeug der Me 410 um mehr als 30 km/h überlegen ist, kann der Anlauf neben der bereits angelaufenen Me 410 nicht verantwortet werden. Das Flugzeug würde viel später kommen und zeitlich ungefähr mit der dann überlegenen Do 335 zusammenfallen. Durch die Einarbeitung des ausgezeichneten Einheitstriebwerks wird andererseits auch die Me 410

an Geschwindigkeit gewinnen.[201] Der Generalfeldmarschall entscheidet Absetzung Ar 440. Um Herrn *Blume* aber eine besondere Anerkennung für die hervorragende Leistung zu geben, die die Schaffung dieses Flugzeugs darstellt, dem nur aus äußeren, kriegsbedingten Gründen der Einsatz versagt bleiben mußte, wird Admiral *Lahs* gebeten, ein Schreiben betr. Verleihung des Professor-Titels an Herrn *Blume* auszuarbeiten.«
Blume kam nach der Absetzung der Ar 440 zu folgender Einschätzung der Lage: »Mit einem Einsatz der Ar 440 als Kampfzerstörer oder Nachtjäger ist nicht mehr zu rechnen. Der Einsatz als Erkunder ist noch ungeklärt...Annahme: Erkunder wird noch gewünscht. Zahl noch unbekannt, vermutlich 36 Stück. Übergang auf klaren Erkunderzweck mit BMW 801 J.«

Erprobung mit GM 1-Anlagen

Obwohl kurzfristig nur mit einem Einsatz der Ar 440 als Aufklärer zu rechnen war, hoffte *Blume* weiterhin, daß das Flugzeug als Übergangslösung bis zur Einsatzreife von Strahlflugzeugen auch auf breiterer Basis Verwendung finden könnte. Mit dieser Zielsetzung setzte er seine Bemühungen fort, die im Januar 1943 mit der Ar 440 erflogene Höchstleistung für kolbengetriebene Zweisitzer von 661 km/h weiter zu steigern. Berechnungen vom 25. November und 1. Dezember 1942 ließen eine Höchstgeschwindigkeit von 675 km/h in 8 km Höhe unter Kampfleistung und eine Notleistung von 698 km/h erwarten. Im Fall der Verwendung von GM 1-Anlagen sollten die Leistungen sogar bei 730 km/h beziehungsweise 750 km/h liegen.
GM 1 war ein Sauerstoffträger, der in isolierten Behältern bei -90° C flüssig gehalten und mit Preßluft durch eine Vernebelungsdüse in die Saugleitung gefördert wurde. Für einen halbstündigen Betrieb wurden 360 kg benötigt. Die Anlage hatte ein Gewicht von etwa 500 kg und bewirkte eine Leistungssteigerung von 2 x 300 PS in Höhen über der Volldruckhöhe.
Am 18. September 1942 erläuterte ein Mitarbeiter der E-Stelle Rechlin bei Arado in Brandenburg den damaligen Stand der Verwendung von GM 1. Der Einbau von GM 1-Anlagen nahm Mitte Dezember 1942 konkrete Formen an. Der zuständige Sachbearbeiter in Rechlin teilte Arado mit, daß bisher noch keine Versuche mit dem DB 603 gefahren wurden und daß für den Transport und die Lagerung des flüssigen GM 1-Stoffs ein »ziemlicher Aufwand« erforderlich sei. Deshalb hielt er Flugversuche bei der Erprobungsstelle für sinnvoller.
Am 28. April 1943 wurde die Ar 240 A-03/U1 nach Rechlin überführt. Nach einer Mitteilung aus Rechlin vom 7. Mai 1943 standen zwischenzeitlich Meß- und Steigflüge mit je zwei Erprobungsträgern vom Typ Ar 240 und Ar 440 kurz vor dem Abschluß.[202] Der E-Stellen-Pilot *Reck* erreichte am 5. Juni bei einem Leistungsmeßflug mit GM 1-Anlage eine Höhe von 8 000 Metern. Sechs Tage später stieg er bis auf 11 300 Meter. Am 16. Juni wurde die A-03/U1 wieder nach Brandenburg überführt, wo die Erprobung im Oktober sowie im Dezember 1943 in Brandenburg fortgesetzt wurde.
Blume informierte am 18. Juli 1944 *Knemeyer* dahingehend, daß »die mit dem 1 900 PS [203] starken DB 603 G ausgerüstete Ar 440 gegenwärtig der schnellste Zweisitzer mit 680 km/h in 8 km Höhe« sei, der sich mühelos jedem Angriff entziehen könne.
Ein werksseitiger Flugbericht vom 30. Juni 1944 faßte den abschließenden Entwicklungsstand wie folgt zusammen: »Nach Verlängerung des Rumpfes um 1 m (und Vergrößerung des Flügels) war das Taumeln (gekoppelte Bewegung um Hoch- und Längsachse) verbessert, wurde aber erst tragbar, nachdem das Seitenleitwerk nach oben aufgestockt (vergrößert) und die Motorengondeln mit spitzer auslaufendem Heck versehen wurden. (Geschwindigkeitsgewinn dadurch um 40-50 km/h.) Damit war der Zustand so, daß das Taumeln in Bodennähe verschwunden war, über 8 km mit festem Ruder ebenfalls, jedoch mit losem Ruder noch störend war (gleichbleibend bis leicht aufschaukelnd). Dieser Zustand wurde auch durch weitere Vergrößerung des Flügels und Verlängerung des Rumpfes nicht mehr wesentlich beeinflußt. Es wurde als tragbar angesehen, da das Taumeln nur noch auftrat bei bewußten Störungen oder gänzlichem Wegnehmen der Füße von den Pedalen.«

Einsatz der Prototypen als Aufklärer

Nach Aussage von *Hans Rebeski* »holte man gegen Kriegsende noch vorhandene Versuchsmuster aus den Werkshallen von Arado, da man zu Aufklärungszwekken mit der Ju 88 nicht mehr durchkam«. Das Umbauflugzeug Ar 240 A-03/U1 war ab dem 14. Juli 1943 als Aufklärer bei der 2./(F)122 an der Front in Italien eingesetzt und ging verloren. Das Wrack soll im Juli 1944 von den Alliierten in ausgeschlachtetem Zustand aufgefunden worden sein. Ab Oktober 1943 befand sich auch die Ar 240 A-04/U2 in Italien. Nach einer Beschädigung und einer notdürftigen Reparatur wurde sie nach Brandenburg zurückgeführt. Am 5. Januar 1944 wurde sie von Oberleutnant *Horst Götz*, Staffelkapitän des 1.Vers.Verband OKL, als »Ar 240 C4« erneut im Werk übernommen. Bis März befand sich das mit DB 603-Motor und G-Lader ausgerüstete Flugzeug zu Einweisungszwecken in Oranienburg.[204]
Götz führte nach eigenen Aussagen mit »der einzigen

Ar 240 A-04/U2 nach der Bruchlandung des Piloten *Loah* in Polen (Herbst 1944).

Das Wrack der Ar 240 A-04/U2.

Mühle, die 1944 bei Tage noch nach England fliegen konnte«, im Sommer des Jahres von Orly aus über 40 Aufklärungsflüge über England und über dem Mittelmeerraum aus.[205] Bevor er ab dem 28. Juni 1944 einen der ersten Arado-Strahlerkunder übernahm, wies er seinen Nachfolger *Loah* ein, der mit der Ar 240 A-04 anschließend Aufklärereinsätze an der Ostfront flog. Im Herbst 1944 kam es dabei in Polen zu einer Bruchlandung nach dem Versagen der Fahrwerkshydraulik.[206]
Nachdem die V-9 während der Werkserprobung im Januar 1943 beim Start ausgebrochen war und vermutlich nicht mehr wieder aufgerüstet wurde,[207] war die V-10 (BO+RC, W.Nr. 240 010) im Frühjahr 1944 der einzige noch werksseitig verfügbare Erprobungsträger für die Ar 440.[208] An älteren Versuchsmustern war zu diesem Zeitpunkt nur noch die V-3 vorhanden. Werksseitig war geplant, sie Ende Oktober 1943 auf den DB 603A-Motor umzurüsten.[209] Nachdem mit ihr am 25. März 1944 in Brandenburg Erprobungsflüge durchgeführt worden waren,[210] wurde sie am 12. April von *Gunther Eheim* nach Alt-Lönnewitz überführt und anschließend dort erprobt. Am 15. August flog *Eheim* die V-3 weiter nach Küpper-Sagan.[211] Das Flugzeug verblieb zunächst dort und war am 4. September für Meßflüge zum Wärmeaustausch der Druckkabine für das Strahlflugzeug Ar 234 eingesetzt.
Die V-10 wurde laut Projektbeschreibung als »Sonderausführung Ar 440« mit DB 603 und GM 1-Anlage in den Gondeln bezeichnet.[212] Die werksseitige Erprobung erfolgte zwischen dem 27. Oktober und dem 2. Dezember 1943 in Brandenburg.[213] Das Flugzeug war vermutlich anschließend in Rechlin.[214] Am 7. April 1944 erfolgten in Brandenburg erneut Triebwerkserprobungen in Höhen über 6000 m.[215] Als Höchstgeschwindigkeit unter Kampfleistung wurden rechnerisch 700 km/h in acht Kilometer Höhe ermittelt.
Auf einer Besprechung mit *Walter Blume* in Oranienburg forderte *Siegfried Knemeyer* am 29. Februar 1944 den Einbau des Jumo 213 E-Motors, der bereits 1940 in Aussicht genommen worden war.[216] Die Umrüstung sollte in Staaken nach mündlichen Angaben unter Hilfestellung einer von Arado zu stellenden Fachkraft erfolgen.[217] Da sich das Flugzeug Ende April nicht im Werk befand, sollte bis zu seinem Wiedereintreffen die zeichnungsmäßige Vorbereitung des Einbaus in Landeshut vorbereitet werden.[218] Am 12. Mai war die Umrüstung zeichnungsmäßig in Arbeit. Anschließend wurden die Schwerpunktlagen untersucht.[219]
Laut Aktennotiz vom 12. Mai 1944 sollte die V-10 auch eine Ausrüstung als Zerstörer erhalten mit einer vorderen Bewaffnung von je zwei starren MG 151 im Rumpf und im Flügelmittelstück sowie je zwei ferngesteuerten MG 131 im oberen und unteren Waffenturm. Unter dem Rumpf sollten Bombenschlösser für eine Abwurfwaffe und ein abwerfbarer Zusatzbehälter für Treibstoff angebracht werden. Für den Einsatz als »Erkunder« war eine Kamera im hinteren Rumpfbereich anstelle der beiden zuvor in den Motorgondeln eingebauten Geräte vorgesehen. Eine Schwerpunktermittlung vom 23. Mai 1944 verzeichnete bei gleicher Bewaffnung eine Ausrüstung mit drei Lichtbildgeräten. Ob die Umrüstung der V-10 auf den Jumo 213 tatsächlich erfolgte, läßt sich nicht nachweisen. Nach Auskunft von *Gunther Eheim* besaß aber zumindest eine Ar 240 diesen Motor.
Ob die V-3 und die V-10 bei Kriegsende noch vorhanden

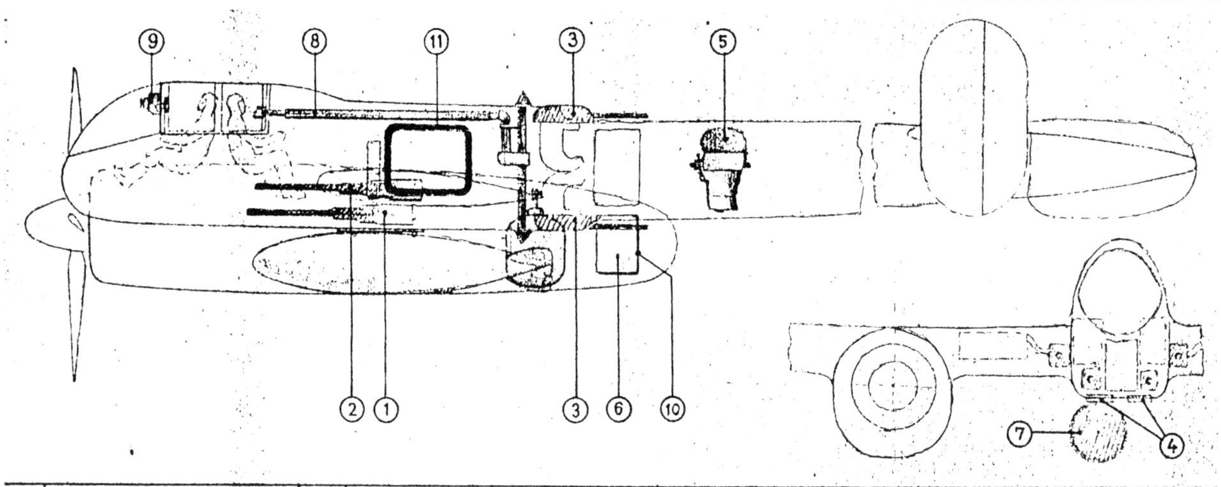

Pos.	Bewaffnung	Pos.	Ausrüstung	Pos.	Zielanlage	Pos.	Panzerschutz
1	2 MG 151 starr im Rumpf je 300 Schuß	5	Lichtbildgerät: 1 Rb 50/30 im Rumpf	8	Periskopvisier für ferngesteuerte Bewaffnung	10	Schlauchbootpanzerung
2	2 MG 151 starr im Flügelmittelst. je 300 Sch.	6	Schlauchboot	9	BZA 1 (Stuvi, Vorhalterechner)	11	Schutz durch geschützte Rumpfbehälter
3	2 MG 131 i. oberen Turm, 2 MG 131 i. unteren Turm über Periskopvisier ferngesteuert mit je 450 Schuß je Lauf = 1800 Schuß	7	Abwerfbarer Zusatzbehälter (600 l)				
4	Bombenschlösser: 2x 500						

Bewaffnung, Panzerschutz und Ausrüstung des Aufklärers Ar 240 V-10 (17.9.1943).

waren und ob sie von der Arbeitsgruppe ZAGI in Moskau übernommen wurden, ist offen.[220] Nach der V-10 konnte vermutlich nur noch die V-11 fertiggestellt werden, mit deren Bau im Juli 1942 begonnen worden war.[221]
Arado hatte mit der Ar 240/440 das Ziel, ein bis an die Leistungsgrenze der Kolbenmotoren reichendes zweisitziges Mehrkampfflugzeug bis zur Einsatzreife zu entwickeln, in einem durchaus angemessenen Zeitraum erreicht. Das abschließende Urteil seitens der Einflieger war überwiegend positiv. *Gunther Eheim* bescheinigte dem Flugzeug eine überlegene Geschwindigkeitsleistung, wenn auch die Landung nicht einfach war, da »man das Flugzeug bis zum Aufsetzen mit Gas fliegen mußte«. *Werner Thierfelder* unterstrich, daß es als Zerstörer verwendungsfähig sei. *Horst Götz* war der Ansicht, daß es »flugeigenschaftsmäßig von einem erfahrenen Piloten gut beherrschbar« war, auch wenn es sich »trotz der vergrößerten Heckflossen über 7 000 Meter unangenehm aufschaukelte« und gewisse Schwierigkeiten beim Landeanflug machte.

Als Leiter der Konstruktion kam *Hans Rebeski* zu dem Schluß:
»Was die Ar 240 betrifft, so ist dieses Flugzeug nach den ersten Erprobungsflügen mit geringen Einstellungsänderungen sehr gut beurteilt worden. Auch die Erprobungsstelle Rechlin hat das Flugzeug sehr gut beurteilt. Leider hat es *Blume* nicht verstanden, sich gegen *Messerschmitt* durchzusetzen.«
Oskar Liebing, Mitarbeiter der technischen Versuchsabteilung (TV) bei Arado, schloß nicht aus, daß die Absetzung der Ar 240 auch auf »eine sehr zeitraubende und kostspielige Bauweise« zurückzuführen war.
Als Vater des Entwurfs zog *Wilhelm van Nes* folgendes Resümee:
»Wer das Flugzeug schlecht beurteilt, hat es entweder nie geflogen oder konnte nicht fliegen. Bis Kriegsende gab es kaum einen Flugzeugtyp, mit dem Arado nicht positiv in Erscheinung trat. Der fehlende Durchbruch bei dem vordringlichsten Anliegen *Blumes*, dem hochentwickelten Zerstörer, ist Teil seiner persönlichen Tragik.«

Typenvergleich[222]:

Muster		Ar 240 E	Ar 340	Ju 88	He 177
Triebwerk		2 x DB 603	2 x Jumo 222	2 x Jumo 211J	2 x DB 606
Startleistung	PS	4 000	4 000	2 900	5 400
Kampfleistung	in H	3 200/5,8	3 500/5,4	2 420/5,4	4 800/5,1
Dauerleistung max	in H	2 780/5,5	3 170/5,2	2 000/5,4	4 100/5,1
Spannweite	m	19,0	23,2	20,0	31,44
Flügelfläche	m^2	41,0	73,5	54,5	102,44
Flächenbelastung Start	kg/m^2	347	272	251	296
Flächenbel. Landung	kg/m^2	234	179	165	188
Gewichte					
Flugwerk	kg	3 942	6 250	4 100	9 510
Triebwerk	kg	3 883	4 532	3 540	7 440
Ausrüstung	kg	1 295	1 952	980	1 670
Rüstmasse	kg	9 120	12 734	8 620	18 620
Besatzung	kg	200	370	400	500
Brennstoff	kg	2 400	4 000	2 270	8 060
Schmierstoff	kg	200	320	280	600
Bombenlast	kg	2 000	2 000	2 000	2 000
Munition	kg	280	576	125	470
Zuladung normal	kg	5 080	7 266	5 075	11 630
Startmasse normal	kg	14 200	20 000	13 695	30 250

Produktionsumstellung im Zeichen der Kriegswende

Als Ausgleich für die quantitative Überlegenheit des Kriegsgegners wurden in der deutschen Flugzeugindustrie zunehmend produktionssteigernde Maßnahmen erforderlich. Die Automatisierung in der Fertigung setzte sich jedoch im Vergleich zur amerikanischen Flugzeugindustrie verspätet durch. Besonders die kleineren privaten Unternehmen hegten anfänglich ein gewisses Mißtrauen gegenüber modernen Methoden der Massenfertigung. Auch die staatliche Führung vertrat zunächst die Ansicht, daß handwerklich ausgerichtete Betriebe am besten »den sozialen und bevölkerungspolitischen Grundsätzen unseres Staates« entsprächen.[1] Bis Mitte 1942, nach der »Ringbildung der Zellenindustrie« und der Errichtung eines »Industrierats«, war eine weitgehende Koordinierung der Luftfahrtindustrie erreicht, die später durch die Bildung von »Sonderausschüssen« und »Sonderbeauftragten« intensiviert wurde, so daß Milch mitteilen konnte: »Einsparung von Zeit und Material machen gute Fortschritte ... Auch die Leistungssteigerung durch Rationalisierung.«[2] In der Fertigung wurden zunehmend ausländische Arbeitskräfte und Zwangsarbeiter eingesetzt. Im Zeichen der drohenden Kriegswende folgten propagandistische Maßnahmen zur Steigerung der Arbeitsmoral, Maßnahmen zur Sicherung der Produktionsstätten gegen Bombenangriffe und Notprogramme mit Ersatzbaustoffen.

Rationalisierung der Fertigung

Arado leitete die Entwicklung rationeller Fertigungstechniken im Zuge der Umstellung auf die Ganzmetall-Bauweise bei den Typen Ar 80, Ar 81 und Ar 95 und mit der Aufnahme der Großserienproduktion der He 111 ein. *Felix Wagenführ* ließ im Juni 1941 Heinkel wissen, Arado sei wohl die Firma mit den größten Erfahrungen im Nachbau von Flugzeugen, »denn wir bauen zur Zeit gleichzeitig die Baumuster Ju 88, Bf 109 und He 177«.[3] Wenig später kam mit der Fw 190 ein viertes Standardmodell der Luftwaffe hinzu. Die auf dem Gebiet der Fertigungstechnik gewonnenen Erfahrungen kamen auch der Entwicklung neuer Arado-Flugzeugtypen wie Ar 340, Ar 240 und Ar 232 zugute. Die Betriebsleitung versuchte Bedenken des RLM hinsichtlich einer Zersplitterung angesichts der Vielfalt der Aufgabenstellungen damit zu zerstreuen, daß sie die Vielfalt der Produktion als Zeichen großer Flexibilität bezeichnete.

Im November 1939 hatte Arado Halb- und Fertigfabrikate für 18 verschiedene Flugzeugtypen zu bevorraten. 1941 war insbesondere die Lagerhaltung für die Ar 240, He 111 und Ju 88 erheblich. Die Anzahl der Bestellteile war je nach Baumuster sehr unterschiedlich. Im Fall des Bombers He 177 ging die Disposition von rund 55 000 Einzelteilen aus, bei der Ju 88 lag die Zahl halb so hoch. Für die Ar 196, Ar 96, Me 109 und Fw 190 waren zwischen 10 000 und 20 000 Einzelteile erforderlich.

Zwecks Koordinierung von Konstruktion und Fertigung faßte die Abteilung »Konstruktionsforschung und Patente« (TAs) unter Leitung des Diplom-Ingenieurs *Paul Krekel* werksseitig Baugruppen mit ähnlichen Arbeitsgängen in einem Bereich »Arbeitsvorbereitung« zusammen und führte sie einer zentralen Fertigung zu. Die Abteilung »Lagerhaltung und Bestellwesen« ermittelte die Wirtschaftlichkeit neuer Werkstücke und Bauweisen. Spezielle Rechentafeln dienten der vereinfachten Vorabkalkulation der voraussichtlich entstehenden Selbstkosten in Abhängigkeit von der gewählten Fertigungsart, der Dauer der Lagerhaltung und der voraussichtlichen Stückzahl.[4]

In einer von *Udets* Stab erarbeiteten Vorlage wurde bereits Ende 1938 eine Vereinheitlichung im Konstruktions- und Vorrichtungsbau und eine »Zentralbeschaffung« der Halbzeuge und Fertigteile gefordert, damit man unter »weitestgehender Austauschbarkeit der Flugzeuge bzw. ihrer Teile« »für den gleichen Aufwand an Mitteln die wesentlich höhere Stückzahl an Flugzeugen erstellen kann«.[5]

Zwecks Verringerung der Fertigungszeit, der Werkstoff- und Gewichtsersparnis, aber auch zwecks Entlastung der Arbeitsvorbereitung verlangte das Technische Amt Fertigungsvorschriften, die bereits dem Konstruktionsbüro vorgaben, mit möglichst wenigen genormten Einzelteilen auszukommen und die Art der Herstellung eines Werkstücks von Anfang an zu berücksichtigen. Deshalb wurden Vorrichtungen entwickelt, die zu 80 Prozent aus genormten, wiederverwendbaren Teilen bestanden. Fertigungstechnisch erwiesen sich glatte Zuschnitte als kostensparend gegenüber Bogenschnitten, Drehteile als billiger gegenüber Frästeilen. Komplizierte Schweißarbeiten sollten nach Möglichkeit ganz entfallen.

Anfänglich wurden bei Arado Holme mit über hundert genieteten Einzelteilen durch Preßschmieden in zwei Ar-

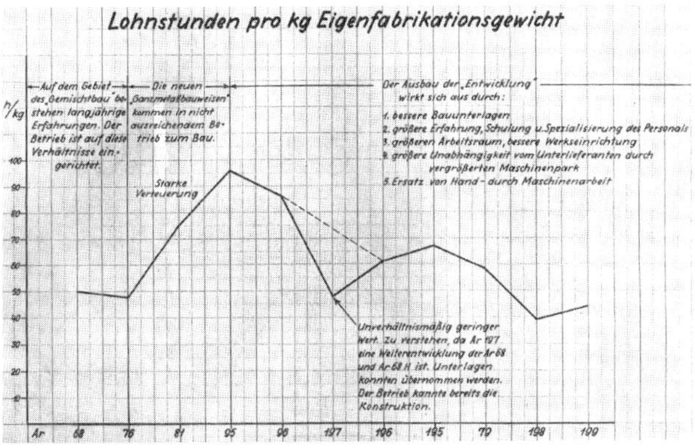

Typenbezogener Anfall von Lohnstunden pro kg Eigenfabrikationsgewicht bis 1939.

beitsgängen erstellt. Die für Rationalisierungsmaßnahmen zuständige, werkseigene Forschungsgruppe *Weigmann* ermittelte, daß bei dem Bomber Ju 88 das 100. Stück eines in Anklam produzierten Zwischenträgers 210 Arbeitsstunden erforderte, während das 10 000. Bauteil maschinell in nur 35 Arbeitsstunden gefertigt wurde. Mit dem Verfahren der spanlosen Verformung ließ sich das Nasenblech der He 177, das bei Heinkel aus mehreren Teilen zusammengesetzt wurde, in dem Brandenburger Preßwerk als Ziehteil in einem Stück herstellen. Möglichkeiten einer Verbilligung der Fertigung durch die Verwendung der hydraulischen Großziehpresse und der elektrischen Rollenschweißung wurden am Beispiel der Höhenruderfertigung für die Ar 96 ermittelt.[6] Vergleichsversuche zwischen der Nietung und der elektrischen Rollenschweißung des Randbogens und des Holmsteges ergaben, daß im Fall der Schweißung die Vorbereitungsarbeiten durch Abschmirgeln der Bleche relativ zeitaufwendig waren und die Gefahr von Korrosion an den Schweißnähten bestand. Das Gesamtergebnis der Versuche zeigte, daß sich die Zahl der Einzelteile von 67 auf 26 verringern ließ. Die Gesamtfertigungszeit für die Ar 96 hoffte man so von 110 Stunden auf 60 bis 65 Stunden senken zu können.

Die Verwendung von produktionssteigernden sogenannten »Einzweckmaschinen« anstelle von »Universalmaschinen« kam im Unterschied zur sowjetischen und amerikanischen Industrie nur zögerlich in Gang. Einerseits forderten die Flugzeugfirmen entsprechende Geräte nicht immer rechtzeitig an. Andererseits reagierte die Werkzeugindustrie verspätet. Junkers beklagte zum Beispiel im September 1941, »für Spezialwerkzeuge werden noch immer Lieferzeiten von 16 bis 24 Monaten verlangt«.[7] Als reichsabhängiger Konzern war Arado zudem bei der Be-

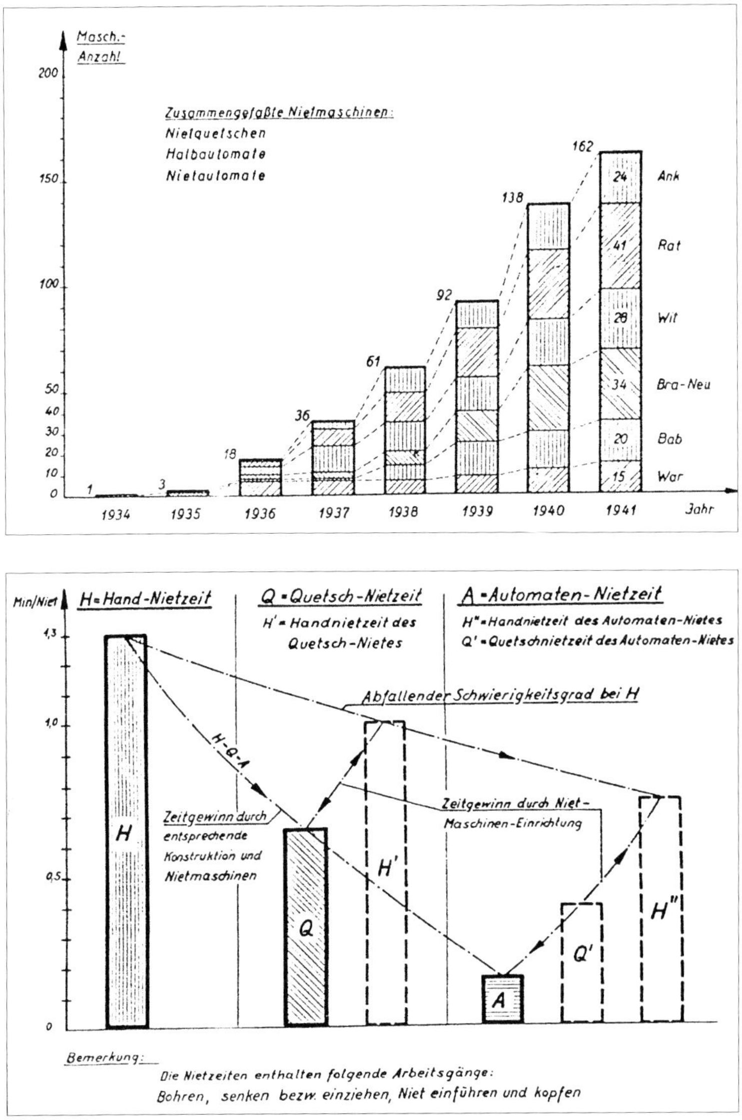

Nietverfahren und Anzahl der Nietautomaten bis 1941.

schaffung auf finanzielle Zusagen durch das RLM angewiesen. Im Sommer 1939 vertrat der Beirat von Arado noch die Auffassung, daß »eine Verbesserung und Stärkung der maschinellen Einrichtungen und eine Beschaffung notwendiger Pressen nur in dem Umfang gebilligt werden könne, wie dies der Firma aus eigenen Mitteln möglich ist«.[8]

Arado ließ zahlreiche Studien für produktionstechnische Verbesserungen erstellen. Sie galten unter anderem der Beschleunigung des Nietverfahrens durch Quetschnietung

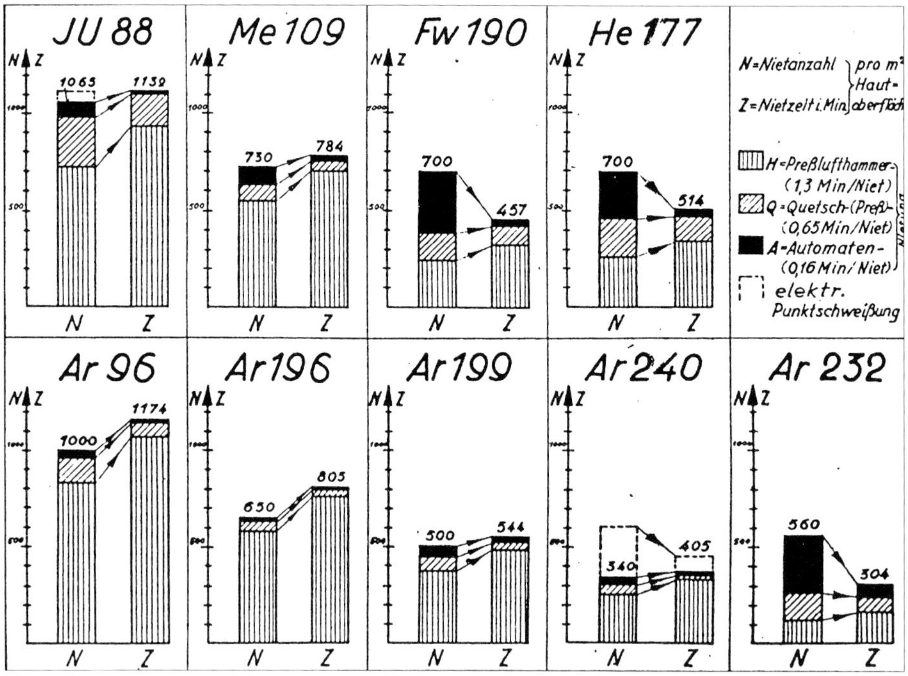

Typenbezoger Anteil von Nietzeit und Nietzahl (1941).

Unten rechts:
Rumpf-Halbschale der Ar 96 B mit Längsstringern (1940).

Unten links:
Vernietung der Spanten bei der Rumpf-Halbschale der Ar 96 B (1940).

und dem Einsatz von Automaten.[9] Die Zelle der Ar 96 hatte rund 50 000 Senknieten. Dagegen waren die Me 109 und die Fw 190 aufgrund der offenen Bauweise grundsätzlich besser auf Maschinennietung abgestellt. Das Leitwerk der Fw 190 hatte beispielsweise 41 Prozent Automaten-Nietung, 38 Prozent Quetsch-Nietung und 21 Prozent Hand-Nietung. Ohne Automatennietung ergab sich eine Mehr-Nietzeit von 40 Prozent, ohne Quetsch-Nietung sogar eine Mehr-Nietzeit von 120 Prozent. Während Arado 1935 nur drei Nietautomaten zur Verfügung standen, waren es 1938 bereits 61. Bis 1941 stieg ihre Zahl auf 162 an. Als besonders effektiv erwies sich das 1941 bei Arado in Zusammenarbeit mit Fachfirmen entwickelte sogenannte »Nietautomatportal«, das vier auswechselbare Bodenarme zur Nietung unterschiedlicher Profile besaß, und sogenannte »Taktstraßen«, wie sie in Warnemünde zur Produktion der Beinabdeckung der Me 109 eingerichtet wurden.[10]

Mobilisierung der »Heimatfront«

Aufgrund der zunehmenden Einberufungen nach Beginn des Rußlandfeldzuges verstärkte sich der Mangel an Arbeitskräften. Ausgleich konnte nur bedingt durch Fremdarbeiter und Frauen geschaffen werden. 1941 beschäftigte Arado 3 576 Ausländer, darunter 1 327 Kriegsgefangene. Den größten Anteil hatten die Italiener (672), gefolgt von den Polen (491).[11] In den Jahren 1942 und 1943 stieg der Anteil der ausländischen Arbeitskräfte auf rund ein Drittel der Gesamtbelegschaft.[12] 1942 standen als Folge der Einberufungen 22 000 deutschen Beschäftigten rund 4 000 ausländische gegenüber. Ende des Jahres war die Zahl der ausländischen Betriebsangehörigen auf 17 600 gestiegen, während nur noch 9 300 deutsche Arbeitskräfte zur Verfügung standen. *Alois Cejka* kritisierte allerdings die Einstellung von Ausländern und verlangte, daß mehr Aufträge ins Ausland verlegt wurden.
Die Beschäftigung von Zwangsarbeitern und Häftlingen hatte vereinzelt Sabotageaktionen zur Folge. In Brandenburg hatte sich bereits kurz nach Kriegsbeginn eine kleine Widerstandsgruppe gebildet. In den durch Werkschutzgruppen gesicherten Stammwerken wirkten sich jedoch Sabotageversuche weniger aus als in den zahlreichen Zulieferbetrieben.
Angesichts der Verschärfung der Kriegslage wurde die Belegschaft der Arado-Werke im Sommer 1943 auf erhöhte Anstrengungen in der Produktion eingeschworen. In einem Aufruf *Walter Blumes* hieß es: »An die Gefolgschaft der Arado-Flugzeugwerke! Am 1. Juli 1943 habe ich das Amt des Hauptbetriebsführers übernommen. Arado hat bisher seine Pflicht – oft an der Spitze liegend – erfüllt und steht im totalen Kriegseinsatz des deutschen Volkes in Reih' und Glied. Angesichts des unvergänglichen Zuschlagens und Aushaltens unserer Soldaten und der zähen Haltung der – trotz Bombengewitter – im Westen ungebeugt schaffenden Männer und Frauen, muß es für uns selbstverständlich sein, alles daran zu setzen, noch mehr und Besseres zu leisten als bisher. Jeder einzelne von uns trage dazu bei in Kameradschaft und Disziplin, im Lernen und Lehren. Von den Führungskräften unserer Betriebe erwarte ich insbesondere vorbildliche Haltung, Ruhe und Besonnenheit in schwierigen Lagen sowie aufrichtige Fürsorge und Hilfe für jeden Arbeitskameraden, der durch starken Einsatz, Sorgen und Verdruß bedrückt ist. Ihr besonderes Augenmerk sollen sie darauf richten, jede Arbeitskraft schnellstens an den richtigen Arbeitsplatz und zum vollen Einsatz zu bringen. Bei Rückschlägen und kriegsbedingten Schwierigkeiten wollen wir alle zusammenstehen, jedes überflüssige Geschwätz vermeiden und tatkräftig zupacken. Dann werden wir unsere gesteckten Ziele sicher erreichen! Bei uns wird alles geschehen, was geeignet ist, den Endsieg in diesem Kampfe unseres Volkes um Sein oder Nichtsein beschleunigen zu helfen. Und sollte die Zeit noch härter werden, so soll sie uns bereit finden. Heil unserem Führer!
Blume, Hauptbetriebsführer.«
Propagandaaktionen sollten der »Mobilisierung aller Reserven an der Heimatfront für die Erringung des Endsiegs« dienen. *Felix Wagenführ* eröffnete 1943 eine Wanderaussstellung unter dem Motto »Großdeutschland als

Werkspropaganda unter dem Motto der »Heimatfront« (Titelblatt der Werkszeitschrift »Arado-Bote« 1942).

Felix Wagenführ bei der Eröffnung der Wander-Ausstellung »Totaler Einsatz im Betrieb« (1943).

europäische Ordnungsmacht« und »Volk im Existenzkampf«. In allen Betrieben wurden Portraits gefallener Werksangehöriger aufgehängt. Zur Front abkommandierte Mitarbeiter schilderten den »totalen Einsatz als Soldaten« und ihre Erwartungen von der Heimat. Das Marschlied »Arado voran!« stilisierte den Arbeiter unter dem Motto »Fliegen heißt Siegen« zum »Soldaten der Lüfte«.

Die Betriebsleitung forderte Einsparungsmöglichkeiten unter der Parole: »Wir vereinfachen!« und »Weg mit allem, was jetzt entbehrlich und überflüssig!« Die Beiträge der werkseigenen Zeitschrift »Arado-Bote« standen ab 1943 unter dem Motto »Totaler Einsatz im Betrieb«. »Vorbildliche Gefolgschafter« erläuterten neue Möglichkeiten einer »tätigen Mitarbeit im Betrieb«. Im Rahmen eines »Arado-Leistungsertüchtigungswerks« wurde vorbildliches Verhalten von Betriebsangehörigen mit der »Kriegsverdienstmedaille« und dem »Dr. Fritz Todt-Preis« ausgezeichnet. Eingeführt wurden auch das von dem Reichsorganisationsleiter der NSDAP und Leiter der Deutschen Arbeitsfront *Robert Ley* gestiftete sogenannte »DAF-Leistungsbuch« und »Kriegsberufswettkämpfe« (KBWK).

Mehrere Zweigwerke wurden zu »Kriegsmusterbetrieben« erklärt.

1944 verkündete der »Arado-Bote« anläßlich einer Werksbesichtigung durch den Reichsmarschall in einer seiner letzten Ausgaben: »Der Reichsmarschall konnte von seinem Besuch die Gewißheit mitnehmen, daß die Arado-Betriebsgemeinschaft gerade heute in Disziplin und mit voller Hingabe an der Erfüllung ihrer Aufgaben arbeitet.«

Als Folge einer allgemeinen organisatorischen Straffung trat der Beirat der Arado-Werke ab Ende 1943 nicht mehr zur Beratung des Jahresabschlusses zusammen. Auch dessen Prüfung durch die Deutsche Treuhand AG entfiel. Das Beiratsmitglied Ministerialdirigent *Josef Mayer* vom Reichsfinanzministerium erhob dagegen Einspruch und erklärte sich nur in Anbetracht der Zeitverhältnisse bereit, dem, wie er vermutete, aus Geheimhaltungsgründen sehr knapp gehaltenen Bericht der Geschäftsführung auf schriftlichem Wege zuzustimmen.

Reichsmarschall *Hermann Göring* (links) mit *Walter Blume* während einer Werksbesichtigung (1944).

Dezentralisierung der Fertigungsstätten

Um beim Ausfall eines Werkes den Fortgang der Produktion sicherzustellen, wurden Nachbaufirmen nicht mit dem kompletten Bau eines Flugzeugs beauftragt und Großteile für ein Baumuster in verschiedenen Werken gefertigt. Im Sinn einer werksübergreifenden Koordinierung führte *Milch* ab dem 15. August 1941 dreizehn Industrieringe ein, deren Ringführer erhebliche Kompetenzen erhielten. Die Arado Flugzeugwerke wurden im Ring F 6 mit der tschechischen Lizenzfirma Avia zusammengeschlossen.[13] Zusätzlich war Arado an dem Junkers-Ring F 1 in Verbindung mit ATG, Dornier, Heinkel, Henschel und Fieseler, an dem Heinkel-Ring F 3 und an dem Focke-Wulf-Ring F 4 in Verbindung mit Aero, Ago, Fieseler, Gotha und Miag beteiligt.

In Erwartung künftiger Luftangriffe wurde in allen größeren Werken der Flakschutz verstärkt. Zusätzlich wurden Ballonsperren sowie Vernebelungs- und Scheinwerferanlagen errichtet.

Die Flugzeugindustrie im Raum Rostock/Warnemünde und Anklam wurde frühzeitig angegriffen. Am 5. Mai 1942 erhielt General *Harris* vom britischen Bomber Command den Befehl, die Produktion des Abwehrjägers Fw 190 in den Arado Flugzeugwerken auszuschalten. In der Nacht vom 8. auf den 9. Mai 1942 warfen sechzig Bomber während eines zweieinhalbstündigen Angriffs in verschiedenen Wellen rund 100 Spreng- und Brandbomben über dem Werk Warnemünde ab. Eine werksseitige Schadensübersicht verzeichnete, daß etwa 20 Phosphorbrandkanister am Südrand des Werksgeländes sowie eine größere Zahl von 50-kg-Bomben auf freiem Gelände niedergingen. Bomben schweren Kalibers zogen den Flugplatz in Mitleidenschaft. Während zwei größere Fertigungshallen knapp verfehlt wurden, entstanden Gebäudeschäden an den Verwaltungs- und Bürogebäuden, an drei Montagehallen, an der am Laak-Kanal gelegenen Trafostation, am Anbau des Lackkellers, an dem Spritzraum der Vor-

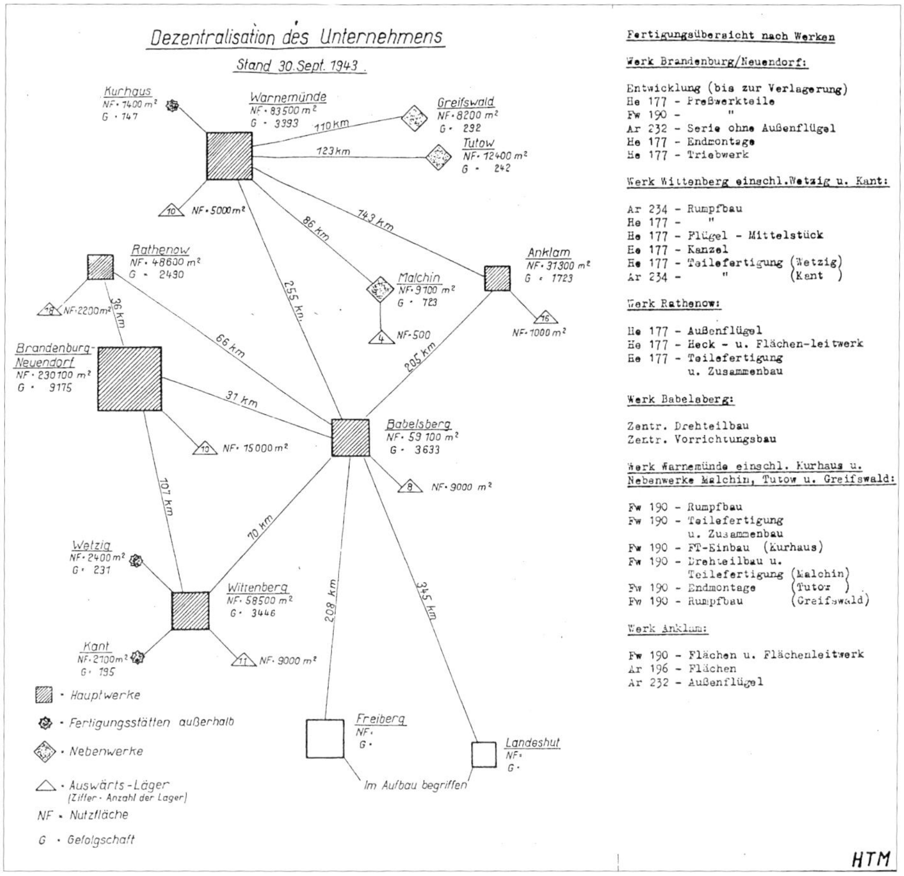

Das Fertigungsprogramm der dezentralisierten Arado Flugzeugwerke (30.9.1943).

Bombenschäden am Verwaltungsgebäude und der Montagehalle D des Arado-Werks Warnemünde (8./9. Mai 1942).

Schäden an der Halle G (Montage Fw 190) nach dem Luftangriff auf das Arado-Werk Warnemünde (29.7.1943).

montage sowie an einigen Lagerräumen. Von der Belegschaft wurde niemand ernstlich verletzt, allerdings kamen mehrere Angehörige des Flakschutzes ums Leben. Der Produktionsausfall wurde auf anderthalb Tage beziffert. Die Arado Flugzeugwerke waren anschließend wiederholt das Ziel feindlicher Bomber. Da eine unterirdische Produktion nicht vorgesehen war, wurde ab Herbst 1943 eine verstärkte Dezentralisierung der Fertigungsstätten vorgenommen. Man hoffte, daß es in abgelegenen, getarnten Betrieben zu weniger Produktionsunterbrechungen durch Alarme kommen würde und daß im Falle der Zerstörung nur Teilausfälle der Produktion eintraten. Ende 1943 wurde der Bomber He 177 an 17 Standorten, das Jagdflug-

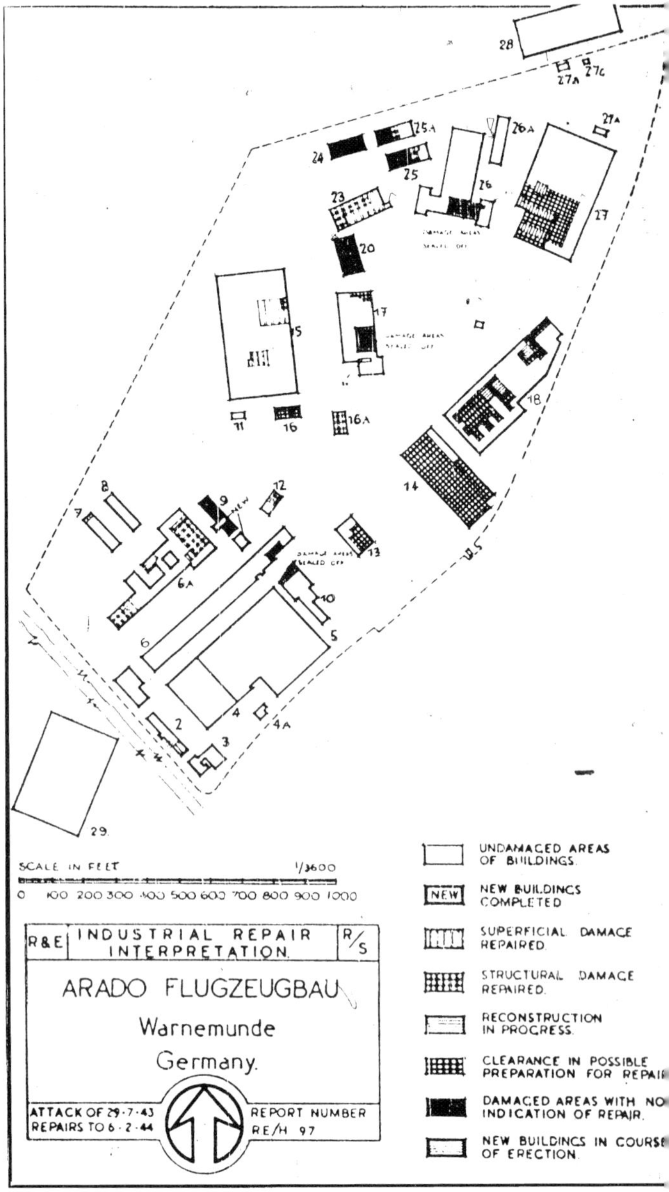

Von der alliierten Luftaufklärung nach dem Luftangriff vom 29.7.1943 ermittelte Schäden/Reparaturen im Arado-Werk Warnemünde: Halle D (4-5), G (14), H (18): Fertigung Fw 190.Halle P (27): Fertigung Fw 190/Ar 196. Halle M: Fertigung Ar 232.

zeug Fw 190 an 15 Standorten produziert.[14] Allerdings bewirkte die Dezentralisierung längere Transportwege und Produktionseinbußen während der Umstellungsmaßnahmen.
Aus Brandenburg wurden im Oktober 1943 das Kon-

Arado
Brandenburg

Fertigungsstätten im Bereich des Sonderausschußes F6

Geheim

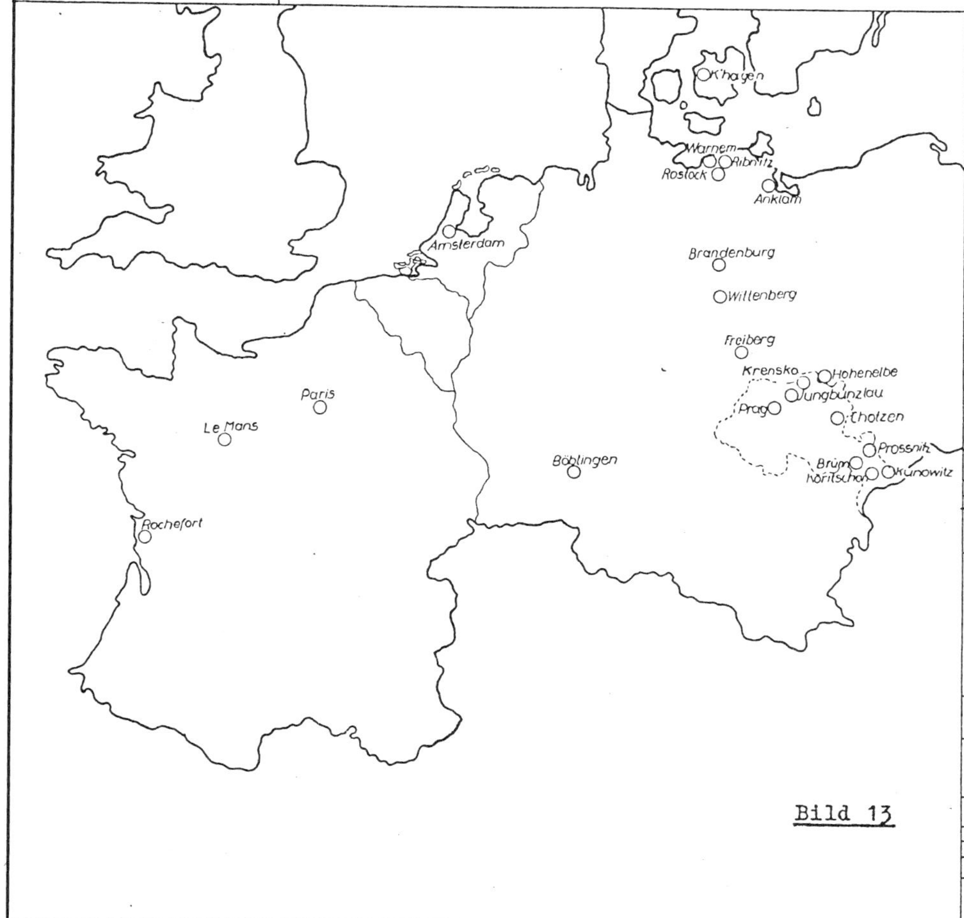

Fertigungsort	Firma	Baumuster	Fertigung	geplante prod. Belegsch. derzeitige	geplante prod. Belegsch. in der Spitze	Spitze im	Bemerkungen
Amsterdam	Fokker	Ar 196 A-5	Flugbetrieb, End-Vormontage, Rumpf, Triebw., Leitwerk u. Tragwerk	570	1030	6/44	Fertigg. Leit-u. Tragwerk ab Jan. 44 durch Verlagerung aus Frankreich
Anklam	Arado	Ar 196 A-5	Flächen, Querruder u. Landeklappen	30	-	-	Verlagerung n. Frankreich
		Ar 232 B-0	Seitenfl. u. -Ruder Querr., Fowler außen Außenflügel kompl.	60	-	-	Baumuster im Auslauf
Böblingen	Klemm	Ar 96	Reparatur	90	500	7/45	
Brandenburg	Arado	Ar 232 B-0	Gesamtes Flugzeug ohne Anklam-Anteil	320	-	-	Baumuster im Auslauf
Brünn	U-P.	Ar 396 A-1	Heckleitwerk	-	513	11/45	Fertigungsanlauf Febr. 44
Chotzen	Kraz	Ar 396 A-1	Rumpfhinterteil	-	450	11/45	Fertigungsanl. Fr. 44
Freiberg/Sa.	Arado	Ar 234	Gesamtes Flugzeug ohne Rumpfanteil	106	1677 (bei 40 Fz/Mon)	6/44	Endmont. u. Flugbetr. z. Zt. noch unklar
Hohenelbe	Petera	Ar 396 A-1	Flächenleitwerk	-	438	10/45	Fertigungsanlauf März 44
Jungbunzlau	Asap	Ar 96 E-1	Heckflossen u. Triebwerksverkldg.	183	420	6/44	
Le Mans	Carel Fouché	Ar 196 A-5	Tragwerk	510	510	–	
Kopenhagen	Bohstedt-Petersen	Ar 196 A-5	Heckleitwerk	50	50	-	
Koritschan	Thonet-Mundus	Ar 396 A-1	Außenflügel kompl.	-	1246	10/45	Fertigungsanlauf Febr. 44
Krensko	Kotek	Ar 96B-1	Heckruder	82	183	6/44	
Kunowitz	Avia	Ar 96	Reparatur	266	822	10/45	
Paris	Sipa	Ar 196A-5	Schwimmer	47	96	1/44	
		Ar 396A-0	Flugbetr. End- Vorm. Rumpf, Leit- Tragwerk	-	242	11/44	Holzbauteile werden v. frz. Unterlief. gef.
Prag	Avia	Ar 96B-1	Flugbetr. Endmontage, Tragwerk	836	2255	7/44	
		Ar 396A-1	Flugbetr., Endmont. u. Flügelmittelteil	-	1521	11/45	Fertigungsanlauf Jan. 44
	Letov	Ar 96B-1	Flugbetr. End- Vormont. Rumpf, Flächenleitw. Randkappen u. Spaltflügel	830	2355	6/44	Übernahme der Fertigung von Avia, Prag
		Ar 396 A-1	Flugbetr. End- Vormont. Rumpfmitteltl.	-	2830	11/45	Fertigungsanlauf Febr. 44
Prossnitz	Wichterle Dolezal u. Parik	Ar 396 A-1	Bemi u. Drehteile	488	832	9/45	
Ribnitz	Bachmann	Ar 196 A-5	Schwimmer, Haube Triebwerk	270	358	7/44	
		Ar 196	Reparatur	95	222	8/45	
Rochefort	SNCASO	Ar 196 A-5	Flächen- u. Heckleitwerk	108	108	10/43	
Rostock	Neptun	Ar 196A-5	Rumpf	15	62	2/44	
Warnemünde	Arado	Ar 196A-5	Flugbtr. End-Vormont.	220	234	12/43	
Wittenberg	Arado	Ar 234	Rumpf	30	273	6/44	
				5140			

Bearbeiter: EK/No/Br. .., /23.10.1943

Fertigungsstätten der Arado Flugzeugwerke im Rahmen des Sonderausschusses F6 (23.10.1943).

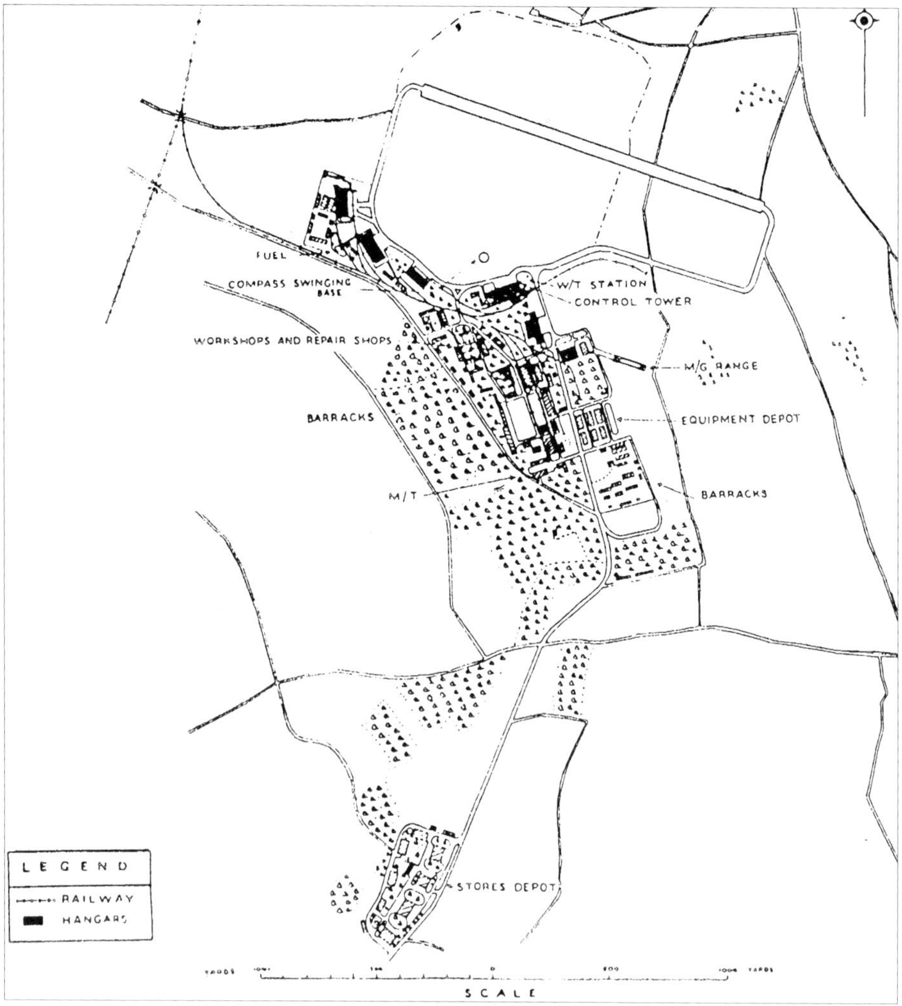

Lageplan des nach Sagan-Küpper ausgelagerten Erprobungszentrums.

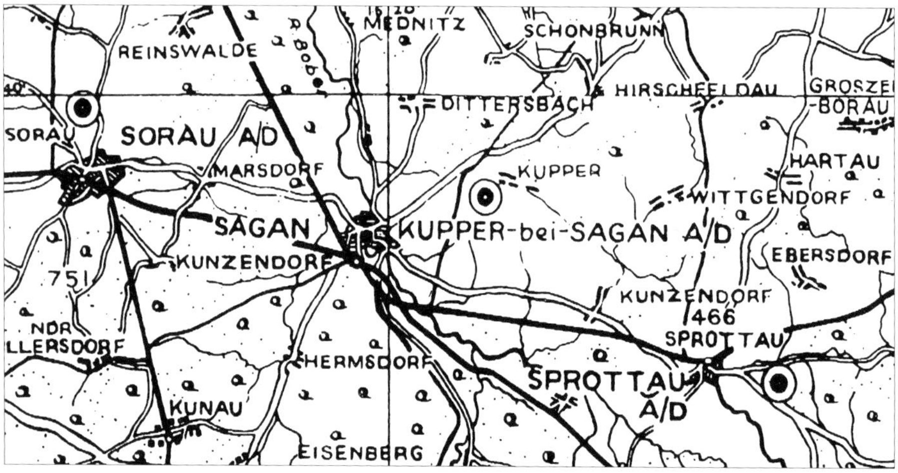

Kartenausschnittt.

struktionsbüro und die Entwicklungsabteilung nach Landeshut bei Hirschberg/Schlesien verlagert.[15] Die Erprobung fand in dem 60 km weiter westlich gelegenen Ort Küpper bei Sagan statt.[16] In Wiener Neustadt richtete Arado eine Nebenstelle des Lizenzbüros ein. Die Fertigung der geplanten Strahlflugzeuge sollte in den neuen Zweigwerken Wittenberg/Elbe und Freiberg/Sachsen anlaufen. In die Endmontage der Prototypen wurde der Luftstützpunkt in Alt-Lönnewitz/Sachsen eingeschaltet. Sowohl für die Produktion als auch für Reparaturzwecke wurden zunehmend inländische Kleinbetriebe, aber auch größere Fremdbetriebe wie Klemm in Böblingen eingeschaltet. Teile der Warnemünder Produktion wurden in mecklenburgische Standorte wie Tutow, Ribnitz-Damgarten, Bad Doberan, Malchin und Schwerin verlagert.

Die Produktion der Schul- und Seeflugzeuge Ar 96, Ar 396 und Ar 196 wurde in tschechische, französische und holländische Betriebe in Amsterdam (Fokker), Hohenelbe (Petera), Brünn (U-P.), Chotzen (Kraz), Jungbunzlau (Asap), Le Mans (Carel Fouché), Kopenhagen (Rohstedt-Petersen), Koritschan (Thonet-Mundus), Krensko (Kotek), Paris (Sipa), Prag (Letov/Avia), Prossnitz (Wichterle Dolezal und Parik), Rochefort (SNCASO), Aussig und Eger verlagert. Umgekehrt übernahm nach der Kapitulation Italiens das Werk Brandenburg Teile der norditalienischen Flugzeugindustrie.

Einsatz von Ersatzstoffen im Flugzeugbau

Parallel zu produktionssichernden Maßnahmen und der Rationalisierung der Fertigungsmethoden erfolgten Bemühungen, die Produktion durch Einsparung von Rohstoffen zu erhöhen. Die Kontingentierung von Aluminium, dem wichtigsten Baustoff der Luftfahrtindustrie, war unter der Amtsführung *Ernst Udets* relativ großzügig erfolgt. *Erhard Milch* veranlaßte Mitte 1941 eine Untersuchung, die ergab, daß die Lagerhaltung bei den einzelnen Firmen unverhältmäßig hoch lag. Der Flugzeugzellenbau, der 44 Prozent der gesamten Aluminiumzuteilung erforderte, wurde verstärkt aufgefordert, Ersatzbaustoffe zu verwenden. Am 14. April 1942 ließ sich *Milch* über den Einsatz von Holz beim Bau der englischen »Mosquito« unterrichten. Durch General *Ritter von Greim* wurde mitgeteilt, daß auch zwei russische Flugzeuge mit Holzrumpf im Raum Smolensk erbeutet wurden. Noch bevor *Milch* in einer Besprechung vom 9. Dezember 1942 erfuhr, daß ein in Holzbauweise erstelltes sowjetisches Jagdflugzeug Leistungen aufwies, die denen des deutschen Jägers Me 109 F4 entsprachen, wurde auf seine Anordnung hin am 17. August 1942 innerhalb des Industrierats ein sogenannter »Umstellungsausschuß« errichtet.

Nachdem sich Arado vergleichsweise spät und nicht ohne Anlaufprobleme auf die Metallbauweise umgestellt hatte, gab es werksseitig zunächst erheblichen Widerstand gegen die als primitiv betrachtete Holzbauweise. Am 10. Juli 1942 forderte *Milch* von *Blume* »Entlastung von Dural durch Stahl und Holz« wie bei der »Mosquito«. In einer Niederschrift der Arbeitsgruppe »Holz« vom August 1942, in deren Planungsübersicht die Arado Flugzeugwerke unter der Rubrik »Luftfahrtgeräte« an erster Stelle genannt wurden, hieß es: »Ab 1. Quartal 1943 reicht Aluminium nicht mehr für das neue Programm aus. Es muß daher für den Aluminiumeinsatz ab 1.1.1943 mit einer Entlastung durch Ausweichstoffe begonnen werden«.[17]

Planungen vom September 1939 hatten bereits die holzverarbeitende Industrie in das Fertigungsprogramm des Bombers Ju 88 einbezogen. Bis 1943 hatte die Holzindustrie neue Werkstoffe für den Flugzeugbau entwickelt wie Preßschichtholz, Schränkholz oder Metall-Schichtholz (Durabu), die zunächst bei der Propellerfertigung Anwendung fanden. In Zusammenarbeit mit dem Institut für Flugzeugbau in Braunschweig wurden neue Möglichkeiten der Verwendung von Ersatzstoffen erforscht. Je nach Aufwand sollte ihr Einsatz in drei Schritten erfolgen und mit der Verwendung von Preßholz für Bomben- und Fahrwerksklappen, Fahrwerksgondeln, Flügelausrundungen, Leitwerken und Fußböden beginnen. Ersatzbaustoffe wurden aber zunächst nur für den Bau von Schul- und Transportflugzeugen in Aussicht genommen.

Das erste bei Arado auf die Holzbauweise umgestellte Baumuster war das aus der Ar 96 weiterentwickelte Schulflugzeug Ar 396. Es folgten zahlreiche Entwürfe für eine entsprechende Weiterentwicklung der Ar 232 als »Einfachtransporter« Ar 432. Gegen Kriegsende sollten auch Teile des geplanten strahlgetriebenen »Volksjägers« E 580 sowie ein Versuchsflügel für das Strahlflugzeug Ar 234 aus Holz gefertigt werden.

Schulflugzeug Ar 396

Zum Zeitpunkt der Umstellung war das Schulflugzeug Ar 96 die einzige in Großserie produzierte Eigenkonstruktion. Als die Weiterentwicklung Ar 296 nicht zufriedenstellte, kam die konsequente Verwendung von Ersatzbaustoffen 1943 erstmals bei der Ar 396 zum Tragen.[18]

In einer werksseitigen Untersuchung vom September

Arado	Schulflugzeug	Ar 396 m. As 411 MA

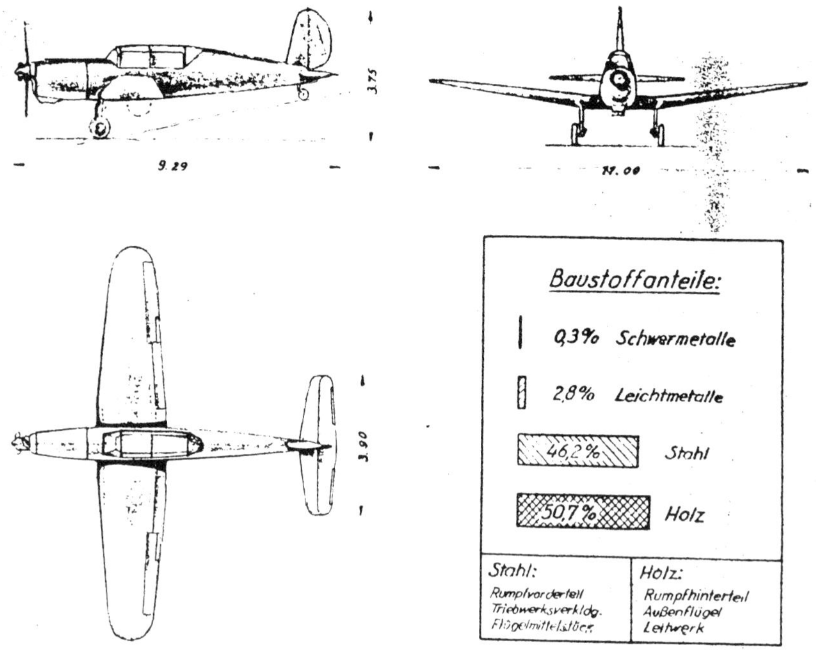

Verwendungszwecke:	Ar 396 A-1 Jägerschulung A-2 Führerschulung
Festigkeit:	Beanspruchungsgruppe H5 n = 6
Triebwerk:	As 411 MA mit Verstell-Luftschraube
Besatzung:	Jägerschulung 1 Mann Führerschulung 2 "
Landehilfe:	Landeklappe und Spreizklappe
Kraftstoffanlage:	240 l in 2 ungesch. Behältern
FT:	FuG 16 Zy
Bewaffnung:	1 MG 17 mit UMG Kamera
Bomben:	2 x 50 kg (Jägerschulung)
Bildgeräte:	1 Rb 12,5/7 x 9 (Jägerschulung) oder 2 Rb 12,5/7 x 9 oder 1 Rb 32 /7 x 9
Blindflugausrüstung:	Ei V7 Blindflugvorhang (Führerschulung)
Zielgerät:	Revi 16 D

Bearbeiter: Entwurfsabteilung 21.11.1944 [signature] Bl. 1

Typenblatt der Ar 396 A mit Angabe der Baustoffanteile (21.11.1944).

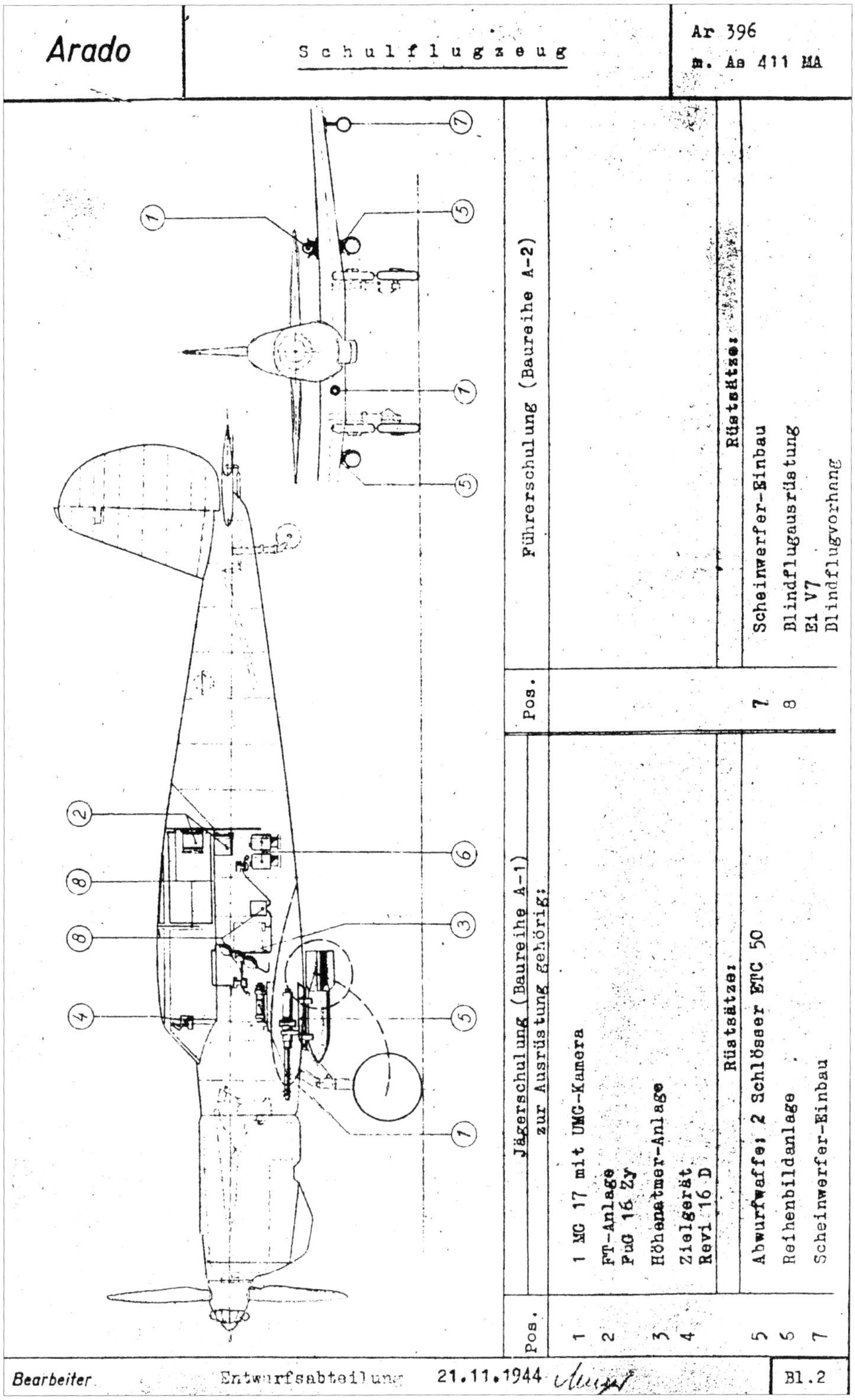

Arado | Schulflugzeug | Ar 396 m. As 411 MA

Pos.	Jägerschulung (Baureihe A-1) zur Ausrüstung gehörig:	Pos.	Führerschulung (Baureihe A-2)
1	1 MG 17 mit UMG-Kamera		
2	FT-Anlage FuG 16 Zy		
3	Höhenatmer-Anlage		
4	Zielgerät Revi 16 D		
	Rüstsätze:		Rüstsätze:
5	Abwurfwaffe: 2 Schlösser ETC 50	7	Scheinwerfer-Einbau
6	Reihenbildanlage	8	Blindflugausrüstung El V7 Blindflugvorhang
7	Scheinwerfer-Einbau		

Bearbeiter Entwurfsabteilung 21.11.1944 Bl.2

Ausrüstung der Ar 396 A.

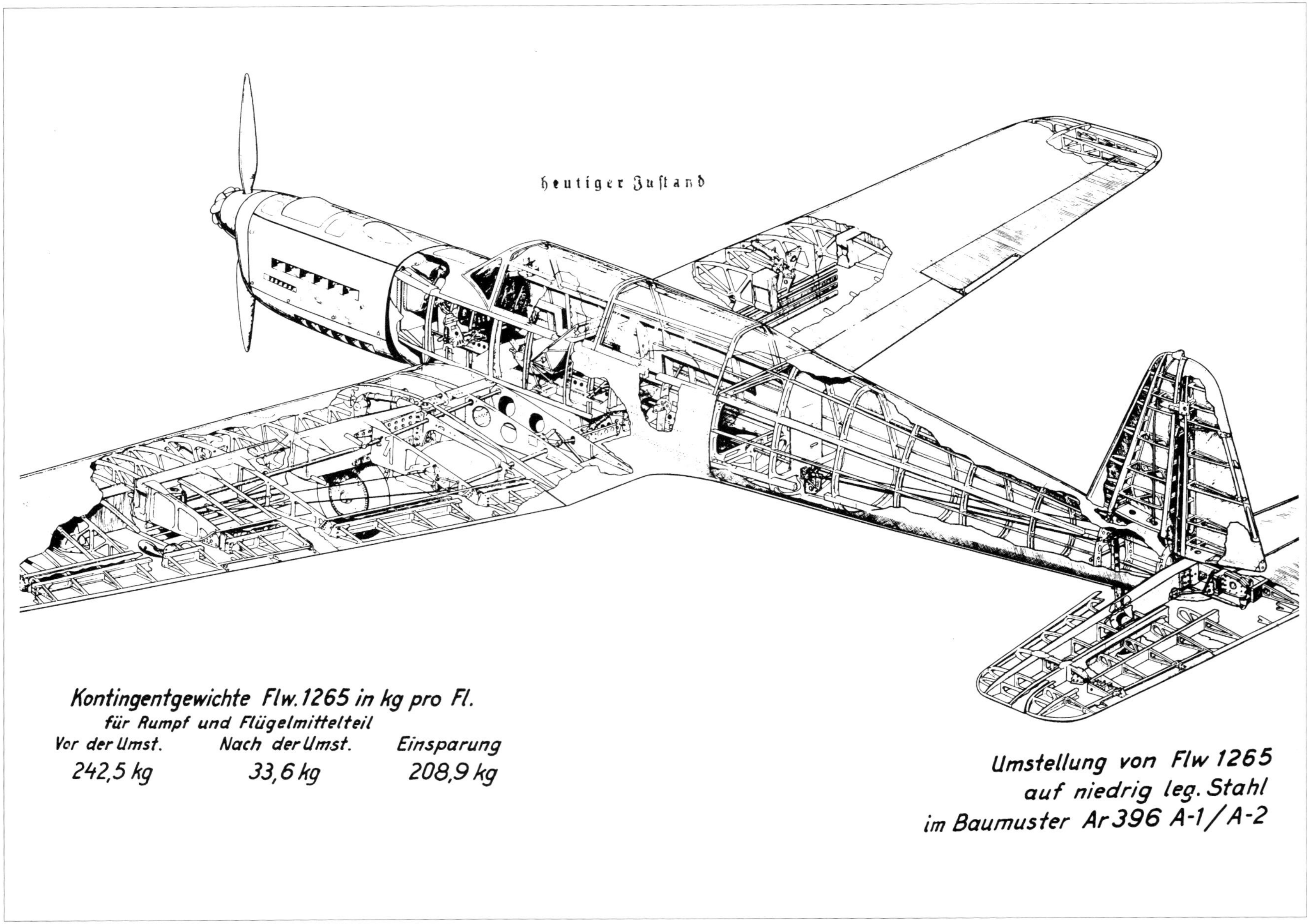

Materialumstellung bei der Ar 396 A

1942 hieß es: »Bei dem augenblicklichen Mangel an Leichtmetall hat das Problem der Kunststoffe gegenüber unseren seitherigen Grundsätzen eine Erweiterung dahingehend erfahren, daß Kunststoffe in erster Linie Leichtmetalle ersetzen sollen, ohne unsere früheren, weitgesteckten Ziele erreichen zu müssen, (und) eine vorgeschlagene Kunststoffkonstruktion ohne viele Vorversuche und fertigungstechnischer Entwicklung möglichst sofort mit bewährten Werkstoffen ausgeführt werden kann. Mit diesen Forderungen rückt die altbewährte Holzbauweise in den Vordergrund. Wir betrachten es als unsere Aufgabe, zunächst den bisher üblichen Holzbau gewissermaßen zu modernisieren, soweit das mit den heutigen Werkstoffen der Kunstharztechnik möglich ist. Der nachfolgende Konstruktionsvorschlag ist auf einfache Großserienfertigung eingestellt und umfaßt mehrere Werkstoffe, die zwar in der Flugzeugindustrie in der vorgeschlagenen Weise noch nicht eingesetzt worden waren, über deren Eigenschaften und Verhalten jedoch die Herstellerfirmen umfangreiche Werte und Erfahrungen gesammelt haben.«[19]
Als Triebwerk für die Ar 396 war der aus dem Argus-Motor As 410 weiterentwickelte Argus As 411 A-1 mit höheren Drehzahlen und einer Leistung von 323/427 kW (440/580 PS) in Verbindung mit einer automatisch verstellbaren, zweiflügeligen Argus-Holzluftschraube vorgesehen. Trotz einer Erhöhung der Flugmasse um 250 kg stieg die Höchstgeschwindigkeit im Vergleich zur Ar 96 auf etwa 354 km/h.
Aus Gründen einer vereinfachten Fertigung bildete man die einzelnen Baugruppen unter Verzicht auf aerodynamische Feinheiten möglichst geradlinig aus. Als neue Baustoffe wurden Kiefernholz für alle Flügelgurte, Buchensperrholz als Beplankung der Flügelholme sowie mit Kunstharz getränkte und gepreßte Buchenholzfolien (Durofolplatten) für die Innen- und Außenbeplankung der mittleren und oberen Flügelschalen empfohlen. Die Firma Dynamit AG., Troisdorf, sollte Faserstoffaufschwemmungen aus Abfallholz, Schaumstoffe auf der Basis von Dicyandiamid und Kunstharzplatten auf Phenolbasis als Ersatz für Durofol und als Füllstoff liefern. Von der Firma IG-Farben sollte ein Spezialleim für harte und glatte Oberflächen bezogen werden.
Zur Entlastung der deutschen Werke wurden ab April 1943 die französischen Firmen Sipa[20], Régy, Levasseur und Valéri in die Entwicklung und das Fertigungsprogramm der Ar 396 eingegliedert. Bereits aus den ersten ab April 1943 von dem Pariser Arado-Büro an den Brandenburger Leiter des Versuchsbaus *Liebau* übermittelten Monatsberichten geht hervor, daß die bisherige Auftragserfüllung bei der Teilefertigung für die Ar 430, Ar 96, Ar 196 und Ar 199 aufgrund einer technischen und werkstattmäßigen

Kabine der Ar 396 V-5.

Überforderung sowie einer schlechten Arbeitsmoral »nur sehr schleppend« vorangekommen war. Das letzte Umbauflugzeug Ar 96 U1-U2 (W.Nr. 4562) war im April 1943 zwecks Überführung nach Travemünde abholbereit. Zum gleichen Zeitpunkt wurde mit der baldigen Fertigstellung der 19. und 20. Ar 199 (W.Nr. 0025 und 0026) gerechnet. Beide Flugzeuge konnten jedoch erst im September nach Travemünde überführt werden. Im Juni 1943 war ein Anschlußauftrag zur Fertigung von 20 Schwimmern für die Ar 196 bei der Firma Valéry in Frage gestellt, nachdem zehn beschädigte Schwimmer aus der vorausgegangenen Produktion repariert werden mußten. Die Arbeiten waren bis November 1943 nicht abgeschlossen. Auch die Fertigung weiterer Schwimmer, Streben und Wasserruder war bis Juni 1944 im Rückstand und mußte schließlich aus Gründen der Materialknappheit zugunsten des Schulflugzeugs Ar 396 zurückgestellt werden.
Von der Ar 396 sollten bei Sipa in Zusammenarbeit mit Valéri und Régy drei Mustermaschinen und eine Nullserie von 25 Flugzeugen entstehen. Eine spätere Baureihe Ar 396 A-1 war für das Jagdfliegertraining vorgesehen. Sie

Entwurfsbeschreibung vom 21.11.1944:

Muster		**Ar 396 A-1 (Jäger)**	**Ar 396 A-2 (Führer)**
Triebwerk		1 x As 411 MA	
Startleistung		427 kW (580 PS)	
Leistung in Volldruckhöhe		364 kW (495 PS)	
Volldruckhöhe		2 400 m	
Verstelluftschraube		Argus	
Durchmesser		2,67 m	
Besatzung		2	
Länge	m	8,80	
Höhe	m	2,40	
Spannweite	m	11,00	
Flügelfläche	m^2	18,30	
Flächenbelastung	kg/m^2	116	
Leistungsbelastung	kg/PS	4,30	
Rüstmasse	kg	1 721	1 643
Zuladung	kg	409	417
Flugmasse	kg	2 130	2 060
Höchstgeschwindigkeit	km/h	350	354
Reisegeschwindigkeit	km/h	271	274
Kraftstoffverbrauch	l/h	100	100
Steigzeit auf H = 1 km	min.	2,6	2,4
H = 2 km	min.	5,2	4,8
H = 4 km	min.	11,00	10,3
Dienstgipfelhöhe	m	6 800	7 000
Flugstrecke	km	588	602
Flugdauer	h	2,0	2,0
Landegeschwindigkeit	km/h	116	114

sollte mit einem MG 17 im rechten Mittelflügelteil, einer Schießkamera, einem Reflexvisier und einer Vorrichtung zur Mitnahme von zwei 50-kg-Bomben ausgestattet sein. Die unbewaffnete Version Ar 396 A-2 sollte dem Blindflugtraining dienen.

Bereits am 24. Februar 1943 beauftragte Arado die Firma Valéri in Montreuil/Seine mit der »Anfertigung von Vorrichtungen, Versuchsstücken und Einzelteilen sowie dem Bau von 2 Stück Rumpfenden und Heckleitwerk komplett der Ar 396«. Später sollte die Firma sämtliche Rümpfe der Muster- und Serienflugzeuge bauen. Der Vertrag sah eine Kontrolle durch Arado vor, ließ der Partnerfirma jedoch weitgehend freie Hand bei der Arbeitsorganisation und der Materialbeschaffung. Sipa in Neuilly/Seine sollte sämtliche Metallteile liefern. Diese Firma war auf der Grundlage einer »vertrauensvollen Zusammenarbeit ... für die Leitung und den richtigen Einsatz ihres Personals zuständig«, während Arado »durch ihre Beauftragten die ordnungsgemäße Ausführung und die zweckmäßige Fertigung ... anregt und überwacht«.[21] Sipa wurde durch die Erklärung zum »S-Betrieb« von »anderweitigen Dienstverpflichtungen ausgenommen« und in Erwartung möglicher Sabotagemaßnahmen verpflichtet, gegen »unwillige oder unfähige Mitarbeiter« mit allen Mitteln vorzugehen.[22]

Während einer dreiwöchigen Inspektionsreise zur Überwachung des Anlaufs der Ar 396 stellte der Brandenburger Versuchsleiter und Koordinator *Liebau* im Juni 1943 fest, daß die erforderlichen Zeichnungen vom Pariser Konstruktionsbüro nicht planmäßig ausgeliefert worden waren und eine Verschiebung des Fertigstellungstermins auf November unausweichlich war.[23] Das Pariser Arado-Büro warf *Liebau* vor, die französische Mentalität falsch eingeschätzt und ohne Absprache in die Planungen eingegriffen zu haben.[24] Aus Gesprächen mit dem Planungsbeauftragten *Emile Dewoitine* ging hervor, daß die Arbeiten bei Sipa infolge einer ungewöhnlich geringen Zahl von geleisteten Arbeitsstunden im Rückstand waren.

Nachdem bei Régy dank der Unterstützung durch deutsche Betreuer die Holzarbeiten für die Tragflächen und Heckleitwerke relativ gut angelaufen waren, bereitete auch dort die weitere Umstellung auf die Holzbauweise erhebliche organisatorische und technische Schwierigkei-

ten. Aufgrund der unzureichenden Qualität des von der Firma Luterma angelieferten Sperrholzes mußten bereits erstellte Bauteile mit deutschen Material neu gefertigt werden.
Trotz der Entsendung weiterer Fachkräfte aus Brandenburg, der Einsetzung zusätzlicher Kontrolleure und der Ernennung eines neuen Betriebsleiters bei Sipa verschlechterten sich die Verhältnisse bis Mitte 1944 durch das Ausbleiben von Materiallieferungen und zugesagten neuen Arbeitskräften, aber auch aufgrund zunehmender Stromsperren, Schäden infolge von Luftangriffen und ungeklärten Bränden in den Betrieben.
Im Oktober 1943 waren die Prototypen Ar 396 V-1 bis V-4 im Bau (W.Nr. 396 0001-0004). Die Anlieferung der Motoren, der Propeller und des Fahrwerks aus Brandenburg wurde erwartet. Infolge maßlicher Fehler ließ sich das Fahrwerk in die Ar 396 V-1 jedoch nicht problemlos einbauen. Durch eine große Vorlage des Schwerpunktes beim Einbau eines Bugrads war zu befürchten, daß das Rollverhalten und der Startvorgang negativ beeinflußt wurden. Außerdem war hinsichtlich der Anordnung der Seitenräder die Befestigung der Federbeine und deren Stoßrichtung derart ungünstig, daß eine Federung fast unmöglich war. Die gesamte Fahrwerksplanung erschien derart »ungünstig«, daß *Hans Rebeski* besorgt war, »nachher mit allerlei Kompromissen« und »mit Gewalt noch eine brauchbare Lösung zu erzwingen«.[25] Man entschied sich deshalb für ein konventionelles Hauptfahrwerk mit Spornrad, bei dem unter Verzicht auf eine 90 Grad-Drehung und Abdeckbleche die Räder nur zur Hälfte nach hinten in die Innenflügel eingezogen wurden.
Obwohl die Montage aus zeitlichen Gründen nicht zu Ende geführt werden konnte, da angeblich die Flächen nach Bruchversuchen nicht mehr zu reparieren waren, wurde die V-1 (SO+DA) am 15. Dezember 1943 auf dem Landweg nach Brandenburg überführt.[26] Als Ersatz wurden am 10. März 1944, zusammen mit der V-2, die Flächen der V-3 nachgeliefert, deren Fertigstellung dadurch wiederum verzögert wurde. Die V-4 war am 25. April 1944 versandbereit. Die Auslieferung der V-5 wurde für den 25. Mai erwartet. Nach Verstärkungen im Rumpfbereich und dem Einbau eines vergrößerten Seitenleitwerks konnte das Flugzeug bis Juni 1944 in Frankreich noch vollendet werden. Für die V-6 bis V-20 war die Teilefertigung im Gange.
Im Juni 1944 entstand nach einer Inspektionsreise nach Paris der Eindruck, »daß die Fertigung bei Sipa jetzt zum Laufen kommt« und ein Anschlußauftrag für weitere 80 Flugzeuge vergeben werden konnte. Der Pilot *Jakob Kunz*

Der Werkspilot *Jakob Kunz*, der am 7.12.1944 beim Absturz mit einer Ar 234 C tödlich verunglückte.

Ar 396 V-5 (W.Nr. 396 0005), Lizenzbau von Sipa mit französischen Kennzeichen.

sollte zur Einweisung der französischen Piloten in der zweiten Junihälfte die in Brandenburg eingeflogenen Prototypen wieder nach Paris überführen.[27] Angesichts des Vorrückens der Alliierten kam die Produktion in Frankreich aber rasch zum Erliegen. Nach der Rückeroberung Frankreichs wurden 27 Lizenzflugzeuge unter der Bezeichnung Sipa A S.10 an die neu aufgestellte französische Luftwaffe geliefert. Bis 1956 wurden von den in Ganzmetallbauweise weiterentwickelten, mit Renault-Triebwerken ausgestatteten Versionen S.11 und S.12 je 50 Einheiten gebaut. Von den Versionen S.111 und S.121 entstanden 53 beziehungsweise 50 Einheiten.

Nach der Verlagerung der Erprobung nach Sagan erfolgte am 16. August 1944 ein erster Erprobungsflug mit der Ar 396 V-4 (W.Nr. 396 0004, SO+DD).[28] Bei der Überprüfung des Fertigungszustandes wurde festgestellt, »daß die Zahl der Beanstandungsmeldungen und Änderungsmitteilungen für die V-4 im Verhältnis zur V-1 um 200 % gestiegen« war. Beim Start zu einem für den 22. August geplanten Überführungsflug zur E-Stelle führte ein falsch angeschlossener Fahrwerksschalter zur Beschädigung der Luftschraube und der Triebwerksverkleidung.[29] Angesichts eines laufend erhöhten CO-Wertes in der Kabine wurde das Flugzeug am 7. Oktober zwecks abschließender Kontrollmessungen nach Rechlin überführt. Bei einem Korrekturflug mit der V-5 stellte sich am 10. Oktober ein »starkes Hängen und Drehen« aufgrund zu hoher Quer- und Seitenruderkräfte heraus. Einen Tag später riß bei einem Bahnneigungsflug eine Schweißnaht der Sturzflugbremse. Da erwartet wurde, daß die Flugzeuge serienreif waren, machte die große Zahl der Beanstandungen »einen etwas eigenartigen Eindruck« und ließ auf Sabotage schließen.

Im November 1944 wurde die Fertigstellung der ersten Ar 396 bei den tschechischen Firmen Letov und Avia erwartet, die zuvor schon die Ar 96 B hergestellt hatten.[30] Im C-Amtsprogramm Nr. 225 vom 24. April 1944 wurden weitere 16 Musterflugzeuge (W.Nr. 396 0005-0020) angefordert. Das Beschaffungsprogramm vom 1. Juli 1944 sah eine monatliche Ausbringung von 230 Serienflugzeugen vor, von denen die tschechischen Firmen bis März 1945 mindestens 42 Einheiten lieferten (W.Nr. 460 001- 460 042).[31]

Die tschechische Luftwaffe war nach Kriegsende an der Ar 396 nicht interessiert. Stattdessen produzierten Avia und Letov bis 1948 die Version Ar 96 B unter der Bezeichnung C.2B-1, für die alle Fertigungseinrichtungen erhalten geblieben waren.

Einfach-Transporter Ar 432

Nachdem der besondere Vorzug der Geländegängigkeit der Ar 232 angesichts des technischen Aufwandes und des Verbrauchs an hochwertigen Materialien zunehmend in den Hintergrund rückte und aus diesem Grund der ursprünglich geplante Umfang der Serienfertigung in Frage gestellt war, forderte *Blume* eine »systematische Weiterarbeit in einer eigenen Entwicklungslinie für geländegängige Transporter«. Im Januar 1943 übermittelte er *Milch* eine »Ausarbeitung über Entwicklungslinien«, in der er hervorhob, daß auch künftig der Einsatz geländegängiger Transporter zweckmäßig sei. Er drängte darauf, »den bei Arado gemachten Ansatz ... fortzuführen«.[32] Hinsichtlich der Weiterentwicklung legte er Wert darauf, »daß die Start- und Landeverhältnisse der Ar 232 gewahrt bleiben

Ar 396 (W.Nr. 460 021, NS+OA), Lizenzbau Avia/Letov.

Arado	Transportflugzeug	Ar 432

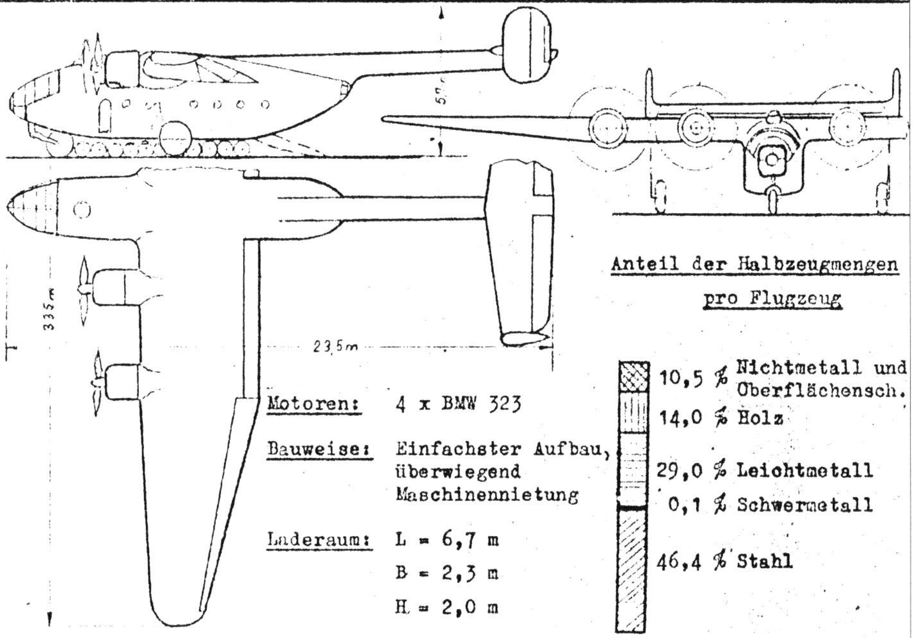

Anteil der Halbzeugmengen pro Flugzeug

10,5 % Nichtmetall und Oberflächensch.
14,0 % Holz
29,0 % Leichtmetall
0,1 % Schwermetall
46,4 % Stahl

Motoren: 4 x BMW 323

Bauweise: Einfachster Aufbau, überwiegend Maschinennietung

Laderaum: L = 6,7 m
B = 2,3 m
H = 2,0 m

Besatzung:	4 Mann. Doppelsteuerung	
Fowler-Flügel:	Kurzer Start, geringe V_{Lande}. Große Spanne $V_{max} : V_{min}$	
Laderampe:	Klappbares Rumpfheck als Laderampe. Im Fluge zu öffnen für Lastenabwurf.	
Kraftstoffanlage:	4300 l in geschützten Behältern.	
FT:	FuG X mit PeilG6, FuG 16, FuBl 2.	
	Geländetransporter	**Flugplatztransporter**
Fahrwerk:	Geländegängiges Fahrwerk: Bugradfahrw.u.Rollenwerk	Bugradfahrwerk
Flugplatzbedarf Vollaststart:	ebener, bewachs.Platz(u=0,05) von 290 m Länge	ebener,bewachs.Platz(u=0,05) von 310 m Länge
Zielgewichtstart: (mit Nutzlast,) (1/2 Kraftst.)	Behelfsplatz, unebenes, teilw. bewachs.,teilw.weiches Gelände (Heide) (u=0,12) von 400 m x 50 m	
Bordaggregat:	Stromerzeug. f. Starter u.FT	
Bewaffnung:	A-B-C Stand. 6 Fensterlafetten	A-B-C Stand. 6 Fensterlafetten
Fertigungsaufwand	(Zelle)	
Fließfertigung 150 st/Monat	8800 Std.	
Rüstsätze:	s. Blatt 2	

Bearbeiter: Entwurfsabteilung — Bl.1

Typenblatt des Transporters Ar 432 (21.5.1943).

Leistungen Ar 432 4 x 323 R_2 (19.5.1943)

		Gelände Transporter	Flugplatz Transporter
Spannweite	m	33,5	
Flügfläche	m^2	142,5	
Flügelfläche Fowler aus	m^2	179,0	
Startgewicht	kg	20 000	22 000
Zielgewicht mit Last	kg	19.200	20 800
Nutzlast	kg	3 200	5 000
Kraftstoff	kg	1 600	2 400
Reisehöhe	km	2,0	2,0
V_R mit höchst. Dauerlst.	km/h	285	291
Flugstrecke	km	700	1 100
V_R mit höchst. Sparlst.,	km/h	254	256
Flugstrecke	km	810	1 280
Garantie:	Geschwindigkeiten ± 4 %		
	Steig, -Start u. Landeleistung ± 10 %		
Überlaststartgew. Geländetransport		22 000 kg	
Überlaststartgew. Flugplatztransport		23 000 kg	
max. geschützte Kraftstoffmenge		3 200 kg	
dabei max. Flugstrecke =		1 800 kg	

(während eine Steigerung der Rollfähigkeit zu erwarten ist)«. Abgesehen von »Verbesserungen der Landehilfen« strebte er »im Wesentlichen eine Flugzeugvergrößerung unter Beibehaltung der Flächenbelastung (alte Art)« an »im Gegensatz zur Vergrößerung mit steigender Belastung«.[33]

Der entscheidende Gesichtspunkt bei der Entwicklung der Ar 432 war erneut die Verwendung von Ersatzbaustoffen. Bereits am 6. November 1942 war *Blume* zu der Auffassung gekommen, »wenn auch viele Stellen skeptisch gegen anderes Material (sind), müssen wir auf ›Befehle‹ gerüstet sein« und eine »Materialumstellung jetzt vorziehen«. Eine Vorabkalkulation ergab, daß bei einer radikalen Ersatzbauweise mit Holz sehr unterschiedliche, teilweise durchaus beträchtliche Materialeinsparungen von Dural möglich waren und die Fertiggewichte unter diesem Umständen generell nicht erheblich höher lagen.

Der Lieferplan Nr. 222 vom 1. November 1942 hatte bereits Flugeigenschafts- und Triebwerkserprobungen angekündigt. Vorerprobungen mit geänderten Austauschlagern und Abwurfeinrichtungen, zur Ermittlung der Steuerungs-

Bearbeiter: Entwurfsabteilung

Arado

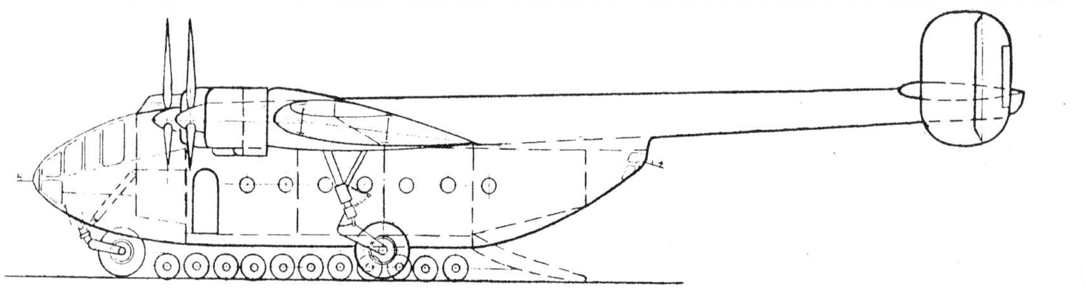

Rüstsätze

Nr.	Rüstsätze	Gewicht kg		Nr.	Rüstsätze	Gewicht kg
1.	A-Stand: 1 MG 131 beweglich mit 500 Schuß	60 45		10.	Klappsitze (4 Klappsitze i. Laderaum)	16
2.	B-Stand: 1 MG 151 beweglich mit 500 Schuß	285 125		11.	Führerpanzersitz (Differenz)	57
3.	C-Stand: 2 MG 131 beweglich mit 1000 Schuß	120 90	725	12.	Schlauchboot	30
4.	Gr. FT-Rahmen (FuG X, Peil G 6, FuBl2	115		13.	Schlauchbootpanzerung	47
5.	Kl. FT-Rahmen (FuG 16)	30		14.	Absprunganlage f. Fallschirmjäger	60
6.	Kurssteuerung (Rudermaschine im Heck)	15	160			
7.	Enteisung und Heizung (Öfen)	100				
8.	Winter- (oder Tropen)ausrüstung	185	285			
9.	Werkzeugtasche, Zurrseile, Bodenanker, Bezüge f. Kabine, Motor usw.	85	85			
	insgesamt		1255			

Ar 432

Rüstsätze der Ar 432 (21.5.1943).

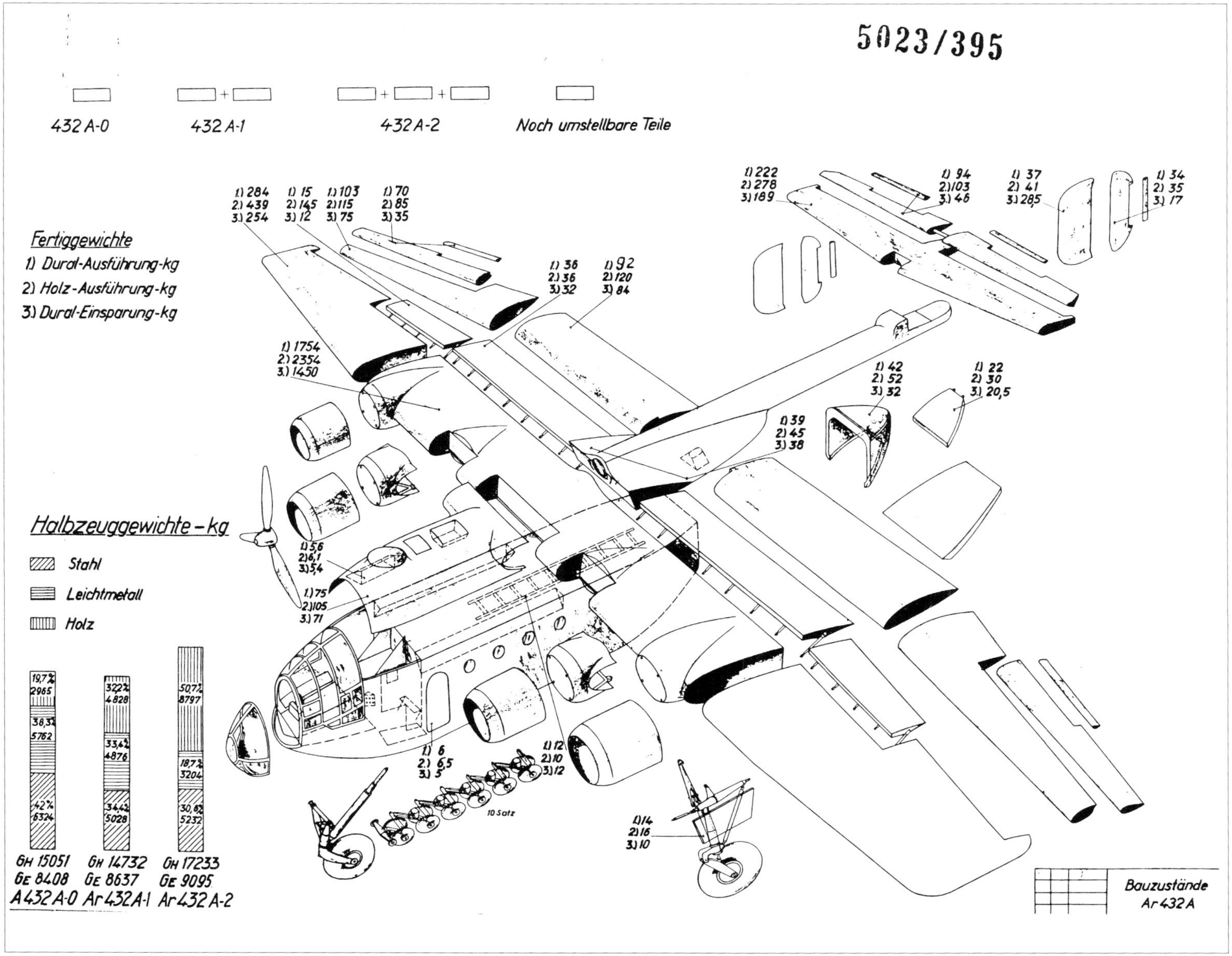

Halbzeuggewichte Ar 432 A-0, A-1, A-2.

und Flugeigenschaften sowie der Bedingungen beim Fallschirmjägereinsatz sollten mit der Ar 232 V-1 und den Vorserienflugzeugen Ar 232 B-02, B-010 und B-011 erfolgen. *Blume* räumte in einer Studie vom März 1943 ein, daß im Zuge einer radikalen Materialeinsparung zwangsläufig auf Konstruktionsweisen der frühen dreißiger Jahre zurückgegriffen werden mußte. Er betrachtete es jedoch als einen »Fortschritt der Technik«, auf der Grundlage eines »5-m-Drachens« aus der Zeit vor dem Ersten Weltkrieg ein »modernes Flugzeug« zu entwickeln.[34] Als Ausgleich für unvermeidliche konstruktive Nachteile sollten modernste Techniken wie Grenzschichtbeeinflussungsanlagen eingesetzt werden. Die Studie sah vor, erstmals 4 000 kg Nutzlast über eine Strecke von 2 000 Kilometern bei guten Start- und Landebedingungen mit einem Flugzeug zu transportieren, das zu zwei Dritteln aus Holz zu bauen war. Damit sollten die Leistungen des motorisierten Großraum-Lastenseglers Me 323 »Gigant« übertroffen werden, der ab 1941 unter Mitwirkung von *Walter Rethel* entwickelt wurde. Für Start und Landung waren als Rollstrecke und Auslauf 300 Meter angesetzt. Weiterhin wurden gefordert: »Festes Fahrwerk, schwache Bewaffnung, primitivste Bauweise, äußerste Einschränkung der Ausrüstung«. Als Baustoffe für die Flügelholme sollten »Kiefer-, möglichst wenig Sperr- und Schichtholz« verwendet werden, so daß sich »dicke Flügelschnitte« ergaben. Der Leitwerksträger sollte als »Sperrholzröhre« ausgebildet werden. Als Baustoffe für den Lastenraum waren Stahlrohr, Stahl und Stoff, für die Leitwerksflossen Holz und für die Ruder Stahlrohr und Stoff vorgesehen.

Für eine Variante der Ar 432 als »Flugplatztransporter« ohne Raupenfahrwerk hatte ab April 1943 das Entwurfsbüro unter Federführung von Diplomingenieur *Hans Walland* den Entwurf E 441 ausgearbeitet. Die beim Wegfall des Raupenfahrwerks erzielte Gewichtsersparnis sollte einer erhöhten Zuladung zugute kommen.

Als Antrieb waren vier BMW 323-Motoren vorgesehen, die jeweils 559 kW (760 PS) leisteten. Aus Lastzusammenstellungen ist zu entnehmen, daß der Transporter eine halbe Kompanie in Stärke von 80 Mann beziehungsweise acht Panzerabwehrkanonen mit 32 Mann Besatzung oder drei Feldhaubitzen mit 18 Mann Bedienung befördern sollte. Kabine und Rumpfheck hatten den gleichen Aufbau wie die Ar 232. Der Laderaum sollte aber von 6,6 m auf 10,0 m verlängert werden. Die mitgeführte Treibstoffmenge sollte verdoppelt werden. Um eine angemessene Flächenbelastung zu erhalten, wurde das Flügelmittelstück verlängert, so daß sich eine größere Gesamtfläche von 165 m^2 gegenüber 142,5 m^2 der Ar 232-B ergab. Das höhere Gewicht machte auch eine Vergrößerung der Laufräder des Dreibeinfahrwerks erforderlich.

Die Verwendung von Ersatzbaustoffen sollte bei den ersten beiden Baureihen der Ar 432 schrittweise erhöht werden. Bei der Ar 432 A-0 sollte der Anteil von Leichtmetall 38,3 Prozent, der von Stahl 42 Prozent und der von Holz 19,7 Prozent betragen. Bei der Ar 432 A-2 sollte der Anteil von Holz auf 50 Prozent steigen. Als Lieferanten für Halbfabrikate aus Holz waren Möbelhersteller vorgesehen. Da der Ersatzbau mit Stahl bis hin zu Massen von 500 kg in der Flugzeugindustrie neu war und eine längere Entwicklungszeit forderte, wurden Verhandlungen mit Krupp und der Eisenhütte Wissen aufgenommen.

Die Holzbauweise konzentrierte sich zunächst auf den Außenflügel und das Leitwerk. In einer Studie über die Konstruktionsmöglichkeiten für einen Holzaußenflügel stellte *Hans Walland* fest: »Anläßlich der Durcharbeitung von neuen Transporterentwürfen, insbesondere der Tragflügel in Gemischtbauweise Holz-Stahl, ergab sich meine Erkenntnis, in Holz zu bauende Außenflügel so einfach wie möglich zu gestalten, um sie leicht und doch verdrehsteif sowie fertigungsmäßig gut und billig bauen zu können. Hochbelastete und komplizierte Einbauten (z. B. Fowler + Steuerung dazu) sind zu vermeiden und in den Innenflügel zu verlegen, der deshalb zweckmäßiger und leichter in seinen tragenden Teilen aus Metall gebaut wird. Die Einleitung von großen Kräften in Holzflügel ist unangenehm und bringt viel Unsicherheit und Gewicht.«[35]

Die Holzkonstruktion des Außenflügels hatte gegenüber einem Dural-Außenflügel ein Mehrgewicht von 37 Prozent. Da nur vereinfachte Auftriebshilfen zur Verfügung standen und die Flächenbelastung entsprechend gering sein mußte, sollte die Flügelfläche unter Inkaufnahme eines großen Anteils des Zellengewichtes am Gesamtgewicht stark vergrößert werden. Diese Maßnahme führte zu einer erheblichen Verringerung der Geschwindigkeit sowie der Steig- und Schwebefähigkeit. *Walland* schlug vor, den Außenflügel ohne Fowler in Doppelflügelanordnung gleichzeitig zur Quersteuerung und als Auftriebshilfe zu entwickeln und den Fowler des Innenflügels bis zur Doppelflügelklappe zu verlängern. Diese Bauweise versprach etwa sechs Prozent Gewichtserparnis und damit eine um 160 kg höhere Zuladung.

Werksseitige Berechnungen ergaben, daß das Flugzeug bei 30 Prozent ausgefahrenem Fowler »wegen sehr großer Längsstabilität vollkommen unhandlich« und die Querruderwirksamkeit sehr vermindert war. Ein weiterer Nachteil der neuen Bauweise bestand darin, daß der Außenflügel wegen einer fehlenden Trennstelle im Fall einer Reparatur nicht per Bahn befördert werden konnte. Als Aushilfe wurde ein »Ersatzflügel« mit Trennstelle vorgeschlagen, mit dem das Flugzeug zum Werk geflogen werden konnte.

Arado	Beschreibung des konstruktiven Aufbaues eines Transporters nach SKE 441-111.	

Als Rechnungsgrundlage gewählter Aufbau.

Werkstoffe: Rohre und Bleche aus Stahl mit 60 kg/mm^2 Zugfestigkeit.
Kiefernleisten und Buchensperrholz.

I. Flügel:

Außenflügel (ganz aus Holz)
Einholmig

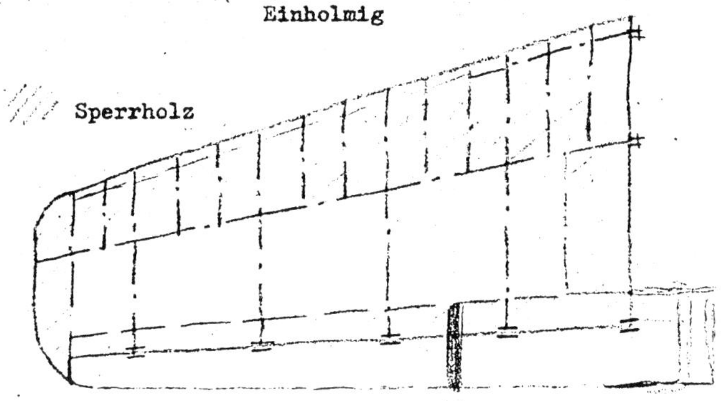

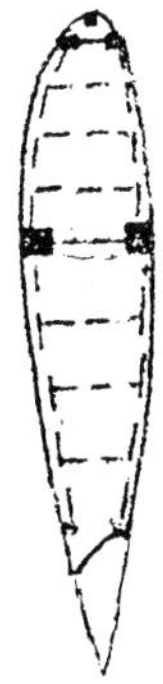

Holm: Doppel-T
Gurt: Kiefer lamelliert
Steg: Sperrholz

Hauptendrippen:
(Lagerrippen)

Abstand rund 2 m
Stegwandrippe, beidseitig Sperrholz

Bearbeiter: 1

Aufbau des Holzaussenflügels der Ar 432 (16.4.1943).

In einer weiteren Projektstudie vom Mai 1943 hatte *van Nes* vorgeschlagen, die Ar 432 als »Einfachtransporter« mit geringstmöglichem Aufwand auszulegen. Der Konstruktionsaufwand war derart umfangreich, daß mit einem Lieferungsbeginn der Baureihe Ar 432 B-1 nicht vor März 1946 gerechnet wurde. Nachdem anfänglich auf das Raupenfahrwerk nur im Falle einer Verwendung als »Flugplatztransporter« verzichtet werden sollte, entschied man sich jetzt ausschließlich für ein fest ausgeführtes Dreibeinfahrwerk. Auch die Flügelkonstruktion wurde weiter vereinfacht. Für den Innenflügel war zunächst ein Aufbau aus Stahlrohr-Fachwerk in Verbindung mit Dural vorgesehen, dessen Behäutung im hinteren Teil aus Stoff bestehen sollte. Zwecks Aufrechterhaltung einer ausreichenden Statik bei gleichzeitiger Gewichtseinsparung sollte der Flügelholm durch den Rumpf geführt werden, obwohl dadurch die Freigängigkeit des Laderaums beeinträchtigt wurde. Die Kabine sollte komplett aus Holz gebaut werden und eine Behäutung mit Sperrholz erhalten.
Während der Lastenraum der Ar 432 B-1 weiterhin in Leichtmetallbauweise erstellt werden sollte, war für die Baureihe B-2 ein geschweißtes Stahlrohrfachwerk vorgesehen, das nach dem Aufbringen von Kiefernleisten mit Stoff bespannt werden und im Bodenbereich einen Bretterbelag erhalten sollte. Der Leitwerksträger sollte ursprünglich als Sperrholzröhre ausgebildet werden. Anschließend war geplant, die seitlichen Wände des Lastenraums als zwei Fachwerkebenen aus Stahlrohr nach hinten durchzuführen und im oberen Querfeld mit Drähten gegeneinander auszusteifen. Dadurch hätte der Leitwerksträger seine schlanke Form eingebüßt, es hätte sich jedoch eine breitere Auflagebasis für das Leitwerk ergeben.
Als Triebwerk wurde der in dem Transporter Ju 352 verwendete Bramo 323 TA zugrundegelegt. Bei deutlich reduzierter Startmasse erhöhte sich die Zuladung gegenüber der Normalausführung der Ar 432 um 500 kg. Der Entwurf für die zweimotorige Ausführung sah eine auf 40,0 m vergrößerte Spannweite und eine von 23,0 m auf 21,0 m verkürzte Rumpflänge vor. Die viermotorige Ausführung sollte eine Spannweite von 45,0 m und eine Rumpflänge von 28,0 m erhalten. Die erhöhte Zuladung

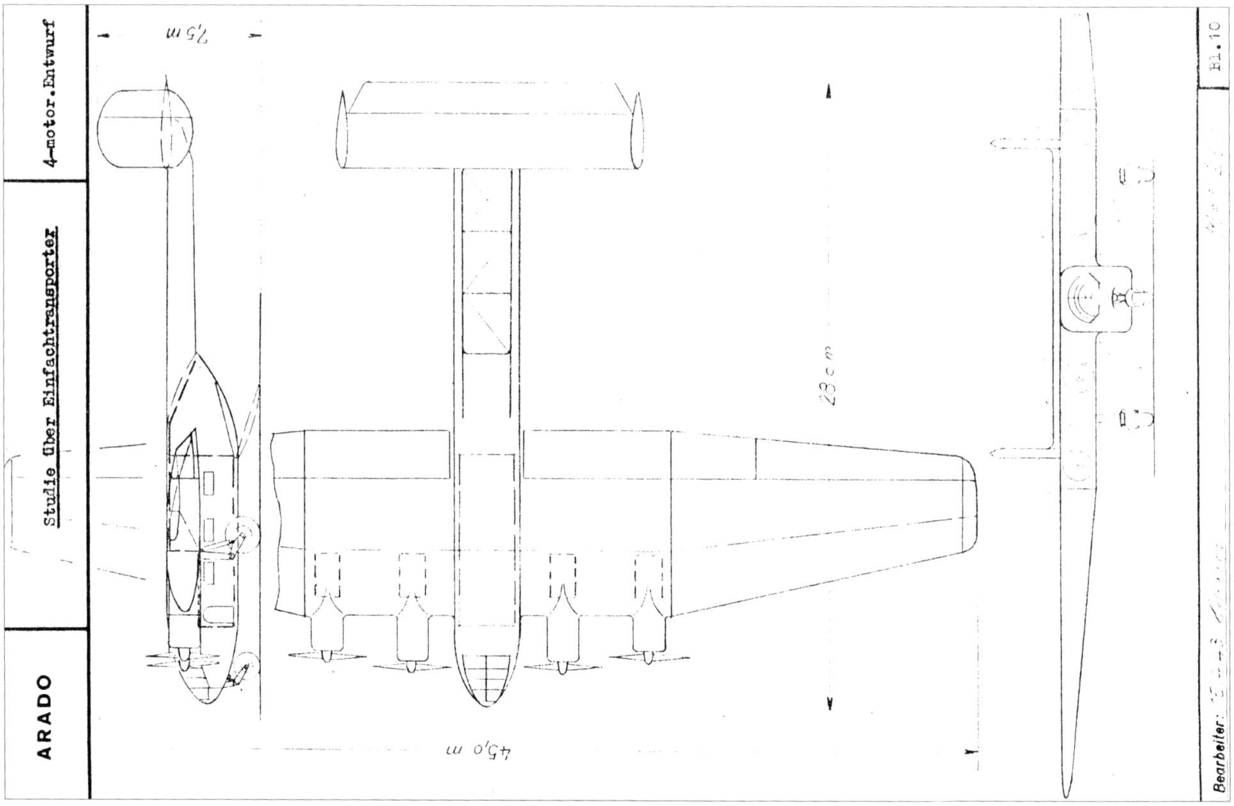

Dreiseitenansicht des viermotorigen Einfachtransporters Ar 432 B ohne Raupenfahrwerk (15.4.1943).

sollte überwiegend der Mitnahme einer größeren Treibstoffmenge zugute kommen.
Nach Fertigstellung der Planungsstudien war das Ergebnis wenig ermutigend. Bei der zweimotorigen Ausführung sank der Materialpreis gegenüber der Normalausführung der Ar 432 von 90 000 RM auf 60 000 RM. Der Fertigungsaufwand erhöhte sich dagegen beträchtlich. Bei einer angenommenen Produktion von 150 Flugzeugen pro Monat stieg die Zahl der im Zellenbau benötigten Arbeitsstunden von 8 800 auf 11 000 pro Einheit. Eine dreimotorige Ausführung wurde nicht näher untersucht, weil bereits die Ju 352 für ähnliche Lasten- und Reichweitenforderungen ausgelegt war. Bei der viermotorigen Ausführung lag der Materialpreis bei 70 000 RM, während sich der Arbeitsaufwand verdoppelte.
Der viermotorige Einfachtransporter wurde verworfen, weil »der Arbeits- und Materialaufwand in keinem gesunden Verhältnis mehr zu der geforderten Transportleistung« stand. Der zweimotorige Entwurf wurde aufgrund ungenügender Flugleistungen ebenfalls nicht weiter verfolgt. Die Steigleistung war zu gering, und das kaum weiter zu reduzierende Gewicht machte einen Einmotorenflug unmöglich.
Aus einer Planungsübersicht vom 1. Juni 1943 geht hervor, daß ungeachtet der sich verschlechternden Fertigungs- und Materiallage ab März 1944 mit der Fertigung der Ar 432 A begonnen werden sollte. Nach der geplanten Auslieferung des ersten Flugzeugs im Oktober 1944 sollte die Ausbringung bis zu einer maximalen monatlichen Stückzahl von 20 Einheiten im Juli 1945 gesteigert werden. *Milch* erwog sogar, die ab 1944 geplante monatliche Produktionsrate auf 70 Einheiten zu erhöhen. Als Überbrückung sollten zusätzlich 21 weitere Einheiten der Baureihe Ar 232 B-0 im Anschluß an die Auslieferung des zwanzigsten Vorserienflugzeugs bei einer gleichbleibenden Ausbringung von drei Einheiten/Monat geliefert werden.
Im Juni 1944 kam es zu einer Entwicklungsbesprechung in Landeshut, an der neben *Blume* und nahezu allen wichtigen Ressortleitern von Arado auch Amtschef GL/C-E *Siegfried Knemeyer* teilnahm. Es wurde beschlossen, den Holzaußenflügel zunächst versuchsweise mit einem Vorserienflugzeug Ar 232 B-0 zu erproben. Das Protokoll hielt folgende Planung fest: »Aus Zeitmangel kommen die Maschinen zur Ausführung, wie sie bei der Truppe im Einsatz sind; jedoch mit Holzflügel und Holzleitwerk. Für die Erprobung werden folgende Versuchsträger benötigt:

Ar 232 V-1: Austauschlager-Erprobung
B-02: Erprobung der Abwurfeinrichtung (neuer Fußboden)
B-04: Dauererprobung der Zelle mit Holz-Flügel und Holzleitwerk

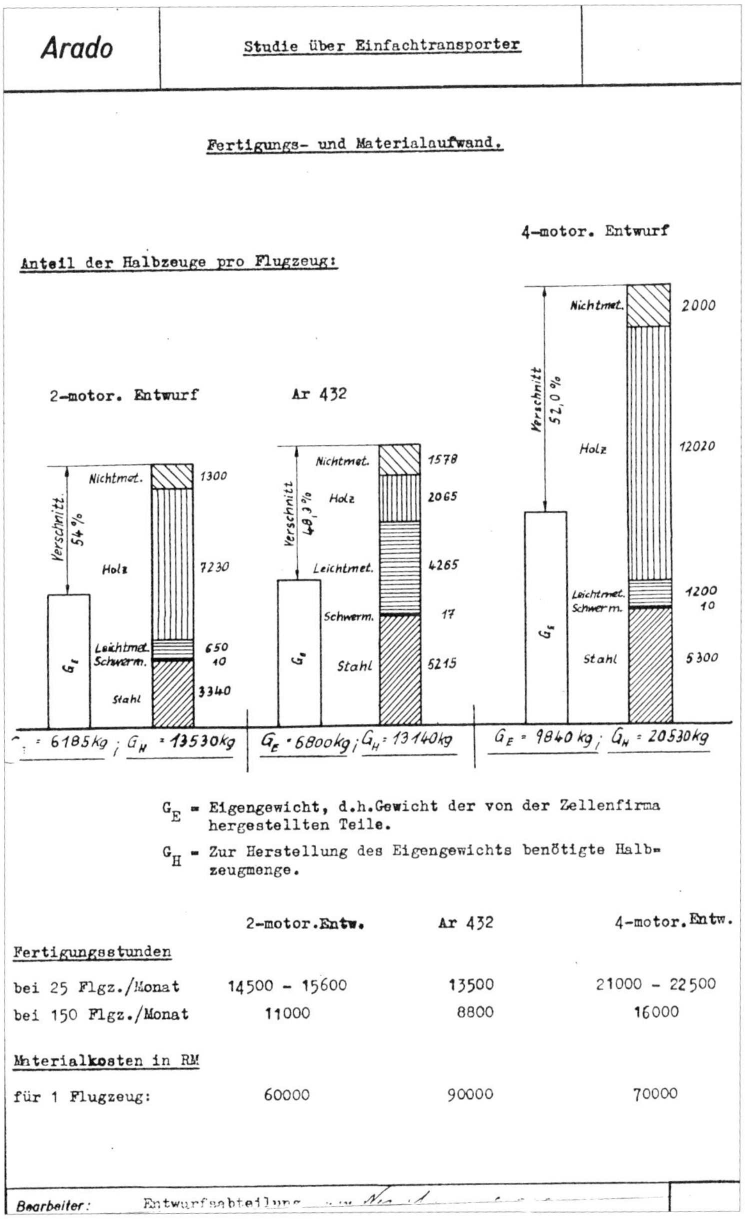
Arado | Studie über Einfachtransporter

Fertigungs- und Materialaufwand.

G_E = Eigengewicht, d.h. Gewicht der von der Zellenfirma hergestellten Teile.
G_H = Zur Herstellung des Eigengewichts benötigte Halbzeugmenge.

	2-motor. Entw.	Ar 432	4-motor. Entw.
Fertigungsstunden			
bei 25 Flgz./Monat	14500 – 15600	13500	21000 – 22500
bei 150 Flgz./Monat	11000	8800	16000
Materialkosten in RM			
für 1 Flugzeug:	60000	90000	70000

Bearbeiter: Entwurfsabteilung

Fertigungs- und Materialaufwand für den Einfachtransporter Ar 432 B.

B-011: Steuerungs- und Flugeigenschaftserprobung
B-010: Erprobung für Fallschirmspringer«

Die Vorserienflugzeuge Ar 432 A-01 und Ar 432 A-02 waren zur Dauererprobung des endgültigen Bauzustandes beziehungsweise als Muster für Eigenschafts-Sollwerte der Serie eingeplant.

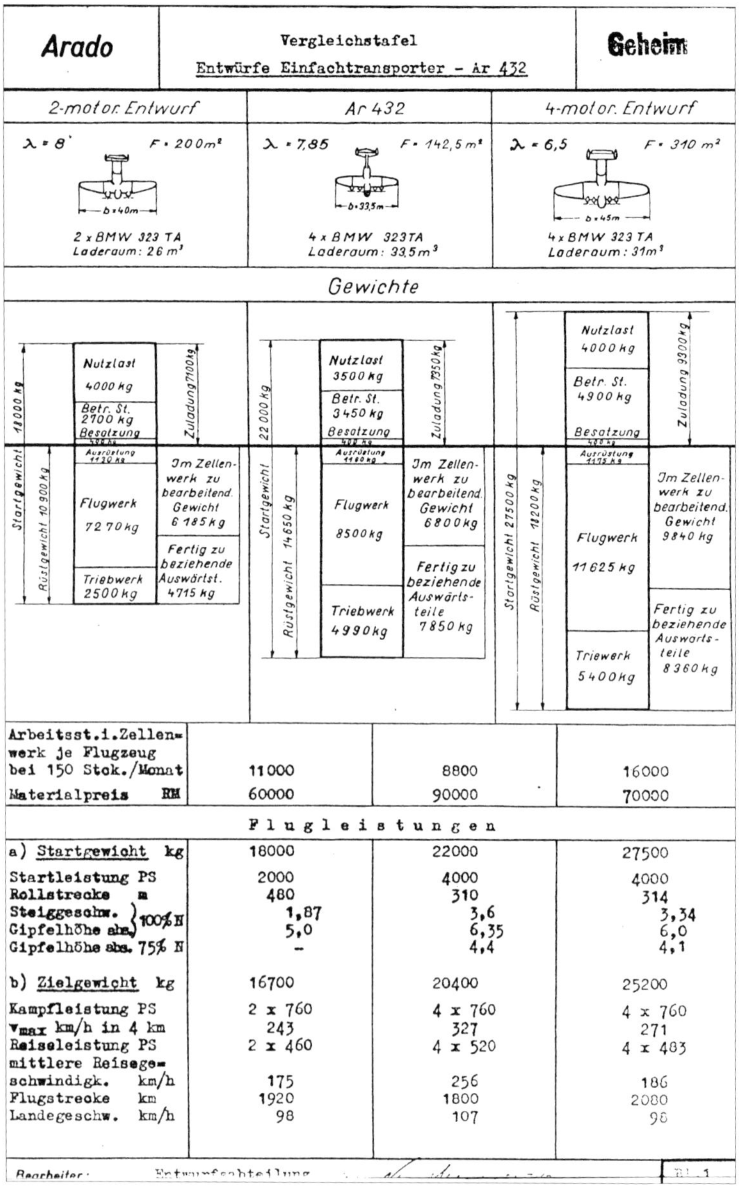

Arado	Vergleichstafel Entwürfe Einfachtransporter - Ar 432	Geheim

2-motor. Entwurf	Ar 432	4-motor. Entwurf
λ = 8 F = 200 m²	λ = 7,85 F = 142,5 m²	λ = 6,5 F = 310 m²
b = 40 m	b = 33,5 m	b = 45 m
2 x BMW 323 TA Laderaum: 26 m³	4 x BMW 323 TA Laderaum: 33,5 m³	4 x BMW 323 TA Laderaum: 31 m³

Gewichte

	2-motor. Entwurf	Ar 432	4-motor. Entwurf
Startgewicht	18 000 kg	22 000 kg	27 500 kg
Zuladung	7100 kg	7350 kg	9300 kg
Nutzlast	4000 kg	3500 kg	4000 kg
Betr. St.	2700 kg	3450 kg	4900 kg
Besatzung			
Rüstgewicht	10 900 kg	14 650 kg	18 200 kg
Ausrüstung	1120 kg	1160 kg	1175 kg
Flugwerk	7270 kg	8500 kg	11 625 kg
Triebwerk	2500 kg	4990 kg	5400 kg
Im Zellenwerk zu bearbeitend. Gewicht	6185 kg	6800 kg	9840 kg
Fertig zu beziehende Auswärtst.	4715 kg	7850 kg	8360 kg

Arbeitsst.i.Zellenwerk je Flugzeug bei 150 Stck./Monat	11000	8800	16000
Materialpreis RM	60000	90000	70000

Flugleistungen

a) Startgewicht kg	18000	22000	27500
Startleistung PS	2000	4000	4000
Rollstrecke m	480	310	314
Steiggeschw. 100% N	1,87	3,6	3,34
Gipfelhöhe abs. 100% N	5,0	6,35	6,0
Gipfelhöhe abs. 75% N	-	4,4	4,1
b) Zielgewicht kg	16700	20400	25200
Kampfleistung PS	2 x 760	4 x 760	4 x 760
v_{max} km/h in 4 km	243	327	271
Reiseleistung PS	2 x 460	4 x 520	4 x 483
mittlere Reisegeschwindigk. km/h	175	256	186
Flugstrecke km	1920	1800	2080
Landegeschw. km/h	98	107	98

Bearbeiter: Entwurfsabteilung Bl. 1

Gewichte der Ar 432 B.

Ein Wochenbericht aus Rechlin bestätigt, daß im Juni 1944 die Ar 232 B-011 werksseitig zur Vorerprobung der Ar 432 eingesetzt war. Eine erste, vermutlich mit Holzflügel und Holzleitwerk ausgerüstete Ar 232 B-0 stand auf dem Programm der letzten großen Flugzeugvorführung in Rechlin vom 12./13. Juni 1944. Ein Werksprotokoll vom 14. April 1944 vermerkt, daß bei diesem Flugzeug zuvor ein Bruch der hölzernen Höhenflosse aufgetreten war, der nachträgliche Verstärkungen notwendig machte.

In einer Besprechung am 12. Mai 1944 erteilte *Milch* den Auftrag für die »schnellstmögliche Planung für den gesamten Transporterbereich und den schnellen Anlauf der Ar 432«.[36] Obwohl nach einer Besprechung beim Reichsmarschall am 1. Juni 1944 mehrere Entwicklungsvorhaben wie die Ju 352 gestrichen wurden, blieb die Ar 432 zunächst weiter im Programm. Ausdrücklich wurde eine weitestgehende Umstellung auf Holz als Baustoff gefordert. Laut werksseitiger Aktennotiz vom 6. Juni 1944 veranlaßte *Blume* in Abstimmung mit *Siegfried Knemeyer* wie folgt Maßnahmen zur schnellen Realisierung des Vorhabens: »TV und TB hat gemeinsam mit HN die Herstellerwerke schleunigst zu bereisen zwecks Feststellung der Betriebseinrichtungen und Vorrichtungskapazitäten.« Er stellte in diesem Zusammenhang nachdrücklich fest, daß in der GL/St.-Sitzung ›Holz‹ vom 2. Juni 1944 zum Ausdruck gebracht worden war, »daß noch wesentlich mehr Holz zur Anwendung gebracht werden muß«.

Am 10. Juni 1944 wurde entschieden, daß der Serienbau im Oktober 1945 anlaufen sollte. Die Produktion einzelner Bauteile für zwei erste Versuchsmuster, die vermutlich nicht mehr fertiggestellt wurden, lief in Eger an, wo bereits im Winter 1942/43 einige Transporter vom Typ Ar 232 A stationiert waren. Für die Serienfertigung war vor allem Blohm & Voß vorgesehen.

Bald darauf kam eine Werksbesprechung vom 27. Juli 1944 allerdings zu dem Ergebnis, daß »die Ar 432 weiter verschoben werden muß, da ganz wenig Kräfte für die Arbeiten der Zelle vorhanden sind und für die Betriebsmittel die Kapazität vorläufig ganz fehlt«. Damit rückte der Bau der Ar 432 in weite Ferne. Die bereits angelaufenen Vorbereitungen für die Serienfertigung mußten schließlich abgebrochen werden, da Arado keine Genehmigung für die Materialbeschaffung mehr erhielt. Dies galt auch für die geplanten Großraumtransporter Ar 532 und Ar 632, deren Flugmassen zwischen 26 000 und 30 000 kg liegen sollten.

Pionierleistungen mit Strahlflugzeugen

Nachdem erste Impulse für die Verwendung des Strahlantriebs ab 1935 vom Institut für Strömungsmaschinen an der Universität Göttingen unter Federführung von Hans Pabst von Ohain ausgegangen waren und dieser anschließend seine Versuche bei Ernst Heinkel fortsetzte, zeichnete sich ein Entwicklungsvorsprung für die Heinkel Flugzeugwerke ab. Am 27. August 1939 erfolgte mit der He 178 der Start des ersten Strahlflugzeugs der Welt. Das mit einer He S 03B ausgerüstete Flugzeug wurde zwei Monate später Ernst Udet und Generalingenieur Roluf Lucht vorgeführt. Am 4. Januar 1939 übermittelte das RLM der Flugzeugindustrie »Vorläufige technische Richtlinien für schnelle Jagdflugzeuge mit Strahlantrieb«, die Luftwaffenführung sah aber vorab wenig Handlungsbedarf. Zwar erging auf Befürwortung von Ernst Udet im Oktober 1939 ein Vorbescheid zum Bau von zwanzig zweistrahligen Flugzeugen vom Typ He 280, das Programm wurde jedoch im März 1943 abgesetzt.
Der Rückschlag für Heinkel hing damit zusammen, daß das RLM plante, die Entwicklung von Strahltriebwerken weitgehend den etablierten Motorenherstellern zu übertragen. Diese betrachteten das Strahlturbinenprogramm als ausgesprochenes Langzeitprojekt, zumal sie eine unnötige Inanspruchnahme ihrer Kapazitäten zu Lasten der profitableren Fertigung von Kolbenmotoren befürchteten.
Nach dem Konstruktionsbeginn im Oktober 1939 kam am 11. Oktober 1940 die Junkers-Turbine 004 erstmals auf den Prüfstand. Die erste Vollgasschubmessung im Januar 1941 erbrachte nur einen Wert von 4,2 kN. Ein Jahr später wurde ein Standschub von 9,8 kN erreicht. Ein erster Flug im Erprobungsträger erfolgte am 15. März 1942. Im Spätsommer 1942 wurden die ersten dreißig Versuchstriebwerke vom Typ Jumo 004 A-0 fertiggestellt. Das erste Vorserientriebwerk Jumo 004 B-0 entstand im Januar 1943. Auch nachdem Mitte 1943 die Auslieferung der verbesserten Ausführung Jumo 004 B-1 begann, arbeiteten die Aggregate noch nicht völlig störungsfrei, und es kam weiterhin zu Schwingungsbrüchen von Turbinenschaufeln.
Die ersten Jumo-Triebwerke erhielten die Messerschmitt-Flugzeugwerke. Als Willy Messerschmitt im Juni 1939 sein Projektangebot vorlegte, stand die Auftragsvergabe für den Strahljäger Me 262 bereits grundsätzlich fest. Das Amt bestand allerdings auf einer längeren Erprobung mit der neuartigen Antriebstechnologie. Erst nach dem Erstflug der Me 262 V-3 mit zwei Jumo 004-Triebwerken im Juli 1942 erfolgte der Auftrag zum Bau einer Nullserie.

Arado Ar 234 V-1.

Bei Arado galt *Rüdiger Kosin* als der entschiedenste Befürworter einer beschleunigten Umstellung auf den Strahlantrieb. Bereits 1938 und 1939 hatte er seine Ansichten auf einer Triebwerkstagung der Lilienthal-Gesellschaft in München vorgetragen. Auf einer Tagung der Berliner Akademie der Luftfahrtforschung am 10. Januar 1941 referierte er über die Eignung strahlgetriebener Flugzeuge für große Reichweiten und verwies darauf, daß mit ihnen die bisherigen Leistungsgrenzen weit überschritten werden könnten.[1] Der Tagungsleiter Prof. *Wunibald Kamm* äußerte daraufhin: »Wir haben die Meinung der Konstrukteure von Heinkel und Messerschmitt gehört, und da kommt jetzt dieser junge Mann und sagt, man könne Reichweiten erzielen, die fünf bis zehnmal größer sind.« Der Leiter der Akademie, Ministerialdirigent *Dr. Adolf Baeumker*, nahm daraufhin *Kosin* mit den Worten in Schutz: »Wir kennen Herrn *Kosin* und wissen, daß er sich genau überlegt hat, was er sagt.«[2]

Kosin beschrieb seinen Aufgabenbereich bei Arado wie folgt: »Ein sehr großer Teil meiner Tätigkeit bestand in der wissenschaftlichen Durchdringung der Materie, der Schaffung von Theorien und Berechnungsmethoden. Wissenschaftlich fundierte und in der Praxis anwendbare Berechnungsmethoden auf dem Gebiet der Flugeigenschaften, der Triebwerksgestaltung und -Entwicklung, der Erfassung des Widerstands, Auftriebs- und Abwindänderung bei Annäherung an die Schallgeschwindigkeit bestanden ja nicht und mußten von uns erst geschaffen werden. Mit einer von mir in der aerodynamischen Abteilung neu aufgestellten Gruppe ›Themodynamik‹ vertiefte ich meine bei Heinkel begonnenen Arbeiten auf dem Öl- und Wasserkühlergebiet. Ferner führte ich mit dieser Gruppe Untersuchungen über die Ausnützung der kinetischen Energie der Abgase zur Vortriebserzeugung bzw. zur Kühlluftförderung durch. In langen und sorgfältigen Versuchsreihen mit Strahlapparaten, die Dampf aus Walter-Dampferzeugern als Treibmittel benutzten, ließ ich die Einflüsse der Treibmittel- und Schleppmittelgeschwindigkeit, der Diffusordimensionen und Diffusoranordnung, der Treibstrahlanordnung und -Aufteilung über eine Spanne von 50 Atmosphären ermitteln... Auch Untersuchungen über reine Strahltriebwerke führte ich hier durch, nachdem mir die Firma Daimler-Benz vom Reichsluftfahrtministerium zur Beratung bei der Entwicklung ihres Strahltriebwerkes zugewiesen war.«[3]

Kosin war ab 1942 Mitglied des »Sonderausschusses Windkanäle« und ab 1943 Mitglied des »Sonderausschusses Flugmechanik«. Ab 1944 war er aerodynamischer Gutachter für die Me 262, Berater bei der Entwicklung des Heinkel-»Volksjägers« He 162, Mitglied des Sonderausschusses zur Beurteilung von Schnellbomberentwürfen und des Sonderausschusses zur Schaffung von Überschallflugzeugen.

Arado war aufgrund der hohen Auslastung durch die Lizenzproduktion zunächst nicht für die Großserienfertigung von Strahlflugzeugen vorgesehen. Als jedoch die Luftüberlegenheit über England im Herbst 1940 verlorenging und noch bevor bei Arado die Entwicklung von Hochleistungsflugzeugen mit konventionellem Antrieb ihre entscheidende Phase erreichte, beauftragte das Technische Amt Arado mit dem Bau eines schnellen Strahlaufklärers. Der Vorschlag kam von dem für Aufklärungsoperationen zuständigen Oberstleutnant *Theodor Rowehl*. Gefordert wurden eine Mindestgeschwindigkeit von 700 km/h und eine Reichweite von 3 000 km. Vorgesehen war eine Lieferung von etwa fünfzig Einheiten.

Am 29. September 1941 kam der Luftwaffenführungsstab in einer Denkschrift zu dem Resultat: »Wenn überhaupt, kann die deutsche Luftwaffe die Entscheidung über den amerikanisch-englischen Luftgegner nur durch die Überlegenheit in der Güte ihrer Rüstung herbeiführen.« Der schnellen Weiterentwicklung der Strahltriebwerke bis zur Serienreife maß er deshalb besondere Bedeutung bei.

Milch erwartete im April 1942 im Rahmen einer Lageübersicht, »daß mit diesen neuartigen Triebwerken Lösungen erreicht werden können, an die man bisher nicht gedacht hat«, und hoffte, »daß wir auf diesem Gebiet einen Vorsprung vor dem Ausland haben«. Einschränkend fügte er hinzu: »Es ist selbstverständlich, daß augenblicklich im Krieg der Otto-Motor noch als Schwerpunkt anzusehen ist und die Entwicklung dieses Triebwerks ja noch nicht beendet ist. Es ist auch nicht so, daß der Übergang zu neuartigen Triebwerken schlagartig einsetzt, sondern die Anwendungsformen werden sich zum Teil überdecken, so daß auch im jetzigen Krieg mit dem Einsatz einzelner dieser neuartigen Triebwerke zu rechnen ist.«

Im August 1941, als es nur vage Anhaltspunkte bezüglich der Entwicklung der Strahltechnologie auf britischer Seite gab, äußerte *Walter Blume* die Besorgnis, daß der Bau von Strahlflugzeugen »nicht zuerst beim Gegner« erfolgen werde. Über Rostock operierende britische Aufklärungsflugzeuge machten im April 1942 das Strahlflugzeug He 280 aus. Der deutschen Seite war aber immer noch nicht bekannt, daß der Erstflug des Strahljägers E.28/39 der britischen Firma Gloster bereits am 15. Mai 1941 stattgefunden hatte. Erst am 28. Mai 1943 erhielt das RLM durch Stabsingenieur *Dietrich Schwenke* einen konkreten Hinweis auf die Existenz des britischen Flugzeugs.

Obwohl *Rowehl* die Entwicklung des Arado-Strahlaufklärers zügig vorantreiben wollte, liefen die Vorarbeiten unter der Projektbezeichnung E 370 nur zögerlich an, weil die Triebwerke vorerst nicht verfügbar waren. Zudem hatte *Walter Blume* nach Aussagen von *Rüdiger Kosin* zunächst wenig Vertrauen in die neuartige Antriebsweise und befürwortete mittelfristig ein energisches Vorantreiben des äußerst schnellen, aber konventionell angetriebenen Mehrzweckflugzeugs Ar 240.

Werksseitige Flugleistungsberechnungen ließen allerdings erkennen, daß der Einsatz von stärkeren Otto-Motoren zu keiner weiterhin tragfähigen Entwicklung führte und daß diesbezüglich der Aufwand in keinem Verhältnis zur Steigerung der Leistung stand. Deshalb entstanden bei Arado parallel zahlreiche Entwürfe und Studien, die sich mit dem Einsatz der Strahltechnologie, der aerodynamischen Verbesserung der Flugkörper, der Zunahme der Flugmasse durch vermehrten Betriebsstoffvorrat sowie mit den Auswirkungen der höheren Geschwindigkeit auf den Bombenwurf und die Wirkung der Waffen befaßten. Weitere Untersuchungen galten der Entwicklung von Druckkabinen, gepfeilten Hochgeschwindigkeitsflügeln, raketengetriebenen Zusatzgeräten, neuen Ziel- und Bombenabwurfgeräten, der Verstärkung der Flugzeugpanzerung und der Entwicklung ferngerichteter Waffenstände.

In Zusammenarbeit mit *Rüdiger Kosin* beschäftigte sich *Walter Blume* bis 1942 mit grundsätzlichen Untersuchungen zur Leistungsverbesserung durch Strahltriebwerke und deren optimaler Integration in den Flugkörper. *Blume* befürchtete bei außen liegenden Triebwerken eine Störung des Flügels. Er erwog einerseits ein Ausschwenken der Strahlturbine aus dem Rumpf. Mit der Zielsetzung, daß alle Stirnflächen aus aerodynamischen und panzerungstechnischen Gründen möglichst gering sein sollten, untersuchte er sodann die Möglichkeit, Triebwerke und Treibstoffbehälter im Rumpf unterzubringen, indem »lediglich die Ein- und Austrittsquerschnitte freigegeben« wurden. Die Triebwerke sollten gebündelt und »wegen Wirbeln« von benachbarten deutlich abgesetzt sein. Ihre Lufteintrittsöffnungen und Ausschuböffnungen sollten durch Verkleidungen und doppelte Umlenkungen mit Kugelfang geschützt werden. Der im September 1942 untersuchte Triebwerkseinbau im Rumpf ließ jedoch aufgrund der komplizierteren Führung des Luftstroms noch ungeklärte strömungstechnische Risiken und Leistungsverluste befürchten, wie sie zuvor bei dem Strahlflugzeug He 178 aufgetreten waren.[4]

Im Zusammenhang mit Überlegungen zu »gedrängten Bauarten« griff *Blume* im Sommer 1943 auch Fragen der verstärkten Panzerung und Bewaffnung erneut auf. Die »gedrängte Bauart« erschien ihm nicht nur aus aerodynamischer Sicht sinnvoll, sondern auch, weil sich so die geringste Zielfläche und der minimalste Panzerschutz ergab. Er hielt in seinen Planungsunterlagen fest: »Gr. B.[5] hat großkalibrige Abwehrwaffen; im Laufe der Zeit in ver-

ARADO	Passiver Flugzeugschutz

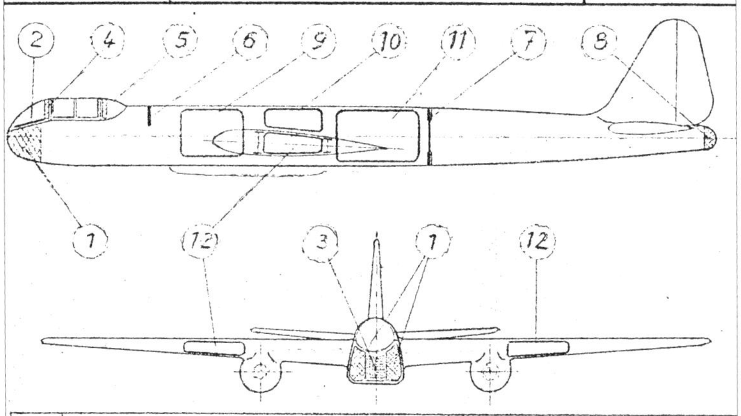

Nr.	Art des Schutzes	Dicke	Gewicht
1	Seitliche Bugpanzer	5 mm	25 kg
2	Schrägplatte vorn	5 mm	20 kg
3	Deckpanzer f. unteres Sichtfenster	15 mm	57 kg
4	Glaspanzer für Führer	80 mm	38 kg
5	Glaspanzer für Beobachter	80 mm	38 kg
6	Panzerplatte für Beobachter	15 mm	30 kg
7	Rumpfplatte hinten	15 u. 10 mm	145 kg
8	Heckplatte	5 mm	12 kg
	Panzerung		365 kg
9	1 Vorderer Rumpfbehälter	13 mm	150 kg
10	1 Mittlerer Rumpfbehälter	13 mm	65 kg
11	1 Hinterer Rumpfbehälter	13 mm	190 kg
12	2 Flügelbehälter	13 mm	80 kg
	Behälter		485 kg
	Gesamter passiver Schutz		850 kg

Abb. 20 Passiver Schutz für Entw. mit TL 109-012 28

Passiver Flugzeugschutz für Strahlflugzeuge (Februar 1943).

mehrter Zahl. Anzahl der Bomber nimmt zu. Geringhalten unserer Verluste von stark zunehmender Wichtigkeit. Starker und möglichst vollkommener Panzerschutz notwendig. Hierzu Konzentration der zu schützenden Teile erforderlich.« Zu den zu schützenden Teilen zählte er die Besatzung, Bewaffnung und Munition, die Triebwerke und den Treibstoff. Der vordere Schutz für die Besatzung sollte durch schwenkbare Panzerschilde sichergestellt werden. Die gepanzerten Treibstoffbehälter sollten zugleich rückwärtigen Schutz für die Besatzung bieten. Die Stärke der Panzerung der Flügelnasen sollte durch eine gute Formgebung verringert werden. Die durch die Panzerung anfallenden Zusatzgewichte machten neue Schwerpunktermittlungen erforderlich, die solange offenbleiben mußten, wie über die Frage der Ausrüstung und der Anzahl der Besatzungsmitglieder nicht endgültig entschieden war. Im Normalfall erschien eine Reduzierung der 3-cm-Panzerung auf 2 cm bei einem teilweisen Verzicht auf großkalibrige Waffen unumgänglich.

Entwurf für Ar 240 mit Sonderrüstsatz

Im November 1941 entstand eine Entwurfsbeschreibung für den Aufklärer Ar 240 A-0 mit Strahlantrieb als Sonderrüstsatz. Zugrundegelegt wurde laut Werksangaben vom 4. Juni 1941 das »Sondertriebwerk« Junkers 109 004. Der Einfachheit halber sollte das Aggregat an den Bombenträgern unter dem Rumpf der Ar 240 befestigt werden, und zwar so, daß die Periskopsicht nach unten, die untere Waffenanlage, die Rumpfunterseite und das Leitwerk nicht in Mitleidenschaft gezogen wurden.

Wie im Fall des im Dezember 1941 entstandenen Fernbomber-Entwurfs E 470 sollte sich der Aufklärer durch einen kurzfristigen, zusätzlichen Schub des Strahltriebwerks dem Angriff der Jäger entziehen können. Bei einem Kombinationsbetrieb ging man von einem Geschwindigkeitsanstieg von 620 km/h auf 703 km/h in sechs km Höhe bei Kampfleistung und auf 764 km/h bei Notleistung aus. Die Reichweite hätte sich bei einer Zuschaltzeit von einer halben Stunde unter normaler Kampfleistung von knapp 1800 km auf rund 1300 km verringert. Angestrebt wurde angeblich die Verwendung des gleichen Kraftstoffs wie bei Kolbenmotoren, da in diesem Fall kein eigener Behälter erforderlich und damit die Dauer der Zuschaltzeit weniger begrenzt war. Das Projekt wurde später zugunsten der Entwicklung reiner Strahlflugzeuge aufgegeben.

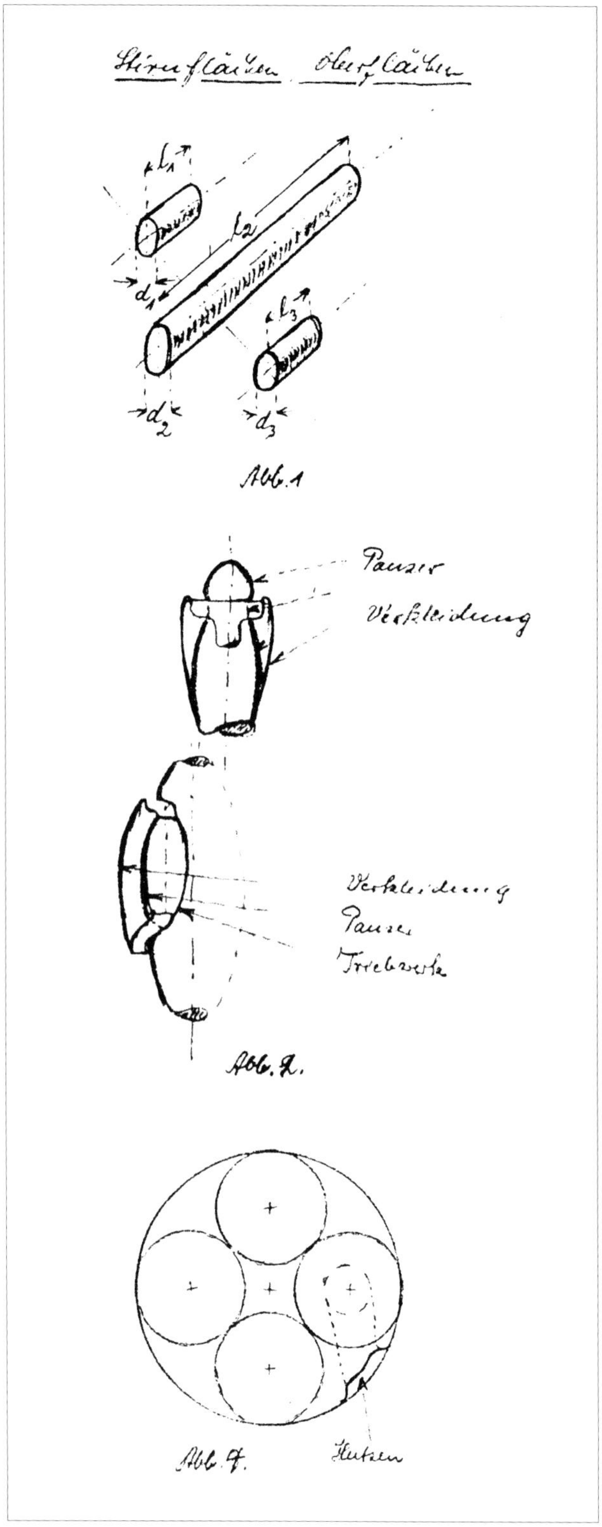

Stirn- und Oberflächen bei Strahlflugzeugen (Entwurfskizzen W. Blume). Von oben: Gepanzerte Flügelnasen und Triebwerksverkleidungen, gebündelte Strahltriebwerke im Rumpf.

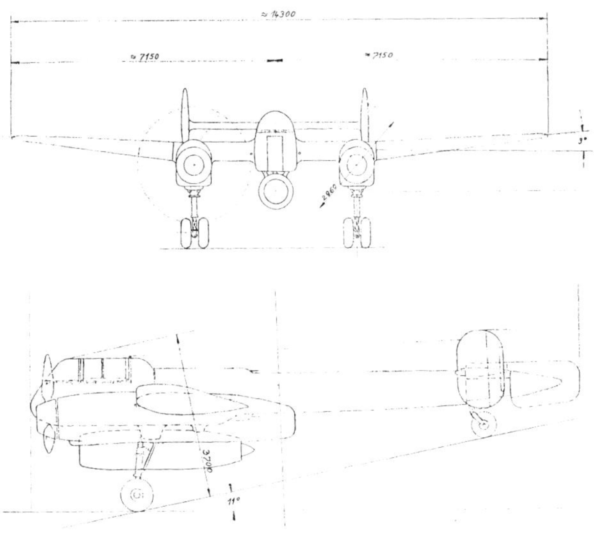

Dreiseitenansicht der Ar 240 A-0 mit TL-Sonderrüstsatz (4.11.1941).

Entwurf für Kombinationsjäger E 480/490

Um die Jahreswende 1941/42 entstanden als Übergangslösungen auch die Entwürfe E 480 und E 490, die Kombinationsjäger mit Kolbenmotoren DB 614, DB 623 oder DB 609 und zusätzlichem TL-Antrieb vorsahen. Gegenüber dem konventionellen Jäger war die Höchstgeschwindigkeit in niedrigen Höhen um 113 km/h größer, während die Differenz in zehn Kilometer Höhe nur noch 77 km/h betrug. Allerdings ergaben Berechnungen, daß ein reiner Strahljäger in großen Höhen 780 km/h erreichte und außerdem eine geringere Flugmasse und einen geringeren Geschwindigkeitsabfall in Bodennähe und in mittleren Höhen aufwies. Die Projekte wurden deshalb zunächst nicht weiter verfolgt.

Studie TL-1500

Nachdem *Walter Blume* seine Hoffnung aufgegeben hatte, das schnelle Mehrkampfflugzeug Ar 440 als Zwi-

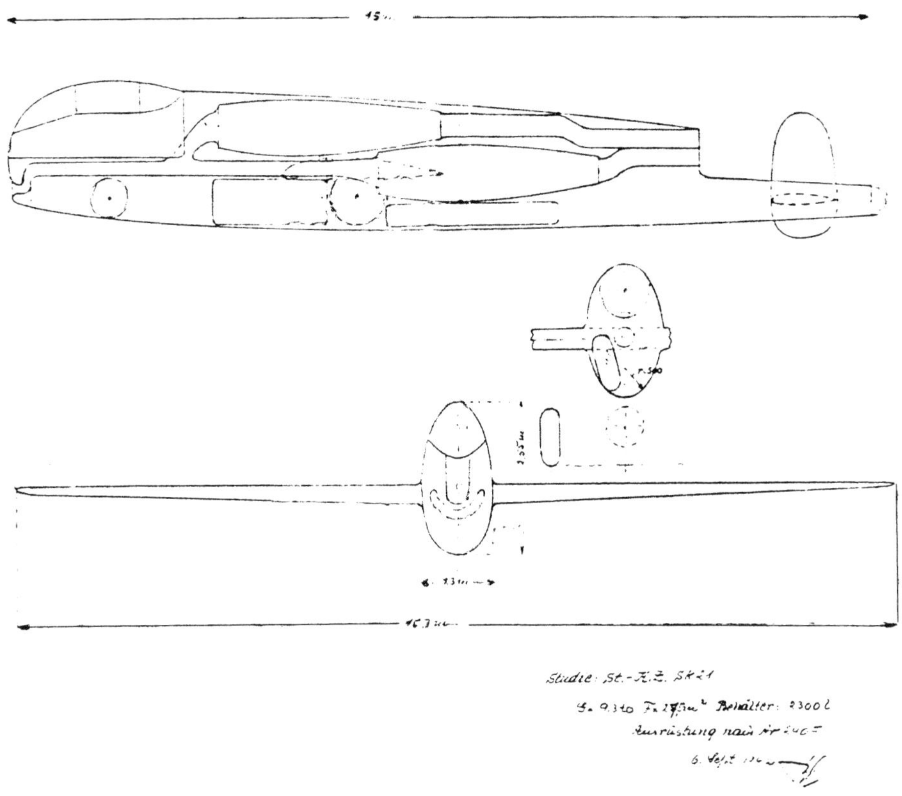

Entwurf für Ar 240 F mit innenliegenden Strahltriebwerken (6.9.1942).

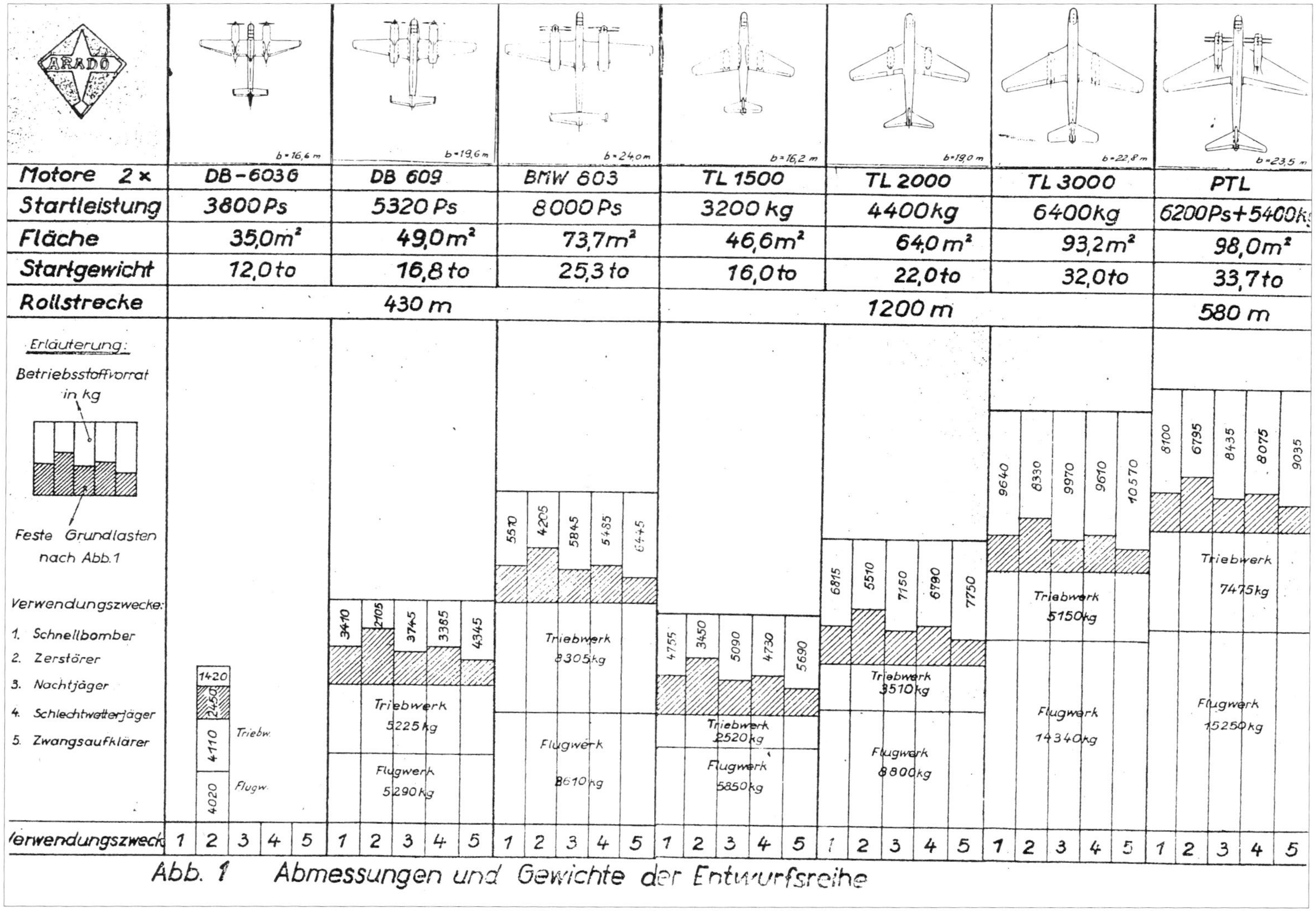

Maße und Gewichte propeller- und strahlgetriebener Flugzeuge (Arado-Studie TL-1500, Februar 1943).

schenlösung vor der Einführung von Strahlflugzeugen anbieten zu können, und er eine gewisse anfängliche Skepsis gegenüber dem Strahlantrieb überwunden hatte, betonte er, daß der größere Aufwand bei Strahlflugzeugen »nach jeder Richtung hin« gerechtfertigt sei.
Obwohl zunächst keine weiteren Entwicklungsaufträge für Strahlflugzeuge zu erwarten waren, untersuchte Arado die Verwendung des Strahlantriebs auf breiter Basis. Am 10. Februar 1943 legte *van Nes* eine Übersichtsstudie vor zu den absehbaren technischen und taktischen Entwicklungsmöglichkeiten für den »schnellen Zweisitzer«, der »fernerhin mehr gebraucht wird als derzeitig«. Das Ziel bestand darin, »unter Ansatz stufenweise gesteigerter Leistung von vorhandenen oder geplanten Otto-, Turbinen-Luftstrahl- (TL) und Propellerturboluftstrahl-Triebwerken (PTL) sowie unter Berücksichtigung ...der zu erwartenden Notwendigkeiten an aktivem und passivem Schutz« eine »Einheitsgattung« für Schnellbomber, Zerstörer, Nacht- und Schlechtwetterjäger und Zwangsaufklärer zu entwickeln. Als Ausgangsgrundlage wurde die Zelle der Ar 440 mit Druckkabine gewählt. Anhand von sechs Entwürfen in zweimotoriger Anordnung zeigte sich, daß bei Otto-Motoren bei einer auf mehr auf das Doppelte gesteigerten Kampfleistung der Geschwindigkeitszuwachs von neun Prozent auf etwa 710 km/h für die nächste Zukunft unbefriedigend war. Von den zahlreichen TL-Projekten, für die eine beherrschbare Höchstgeschwindigkeit von etwa 900 km/h angenommen wurde, erschien das leichteste mit 1500 kg Flugschub am geeignetsten, da man annahm, daß die »stärkste Klasse keine wesentlichen Geschwindigkeitssprünge mehr bringt«. Das besonders schnelle Steigleistungen versprechende, reine Raketentriebwerk blieb wegen seiner kurzen Betriebsdauer unberücksichtigt. Das PTL-Projekt ließ ein ungünstigeres Verhältnis zwischen Geschwindigkeitsleistung und Gewicht erwarten als die reinen TL-Projekte.

Für das Projekt »TL-1500« ergaben sich im Vergleich zum konventionellen Zerstörer Ar 440 einerseits deutliche Leistungssteigerungen, andererseits war bereits erkennbar, daß der überproportional große Treibstoffverbrauch des Strahlflugzeugs zunächst die Reichweite erheblich beschränkte:

	Ar 440	**TL-1500**	**Steigerung**
Startmasse (t)	12	16	35 %
Fläche (m^2)	35	46,6	33 %
Spannweite (m)	16,6	16,2	+- 0
Betriebsstoff (kg)	420	3450	242 %
Geschwindigkeit (km/h)	650	875	35 %

Studie TEW 16/43

Im Sommer 1943 entstand eine umfangreiche Studie zur Entwicklung schneller Bomber, Zerstörer, Aufklärer, Nacht- und Schlechtwetterjäger.[6] Bekannt war, daß Geschwindigkeiten bis zur Schallgrenze möglich waren, daß aber eigenschaftsmäßig in diesem Grenzbereich Schwierigkeiten auftreten würden. Durch die Pfeilung der Tragflächen sollte den zu erwartenden Verdichtungsstößen vorgebeugt werden. Als Nachteil dieser Flügelform wurde angesehen, daß im überzogenen Zustand schwanzlastige Momente auftraten und die Wirkung der Hochauftriebsklappen nachließ. Zur Abklärung der Lage wurde das »Vorantreiben von Vorversuchen zwecks Überprüfung der mancherseits ungünstigen Erwartungen über das Flügeleigenschaftsverhalten schneller Pfeilflügel« durch die aerodynamische Abteilung unter *Kosin* verlangt.
Unter der Bezeichnung TEW 16/43-26 und TEW 16/43-21 entstanden Entwürfe für einen zweistrahligen Zerstörer mit Jumo 109-012-Triebwerken und eine leistungsstärkere Ausführung mit BMW 109-003-Triebwerken. Favorisiert wurde der kleinere Entwurf, da er den Leistungen künftiger Jäger äußerst nahekommen und möglichst klein sein sollte.
Besondere Bedeutung maß Arado dem künftigen Jagdflugzeug mit großer, höhenunabhängiger Steiggeschwindigkeit und großer Reichweite zur Bomberbekämpfung bei. Dazu hieß es: »Diese Voraussetzungen sind aber nur zu erfüllen, wenn der Jäger sowohl mit einem TL-Triebwerk wie einem zeitweise zuschaltbaren Rakententriebwerk ausgerüstet wird. Dieser – als ›K-Jäger‹ bezeichnete – Kombinationsjäger hat allein noch Aussicht, rasche Gegner zu stellen und niederzukämpfen.«
Mit dieser Zielsetzung griff Arado frühere Planungen zu den Kombinationsjägern E 480 und E 490 in der Studie TEW 16/43-15 vom 20. März 1943 wieder auf. Vorgesehen war ein Mischantrieb durch ein Strahltriebwerk der 1500-kp-Schubklasse und ein zuschaltbares Raketentriebwerk. Die Spannweite der gepfeilten Flächen betrug 10,30 m, die Flächenbelastung 350 kg/m^2. Die Höchstgeschwindigkeit wurde mit 865 km/h in acht Kilometer Höhe veranschlagt. Bei Zuschaltung des Raketenmotors sollte das Flugzeug in 32 Sekunden auf diese Höhe steigen und in Höhen bis 18 800 Kilometer eine Höchstgeschwindigkeit von etwa 920 km/h erreichen. Das Fahrwerk sollte spezielle Kugelreifen erhalten. Die Aussichten für eine Verwirklichung des Projektes waren angesichts der seinerzeit kaum lösbaren Antriebsfrage schlecht. Nach dem Krieg bauten die Westalliierten entsprechende Kombinationsjäger, bevor diese von schnellsteigenden Jägern mit Nachbrennertriebwerken abgelöst wurden.
Eine weitere Studie unter der Bezeichnung TEW 16/43-13

befaßte sich mit einem reinen Raketenjäger, dessen Vorteil in einem von der Höhe unabhängigen Schub bestand. Das Flugzeug sollte getrennte Brennkammern für den Horizontal- und Steigflug erhalten. Dem Projekt wurden mittelfristig keine Erfolgschancen eingeräumt, da die Einheitsverbräuche beim Raketenantrieb zu hoch lagen. Die sehr begrenzte Flugdauer verringerte nicht nur die Aussicht auf eine Gefechtsberührung mit dem Gegner, sondern machte es auch unmöglich, schnelle Flugzeuge anschließend zu verfolgen.

Weniger leistungsfähig, aber schneller realisierbar erschien ein aus dem im Bau befindlichen Strahlaufklärer Ar 234 zu entwickelnder, schwerbewaffneter reiner Strahljäger. Die Studie TEW 16/43-23 sah eine Ausrüstung mit einem Jumo 109-012-Triebwerk oder zwei He S 011-Triebwerken vor. Die Horizontalgeschwindigkeit um 1 000 km/h ließ eine kritische Annäherung an die Eigenschaftsgrenze erwarten. Die Steigleistung von sechs Minuten auf zwölf Kilometer lag jedoch unter der der Kombinations- und Raketenjäger. Sie schien nicht ausreichend, um Angriffe von unten auf schneller als 800 km/h fliegende Gegner durchzuführen, da diese während der Steigzeit rund 90 Kilometer zurücklegten. Da die veranschlagten Flugleistungen gegenüber der bereits in Erprobung befindlichen Me 262 keine entscheidenden Vorteile boten, schied dieses Projekt aus.

Spezielle Studien galten der Auswirkung der gesteigerten Flugleistungen und der Verstärkung der Bewaffnung auf die Angriffs- und Verteidigungsmöglichkeiten. Angenommen wurde, daß es bei Gefechtsberührungen bei hohen Geschwindigkeiten zunehmend schwieriger würde, den Gegner zu treffen beziehungsweise auf dessen Flugbewegungen zu reagieren. Zu erkennen war auch, »daß der Wettlauf zwischem passivem Schutz und sich ständig steigernder Größe der Angriffsbewaffnung irgendwann einen Punkt erreicht, wo einerseits eine Steigerung des Schutzes aus Gewichtsgründen nicht mehr möglich wird und andererseits sich damit die Vergrößerung der Angriffsbewaffnung ebenfalls erübrigt«. Berechnungen ergaben, daß ein vollwertiger Schutz gegen 3-cm-Waffen durch Ausbildung des gesamten Rumpfes als Panzerschale einen untragbaren Gewichtszuwachs von 1,8 t zur Folge haben würde.

Im Gegensatz zu früheren Annahmen erschien eine Panzerung der TL-Triebwerke unmöglich. Einen Schutz der Außenbehälter hielt man für nicht erforderlich, da deren Treibstoff als erster ausgeflogen wurde. In Frage kam demnach nur ein Teilschutz im Kabinen- und Rumpf-

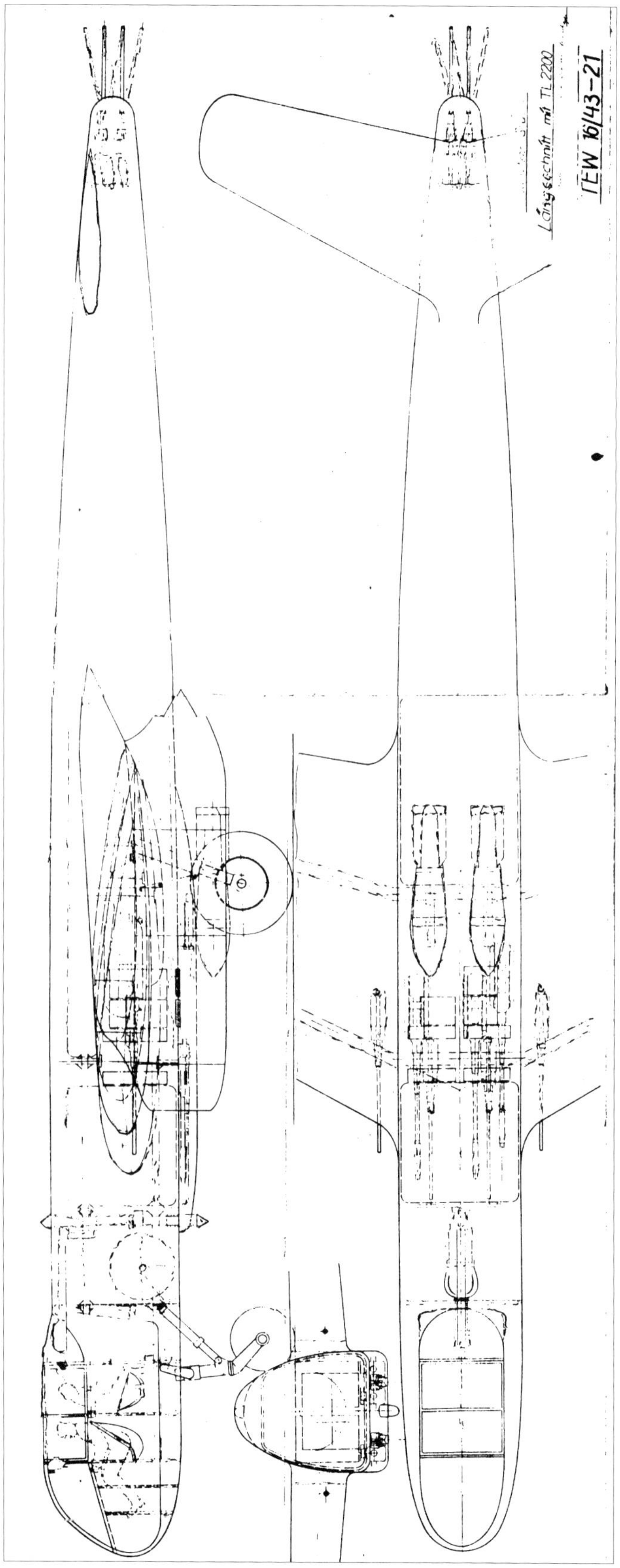

◀ Zerstörer mit TL-Antrieb (Arado-Studie TEW 16/43-21, August 1943).

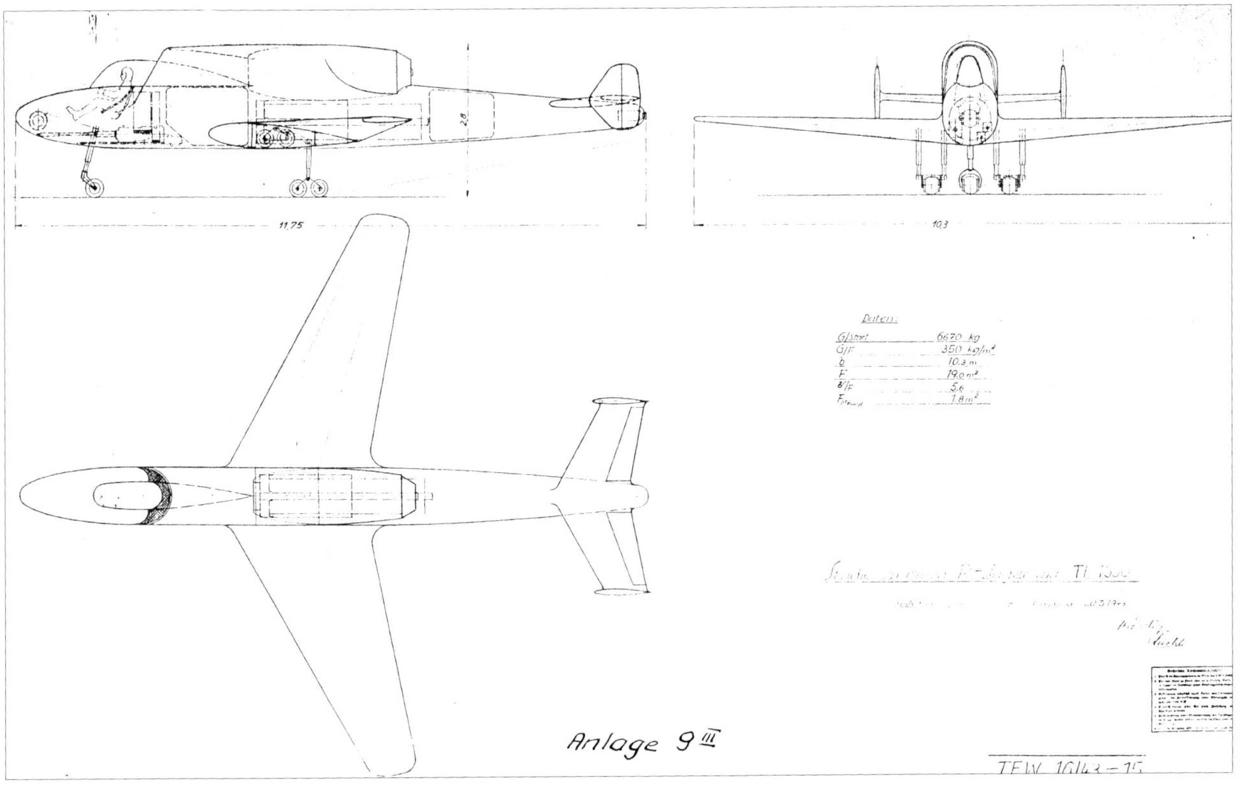

Kombinationsjäger mit TL- und Raketenantrieb (Arado-Studie TEW 16/43-15, 20.3.1943).

Zweistrahliger Jäger auf der Grundlage der Ar 234 (Arado-Studie TEW 16/43-23, 3.6.1943).

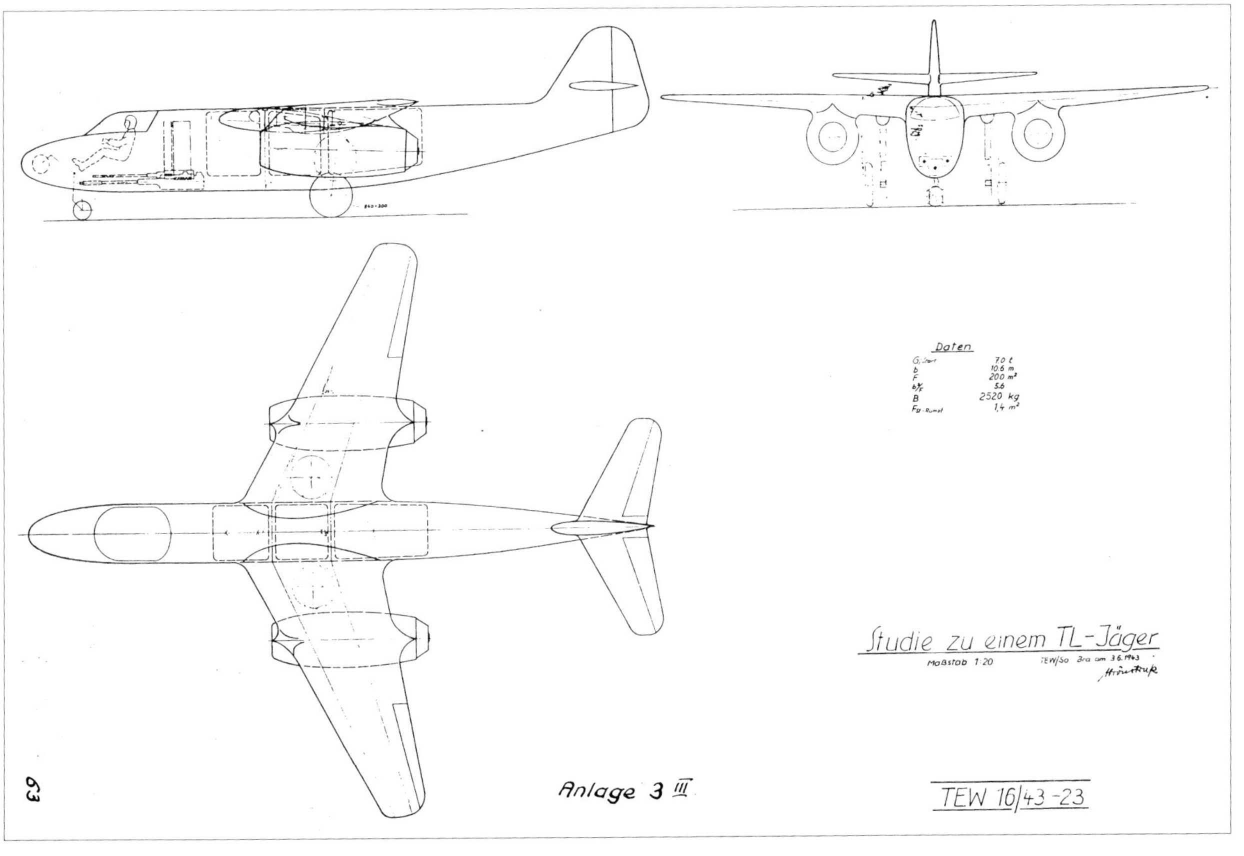

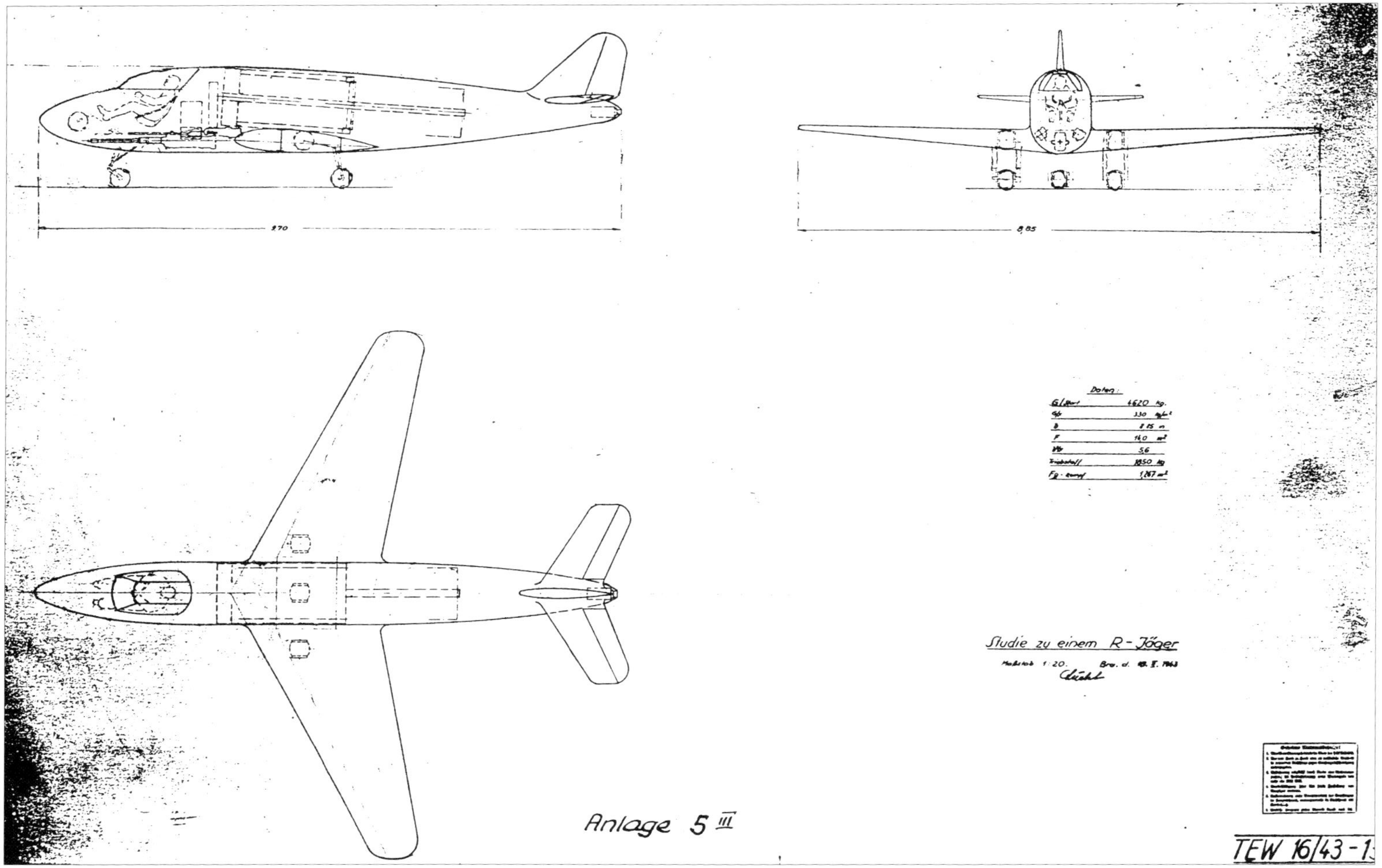

Raketenjäger (Arado-Studie TEW 16/43-13, 19.3.1943).

behälterbereich. Als der wirkungsvollste Schutz wurden jedoch eine hohe Geschwindigkeit und eine starke Abwehrbewaffnung betrachtet, mit »der der Gegner vom Leibe gehalten und gezwungen wird, seinen Angriff aus großer Entfernung zu fahren«.

Entwurf für Schnellstbomber E 560

Aus den bis zum Sommer 1943 entstandenen Studien für strahlgetriebene Flugzeuge erwuchsen einige konkrete Schnellbomber-Entwürfe. Sie bauten nach Ansicht von *Walter Blume* auf zwei Komponenten auf, »deren planmäßig sichere Beherrschung nicht völlig gewährleistet ist, nämlich auf das noch in Entwicklung befindliche Triebwerk Jumo TL-109-012 und einen Flügel starker Pfeilform.«[7] Um »den im Entwurf gezeigten Zielen praktisch möglichst rasch nahezukommen«, empfahl *Blume* eine »umgehende Ingangsetzung einer Flugzeugentwicklung nach Art des gezeigten Endprojektes mit einer Ausweichlösung hinsichtlich der Motore durch Einsatz von 6 x BMW-TL-109 003 A, die in der Entwicklung früher liegen«. Ausdrücklich merkte er abschließend an, »daß erst rund doppelt so starke TL-Triebwerke als gegenwärtig greifbar in jeder Art der Flugleistung ... Bestwerte erbringen«.

Über das Schnellbomber-Projekt E 385, für das zwei BMW-Strahltriebwerke vorgesehen waren, sind wenig Einzelheiten bekannt. Das besser dokumentierte, ab Herbst 1942 in Angriff genommene Projekt E 560 dürfte weitgehend *Blumes* Idealvorstellung entsprochen haben.

Der zweisitzige taktische Schnellstbomber E 560 sollte Pfeilflügel, eine zweisitzige Druckkabine mit Vollsicht und eine starke Panzerung erhalten. Die Bewaffnung sollte aus zwei starren vorderen MG 151, zwei starren hinteren MG 151 und einem über Periskop ferngerichteten MG 151 im Rumpfheck bestehen. Mitgeführt werden sollte eine Bombenlast von 1 000 kg. Bei einer Ausrüstung mit vier He S 011- oder Jumo 004-Triebwerken sollte die Spannweite 18,0 m, die Flügelfläche 48 m² und die Abflugmasse rund 17 000 kg betragen. Unter Verwendung des Jumo 004-Triebwerks wurde die Höchstgeschwindigkeit in acht Kilometern Höhe mit 820 km/h errechnet. Die Reichweite sollte 2 300 km betragen. Mit dem He S 011-Triebwerk ließen sich voraussichtlich 900 km/h, aber nur eine Reichweite von 1 920 km erzielen. Die Dienstgipfelhöhe lag bei rund 13 000 Metern.[8]

Blume betrachtete diesen Entwurf als richtungweisend und empfahl ihn *Milch* im Januar 1943 eindringlich, wenn auch vergeblich, mit folgenden Ausführungen: »Der gegenwärtig schnellste Zweisitzer ist die Ar 440 mit 680

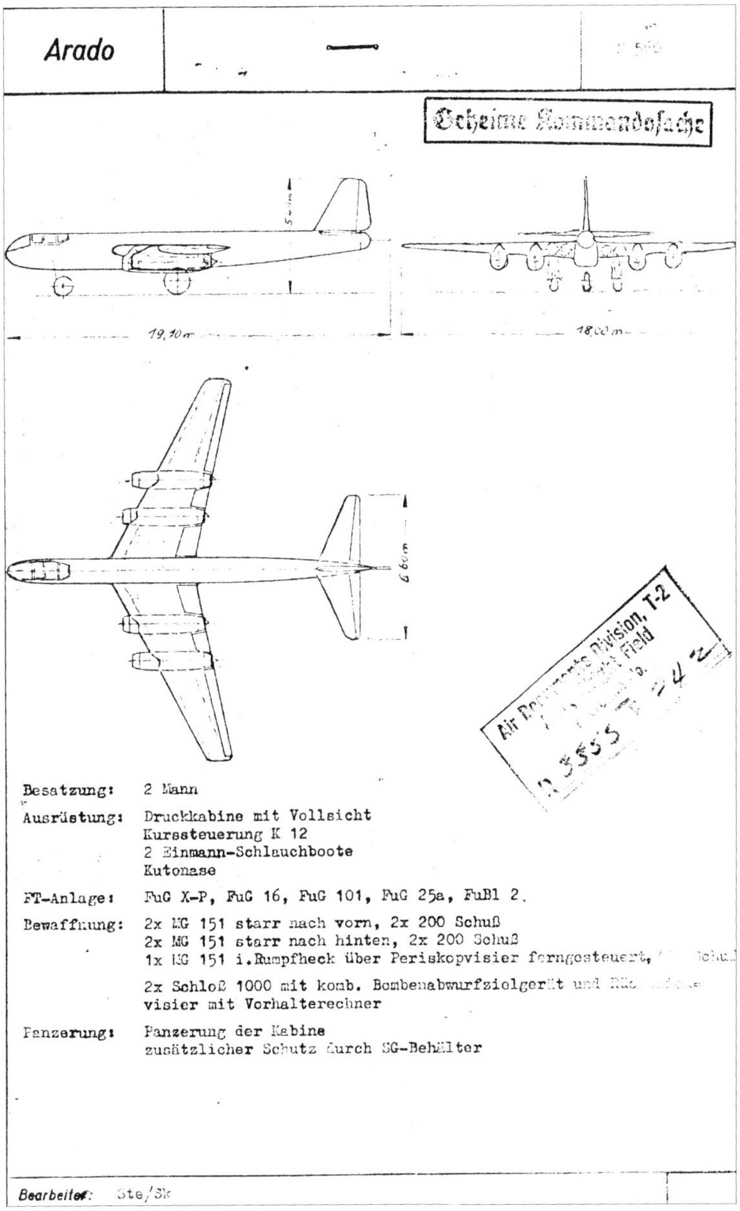

Entwurf für den vierstrahligen Arado-Schnellbomber E 560 (Oktober 1942).

km/h in 8 km Höhe bei 2 960 PS Motorleistung. Um 800 km/h in dieser Höhe zu erfliegen, wären bei ungeänderter Flugzeuggestalt und Größe (d.h. Verlust an Reichweite) 6 450 PS erforderlich, also über doppelt so starke Motoren. Offenbar liegt man hier an der Grenze der Otto-Triebwerke. Zwei-Sitzer-Schnellbomberprojekte (Ar 560) mit

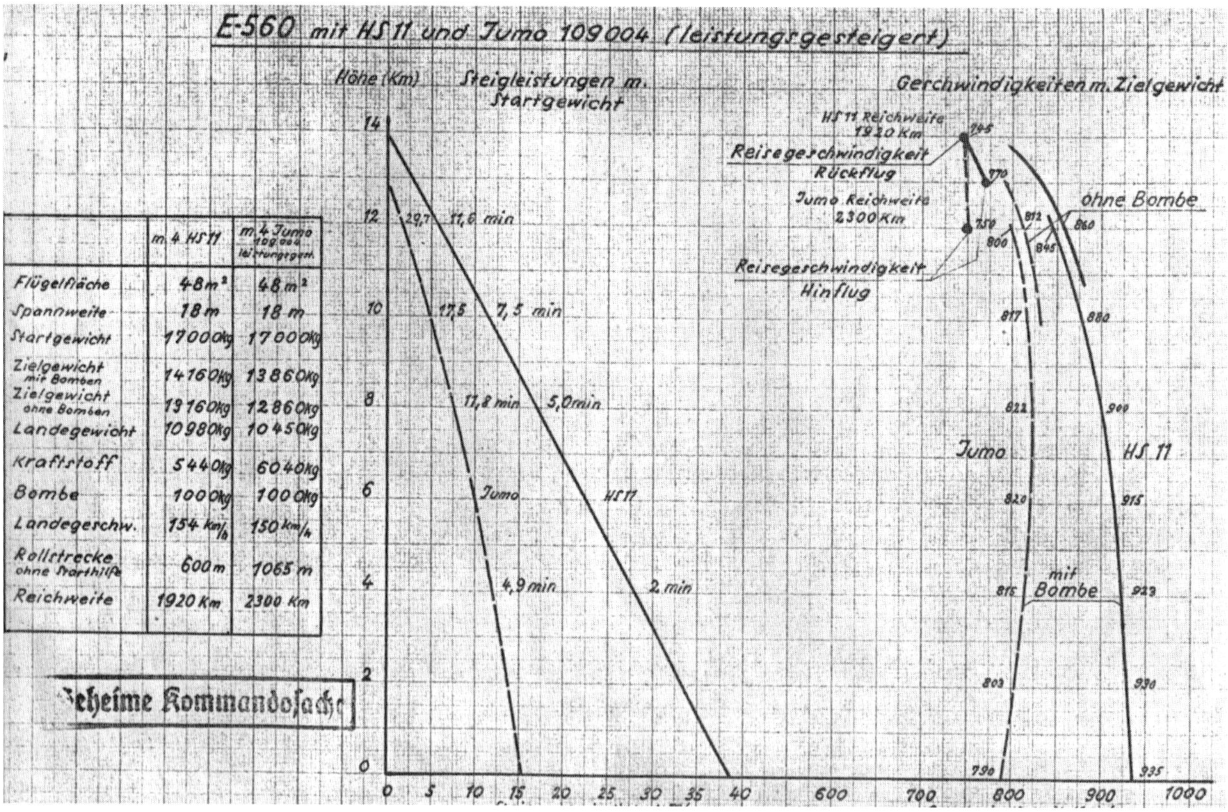

Errechnete Flugleistungen für E 560.

1000-kg-Bombe mit vier HS 11-TL-Triebwerken lassen demgegenüber in 8 km Höhe 900 km/h erwarten, wenn die Triebwerke die Leistungen halten. Dies bedeutet nicht nur einen Sprung von 220 km/h über die gegenwärtig beste Leistung, sondern gleichzeitig einen Sprung über das unsichere Grenzgebiet des Otto-Motors.«[9]

Wie bereits der vorausgegangene Entwurf des kolbengetriebenen Schnellbombers Ar 340 zeigte auch der des Strahlbombers E 560 wegweisende künftige Konstruktionsmöglichkeiten auf. Er wurde jedoch ebenfalls nicht realisiert, weil man 1943 den erheblichen Entwicklungsaufwand und die voraussichtlich hohen Produktionskosten scheute. Hinzu kam, daß die Entwicklung von Pfeilflügeln nicht abgeschlossen und die Beschaffung hinreichend erprobter Strahltriebwerke nicht gewährleistet war.[10]

Im Prinzip bestand jedoch durchaus Bedarf für einen leistungsstarken Schnellbomber, denn nachdem sich herausgestellt hatte, daß England durch strategische Luftangriffe nicht ernsthaft zu bedrohen war, wurde er von *Hitler* nachdrücklich angefordert, um mit ihm punktuelle Ziele wirksamer angreifen zu können. Nachdem die technische Verwirklichung weder mit der Ju 88 noch mit der Me 210 gelungen war, forderte er am 9. Februar 1942 eine rasche Lösung: »Wenn ich heute einen Bomber bekäme, der siebenhundertfünfzig bis achthundert Kilometer fliegt, dann hätte ich überall die Oberhand. Bewaffnung brauchte der nicht, weil er schneller ist als die schnellsten Jäger. Zu diesem Zweck müßte man in der Planung beim Bomber anfangen und nicht beim Jäger, denn der Jäger wird sofort nachgebaut. Es müßte ein Sprung sein, der über das jetzige weit hinausgeht.«[11]

Im Unterschied zu diesen Vorstellungen *Hitlers* wollte die Luftwaffenführung den strahlgetriebenen Schnellbomber aus dem bereits in Erprobung befindlichen Strahljäger Me 262 ableiten und stellte deshalb im September 1943 erneut die Entwicklung schwerer strategischer Bomber zurück. Eine Weiterentwicklung aus bereits vorhandenen Baumustern, wie sie nach dem Umdenken *Hitlers* später in der Tat aus Gründen des Zeitgewinns praktiziert wurde, mußte aber zwangsläufig zu einem wesentlich kleiner dimensionierten taktischen Bombertyp mit geringerer Reichweite führen als der Entwurf E 560 der Arado Flugzeugwerke. Erst gegen Kriegsende forderte das RLM Entwürfe für strahlgetriebene Fernbomber für Bombenlasten von 4 000 kg und Reichweiten von über 5 000 km an, obwohl die Kapazitätslage inzwischen weitaus ungünstiger war als jemals zuvor.[12]

Durchbruch mit Strahlflugzeug Ar 234

Das Strahlflugzeug Ar 234 sollte zunächst eigenständig als Aufklärer entwickelt werden. Bei der Entwurfsplanung wurde Wilhelm van Nes bis Ende 1941 von Emil Eckstein unterstützt.[13] Bis Herbst 1941 entstand der Entwurf E 370/IV, der eine von Eckstein vorgeschlagene, aber später verworfene Mehrradausführung wie im Fall des Transporters Ar 232 vorsah. Da sich die Fertigstellung der Triebwerke bei Junkers und BMW verzögerte, plante Arado vorübergehend den Einbau von Propeller-Motoren. Das Vorhaben erwies sich nach Angaben von Hans Rebeski aber trotz der Schulterdeckerbauweise wegen zu geringer Bodenfreiheit als undurchführbar.
Der Tod Ernst Udets und die Zurückhaltung seines Nachfolgers Erhard Milch gegenüber unerprobten Flugzeugtypen drohten zu einem unerwarteten Rückschlag für das Projekt zu führen. Erst im Februar 1942 erteilte Milch anläßlich eines Besuchs in Brandenburg den Auftrag zum Bau einer Attrappe. Im April 1942 gab das Amt die Anweisung zum Bau von sechs ersten Prototypen. Im Dezember 1942 gab es 14 weitere Musterflugzeuge in Auftrag, obwohl die Triebwerke vorerst noch nicht verfügbar waren. Die mit je zwei Jumo 004 A-0-Vorserien-Triebwerken ausgerüsteten Prototypen Ar 234 V-1 bis V-7 sollten bis November 1943 fertiggestellt sein. Die V-8 war für die Erprobung des Triebwerks BMW 003 vorgesehen und sollte im Januar 1944 verfügbar sein. Anschließend sollten bis Juli 1944 sechs weitere zweistrahlige Flugzeuge und bis Oktober ebensoviel vierstrahlige gefertigt werden.

Je mehr *Blume* zu der Erkenntnis gekommen war, daß die Ar 440 nur eine Zwischenlösung war, drängte er auf die beschleunigte Entwicklung der Ar 234. Am 6. November 1942 umriß er die »Ausgangslage« dahingehend, daß der Krieg in den beiden folgenden Jahren seinen Höhepunkt erreichen werde, daß die Ingenieure *Meyer, van Nes* und *Stelzer* vom Entwurfsbüro (TEW) neue Arbeit benötigten und daß das Technische Amt auf der Suche nach »schnell weit überlegenen Mustern größtes Interesse an dem Bau

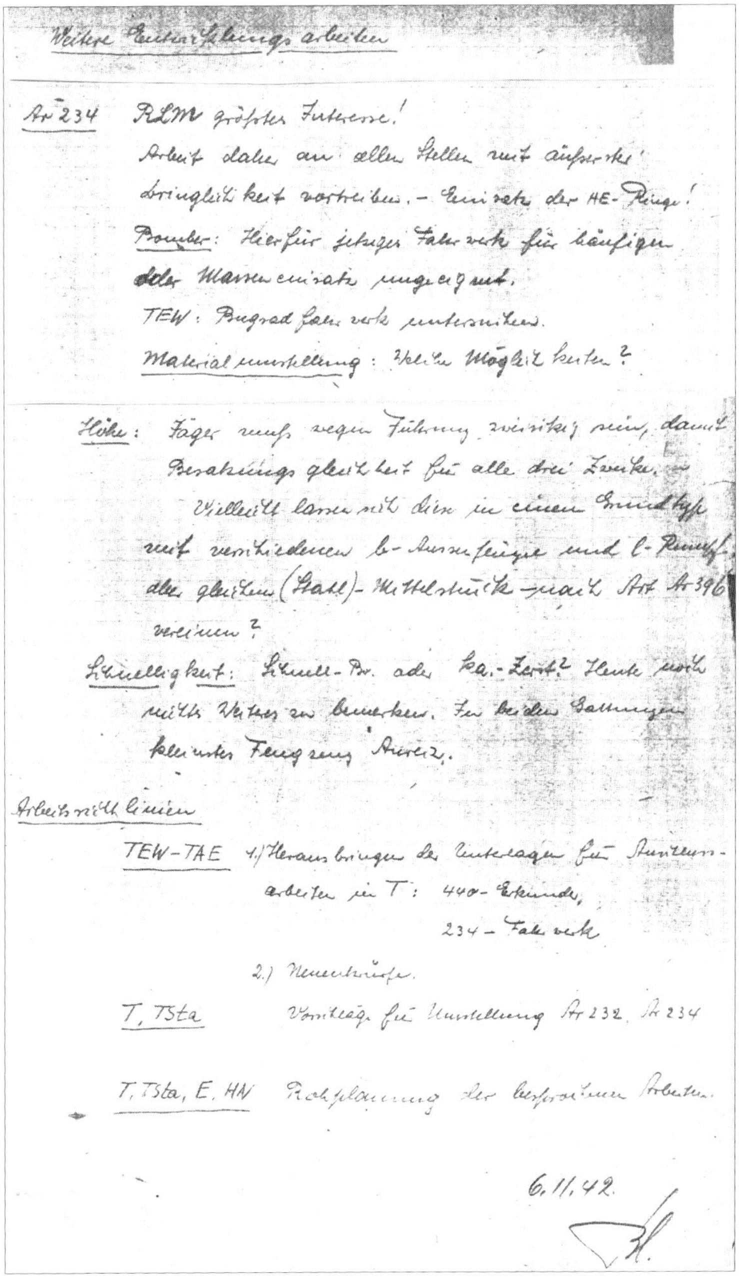
Weitere Entwicklungsarbeiten

Ar 234 RLM größtes Interesse!
Arbeit daher an allen Stellen mit äußerster Dringlichkeit vortreiben. – Einsatz der HE-Ringe!
Bomber: Hierfür jetziges Fahrwerk für häufigen oder Masseneinsatz ungeeignet.
TEW: Bugradfahrwerk untersuchen.
Materialumstellung: Welche Möglichkeiten?

Höhe: Jäger muß wegen Führung zweisitzig sein, damit Besatzungsgleichheit für alle drei Zwecke. –
Vielleicht lassen sich diese in einen Grundtyp mit verschiedenen B-Aussenflügeln und C-Rumpf, aber gleichem (Stahl)-Mittelstück – nach Art Ar 396 vereinen?
Schnelligkeit: Schnell-Bo. oder Ka.-Zerst.? Heute noch nichts Weiteres zu bemerken. Für beiden Gattungen kleinster Flugzeug-Aufwand.

Arbeitsrichtlinien
TEW-TAE 1.) Herausbringen der Unterlagen für Änderungsarbeiten in T: 440-Erkundung, 234-Fahrwerk
2.) Neuentwürfe.
T, TSta Vorschläge für Umstellung Ar 232, Ar 234
T, TSta, E, HN Rohplanung der besprochenen Arbeiten.

6.11.42.

Notizen *W. Blumes* zur Entwicklungsplanung (6.11.1942).

der Ar 234« habe.[14] Deshalb forderte er, die Arbeit »an allen Stellen mit äußerster Dringlichkeit« voranzutreiben und einen »Einsatz der HE-Ringe«[15] ins Auge zu fassen. Da über eine Auslegung als Schnellbomber, Jäger und Kampfzerstörer noch nicht entschieden war, plante er ei-

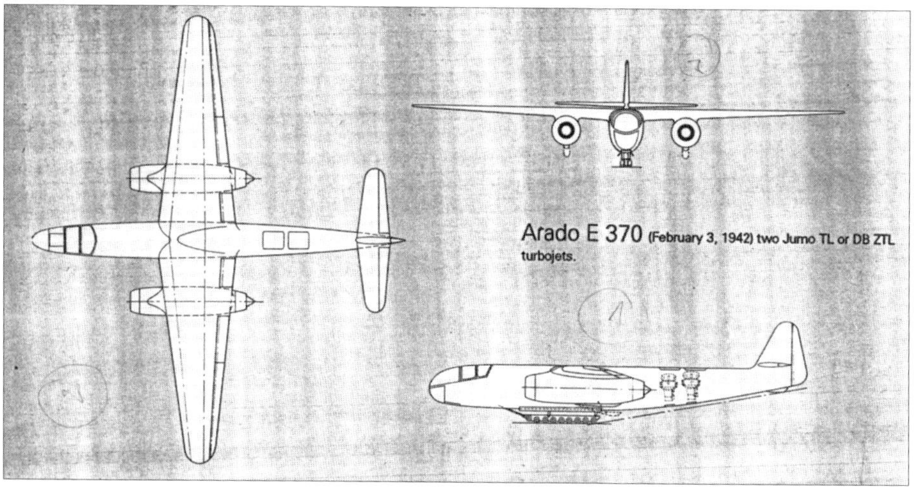

Dreiseitenansicht der Ar 234 A mit Raupenfahrwerk (Entwurf E 370, 3.2.1942).

nen Grundtyp mit kleinsten Abmessungen und hoher Geschwindigkeit. Er folgte damit der Forderung nach einer »Einheitsgattung« und plädierte für das sogenannte »Baukastensystem«. Er brach zugleich mit der gängigen Vorstellung, daß Strahlflugzeuge automatisch »Düsenjäger« seien, und stellte die bisherige Trennung von »Bomber- und Jägerfirmen« in Frage.
Einer Weisung *Milchs* vom 10. Dezember 1942 war zu entnehmen, daß die Umstellung auf Strahlantrieb unter Einbeziehung des Aufklärers Ar 234 beschleunigt werden sollte.[16] *Milch* kündigte an: »Die unbedingte Forderung nach qualitativer Überlegenheit des deutschen Luftwaffengeräts über dem des feindlichen Auslandes veranlaßt mich, die Zusammenfassung eines vordringlichen Entwicklungs- und Beschaffungsprogramms unter dem Kennwort ›Vulkan‹ zu befehlen. Die unter diesem Kennwort laufenden Aufgaben haben innerhalb der Luftwaffe absolut erste Dringlichkeit ... Das Programm umfaßt folgende Geräte:

Me 163: Einsitziger Interceptor mit Strahlantrieb
Me 262 und He 280: Einsitzige Jagdflugzeuge mit 2 TL-Triebwerken
Me 328 Einsitziger Schnellbomber aus Holz mit 2 Argusrohren für die Küstenverteidigung
Ar 234: Aufklärer mit 4 TL-Triebwerken.«

Aufklärer Ar 234 A, reduzierte Flugmasse durch abwerfbaren Startwagen

Aus der Sicht des ehemaligen Leiters des Konstruktionsbüros beschrieb *Hans Rebeski* nach Kriegsende für die Sowjets das Konzept und die Bauweise des Strahlaufklärers Ar 234 wie folgt: »Dem Entwurf lag die Forderung zu Grunde, einen Spezialaufklärer zu schaffen, der unter Zugeständnis eventuell größerer Wartung überragende Leistungen erzielen sollte. Als Besatzung für den Aufklärer war eine Person, der Flugzeugführer, vorgesehen. Als Aufnahmegeräte sollten zwei große Bildkameras mitgenommen werden. Aus vorstehenden Forderungen entstand ein Entwurf, der als Antrieb Strahltriebwerke (Turbinen) vorsieht, da die Otto-Triebwerke mit Luftschraube bei den gewünschten Geschwindigkeiten bereits beginnen, zu ungünstig zu arbeiten. Es wurden zwei Triebwerke vorgesehen; je eines rechts und links am Flügel. Hier kam die Unterbringung selbstverständlich nur an der Unterseite der Fläche in Frage.

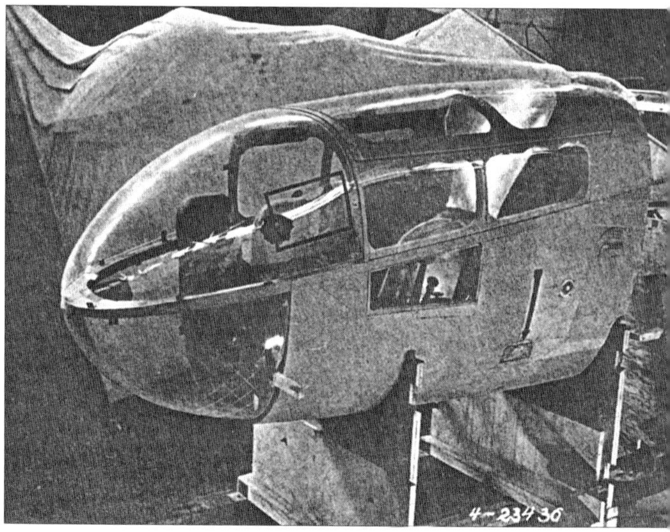

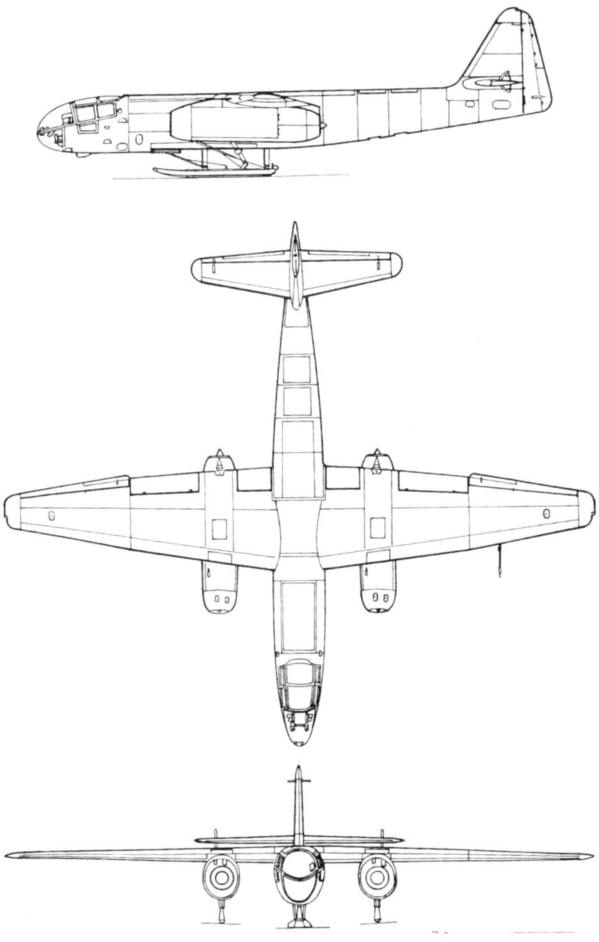

Dreiseitenansicht des Strahl-Aufklärers Ar 234 A.

Der Flugzeugführer wurde in der Spitze des Rumpfes untergebracht, da Bewaffnung oder sonstige Einbauten diesen Raum nicht benötigten und dem Führer damit gleichzeitig ausgezeichnete Sicht für die Aufklärung geboten wurde.
Um geringen Luftwiderstand zu erreichen, wurde ein dünnes Flügelprofil gewählt. Da hierbei die Unterbringung von Rädern ohne Beulen in der Tragwerksbehäutung nicht möglich ist, kam eine eventuelle Unterbringung nur im Rumpf in Frage. Dieser hätte damit aber breiter ausgeführt werden müssen, als es zur Unterbringung des Flugzeugführers und der Bildkameras nötig gewesen wäre. Damit wäre aber ein größerer Luftwiderstand erzeugt worden. Es wurde daher auf ein eigenes Fahrwerk zum Start verzichtet und nur eine Mittelkufe mit zwei Stützkufen vorgesehen. Zum Start wurde das Flugzeug dann mit ausgefahrener Kufe auf einen Bugradstartwagen gestellt, welcher sofort nach dem Abheben des Flugzeugs ausgeklinkt wurde und am Boden blieb. Hier wurde er dann mittels eines sich automatisch öffnenden Bremsschirmes abgebremst.«[17]

Die Ar 234 entstand als Schulterdecker, um bei der Landung einen niedrigen Schwerpunkt zu erhalten. Die markante, aus sphärisch verformtem Plexiglas gefertigte Vollsichtkanzel im Rumpfbug hatte den Einstieg an der Oberseite. Das Dach der Kabine, die später als erste Volldruck-Serienkabine der Welt ausgebildet wurde, konnte im Notfall abgesprengt werden. Im Anschluß an die Kabine war Raum für beschußsichere Kraftstoff-Sackbehälter, für die Unterbringung der einziehbaren Landekufe, einer rückwärtigen Bewaffnung und von zwei Bild- beziehungsweise Funkgeräten.
Die Ausrüstung bestand aus Überwachungs- und Bedienungsgeräten für Flug, Navigation und Triebwerke. Dazu

◀ Kabinenattrappe der Ar 234 A (23.3.1943).

Ar 234 V-1.

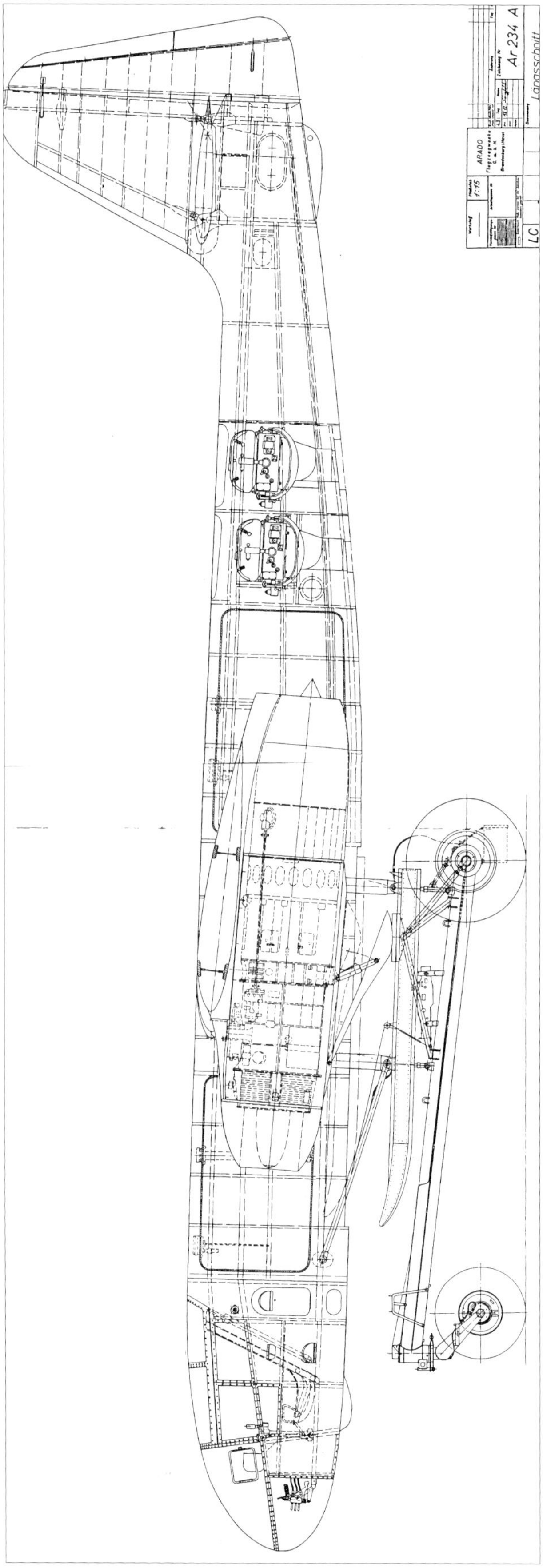

Längsschnitt des Strahlaufklärers Ar 234 A mit dritter und endgültiger Ausführung des Startwagens (Günter Sengfelder).

gehörten Vorratsanzeigen für Kraftstoff, zwei Drehzahlmesser sowie Anzeigegeräte für Temperatur, Gas- und Schmieröldruck. Der Innendruck der Kabine wurde über Druckhalteventil auf einer Nennhöhe von 8 000 m gehalten. Daher war Maskenatmung immer erforderlich, um den Piloten bei einem möglichen Undichtwerden der Kabine zu schützen.[18] Bei Maskenatmung betrug der Drucksturz nur 6 000 m, so daß es problemlos möglich war, die kritische Höhe in gedrücktem Gleitflug zu verlassen.

Der in Leichtmetall-Schalenbauweise erstellte Rumpf war zur besseren Fertigung und zum schnelleren Durchlauf durch die Großbauvorrichtungen in mehrere Teile getrennt. Die Bleche waren nach Angaben von *Rebeski* »in Flugrichtung übereinander gelegt und quer zur Flugrichtung mit einer daruntergesetzten Lasche stumpf gestoßen«. Die Nietung war »im Luftströmbereich versenkt ausgeführt«.

Die beim Luftschrauben-Antrieb gebräuchliche Anordnung des Heckleitwerks im Luftschraubenstrahl war bei Strahltriebwerken nicht möglich. Das Höhenleitwerk wurde daher hoch gelegt und das Seitenleitwerk als Zentralleitwerk ausgebildet. Höhenruder und Seitenruder besaßen zur Einstellung der Steuerkräfte ein Ausgleichsruder. Zum Austrimmen waren eine Höhenflossenverstellung und eine Seitenrudertrimmung vorhanden, die vollmechanisch arbeiteten und über selbsthemmende Glieder verfügten.

Die Querruder waren durch ein in der Nase untergebrachtes Eisengewicht voll ausgeglichen. Diese Art des Ausgleichsgewichtes wurde gewählt, um im Luftstrom liegende Teile und Spalten zu vermeiden. Die Landeklappen waren als Spalt-Wölbungsklappen ausgeführt und durch die Triebwerke in innere und äußere Landeklappen unterteilt. Ein hydraulisch angetriebener Arbeitszylinder trieb die als Stoßstangensystem aufgebaute Landeklappensteuerung, wodurch ein synchroner Lauf aller vier Landeklappen gewährleistet war. Der für die Hydraulik erforderliche Öldruck wurde durch Zahnradpumpen erzeugt, die von den Strahltriebwerken angetrieben wurden.

Der sich beim Ausfahren der Landeklappen und dem Herunterziehen der Querruder ergebende Luftspalt vor den Rudernasen erzeugte beim Schnellflug einen hohen Luftwiderstand. Zur Vermeidung dieses Nachteils wurde der Spalt durch eine Abdeckklappe geschlossen. Um die beim Ausfahren der Landeklappen zu erwartende Lastigkeitsänderung automatisch auszugleichen, wurde eine hydraulische Kopplung zwischen Landeklappe und Höhenflossenverstellung vorgesehen, die bewirkte, daß die Höhenflosse unabhängig von der Handverstellung in zwei Endstellungen bewegt und verriegelt wurde.

Angesichts der relativ geringen Spannweite wurde auf eine Teilung des Flügels verzichtet. Um eine hohe Oberflächengüte zu erzielen, wurde ein Profilstrak angewendet, der es gestattete, die Behäutung abzuwickeln. Die sich dadurch ergebenden fertigungstechnischen Vorteile beschrieb *Rebeski* wie folgt: »Damit entfiel die sonst erforderliche Treibarbeit für die Behäutung und die Gefahr von Beulenbildungen. Jede Flügelseite wurde in zwei abwickelbare Flächen aufgeteilt. Durch die Abwickelbarkeit der Behäutung bedingt, entstand an der Hinterkante der Fläche eine im Bogen verlaufende Hinterkante. Die größte Profildicke wurde der hohen Geschwindigkeit wegen etwas nach hinten verschoben, wodurch ein etwas spitzes Profil entstand. Ebenfalls zu Gunsten der Oberflächengüte wurde die Behäutung vom Hinterholm oben über den Vorderholm, die Nase, bis fast an die Unterseite des Vorderholms durchgezogen. Hierdurch wurde der Blechstoß quer zur Flugrichtung auf der Oberseite des Profils in der Nähe der empfindlichsten Stelle für die Luftströmung vermieden. Diese Ausführung wurde bewußt auf Kosten einer eventuell sonst etwas günstigeren Fertigung, durch Trennung des Nasenkastens, durchgeführt. Dadurch ergab sich für die Fertigung folgende Aufteilung: Herstellung des Vorderholmes, des Hinterholmes, der Mittel-, End- und Nasenrippen, Herstellung der Behäutungsbahnen nach Schablonen mit den darauf bereits genieteten Profilen, wobei die Behäutungsbleche in Streckziehpressen gezogen wurden, um die Nasenkrümmung zu erreichen und möglichst glatt zu werden. Die Nasen- und Endrippen wurden dann mit den fertigen Holmen vernietet. In einer Großvorrichtung werden dann diese Bauteile zusammengefügt. Zum Schluß wurde die Unterseite behäutet.«[19]

Nach Ansicht *Walter Lehmanns*, der als Aerodynamiker an der Entwicklung dieses zuvor bei keinem anderen Flugzeugtyp verwendeten Verfahrens mitgewirkt hatte, »wurden bei dem Strak nicht, wie sonst üblich, die Punkte gleicher prozentualer Profiltiefe miteinander verbunden, sondern die Profilpunkte, die unter Berücksichtigung der Flügelschränkung die gleiche Neigung hatten. Die Straklinien liefen dabei auf der Oberseite von innen nach außen fächerförmig auseinander. Die Hinterkante ergab sich aus dem Schnitt von Ober- und Unterseite als Kurve«.[20]

Nach der Lieferung der ersten Junkers-Triebwerke und nach deren Vorerprobung bei Rollversuchen im März 1943 wurde der erste Prototyp der Ar 234 (W.Nr. 130 001, TG+KB) in demontiertem Zustand mit einem Transporter vom Typ Ar 232 nach Rheine überführt, da in Brandenburg keine ausreichend lange Startbahn vorhanden war. Zur Tarnung sollen angeblich Propeller vor den Triebwerken angebracht worden sein. Am Abend des 30. Juli stieg der Werkspilot *Selle* zum Jungfernflug auf, bei dem er das Flugzeug bis zu einer Geschwindigkeit von 650 km/h problemlos ausflog. Stabilitäten, Ruderdrücke, Ruderwirksamkeiten und Überziehverhalten waren auf Anhieb so einwandfrei, daß keinerlei Änderungen am Flugwerk erforderlich wurden.

Anfängliche Probleme bereitete nur der Startwagen. *Rebeski* hatte frühzeitig vorgeschlagen, den Wagen am Boden zu lassen. *Blume* hatte jedoch den Vorschlag des Verbandes Luftlandetruppen in Wittstock aufgegriffen, den Steigflug in 500 m Höhe zu unterbrechen und den Wagen während eines erneuten Anfluges bei 250 km/h mittels zweier Fallschirme abzuwerfen. Die obere Verriegelung mit den Rumpfbeschlägen sollte unter gleichzeitiger Öffnung der Klappen der Fallschirmkästen ausgeklinkt werden. Beim Abfallen des Startwagens sollten die beiden hydraulischen Bremsleitungen zu den Radbremsen aufgetrennt und durch Kugelventile abgedichtet werden. Durch den Fahrtwind des unmittelbar über dem Startwagen fliegenden Flugzeugs wurden die Fallschirme jedoch verwirbelt und verdrehten sich miteinander, so daß der Startwagen abstürzte.

Bericht über die Erprobung Ar 234 V-1 während der Zeit vom 18.7. bis 31.7.1943:[21]

18.7.	Transport des Flugzeuges nach Rheine. Beginn der Montage.
19.7.	Montage fortgesetzt und beendet.
20.7.	Funktionsprüfung der Hydraulik.
21.7.	Triebwerksstandläufe. Rollversuche.
22.7.	Funktionsprobe: Wagenabwurf, dabei Reissen der Seile zum Entriegeln der Abstützstreben. Rollversuche mit R-Geräten ohne TL.
	Abschließende Rollversuche mit TL.
23.-26.7.	Behebung kleiner Funktionsbeanstandungen. Eichung und Überprüfung der gesamten Triebwerksmeßanlage.
27.7.	Reparatur des Triebwerks durch Fa. Junkers.
28.7.	Ausbau des Triebwerks. Prüfung und Eichung der Meßanlage für das linke Triebwerk. Standläufe zwecks Einregulierung.
29.7.	Verschiebung des Höhenflossen-Trimmbereichs in Richtung schwanzlastig. Anbau der geänderten Abstützstreben für Startwagen. Funktionsprobe: Wagenabwurf i. O.
30.7.	Flug-Nr. 1, 20.10 – 20.24 Uhr, 1. Werkstattflug (ohne R-Gerät).
	Zerstörung des Startwagens beim Abwurf infolge Beschädigung der Fallschirme durch die Abstützstreben.
31.7.	Kontrolle des gesamten Flugzeuges.

Trotz der Bedenken *Rebeskis* ordnete *Blume* einen erneuten Versuch mit geänderten Stützstreben an, die *Rebeski* am 6. August mit einer Ar 96 von Brandenburg nach Rheine transportierte. Doch auch beim zweiten Start am 10. August öffneten sich die Fallschirme nicht einwandfrei.
Der Einflieger *Selle* hielt das Ergebnis der Flüge vom 30. Juli (20.02 – 20.15 Uhr) und 10. August 1943 (16.37 – 17.31 Uhr) wie folgt in einem Bericht fest:
»Die QR-Eigenschaften sind gut, ihre Wirkung ist verblüffend. Bei V = 600 bis 650 km/h sind die Handkräfte z. Zt. noch etwas hoch, aber gleichmäßig ansteigend...Bei gleicher Geschwindigkeit, wie bei Start und Landung, ist die Höhenruderkraft- und Wirkung gut und bedarf keiner Verbesserung. Die Seitenruderwirkung steht der Höhen- wie QR-Wirkung nicht nach. Die Steuerkräfte sind noch etwas hoch. Sie werden durch Flettnerentlastung den Höhenruderkräften angepaßt.
Das Flugzeug macht selbst jetzt, wo die Ruderkräfte noch nicht ganz aufeinander abgestimmt sind, betreffs Wendigkeit einen überragenden Eindruck und erfüllt weit über die gestellte Aufgabe m. E. die Jägerforderung. Auffallend sind dabei die hohen Beschleunigungen, die vorne beim Flugzeugführer auftreten. Letztere werden noch gemessen.
Die Schieberollmomente sind in ihrer Größe in Ordnung. In der Kurve, wie auch in der hochgezogenen Kurve, wirken sie sich sehr günstig aus.
Die Lastigkeitsänderung beim Aus- wie Einfahren der Landeklappe ist verhältnismäßig klein. Ebenso beim Ein- wie Ausfahren der Kufen wie beim Startwagenabwurf...
Das Flugzeug wurde bis V = 650 km/h ausgeflogen. Irgendwelche Beanstandungen traten nicht auf. Das Rollen, wie der Start auf dem Wagen, machen keine Schwierigkeiten. Das Flugzeug liegt sehr ruhig darauf und gibt einem das volle Gefühl der Sicherheit... Der Steigwinkel nach dem Abheben ist anfangs sehr flach. Letzteres wird sicher erheblich verbessert, wenn der Startwagen wie vorgesehen in Zukunft beim Abheben ausgelöst wird. Der Startwagen wurde aus 500 bzw. 650 m Höhe mit einem Va = 230 km/h abgeworfen. Das Ausklinken funktionierte gut und ergab keine Beanstandungen. Beide Wagen gingen jedoch zu Bruch, da das Auslösen der Fallschirme nicht wie vorgesehen funktionierte. Beide Landungen erfolgten auf der Kufe mit voll ausgefahrener Landeklappe... Schwierig ist die Landung nicht. Sie erfordert von dem Flugzeugführer eine Umstellung, da man vor dem Aufsetzen sehr nahe an den Boden heran muß und das Flugzeug möglichst flach auf der Kufe aufsetzen muß...Die Triebwerke arbeiteten auf beiden Flügen einwandfrei. Erstaunlich ist der ruhige Lauf gegenüber den üblichen Triebwerken.«[22]

Ar 234 V-1 beim Start in Rheine nach dem Ausklinken des Startwagens.

Nachdem der Startwagen im Sinne *Rebeskis* unmittelbar nach dem Start bei etwa 150 km/h ausgeklinkt und am Boden von einem Bremsfallschirm abgebremst wurde, traten keine Probleme mehr auf. Das Flugzeug konnte jetzt ohne erneuten Anflug sein Ziel ansteuern, und der Flugplatz konnte sofort nach dem Start wieder freigegeben werden. Im Bericht über die Erprobung des neuen Startwagens hieß es:
»Am 29.8.1943 startete ich zwecks Erprobung des neuen Startwagens um 16.56 zu einem Werkflug...Wie schon die Versuche ergeben hatten, löste sich der Startwagen ohne Schwierigkeiten und rollte nach Auslösen des Bremsfallschirmes in einer leichten Rechtskurve nach rd. 150 m aus. Im Flugzeug selbst trat beim Auslösen des Startwagens keine bemerkenswerte Lastigkeitsänderung auf. Sehr vorteilhaft gegenüber dem alten Startverfahren wirkt sich nach dem Auslösen des Startwagens die schnell zunehmende Fahrtgeschwindigkeit und der damit verbundene Steigwinkel aus... Das Flugzeug macht nach wie vor, selbst bei böigem Wetter und bei hoher Fahrt, einen stabilen Eindruck, und ich glaube nicht, daß in dieser Hinsicht noch Schwierigkeiten auftreten.«[23]

Triebwerkserprobung

Die Anfälligkeit der Strahltriebwerke war der einzige Schwachpunkt des Flugzeugs. Schäden an den Aggregaten machten einen häufigen Austausch nötig. Um ein Überhitzen des Turbinenrades zu vermeiden und Schaufelbrüchen vorzubeugen, war die Überwachung der Abgastemperatur wichtig und eine mechanische Blockierung des Leistungshebels vorgesehen. In der Endstellung war nur eine maximale Geschwindigkeit von 900 km/h möglich. Beim Start und während des Fluges durfte der Lei-

Ar 234 V-3 (W.Nr. 130 003, DP+AX) mit zwei Jumo 004 A-0 -Triebwerken beim Start mit R-Geräten.

stungshebel nur langsam bewegt werden, damit das Triebwerk mit der Leistung nachkam und nicht ausblies. In über 4 000 m Höhe konnte nur sehr vorsichtig gedrosselt werden, weil durch absinkenden Einspritzdruck die Verbrennung unvollkommen ablief. In Höhen um 10 000 m war ein Drosseln unmöglich. Ein erneutes Anlassen ausgeblasener Triebwerke konnte nur unter 4 000 m und bei einer Geschwindigkeit zwischen 400 und 500 km/h vorgenommen werden, weil sonst der Luftdurchsatz zu groß war. Gingen die Triebwerke aus, mußte der Brandhahn sofort geschlossen werden, um eine Überschwemmung mit Kraftstoff und einen Brand zu verhindern.

Als *Selle* am 29. August 1943 mit der V-1 landen wollte, traten erstmals entsprechende Probleme auf. Sein Bericht lautete: »Nach rd. 20 min. Flugzeit setzte ich zur Landung an. Ich nahm das Gas zurück und fuhr bei Va = 300-250 km/h die Kufen sowie die Landeklappen aus und trimmte das Flugzeug mit der Höhenflosse zum Landeanflug aus. Flughöhe 300 m. Im Anschluß wollte ich wieder Gas geben, um die Platzgrenze anzufliegen. Dabei stellte sich heraus, daß beide Triebwerke kein Gas mehr annahmen. Ich schaltete zwar sofort die Zündung wieder ein, mußte aber in Anbetracht der niedrigen Flughöhe und Geschwindigkeit diesen Versuch wieder aufgeben. Da ich die Platzgrenze nicht mehr erreichen konnte, entschloß ich mich zur Notlandung...«[24]

Selle überführte am 13. September 1943 den zweiten Prototyp (W.Nr.130 002, DP+AW) nach Alt-Lönnewitz in Sachsen. Am 2. Oktober 1943 kam er während der Erprobung der Steigfähigkeit durch einen Absturz ums Leben, dessen Ursache ein Triebwerksbrand war. Aus dem Sprechverkehr mit dem Piloten schloß man, daß dieser bis zum letzten Moment das volle Ausmaß des Defektes nicht erkannt hatte. In 9 000 m Höhe meldete er, daß das linke Triebwerk ausgefallen war. Er war bemüht, nach einem Sinkflug bis auf 4 500 m Höhe das Triebwerk wieder anzulassen, als unerwartet Vibrationen im Höhen- und Querruderbereich auftraten. Der Pilot teilte zugleich mit, daß alle Kontrollinstrumente ausgefallen waren. Er hatte das Kabinendach abgeworfen, entschloß sich aber in der Absicht, das Flugzeug zu retten, zu spät für einen Ausstieg. Kurz vor dem Flugplatz machte das Flugzeug plötzlich in geringer Höhe eine scharfe linke Rolle und stürzte im Messerflug ab.

Am 5. Oktober wurde der Unfall auf einer GL-Besprechung mit *Milch* erörtert. Die Schwierigkeiten beim Wiederanlassen eines ausgegangenen Triebwerks waren bekannt. Man vermutete aber bereits, daß ein Brand vorgelegen haben mußte. Da die Junkers Motorenwerke einen Brand von mit Kerosin betriebenen Triebwerken für unwahrscheinlich hielten, hatte das Flugzeug kein Brandschott zwischen Triebwerk und Flügel. Deshalb konnte der durch eine gebrochene Dural-Kraftstoffleitung ausgelöste Brand auf den Flügel übergreifen, dessen Behäutung durchbrennen lassen und zunächst zum Ausfall aller Kontrollinstrumente führen. Der Pilot konnte die steigende Temperatur im Triebwerksbereich deshalb nicht feststellen.

Nach Darstellung *Rebeskis*, der seinerzeit mit der Untersuchung des Unfallhergangs beauftragt war, wurde die Stoßstange für die äußere, linke Landeklappe vom Feuer erfaßt. Da die Landeklappe voll ausgefahren war und die Stoßstange unter hoher Last stand und zerbrach, ging die Landeklappe schlagartig zurück. Der Vorgang wirkte wie ein starker Querruder-Ausschlag, da die rechte äußere Landeklappe bereits voll ausgefahren war. Diese Wirkung konnte der Pilot nicht kompensieren.

Es wurden Sofortmaßnahmen zur Vermeidung ähnlicher Vorkommnisse getroffen. An der Flügelunterseite wurde ein Brandschott zum Triebwerk und Flügelinneren ein

Fangspant eingebaut, der ein Vordringen von Leckstoffen zu heißen Triebwerksteilen verhindern sollte. Die Stoßstangen über dem Triebwerk wurden nicht mehr in Dural, sondern in Stahl gefertigt. Alle Maschinen ab der Ar 234 V-3 (W.Nr. 130 003, DP+AX) erhielten als Sicherheitseinrichtung eine automatische Feuerlöschanlage. Katapultsitze standen allerdings erst am Beginn ihrer Entwicklung.[25] Der Einbau von modifizierten Heinkel-Katapultsitzen in zehn Prototypen ab der Ar 234 V-3 war zwar beabsichtigt, wurde aber nicht realisiert.[26] Die getroffenen Maßnahmen bewährten sich unter anderem bei einem Brand der V-13. Als nachfolgend bei der V-15 nach einem Riß der Anlaßeinspritzleitung der entzündete Treibstoff Teile des Flügels, des Triebwerks und der Triebwerksverkleidung zerstörte und eine sofortige Notlandung erforderlich wurde, brannte auch die aus Leichtmetall gefertigte Feuerlöschleitung durch.[27]
Um bei knapper Startstrecke oder bei Überlast einen Zusatzschub zu erhalten, wurde der zweite Prototyp mit Flüssigkeitsstartraketen vom Typ Walter 109-500 ausgerüstet. Sie wurden unter den Tragflächen aufgehängt, vom Piloten elektrisch gezündet und konnten nach dem Start mittels Fallschirm abgeworfen und erneut verwendet werden.[28] Der dritte Prototyp erhielt als erstes Flugzeug der Welt Bremsfallschirme zur Verkürzung der Landestrecke. Das vierte, erstmals mit verbesserten Vorserien-Triebwerken Jumo 004 B-0 ausgerüstete Versuchsmuster (W.Nr. 130 004, DP+AY) diente der weiteren Triebwerkserprobung. Als *Milch* und *Karl-Otto Saur*, die sich über den Entwicklungsstand der Baumuster Me 262, Do 335 und Ar 234 informieren wollten, am 21. Januar 1944 in Brandenburg eintrafen, wurde ihnen das Flugzeug von *Ubbo Janssen* vorgeflogen.

Me 262 und Ar 234 – erste Fronteinsätze mit Strahlflugzeugen

Am 30. Dezember 1943 vermerkte ein Zwischenbericht zur Erprobung: »Die Ar 234-A ist ein außergewöhnlich lebendiges Flugzeug ... Es überrascht, wie handlich und angenehm das Flugzeug noch bei hohen Geschwindigkeiten (Reisegeschwindigkeit und darüber) zu fliegen ist.«[29]
Einem Werksprotokoll vom 29. Februar 1944 ist zu entnehmen, daß hinsichtlich der Flugeigenschaften der Ar 234 »die Beurteilung sehr gut« war. Am 16. Februar 1944 überzeugte sich Oberstleutnant *Siegried Knemeyer*, dessen Sachkenntnis und Engagement Arado anschließend wichtige Anstöße zur Weiterentwicklung und Verwendung der Ar 234 verdankte, während eines 21-minütigen Fluges mit der V-5 (W.Nr. 130 005, GK+IV) persönlich von der Leistungsfähigkeit des neuen Flugzeugs.[30]
Im Mai 1944 beschlossen *Knemeyer*, Oberst *Edgar Petersen*, der Leiter der Luftwaffen-Erprobungsstelle, in Absprache mit dem technischen Versuchsleiter der Arado Flugzeugwerke, Diplom-Ingenieur *Oskar Liebing*, die Prototypen V-5 und V-7 (W.Nr. 130 007, GK+IX)[31] mit zwei im Heck der Flugzeuge installierten Rb 50/30-Kameras auszurüsten und sie dem 1./Versuchsverband d. OKL[32] unter Oberleutnant *Horst Götz* und Oberleutnant *Erich Sommer* zur Verfügung zu stellen. Mitte 1944 kam es mit diesen Flugzeugen zu ersten Fronteinsätzen mit dem Ziel, die Invasion der Alliierten in Frankreich zu überwachen, da für diesen Zweck herkömmliche Flugzeugmuster wie die Ju 86 R mittlerweile nicht mehr in Frage kamen.

Oberst *Theodor Rowehl* (Mitte) und der Pilot Oblt. *Horst Götz* (rechts), der im Sommer 1944 mit der Ar 234 Aufklärung über der Invasionsfront flog.

Sommer unternahm am 29. Juni 1944 mit dem Prototyp Ar 234 V-7 probeweise einen Reichweitenflug über eine Strecke von 1 416 Kilometer, den er in zwei Stunden und 20 Minuten zurücklegte. Nach einer kurzen Einweisung erreichte *Götz*, der zuvor bereits den Aufklärer Ar 240 geflogen hatte, mit der V-5 beim Bahnneigungsflug aus 8 000 m Höhe eine obere Geschwindigkeitsgrenze von 900 km/h. Das Flugzeug konnte jedoch nicht ausgeflogen werden, da es bereits vor dem Erreichen dieser Geschwindigkeit in allen Rudern steuerlos wurde. Durch Strömungsbeschleunigungen traten zunächst Schüttelerscheinungen im Leitwerk und anschließend Druckstöße am

Luftaufklärung mit Ar 234 A im Sommer 1944. Verladen von Hebekränzen in eine Ju 352 S (T9+AB), mit denen das Flugzeug nach der Landung wieder auf den Startwagen gehieft wurde (rechts Oblt. Erich Sommer, Pilot der Ar 234 V-7).

Flügel auf, deren Ursache vor allem in dem engen Abstand des Rumpfes von den Triebwerken vermutet wurde. Der instabile Flugzustand bei Annäherung an die Schallgeschwindigkeit, den *Götz* nach einiger Zeit wieder unter Kontrolle bringen konnte, blieb eine latente Gefahr für alle Testpiloten. Als der Arado-Einflieger *Jakob Kunz* am 7. Dezember 1944 mit einer Ar 234 B-2 (W.Nr. 140 117, GM+BO) in Rechlin unter Macheinfluß geriet, stürzte er nach Aussagen von *Gunther Eheim* »ungespitzt in den Boden, da das Höhenruder unter derartigen Bedingungen ein umgekehrte Wirkung hatte«.

Nahezu zeitgleich mit den ersten Fronteinsätzen des Strahljägers Me 262 wurden die Ar 234 V-5 und V-7 am 20. Juli 1944 vom Fliegerhorst Oranienburg nach Juvincourt bei Reims verlegt. Der Sonderverband bestand neben den beiden Piloten aus 18 Mann an technischem Personal, zwei Monteuren für die Zelle und einem Monteur für Triebwerke. Da der Transport der Sondergeräte und Ersatzteile auf dem Luftweg nicht genehmigt worden war, erfolgte er per Bahn. Nachdem nur einer der beiden Waggons am Zielort eingetroffen war, mußte der Rest des Materials nach einiger Verzögerung durch Flugzeuge der Luftflotte 3 befördert werden.

Am 2. August startete *Sommer* in Richtung Cherbourg, wo die Alliierten zwei Monate zuvor gelandet waren. Unangefochten von der feindlichen Abwehr hielt er in einer Höhe von 10 500 m die militärische Lage im Frontbereich photographisch fest. Die mit einer 12-Grad-Neigung installierten Weitwinkelobjektive der Kameras lösten automatisch alle elf Sekunden eine Aufnahme aus und erfaßten am Boden einen Bereich von zehn Kilometer Breite.

Auswerter:	Filmkennung:	Aufnahmedatum:	Beobachter:
Pfefferkorn, Uffz.	F 81 RL /44	2.8.44 – 16.30 Uhr	Oblt. Sommer

Bildnr. F 81 R/44 -127, 129 — Frz. E.Bl.29 — M = 1:22 000
3617-Lfl.3

<u>Schiffsansammlung nördl. Asnelles-sur-Mer</u>

<u>Kriegsschiffe:</u>
4 = 1 Zerstörer
6 = 30 Schnellboote
6a = 18 Artillerie-Schnellboote
8 = 18 Geleitboote
9 = 20 Minenfahrzeuge

<u>Landungsschiffe:</u>
11 = 5 LST
12a = 6 LCT 120 T
12b = 6 LCT 350 t
13a = 8 verm. LCM
13 = 60 Kleinlandungsboote, Typ nicht erkennbar
14 = 70 Hilfslandungsboote

<u>Handelsschiffe:</u>
15 = 1 Truppentransporter, etwa 10 000 BRT
16 = 9 Frachter, zus. etwa 32 000 BRT
16a = 25 Einheitsfrachter, zus. etwa 175 000 BRT
17 = 1 Tanker, etwa 10 000 BRT
Gesamttonnage etwa 247 000 BRT

<u>Sonstige Belegung:</u>
18 = 30 Hafen- und Küstenfahrzeuge
23 = 1 verm. Begleitschiff, etwa 175 m lang
24 = 5 Landungsstege
24a = Teile für Landungsstege
25 = 72 zusammengesetzte Molenteile

Bevor Ende August nach dem Vordringen der Alliierten Juvincourt aufgegeben werden mußte, unternahm *Sommer*

Schiffsansammlung in Asnelles/Normandie. Luftaufklärung durch Oblt. *Erich Sommer* (2.8.1944).

Ar 234 V-5 (W.Nr. 130 005, GK+IV) von Oblt. *Horst Götz*.

Das Heck des Aufklärers Ar 234 V-5 von Oblt. *Horst Götz* nach dem Zusammenstoß mit einer Fw 190 in Oranienburg am 28.8.1944.

zusammen mit *Götz* 13 weitere Aufklärungsflüge. Die belichteten Filme gingen nach dem Einsatz umgehend zur Auswertung an die Fernaufklärungsgruppe 123. Die Ausbeute der Missionen war größer als die der gesamten Aufklärungsoperationen der deutschen Luftwaffe in den vorangegangenen zwei Monaten. Es dauerte anfangs zwei Tage, bis zwölf Experten das Material ausgewertet hatten und das Ausmaß des feindlichen Truppenaufmarsches erkannten.

Laut Erfahrungsbericht vom September 1944 wurde »bei allen Flügen der Reichweite wegen vom Platz zum Ziel gerade mit Va 420 – 340 bis Arbeitshöhe durchgestiegen und möglichst unter Kondenshöhe geblieben. Die Feindlage wurde durch Gefechtsstand, Fu.G. 16, den Maschinen zugesprochen. Jägeransätze wurden versucht, blieben aber erfolglos. Da jede Sicht nach hinten, oben und unten fehlte, waren die 30 Minuten Steigzeit der empfindlichste Teil des Fluges«.[33]

Während der Start- und Landevorgänge war mit Angriffen durch Bomber und Tiefflieger zu rechnen. Gelegentlich erfolgten Bomben- und Bordwaffenangriffe auf die gelandeten Flugzeuge, bei denen die V-7 nur knapp ihrer Zerstörung entging. Der Landevorgang bereitete oft Schwierigkeiten, weil Bombentrichter nicht rechtzeitig aufgefüllt werden konnten. Zum Anvisieren der verbliebenen Landestrecke wurden deshalb gewöhnlich zwei Rauchzeichenpunkte eingerichtet.

Bis die Flugzeuge startbereit waren, vergingen 20 Minuten. Nach dem Abwurf des Startwagens und der Startraketen wurden diese Geräte sofort eingesammelt und die Vorbereitungen für den Landevorgang eingeleitet. Lastwagen mit den erforderlichen Hebern, Böcken und dem Startwagen standen bereit. Die anschließende Aufbockzeit betrug etwa 30 Minuten. Bis sich das Flugzeug wieder in der Halle befand, verging eine Stunde.

Aufgrund der mangelhaften Abstimmung mit der deutschen Abwehr wurden die Maschinen auf allen Plätzen durch eigene Flak beschossen. Trotz vorheriger Fluko-Meldung[34] führte Flakbeschuß am 28. August zu einem Hydraulikschaden der Ar 234 V-5, als *Götz* auf einen Flugplatz hinter die deutschen Linien in der Nähe von Mons ausweichen wollte. Da das Ausweichziel Brandenburg nach einem Bombenangriff in Flammen stand, unternahm *Götz* auf dem Fliegerhorst Oranienburg eine Notlandung. Dabei kam es durch Steinschlag zu einer Beschädigung der Kabine, die eine Augenverletzung des Piloten zur Folge hatte. Nur durch einen Glücksfall entging *Götz* einer Katastrophe, als anschließend sein Flugzeug von einer Fw 190 gerammt wurde und Totalschaden erlitt.

Ar 234 B-2, welterster operationeller Strahlbomber

Da die Strahlflugzeuge He 280 und Me 262 als Jäger ausgelegt waren, wurde im Mai 1942 auf einer GL-Besprechung erstmals der Gedanke aufgegriffen, aus dem »Gewaltaufklärer mit Strahltriebwerken« Ar 234 A eine Schnellbomberversion abzuleiten, die auf einer rechnerischen Flugstrecke von etwa 1 500 km eine Bombenlast

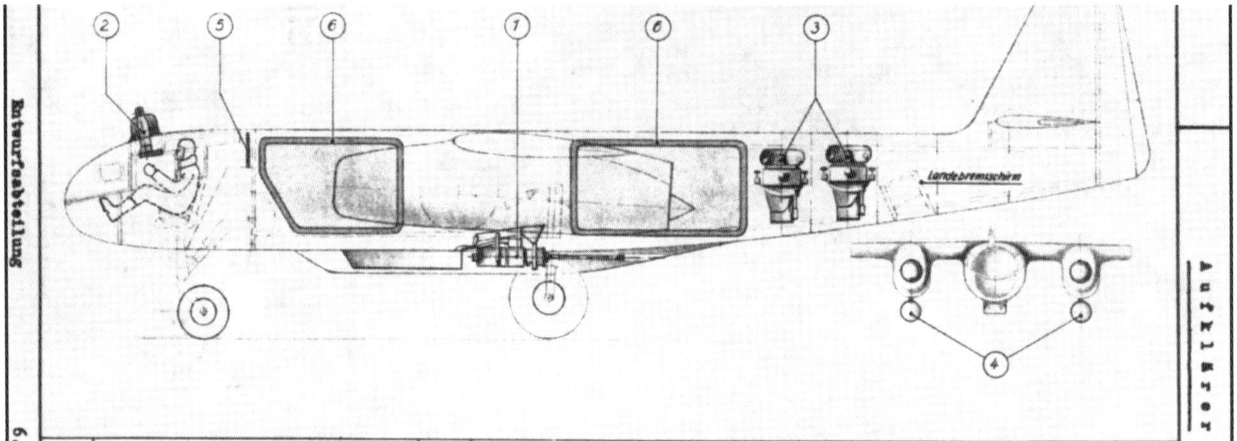

Pos.	1. Bewaffnung	Pos.	2. Rb-Anlage u. Zusatzbehälter	Pos.	3. Panzerschutz
1	Anbau von 2 MG 151 starr nach hinten mit 250 Schuß je Lauf ist rüstsatzmäßig vorgesehen	3	Wahlweise: 2x Rb 75/30 2x Rb 50/30 1x Rb 75/30 + 1x Rb 20/30 1x Rb 50/30 + 1x Rb 20/30	5	Panzerplatte
2	Visiereinrichtung: Vor- und Rückblickperiskop	4	2 abwerfbare Zusatzkraftstoffbehälter	6	Zusätzlicher Schutz durch SG-Behälter

Ar 234 B mit 2x J 109 004

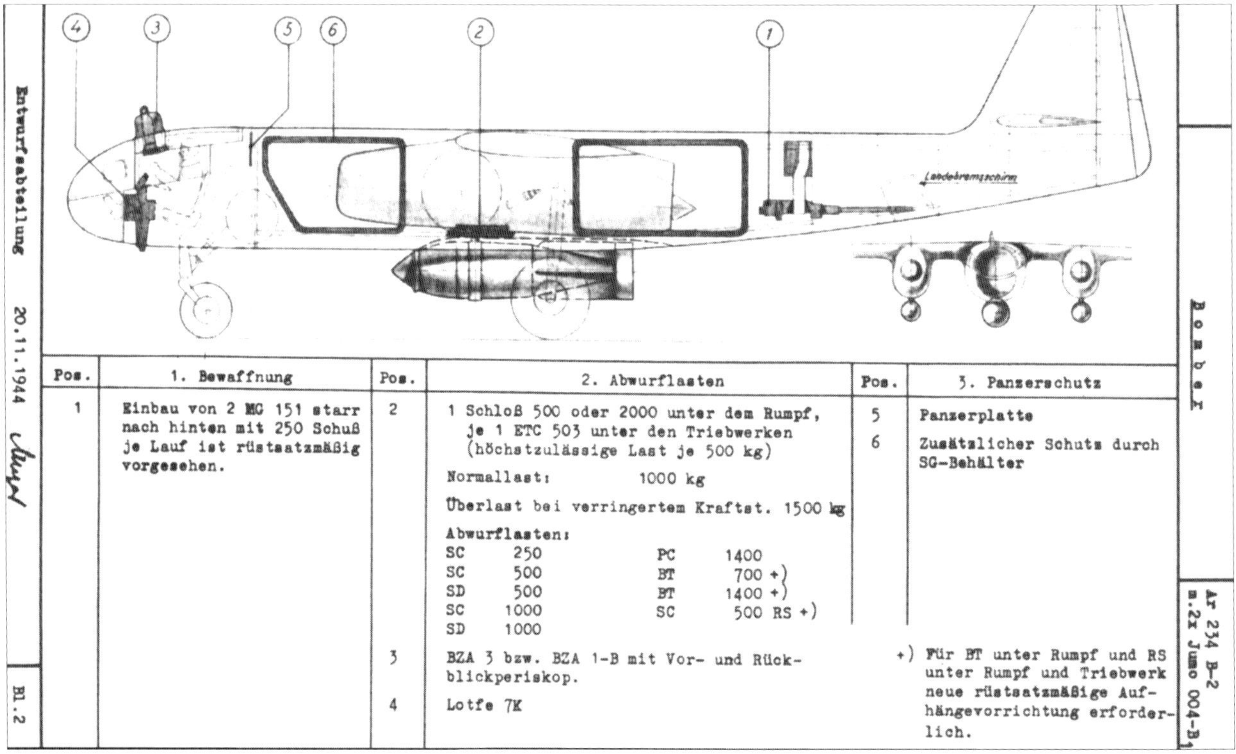

Pos.	1. Bewaffnung	Pos.	2. Abwurflasten	Pos.	3. Panzerschutz
1	Einbau von 2 MG 151 starr nach hinten mit 250 Schuß je Lauf ist rüstsatzmäßig vorgesehen.	2	1 Schloß 500 oder 2000 unter dem Rumpf, je 1 ETC 503 unter den Triebwerken (höchstzulässige Last je 500 kg) Normallast: 1000 kg Überlast bei verringertem Kraftst. 1500 kg Abwurflasten: SC 250 — PC 1400 SC 500 — BT 700 +) SD 500 — BT 1400 +) SC 1000 — SC 500 RS +) SD 1000	5	Panzerplatte
		3	BZA 3 bzw. BZA 1-B mit Vor- und Rückblickperiskop.	6	Zusätzlicher Schutz durch SG-Behälter
		4	Lotfe 7K		

+) Für BT unter Rumpf und RS unter Rumpf und Triebwerk neue rüstsatzmäßige Aufhängevorrichtung erforderlich.

Bl.2 — Ar 234 B-2 m.2x Jumo 004-B1

Typenblätter der Arado Ar 234 B. Oben: Aufklärer Ar 234 B-1 (6.12.1944). Unten: Bomber Ar 234 B-2 (20.11.1944).

von 500 kg mitführen konnte. Das Technische Amt gab allerdings am 12. Mai 1942 gegenüber dem Generalstab zu bedenken, daß »die Überlegenheit von Schnellkampfflugzeugen ... nur jeweils kurzfristig erreicht werden« könne »durch Anwendung überraschender neuester technischer Mittel, die jedoch zum Zeitpunkt ihrer Neuheit aus Beschaffungsgründen meist nur in geringen Stückzahlen vorhanden sind«.[35] An Neuentwicklungen wurden außer dem »Strahlaufklärer Ar 234, der auch Bomben tragen könne«, die konventionellen Schnellkampfflugzeuge Ar 240 und Me 210 genannt.

Als *Franz Meyer* im November 1942 im Auftrag der Arado Flugzeugwerke an einer Besprechung im RLM teilnahm, kam er zu der Auffassung, daß das Amt weiterhin ein gewisses »Mißtrauen gegen TL«[36] hegte. Hinsichtlich der Entwicklung der »Schnellflugzeuge« stellte er sich die Frage: »Was ist aus 234 herauszuholen?« Eine gleichzeitige Verwendung als Höhenerkunder und Schnellbomber hielt er jedoch für ein »fragwürdiges Unternehmen«, dessen Grundlagen noch der Klärung bedürften. Größere Aufträge erwartete er nicht vor einer Erprobung der Ar 234 als Aufklärer. Er empfahl, »Unterstützung für Aufklärer bei *Rowehl*« zu suchen, um eine »Sofortlösung« zu erzielen.

Die Planungsphase

Als abzusehen war, daß der Strahlaufklärer Ar 234-A ein überlegenes Gerät war, genehmigte das RLM am 9. Februar 1943 zunächst eine Umrüstung von zwei Flugzeugen als Bomber. Mittelfristig setzte *Milch* allerdings bis 1946 auf das mit hochgezüchteten Otto-Motoren BMW 801 und Jumo 213 ausgerüstete mittlere Kampfflugzeug Ju 188 und das mit Doppelmotoren DB 603 ausgerüstete Baumuster Do 335.

Am 13. Juli 1943 wurde die Umrüstung der Ar 234 zum Schnellbomber mit *Göring* abgestimmt. Auf einer GL-Besprechung vom 19. Juli, dessen Protokoll die Schnellbomber-Planung des Technischen Amtes bis 1949 verdeutlicht, fiel die endgültige Entscheidung:

»Oberst *Georg Pasewaldt*: Wir befinden uns hier in einer kritischen Lage, da wir mit dem mittleren Kampfflugzeug technisch jetzt am Ende sind, und zwar was die Reichweite bei der entsprechend geforderten Geschwindigkeit anlangt.

GenFeldm. *Milch*: Auf dem Gebiet des Motors mit Propeller! Dagegen wird nachher bei der Strahltriebwerksanlage eine neue, gesunde Zeit beginnen, glaube ich. (*Pasewaldt*: Wir fangen aber mit einer verhältnismäßig enttäuschenden Reichweite an.) Jawohl, bisher ist die Strahltriebwerkssache aus dem Versuchsbetrieb der Firmen noch nicht herausgekommen. Wir sind mit ungeheurem Mut an die Jagdseite herangegangen, weil auf diesem Gebiet unbedingt etwas geschehen muß. Wir laufen aber mit so viel anderen Jägern, daß wir es aushalten können, wenn wir einen Rückschlag erleben sollten. Wir sind aber überzeugt, die Sache hinzubekommen. Wir wollen ein gleiches Risiko jetzt auf der Kampfseite laufen, nur daß das zeitlich davon abhängt. Der GL hat nicht etwa die Absicht, schlechtes Material zu liefern. Er will durchaus das Beste liefern, was nur irgend möglich ist. Nur muß man sich darüber klar sein, was zu machen geht und was nicht... Ich bin also der Meinung, wir brauchen das mittlere Kampfflugzeug in der bestmöglichen Form auch noch in den drei nächsten Jahren. Wir sehen erst eine Verbesserung, wenn das neue System, was Dornier mit seinen beiden gegenläufigen Schrauben vorn und hinten hat, kommt. Da können wir dann in der Geschwindigkeit vorwärts kommen. Auch da ist aber der Sprung nicht so groß, wie er in Aussicht gestellt hat. Ich glaube, daß der nächste Sprung auf diesem Gebiet nur noch über das Strahltriebwerk möglich ist, und wenn Dornier um die Jahreswende 1945/46 mit den ersten Maschinen wirklich an der Front erscheint, dann würde ich sagen: An der Wende der Jahre 1948/49 werden wir vielleicht einen vernünftigen Strahltriebbomber haben.«[37]

Pasewaldt gab bekannt, daß der erste Probeflug der Ar 234 erst in der kommenden Woche stattfinde. Da er das Flugzeug aber für »das einzige brauchbare Objekt« hielt, kündigte er eine Aufstockung des Bauauftrags von ursprünglich 20 auf 100 Einheiten an. Das Ergebnis der Besprechung faßte er wie folgt zusammen: »Die Arado 234 macht an sich einen guten Eindruck. Wir erwarten von dieser Maschine, daß sie die Hoffnungen restlos erfüllt. Es ist zu berücksichtigen, daß die Arado 234 als Aufklärer entwickelt worden ist. Die Variante als Bomber ist in der letzten Zeit untersucht worden, und die Möglichkeiten bei der Arado 234 sind jedenfalls bedeutend günstiger als bei der Me 262, die wir eigentlich wesentlich der Jagd vorbehalten wollen.«

Blume sicherte auf der GL-Besprechung zu, daß die Umstellung auf die Bombervariante innerhalb eines Vierteljahres zu bewerkstelligen sei und mit einer Auslieferung von 100 Einheiten bis Ende 1944 gerechnet werden könne. Der Generalstab der Luftwaffe teilte zum gleichen Zeitpunkt mit, daß bei Überprüfung der Gesamtrüstlage im Jahre 1944/45 die Notwendigkeit vorliege, das Muster Ar 234 in möglichst großen Stückzahlen zu fertigen. Gefordert wurde eine monatliche Höchstausbringung von 150 Einheiten. Ende August 1943 legte sich die Beschaffungsabteilung des Amtes auf eine monatliche Ausbringung von 130 Einheiten mit der höchsten Dringlichkeitsstufe SS 4940 fest.

Blume bat am 15. September 1943 *Milch* um Gelegenheit

zu einem Vortrag bezüglich des Einsatzes von Strahlflugzeugen auf breiterer Basis und führte bezüglich des Schnellbombers Ar 234 unter anderem aus: »In der Zwischenzeit habe ich mit meiner Entwurfsabteilung das Gebiet der schnellen Zweisitzer ... mit Otto- und TL-Triebwerken gründlich untersucht. Die Ergebnisse zeigen, daß es bereits in der vor uns liegenden Entwicklungsstufe möglich sein müßte, mit gut bewaffneten Zweisitzern, die 2 000 kg Bombenlast tragen können, die 900-km-Grenze zu überschreiten und an die Grenzgeschwindigkeit der Jäger heranzukommen.«[38] *Blume* vermerkte auf dem Durchschlag des Schreibens handschriftlich: »Ein gutes Gelingen der Ar 234 wird dieses Flugzeug im Gefolge haben. Vorarbeiten sollen mit Chef GL/C-E in Angriff genommen werden.«

Am 14. Oktober 1943 ließen *Göring, Milch* und *Knemeyer* ihr verstärktes Interesse an der Bomberversion der Ar 234 erkennen, glaubten aber trotz der verschlechterten Kriegslage eine endgültige Serienreife des strahlgetriebenen Schnellbombers bis 1948/49 in Kauf nehmen zu können. Im Protokoll hieß es:

»*Göring*:	Was nimmt die Ar 234 als Bomber mit?
Knemeyer:	Drei 500-er und normal 3 000 kg außen.
Göring:	Wie schnell ist er mit Außenlast?
Knemeyer:	Nach den V-Flugzeugen muß die Angabe der Firma stimmen: mit Bomben 680.
Göring:	Das reicht aus. Dann kann sie bei Tage Zerstörerziele anfliegen.
Milch:	Sie ist auch ein Begleitflugzeug auf dem Ozean, weil sie gute Reichweite hat, der wirkliche Fernjäger, mit dem wir etwas anfangen können.
Göring:	Es sind aber alles Einsitzer.
Milch:	Es ist auch die Möglichkeit für einen zweiten Mann vorgesehen. Es ist das System, das wir nachher, wenn wir größere Motoren haben, sehr vereinfachen. Mit dem 803[39] könnte man nachher auf Grund dieser Basis etwas machen. Man kann kombinieren: Vorn Propeller und hinten Strahl und hat dann unerhörte Variationsmöglichkeiten in der Reichweite.«[40]

Am 24. Oktober 1943 kamen *Göring* und *Milch* bei einem Vergleich mit dem konventionell angetriebenen Schnellbomber Ju 388 endgültig zu dem Ergebnis, daß sich zur Bekämpfung der erwarteten Invasion im Westen nur ein Strahlbomber eigne.

Am 5. November 1943 erkundigten sich *Göring* und *Milch* in Brandenburg, ob sich der Strahlaufklärer Ar 234, von dem inzwischen fünf von zwanzig in Auftrag gegebenen Einheiten fertiggestellt waren, kurzfristig als Schnellbomber umrüsten ließ. An der Besprechung mit *Blume* nahmen der Geschäftsführer *Rudolf Heinemann* und als technische Sachverständige Oberstleutnant *Siegfried Knemeyer*, Oberst *Edgar Petersen* und Generalmajor *Ulrich Diesing* teil.[41]

Von links: *Walter Blume, Bruno Loerzer, Hermann Göring* und *Erhard Milch* in Brandenburg (5.11.1943).

Das Protokoll verdeutlicht die unterschiedlichen Absichten, Mentalitäten und Kompetenzen der Gesprächsteilnehmer. *Göring,* der wegen der Rückschläge im Luftkrieg in Ungnade gefallen war, war auf der Suche nach dem von *Hitler* bislang vergeblich geforderten Schnellbomber, mit dem England zum Einlenken bewegt und die erwartete Invasion im Westen gestoppt werden sollte. Organisatorische Fragen überließ er *Milch. Milch* wiederum verließ sich in technischen Angelegenheiten auf seine Sachverständigen. *Blume* ging es nach der Absetzung der Ar 240/440 um einen größeren Auftrag für die 234. Es gelang es ihm jedoch trotz der offenkundigen Vorzüge dieses Flugzeugs nicht, rasche Zusagen hinsichtlich der Bereitstellung der erforderlichen Kapazitäten zu erhalten.

Die Besprechung begann bereits mit einem wenig glücklichen Auftakt, indem *Blume* um Nachsicht bitten mußte, daß aufgrund der laufenden Auslagerung der Entwicklungsabteilung »nur primitive Unterlagen« zur Verfügung stünden. Anschließend hielt er *Göring* mit einer Einführung in den Entwicklungsgang hin, während der er nicht unbedingt schlüssig ausführte, man habe den Startwagen ursprünglich »abschmeißen« wollen, inzwischen aber »einen Bremsfallschirm genommen mit Landung auf der Kufe«.

Als *Göring* ihn mit der Frage, »wieweit die Maschine

überhaupt gehen« könne, unterbrach, nannte *Blume* eine theoretisch erzielbare und bei Drosselung in der Höhe auf 2 500 Kilometer ausdehnbare Flugweite von 1 600 Kilometern. *Göring* mißverstand ihn und hielt ihm entgegen: »Das glaube ich nicht. Draußen spart man nicht mit seinem Triebwerk, wurde gestern gesagt.« *Blume* korrigierte: »An Brennstoff wird nicht gespart. Aber optimal fliegen heißt, je nach dem Beladezustand eine bestimmte Leistung einstellen.« *Milch* machte zur Erhöhung der Reichweite den zweifelhaften Vorschlag: »Wenn ich eine lange Strecke aus taktischen Gründen fliegen will, kann ich das eine Triebwerk stillegen und habe damit eine kleinere Geschwindigkeit, aber nur den halben Treibstoffverbrauch.« Als *Göring* präzise Angaben zur maximalen Flughöhe und Eindringtiefe forderte, beschränkte sich *Blume* auf die vage Angabe, es gebe »da irgendwo für das Flugzeug eine Gipfelhöhe« und die Eindringtiefe betrage »je nach Flughöhe nur 600 Kilometer«.

Göring, dessen Unzufriedenheit stieg, weil angesichts eines gemeldeten Feindeinflugs für ihn nicht eine besondere Leitung geschaltet war, schnitt ihm unvermittelt das Wort ab und stellte kurzerhand fest: »Als Jabo geht er auf jeden Fall, und das ist das Entscheidende.« Als er wissen wollte, ob die Bomben nicht »zu heiß« würden, wenn man sie »unter das Triebwerk« hänge, erklärte *Blume* etwas lapidar, daß sie »durch den Luftstrom gekühlt« würden. *Diesing* sah sich zu der Korrektur genötigt: »Die Bomben hängen nicht im Strahl.«

Auf die Frage nach der »Entzündungsgefahr« bei stehengebliebenen Triebwerken verunsicherte *Blume* die Gesprächsteilnehmer erneut mit der Feststellung, er sei »an und für sich« von der Sicherheit des TL-Triebwerks überzeugt und »nehme an«, sie seien »ziemlich schnell abgekühlt, weil die Luft durchströmt«.

Milch befürchtete statische Probleme, wenn die Bomben nicht »im Flügel verankert«, sondern unter den »schiebenden« Triebwerken aufgehängt würden. *Blumes* Antwort wirkte nicht unbedingt kompetent, indem er erklärte, die Bombenaufhängung sei problemlos, da sie »mit der Triebradverkleidung in Zusammenhang« stehe.

Göring erkundigte sich nach der Treffgenauigkeit beim Bombenabwurf und fragte: »Eine Sorge habe ich, daß, wenn diese Maschinen bei Tage irgendwohin fliegen und ihre Bomben abschmeißen, sie nichts treffen, weil sie so schnell fliegen.« Nachdem *Diesing, Knemeyer* und *Petersen* die geplanten Zielvorrichtungen erläutert hatten, versicherte *Milch* überaus optimistisch, er »sehe nicht die geringsten Bedenken, daß bei größeren Geschwindigkeiten auf 1 100 oder 1 200 die Bombe genauso sauber fällt wie bei 200 km Geschwindigkeit«. Als daraufhin *Göring* einwandte, daß bei Geschwindigkeiten in der Nähe der Schallgrenze »kritische Abrißerscheinungen« auftreten könnten, verwies *Blume* auf anstehende Versuche mit »Holzpfeilflügeln«, mit denen die Eigenschaftsgrenzen hinausgeschoben werden sollten. Als er hinzufügte, daß er größere Steigleistungen von »stärkerem TL oder Rakete« erwartete, gab *Göring* zu bedenken, daß man bei dem Raketenjäger Me 163 für das Steigen von 10 000 auf 12 000 Meter dieselbe Zeit brauche wie für die ersten 10 000 Meter, und fügte zur Verwunderung der anwesenden Techniker hinzu: »Kommt dann noch ein Abwind entgegen, ist überhaupt nichts zu machen.«

Göring kam schließlich auf sein Hauptanliegen zurück mit der Frage: »Wann läuft bei Ihnen der erste Bomber an?« *Blume* ging von einem Anlauf in einem halben Jahr aus. Alles andere käme »viel später«. Da er zuvor versichert hatte, die Kufenlandung sei keineswegs »bedenklich« und die Aufklärer könnten »auf jeden Fall auch mit Bombe fliegen«, provozierte er *Görings* verständliche Nachfrage, ob »man dem Aufklärer nicht so, wie er ist, eine 250 geben« könne, und den spontanen Zuruf: »Auch mit Startwagen?« Als *Göring* vorschlug, auf eine Bewaffnung wie im Fall der schnellen englischen »Mosquito« zu verzichten, stimmte *Blume*, der bislang ein vehementer Verfechter ferngerichteter Waffensysteme war, unerwartet zu.

Auf sein drängendstes Problem kam *Blume* reichlich spät zu sprechen. Er bat angesichts der hohen Auslastung durch Lizenzfertigungen um die Bereitstellung von zusätzlichen Krediten, die bessere Versorgung mit Stahl und Aluminium, die Zuweisung neuer Produktionsstätten und die Freistellung von Fachkräften von der Einberufung. *Göring*, der keine wirkliche Hilfe anbieten konnte, überspielte seinen Fatalismus, indem er mit forschem Ton einfließen ließ, »wenn der Bolschewik hereinkommt, werden wir sowieso alle aufgehängt«. Er erklärte kategorisch, daß man über Einberufungen schon genug diskutiert habe und sich »darüber nicht weiter auszulassen« brauche, zumal bekannt sei, daß alle Entwicklungen im Zusammenhang mit TL-Triebwerken Vorrang hätten. Er kritisierte pauschal, wenn auch nicht ohne Anspielung auf Arado, das immer noch »friedensmäßige« Denken der Industrie, ihre üblichen Klagen über Kapazitätsengpässe und ihre fehlende Bereitschaft, selbst für die Errichtung neuer Produktionsstätten zu sorgen. Er empfahl die Unterbringung des neuen Arado-Zweigwerks in Freiberg in Kalistollen, ohne auf die Durchführbarkeit der Maßnahme einzugehen, und versprach, daß Heereseinheiten »augenblicklich rausgeschmissen« würden, falls sie beim Freimachen von Gebäuden Schwierigkeiten machten.

Blume, der sich mit *Görings* Antworten nicht zufriedengeben wollte, schlug als »kurze Anregung« vor, zur Front eingezogene Mitarbeiter zur Luftwaffe abzukommandie-

ren, damit sie »unter den Befehl des Herrn Reichsmarschalls« kämen und man so »sicher sein könne, daß man sie wiederbekäme«. Obwohl *Göring* kaum noch über hinreichenden Einfluß verfügte, bekräftigte er, daß dies ganz in seinem Sinne sei und man darüber nicht weiter zu sprechen brauche. Er wollte stattdessen erneut wissen, wann er »im günstigsten Fall mit den ersten Frontmaschinen rechnen« könne, erkundigte sich aber erst jetzt, ob die Ar 234 überhaupt schon geflogen sei. *Blume* mußte einräumen, daß das Flugzeug bislang nur in zwei Exemplaren »durchgeflogen« sei und ein vierwöchiger Aufschub entstanden sei, da ihm »leider wegen Triebwerksbrandes der eingefuchseste Mann abgestürzt und zu Tode gekommen« sei.[42]
Als erkennbar war, daß das Technische Amt die Ar 234 als Schnellbomber in Betracht zog, intervenierte *Messerschmitt* bei *Hitler* frühzeitig mit folgendem Vorschlag: »Der Schnellbomber der Zukunft, wie ihn sich der Reichsmarschall vorstellt – er sprach von allmählicher Erreichung der Schnellgeschwindigkeit – kann nur mit Strahltriebwerken gelöst werden. Auch hier sind gerade bei uns in weitem Maße Vorarbeiten geleistet. Ich erinnere ... an die 262, deren Ausführung als Schnellbomber dem RLM schon lange als Entwurf vorliegt.«[43]
Im Vorfeld der anstehenden Entscheidung zum Bau des Strahlbombers Ar 234 wandte sich *Messerschmitt* im September 1943 unter Umgehung von *Milch* und *Göring* erneut an *Hitler* und erklärte: »Die Beschaffungslage der 262 ist vollständig unklar. Vorschlag: das Flugzeug weitgehendst aufzugliedern und Einzelteile bei Bomberfirmen bauen zu lassen. Der technische Vorsprung der 262 ist so gewaltig, daß dieses Flugzeug nicht schnell genug kommen kann, da sonst zu befürchten ist, daß der Gegner mit etwas ähnlichem früher oder mit uns kommt. Es läßt sich unter Umständen Kapazität bei Dornier oder Arado freimachen, wenn man auf Schnellbomber 335 bei Dornier und auf das Strahlflugzeug[44] bei Arado verzichtet.«[45]
Am 26. November 1943 wurden *Hitler* in Insterburg die Strahlflugzeuge Ar 234 und Me 262 vorgeführt.[46] *Messerschmitt* versicherte, daß die Me 262 problemlos als Jagdbomber umgerüstet werden könne. *Hitler* verlangte anschließend die Me 262 vorrangig in dieser Ausführung, um so angesichts der gegnerischen Luftüberlegenheit im Jägerbereich, besonders für den Fall einer Invasion, der Luftwaffe zumindest eine gewisse Angriffskomponente zu verschaffen. Der Chef des Luftwaffenführungsstabes General *Karl Koller* bezog sich nahezu zeitgleich in einer Vortragsnotiz auf *Hitlers* Überlegungen und forderte, den »Strahlbomber mit allen Mitteln vorwärts zu treiben zum Einsatz in großer Zahl mit kleinen Bomben zur Abwehr einer Westinvasion; Strahlbomber wichtiger als Strahljäger.«[47]
Er gab zwar zu bedenken, daß angesichts der »Überlegenheit der anglo-amerik. Luftwaffe ... der Strahljäger seine überragende Bedeutung« habe, stellte aber andererseits eine schnelle Einsatzbereitschaft eines Schnellbombers ohne Produktionsumstellung und neue Typen mit folgender Begründung in Aussicht: »Da für den Jäger Me 262 die Mitnahme von Bomben bereits in der Planung vorgesehen war und die Möglichkeiten tatsächlich gegeben sind, kann beim Festhalten am Bau dieses Typs in vorderster Dringlichkeit die Führerforderung nach einem Strahlflugzeug zum Bombeneinsatz gegen den Erd- und Seefeind beim Kampf um die Küsten voll erfüllt werden.«
Diese Einschätzung setzte voraus, daß die Umrüstung der Me 262 kurzfristig möglich war. Die erste Baubeschreibung für die Jabo-Version vom März 1943 enthielt in der Tat den Vermerk: »Der Einsatz als Jabo (Hervorhebung im Original) mit Lasten bis 500 kg bzw. 700 kg ist ohne Umbau möglich. Die Aufhängungsmöglichkeit für die Bombenschlösser ist von vornherein vorgesehen.[48] Es zeigte sich allerdings, daß diese Angaben das wahre Ausmaß der erforderlichen Umrüstung nicht erkennen ließen. Hinzu kam, daß die Messerschmitt Flugzeugwerke in der Frage des Vorrichtungsbaus und der Serienfertigung völlig überlastet waren. Am 14. Oktober 1943 warnte Generaldirektor *Frydag* vom Industrierat mit Bezug auf die Messerschmitt AG: »Das Hauptproblem im Zellenbau liegt heute in der Vorrichtung, in der Materialverarbeitung ... Wenn wir die Vorrichtung überhaupt schaffen wollen, ist äußerste Konzentration nötig. Und wenn jetzt noch etwas dazu käme und umzustellen wäre, würde das dem Bomberprogramm und auch dem Jägerprogramm unbedingt schaden.«
Als im Frühjahr 1944 die Me 262 als Jabo immer noch nicht zur Verfügung stand, wollte sich *Hitler* auf einer Besprechung mit führenden Flugzeugkonstrukteuren in Berchtesgaden am 29. Mai selbst ein Bild von der Lage machen. Auf einer Verwaltungsratssitzung der Messerschmitt Flugzeugwerke wurde dazu festgestellt, »*Messerschmitt* habe ... anhand der Kurvenblätter über die erflogenen Werte der Me 262 berichtet ... und darauf hingewiesen, daß daß die Me 262 später als Bomber eingesetzt werden könne« und daß Reichsminister *Speer* darauf aufmerksam gemacht habe, »daß dieses, allen anderen weit überlegene Flugzeug z. Zt. mit Sondermaßnahmen vorgezogen werde«.[49]
Auf die Jabo-Version Me 262 A-2, die ab Mai 1944 erprobt wurde, entfiel etwa ein Drittel der Gesamtproduktion dieses Flugzeugmusters. Eine spezielle Schnellbomberversion Me 262 A-2/U2, bei der der zusätzliche Bombenschütze in einer aus Holz gebauten Rumpfspitze liegend untergebracht werden mußte, flog erst Ende 1944.

Nach dem Bau von nur zwei Musterflugzeugen wurde das Projekt anschließend aufgegeben.
Eine sofortige Einplanung der Bomberversion Ar 234 B-2, von der erste Serienflugzeuge bereits im Sommer 1944 in die Erprobung gingen, wäre dagegen eine aussichtsreiche Option gewesen. Zugunsten der Ar 234 sprachen vor allem die vorhandene vordere Vollsichtkanzel mit ausreichendem Raum für ein Bombenvisier und die höhere Nutzlast, die sich aufgrund der größeren Auslegung der Zelle und der geplanten vierstrahligen Ausführung leichter steigern ließ. Einen gewissen Entwicklungsvorsprung konnte Arado auch durch die von Anfang an eingeplante Verwendung eines Bugradfahrwerks verzeichnen.

Entwicklung des Bugradfahrwerks

Die Heinkel Flugzeugwerke hatten bereits das im Herbst 1940 flugklare Strahlflugzeug He 280 mit einem Bugrad-Fahrwerk ausgerüstet. Noch vor dem Erstflug des mit Startwagen ausgerüsteten Aufklärers Ar 234 A im Sommer 1943 hatte auch Arado einen Entwurf mit Bugradfahrwerk unter der Projektbezeichnung E 371 erarbeitet.
Im November 1942 hatte *Blume* hinsichtlich einer Verwendung der Ar 234 als Schnellbomber vermerkt, daß das »jetzige Fahrwerk für häufigen oder Masseneinsatz ungeeignet« sei. Wie sich *Hans Rebeski* erinnerte, »war die Verwendung eines Startwagens und das Landen auf einer Kufe bei dem Bomber nicht mehr möglich, da je nach dem taktischen Einsatz nicht nur ein Flugzeug, wie beim Aufklärer, sondern auch mehrere gleichzeitig starten und landen müssen. Es mußte daher für diesen Verwendungszweck ein reguläres Fahrwerk vorgesehen werden ...Hierbei war eine Verbreiterung des Rumpfes unvermeidlich. Die übrigen Hauptbauteile sollten weitgehend verwendet werden, um in möglichst kurzer Zeit den Bomber zur Verfügung zu haben. Die Umrißform des Flugzeuges sollte unter allen Umständen bleiben, um mit Sicherheit beim Bomber die gleichen guten Flugeigenschaften zu erhalten wie beim Aufklärer ...Um bei den immerhin etwas höheren Start- und Landegeschwindigkeiten (160-70 km/h) stabile Rolleigenschaften zu erreichen sowie um Start und Landung zu vereinfachen, wurde ein Bugrad-Fahrwerk gewählt. Als Bugrad wurde ein ungebremstes Rad mit 630 mm Durchmesser und als Haupträder zwei Räder mit 950 mm Durchmesser mit Doppelbremse gewählt. Da der Flugzeugführer direkt über dem Bugrad sitzt, wurden als Federbeine Luftfederbeine mit Öldämpfung genommen, um möglichst weiches Federn zu erreichen. Aus dem gleichen Grunde sowie aus Raumgründen wurde das Bugrad nicht mit einem Einbein, sondern in geschleppter Anordnung mit einer biegungsfreien Federstrebe versehen«.[50]
Um für die beiden Haupträder Platz zu schaffen, entfiel der mittlere Tank. Als Ausgleich wurden die vorderen und hinteren Treibstoffbehälter vergrößert.
Das erste Musterflugzeug der Baureihe Ar 234 B mit Bugradfahrwerk war die Ar 234 V-9 (W.Nr. 130 009, PH+SQ).

Ar 234 V-9 (W.Nr 130 009, PH+SQ), Prototyp für die B-Serie mit zwei Jumo 004 B-1-Triebwerken.

Ar 234 V-9.

Alt-Lönnewitz, Montage- und Erprobungsort für die Ar 234 (Luftaufnahme 1993).

Das Flugzeug wurde am 14. März 1944, zwei Tage nach seinem Erstflug, von *Ubbo Janssen* zu Erprobungszwecken zum Flugplatz Alt-Lönnewitz bei Falkenberg/Sachsen überführt und von *Gunther Eheim* weiter erprobt. Mit einer Unterbrechung am 28. August, als *Eheim* das Flugzeug zu Vorführungszwecken nach Lärz überführte, erfolgte ab dem 4. August bis Ende Dezember eine intensive Erprobung in Sagan mit Streckenflügen bis zu 1 200 Kilometer.[51] Die Me 262 wurde ab dem sechsten Prototyp im Oktober 1943 mit einem Bugradfahrwerk ausgerüstet. Endgültig einsatzreif war dieses Fahrwerk aber erst Ende 1944.

Beginn der Flugerprobung

Am 3. Juni 1944 besprach *Siegfried Knemeyer* in Landeshut mit leitenden Mitarbeitern der Arado Flugzeugwerke die Terminplanung. Anschließend notierte *Walter Blume* hinsichtlich der künftigen Schwerpunkte: »Arbeiten sind dringlich weiterzutreiben. Der Ausdruck von K.[52] ›Kampfflieger‹ deutet den Weg an, welchen er sich denkt, um mit Me nicht zu kollidieren. K. sagt: ›Wir haben ein schnelles Flugzeug...Die als überlegen angesehene Ar 234 soll mit wirksamen Waffen schleunigst ans Ziel gebracht werden.‹...Chef GL/C-E über Art und Weise unserer Arbeit sehr befriedigt. Taktisch-technisches Ausschöpfen gefiel ihm sehr.«

Am 8. Juni 1944, zwei Tage nach der alliierten Invasion in der Normandie, wurde das erste Vorserienflugzeug Ar 234 S1 (W.Nr. 140 101, GM+BA) von dem Testpiloten *Joachim Carl* in Alt-Lönnewitz eingeflogen. Es war ab dem 24. Juni in Rechlin stationiert. Ab dem 10. Juli wurde das KG 76 in die Erprobung einbezogen. Bis August wurden elf weitere Flugzeuge ausgeliefert und in Alt-Lönnewitz und Sagan erprobt.[53]

Nach Ansicht der Erprobungsstelle stellten die Flugzeuge grundsätzlich zufrieden: »Die Flugeigenschaften sind bis auf Querruderkräfte und Hochachsenverhalten so, daß keine ersichtliche Notwendigkeit zur Änderung vorliegt. Der Einsatz dürfte in der augenblicklichen Form möglich sein.« Für Kampfeinsätze schien die auf den Aufklärer zugeschnittene Kanzelform allerdings weniger geeignet, da »die Sicht nach hinten und der Überblick über das Flugzeug und die Triebwerke fehlt!« Es wurde empfohlen zu untersuchen, »ob dieser außerordentlich schwerwiegende

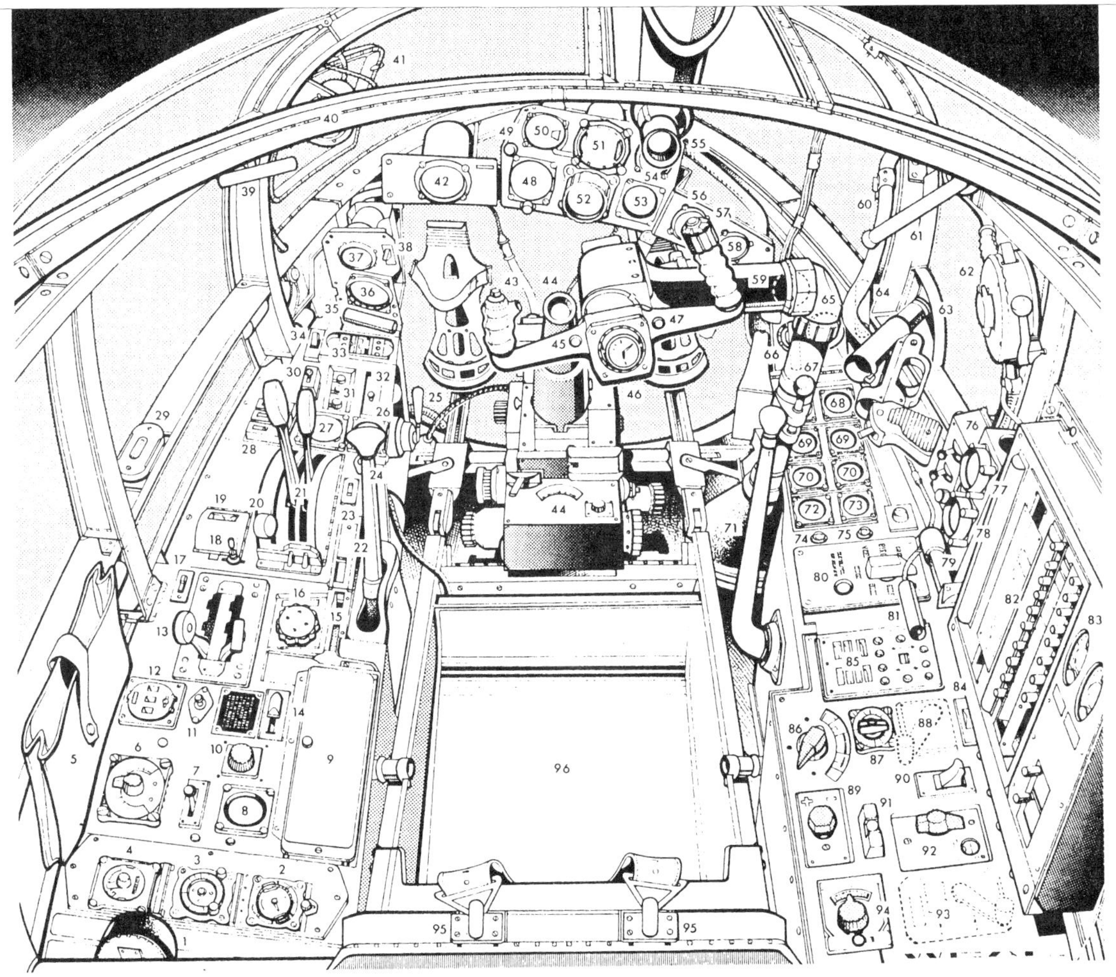

Arado Ar 234 »Blitz« Führerraum:

1 Fahrwerkswarnhorn
2 Kontakthöhenmesser
3 Höhenkorrekturgeber
4 Windkorrekturgeber
5 Kartentasche
6 Fahrtkorrekturgeber
7 Schubdüsenverstellung
8 Außentemperaturanzeige
9 Behälter für Navigationsunterlagen
10 Regler für Kanzelbeleuchtung
11 Schalter zur Absprengung der Starthilferaketen
12 Wahlschalter für Starthilferaketen
13 Brandhähne
14 Übersteuerung für Schubdüsenverstellung
15 Anzeige für Höhenflosseneinstellung
16 Seitenrudertrimmrad und -anzeige
17 Wahlschalter für Kraftstoffzusatztank
18 Zündschalter
19 Zündungswarnanzeige
20 Reibungssperre für Leistungshebel
21 Leistungshebelführung
22 Höhenflossentrimmhebel
23 Schalter für einziehbare Landescheinwerfer
24 Nothauptsicherung (durch 22 teilweise verdeckt)
25 Regler für Heizungsanlage
26 Hydraulikdruckanzeige (durch 22 teilweise verdeckt)
27 Kreiselüberwachungsanzeige
28 Wahlschalter für Kurssteuerung (Höhen-, Seiten-, Querruder)
29 Dosenlibelle
30 Zielflugschalter
31 Landeklappenverstellung (drei Rasten)
32 Fahrwerkshebel
33 Fahrwerks- und Landeklappenanzeigegerät
34 Kreiselaufrichtung
35 Hebel zur Bremsschirmauslösung
36 künstlicher Horizont
37 Tochterhorizont (mit Anzeige für Steiggeschwindigkeit)
38 Hauptschalter für Dreiachsen-Kurssteuerung
39 Bremsschirmabwurfhebel
40 Notmagnetkompaß (durch Kanzelrahmen teilweise verdeckt)
41 Seitenfenster (Schlechtwetterfenster)
42 Anzeige für Abgasdruck
43 Bombenauslöseknopf am linken Steuerhorn
44 Lotfe 7 K-Bombenzielgerät
45 Knopf für Borduhrbeleuchtung
46 Borduhr
47 FuG 16 ZY (Sende-/Empfangsgerät)-Sendeknopf
48 Fein-/Grobhöhenmesser
49 Anzeige für Staurohrheizung
50 Fahrtmesser
51 Wendehorizont
52 Führertochterkompaß
53 FuG 16 ZY (AFN 2) Zielfluganzeiger
54 Variometer (teilweise durch Periskop verdeckt)
55 Periskop RF 2 C, als Visier und Rückspiegel ausgelegt
56 Drehzahlmesser, linkes Triebwerk
57 Kurswähler für Kurssteuerung (am rechten Teil des Steuerhorns)
58 Drehzahlmesser, rechtes Triebwerk
59 Einspritzdruckanzeige, linkes Triebwerk
60 Sauerstoffschlauch
61 Hebel für Kanzeldachabsprengung
62 Sauerstoffregler (Membranlunge)
63 Halterung für Signalpistole
64 UV-Kanzelbeleuchtung
65 Einspritzdruckanzeige, rechtes Triebwerk
66 Bombenabwurfhebel (teilweise von der Steuersäule verdeckt)
67 Freigabehebel für Steuersäule
68 Schmierstoffdruckanzeige (rechtes Triebwerk)
69 Triebwerkstemperatur- und Feuerwarnanzeige für linkes und rechtes Triebwerk
70 Abgastemperaturanzeige (linkes und rechtes Triebwerk)
71 Hydrauliknotpumpe (handbetrieben)
72 Vorratsmesser für vorderen Rumpfkraftstofftank
73 Vorratsmesser für hinteren Rumpfkraftstofftank
74 Reststands-Warnleuchte für vorderen Rumpfkraftstoffbehälter
75 Reststands-Warnleuchte für hinteren Rumpfkraftstoffbehälter
76 Schaltbrett für Riedel-Startermotor
77 Sauerstoffdruckanzeiger
78 O_2-Wächter
79 Schalter für Sauerstoffsystem
80 Bombenzünderschaltkasten (ZSK 245)
81 UV-Kanzelbeleuchtung
82 Hauptschaltkasten für die Flugzeugelektrik
83 Voltmeter
84 Schalter für die Positionslichter (teilweise verdeckt)
85 Bombenabwurfwahlschaltkasten (ASK 234)
86 Notausfahrschalter für Landeklappen und Fahrwerk (hydraulisch)
87 Frequenzschalter für FuG 16 ZY
88 Bedienhebel für die Rumpfkameraabdeckung (in der Bomberversion nicht eingebaut)
89 Fern-/Nah-Relais-Bedienung für FuG 16 ZY
90 FuG 16 ZY Feinabstimmung
91 FuG 25 A-Sprengschalter (zur Zerstörung des Geräts)
92 Bedienschalter für FuG 25 A
93 Kamerabedienpult (für die Bombervariante nicht vorgesehen)
94 Lautstärkenregler und Zielflugschalter für FuG 16 ZY
95 Schultergurtverankerung
96 Führersitz

Cockpit der Ar 234 B-2 (Bedienungskarte 14.10.1944).

Nachteil auch nur halbwegs durch aerodynamische Vorteile aufgewogen wird!«[54]
Die Beanstandungen bei den ersten elf Serienflugzeugen hielten sich in Grenzen. Abgesehen von beginnenden Macheinflüssen bei Geschwindigkeiten ab 850 km/h wurden nur Undichtigkeiten der Kabine, ein leichtes Pendeln um die Hochachse und eine unzureichende Dämpfung des Bugrades beanstandet.[55]
Bei späteren Serienflugzeugen wurden verstärkt Mängel in der Fertigungsqualität festgestellt, die auf den Rückgang qualifizierter Arbeitskräfte und auf Rohstoffmangel zurückzuführen waren. Die Fahrwerksriegel bogen sich leicht auf, die Behäutung war stellenweise verwellt, Lack und Verspachtelungen hatten sich gelöst, die Kabine war in einigen Fällen undicht, und einige Anzeigegeräte arbeiteten ungenau oder waren nicht leicht genug ablesbar. Aufgrund minderer Gummiqualität der Fahrwerksreifen ließ sich das Flugzeug bei Regen nach der Landung nur mit Mühe abbremsen.
Die Lebenserwartung einer Maschine entsprach der des konventionellen Zerstörer Bf 110. Sie wurde im April 1944 mit 150 Flugstunden, entsprechend einer Einsatzzeit von zehn Monaten, veranschlagt.[56] Die Einsatzdauer der Triebwerke war dagegen generell beschränkt. Nach 25 Flugstunden mußte im allgemeinen eine Überholung stattfinden.

Erprobung von Bombenzielanlagen

Im August und September 1944 fanden in Sagan mit dem Serienflugzeug S3 (W.Nr. 140 103, GM+BC) probeweise Zielanflüge im Bahnneigungsflug aus 1 000 bis 1 500 m Höhe statt. Sie wurden bei Va = 450 bis 500 km/h begonnen. Der Neigungswinkel bewegte sich zwischen 15 und 30 Grad. Die Abfanggeschwindigkeit lag bei 600 bis 790 km/h. Abgefangen wurde in Höhen von 50 bis 100 m.
Über das zweckmäßigste Verfahren beim Bombenabwurf bestand anfänglich Unklarheit. Bei schlechter Sicht kam nur der Abwurf im Tiefflug in Frage, der sich aufgrund der hohen Anfluggeschwindigkeit als relativ ungenau erwies. Die Piloten der Aufklärerversion plädierten für einen Horizontalabwurf über der Arbeitshöhe der feindlichen Bomber. Oberst *Storp*, der Kommodore des KG 76, sprach sich wie viele Bomberpiloten für den Abwurf im flachen Sturzflug aus.
Zur Entlastung des Piloten, der sowohl die Navigation als auch die Instrumentenkontrolle, den Funksprechverkehr und die Überwachung des hinteren Luftraums durchführen mußte, übernahm während der Zielfindung eine von der Firma Patin entwickelte und erstmals mit dem Prototyp V-10 erprobte Dreiachsensteuerung[57] kurzfristig die Steuerung des Flugzeugs.

Eine Verbesserung der Sichtverhältnisse bewirkte ein Periskop, mit dem wahlweise zwei MG 151/20 auf rückwärtige Angreifer gerichtet oder über eine Bombenzielanlage[58] das Bombenziel anvisiert werden konnte. Beim Einschalten des werksseitig in Sagan vorerprobten und von dort gelieferten Lotfernrohrs Lotfe 7 K wurde die Sicht für den Bombenabwurf über das Periskop automatisch nach vorn freigegeben. Das Visier der Bombenzielanlage war über einen einfachen Rechner mit der Kurssteuerung gekoppelt. Wenn der Pilot das Fadenkreuz ins Ziel gebracht hatte, hielten Signale über den Rechner an die Kurssteuerung das Flugzeug auf genauem Anflugkurs bis zur automatischen Auslösung der Bomben.
Ab dem 25. Juli bis zum Oktober 1944 wurde in Rechlin der Bombenwurf mit Lotfe 7 K und Dreiachsensteuerung mit den Serienflugzeugen S 2 (W.Nr. 140 102, GM+BB)[59] und S 15 (W.Nr. 140 115, GM+BO)[60] erprobt. Anschließend wurde entschieden, daß bei ausreichender Sicht der Abwurf aus einer Höhe von 5 000 m grundsätzlich vorzuziehen war. Das Bombenziel war jedoch erst aus relativ geringer Entfernung sauber zu erfassen und im Fadenkreuz einzusteuern, denn der Gleitwinkel mußte relativ klein gehalten werden, damit das Flugzeug nicht zu rasch an Fahrt aufholte. Laut Flugbericht vom 12. Oktober wirkten sich auch Zielauswanderungen durch Böeneinflüsse und ein Pendeln des Flugzeugs infolge einer schwachen Dämpfung um die Hochachse störend aus. Laut Bericht vom 23. Oktober zeigte sich »im Vergleich der Trefferstreuungen mit vorhandenen und geplanten Zielgeräten ... die Überlegenheit des Lotfes 7 als Zielgerät für große Höhen«, so daß, abgesehen von Problemen bei der Höhenhaltung, »das Flugzeug Ar 234 mit PDS 11 ... für Einsatz mit Lotfe 7 K geeignet« schien.[61] Die Bedienung des zwischen den Beinen des Piloten untergebrachten Lotfernrohrs erwies sich allerdings als unbequem, und die Piloten hatten »eine gewisse Scheu, den Steuerknüppel auszuklinken, sich nach vorn zu legen und sich nur auf die Dreiachsensteuerung zu verlassen«.

Ringen um die Baukapazitäten

Abgesehen von einer schlechten Ausgangslage bei Kriegsbeginn und einem sich ständig verschärfenden Zeitdruck mangelte es im Bereich der Luftrüstung vor allem an strategischer Planung und, angesichts des Festhaltens am sogenannten Führerprinzip, an ausreichender Kooperation zwischen dem Generalstab und dem RLM. Zugleich war das Vertrauensverhältnis der Luftwaffenführung zur Industrie als Ausführungsorgan gestört. Die Industrie hatte einerseits zu geringe Eigenverantwortung erhalten, andererseits war es nicht gelungen, deren Eigeninteressen auszuschalten. Der Rückstand der deutschen Luftrüstung wirkte sich 1944 dahingehend aus, daß England und die Vereinigten Staaten in diesem Jahr 120 000 Flugzeuge und damit mehr als Deutschland während des gesamten Krieges produzierten.

Mit dem Ziel, die drohende militärische Niederlage in letzter Minute aufzuhalten, forderte das Kommando der Erprobungsstellen am 20. Mai 1944 »eine treuhänderisch für die Allgemeinheit denkende und führende Zentralgewalt im RLM«, da die »anfangs rigoros verfolgte Unterbindung von privatwirtschaftlichen Interessen der Industrie durch eine oberste Zentralgewalt« angeblich nicht durchgehalten werden konnte und sich die »Selbstverwaltung der Industrie« als eine »Illusion« herausgestellt habe. In dem Aufruf hieß es: »Würde man imstande sein, eine wahrheitsgetreue Darstellung, eine objektiv richtige Geschichte der Technik in der Luftwaffe seit 1934 zu schreiben, dann ... würde niemand im Ernst annehmen, daß es in Wirklichkeit so viel Unzulänglichkeit, Pfuscherei, Verworrenheit, Macht am falschen Platz, Verkennung der objektiven Wahrheit und Vorbeilaufen an den vernünftigen Dingen insgesamt geben kann.«[62]

In einer weiteren Denkschrift vom 15. August 1944 äußerten die Rechliner Ingenieure, es sei paradox, daß in einem Land wie Amerika, wo das Kapital herrsche, eine »wesentlich sinnvollere Ordnung in der Luftwaffe« bestehe als in Deutschland, in dem »die Regierung jede gesetzliche Handhabe besitzt, um die Forderungen des allgemeinen Interesses tatsächlich durchsetzen zu können«. Der Grund für dieses Chaos liege nicht im politischen System, sondern im personalpolitischen Aufbau. Unter anderem habe die Entschlußlosigkeit bei der Entwicklung der He 177 bei Arado wertvolle Fertigungs-Kapazitäten vergeudet. Schon *Udet* habe mit der Begründung, Höhenflug komme gar nicht in Frage, wichtige Planungen bei Arado verhindert, und die Ar 240 gehöre zu jenen Flugzeugtypen, die zugunsten weniger leistungsfähiger Flugzeugmuster abgelehnt worden seien. Vor allem »*Messerschmitt* reiße über den Jägerbereich hinaus auch Zerstörerprojekte an sich, die besser bei Arado oder Dornier aufgehoben seien«.[63]

Milch wehrte sich mit dem Argument, er habe auf die unberechtigte Sonderrolle *Messerschmitts* rechtzeitig hingewiesen, und beklagte, »bei der Programmgestaltung nahm die Luftwaffenführung immer wieder Fertigungen auf, die nachher aus Mangel an Kapazität oder Rohstoffen nicht durchgeführt werden konnten«.[64] Nach einer Verkleinerung der Dienststelle des Generalluftzeugmeisters im Mai 1943 hatte er nur einen Teil seiner früheren Befugnisse behalten, während *Speer* seit dem 1. August 1944 als Minister für Rüstung und Kriegsproduktion auch die Verantwortung für die Luftrüstung übernahm. Damit wurde das RLM in der Frage der Produktion weitgehend ausgeschaltet und die 1933 eingeleitete Verselbständigung der Luftwaffe praktisch wieder rückgängig gemacht. *Speer*, der im Unterschied zu den Rechlinern einer diktatorischen Führung im Bereich der Technik mißtraute und im Verdacht stand, den parlamentarischen Staat wieder einzuführen, leitete die Integration der Technik in die operative Führung der Luftwaffe ein, seine Maßnahmen kamen jedoch zu spät.

Ende November 1943 beklagte sich *Blume* beim Chef des Technischen Amtes darüber, daß dessen unklare Programmgestaltung erhebliche Auswirkungen auf die Zellenfertigung habe. Er hielt dem Amt vor, daß ein erster Plan die Auslieferung von 100 Einheiten des Arado-Strahlbombers bis Ende 1944 und eine Steigerung der Serienproduktion auf 250 Einheiten monatlich bis April 1946 vorgesehen habe. Nachdem zwischenzeitlich als Notlösung eine Verschiebung um zwei Monate einkalkuliert worden sei, gehe ein dritter Plan von einer beschleunigten Auslieferung von 200 Einheiten bis Ende 1944 und einem Serienhöchststand von monatlich 300 Einheiten im September 1945 aus. Obwohl die Voraussetzungen für die Gesamtplanung fehlten, habe er die Lieferung von 200 Einheiten bis Ende 1944 angeordnet.[65]

Am 21. Dezember 1943 reichte Arado eine Gesamtplanung auf der Grundlage des Luftwaffenprogramms Nr. 225 ein. Danach hatte Arado ab Januar 1944 die Lizenzproduktion der Fw 190 von monatlich rund 100 Einheiten bis Oktober auf 250 zu steigern. Im gleichen Zeitraum sollte die Lizenzfertigung der He 177 von anfänglich 25 Einheiten verdoppelt werden. Anschließend sollte diese Ausbringung zugunsten eines steilen Anlaufens der Ar 234 B auf maximal 150 monatliche Einheiten auf gleichem Niveau gehalten werden. Nach der Auslieferung von 200 Einheiten der Ar 234 bis Ende 1944 sollten weitere 330 Einheiten bis März 1945 gebaut werden, bevor anschließend eine gleichbleibende monatliche Ausbringung von 150 Einheiten erreicht werden sollte.

Aufgrund der laufenden Personalabziehung zur Front wurde der werksseitig ermittelte Gesamtbedarf von 32 240 Arbeitskräften zur Erfüllung des Programms durch das in allen Zweigwerken vorhandene Potential von 21 210 bei weitem nicht gedeckt.[66] Arado bat deshalb den Amtschef, »die Größe der uns gestellten Aufgaben ... den obersten Stellen zum Ausdruck zu bringen und darauf hinzuweisen, daß auch der geringste Terminverzug in der Zuweisung von weiteren Arbeitskräften einen Rückschlag gibt, der nicht mehr aufzuholen ist. ... Da bereits jetzt unsere Forderungen bezüglich der Arbeitskräfte nicht erfüllt sind, bitten wir, eine eindeutige Entscheidung darüber herbeizuführen, ob und in welcher Type ein Einbruch zugunsten der Ar 234 erfolgen soll«.[67]

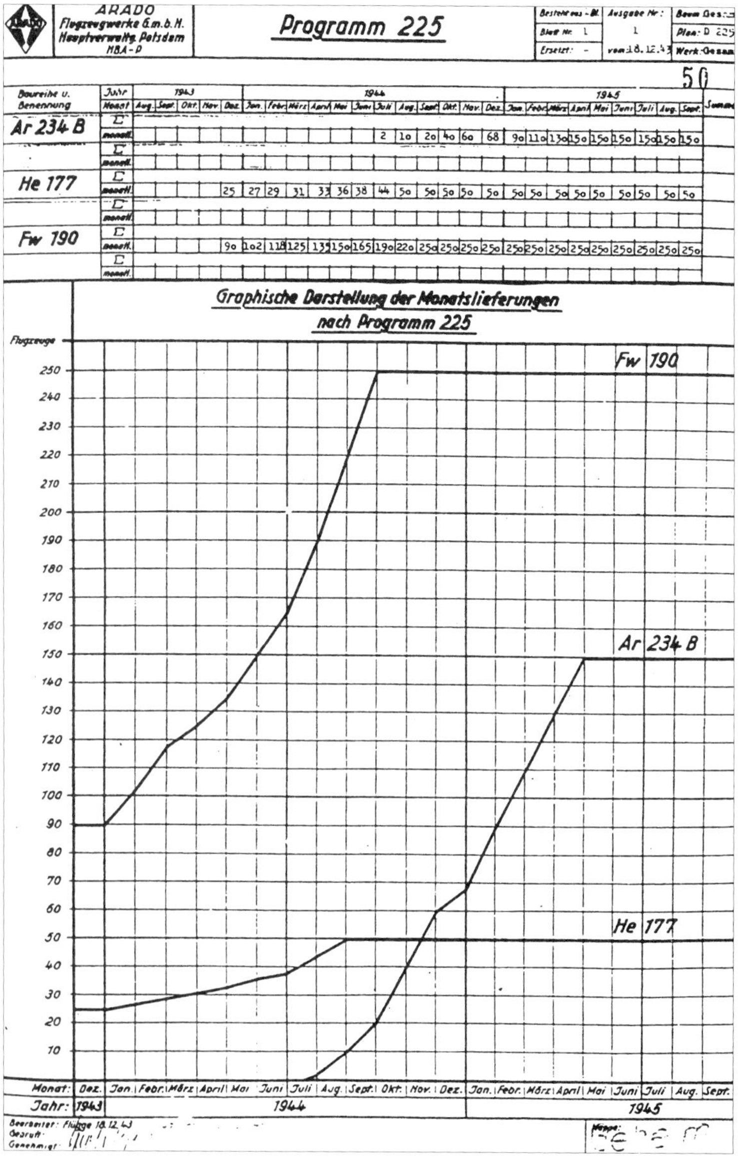

ARADO Flugzeugwerke G.m.b.H. Hauptverwaltg. Potsdam MBA-P

Programm 225

Besteht aus – Bl. | Blatt Nr. 1 | Ersetzt: – | Ausgabe Nr.: 1 vom 18.12.43 | Plan: D 225 | Werk: Gesam[t]

50

Baureihe u. Benennung	Jahr/Monat	1943 Aug.	Sept.	Okt.	Nov.	Dez.	1944 Jan.	Febr.	März	April	Mai	Juni	Juli	Aug.	Sept.	Okt.	Nov.	Dez.	1945 Jan.	Febr.	März	April	Mai	Juni	Juli	Aug.	Sept.	Summe
Ar 234 B	Σ																											
	monatl.												2	10	20	40	60	68	90	110	130	150	150	150	150	150	150	
	Σ																											
	monatl.																											
He 177	Σ																											
	monatl.					25	27	29	31	33	36	38	44	50	50	50	50	50	50	50	50	50	50	50	50	50	50	
	Σ																											
	monatl.																											
Fw 190	Σ																											
	monatl.					90	102	118	125	135	150	165	190	220	250	250	250	250	250	250	250	250	250	250	250	250	250	
	Σ																											
	monatl.																											

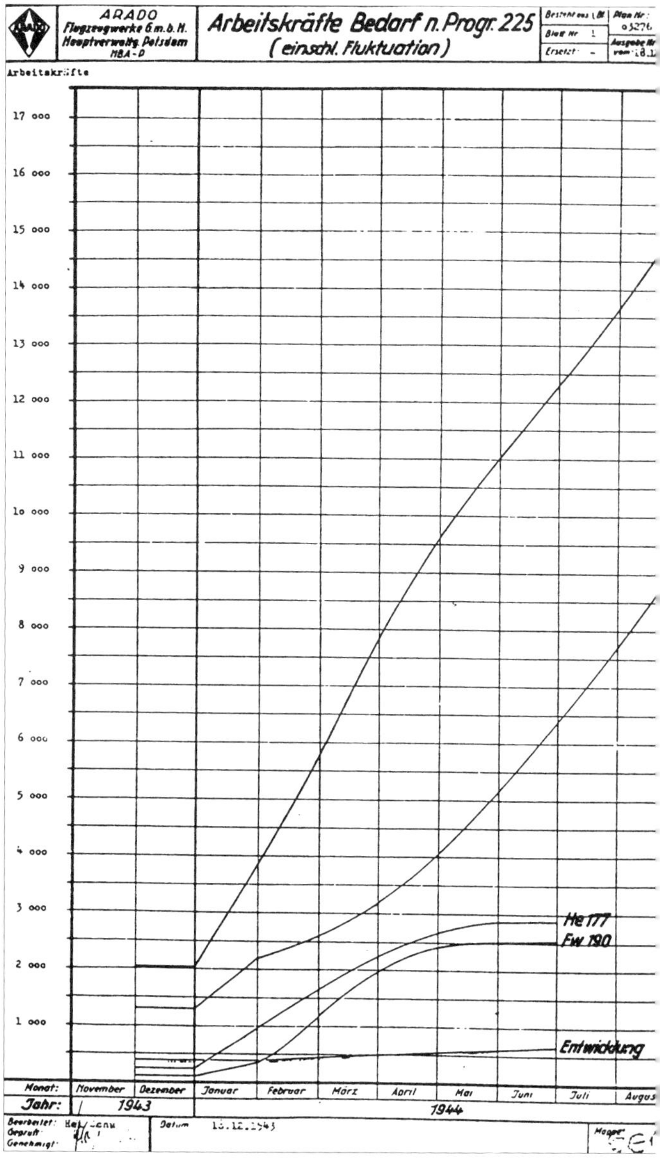

Liefermengen und Arbeitskräfte-Bedarf für Ar 234, Fw 190 und He 177 nach Programm 225 (29.11.1944).

Blume hatte neben der Fw 190 vor allem den Großbomber He 177 im Auge, dessen Entwicklung wenig vielversprechend verlaufen war und für dessen Lizenzfertigung bei Arado seinerzeit 12 292 Arbeitskräfte eingesetzt waren. Der Verzicht auf dessen Weiterbau hätte den zusätzlichen Mindestbedarf von 9 180 Arbeitskräften für den Strahlbomber Ar 234 gedeckt. Das RLM konnte sich aber zunächst noch nicht zu dieser Entscheidung durchringen. *Speers* Bemühungen um Konzentration der Luftrüstung verschaffte Arado eine gewisse Entlastung. Der Strahlbomber Ar 234 lag in der am 17. Januar 1944 von ihm an alle Vorsitzer der Rüstungskommissionen übermittelten neuen Personal-Zuweisung in der sogenannten »Vorrangstufe« an zweiter Stelle hinter der Me 262. Anschließend folgten die Sturmgeschützfertigung, die Rakete A 4 (V 2), die Flugbombe Fi 103 (V 1) und die Panzerfertigung.
Auf einer Planungsbesprechung vom 19. Juli wurde die Zuweisung zusätzlicher Konstrukteure unter Abzug von

Mitarbeitern bei Focke-Wulf gegen den Einspruch von *Kurt Tank* angeordnet, so daß Arado im Oktober 1944 mit einer Zahl von 32 000 Beschäftigten Focke-Wulf überflügelte.
Eine Anfrage *Milchs* vom 18. Januar 1944 zur Kapazitätslage für das Strahltriebwerk Jumo 004 ergab, daß die bauliche Seite inzwischen problemlos war, daß aber für die geplante Ausbringung von monatlich 500 Triebwerken angesichts des Hochfahrens der Fertigung von Otto-Motoren noch keine ausreichenden Betriebsmittel vorhanden waren. Junkers konnte seinerzeit für die Monate Januar bis April 1944 nur eine Zusage für 150 Triebwerke einschließlich Serie und Entwicklung machen. Der Bedarf von 324 Triebwerken sollte wie folgt berücksichtigt werden:[68]

	Versuche Junkers	Me 262 V-Muster	Me 262 Vorserie	Ar 234 V-Muster	Rechlin
Februar	–	–	16	2	–
März	25	10	82	2	25
April	–	–	160	2	–

Blume drängte am 21. April 1944 bei *Milch* erneut auf eine Befreiung von der Lizenzproduktion der Fw 190 und He 177, um die Serienfertigung der Ar 234 sicherzustellen. Das RLM entschied sich aber erst am 28. Juni 1944 für eine Absetzung zumindest der He 177. Die Produktion lief daraufhin im September aus. Diese Konzentrationsmaßnahme wirkte sich positiv aus. Es gelang, die Fertigung der He 177 bruchlos auf die der Ar 234 umzustellen.
Das reduzierte Jägerstab-Flugzeugprogramm vom 3. Juni 1944 sah vor, daß die Baumuster Ar 96, Ar 396 und Ar 196 ausschließlich bei Nachbaufirmen produziert werden sollten. Mit Nachdruck wurde die Lieferung des Transporters Ar 432, der Bomber Ar 234 B-2 und C-2 sowie des Fernaufklärers Ar 234 C-1 gefordert. Das nachfolgende »Blitzprogramm« vom 1. Juli 1944, das mit *Göring* abgestimmt war und dem *Hitler* nach einer Führerbesprechung vom 21. bis 23. September 1944 zustimmte, verzeichnete nach der Absetzung der Ar 96 und der Ar 196 an Eigenentwicklungen außer der Ar 432 nur noch die Ar 234 und die Ar 396, für die jeweils 500 bzw. 230 Einheiten pro Monat angefordert wurden.
Bezüglich des Strahlbombers Ar 234 wurde im einzelnen folgende Neufestlegung getroffen: »Die Ar 234 ist mit aller Beschleunigung als Bomber in der überhaupt höchstmöglichen Stückzahl weiterhin gesteigert auszubringen. Da sie im Nahziel mit einer 500-kg-Bombe, im Fernziel mit drei 500-kg-Bomben bei wesentlich günstigeren Allgemeinbedingungen wie die 262 als Bomber eingesetzt werden kann, bestätigt der Führer die seinerzeit gegebene Zusage, daß für jede einsatzfähige endabgenommene 234 als Bomber eine einsatzfähige abgenommene 262 dem General der Jagdflieger zur Verwendung als Jäger zur Verfügung gestellt wird.«[69]
Am 4. Juli 1944 legte Arado die abschließende Planung vor.[70] Bis Ende des Jahres konnte vorerst nur mit der Lieferung von 97 Einheiten der Ar 234 B gerechnet werden. Bis Mai 1945 sollten insgesamt 210 Einheiten ausgeliefert werden.

Anlauf der Serienfertigung

Ab September 1944 wurde die Ar 234 B in Alt-Lönnewitz unter dem Firmendecknamen Altan G.m.b.H. von einer Werkstattkompanie und unter Einschaltung ausländischer Fachkräfte der Firmen Farman und Caproni endmontiert, ausgerüstet und erprobt. Unter dem Arbeitseinsatz des gesamten fliegenden Personals wurde die dortige Startbahn im Sommer 1944 ohne nennenswerte maschinelle Hilfsmittel verlängert.[71]
Die Großserienfertigung lief in mehreren Arado-Werken an: »In Brandenburg wurden die Flächen und die ersten Leitwerke gebaut. Werk Wittenberg baute die Rümpfe und die Kabinen. Beides wurde hier zusammengebaut und außerdem das von der Firma Mansfeld-Prenzlau herge-

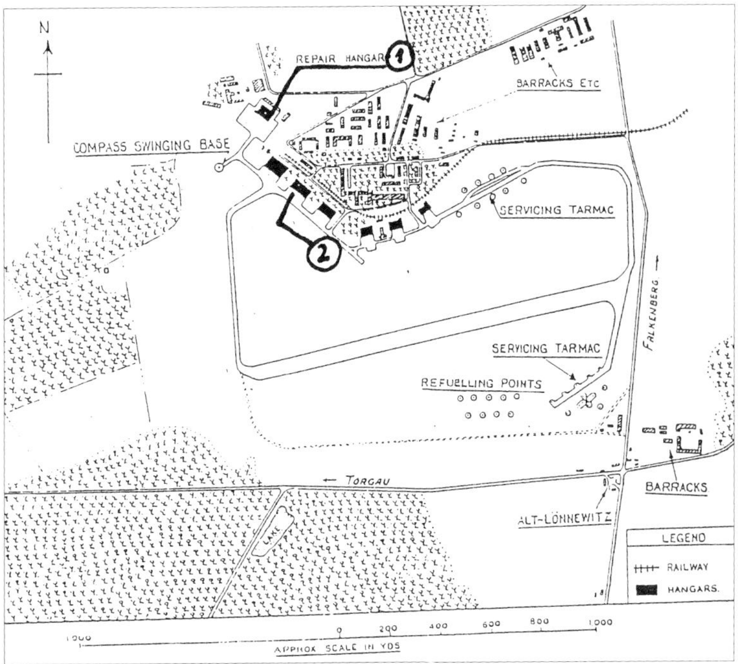

Lageplan von Alt-Lönnewitz (Alliierte Aufklärung 31.3.1944).

◀ Das Serienflugzeug Ar 234 S10 (W.Nr. 140 110, GM+BJ, Rechliner Stammkennzeichen E2+20).

stellte Fahrwerk montiert. Die Verglasung lieferte die Firma Kopperschmidt in Blumberg in Baden. Die vom Junkers-Motorenbau-Dessau gelieferten nackten Triebwerke wurden in Rathenow verkleidet. Dieses Werk lief auch gleichzeitig für den Tragwerksbau an. Holmgurte, fertig beabeitet, sowie Stegbleche und Gurtwinkel lieferte die Firma Vereinigte Leichtmetallwerke-Hannover. Werk Freiberg in Sachsen baute Leitwerke, die an die Tragwerkswerke beziehungsweise an die Endmontagestelle geliefert wurden. Die Preßteile für alle Werke wurden zentral im Preßwerk in Brandenburg gefertigt. Dreh- und Frästeile sowie die gesamte Steuerung wurden in Babelsberg gefertigt.«[72]

Werksseitig ist eine Lieferung von 75 Einheiten bis Ende Oktober 1944 bestätigt.[73] Bis zum 16. Dezember 1944 wurden insgesamt 116 Einheiten ausgeliefert[74]. Bis zum 20. Februar 1945 wurden insgesamt 188 Einheiten gebaut. Ende Februar 1945 wurde mit einer Gesamtlieferung von insgesamt 195 Einheiten annähernd das ursprünglich für Ende 1944 angesetzte Auslieferungssoll erreicht.

Ausbringung der Ar 234 B von Juli 1944 bis Februar 1945: [75]

1944	Juli:	5
	August:	10
	September:	18
	Oktober:	40
	November:	40
	Dezember:	33
1945	Januar:	34
	Februar:	15
Insgesamt:		195

Unter Einbeziehung der vermutlich 19 noch ausgelieferten Serienflugzeuge der Baureihe Ar 234 C-1 und C-3 machte eine Übersicht des Generalquartiermeisters vom 10. April 1945 folgende vergleichende Angaben zur Gesamtfertigung der Ar 234 und zum Einsatzbestand:[76]

	He 162	**Ar 234**	**Me 262**
Neufertigung bis 31.12.44	–	150	564
Januar 1945	–	35	167
Februar 1945	82	15	296
März 1945	34	14	295
bis 10.4.1945	8	–	47
gesamt	124	214	1369
Von der Luftwaffe übernommen	56	219	1039
Verlust durch Feindeinwirkung	–	38	186
sonstige Verluste	–	57	402
Bestand	56	100	297
davon am Feind	–	44	181

Als die Produktion im März 1945 auslief, war demnach rund die Hälfte der ausgelieferten Flugzeuge inzwischen bereits zerstört oder befand sich in Reparatur. Aus der Übersicht geht andererseits hervor, daß im Vergleich zur Ar 234 ein geringerer Teil der gefertigten Me 262 von der Luftwaffe übernommen wurde und zugleich eine deutlich höhere Verlustrate zu verzeichnen war, und zwar insbesondere ohne Feindeinwirkung.

Kampfeinsatz des Strahlbombers

Am 13. Juni 1944 erteilte der General der Kampfflieger den Auftrag, ein erstes Geschwader mit Arado-Strahlbombern vom Typ Ar 234 B-2 auszurüsten. Am 10. Juni 1944 wurde das KG 76 nach Alt-Lönnewitz verlegt. Die Piloten sollten so frühzeitig vor Ort Erfahrungen mit dem Flugzeug gewinnen und das Werk zugleich bei der Erprobung unterstützen. Mit Hilfe von Arado-Technikern und des Rechliner Erprobungskommandos wurde zunächst Hauptmann *Diether Lukesch* eingewiesen. Umschulungen erfolgten später auch in Prag und in der Blindflugschule Kopenhagen. Am 26. August 1944 erhielt die Kampfgruppe III./KG 76 die beiden ersten einsatzfähigen Flugzeuge (W.Nr.140 114, GM+BN, W.Nr.140 115, GM+BO). Insgesamt elf Serienflugzeuge gelangten

Ar 234 B-2 beim KG 76 in Burg.

Ar 234 B-2, S16 (W.Nr. 140 116, F1+BS) beim 8./KG 76 in Burg.

Ar 234 B-2 (F1+BT) von *Diether Lukesch*/KG 76 in Münster Handorf (Dezember 1944).

anschließend zu Erprobungszwecken nach Rechlin.[77] Am 30. September wurden neun und im Laufe des Monats November 68 einsatzbereite Strahlflugzeuge gemeldet. Zur taktischen Einsatzerprobung verlegte das KG 76 von Alt-Lönnewitz anschließend nach Burg bei Magdeburg.
Für den Kampfeinsatz wurde am 10. November in Münster-Handorf eine Sondereinsatzstaffel aufgestellt. Im Zuge der Ardennen-Offensive flog sie am 24. Dezember zahlreiche Tageseinsätze in losem Verband auf Punktziele im Raum von Lüttich und Antwerpen. Am 11. Januar 1945 verlegte das III./KG 76 nach Achmer. Die spektakulärsten Einsätze erfolgten im März 1945 im Kampf um die Ludendorff-Brücke in Remagen. Sie wurden von Oberstleutnant *Robert Kowalewski,* dem ersten Kommodore eines mit Strahlflugzeugen ausgerüsteten Kampfgeschwaders, geleitet. Nachdem ein von *Göring* vorgeschlagener Selbstopfereinsatz von *Hitler* abgelehnt worden war, erfolgten die Angriffe angesichts schlechter Sichtverhälnisse im Tiefflug. Trotz mehrmaliger, verlustreicher Einsätze konnte die Brücke aber nicht rechtzeitig völlig zerstört werden.

Ar 234 B-2 mit RF 2C-Periskop. Ein Bordwart ist Major Hans Georg Bätcher/ KG 76 beim Anschnallen behilflich.

Das Kampfgeschwader zog sich zur Bekämpfung des alliierten Vormarsches in den Raum Wilhelmshaven, Lübeck und Kaltenkirchen zurück und griff später auch in die Kämpfe im Oderraum und in den Endkampf um Berlin ein. Die taktische Einsatzform blieb umstritten. Der General der Kampfflieger forderte im Unterschied zu *Göring* konzentrierte anstelle von aufgesplitterten Angriffen. Aufgrund der Geschwindigkeitsüberlegenheit der Ar 234 gab es kaum Verluste durch Kampfhandungen. Zahlreiche Flugzeuge gingen jedoch bei Bruchlandungen, durch Feindeinwirkung bei den Start- und Landevorgängen und durch die Bombardierung der Flugplätze verloren.
Die geringe Zahl der Strahlbomber konnte eine Änderung der Luftlage nicht herbeiführen. Der Generalquartiermeister rechnete nach dem Lieferplan Nr. 226/2 für Ende 1945 mit 22 Kampfgruppen. Davon sollten 14 mit Schnellbombern vom Typ Ar 234 ausgerüstet werden. Zur geplanten Aufstellung der Kampfgruppen kam es nicht mehr, da die Ausbringung des Flugzeugs ab Februar stark zurückging. Am 25. Januar 1945 wurde in Rechlin die Aufstellung eines Gefechtsverbandes der Erprobungsstelle (K.D.E.) beschlossen. Am 9. Februar verzeichnete eine zugehörige »Aufklärungs- und Schnellkampfstaffel« neben einem Strahlaufklärer Ar 234 (W.Nr.140 102), der Einsätze im Oderraum flog, neun Arado-Strahlbomber. Im März 1945 konnte das KG 76 mit letzten Kraftstoffreserven noch bis zu 50 Einsätze pro Tag fliegen. Am 10. April 1945 verfügte es nur noch über 12 Bomber. Die letzten Operationen erfolgten am 3. Mai 1945. Nachdem alle nicht verwendungsfähigen Flugzeuge in Leck gesprengt worden waren, entkamen am 5. Mai neun verbliebene nach Stavanger in Norwegen.

Aufklärer Ar 234 B-1

Den ersten Rüstsatz für die Aufklärerversion Ar 234 B-1 erhielt das zwölfte Serienflugzeug (W.Nr. 140 112, GM+BL). Es wurde am 22. September 1944 von Oberleutnant *Horst Götz* als T9+GH übernommen. *Götz,* der zuvor sowohl mit der Ar 440 als auch nachfolgend mit der Ar 234 V-5 Aufklärereinsätze geflogen war, gehörte dem in Rheine stationierten Einsatzkommando »Sperling« an. In Biblis war das Einsatzkommando »Hecht« stationiert. Die erforderliche Reichweite der Aufklärungsflugzeuge wurde durch abwerfbare Zusatztanks erzielt. Als hinderlich erwiesen sich die zunehmend schlechten Sichtverhältnisse aufgrund der winterlichen Witterung und die Feindeinwirkung beim Starten und Landen. Beim Landeanflug wurde Hauptmann *Hans Felde*, Kapitän der 1.(F)123 Aufklärungsstaffel des Kommandos »Sperling«, am 11. Februar 1945 in Rheine von einer englischen »Tempest« abgeschossen. Zum Schutz der Strahlflugzeuge wurde die Abwehr im Bereich der Heimatflugplätze verstärkt und im Unterschied zu dem unbewaffneten Aufklärer Ar 234 A der Einbau von zwei MG 151 starr nach hinten erwogen.

Das Oberkommando der Wehrmacht maß den Erkundungsflügen höchste Bedeutung zu und gewährte den Kommandos bevorzugte Unterstützung. Eine Verbesserung der Aufklärungsoperationen wurde durch die Verwendung eines mit Funk ausgestatteten Wagens erzielt, von dem aus die Piloten unmittelbar nach ihrer Rückkehr erste wichtige Angaben weiterleiten konnten.

Die Aufklärer Ar 234 B-1 unterstützten die Bodentruppen während der Ardennen-Offensive und in den letzten Kriegsmonaten auf dem oberitalienischen Kriegsschauplatz. Als gegen Kriegsende die Luftstützpunkte in Frankreich nicht mehr zur Verfügung standen, wurde eine Fernaufklärungsgruppe zur Unterstützung der U-Bootwaffe im Atlantik mit Arado-Strahlflugzeugen ausgerüstet. Sie sollte auch an der Vorbereitung eines Angriffs auf die britische Flotte in Scapa Flow durch Mistelflugzeuge beteiligt werden. Die letzte Aufklärungsmission über England gelang am 10. April 1945 einem im norwegischen Stavanger stationierten Flugzeug.

Der Einsatz in den letzten Kriegswochen erfolgte unter oft schwierigsten Bedingungen. Der Pilot *Helmut Reinert*, der Ende März 1945 bei der in Burg bei Magdeburg stationierten 1./(F)22 auf die Ar 234 umgeschult wurde, mußte am 13. April 1945 auf der Autobahn starten, da der Flugplatz durch Bombentreffer bereits unbenutzbar war. Trümmerreste auf der Startfläche brachten den rechten Reifen zum Platzen, so daß das Flugzeug in eine Baumgruppe raste und zerschellte.[78]

Der englische Pilot *Eric Brown*, der nach Kriegsende die Ar 234 in Farnborough testete, kommentierte die Leistungsüberlegenheit des Strahlaufklärers wie folgt: »Die Ar 234 tauchte wirklich blitzschnell am Himmel auf, so daß sich die alliierten Jagdflieger einer schier unlösbaren Aufgabe gegenübersahen, wenn sie diesen turbinengetriebenen Eindringling abfangen sollten. Sie hatten ungefähr die gleichen Chancen, ihre Waffen auf diesen schwer zu fassenden deutschen Neuling zu richten, wie wenn sie versuchten, ihn mit einem Schwall grober Flüche vom Himmel zu fegen. Bei den Geschwindigkeiten und den Höhen, in denen sie flog, konnten ihre Aufklärungseinsätze nur durch technische Fehler ein vorzeitiges Ende finden.«[79]

Nachtjäger Ar 234 B-2N als verspätete Notlösung

Die Frage, ob die ersten einsatzfähigen Strahlflugzeuge Bomber oder Jäger sein sollten und ob die Ar 234 auch als Jäger angefordert werden sollte, wurde am 20. August 1943, wenige Wochen nach dem Erstflug der V-1, auf einer GL-Besprechung kontrovers diskutiert. *Von Loßberg* und *Diesing* plädierten im Sinne *Hitlers* für eine forcierte Entwicklung des strahlgetriebenen Schnellbombers, während *Milch* mit Blick auf die immer dringenderen Defensivaufgaben der Luftwaffe die zügige Entwicklung von Strahljägern anmahnte und offensichtlich das Feld nicht ausschließlich Messerschmitt überlassen wollte:

»*Von Loßberg:* Meine Ansicht ist, daß die nächste Aufgabe, die schon vor einem halben Jahr in Angriff hätte genommen werden müssen, das Kampfflugzeug mit dem TL-Triebwerk sein muß, und zwar in der Richtung auf Geschwindigkeit und nicht so sehr in Richtung auf Höhe.

Milch: Das läuft bei Arado.

von Loßberg: Aber in sehr geringen Stückzahlen.

Milch: Das ist noch nicht heraus.

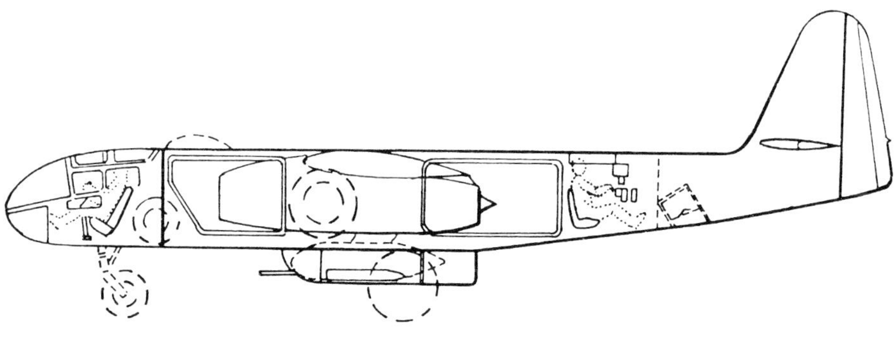

Längsschnitt des Nachtjägers Arado Ar 234 B-2N.

von Loßberg: Und auch mit Leistungen, die in der Reichweite auch verhältnismäßig bescheiden sind!
Milch: Über die Frage der TL-Bomber werden wir nachher noch etwas hören. Die läuft auch an, nur können wir das noch nicht aufgeben, um schon das andere allein zu machen, sondern im Gegenteil: da, wo wir früher einmal sehr tapfer und mutig sein wollten, haben wir eins auf den Kopf bekommen, und zwar beim Strahljäger. Wahrscheinlich hat *Messerschmitt* es in der betreffenden Besprechung so dargestellt, als ob er Sorgen hätte.
von Loßberg: Ich halte das für falsch.
Diesing: Ich halte den Strahlbomber für die ausschlaggebende Sache. Auch der Führer hat gesagt, daß er die Möglichkeit des Strahltriebwerks mehr von der Bomberseite sehe, wenn man in großen Stückzahlen antrete.
Milch: Ich sehe sie zuerst auf der Jägerbasis, und ich kann nicht erwarten, daß ein anderer, der sich gelegentlich mal mit solcher Frage beschäftigt, das ebenso übersieht wie ein Spezialist. Wenn man sich in der Verteidigung befindet, muß man die Verteidigungskräfte so stark wie möglich machen ...«[80]
Arado hatte bis zu diesem Zeitpunkt zahlreiche Studien und Entwürfe für strahl- und raketengetriebene Jagdflugzeuge vorgelegt. Dazu gehörte auch eine gepanzerte und stark bewaffnete Jägervariante der Ar 234 mit zurückverlagerter Kabine, deren Entwurf bereits im Mai 1943, zwei Monate vor dem Erstflug des Strahlaufklärers Ar 234 V-1, vorlag. Das Technische Amt hatte jedoch bislang keinen Entwicklungsauftrag erteilt.
Im Zuge der Erprobung der Ar 234 V-1 hatte der Einflieger *Selle* schon im August 1943 darauf verwiesen, daß das Flugzeug durchaus auch die »Jägerforderung« erfülle. Daraufhin machte der General der Kampfflieger Oberst *Baumbach* am 23. August 1943 in einer Besprechung bei Heinkel vergeblich den Vorschlag, ein Lizenzwerk für den Bomber He 177 auf eine Jägerversion des Strahlflugzeugs Ar 234 umzustellen.
In einem werksseitigen Zwischenbericht zur Erprobung vom 30. Dezember 1943 wurde erneut ausdrücklich hervorgehoben, daß die Ar 234 »ausgesprochene Jägereigenschaften« erkennen ließ. Dieser Eindruck erhärtete sich weiter, als, nach der Fertigstellung der ersten 20 Flugzeuge der Baureihe Ar 234 B, die Ar 234 V-10 (W.Nr. 130 010, PH+SR) am 12. und 13. Juni 1944 *Milch, Speer* und dem Jägerstab im Rahmen einer Vorführung der neuesten deutschen Flugzeugmuster in Rechlin vorgeflogen wurde.
Der Arado-Chefpilot *Walter Kröger* erstellte zu dem Vergleichsfliegen folgenden Bericht: »Ar 234 V-10 wurde von *Eheim* sehr gut vorgeflogen: Vorbeiflug in niedrigster Höhe mit Va = 320 km/h, anschließend steiles Hochziehen bis 2 000 m, Törn, erneutes Anstechen des Platzes, im Hochziehen bis 2 000 m eine Rolle, dann TL auf Leerlauf, engste Spirale bis zum Boden, dabei Landezustand hergestellt. Beim 2. Vorfliegen am 13. 6. wurde der Programmablauf dadurch gestört, daß beide bereitgestellten Me 262 beim Anlassen Schwierigkeiten machten. Die gerade in der Luft befindliche Ar 234 bekam über Funk Auftrag, die Lücke durch Ausdehnung ihrer Vorführung zu überbrücken. *Eheim* zeigte in solch eindrucksvoller Weise die Wendigkeit der Ar 234, daß von Generalfeldmarschall *Milch* eine Vorstellung des Flugzeugführers und zusätzlich zum Normalprogramm ein Kurvenvergleich zwischen Me 262 und Ar 234 befohlen wurde. Dieser zeigte die eindeutige Überlegenheit der Ar 234 im Kurvenkampf; Ar 234 V-10 hatte die Me 262 mehrfach vor den Rohren. Die Me 262 konnte jedoch bei Absetzbewegungen davonlaufen. Gesamteindruck Ar 234 war sehr günstig.«
Kröger äußerte im Anschluß an die Vorführung, daß das Konkurrenzmuster Do 335 stark aus dem üblichen Rahmen herausfalle, angeblich 740 km/h in 8 km Höhe erreiche, aber im Vergleich zur Ar 234 einen außerordentlich großen Aufwand darstelle. An der Me 262 sei die schlechte bauliche Ausführung der Oberfläche zu bemängeln. Von den Leistungen der Ar 234, insbesondere von ihrem engen Kurvenradius, seien dagegen *Milch* und *Speer* äußerst beindruckt gewesen, und Hauptmann *Otto Behrens*, der als Typenbegleiter der Me 262 das Messerschmitt-Flugzeug vorflog, habe bestätigt, daß die Ar 234 »im ganzen einen wesentlich günstigeren Eindruck als Me 262« gemacht habe.
Probeweise Anflüge auf Luftziele in Sagan im August und September 1944 bestätigten erneut die Jägertauglichkeit der Ar 234, vor allem wenn große Kurvenradien geflogen wurden und der Angriff überraschend von unten erfolgte. Die Begrenzung der Sicht nach hinten wurde allerdings als unausweichlicher Nachteil betrachtet. Der Erprobungsbericht kam zu dem Ergebnis: »Die große Waffe der Ar 234 gegenüber Luftschraubenjägern wird nach wie vor ihre Schnelligkeit sein. Im engen Kurvenkampf und bei Wechselkurven war es zum Beispiel der Fw 190 möglich, verschiedentlich in Schußposition zu kommen. Dagegen hängt die Fw 190 weit ab, sowie mit Ar 234 geradeaus geflogen oder mit flachem Winkel gestiegen oder gefallen wird«.[81] Nach einer Nachterprobung mit der V-12 am 5. Oktober 1944 erklärte der Einflieger *Jakob Kunz*, daß das Flugzeug sich auch für die Nachtjagd eigne.
Doch eine zügige Umrüstung der Ar 234 als Jäger scheiterte bis zum Herbst 1944 daran, daß weiterhin klare amtliche Vorgaben dahingehend fehlten, ob und in welchem Maße der Kolbenjäger kurzfristig durch Strahljäger ersetzt werden sollte. In einer Arado übermittelten Aktennotiz vom 18. September 1944 räumte der Leiter der Entwick-

lungsabteilung im Technischen Amt *Roluf Lucht* ein, daß die Geschwindigkeit des TL-Jägers in allen Höhen größer sei als die des Otto-Jägers mit Ausnahme in der Volldruckhöhe des Otto-Jägers. Als Vorteile des Otto-Jägers betrachtete er aber »Überlegenheit beim Start infolge des großen Standschubs, günstigeres Landeverhalten bei Verwendung von Luftschraubenschnellverstellung, Überlegenheit hinsichtlich Flugzeit und Flugstrecke, größere Beschußsicherheit und Überlegenheit beim Beschleunigen und Verzögern«.[82]

Im Fall »einer totalen Umschaltung auf Nur-TL« befürchtete er, daß angesichts einer auf den Otto-Jäger zugeschnittenen Produktion »große Teile dieser Werke von heute auf morgen für die Rüstung wertlos werden« könnten. Ein vorübergehender Produktionsrückgang erschien aber angesichts der angespannten Kriegslage nicht mehr vertretbar. *Lucht* kam zu dem Schluß, daß »der einmotorige Heckschrauben-Otto-Jäger, der die Aufgaben der Do 335 mit beinahe den halben Kosten ermöglicht, für den Einsatz gegen Bomber in allem Höhen sehr wirtschaftlich« sei. Er ging weiterhin davon aus, daß nur der Otto-Jäger geeignet war, »wenn in großen Massen angetreten werden soll und zu diesem Zweck ›Sammeln‹ erforderlich wird«. Außerdem hielt er ihn für nötig zum Schutz des TL-Jägers bei der Start- und Landephase.

Bis September 1946 sollte Arado laut Ablieferungsplan D 227 vom 19. Dezember 1944 noch rund 3 000 Einheiten des Jägers Fw 190 liefern. *Blume* befürchtete, daß dadurch wertvolle Kapazitäten gebunden würden und der Masseneinsatz von Otto-Jägern zu einem aussichtslosen Abnutzungskampf führen könnte. Am 2. November 1944 forderte er den verstärkten Einsatz von Strahlflugzeugen mit der Begründung, »daß die Geschwindigkeitssteigerung bei Flugzeugen mit Otto-Motoren mehr Aufwand nach jeder Richtung hin erfordert« und es dabei »auf ein Ringen um Prozente ... ankommt«.

Obwohl die deutschen Nachtjäger bei der Abwehr der gegnerischen Bomber und der schwer abzufangenden britischen »Mosquito« an ihre Leistungsgrenzen stießen und *Milch* ein Umdenken anmahnte, wünschte *Hitler*, der diesbezüglich von *Göring* unterstützt wurde, auch noch im Sommer 1944 sowohl die Me 262 als auch die Ar 234 nur als Schnellbomber.[83] Aufgrund der verspäteten Einsicht, daß punktuelle Vergeltungsangriffe mit Schnellbombern relativ wenig Wirkung zeigten und daß die Entwicklung von Strahljägern zum Schutz der Industrieanlagen vor Bombardierungen unter äußerster Konzentration auf die verbliebenen Resourcen und Fertigungskapazitäten künftig vorrangig war, lenkte *Hitler* schließlich ein.

Göring hatte noch zwei Jahre zuvor erklärt, die »Anleihen«, die er dauernd bei den Bombern und Tagjägern ma-

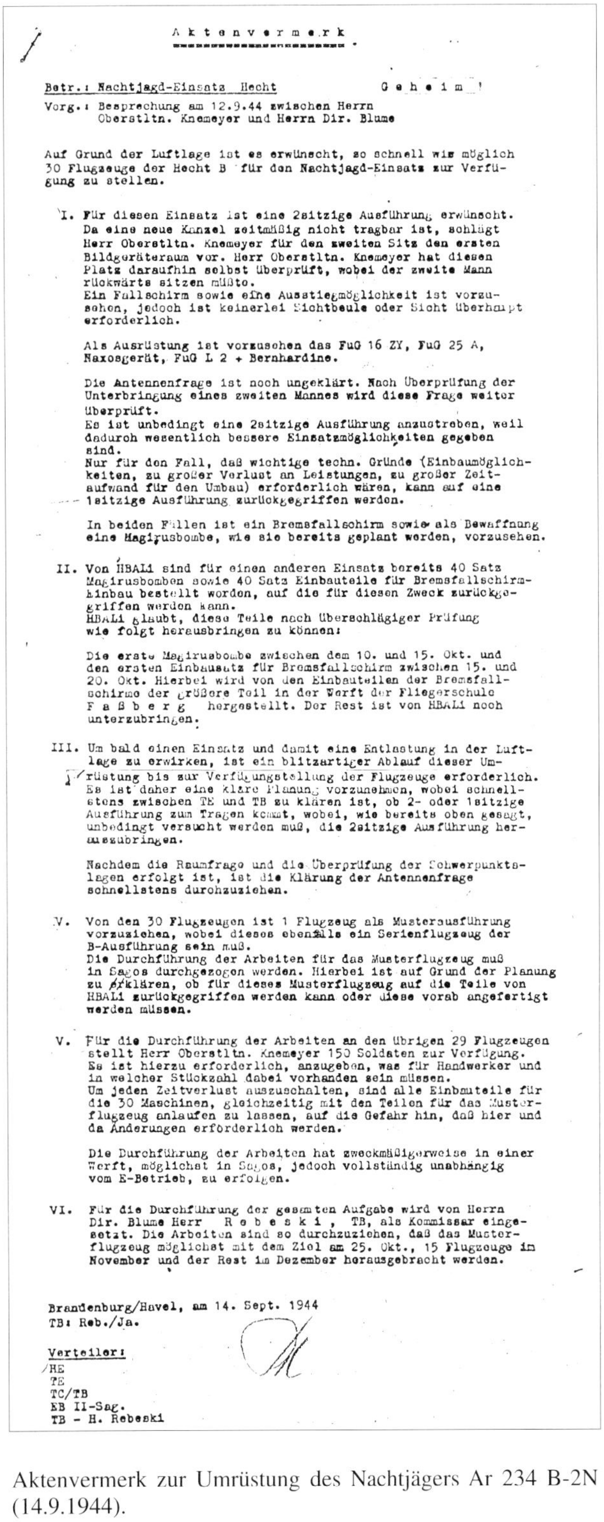

A k t e n v e r m e r k

Betr.: Nachtjagd-Einsatz Hecht   G e h e i m !

Vorg.: Besprechung am 12.9.44 zwischen Herrn Oberstltn. Knemeyer und Herrn Dir. Blume

Auf Grund der Luftlage ist es erwünscht, so schnell wie möglich 30 Flugzeuge der Hecht B für den Nachtjagd-Einsatz zur Verfügung zu stellen.

I. Für diesen Einsatz ist eine 2sitzige Ausführung erwünscht. Da eine neue Kanzel zeitmäßig nicht tragbar ist, schlägt Herr Oberstltn. Knemeyer für den zweiten Sitz den ersten Bildgeräteraum vor. Herr Oberstltn. Knemeyer hat diesen Platz daraufhin selbst überprüft, wobei der zweite Mann rückwärts sitzen müßte.
Ein Fallschirm sowie eine Ausstiegmöglichkeit ist vorzusehen, jedoch ist keinerlei Sichtbeule oder Sicht überhaupt erforderlich.

Als Ausrüstung ist vorzusehen das FuG 16 ZY, FuG 25 A, Naxosgerät, FuG L 2 + Bernhardine.

Die Antennenfrage ist noch ungeklärt. Nach Überprüfung der Unterbringung eines zweiten Mannes wird diese Frage weiter überprüft.
Es ist unbedingt eine 2sitzige Ausführung anzustreben, weil dadurch wesentlich bessere Einsatzmöglichkeiten gegeben sind.
Nur für den Fall, daß wichtige techn. Gründe (Einbaumöglichkeiten, zu großer Verlust an Leistungen, zu großer Zeitaufwand für den Umbau) erforderlich wären, kann auf eine 1sitzige Ausführung zurückgegriffen werden.

In beiden Fällen ist ein Bremsfallschirm sowie als Bewaffnung eine Magirusbombe, wie sie bereits geplant werden, vorzusehen.

II. Von HBALi sind für einen anderen Einsatz bereits 40 Satz Magirusbomben sowie 40 Satz Einbauteile für Bremsfallschirm-Einbau bestellt worden, auf die für diesen Zweck zurückgegriffen werden kann.
HBALi glaubt, diese Teile nach überschlägiger Prüfung wie folgt herausbringen zu können:

Die erste Magirusbombe zwischen dem 10. und 15. Okt. und den ersten Einbausatz für Bremsfallschirm zwischen 15. und 20. Okt. Hierbei wird von den Einbauteilen der Bremsfallschirme der größere Teil in der Werft der Fliegerschule F a ß b e r g hergestellt. Der Rest ist von HBALi noch unterzubringen.

III. Um bald einen Einsatz und damit eine Entlastung in der Luftlage zu erwirken, ist ein blitzartiger Ablauf dieser Umrüstung bis zur Verfügungstellung der Flugzeuge erforderlich. Es ist daher eine klare Planung vorzunehmen, wobei schnellstens zwischen TE und TB zu klären ist, ob 2- oder 1sitzige Ausführung zum Tragen kommt, wobei, wie bereits oben gesagt, unbedingt versucht werden muß, die 2sitzige Ausführung herauszubringen.

Nachdem die Raumfrage und die Überprüfung der Schwerpunktslagen erfolgt ist, ist die Klärung der Antennenfrage schnellstens durchzuziehen.

V. Von den 30 Flugzeugen ist 1 Flugzeug als Musterausführung vorzuziehen, wobei dieses ebenfalls ein Serienflugzeug der B-Ausführung sein muß.
Die Durchführung der Arbeiten für das Musterflugzeug muß in Sagos durchgezogen werden. Hierbei ist auf Grund der Planung zu klären, ob für dieses Musterflugzeug auf die Teile von HBALi zurückgegriffen werden kann oder diese vorab angefertigt werden müssen.

V. Für die Durchführung der Arbeiten an den übrigen 29 Flugzeugen stellt Herr Oberstltn. Knemeyer 150 Soldaten zur Verfügung. Es ist hierzu erforderlich, anzugeben, was für Handwerker und in welcher Stückzahl dabei vorhanden sein müssen.
Um jeden Zeitverlust auszuschalten, sind alle Einbauteile für die 30 Maschinen, gleichzeitig mit den Teilen für das Musterflugzeug anlaufen zu lassen, auf die Gefahr hin, daß hier und da Änderungen erforderlich werden.

Die Durchführung der Arbeiten hat zweckmäßigerweise in einer Werft, möglichst in Sagos, jedoch vollständig unabhängig vom E-Betrieb, zu erfolgen.

VI. Für die Durchführung der gesamten Aufgabe wird von Herrn Dir. Blume Herr R e b e s k i , TB, als Kommissar eingesetzt. Die Arbeiten sind so durchzuziehen, daß das Musterflugzeug möglichst mit dem Ziel am 25. Okt., 15 Flugzeuge im November und der Rest im Dezember herausgebracht werden.

Brandenburg/Havel, am 14. Sept. 1944
TB: Reb./Ja.

Verteiler:
HE
TE
TC/TB
EB II-Sag.
TB - H. Rebeski

Aktenvermerk zur Umrüstung des Nachtjägers Ar 234 B-2N (14.9.1944).

chen müsse, seien für die Nachtjagd der falsche Weg. Dennoch wurde mit der Entscheidung, aus dem Strahlbomber Ar 234 B-2 kurzfristig eine Nachtjägerversion Ar 234 B-2/N abzuleiten, erneut diese Notlösung auf der Basis des seinerzeit Machbaren ergriffen.

Im Juli 1944 hatte unter dem Codewort »Nachtigall« die Planung begonnen. Ein am 12. September 1944 von *Blume* und *Knemeyer* besprochenes Notprogramm sah eine »blitzartige« Umrüstung von 14 Flugzeugen im November und 15 Flugzeugen im Dezember in Alt-Lönnewitz vor, »um bald einen Einsatz und damit eine Entlastung in der Luftlage zu erwirken«.[84] Am 2. Oktober gab der Führungsstab der Luftwaffe den Befehl zur Umrüstung. Die Einsätze sollten von Burg bei Magdeburg aus erfolgen. Man rechnete mit dem Umbau des ersten Flugzeugs in Sagan bis zum 25. Oktober 1944.

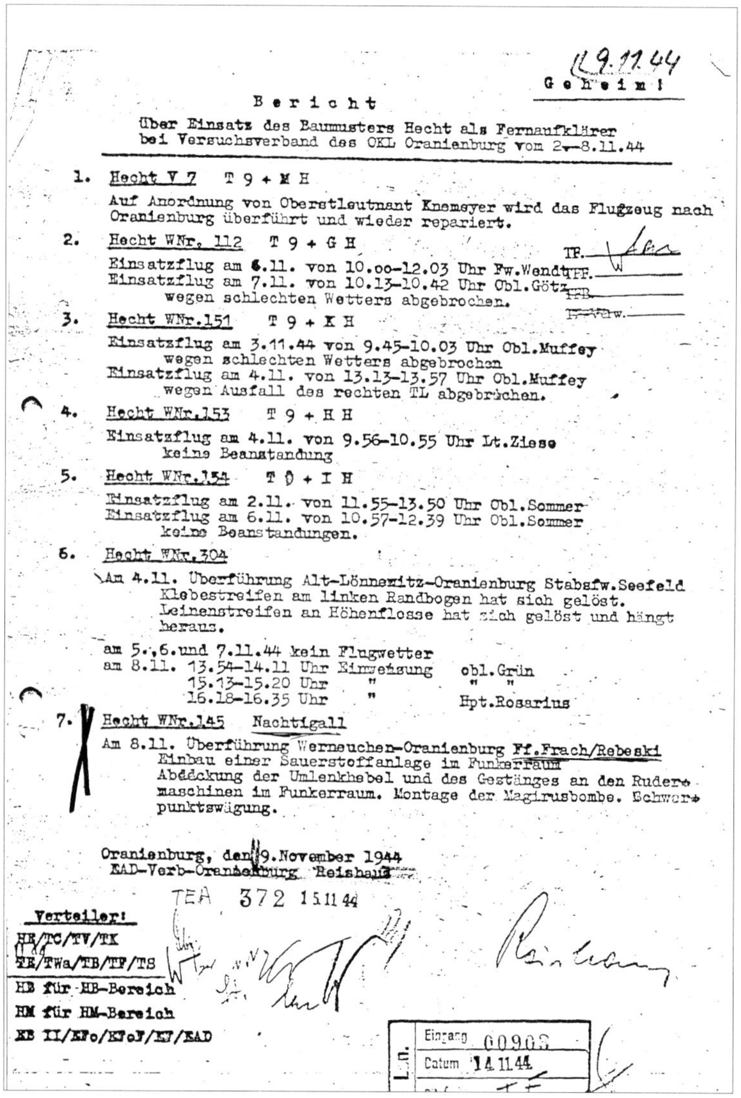

9.11.44

Geheim!

Bericht

über Einsatz des Baumusters Hecht als Fernaufklärer bei Versuchsverband des OKL Oranienburg vom 2.–8.11.44

1. Hecht V 7 T 9 + M H

Auf Anordnung von Oberstleutnant Knemeyer wird das Flugzeug nach Oranienburg überführt und wieder repariert.

2. Hecht WNr. 112 T 9 + G H

Einsatzflug am 6.11. von 10.00–12.03 Uhr Fw.Wendt
Einsatzflug am 7.11. von 10.13–10.42 Uhr Obl.Götz
wegen schlechten Wetters abgebrochen.

TF.
TFF.
TFB.
Verw.

3. Hecht WNr.151 T 9 + K H

Einsatzflug am 3.11.44 von 9.45–10.03 Uhr Obl.Muffey
wegen schlechten Wetters abgebrochen
Einsatzflug am 4.11. von 13.13–13.57 Uhr Obl.Muffey
wegen Ausfall des rechten TL abgebrochen.

4. Hecht WNr.153 T 9 + H H

Einsatzflug am 4.11. von 9.56–10.55 Uhr Lt.Ziese
keine Beanstandung

5. Hecht WNr.154 T 9 + I H

Einsatzflug am 2.11. von 11.55–13.50 Uhr Obl.Sommer
Einsatzflug am 6.11. von 10.57–12.39 Uhr Obl.Sommer
keine Beanstandungen.

6. Hecht WNr.304

Am 4.11. Überführung Alt-Lönnewitz-Oranienburg Stabsfw.Seefeld
Klebestreifen am linken Randbogen hat sich gelöst.
Leinenstreifen an Höhenflosse hat sich gelöst und hängt heraus.

am 5.,6.und 7.11.44 kein Flugwetter
am 8.11. 13.54–14.11 Uhr Einweisung obl.Grün
15.13–15.20 Uhr " " "
16.18–16.35 Uhr " Hpt.Rosarius

7. Hecht WNr.145 Nachtigall

Am 8.11. Überführung Werneuchen-Oranienburg Ff.Frach/Rebeski
Einbau einer Sauerstoffanlage im Funkerraum
Abdeckung der Umlenkhebel und des Gestänges an den Rudermaschinen im Funkerraum. Montage der Magirusbombe. Schwerpunktswägung.

Oranienburg, den 9.November 1944
EAD-Verb-Oranienburg Reishaus

TEA 372 15.11.44

Verteiler:
HE/TC/TV/TK
TE/TWa/TB/TF/TS
HB für HB-Bereich
HM für HM-Bereich
EB II/EFo/EFoJ/EJ/EAD

L.n. Eingang 00903
Datum 14.11.44

Einsatzübersicht zur Ar 234 B-1 beim Versuchsverband des OKL Oranienburg (9.11.1944) mit Vermerk zur Überführung der Ar 234 B-2N (W.Nr. 140 145, SM+FE) nach Werneuchen.

Da sich die Werkstattverhältnisse in Sagan als unzureichend erwiesen, wurden die Arbeiten in die Erprobungsstelle für Funkgeräte und die Werkstätten von Luft Hansa und Siemens in Werneuchen nordöstlich von Berlin verlegt, wo die benötigten Radar-, Funkmeß- und Blindlandegeräte unmittelbar zur Verfügung standen. *Knemeyer* schaltete sich in die Beschaffung der erforderlichen Rüstsätze ein und sorgte für die kurzfristige Überstellung von 150 Fachkräften aus Oranienburg.

Am 20. September 1944 traf die erste Ar 234 B-2 (W.Nr. 140 145, SM+FE) zu Umbauzwecken in Werneuchen ein. Zunächst wurden die Gewichte und die Schwerpunktlage des Flugzeugs neu berechnet. Nach dem Ausbau der für den Bombereinsatz benötigten Geräte wurden die Radaranlage FuG 218 »Neptun« von Siemens und eine Vorwärtsbewaffnung in Form einer sogenannten »Magirusbombe« mit zwei MG 151/20 eingebaut.

Lieferengpässe führten zu Provisorien und Verzögerungen. Um keine Zeit mit der Entwicklung einer zweisitzigen Kabine zu verlieren, schuf man für den Radarbegleiter Platz in dem heckseitigen Kameraraum. Für den Einstieg mußte auf der Oberseite des Rumpfes ein Loch geschnitten werden. Dieser Eingriff in die Festigkeit des Rumpfes wurde parallel in Landeshut nachgerechnet.

Einem Besprechungsprotokoll aus Brandenburg vom 5. November ist zu entnehmen, daß zu diesem Zeitpunkt die erste Umrüstung beendet war. Am 8. November wurde laut Mitteilung durch *Fritz Reishaus*, Verbindungs-Ingenieur der Arado Flugzeugwerke im Außendienst, das erste Umbauflugzeug von dem Einflieger *Frach* von Werneuchen zu seinem Einsatzort in Oranienburg überführt. Mit an Bord war Oberingenieur *Rebeski*, der die Umbauten geleitet hatte und restliche Arbeiten vor der Erprobung überwachen sollte.

Rebeski hatte den Auftrag erhalten, auf dem Fliegerhorst Burg bei Magdeburg insgesamt zehn Flugzeuge umzubauen. Am 13. Oktober 1944 hatte *Blume* bei *Knemeyer* angemahnt, daß drei weitere für die Erprobung der funktechnischen und navigatorischen Ausrüstung zugesagte Flugzeuge noch nicht bereitgestellt waren, obwohl man inzwischen über geeignete Mechaniker und ausreichendes Ausrüstungsmaterial verfügte. Am 5. November sagte *Knemeyer* Arado zu, daß »für die Ausführung Nachtigall

... noch zwei Flugzeuge für Umrüstung freigemacht werden ... und die bei der ersten Aktion angefertigten Teile ... hierbei Verwendung finden und nicht verschrottet werden« sollten.[85] Nachdem *Rebeski* mit Sondervollmachten bereits eine Halle und die erforderlichen Funkgeräte zur Verfügung gestellt worden waren, stellte sich Mitte November heraus, daß darüber hinausgehende Umbaumaßnahmen vom RLM überraschend gestrichen worden waren, um sämtliche Flugzeuge für die bevorstehende Ardennen-Offensive verfügbar zu haben.

Die Einweisung der Piloten hatte im Herbst 1944 in der Blindflugschule in Brandis begonnen.[86] Im Dezember 1944 ging das Oberkommando der Luftwaffe von der Aufstellung von zwei Nachtjagdgeschwadern mit Strahlflugzeugen aus, von denen das eine mit der Ar 234 B-2/N ausgerüstet werden sollte. Laut Plan sollten dem 3./Versuchsverband OKL unter Hauptmann *Josef Bisping* monatlich drei zusätzliche Nachtjäger Ar 234 B-2/N zugewiesen werden. *Bisping* unternahm mehrere Feindeinsätze, ohne daß es zu Abschüssen kam. Nachdem er am 13. Februar 1945 in Oranienburg mit der ersten Ar 234 B-2N tödlich verunglückt war, übernahm Hauptmann *Kurt Bonow* am 1. März den zweiten Nachtjäger (W.Nr. 140 146, SM+FE).[87] *Bonow* kam zu dem Schluß, daß Strahlflugzeuge taktisch grundsätzlich wenig geeignet seien für einen Einsatz gegen schnelle, kolbengetriebene Begleitjäger und insbesondere im Kurvenkampf unterlegen seien. Erste Erfahrungen bei simulierten Gefechten zwischen Strahlflugzeugen und konventionellen Jägern wurden am 17. Dezember 1942 bei einem Vergleich der He 280 V-3 mit einer Fw 190 gewonnen.[88] Ein werksseitiger Bericht der Arado Flugzeugwerke zur »Vermessung von Zielanflügen auf ein Luftziel« war im September 1944 zu ähnlichen Ergebnissen gekommen, nachdem sich *Gunther Eheim* mit der Ar 234 S 3 (W.Nr. 140 103, GM+BC) ein fast einstündiges Scheingefecht mit einer Fw 190 in Sagan geliefert hatte: »Im anschließenden Kurvenkampf mit Fw 190 (Jagdflieger mit einer Reihe von Abschüssen) wurde erneut festgestellt, daß Ar 234 in engen Kurven von Fw 190 abgeschossen werden kann, da Fw 190 enger kurvt und daher abschneidet. In weiten Kurven, im Geradeausflug (besonders im gedrückten Flug) und auch im Steigflug fällt Fw 190 geschwindigkeitsmäßig sofort weit zurück. Für Ar 234-Jägereinsatz würde gelten: Nicht auf ausgesprochenen Kurvenkampf einlassen.«[89] *Bonow* bemängelte außerdem an der vollverglasten Kanzelausführung der Ar 234 die Blendwirkung nach allen Seiten und die Lage im Rumpfbug, die den Piloten der Gefahr aussetzte, von Wrackteilen eines vorausfliegenden Gegners unmittelbar getroffen zu werden. Außerdem bereitete die Unterbringung des Radarbegleiters im Flugzeugheck beträchtliche Eingewöhnungsschwierigkeiten. Anfang April 1945 wurde ein dritter und letzter Nachtjäger Ar 234 (W.Nr. 140 608, T9+GL) ausgeliefert. Nach der Bombardierung von Oranienburg am 12. April 1945 endete die Erprobung.

Erstmals vierstrahlig – die Baureihe Ar 234 C

Als Ausgleich für eine erhöhte Bombenlast und das zusätzliche Gewicht einer Druckkabine und einer verstärkten Bewaffnung entwickelte Arado eine leistungsstärkere vierstrahlige Baureihe Ar 234 C, deren Konzept der Konstruktionsleiter *Rebeski* wie folgt beschrieb: »Um die Leistungen des Flugzeuges noch weiter zu erhöhen, war eine Vergrößerung des Schubes erforderlich. Da größere Strahltriebwerke noch nicht serienreif waren, mußte ein Kompromiß geschlossen werden, indem zur Erhöhung des Schubes zwei kleinere Triebwerke zu einer Einheit zusammengefügt werden und durch eine einheitliche Verkleidung abgedeckt werden... Da mit der Erhöhung des Schubes auch die Gipfelhöhe steigt, wurde die Kabine als Druckkabine geplant. Bei der gegebenen äußeren Form war bei dem geringen zur Verfügung stehenden Raum eine Anordnung eines inneren Druckkörpers nicht möglich. Die Außenhaut mußte daher gleichzeitig die Kräfte aus dem Druckbetrieb aufnehmen, wofür die Form nicht gerade die günstigste ist. Mit einigen Verstärkungen gelang dieses jedoch, ohne mehr Raum dafür zu beanspruchen.
Die Verglasung wurde vorerst doppelt ausgeführt, um ein Beschlagen der Scheiben zu verhüten... Die Luftversorgung der Druckkabine wurde von den Turbinensätzen der Triebwerke genommen, wobei die Luft vorher gefiltert wurde, um sie ölfrei zu machen... Der Arbeitsdruck wurde auf 8 km Höhe festgelegt, um bei Beschädigungen der Kabine durch Beschuß keinen zu großen Drucksturz zu erhalten.
Bei der Neukonstruktion der Kabine wurde gleichzeitig der Einbau von zwei starren Maschinen-Kanonen nach vorne schießend berücksichtigt. Der Rumpf wurde weitgehend von der B übernommen, wobei das Bombenschloß 240 mm nach hinten versetzt wurde, um größere Bomben (wegen der Freigängigkeit am Fahrwerk) mitnehmen zu können.
Das Fahrwerk erhielt wegen des größeren Gewichtes des Flugzeuges ein größeres, bremsbares Bugrad. Bei der Neukonstruktion des Bugradsystems wurde das Bugrad im eingefahrenen Zustand in einer Klinke aufgehängt, welche mechanisch von Hand für Notbetätigung oder normal von der Hydraulik ausgelöst werden kann.
Das Leitwerk wurde von der B übernommen. Um die Bügelausgleichsgewichte zu vermeiden, wurden mit dem Neuanlauf der Serie Flossen konstruiert mit Ausschnitten

für Keulen-Ausgleichsgewichte, ...die bei nicht ausgeschlagenem Ruder innerhalb des Profils bleiben. Gleichzeitig konnte durch Fortfall des Ausgleichsruders im Seitenruder dieses vereinfacht werden. Für das Querruder wurde eine neue Konstruktion bereitgestellt, bei der das Ausgleichsgewicht in der Nase ebenfalls zum Teil durch ein Keulen-Ausgleichsgewicht ersetzt wurde. Das Nasenblech wurde aus Leichtmetall ausgeführt, um die im Stahlblech schwierige Nietung leichter ausführen zu können.
Die Landeklappen mußten in ihrer Spannweite etwas verringert werden, da die beiden gebündelten Triebwerke eine größere Breite einnehmen. Die Steuerung mußte im Kabinenbereich vollkommen neu konstruiert werden, wobei die Durchführungen, wie auch die Gestänge für Triebwerk, druckdicht ausgeführt werden mußten. Entsprechend der höheren Normalgeschwindigkeit konnte auf Grund der Erprobung auf die Feinsteuerung nicht verzichtet werden. Zur Entlastung des noch mehr Geräte bedienenden Flugzeugführers wurde die Verstellung hydraulisch ausgeführt... Das Tragwerk gleicht dem der B, nur daß statt der drei Beschläge für das Triebwerk sechs Beschläge pro Seite vorgesehen werden mußten... Entsprechend den vier Triebwerken mußten die Kraftstoffleitungen und Ventile verdoppelt werden. Die Behälter behielten die gleiche Größe, lediglich die Anordnung und Anzahl der Tankköpfe mußte geändert werden.
Außer der in der B vorhandenen Ausrüstung ist zusätzlich ein Funkgerät zur Überwachung des rückwärtigen Raumes vorhanden. Zur leichteren Navigation ist ein elektrisch-automatischer Kurskoppler eingebaut, der dem Flugzeugführer den genauen Stand des Flugzeuges von einem bestimmten Punkt aus angibt...«[90]

Grundmuster und Prototypen

Im März 1944 wurde entschieden, daß mit den Prototypen V-19 bis V-30 sieben vierstrahlige Grundmuster der Bau-

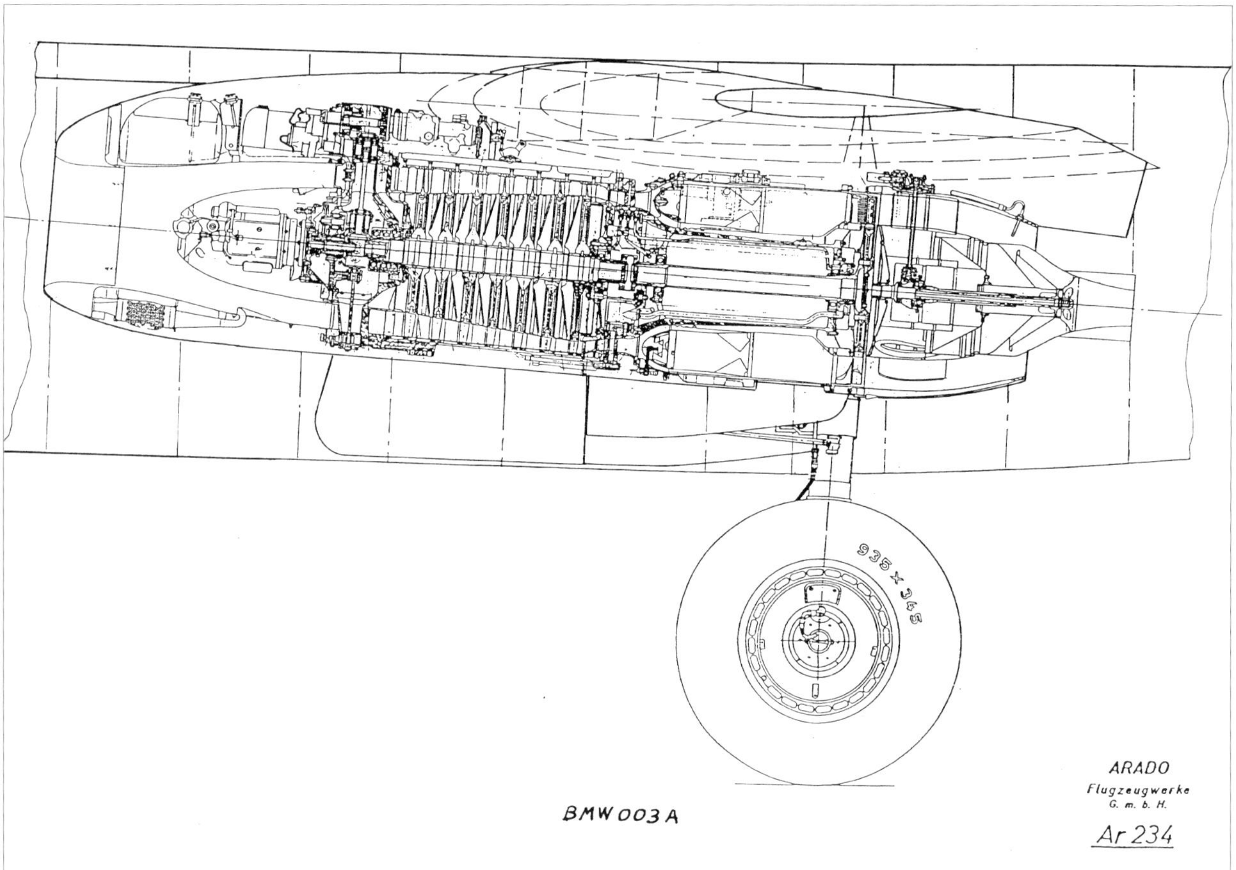

Längsschnitt des TL-Triebwerks BMW 003 A (G. Sengfelder).

Muster		**Ar 234 A** Aufklärer	**Ar 234 B-2** Bomber	**Ar 234 C-3** Bomber
Triebwerk		Jumo 004 A	Jumo 004 B	BMW 003 A-1
	kN	2 x 6,87 = 13,74	2 x 8,13 = 16,26	4 x 7,85 = 31,39
	kp	2 x 700 = 1400	21 x 830 = 1660	4 x 800 = 3200
Besatzung		1	1	1
Länge	m	12,00	12,00	12,66
Höhe	m	3,75	3,75	3,12
Spannweite	m	14,20	14,20	14,44
Flügelfläche	m^2	27,00	27,00	27,00
Flügelstreckung		7,47	7,47	7,72
Flächenbelastung	kg/m^2	290,37	338,50	416,29
Flächenschub	kp/m^2	52,0	67,4	118,52
Schubbelastung	kg/kp	5,62	5,02	3,51
Rüstmasse	kg	4 250	4 766	6 082
Zuladung	kg	3 620	4 374	5 158
Flugmasse	kg	7 870	9 140	11 240
zusätzlich Startwagen	kg	640		
zusätzlich 2 Startrak.	kg	560		
Höchstgeschwindigkeit	km/h	740 in H = 6 km	755	880
Steiggeschwindigkeit	m/s	7,40	8,33	9,89
Dienstgipfelhöhe	m	12 000	12 000	12 500
Reichweite	km	1 400	1 400	1 200
Flugzeit	h	2,3	2,0	1,5
Landegeschwindigkeit	km/h	140	140	167
Landerollstrecke	m	380	800	1 000

reihe Ar 234 C mit BMW 003-Triebwerken und ein Bomber C-8 mit zwei Jumo 004 D-Triebwerken vorbereitet werden sollten.[91]

Auslegung der Baureihe C:
Ar 234 C-1: Aufklärer
Ar 234 C-2: Bomber
Ar 234 C-3: Bomber/ Nachtjäger
Ar 234 C-4: Aufklärer
Ar 234 C-5: Bomber/Nachtjäger mit Zweisitzer-Kabine
Ar 234 C-6: Aufklärer mit Zweisitzerkabine
Ar 234 C-7: Nachtjäger mit Zweisitzerkabine
Ar 234 C-8: Bomber

Eine Besprechung in Landeshut am 3. Juni 1944 unter Vorsitz von *Knemeyer* sollte »einen Überblick über den Stand der Entwicklungsarbeiten« geben. Als vordringliche Aufgaben galten die Entwicklung einer mehrsitzigen Druckkabine, eines verstärkten Fahrwerks und eines Hochgeschwindigkeitsflügels sowie Maßnahmen zur Reichweitenverlängerung. Die bisherigen Entwürfe für Nurflügelflugzeuge sollten die Grundlage für einen Langstreckenbomber mit einer Eindringtiefe von 3 000 km bilden. Neben den acht Bomber-, Aufklärer- und Nachtjägervarianten der Baureihe Ar 234 C waren Sonderausführungen als »Höhenjäger«, als »Heeresflugzeug« mit Vierlingswerfern, als Schnellbomber und Zerstörer mit ferngelenkten Waffen und als Trägerflugzeug für die Flugbombe Fi 103 (V1) beziehungsweise für sprengstoffgefüllte »Verbrauchskörper« vorgesehen. In einer Entwicklungsbesprechung am 5. November 1944 mit *Knemeyer* kündigte Arado ferner den Bau einer Attrappe und einiger V-Muster eines »Kleinstjägers« an.

Am 19. Juli 1944 fand eine Planungsbesprechung in Landeshut statt, an der neben leitenden Ingenieuren von Arado auch Vertreter der E-Stelle Rechlin, der Bauaufsicht für Arado (BAL-Ar-Entw.) und des Kampfgeschwaders KG 76 teilnahmen. *Knemeyer* beanstandete die Querruderkräfte bei der Baureihe C, obwohl sie nach Aussagen der Werkspiloten in Ordnung waren. Oberst *Walter Storp* bemängelte die Hochachsenstabilität. Arado kündigte Versuche mit einem vergrößerten Seitenleitwerk an, die mit dem Serienflugzeug S 4 durchgeführt werden sollten.[92]

Unter der Projektbezeichnung E 378 waren die bis Oktober 1945 eingeplanten Musterflugzeuge V-32 bis V-40 vornehmlich für die Erprobung des Strahltriebwerks He S 011 vorgesehen.[93] Im August 1944 hatte *Rüdiger Kosin* die Lieferung dieses Triebwerks wie folgt angekündigt: »Die Arbeiten an He S 11 sind so weit fortgeschritten, daß mit der Auslieferung der ersten Geräte an die Flugzeugwerke im Frühjahr 1945 gerechnet werden kann. Es muß bei uns untersucht werden, in welches V-Muster dieses Gerät einzubauen ist, weil der Zeitpunkt, zu dem diese Triebwerke greifbar sind, früher liegt als bisher hier bekannt war«.[94] Am 19. September 1944 wurde beschlossen, daß die Prototypen V-25 und V-27 neue Mittelstücke zur Erprobung größerer Räder erhalten sollten und die Prototypen V-28 und V-29 für die Erprobung als »Führungsflugzeuge« vorzusehen waren. Hinsichtlich der Auslieferungstermine für die Protypen V-31 bis V-40 sollten umgehend Absprachen erfolgen, um den Anschluß an die Fertigung sicherzustellen. Die Erprobungsaufgaben ab der V-9 wurden wie folgt verteilt:

V-9	Zellenerprobung und Kabinenvorversuche
V-10	Stabilitäts- und Eigenschaftserprobung
V-11	Austauschlagererprobung
V-12	Bombenerprobung in Rechlin
V-13	Vormuster für C-Ausführung
V-14	FT-Erprobung in Rechlin
V-15/V-17	Erprobung von zwei Triebwerken in Einzelaufhängung bei BMW[95]
V-18	Versuchsträger für geänderte Bombenaufhängung, Bremsschirmerprobung[96]
V-19/V-20	Druckkabinenerprobung
V-21	allgemeine Versuche
V-22 – V-25	Druckkabinenerprobung bei Einsatz als Bomber und Höhenjäger
S3/S4	Rollversuche

Vermutlich wurden die Prototypen bis einschließlich der V-31 bis Anfang Mai 1945 noch fertiggestellt.[97] Sie sollten der Entwicklung des Bombers und Nachtjägers C-5 sowie des Bombers C-7 dienen. Die V-26 und V-30 sollten der weiteren Erprobung der neuen Hochgeschwindigkeitsflügel dienen. Ab der V-31 sollte die Erprobung mit He S 011-Triebwerken beginnen. Bis zum 5. Mai 1945 konnte als letzter Prototyp die als Nachtjäger C-7N vorgesehene V-27 eingeflogen werden, die ein zusätzliches Rumpfmittelstück zur Aufnahme größerer Räder erhalten hatte.

Erprobung mit Zwillingstriebwerken

Die Wahl der Triebwerke und die Frage, wie erstmals vier Aggregate eingebaut werden sollten, waren die vordring-

Ausgabe 6 — Terminübersicht Ar 234 V Flugzeuge — Geheim!

Muster	Triebwerk Type	Triebwerk soll	Triebwerk ist	Flugftg.f.Kontroll soll	Flugftg.f.Kontroll ist	Bemerkungen
			Ar 234 A			
V1	2 Jumo A	1. 3.43	30. 3.43	30. 6.43	15. 6.43	zerstört
V2	2 Jumo A	16. 6.43	10. 6.43	30. 7.43	27. 7.43	zerstört
V3 x)	2 Jumo A	7. 5.43	24. 7.43	30. 8.43	25. 8.43	flugkl.Ruderkraftm
V4 x)	2 Jumo A	22. 5.43	9. 8.43	30. 9.43	15. 9.43	flugkl.Reserve
V5 x)	2 Jumo B	12. 6.43	27.11.43	30.10.43	20.12.43	Zum S-Einsatz abge
V6 x)	4 BMW	15.12.43	26. 2.44	15. 3.44	8. 4.44	TL einzeln, für Truppenausb. vorge
V7	2 Jumo B	21. 7.43	29. 5.44	20. 6.44	10. 7.44	Zum S-Einsatz abge
V8 x)	4 BMW	15. 9.43	16.12.43	30. 1.44	1. 2.44	TL gebündelt, für Truppenausb.vorges
			Ar 234 B			
V9 x)	2 Jumo B	25.10.43	4. 2.44	30. 1.44	10. 3.44	flugkl.Eigenschaft Leistungsmessungen
V10	2 Jumo B	20. 1.44	1. 3.44	20. 3.44	2. 4.44	zerstört
V11 x)	2 Jumo B	28. 4.44	13. 3.44	25. 5.44	5. 5.44	flugkl.Gleitlagere
V12	2 Jumo B	15. 4.44	5. 4.44	1. 9.44	-	Geräte u.PDS-Steu. Erpr.(Ersatz V10)
V13 x)	4 BMW A-1	5. 7.44	21. 7.44	30. 8.44	-	Vorerpr.geb.BMW-TL umgest.aufA-1, Regler fehlen noch.
V14	2 Jumo B	1. 8.44		15.10.44	-	Erprobungstr.FT
V15 x)	2 BMWA-1	30. 4.44	5. 5.44	20. 6.44	10. 7.44	o.B-Träger u.BZA Erpr.Träger f.BMW-TL abgeliefert.
V16	2BMW TLR	25. 8.44	-	15.10.44	5.1. -	Pfeilf.u.Pfeilleitwerk.Erpr.2xBMW
V17 x)	2 BMWA-1	1. 8.44	-	15. 9.44	1. Flug 25.9.	o.B-Tr.u.BZA, Erpr Träger f.BMW-TL. TL fehlen.
V18	4 BMWA-1	1.12.44	-	15. 2.45	8.3. -	Pfeilfl.Erpr.(Met. BMW gebündelt.
3.)Seri	2 Jumo B	-	-	20. 9.44	-	Erpr.Rumpfverläng.
4.)Flgz	2 Jumo B	-	-	5. 9.44	-	Überlastvers.Fahrw angetr.Räder etc.
			Ar 234 C			
V19	4 BMWA-1	15. 7.44	C2	30. 9.44	-	o.BZA, Druckkab.Er
V20	4 BMWA-1	15. 8.44	C2	30.10.44	30.10. -	Druckkab.Erprobg.
V21	4 BMWA-1	15. 9.44	C3 -	30.11.44	15.11. -	bew.DK-Erpr.(Bombe
V22	4 BMWA-1	15.10.44	-	31.12.44	1.12. -	bew.DK-Erpr.(Bombe
V23	4 BMWA-1	15.11.44	-	25. 1.45	15.12. -	bew.u.gepr.DK-Erp.
V24	4 BMWA-1	1.12.44	-	15. 2.45	31.12. -	bew.u.gepr.DK-Erp.
V25	4 BMWA-1	15.12.44	-	5. 3.45	25.1. -	Erpr.große Räder
V26	4 BMWA-1	31.12.44	-	20. 3.45	10.2. -	Erpr.Laminarflügel
V27	4 BMW	15. 1.45	-	1. 4.45	28.2. -	Erpr.große Räder
V28	4 BMW	1. 2.45	-	15. 4.45	10.3. -	Erpr.Fühg.Flgz.(2s
V29	4 BMW	15. 2.45	-	10. 5.45	20.3. -	Erpr.Fühg.Flgz.(2s
V30	4 BMW	1. 3.45	C V	25. 5.45		Erpr.Laminarflügel
V31	2 HS 11	1. 4.45		15. 6.45	5.5. -	Erp.Tr.Ausr.nochof
V32	2 HS 11	1. 5.45	-	15. 7.45	15.5. -	Erpr.Tr.Ausr.n.off
V33	2 HS 11	10. 6.45	-	10. 8.45	-	Erpr.Tr.Ausr.n.off
V34	2 HS 11	1. 7.45	-	1. 9.45	-	Halter noch nicht festgelegt
V35	2 HS 11	20. 7.45	-	20. 9.45	-	
V36	2 HS 11	10. 8.45	-	10.10.45	-	
V37	2 HS 11	1. 9.45	-	1.11.45	-	
V38	2 HS 11	20. 9.45	-	20.11.45	-	
V39	2 HS 11	10.10.45	-	10.12.45	-	
V40	2 HS 11	31.10.45	-	31.12.45	-	
Flügel	III				5.4.	
	IV				21.4.	

Verteiler:
GL/C-E-Chef: Herrn Oberstltn.Knemeyer
GL/C-E 2 Herrn Dipl.-Ing. Haspel
GL/C-E 2 Herrn Dr. Thiel
GL/C-E 3 Herrn Drisken
Bal-Ar-Füh.
E-Bal EB I
RE EB II
HTV EFo
TC/TB EF
TE EV
TP E

x) Diese Flugzeuge werden mit Katapultsitzen ausgerüstet. Hierdurch ist der Einbau der vollen Ausrüstung nicht möglich

Hierdurch wird die Terminübersicht Ausgabe 5 vom 12.6.44 ungültig.

Arado Flugzeugwerke G.m.b.H.
Abt. E

Landeshut/Schl., den 24.8.1944

Terminübersicht zu den Prototypen Ar 234 V-1 bis V-40 (24.8.1944).

lichsten Maßnahmen bei der Entwicklung der Baureihe Ar 234 C. Da bei der Me 262 die Entscheidung zugunsten des Jumo-Triebwerks gefallen war und die Heinkel-Triebwerke He S 011 noch nicht einsatzbereit waren, war Arado gezwungen, auf die leistungsschwächeren und weniger ausgereiften Triebwerke BMW 109 003 auszuweichen, die allerdings im Unterschied zum Jumo-Triebwerk leichter waren und eine um 25 Prozent kleine Stirnfläche besaßen.
Eine Mitte 1942 fertiggestellte Ausführung 003 A mit neuem Verdichter und verbesserter Brennkammer kam Ende des Jahres auf den Prüfstand, erreichte aber mit einem Schub von 5,4 kN nicht die Leistung des Junkers-Triebwerks. Mitte 1942 gelang es, den Wirkungsgrad der Turbine zu steigern. Die Flugerprobung der Vorserientriebwerke 003 A-0 erfolgte im Oktober 1943. Für die vierstrahligen Prototypen der Ar 234 C war das Serientriebwerk 003 A-1 vorgesehen. Die geplante leistungsstärkere Ausführung 003 A-2 mit einem Schub von 8,8 kN konnte vor Kriegsende nicht mehr geliefert werden.
Um das Herausbringen der Serie zu beschleunigen, wurde für den Einbau von vier Triebwerken eine einfache Lösung dahingehend erwogen, ein Triebwerk an der bisherigen Befestigungsstelle für die Jumo-Turbine und ein weiteres an der Anschlußstelle für die Startraketen aufzuhängen. Diese Anordnung wurde mit dem Prototyp V-6 (W.Nr. 130 006, GK+IW) getestet. Das Flugzeug wurde am 24. April 1944 von *Gunther Eheim* in Alt-Lönnewitz

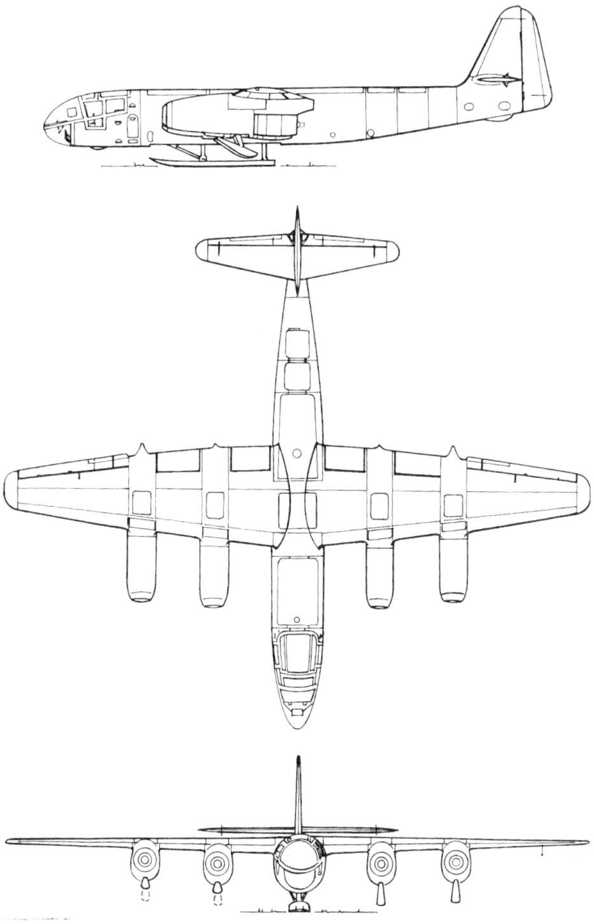

Dreiseitenansicht der Ar 234 V-6 mit vier BMW 003 A-0-Einzeltriebwerken.

Ar 234 V-6 (W.Nr. 130 006, GK+IW).

Ar 234 V-6 am Triebwerks-Prüfstand.

eingeflogen und am 10. Mai erneut getestet,[98] bevor es am 1. Juni bei einer Landung zu Bruch ging.
Die Einzelaufhängung hatte aus aerodynamischer Sicht den Nachteil, daß die Triebwerke zu eng an den Rumpf heranrückten und aufgrund einer Verkleinerung der Stabilität um die Hochachse und einer Vergrößerung der Schieberollmomente spätere Taumelschwingungen in großer Höhe zu erwarten waren. Sie wurde daraufhin nicht weiterverfolgt.
Um den Abstand vom Rumpf möglichst groß zu halten und so örtliche Luftbeschleunigungen auszuschließen, schlug *Rüdiger Kosin* in Absprache mit der Entwicklungsabteilung von BMW den Einbau von jeweils zwei gebündelten Triebwerken an den bestehenden Anschlußpunkten für das Jumo-Triebwerk unter Zuhilfenahme eines Zwischenträgers vor. Der auf diese Weise mit vier Vorserientriebwerken BMW 003 A-0 ausgerüstete Prototyp V-8 (W.Nr. 130 008, GK+IY) machte mit seinem Erstflug am 4. Februar 1944 Geschichte als das erste vierstrahlige Flugzeug der Welt. Nach Angaben von *Josef Blaß* war bei der V-8 »das Verhalten des Flugzeugs gut«.[99]
Da für die V-16 ein kombiniertes Strahl- und Raketentriebwerk (TLR) vorgesehen war, wurde die Erprobung der BMW-Triebwerke ab Juli 1944 mit der vierstrahligen V-13, der zweistrahligen Ar 234 V-15 sowie den zweistrahligen Prototypen V-14[100] und V-17 fortgesetzt, die

Ar 234 V-8.

Ar 234 V-13 (W.Nr. 130 023, PH+SU) mit gebündelten BMW 003 A-1-Triebwerken und B-Zelle. Beim Jungfernflug beschädigt, anschließend abgewrackt. ▶

verbesserte Vorserientriebwerke vom Typ BMW 003 A-1 erhielten. Die V-15 wurde im Zuge der Erprobung von Alt-Lönnewitz nach Oranienburg überführt, wo BMW eine Erprobungsstelle eingerichtet hatte.

Die mit vier BMW-Triebwerken ausgerüstete und im September 1944 eingeflogene Ar 234 V-13 (W.Nr. 130 023, PH+SU) hatte noch die Zelle der Baureihe Ar 234 B. Der abschließende Bauzustand der Baureihe C-1 wurde mit der vierstrahligen Ar 234 V-19 (W.Nr. 130 029, PI+WX) erreicht, deren Erstflug im Oktober 1944 erfolgte.

Wie zuvor bei der V-6 kam es auch bei den Prototypen V-13 und V-15 wiederholt zu unterschiedlichen Schüben und Ausfällen des Triebwerks. Bei seinen 220 Testflügen mit der Ar 234 verzeichnete *Gunther Eheim* insgesamt 48 Totalausfälle eines Triebwerks, hauptsächlich infolge von Schaufelbrüchen. Er machte die Erfahrung, daß auch die BMW-Triebwerke beim Zurücknehmen des Gases leicht stehenblieben und in niedriger Höhe nicht mehr angelassen werden konnten. Als er am 5. November 1944 mit der V-19 das Flugverhalten in großer Höhe bei Annäherung an Mach überprüfen wollte, begann das Flugzeug bei leichtem Andrücken auf 860 km/h in Höhe 9 km leicht zu vibrieren und ging anschließend leicht in Bahnneigung über. *Eheim* erinnerte sich: »Ein Versuch, durch Ziehen des Höhenruders die Bahnneigung zu verringern, bewirkte das Gegenteil. Die Bahnneigung wurde steiler. Durch schwanzlastiges Trimmen der Höhenflosse verringerte sich die Bahnneigung gering. Bei Rücknahme der Triebwerke auf Leerlauf konnte die Bahnneigung unterbrochen werden, und es stellte sich wieder normaler Flugzustand ein. Im Gleitflug ohne Triebwerke flog ich zum Platz zurück. In ca. 2 000 m Höhe versuchte ich, die Triebwerke aufgrund meiner Erfahrung mit Ar 234 B und Jumo-Triebwerken anzulassen. Das Anlassen gelang mir bei kei-

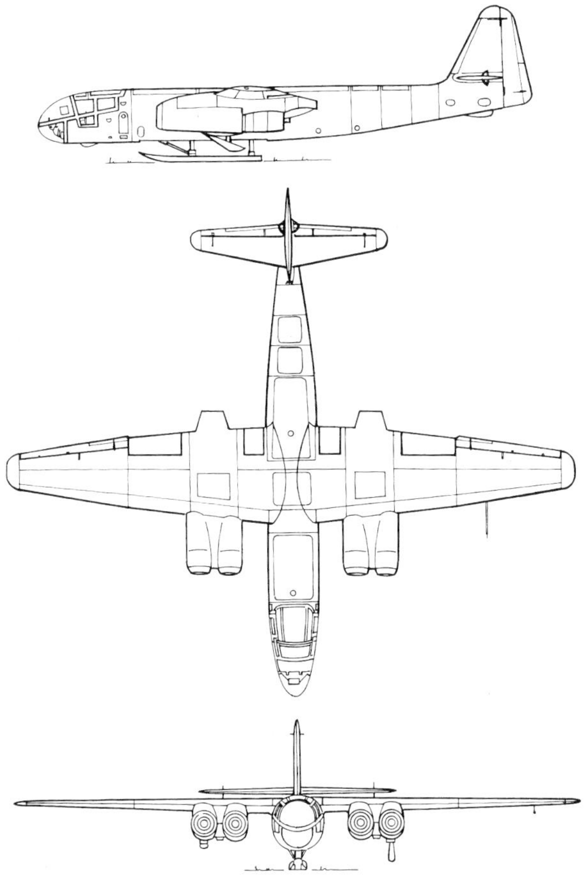

Dreiseitenansicht der Ar 234 V-8 (W.Nr. 130 008, GK+IY) mit BMW 003 A-0-Zwillingstriebwerken.

Ar 234 V-13.

Ar 234 V-19 (W. Nr. 130 029, PI + WX) mit gebündelten BMW 003 A-1-Triebwerken und CZelle. Im April 1945 gesprengt.

Ar 234 V-21 (W.Nr. 130061, PI + WZ). Erstflug 27.11.1944.

Ar 234 V-21.

nem der vier Triebwerke. Das Aufsetzen ohne laufende Triebwerke war zwar etwas hart, aber das Flugzeug war gerettet. Ein anschließender Versuch am Boden, die Triebwerke anzulassen, machte keine Schwierigkeiten, nachdem die undichten Rückschlagventile ausgewechselt worden waren.«[101]
Nach dem Einbau eines von Junkers übernommenen Reglers bei der V-19 arbeiteten die Triebwerke erstmals störungsfreier. Dennoch klagte Arado noch Anfang 1945 über Unregelmäßigkeiten bei den Triebwerken: »Zur Zeit hemmen die BMW-Triebwerke unsere Erprobung am stärksten; es ist mir in letzter Zeit fast bei jedem Flug wenigstens ein Triebwerk ausgefallen. Rund dreißig Prozent aller angesetzten Flüge mußten am Start abgebrochen werden, weil entweder ein Triebwerk nicht ansprang oder Riedel-Anlaßschwierigkeiten eintraten. Das Triebwerk als solches macht im Flug keinen schlechten Eindruck, das BMW-Triebwerk beschleunigt wesentlich besser als das Jumo und besitzt bei richtiger Ausnutzung der zulässigen Gastemperatur auch seine Leistung. Nur hat das Triebwerk noch ›Kinderkrankheiten‹, und da fehlt es meines Erachtens bei BMW am nötigen Interesse, diese Schwierigkeiten möglichst schnell zu beheben, sich vor allem an Ort und Stelle von unseren Schwierigkeiten zu überzeugen! Wir machen z. Zt. mehr TL- wie Zellenerprobung.«[102]

Projekte zur Reichweitenverlängerung

Ein vordringliches Sonderprogramm im Rahmen der Entwicklung der Baureihe Ar 234 C galt der Verlängerung der Reichweite. Der erhöhte Treibstoffverbrauch der vier Triebwerke sollte durch nachgeschleppte Tanks ausgeglichen werden. In Zusammenarbeit mit dem Institut für Aerodynamik und Flugtechnik der Deutschen Forschungsanstalt für Segelflug (DFS) hatte Arado den Langseilschlepp bereits vor Kriegsbeginn mit der Ar 65 erprobt. 1939 kam es zu ersten Versuchen mit Starrschleppverfahren. Am 14. November 1944 erläuterte ein Vertreter des Instituts in Landeshut die bisherigen Erfahrungen mit dem daraus abgeleiteten Verfahren des Deichselschlepps. Ihm lag ein Bericht vor, nach dem bei einem Schleppversuch mit einer 1 000 kg schweren Flügel-Bombe durch eine Me 262 bei 450 km/h heftige Schwingungen auftraten, die er auf eine zu geringe Steifigkeit der nur fünf Meter langen Deichsel zurückführte. Er schlug eine Verlängerung auf acht Meter vor und gab seine Zustimmung zu einer verbesserten, von Arado vorgeschlagenen Anordnung der Schleppkupplung. Bei Versuchen durch die DFS wurden anschließend Geschwindigkeiten von 650 km/h ohne jede Störung erreicht. Ursprünglich sollte der Anhänger vor dem Schleppflugzeug abheben. Die Anstellwinkelverringerung nach dem Abheben des Schleppflugzeugs versetz-

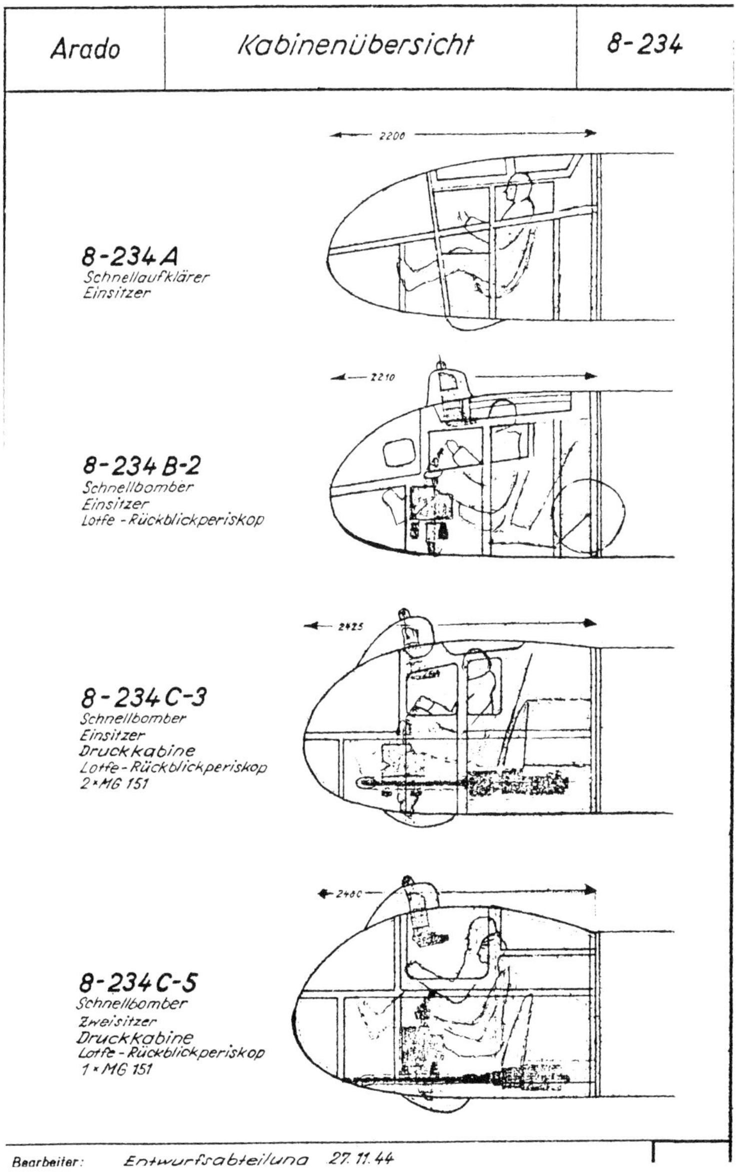

Kanzelformen Ar 234 A bis C-5.

te den Anhänger allerdings in unkontrollierbare Schwingungen, die zu Bodenberührungen führten. Die Startmethode wurde daraufhin dahingehend verändert, daß der Anhänger vor dem Abheben des Schleppflugzeugs nur in einen leichten Schwebezustand gebracht wurde.
Aus einem Tagebucheintrag vom 5. November 1944 geht hervor, daß *Speer* gegenüber *Hitler* von der Möglichkeit sprach, die Fi 103 (V1) als nachgeschleppten Treibstoff-

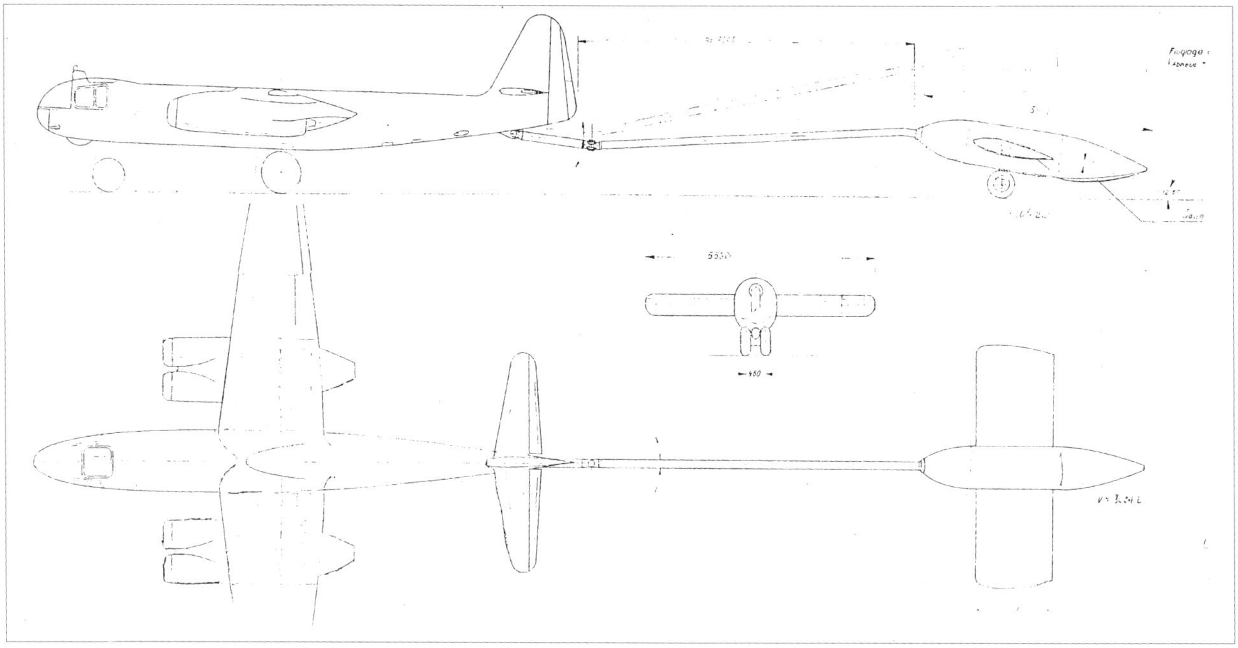

Entwurf für das Nachschleppen eines Treibstoffbehälters mit Ar 234 C.

behälter zu verwenden, und jede nur denkbare Unterstützung für das Vorhaben zugesagt wurde. In einer Stellungnahme vom 22. November 1944 verwies *van Nes* jedoch darauf, daß sich das Gerät für das vorgesehene Deichselschlepp-Verfahren nicht eigne. Am 1. November 1944 hatte er eine eigene Untersuchung zum Einsatz von geflügelten Kraftstoffbehältern abgeschlossen, mit denen durch eine Verlängerung der Flugstrecke auf 2 500 Kilometer eine Erhöhung der Eindringtiefe auf 1 000 Kilometer erzielt werden sollte. Für den Aufklärer Ar 234 B-1 sah er einen Behälter mit einem Fassungsvermögen von 1 500 Litern, für den Aufklärer Ar 234 C-4 ein Fassungsvermögen von 4 000 Litern vor. Angesichts der verminderten Anfangsgeschwindigkeit mit Anhängelast von 570 km/h bei der B-1 und 640 km/h bei der C-4 sollte zunächst der Anhängebehälter leergeflogen werden, um anschließend die höhere Dauergeschwindigkeit von 660 bzw. 804 km/h nutzen zu können.

Um eine tragbare Flächenbelastung des Anhängers zu erzielen, die im Rahmen der Erprobung bei der DFS 150 kg/m^2 zunächst nicht überschritten hatte, hätte er vergrößerte Flächen und Startklappen erhalten müssen. Zum Zweck der Aufnahme von Treibstoff hätte der Rumpf abgedichtet und druckfest gemacht werden müssen. Da es unzweckmäßig erschien, für einen Verbrauchskörper hochwertiges Stahlblech zu verwenden, schlug *van Nes* eine Konstruktion unter teilweiser Verwendung von Holz vor.

Am 25. November 1944 forderte die DFS zur Untersuchung der Stabilitätsverhältnisse vom Entwurfsbüro der Arado Flugzeugwerke in Landeshut Unterlagen zum Schleppflugzeug Ar 234 an. Eine Entwicklungsbesprechung zu Deichselschleppbehältern für Fernerkunder am 8. Dezember 1944 in Landeshut ließ allerdings erkennen, daß die zügige Einführung von Einheitsbehältern angesichts fortschreitender Desorganisationserscheinungen sich kaum realisieren ließ. Zu der Besprechung erschienen einige Vertreter des Amtes und der Erprobungsstellen sowie der Leiter einer Preßpappenfabrik. Nicht vertreten war die DFS und die Firma Messerschmitt, obwohl beide bisher über einschlägige Erfahrungen verfügten.

Aufgrund seiner Größenordnung wurde der bei Arado im Bau befindliche Behälter als »technische Spielerei« und der Fertigungsaufwand als untragbar bezeichnet. Kritisiert wurde auch, daß der Flügel des Anhängers nicht als Kraftstoffraum herangezogen wurde und daß eine Spreizklappe, mit der die unterschiedliche Flächenbelastung zwischen Mutterflugzeug und geschleppter Zelle ausgeglichen werden sollte, ebenso gefährlich sei wie das abwerfbare Fahrwerk für den Behälter. Seitens der Entwicklungsabteilung von Arado entstand der Eindruck, daß der Vertreter der E-Stelle Rechlin für eine Abschätzung der Möglichkeiten nicht die nötigen Voraussetzungen mitbrachte und »die besonderen Bedingungen bei unserer Entwicklung übersehen wollte«. Er hatte einen »improvisierten Versuchskörper« in Form eines quadratischen, »aus zwei Papphälften« gefertigten Nurflügelbehälters vorgeschlagen, dessen zwei seitliche Endscheiben als Gleitkufen und Knautschbleche dienen sollten. Den größtmöglichen Zuschnitt gab er mit 1,20 m x 2,50 m an. Für größere Treibstoffmengen sollten Storchenschnabelvergrößerungen vorgenommen oder mehrere kleine Behälter hintereinander gehängt werden. Da Untersuchungen zur Eignung des Verfahrens nicht vorlagen, kam die Entwicklungsgruppe von Arado zu dem Schluß, daß sich bei den hohen Geschwindigkeiten der TL-Flugzeuge »fliegerisch große Unsicherheiten« ergeben würden. Das Protokoll stellte abschließend fest, »daß wegen fehlender Klarheit über die zu entwickelnden Größen und mangelnder Objektivität bei der steuernden Stelle ein Ergebnis von vornherein nicht zu erwarten war.«

Entwicklung von Pfeilfügeln

Als weiteres Sonderprogramm lief bei Arado bereits ab Ende 1943 die Entwicklung von gepfeilten Hochgeschwindigkeitsflügeln, mit denen die kritische Machzahl zu höheren Geschwindigkeiten verschoben werden sollte. Als Arado Anfang 1937 mit der Entwicklung schneller Flugzeuge begann, ging man von Geschwindigkeiten von Mach 0,6 bis 0,7 aus. Die bislang tatsächlich erflogene Höchstgeschwindigkeit lag bei Mach 0,58, so daß Rückschlüsse auf das Flugverhalten in höheren Mach-Bereichen nur über Berechnungen und Windkanalmessungen erfolgen konnten.

Zeitgleich mit der Bekanntgabe erster Versuchsergebnisse bei Pfeilflügeln auf einer Sitzung des Ausschusses für Allgemeine Strömungsforschung der Lilienthalgesellschaft beschrieben im September 1940 die Aerodynamiker *Rüdiger Kosin* und *Dr. Walter Lehmann* mögliche »Stabilitätsänderungen am Flugzeug, deren Größe vom Verhältnis der wirksamen Streckungen der Flügel und des Höhenleitwerks abhängt«.[103]

In einer weiteren Studie kamen sie zu dem Ergebnis, daß »die örtlich auftretende Übergeschwindigkeit am Profil, die von der Dickenfunktion und der Form der Skelettlinie abhängt«, von größter Bedeutung für den Widerstand war, aber »die Anwendung dünner Profile aus vielerlei Gründen nicht möglich und wünschenswert« erschien.[104]

Auf der Grundlage ihrer Untersuchungen erwirkten *Kosin* und *Lehmann* Ende 1942 einen Patententwurf »Flugzeugflügel« mit folgender Zielsetzung: »Mit Annäherung an die Schallgeschwindigkeit nehmen die Formwiderstandsbeiwerte von umströmten Körpern zu; diese Zunahme ist umso größer, je weniger die Strömung die Möglichkeit hat, räumlich auszuweichen. Die Formwiderstandsbeiwerte nehmen also im inneren Flügelteil aus zwei Gründen besonders hohe Werte an; einerseits weil dort die Flügeldicke am größten ist, andererseits weil hier die Strömung nach außen nicht so nach der Seite hin ausweichen kann.«[105]

Neu war die Erkenntnis, daß die Abkippeigenschaften von Pfeilflügeln schlecht waren und sich bei ihnen eine erhöhte Verdrehbeanspruchung der Flügelwurzeln ergab. Das Patent sah deshalb vor, »daß die Vorderkante des Flügels im inneren Teil eine starke Pfeilform bildet, ihr Winkel mit der Flugzeuglängsachse nach außen aber stetig oder absatzweise ... zunimmt.« Diese mit dem englischen Bomber »Victor« von Handley Page nach dem Krieg verwirklichte Flügelform besaß den weiteren Vorteil, daß sie die Beibehaltung der vorhandenen Flügelanschlußpunkte am Rumpf bei gleicher Schwerpunktlage und gleicher Anordnung des Fahrwerks erlaubte.

Walter Lehmann beschrieb den damaligen Forschungsansatz bei Pfeilflügeln wie folgt: »Der Hauptgrund für die Anwendung von Pfeilflügeln bei hohen Machschen Zahlen waren die zu erwartenden Änderungen der Flugeigenschaften um die Querachse. Unsere Berechnungen, die auf Modellmessungen in einem Hochgeschwindigkeitswindkanal basierten, ergaben, daß die durch Annäherung an die Schallgeschwindigkeit hervorgerufenen Stabilitätsänderungen stark von der Flügel- und der Höhenleitwerksstreckung abhingen. Je kleiner die Streckung war, desto geringer war auch die Stabilitätsänderung unterhalb von M = 0,8.

Eine ebenfalls 1941 von uns veröffentlichte Untersuchung befaßte sich mit der Profilgestaltung, speziell der Lage der größten Dicke, der Größe des Nasenradius und der Wölbung der Skelettlinie. Um festzustellen, welchen Einfluß die Flügelform auf das Widerstandsverhalten bei hohen Machschen Zahlen hat, wurden bereits 1942 im kleinen Hochgeschwindigkeitskanal der AVA Göttingen Messungen mit drei verschiedenen gepfeilten Flügeln durchgeführt. Es zeigte sich, daß der in der Mitte stark gepfeilte Flügel den geringsten Widerstandsanstieg hatte. Der außen stark gepfeilte Flügel hatte dagegen fast den gleichen Anstieg wie ein ungepfeilter Flügel. Eine geringe Pfeilung im äußeren Flügelbereich schien auch hinsichtlich der Querruderwirksamkeit und des Abkippverhaltens am günstigsten.

Für die Ar 234 sollten nach diesen Erkenntnissen mehrere gepfeilte Versuchsflügel mit unterschiedlicher Profilierung gebaut werden. Daß die Ar 234 von Anfang an so gute Flugeigenschaften aufwies, lag nicht zuletzt daran, daß die Kenntnisse über die Tragflügelprofile speziell bei den so-

genannten Laminarprofilen erheblich gewachsen waren. Die Ar 240 hatte bereits Flügelprofile, deren größte Dicke hinter 30 Prozent, dem früher üblichen Wert, lag. Aber damals wußte man noch nichts über den Einfluß des Hinterkantenwinkels. Beim Zurückschieben der größten Dicke wurde er vergrößert, um einen kontinuierlichen Konturverlauf zu erhalten. Aber es stellte sich heraus, daß die Querruderwirksamkeit und auch die Ruderkräfte um die Nullage einen Totbereich hatten. Die Untersuchungen ergaben, daß der hintere Staupunkt um die Hinterkante wanderte. Die Abhilfe erfolgte durch Einziehen der Profilkontur im hinteren Bereich, um den Winkel zwischen Profilober- und -unterseite kleiner als 10 bis 11° zu halten.
Der Rumpfwiderstand von Normalflugzeugen mit einem Widerstandsanteil von 25 bis 30 Prozent stellte einen etwa gleich großen Faktor im Leistungshaushalt des Flugzeugs dar wie der Tragflügel. Eine dritte, 1942 veröffentlichte Untersuchung behandelte deshalb den Widerstand verschiedener Rumpfformen und den Einfluß des Rumpfes sowie der Motorgondeln auf die statische Längsstabilität.[106] Die reine Tropfenform erwies sich als ideal. Es erschien aber weitgehend unschädlich, das spitz auslaufende Endstück auf scharfkantige Weise zu kürzen, um ein ausreichendes Volumen für den Einbau von Waffen zu erhalten.«[107]
Erst im Sommer 1944 bestätigte der Strahlaufklärer Ar 234 A die erwarteten Macheinflüsse bei hohen Geschwindigkeiten. Am 14. September 1944 besprach das Konstruktionsbüro in Landeshut flugeigenschaftliche Beobachtungen durch Oberleutnant *Horst Götz*, der von unerklärlichen Schüttelerscheinungen an der Zelle und der Steuersäule in Bodennähe und von vermutlichen Strömungsabrissen bei höheren Geschwindigkeiten berichtet hatte. *Götz* hatte folgende flugeigenschaftliche Beobachtungen mitgeteilt:

»1. In zwei Fällen sind bei Va = 310 km/h in Bodennähe Schüttelerscheinungen an der Zelle und an der Steuersäule aufgetreten, die den Eindruck des überzogenen Flugzustandes ergaben. Die Umstände waren jedesmal die gleichen: Start mit Rauchgeräten bei vollem Fluggewicht, nach einer Platzrunde Abwerfen der R-Geräte, vorher schon Einfahren von Kufen und Landeklappen. Kurz nach dem Abwerfen der R-Geräte trat bei 310 km/h obiges Schütteln auf, das Flugzeug war dabei im QR unsteuerbar und geriet ins Schmieren über die linke Fläche. Durch Nachdrücken gelang es den Flugzeugführern, die Steuerfähigkeit kurz über dem Boden wiederzuerlangen...

2. Nach einem Einsatzflug mit V-5 wurde aus 10 km Höhe gedrückt. Als etwas unter 9 km Höhe Va = 550-600 km/h erreicht war, wurde das Flugzeug schlagartig steuerlos in allen drei Rudern. Die Steuersäule konnte ohne jede Steuerkraft und Ruderwirkung hin- und herbewegt werden, ebenso das Handrad und die Pedale. Das Flugzeug schüttelte dabei heftig, wobei aber die Steuerorgane ruhig blieben. Es ging in diesem Augenblick geringfügig auf den Kopf und nahm eine schwache Querneigung ein. Durch sofortiges Gaswegnehmen wurde die Geschwindigkeit verringert, wobei ganz langsam und zügig die Steuerdrücke und Ruderwirkungen wiederkehrten. Bei va = 520 km/h in 7,5- bis 8 km Höhe war das Flugzeug wieder voll in der Gewalt des Führers...«[108]

Im Juli 1944 forderte das Oberkommando der Luftwaffe fünf Flugzeugfirmen auf, Entwürfe für einen einstrahligen

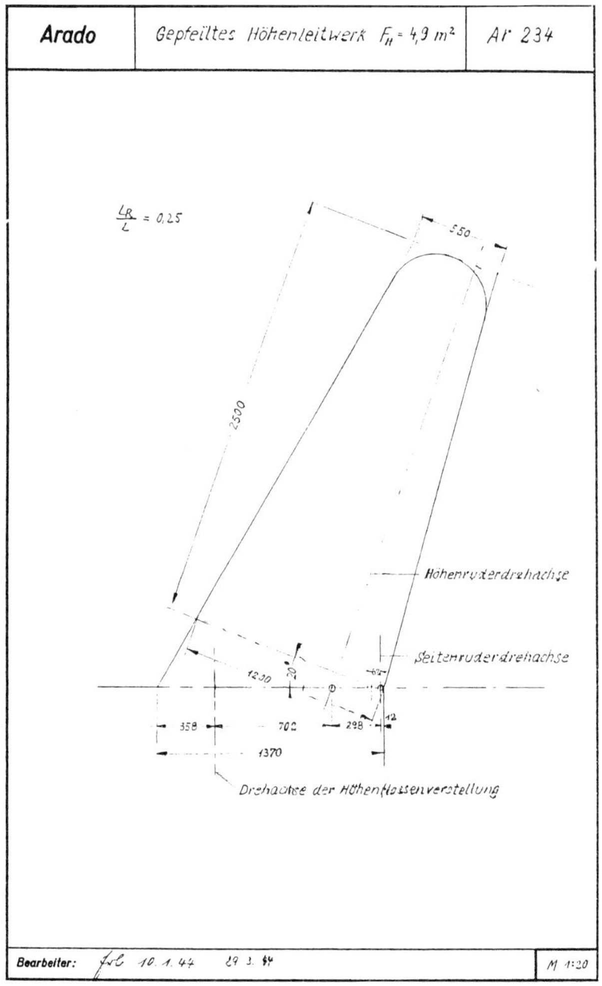

Entwurf für gepfeiltes Höhenruder der Ar 234 (Januar/März 1944).

Jäger mit Hochgeschwindigkeitsflügeln als Ersatz für die Me 262 vorzulegen. Am 10. November erhielt das von *Walter Rethel* geleitete Konstruktionsbüro der Messerschmitt Flugzeugwerke den Auftrag, das Projekt zu bearbeiten. Arado gehörte zwar nicht zu den angesprochenen Firmen, unter Leitung von *Kosin* entstanden bis zum Juli 1944 jedoch vier Entwürfe für Pfeil- und Laminarflügel, mit denen in Kombination mit einem gepfeilten Höhenleitwerk das Flugverhalten der Ar 234 verbessert werden sollte.

Der Normalflügel besaß eine große Dickenrücklage von 30 bis 35 Prozent, wie sie bereits für die Ar 240 gewählt worden war. Diese Formgebung, die turbulente Strömungen auf der Oberseite des Flügels vermeiden und die erwünschte laminare Strömung begünstigen sollte, hatte aerodynamisch den Nachteil eines großen Nasenradius und eines großen Hinterkantenwinkels. Durch Einziehen des Profils im hinteren, oberen Flügelbereich entstand ein laminares Profil mit verkleinertem Hinterkantenwinkel, bei dem der Strömungsverlauf durch einen hinteren Nasenausgleich zusätzlich verbessert werden mußte. Nach der Verkleinerung des Nasenradius wurde eine Veränderung des Anstellwinkels durch die Anbringung von ausfahrbaren vorderen Nasenklappen (Slots) erforderlich, um höhere Auftriebswerte zu erhalten. Dieses Verfahren hatte Arado bereits 1941 im Zusammenhang mit dem Transporter Ar 232 im Göttinger Windkanal untersuchen lassen.

Der gepfeilte Versuchsflügel I entsprach im Profil dem Normalflügel. Er sollte in Holz-Bauweise entstehen mit einfacher Ausbildung der Nasenklappen. Seine Spannweite war leicht verkürzt. Gegenüber dem Normalflügel ließ sich der Beginn merklicher Macheinflüsse von 822 km/h auf 845 km/h hinausschieben. Der zweite Versuchsflügel wies ebenfalls eine Pfeilform auf, sollte aber wie alle weiteren in Metallbauweise mit verfeinerten Nasenklappen entstehen. Die kritische Grenze lag bei 884 km/h. Für den Fall eines Scheiterns dieser Ausführung wurde ein dritter Versuchsflügel in Aussicht genommen, der das geringste Entwicklungsrisiko bot, jedoch seine kritische Grenze schon bei 875 km/h erreichte. Er hatte einen trapezförmigem Umriß wie der Normalflügel mit einer auf 50 Prozent erhöhten Dickenrücklage, war aber mit spitzerem Laminarprofil und kleinerem Hinterkantenwinkel von 10 Grad ausgeführt. Der Versuchsflügel IV war der anspruchsvollste Entwurf, mit dem Macheinflüsse bis 936 km/h hinausgeschoben werden sollten. Er besaß das Laminarprofil des Versuchsflügels III, war jedoch in Pfeilform ausgebildet. Die relative Profildicke an der Flügelwurzel wurde von 13 Prozent auf 10,5 Prozent reduziert bei gleichzeitiger Rückverschiebung der größten Dicke

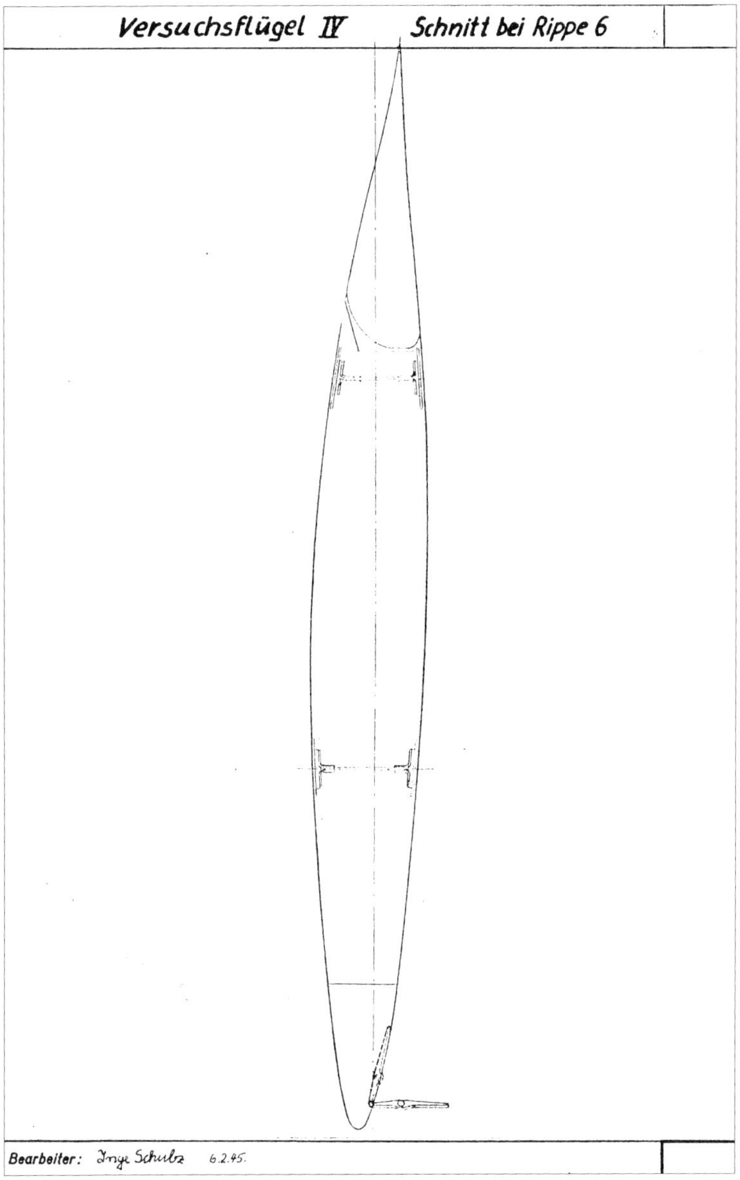

Schnitt durch den Versuchsflügel IV.

und der maximalen Wölbung der Skelettlinie auf 50 Prozent der Profiltiefe. Die Wölbung wurde dabei von 1,26 Prozent auf 1 Prozent reduziert. Der gepfeilte Versuchsflügel V in verkleinertem Maßstab war für Untersuchungen im Windkanal vorgesehen.

Die restlose Auslastung der Stammwerke zwang Arado dazu, die Planung einer Außenstelle des Konstruktionsbüros in Prag zu überlassen. Für den Bau der Flügel war

Aufstellung der Modelle, mit denen d.e Windkanalwerkstatt belegt ist.

Versuch	Zweck des Versuches	Modellgröße	Werkstoff
Seitenleitwerkmodell	5 Nasenausgleichsvarianten zur Klärung der Ausgleichsverhältnisse bei starken Hornausgleichen, insbesondere der stabilisierenden Wirkung bei losem Ruder. Eine Meßreihe mit am Ruder angebauter Doppelspreizklappe (fester Ausschlag der Spreizklappe beiderseits je 15°, Stabilisierung des losen Ruders für Schießanflug). DVL-Berlin	800 mm Tiefe 1200 mm Spannweite	TVBu 20
2 Querrudermodelle	Querruderversuch an Profilen großer Dickenrücklage (50 %) mit dem 8-234-Querruder und einem Keulenquerruder. Gleichfalls soll hier der Verlauf der Querruderkräfte in Anwesenheit einer Nasenspreizklappe untersucht werden. LFA Braunschweig	461 mm Tiefe 1636 mm Spannweite	TVBu 20 QR Dural
Modell mit Nasenklappe	An diesem Modell sollen die Nasenklappenlasten und die Einflüsse von Deformationen der Klappe auf dieselben untersucht werden. DVL-Berlin	1000 mm Tiefe 1500 mm Spannweite	Stahlkasten-modell mit Gipsfüllg.
Platte mit Nasen- und Hinterkantenklappe	Dieser Versuch soll das Prinzip des Zusammenwirkens einer Nasenklappe mit einer Hinterkantenklappe klären. Windkanal Gatow	320 mm Tiefe 780 mm Spannweite	Stahlblech
2 Flügelmodelle mit Spreizklappe und verschiedenen Rollnasen	Dieser Versuch soll die Möglichkeit einer Ausweichlösung klären für den Fall, daß die Nasenklappe (Versuchsflügel 8-234) aus irgend welchen Gründen versagen sollte. Windkanal Gatow	320 mm Tiefe 780 mm Spannweite	TVBu 20
5 Querrudermodelle	Querrudersystematik an Profilen mit 70 % Dickenrücklage. Die Messung dient der Erforschung des zweckmäßigsten Gestaltung des Schwanzstückes. Profile mit 70 % Rücklage der maximalen Dicke können evtl. helfen, die Leistungs- und Eigenschaftsgrenze weiter hinauszutreiben. Hauptschwierigkeit bei diesen Profilen bereitet das QR. Windkanal Gatow	500 mm Tiefe 800 mm Spannweite	TVBu 20
Querrudermessung am Mustang-Originalflügel	Betreuung der Messung. Zweck der Messung ist die Erforschung des hier angewandten Rudermomentenausgleiches, welcher durch Nutzbarmachung der sich am Querruderspalt einstellenden und in den Raum zwischen Hinterholm und Querruderdrehachse fortpflanzenden Drücke von Saug- und Druckseite. bewirkt wird. DVL-Berlin	Beuteflügel	
1 Pfeilflügel-Hochgeschwindigkeitsmodell	Grundversuch, der klären soll, ob die Addition von Profil- und Pfeilflügeleigenschaft möglich ist. DVL-Berlin	200 mm mttl. Tiefe 1200 mm Spannweite	Dural
2 Hochgeschwindigkeits-Pfeilflügelmodelle	Ergänzungen der unter 8) angeführten Messung, um den Einfluß der Profildicke auf den Widerstand bei Pfeilflügeln mit Laminarprof. zu klärenl 2 dem vorher gehenden Vers. ähnliche Modelle nur mit dünneren bzw. dickeren Profilen. DVL-Berlin	200 mm mittl. Tiefe 1200 mm Spannweite	Dural
Hochgeschwindigkeitsmodell Versuchsflügel II	Widerstandsmessung, Erreichung höchster Mach-Zahlen. LFA-Braunschweig Mach-Zahl ~1 Modellmaßstab zwar sehr klein, aber Mach-Zahl sehr hoch.	500 mm Spannweite	Dural
Hochgeschwindigkeitsmodell Versuchsflügel IV	Widerstandsmessung. Erreichung höchster Mach-Zahlen. LFA-Braunschweig Mach-Zahl ~1 Modellmaßstab zwar sehr klein, aber Mach-Zahl sehr hoch.	500 mm Spannweite	Dural
Pfeilflügelsystematik 2 Flügel	Anteil der Firma an einem Pfeilflügelformforschungsprogramm, an dem die meisten Firmen bzw. Forschungsanstalten beteiligt sind. LFA-Braunschweig	600 mm Spannweite	Dural
2 Modelle für Querrudermessung bei hohen Machschen-Zahlen	Wenn auch die 8-234 bis zu Mach-Zahlen von 0,85 geflogen ist, so ist dabei keinerlei Querrudererprobung getrieben worden und es ist nötig, Versuche mit Querrudern bei so hohen Mach-Zahlen zu machen, um einige Bauarten gegeneinander abwägen zu können bzw. die Grenzen zu erkennen. (8-234 Querruder, Mustang-Querruder). DVL-Berlin	350 mm Tiefe 1200 mm Spannweite	Dural
Gesamtmodell 8-234 für Hochgeschwindigkeitsmessg.	Kontrolle der aus verschiedenen Gründen unglaubwürdigen Braunschweiger Messung und Untersuchung von Triebwerksvarianten, Druckverteilungsmessungen und Nachlaufuntersuchungen. Anfertigung der Doppeltriebwerke 8-234 C in alter und neuer Ausführung und Anbau an das vorhandene Modell. DVL-Berlin	Maßstab 1:10 bezogen auf 8-234	Dural
Gesamtmodell für Hochgeschwindigkeitsmessung 8-234 mit Vers.Flügel IV	Untersuchung von Versuchsflügel IV und eines damit zusammengebauten Gesamtmodelles C-3. Der Flügel soll mit verstellbarer Pfeilung und Klappen gebaut werden, da er den Grundstock für eine Schwanzlosenentwicklung darstellen soll. DVL-Berlin	Maßstab 1:10 bezogen auf 8-234	Dural
Gesamtmodell 8-234 mit Vers. Flügel II	Für die Ausführung 8-234 mit Pfeilflügel existiert noch keinerlei Gesamtmodell, das Aufschluß über Stabilitätsverhalten um alle 3 Achsen usw. usw. gibt. Versuchsflügel II ist gewählt, da die Profilierung von Vers.Flügel IV bei den kleinen Reynolds-Zahlen möglicherweise Schwierigkeiten macht. AVA-Göttingen u. FVA-Prag.	1500 mm Spannweite	TVBu 20.
5 Rumpfmodelle für Hochgeschwindigkeitsuntersuchung.	Widerstandsbestimmungen für verschiedene Rumpfformen. Ermittlung der günstigsten Rumpfform und Untersuchung, welchen Einfluß Abänderung des Rumpfbuges bringen. Erreichung höchster Mach-Zahlen. LFA-Braunschweig	Rumpflänge 700mm	Dural
Hochgeschwindigkeitsmessungen an Rumpf- Bomben- und Triebwerks-Bombenkombinationen	Die Entwicklung von "aerodynamisch" geformten Abwurflasten verlangt systematische Modellversuche bei hohen Machschen Zahlen. Es sollen 2 ÷ 3 Bombenformen für einen vorhandenen Rumpf (Maßstab 1:20) gefertigt werden und 2 ÷ 3 Bombenformen für ein Triebwerk im Maßstab 1:10. Dieses muß für diese Zwecke neu gebaut werden. DVL-Berlin	Maß-stab 1:20 Maßstab 1:10 bezogen auf 8-234	Dural
	Untersuchungen, die mangels Werkstattkapazität unterlassen werden mußten		
4 Modelle für Pfeilflügel-hochgeschwindigkeitsmessung	Ergänzungen zur Pfeilflügelsystematik (12) LFA-Braunschweig	600 mm Spannweite	Dural
Hochgeschwindigkeitsmodell Vers.-Flügel III 8-234	Nasenvariationen allgemein und insbesondere für Versuchsflügel III! DVL-Berlin	1200 mm Spannweite	Dural
Versuchsflügel IV 8-234 Hochgeschwindigkeitsmessung	Am Versuchsflügel IV werden wahrscheinlich Triebwerksanbauvariationen gemessen werden müssen, da z.Zt. über Triebwerksformen an Pfeilflügeln nichts klar ist. DVL-Berlin	Maßstab 1:10	Dural

TLA-Lan Renatus-So. Renatus 22.12.44

Versuchsprogramm mit Pfeilflügel-Modellen für Ar 234 im Windkanal (22.12.1944).

die Firma Petera in Hohenelbe/Sudetengau vorgesehen, die bislang Segelflugzeuge gebaut hatte. Im Januar 1944 wurde entschieden, daß zur Erprobung des Holzpfeilflügels ein B-Rumpf gewählt werden sollte. Im Februar forderte das Prager Büro Zeichnungen des Querruders und der Landeklappen an. Anschließend ermittelte es das Gewicht des Flügels nach Angaben des Konstruktionsbüros in Landeshut. Bei den Anfang Februar fertiggestellten beiden ersten Probeflügeln wurden Risse aufgrund unzureichender Vortrocknung des Holzes und unsachgemäßer Verleimung beanstandet. Nach der Begutachtung von zehn unterschiedlichen Fertigungsverfahren wurde eine zufriedenstellende Lösung unter Berücksichtigung der Vorschriften erzielt, die für die Holzbauweise der Ar 396 galten. Anschließend wurden die Maße der Landeklappen, die Lage der Triebwerksausschnitte und die Verlegung von Leitungen festgelegt. Bis Ende Juli sollten die beiden ersten Flügel in der endgültigen Ausführung fertiggestellt sein. Petera war allerdings auf dem Gebiet des Vorrichtungsbaus den Anforderungen nicht gewachsen. Es ergaben sich darüber hinaus Verzögerungen durch die Trocknungszeiten der Hölzer, Mißverständnisse bei der Auswertung von Zeichnungen und Terminüberschreitungen bei der Materialanlieferung. Arado griff in die Beschaffung ein und stellte Kuriere, die einzelne Werkstücke zwischen Landeshut und Hohenelbe beförderten.

Hinsichtlich der Wahl und Zuordnung der Triebwerke herrschte beträchtliche Unklarheit. Zunächst waren für den Holzflügel I zwei BMW 003- oder Jumo 004-Strahlturbinen beziehungsweise zwei BMW 003 TLR-Geräte vorgesehen. Für den Metallpfeilflügel II waren vier gebündelte BMW 003-Triebwerke, für den Laminar-Trapezflügel III und den Laminar-Pfeilflügel IV vier gebündelte BMW 003 bzw. zwei He S 011-Triebwerke geplant.[109] Handschriftliche Korrekturen in den Planungsunterlagen lassen darauf schließen, daß mit einer termingerechten Lieferung der TLR-Geräte und der Heinkeltriebwerke nicht gerechnet wurde. Auf ausdrücklichen Wunsch *Walter Blumes* waren sie aber für eine spätere Ausführung einzuplanen und der Bau der Flügel »außerordentlich zu forcieren«. Am 18. August 1944 wurde beschlossen, den Holzpfeilflügel I aus Gründen der Arbeitsersparnis sofort mit R-Geräten vom Typ 109-500 auszurüsten. Nach der Lieferverzögerung für dieses Triebwerk wurde diese Anweisung am 28. September zugunsten des Einbaus von normalen TL-Triebwerken widerrufen.

Das Prager Büro lieferte im September die Zeichnungen für den Versuchsflügel II. Dabei kam es zu Mißverständnissen mit Landeshut bezüglich der Ausführung der Nasen- und Landeklappen sowie der Querruder. Für den Versuchsflügel III berücksichtigte die Konstruktion nur die

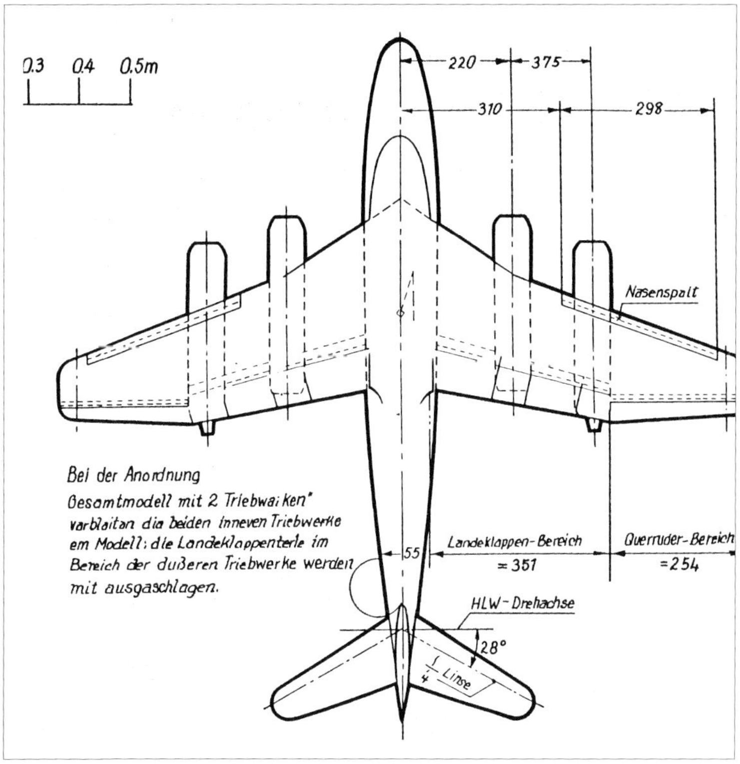

Grafik der Ar 234 mit Pfeilflügel.

Ausführung mit Stahlholmen, so daß eine spätere Ausführung in Dural eine Neukalkulation erforderlich gemacht hätte. Der »Sonderring Bandstahl« verzögerte die Genehmigung zur Materialbestellungen für hochfeste Stahlbleche der Versuchsflügel II und III und teilte mit, daß die gewünschten kleinen Mengen nicht gefertigt werden könnten.

Laut Festlegung vom 17. August 1944 sollte der Prototyp V-16 die Versuchsflügel I und III, die V-18 den Versuchsflügel II erhalten, während der Versuchsflügel IV für einen Serienrumpf der Baureihe C vorgesehen war. Die Planung wurde wenig später dahingehend geändert, daß der Versuchsflügel IV der V-21, der Versuchsflügel II der V-19 und der Versuchsflügel III den Prototypen V-29 und V-30 zugeordnet wurde. Am 19. September wurde entschieden, daß die V-16 den Versuchsflügel I erhalten sollte, während der Versuchsflügel II erneut der V-18 zugeordnet wurde. Die Erprobung des Versuchsflügels III wurde auf die V-26 vorgezogen, die des Versuchsflügels IV sollte mit der V-30 stattfinden.

Schwerpunktermittlungen, die im Zusammenhang mit dem Einbau einer Druckkabine der Baureihe C-3 im Au-

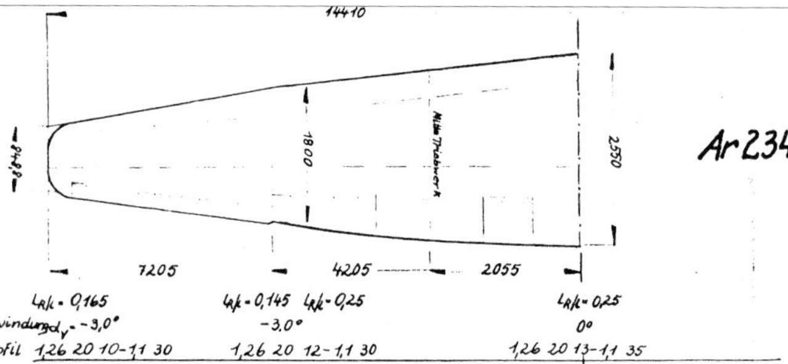

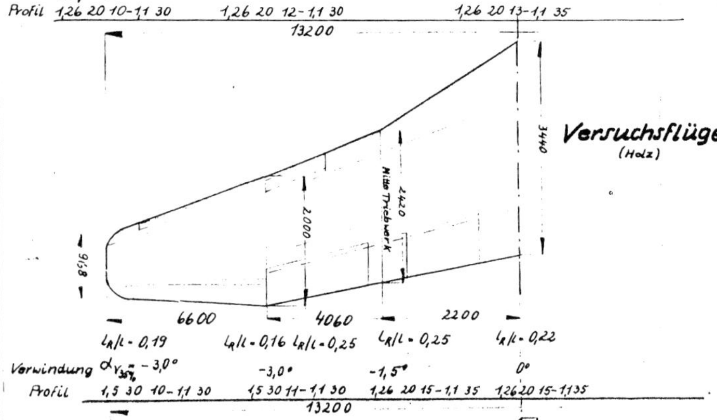

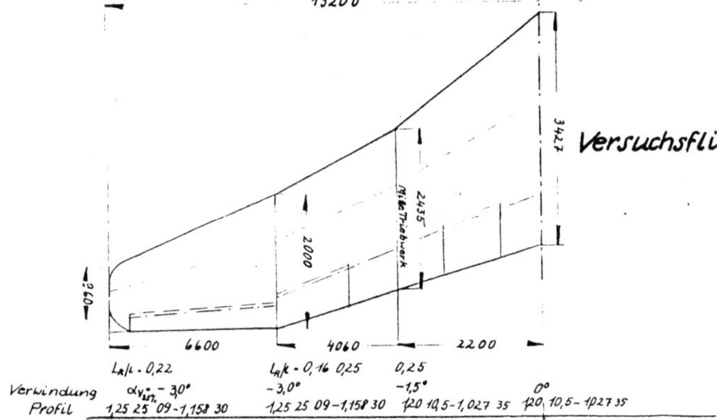

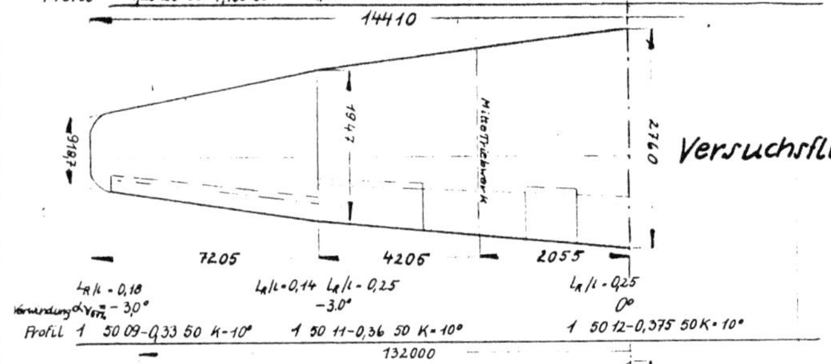

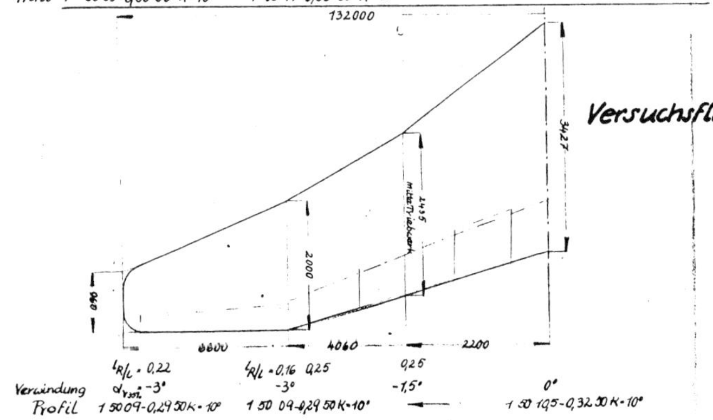

	F [m²]	b [m]	Λ	Profildicke % innen	Profildicke % außen	$C_{a\,max}$ ohne Landehilfe	$C_{a\,max}$ mit Landehilfe	V_{Lande} [km/h] G=7000 kg	V_{max} [km/h] G=9000 kg H=10 km	V_{max} [km/h] G=9000 kg H=12 km	V_{steig} [m/sec] G=9000 kg H=12 km
Ar 234C	27	14,4	7,7	13	10	1,45	1,95	166	822	786	1,7
Versuchsflügel I (Holz)	28,5	13,2	6,1	15	10	1,4 fester Schlitz	1,9	163	845	802	0,9
Versuchsflügel II	28,5	13,2	6,1	10,5	9	1,1 ohne Nasenkl. 1,4 mit Nasenkl.	1,6 1,9	163	883	808	1,7
Versuchsflügel III	28,5	14,4	7,3	12	9	0,8 ohne Nasenkl. 1,3 mit Nasenkl.	1,3 1,9	163	875	860	3,9
III a.						1,0–1,1	1,4–1,5	~190			
Versuchsflügel IV	28,5	13,2	6,1	10,5	9	0,7 ohne Nasenkl. 1,2 mit Nasenkla.	1,2 1,8	168	936	922	4,4

26.7.44 Mi

gust 1944 erfolgten, machten bei dem Versuchsflügel III eine nachträgliche Rückverschiebung der Triebwerke erforderlich. Im Fall des Einbaus von He S 011-Triebwerken mußte eine vergrößerte Ausführung der Landeklappen vorgesehen werden. Ende September erfolgten im Hinblick auf eine Einschleusung der Versuchsflügel in die Serie Ar 234 C Festlegungen zur Lage der Aufhängevorrichtungen für Abwurflasten und Starthilfen und Druckverteilungsmessungen an den Nasenspreizklappen. Am 17. Oktober einigte sich die Serienabteilung mit dem Konstruktionsbüro über mögliche Flächenvariationen.

Am 5. November 1944 wurde in Anwesenheit von Oberst *Knemeyer* in Landeshut festgestellt, daß angesichts der Wichtigkeit des Vorhabens die bisherigen Termine zu spät lagen. Mit allen Mitteln sollte versucht werden, die Bautermine wesentlich abzukürzen und die Baureihe D sofort auf schnelle Flügel umzustellen. *Knemeyer* forderte zugleich den umgehenden Einbau eines Versuchsflügels in vorhandene Prototypen, um Aufklärer zur Verfügung zu haben, die »auf alle Fälle schneller sind als eventuell auftretende englische TL-Jäger«.

Van Nes stellte daraufhin am 20. Dezember folgende Überlegungen an:

»Für einen baldigen Sondereinsatz kommt nur ein Flügel infrage, welcher verhältnismäßig risikolos ist. Dieser Forderung entspricht am meisten der Versuchsflügel III (ungepfeilter Flügel mit Laminarprofil). Dieser Flügel besitzt jedoch eine sehr spitze Nase und muß daher zur Erreichung brauchbarer ca. max-Werte mit einer Nasenspreizklappe versehen werden. Diese Nasenspreizklappe bringt baulich erhebliche Schwierigkeiten. Es wurde daher von der Abteilung Entwurf und Ausrüstung TEA erwogen, inwieweit durch eine Vergrößerung des Nasenradius auf die Spreizklappe verzichtet werden kann, ohne daß eine wesentliche Geschwindigkeitseinbuße zu erwarten ist. TEA hat dafür eine entsprechende Profilform ausgearbeitet. Es wurde daher beschlossen, von dem Versuchsflügel III zwei Stück in der ursprünglich geplanten Gestalt, nämlich Spitznase mit Nasenspreizklappe zu bauen und weitere vier Stück ohne Nasenspreizklappe mit vergrößertem Nasenradius für diesen Sondereinsatz herzustellen«.

Van Nes warnte, »daß an verschiedenen Stellen die Ansicht über die Leistungen einerseits und die Risiken andererseits von den geplanten Versuchsflügeln irrig« und »die physikalischen Grundlagen der auftretenden Effekte noch durchaus ungeklärt« seien. Er bemängelte, daß ursprünglich die Versuche hintereinander geschaltet werden sollten, um aus den Ergebnissen Rückschlüsse auf die Ausführung des nächsten Versuchsflügels ziehen zu können, inzwischen aber der Bau praktisch parallel geschaltet sei. Versuchsergebnisse, die ein Einlaufen in die Serie erlaubten, erwartete *van Nes* frühestens im August 1945. Im Fall einer früheren Entscheidung empfahl er, sich aufgrund von Windkanalversuchen mit Modellen ein Bild über die Leistungen und Eigenschaften der verschiedenen Anordnungen zu verschaffen.

Auch dieses Vorhaben stieß auf Probleme. Da die Modellwerkstätte in Brandenburg überlastet war und nicht verstärkt werden konnte, mußten die Modelle in Landeshut gefertigt werden. Bei Versuchen mit einer anfänglichen Holzausführung stellte sich heraus, daß im Fall der vorgesehenen Teilung der Modelle eine Fugenbildung die Meßergebnisse verfälschte, so daß auf eine Leichtmetallausführung umgestellt werden mußte. Anträge für einen eigenen Windkanal waren bislang mit der Begründung abgelehnt worden, daß die Entwicklung bei Arado nicht vorrangig sei, so daß Widerstandsmessungen an Rumpfmodellen im Hochgeschwindigkeitskanal der Luftfahrtforschungsanstalt in Braunschweig, der DVL in Adlershof, im Windkanal Gatow und bei der AVA Göttingen durchgeführt werden mußten. Von den Heinkel-Werken wurde der Ingenieur *Eulitz* als Berater in Windkanalfragen abgeordnet.

Die Windkanalmessungen wurden zwar noch durchgeführt, zunehmende Koordinierungsprobleme, Materialengpässe und der Arbeitskräftemangel verhinderten aber den Abschluß des gesamten Projektes. Die Konstruktion der Versuchsflügel II und III war im Dezember 1944 beendet und die Vorrichtung in Arbeit. Vom Versuchsflügel III war Material für sechs Exemplare bestellt worden, um den Forderungen *Knemeyers* nachzukommen. Nach der Fertigstellung des Versuchsflügels I am 20. Dezember 1944 wurde er an Sagan zwecks Einbau in die V-16 geliefert. Ein am 16. Dezember 1944 festgestelltes Leitwerksschütteln bei dem Erprobungsträger zwang zu Änderungen, die zum Teil einen Aufwand von 80 Prozent eines Neubaus ausmachten. Mit weiteren Flugversuchen wurde ab Mitte Januar 1945 gerechnet.

Am 18. Dezember 1944 ließ der Chef der Technischen Luftrüstung den Flugzeugfirmen eine vergleichende Übersicht bezüglich des Tragflügelwiderstandes bei deutschen

◀ Normalflügel der Ar 234 und Versuchsflügel I bis IV (26.7.1944). Normalflügel: 30 % Dickenrücklage (Mitte) bis 35 % (Rumpfseite). I: Pfeilform und Normal-Profil in Holzbauweise. II: Wie I, aber in Metallbauweise. III: Trapezflügel mit Laminar-Profil in Metallbauweise. Dickerücklage 50%, Hinterkantenwinkel 10°. IV: Pfeilflügel mit Laminar-Profil in Metallbauweise.
Profil-Angaben:
1 = max.Wölbung der Skelettlinie, 50 = Rücklage der max. Wölbung der Skelettlinie, 10,5 = max. Profildicke, 0,32 = Nasenradius, 50 = Rücklage der max. Profildicke, K 10° = Hinterkantenwinkel.

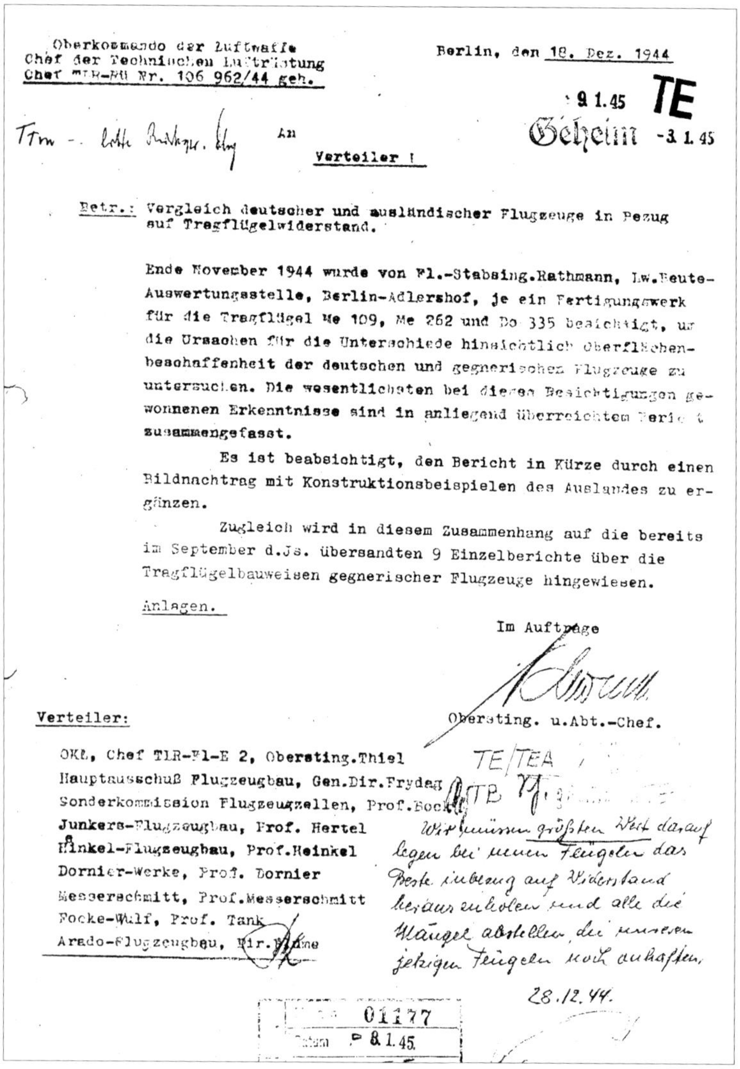

Oberkommando der Luftwaffe
Chef der Technischen Luftrüstung
Chef TLR-Fl Nr. 106 962/44 geh.

Berlin, den 18. Dez. 1944

9.1.45 TE

Geheim -3.1.45

An

Verteiler!

Betr.: Vergleich deutscher und ausländischer Flugzeuge in Bezug auf Tragflügelwiderstand.

Ende November 1944 wurde von Fl.-Stabsing.Rathmann, Lw.Beute-Auswertungsstelle, Berlin-Adlershof, je ein Fertigungswerk für die Tragflügel Me 109, Me 262 und Do 335 besichtigt, um die Ursachen für die Unterschiede hinsichtlich Oberflächenbeschaffenheit der deutschen und gegnerischen Flugzeuge zu untersuchen. Die wesentlichsten bei diesen Besichtigungen gewonnenen Erkenntnisse sind in anliegend überreichtem Bericht zusammengefasst.

Es ist beabsichtigt, den Bericht in Kürze durch einen Bildnachtrag mit Konstruktionsbeispielen des Auslandes zu ergänzen.

Zugleich wird in diesem Zusammenhang auf die bereits im September d.Js. übersandten 9 Einzelberichte über die Tragflügelbauweisen gegnerischer Flugzeuge hingewiesen.

Anlagen.

Im Auftrage

Obersting. u.Abt.-Chef.

Verteiler:

OKL, Chef TLR-Fl-E 2, Obersting.Thiel
Hauptausschuß Flugzeugbau, Gen.Dir.Frydag
Sonderkommission Flugzeugzellen, Prof.Bock
Junkers-Flugzeugbau, Prof. Hertel
Heinkel-Flugzeugbau, Prof.Heinkel
Dornier-Werke, Prof. Dornier
Messerschmitt, Prof.Messerschmitt
Focke-Wulf, Prof. Tank
Arado-Flugzeugbau, Dir. Blume

TE/TEA

Wir müssen größten Wert darauf legen bei neuen Flügeln das Beste in bezug auf Widerstand herausholen und alle die Mängel abstellen, die unseren jetzigen Flügeln noch anhaften.
28.12.44.

01177
8.1.45

Rundschreiben des Oberkommandos der Luftwaffe bezüglich Rumpf- und Tragflügeloberflächen mit handschriftlichem Kommentar *W. Blumes* (18.12.1944).

und ausländischen Flugzeugen zugehen. *Blume* versah die Mitteilung mit dem handschriftlichen Vermerk: »Wir müssen größten Wert darauf legen, bei neuen Flügeln das Beste in bezug auf Widerstand herauszuholen, und alle die Mängel abstellen, die unseren jetzigen Flügeln noch anhaften.«[110]

Doch Ende 1944 war bereits absehbar, daß kurzfristig weder mit Erprobungsergebnissen noch mit einer Übernahme in die Serie und einem Truppeneinsatz zu rechnen war. Die Konstruktion des Versuchsflügels IV sollte im Februar 1945 abgeschlossen sein. Nachkalkulationen gingen von einer endgültigen Fertigstellung des Versuchsflügels II am 5. Mai 1945 aus. Der 31. Mai 1945 war als Endtermin für den Einbau des ersten Satzes aller Versuchsflügel vorgesehen. Das Kriegsende unterbrach schließlich die Arbeiten, ohne daß abschließende Ergebnisse erzielt werden konnten.

Aufklärer, Schnellbomber und Nachtjäger Ar 234 C

Nach der flugtechnischen Erprobung kam die Abteilung Flugerprobung in Sagan am 22. Dezember 1944 zu dem Ergebnis, daß sich »eigenschaftlich bei der C gegenüber der B nichts grundlegend geändert« hatte und daß »das Eigenschaftsprogramm auf C als ziemlich abgeschlossen angesehen werden kann mit Ausnahme der Schnellstflugfragen«.

Nachdem bislang die Aufklärer Ar 234 A und B-1 einsatzmäßig die effektivsten Varianten der Ar 234 waren, da sie ohne Waffenlast den Vorteil überlegener Geschwindigkeit und großer Reichweite am besten ausspielen konnten, versprachen die vierstrahligen Aufklärer Ar 234 C-1, C-4 und C-6 gegenüber den Bomber- und Nachtjäger-Versionen hohe Leistungen bei vergleichsweise geringem Entwicklungsaufwand. Die Entwicklungsplanung sah darüber hinaus eine Langstreckenausführung mit zwei DB 021-Turboprop-Triebwerken sowie eine mit zwei He S 011-Triebwerken ausgerüstete Ar 234 D-1 vor.

Ein Lagebericht vom 21. Februar 1945 deutete allerdings auch gewisse Probleme beim Einsatz der Ar 234 an:

»Nach den bisherigen guten Fronterfahrungen ist ein erfolgreicher Einsatz mit der Ar 234 B auch weiterhin möglich. Mit der Ar 234 C wird zwar eine wesentliche Geschwindigkeitsverbesserung erreicht, doch sind im Truppenbetrieb mit den vier TL-Triebwerken erhebliche Schwierigkeiten bezüglich der Einsatzbereitschaft zu erwarten ... Die Fronterfahrungen zeigen auch, daß bei den geringen Flugzeiten das Sammeln zum Verbandsflug wegen des feindlichen Jagdschutzes und des Kraftstoffverbrauchs nicht möglich ist. Dadurch ist der Lotfe-Einsatz nicht mehr sinnvoll. Es wird mit dem BZA[111] oder Tiefflugschleuderanlage (TSA) geworfen.«

Im Rahmen des reduzierten Jägerstab-Flugzeugprogramms vom 3. Juni 1944 wurde außer dem Bomber B-2 und dem Fernaufklärer C-1 zunächst nur der Bomber C-2 angefordert. Nach der Vorerprobung der Druckkabine im Spätherbst 1944 wurde die C-2 gestrichen, da die Ar 234 B-2 vermeintlich vorerst ausreichte. Der vierstrahlige Bomber C-3 mit der äußerst hohen Flächenbelastung von

Typenblatt des Aufklärers Ar 234 C-4 (26.9.1944).

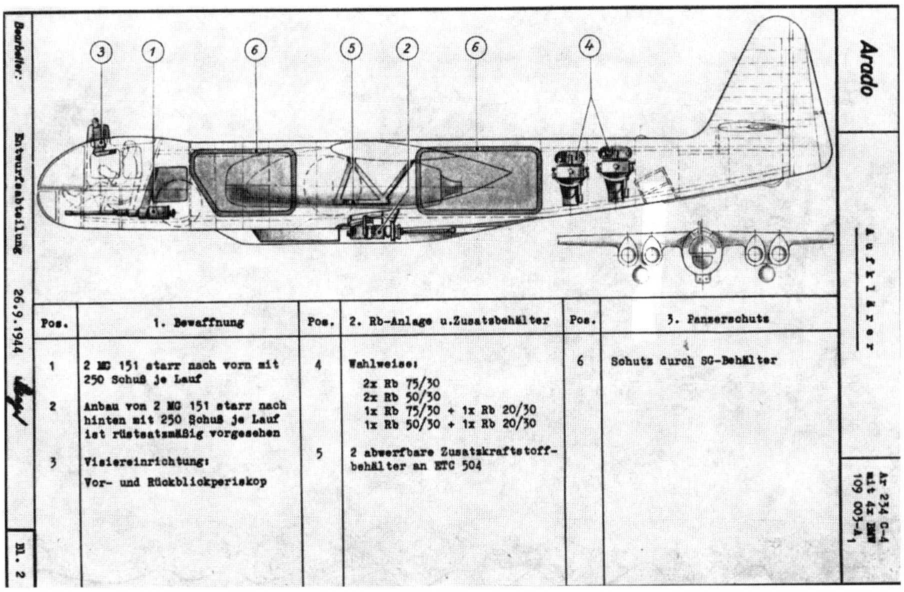

Pos.	1. Bewaffnung	Pos.	2. Rb-Anlage u.Zusatsbehälter	Pos.	3. Panzerschutz
1	2 MG 151 starr nach vorn mit 250 Schuß je Lauf	4	Wahlweise: 2x Rb 75/30 2x Rb 50/30 1x Rb 75/30 + 1x Rb 20/30 1x Rb 50/30 + 1x Rb 20/30	6	Schutz durch SG-Behälter
2	Anbau von 2 MG 151 starr nach hinten mit 250 Schuß je Lauf ist rüstsatzmäßig vorgesehen				
3	Visiereinrichtung: Vor- und Rückblickperiskop	5	2 abwerfbare Zusatzkraftstoffbehälter an ETC 504		

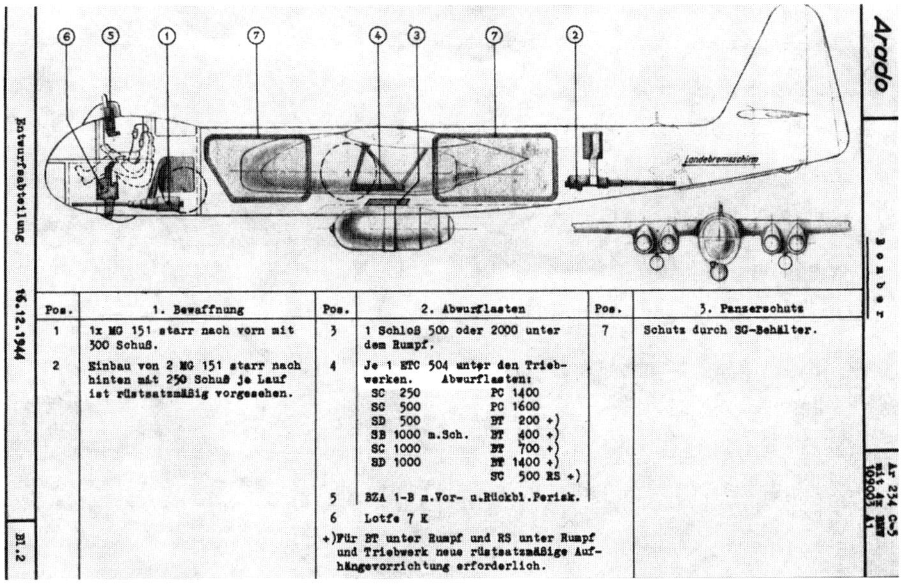

Pos.	1. Bewaffnung	Pos.	2. Abwurflasten	Pos.	3. Panzerschutz
1	1x MG 151 starr nach vorn mit 300 Schuß.	3	1 Schloß 500 oder 2000 unter dem Rumpf.	7	Schutz durch SG-Behälter.
2	Einbau von 2 MG 151 starr nach hinten mit 250 Schuß je Lauf ist rüstsatzmäßig vorgesehen.	4	Je 1 ETC 504 unter den Triebwerken. Abwurflasten: SC 250, SC 500, SD 500, SB 1000 m.Sch., SC 1000, SD 1000, PC 1400, PC 1600, BT 200 +), BT 400 +), BT 700 +), BT 1400 +), SC 500 RS +)		
		5	BZA 1-B m.Vor- u.Rückbl.Perisk.		
		6	Lotfe 7 K		
			+)Für BT unter Rumpf und RS unter Rumpf und Triebwerk neue rüstsatzmäßige Aufhängevorrichtung erforderlich.		

Typenblatt des vierstrahligen Schnellbombers 234 C-5 (16. 12. 1944).

455 kg/m² versprach verbesserte Start- und Steigleistungen. Er konnte bei einer Abflugmasse von 12,3 t eine gesteigerte Bombenlast von 1 500 kg tragen. Seine Höchstgeschwindigkeit sollte bei 883 km/h liegen.

Der Einflieger *Ubbo Janssen* erflog über 900 km/h, aber in 9 km Höhe machten sich ab 835 km/h Machzahleinflüsse unangenehm bemerkbar. In Verbindung mit dem schon zuvor verbreiterten Rumpf und einer vergrößerten Kanzel beeinträchtigte außerdem die breitere Stirnfläche der Triebwerksgondeln die Flugeigenschaften. Schließlich war auch die Reichweite durch den verdoppelten Treibstoffbedarf begrenzt. Eine gewisse Treibstoffeinsparung wurde von einer Vergrößerung der Flughöhe auf 11 000 Meter erwartet. Diese extreme Arbeitshöhe stellte allerdings erhöhte Anforderungen an die Druckkabine.

Nachdem die Kabinen-Attrappe »im großen und ganzen als gut beurteilt« wurde, erfolgte die Festlegung von Einzelheiten der Geräte- und Waffenausrüstung. Das erste

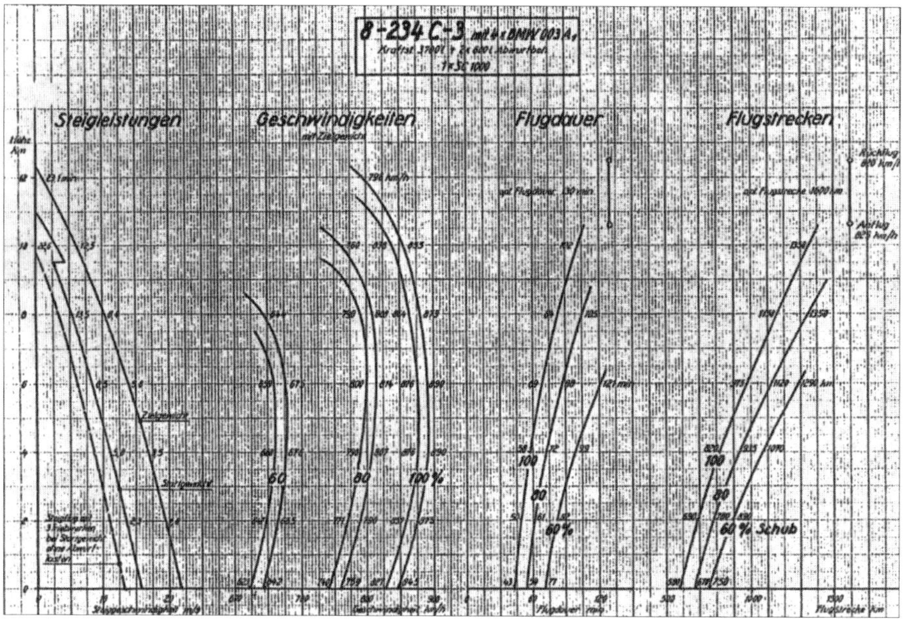

Errechnete Flugleistungen des Schnellbombers Ar 234 C-3.

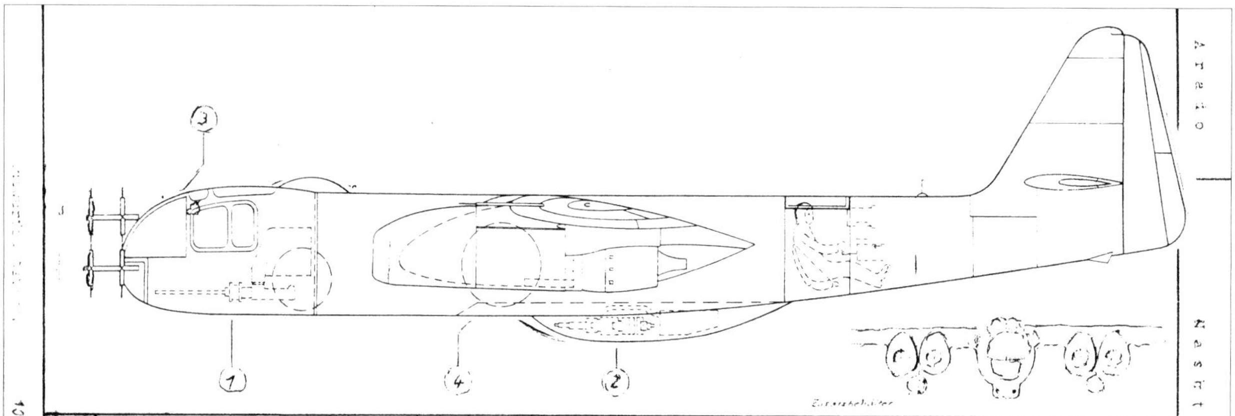

Pos.	1. Bewaffnung u. Zielanlage	Pos.	2. FT-Ausrüstung	Pos.	3. Panzerung
1	2x MG 151 starr nach vorn mit je 250 Schuß je Lauf		FuG 15 +EiV Funksprech UKW Eigenverständigung		---
4	2x MK 108 starr nach vorn mit 100 Schuß je Lauf als Rüstsatz unter Rumpf		FuG 218 Nachtjagdsuchgerät u. Jägerwarnanlage		
3	Zielgerät: Revi 16 N		FuG 120a Schreibnavigationsanl. (Bernhardine)		
2	Je 1 MG 504 unter den Triebwerken		FuG 125 Navigationsempfänger (für 120a erforderlich) "Hermine"		
			FuG 350 Zc Peilgerät [redacted] (Naxos)		
			FuG 25a Flak-Erkennungsgerät		

Ausrüstung des Nachtjägers Ar 234 C-3N (10.1.1945).

Musterflugzeug war die Ar 234 V-21 (W.Nr. 130 061, PI+WZ), die am 5. November 1944 erstmals flog. Sie erhielt eine bewaffnete Druckkabine, die auch mit der V-22, V-23 und V-24 erprobt wurde. Das erhöhte Abfluggewicht machte größere, hochbelastbare Räder erforderlich. Nach Versuchen bei der Deutschen Versuchsanstalt für Luftfahrt (DVL) wurde die neue Ausführung in den zur Erprobung des Fernaufklärers C-4 vorgesehenen Prototyp V-25 eingebaut.

Nach dem abgebrochenen Anlauf des Nachtjägers Ar 234 B-2N konzentrierte sich das Interesse des Technischen Amtes Anfang 1945 auf die Nachtjäger der Baureihe Ar 234 C. Noch vor dem Serienanlauf der Ar 234 C-3 im Februar 1945 wurden auf einer Besprechung in Brandenburg am 5. Januar 1945 die Termine und Umrüstungsmaßnahmen für den Nachtjäger C-3N besprochen, der als »schnelle Lösung« vor einer Optimallösung bis zum Herbst 1945 einsatzbereit sein sollte. Der Musterumbau sollte in Sagan unter Zurückstellung anderer Projekte auf der Grundlage der V-23 und V-27 beginnen und bis zum 31. Januar beziehungsweise 28. Februar abgeschlossen sein. *Hans Rebeski* sollte die Serienabteilung am 15. Januar über den Änderungsumfang informieren und bis zum 11. des Monats *Walter Blume* eine Kurzbeschreibung vorlegen.

Der Nachtjäger C-3N wurde kurzfristig gestrichen. Im September 1944 war bereits geplant, daß die Baureihen C-3 und C-4 eine leicht nach oben gewölbte Volldruckkabine erhalten sollten, um die Sicht nach hinten zu verbessern. Nach einer Begutachtung der Attrappe im November 1944 wurde eine Änderung dahingehend gefordert, daß der Bordfunker gestaffelt schräg hinter dem Piloten mit Sicht nach vorn unterzubringen war. Für den wie bei der C-3N im Rumpfheck untergebrachten Radarbegleiter war ein Notausstieg in Form eines absprengbaren Teils der hinteren Rumpfoberfläche vorgesehen.

Die erste zweisitzige Druckkabine sollte die C-5 erhalten, deren Attrappe am 5. November 1944 von *Knemeyer* besichtigt und genehmigt worden war. Die Zeichnungen sollten Ende Februar 1945 ausgeliefert werden.[112] Im April sollte die Erprobung mit der V-30 beginnen. Kurzfristig wurde jedoch beschlossen, die Version C-5N zugunsten des Nachtjägers Ar 234 C-7N nicht weiterzuverfolgen. Die zur Erprobung vorgesehene V-27 sollte ein neues Rumpfmittelstück, größere Räder sowie das Nachtjagdsuchgerät FuG 244 »Bremen« in einer Ausbuchtung des Rumpfbugs erhalten.

Die Bewaffnung bestand aus einem vorderen MG 151 und zwei MK 108 unter dem Rumpf. Von überschweren Schußwaffen-Rüstsätzen sollte zunächst abgesehen werden. *Hitler* forderte dagegen am 10. Januar 1945 persönlich den Einbau von schwereren Angriffswaffen. *Kosin* legte umgehend erste Berechnungen zu dem damit verbundenen Verlust an Flugleistung vor. Auch die Erprobung von Raketen-Rüstsätzen sollte beschleunigt vorangetrieben werden.

Attrappe der zweisitzigen Kabine der Ar 234 C-5.

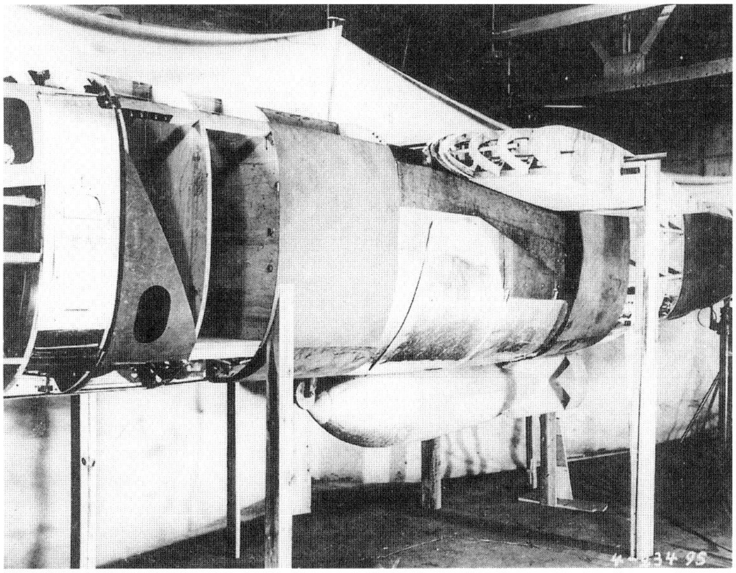
Rumpf-Attrappe der Ar 234 C-5.

Arado	Nachtjäger	Ar 234 C-7 mit 4x BMW 109003 A_1

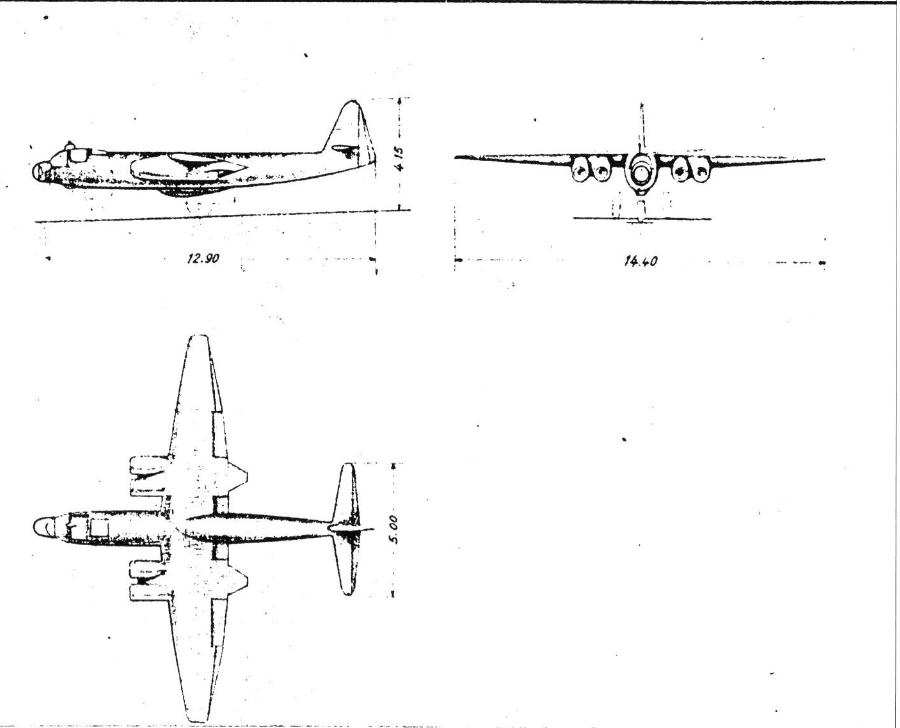

Triebwerk:	4 x BMW 109003 A_1.
Besatzung:	2 Mann.
Steuerung:	Dreiachsensteuerung.
Landehilfe:	Einfache Spaltklappe.
Fahrwerk:	Bugradfahrwerk.
Kraftstoffanlage:	3700 l in 2 geschützten Behältern. 2 abwerfbare Zusatzbehälter je 600 l unter Triebwerken an Bombenschlössern.
FT:	Gerät Bremen 0, FuG 15, FuG 25a, FuG 130, FuG 136, FuG 120a, FuBl II F.
Bewaffnung:	1 MG 151 starr nach vorn mit 300 Schuß. 2 MK 108 starr nach vorn mit je 100 Schuß als Rüstsatz unter Rumpf.
Zielgerät:	EZ 42 oder Vor- und Rückblickperiskop.

Bearbeiter	Entwurfsabteilung	16.12.1944	Bl. 1

Typenblatt des Nachtjägers Ar 234 C-7N (16.12.1944).

Lieferplan für die Serien Ar 234 B-2, C-3 und C-4 (28.7.1944).

Ar 234 Flugzeug - Lieferplan
(entsprechend RLM-Programm 226/2)

Geheim

Baureihe	Motor	Lieferung Firma	Ges.	bis 30.6.	vom 1.7.	1944 7	8	9	10	11	12	1945 1	2	3	4	5	6	7	8	9	10	11	12	1946 1	2	3
		Plan 4B.						25	33	~~36~~	30	30	30	15												
										40																
Ar 234 B-2 Kampfflugzeug	2 Jumo 004 B-1	Arado	20	-	20	2	5	10	3																	
								17			20															
		Ist			2	5	10	18	40																	
							12	35	75																	
B-2 Kampfflugzeug	2 Jumo 004 B-1	Arado	190	-	190				17	30	30	30	30	30	23											
											77			167			190									
C-3 Kampfflugzeug	4 BMW 003	Arado	3660	-	3660								3	10	20	40	72	130	205	300	400	480	500	500	500	500
														13			145			780			2160			3660
C-4 Fernaufklärer	4 BMW 003	Arado	230	-	230										10	20	20	20	20	20	20	20	20	20	20	20
																	50			110			170			230
	monatl. Ausbr.					2	5	10	20	30	30	30	33	40	53	60	92	150	225	320	420	500	520	520	520	520
	Gesamt-Ausbr.		4100	-	4100			17			97			200			405			1100			2540			4100

Bemerkungen:

Bearbeiter: NK/La/Ge, Brandenburg, den 28.7.1944

Anlauf der Vorserie

Für die Serienproduktion sollten zwei neue Fertigungsstraßen in Alt-Lönnewitz und Brandenburg-Neuendorf anlaufen. Im April 1945 sollte laut Lieferplan 226/2 vom 28. Juli 1944 die Ar 234 B-2 nach insgesamt 210 gelieferten Einheiten auslaufen. Ab Februar 1945 sollte die Produktion des Bombers Ar 234 C-3 anlaufen und nach kontinuierlicher Steigerung ab Dezember 1945 eine monatliche Produktionsrate von 500 Einheiten erreichen. Im April 1945 sollte die Fertigung des Aufklärers Ar 234 C-4 mit zehn Einheiten beginnen und bei einer monatlichen Ausbringung von 20 Einheiten bis April 1946 zu einer Gesamtauslieferung von 230 Einheiten führen. Bis zu diesem Zeitpunkt sollten insgesamt 4 100 Serienflugzeuge gebaut sein.
Am 5. November 1944 modifizierte *Blume* in Absprache mit *Knemeyer* in Landeshut die Gesamtplanung. Daraufhin wurde im Dezember 1944 die Anforderung für den Bomber und Nachtjäger C-3 auf 1 505 Einheiten verringert und die Liefermenge für den Aufklärer C-4 auf 350 Einheiten erhöht. Als Ausgleich sollten laut Ablieferungsplan Nr. 227 vom 19.12.1944 von dem Bomber und Nachtjäger C-5 bis April 1946 insgesamt 1 395 Einheiten sowie 380 Einheiten des Nachtjägers C-7 gefertigt werden. Eine erneute Änderung erfolgte, indem Arado am 12. Januar 1945 bei gleicher Gesamtliefermenge eine verstärkte Ausbringung der C-3 und C-5 auf 1 795 bzw. 1 595 Einheiten, eine Reduzierung der Liefermenge für die C-7 auf 290 Einheiten und den Bau von 350 Einheiten des Aufklärers C-6 vorschlug.
Dieses gigantische Bauprogramm konnte nur noch ansatzweise durchgeführt werden. Etwa neunzehn Vorserienflugzeuge des Aufklärers C-4 und des Bombers und Nachtjägers C-3 wurden vermutlich noch endmontiert.[113] Zwei C-3-Bomber (W.Nr. 250 002 und 250 004) wurden am 27. März von *Eheim* in Alt-Lönnewitz eingeflogen.[114]

Der in München-Riem erbeutete Vorserien-Aufklärer Ar 234 C-3 (W.Nr. 250 006).

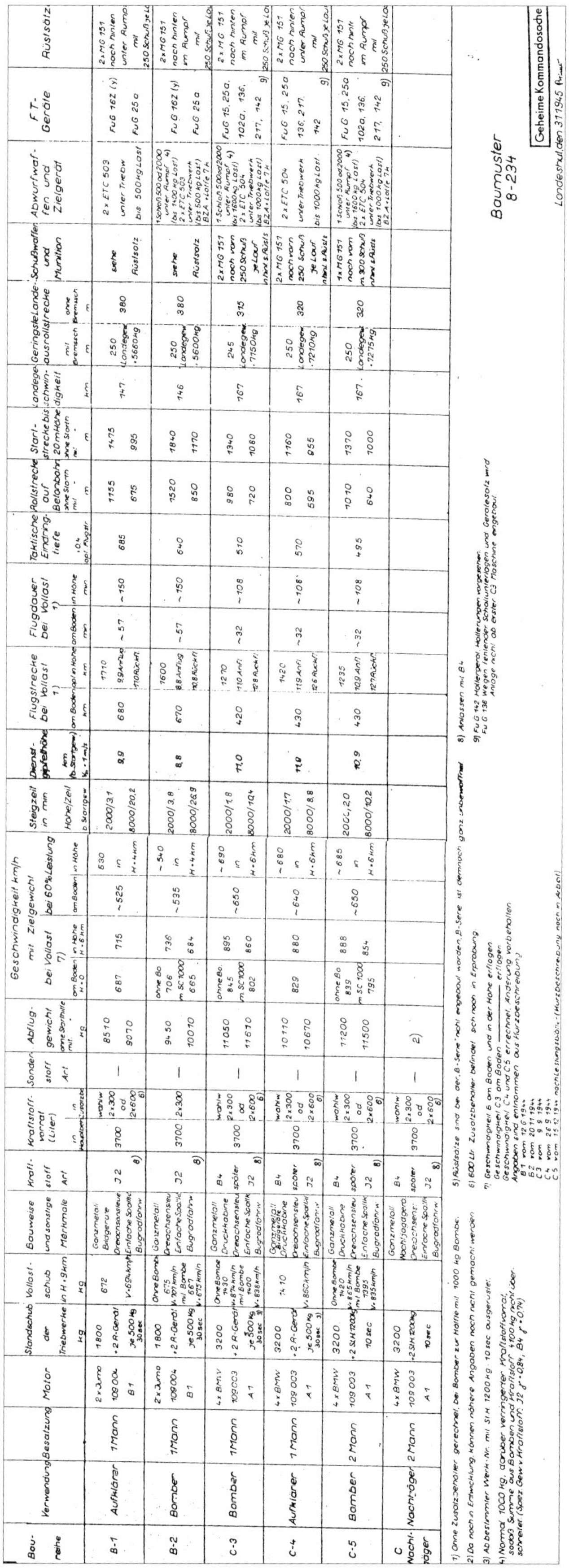

Baureihe	Verwendung	Besatzung	Motor	Standschub der Triebwerke kg	Vollastschub in H = 9 km kg	Bauweise und sonstige Merkmale	Kraftstoff Art	Kraftstoffvorrat (Liter) in Hauptbeh.	Kraftstoffvorrat (Liter) in Zusatzbe.	Sonderstoff Art	Abfluggewicht ohne Starthilfe mit · kg	Geschwindigkeit km/h mit Zielgewicht bei Vollast 7) am Boden H = 0	bei Vollast in Höhe H = 6 km	bei 60% Leistung am Boden	bei 60% Leistung in Höhe	Steigzeit in min Höhe/Zeit b. Startgew.	Dienstgipfelhöhe km (b. Startgew.) V_s = 1 m/s	Flugstrecke bei Vollast 1) am Boden km	Flugstrecke bei Vollast 1) opt. in Höhe km	Flugdauer bei Vollast 1) am Boden min	Flugdauer bei Vollast 1) in Höhe min	Taktische Eindringtiefe · 0,4 opt. Flugstr.	Rollstrecke auf Betonbahn ohne Starth. mit · m	Startstrecke bis 20 m Höhe ohne Starth. mit · m	Landegeschwindigkeit km	Geringste Landeausrollstrecke mit Bremssch. m	Geringste Landeausrollstrecke ohne Bremssch. m	Schußwaffen und Munition	Abwurfwaffen und Zielgerät	FT-Geräte	Rüstsätze
B-1	Aufklärer	1 Mann	2 x Jumo 109 004 B 1	1800 + 2 R-Gerät je 500 kg 30 sec	672 V = 694 km/h	Ganzmetall Bildgeräte Dreiachsensteue Einfache Spaltkl. Bugradfahrw	J 2 8)	3700	wahlw 2 x 300 od 2 x 600 6)	—	8510 9070	687	715	~ 525	530 in H = 4 km	2000/3,1 8000/20,2	9,9	680	1710 9,9 Anflug 11,0 Rückfl.	~ 57	~ 150	685	1155 675	1475 995	147	250 Landegew = 5660 kg	380	siehe Rüstsatz	2 x ETC 503 unter Triebw bis 500 kg Last	FuG 16Z (y) FuG 25 a	2 x MG 151 nach hinten unter Rumpf mit 250 Schuß je Lauf
B-2	Bomber	1 Mann	2 x Jumo 109 004 B 1	1800 + 2 R-Gerät je 500 kg 30 sec	Ohne Bombe 675 V = 707 km/h mit Bombe 667 V = 675 km/h	Ganzmetall Dreiachsensteu Einfache Spaltkl. Bugradfahrw	J2 8)	3700	2 x 300	—	9450 10010	ohne Bo 706 m SC 1000 665	736 684	~ 535	~ 540 in H = 4 km	2000/3,8 8000/26,9	8,8	670	1600 8,8 Anflug 10,8 Rückfl	~ 57	~ 150	640	1520 850	1840 1170	146	250 Landegew = 5600 kg	380	siehe Rüstsatz	1 Schloß 500 od 2000 unter Rumpf 4) (bis 1400 kg Last) 2 x ETC 503 unter Triebwerk (bis 500 kg Last) BZA + Lotfe 7 h	FuG 16Z (y) FuG 25 a	2 x MG 151 nach hinten im Rumpf mit 250 Schuß je Lauf
C-3	Bomber	1 Mann	4 x BMW 109 003 A 1	3200 + 2 R-Gerät je 500 kg 30 sec 3)	Ohne Bombe 1430 V = 874 km/h mit Bombe 1400 V = 838 km/h	Ganzmetall Druckkabine Dreiachsensteu Einfache Spaltk Bugradfahrw	B4 später J2 8)	3700	wahlw 2 x 300 od 2 x 600 6)	—	11050 11610	ohne Bo. 845 m. SC 1000 802	895 860	~ 650	~ 690 in H = 6 km	2000/1,8 8000/10,4	11,0	420	1270 11,0 Anfl. 12,8 Rückfl.	~ 32	~ 108	510	980 720	1340 1080	167	245 Landegew. = 7150 kg	315	2 x MG 151 nach vorn 250 Schuß je Lauf n.hint. s. Rüsts	1 Schloß 500 od 2000 unter Rumpf 4) (bis 1600 kg Last) 2 x ETC 504 unter Triebwerk (bis 1000 kg Last) BZA + Lotfe 7 h	FuG 15, 25 a, 102 a, 136, 217, 142 9)	2 x MG 151 nach hinten im Rumpf mit 250 Schuß je Lauf
C-4	Aufklärer	1 Mann	4 x BMW 109 003 A 1	3200 + 2 R-Gerät je 500 kg 30 sec 3)	1410 V = 860 km/h	Ganzmetall Bildgeräte Druckkabine Dreiachsensteu Einfache Spaltkl Bugradfahrw	B4 später J2 8)	3700	wahlw 2 x 300 od 2 x 600 6)	—	10110 10670	829	880	~ 640	~ 680 in H = 6 km	2000/1,7 8000/8,8	11,9	430	1420 11,9 Anfl. 12,6 Rückfl.	~ 32	~ 108	570	800 595	1160 855	167	250 Landegew = 7210 kg	320	2 x MG 151 nach vorn 250 Schuß je Lauf n.hint. s. Rüsts	2 x ETC 504 unter Triebwerk bis 1000 kg Last	FuG 15, 25 a 136, 217, 142 9)	2 x MG 151 nach hinten unter Rumpf mit 250 Schuß je Lauf
C-5	Bomber	2 Mann	4 x BMW 109 003 A 1	3200 + 2 St.H. 1200 kg 10 sec	Ohne Bombe 1420 V = 865 km/h mit Bombe 1395 V = 835 km/h	Ganzmetall Druckkabine Dreiachsensteu Einfache Spaltk Bugradfahrw	B4 später J2 8)	3700	wahlw 2 x 300 od 2 x 600 6)	—	11200 11500	ohne Bo 839 m SC 1000 795	888 854	~ 650	~ 685 in H = 6 km	2000/2,0 8000/10,2	10,9	430	1235 10,9 Anfl. 12,7 Rückfl.	~ 32	~ 108	495	1010 640	1370 1000	167	250 Landegew = 7275 kg	320	1 x MG 151 nach vorn m. 300 Schuß n.hint. s. Rüsts	1 Schloß 500 od 2000 unter Rumpf 4) (bis 1600 kg Last) 2 x ETC 504 unter Triebwerk (bis 1000 kg Last) BZA + Lotfe 7 h	FuG 15, 25 a 102 a, 136, 217, 142 9)	2 x MG 151 nach hinten im Rumpf mit 250 Schuß je Lauf
C Nachtjäger	Nachtjäger	2 Mann	4 x BMW 109 003 A 1	3200 + 2 St.H. 1200 kg 10 sec		Ganzmetall Nachtjagdgerät Dreiachsens. Einfache Spaltk Bugradfahrw	B4 später J2 8)	3700	wahlw 2 x 300 od 2 x 600 6)	—	2)																				

1) Ohne Zusatzbehälter gerechnet, bei Bomber zur Hälfte mit 1000 kg Bombe.
2) Da noch in Entwicklung, können nähere Angaben noch nicht gemacht werden
3) Ab bestimmter Werk-Nr. mit St.H. 1200 kg · 10 sec ausgerüstet.
4) Normal 1000 kg, darüber verringerter Kraftstoffvorrat, sodaß Summe aus Bomben und Kraftstoff 4100 kg nicht überschreitet. (Spez. Gew. v. Kraftstoff: J2 γ = 0,84, B4 γ = 0,74)
5) Rüstsätze sind bei der B-Serie nicht eingebaut worden. B-Serie ist demnach ganz unbewaffnet
6) 600 Ltr. Zusatzbehälter befindet sich noch in Erprobung.
7) Geschwindigkeit B am Boden und in der Höhe erflogen
Geschwindigkeit C3 am Boden ——— erflogen
Geschwindigkeit C4 und C5 errechnet. Änderung vorbehalten
Angaben sind entnommen aus Kurzbeschreibung
B 1 vom 12.6.1944
B 2 vom 20.11.1944
C 3 vom 9.9.1944
C 4 vom 26.9.1944
C 5 vom 15.12.1944 nach Leistungsblatt (Kurzbeschreibung noch in Arbeit)
8) Anlassen mit B4
9) FuG 142 Hollergerät. Hollerungen vorgesehen.
FuG 136 Wegen fehlender Schaltunterlagen und Gerätesatz wird Anlage nicht ab erster C3 Maschine eingebaut.

Baumuster
8-234

Geheime Kommandosache

Landeshut, den 3.1.1945

Übersicht zu den Baureihen Ar 234 B-1 bis C-5 (3.1.1945).

Für einen Einsatz war es aber zu spät. Zwei Ar 234 C-3 wurden vor dem Absetzen des III./EKG1 von Pilsen nach Pocking/Inn am 27. April zerstört. Am 28. April ging eine 234 C während der Überführung nach Lübeck durch Explosion in der Luft verloren. Das bei Kriegsende in München-Riem erbeutete sechste Serienflugzeug (W.Nr. 250 006) dürfte die einzige flugfähige C-3 gewesen sein, die von den Alliierten erbeutet wurde.

Am 10. Mai 1945 veröffentlichte die Zeitschrift »Flight« die erste Musterbeschreibung. Sie teilte mit, daß das »neueste, an der Westfront eingesetzte Strahlflugzeug nur als Aufklärer eingesetzt war und an Kampfhandlungen nicht beteiligt war, obwohl es Bomben mit sich führen konnte«. Der britische Testpilot *Eric Brown* , der allerdings nur eine Ar 234 B fliegen konnte, betrachtete die aerodynamische Gestaltung des Flugzeugs im Unterschied zur Me 262 als optimal. Die Ar 234 war seiner Ansicht nach um alle Achsen stabil und auf Anhieb leichter zu fliegen, besonders in großen Höhen. Auch beim Einmotorenflug war das Flugverhalten besser. Bedingt durch die größeren Baumaße, war der Cockpitbereich geräumiger und bot eine übersichtlichere Anordnung der Bedienungseinrichtungen und hervorragende Sichtverhältnisse. *Brown* konnte beim Start bei einer Geschwindigkeit von 180 km/h die Nase des Flugzeugs anheben, bei 200 km/h abheben, bei 250 km/h die Auftriebsklappen einfahren und mit einer Geschwindigkeit von 400 km/h den Steigflug einleiten. Die anfängliche Steigleistung betrug 12,7 m/sek. Ab einer Höhe von 8 000 m nahm er die Geschwindigkeit mit Rücksicht auf bessere Steigleistungen leicht zurück. Die maximale Reisegeschwindigkeit ermittelte er mit 765 km/h, die taktische Machzahlgrenze mit M = 0,75. Im Sturzflug zeigten sich ab 850 km/h erste Machschwierigkeiten. Das Landeverhalten war unproblematisch, die benötigte Strecke allerdings aufgrund der nur mäßig wirksamen Bremsen relativ lang. Bei den Serienmaschinen waren gewisse Fertigungsschwächen zu beobachten. Insbesondere die Präzision der Ruderausführung ließ häufig zu wünschen übrig. *Brown* hielt seinen Eindruck von der Ar 234 abschließend wie folgt fest: »Ich möchte sagen, daß die Deutschen auch mit diesem Flugzeug eine ausgesprochen überlegene Maschine zu spät und in zu geringer Stückzahl gebaut haben, um mit ihm noch wirksam in den Gang der Dinge eingreifen zu können. Es war ein herrliches und, wie gesagt, überlegenes Flugzeug seiner Zeit, dem überhaupt kein gleichwertiges Gegenstück auf Seiten der Alliierten weit und breit gegenüberzustellen gewesen

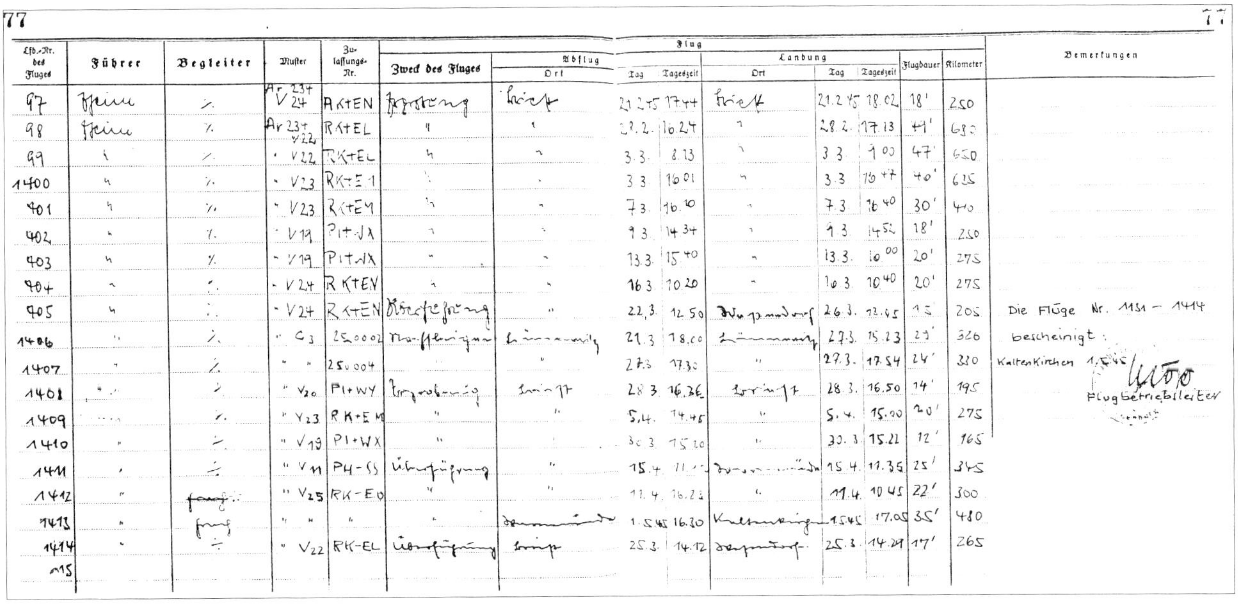

Lfd.-Nr. des Fluges	Führer	Begleiter	Muster	Zulassungs-Nr.	Zweck des Fluges	Abflug Ort	Abflug Tag	Abflug Tageszeit	Landung Ort	Landung Tag	Landung Tageszeit	Flugdauer	Kilometer	Bemerkungen
97	Eheim	./.	Ar 234 V 24	RK+EN	Erprobung	Briest	21.2.45	17.44	Briest	21.2.45	18.02	18'	250	
98	Eheim	./.	Ar 234 V 22	RK+EL	〃	〃	28.2.	16.24	〃	28.2.	17.13	49'	680	
99	〃	./.	〃 V 22	RK+EL	〃	〃	3.3.	8.13	〃	3.3.	9.00	47'	650	
1400	〃	./.	〃 V 23	RK+EM	〃	〃	3.3.	16.01	〃	3.3.	16.47	40'	625	
401	〃	./.	〃 V 23	RK+EM	〃	〃	7.3.	16.10	〃	7.3.	16.40	30'	410	
402	〃	./.	〃 V 19	PI+WX	〃	〃	9.3.	14.34	〃	9.3.	14.52	18'	250	
403	〃	./.	〃 V 19	PI+WX	〃	〃	13.3.	15.40	〃	13.3.	16.00	20'	275	
404	〃	./.	〃 V 24	RK+EN	〃	〃	16.3.	10.20	〃	16.3.	10.40	20'	275	
405	〃	./.	〃 V 24	RK+EN	Überführung	〃	22.3.	12.50	Wesendorf	26.3.	[illegible]	[illegible]	205	Die Flüge Nr. 1131 – 1414
1406	〃	./.	〃 C 3	250002	[illegible]	[illegible]	21.3.	18.00	[illegible]	27.3.	15.23	29'	326	bescheinigt:
1407	〃	./.	〃 〃	250004		〃	27.3.	17.30	〃	27.3.	17.54	24'	330	Kaltenkirchen 1.5.45
1408	〃	./.	〃 V 20	PI+WY	Erprobung	Briest	28.3.	16.36	Briest	28.3.	16.50	14'	195	[illegible] Flugbetriebleiter
1409	〃	./.	〃 V 23	RK+EM	〃	〃	5.4.	14.45	〃	5.4.	15.00	20'	275	
1410	〃	./.	〃 V 19	PI+WX	〃		30.3.	15.10	〃	30.3.	15.21	12'	165	
1411	〃	./.	〃 V 11	P4-SS	Überführung	〃	15.4.	11.[illegible]	Warnemünde	15.4.	11.35	25'	345	
1412	〃	[illegible]	〃 V 25	RK-EO	〃	〃	11.4.	16.23	〃	11.4.	10.45	22'	300	
1413	〃	[illegible]	〃 〃	〃	〃	Warnemünde	1.5.45	16.30	Kaltenkirchen	1.5.45	17.05	35'	480	
1414	〃	./.	〃 V 22	RK-EL	Überführung	Briest	25.3.	14.12	Wesendorf	25.3.	14.29	17'	265	
1415														

Letzte Erprobungen und Überführungen von Vorserienflugzeugen Ar 234 C nach Briest, Warnemünde, Wesendorf und Kaltenkirchen (Flugbuch G. Eheim 21.2.-1.5.1945).

wäre. So kann ich, ohne Widerspruch befürchten zu müssen, sagen, daß die Ar 234 eine Klasse für sich darstellte«.[115]

Sonderentwicklungen Ar 234 C

Auf der Basis der Ar 234 C sollte eine Reihe von Sonderentwicklungen entstehen. Allerdings wurden durch Beschluß vom Juni 1944 die Entwürfe als »Hilfsjäger und Höhenerkunder« und zeitgleich auch für ein sogenanntes »Heeresflugzeug« Ar 234 zurückgestellt. Sonderprojekte wie die Verwendung der Ar 234 C als Träger für Lenkbomben und Verbrauchskörper kamen über erste Erprobungen nicht hinaus. Leistungsstärkere Bomberversionen auf der Basis der Ar 234 C wurden vom Amt zwar gefordert, blieben aber Reißbrettentwürfe. Im Zuge zunehmend vorrangigerer Defensivmaßnahmen hatten gegen Kriegsende vor allem neue Nacht-, Kleinst- und »Volksjäger«-Projekte höchste Priorität. Sie verblieben jedoch ebenfalls, wie eine Reihe von Neuentwürfen für Fernbomber, im Entwurfsstadium.

Entwurf für Höhenaufklärer Ar 234 R

Obwohl der reine TL-Antrieb kürzere Entwicklungszeiten versprach, hatte *van Nes* im März 1944 einen Entwurf für den Höhen-Aufklärer Ar 234 R mit reinem Raketenantrieb erarbeitet, der zwei unter den Flügeln aufgehängte Walter-Geräte mit je 1 500 kg Steigschub und 400 kg Marschschub erhalten sollte. Alternativ war ein R-Gerät mit 2 000 kg Steigschub und 400 kg Marschschub für den Einbau im Rumpf vorgesehen.

Die Höhenreichweite der ersten Ausführung wurde mit 16,5 km Höhe ermittelt. Da auf der dabei zurückgelegten Strecke von 58 km der gesamte Treibstoff bereits im Steigflug verbraucht worden wäre, wurde erwogen, zum Zweck der Treibstoffersparnis den Aufklärer von dem Bomber He 177 auf eine Höhe von acht Kilometern schleppen zu lassen. Die zweite Ausführung erschien dazu geeigneter, weil das Gewicht geringer und die Flächenbelastung der des Schleppflugzeugs besser angepaßt war. Nach dem Auskuppeln sollte der Aufklärer in knapp zweieinhalb Minuten auf eine Höhe von 17 Kilometern aus eigener Kraft steigen. Mit dem verbliebenen Brennstoff konnte er noch eine Strecke von 192 km im Horizontalflug zurücklegen. Der Änderungsumfang wurde als verhältnismäßig gering eingestuft, falls der Marschofen unter dem Rumpfende angeordnet und die Turbinen-Pumpanlage getrennt im Rumpf untergebracht wurde. Aus Schwerpunktgründen hätten die Treibstoffbehälter allerdings unterteilt werden müssen.

Besonderer Überlegungen bedurfte es hinsichtlich der aus der Baureihe C entnommenen Druckkabine, für die angesichts der größeren Arbeitshöhe ein zweiter Presser erfor-

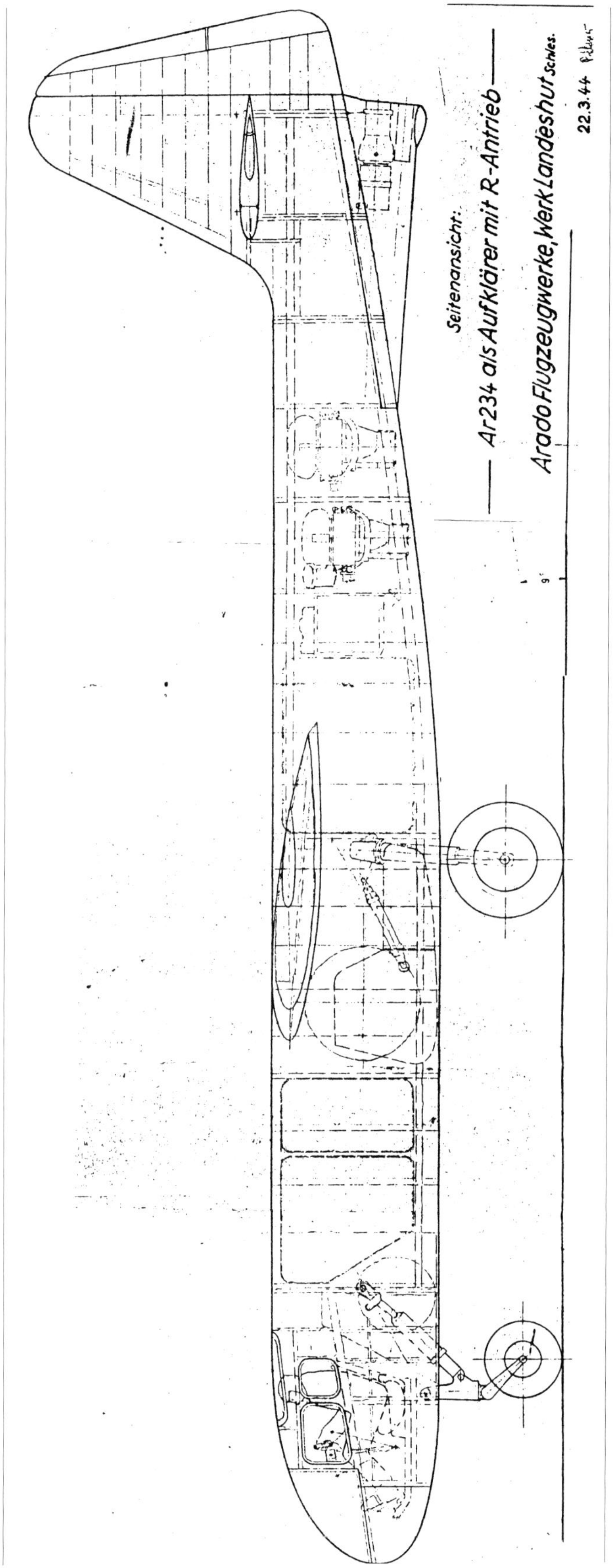

derlich wurde. Da ein von der Triebwerkspumpe abgenommener Presserantrieb im Fall eines Gleitfluges ausfiel, wurde ein Antrieb durch ein Seppeleraggregat vorgesehen, das Energie aus der strömenden Luft entnehmen konnte. Bei diesem für den Raketenjäger Me 163 C entwickelten Gerät trieb eine selbstregelnde dreiflügelige Luftschraube über ein Getriebe einen 2 000 Watt-Generator für die Energieversorgung und einen Luftverdichter für die Druckluftversorgung an. *Kosin* nahm deshalb umgehend mit der Firma Messerschmitt Verbindung auf.
Im Unterschied zu dem Raketenjäger Me 163 wurden die von Arado angebotenen Entwürfe für raketengetriebene Flugzeuge, wie viele andere richtungweisende Vorschläge jener Zeit, zugunsten schneller realisierbarer Projekte nicht mehr aufgegriffen. Nach der Ablehung des Höhenaufklärers Ar 234 mit Raketenantrieb entschied sich das Amt für die vermeintlich einfachere Lösung in Form des raketengetriebenen Gleiters DFS 228.

Entwurf für Höhenaufklärer Ar 234 mit Kombinationstriebwerk

Im Juli 1944 hatte Arado auf der Basis der Baureihe C einen Alternativentwurf für einen strahlgetriebenen Höhenaufklärer mit kombiniertem Raketentriebwerk BMW 109-003 R angeboten, da das Kombinationstriebwerk TLR höhere Leistungen als ein reines TL-Triebwerk erwarten ließ. Im September 1944 ermöglichte der Entwicklungsstand der Druckkabine der Ar 234 eine Gipfelhöhe von 13 km. Mit einem zusätzlichen Raketenaggregat verkürzte sich die entsprechende Steigzeit um ca. 35 Sekunden auf rund drei Minuten. Start und Beschleunigung erfolgten mit den TL-Geräten, während beim Steigflug der Marschofen des Raketentriebwerks zugeschaltet wurde. Das Kombinationstriebwerk ließ sich einfacher ausführen als ein reines Raketentriebwerk, weil die Pumpen für das Raketentriebwerk vom »Muttertriebwerk« angetrieben werden konnten. Es war aber noch ungeklärt, in welchem Umfang Konstruktionsänderungen beim Triebwerkseinbau erforderlich waren und inwieweit die TL-Geräte über der nach den Leistungsblättern vorgesehenen Grenzhöhe noch arbeiteten und die für den Vollschub der R-Geräte erforderliche Pumpenleistung abgaben. Das Projekt wurde schließlich zugunsten der reinen TL-Aufklärer der Baureihe Ar 234 C nicht weiter verfolgt.

Entwurf für Höhenjäger Ar 234 mit Kombinationstriebwerk

Im Juli 1944 erstellte Arado auch eine »Untersuchung über die Verwendung der Ar 234 als Verfolgungsjäger (In-

◀ Seitenansicht des Raketen-Aufklärers Ar 234 R.

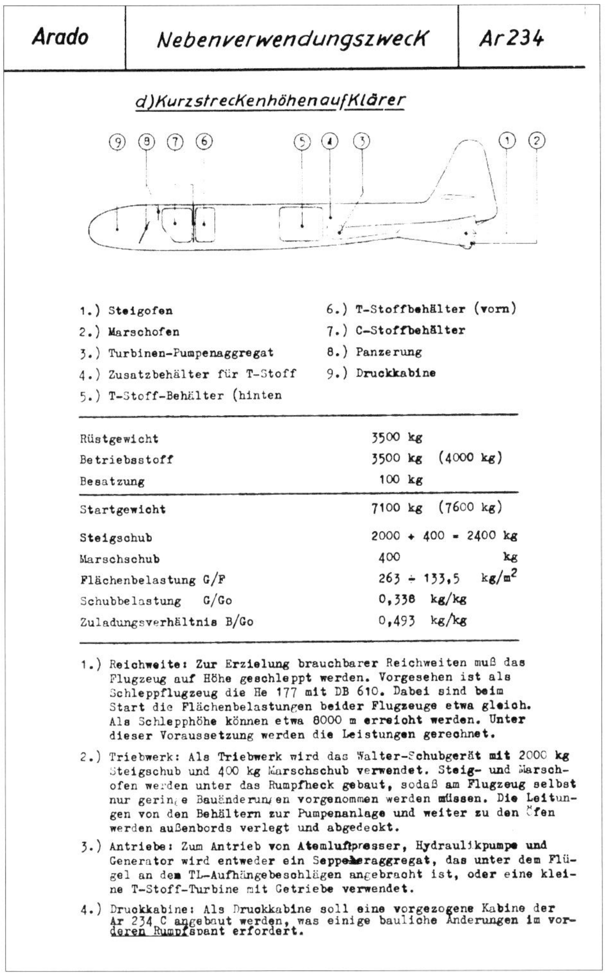

Arado	Nebenverwendungszweck	Ar 234

d) Kurzstreckenhöhenaufklärer

1.) Steigofen
2.) Marschofen
3.) Turbinen-Pumpenaggregat
4.) Zusatzbehälter für T-Stoff
5.) T-Stoff-Behälter (hinten
6.) T-Stoffbehälter (vorn)
7.) C-Stoffbehälter
8.) Panzerung
9.) Druckkabine

Rüstgewicht	3500 kg
Betriebsstoff	3500 kg (4000 kg)
Besatzung	100 kg
Startgewicht	7100 kg (7600 kg)
Steigschub	2000 + 400 = 2400 kg
Marschschub	400 kg
Flächenbelastung G/F	263 ÷ 133,5 kg/m²
Schubbelastung G/Go	0,338 kg/kg
Zuladungsverhältnis B/Go	0,493 kg/kg

1.) Reichweite: Zur Erzielung brauchbarer Reichweiten muß das Flugzeug auf Höhe geschleppt werden. Vorgesehen ist als Schleppflugzeug die He 177 mit DB 610. Dabei sind beim Start die Flächenbelastungen beider Flugzeuge etwa gleich. Als Schlepphöhe können etwa 8000 m erreicht werden. Unter dieser Voraussetzung werden die Leistungen gerechnet.

2.) Triebwerk: Als Triebwerk wird das Walter-Schubgerät mit 2000 kg Steigschub und 400 kg Marschschub verwendet. Steig- und Marschofen werden unter das Rumpfheck gebaut, sodaß am Flugzeug selbst nur geringe Bauänderungen vorgenommen werden müssen. Die Leitungen von den Behältern zur Pumpenanlage und weiter zu den Öfen werden außenbords verlegt und abgedeckt.

3.) Antriebe: Zum Antrieb von Atemluftpresser, Hydraulikpumpe und Generator wird entweder ein Seppeleraggregat, das unter dem Flügel an dem TL-Aufhängebeschlägen angebracht ist, oder eine kleine T-Stoff-Turbine mit Getriebe verwendet.

4.) Druckkabine: Als Druckkabine soll eine vorgezogene Kabine der Ar 234 C angebaut werden, was einige bauliche Änderungen im vorderen Rumpfspant erfordert.

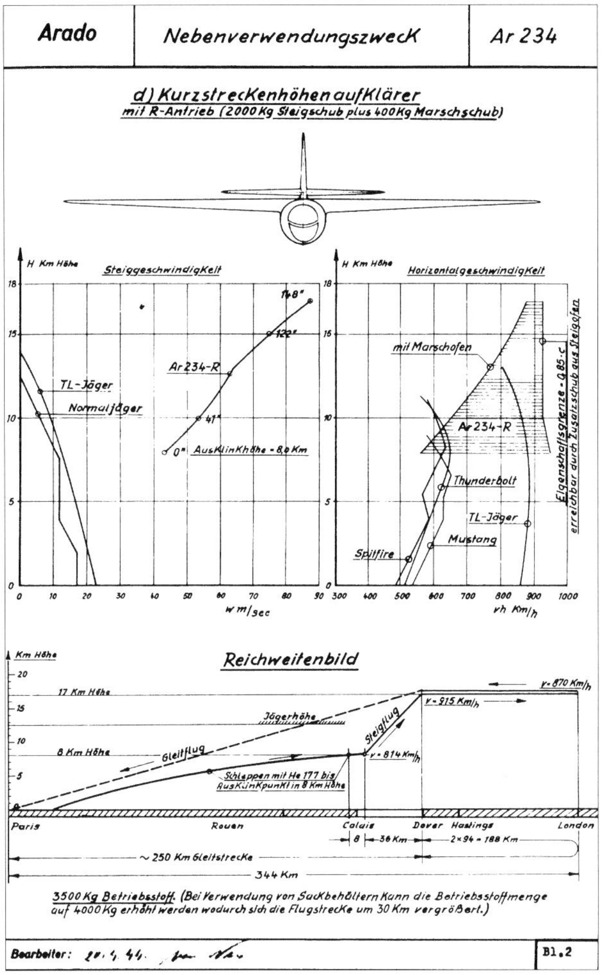

Typenblatt mit errechneten Flugleistungen des Höhenaufklärers Ar 234 R (20.4.1944).

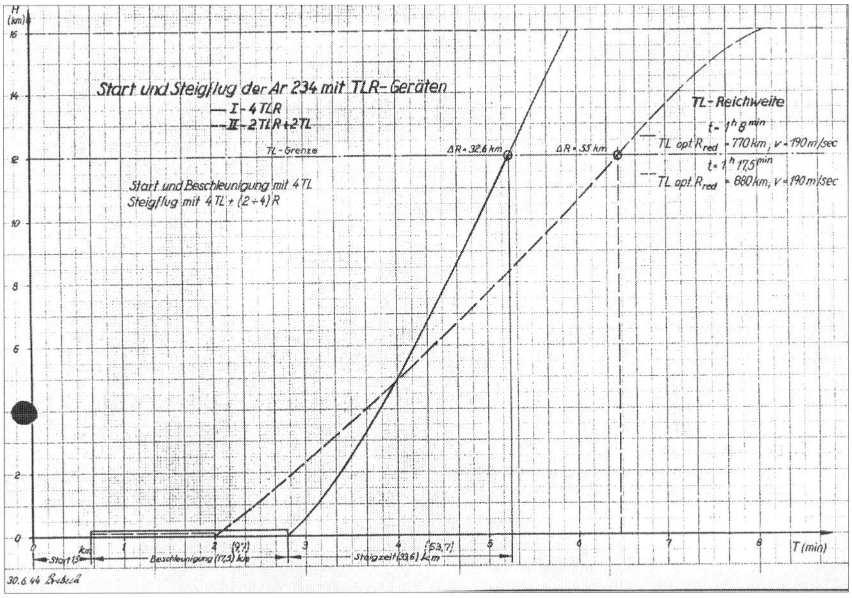

Errechnete Flugleistungen der Ar 234 TLR mit Kombinations-Antrieb (30.6.1944).

terceptor) durch Einbau von TLR-Geräten BMW 109-003 R«.[116] Vorgesehen waren eine Ausführung mit vier TLR-Geräten sowie eine weitere mit zwei TL-Geräten und zwei TLR-Geräten. Wie bei dem Höhenaufklärer mit Kombinationsantrieb sollten Start und Beschleunigung nur mit TL-, der Steigflug mit TL- und TLR-Geräten erfolgen. Im übrigen ergaben sich ähnliche Unsicherheiten hinsichtlich der voraussichtlichen Leistungen der Triebwerke. Auch der Einbau der TLR-Geräte an den Anschlußpunkten der TL-Geräte am Flügel erschien unmöglich, da die Trägerkonstruktion für das R-Gerät mit dem Hinterholm kollidierte.

Die Startmasse wurde mit rund 12 t errechnet. Dem hohen Verbrauch der R-Geräte entsprechend wurde für den R+S-Treibstoff der ganze Rumpftankraum vorgesehen. Zwei mit TL-Treibstoff gefüllte Zusatzbehälter sollten unter die Triebwerke gehängt werden.

Die Aufgabenstellung beinhaltete »schnellstes Steigen der Ar 234 C von Höhe = 0 auf Höhe = 12 km« und »Überhöhung der Gipfelhöhe der Ar 234 C durch R-Geräte«. Die Untersuchung konzentrierte sich auf Berechnungen zu den Gewichten, dem Treibstoffbedarf und den Steigflugwerten bis zu einer Höhe von 16 Kilometer. Daraus ergab sich, daß ab einer Höhe von 13 Kilometern ein Abfall der Steigwerte zu erwarten war und die vorgesehene TL-Grenzhöhe von zwölf Kilometern bereits überschritten war.

Projekt des Nachtjägers Ar 234 P

Im Januar 1945 stellte eine Sonderkommission für die Entwicklung von Nachtjägern unter Leitung von *Kurt Tank* fest, daß der Einsatz der Ar 234, Me 262 und Do 335 nicht uneingeschränkt zu befürworten war. Der zweimotorige »Ottojäger« Do 335 verfügte über keine Einbaumöglichkeit für das Suchgerät »Bremen«. Bei der

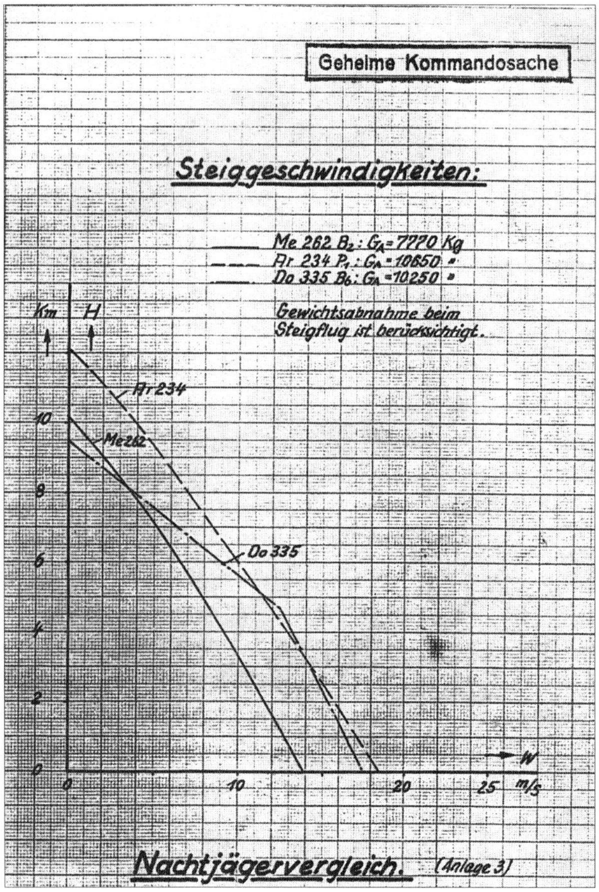

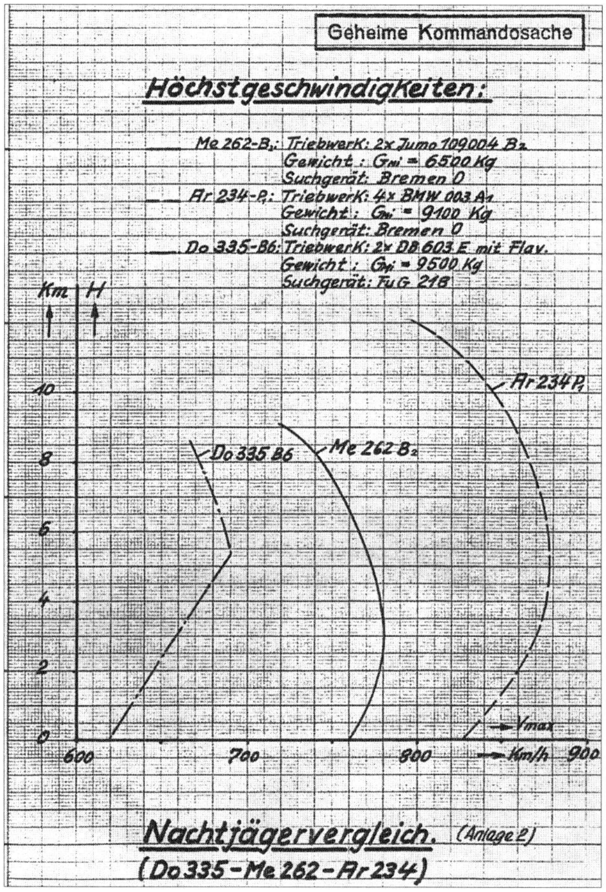

Leistungsvergleich der Nachtjäger Me 262-B2, Ar 234 P1 und Do 335-B6 (22.1.1945).

Me 262 wurden die hohe Flächenbelastung und die lange Rollstrecke bemängelt.
Da der am 12. März endgültig gestrichene Nachtjäger Ar 234 C-7N als nicht optimal betrachtet wurde, aber seinen beiden Konkurrenten in der Steig- und Höchstgeschwindigkeit deutlich überlegen war, beschloß die Kommission in Abstimmung mit Prof. *Kurt Tank* und dessen Berliner Büro am 24. Januar als Sofortmaßnahme folgendes Nachtjäger-Projekt Ar 234 P auf der Grundlage der Ar 234 C-7:
P1: 2-Mann-Kabine. 4 x BMW 003 A-1
P2: 1-Mann-Kabine. 4 x BMW 003 A-1
P3: 1-Mann-Kabine. 2 x He S 011 A.
P4: 1-Mann-Kabine. 2 x Jumo 004 D.

Wegen des Gewichts der Zwei-Mann-Kabine sollten bei dem Nachtjäger Ar 234 P1 die Triebwerke aus Schwerpunktgründen leicht zurückversetzt werden. Das Flugzeug stieß jedoch nicht auf uneingeschränkte Zustimmung bei der Kommission, indem es hieß: »Das Flugzeug ist durch die Zwillingsanordnung der Triebwerke aerodynamisch besonders schlecht geworden (hoher Interferenzwiderstand). Die Geschwindigkeiten entsprechen nicht dem großen Schub der 4 Triebwerke, die ihrerseits einen hohen absoluten Brennstoffverbrauch bedingen (kleine Flugdauer). Die Flächenbelastung beim Start beträgt 398 kg/m² und ist für einen Nachtjäger beinahe untragbar. Die von der Herstellerfirma vorgesehene Erhöhung der Flugdauer durch Anhängen von Zusatzbehältern treibt diesen Wert sogar auf 445 kg/m².«[117]
Am 24. Januar 1945 entschied sich die Entwicklungssonderkommission unter Vorsitz von *Kurt Tank* für den Nachtjäger P2. Da die Kabine der P2 einsitzig war, wurde erneut die Unterbringung des Radarbegleiters im hinteren Rumpfbereich vorgesehen. Nachdem *Knemeyer* und der Generalstab den Einbau einer Schrägbewaffnung verlangten, wurden *Roluf Lucht*, *Siegfried Knemeyer* und *Kurt Tank* von *Walter Blume* am 2. Februar 1945 dahingehend verständigt, daß Arado inzwischen das abgeänderte Projekt P5 entwickelt habe und daß mit der Bereitstellung des ersten Flugzeugs Ende Mai gerechnet werde. Mit der Begründung, jeder weitere Aufschub der Ent-

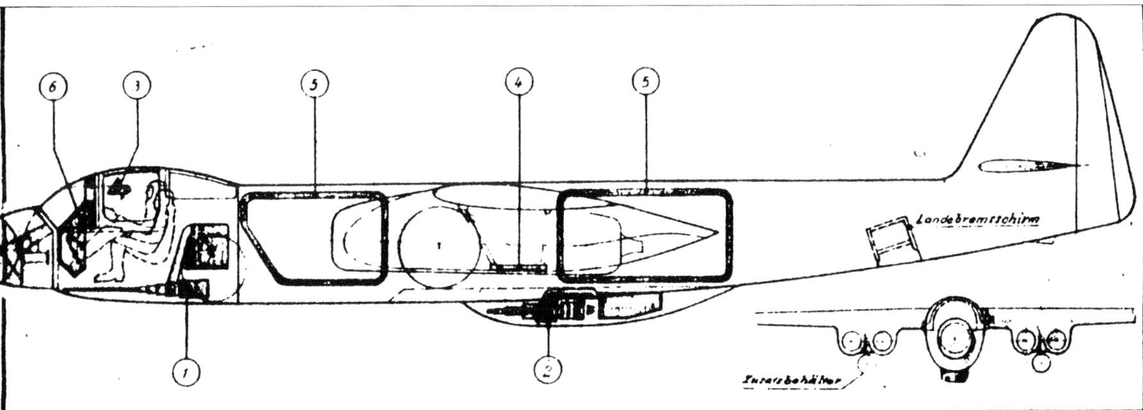

Pos.	1. Bewaffnung	Pos.	2. Funkausrüstung	Pos.	3. Panzerung
1	1 MG 131 starr nach vorn mit 300 Schuß		FuG 15 Funksprech UKW v +EiV 7 Eigenverständigung	5	Teilschutz durch SG-Behälter
2	2 MK 108 starr nach vorn mit 100 Schuß je Lauf als Rüstsatz unter Rumpf		FuG 25a Flakerkennungsgerät	6	Panzerung der Kabine gegen 13 mm Geschosse
			FuG 136 Nachtfee		
			FuG 142 Notpeilanlage		
3	Zielgerät: Ez 42 und Gnom		FuG 120a Schreibnavigationsanl. (Bernhardine)		
4	Je 1 ETC 504 unter den Triebwerken		FuG 125 Navigationsempf. (für 120a erforderlich) "Hermine"		
			FuG 130 Aufschaltung für Kurssteuerung		
			Gerät Bremen O		
			FuG 350 Zc Peilgerät (Naxos)		

Typenblatt des Nachtjägers Ar 234 P1 (16.1.1945).

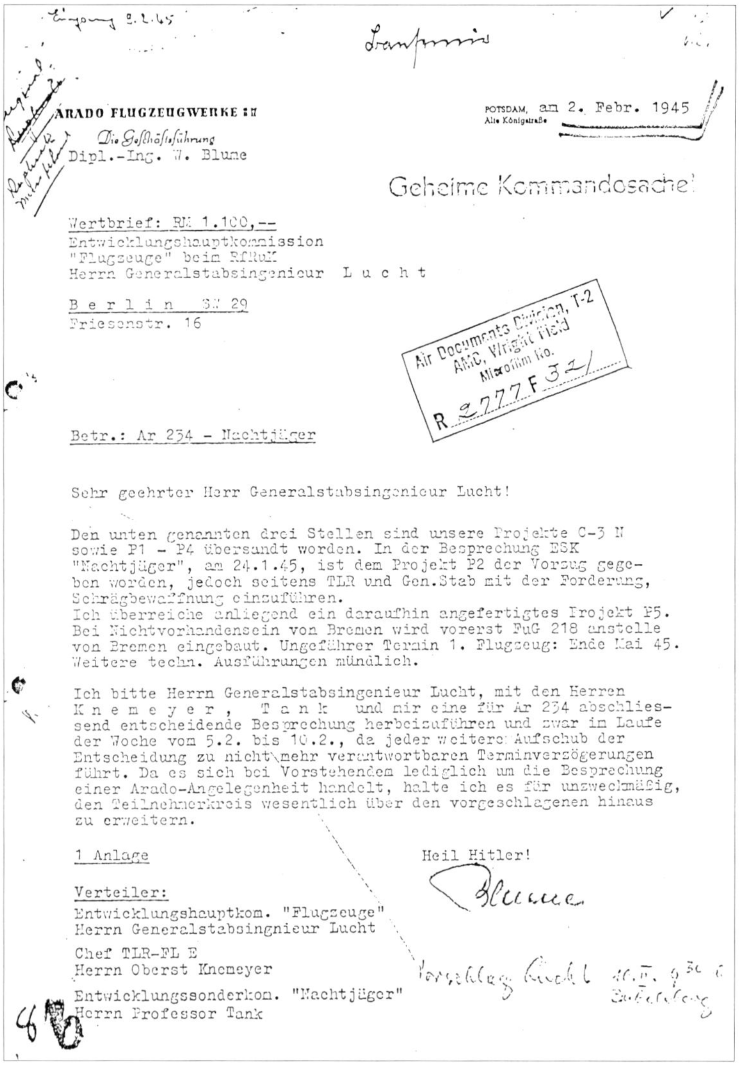

ARADO FLUGZEUGWERKE GmbH

Die Geschäftsführung
Dipl.-Ing. W. Blume

POTSDAM, am 2. Febr. 1945
Alte Königstraße

Geheime Kommandosache!

Wertbrief: RM 1.100,--
Entwicklungshauptkommission
"Flugzeuge" beim RfRuK
Herrn Generalstabsingenieur L u c h t

B e r l i n SW 29
Friesenstr. 16

Air Documents Division, T-2
AMC, Wright Field
Microfilm No.
R 2777 F 321

Betr.: Ar 234 - Nachtjäger

Sehr geehrter Herr Generalstabsingenieur Lucht!

Den unten genannten drei Stellen sind unsere Projekte C-3 N sowie P1 - P4 übersandt worden. In der Besprechung ESK "Nachtjäger", am 24.1.45, ist dem Projekt P2 der Vorzug gegeben worden, jedoch seitens TLR und Gen.Stab mit der Forderung, Schrägbewaffnung einzuführen.
Ich überreiche anliegend ein daraufhin angefertigtes Projekt P5. Bei Nichtvorhandensein von Bremen wird vorerst FuG 218 anstelle von Bremen eingebaut. Ungefährer Termin 1. Flugzeug: Ende Mai 45. Weitere techn. Ausführungen mündlich.

Ich bitte Herrn Generalstabsingenieur Lucht, mit den Herren K n e m e y e r , T a n k und mir eine für Ar 234 abschliessend entscheidende Besprechung herbeizuführen und zwar im Laufe der Woche vom 5.2. bis 10.2., da jeder weitere Aufschub der Entscheidung zu nicht mehr verantwortbaren Terminverzögerungen führt. Da es sich bei Vorstehendem lediglich um die Besprechung einer Arado-Angelegenheit handelt, halte ich es für unzweckmäßig, den Teilnehmerkreis wesentlich über den vorgeschlagenen hinaus zu erweitern.

1 Anlage

Heil Hitler!
Blume

Verteiler:
Entwicklungshauptkom. "Flugzeuge"
Herrn Generalstabsingnieur Lucht

Chef TLR-FL E
Herrn Oberst Knemeyer

Entwicklungssonderkom. "Nachtjäger"
Herrn Professor Tank

Entwicklungsbericht zum Nachtjäger Ar 234 P5 (2.2.1945).

scheidung führe »zu nicht mehr verantwortbaren Terminverzögerungen«, drängte *Blume* auf eine kurzfristige »abschließende Besprechung«, die am 10. Februar in Brandenburg stattfand. Auf ihr wurde entschieden, daß die P5 zwei He S 011 A-Triebwerke erhalten sollte. Auf der Basis der zweisitzigen Kabine der P1 sollte durch eine vordere Rumpfverlängerung eine Drei-Mann-Kabine entwickelt werden. Die Bewaffnung sollte aus zwei MG 151 im Rumpfbug, einem Waffenrüstsatz mit zwei MK 108 unter dem Rumpf und einer in die Rumpfmitte verlagerten Schrägbewaffnung bestehen. Die Verwendung von Raketengeschossen vom Typ R4M anstelle des Waffenrüstsatzes unter dem Rumpf sollte gesondert behandelt werden. Da das Funkmeßgerät »Bremen« noch nicht zur Verfügung stand, war zunächst das Gerät FuG 218 »Neptun« vorgesehen. Die attrappenmäßige Aufteilung der Geräte sollte in Sagan erfolgen.[118]

Der Nachtjäger P5 wäre mit 11 400 kg Startmasse die schwerste Ausführung der Ar 234 geworden. Er wäre größenordnungsmäßig und bewaffnungstechnisch nur von dem im Februar 1943 entstandenen Entwurf des Schnellbombers E 560 übertroffen worden, für den bereits auch eine Schrägbewaffnung und Hochgeschwindigkeitsflügel vorgesehen waren.

Wie zuvor der Nachtjäger Ar 234 C-5N sollte auch die P5 als Nachtjäger-Leitflugzeug das bei Telefunken 1943 entwickelte, mit Zentimeter-Wellen arbeitende Rundsuchgerät FuG 224 A erhalten, für dessen Einbau *Kosin* ab Herbst 1944 aerodynamische Berechnungen angestellt hatte. Das als »Drehteller Berlin« beziehungsweise »Obertasse« bezeichnete Radar-Gerät sah eine rotierende Antenne von 1,5 m Durchmesser vor, die die Halbkugel oberhalb des Flugzeugs auf einer Reichweite von 45 Kilometern abtasten sollte. Am 5. November kamen während einer Besprechung mit *Knemeyer* Zweifel auf, ob der »bestrichene Winkel« ausreichte und ob der Anbau des Gerätes an einem Stiel über der Rumpfmitte des Flugzeugs »wegen der Entfernung der Antenne vom dem Feld 1, das raummäßig nur im Lichtbildraum untergebracht werden kann«, zweckmäßig war. Zur Erfassung von Tieffliegern sollte auch eine »Suchmöglichkeit nach unten« vorhanden sein.[119] Die endgültige Form des Drehtellers, für den Telefunken eine vergrößerte Ausführung in Aussicht stellte, wurde im Februar 1945 aufgrund von Windkanalversuchen bei der Deutschen Versuchsanstalt für Luftfahrt (DVL) in Adlershof und der Aerodynamischen Versuchsanstalt (AVA) in Göttingen ermittelt. Zu einem Abschluß des Projektes kam es aber nicht mehr.

Am 26. Februar 1945 wurden im Focke-Wulf-Büro in Bad Eilsen die an Arado, Focke-Wulf, Blohm & Voss, Dornier, Heinkel, Messerschmitt und Gotha ergangenen Entwicklungsaufträge für den künftigen Nachtjäger besprochen. Auf einer letzten Besprechung am 20. und 21. März verzichtete *Knemeyer* auf bislang geforderte Änderungen und reduzierte die Zahl der beteiligten Firmen. Zugleich sagte er neue Richtlinien für den 2. April zu. Doch die Zeit für das Nachtjägerprojekt, dessen Einsatzreife frühestens für den Winter 1945/46 zu erwarten gewesen wäre, war abgelaufen.

Entwurf für »Heeresflugzeug« Ar 234 C

Als »Nebenverwendungszweck« der Ar 234 C war frühzeitig die Bekämpfung von punktuellen Bodenzielen vor-

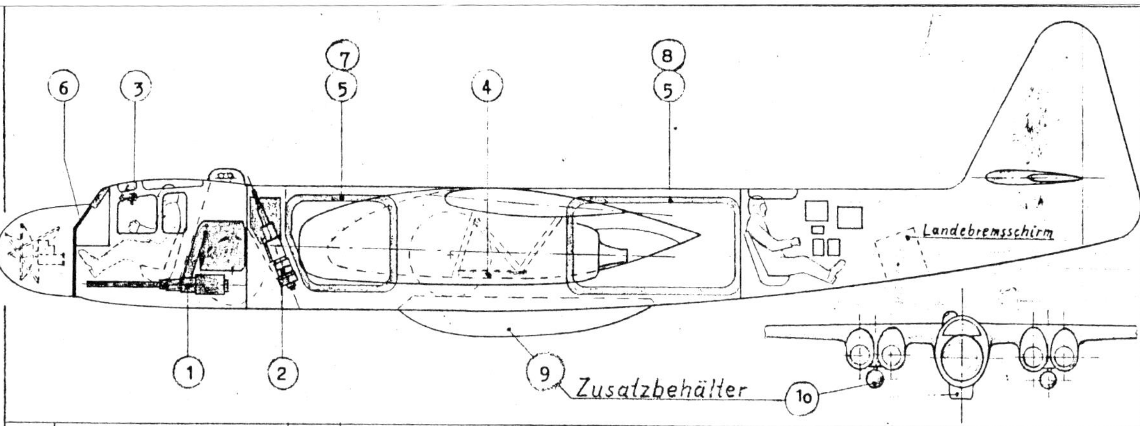

ARADO

Nachtjäger 5025/ 9

B-234 P5 m. 4x BMW 109003 A1

Entwurfsabteilung 31.1.45

Pos	1. Bewaffnung	Pos.	2. Funkausrüstung	Pos.	3. Panzerung
1	2 MG 151 starr nach vorn mit je 250 Schuss je Lauf		FuG 15 Funksprech UKW v +EiV 7 Eigenverständigung	5	Teilschutz d.SG-Behälter
2	2 MK 108 starr schräg nach oben mit je 100 Schuss je Lauf		FuG 25a Flakerkennungsgerät	6	Panzerschutz der Kabine gegen 13 mm Geschosse
3	Zielgerät Ez 42 und Gnom		FuG 136 Nachtfee		**4. Kraftstoff**
4	Je 1 ETC 504 unter den Triebwerken		FuG 142 Notpeilanlage	7	vord.Behälter 1300 L
			FuG 120a Schreibnavigationsanl.(Bernhardine)	8	hint. " 2000 " / 3300 L
			FuG 125 Navigationsempf.(für 120a erforderlich) "Hermine"	9	Rumpf-Zusatzbeh. 600 L
			FuG 130 Aufschaltung für Kurssteuerung	10	2 abwerfb. " 1200 L / 5100 L
			Gerät Bremen O		
			FuG 350 Zc Peilgerät (Naxos)		

Ausrüstungsvorschlag 1 für den Nachtjäger Ar 234 P5 (31.1.1945).

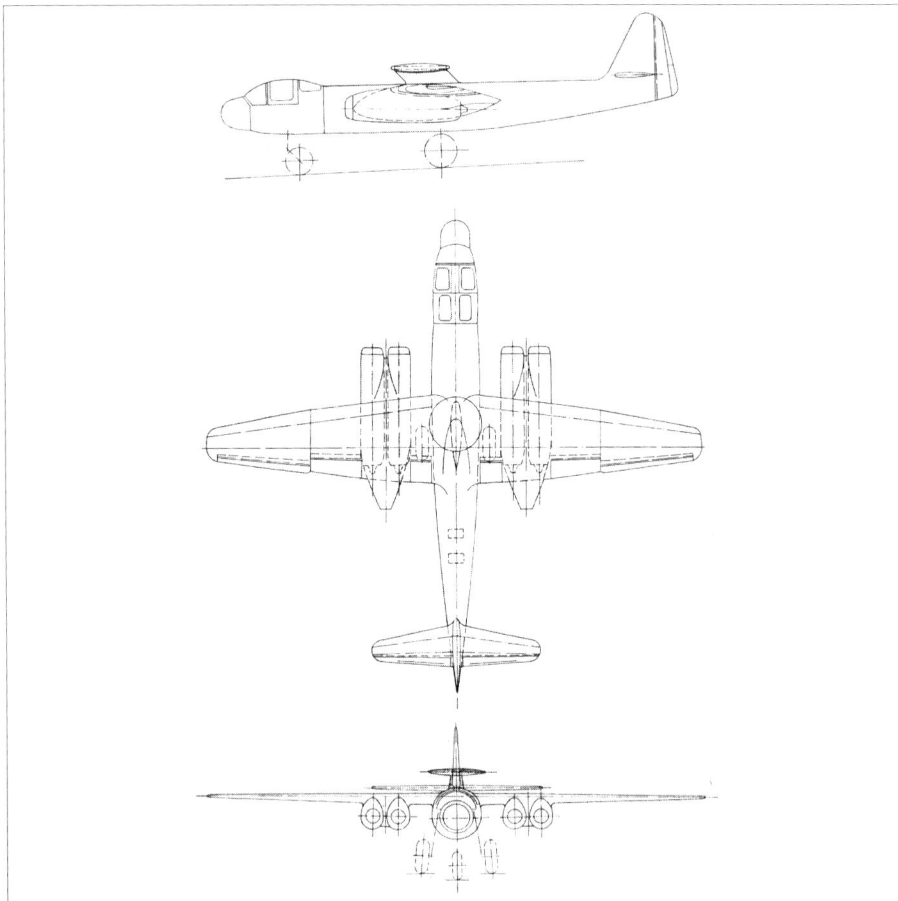

Dreiseitenansicht des Nachtjägers Ar 234 C-5 mit Radar-Anlage.

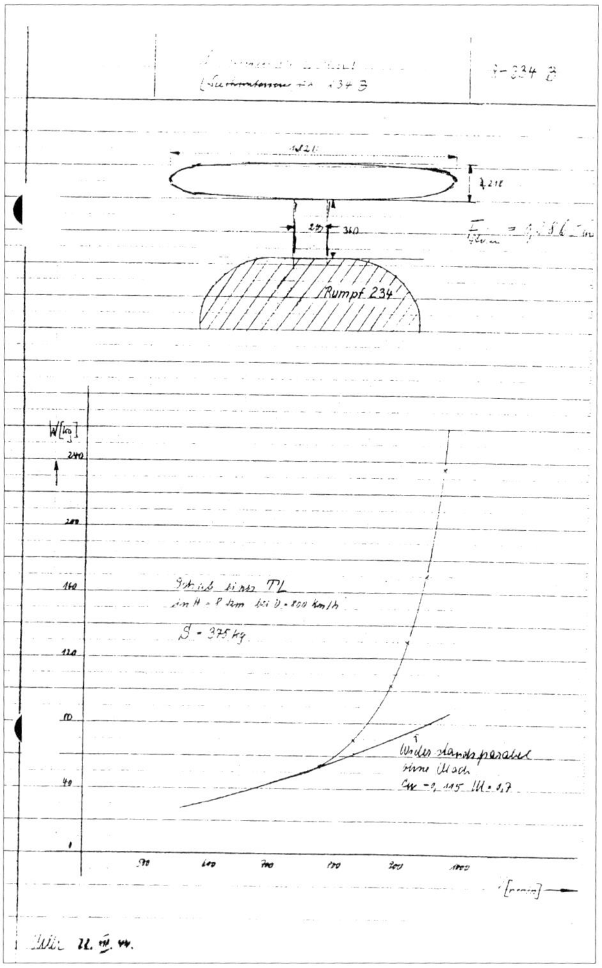

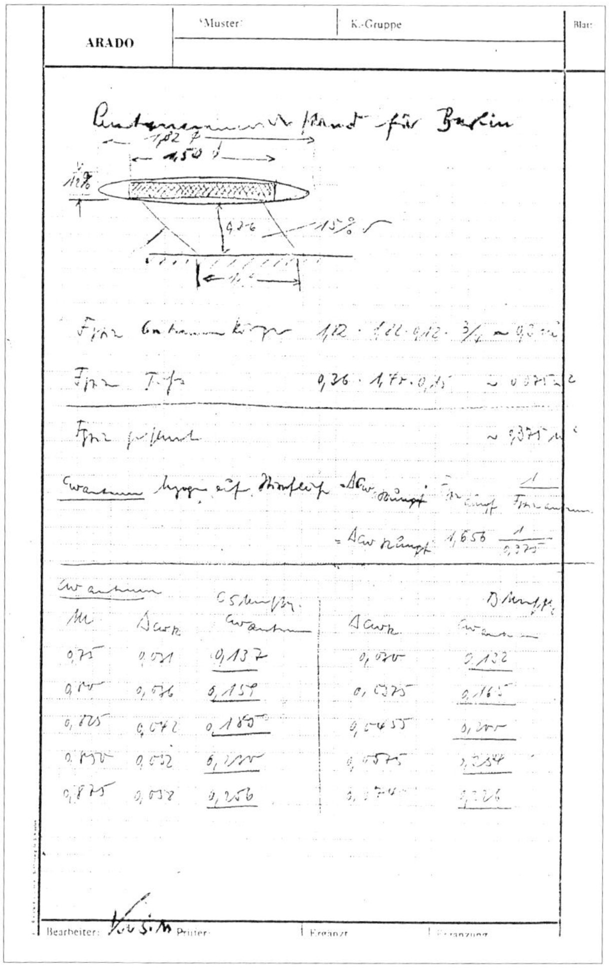

Entwurfsskizze zur Radar-Anlage FuG 224A »Drehteller Berlin« (R. Kosin, 22.12.1944).

gesehen. Im Februar 1944 planten *van Nes* und *Meyer* in Erwartung einer alliierten Invasion eine Sonderausführung mit effizienterer Bewaffnung. Obwohl bei der Baureihe B größere Flugweiten zu erwarten waren, schien die Baureihe Ar 234 C als Grundzelle am besten geeignet. Die Entwurfsabteilung legte am 31. Mai 1944 unter der Bezeichnung »Schlächter« das Projekt für ein mit vier BMW 003- oder zwei Heinkel-Strahltriebwerken ausgerüstetes sogenanntes »Heeresflugzeug« Ar 234 C vor.[120] Es sollte an Brennpunkten gegen Panzer- und Artilleriestellungen, Transporteinheiten, Landungsboote und Truppenansammlungen eingesetzt werden.

Man nahm an, daß das »Heeresflugzeug« im Vergleich zur Artillerie und den konventionellen Tiefkampfflugzeugen weniger der Einwirkung des Gegners unterlag. Der Stuka Ju 87 war aufgrund seiner geringen Geschwindigkeit und seines unzureichenden Panzerschutzes zunehmend verwundbarer geworden. Der Jagdbomber Fw 190 war zwar schneller als die Ju 87, aber die Sichtverhältnisse waren schlecht, und die Bombenlast war beschränkt. Das Tiefangriffsflugzeug Hs 129 war besser gepanzert und mit großkalibrigen Waffen ausgestattet, hatte aber mäßige Flugleistungen. Das Strahlflugzeug Ar 234 sollte diese unterschiedlichen Nachteile ausgleichen in der Annahme, daß es sich aufgrund seiner überlegenen Geschwindigkeit der Bekämpfung leicht entziehen konnte und deshalb keine starke Panzerung benötigte. Das dadurch eingesparte Gewicht sollte einer höheren Bombenlast zugute kommen.

Typenblatt des »Heeresflugzeugs« Ar 234 B/C.

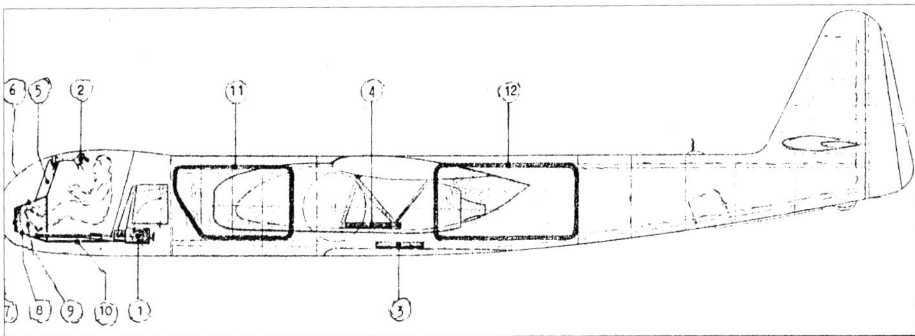

os.	Bewaffnung und Abwurflast	Pos.	Passiver Schutz
1	2 MG 151 mit je 250 Schuß als ständige Bewaffnung	5	80 mm Glaspanzer gegen 13 mm bei 35° Auftreffwinkel
2	Revi mit Zielfernrohr ZFR 4 A und BZA		
3	1 Schloß 500 oder 2000 unter dem Rumpf	6	8 mm Panzerplatte gegen 13 mm bei 30° Auftreffwinkel
4	2 ETC 504 unter den Triebwerken zur rüstsatzmäßigen Aufnahme von:	7	17 mm Panzerplatte gegen 13 mm bei 90 Auftreffwinkel
	3 Vierlingswerfern Flak 42 (Bauart Arado) oder	8	8 mm Bodenplatte gegen 13 mm bei 30° Auftreffwinkel
	3 SC 500 RS oder		
	3 AB 500-1 (74 SD 4 HL)	9	5 mm Seitenplatten gegen 13 mm bei 10° Auftreffwinkel
	oder zur Aufnahme von		
	2 Zusatzbehältern von 300 oder 600 l Inhalt	10	8 mm Bodenplatte gegen 13 mm bei 30° Auftreffwinkel
		11 12	Mittelschwerer Behälterschutz

Arado

Heeresflugzeug

Ar 234

Blume drängte angesichts der gegnerischen Luftüberlegenheit darauf, daß man bei der Ar 234 »hinsichtlich Kampflast und Flugleistungen grundsätzlich auf den Höchststand dieses Musters aufbauen« sollte, und begründete diese Forderung wie folgt: »Eine Abart der schwächsten (also ›billigsten‹) Variante erfordert für gleiche Wirkung mehrfachen Einsatz und bei Luftunterlegenheit mehrfach kräftigen Jagdschutz. Die kürzeren Startrollstrecken einer kräftigeren Variante vermehren die Einsatzfähigkeit entsprechend dem häufigeren Vorhandensein kleinerer Flugplätze. Die ›billigste‹ Abart stellt sich also in der Tat als teurer heraus.«[121]
Im Normalfall sollte das »Heeresflugzeug« für den Einsatz gegen Bodenziele drei SC 500 RS-Bomben und drei 500- kg-Splitterbomben mit sich führen. Vorauszusehen war allerdings, daß bei schneller Annäherung in einem Einsitzer das Punktziel nicht rechtzeitig erkannt werden konnte, die Einwirkungszeit verkürzt und die Streuung vergrößert wurde. Die Punktzielbekämpfung durch Bomben setzte deshalb eine weitere Verbesserung des Zielverfahrens voraus.

Aufgrund der gesteigerten Geschwindigkeit ging man von der Annahme aus, daß die Sicherheit beim Einsatz um das 2,5- bis vierfache erhöht war. Deshalb sollte auf eine Rückwärtsbewaffnung verzichtet werden. Zum Niederhalten der Erdabwehr und zur Bekämpfung von Jägern schien eine Vorwärtsbewaffnung von zwei MG 151 und ein vorderer Führerpanzerschutz gegen schwere Maschinengewehre ausreichend.
Ferngelenkte Geschosse erschienen ungeeignet, da sie aufgrund ihrer relativ geringen Geschwindigkeit sowie einer vorgegebenen Mindeststeuerzeit ebenfalls nur aus großen Entfernungen eingesetzt werden konnten. Einer Steigerung der Feuerdichte durch eine Erhöhung der Feuergeschwindigkeit von Maschinenwaffen waren durch die Forderung nach einem Mindestkaliber Grenzen gesetzt. Eine Erhöhung der Waffenzahl war nur bedingt möglich, sollten nicht das Gewicht und die Stirnwiderstandsflächen unverhältnismäßig ansteigen. Da *Blume* annahm, daß Einzelschüsse eine niedrigere Trefferwahrscheinlichkeit aufwiesen, empfahl er den Einbau von drei Vierlingswerfern Flak R 42 (Bauart Arado) mit einem Mindestkaliber von 2,1 cm. Die besonderen Bedingungen eines Abschusses aus der Luft setzten eine entsprechende aerodynamische Ausbildung voraus, um äußere Einflüsse auf die Ballistik auszuschalten. Die gängige Lösung mittels Anbringung von Leitwerken an den Geschossen war empfindlich, hatte Nachteile bei der Unterbringung und eignete sich schlecht für automatisch nachladbare Geräte. Die Waffenabteilung unter Leitung von *Kurt Bornemann* empfahl deshalb eine möglichst schnelle Werfergranate mit einem neu zu entwickelnden Verfahren zur Drallstabilisierung.

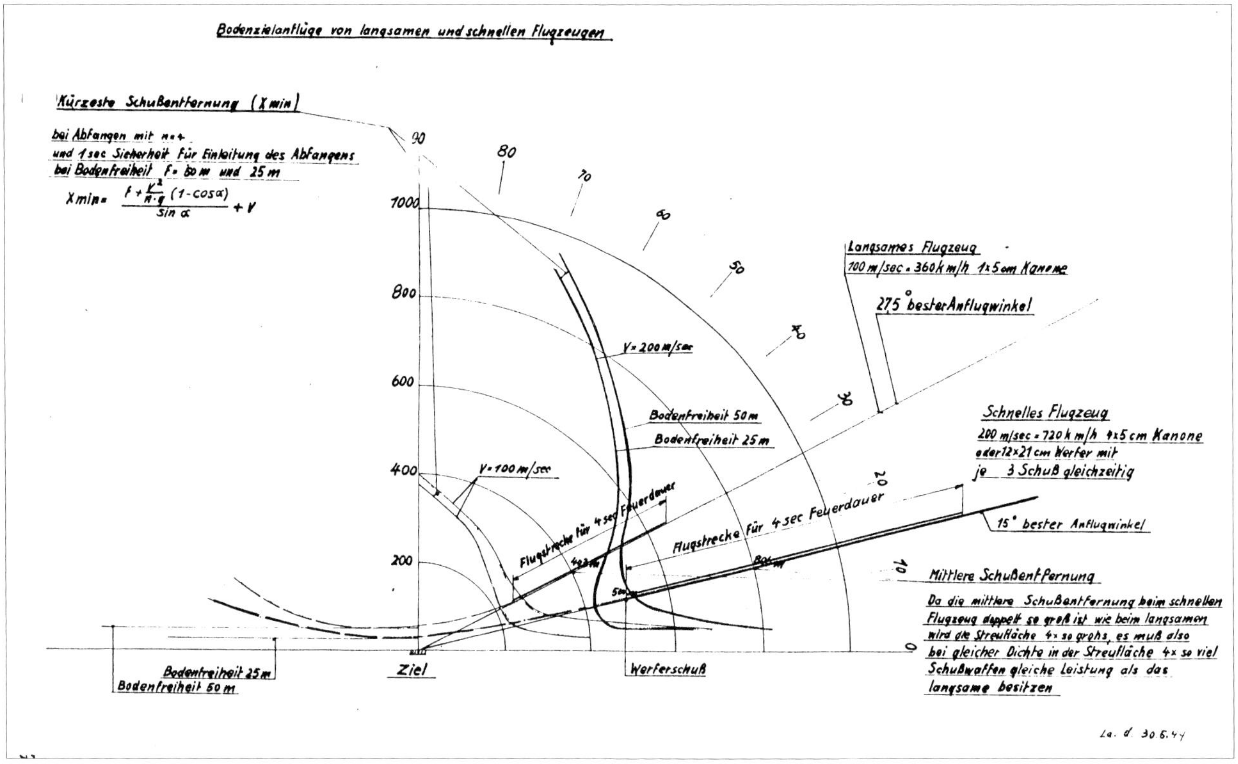

Zielwiderstandsfläche und Zielanflug des »Heeresflugzeugs« Ar 234 (30.6.1944).

Am 7. Februar 1944 erfuhr *Blume*, daß bereits im Januar 1943 die Vorführung einer erbeuteten russischen Raketen-Granate und einer deutschen 500-kg-Raketen-Granate mit dem Ziel erfolgt war, feindliche Bomberverbände zu bekämpfen. Nach Abschüssen aus der Luft zeigte sich, daß der Rückstoß nicht in dem befürchteten Maß auftrat und die Einflüsse auf den Strömungsverlauf am Flügel und am Leitwerk unwesentlich waren.

Blume wurde durch einen Informanten darin bestärkt, »daß das Raketengeschoß die zukünftige Munition ist«. Als Begründung wurde ihm mitgeteilt: »Man stelle sich vor: Vor vier Jahren stand man teilweise noch der 2-cm-Waffe skeptisch gegenüber – heute schießt man ein Geschoß (500 kg) von einer Me 410, das früher bestenfalls aus einem Fernkampf- oder Eisenbahngeschütz abgefeuert worden wäre.« Sein Informant empfahl die Entwicklung eines Zielgerätes, das dem tief anfliegenden Flugzeug einen »Vorbei-Anflug« gestatten sollte, um »nicht in den Segen hineinzufliegen«. Er befürchtete aber ein »Abschieben« des Projektes auf wenig qualifizierte Sachbearbeiter im RLM.[122]

Das strahlgetriebene »Heeresflugzeug« versprach unter Zugrundelegung größtmöglicher Kampflast und Geschwindigkeit, kürzester Startrollstrecken, bester Steigfähigkeit, schneller Annäherung an Bodenziele und verkürzter Einwirkungszeit der gegnerischen Abwehr ein leistungsfähiges Gerät zu werden. Andererseits blieb nicht nur die Zielgenauigkeit, sondern auch die geringe Reichweite zunächst ein noch ungelöstes Problem. Im Fall der Verwendung von zwei Jumo 004 B-Triebwerken und der Zelle der Ar 234 B entfielen bei kleiner Waffenlast (ein Vierlingswerfer) auf den Treibstoff allein 3 000 kg der Gesamtzuladung von 4 245 kg. Die Eindringtiefe im Sinne von 40 Prozent der Flugstrecke betrug 430 Kilometer. Bei großer Last (drei Vierlingswerfer) betrug sie nur 232 Kilometer. Bei der Verwendung von leistungsfähigeren BMW- und Heinkel-Triebwerken erhöhte sich zwar die Geschwindigkeit, die Reichweite reduzierte sich jedoch auf 327 beziehungsweise 173 Kilometer.

Nach einem Besuch *Knemeyers* bei Arado am 3. Juni 1944 mahnte *Blume* das Vorantreiben des Projektes energisch an. Der Vierlingswerfer war »dringendst zu bearbeiten« und ein erster Abschuß aus der Luft baldigst durchzuführen. Am 20. Dezember 1944 wurde in Landeshut erörtert, ob ein Teil der C-3-Serie mit zwei Jumo 004-Triebwerken als »Heeresflugzeug« umgerüstet werden sollte. Bevor entsprechende Entwurfszeichnungen angefertigt wurden, legte Arado am 3. Januar 1945 unter Zugrundelegung der Baureihe Ar 234 B und unter Verzicht auf eine Werferanlage einen entfeinerten Entwurf unter der Bezeichnung »Schlachtflugzeug« vor. Doch auch diese Einfachlösung kam nicht mehr zum Tragen, da es zunehmend fraglich wurde, ob der waffentechnische Aufwand angesichts der wenigen zur Verfügung stehenden Strahlflugzeuge eine Weiterverfolgung des Projektes rechtfertigte.

Großbomberprojekte Ar 234 D und Storchenschnabelvergrößerung E 395

Eine Vergrößerung der Nutzlast und der Reichweite versprach die Verwendung von He S 011-Strahltriebwerken für die Bomber Ar 234 D und F, da in diesem Fall zwei Geräte einen größeren Schub erzeugten als vier BMW 003-Triebwerke. Erste Schwerpunktermittlungen zur Baureihe D sind einer Mitteilung der Entwicklungsabteilung vom 15. März 1944 zu entnehmen. Die vorgesehenen Triebwerke waren jedoch bis Kriegsende nicht einsatzreif, so daß die geplante Erprobung mit den Prototypen Ar 234 V-31 bis V-40 nicht erfolgen konnte.
Am 10. Januar 1945 informierte *Knemeyer* Arado dahingehend, daß im Zuge einer kurzfristigen Programmum-

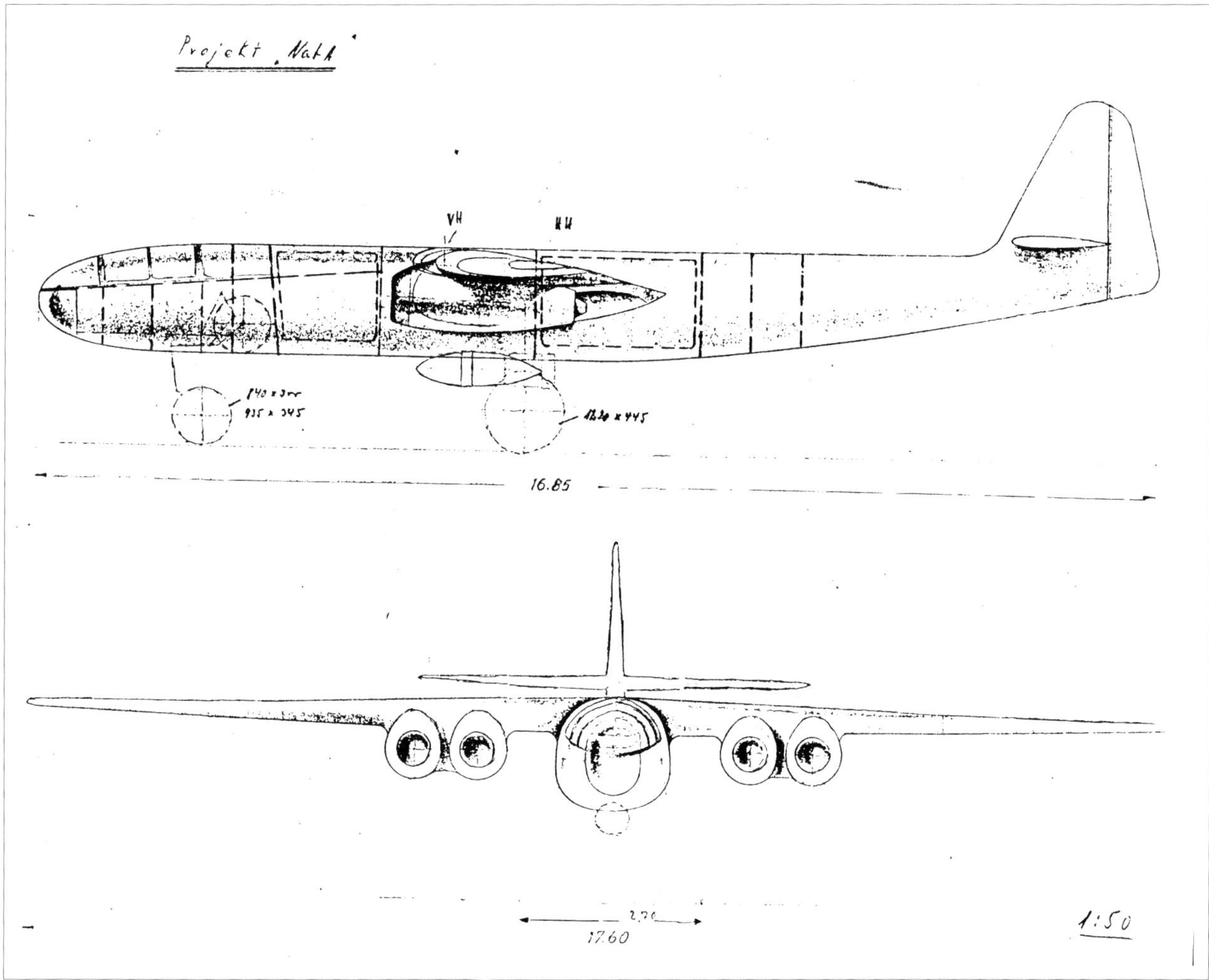

Übersichtszeichnung zum Projekt E 395, einer »Storchenschnabelvergrößerung« des Bombers Ar 234 C (29.1.1944).

stellung an der Ar 234 unter dem Codewort »Nat A«[123] eine »risikolose Storchenschnabelvergrößerung« vorzunehmen sei. Das Projekt wurde bei Arado unter der Entwurfsbezeichnung E 395 geführt. Der erste Prototyp dieses mit zwei He S 011-Strahltriebwerken auszurüstenden, 15 t schweren Bombers sollte bis Januar 1945 fertiggestellt sein. *Knemeyer* begründete seine Weisung damit, daß bei Junkers und Heinkel zwei Strahlbomberprojekte in der Größe um 20 to vorlägen, die angesichts einer zu schwachen Triebwerksauslegung gestrichen oder neu ausgelegt werden sollten.

Die Forderung des RLM griff in eine Planung ein, die sich bei Junkers und Heinkel bereits seit einer Ausschreibung aus dem Jahr 1942 überschnitten hatte. Junkers hatte den Bomber Ju 287 entwickelt. Heinkel strebte ein Konkurrenzmodell an, das allerdings bis Anfang 1944 nur in Projektform vorlag, da das RLM an dem konventionellen Bomber He 277 stärker interessiert war.

Nach der Absetzung der He 177 am 28. Juni 1944 warb *Heinkel* in einer Denkschrift vom 16. Juni 1944 für den neuen Strahlbomber He 343. Er wollte nicht nur die von Arado erprobte Fernsteuerung der Abwehrbewaffnung in Verbindung mit einem geteilten Heckleitwerk übernehmen, sondern verwies auch ausdrücklich auf »die starke Anlehnung an den Strahljäger Ar 234, um jedes Risiko für den raschen Serienanlauf auszuschließen«.[124] Arado wurde daraufhin aufgefordert, für den Schnellbomber He 343 die Zeichnungen der Ar 234 C an Heinkel abzutreten. Sie wurden am 24. Januar 1944 von *Siegfried Günter* übernommen. Mit Blick auf die Konkurrenz von Junkers und Arado machte *Heinkel* auf angebliche »Risiken« der von beiden Firmen entwickelten Pfeilflügel aufmerksam. Er beschwerte sich auch darüber, daß am 25. Mai auf einer Besprechung in Berchtesgaden nur die Ju 287 besprochen worden war, und forderte die Absetzung dieses Bombers. Die Firma Junkers warf *Heinkel* am 9. Juli 1944 »unsachliche Vergleiche« und »Manipulation« vor. Prof. *Heinrich Hertel* verwies nicht nur auf höhere Flugleistungen der Ju 287, sondern auch auf das Fehlen vergleichbarer Erfahrungen bei Heinkel bezüglich ferngesteuerter Waffen, Höhenkammern und Hochgeschwindigkeitsflügeln.

Da Arado nicht nur zeitraubende, statische Neuberechnungen sondern auch eine erhebliche Leistungsverschlechterung befürchtete, legte *Blume* entschiedenen Protest gegen das Projekt E 395 ein. Weisungsgemäß wurde dennoch am 13. Januar der von *van Nes* erarbeitete Entwurf besprochen. Intern wurde beschlossen, daß auf jeden Fall die Abänderung so vorzunehmen war, daß eine Umrüstung auf vier He S 011 A oder zwei Jumo 012-Triebwerke gewährleistet war. Über die Zweckmäßigkeit der vom Amt verlangten Vorwärtsbewaffnung konnte ebensowenig eine Einigung erzielt werden wie bezüglich einer von *Kurt Bornemann* geforderten beweglichen Hecklafette mit vier 2-cm-Waffen, die eine Änderung des Heckleitwerks zur Folge gehabt hätte.

Das Projekt E 395 kam über die Entwurfsphase nicht hinaus. Von der He 343 entstanden nur Windkanalmodelle, Attrappen und einzelne Bauteile für zwei Versuchsmuster. Am 22. November 1944 wurde sie zugunsten des Bombers Ju 287 gestrichen, von dem zwei Prototypen entstanden.

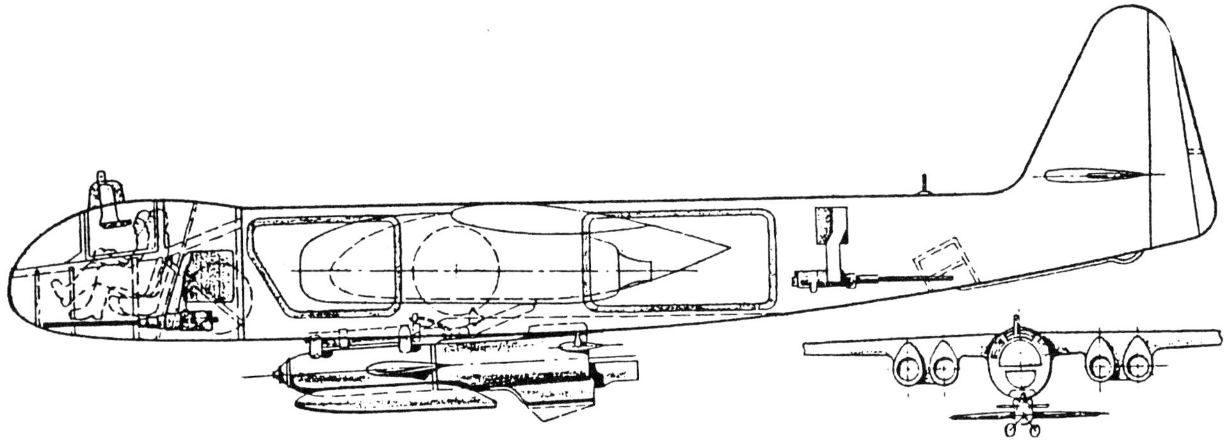

Der Bomber Ar 244 C-5 mit Rüstsatz F1 für Gleitbombe Hs 293.

Ar 234 C als Träger für Lenkbomben und Verbrauchskörper

Die Ar 234 C sollte als Träger- oder Schleppflugzeug für Lenkbomben und sprengstoffgefüllte Verbrauchskörper eingesetzt werden. Ab 1942 hatte sich Arado unter der Projektbezeichnung E 491 selbst an der Entwicklung der ferngesteuerten, zur Schiffsbekämpfung gedachten Schubbombe SB 1400 beteiligt. Der eine Spannweite von 4,1 m aufweisende, sieben Meter lange und 2400 kg schwere Flugkörper war als Tiefdecker ausgelegt. Er sollte sich im Horizontalflug von dem Träger He 177, Do 217 oder He 111 in einer Höhe von 500 Metern lösen und ein Ziel in einer Entfernung von bis zu sechs Kilometern erreichen. AEG sollte die Konstruktion der Steuergeräte und deren Einbau übernehmen. Der von Rheinmetall-Borsig zu liefernde Sprengkörper sollte Panzerplatten bis zu einer Stärke von 12 cm durchschlagen. Die Schubgeräte sollten von BMW oder der Firma Hellmuth Walter Komm. (HWK) in Kiel gebaut werden. Arado war für die aerodynamische Gestaltung und den Zusammenbau verantwortlich.
Mitbestimmend für die Einbeziehung von Arado war, daß *Siegfried Scheu*, Aerodynamiker bei Arado, zuvor bei einer Forschungsgruppe der DVL Erfahrungen hinsichtlich der Entwicklung von Lenkbomben hatte sammeln können. Nach einer Vorbesprechung im RLM am 6. Januar 1942 signalisierte Arado Interesse unter der Bedingung, daß das Vorhaben eine Arado-Projektnummer erhielt. Am 12. Januar lehnte Arado drei erste von AEG in Brandenburg vorgelegte Entwurfszeichnungen ab. Am 19. Januar lagen neue Entwürfe und entsprechende Arbeitspläne von AEG vor. Man entschied sich für das Schubgerät von BMW, mit dem die anfängliche Abwurfgeschwindigkeit von 270 km/h im Laufe von zwanzig Sekunden auf eine Maximalgeschwindigkeit von knapp 700 km/h erhöht werden sollte. *Blume* bestand darauf, daß sich Arado zumindest »projektmäßig« mit dem Vorhaben befaßte, weil er sich dadurch die Zuweisung neuer Fachkräfte versprach und umgekehrt zu befürchten war, daß bei Arado Fachkräfte abgezogen würden. *Kosin* sprach sich nicht nur gegen die Zusammenarbeit mit der DVL, sondern grundsätzlich gegen das Projekt aus, da die von ihm geleitete aerodynamische Abteilung nicht über ausreichende Kapazitäten verfügte. Nachdem das Projekt SB 1400 nicht zuletzt durch werksinterne Meinungsunterschiede ins Stocken geraten war, sollte die Ar 234 C als Träger für Gleittorpedos und die radiogesteuerte Fallbombe X-1 dienen. Zur Erprobung kam es aber nur mit der ferngesteuerten Gleitbombe Hs 293.[125]
Bei der zur Bekämpfung von Schiffszielen aus der Luft gedachten Fernlenkbombe Hs 293 handelte es sich um einen aerodynamischen Flugkörper mit einem zentralen Rumpf, Flügeln in Mitteldeckeranordnung, Kreuzleitwerk und einem Walter-Flüssigkeitsraketen-Motor. Die Sprengladung bestand aus einer modifizierten SC 500-Sprengbombe. Der Einsatz begann am 25. August 1943 in der Biskaya. Nach dem Ausfall des Fernbombers He 177 und der abgebrochenen Umrüstung des Bombers Ju 290 sollte die Ar 234 C als Trägerflugzeug dienen.
Am 11. August 1944 wurden in einer Besprechung im RLM, an der Vertreter des Technischen Amtes, der E-Stelle Karlshagen und der Firma Henschel teilnahmen, Fragen der Treffgenauigkeit erörtert. Die von Henschel entsandte Expertengruppe wurde von Prof. *Dr. Herbert Wagner* geleitet.[126]
Die relativ große Reichweite des Gerätes und seine Radio-Befehlslenkung machten ein Überfliegen des Ziels durch das Trägerflugzeug überflüssig. Schwierigkeiten bereitete die Sicherstellung der Energieversorgung für die erforderliche Sendeanlage, die nur unter weitgehendem Verzicht auf die übliche Beheizung der Kabine möglich war. Voraussetzung war auch eine optisch einwandfreie Kanzelverglasung. Die Frage der Bodenfreiheit und der Anbauverhältnisse sollte mittels einer Attrappe geklärt werden.
Kurt Bornemann und seine Mitarbeiter in der Waffenabteilung bei Arado sahen zwei unterschiedliche Einsatzformen vor. Die Bombe konnte zum einen vom Piloten mittels der Dreiachsensteuerung ausgelöst und gelenkt werden. Alternativ wurde die Steuerung von einem Kommandoflugzeug aus erwogen. Zur Erprobung als Führungsflugzeuge waren die Ar 234 V-28 und V-29 vorgesehen.
Die Entscheidung wurde bis zum 1. September 1944 vertagt, da der Stand der Vorbereitung für ein abschließendes Urteil nicht ausreichte. Zwischenzeitlich sollte die Entwurfsabteilung in Landeshut von der E-Stelle Karlshagen Unterlagen über die Sendeanlage und von den Henschel-Werken Berechnungen zur Anflugmöglichkeit erhalten.
Am 7. September 1944 wurden mit einem Vertreter der Firma Henschel Maßnahmen zur Verbesserung der Aufhängung und zur Erhöhung der Bodenfreiheit erörtert.
Noch im gleichen Monat wurde in Rechlin das Serienflugzeug Ar 234 S9 (W.Nr. 140 109, GM+BI)[127] mit der Flugbombe Hs 293 ausgerüstet und ihr Einsatz mit dem bei der DFS in Ainring bereits getesteten Gerät FuG 203 erprobt. Es stellte sich heraus, daß zunächst keine ausreichende Bodenfreiheit bestand und weder das Bugrad noch das Hauptfahrwerk freigängig waren. Nach der Beschädigung des Trägerflugzeugs bei der Landung fand Mitte November ein erster Probeabwurf mit dem Serienflugzeug S10 (W.Nr. 140 110, GM+BJ)[128] statt. Eine Erprobung mit

der Gleitbombe Hs 293, die zwecks Erzielung einer größeren Bodenfreiheit mit zwei seitlichen Triebwerken ausgerüstet war, erfolgte nicht mehr. Als am 22. Januar 1945 die Gewichte der Baugruppen besprochen wurden, stellte sich heraus, daß die von der Entwurfsabteilung vorgeschlagene Startmasse von 16 to gegenüber 10,2 to der Baureihe C riskant war und die Wahl des Bombenzielgerätes nicht feststand.

Das Fehlen schwerer Bombertypen ließ auch den Gedanken aufkommen, aus der von der DFS als reine Transportkombination entwickelten »Mistelanordnung« eine Einsatzwaffe zu machen, indem eine mit Sprengstoff beladene Zelle unter dem Trägerflugzeug angebracht und als Verbrauchskörper abgeworfen wurde. Nachdem an der Invasionsfront zunächst Überraschungserfolge bei der Bekämpfung von Schiffszielen zu verzeichnen waren, konnten sich anschließend herkömmliche Flugzeuge wie die Ju 88 nicht mehr länger risikolos in feindlichem Gebiet bewegen, wie der in den letzten Kriegsmonaten unternommene Versuch, die Oderbrücken zu zerstören, bewies.

Da strahlgetriebene Trägerflugzeuge bessere Einsatzbedingungen versprachen, begann Arado am 8. August 1944 mit ersten Planungen unter der Projektbezeichnung E 377. Am 5. November besprach *Knemeyer* mit Arado die Leistungswerte bei einer Gesamtsprengstoffmenge von zwei Tonnen. Eine unter einer Ar 234 C-3 angebrachte Sprengstoffzelle sollte im Gleitflug an das Ziel herangebracht werden.[129] Sie enthielt im hinteren Rumpfbereich einen Treibstoff-Zusatzbehälter für das Trägerflugzeug, so daß eine Reichweite von 2 000 Kilometern für das Gespann in Aussicht genommen wurde. Die Sprengstoffzelle ruhte auf einem von Arado in Zusammenarbeit mit Rheinmetall-Borsig entwickelten, abwerfbaren Startwagen und war sowohl mit diesem als auch mit dem Trägerflugzeug über ein in Pfannen abgestütztes Zugglied verbunden. Ihr antriebsloser und nach Möglichkeit aus Holz zu fertigender reiner Rotationskörper hatte trapezförmige Tragflächen, ein symmetrisches Seitenleitwerk am Rumpfende und ein über der Rumpfmitte angeordnetes, rechteckiges Höhenleitwerk.[130] Die Steuerung des Gespanns erfolgte durch das Trägerflugzeug. Nach der Trennung übernahm eine Geradlaufsteuerung die Ruderbetätigung.

Die Entwicklung konnte ebensowenig abgeschlossen werden wie im Fall des alternativen Projektes E 377a, bei dem die Sprengstoffzelle von zwei BMW 003 A-1-Triebwerken angetrieben werden sollte.

Nachdem die ursprünglichen Abschußplätze aufgegeben werden mußten und der Transport mit der langsamen He 111 H-22 des KG 53 zu hohen Verlusten führte, war die Ar 234 C auch als Träger für die Flugbombe Fi 103 (V1) vorgesehen.[131] Bei einem Einsatz der einsitzigen Ar 234 C war die übliche mechanische Auslösung des Gerätes über Fernwellen und Stößel durch einen Bombenschützen unmöglich, so daß mit erheblichem Aufwand eine vollautomatische, elektrisch-hydraulische Fernbedienung entwickelt werden mußte.[132]

Als günstigste Lösung für für den Transport der V1 wurde der »Deichselschlepp« betrachtet, da in diesem Fall das beim Start bereits stark belastete Fahrwerk des Trägerflugzeugs nicht betroffen war und die geringsten Änderungen am Mutterflugzeug erforderlich waren. Eine Neukonstruktion schien nur bezüglich der Deichsel, ihres

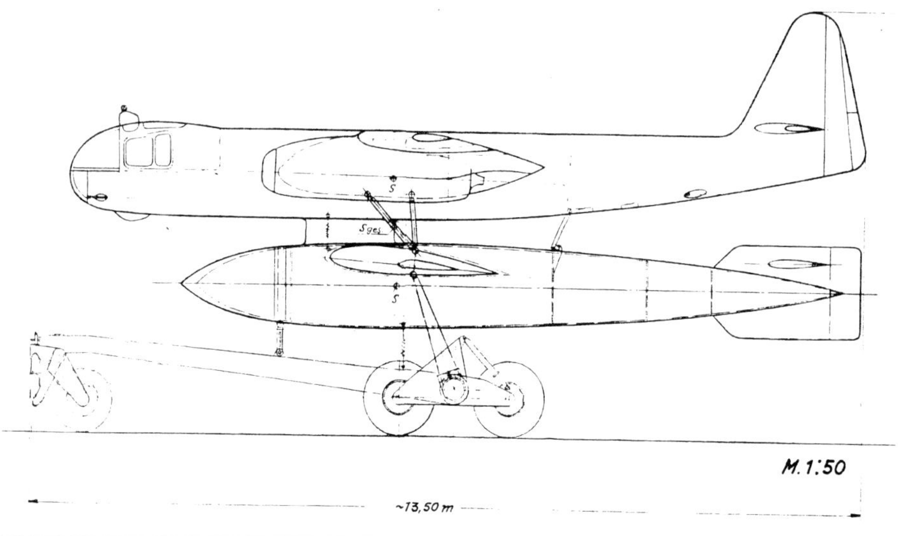

Mistel-Transport mit Ar 234 C-3. Seitenansicht des »Verbrauchsflugzeugs« E 377 (30.11.1944).

Ar 234 mit Fi 103 (V1) im Deichselschlepp.

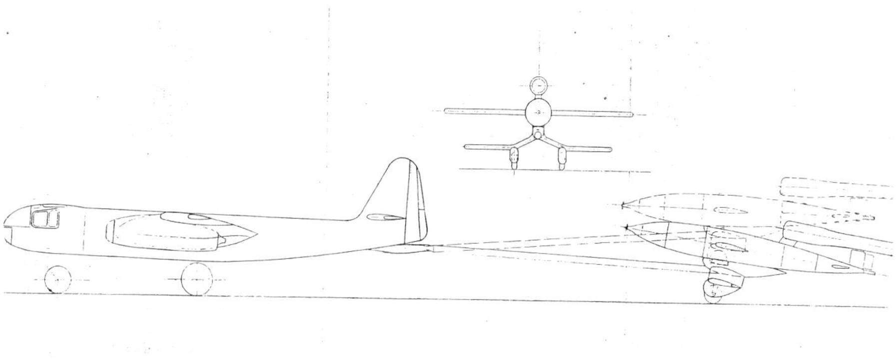

Kupplungsbeschlags, der Bedienungsanlage und des Rollwerks erforderlich. Da entsprechende Auftriebshilfen fehlten, wurde der Anbau eines verstellbaren Doppelflügels an das zu schleppende Gerät vorgeschlagen, der allerdings nicht wie das zugehörige Rollwerk nach dem Start abgeworfen werden konnte, da eine Beschädigung des Höhenleitwerks der V1 befürchtet wurde. Beim Überfliegen des Ablaufpunktes und dem Anlassen des Triebwerks der V1 sollte sich die Deichsel mit dem Hydraulikteil als Verbrauchskörper lösen, während das Trägerflugzeug andrückte und abkurvte.
Anfang Januar 1945 stellte Arado zur Fortführung des Projektes der Deutschen Forschungsanstalt für Segelflug Unterlagen zum Bau eines Modells der Ar 234 S8 (W.Nr. 140 108, GM+BH, Rechliner Erprobungskennzeichen E7+20) zur Verfügung, mit dem Messungen im Darmstädter Windkanal erfolgen sollten.[133] Die Zeichnungen mußten durch Kuriere übermittelt werden, da der Postweg inzwischen zu unsicher war. Das Erprobungsflugzeug S8 stürzte nach unbefriedigend verlaufenen Versuchsflügen am 14. März 1945 ab.
Alternativ war die aufwendigere Entwicklung eines mitgeschleppten »Flügelwagens« unter der Bombe vorgesehen, der den Vorteil hatte, daß er nach dem Ausklinken des Gerätes für einen erneuten Einsatz zur Verfügung stand.
Als weitere Transportmöglichkeit wurde die Aufhängung der V1 unter dem Rumpf des Trägerflugzeugs theoretisch untersucht. Während an der V1 selbst nur geringe Änderungen vorgenommen werden mußten, waren die Maßnahmen zur Freigängigkeit eines von Rheinmetall-Borsig entwickelten Startwagens noch zu erörtern, sollte nicht ein gemeinsamer Abwurf als Verlustgerät erfolgen.
Ebenfalls nur als Reißbrettstudie entstand das »Huckepack«-Verfahren. Es ließ sich am schnellsten und mit dem geringsten Risiko verwirklichen, denn es ermöglichte ei-

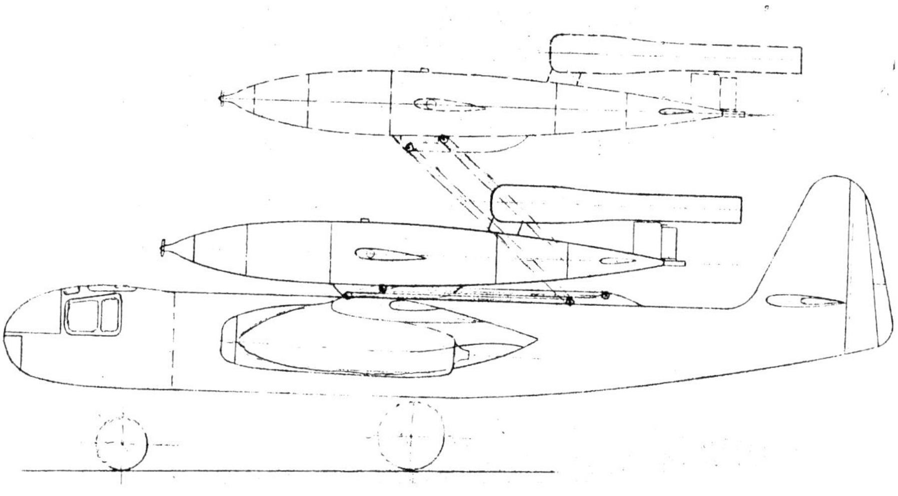

»Huckepack«-Transport der Fi 103 (V1) mit Ar 234 C (29.12.1944).

nen normalen Start. Angesichts der hohen Belastung des Fahrwerks konnte der Start aber nur mit reduzierter Brennstoffmenge erfolgen, so daß die Reichweite vermindert war. Vor dem Auslösen der V1 mußte außerdem ein Gleitflug aus der Arbeitshöhe bis auf 1,5 Kilometer vorgenommen werden, weil das Argusrohr der V1 oberhalb dieser Höhe nicht sicher funktionierte. Um beim Trennen eine ausreichende Freigängigkeit vom Seitenleitwerk des Trägerflugzeugs zu erzielen und letzteres vor einem Verbrennen durch das Argusrohr der V1 zu schützen, sollte die V1 mittels einer neu zu entwickelnden Anlage vor dem Anlassen hochgeschwenkt werden.

Letzte Projekte mit Strahlantrieb

Am 16. Juni 1944 erklärte Hitler auf einer Lagebesprechung:
»Es kommt in unserer Lage darauf an, Jäger und nochmals Jäger zu bauen. Dazu Schnellbomber. Der Luftschirm über der Heimat und der eigenen Infanterie muß muß endlich sichergestellt sein. Der damit verbundene langjährige Verzicht auf eine operative Luftwaffe muß in Kauf genommen werden.« Obwohl zweifelhaft war, ob angesichts des Kriegsverlaufs ausreichende Entwicklungszeiten und Produktionskapazitäten für neue Flugzeugtypen zur Verfügung standen, forderte das Amt im Frühjahr 1945 weiterhin Entwürfe für sogenannte »Optimallösungen«.

Entwurf für Fernbomber E 555

Strahlgetriebene Schnellbomber, um gegnerische Aufmarschgebiete anzugreifen und punktuelle Vergeltungsschläge durchzuführen, waren in Gestalt der Ar 234 ab Herbst 1944 bereits verfügbar. Der Luftwaffe fehlte aber weiterhin ein strategischer Fernbomber. Auf der Suche nach einem geeigneten »Amerikabomber« griff das Entwurfsbüro der Arado Flugzeugwerke in Landeshut unter Leitung des Ingenieurs *Dr. Wolfgang Laute* das bereits im Dezember 1943 begonnene Projekt E 555 für einen Hochgeschwindigkeits-Fernbomber erneut auf. Am 20. April 1944 fand im RLM eine Besprechung statt, auf der die endgültigen Anforderungen festgelegt wurden. Während die maximale Flugstrecke der Ar 234 C-3 bei einer Bombenlast von einer Tonne rund 1 250 Kilometer betrug, sollte sie nunmehr bei gleichbleibender Bombenlast von 4 000 kg bis zu 5 400 Kilometer betragen. Die Flugmas-

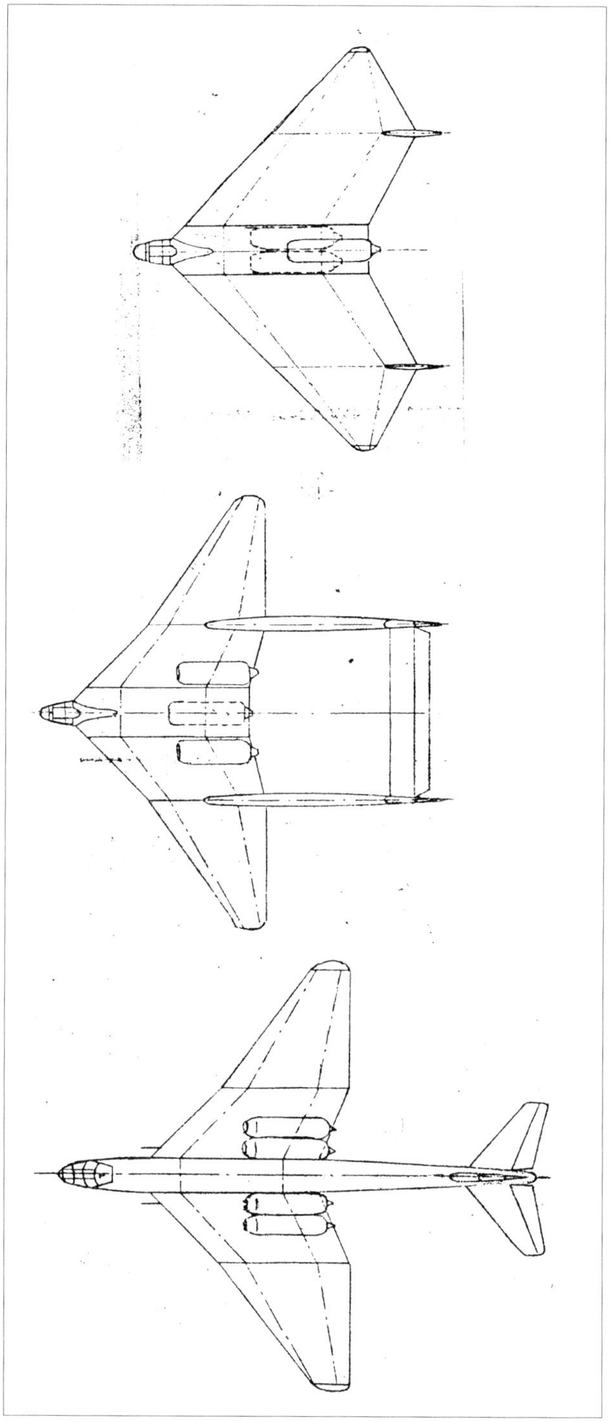

Der Fernbomber-Entwurf E 555 (8.9.1944). Nurflügel-Bauweise E 555-6 (oben), Ausführung E 555-10 mit doppelten Leitwerksträgern (Mitte), Ausführung E 555-14 mit Zentral-Rumpf (unten).

sen lagen zwischen 25 000 kg und 48 000 kg. Übertroffen wurden diese Werte nur von der amerikanischen »Super Fortress« B-29.

Im Sommer 1944 beschäftigte sich die Entwicklungsabteilung von Arado in Landeshut mit entsprechenden »Nurflügel-Entwürfen«. Das Protokoll der Sitzung vom 3. Juni vermerkte: »Herr Oberstleutnant *Knemeyer* wird in 14 Tagen wegen der Entwurfsarbeiten für schwanzlose Flugzeuge erneut Fühlung nehmen. Als Ziel soll ein Langstreckenbomber mit 3000 km Eindringtiefe angestrebt werden.«[134] Mitte 1944 erfolgte ein Auftrag zur Erstellung einer Entwurfsstudie, in der Arado vierzehn unterschiedliche Ausführungen eines zweisitzigen Bombers mit bis zu acht Triebwerken vorschlug. Die Entwürfe sahen neben der Nurflügel-Bauweise auch Zentralrümpfe vor.
Im Einklang mit den Vorstellungen *Siegfried Knemeyers* kam eine Untersuchung der Arado Flugzeugwerke vom 10. Oktober 1944 zu dem Ergebnis, daß sich die gestellten Bedingungen »am ehesten durch ein Nurflügelflugzeug erfüllen lassen, denn hierbei lassen sich Pfeilform und scharfe dünne Profile zwanglos verwirklichen. Diese beiden Merkmale sind aber für das Erreichen hoher Geschwindigkeiten äußerst wichtig, denn damit gelingt ein Hinausschieben des bekannten Widerstandsanstieges zu noch höheren Mach'schen Zahlen. Bei Anwendung gepfeilter Flügel liegt es gleichzeitig nahe, auf das Rumpfende ganz zu verzichten und schwanzlos zu bauen. Aus der erforderlichen Bauhöhe für Besatzungsraum, Fahrwerks- und Bombenraum ergibt sich bei prozentual dünnen Profilen ein recht tiefer Flügel, dessen Streckungsverhältnis klein ist. Trotzdem wird die Fläche etwa doppelt so groß sein wie sonst üblich. Die große Fläche gleicht den durch die scharfen Laminarprofile verursachten ... Verlust in seiner Auswirkung auf den Auftrieb und die Landegeschwindigkeit wieder aus. So können die Landeklappen klein gehalten werden, was sehr erwünscht ist, weil das durch sie entstehende Moment kaum tragbar wäre. Mit der relativ geringen Flächenbelastung ergibt sich auch eine bessere Schwingungsdämpfung, die bei schwanzloser Bauart besondere Bedeutung besitzt.«[135]
Aus diesen Überlegungen heraus entstanden die Entwürfe E 555-1 bis 3, bei denen jeweils der gleiche Flügel mit 45° Pfeilung verwendet werden sollte. Die Spannweite betrug 21,2 m, die Flügelfläche 125 m². Die Dicke der Flügel entsprach der Bauhöhe des Fahrwerks mit Doppelrädern, welches mittels einer Schwenkung nach vorn eingezogen wurde. Das Bugrad war im Flügelmittelstück hinter der druckdichten Bugkanzel untergebracht. Das Seitenleitwerk befand sich im Übergang zu dem nach unten

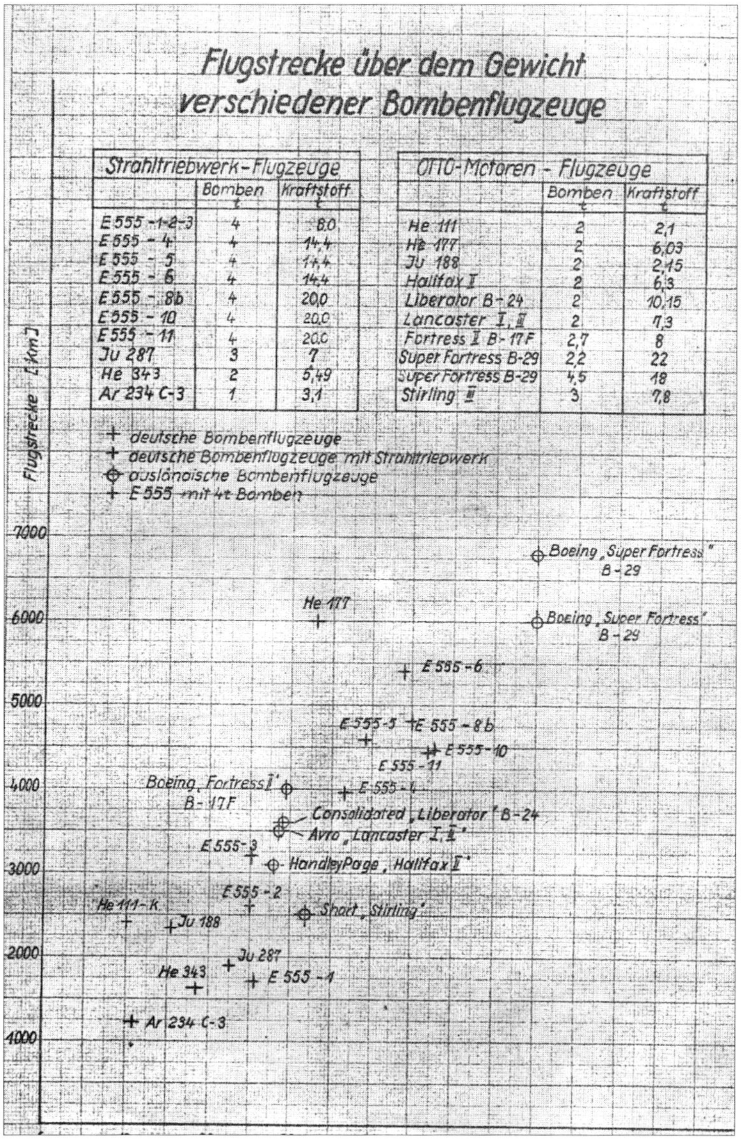

Vergleich der Flugstrecken, Bomben- und Kraftstofflasten des Projektes E 555 mit anderen Flugzeugtypen (12.10.1944).

geneigten Außenteil des Flügels. Als Besatzung waren zwei Mann vorgesehen. Die Bomben lagen im Inneren des Flügels.
Die Entwürfe unterschieden sich nur in den Triebwerken, wobei die Gesamtschübe nahezu identisch waren. Für den Entwurf E 555-1 waren acht BMW 003 A-Triebwerke vorgesehen, die inzwischen verfügbar waren. Dagegen sah der Entwurf E 555-2 vier He S 011-Triebwerke und

der Entwurf E 555-3 zwei BMW 018-Triebwerke vor, die leistungsstärker, aber noch in Entwicklung waren. Bei gleicher Kraftstoffzuladung von 8 000 kg und gleicher Abflugmasse von 25 000 kg sollten jeweils Geschwindigkeiten von 715 km/h, 810 km/h beziehungsweise 875 km/h in Höhen von rund 15 000 km erreicht werden. Die Flugstrecken lagen zwischen 1705 und 3200 km.
Da man einer noch höheren Reichweitenforderung nachkommen wollte, wurden bei den ebenfalls in Nurflügelbauweise konzipierten Entwürfen E 555-4 bis E 555-6 drei BMW 018-Triebwerke zugrundegelegt. Wegen des besseren Schubausgleichs und zwecks Kleinhaltung der belegten Spannweite sollten zwei von ihnen unter dem Flügel angeordnet werden, während sich das dritte mittig auf der Flügeloberseite befinden sollte. Gleichzeitig wurde die Fläche bei Spannweiten von 21,9 bis 28,4 m bis auf 160 m² vergrößert. Außerdem sollte der Einfluß der Flügelstreckung auf die Flugleistungen berücksichtigt werden. Während die Flügelstreckung zuvor einheitlich 3,6 betrug, sollte sie nunmehr bei verringerter Flächentiefe zwischen 3 und 5 liegen. In gestreckteren Flügeln ließ sich auch eine größere Kraftstoffmenge unterbringen, denn der Raumanteil, der aufgrund einer großen Vor- oder Rücklage zum Schwerpunkt vor dem eingezogenen Fahrwerk und im Bombenschacht zuvor schlecht nutzbar war, fiel geringer aus.
Bei einer Kraftstoffzuladung von rund 14 000 kg und Abflugmassen von rund 37 000 bis 40 000 kg sollten mit dieser Flügelausführung Geschwindigkeiten zwischen 875 und 912 km/h in einer Höhe von 15 000 m erreicht werden. Je nach der Menge der mitgeführten Kraftstoffmenge lagen die Flugstrecken zwischen 3 980 und 5 400 km.
Der Entwurf E 555-7 unterschied sich von den vorherigen durch eine besonders starke Bewaffnung. Vorgesehen waren eine starre vordere Bewaffnung mit zwei MK 103-Kanonen und vier bewegliche MG 151 in einem druckdichten Heckstand. Um Raum für die hintere Waffenanlage zu gewinnen, wurden die beiden Triebwerke auf dem Oberflügel seitwärts auseinandergezogen und über den Fahrwerksschächten angeordnet. Aufgrund des zusätzlichen Waffengewichtes von 2 000 kg verringerte sich jedoch die mitführbare Kraftstoffmenge, so daß die maximale Flugstrecke nur bei 4 285 km lag.
Sollten gesicherte Flugeigenschaften erzielt werden, war im Fall der Nurflügelbauweise mit einer längeren Entwicklungsdauer zu rechnen. Da wegen der kleinen Leitwerkshebelarme zu befürchten war, daß selbst bei ausreichender Stabilität nicht das sonst übliche Maß an Dämpfung erreicht würde, sahen die Nurflügel-Entwürfe E 555-8 bis E 555-10 zwei zusätzliche Leitwerksträger vor. Sie waren entweder mit Einzelleitwerken versehen oder durch das Höhenleitwerk verbunden.
Unter Berücksichtigung der mitgeführten Kraftstoffmenge von 20 000 kg und der Mitnahme von Waffen lagen die Startmassen zwischen 39 000 und 48 000 kg. Mit einer Höchstgeschwindigkeit von 921 km/h und einer Flugstrecke von 4 490 km erzielte der Entwurf E 555-10 die höchsten Leistungen.
Die Entwürfe E 555-11 bis -14 sahen Rumpfflugzeuge vor. Wie bei den Entwürfen E 555-9 bis -10 sollten die Fahrwerksräder zugunsten eines dünneren Flügels zum Teil aus der Flügelunterseite herausragen. Die vorgesehenen vier Jumo 012-Triebwerke ergaben den gleichen Schub wie drei BMW 018-Triebwerke. Im Vergleich zu dem Nurflügel-Entwurf E 555-10 wurde für das Rumpfflugzeug E 555-11 bei gleicher Startmasse von 47 000 kg eine leicht höhere Geschwindigkeit von 950 km/h, aber eine geringfügige Verringerung der Flugstrecke auf 4 445 km errechnet.
Bezogen auf die Startmasse wurde ein Kraftstoffzuladeverhältnis von 30 bis 40 Prozent zugrunde gelegt. Sollte die Flugstrecke bei gleicher Bombenlast auf 6 000 bis 7 000 km gesteigert werden, wäre eine Erhöhung des Zuladungsverhältnisses auf 50 bis 55 Prozent erforderlich geworden. Die Flugmassen hätten dann eine Größenordnung von 60 000 bis 70 000 kg erreicht.
Die Entwurfsabteilung kam zu dem Ergebnis, »daß die Flugzeuge mit Strahltriebwerk ähnliche Reichweiten haben wie die mit Otto-Triebwerk ausgerüsteten Flugzeuge, wobei die mitgeführten Bombenlasten bei den Strahlflugzeugen eher größer sind. Die Strahlflugzeuge aber fliegen mit fast der doppelten Geschwindigkeit, so daß ihr taktischer Wert den der Ottomotoren-Flugzeuge weit übertrifft, wenn auch zu berücksichtigen bleibt, daß der Kraftstoffverbrauch größer ist«.[136]
Während der abschließende Bericht noch in Arbeit war, verfügte das Entwicklungshauptamt am 28. November 1944 die Einstellung der Arbeiten. Im Januar 1945 begutachtete eine Kommission der Deutschen Versuchsanstalt für Luftfahrt die dem RLM eingereichten Bomberprojekte Ju 287, Me P 1107 sowie Ho XVIII. Bezüglich der Reichweite schien der Nurflügel-Entwurf der Gebrüder *Horten* am vielversprechendsten.[137] In der Absicht, die Entwicklungsarbeiten bei Arado in den Projektvergleich einfließen zu lassen, wurde der Chefaerodynamiker *Rüdiger Kosin* am 23. Februar 1945 als Mitglied einer Sonderkommission zu Junkers nach Dessau abgestellt. Ende März 1945 mußten Junkers und Messerschmitt jedoch die Entwicklung abbrechen. Am 23. März 1945 erteilte *Göring* der Firma Horten den Bauauftrag. Daß die Fertigung der Ho XVIII anschließend in den unterirdischen Anlagen von Kahla in Thüringen noch aufgenommen werden konnte, ist unwahrscheinlich.

Entwürfe für Nachtjäger E 581/583

Ab November 1944 war bei Arado unter der Projektbezeichnung E 581 der Entwurf für einen neuen Nachtjäger entstanden, der sich an den Studien E 555 orientierte. Für die im Januar 1945 geplante, einstrahlige Nurflügel-Variante E 581-5 war eine Spannweite von 8,95 m, eine Länge von 5,65 m und eine Bewaffnung mit zwei MK 108 in den Flügelwurzeln vorgesehen.

Über die Flugleistungen liegen keine Angaben vor. Die niedrige Flächenbelastung ließ zwar eine überlegene Wendigkeit und gute Steig- und Höhenleistungen erwarten, der durch das in den Rumpf integrierte He S 011-Einzeltriebwerk bewirkte, verlustbehaftete Einlauf und die großen Oberflächen ließen andererseits auf unzureichende Leistungen im Hochgeschwindigkeitsbereich schließen.

Nach den Richtlinien 12376/45 vom 27. Januar 1945, die den Weg zu einer Optimallösung für den künftigen Nachtjäger vorgeben sollten, bot Arado unter der Projektbezeichnung E 583 nahezu zeitgleich die Entwürfe Ar I und Ar II für einen zweisitzigen Nacht- und Schlechtwetterjäger an. Der Nurflügel-Jäger Ar I mit einer Tragflächenpfeilung von 35 Grad lehnte sich zwar an den Entwurf E 581-5 an, war aber deutlich größer dimensioniert. Er sollte zwei halb im Rumpfheck eingezoge He S 011-Turbinen erhalten. Die Spannweite sollte 18,38 m, die Länge 12,95 und die Flugmasse 12 247 kg betragen. Das Flugzeug besaß ein auf der Oberseite der Tragflächen aufgesetztes Seitenleitwerk. Die Querruder waren zugleich als Höhenleitwerk ausgelegt. Die Gipfelhöhe wurde mit 13 000 m, die maximale Flugdauer bei gedrosseltem Triebwerk in 10 000 m Höhe mit zwei Stunden und 36 Minuten und die Höchstgeschwindigkeit mit 810 km/h in neun Kilometer Höhe errechnet. Zwei MK 213/30 sollten neben der Radaranlage im Rumpfbug, zwei MK 108/20 als Schrägbewaffnung in Schwerpunktnähe und zwei MK 213/330 im Heck eingebaut werden. Auch die Mitnahme von zwei 500-kg-Bomben war möglich.

Nachdem die Gutachter am 20./21. März 1945 erneut die widerstandserzeugenden Triebwerks-Einläufe und großen Oberflächen bemängelten, reichte Arado im März bei der Entwicklungshauptkommission in Berlin den Entwurf für eine zweite Version ein, die einen verbreitertem Rumpf zur Aufnahme eines dritten Besatzungsmitgliedes und einer größeren Treibstoffmenge erhalten sollte. Eine weitere Variante mit kleineren, stärker gepfeilten Flügeln, die dem amerikanischen Hersteller Chance-Vought nach Kriegsende als Vorlage für den Bau des Trägerflugzeugs F7U-3 »Cutlass« diente, sollte annähernd 1 100 km/h erreichen.

Als leichter zu realisierende Alternative entstand im März 1945 der Entwurf des Nacht- und Schlechtwetterjägers

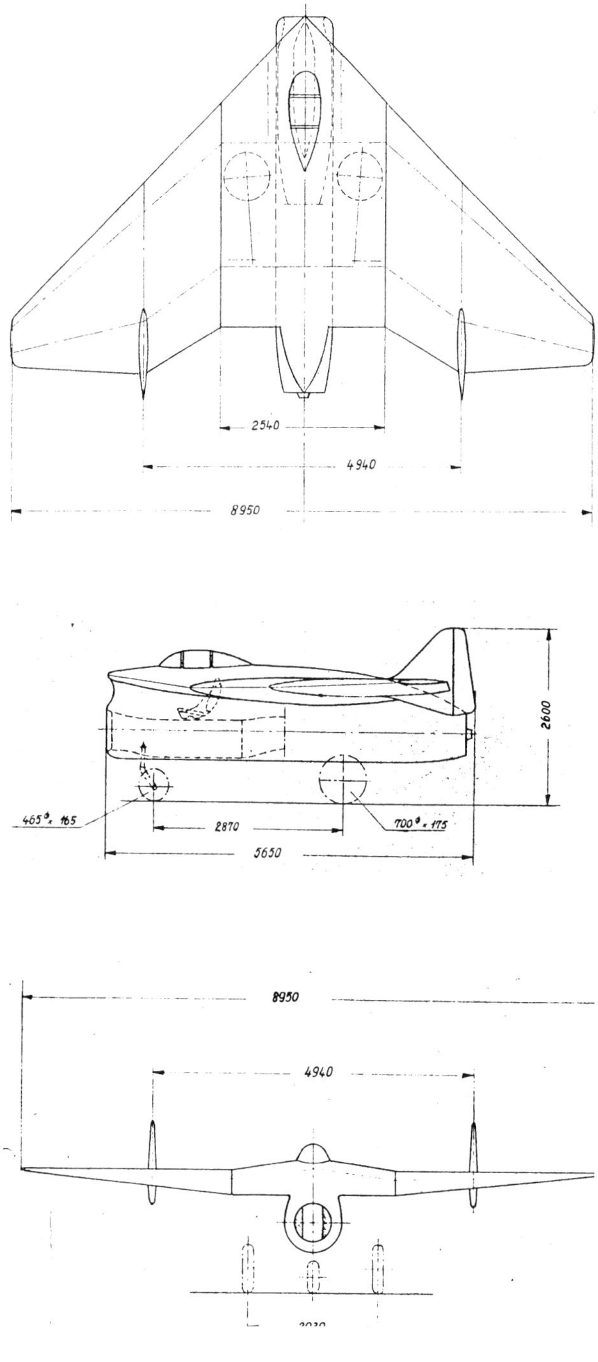

Seitenansicht des Nurflügel-Nachtjäger-Projektes E 581-5 (8.1.1945).

Dreiseitenansicht des Nachtjäger-Entwurfs Ar I (März 1945).

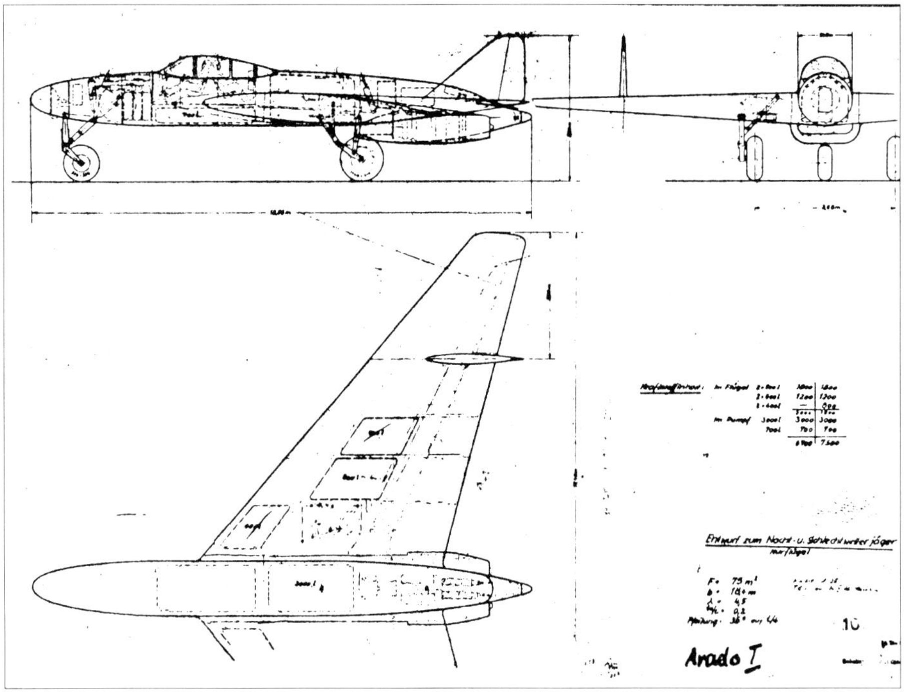

Der Nachtjäger-Entwurf Ar II (Reinschrift G. Sengfelder).

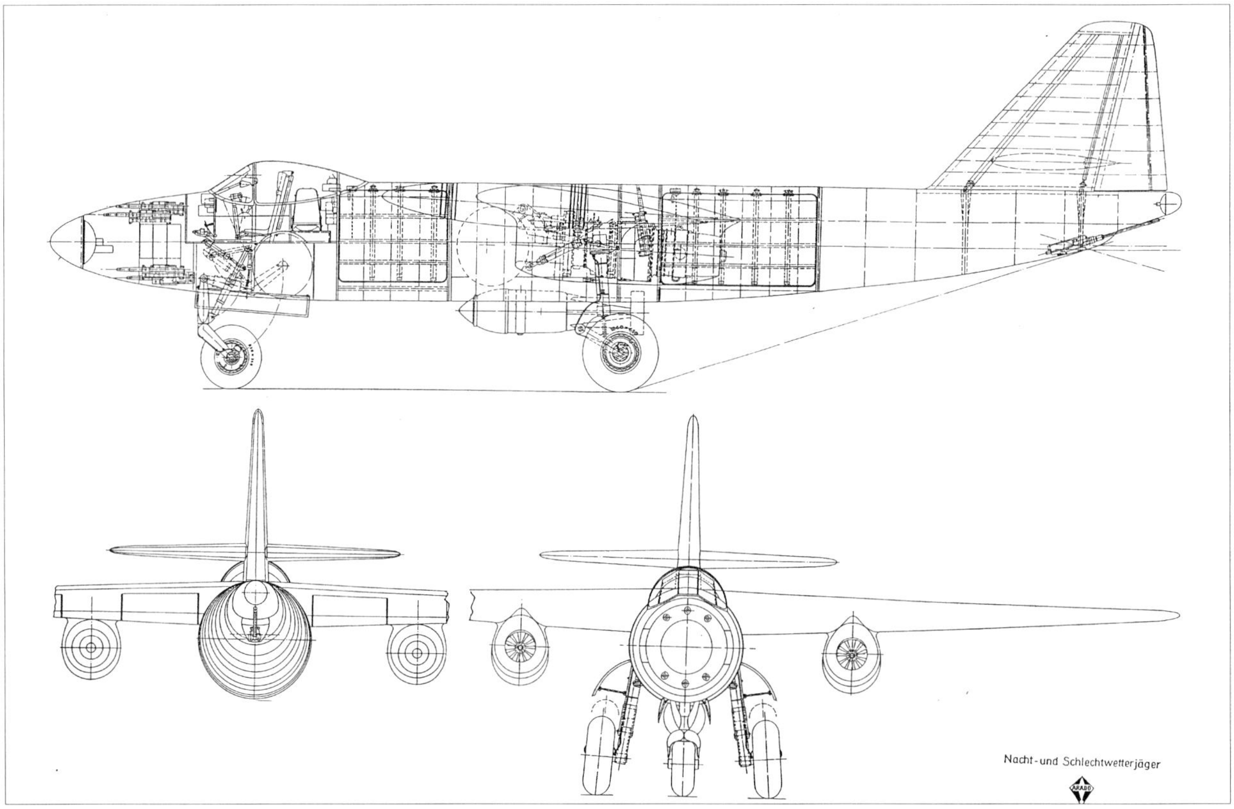

Ar II. Er war in Normalbauweise mit Pfeilflügeln ausgelegt und orientierte sich an der Ar 234 und der Studie TEW 16/43-23. Die beiden He S 011-Triebwerke waren unter den Tragflächen angeordnet. Die Spannweite sollte 14,98 m, die Länge 17,30 m betragen. Bei einer errechneten Höchstgeschwindigkeit von 775 km/h waren aber geringere Flugleistungen als bei dem Entwurf Ar I zu erwarten.

Entwurf für Kleinstjäger E 381

Als Zwischenlösung vor der Einsatzreife neuer Abfangjäger besprach *Siegfried Knemeyer* mit Arado im November 1944 den Entwurf des strahlgetriebenen, bemannten Kleinstjägers E 381. Das Flugzeug sollte mittels einer Ar 234 C-3 für einen einmaligen Angriff über die Höhe der angreifenden Bomberverbände gebracht werden und nach dem Ausklinken im Bahnneigungsflug zum Angriff übergehen.

Wie aus einer handschriftlichen, in Landeshut vermutlich im Dezember 1944 entstandenen Vorabbeschreibung zu entnehmen ist, deckte sich das Grundkonzept mit vorausgegangenen Überlegungen *Blumes* hinsichlich eines Abwehrjägers mit minimalen Stirnflächen, der durch vollständige Panzerung geschützt war: »Je näher ein Jäger an den Gegner herankommt, umso größer ist die Wahrscheinlichkeit, daß er seinen Gegner abschießt. Besitzt jedoch der Gegner eine starke Abwehrbewaffnung, so kann er es dem Angreifer nahezu unmöglich machen, auf wirksame Kampfentfernung heranzukommen, es sei denn, daß der Jäger einen vollkommenen Panzerschutz hat, der ihn gegen das Abwehrfeuer unempfindlich macht. Ein vollkommener Panzerschutz für einen bemannten Otto- oder TL-Jäger ist jedoch praktisch nicht durchzuführen, erstens aus der Unmöglichkeit heraus, die Triebwerksanlage vollständig zu schützen, und zweitens, weil die Panzergewichte soviel (Leistung) kosten würden, daß eine untragbare Leistungsverschlechterung eintreten würde. Wenn man jedoch als Antrieb ein R-Triebwerk verwendet, so kann man dieses vollkommen schützen. Der große Brennstoffverbrauch der R-Triebwerke gibt jedoch diesen Flugzeugen nur einen sehr beschränkten Aktionsradius, das heißt derartige Flugzeuge müssen praktisch in den Einflugschneisen der Bomberverbände stehen. Dann ist ihre Horizontalflugdauer in Arbeitshöhe äußerst begrenzt, da der Brennstoffanteil, der zum Steigflug benötigt wird, den Hauptanteil der möglichen Brennstoffzuladung ausmacht.«

Der Nachteil der begrenzten Flugdauer sollte durch den Einsatz eines Mutterflugzeugs ausgeglichen werden, das zugleich als Leithilfe bis zum Kampfbeginn zur Verfügung stand und gegebenenfalls in das Kampfgeschehen eingreifen konnte. Der nur 5,70 m lange und in der Spann-

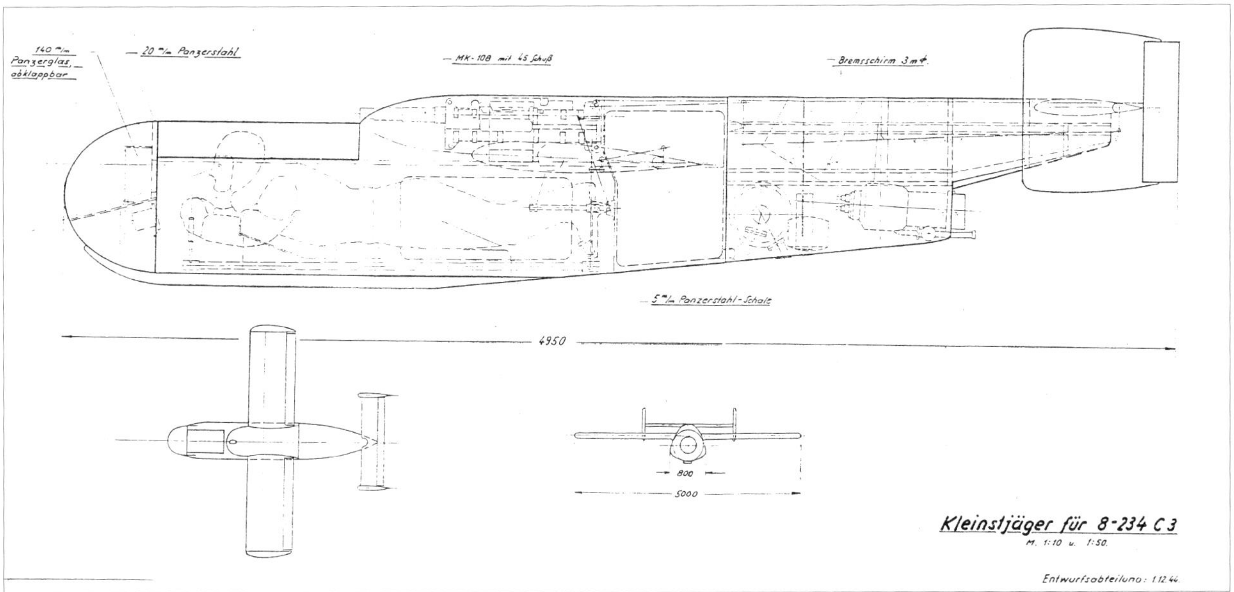

Dreiseitenansicht des Kleinst-Jäger-Entwurfs E 381 (1.2.1944).

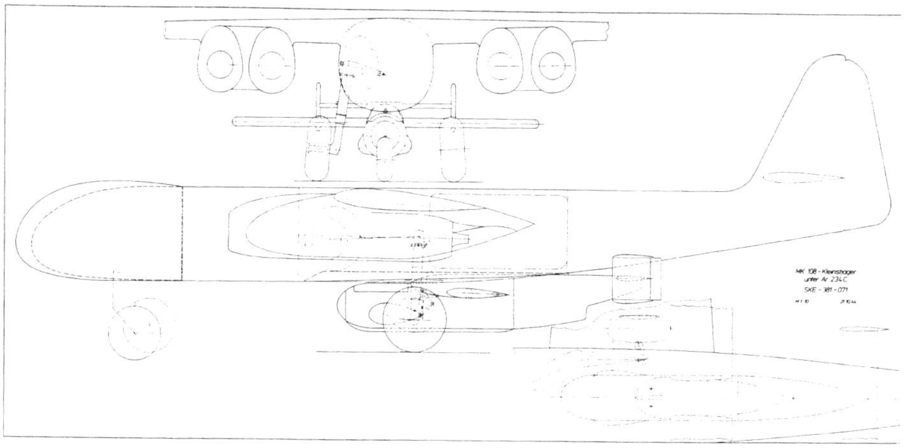

Der Kleinstjäger E 381 unter der Ar 234 C.

weite 5 m messende Kleinstjäger war als Schulterdecker mit doppeltem Seitenleitwerk konzipiert. Die Baumasse betrug 874 kg. Der Antrieb erfolgte durch ein Walter-Raketentriebwerk HWK 109-509 B mit einem Schub von 3,43 kN. Der zur Verbrennung benötigte Sauerstoff wurde gebunden als sogenannter T-Stoff mitgeführt und mit dem C-Stoff als Kraftstoff in einem Marschofen vermischt. Das Triebwerk konnte im Fluge abgestellt und wieder angelassen werden. Die Flächenbelastung betrug 273 kg/m², die Leistungsbelastung 4,3 kg/kp. Die Höchstgeschwindigkeit in 8 000 Meter Höhe lag bei 900 km/h.
Die Änderungen am Mutterflugzeug sollten sich auf Aufhängebeschläge und einen Anschluß beschränken, mit dem der Pilot des Mutterflugzeugs Trimmanweisungen an das angehängte Gerät weiterleiten konnte. Die Trimmanweisungen zielten auf eine laufende Änderungen des Schränkungswinkels der Anhägelast ab. Sie wurden erforderlich, weil der Kleinstjäger weit hinten angebracht werden mußte, um einen ausreichenden Abstand vom Hauptfahrwerk des Mutterflugzeugs sicherzustellen, und diese ohnehin kritische Schwerpunktlage sich durch Lastigkeitsänderungen infolge des Brennstoffverbrauchs weiter verschlechterte.
Die Kabine, deren Bau in Zusammenarbeit mit der Firma Krupp geplant war, sollte rundum durch Panzerplatten gegen Beschuß bis zu einem Kaliber von 13 mm gesichert werden. Nach vorn war sie durch eine Kombination von Panzerblech und Panzerglas geschützt. Die 20 mm starke vordere Platte war schwenkbar und mit einem Visierschlitz versehen. Die Panzerglasscheibe konnte im Fall einer Beschädigung entfernt werden. Die Bewaffnung bestand aus einer 30-mm-MK 108-Kanone mit normalem Revi-Visier. Die Munitionierung mit 45 Schuß reichte für zwei Angriffe. Der Flügelholm bestand aus einem dickwandigen Stahlrohr. Flügel und Leitwerk waren mit Stahlblech behäutet und zum Schutz gegen Minengeschosse mit Dämmstoff ausgefüllt.
Abgesehen von der in einer liegenden Position zu bedienenden Schiebesteuerung waren weitere Belastungen des Piloten unvermeidlich. Da die Einstiegsluke, die bei Be-

Muster		**Kleinstjäger E 381**	**Nachtjäger Ar I**	**Nachtjäger Ar II**
Triebwerk		1 x HWK 109-509 B	2 x BMW 003	2 x BMW 003
Besatzung		1	2	2
Länge	m	5,70	12,95	17,3
Spannweite	m	5,00	18,38	14,98
Flügelfläche	m²	5,50	75,00	50,00
Flächenbelastung	kg/m²	273		308
Leistungsbelastung	kg/kp	4,3		
Flugmasse	kg	1 500		13 200
Höchstgeschwindigkeit	km/h	900	850	750

darf im Fluge abgeworfen werden konnte, aus konstruktiven Gründen auf der Rumpfoberseite lag, mußte der Pilot vor dem Beladen des Gerätes bereits Platz nehmen. Als Landehilfe dienten durchlaufende, nach unten ausgeschlagene Querruder und ein Bremsfallschirm. Bei der Landung wurde der Hauptstoß nur bedingt durch eine Gummifederung der ausschwenkbaren Landekufe und eine Polsterung der Liegewanne gemildert. Nach der Aufnahme durch ein Spezialkommando sollte das Gerät erneut verwendet werden. Zwecks Zerlegung waren geeignete Trennstellen vorzusehen.
Am 5. November 1944 genehmigte *Knemeyer* den Bau einer Attrappe. Im Rahmen der fertigungstechnischen Berechnungen wurden am 4. und 5. Dezember mit der E-Stelle Rechlin drei verschiedene Panzerstärken erörtert. Nach Anlauf der geplanten Serie wurde mit einem Arbeitsaufwand von rund 600 Stunden pro Flugzeug gerechnet. Das Halbzeuggewicht von 830 kg setzte sich aus einem Anteil von 42 Prozent Stahl, 38,5 Prozent Panzerblech und 14,5 Prozent Holz zusammen. Der Anteil von Leichtmetall sollte auf 4,5 Prozent reduziert werden. Obwohl der Bau mehrerer V-Muster vereinbart worden war, erfuhr das Projekt keinen Abschluß, da für einen wirksamen Einsatz das Trägerflugzeug Ar 234 C kurzfristig nicht in ausreichender Zahl zur Verfügung stand.

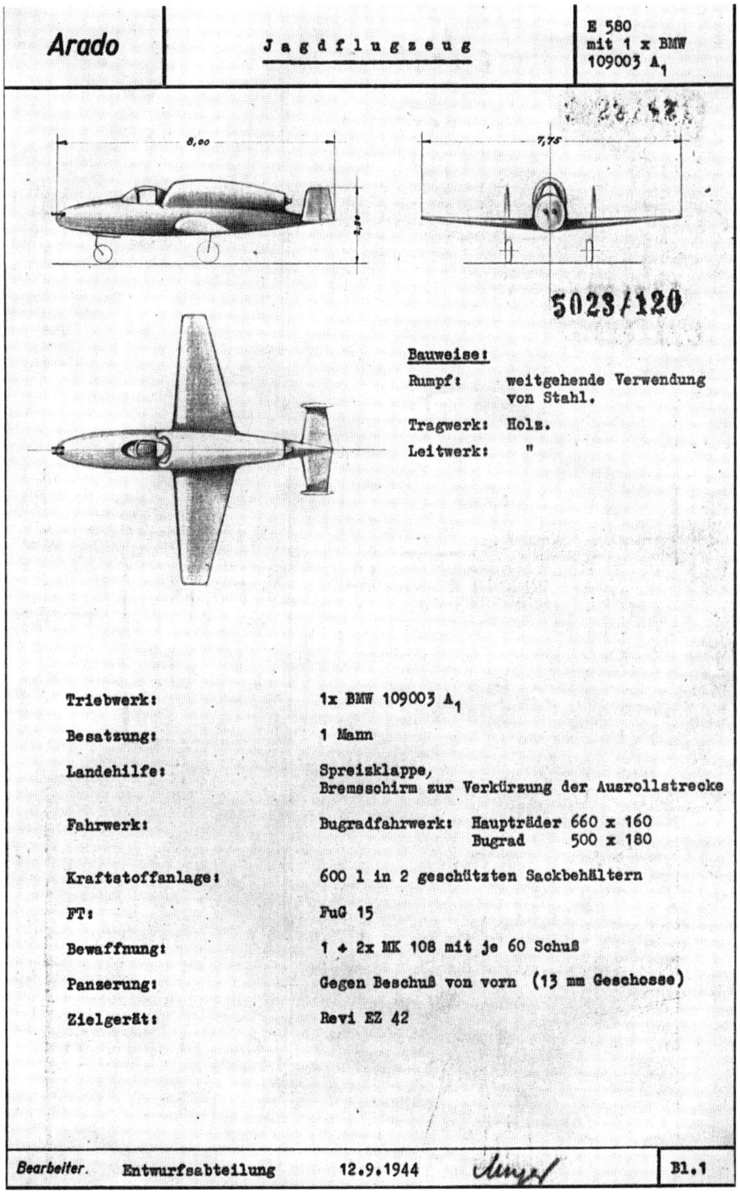

Typenblatt des »Volksjägers« E 580.

Projekt des »Volksjägers« E 580

Als gleichfalls schnell realisierbare Notlösung forderte *Knemeyer* am 5. September 1944 die »Untersuchung eines Kleinstjägers mit einem TL-Antrieb und geringstem Gesamtaufwand«, der bis Januar 1945 serienreif werden sollte. Die am 10. September 1944 bekanntgegebenen Richtlinien für den sogenannten »Volksjäger« enthielten folgende Spezifikationen: »Antrieb durch Luftstrahlturbine BMW 003, billigste Bauweise aus Holz und Stahl, Höchstgeschwindigkeit 750 km/h, Kurzstarteigenschaften nicht über 500 m.« *Willy Messerschmitt*, der durch den Einfachjäger die Ausbringung der Me 262 gefährdet sah, sprach sich ebenso vehement gegen das Vorhaben aus wie der General der Jagdflieger *Adolf Galland*.
Die erforderlichen Baukapazitäten sollten unter anderem durch die Streichung des Großbombers He 177 freigemacht werden. Der Bedarf an BWM 003-Triebwerken hätte allerdings durch die zu 60 Prozent für die Ar 234 vorgesehene Lieferung gedeckt werden müssen.
Nach der Weigerung *Messerschmitts,* sich an dem Volksjäger-Projekt zu beteiligen, gingen Entwurfsaufträge an Arado, Blohm & Voss, Fieseler, Focke-Wulf, Junkers, Siebel und Heinkel. Arado brachte den Entwurf E 580 ein. Da nur eine Frist von zwei Tagen für einen überschlägigen Entwurf zur Verfügung stand, griff die Entwurfsabteilung weitgehend auf die Studie TEW 16/43-15 für einen Kombinationsjäger zurück.
In der Entwurfsbeschreibung vom 12. September 1944 hieß es bezüglich des BMW-Triebwerks 109 003: »Das Triebwerk ist auf dem Rumpfrücken angeordnet, und zwar

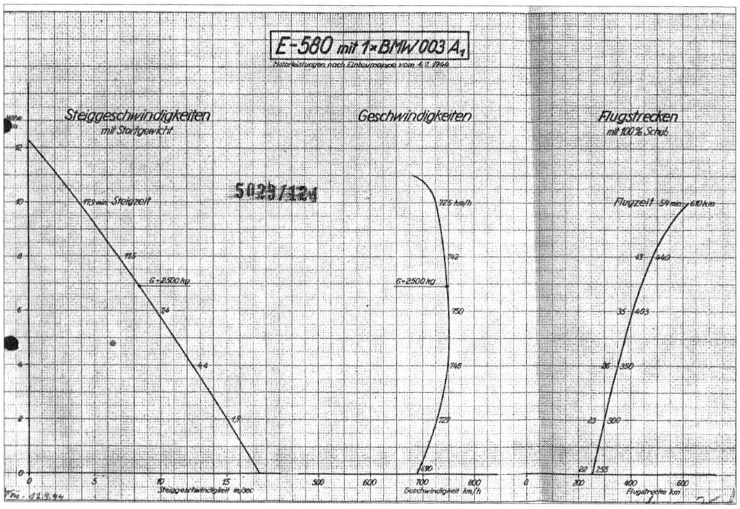

Errechnete Flugleistungen des »Volksjägers« E 580.

so, daß sich vor dem Strömungseintritt die Haube des Führerraums befindet. In wieweit hierdurch der Lufteintritt in das TL gestört wird (Schubverlust, Schwingungserregung im Lader) müßte noch geklärt werden... Durch die Triebwerksanordnung ergibt sich eine Doppel-Leitwerksanordnung. Aerodynamisch vorteilhaft erscheint es, dem Höhenleitwerk eine V-Stellung zu geben, so daß eine günstigere Anordnung der Endscheiben-Seitenleitwerke möglich ist. Ein gewisser Flammenschutz für die Leitwerke erscheint erforderlich. Ob eine einfache Imprägnierung ausreicht oder Stahlblech verwendet werden muß, bedarf noch einer näheren Untersuchung.«[138]

Bezüglich der Flächenkonstruktion hieß es: »Die bisherigen Überlegungen haben ergeben, daß als günstigste Bauweise ... mit Holz als Werkstoff ein durchgehender Einholmer mit Torsionsnase anzusehen ist. Für eine Holzschalenbauweise sind die Belastungen und Abmessungen zu ungünstig.«

Beim Rumpfbau schien aus Festigkeitsgründen eine weitgehende Verwendung von Stahlblech erforderlich. Die Kabine sollte so niedrig wie möglich ausgeführt werden. Auf eine liegende Position des Piloten wurde aber verzichtet, um Umschulungen für die Besatzung zu vermeiden. In der Rumpfspitze sollten zwei MK 108 untergebracht werden. Die Bewaffnung sollte bei einer Verwendung gegen feindliche Bomberpulks durch eine »Werferanlage« ergänzt werden.

Das Flugzeug war mit Bugradfahrwerk geplant, dessen Haupträder nach innen zur Rumpfmitte einklappten. Mit Rücksicht auf die steigende Gefährdung der Flugplätze wurde eine »primitive Schienenstartmethode« erwogen.

Eine Rüstmasse von 1 800 kg und eine Startmasse von 2500 kg ließen sich nicht unterschreiten. Obwohl bei der geforderten Rollstrecke von 500 Metern auf normalen Grasplätzen die Flügelfläche mindestens 11,5 m² betragen sollte, beschränkte sich Arado auf 10,0 m² bei einer Spannweite von nur 7,75 m. Die Höchstgeschwindigkeit wurde mit 750 km/h in sechs Kilometer Höhe veranschlagt. Die Dienstgipfelhöhe sollte bei rund 12 Kilometern, die Flugstrecke bei 610 Kilometern liegen.

Die Heinkel Flugzeugwerke legten am 11. September einen ersten Entwurf für ihr Projekt He 162 vor, der hinsichtlich der Anordnung des Triebwerks auf dem Rumpfrücken eine deutliche Parallele zu Arado erkennen ließ. Am 19. September wurden alle eingereichten Vorschläge von der »Entwicklungs-Hauptkommission Flugzeuge« unter Vorsitz von Generalstabsingenieur *Roluf Lucht* durchgesprochen. Bereits am folgenden Tag erhielt Heinkel den Zuschlag. Die Konstruktionsarbeiten sollten am 2. November abgeschlossen sein. Der Erstflug wurde für den 10. Dezember erwartet.

Obwohl die geringe Flugstrecke der He 162 und die schlechte Sicht nach hinten kritisiert wurden und aufgrund des akuten Treibstoff- und Pilotenmangels der vorgesehene Masseneinsatz bezweifelt wurde, gab *Hitler* am 23. September sein Einverständnis »zum Sofortanlauf der Serienfertigung ... mit einer vorläufigen Stückzahl von 1 000 monatlich«. Am am 30. September 1944 erhielt Heinkel den endgültigen Bauauftrag. Mit dem Ziel, daß Entwicklung, Konstruktion, Erprobung und Fertigung »in einer Gewaltaktion als Gemeinschaftsarbeit der beteiligten Dienststellen und Industriewerke unter schärfster Konzentration durchgeführt« werden sollten, mußte Arado *Rüdiger Kosin* ab November 1944 an Heinkel abstellen.

Nachdem die von *Milch* und *Speer* forcierte Massenfertigung von Otto-Jägern nicht den erhofften Zeitgewinn für die Umstellung auf den Strahljäger gebracht hatte, standen für die Notprogramme zur Wiedererringung der Luftherrschaft in der letzten Kriegsphase keine ausreichenden Produktionskapazitäten mehr zur Verfügung.

Am 25. Oktober 1944 besprach der Rüstungsstab das künftige, inzwischen rein defensiv ausgerichtete Flugzeugbauprogramm, das ab Mitte August 1945 erstmals mehr Strahljäger als Otto-Jäger vorsah. Ein sogenanntes »Idealprogramm« ging von einer künftigen Ausbringung von monatlich 9 000 Hochleistungsflugzeugen aus. Das zugleich anvisierte »Realprogramm« beschränkte sich auf 5 700 bis 6 700 Einheiten. Davon sollte das Gros auf die Ta 152 (1 500), die Me 262 (2 000) und die He 162 (1 000, bei Bewährung 2 000), der Rest auf Schulflugzeuge (400), die Do 335 (300), Ju 388 (200) und die Ar 234 (300) entfallen.

Ein alternatives »Notprogramm« sah den Bau von nur 5 400 Flugzeugen bei unverändert hoher Ausbringung der He 162 vor. Auf die Ar 234 entfielen nur noch 200 Einheiten, die überwiegend als Nachtjäger ausgelegt sein sollten.
Auch diese Planzahlen waren weitgehend unrealistisch. Bereits im Dezember 1944 hatte der Rüstungsstab »das katastrophale Absinken der Flugzeugproduktion« bekanntgegeben, das zum größten Teil »im Transportproblem begründet« war. Anfang 1945 war auch die Rohstofflage so angespannt, daß bei einer voraussichtlichen Bereitstellung von nur 8 500 t Stahlguß für den Flugzeugbau nur 500 Me 262, 370 Ta 152, 500 He 162 und 50 Ar 234 produziert werden konnten.
Am 27. Februar 1945 wurde per Führerbefehl ein kurzfristig gesteigerter Ausstoß der Me 262, Ar 234, Ta 152, He 162 und Do 335 angeordnet. Am 24. März forderte *Karl-Otto Saur* die Beschränkung aller Entwicklungsvorhaben auf vier Grundmuster, und zwar einen einstrahligen Jäger, einen zweistrahligen leichten Bomber, Aufklärer, Nachtjäger und Zerstörer, einen vier- bis sechsstrahligen schweren Bomber und ein Flugzeug mit Otto-Antrieb für Sonderzwecke. Der am 27. März von *Hitler* zum Generalbevollmächtigten für Strahlflugzeuge ernannte SS-General und Ingenieur *Dr. Hans Kammler* verfügte dagegen eine Einstellung der Produktion aller Otto-Flugzeuge und eine Drosselung beim Bau der He 162 und Ar 234.
Angesichts der ausgebliebenen Wende im Luftkrieg kündigte Reichsminister für Propaganda *Dr. Josef Goebbels* am 17. März 1945 eine »Denkschrift mit dem Vorschlag eines großzügigen Abbaus der Luftwaffe« an. Inzwischen überflüssige Bereiche des Verwaltungapparats sollten aufgelöst und alle Flugzeugtypen, die nicht zur Abwehr der feindlichen Bomber dienten, gestrichen werden. Bei »nüchterner Betrachtung der desolaten Benzinlage« rechnete er sogar mit einer vorübergehenden Einstellung aller Flüge mit Ausnahme des Transportbereichs. Zum anderen sollten die verbliebenen Reserven mit dem Ziel eines völligen Neuanfangs kurzfristig mobilisiert werden. Das ausschließlich auf den Jägerbereich ausgerichtete Flugzeugprogramm der nächsten Monate sollte die Ausbringung von monatlich 1 000 Me 262, 500 He 162, 500 Ta 152, 50 Ju 88 und 80 bis 100 Ar 234 sicherstellen. Nach einem Monat Kampfführung sollte der Gegner »so empfindliche Luftverluste haben, daß er seine Luftangriffe einschränkt«. Von dieser Atempause im Luftkrieg versprach sich *Goebbels* eine günstigere Ausgangsposition für Waffenstillstandsverhandlungen mit den Westalliierten in der Annahme, daß sie dem weiteren Vormarsch der Sowjets nicht weiter tatenlos zusehen würden.
Obwohl diese Erwartungen sowohl produktionstechnisch als auch politisch utopisch waren, notierte *Goebbels* am 22. März 1945 in seinem Tagebuch: »Die Unterredung mit Oberst *Baumbach* hat den Führer sehr ermuntert. Er setzt jetzt die größten Hoffnungen auf die neuen Düsenflugzeuge. In diesem Monat werden davon schon 500 und im nächsten Monat 1 000 produziert. Die Flugplätze dazu werden unter Ansatz größter Kräfte hergestellt. Auch das muß der Führer alles persönlich anordnen, da *Göring* sich darum kaum mehr bekümmert. Immer wieder kreist das Denken des Führers um die Frage, ob diese Flugzeuge, wenn sie wirklich durchschlagen sollten, nicht zu spät kommen werden.«

Im Mai 1945 hätten vermutlich die ersten 500 montagebereiten He 162 zur Verfügung gestanden. Bis zum 10. April waren jedoch die bislang 56 ausgelieferten Volksjäger noch nicht im Einsatz. Von der Ar 234 waren nur noch 44 Einheiten »am Feind«, von der Me 262 nur noch 181 einsatzbereit.

Zusammenbruch

Rückgang der Produktion

Als Anfang 1945 bei Arado die Produktion der Baureihe Ar 234 C und die Entwicklung neuer Nachtjäger auf TL-Basis anliefen, wirkte sich der Zusammenbruch der wirtschaftlichen Infrastruktur zunehmend lähmend aus. In den beiden letzten Kriegsmonaten kam die Produktion nahezu zum Erliegen.
Nach dem ersten Bomberangriff auf Warnemünde vom Mai 1942 hatten erneute Angriffe im April und Juli 1943 sowie im Februar und April 1944 schwere Schäden hinterlassen.
Das Werk Anklam, das Tragflächen und Leitwerke des Jägers Fw 190 produzierte und nach der Bombardierung der Focke-Wulf-Werke in Bremen auch die Endmontage übernommen hatte, war am 9. Oktober 1943 unter dem Code Nr. GY4830 das Ziel der 8. amerikanischen Luftflotte. Bei dem Angriff durch 150 Bomber vom Typ B 17 wurden die Werksanlagen zu 40 Prozent zerstört. Der Gegner verlor 18 Flugzeuge. Obwohl Gefangene und Fremdarbeiter rasch behelfsmäßige Reparaturen ausführten, mußte ein Teil der Produktion vorübergehend in das Werk Rathenow und in die Dornier-Werke in Neustadt-Glewe verlagert werden. Erst am Jahresende konnte der Lieferausfall aufgeholt werden. Nach einem weiteren Angriff am 4. August 1944, der die Produktion nicht nennenswert unterbrach, schätzten die Alliierten den Angriffswert fälschlich als nur noch gering ein. In Rathenow kam es am 18. April 1944 zu größeren Bombenschäden am Kesselhaus und an zwei von drei großen Montagehallen. Die Produktion übernahmen teilweise örtliche Kleinbetriebe.[1] Andere Bereiche wurden nach Freiberg verlagert, wo ein Außenkommando des KZ Flossenbürg für Arado tätig war.[2] In Wittenberg war ein Nebenlager des KZ Ravensbrück in die Flugzeugproduktion eingeschaltet.
Nachdem das Werk Brandenburg bereits am 18. April 1944 das Ziel alliierter Bomber gewesen war, richtete der Abwurf von 100 t Bomben am 6. August 1944 beträchtliche Schäden an dem Konstruktionsgebäude, einigen Hallen und auf dem Flugfeld an. In Neuendorf wurden mehrere Montagehallen, die fliegertechnische Vorschule und die Werksbahn in Mitleidenschaft gezogen. Weitere Angriffe auf Brandenburg erfolgten am 31. März und am 20. April 1945.
Obwohl am 14. April 1945 der Großangriff von 512 britischen Bombern auf Potsdam in erster Linie der Stadt als einem Symbol der »faschistischen Herrschaft« galt, wurden durch einen Teppichwurf auch große Teile der Büro-, Produktions- und Bahnanlagen der Arado Flugzeugwerke in Babelsberg zerstört.[3]

Ungeachtet erster Auflösungserscheinungen ließ sich die Geschäftsführung von Arado am 12. Januar 1945 von der Bank für Handel und Verkehr in Chemnitz ein Unterbeteiligungsangebot gegenüber der Bank der Deutschen Luftfahrt für einen Kredit von mehr als einer Million Mark unterbreiten. *Alois Cejka* und *Carl Hennig* führten noch am 6. April von der nach Dessau ausgelagerten Verwaltungsstelle des RLM aus Verhandlungen zwecks Übernahme von ungängigem Material der Typen He 177 und Fw 190 aus Lagerbeständen, vermutlich zur metallurgischen Schrottaufbereitung.
Wie die Briten über Deserteure erfuhren, war Anfang 1945 in Alt-Lönnewitz die Aktivität in den unter dem Kommando von *Oberst Modrow* stehenden Montageanlagen für die Ar 234 noch rege. Sie wurden zunächst im östlichen, im März auch im westlichen Bereich verstärkt gegen Angriffe gesichert. Eine etwa 500 Mann starke, mit 2 000 Panzerfäusten ausgerüstete Truppe unter Führung einer SS-Einheit und ein Eisenbahn-Sprengkommando standen zur Verteidigung bereit. In den umliegenden Wäldern waren 200 für den Fronteinsatz im Breslauer Raum bestimmte Flugzeuge unterschiedlichster Art stationiert. Im Hangar I waren Maschinen des Typs Me 262 und Ar 234 B, im Hangar II und III einige He 111 des K.G. 53 und eine zur Demontage bestimmte Ar 234 A untergebracht. In Hangar IV nahm die Firma Altan GmbH, eine Arado-Tochtergesellschaft, die Montage von Gotha-Transportgleitern vor. In den Hangars V und VI, die nur mit Sonderausweis betreten werden durften, montierte Altan weiterhin wöchentlich etwa vier bis fünf Flugzeuge vom Typ Ar 234 B, für die bis Februar 1945 regelmäßig Bauteile eintrafen. Die Materiallieferungen erfolgten anschließend zunehmend unregelmäßiger. Nach der Umstellung auf die Baureihe C wurden bis Ende März noch etwa sechs vierstrahlige Flugzeuge fertiggestellt und eingeflogen.

Nach einer Luftaufklärung der Alliierten am 15. April 1945 wurde der für die Anlieferung von Flugzeugbauteilen nach Alt-Lönnewitz benutzte Bahnhof Falkenberg am 18. und 19. April bombardiert und mehrfach auch von Tieffliegern angegriffen. Daraufhin wurde der größte Teil der Strahlflugzeuge auf dem Bahnweg nach Rheine, Achmer und Pilsen verlegt. Eine von Hauptmann *Hans Goldmann* auf dem Luftweg nach Pilsen überführte Maschine ging verloren, als er in eine Hochspannungsleitung flog. Beim Einmarsch der Russen am 24. April wurden vermutlich nur sechs Strahlflugzeuge, aber ein größerer Bestand an Triebwerken und Flugzeugteilen erbeutet.

Die weiter östlich in Landeshut untergebrachte Entwurfs- und Konstruktionsabteilung sowie die Erprobungsstelle in Sagan mußten bereits zuvor geräumt werden. Als sich im Januar 1945 die Front hörbar näherte, kam es in Landeshut zu einem dramatischen Zwischenfall. *Siegfried Scheu*, ein Mitarbeiter der Abteilung Aerodynamik, ließ sich angesichts der angespannten Lage zu der Äußerung »Aufhängen sollte man sie!« hinreißen. Er wurde denunziert und nach einem Verhör durch den Kreisleiter der NSDAP und die Gestapo einer Arbeitskompanie zugewiesen.

Als *Walter Blume* im Februar 1945 letztmalig Landeshut aufsuchte, gab er die Anweisung, die Einrichtungen vor der Einnahme durch die Sowjets nach Westen zu verlagern. *Wilhelm van Nes* gelangte mit Teilen der Belegschaft des Entwurfsbüros Ende Februar mit einem Güterzug unter Mitnahme von Unterlagen und Material nach Brandenburg. *Hans Rebeski* folgte ihm, nachdem er mit Unterstützung des RLM verhindert hatte, daß der schlesische Gauleiter die Mitarbeiter des Konstruktionsbüros zum Volkssturm eingezog. Diese schlugen sich mit ihm in einzelnen Gruppen über die Tschechoslowakei nach Westen durch.

Nach einer vorübergehenden Unterbringung in Brandenburg, wo zunächst auch die Erprobung fortgesetzt wurde, wichen angesichts des Vordringens der sowjetischen Truppen *van Nes* und *Kosin* mit der Entwurfsabteilung in ein provisorisches Quartier in einem Gasthaus von Hankensbüttel/Lüneburger Heide aus. Mit rund 200 Mitarbeitern setzte *Rebeski* die Arbeit des Konstruktionsbüros unter schwierigsten Bedingungen in einer Halle einer Luftwaffeneinheit im nahegelegenen Dedelstorf fort. Zuletzt befaßte er sich im Rahmen der Serienreifmachung der Ar 234 C mit der Konstruktion der Druckkabine, des Hochgeschwindigkeitsflügels und eines verstärkten Fahrwerks.

Als die im Osten gelegenen Erprobungsstellen aufgegeben werden mußten, erfolgte eine hektische Verlagerung

Wilhelm van Nes (zweiter von links) bei der Evakuierung des Entwicklungsbüros in Landeshut (Februar 1945).

der noch vorhandenen Prototypen.[4] Von Sagan aus überführte *Gunther Eheim*, der ab April 1944 bis Kriegsende 220 Erprobungsflüge mit der Ar 234 C durchgeführt hatte, zwischen dem 30. Januar und dem 2. Februar 1945 die V-21, V-24 und V-25 nach Brandenburg-Briest. Anschließend verbrachte er auch die in Alt-Lönnewitz stationierten Prototypen V-19, V-20 und V-22 dorthin, wo die Erprobung unter Einschluß der V-23 bis zum 12. April fortgesetzt wurde.[5] Die kurzfristig in Burg bei Magdeburg stationierte V-19 sowie die V-14 konnten noch nach Neubiberg überführt werden. Sie wurden, wie die beim 3./Versuchsverband OKL eingesetzten Musterflugzeuge V-15 und V-17, vor der Erbeutung gesprengt.

Von Briest aus wurden einige Prototypen nach Wesendorf in der Lüneburger Heide geflogen, wo unter dem Decknamen »Heidfahrten GmbH« die Erprobung der Ar 234 C fortgesetzt werden sollte. Ab Januar 1945 wurde im benachbarten Dedelstorf die vorbeiführende Reichsstraße 4 als Rollbahn ausgebaut.[6] Die Annahme, daß die versteckt gelegenen Flugplätze kein bekanntes Angriffsziel waren, erwies sich als falsch. Ein Bombenangriff bei der Ankunft des Erprobungskommandos in Wesendorf führte dazu, daß »es gar nicht zum Ausladen kam« und »alles nach Warnemünde weitergeleitet wurde«.[7] Nachdem zunächst in Wesendorf neun Ar 96 durch Tieffliegerbeschuß verloren gegangen waren, scheiterte *Eheims* Versuch, die dort stationierte V-12 und die für den Anbau des Versuchsflügels I vorgesehene V-16 auszufliegen.[8] Noch bevor ein Hydraulikschaden behoben werden konnte, wurde eines der Flugzeuge von zwei Mustang-Jägern zerstört. Bei weiteren Angriffen Anfang April wurden auch die von *Eheim* am 22. beziehungsweise am 25. März von Briest nach

Wesendorf überführten vierstrahligen Prototypen V-24 und V-22 stark beschädigt.[9] Bei der Einnahme von Wesendorf am 15. April wurden die dort verbliebenen Flugzeuge zusammen mit einer gefechtsklaren Me 262 vom Gegner erbeutet. Ein alliierter Bericht verzeichnete außerdem die Beschlagnahme von Fotos, Akten und Filmen zu Startraketen, Startwagen, Landekufen und Zwillingstriebwerken der Ar 234, die dringend einer Untersuchung bedürften.[10]

Nach der Aufgabe der Anlagen in der Lüneburger Heide wurden weitere Verlagerungen nach Warnemünde, Kaltenkirchen und Lübeck vorgenommen. Am 15. April entzog *Eheim* die V-11 dem Zugriff der sowjetischen Truppen, die am 24. April den Stadtrand von Brandenburg erreichten, durch eine Überführung von Briest nach Warnemünde. Als auch dieser Standort aufgegeben werden mußte, wurden die meisten Strahlflugzeuge nach Kaltenkirchen in Schleswig Holstein geflogen.[11] Seinen letzten Flug von Warnemünde nach Kaltenkirchen unternahm *Eheim* am 1. Mai mit der V-25.[12] Wie er sich erinnerte, ließen sich die Triebwerke zunächst nicht anlassen, während die Russen von Rostock aus mit ihren Panzern bereits den Flugplatz beschossen. Er demontierte in aller Eile das schwere Bombenzielgerät, um Platz für die Mitnahme des Einfliegers *Frach* zu schaffen. Sowohl auf See vor Warnemünde als auch bei der Ankunft in Kaltenkirchen kam es zu einem irrtümlichen Beschuß durch deutsche Flak. Zusätzlich hatte *Eheim* bei der Landung Mühe, zwei Mustang-Jägern zu entkommen, die ihn verfolgt hatten. Die V-25 wurde vor der Erbeutung zerstört. Am 25. April wurde ein letzter, nicht näher bekannter Erprobungsträger aus Peenemünde ausgeflogen. Nach einer Zwischenlandung in Nordholz, wo ein Triebwerksschaden behoben werden mußte, landete das Flugzeug am 30. April in Lübeck, wo es für den Abwurf einer Versorgungsbombe über der Charlottenburger Chaussee in Berlin vorbereitet wurde. Als auch die Standorte in Schleswig-Holstein verloren gingen, wichen die Besatzungen nach Grove (Dänemark) und Stavanger (Norwegen) aus.

Die in Stavanger/Norwegen erbeutete und am 14.7.1945 in Farnborough nachgeflogene Ar 234 B (W.Nr. 140 493) beim Auftanken in Grove/Dänemark.

In Stavanger wurden am 8. Mai 1945 je zwei Flugzeuge der Aufklärungseinheiten F.A.G.1 und der 1.(F)/123 sowie sechs Bomber der Kampfgruppe KG 76 erbeutet. Während der Vorbereitungen für den Abflug zu der britischen Sammelstelle für Beuteflugzeuge in Grove (Dänemark) verübten gefangenommene deutsche Bodenmannschaften Sabotageakte. Eine Ar 234 mußte daraufhin zurückgelassen werden. Insgesamt wurden neun Flugzeuge auf dem Luftweg nach England überführt. Sicherheitsmaßnahmen wurden für den Fall getroffen, daß der an der Überführung beteiligte deutsche Chefpilot des Luftstützpunktes Stavanger versuchen sollte, mit Beuteflugzeugen in das neutrale Nachbarland Schweden zu entkommen. Je zwei in Stavanger und Grove erbeutete Flugzeuge wurden den Amerikanern ausgehändigt und, nachdem sie am 27. Juni General *Spaatz* vorgeführt worden waren, von Frankreich aus in die USA verschifft.

Mitte März 1945 war die Erprobung der Ar 234 C von Rechlin nach Lechfeld südlich von Augsburg verlegt worden, wo sich auch zwei Ar 234 B-2 (W.Nr. 140 111, GM+BK, und W.Nr. 140 107, GM+BG) befanden. Am 4. April wurde dort eine Ar 234 von amerikanischen Jägern abgeschossen. Am 26. April stürzte eine Ar 234 C nach dem Abflug nach München-Riem infolge eines Triebwerksbrandes ab. Die letzten Maschinen in Süddeutschland verlegten auf die Flugplätze in Manching, Fürstenfeldbruck und Neubiberg. Bis auf wenige Ausnahmen, darunter ein Serienflugzeug Ar 234 C-3 (W.Nr. 250 006), wurden die meisten Flugzeuge vor dem Eintreffen der Amerikaner von ihren Besatzungen gesprengt.

Am Gründonnerstag, dem 29. März, wurden in Brandenburg Konstruktionsunterlagen für den Abtransport verpackt. *Walter Blume* setzte sich in Begleitung seiner Frau nach Wennigsen bei Hannover ab, wohin die Hauptabteilung Entwicklung ausgelagert werden sollte.[13] *Hans Rebeski*, der *Blumes* Wagen auf einer letzten Dienstreise in entgegengesetzter Richtung begegnete, stieß anschließend kurz vor Brandenburg auf einem Behelfsflugplatz auf eine verlassene Ar 234, für die kein Treibstoff mehr vorhanden war. Obwohl die bis zum Rand des Platzes vorgerückte russische Infantrie bereits schoß, übergoß er zusammen mit dem zurückgebliebenen Flugplatzverwalter *Sauer* das Innere des Cockpits mit Treibstoff und setzte das Flugzeug in Brand.

Der Flugplatz Brandenburg wurde am 10. und 20. April

Das Beuteflugzeug Ar 234 B-2 (W.Nr. 140 312, F1+FT) III. KG 76 nach der Überführung in die USA. (beide Fotos)

Die am 29.4.1945 in Manching erbeutete Ar 234 S 14 (W.Nr. 140 114).

aus der Luft angegriffen. Nachdem sowjetische Truppen am 24. April den Stadtrand erreicht hatten, wurde mit der Sprengung der Werksanlagen begonnen. Auf Anweisung der Firmenleitung wurden noch kurz vor der Einnahme Brandenburgs am 2. Mai 1945 restliche Aktenbestände in Bombentrichtern verbrannt.
Unmittelbar vor Kriegsende kam am 26. April 1945 eine Ar 96 zu einem letzten, denkwürdigen Einsatz. In Begleitung von Flugkapitän *Hanna Reitsch* gelangte Ritter *Robert von Greim*, der von *Hitler* zum letzten Oberbefehlshaber der Luftwaffe ernannt worden war, unter dramatischen Bedingungen mit der Ar 96 von Rechlin nach Gatow und von da aus mit einem Fieseler »Storch« nach Berlin zu einer letzten Besprechung in die eingeschlossene Reichskanzlei.

Demontage

Der »Schrottwert« sämtlicher Werksanlagen der Arado Flugzeugwerke wurde nach Kriegsende auf 66 310 000 RM geschätzt.[14] Soweit Produktionsanlagen und Materialbestände erhalten waren, wurden sie in die Sowjetunion abtransportiert.[15]
In Brandenburg blieben nur das Konstruktionsgebäude, die Halle S, die Reparaturhalle, die Verwaltung, das Preßwerk und das Heizhaus unzerstört. Nach der Demontage der Betriebseinrichtung und der Abführung des Verkaufserlöses an die Sowjets[16] schlachtete die Firma Ibag die restlichen Anlagen aus. Heute ist auf dem ehemaligen Werksgelände die Zahnradfabrik ZF Brandenburg GmbH untergebracht. In Neuendorf richtete zunächst eine Abrißfirma in dem ehemaligen Feuerwehr- und Werkschutzgebäude eine Verwaltungsstelle ein. Anschließend wurde das Gebäude von der Nationalen Volksarmee genutzt. Die betonierten Flächen dienten einer sowjetischen Fahrschuleinheit als Übungsgelände. In Rathenow und Warnemünde wurden die Anlagen völlig demontiert. Auf dem Warnemünder Gelände wurde 1946/47 die Warnow-Schiffswerft errichtet. Im Zusammenhang mit dem Bau eines Überseehafens und des Durchstichs des neuen Seekanals wurden Mitte der fünfziger Jahre das Torhaus und einige andere verbliebene Gebäude abgerissen.
Die am 14. April 1945 zu vierzig Prozent durch Luftangriffe zerstörten Babelsberger Anlagen wurden auf Befehl der sowjetischen Militäradministration am 30. Oktober 1945 beschlagnahmt und treuhänderisch von der Stadt übernommen, die Pachtverträge unter anderem mit der Matras-Maschinen- und Transportgerätebau GmbH abschloß.[17] Das Gebäude der Hauptverwaltung wurde wieder aufgebaut und beherbergte anschließend den Zeitungsverlag »Märkische Volksstimme«.[18]
In Wittenberg wurden die Anlagen zunächst für die Unterbringung von Heimkehrern und Umsiedlern und, ab 1947 bis zum Abzug der Sowjets 1992, als Panzer- und Infanteriekaserne genutzt. Erhalten sind das Verwaltungsgebäude, das Sozialgebäude, der Speiseraum und einige Wohnhäuser.
Die im Krieg stark beschädigten Anlagen in Anklam wurden auf Anweisung der russischen Kreiskommandantur abgerissen und zum Aufbau der örtlichen Zuckerfabrik verwendet. Die weitgehend erhaltenen Anlagen in Alt-Lönnewitz wurden 1993 von den Sowjets geräumt und einer zivilen Verwendung zugeführt. Die Anlagen in Dedelstorf wurden langjährig von einer Panzereinheit der Bundeswehr genutzt.
Da der Geschäftssitz auf sowjetisch besetztem Gebiet lag, war die formelle Auflösung des Unternehmens, wie im Fall aller Rüstungsbetriebe des Dritten Reiches, nur eine Frage der Zeit. Am 24. Oktober 1945 fand eine abschließende Gesellschafterversammlung in den Geschäftsräumen der Bank der Deutschen Luftfahrt Aktiengesellschaft in Berlin statt, an der *Ernst Runge* und *Artur Müller* als Vertreter der Bank und *Felix Wagenführ* als Privatgesellschafter teilnahmen.[19]
Auf der Tagesordnung stand die Abberufung von *Rudolf Heinemann* und *Walter Blume* in ihrer Eigenschaft als Geschäftsführer, deren Aufenthaltsort ausdrücklich als unbekannt vermerkt wurde. *Heinemann*, der zwei Jahre später bei einem Autounfall ums Leben kam, hatte sich mit der kaufmännischen Abteilung nach Bad Schwartau abgesetzt. Angeblich wurde auch technisches Material, darunter der Prototyp eines Strahltriebwerks, auf diese Weise dem Zugriff der Sowjets entzogen. Eine in Bad Schwartau behelfsmäßig eingerichtete Abrechnungsstelle zahlte mit Hilfe verbliebener Finanzmittel in Höhe von drei Millionen Mark anderthalb Jahre lang rückständige Löhne an Arado-Mitarbeiter aus, die aufgrund der Kriegsereignisse ohne Bezüge geblieben waren. Der Kapitalverkehr wurde über die dortige Mecklenburgische Depositenbank abgewickelt.
In Brandenburg plante der langjährige Oberingenieur der Arado-Werke *Martin Blancke*, der am 7. Mai 1945 von den Sowjets als kommissarischer Leiter eingesetzt worden war, eine Wiederbelebung der Firma. Bereits am 7. August sollte er auf Beschluß eines Arbeiterrates seines Postens enthoben werden. Der Potsdamer Oberbürgermeister beugte sich diesem Beschluß und ließ die Geschäftsunterlagen und das Konto der Arado-Flugzeugwerke bei der

örtlichen Provinzialbank beschlagnahmen.[20] *Blancke* erwirkte am 13. August durch Gerichtsbeschluß die Berufung als Interims-Geschäftsführer und setzte seine Tätigkeit unter Fürsprache des Berliner Oberbürgermeisters, dem Vertreter der Luftfahrtbank, zunächst fort. Laut Verfügung der Landesregierung Brandenburg vom 9. September 1949 wurde er schließlich durch zwei Mitglieder des Arbeiterrates, die zu »Sachbearbeitern für den ehemaligen Rüstungsbetrieb Arado« ernannt wurden, ersetzt.
Im April 1948 gingen alle ehemaligen Betriebe der Arado Flugzeugwerke in Volkseigentum über.[21] Eine Treuhandgesellschaft wurde mit der Abwicklung der Finanzen beauftragt.[22] Bei Kriegsende bestanden Bankkredite in Höhe von 61 Millionen RM bei der Bank der Deutschen Luftfahrt in Berlin und der Filiale der Dresdner Bank in Potsdam. Diesen Bankschulden standen erhebliche Forderungen an das RLM gegenüber. Die Forderungen der geschlossenen Banken gingen an die Landeskreditbank Brandenburg in Potsdam über. Das Vermögen, bestehend aus vier Millionen Mark, wurde von den Sowjets eingezogen. Die verbliebenen Geschäftsunterlagen übernahm die Deutsche Zentralfinanzverwaltung.

Liquidation

Walter Blume wurde 1948 Geschäftsführer der Forschungsgesellschaft Blechverarbeitung in Düsseldorf. 1953 gründete er in Duisburg-Ruhrort ein Ingenieurbüro für Leichtbau und Strömungstechnik, aus dem die Leichtbau- und Flugtechnik GmbH hervorging, mit der der Flugzeugbau wieder aufleben sollte. »Um die juristischen Voraussetzungen zur Abwicklung des Unternehmens zu schaffen«, erfolgte am 21. April 1953 eine vorübergehende formelle Auflösung der Arado Flugzeugwerke und, nach Abschluß eines neuen Gesellschaftervertrages am 22. Juni des Jahres, eine Verlegung des Geschäftssitzes von Potsdam nach Bonn.[23] Die Industriebeteiligungsgesellschaft m.b.H. in Bonn wurde zum Liquidator ernannt.[24]
Am 2. Juli 1956 wurde der Geschäftssitz nach Köln verlegt.[25] Am 28. Dezember des Jahres wurde das Konkursverfahren für die ehemaligen Arado Flugzeugwerke eröffnet. Am 7. Juli 1961 wurde die Firma im Handelsregister gelöscht.
Die Zeitschrift »Flugwelt« erweckte im Juni 1955 mit der Meldung, *Blume* unterhalte als »Chefkonstrukteur und Generaldirektor von Arado ...zur Zeit in Duisburg im Tausendfensterhaus ein Ingenieurbüro« den Eindruck, die Tradition der Arado Flugzeugwerke »werde nunmehr kontinuierlich fortgesetzt«. Der Großteil der ehemals leitenden Fachkräfte stand aber zu diesem Zeitpunkt für eine Neubelebung nicht mehr zur Verfügung. Viele sahen im deutschen Flugzeugbau keine Zukunft mehr. Die Aerodynamiker *Josef Blaß* und *Walter Lehmann* waren in die Sowjetunion verpflichtet worden. *Rüdiger Kosin* wurde bei Fokker in Holland tätig und arbeitete anschließend bei Northrop in den USA. Unterstützung erhielt *Blume* durch *Johannes Sproß* als Planungsleiter und *Oskar Liebing* als Statiker. *Wilhelm van Nes* war für Aerodynamik und Entwurf verantwortlich, *Hans Rebeski* für die Konstruktion. Dieses Team entwickelte das Sport- und Reiseflugzeug Bl 500 als verbesserte Ausführung der Ar 79. Anläßlich

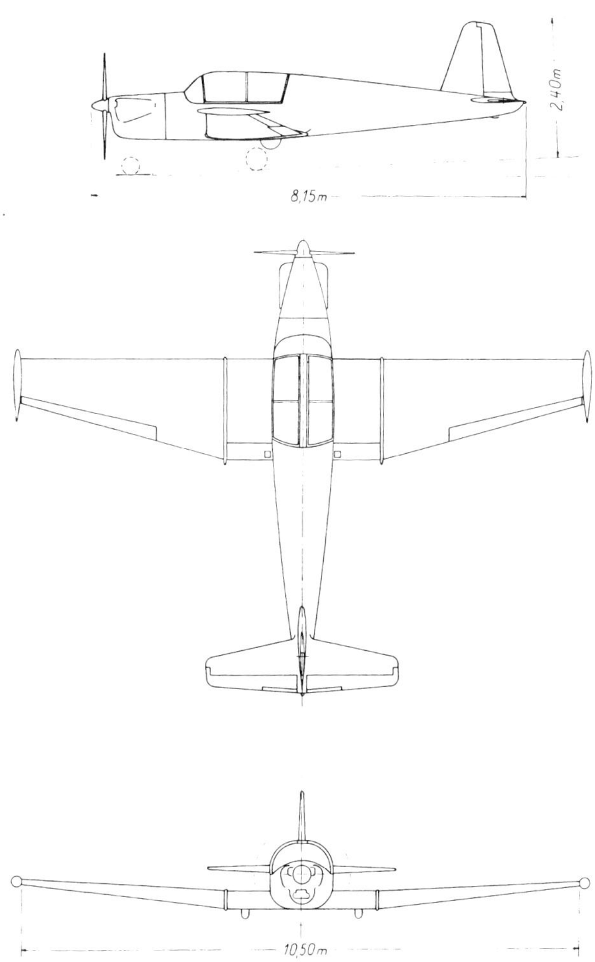

Dreiseitenansicht der Bl 502.

Abmessungen, Gewichte und Flugleistungen:

Bl 502 mit Lycoming 0-320-A 150 PS

Länge	8,15 m	26 ft 9 in
Höhe	2,40 m	7 ft 10 in
Spannweite	10,50 m	34 ft 5 in
Flügelfläche	15,00 m²	161,5 sq.ft
Seitenverhältnis	7,35	7,35
Spurweite	2,10 m	6 ft 10 in

Beanspruchungsgruppe	S 4 K Kunstflug und Kunstflugschulung 2-sitzig		R 3 und S 3 Reiseflug, Grundschulung u. Schulung 4-sitzig	
Höchstzul. Rüstgewicht (incl. zusätzl. Ausrüst.)	670 kg	1 478 lbs	670 kg	1 478 lbs
Besatzung	160 kg	353 lbs	320 kg	705 lbs
Fallschirme bzw. Gepäck	30 kg	66 lbs	20 kg	44 lbs
Kraft- u. Schmierstoff	110 kg	243 lbs	110 kg	243 lbs
Höchstzul. Startgewicht	970 kg	2 140 lbs	1 120 kg	2 470 lbs

Flächenbelastung		64,7 ./. 74,7 kg/m²	13,2 ./. 15,3 lbs/sq.ft
Leistungsbelastung		6,47 ./. 7,47 kg/PS	14,2 ./. 16,5 lbs/h.p.
Höchstgeschw.	in H = 0 km	250 km/h	1 555 m.p.h.
Reisegeschw.	in H = 0 km	220 km/h	137 m.p.h.
Steiggeschw.	in H = 0 km	5,0 m/sec*	1 005 ft/min*
Dienstgipfelhöhe		4 800 m*	15 750 ft*
Reichweite		900 km	560 miles
Flugdauer		4,1 Std.	4,1 hrs
Startstrecke	H = 15 m	375 m	1 230 ft
Landegeschw.		85 km/h	52,5 m.p.h.

Sämtliche Leistungen sind mit einem mittleren Fluggewicht von 970 kg erflogen.

Technische Daten der Bl 502.

einer Vorführung dieser Neukonstruktion auf dem Flugplatz Essen-Mülheim trafen sich letztmalig ehemalige Werksangehörige von Arado, darunter auch der Einflieger *Ubbo Janssen*, der im März 1958 in Bremen den Jungfernflug der Neukonstruktion ausgeführt hatte. Der viersitzige, mit Bugfahrwerk ausgestattete Ganzmetall-Tiefdecker besaß Tragflächen mit Laminarprofil, deren hohe Oberflächengüte durch geklebte Blechbahnen im Redux-Metallklebe-Verfahren erzielt wurde. Zwei erste Versuchsmuster wurden unter der Bezeichnung Bl 502 von dem Nachfolgebetrieb der Focke-Wulf-Werke in Bremen gebaut. Durch Umbau entstand eine leistungsstärkere Version Bl 503.

An ein Wiederaufleben der Produktion in eigenen Fertigungsstätten war jedoch nicht mehr zu denken, da es *Blume* an Energie und Kapital mangelte. Als sich Planungen für die Nutzung eines Duisburger Straßenbahndepots als Produktionsstätte zerschlugen, löste sich sein Mitarbeiterteam wieder auf. *Wilhelm van Nes* wanderte zu Messerschmitt-Bölkow-Blohm ab, *Hans Rebeski* zum Hamburger Flugzeugbau. *Blume* bereitete in seiner letzten Schaffensphase für Focke-Wulf den Lizenzbau des italienischen Flugzeugs Piaggio P-149 D vor und unterhielt im Zusammenhang mit dem Bau der C.160 »Transall« Geschäftsbeziehungen zum Weser Flugzeugbau, zum Hamburger Flugzeugbau sowie zu der französischen Firma Nord-Aviation. Als er am 27. Mai 1964 verstarb, war er stellvertretender Vorsitzender der Wissenschaftlichen Gesellschaft für Luft- und Raumfahrt (WGLR) und Leiter des Technischen Ausschusses im Bundesverband der Deutschen Luft- und Raumfahrtindustrie (BDLI).

Das Sportflugzeug Bl 502 (1958).

Der Konstruktionsleiter *Hans Rebeski* vor der Bl 502 D-ECUB. (Jungfernflug 15.3.1958).

RÜCKBLICK

Die nur zwanzigjährige Geschichte von Arado stand im Zeichen einer sprunghaften Aufwärtsentwicklung der Luftfahrttechnik. Als die Arado Handels Gesellschaft 1925 den Flugzeugbau aufnahm, baute sie auf dem Entwicklungsstand auf, der Ende des Ersten Weltkriegs erreicht wurde. Als das Unternehmen Anfang 1945 in den Wirren des Zweiten Weltkriegs unterging, war die Serienfertigung des weltweit ersten operationellen Strahlbombers Ar 234 abgeschlossen und bereits die Vorserie einer weiterentwickelten vierstrahligen Version angelaufen.

Während der Aufbauphase des Unternehmens setzten die Firmengründer *Heinrich Lübbe* und *Felix Wagenführ* zunächst große Hoffnungen in die Entwicklung von Sport-, Reise- und Verkehrsflugzeugen. Das von *Walter Rethel* konstruierte Leichtflugzeug L II, L IIa und das Postexpreßflugzeug V I erwiesen sich zwar als äußerst leistungsfähig, zivile Flugzeugtypen konnten aber nach dem Ausbruch der Wirtschaftskrise das Überleben des Unternehmens nicht sichern. Im Gefolge einer verdeckt betriebenen Aufrüstung waren anschließend hinreichende Bauaufträge nur noch für militärische Flugzeugtypen zu erwarten. Die bis 1930 entwickelten Schulflugzeuge hatten bereits überwiegend der Schulung künftiger Militärpiloten gedient. Arado hatte jedoch frühzeitig auch mit dem Bau von Prototypen für Jagdeinsitzer begonnen. Diesem Entwicklungsvorsprung war zu verdanken, daß Arado mit den Jägern Ar 64, Ar 65 und Ar 68 sowie dem Jagdtrainer Ar 66 bis Mitte der dreißiger Jahre einen Großteil des von der Reichswehr und der Luftwaffe benötigten Gerätes lieferte.

Nachdem sich *Lübbe* zunehmend der Rüstungsplanung der Nationalsozialisten widersetzt hatte, nutzte das RLM 1936 Rückschläge bei der Entwicklung des Jagdeinsitzers Ar 80 und des Stukas Ar 81, um Arado zwangsweise in einen reichseigenen Konzern umzuwandeln. Bis Kriegsbeginn baute Arado mit dem Schulflugzeug Ar 96, dem Bordflugzeug Ar 196 und dem Reiseflugzeug Ar 79 leistungsfähige und zum Teil in Großserie gebaute Flugzeugtypen. Das Amt erteilte aber vorübergehend keine nennenswerten Bauaufträge für Kampfflugzeuge. Arado wurde vielmehr verpflichtet, in beträchtlichem Umfang militärische Baumuster der Bayerischen Flugzeugwerke, der Heinkel Flugzeugwerke und der inzwischen ebenfalls verstaatlichten Junkers-Werke nachzubauen.

Der neue Betriebsleiter *Walter Blume* erwies sich als fähiger Organisator bei dem verstärkt fortgesetzten Ausbau der Werksanlagen, durch den Arado kapazitätsmäßig mit Heinkel und Messerschmitt Schritt halten konnte. Nach dem Ausscheiden *Walter Rethels* prägten zunehmend *Wilhelm van Nes* als Leiter der Entwurfsabteilung und der junge Chefaerodynamiker *Rüdiger Kosin* die Entwicklungstätigkeit. Rund die Hälfte der Flugzeugtypen baute Arado vor 1936. Rund zwei Dutzend der anschließend entstandenen Entwürfe wurden vom RLM nicht aufgegriffen. Hinzu kam, daß angelaufene Projekte aufgrund von kriegsbedingten Kapazitätsengpässen nicht wie erwartet in Großserie gingen. So mußte der Serienbau des geländegängigen Kampfzonentransporters Ar 232 im Rahmen der Typenbereinigung abgebrochen werden, obwohl der Luftwaffe kein gleichwertiges Gerät zur Verfügung stand. Nachdem Arado zuvor mit den Zerstörer-Entwürfen E 500 und E 651 vergeblich zwei der Entwicklung vorauseilende Projekte angeboten hatte und der bereits angelaufene Schnellbomber Ar 340 gestrichen worden war, wurden auch von der Ar 240, dem schnellsten damaligen Zweisitzer, nur Prototypen und Vorserienflugzeuge gebaut und als Aufklärer eingesetzt.

Erst mit dem ab Mitte 1943 erprobten Strahlaufklärer Ar 234 A, der zeitgleich mit dem Strahljäger Me 262 im Sommer 1944 an der Invasionsfront zum Einsatz kam, gelang Arado wieder ein entscheidender Durchbruch. Als abzusehen war, daß konventionelle Schnellbomber für punktuelle Vergeltungsschläge nicht ausreichten, kam es anschließend zum Serienbau des weltersten operationellen Strahlbombers Ar 234 B-2.

Nachdem Entwürfe für Jäger-Varianten der Ar 234, ungeachtet ihrer bereits Ende 1943 erkennbaren Jägereigenschaften, beim Technischen Amt zunächst wenig Interesse gefunden hatten, sollte nach einem im Spätsommer 1944 angelaufenen Notprogramm für den Nachtjäger Ar 234 B-2 N der Bau von strahlgetriebenen Nachtjägern auf der Basis der vierstrahligen Baureihe Ar 234 C fortgesetzt werden. Es kam zwar kriegsbedingt nicht mehr zu der geplanten Massenfertigung, die Entwicklung der Ar 234 trug aber insgesamt maßgeblich dazu bei, eine neue Ära der Luftfahrt vorzubereiten. Pionierarbeit leistete Arado darüber hinaus bei der Entwicklung von Hochauftriebshilfen, Pfeilflügeln und Druckkabinen, bei der Einführung ferngerichteter Waffenstände, geländegängiger Raupenfahrwerke und abwerfbarer Startwagen, der Verwendung von

neuen Baustoffen im Flugzeugbau und der Erforschung der Grenzschichtbeeinflussung.
Die Flugzeuge von Arado waren bei Kriegsende weitgehend in Verlust geraten. In nennenswerter Zahl wurden nur die Ar 96 und Ar 196 erbeutet.[1] Eine Ar 396 gelangte nach Frankreich. Eine Ar 232 wurde am 14. Juli 1945 zum englischen Testgelände in Farnborough überführt.[2] Das Flugzeug, mit dem bis zum 8. August des Jahres erbeutetes Fluggerät nach England transportiert wurde, verblieb bis Januar 1946 zu Ausstellungszwecken in Farnborough. Nach der Einlagerung in verschiedenen Depots wurde es im November 1947 im englischen Sealand verschrottet. In Alt-Lönnewitz dürften die Sowjets einige vierstrahlige Ar 234 C erbeutet haben. Ein Flugzeug soll in Rechlin untersucht, aber angesichts erheblicher Schäden an den Triebwerken nicht in die Sowjetunion weiterbefördert worden sein. Neun zweistrahlige Ar 234-B gelangten vermutlich nach England, vier in die USA und zwei nach Frankreich. 1948 wurden alle britischen Beutemaschinen verschrottet.
Wracks oder Wrackteile sind erhalten von drei Ar 66 C, einer Ar 66 D, fünf Ar 96 B-1 sowie je einer Ar 396 und Ar 199.[3] Das Rumpfgerüst der Ar 66 D befindet sich im Deutschen Museum. In relativ gutem Zustand befindet sich die am 7. November 1992 geborgene und im Flugzeugmuseum von Sola ausgestellte Ar 96 B der I. Gruppe/Jagdgeschwader 5. Sie hatte am 13. März 1943 in Norwegen auf einem Routineflug von Bergen nach Sola aufgrund von Motorversagen eine Notwasserung vorgenommen. Die von Sipa gebaute Ar 396 war bis zu ihrem Absturz im Jahr 1978 noch flugfähig. Die Ar 199 V-3 war bei der Wasserung auf dem Wesny-See in Nordrußland durch feindlichen Beschuß verloren gegangen. Die 1994 aus dem sogenannten »Arado-See« geborgenen Wrackteile gelangten zunächst in die USA und wurden dann nach Kanada weiterverkauft.

Vollständig erhalten blieben bis heute eine Ar 79, drei Ar 196 und eine Ar 234 B-2. Die nach einer Restaurierung in dem 1991 eröffneten Luftfahrtmuseum in Plovdiv/Bulgarien ausgestellte Ar 196 A-3 wurde 1939 in Warnemünde gebaut und ab 1942 am Schwarzen Meer eingesetzt. Nach der Ausmusterung im Jahr 1953 und einer anschließenden Verwendung in der bulgarischen Fischereiflotte gelangte sie 1958 vorübergehend in das Marinemuseum Varna. Die beiden nach Kriegsende in die USA gelangten Ar 196 A-5 stammen von dem Beuteschiff »Prinz Eugen« und wurden von den Amerikanern im Schleuderstart erprobt.[4] Die Ar 196 (W.Nr. 623 183, T3+CH) soll im Auftrag des National Museum of Naval Aviation in Florida restauriert werden. Das Schwesterflugzeug (W.Nr. 623 167, T3+BH) gehört zum Bestand des National Air and Space Museums und ist in Silver Hill eingelagert. Die erhaltene Ar 234 B-2 (W.Nr. 140 312, F1+FT) der Kampfgruppe III/KG 76 wurde in Stavanger/Norwegen erbeutet.[5] Nach der Erprobung in Wright Field/USA und der Restaurierung wurde das Flugzeug im National Air and Space Museum/Washington eingelagert.[6] Das einzige noch flugfähige Arado-Flugzeug ist eine von der Lufthansa restaurierte Ar 79. Nach dem Jungfernflug am 8. April 1996 in Hamburg wurde der Veteran am 8. Mai des Jahres in Berlin der Öffentlichkeit präsentiert.

Anmerkungen

Vorwort

1 Lutz Budraß: Flugzeugindustrie und Luftrüstung, S. 16.
2 Horst Boog: Die deutsche Luftwaffenführung 1935-1945, Stuttgart 1982. In: Beiträge zur Militär- und Kriegsgeschichte, Band 21.
3 Ralf Schabel: Die Illusion der Wunderwaffen. Die Rolle der Düsenflugzeuge und Flugabwehrraketen in der Rüstungspolitik des Dritten Reiches. München 1994.
4 Wolfgang Wagner 27.7.1990. Stellungnahme zu einer Publikation des Verfassers in: »Jägerblatt« H.1/1990, S.22.

Vorgeschichte und Firmengründung

1 Geschäftssitz Charlottenburg, Potsdamerstr. 103a. Die Dinoswerke gehörten zu insgesamt 60 Handels- und Industriegesellschaften des Stinnes-Konzerns. Vgl.: Curt Geyer: Drei Verderber Deutschlands, Berlin 1924, S. 34-36.
2 Edmund Stinnes bereitete sich seinerzeit auf eine Ausbildung bei der Fliegertruppe vor.
3 Zwecks Erprobung der Automobile nahm Stinnes den Bau der Berliner »Avus« (Automobil-Verkehrs und Übungsstraße AG) in Angriff. Um das Jahr 1922 verhandelte der Konzern mit der Goldschmidt AG über eine Beteiligung an den Dinos-Automobilwerken.
4 Anlage zum Rundschreiben des Verbandes vom 15.1.1921.
5 Handelsregister Berlin-Charlottenburg 92 HRB 34 192.
6 Vgl. Hanfried Schliephake: Wie die Luftwaffe wirklich entstand, Stuttgart 1972, S. 17-21.
7 Geschäftssitz in Hamburg, Jungfernstieg 30. Stammkapital 50 000 Mark mit einem auf Hormel entfallenden Anteil von 45 000 Mark.
8 Vgl. Chronik der Arado Flugzeugwerke, Werksveröffentlichung Dezember 1936, S. 6.
9 Notarielle Abwicklung über Dr. Gustav Muhle, Hamburg, 22. 12.1926.
10 92 HRB 37 565/2. Geschäftssitz ab dem 12.3.1926 Berlin, Potsdamerstr. 75.
11 Parkstr. 18.
12 Wanner Zeitung 28.5.1912.
13 Argentinisches Tageblatt 7.1.1913.
14 Berliner Lokalanzeiger 18.9.1913.
15 Vossische Zeitung 15.9.1913.
16 Schreiben an die Kondor Flugzeugwerke vom 23.2.1914.
17 Synchronisiertes Maschinengewehr.
18 Vgl.: J. A. Kranzhoff: Flugzeuge die Geschichte machten. Fokker DR I, S. 40 ff.
19 Vgl.: J. A. Kranzhoff: Flugzeuge die Geschichte machten. Fokker DR I, S. 47 ff.
20 Vgl. Berliner Adreßbuch 1919: Heinrich Lübbe, Fabrikbesitzer, Berlin W 35, Potsdamerstr. 27b.
21 Deutsche Patentblätter 1919-1921: L. 47 657 (42 h,10) 510: Anmeldung »Zielfernrohr mit Diopter« vom 27.1.1919. L. 315 447 (42 h, 10) 916: Patenterteilung »Zielfernrohr mit Diopter« vom 26.1.1919. L. 47 668 (42 h, 10) 1178: Patentanmeldung »Zielfernrohr mit Schutzblenden« 29.1.1919. L. 721 187 (42 h) 1194: Anmeldung Gebrauchsmuster »Zielfernrohr mit Diopter« 27.1.1919. L. 48 532 (35 d,4) 20: Anmeldung Patent »Schraubenwinde« 9.7.1919. L. 319 977 (42 h,10) 138: »Zielfernrohr mit Schutzblenden«. Patenterteilung 30.1.1919. L. 323 158 (35 d,4) 504: Erteilung Patent »Schraubenwinde« 10.7.1919. L. 48 335 (42 h,10) 495: Zusatz zu Patent 319 977. L. 730 568 (20 L) 117: Gebrauchsmustereintragung »Stromabnehmer für elektrische Bahnen« 1.4.1919. L. 50 237 (65 f,28) 1147 und L. 347 737 (65 f,28) 1643: »Schiffsschrauben« 1921.
22 George D. Horst, Bezirksleiter des American Friends Service Commitee (Quäker) in Berlin, an Lübbes Schwager Kurt Feig am 16.3.1921.
23 Bb.Nr. 25/2. 25F. BArch/MA Freiburg RH 8v/3604.
24 Brief an Reinhold Platz vom 19.1.1957.
25 Vgl.: J. A. Kranzhoff: Flugzeuge die Geschichte machten. Fokker DR I, S.16 ff.

Die Flugzeuge der Anfangszeit

1 Deutsche Luftverkehrsstatistik des Reichsverkehrsministeriums 1926.
2 »Illustrierte Flug-Woche«, 9.Jahrgang, Heft 5 vom 4.3.1926, S. 101-102.
3 Jahrgang 8, Heft 5 vom 4.3.1926, S. 101.
4 Arado-Bote, Heft 6, 1937, S. 13.
5 Der für den für 1926 ausgeschriebenen Deutschen Seeflugwettbewerb in Warnemünde konstruierte achtsitzige, halbfreitragende Tiefdecker Gerbrecht W 3 (D-941) wurde erst verspätet fertiggestellt.
6 Werksseitige Baubeschreibung, undatiert.
7 Die Marineleitung, Anm. d. Verfassers.
8 Windiges aus der deutschen Luftfahrt. In: »Weltbühne«, 1. Hj. 1929.
9 Heimat-Tagjäger.
10 WA.B.6 2735/28. Fabrikatorische Forderungen 14.11.28, BArch Freiburg/MA RH 8 1/893,fol. 67.
11 Schul-Doppeldecker.
12 Rechliner Brief Nr. 37.
13 »Illustrierte Flugwoche«, Heft 5/6, 1928.
14 See-Schulflugzeug in Doppeldeckerbauweise.
15 Angaben in: Die Arado-Werft Warnemünde, Luftwacht 1927, S. 642. Erwähnt auch im Nachrichtenblatt des Reichsverbandes der Deutschen Luftfahrt, Herbst 1927, S. 3-4.
16 Lindbergh hatte über Lübbes Schwager Joseph Gadbury, der Mitarbeiter der amerikanischen Botschaft in Mexiko und zugleich ein leidenschaftlicher Flieger war, seine Frau kennengelernt. Lübbes Schwester Frieda Gadbury berichtete: »Es war ergreifend, Col. Lindbergh mit seinem ›plane‹ über unser Haus fliegen zu sehen und später in der Embassy zu begrüßen.« Schreiben an Lübbes Schwester Lina Wallerius vom 3.1.1928.
17 Paul Rieppel: Wirtschaftlichkeitskennzahlen einiger Flugzeuge. In: Z-VDI 73, 1929, S.1513.
18 »Deutsche Luft Hansa«. Sondernummer 2, 10.10.1929, S.1.
19 Ebenda, S. 1.
20 Ebenda, S. 4.

[21] Los Rodeos erlebte als erster internationaler Flughafen von Teneriffa in den sechziger Jahren einen stürmischen Aufschwung im Zeichen des Ferntourismus. Später kam ein zweiter Flughafen in einer nebelfreieren Zone im Süden der Insel hinzu.

[22] Der örtliche Konsul Ahlers schickte einen Film des Taufaktes nach Berlin.

[23] In: Werner von Langsdorff: Flieger und was sie erlebten. Gütersloh 1935, S. 222-223. Laut Unfallbericht der Luft Hansa vom 31.12.1929 hatte die Arado V I insgesamt 139 Betriebsstunden hinter sich und war am 1.8.1929 letztmalig kontrolliert worden. Der Motor, F-Nr. 3000, wies 310 Betriebsstunden auf, davon 39 nach der letzten Überholung.

[24] Nach diesen Vorgaben erstellten die Bayerischen Flugzeugwerke den Ganzmetall-Tiefdecker M 28, den die Luft Hansa zwischen 1932 und 1933 einsetzte.

[25] Hofmann hatte das bekannte Segelflugzeug »Westpreußen« und die GMG-Leichtflugzeuge der Griesheimer Firma Gebrüder Müller entwickelt.

[26] Bericht über die Teilnahme am Europa-Rundflug 1930 vom 4.8.1930, S. 3.

[27] Gesamtsieger wurde Fritz Morzik mit einem Sportflugzeug vom Typ Messerschmitt M 23c.

[28] Anzeige Zeitschrift »Luftwacht«, Januar 1931.

Ersatzfertigung während der Wirtschaftskrise

[1] Übersicht des RVM zur Schlüsselung der 9 Millionen Marks-Anleihe (1929).

[2] Heinz Bongartz: Luftmacht Deutschland, Essen 1939, S. 165. Protokoll Rechtsanwalt Dr. Carl Spiller, Berlin, 31.10.1930.

[3] Das von Hermann Muthesius, einem Vertreter der »Gartenstadt«-Bewegung, erbaute »Haus Breul« war ursprünglich im Besitz des Direktors der Berliner Elektrizitätswerke (Bewag).

[4] Einen Tag, nachdem Rathenau mit Hugo Stinnes in der amerikanischen Botschaft über die deutschen Reparationsleistungen verhandelt hatte, erlag er in Grunewald am 24.6.1922 einem Attentat.

[5] Mitteilung an den Verfasser 31.3.1986.

[6] Hanfried Schliephake. Mitteilung an den Verfasser vom 22.9.1998.

[7] Brief vom 14.12.1931.

[8] Ebenda.

[9] George M. Chinn: The Machine Gun, Washington 1955, Band IV, S. 529.

[10] Oberstingenieure Mix und Cornelius. Rechliner Briefe, 4. Folge, 4.5. Die Schreibweise »Lübke« ist ein Versehen. Nach dem Ausscheiden von Heinz Simon, der ab 1933 mit der Erprobung von 2-cm-Bordwaffen begonnen hatte, übernahm 1936 eine Sondergruppe in Tarnewitz unter Leitung von G. Cornelius die Erprobung der Kanone MG FF.

[11] MG 131, Kaliber 13 mm, 1940 eingeführter automatischer Rückstoßlader mit Druckluft- oder elektrischer Zündung von Rheinmetall-Borsig und MG 151, Kaliber 15 und 20 mm, ab 1939 von den Mauser Werken gebaut. Vgl. Ulrich Elfrath: Das waren die deutschen Kriegsflugzeuge, Dorheim o. J., S. 168-171.

[12] Hanfried Schliephake. Schreiben an den Verfasser vom 22.9.1998.

[13] Geheimreport Nr. 11838 vom 8.12.1931.

[14] Raabs Verträge mit amerikanischen Firmen wurden auf Druck der deutschen Behörden annulliert, nachdem er an Reichstagsmitglieder und Carl von Ossietzky Informationen über Rüstungssubventionen geliefert hatte. Vgl. Fragebogen für Biographisches Handbuch der deutschsprachigen Emigration nach 1933, Aufzeichnungen Kurt Raabs, Bl. 1-54. Institut für Zeitgeschichte, München.

Aufschwung durch Rüstungsaufträge

[1] Zur Planung der Luftrüstung vgl. Overy, R.J.: The German pre-war aircraft production plans November 1936-April 1939. English Historical Review, London, Oktober 1975, S. 7778 ff.

[2] Vgl. Karl Heinz Völker: Die Entwicklung der militärischen Luftfahrt in Deutschland 1920 bis 1933. In: Beiträge zur Militär- und Kriegsgeschichte, hrsg. vom Militärgeschichtlichen Forschungsamt, Band 3/1962, S. 230.

[3] Vgl.: Karl Heinz Völker: Die geheime Luftrüstung der Reichswehr und ihre Auswirkung auf den Flugzeugbestand der Luftwaffe bis zum Beginn des Zweiten Weltkrieges. In: Wehrwirtschaftliche Rundschau, Heft 9/1962, S. 540 ff.

[4] Protokolle RWM, RVM und RFinM 1931.

[5] Bericht über die augenblickliche Lage der Luftfahrtindustrie, 4.4.1932.

[6] Vermerk des Reichsverkehrsministers von Eltz am 6.6.1932.

[7] Brief vom 11.3.1932.

[8] D-2766, D-2767 und D-2768.

[9] W.Nr. 70, D-2075; W.Nr. 68, D-2277; W.Nr. 69, D-2278 und W.Nr. 65, D-2470.

[10] W.Nr. 74. D-?; W.Nr. 72, D-2279; W.Nr. 73, D-2280 und W.Nr. 75, D-2281.

[11] W.Nr. 65, D-2470 und W.Nr. 66, D-2338. Tarnkennungen L 103 und L 104.

[12] Protokoll vom 26.3.1932. DZ/MGFA L II 1011. In: Karl-Heinz Völker: Dokumente und Dokumentarfotos zur Geschichte der deutschen Luftwaffe, S. 61.

[13] Besichtigungsprotokoll vom 21.12.1932, Nr. 3074/32 geh. Kdos. V. DZ/MGFA L II 1811. In: Völker: ebenda S. 65.

[14] Ar 64 D: W.Nr. 65, D-2470; W.Nr. 67, D-1039; W.Nr. 70, D-2075; Ar 64 E: W.Nr. 73, D-2280; W.Nr. ?, D-2799.

[15] Ar 64 D: W.Nr. 65, D-2470; W.Nr. 66, D-2238; W.Nr. 67, D-1039; W.Nr. 68, D 2277; W.Nr. 69, D-2278; W.Nr. 70, D 2075. Ar 64 E: W.Nr. 72, D 2279; W.Nr. 73, D-2280; W.Nr. 75, D-2281; W.Nr. ?, D-2355.

[16] Die Entwicklung der deutschen Jagdflugzeuge, Koblenz 1990, S. 68.

[17] Heinrich Beauvais: Beauvais Flugerlebnisse, S. 64.

[18] Kennblatt des Technischen Amtes 1933.

[19] D-2218 und D-1898.

[20] BArch/MA Freiburg, RL 3,206.

[21] Flugbuch Richard Perlia.

22 Angaben Lizenzabteilung Junkers 15.9.1934.
23 Dorothy Woodman (Pseudonym für Albert Schreiner): Hitlers Luftflotte startbereit, 1935, S. 79-80.
24 Irrtümliche Angabe »Ar 55«.
25 Flugbuch Richard Perlia.
26 Flugbuch Richard Perlia.
27 Lauft Lieferprogramm Nr. 4 vom 1.11.1936 und Nr. 5 vom 1.4.1937.
28 Flugbuch Richard Perlia.
29 Flugzeugbestand Ar 66 auf dem Fliegerhorst Detmold 1938-43 (Sch/Flea 14): D-IEAS, D-IEME, DA+PK, KG+AR, VA+AS, WL-IFRF, WL-IMUQ, WL-IMYE, WL-IJAX, WL-ISYO, WL-IVOO, WL-IXAL, WL-IXIV, WL-IZYV.
30 Im Tank des am 13.11.1983 von dem Bergungsboot »Explorer« gehobenen Wracks befand sich noch eine Restmenge Benzin. Die Borduhr war um 8.30 Uhr stehengeblieben. Der Motor fehlte. Vgl. Peter W. Cohausz: Deutsche Flugzeuge bis 1945, S. 58-59.
31 Anlage zur RVM an RFinM 31.8.1929.
32 Mein Lebensweg, Bremen 1996, S. 40.
33 Ebenda. S. 40.
34 Ebenda. S. 43.
35 Offiziell wurde Blume erst am 1.7.1940 unter Nr. 8150138 in die NSDAP-Mitgliederliste eingetragen (Auskunft des BA Berlin vom 6.12.1999 aufgrund der vom Berlin Document Center übernommenen personenbezogenen Überlieferungen).
36 Später zeitweilig Kommandeur der E-Stelle Rechlin.
37 Carl-August von Schoenebeck: Unveröffentlichte Memoiren, S. 6-7.
38 Carl-August von Schoenebeck: Schreiben an den Verfasser vom 13.3.1986. Von Schoenebeck konnte sich trotz seiner bis 1935 reichenden Tätigkeit bei Arado nur an den Namen »Lübbe« erinnern, nicht aber, »ob er in führender Tätigkeit in Warnemünde oder Berlin war«.
39 Carl-August von Schoenebeck: Unveröffentlichte Memoiren, S. 6-7.
40 Mitteilung an den Verfasser 9.5.1998. T-Bereich: Technische Gesamtleitung. Rebeski war zunächst Werkmeister, später Leiter des Konstruktionsbüros.
41 Stellungnahme TZ 27 vom 18.1.1933. Brandenburgisches Landeshauptarchiv. Der Streit ging um einen beantragten Nachlaß der Gesellschaftssteuer.
42 Brief vom 11.3.1932.
43 Heinrich Beauvais: Beauvais Flugerlebnisse. S. 64.
44 Brief an den Verfasser 9.5.1998.
45 Olaf Groehler: Geschichte des Luftkriegs, Berlin 1981, S. 145.
46 Dr. Nowak: Wege und Formen der Investitionsfinanzierung der deutschen Luftfahrtindustrie in den Jahren 1933-1945, 6.7.1956, S. 2-3. BArch Freiburg Lw 103,25b.
47 Noch im August und September 1941 wurden mit Ar 68 RT+ND und PF+GW Kunstflug-Typenflüge durchgeführt. Bericht von Gefr. Werner Umlauff.
48 Heinrich Beauvais: Beauvais Flugerlebnisse, S. 64.
49 Werksangaben vom 30.4.1936.
50 Lieferprogramm 1936/37 sowie Lieferpläne Nr. 4 vom 1.11.1936 und Nr.5 vom 1.4.1937.
51 Erla Maschinenwerk Leipzig.
52 Unter anderem beim 10. und 12. (N)/JG 2 der Luftflotte 2 in Hopsten.
53 Flugbuch Richard Perlia.
54 Die Gesamtlieferung im Jahr 1936 betrug 105 Einheiten.
55 Flugbuch Richard Perlia.
56 Mit der Ar 76 V-1 flog Richard Perlia am 28.2.1936 von Brandenburg nach Warnemünde.
57 Nach Angaben von Fritz Reishaus, Verbindungsingenieur der Arado Flugzeugwerke, vom 1.6.1950.

Flugzeugbau im Zeichen des technischen Wandels

1 Vgl. Hans J. Ebert/Johann B. Kaiser/Klaus Peters: Willy Messerschmitt – Pionier der Luftfahrt und des Leichtbaus, Bonn 1992, S. 110.
2 Vgl. Interview in »Der Spiegel«, Nr. 3 vom 15.1.1964, S. 34 ff., zitiert ebenda, S. 111.
3 Aktennotiz von Witzlebens über eine Besprechung über die Ausgestaltung des Flugzeugwesens 6.4.1933, Siemens Archiv Akte 4/Lt 398.
4 Vgl. Ebert/Kaiser/Peters, S. 111.
5 Patent Nr. 674564, 1939.
6 W. Rethel: Vortrag vor der Lilienthal-Gesellschaft für Luftfahrtforschung am 16.9.1937 in Rostock. In: Jahrbuch der deutschen Luftfahrtforschung 1938, S. 491.
7 Jahrbuch der deutschen Luftfahrtforschung 1938, S. 491.
8 Schriftwechsel mit Rüdiger Kosin vom 11.2.1980.
9 Brief an Rüdiger Kosin vom 1.3.1980.
10 Studium an der TH Darmstadt, Fluglehrer bei der DVS, ab Februar 1936 auf Empfehlung des Arado-Chefpiloten von Schoenebeck Einflieger bei Arado.
11 Brief an den Verfasser 4.7.1993.
12 Vermutete Kennung D-IRLI. Vgl. Bruno Lange: Typenhandbuch der deutschen Luftfahrt, Koblenz 1986, S. 100.
13 Die Ar 80 ist in den Flugbüchern der E-Stelle nicht verzeichnet.
14 Laut Entwicklungsprogramm vom 1. November 1935.
15 Arado-Firmenchronik Dezember 1936, S. 20.
16 Bf 109.
17 Brief an Rüdiger Kosin 13.2.1980.
18 Mitteilung an den Verfasser 26.7.1993 mit Bezug auf die Zerstörer E 651 und Ar 240.
19 Schreiben an den Verfasser 9.5.1998.
20 Brief an Alfred Richard Weyl 20.3.1955.
21 Herbert Molloy Mason: Die Luftwaffe, Wien/Berlin 1973, S. 188.
22 Stellungnahme von Lübbes Tochter Margrit 22.9.1986.
23 Brief an den Verfasser 4.7.1993.
24 W. Blume: Patent Nr. 692059 »Flugzeugtragflügel« vom 3.10.1939. H. Rebeski: Patent Nr. 682851 »Betätigungseinrichtung für Flugzeughilfsflügel« und Nr. 738636 »Flugzeugtragflügel mit herausschiebbaren und drehbaren Auftriebsklappen«.
25 Flugbuch Richard Perlia.

26 Ebenda.

27 Angaben von Fritz Reishaus, Verbindungsingenieur der Arado Flugzeugwerke, Hans Rebeski und Rüdiger Kosin. So auch in »Flugsport« 7/1942.

28 Von acht behaupteten Kennzeichen der Ar 80 sind fünf belegt. Nur zwei (V-2, D-ILOH und V-5, D-IPRN) können zweifelsfrei einem V-Muster zugeordnet werden.

29 Flugbuch W. Kröger und C-Amtsprogramm Nr. 18 vom 1.9.1940.

30 Ernst Heinkel: Stürmisches Leben, Stuttgart 1953.

31 Schreiben an den Verfasser vom 4.7.1993.

32 Flugbuch Richard Perlia.

33 Lieferplan Nr. 4 vom 1.11.1936.

34 Schreiben an den Verfasser vom 15.5.1993.

35 Schreiben an den Verfasser vom 4.7.1993.

36 Mitteilung an den Verfasser vom 2.9.1989.

37 Mitteilung an den Verfasser vom 28.12.1993.

38 Mitteilung an den Verfasser vom 26.7.1993.

Umstrukturierung zum Reichskonzern

1 Über die Entwicklung der deutschen Luftfahrt in der Zeit von 1933 bis 1945, 7.1.1958, S. 3-10. BArch Freiburg, Lw 103,28.

2 Heinrich Koppenberg, Niederschrift vom 6.4.1933.

3 Vgl. Richard James Overy: German Aircraft Production 1939-1942, S. 188.

4 Gedankengang zu der Frage der Finanzierung der Luftfahrtindustrie. Anonyme Studie des RLM vom 14.2.1937, S. 3-4. BArch Freiburg Lw 103,25b.

5 Haase-Berton: Der Aufbau der Luftwaffen-Rüstungsindustrie 24.2.1954, S.24-25. BArch/MA Freiburg Lw 103,39.

6 Lutz Budraß: Flugzeugindustrie und Luftrüstung, S. 304.

7 Vgl. R. J Overy: The German pre-war aircraft production plans November 1936-April 1939, English Historical Review, London, Oktober 1975, S. 792-793.

8 Stellungnahme vom 7.5.1933.

9 Stellungnahme vom 22.9.1986.

10 Lutz Budraß, a.a.O. S. 308.

11 Lutz Budraß, a.a.O. S.309.

12 Henschel Flugzeugwerke Archiv JB 1933, 17.3. und 18.5. Hormel hatte 1925 seine Anteile an Arado verkauft und wurde nach einer Tätigkeit bei Rohrbach im Dezember 1932 bei Henschel tätig.

13 Berliner Illustrierte Zeitung Nr. 15, 1935.

14 Die deutsche Aufrüstung führte 1935 zur Unterzeichnung eines französisch-britischen Kommuniqués am 2.3., zur Einführung einer zweijährigen militärischen Dienstzeit in Frankreich am 6.3., zu Protestnoten Englands am 18.3. und Frankreichs am 21.3., zur Verurteilung durch den Völkerbund am 17.4. und zum Abschluß eines Bündnisvertrages zwischen Frankreich und der Sowjetunion am 2.5.

15 Dorothy Woodman: Hitlers Luftflotte startbereit. Paris 1935, S.14.

16 Eintragung 7.4.1933 Amtsgericht Berlin. Grundbuch Warnemünde 19.5.1933.

17 Abtretungserklärung vom 9.3.1934. Generalsicherungsvertrag vom 21.12.1934.

18 Vgl. Lutz Budraß: Flugzeugindustrie und Luftrüstung, S. 320.

19 Entwurf eines Gesetzes zur Änderung des Luftverkehrsgesetzes 27.9.1934. BArch/MA Freiburg RH 8 I/942.

20 Kosename der Kinder für den Vater.

21 Stellungnahme vom 5.7.1948.

22 LC III Nr.32170/35, S. 2 und 6. BArch/MA Freiburg RL 3,28.

23 Am 18. Januar 1936 wurde die aus der Anfangsproduktion stammende W 34 (D-OVIN) von dem Werkspiloten Richard Perlia eingeflogen.

24 Heinemann war bis 1929 Vorstandsmitglied der Junkers-Luftverkehr A.G. und Geschäftsführer mehrerer Tochterunternehmen der Deutschen Continental-Gas-Gesellschaft in Dessau.

25 LD I 1 A Nr.10 457/36 II.

26 Aktennotiz »Vorwürfe der Industrie und des C-Amtes«, um 1935.

27 Fiskalische Einheitswerte zum 1.1.1935: 1 136 800,- RM (Warnemünde) und 932 300,- RM (Brandenburg).

28 Rudolf Heinemann war im Zuge der vorausgegangenen Enteignung von Hugo Junkers als Schiedsmann vorgeschlagen worden.

29 Schreiben an das Amtsgericht Rostock vom 14.2.1936.

30 RA Franz Velder: Bericht an das Finanzamt Teltow vom 28.9.1939.

31 Die Arado Flugzeugwerke, BArch Freiburg, Lw/103/42.

32 LD I 1 E Nr. 2509/36, geh.

33 Arado-Werkschronik vom Dezember 1936, S. 7.

34 Jahrgang 1, 1937, Heft 2, S. 5.

35 Vgl. Walter Zuerl: Entwicklungsgeschichte der Arado Flugzeugwerke. In: »Flieger«, Heft 1/1942, S. 3.

36 »Flieger«, Heft 1/1942, S. 17.

37 Rathenower Heimatkalender 1939, S. 73; Heinz Bongartz: Luftmacht Deutschland, Essen 1939, S. 164.

38 Nationalsozialistisches Fliegerkorps.

39 Das Buch der deutschen Fluggeschichte, Band II, Berlin 1939, S. 58.

40 Vgl. Hans Redemann: Arado. Geschichte bekannter Flugzeughersteller. In: »Flugrevue«, Heft 5, 1976, S. 76; Walter Zuerl: Walter Rethel 85. In: »Flieger«, Heft 10, 1977, S. 429; Bruno Lange: Typenhandbuch der deutschen Luftfahrttechnik, Koblenz 1986, S. 97; Wolfgang Wagner: Die ersten Strahlflugzeuge der Welt, Koblenz 1989, S. 85; Volker Koos: Luftfahrt zwischen Ostsee und Breitling, Berlin 1990, S. 59.

41 Edward Homze: Schreiben an den Verfasser vom 7.4.1993. Vgl. auch: Arming the Luftwaffe, University of Nebraska Press 1976, S. 199.

42 Der Bronzeguß entstand 1915 nach einem Entwurf des Berliner Bildhauers Franz Iffland.

43 Reichsminister der Finanzen, 22.12.1937. Lu 4171-262 I g.

44 Handelsregister Potsdam B Nr. 381.

45 Tschersich war vor seiner Tätitgkeit im RLM zunächst Angestellter der Junkers-Fokker AG (IFA), nahm dann am Auf-

bau des Werkes Fili teil und wurde Abteilungsleiter bei Junkers.

46 Kranefuß war Vorstandsmitglied der Braunkohle-Benzin AG Berlin.

47 Bericht Deutsche Revisions- und Treuhand-Aktiengesellschaft zum 31.12.1937. Gl. 2949/10946/38/164.

48 Cejka war Leiter des LD-Amtes.

49 Reidenbach war Pilot in Lipezk, ab 1935 technischer Leiter der E-Stelle Rechlin und ab 1938 in der Entwicklungsabteilung des RLM tätig.

50 Kaiser-Wilhelm-Straße 1-3.

51 Berlin, Potsdamerstraße 75. Ab 29.9.1931 Berlin, Budapesterstraße 14.

52 Handelsregistereintrag Nr. 242 am 16.10.1934.

53 HSK-Statistik 1936 bis 1942.

54 Mitteilung der Geschäftsführung an Gen.-Ing. G. Reidenbach vom 22.10.1941.

55 Die sieben Hauptbetriebe der Arado Flugzeugwerke erhielten laut Liste des Heereswaffenamtes (WaZ2) aus dem Jahr 1944 folgende Fertigungskennzeichen: hkt (Potdam-Babelsberg), hku (Anklam), hkv (Neuendorf), hkw (Wittenberg), hkx (Brandenburg), hky (Rathenow), hkz (Warnemünde).

56 BArch/MA Freiburg, Lw 103/39.

57 HSK-Statistik Oktober 1935.

58 Jahresbericht 1939, Blatt 32.

59 Berlin-Schöneberg, Am Park 12.

60 Geschäftsbericht 1937, S. 9.

61 Beiratssitzung vom 22.6.1939, S.3.

62 Treuhandbericht vom 31.12.1937.

63 Jahresbericht 1939, Blatt 28.

64 Bekanntgabe am 19.9.1936 im Deutschen Reichsanzeiger.

65 LD I 1 a Nr.10952/37 geh. Az. 66 p 10.

66 378 ehemalige Werkswohnungen wurden 1998 in Rathenow saniert und unter Denkmalschutz gestellt.

Entwicklung und Produktion nach der Verstaatlichung

1 LC II Nr.3459/36 1 zbV, geh. vom 8.6.1936.

2 Laut Lieferplan Nr. 4 vom November 1936. Ob eine auf 54 Einheiten geschätzte Gesamtliefermenge erreicht wurde, ist offen.

3 Einsatz ab April 1941 bei 3./SAGr 125 und der im Baltikum operierenden »Sonderstaffel Buschmann«. Drei Flugzeuge dieser Sonderstaffel, die ab 1943 in der SAGr.127 und schließlich in der NSGr.11 aufging, sollen im September 1944 von Deserteuren nach Schweden geflogen worden sein. Ein Flugzeug soll bis 1951 existiert haben.

4 Geliefert an die Nationalisteneinheit 2-G-62/73.

5 Graf Rességuier war ab April 1935 als Einflieger bei Arado tätig.

6 »Arado-Bote« Jg. 2, H. 2, Mai 1938, S. 2. Zu den weiteren Opfern unter den Einfliegern, deren Zahl sich ab 1939 von 20 auf 26 erhöhte, gehörten die Piloten Lorch, Rippelmeier, Johanni, Schnirring, Francke, Selle und Kunz.

7 Lieferplan Nr. 4 vom 1.11.1936 und Nr. 5 vom 1.4.1937.

8 Lieferplan Nr. 8 vom 31.3.1938 und Beschaffungsprogramm vom 7.11.1938.

9 Rechliner Stammkennzeichen TI+HY, TI+HZ, TJ+HA.

10 Vgl. Patente Kurt Jurschick Nr. 678927 bzw. 1439642 für Fanghaken und Walter Blume Nr. 1489188 für Katapultbeschläge.

11 Zur Anordnung und Form von Schwimmerkonstruktionen vgl. die Arado-Patente von Reinhardt Grochalski (Nr. 1481714) und Ernst Mühlberg, Gekielter Flugzeugschwimmer (Nr. 1481715).

12 Rechliner Stammkennzeichen TJ+HB.

13 Der erste Einsatz erfolgte während des Norwegenfeldzugs bei der 5./BFGr.196.

14 Societé Nationale de Constructions Aéronautiques du Sud-Oest.

15 Truppenerprobung bei der Bordfliegerstaffel 1/196 in Wilhelmshaven.

16 Kriegsberichterstatter Otto Paust.

17 LC Nr.84139 IVg.

18 Arado-Beiratsberichte 1940, Anlage IV Umsatz- und Produktionsanforderungen.

19 Heinrich Beauvais: Beauvais Flugerlebnisse, S. 65.

20 Rechliner Stammkennzeichen GJ+AL.

21 Arado-Beiratsprotokoll 15.12.1941, S. 7.

22 Rechliner Stammkennzeichen NH+AM.

23 Rechliner Stammkennzeichen BH+BM.

24 Rechliner Stammkennzeichen TJ+HL.

25 Weitere Stationierungen: W.Nr. 0007 im Mai 1940 in Finnland, W.Nr. 0011 im Mai 1943 in Pori/Finnland, Abgabe der W.Nr. 0017 an Travemünde am 28.5.1943, W.Nr. 0020 bei SNK IX, W-Nr. 0026 im Oktober 1943 bei 10. Seenotstaffel Stavanger, A-0 KK+BT im Oktober 1942 bei der E-Stelle Travemünde und im Mai 1944 bei der Seefliegerschule Bug auf Rügen, KK+BX im Januar 1944 in Tromsö bei 5./Sn., BH+AM im Sommer 1943 in Kemi/Finnland.

26 LC IV 5/38, 10.1.1938.

27 1932 war nur ein Prozent der deutschen Bevölkerung motorisiert. Hitler erklärte anläßlich der Berliner Automobilausstellung 1934: »Man muß dem Auto seinen...klassenbetonenden und damit auch leider klassenspaltenden Charakter nehmen. Es darf nicht länger Luxusmittel bleiben, sondern muß zum Gebrauchsmittel werden.«

28 Arado-Geschäftsbericht für das Jahr 1939, S. 4.

29 Hirth-Motorenwerke/Zuffenhausen. Helmuth Hirth, ehemaliger Rumpler-Pilot und Weggenosse Lübbes, verstarb 1938. 1941 wurde sein Werk von Ernst Heinkel übernommen.

30 VDI-Zeitschrift Nr.13 vom 1.4.1939.

31 Heinrich Beauvais: Beauvais Flugerlebnisse, S. 64.

32 Ebenda S. 64.

33 Laut RLM-Vertriebsprogramm vom 1.4.1939.

34 Nach Angaben des Arado-Ingenieurs Fritz Reishaus vom 1.6.1950 wurde dieses Liefersoll erfüllt. Eine Ausführung als Ar 179 mit stärkerem Hirth-Motor soll in Planung gewesen sein. Mehrheitlich wird allerdings davon ausgegangen, daß nur weitere 55 Einheiten gebaut wurden, da die Produktion nach Kriegsbeginn vermutlich zurückgestellt werden mußte.

35 Horthy fiel am 20.8.1943 als Jagdflieger an der Ostfront.
36 W. Nr. 60, September 1944.
37 Mitteilung an den Verfasser vom 4.10.1993.
38 «Aerokurier« Nr. 3/1992, S. 58.
39 Zitiert nach Fritz Longolius: Flugzeugbau für Deutschland. Die Luftfahrtindustrie im Lebenskampf des deutschen Volkes. Berlin o.J. [um 1940], S. 64 – 65.
40 Zeitschrift »Flight«, 29.10.1942.
41 Lutz Budraß, a.a.O., S. 390.
42 Arado-Beiratssitzung vom 6.3.1940, S. 3. BArch/MA Freiburg LR 3,1305.
43 Arado-Beiratssitzung 5.12.1941. S. 4.
44 Arado-Beiratssitzung 13.11.1940, Protokoll S. 7.
45 Anlage V zum Geschäftsbericht der Arado Flugzeugwerke 1939.
46 Bericht der Deutschen Revisions- und Treuhandgesellschaft für 1937, S. 7.
47 Prüfbericht der Treuhand 31.12.1937, S. 4-5.
48 Die Werknummern 2463-2476 und 2203-2225 wurden im April und Mai 1938 in Warnemünde von Richard Perlia eingeflogen.
49 Von der zweitgrößten Vorkriegsserie Bf 190 D wurden von 1938-39 bei Arado, AGO, Erla, Fieseler und Focke-Wulf etwa 650 Einheiten nachgebaut. Vgl.: Hans J. Ebert/Johann B. Kaiser/Klaus Peters: Willy Messerschmitt – Pionier der Luftfahrt und des Leichtbaus. Bonn 1992, S. 115.
50 W.Nr. 2077-2100, 2115-2158, 2189-2264, 2301-2310.
51 W.Nr. 2572-2584, 2651-2700, 3501-3670, 3851-3920 und zusammen mit Messerschmitt W.Nr. 4911-5000, 6001-6200.
52 W.Nr. 9535-9734.
53 BArch/MA Freiburg Lw 103.
55 Arado-Jahresbericht 1939, Anlage V.
56 Vorgesehene Zusammensetzung der Konzerne für die Fabrikation Ju 88. 30.5.1938. Sammlung Gen. Dir. Koppenberg 26.9.1955, BArch/MA Freiburg Lw 103,42.
57 Lieferplan Nr. 10 vom Januar 1939 (ohne Ar 79).
58 Auszug aus Anlage IV, Umsatz- und Produktionsabrechnung des Arado-Geschäftsberichtes 1940, BArch/MA Freiburg RL 3, 1305 b.
59 Planung Arado vom 18.12.1943 laut Lieferplan 225. BArch/MA Freiburg, RL 3/1112.
60 Planung Arado vom 18.12.1943 laut Lieferplan 225.

Der Weg zum Hochleistungsflugzeug

1 Gutachten Walter Blume 1950.
2 Unveröffentlichter Lebenslauf, S. 4.
3 Darunter u. a. Reichspatent Nr. 693574/1940 »Einrichtung zur Widerstandsverminderung von Strömungskörpern«.
4 Lutz Budraß, a.a.O., S. 396.
5 Arado-Beiratssitzung 13.11.1940, S. 9-10.
6 Arado-Beiratssitzung 15.12.1941, S. 6-7.
7 Vgl. die Parallelentwürfe Me 261 und Me 264.
8 Rüdiger Kosin: Die Entwicklung der deutschen Jagdflugzeuge. Koblenz 1990, S. 142.
9 Untersuchung vom 19.12.1941.
10 Van Nes, Dezember 1941.
11 Monatberichte des Pariser Arado-Büros.
12 Zum Beispiel vollständig zerlegte Bf 109 mit Mannschaft und Werkzeugen oder vier Pak mit 16 Mann Bedienung.
13 Laut Handbuch Ar 232 A-0. Vgl. Entwurfsbeschreibung vom 24.1.1941, in der 2x BMW 801 L verzeichnet ist in Verbindung mit einer Vierblatt-Luftschraube mit Durchmesser 4,40 m.
14 Nachtrag zu den vorläufigen Festigkeitsvorschriften Ar 232 V-Muster. LC 2 Festigkeitsprüfstelle Berlin-Adlershof, Az.89/LC 2/FP XA, Nr. 601/LO.41 geh. vom 8.10.1941.
15 Wochenbericht Rechlin 27.3.-2.4.1941.
16 Flugbuch Fl.Stabsing. Ernst Hirschberg.
17 Flugzeughandbuch Ar 232 A-0, S. 4. Laut Entwurfsbeschreibung vom 30.8.1941 betrug die Flugmasse bei gleichen Abmessungen 16 000 kg, die Leistungsbelastung 118 kg/m.
18 Britische Code-Bezeichnung »Rechlin 104«.
19 Bericht des Instituts für Seeflugwesen der DVL vom Dezember 1941.
20 Wie BMW/Bramo 323 P-1, P-2 mit Kraftstoffeinspritzung und Zweigang-Schaltlader. Die gelegentlich behauptete Einplanung von französischen Doppelsternmotoren vom Typ Gnôme-Rhone (515 kW/700 PS) für die Baureihe B-0 ist angesichts ihrer geringen Leistung zweifelhaft.
21 Laut Entwurfsbeschreibung vom 30.8.1941.
22 Die Abflugmasse der Ar 232 A betrug laut Handbuch Ar 232 A-0 1 690 kg, die Leistungsbelastung 5,4 kg/PS.
23 Nach einer Notlandung am 3.6.1943 aufgrund starker Beschädigungen abgewrackt.
24 Lieferprogramm Nr. 22 vom 15.3.1942.
25 Lieferprogramm Nr. 22/1.
26 GL/C-E2.
27 Sonderbericht der Bauaufsicht des RLM bei Arado vom 15.9.1943.
28 Die Vorserienflugzeuge Ar 232 B-06 bis B-011 erhielten die Werknummern 011 0028 bis 011 0033.
29 Absturz in Rechlin laut Verlustliste am 14.6.1944.
30 Interimsbezeichnung auch Ar 232 C-01 oder Ar 432 V-1.
31 Bericht Flugbaumeister Walter Kröger vom 17.6. und Mitteilung der Werksabteilung für Flugerprobung (EFoF) vom 22. 6.1944.
32 Heinrich Beauvais: Beauvais Flugerlebnisse, S. 65.
33 Arado-Protokoll vom 23.11.1944.
34 Flugzeugprogramm Nr. 227/1 vom 15.12. 1944.
35 Zur Frage, ob die Ar 232 A-05 u. U. mit der Ar 232 V-2 identisch war, vgl. Karl Kössler, »Jet & Prop« 1/1996, S. 20.
36 Bestandsmeldungen der Verbände, Gen.Qu.m.6. Abt.
37 Bei dem in Warschau und anschließend in Rumänien stationierten Transportgeschwader TG.5.
38 Rudolf Schütze hatte die Ar 232 A-010 am 17.7.1943 eingeflogen.
39 Verbandskennzeichen L5+FR.
40 Vgl. Karl Kössler: Ar 322, »Jet & Prop« 2/96, S. 46.
41 Verbandskennzeichen L5+ER.
42 Verlustmeldung I./KG 200 vom 7.9.1944.

[43] Vgl.: Günther W. Gellermann: Moskau ruft Heeresgruppe Mitte, Koblenz 1988, S. 86 ff.
[44] Vgl. ebenda, S. 112 ff.
[45] Br.B. Nr. 766/44 geh. Kdos. Chefsache.
[46] Die Ar 232 A-06 ging am 14.12.1944 nach der Landung in Jesau zu Bruch.
[47] Am 20.3.1944 wies in Brandenburg der Werkspilot Jakob Kunz auf der Ar 232 A-05 den Einflieger Gunther Eheim ein, der das Flugzeug anschließend nach Alt-Lönnewitz überführte und dort bis zum 4.4.1944 zahlreiche Streckenflüge ausführte.
[48] Patent Hans Rebeski Nr. 733543, 1939.
[49] Entwurfsbeschreibung vom 20.2.1942.
[50] Mitteilung an den Verfasser vom 20.8.1998.
[51] Der von Kosin erwähnte Verzicht auf eine Flugerprobung der Absaugeanlage hatte vermutlich seinen Grund in dem Mangel an Wasserstoffsuperoxyd.
[52] Anmerkung des Verfassers: Am 1. Mai 1945 wurde die V-2 durch den Werkspiloten Otto Frach unter Mitnahme von Firmenangehörigen von Warnemünde nach Kaltenkirchen bei Hamburg überführt und vermutlich anschließend gesprengt.
[53] Schreiben an die Firma Handley-Page, Sommer 1950.
[54] Dr. Robert Knauss: »Die deutsche Luftflotte«. Vgl.: Bernhard Heimann/Joachim Schunke: Eine geheime Denkschrift zur Luftkriegskonzeption Hitler-Deutschlands vom Mai 1933. In: Zeitschrift für Militärgeschichte 3, Berlin (Ost) 1964, S. 80-81.
[55] E. Bartz: Gedanken über Luftkriegsführung. In: Die Luftwaffe, Militärwissenschaftliche Aufsatzsammlung, Berlin 31.3.1936, Heft 2, S. 5-14.
[56] Nach der Definition der taktisch-technischen Richtlinien von 1933/34 »Rüstungsflugzeug III«.
[57] Die Frage, ob von Richthofen von einem nachfolgenden Flugzeug oder vom Boden aus abgeschossen wurde, ist ungeklärt. Vgl. J. A. Kranzhoff: Flugzeuge die Geschichte machten. Fok DR I, Stuttgart 1994, S. 120 ff.
[58] W. Blume: Arbeiten und Gedanken über die bewegliche Bewaffnung der Flugzeuge. Jahrbuch der deutschen Akademie der Luftfahrtforschung, Berlin 1942, S. 574-575.
[59] Ob die vermutlich für Arado vorgesehene RLM-Nummer Ar 78 für dieses Flugzeug galt, ist offen.
[60] Die He 119 wurde im Juni 1941 gestrichen. Die He 119 V-4 hatte im November 1937 auf einer 1000-Kilometer-Strecke eine durchschnittliche Geschwindigkeit von 505 km/h erreicht.
[61] Vierteljahresbericht LC II, 3.9.1938.
[62] Messerschmitt A.G. 18.12.1939, BArch R 8121/137, fol.632.
[63] Vorteile der Verringerung der Typenzahl, S. 2. Ausarbeitung zwecks Vortrag bei GFM Göring am 13.12.1938. BArch/MA Freiburg Lw 103,28.
[64] In Konkurrenz zu Ju 288, Fw 191 und Do 317.
[65] Mit DB 604 laut Entwurfsbeschreibung vom 5.4.1940.
[66] Bezogen auf Ju 88 A-4 (460 km/h) und He 177 A-0/A-1 (480 km/h). Angaben gemäß Leistungsübersicht Wilhelm van Nes vom 19.3.1942.
[67] Arado-Protokoll vom 3.12.1940.
[68] Arado-Beiratsprotokoll 13.12.1940, S. 10.
[69] Nach dem Erstflug der Ju 288 Ende 1940 wurde die Entwicklung ebenso eingestellt wie im Fall der Fw 191 (Erstflug 1942) und Do 317 (Erstflug 1943).
[70] Flugzeugbeschreibung vom 8.6.1939.
[71] Rüdiger Kosin: Die Entwicklung der deutschen Jagdflugzeuge, S. 135.
[72] Einbaubeschluß laut Werksprotokoll vom 2.9.1941.
[73] Arado-Patente zur Aufhängung der Landeklappe, Nr. 674 937 vom 26.1.1938 und Querruderantrieb, Nr. 682 851 vom 12.7.1938.
[74] Generalstab der Luftwaffe, Nr. 2701/39 g. Kdos. Genst. Gen. Qu. 6. Abt. vom 9.8.1939.
[75] Generalluftzeugmeister, LC2 Nr. 632/39 g. Kdos. vom 12.9.1939.
[76] Eine zeitgleiche Zusammenstellung der Elt-Ausrüstung datiert vom 17.1.1940.
[77] Laut Prototkoll der Arado-Beiratssitzung vom 13.12.1940, S. 10 waren die V-1 und V-2 im Laufe des Jahres 1940 fertiggestellt.
[78] Aufnahme der Werksflüge laut Flugbuch Walter Krögers am 25.6.1940.
[79] Die Kennzeichen DD+CE sind nicht bestätigt.
[80] Flugbuch Walter Kröger.
[81] Werksseitige Angabe vom 31.10.1943.
[82] Flügeldicke im Verhältnis zur Länge von der Vorderkante zur Hinterkante.
[83] Gewichtserleichterung Ar 240 Weiterbau Stufe Ia, 5.2.1941.
[84] Besprechungsprotokoll vom 2.9.1941.
[85] Arado-Aktenzeichen Nr. 40962. Die Motoren wurden nach Angaben von Hans Rebeski an die Messerschmitt-Werke abgegeben, um die Flugeigenschaften der Me 210 zu verbessern.
[86] Besprechungsprotokoll vom 22.5.1941.
[87] Besprechungsprotokoll vom 9.9.1941.
[88] Blume Tb. Nr. 146 vom 15.8.1941. Der DB 614 war ein DB 603 mit Grenzlader (1485 kW/2020 PS).
[89] Besprechungsprotokoll vom 2.9.1941.
[90] Blume Tb. Nr. 232 vom 17.6.1942. Für den BMW 801J wurde eine Leistung von 1331 kW(1810 PS) erwartet.
[91] Für den DB 627 wurde eine Leistung von 1471 kW(2000 PS) erwartet.
[92] Beschluß laut Werksprotokoll vom 31.10.1943.
[93] Besprechungsprotokoll vom 9.9.1941.
[94] Werksprotokoll vom 3.6.1941.
[95] Besprechungsprotokoll vom 22.5.1941.
[96] Bericht des C-Amtes vom 1.11.1941.
[97] Blume Tb. Nr.113.
[98] Amtsbericht vom 1.2.1941. Werksmitteilung vom 22.5.1941.
[99] Blume Tb. Nr.123.
[100] Blume Tb. Nr.120.
[101] Vermerk Abteilung TAe BS/Ms 5.8.1941.
[102] Blume Tb. Nr.148.
[103] Werksvermerk vom 13.10.1941.

[104] Flugzeugprogramm des C-Amtes vom 1.3.1941.
[105] Blume Tb. Nr.137
[106] Angaben vom 23.9.1950.
[107] Über Beschußversuche mit einer Druckkammer. Dessau, Januar 1941.
[108] Werksmitteilung vom 31.10.1941.
[109] Waffenabteilung.
[110] Werksseitiger »Erfahrungsbericht über den Ablauf der Aktion Me 110« vom 1.10.1941.
[111] Flugbuch Walter Kröger.
[112] Fluggeschwindigkeiten der Ar 240 mit Kampfleistung (Notleistung). Undatiert.
[113] Anlage zur Leistungsübersicht vom 17.4.1941.
[114] Mitteilung der Arado Flugzeugwerke an LC 2/III, TP:Gr./Wi. vom 19.2.1941.
[115] Aktennotiz Arado Brandenburg TAe Bs/Ms vom 5.8.1941. Die Sonderaufklärungsgruppe Rowehl der Versuchsstelle für Höhenflüge (VfH) bestand ab 1935 unter der Regie der Luft Hansa. Aufstellung des Stabes 1939. Zeitgleich Aufstellung der 1(F) Aufkl.Gr.Ob.d.L. (1942 zugeteilt der FAGR.2, 1943 1/Aufkl.Gr.100), der 2(F) Aufkl.Gr.Ob.d.L. (1942 zugeteilt der FAGR.4, 1943 2/Aufkl.Gr.100), der 3(F) Aufkl. Gr.Ob.d.L. (1942 zugeteilt der FAGR.2, 1943 3/Aufkl. Gr.100) und der 4(F) Aufkl.Gr.Ob.d.L. (1943 1/Versuchsverband/Ob.d.L.) .
[116] Aktennotiz Brandenburg TEW – vN/P. vom 15.2.1941.
[117] Werksprotokoll vom 17.6.1941.
[118] TC-Aktenvermerk 41/3, Brandenburg TC:Gr./Wi. vom 14.2.1941.
[119] Blume Tb. Nr. 148.
[120] Werksprotokoll vom 18.10.1941.
[121] Werksprotokoll vom 3.11.1941.
[122] Werksprotokoll vom 6.11.1941.
[123] Blume Tb. Nr. 169.
[124] Blume Tb. Nr. 176.
[125] Flugbuch Walter Kröger.
[126] Verbandskennzeichen T5+MH.
[127] Laut Werksmitteilung vom 30.10.1943 zerstört.
[128] Verbandskennzeichen T5+KH.
[129] Aktennotiz Walter Blume vom 6.11.1942.
[130] Laut Werksmitteilung vom 31.10.1943 zerstört.
[131] g. Kdos. Nr. 304/39.
[132] R.d.L. u. O.d.L. GL LC 2 Nr. 32/39 III.
[133] Werksbesprechung vom 14.2.1941.
[134] LC 2/AI1, g. Kdos. Nr.472/41, Änderungsblatt A.
[135] GL/C-E Nr.1219/41 III, geh. Kdos.
[136] Verbandskennzeichen T5+YP.
[137] Laut Frontbericht wurde im Oktober 1942 »ein Triebwerk Jumo 211 I und ein Motor Jumo 211 F gewechselt«.
[138] Fronterfahrungsbericht über Ar 240. 3./Aufklärungsgruppe. Ob.d.L.-Br.B.Nr.10140/42 geh, AZ.67.
[139] RL3/1425.
[140] Nach Werksangabe vom 30.10.1943 in Rußland gesprengt.
[141] Walter Blume: Studie vom 20.8.1941. Handschriftliche Randbemerkung.
[142] Werksseitige »Stellungnahme zur Weiterentwicklung« vom 29.7.1941.
[143] Blume Tb. Nr. 131.
[144] Blume Tb. Nr. 118/119.
[145] Blume Tb. Nr. 146 vom 19.8.1941.
[146] Blume Tb. Nr. 155.
[147] Werksseitige Terminübersicht vom 29.9.1942.
[148] Flugbuch Walter Kröger.
[149] Im C-Amtsbericht vom Februar 1942 waren für die V-7 und die V-8 noch die Werknummern 240 007 bzw. 240 008, im C-Amtsbericht vom November 1942 und in einer un datierten, handschriftlichen Werksaufstellung zwischenzeitlich auch die Werknummern 240 009 bzw. 240 010 verzeichnet.
[150] Besprechung beim Staatssekretär der Luftfahrt über Ar 240 am 9.4.1942. Bra TAe-Fl Hübner/Bö. 15.4.1942.
[151] Auftrag des Staatssekretärs auf Leistungsuntersuchung Ar 240 als Bomber. Handschriftliche Notizen Blumes.
[152] W. Blume: Vorschlag für den Weiterbau der Ar 240. Bra 28.4.1942.
[153] GL/C-E 2 Nr.2796/III B/42 geh.
[154] Laut RLM-Plan Nr. 222.
[155] HQ USAFHRC, Maxwell Air Force Base K 1029 H 1745. Nach Einschätzung von Wolfgang Vorwald zeigte sich hinsichtlich der Me 210 im November 1941, »daß die militärische Erprobung in Rechlin das Muster nicht frontreif erklären konnte.« Vgl. Die deutsche Luftwaffenrüstung im Rahmen der Gesamtrüstung. In: Wehrtechnische Monatshefte 1/1953, S. 14.
[156] Zitiert nach Werner Baumbach: Zu spät ? Aufstieg und Untergang der deutschen Luftwaffe. München 1949, S. 35.
[157] Robert Lusser: Denkschrift über Entwicklung und Entwicklungsplanung vom 15.1.1942, BArch/MA Freiburg RL 3/51, S. 806.
[158] David Irving: Die Tragödie der deutschen Luftwaffe, S. 316.
[159] Richard Suchenwirth: Bericht über die Befragung des Generalrichters a. D. Dr. A. Kräll in Wiesbaden vom 24.6.1955. BArch Freiburg Lw 103,25b.
[160] Günther Tschersich: Unveröffentlicher Lebenslauf.
[161] Chef des Generalstabs der Luftwaffe, Nr.1150/42 g. Kdos. 14.7.1942. BArch/MA Freiburg RL 3/865, S. 3 ff.
[162] Ansprache an den Industrierat und die Führer der Industrieringe am 18.9.1941. BArch/MA, RL 3/51, S. 1160.
[163] Testing Combat Aircraft, Airlife 1994.
[164] Über den Verbleib der Ar 240 konnte Brown keine Angaben machen.
[165] Angaben vom 23.9.1950.
[166] Stellungnahme zur Weiterentwicklung mit DB 603 vom 30.7.1941.
[167] Arado-Aktennotiz 26.8.1941.
[168] Mitteilung an den Verfasser vom 30.1.1998.
[169] Rüdiger Kosin: Vergleich der Triebwerke 601 E, 605, 603 und 614 zur Verwendung in einer aus der Ar 240 zu entwickelnden Maschine. Brandenburg TAe-E Ko/Ms 5.7.1941.
[170] Unterhaltung mit Herrn Malz, RLM LC 2 am 15.8.1941. Aktennotiz Bra TAe/Ko/To vom 16.8.1941.
[171] Entwurfsbeschreibung vom 19.3.1941, Blatt 7.
[172] Werksseitiger Beschluß vom 18.10.1941.

[173] Das Protokoll des werkss. Beschlusses vom 13.10. 1941 enthielt bezüglich der Termine den Randvermerk »zu spät«.
[174] Besprechungsnotizen Blume Tb. Nr. 231 vom 18.6.1942.
[175] Werksvermerk v. 20.4.1942 u. Aktenvermerk zu einer RLM-Besprechung am 23.4.1942. GL/C-E 2 Nr. 2796/III/42 geh.
[176] Blume Tb. Nr.234.
[177] Blume Tb. Nr. 240.
[178] Blume Tb. Nr.239, Nr. 214.
[179] Entwurfsbeschreibung vom 19. März 1942.
[180] Planung vom 10. März 1943.
[181] Zur Baureihe F liegen nur Gewichtsaufstellungen vor. Die Auslegung eines Zerstörers der Baureihe G blieb offen.
[182] Blume Tb. Nr. 232-235.
[183] Von dem mit BMW 801- und Jumo 213-Motoren ausgerüsteten Bomber und Fernaufklärer Ju 188, der erstmals 1940 flog, wurden über 1000 Einheiten gebaut. Von der Ju 388, die ebenfalls ab 1940 in die Erprobung ging, entstanden nur wenige Mustermaschinen.
[184] Der Entwurf des mit DB 601-Motor ausgerüsteten Bombers, Aufklärers und Nachtjägers Do 217 stammte aus dem Jahr 1938. Nach dem Erstflug im September 1939 wurden 277 Flugzeuge in Serie gebaut.
[185] Als Nachtjäger sollte die He 219 DB 603 G-Motoren, als Höhenaufklärer DB 614-Höhenmotoren erhalten. Vorgesehen, aber nur in wenigen Musterflugzeugen eingebaut, waren auch DB 213- und Jumo 222-Triebwerke.
[186] Nach dem Erstflug am 6.11.1942 wurden elf weitere Musterflugzeuge und 268 Serienflugzeuge gebaut.
[187] »Gedanken über Zerstörentwicklung« vom 3.7.1942.
[188] Bf 110, Anm. d. Verf.
[189] He 219, Anm. d. Verf.
[190] Blume Tb. Nr.238.
[191] Walter Blume: Notizen zu einer Ansprache Erhard Milchs vom 10.7.1942.
[192] Walter Blume: Terminübersicht vom 29.9.1942.
[193] Walter Blume: Aktennotiz »Weitere Entwicklungsarbeiten« 6.11.1942.
[194] Abteilung Aerodynamik, Anm. d. Verf.
[195] Hauptabteilung Entwicklung, Anm. d. Verf.
[196] Rowehl, Anm. d. Verf.
[197] Schnellbombervergleich 1.12.1942.
[198] Abschlußbericht vom 19.1.1943.
[199] Arado-Protokoll vom 21.1.1943.
[200] Heinrich Beauvais: Beauvais Flugerlebnisse, S. 65.
[201] Erstflug der Do 335 im Oktober 1943. Der DB 603 wurde ab diesem Zeitpunkt als »Einheitstriebwerk« für Bomber und Zerstörer mit der Me 410 erprobt.
[202] Wahrscheinlich A-03/U1, A-04/U2 und V-10. Falls, wie vermutet, die V-9 zu diesem Zeitpunkt bereits zerstört war, könnte der von Rüdiger Kosin behauptete Einbau der GM 1-Anlage in die V-3 in Frage kommen. Vgl. R. Kosin: Die Entwicklung der deutschen Jagdflugzeuge, S. 144.
[203] 1 400 kW, Anm. d. Verf.
[204] Aufgabenplan des Versuchsverbandes Ob.d.L. vom 29.3. 1944.
[205] Verbandskennzeichen T9+GL.
[206] Aktenvermerk Daimler-Benz vom 19.9.1944.
[207] Laut Werksmitteilung vom 30.10.1943 nicht wieder aufgerüstet.
[208] C-Amtsprogramm zu V-Mustern der Arado Flugzeugwerke vom 24.4.1944.
[209] Werksseitige Übersicht vom 31.10.1943.
[210] Flugbuch Gunther Eheim.
[211] Flugbuch Gunther Eheim.
[212] Projektbeschreibung vom 17.9.1943.
[213] Flugbuch Walter Kröger.
[214] Entsprechende Ankündigung in werksseitiger Übersicht vom 31.10.1943.
[215] Flugbuch Gunther Eheim.
[216] Startleistung 1287 kW (1750 PS). Mit GM 1-Anlage 1544 kW (2100 PS).
[217] Aktennotiz Arado vom 3.3.1944.
[218] Aktennotiz Arado vom 12.5.1944.
[219] Gewichtsaufstellung vom 20.5.1944 und Schwerpunktsermittlung vom 23.5.1944.
[220] Nach Aussage von Fritz Reishaus (ehemals Verbindungsingenieur im Außendienst) vom 29.3.1950 gingen alle Flugzeuge zu Bruch.
[221] Nach Angaben des englischen Testpiloten Eric Brown wurden insgesamt 16 Flugzeuge gebaut. Fritz Reishaus ging von nur 15 gebauten Flugzeugen aus (Schreiben vom 1.6.1950). Robert Stelzer, ehemals Ingenieur im technischen Entwurfsbüro, bestätigte diese Zahl (Flugwelt III, 2/1951). Eine werksseitige Übersicht vom 31.10.1943, nach der zu diesem Zeitpunkt 16 Flugzeuge, einschließlich einer ansonsten nirgends nachgewiesenen A-05, fertiggestellt und zwei weitere, die V-12 und V-13, im Bau waren, erscheint demnach nicht zuverlässig.
[222] Arado-Statistik vom 19.3.1942.

Produktionsumstellung im Zeichen der Kriegswende

[1] Schreiben des RLM an das Reichskriegsministerium vom 18.6.1936. National Archives T177, Roll 31, frames 3719464-5. Vgl. Richard James Overy: German Aircraft Production 1939-1942, S. 156-157.
[2] Besprechungsnotiz beim Reichsmarschall, Nr. 109/42 vom 29.6.1942. Milch Tagebuch LXII, S. 5238.
[3] 12.6.1941, Heinkel-Archiv 6 06.
[4] Vorausbestimmung der Wirtschaftlichkeit von Fertigungsverfahren, Juli 1941. Lochkartensysteme zur Kontrolle der Lagerhaltung wurden nach 1941 erstmals bei Junkers eingesetzt.
[5] Die Vorteile der Verringerung der Typenzahl. Ausarbeitung zwecks Vortrag bei GFM Göring am 13.12.1938, S. 2. BArch Freiburg Lw 103, 28.
[6] Arado-Patent Nr.674 564 vom 15.4.1940.
[7] Monatsbericht September 1941, S. 8. Speer Collection FD 5398/45.
[8] Arado-Beiratsprotokoll vom 22.6.1939, S. 3.
[9] Bericht der Forschungsgruppe Weigmann 12.4.1940.
[10] Das Fließbandsystem wurde zuerst bei Messerschmitt eingeführt.
[11] Ausländerstatistik der Arado Flugzeugwerke vom 15.12. 1941.

12 Arado-Beiratsprotokoll 9.12.1943, S. 8.
13 Im Rahmen der »Selbstverwaltungsorgane der Rüstungswirtschaft« leitete Dipl.-Ing. Karl Frydag, der Direktor der Henschel Flugzeugwerke AG, den »Hauptausschuß Zellen«. Der »Sonderausschuß F6 Arado-Zellen« unterstand Walter Blume und seinem Stellvertreter, Dipl.-Ing. Kurt Specht. In: Verzeichnis der Ausschüsse und Ringe des Reichsministers für Bewaffnung und Munition vom 1.6.1942.
14 Arado-Beiratsprotokoll 15.12.1943, S. 8.
15 Deckname »Max Kühl GmbH« unter Bezug auf die örtliche Weberei.
16 Deckname »Sagos«.
17 Zitiert nach Ingrid Schäfer/Valentin Zandonella: 100 Jahre Buchensperrholz, S. 154/155.
18 Die Entscheidung wurde aufgrund der Klassifizierung der vorrangigen Baumuster vom 7. 9.1943 gefällt.
19 Vorschlag einer Schalenbauweise aus Holz und Kunststoff für das Tragwerk Ar 96 vom 11.9.1942.
20 Societé Industrielle Pour L'Aéronautique.
21 Rahmenvertrag vom 20.8.1943.
22 Vertrag vom 20.10.1943.
23 Reisebericht vom 18.6.1943.
24 Stellungnahme vom 5.7.1943.
25 Aktennotiz Hans Rebeski TB/20/III/44 vom 20.3.1944.
26 Erprobung in Küpper/Sagan am 13. und 27.4. sowie am 21.9. und 5.12.1944. Flugbuch Gunther Eheim.
27 Reisebericht vom 5.6.1944.
28 Weitere Erprobung in Sagan am 24.9.1944. Flugbuch Gunther Eheim.
29 Erprobung am 24.9.1944. Flugbuch Gunther Eheim.
30 Arado-Protokoll zur Besprechung in Landeshut am 3.6.1944.
31 Ob insgesamt 85 Einheiten geliefert wurden, ist unbestätigt.
32 Schreiben Walter Blumes an Siegfried Knemeyer vom 18.7.1944. Betr.: Entwicklungslinien, Ausarbeitung für Milch vom 14.1.1943, S. 8, Rheinisch-Westfälisches Wirtschaftsarchiv Köln.
33 W. Blume: Ausarbeitung über Entwicklungslinien, 14.1. 1943. Am 18.7.1944 S. Knemeyer erneut vorgelegt.
34 Vergleichsstudie: Zubringertransporter – Ar 432, 3.3.1943.
35 Verbesserungsvorschlag. Betr.: Ar 432 – Vereinfachung des Tragflügelsystems für Holzaußenflügel. Entwurfsbüro (K.-Nr. 3463).
36 Protokoll St/GL/Ruk-Besprechung vom 12.5.1944, St/ GL/ C-B Nr. 15880/44 gKdos vom 1.6.1944.

Pionierleistungen mit Strahlflugzeugen

1 R. Kosin: Anwendungsbereich und Anwendungsmöglichkeiten der Luft-Strahl-Triebwerke.
2 R. Kosin: Unveröffentlichter Lebenslauf, S. 4.
3 R. Kosin: Angaben zur wissenschaftlichen Tätigkeit. Unveröffentlicht.
4 Aus diesem Grund entschied man sich bei der He 280 für die anschließend übliche Anbringung der Strahltriebwerke unter den Tragflächen.
5 Großbomber, Anm. d. Verf.
6 Vorschlag für die Weiterentwicklung schneller Zweisitzer.
7 Aktennotiz Entwicklungsbüro Bra 11.8.1943.
8 Vermutlich entstanden auch Entwürfe für größere Abwurflasten und Reichweiten, unter anderem auch mit Propellerturbinen-Antrieb.
9 W. Blume: Ausarbeitung über Entwicklungslinien vom 14.1.1943, am 18.7.1944 S. Knemeyer GL/C-E erneut vorgelegt.
10 Serienfertigung Jumo 004 A-0 ab Januar 1943. Serienanlauf BMW 003 A-1 und BMW 003 E-1 im August 1944.
11 Adolf Hitler: Monologe im Führerhauptquartier 1941-1944. Die Aufzeichnungen Heinrich Heims, hrsg. von Werner Jochmann, Hamburg 1980, S.274.
12 Wiederaufnahme entsprechender Fernbomber-Projekte mit der ebenfalls aus dem Jahr 1943 stammenden Entwurfsreihe E 555 der Arado Flugzeugwerke.
13 E. Eckstein wurde anschließend bei den Henschel Flugzeugwerken tätig.
14 W. Blume: Weitere Entwicklungsarbeiten – Ausgangslage.
15 Heinkel-Ringe.
16 ST/GL, GL/C-Nr. 845/42 g.K. (E/J) vom 10.12.1942. BArch/MA RL 36/54.
17 H. Rebeski: Beschreibung des Flugzeugmusters Ar 234, S. 1-2.
18 Ein von der Firma Dräger entwickelter Druckanzug kam bis Kriegsende über das Erprobungsstadium nicht hinaus.
19 H. Rebeski: Beschreibung des Flugzeugmusters Ar 234, S.7.
20 Mitteilung an den Verfasser vom 7.11.1998.
21 Bericht TAe-Fl Bra 5.8.1943.
22 Bericht TAe-Fl Selle/Sche, 12.8.1943.
23 Bericht TAe-Fl Selle/So. 6.9.1943.
24 Ebenda.
25 Die Entwicklung von Schleudersitzen begann 1940 bei den Heinkel Flugzeugwerken. Erster Rettungseinsatz vermutlich am 13.1.1943 bei Probeflug mit He 280 V-1.
26 Vgl. J. Richard Smith/Eddie Creek: Arado 234 Blitz, Massachusetts 1992, S. 40.
27 Werksprotokoll vom 22.9.1944 zum Brand der V-15 am 16.9.1944.
28 Vgl.: Heinrich Beauvais/Karl Kössler/Max Mayer/Christoph Regel: Flugerprobungsstellen bis 1945. Bonn 1998, S.229 ff.
29 TAe-Fl/Kröger/Mey. 30.12.1943.
30 Siegried Knemeyer war ursprünglich Verkehrsflieger, bevor er technischer Berater Görings wurde und im November 1943 die Nachfolge von Oberst Georg Pasewaldt als Entwicklungschef im Technischen Amt antrat.
31 Verbandskennzeichen T9+LH und T9+MH.
32 Oberkommando der Luftwaffe.
33 Erfahrungsbericht Ar 234. 1./Versuchsverband d. OKL, Kommando Sperling, Br.B.Nr.2295/44 geh. vom 13.9.1944.
34 Flugkontrollmeldung.
35 Vortrag C-E 2/Chef über Schnellkampfflugzeuge am 12.5. 1942 vor Chef-Genst., BArch/MA Freiburg RL 3/14, 555.
36 Turbinen-Luftstrahl-Triebwerk.
37 Zitiert nach Georg Henschel: Die geheimen Konferenzen des Generalluftzeugmeistes 1942-44, Koblenz 1989, S. 178-179.
38 Anlage zum Schreiben an Oberst Georg Pasewaldt, Chef der Amtsgruppe Entwicklung GL/CE, vom 15.9.1943.

[39] BMW 28-Zylinder-Doppelmotor, 3015 kW (4100 PS).
[40] Die Lage der Luftrüstungsindustrie, S. 17. BArch Freiburg Lw 103,42.
[41] Protokoll Janicke/Fr 5.11.1943.
[42] Vgl. Unfall des Einfliegers Selle am 2.10.1943.
[43] Messerschmitt Flugzeugwerke, Aktenvermerk vom 13.9. 1942 zu einer Ansprache Görings vor Vertretern der Luftfahrtindustrie.
[44] Handschriftliche Einfügung: 234.
[45] Entwurf für ein Gespräch mit dem Führer 7.9.1943. IWM, Speer Collection, FD 4355, Folder 1, fol. 102 f.
[46] Me 262 V-6.
[47] Vortragsnotiz zum Einsatz der Strahlflugzeuge vom 18.11.1943.BArch/MA Freiburg RL 2II/74.
[48] Kurzprojektbeschreibung der Me 262 vom 25.3.1943, DM, Ordner Me 262, 0109/0, Bl.2.
[49] Messerschmitt-Protokoll 2.7.1944 zur Führerbesprechung.
[50] H. Rebeski: Beschreibung des Flugzeugmusters Ar 234, S. 2 und S. 4.
[51] Flugbuch Gunther Eheim, der anschließend auch die Prototypen V-10 bis V-12 erprobte.
[52] Knemeyer, Anm. d. Verf.
[53] 23 Erprobungsflüge mit S3 bis S12 zwischen dem 10.7. und 14.10.1944. Flugbuch Gunther Eheim.
[54] Heinrich Beauvais: Beauvais Flugerlebnisse, S. 66.
[55] Beanstandungen an nachgeflogenen Serienflugzeugen, Aufstellung vom 18.8.1944.
[56] Vergleichswerte für He 111, Ar 196 und Ar 96: 350, 700 bzw. 900 Flugstunden.
[57] PDS 11.
[58] BZA.
[59] Rechliner Stammkennzeichen E7+10.
[60] Rechliner Stammkennzeichen E7+30.
[61] Vorläufiger Erprobungsbericht über Ar 234 mit Lotfe 7 K und PDS 11 Dreiachsensteuerung. E-Stelle Rechlin 23.10.1944.
[62] Randbemerkungen zur Organisation der Luftwaffentechnik. Kommando der Erprobungsstellen der Luftwaffe, Gr.II (PT) vom 20.5.1944. BArch Freiburg Lw 103,25b.
[63] Die Fehler in der deutschen Luftrüstung. Denkschrift Rechliner Ingenieure an SD und S.H.A, Berlin vom 15.8.1944. BArch Freiburg Lw 103,25b.
[64] Die technische Luftrüstung und Luftwaffenindustrie, S. 36. BArch Freiburg Lw 103,39.
[65] Mitteilung an Generalmajor Vorwald vom 29.11.1943. BArch/MA Freiburg RL 3/1112. S. 47 ff.
[66] BArch/MA Freiburg, RL 3/1112, S. 52.
[67] Ebenda, S. 48.
[68] Ab Ar 234 V-9 Jumo 004 B-1.
[69] Karl Otto Saur, Protokoll vom 24.9.1944. BArch Freiburg Lw 103,25b.
[70] Laut RLM-Plan Nr. 226/2.
[71] Nach Sabotageanschlägen wurden drei französische Techniker in Torgau hingerichtet.
[72] Hans Rebeski: Beschreibung des Flugzeugmusters Ar 234, S. 14.
[73] Werksseitige Übersicht vom 28.7.1944 laut RLM-Programm 226/2 mit nachträglich vermerkten Ist-Zahlen bis Ende Oktober 1944.
[74] Angaben vom Januar 1945.
[75] Statistische Schnellberichte. Zitiert nach Wolfgang Gehrich: Die Entwicklung der Luftfahrtindustrie im imperialistischen Deutschland bis 1945. Diss. Hochschule für Ökonomie Berlin 1974, S. XXVI. Gehrisch bezieht sich seinerseits auf: Die deutsche Industrie im Krieg 1939-1945, Berlin 1954, S. 126. Nach Werknummern erfaßt sind davon 160 Einheiten in: J. Richard Smith/Eddie J. Creek: Arado 234 Blitz, S. 252 ff.
[76] BArch /MA Freiburg, RL 2III/264. Die Angaben zur Menge der gefertigten und ausgelieferten Einheiten differieren.
[77] Rechliner Erprobungskennzeichen erhielten W.Nr. 140 102, 140 105, 140 106, 140 107, 140 108, 140 109, 140 110, 140 111, 140 113, 140 113, 140 115 und 140 117. Mit der ab dem 10.9.1944 zur Erprobung von Starthilfe-Raketen eingesetzten W.Nr.140 117, GM+BQ (Kennzeichen beim 7./KG 76: F1+DR, Rechliner Kennzeichen E5+30), kam der Arado-Einflieger Jakob Kunz nach Absturz infolge von Mach-Einflüssen am 7.12.1944 ums Leben.
[78] Ar 234 B-1 (W.Nr. 140 594), Erstflug 2.2.1945. Vgl.: Wadman/Bradley/Ketley: Aufklärer, Bonn 1999, S. 250 ff.
[79] E. Brown: Berühmte Flugzeuge der Luftwaffe 1939-1945, Stuttgart 1988, S. 6.
[80] Zitiert nach Georg Henschel: Die geheimen Konferenzen des Generalluftzeugmeisters 1942-44, Koblenz 1989, S. 157.
[81] Flugbericht vom 12.10.1944.
[82] R. Lucht: Eine Betrachtung zur Frage: Ein TL-Jäger und Hochleistungs-Otto-Jäger.
[83] Albert Speer: Tagebuch 22.6.1944.
[84] Aktenvermerk betr. Nachtjagdeinsatz Hecht. Bra TB: Reb./Ja. vom 14.9.1944.
[85] Werksprotokoll vom 7.11.1944.
[86] Zu den in Brandis umgeschulten Piloten gehörte auch Kurt W. Streit, der im Dezember 1944 einige Flüge mit der Ar 234 B-2N ausführte. Mitteilung vom 18.10.1999.
[87] Verbandskennzeichen F1+CS.
[88] Vgl. Wolfgang Wagner: Die ersten Strahlflugzeuge der Welt, Koblenz 1989, S. 62.
[89] Flugbuch Gunther Eheim und werksseitiger Zwischenflugbericht vom 15.9.1944.
[90] Hans Rebeski: Beschreibung des Flugzeugmusters Arado 234, S. 12-14.
[91] Für den Aufklärer C-4 waren BMW 003 C-Triebwerke geplant.
[92] W.Nr.140 104, GM+BD, in Sagan zur Erprobung mit Überlast, Abgabe an das KG 76, zerstört am 18.12.1944 bei Schlechtwetterlandung.
[93] Erstlauf des Triebwerks He S 001 Anfang 1944, bis Kriegsende aber keine Einsatzreife.
[94] Werksprotokoll vom 12.8.1944.
[95] V-16 war als Erprobungsträger für Versuchsflügel I vorgesehen.
[96] V-18 später als Erprobungsträger für Versuchsflügel II vorgesehen.
[97] Laut nachträglichem, handschriftlichem Randvermerk zum werksseitigen Auslieferungplan vom 24. 8.1944 war die V-

27 am 28.2. um einen Monat früher als vorgesehen flugfertig für die Kontrolle.
[98] Flugbuch Gunther Eheim.
[99] Arado-Werksprotokoll 29.2.1944.
[100] Nachträglich auf BMW 003 umgerüstet.
[101] Mitteilung an den Verf. vom 12.8.1999.
[102] Arado-Bericht Sagan 4.1.1945.
[103] Statische Längsstabilität und Steuerbarkeit bei hohen Machschen Zahlen. Veröffentlicht in: Jahrbuch der deutschen Luftfahrtforschung 1941, S. 195-198.
[104] Beitrag zur Entwicklung von Profilen für hohe Fluggeschwindigkeiten. Veröffentlicht in: Jahrbuch der deutschen Luftfahrtforschung 1941, S. 111-117.
[105] Patent Nr. 44723 vom 9.12.1942.
[106] Vgl. Rüdiger Kosin/Walter Lehmann: Beitrag zur Aerodynamik des Rumpfes. Veröffentlicht in: Jahrbuch der deutschen Luffahrtforschung 1942, S. 241-245.
[107] Mitteilung an den Verfasser vom 16.9.1998.
[108] Arado-Aktenvermerk Küpper EFoF Kröger/Li. 11.9.1944.
[109] Aufstellung Arado 16. 6.1944.
[110] Chef TLR-Rü Nr. 106 962/44 geh. vom 18.12.1944.
[111] Bombenzielanlage.
[112] Aktennotiz Arado 20.12.1944.
[113] Darunter der letzte durch Photos nachgewiesene Bomber C-3 (W.Nr. 250 012).
[114] Flugbuch Gunther Eheim.
[115] Eric Brown: Berühmte Flugzeuge der Luftwaffe 1939-1945, Stuttgart 1988, S. 150.
[116] TE I – Lan Walland/Sk.vom 5.7.1944.
[117] Bericht der Entwicklungssonderkommission für Schlechtwetter- und Nachtjäger in Bad Eilsen 22.1.1945.
[118] Aktennotiz Hans Rebeski 9.1.1945.
[119] Werksprotokoll vom 7.11.1944.
[120] Geplant war auch ein »Heeresflugzeug« Ar 234 D-3.
[121] W. Blume: Einsatzmöglichkeiten Ar 234 als Heeresflugzeug. Landeshut 31.5.1944.
[122] Schreiben vom 7.2.1944, gez. Wolf.
[123] »National-Aufgabe«.
[124] Heinkel-Archiv 7 17. Die Formulierung »Strahljäger Ar 234« ist irreführend und u.U. ein Schreibfehler.
[125] Ab 1939 von der Firma Henschel entwickelt. Vgl. Heinrich Beauvais/Karl Kössler/Max Mayer/Christoph Regel: Flugerprobungsstellen bis 1945. Bonn 1998, S.248 ff.
[126] Wagner war zuvor bei Junkers und Heinkel an der Entwicklung von Strahltriebwerken beteiligt.
[127] Rechliner Erprobungskennzeichen E2+10.
[128] Rechliner Erprobungskennzeichen E2+20.
[129] Entwurfsbeschreibung vom 7.12.1944.
[130] Spannweite 14,40 m, Länge 10,90 m, Startgewicht mit Startwagen 10 000 kg.
[131] Vgl.: Heinrich Beauvais/Karl Kössler/Max Mayer/Christoph Regel: Flugerprobungsstellen bis 1945. Bonn 1998, S.260 ff.
[132] Stellungnahme des Arado-Entwurfsbüros 25.10.1944.
[133] Aktennotiz Arado vom 13.1.1945.
[134] Werksprotokoll vom 5.6.1944.
[135] Entwurfsbeschreibung Dr. W. Laute/Sk., Landeshut 10.10.1944.
[136] Entwurfsbeschreibung 10.10.1944, S. 4.
[137] Siegfried Knemeyer soll im Dezember das Nurflügelflugzeug Ho VII geflogen haben. Die mit sechs Jumo 004-Triebwerken ausgerüstete und unter größtmöglicher Verwendung von Sparstoffen herzustellende Ho XVIII B-2 ließ angeblich die höchste Geschwindigkeit und die größte Reichweite erwarten.
[138] Jagdflugzeug E 580, Entwurfsabteilung, Meyer, 12.9.1944.

Zusammenbruch

[1] Metallfabrik O. W. Wagner, Ofen- und Herdfabrik Brucks, Papierfabrik Hohenofen.
[2] Tarnbezeichnung Freia G.m.b.H.
[3] Laut Schadensbericht des örtlichen Polizeireviers und britischer Luftauswertung vom 6.5.1945.
[4] Verbleib der bis Dezember 1944 in Sagan stationierten V-9 unbekannt. Bruch der V-10 am 7.4.1944 und der V-13 am 6.9.1944.
[5] Laut Flugbuch V-21 (W.Nr.130 061, RK+EK), V-24 (W.Nr.130 064, RK+EN), V-22 (W.Nr.130 062, RK+EL), V-25 (W.Nr. 130 065, RK+EO), V-20 (W.Nr.130 030, PI+WY), V-19 (W.Nr.130 029, PI+WX), V-23 (W.Nr. 130 063, RK+EM).
[6] Erstmalige Vorführung der auf Vorschlag Ernst Udets in den Stuka Ju 87 eingebauten Sirene in Dedelstorf am 22.12.1939.
[7] Angaben von Fritz Reishaus 21.9.1950.
[8] V-16 nicht völlig fertiggestellt. Verbleib der für den Versuchsflügel II vorgesehenen V-18 unbekannt.
[9] Flugbuch Gunther Eheim.
[10] Bericht Captain Anthony F. Dernbach 16.5.1945.
[11] Vermutlich V-11, V-21, V-23, V-25. Nur die V-20 wurde angeblich nicht nach Kaltenkirchen überführt (Mitteilung Fritz Reishaus vom 21.9.1950).
[12] Flugbuch Gunther Eheim.
[13] Nach Angaben von Fritz Reishaus sollte dorthin auch der Versuchsbau ausgelagert werden (Mitteilung vom 21.9.1950).
[14] Protokoll Nr. 22 der Stadt Brandenburg vom 13.6.1946.
[15] Verwendung von Beutegut eines Arado-Zweigwerks, unter anderem Widia-Drehstähle, aber auch Kantineneinrichtungen und ein Konzertflügel beim Wiederaufbau einer zerstörten Flugzeugfabrik in der Nähe von Kiew. Vgl. Theodor Holländer: Jung Betroffen, Essen 1979, S. 93 ff.
[16] Sequestrierung laut Befehl Nr. 124 S des obersten Chefs der SMAD vom 30.10.1945.
[17] Lage ehemals zwischen Kaiser-Wilhelm-Straße und Schlaatzweg.
[18] Heute Friedrich-Engels-Str. 21-23.
[19] Felix Wagenführ verstarb Anfang 1947 in Berlin-Grunewald, Teplitzerstr. 4.
[20] Handelsregister Potsdam, Abt. B, Nr. 456.
[21] SMAD-Befehl Nr. 64 vom 17.4.1948.
[22] Treuhandprüfung durch den Wirtschaftsberater Friedrich Engelke vom 3.5. bis 20.5.1948. Landeshauptarchiv Potsdam, Ld. Br. Rep 204 A, Nr. 2844.
[23] Handelsregister-Eintrag HRB Nr. 1578.
[24] Schreiben des Liquidators RA Dr. Erich Trost, Berlin W 15,

Kurfürstendamm 42, vom 17.12.1953 an die Industriebeteiligungsgesellschaft m.b.H. in Bonn, Schumannstr. 15.

25 HRB 10 703.

Rückblick

1 Von den rund 200 erbeuteten Schulflugzeugen vom Typ Ar 96 erhielt Frankreich 88, England zwei.

2 Englische Kennung »Air Ministry 17«.

3 Ob sich eine Ar 231 an Bord des im August 1944 vor Cape Cod/USA versenkten Unterseeboots befand, läßt sich erst nach einer eventuellen Bergung erweisen.

4 Lizenzproduktion der Fokker-Werke 1944.

5 Zu dem lange ungeklärten Kennzeichen vgl. Frithjof Ruud: Report regarding Arado 234 B-2 »Blitz« W.Nr. 140 140 3312, S.7.

6 Fiktive Kennzeichen F1+GS

ANHANG

1 Ermittelt auf der Grundlage von Werksangaben und C-Amtsprogrammen. Unberücksichtigt blieben die ungeklärten Projekte Ar 70 bis 75, 78 (The Aeroplane Spotter 10.2.1944, S. 10) sowie Ar 94, 214 und 230 (Angaben Fritz Reishaus vom 1.6.1950).

2 Vgl.: F. A.Vajda/P. Dancey: German Aircraft Industry and Production 1933-1945, und Karl Ries: Recherchen zur deutschen Luftfahrzeugrolle 1919-1934.

3 Flugbuch Richard Perlia.

4 Nachweisung vom 3.2.1939 über die bis zum 31.3.1940 zu beschaffenden Flugzeugzellen. BArch Freiburg Lw 103,25b.

5 Vgl.: Peter W. Cohausz: Deutsche Flugzeuge bis 1945, Oberhaching 1998.

Anhang

Anlage 1: Baumuster und Projekte 1925-1945

Baumuster	Verwendungsart	Baubeginn/	Produktionsstandort Bauzeit	Muster	Serie
S I	Schulflugzeug	1925	Warnemünde	3	
SC I	Schulflugzeug	1926	Warnemünde		14
S III	Schulflugzeug	1927	Warnemünde	1	
W II	Seeflugzeug	1927	Warnemünde	2	
SD I	Jagdeinsitzer	1927	Warnemünde	1	
V I	Verkehrsflugzeug	1927	Warnemünde	2	
SC II	Schulflugzeug	1928	Warnemünde		10
SD II	Jagdeinsitzer	1928	Warnemünde	1	
SD III	Jagdeinsitzer	1929	Warnemünde	1	
SSD I	Marine-Jagdeinsitzer	1929	Warnemünde	1	
L I	Sportflugzeug	1929	Warnemünde	1	
L II	Sport- und Reiseflugzeug	1929	Warnemünde	1	
J I	Torpedoflugzeug	1929	Warnemünde	1	
L II a	Sport- und Reiseflugzeug	1930	Warnemünde	4	
Ar 64	Jagdeinsitzer	1930-34	Warn./Lizenzwerke		31
Ar 65	Jagdeinsitzer	1931-36	Warn./Lizenzwerke		ca.194
Ar 66	Jagdtrainer	1932-37	Warn./Bra./Lizenzw.		ca.1 400
Ar 67	Jagdeinsitzer	1932	Warnemünde	1	
Ar 68	Jagdeinsitzer	1934-38	Warn./Brandenburg	6	ca.514
Ar 69	Übungseinsitzer	1934-36	Warnemünde	4	6
Ar 76	Übungseinsitzer	1934-38	Brandenburg	3	182
Ar 77	Schulflugzeug	1935	Warnemünde	2	
Ar 79	Sport- und Reiseflugzeug	1938-40	Brandenburg	3	ca.72
Ar 80	Jagdeinsitzer	1935-36	Warnemünde	3	
Ar 81	Stuka	1936-37	Brandenburg	3	
Ar 95	Mehrzweckflugzeug	1936-40	Warnemünde	5	15
Ar 96	Jagdtrainer	1936-44	Neuendorf/Lizenzwerke	6	ca. 3400
Ar 179	Weiterentwicklung Ar 79				
Ar 195	Trägerflugzeug	1937-38	Warnemünde	3	
Ar 196	Bordflugzeug	1937-44	Warnemünde/Lizenzwerke	5	ca. 527
Ar 197	Trägerflugzeug	1937-40	Brandenburg	3	3
Ar 198	Naherkunder	1938	Brandenburg	3	
Ar 199	Marine-Schulflugzeug	1938-43	Bra./Lizenzwerke	5	26
Ar 231	U-Boot-Borderkunder	1940-41	Warnemünde	4	
Ar 232	Kampfzonentransporter	1940-44	Bra./Warn./Ankl.	2	21
E 233	Amphibientransporter Ar 430	1940			
Ar 234 A	TL-Aufklärer	1940-44	Bra./Wittenberg/	8	
Ar 234 B	TL-Aufklärer, Bomber, Nachtjäger	1944-45	Freiberg/Alt-Lönnewitz	10	195
Ar 234 C	TL-Aufklärer, Bomber, Nachtjäger	1944-45	Freiberg/Altlönnewitz	13	19
Ar 240	Mehrzweckflugzeug	1940-42	Brandenburg	8	4
Ar 296	Weiterentwicklung Ar 96	1942			
E 300	U-Boot-Borderkunder Ar 231	1938			
E 310	Trägerflugzeug	1939			
Ar 340	Höhenzerstörer/Schnellbomber	1938			
E 370	Ar 234 mit Mehrradfahrwerk	1940			
E 371	Ar 234 mit Einziehfahrwerk	1943			

Baumuster	Verwendungsart	Baubeginn/ Bauzeit	Produktionsstandort	Muster	Serie
E 377	Ar 234 für Misteleinsatz	1944			
E 378	Ar 234 C mit vier Triebwerken	1944			
E 380	Weiterentwicklung Ar 196	1943			
E 381	Raketen-Kleinstjäger	1944			
E 385	TL-Schnellbomber	1942			
E 390	Höhenverkehrsflugzeug	1940			
E 395	TL-Bomber	1944			
Ar 396	Schulfluzeug	1943-45	Bra./Lizenzfirmen	20	max. 85
E 401	Schwimmerversion Ar 232	1941			
E 430	Amphibientransporter	1940			
Ar 432	Einfachtransporter	1943			
Ar 440	Mehrzweckflugzeug	1942-43	Brandenburg	3	
E 440	Kampfzonentransporter Ar 232	1940			
E 441	Großraumtransporter	1940			
E 470	Großraumtransporter	1941			
E 480	Kombinationsjäger	1941			
E 490	Kombinationsjäger	1941			
E 491	Lenkbomber SB 1400	1942			
E 500	Zerstörer	1936			
E 530	Zerstörer	1943			
Ar 532	Großraumtransporter	1944			
E 555	TL-Bomber	1943/44			
E 560	TL-Strahlbomber	1942			
E 580	TL-Volksjäger	1944			
E 581	TL-Nachtjäger	1944			
E 583	TL-Nachtjäger	1945			
E 625	Mehrzweckflugzeug Ar 240	1939			
Ar 632	Großraumtransporter	1944/45			
E 651	Zerstörer	1937			
E 654	Weiterentwicklung Ar 240	1941			
Ar I	TL-Nachtjäger aus E 583	1945			
Ar II	TL-Nachtjäger aus Ar 234	1945			

Anlage 2: Baumuster 1924 bis 1930

W.Nr.	Baumuster	Kennzeichen
1	HD 21	D-686
2	HD 21	
3	HD 21	
4	HD 21	D-676
5	HD 21	D-722
6	HD 21	
7	HD 21	D-677
8	HD 21	D-732
9	HD 21	D-762
10	HD 21	D-897
11	HD 21	
12	HD 21	
13	HD 21	
14	HD 21	

W.Nr.	Baumuster	Kennzeichen
15	HD 21	
16	HD 32	D-840
17	HD 32	
18	HD 32	D-842
19	HD 32	D-843
20	S I	D-817
21	S Ia	D-994
22	S Ib	
23	SC I	D-965
24	SC I	D-1015
25	SC I	D-1021
26	SC I	D-1034
27	SC I	D-1035
28	SC I	D-789

W.Nr.	Baumuster	Kennzeichen
29	SC I	D-1104
30	SC I	D-1191
31	J I	
32	SC I	D-1192
33	SC I	D-1204
34	SC I	D-1228
35	SC I	D-1241
36	SC I	D-1251
37	SC I	D-1311
38	W II	D-1412
39	S III	
40	SC II	D-1498
41	SC II	D-1390
42	SC II	D-1398
43	SC II	D-1409
44	SC II	D-1436
45	SC II	D-1542
46	SC II	D-1330
47	V I	D-1549
48	W II	D-1544
49	SD I	
50	SC II	D-1557
51	SC II	D-1562
52	SD II	
53	SSD I	D-1905
54	SD III	D-1973
55	V Ia	
56	L I	D-1707
57	L II	D-1771
58	L IIa	D-1873
59	L IIa	D-1874
60	L IIa	D-1875
61	L IIa	D-1876
62	SC II	D-1984

Anlage 3: Baumuster 1930-1936[2]

W.Nr.	Baumuster	W.Nr.	Kennzeichen
63-100	HD 38 B	63	D-2077
	HD 38 B	64	D-2078
	Ar 64 A	65	D-2470
	Ar 64 D	66	D-2238
		67	D-1039
		68	D-2277
		69	D-2278
		70	D-2075
	Ar 65 A	71	D-2218
	Ar 64 E	72	D-2279
		73	D-2280
		74	
		75	D-2281
		76	D-2282
	Ar 65 B	77	D-IGIL
	Ar 66 A	78	D-2335
	HD 38 C	79	D-2289
	Ar 67 A	80	D-IBIK
	HD 38 C	81	D-2286
	Ar 64 E	82	D-2355
		83	D-2799
		84-85	
	Ar 64 C	86	D-2766
		87	D-2767
		88	D- 2768
	Ar 65 D	89-98	
	Ar 68 A	99	D-IKIN
	Ar 66 C	100	
101-112	Ar 65 E	101-106	D-2887-2892
		107-112	D-2897
			D-2898
			D-2904
			D-2907
			D-2912
			D-2917
113-115	Ar 69 A		D-2821
			D-2822
			D-2823
116-135	Ar 66 C		D-2773-2792
136-141	Ar 69 B		D-2824-2829
142-149	Ar 66 C		D-2987-2994
150-152	Ar 68		D-2924-2926
153-312	Ar 66 C		
313-315			
316-347	Ar 65 F		
348-356	Ar 66 C		
357-362	Ar 68		
363-365	Ar 76 V-1	363	D-IBET
	V-2	364	D-IRAS
	V-3	365	D-ISEN
366-379	Ar 64		
380-605	Ar 66 C		
606-653	Ar 65 F		
654-870	HD 38, Ar 66 C, Ar 76 A		
	Ar 77 V-1	845	D-ABIM
	Ar 77 V-2	846	D-AJAZ
	Ar 80 V-1		D-IRLI
	V-2		D-ILOH
	V-3		D-IROK
871-900	Ar 65 F		
901-903	Ar 81 V-1	901	D-UJOX
	V-2	902	D-UPAR
	V-3	903	D-UDEX
904-935	Ar 68 F		
936-945	Ar 68 E		

W.Nr.	Baumuster	W.Nr.	Kennzeichen
946-948	Ar 95 V-1	946	D-OHEO
	V-2	902	D-UPAR
	V-3	948	D-ODGY
949-1000	Ar 68 E		
1001-1258	Ar 66 D, Ar 76		
1259-1296	Ar 76		
1297	Ar 80 V-5		
1298-1300	Ar 76		
1301-1308	Ar 68 E/F		
1309-1332	He 59		
1333-1356	W 34		
1357-1376	Ar 76		
1377-1426	W 34, Ar 76		
1427-1435	He 60		
1436	W 34		
1437-1472	He 51		
1473-1508	He 60		
1509-1528			
1529-1531	Ar 69		
1532-1567	He 51		
1568-1582	He 60		
1583-1674	Ar 68 E		
1657-1700	W 34		
1701-1726			
1727-1738	Ar 76		
1739-1773	Ar 76		
1774-1776	He 51		
1777-1783			
1784-1801	Ar 68 E, Ar 76		
1802-1819	He 60		
1820-1830	He 59		
1831-1840			
1841-1852	He 59		
1853-1855			
1856-1975	Ar 68 F		

Anlage 4: Werks- und Abnahmeflüge[3]

DVL Adlershof 1.12.1934-24.10.1935:

Datum	Baumuster	Kennzeichen
1.12.1934	Ar 66	D-IHAU
13.03.1935	Ar 66A	D-IXOS
8.06.	Ar 65	D-IHOO
11.06.	Ar 65	D-IHOO
12.06.	Ar 65	
1.07.	Ar 65	D-IHOO
24.10.	Ar 66	D-IJON

Arado Brandenburg 30.1.1936- Februar 1939:

Datum	Baumuster	W.Nr.	Kennzeichen
30.01.1936	Ar 66		D-IHAU
5.02.	Ar 76	1379	D-IJMA
6.02.	Ar 76	1381	D-ISRU
7.02.	Ar 76	1384	D-IUHE
	Ar 76	1385	D-IEXE
9.02.	Ar 68	1305	D-IXUQ
10.02.	Ar 76	1388	D-IDPA
	Ar 68 V-1	150	D-IKIN
11.02.	Ar 76	1388	D-IDPA
14.02.	Ar 68 V-1	150	D-IKIN
15.02.	Ar 68	1305	D-IXUQ
18.02.	Ar 76	1398	D-IRTE
19.02.	Ar 76	1394	D-ISBO
	Ar 76	1396	D-IXKO
20.02.	Ar 76	1398	D-IRTE
21.02.	Ar 76	1398	D-IRTE
	Ar 76	1728	D-IBME
	Ar 68	1604	D-IFZA
22.02.	Ar 76	1727	D-IAMI
	Ar 76	1729	D-IGHO
26.02.	Ar 76	1732	D-IZVA
	Ar 68	1607	
	Ar 76	1734	D-IPXO
27.02.	Ar 68	1610	D-IRVO
28.02.	Ar 76 V-1	363	D-IBET
29.02.	Ar 68	1608	
	Ar 76	1235	D-ITRE
	Ar 76	1727	D-IAMI
3.03.	Ar 76	1727	D-IAMI
	Ar 76	1235	D-ITRE
6.03.	Ar 76	1235	D-ITRE
7.03.	Ar 76	1735	
9.03.	Ar 76	1738	D-IJRJ
10.03.	Ar 76	1798	
14.03.	Ar 68	1609	
	Ar 66	1111	
	Ar 66	1112	
16.03.	Ar 66	1110	
	Ar 66	1101	
	Ar 66	1102	
17.03.	Ar 66	1110	
	Ar 66	1112	
	Ar 66	1102	
18.03.	Ar 76	1746	
19.03.	Ar 76	1746	
	Ar 66	1114	
23.03.	Ar 66	1119	
24.03.	Ar 66	1123	
	Ar 66	1119	
25.03.	Ar 68	1631	
	Ar 68	1630	
26.03.	Ar 66	1101	

Datum	Baumuster	W.Nr.	Kennzeichen
27.03.	Ar 68	1630	
	Ar 66	1130	
28.03.	Ar 68	1631	
	Ar 66	1630	
30.03.	Ar 68	1631	
31.03.	Ar 66	1130	
	Ar 68	1631	
	Ar 76	1751	
April 1936	Ar 66, 68, 76		
Mai 1936	Ar 66, 68		
Juni 1936	Ar 66, 68, 76		
Juli 1936	Ar 66, 68		
August 1936	Ar 68		
September 36	Ar 66, 68, 80, 81		

Datum	Baumuster	W.Nr.	Kennzeichen
Oktober 1936	Ar 66, 68, 76, 80, 81		
November 36	Ar 66, 68		
Dezember 36	Ar 66, 68		
Januar-März 37	Ar 66, 68		
April-Juli 37	Ar 66, 68, 69, 80, 81, 95, 197		
August 1937	Ar 66, 68, 80, 95, 197		
September 1937	Ar 68, 69		
November 1937	Ar 68, 69		
Dezember 1937	Ar 65, 68		
Januar 1938	Ar 68, 76		
Februar 1938	Ar 65, 66, 68		
März 1938	Ar 68, 76		
Oktober 1938	Ar 95		

Anlage 5: Lieferprogramme 1936 – 1940

Flugzeugentwicklungsprogramm vom 1.1.1936

Geheime Kommandosache !

31 Blatt 6

				C II	Industrie			E`Stelle		LC+LC II
Nr.	Verwendungszweck	Musterbezeichnung		Aufgabenstellung bei der Entwicklungsgruppe	Aufgabenstellung an Industrie	Fertigstellung von Attrappen	Fertigstellung beim Hersteller	Erprobungsbeginn bei E`Stelle	Erprobungsabschluß	Einführungsreiferklärung
76	Verfolgungs-	Ar 80 V-1	Soll					12.35.	5.36.	kommt für Beschaffung nicht in Frage
	Jagdeinsitzer	RR Kestrel	Ist	12.33.	2.34.	7.34.	7.35.			
77	dto.	Ar 80 V-2	Soll					1.36.	5.36.	
		Jumo 210	Ist	12.33.	2.34.	7.34.	10.35.			
78	dto.	Ar 80 V-3	Soll				12.35.	2.36.	5.36.	
		Jumo 210	Ist	12.33.	2.34.	7.34.				
79	dto.	Ar 80	Soll		0 - Serie wird nicht gebaut					
			Ist							
80	Verfolgungs-	Bf 109 V-1	Soll						3.36.	
	Jagdeinsitzer	RR Kestrel	Ist	12.33.	2.34.	10.34.	5.35.	10.35.		
81	dto.	Bf 109 V-2	Soll					12.35.	4.36.	
		Jumo 210	Ist	12.33.	2.34.	10.34.	9.35.			
82	dto.	Bf 109 V-3	Soll				12.35.	1.36.	4.36.	
		Jumo 210	Ist	12.33.	2.34.	10.34.				
83	dto.	Bf 109 A-0	Soll							5.36.
		Jumo 210 0 - Serie 7 Stck.	Ist	12.33.	2.34.	10.34.				Vorbescheid 11.35.

Lieferplan Nr. 4 vom 1.11.1936

			1936			1937												1938		
Muster	**Ges.**	**ab 1. 10. 1936**	**10**	**11**	**12**	**1**	**2**	**3**	**4**	**5**	**6**	**7**	**8**	**9**	**10**	**11**	**12**	**1**	**2**	**3**
Ar 66	311	148	10	12	15	17	17	17	20	20	20									
Ar 68	327	133	36	31	16	20	15	15												
Ar 81	7	7							2	2	3									
He 111	74	74												1	4	11	13	15	15	15
W 34	245	245		5	10	12	15	16	18	18	18	18	18	17	16	16	16	16	16	
He 51S	2	2	2																	
Ar 95	15	15	Liefertermine nach Vereinbarung																	
Ar 96	7	7	dito																	
Ar 195	6	6	dito																	
Ar 196	6	6	dito																	
Ar 197	7	7	dito																	
He 59	74	74	5	5	6	5	5	5	4	4	4	4	5	6	5	5	4	2		
He 60	196	72	9	9	9	7	7	7	6	6	6	6								
Fw 56	130	130										4	10	17	17	17	15	16	17	17
Bf 109	48	48													2	5	7	10	12	12
He 114	8	8																1	2	5

Lieferplan Nr. 5 vom 1.4.1937

					1937									1938						
Muster	**Ges. Null**	**Stück Serie**	**bis 31. 3.**	**vom 1. 4.**	**4**	**5**	**6**	**7**	**8**	**9**	**10**	**11**	**12**	**1**	**2**	**3**	**4**	**5**	**6**	**7**
Ar 66		311	244	67	23	22	22													
Ar 68		327	310	17	17															
Ar 195	6			6																
Ar 196	6			6																
He 51		2	1	1	1															
He 111		64		64							1	2	5	8	8	10	10	10	10	
W 34		205	10	195	15	17	16	10	17	18	18	18	18	(16)	(16)	(16)				
He 59		74	31	43	4	4	4	4	4	4	4	3	3	3	3	3				
He 60		238	172	66	6	6	6	6		6	6	6	6	6	6	6				
He 114		8	-	8													1	2	5	
Bf 109		93	-	93							2	5	7	10	10	9	12	12	12	14

Lieferprogramm 1936/37

Muster	Plan 5/36	Soll bis 5/36	Davon Ist 5/36	Plan 10/36	Ist 10/36	Soll 10/36	Ist 4/37	Soll 4/37	Summe Lieferung
Ar 64	19	19	19	-	-	-	-	-	19
Ar 65	157	157	171	-	-	-	-	-	171
Ar 68	324	63	10	327	194	133	310	17	327
Ar 66	1315	712	732	311	163	148	244	67	1043
Ar 69	7	7	7	-	-	-	-	-	7
Ar 81	-	-	-	7	-	-	-	-	-
Ar 76	182	158	176	-	-	-	-	-	176
He 51	470	292	301	2	-	2	1	1	303
He 59	-	-	-	74	-	74	31	43	31
He 60	-	-	-	196	124	72	172	66	172
He 114	-	-	-	8	-	8	-	8	-
He 111	-	-	-	74	-	-	-	64	-
W 34	-	-	-	245	-	245	10	195	10
Bf 109	-	-	-	48	-	48	-	93	-

Lieferplan Nr. 10 vom 1.4.1939[4]

Nr.	Muster	Firma	Stückzahl	Gesamtbetrag RM
8	Me 109 E	Arado Warnemünde	264	24 238 000.-
11	Ar 197	Arado Brandenburg	6	990 000.-
12	Ar 197	Arado Brandenburg	4	480 000.-
20	Ju 88	Arado Brandenburg	84	20 580 000.-
27	He 111 H	Arado Brandenburg	292	71 540 000.-
43	Ar 196	Arado Warnemünde	74	9 990 000.-
51	Ar 96	Arado Brandenburg	77	5 390 000.-
58	Ar 199	Arado Brandenburg	3	240 000.-

[4] Nachweisung vom 3.2.1939 über die bis zum 31.3.1940 zu beschaffenden Flugzeugzellen. BArch Freiburg Lw 103,25b.

Anlage 6
Lieferpläne für Versuchsmuster 1940 bis 1944;

C-Amts-Programm Nr. 18 vom 1.9.1940

			1940									1941											
Muster		**W.Nr.**	4	5	6	7	8	9	10	11	12	1	2	3	4	5	6	7	8	9	10	11	12
Ar 199	V-1	3671	■	■	■	Allgemeine Erprobung E-Tr.																	
	V-2	3672	■	■	■	Bruch bei E-Tr.																	
	V-3	3673	■	■	■	Allgemeine Erprobung E-Tr.																	
	V-4	3674	■	■	■	Allgemeine Erprobung E-Tr.																	
	V-5	3676	■	■	■	Allgemeine Erprobung E-Tr. O-Serien-Muster																	
Ar 197	V-1	2071	■	■	■	Geänderte Landeklappen E-Tr.																	
	V-2	2072	■	■	■	Erprobung mit vier M.G. E-Tr.																	
Ar 96	V-6	2069	■	■	■	Allgemeine Erprobung E-Rc.																	
		3732	■	■	■	Erprobung mit Einheitstriebwerk E-Rc.																	
Ar 79		3679				Werkserprobung Instrumente. Vorführmaschine																	■
		3684				Werkserprobung Instrumente. Vorführmaschine																	■
Ar 96		3733						■	Werkserprobung neuer Fahrwerksschalter														
Ar 80	V-5	1297	■	■	■				Arado Sicherheits-Steuerung DVL														
Ar 198	V-3	2653													■	Werkserprobung Wanderquerruder							
Ar 196		0090	■	■	■											Umbau Reichweite E-Tr.							
Ar 231	V-1	231-0001	■	■	■											Werkserprobung							
	V-2	231-0002	■	■	■											Werkserprobung							
	V-3	231-0003								■						Werkserprobung							
	V-4	231-0004								■						Werkserprobung							
Ar 240	V-1	240-0001	■	■	■											Werkserprobung							
	V-2	240-0002							■							Werkserprobung							
	V-3	240-0003										■				Werkserprobung							

C-Amts-Programm Nr. 19 vom 1.2.1941

Muster		W.Nr.	1940			1941													
			10	11	12	1	2	3	4	5	6	7	8	9	10	11	12	
Ar 199	V-5	3676	■	■	■													Allg. Werkserprobung 0-Serie
Ar 197	V-2	2072	■	■	■													Werkserprobung vier M.G.
Ar 79		3679															■	Stationierung im Werk für Vorführung, Reisen
		3684															■	Stationierung im Werk für Vorführung, Reisen
Ar 96		3733						■										Allg. Werkserprobung
Ar 198	V-3	2653							■									Werkserprobung Wanderquerruder
Ar 231	V-3	213-0003	■	■	■													Erprobung Triebwerke E-Tr.
	V-4	231-0004						■										Werkserprobung
Ar 240	V-1	240-0001					■											Werkserprobung
	V-2	240-0002					■											Werkserprobung
	V-3	240-0003						■										Werkserprobung
	V-4	240-0004							■									Werkserprobung
	V-5	240-0005								■								Werkserprobung
	V-6	240-0006										■						Werkserprobung

C-Amts-Programm Nr. 19 vom 1.5.1941

Muster		W.Nr.	1940			1941													
			10	11	12	1	2	3	4	5	6	7	8	9	10	11	12	
Ar 240	V-1	240-0001	■	■	■													Werkserprobung Zelle
	V-2	240-0002	■	■	■													Werkserprobung Triebwerke, Waffen
	V-3	240-0003								■								Allg. Werkserprobung
	V-4	240-0004								■								Allg. Werkserprobung
	V-5	240-0005								■								Allg. Werkserprobung
	V-6	240-0006									■							Allg. Werkserprobung
Ar 231	V-1	231-0001	■	■	■													See-Erprobung E-Tr.
	V-2	231-0002	■	■	■													Zellenerprobung E-Tr.
	V-3	231-0003	■	■	■													Triebwerkserprobung E-Tr.
	V-4	231-0004	■	■	■													Zellenerprobung Werk
Ar 96		0180								■								Einbau Sturzflugbremse Werk
Ar 199	V-5	3676	■	■	■													Triebwerkserprobung E-Tr.
	V-3	3673								■								Umbau Reisemaschine Werk

C-Amts-Programm Nr. 21 vom 1.10.1941

Muster		W.Nr.	1941									1942						
			4	5	6	7	8	9	10	11	12	1	2	3	4	5	6	
Ar 240	V-2	240-0002	■	■	■													Werkserprobung Triebwerke, Waffen
	V-3	240-0003	■	■	■													Allg. Werkserprobung
	V-5	240-0005	■	■	■													Allg. Werkserprobung
	V-6	240-0006							■									Allg. Werkserprobung
Ar 231	V-1	231-0001	■	■	■													See-Erprobung E-Tr.
	V-2	231-0002	■	■	■													Zellenerprobung E-Tr.
	V-3	231-0003	■	■	■													Triebwerkserprobung E-Tr.
	V-4	231-0004	■	■	■													Zellenerprobung E-Tr.
Ar 196	V-6	196-0191	■	■	■													Allg. Werkserprobung
Ar 199	V-5	3676	■	■	■													Triebwerkserprobung E-Tr.

C-Amts-Programm Nr. 21 vom 1.2.1942

			1941			1942								
Muster		**W.Nr.**	**10**	**11**	**12**	**1**	**2**	**3**	**4**	**5**	**6**	**7**	**8**	
Ar 240	V-2	240-0002	■	■	■									Werkserprobung Triebwerke, Waffen
	V-3	240-0003	■	■	■									Allg. Flugerprobung Werk
	V-5	240-0005	■	■	■									Allg. Flugerprobung Werk
	V-6	240-0006	■	■	■									Allg. Flugerprobung Werk
	V-7	240-0007										■		Werkserprobung Triebwerke
	V-8	240-0008											■	Allg. Werkserprobung
Ar 196	V-6	196-0191	■	■	■									Allg. Erprobung E-Tr.
Ar 199	V-5	3676	■	■	■									Triebwerkserprobung E-Tr.
Ar 232	V-1	232-0001					■							Triebwerkserprobung Werk
	V-2	232-0002								■				Allg. Werkserprobung

C-Amts-Programm Nr. 222 vom 1.11.1942

			1942			1943												1944		
Muster		**W.Nr.**	**10**	**11**	**12**	**1**	**2**	**3**	**4**	**5**	**6**	**7**	**8**	**9**	**10**	**11**	**12**	**1**	**2**	
Ar 240	V-2	240-0002	■	■	■															Werkserpr. Sturzflugbr. , Flugeigensch.
	V-3	240-0003	■	■	■															Werkserprobung Druckkammer
	V-5	240-0005																		Versuchsstelle für Höhenflug
	V-6	240-0006																		Versuchsstelle für Höhenflug
	V-7	240-0009		■	■	■														Werkserprobung Triebwerke
	V-8	240-0010				■	■													Allg. Werkserprobung
	V-9	240-0017						■	■	■	■	■								Werkserprobung Flugeigenschaften
	V-10	240-0018							■	■	■	■	■							Werkserprobung Triebwerke
	V-11	240-0019								■	■	■	■	■						Allg. Werkserprobung
	V-12	240-0020									■	■	■	■	■					Allg. Werkserprobung
Ar 232	V-1	232-0001	■	■	■															Werkserpr. Flugeigensch, Triebwerke
	V-2	232-0002											■	■	■	■	■			Werkserpr. Flugeigensch, Triebwerke
Ar 234	V-1	130-0001										■	■	■	■	■	■			Werkserpr. Flugeigensch, Triebwerke
	V-2	130-0002											■	■	■	■	■			Werkserpr. Flugeigensch, Triebwerke
	V-3	130-0003												■	■	■	■	■		Werkserpr. Flugeigensch, Triebwerke
	V-4	130-0004													■	■	■	■		Werkserpr. Flugeigensch, Triebwerke
	V-5	130-0005														■	■	■	■	Werkserpr. Flugeigensch, Triebwerke
	V-6	130-0006															■	■	■	Werkserpr. Flugeigensch, Triebwerke

C-Amts-Programm Nr.225 vom 24.4.1944

			1943			1944												1945	
Muster		**W.Nr.**	**10**	**11**	**12**	**1**	**2**	**3**	**4**	**5**	**6**	**7**	**8**	**9**	**10**	**11**	**12**	**1**	
Ar 240	V-10	240-0018	■	■	■	■	■	■	■										Allg. Werkserprobung, Triebwerke
Ar 232	V-2	232-0002								■	■	■							Werkserprobung Absaugeflügel
Ar 396	V-1	396-0001					■	■	■	■									Werkserprobung Flugeigenshaften
	V-2	396-0002								■	■	■							Werkserprobung Flugeigenschaften
	V-3	396-0003									■	■	■						Werkserprobung Flugeigenschaften
	V-4	396-0004								■	■	■	■						Werkserprobung Triebwerke
	V-5 bis V-20	396-0005 bis 398-0020											■	■	■	■	■	■	Allg. Werkserprobung, TF

Anlage 7: Baureihen und Werknummern Ar 232

1. Prototypen:
   V-1 W.Nr. 232 0001
   V-2 W.Nr. 232 0002
2. Baureihe A-0:
   A-01 bis A-10 W.Nr. 010 0003 - 010 0012
3. Baureihe B-0:
   B-01 bis B-05 W.Nr. 011 0013 - 011 0017
   B-06 bis B-011 W.Nr. 011 0028 - 011 0033

Anlage 8: Baureihen und Werknummern Ar 240

1. Prototypen:
   V-1 W.Nr. 240 001
   V-2 W.Nr. 240 002
2. Musterflugzeuge der Baureihe A-0:
   V-3 W.Nr. 240 003
   V-4 W.Nr. 240 004
   V-5 W.Nr. 240 005
   V-6 W.Nr. 240 006
3. Baureihe A-0:
   A-01 W.Nr. 240 011
   A-02 W.Nr. 240 012
   A-03 W.Nr. 240 013
   A-04 W.Nr. 240 014
4. Musterflugzeuge der Baureihe B-0:
   V-7 W.Nr. 240 015
   V-8 W.Nr. 240 016
5. Umbauflugzeuge für Baureihe C:
   A-03/U1 W.Nr. 240 013
   A-04/U2 W.Nr. 240 014
6. Musterflugzeuge der Baureihe C:
   V-9 W.Nr. 240 017
   V-10 W.Nr. 240 018
   V-11 W.Nr. 240 019
   V-12 W.Nr. 240 020

Anlage 9: Baureihen und Werknummern Ar 234

1. Prototypen der Baureihe A:
   V-1 bis V-8 W.Nr. 130 001-130 008
2. Prototypen der Baureihe B:
   V-9 bis V-10 W.Nr. 130 009-130 010
   V-11 bis V-18 W.Nr. 130 021-130 028
3. Ar 234 B Serie:
   W.Nr. 140 101-140 120
   W.Nr. 140 141-140 180
   W.Nr. 140 301-140 360
   W.Nr. 140 451-140 500
   W.Nr. 140 571-140 620

Rechliner Stammkennzeichen:
   E7+10 GM+BB, W.Nr. 140 102
   E3+10 GM+BE, W.Nr. 140 105
   E5+10 GM+BF, W.Nr. 140 106
   E2+30 GM+BG, W.Nr. 140 107
   E7+20 GM+BH, W.Nr. 140 108
   E2+10 GM+BI, W.Nr. 140 109
   E2+20 GM+BJ, W.Nr. 140 110
   E4+10 GM+BK, W.Nr. 140 111
   E5+20 GM+BM, W.Nr. 140 113
   E5+30 GM+BO, W.Nr. 140 115
   E2+40 GM+BQ, W.Nr. 140 117
4. Prototypen der Baureihe C:
   V-19 bis V-20 W.Nr. 130 029-130 030
   V-21 bis V-27 W.Nr. 130 061-130 067
5. Ar 234 C Serie:
   W.Nr. 250 001-250 019

Anlage 10: Verzeichnis erhaltener Arado-Flugzeuge[5]

Muster	Baujahr	W.Nr.	Kennzeichen	Standort
Ar 66 c	1937			Keski-Suomen Ilmailumuseo, Tikkakoski, Finnland (Teile)
Ar 66 c		1034		Flyhistorisk Museum, Sola, Norwegen (Teile)
Ar 66 c		850	8J+NL	Norsk Luftfartssenter, Bodo (Wrack)
Ar 66 d	1936	1258		Deutsches Museum München (Rumpf)
Ar 79 B	1941	0047	D-EMVT ex D-ECUV ex SL-AAP ex VA+HP	Deutsches Technikmuseum Berlin, z. Zt. Lufthansa Hamburg (flugfähig)
Ar 96 B-1	1941	4210	schwarze 6, ex PD+EJ	Fa. Flug Werk, Gammelsdorf (Wrack)
Ar 96 B-1	1941	4246	gelbe 13, ex PI+OT	Flyhistorisk Museum, Sola, Norwegen (wird restauriert)
Ar 96 B-1		4081	SE-AOB, ex gelbe 119, ex CD+DH	Schweden (Rumpfteile)
Ar 96 B (C.2B-1)				Museum Letectivi a Kosmonautiky, Prag-Kbely, Tschechische Republik (Rumpfteil)
Ar 96 B (C.2B-1)				Deutsches Technikmuseum Berlin (Projekt)
Ar 196 A-2			6W+?N	Flyhistorisk Museum, Sola, Norwegen (Wrackteile »Blücher«)
Ar 196 A-3				Capraia, Italien (Wrack im Meer)
Ar 196 A-3/A-5	1941	0219	3-7247	Luftfahrtmuseum Plovdiv, Bulgarien (restauriert)
Ar 196 A-5	1944	623167	GA+DX, ex T3+BH, ex PO+HG	NASM, Washington D.C., USA (eingelagert)
Ar 196 A-5	1944	623183	GA+DX, ex T3+HK, ex TW+SH, ex T3+CH	National Museum of Naval Aviation, Pensacola, Florida, USA (unrestauriert)
Ar 199 V-3	1939	3673	TJ+HL, ex D-ITLF	Surrey, British Columbia, Kanada (Wrack)
Ar 234 B-2	1944	130312	F1+GS, ex T2-1010 ex FE-1010, ex F1+FT	National Air and Space Museum, Washington D.C., USA (restauriert)
Ar 396 (S.121)		57	F-BLKH, ex F-WLKH	Sammlung Salis, Ferté Alais, Frankreich (Wrack)
Bl (Blume) 502 V-2	1958	03	D-EGEM	Langenlonsheim (flugfähig, Zulassung gelöscht)

Anlage 11: Werkspersonal, Gesellschafter, Beiratsmitglieder

Ackva	Konstruktionsbüro Landeshut
Affeldt, Otto. Dipl.-Ing.	Leiter des techn. Betriebsbüros (Kalkulation und Arbeitsplanung) in Warnemünde 1931-32
Anders	Konstruktionsbüro Landeshut
Bachmann	Einflieger für Wasserflugzeuge
Bartholomäus	Einflieger Warnemünde 1926-32
Bauerfeind, Rudolf	TKN (Techn. Abt. Kontrolle/Normen)
Bäßler, Albert	TEW (Techn. Abt. Entwicklung)
Beckmann, Heinrich. Dipl.-Ing.	TE (Techn. Abt. Entwicklung) Gruppenleiter

Beulig	Konstruktionsbüro Landeshut
Biernoth	TV (Versuchsabt. Elektrik/Hydraulik)
Blancke, Martin. O.-Ing.	Kommissarischer Geschäftsführer 1945
Blaß, Josef. Dipl.-Ing.	TEA (Techn. Abt. Entwurf und Ausrüstung) ab 1932 und Abteilungsleiter TAe (Aerodynamik), ab 1943 EFoF (Entw./Forschung/Flugbetrieb), Betriebsführer in Sagan
Bleibtreu	EVM (Abteilung Materialversorgung)
Block	Konstruktionsbüro Landeshut
Blume, Walter, Prof. h.c. Dipl.-Ing.	HE (Hauptverwaltung Entwicklung) ab 1932, nach 1936 Hauptbetriebsleiter, ab 1938 Geschäftsführer
Boese, Dr.	TSt (Techn. Abt. Gruppe Steuerung) Landeshut
Bollet	TTra (Techn. Abt. Tragflächen)
Bornemann, Kurt. Dipl.-Ing.	TWa (Techn. Abt. Waffen) ab 1936
Borries, Hermann	Prokurist/Anklam
Brebeck	TEW (Techn. Abt. Entwicklung)
Brummer, Paul. Dipl.-Ing.	TAe (Techn. Abt. Aerodynamik)
Burger	TE-BaL (Bauaufsicht), TAe-Fl (Techn. Abt. Flugerprobung)
Buss	TAe (Techn. Abt. Aerodynamik)
Carl, Joachim	TAe-Fl (Techn. Abt. Flugerprobung) Chefeinflieger Alt-Lönnewitz
Carlsen	Konstruktionsbüro Landeshut
Caemmerer, Max	Prokurist ab 1936. Betriebsleiter in Warnemünde. Später technischer Leiter in Warnemünde und Brandenburg
Cejka, Alois. Min.-Direktor im RLM	Beiratsmitglied ab 1936
Dambeck	Konstruktionsbüro Landeshut
Dauge	Betreuer der Firmen Régy, Valéri und Levasseur/Paris ab 1943
Dönicke, Walter	Hauptgefolgschaftsabteilung/Babelsberg
Dunkel	Konstruktionsbüro Landeshut
Dunkelmann, Kurt. O.-Ing.	Betriebsleiter Wittenberg
Eckstein, Emil	TEW (Techn. Abt. Entwicklung)
Eheim, Günther	EFoF (Flugerprobung) Versuchspilot 1943-45
Erbeldinger, Heinrich. Dipl.-Ing.	TAe (Techn. Abt. Aerodynamik)
Eulitz, Johannes. Ing.	TAe (Techn. Abt. Aerodynamik)
Faehlmann	TEW (Techn. Abt. Entwicklung)
Feld	TV (Techn. Versuchsabt. Elektrik/Hydraulik)
Feilitzsch, Wolfgang Frhr. von	Prokurist/Vertrieb Babelsberg
Fischer, Oskar. Dipl.-Kaufmann	HF (Buchhaltung/Finanzen)
Föhring, Walter. Ing.	Leiter der Konstruktionsgruppe Einrichtung und Steuerung in Warnemünde ab 1932. Ab 1935 Leiter TB I (Konstruktionsbüro)
Frach, Otto	TAe-Fl /EFoF (Flugerprobung) Versuchspilot
Franke	TAe-Fl (Flugerprobung) Versuchspilot
Frankowiak	TAs (Techn. Abt. Ausrüstung/Elektrik)
Frey, W. Ing.	TAs (Techn. Abt. Konstruktionsforschung)
Friedewald, Hans	TEW (Techn. Abt. Entwicklung)
Fritsch	Konstruktionsbüro Landeshut
Fröhlich, Josef. Dipl.-Ing.	TB (Techn. Abt. Gruppe Tragwerk) ab 1932
Fürle	Konstruktionsbüro Landeshut
Gladitz	Konstruktionsbüro Landeshut
Gnirke, Karl. Ing.	TSt (Techn. Abt. Gruppe Hydraulik/Steuerung)
Göbel	Betriebsleiter Potsdam-Babelsberg
Göschl, Toni. O.-Ing.	HTM (Hauptverwaltung Technische Materialplanung)
Greiner	TP (Techn. Abt. Planung)
Grunwald, Kurt	Abt. Werkzeugbau
Haensel, Dr. Werner	Minderheitsgesellschafter 1925
Hamann	Konstruktionsbüro Landeshut
Harbrink, Hugo. Ing.	TAe (Techn. Abt. Aerodynamik), EFo-Wk
Heck, Friedrich. Dipl.-Kaufmann	HF (Hauptverwaltung Finanzen/Babelsberg)

Hege	Konstruktionsbüro Landeshut
Heinemann, Rudolf. Dipl.-Kaufmann	Geschäftsführer ab 1936
Hergesell, Dr. Wilhelm. RLM LDI	Beiratsmitglied ab 1936
Heyne, Egmont	TAe (Techn. Abteilung Aerodynamik)
Hobusch. Ing.	TTra (Techn. Abt. Tragwerk)
Hofmeier, Dr.	Betriebsführer Anklam
Höhnert, Helmuth. Gen. Dir.	Beiratsmitglied ab 1936
Hoffmann	TB (Konstruktionsbüro Gruppe Fahrwerk) ab 1932
Hoffmann, Edgar. Dipl.-Ing.	Betriebsführer/Rathenow
Hollmig	TS (Techn. Büro Serienfertigung)
Hopstock, Bruno. O.-Ing.	Betriebsleiter in Warnemünde
Hormel, Walter. Kpt.-Lt. a. D.	Mehrheitsgesellschafter 1925
Hübner	TAe-Fl (Techn. Abt. Flugerprobung)
In der Au	Konstruktionsbüro Landeshut
Janssen, Ubbo	TAe-Fl (Techn. Abt. Flugerprobung) Versuchspilot
Johanni	TAe-Fl (Techn. Abt. Flugerprobung) Versuchspilot
Jürgensmann	TWa (Techn. Abt. Waffen)
Jung, Dr. O.-Regierungsrat im RFM	Beiratsmitglied 1937-38
Jurschik, Kurt	TF (Techn. Abt. Fahrwerk)
Kabst	MFo (Abt. Materialforschung)
Kappel, Karl. Dipl.-Kaufmann	Prokurist/Brandenburg-Neuendorf
Keidel, Fridolin. Flugzeugbauer/Pilot	Techn. Betriebsleiter in Warnemünde 1926-32
Kellermann, Dr. Hubert. Dipl.-Ing.	TAe (Techn. Abt. Aerodynamik)
Kilian	TFa (Techn. Abteilung Fahrwerk)
Kontzi, Willi	TSt (Techn. Abt. Gruppe Steuerung)
Koop. Ing.	TSt (Techn. Abt. Gruppe Steuerung)
Kopp, Arthur	TAe (Techn. Abt. Aerodynamik/Gruppe Statik)
Korf. Ing.	TSt (Techn. Abt. Gruppe Steuerung)
Kosin, Rüdiger. Dipl.-Ing.	TAe (Techn. Abt. Aerodynamik) ab 1936
Kranefuß, Fritz. SS-Oberführer	Beiratsvorsitzender ab 1938
Krekel, Paul. Dipl.-Ing.	TAs (Techn. Abt. Konstruktionsforschung/Patente)
Kröck	Konstruktionsbüro Landeshut
Kröger, Walter. Flugbaumeister	TAe-Fl/EFoF (Techn. Abt. Flugerprobung) Chefpilot 1939-45
Krüger	Konstruktionsbüro Landeshut
Kuhn, Fritz. Ing.	HT (Assistent Hauptverwaltung Entwicklung)
Kunz, Jakob	TAe-Fl (Tech. Abt. Flugerprobung) Versuchspilot
Kunze	Konstruktionsbüro Landeshut
Kupfer	TB/Kom (Verbindungskommissar Betrieb/Konstruktion)
Kürth. Flugbaumeister	Endmontage/Einflug in Warnemünde bis 1933
Küttner, Dr.	TAe-Fl (Techn. Abt. Flugerprobung)
Langguth, Wilhelm	TKom (Typenbegleiter) Ab 1943 Arado Büro Paris
Laute, Dr. Wilmar	TEW (Techn. Abteilung Entwicklung, Leiter Gruppe Schwimmerbau)
Lehmann, Dr. Walter. Dipl.-Ing.	TAe (Techn. Abt. Aerodynamik/Gruppe Statik)
Liebau	TEW (Techn. Abt. Versuchsbau) Gruppenleiter
Liebing, Oskar. Dipl.-Ing.	TAe-Fl (Techn. Abt. Flugerprobung), TV (Techn. Versuchsabt.), KFo (Abt. Konstruktion/ Forschung), Leiter EFoF (Flugerprobung)
Liebscher	HBA (Hauptverwaltung Betrieb/Auftragswesen)
Lietke	TR (Techn. Abt. Rumpf)
Lizan, Franz Heinrich. Dipl.-Kaufm.	Prokurist/Babelsberg
Lockot, Dr.	TAe (Techn. Abt. Aerodynamik)
Looks, Paul Friedrich. O.-Ing.	Konstrukteur in Warnemünde bis 1934
Lorch, Wolfgang	Einflieger ab 1939
Lucht, Hans. Ing.	TEW (Techn. Abt. Entwurf und Schwerpunktberechnung)
Luckert, Dr. Hans-Joachim	TAe (Techn. Abt. Aerodynamik)
Lübbe, Heinrich. Ing.	Mehrheitsgesellschafter 1925-36
Lutzweiler, Otto	TAe (Techn. Abt. Aerodynamik)

Martin, Erwin	Prokurist ab 1936 in Brandenburg
Mayer, Josef. Ministerialrat im RFM	Beiratsmitglied ab 1936
Meyer, Dr. Emil	Beiratsmitglied ab 1936
Meyer, Franz. Dipl.-Ing.	TEW (Techn. Abt. Entwicklung) Abteilungsleiter ab 1932, EFoF (Flugerprobung) ab 1943
Meurer	Betreuer Firma Sipa, Werk Ile de la Jatte, ab 1943
Miehalk	TEW (Techn. Abteilung Entwicklung)
Möller, Dipl.- Physiker	TAe (Techn. Abt. Aerodynamik)
Mohr, Wilhelm	TEW (Techn. Abt. Entwicklung), ab 1943 Betreuer der Firmen Régy, Valéri und Levasseur/Paris
Mühlenberg, Ernst	TSTa (Techn. Abteilung Statik)
Müller, Heinz	TAG (Techn. Gruppe Ausrüstung)
Müller, Rudoif. Dipl.-Ing.	TAe (Techn. Abt. Forschung/Statik)
Müller, Werner. Dipl.-Math.	TAe (Techn. Abt. Forschung/Statik)
Muschick	Typenbegleiter Ar 232
Nauck. Dipl.-Ing.	Anlaufberater für Ar 234
Naumann	Flugplatzwart Warnemünde 1934-39
Oppermann	HBF (Hauptfertigungsabteilung)
Perl	Konstruktionsbüro Landeshut
Perlia, Richard	TAe-Fl (Flugerprobung) Versuchspilot 1935-38
Pfanneberg, Dr. Günther. Dipl.-Ing.	Kaufmännischer Leiter Freiberg
Podeschwa	Konstruktionsbüro Landeshut
Pops	TAe-Fl (Flugerprobung)
Potratz Hans. Ger.-Ass. a. D.	Prokurist/Rechtsabteilung Babelsberg
Prinz, Otto	TAF (Techn. Abt. Ausrüstung-Funk)
Prützke	Betriebsleiter in Rathenow
Rebeski, Hans. O.-Ing.	Werkmeister in Warnemünde ab 1929, später TSt (Konstruktionsgruppe Einrichtung/ Steuerung), Leiter TB II (Konstruktionsbüro)
Reichel, Dr. Kurt. Dipl.-Ing.	HB (Hauptverwaltung Betrieb) Babelsberg
Reidenbach, Gottfried. Obersting.	Beiratsmitglied 1940-43
Reinhardt, Walter	Betriebsführer in Warnemünde ab 1932, Konstruktionsgruppe Rumpf/ Triebwerk/ Leitwerk, ab 1938 TC (Chefkonstrukteur)
Reishaus, Fritz	EAD (Verbindungsing. im Außendienst)
Reitz	TAe (Techn. Abteilung Aerodynamik)
Renatus, Prof. Dr. Rolf. Dipl.-Ing.	TAe (Techn. Abt. Aerodynamik)
Osséguier, Graf	TAe-Fl (Flugerprobung) Versuchspilot
Rethel, Walter. Dipl.-Ing.	TC (Chefkonstrukteur) 1926-38
Richter	TF (Techn. Abt. Fahrwerk)
Riedel	M-Bra (Materialbeschaffung). Betreuer Firma Sipa, Werk Neuilly ab 1943
Riewe	TEV (Techn. Abt. Erprobung/Versuche)
Rippelmeier	TAe-Fl (Flugerprobung) Versuchspilot
Roehnert, Hellmuth	Stellvertr. Beiratsvorsitzender
Rudorf, Fritz	Beiratsmitglied
Ruppelt, Dr.	Mfo-Bra (Abt. Materialforschung)
Rüter	Leiter des techn. Büros in Warnemünde ab 1926
Rothstein	EFoF (Flugerprobung)
Sandner	Betriebsleiter in Eger
Sartorius. Dipl.-Ing.	TSta (Techn. Abt. Statik) Gruppenleiter
Sauer, Hanns	TAS (Techn. Abt. Flugzeug-Startkontrolle)
Scheu, Siegfried	TAe (Techn. Abt. Aerodynamik)
Scheuch	Konstruktionsbüro Landeshut
Schmädig	Betriebsleiter
Schnirring, Max	TAe-Fl (Flugerprobung) Versuchspilot
Schnur	TF (Techn. Abt. Fahrwerk)
Schönebeck, Carl-August von	Chef-Einflieger 1930-36
Schrader, Fritz	TTri (Abt. Triebwerk in Warnemünde)
Schröder	Einflieger 1931-35

Schulz	Werksleiter Alt-Lönnewitz
Schwark	EVM (Abt. Vorrichtung/Material)
Schwarz, Dr.	TEW (Techn. Abt. Entwicklung)
Schwerke	Konstruktionsbüro Landeshut
Seeber, Erwin. Dipl.-Ing.	TAe (Techn. Abt. Aerodynamik)
Seelhorst. Dipl.-Ing.	BAL (Bauaufsicht RLM) Pilot
Selle	TAe-Fl, EFoF (Flugerprobung) Versuchspilot
Serno, Erich. Major a.D.	Prokurist ab 1926, Geschäftsführer 1933-38
Sieke	Werksleiter in Warnemünde 1926-33
Silbernagel	TR (Techn. Abt. Rumpf)
Sommermeier	TAe-Fl, EFoF (Techn. Abt. Flugerprobung)
Sonsalla	Konstruktionsbüro Landeshut
Soph, G. Ing.	TAs (Techn. Abt. Konstruktionsforschung)
Specht, Kurt. Dipl-Ing.	Stellvertretender Leiter des Sonderausschusses F6 »Arado Zellen« ab 1942
Sproß, Johann. O.-Ing.	TS (Tech. Büro Serie)
Stange	TEW (Techn. Abteilung Entwicklung) Landeshut
Starck, Kurt	TAe-Fl (Flugerprobung) Versuchspilot Brandenburg 1936-39
Steffek, Emil	TKom (Typenbegleiter) Landeshut
Steike	TC-As (Assistent Chefkonstrukteur)
Steinlein	Konstruktionsbüro Landeshut
Stelzer, Robert. Ing.	TE (Techn. Entwurfsbüro)
Stöhr	Betriebsleiter in Brandenburg
Strohmann, Karl. Dipl.-Volkswirt	HF (Hauptabteilung Finanzen)
Sturm	TWa (Techn. Abt. Waffen)
Toebe	TSta (Techn. Abt. Statik) Landeshut
Tops, Friedrich. O-Ing.	HB (Betriebsleiter Serienbau) Babelsberg
Triebel, Stabs. Ing.	Arado-Referent im RLM
Truschel, Julius. Ing.	TAe (Techn. Abt. Aerodynamik)
Tschersich, Günther. Gen.-Ing.	Beiratsmitglied 1936-43
Uhlig, Werner. Ing.	TTrie (Techn. Abt. Triebwerk)
Van Nes, Wilhelm. Dipl.-Ing.	TEW (Techn. Abt.-Leiter Entwicklung) ab 1935
Vettin, Friedrich	Prokurist ab 1936
Wachs	TSt (Techn. Abt. Gruppe Steuerung)
Wagenführ, Felix. Oberst a.D.	Minderheitsgesellschafter 1926-45, Geschäftsführer 1926-43, Beiratsmitgl. 1943-45
Wagner, Friedrich	TAe (Techn. Abt. Aerodynamik)
Walland, Hans. Dipl.-Ing.	TSta (Techn. Abt. Statik)
Walther, Dr. Oberregierungsrat RFM	Beiratsmitglied 1937-38
Weigmann, Erich	TFo (Techn. Abt. Forschung)
Weist, Otto	TS (Techn. Abt. Serie)
Wendt, Erich	TS (Techn. Abt. Serie)
Wenzel, Heinz. Dipl.-Ing.	TSta (Techn. Abt.-Leiter Statik) Landeshut
Werner, Marianne	TAe (Techn. Abt. Aerodynamik)
Werner. Ing.	TTri (Techn. Abteilung Triebwerk)
Wienstein, Dr. Gustav. Regierungsrat	Beiratsmitglied ab 1936
Wittenstein, Alfred	HVP (Abt. Vertrieb/Propaganda)
Wolter, Karl	TA (Techn. Abt. Ausrüstung) Gruppenleiter
Zechner, Kurt. Ltn.	Typenbegleiter Ar 234
Zeunert, Fritz. Dipl.-Ing.	TAe (Techn. Abt. Aerodynamik)
Ziemchen	TSt (Techn. Abt. Gruppe Steuerung)

Quellenverzeichnis

Aleman, Gilberto: Vuelos Historicos en Teneriffe. La Laguna 1993.

Arado-Bote. Werkszeitschrift Jahrgang I/1937 bis IV/1940.

Arado Flugzeuge. Luftfahrtverlag W. Zuerl. Steinebach o.J.

Arado Flugzeugwerke. Bericht der Deutschen Revisions- und Treuhand-Aktiengesellschaft zum 31.12.1937, National Archives, T 177/50.

Arado Flugzeugwerke, Monats- und Jahres-Geschäftsberichte 1938-1943. BArch Freiburg RL 3/1305.

Bartz, Karl: Gedanken über Luftkriegsführung. In: Die Luftwaffe H. 2, Berlin 31.3.1936, S. 5-14.

Baumbach, Werner: Zu spät. Aufstieg und Untergang der deutschen Luftwaffe. München 1949.

Bauduin, Philippe/Charon, Eric: Les photos de l'avion espion. Caen 1997.

Beauvais, Heinrich/Kössler, Karl/Mayer, Max/Regel, Christoph: Flugerprobungsstellen bis 1945. Bonn 1998.

Becker, Hans-Jürgen: Wasserflugzeuge - Flugboote, Amphibien, Schwimmerflugzeuge. Bonn 1994.

–: Schwere Jäger und Zerstörer der Luftwaffe 1933 – 1945. Stuttgart 1999.

Bender, R.: Air Organisation of the Third Reich. Mountain View 1967.

Blume, Walter: Festigkeitseigenschaften kombinierter Leichtbaustoffe. Köln 1958.

–: Arbeiten und Gedanken über die bewegliche Bewaffnung der Flugzeuge. In: Jahrbuch der deutschen Akademie der Luftfahrtforschung II. Berlin 1942.

–: Tagebuch 21.5.1941-22.9.1943 (unveröffentlicht).

Boak, G./Miller, A.: The Arado Ar 240 and Ar 440 (unveröffentlicht).

Bölkow, Ludwig: Ein Jahrhundert Flugzeuge, Düsseldorf 1990.

Bongartz, Heinz: Luftmacht Deutschland. Essen 1943.

Boog, Horst: Die deutsche Luftwaffenführung 1935-45. In: Beiträge zur Militär- und Kriegsgeschichte, Bd. 21. Stuttgart 1982.

Brekow, Frank: Aus der Geschichte der Arado Flugzeugwerke GmbH, Werke Brandenburg und Neuendorf. In: Luftfahrtgeschichte der Stadt Brandenburg an der Havel, Heft 2/1998.

Brinkmann, Günter/ Gersdorff, Kyrill von/Schwipps, Werner: Sport- und Reiseflugzeuge – Leitlinien einer vielfältigen Entwicklung. Koblenz 1995.

Brown, Eric: Berühmte Flugzeuge der Luftwaffe 1939-1945. Stuttgart 1988.

Budraß, Lutz: Flugzeugproduktion und Luftrüstung in Deutschland 1918-1945. Düsseldorf 1998.

Bülow, Hilmar von: Geschichte der Luftwaffe. Frankfurt 1937.

Cescotti, Roderich: Kampfflugzeuge und Aufklärer. Koblenz 1989.

Chinn, George M.: The Machine Gun. Washington 1955.

Chronik der Arado Flugzeugwerke G.m.b.H., Arado Brandenburg Dezember 1936.

Cohausz, Peter W.: Deutsche Oldtimer. Planegg 1991.

–: Deutsche Flugzeuge bis 1945. Oberhaching 1998.

Cooper, Mathew: Die Luftwaffe 1933-45. Stuttgart 1988.

Creek, Eddie/Smith, J. Richard: Jet Planes of the Third Reich. Boylston 1982.

–: Arado 234 Blitz. Sturbridge 1992.

Dabrowski, Hans-Peter/Koos, Volker: See-Mehrzweckflugzeug Arado Ar 196. Waffen-Arsenal Bd. 126.

Deutsche Luftverkehrsstatistik. Berlin 1926.

Die Arado Flugzeugwerke,1945. BArch Freiburg Lw 103/42.

Die deutsche Luftwaffe. In: Jahrbuch der deutschen Luftfahrt. Frankfurt 1936.

Diedrich, Hans-Peter: Die deutschen Strahlflugzeuge bis 1945. Oberhaching 1999.

Dressel, Joachim/Griehl, Manfred: Taktische Militärflugzeuge in Deutschland 1925 bis heute. Friedberg 1992.

Ebert, Hans J./Kaiser, Johann B./Peters, Klaus: Willy Messerschmitt - Pionier der Luftfahrt und des Leichtbaus. Bonn 1992.

Eheim, Gunther: Flugbuch (unveröffentlicht).

Eichelbaum, Hans: Das Buch von der Luftwaffe. Berlin 1939.

Entwicklung der Arado Flugzeuge. Arado Brandenburg 1943.

Entwicklungsgeschichte der Arado Flugzeugwerke. Arado-Bote, Jahrgang 1/1937, Heft 1-6.

Entwicklungsgeschichte der Arado Flugzeugwerke. Rathenower Heimatkalender 1939.

Ethell, Jeffrey/Price, Alfred.: Deutsche Düsenflugzeuge im Kampfeinsatz. Stuttgart 1981.

Eyermann, Karl-Heinz: Aus Geheimberichten der deutschen Luftfahrt. Berlin 1963.

Feldmann, Gerald D.: Hugo Stinnes. Biographie eines Industriellen 1870-1924. München 1998.

Feuchter, Georg W.: Die Luftwaffe der Gegenwart. Berlin 1936.

–: Geschichte des Luftkriegs. Bonn 1954.

Focke, Henrich: Mein Lebensweg. Bremen 1996.

Fölz, Gerhard: Luftfahrt zwischen Nord- und Ostsee. Neumünster 1975.

Galland, Adolf: Die Ersten und die Letzten. München 1953.

Gellermann, Günther W.: Moskau ruft Heeresgruppe Mitte. Koblenz 1988.

Gersdorff, Kyrill von/Grasmann, Kurt: Flugmotoren und Strahltriebwerke. Koblenz 1981.

Green, William: Warplanes of the Third Reich. London 1970.

Gröhler, Olaf: Geschichte des Luftkriegs 1910 bis 1945. Berlin 1977.

–: Bombenkrieg gegen Deutschland. Berlin 1990.

Handbuch für Luftfahrt und Luftfahrtindustrie. Hrsg. von R. Mehne. Berlin 1929.

Heimann, Bernhard/Schunke, Joachim: Eine geheime Denkschrift zur Luftkriegskonzeption Hitler-Deutsch-

lands vom Mai 1933. In: Zeitschrift für Militärgeschichte 3/1964, S. 72-86.
Heinkel, Ernst: Stürmisches Leben. Stuttgart 1953.
Hentschel, Georg: Die geheimen Konferenzen des Generalluftzeugmeisters 1942-44. Koblenz 1989.
Hermann: The Rise and Fall of the Luftwaffe. London 1943.
Homze, Edward L.: Arming the Luftwaffe. University of Nebraska Press 1976.
Hooton, Edward R.: Phoenix Triumphant. The Rise of the Luftwaffe. London 1994.
Hoyt, Edwin P.: Goering's Luftwaffe. New York 1994.
Irving, David: Die Tragödie der Deutschen Luftwaffe. Frankfurt/Berlin/Wien 1970.
Ishoven, Armand von: Messerschmitt. Wien/Berlin 1976.
Jaeckel, Gerhard: Schmiede der Luftmacht. Tübingen 1939.
Klass, Gert von: Hugo Stinnes. Tübingen 1958.
Kens, Karlheinz: Die deutschen Flugzeuge 1933-45. München 1961.
Kerr, Alfred: Walther Rathenau. Amsterdam 1935.
Killen, John: The Luftwaffe. London 1967.
Kober, Franz: Die ersten Strahlbomber der Welt. Friedberg 1980.
König, Friedrich: Die Geschichte der Luftwaffe. Rastatt 1980.
Koos, Volker: Luftfahrt zwischen Ostsee und Breitling. Berlin 1990.
Kosin, Rüdiger: Die Entwicklung der deutschen Jagdflugzeuge. Koblenz 1983.
–: Anwendungsbereich und Anwendungsmöglichkeiten der Luft-Strahl-Triebwerke. Vortrag vor der Akademie der Luftfahrtforschung, Januar 1941.
Kosin, Rüdiger/Lehmann, Walter: Ein Beitrag zur Aerodynamik des Rumpfes. In: Jahrbuch der deutschen Luftfahrtforschung 1942, S. 242 ff.
–: Ein Beitrag zur Entwicklung von Profilen für hohe Fluggeschwindigkeiten. In: Jahrbuch der deutschen Luftfahrtforschung 1941, S. 11 ff.
–: Statische Längsstabilität und Steuerbarkeit bei hohen Machschen Zahlen. In: Jahrbuch der deutschen Luftfahrtforschung 1941, S. 195 ff.
Kranzhoff, Jörg Armin: Die Geschichte um Heinrich Lübbe. Warum blieb ein Flugpionier unbekannt? Jägerblatt H.1/1990.
–: Zum 50. Todestag des Flugpioniers Heinrich Lübbe. In. »Die Harke«, Nienburg 10.3.1990.
–: 1913 in Buenos Aires Flugweltrekord aufgestellt. Zum 50. Todestag des Flugpioniers Heinrich Lübbe. In: Argentinisches Tageblat 29.4.1990.
–: Recordando a un pionero aleman. In: »Aerospacio«, Revista National Aeronautica y espacial/Argentinien 9.7.1990.
–: Flugzeuge, die Geschichte machten. Fokker DR I. Stuttgart 1994.
–: Arado-Flugzeuge. Es begann in Warnemünde. In: Blätter zur Geschichte der Deutschen Luft- und Raumfahrt VII, Bonn-Bad Godesberg 1995, S. 51-102.
–: Arado. Geschichte eines Flugzeugwerks. Oberhaching 1995, Atglen/USA 1997.
–: Die ersten Ganzmetall-Jagdflugzeuge. In: Flugzeug H. 4-6, 1998.
–: Die Entwicklung der Fokker-Jagdflugzeuge E I bis E IV. In: Blätter zur Geschichte der Luft- und Raumfahrt VIII, Bonn-Bad Godesberg 2000.
–: Der Einstieg in den Lufttourismus. Das Sport- und Reiseflugzeug Ar 79. In: Flugzeug H. 6/2000.
–: Das Postexpreßflugzeug Arado V I im Dienst der Luft Hansa. In: Flugzeug H.4-5/1999.
Krekel, Paul: Vorausbestimmung der Wirtschaftlichkeit von Fertigungsverfahren. Bericht Nr. 28 der Abteilung TAs-Konstruktionsforschung/Arado. Brandenburg 9.7.1941.
–: Einfluß der Konstruktion auf die Arbeitsvorbereitung. Vortrag anläßlich der Arado-Betriebstagung über Arbeitsvorbereitung, November 1941.
Kröger, Walter: Flugbuch (unveröffentlicht).
Lang, Gerhard: Arado 240. Flugzeug Profile 1/1989.
Lange, Bruno: Typenhandbuch der deutschen Luftfahrttechnik. Koblenz 1986.
Lee, Asher: The German Air Force. New York 1946.
Leeb, Emil: Aus der Rüstung des Dritten Reiches. Frankfurt 1958.
Longlius, Fritz: Flugzeugbau für Deutschland. Die Luftfahrindustrie im Lebenskampf des deutschen Volkes. Berlin o.J. (um 1940).
Lusar, Rudolf: Die deutschen Waffen und Geheimwaffen des Zweiten Weltkriegs. München 1957.
Martens, Stefan: Hermann Göring. Paderborn 1985.
Mason, Herbert Molloy: Die Luftwaffe. Wien/Berlin 1976.
Merrick, Kenneth A.: German Aircraft Interiors, Vol. 1, 1935-1945. Sturbridge 1996.
Meyer, Otto: Zur Geschichte des Luftverkehrs. München 1963.
Müller, Hans: Der Wirtschaftskampf der deutschen Flugzeugindustrie nach dem Kriege. Tübingen 1936.
Munson, Kenneth: Die Weltkrieg II-Flugzeuge. Stuttgart 1973.
Neitzel, Sönke: Der Einsatz der deutschen Luftwaffe über dem Atlantik und der Nordsee. Koblenz 1995.
Newton, J. L. (Herausgeber): German Aircraft. New and Projected Types. Air Intelligence Report Nr. 2383, Januar 1946.
Nowarra, Heinz: Die verbotenen Flugzeuge 1921-1935. Stuttgart 1980.
–: Die deutsche Luftrüstung. Koblenz 1993.
–: Deutsche Jagdflugzeuge 1915-1945. Friedberg 1985.
–: Deutsche Nahaufklärer 1910-1945. Stuttgart 1981.
–: Vom Doppeldecker zum Turbinenbomber. Ein technisch-historisches Porträt der Arado Flugzeugwerke. In: Der Landser, Bd. 521. Rastatt 1981.
Orlovius, Heinz: Der Kampf um die Erhaltung und Freiheit der deutschen Luftfahrt. In: Deutschland zur Luft, Hrsg. W. Bley. Wien 1938.
Overy, Richard James: German Aircraft Production 1939-1942: A Study in the German War Economy. Diss. Cambridge 1978.
–: The German pre-war aircraft production plans: November 1936 - April 1939. In: English Historical Review, Oktober 1975, S. 778-797.
Pawlas, Karl R.(Hrsg.): Arado 234. Nürnberg 1976.
Perlia, Richard: In geheimer Mission. Illertissen 1996.
–: Flugbuch 20.11.1934-30.8.1940 (unveröffentlicht).

Price, Alfred: Handbuch der deutschen Luftwaffe. Stuttgart 1979.
Polte (Oberst): Und wir sind doch geflogen. Aufgezeichnet von Josef Grabler. Gütersloh 1942.
Raab, Antonius: Raab fliegt. Hamburg 1984.
Rebeski, Hans: Beschreibung des Flugzeugmusters Arado 234, Woltersdorf 28.11.1945. (unveröffentlicht).
–: Vom Fowler zum Arado Landeflügel, Brandenburg 19.11. 1942.
Reitsch, Hanna: Fliegen - mein Leben. Stuttgart 1951.
Rethel, Walter: Schalenbauweise mit Längsbahnen. Vortrag vor der Lilienthal-Gesellschaft für Luftfahrtforschung 16.9.1937. In: Jahrbuch der deutschen Luftfahrtforschung 1938, S. 491.
Rieckhoff, HerbertJoachim: Trumpf oder Bluff? 12 Jahre Deutsche Luftwaffe. Genf 1945.
Ries, Karl: Luftwaffenstory. Mainz 1974.
–: Luftwaffe, geheimer Aufbau. Mainz 1970.
–: Recherchen zur deutschen Luftfahrzeugrolle, Teil I 1919-1934. Mainz 1977.
Roeder, Jean: Bombenflugzeuge und Aufklärer. Koblenz 1990.
Ruud, Frithjof: Report Regarding Arado Ar 234 B-2 ›Blitz‹, W.Nr. 140 312. Hamresanden 1995.
Schabel, Ralf: Die Illusion der Wunderwaffen. Die Rolle der Düsenflugzeuge und Flugabwehrraketen in der Rüstung des Dritten Reiches. In: Beiträge zur Militärgeschichte Bd. 15, hrsg. vom Militärgeschichtlichen Forschungsamt. München 1994.
Schick, Walter/Meyer, Ingolf: Geheimprojekte der Luftwaffe. Stuttgart 1994.
Schliephake, Hanfried: Wie die Luftwaffe wirklich entstand. Stuttgart 1979.
–: Flugzeugbewaffnung. Stuttgart 1977.
Schmitt, Günter: Hugo Junkers. Ein Leben für die Technik. Planegg 1991.
Schneider, Helmut (Hrsg.): Das große Flugzeugtypenbuch von 1944. Nachdruck Olms Presse. Hildesheim 1980.
Schoenebeck, Carl-August von: Memoiren (unveröffentlicht).
Schwertfeger, Werner/Selinger, Franz: Wetterflieger in der Arktis 1940-1944. Stuttgart 1982.
Seifert, Karl-Dieter: Geschäft mit dem Flugzeug. Berlin 1960.
–: Der deutsche Luftverkehr 1926-1945 – auf dem Weg zum Weltverkehr. Bonn 1999.
Speer, Albert: Erinnerungen. Frankfurt 1969.
Smith, Richard/Creek, Eddie: Arado 234 Blitz. Sturbridge 1992.
Suchenwirth, Richard: Historical Turning Points in the German Air Force War Effort. In: USAF Historical Studies Nr. 189. Air Universitiy 1959.
–: The Development of the German Air Force. In: USAF Historical Studies Nr. 160. Air University 1968.
Supf, Peter: Das Buch der deutschen Fluggeschichte Bd. 1 und 2, Berlin-Grunewald 1939.
–: Hans Klemm. Stuttgart 1955.
Smith, Truman: Berlin Alert. Stanford 1984.
Stahl, Peter Wilhelm: KG 200. Stuttgart 1977.
Tschersich, Günther: Lebenslauf. 1945 (unveröffentlicht).
Udet, Ernst: Mein Fliegerleben. Berlin 1935.
Vajda, Ferenc A./Dancey, Peter: German Aircraft Industry and Production. Shrewsbury 1998.
Van Nes, Wilhelm: Über Beschußversuche mit einer Druckkammer. Dessau Januar 1941.
Völker, Karl-Heinz: Die Entwicklung der militärischen Luftfahrt in Deutschland 1920-1933. Stuttgart 1962.
–: Dokumente und Dokumentarfotos zur Geschichte der deutschen Luftwaffe. Stuttgart 1968.
–: Die deutsche Luftwaffe 1933-1939. Stuttgart 1967.
–: Die geheime Luftrüstung der Reichswehr und ihre Auswirkung auf den Flugzeugbestand der Luftwaffe bis zum Beginn des Zweiten Weltkriegs. In: Wehrwissenschaftliche Rundschau, H. 9, 1962, S. 540-549.
Wachtel, Joachim: Claude Dornier. Ein Leben für die Luftfahrt. Planegg 1989.
Wagner, Wolfgang: Die ersten Strahlflugzeuge der Welt. Koblenz 1989.
–: Kurt Tank - Konstrukteur und Testpilot bei Focke-Wulf. Koblenz 1991.
–: Junkers. Pionier der Luftfahrt. Koblenz 1996.
Wadman, David/Bradley, John/Ketley, Barry: Aufklärer. Aufklärungsflugzeuge und -einheiten der Luftwaffe 1935-1945. Bonn 1999.
Walter, Bernhardt: Die deutsche Aufrüstung. Frankfurt 1969.
Woodman, Dorothy (Pseudonym für Albert Schreiner): Hitlers Luftflotte startbereit. Paris 1935.
Zdenek, Hurt/Kucera, Pavel/Chalas, Oliver: Ilustrovana Historie Letectvi, 1992.
Zuerl, Walter: Deutsche Flugzeugkonstrukteure. München 1938.
–: Entwicklungsgeschichte der Arado Flugzeugwerke. »Flieger« H.1/1942.
Zur Beschreibung der Probemobilmachung bei den Arado-Fluzeugwerken. BArch Freiburg Lw 103/42.

Personenregister

Typenregister

Bildnachweis

G. Aleman (2), Arado-Bote (15), Ph. Bauduin (3), O. Bichel (1), W. Blume (2), B. Bondzio (4), Brandenburgisches Landeshauptarchiv (4), F. Brekow (1), E. Brown (1), G. Brütting (1), Bundesarchiv Freiburg (4), Bundesarchiv Koblenz (16), G. Chinn (1), P.W. Cohausz (1), P. Couderchon (1), E. Creek (20), Dasa-Archiv Bremen (31), Deutsches Museum München (39), H. J. Ebert (10), G. Eheim (2), R. Faltermair (7), Flugzeug-Typenbuch 1944 (4), Fokker-Archiv (4), H. Götz (9), W. Green (4), M. Griehl (5), Grundbuchamt Rostock (3), Handbuch Ar 232 (4), E. G. Heinemann (3), G. Heinrichs (1), Th. Hitchcock (1), W. Höfling (1), R. Jenett (2), M. Jurleit (1), Katasteramt Rostock (2), K.-H. Kens (1), K. Kössler (3), B. Kosin (2), J. A. Kranzhoff (19), L. Kröger (1), P. Kucera (4), G. Lang (3), I. Lang (1), W. Lehmann (1), U. Looks (1), Lufthansa-Archiv (4), H. Mankau (5), Marinov (1), Mittler-Archiv (2), National Air and Space Museum of the Smithsonian Institution (8), National Archives/USA (4), M. Norton (2), K. Pawlas (6), R. Perlia (2), K. Peters (1), A. Price (1), H. Rebeski (57), H. Redemann (1), R. Renatus (1), A. Rethel (9), Rheinisch-Westfälisches Wirtschaftsarchiv Köln (5), K. Ries (1), A. Schäfer (2), H. Schliephake (19), C. A. v. Schoenebeck (1), F. Selinger (5), G. Sengfelder (90), Stadtarchiv Rostock (1), K. Strohmann (1), H. Stützer (2), P. Supf (3), H. Tschersich (1), D.Wadman/J.Bradley/B.Ketley (1), M. Wilske (1), W. Zuerl (2)

Der Autor

Geboren 1937 als Sohn des Musikwissenschaftlers und Komponisten *Dr. Ferdinand Wilhelm Kranzhoff.* Nach dem Abitur Studium der Germanistik, Anglistik, Geographie, Linguistik und Kommunikationswissenschaft an den Universitäten Bonn und Köln. Mitarbeiter des Sprachwissenschaftlichen Colloquiums der Universität Bonn (Prof. *Leo Weisgerber*, Prof. *Wolfgang Schmidt-Hidding*). Veröffentlichungen zur Geschichte europäischer Schlüsselwörter. Mitarbeiter einer Forschungsgruppe des Instituts für Phonetik und Kommunikationswissenschaft der Universität Bonn (Prof. *Gerold Ungeheuer).* Entwicklung von rechnergestützten Programmen zur deutschen Wortbildung und zur automatischen Sprachübersetzung. Ko-Autor der Studie »Zur Beschreibung und Bearbeitung der Struktur deutscher Wörter«. Studien zu Methoden des programmierten Lernens (Sprachlabor). Bis 1965 philologisches Staatsexamen und Promotion. Gymnasialer Schuldienst bis 1991.

Das unmittelbare Erlebnis des Luftkriegs im Zweiten Weltkrieg und die Heirat mit der Enkelin des Flugpioniers *Heinrich Lübbe* führten zur Beschäftigung mit der Geschichte der deutschen Luftfahrt. Fachvorträge und Zeitschriftenbeiträge zur Rumpler-Taube, den Kampfeinsitzern der Fokker-Flugzeugwerke und zu Arado-Flugzeugen. Monographie »Flugzeuge die Geschichte machten: Fokker DR I« (Motorbuchverlag 1994), Werkschronik »Arado, Geschichte eines Flugzeugwerks« (Aviatic Verlag 1995; Schiffer/USA 1997).

Von links: Diplom-Kaufmann *Karl Strohmann*, ehemals Hauptabteilung Finanzen (HF), *Barbara Kranzhoff*, Enkelin des ehemaligen Hauptgesellschafters *Heinrich F. A. Lübbe*, und der Autor vor der Ar 79 D-EMTV in Hamburg am 8. 4. 1996.

Die deutsche Luftfahrt

Die Entwicklungsgeschichte der deutschen Luftfahrttechnik von den Anfängen bis heute in über 25 Bänden

Band 1
Wolfgang Wagner
Kurt Tank - Konstrukteur und Testpilot bei Focke-Wulf
2., überarbeitete Auflage. 1991. 272 Seiten, 130 Fotos, 76 Zeichnungen und Skizzen. Leinen.
ISBN 3-7637-6102-0
» ... eine einzigartige Möglichkeit, sich über die hochentwickelte deutsche Technik im Fluggerätebau zu informieren.« Flug Revue

Band 2
Kyrill von Gersdorff / Kurt Grasmann / Helmut Schubert
Flugmotoren und Strahltriebwerke
3., überarbeitete und erweiterte Auflage. 1995. 416 Seiten und 16 Farbtafeln, 470 Abbildungen (Fotos, Zeichnungen und Skizzen). Leinen.
ISBN 3-7637-6107-1
» ... ein Buch, das man uneingeschränkt empfehlen kann.« Zeitschrift für Flugwissenschaften und Weltraumforschung

Band 3
Kyrill von Gersdorff / Kurt Knobling
Hubschrauber und Tragschrauber
3., durchgesehene und erweiterte Auflage. 1999. 360 Seiten und 24 Farbtafeln, 443 Fotos, Zeichnungen u. Skizzen. Leinen. ISBN 3-7637-6115-2
» ... macht diese Veröffentlichung zu einer wichtigen Bereicherung der Luftfahrtliteratur ... es ist als Standardwerk auf dem Gebiet zu betrachten.« Zeitschrift für Flugwissenschaften und Weltraumforschung

Band 4
Rüdiger Kosin
Die Entwicklung der deutschen Jagdflugzeuge
2., durchgesehene und erweiterte Auflage. 1990. 243 Seiten u. 16 Farbtafeln, 196 Fotos, 165 Zeichnungen u. Skizzen. Leinen. ISBN 3-7637-6100-4
» ... gibt einen hervorragenden Überblick über fast 70 Jahre Jagdflugzeugbau in Deutschland mit allen Höhen und Tiefen.« Soldat und Technik

Band 5
H. Dieter Köhler
Ernst Heinkel- Pionier der Schnellflugzeuge
2., überarbeitete und erweiterte Auflage. 1999. 310 Seiten, 258 Fotos, 62 Zeichnungen und Skizzen. Leinen. ISBN 3-7637-6116-0
» ... zeigt sich, daß auch Technikgeschichte um so interessanter ist, je mehr wir von den beteiligten Menschen erfahren.« Frankfurter Allgemeine

Band 6
Otto E. Pabst
Kurzstarter und Senkrechtstarter
1984. 269 Seiten und 16 Farbtafeln, 235 Fotos, 109 Skizzen. Leinen. ISBN 3-7637-5277-3
» ... vermittelt Glanzpunkte der Luftfahrttechnik und gewinnt dadurch an Bedeutung und Lebhaftigkeit in der Darstellung, daß Pabst zum großen Teil aus eigenen Erfahrungen berichtet.« Rhein-Zeitung

Band 7
Fritz Trenkle
Bordfunkgeräte - Vom Funkensender zum Bordradar
1986. 263 Seiten, 430 Fotos und Skizzen, 4 Farbabbildungen. Leinen. ISBN 3-7637-5289-7
» ... eine komplette Darstellung von Ideen, Konzepten, Geräten (hervorragend illustriert) und Anwendungsprofilen der Funk- und Radartechnik in der deutschen Luftfahrt.« Kölner Stadt-Anzeiger

Band 8
Werner Schwipps
Schwerer als Luft - Die Frühzeit der Flugtechnik in Deutschland
1984. 258 Seiten und 24 Farbtafeln, 222 Fotos, 25 Skizzen und Zeichnungen. Leinen.
ISBN 3-7637-5280-3
» ... Eine derartige überwältigende Fülle von Informationen, Einzelheiten und Daten findet man selten ein überaus wertvolles und lehrreiches Werk ...« Technikgeschichte

Band 9
Bruno Lange
Typenhandbuch der deutschen Luftfahrttechnik
1986. 413 Seiten, 464 Fotos, 2 Skizzen. Leinen.
ISBN 3-7637-5284-6
» ... ein richtungsweisendes Nachschlagewerk ... Ein Handbuch, an dem man nicht vorbeikommt.« fliegermagazin

Band 10
Theodor Benecke / Karl-Heinz Hedwig / Joachim Hermann
Flugkörper und Lenkraketen
2. Auflage. 2000. 377 Seiten und 4 Farbtafeln, 8 Farb- und 193 Schwarzweißfotos. Leinen.
ISBN 3-7637-6120-9
» ... ein Buch, das Technikgeschichte mit einer Interpretation der "High Technology" verbindet - ein Werk, das wirklich informiert.« VDI -Nachrichten

Band 11
Wolfgang Wagner
Der deutsche Luftverkehr - Die Pionierjahre 1919-1925
1987. 320 Seiten, 222 Fotos, 219 Skizzen, 9 Karten. Leinen. ISBN 3-7637-5274-9
» ... vermittelt ein fesselndes Zeitbild dieser bewegten Jahre.« Luft- und Raumfahrt

Band 12
Kyrill von Gersdorff
Ludwig Bölkow und sein Werk - Ottobrunner Innovationen
1987. 334 Seiten und 24 Farbtafeln, 59 Farb- und 332 Schwarzweißfotos, 103 Pläne, Skizzen, Gliederungen und Diagramme. Leinen.
ISBN 3-7637-5292-7
» ... ein bemerkenswertes Buch, das man nicht nur jedem Interessierten uneingeschränkt empfehlen kann.« Soldat und Technik

Band 13
Siegfried Ruff / Martin Ruck / Gerhard Sedlmayr
Sicherheit und Rettung in der Luftfahrt
1989. 246 Seiten, 288 Fotos, 111 Zeichnungen und Skizzen, 27 Graphiken, 11 Dokumente. Leinen. ISBN 3-7637-5293-5
» ... eine Fundgrube für den Techniker und den betroffenen Piloten ... Auch der Laie sollte in dieses Buch hineinschauen.« Zeitschrift für Flugwissenschaften und Weltraumforschung

Band 14
Wolfgang Wagner
Die ersten Strahlflugzeuge der Welt
1989. 260 Seiten, 138 Fotos, 234 Zeichnungen und Skizzen, 6 Graphiken,2 Dokumente. Leinen.
ISBN 3-7637-5297-8
» ... zu einer unverzichtbaren Anschaffung. Der erfolgreichen Buchreihe ist ein weiterer bemerkenswerter Band hinzugefügt worden.« Zeitschrift für Flugwissenschaften und Weltraumforschung

Band 15
Roderich Cescotti
Kampfflugzeuge und Aufklärer
1989. 311 Seiten, 156 Fotos, 254 Zeichnungen, Skizzen und Graphiken. Leinen.
ISBN 3-7637-5294-3
» ... ist sicher nicht zuviel gesagt, wenn man fest stellt, daß dieses Buch eines der fesselndsten und attraktivsten seiner Reihe ist.« Soldat und Technik

Band 16
Jean Roeder
Bombenflugzeuge und Aufklärer
1990. 274 Seiten, 252 Fotos, 312 Zeichnungen und Skizzen. Leinen. ISBN 3-7637-5295-1
» ... Der hervoragend ausgestattete Typenband.« Cockpit

Band 17
Hans J. Ebert / Johann B. Kaiser / Klaus Peters
Willy Messerschmitt - Pionier der Luftfahrt und des Leichtbaues
1992. 416 Seiten und 16 Farbtafeln, 641 Fotos, Zeichnungen und Skizzen. Leinen. ISBN 3-7637-5295-1
» ... Aufzeichnungen Willy Messerschmitts beleben jedes Kapitel dieses Buches, das man getrost als das Messerschmitt-Buch bezeichnen kann.« Jet & Prop

Band 18
Werner Treibel
Geschichte der deutschen Verkehrsflughäfen
1992. 464 Seiten, 597 Fotos, Zeichnungen, Skizzen und Tabellen. Leinen. ISBN 3-7637-6101 -2
» ... das verwendete statistische Material ist einmalig und ermöglicht über viele Jahrzehnte absolute und relative Leistungsvergleiche.« loyal

Band 19
Günter Brinkmann / Hans Zacher
Die Evolution der Segelflugzeuge
2., durchgesehene und erweiterte Auflage. 1999. 292 Seiten und 16 Farbtafeln. 693 Fotos, Skizzen u. Tabellen. Leinen. ISBN 3-7637-6119-5
» ... ist seinen Preis wert. Seite für Seite. Der Interessierte erwirbt mit ihm eine wahre Fundgrube.« aerokurier

Band 20
Kurt Kracheel
Flugführungssysteme - Blindfluginstrumente, Autopiloten, Flugsteuerungen
1993. 293 Seiten und 12 Farbtafeln, 153 Fotos, 378 Skizzen, Graphiken und umfangreicher Tabellenteil. Leinen. ISBN 3-7637-6105-5
» ... ein einmalig umfangreiches Nachschlagewerk, das selbst für Fachexperten noch viele neue Einzelheiten aus vergangenen Tagen und deren Zusammenhänge bringt.« Luft- und Raumfahrt

Band 21
Hans-Jürgen Becker
Wasserflugzeuge- Flugboote, Amphibien, Schwimmerflugzeuge
1994. 284 Seiten und 8 Farbtafeln, 761 Fotos, Skizzen und Tabellen. ISBN 3-7637-6106-3
» ... das zur Zeit umfassendste Werk über die deutsche Seefliegerei.« fliegermagazin

Band 22
Jürgen Michels / Jochen Werner
Luftfahrt 0st 1945-1990
1994. 360 Seiten und 24 Farbtafeln mit 71 Bildern, 643 Fotos, Zeichnungen und Skizzen, Tabellen. Leinen. ISBN 3-7637-6109-8
» ... ist ein ganz besonderes Buch, das weite Verbreitung verdient.« Frankfurter Allgemeine

Band 23
Günter Brinkmann / Kyrill von Gersdorff / Werner Schwipps
Sport- und Reiseflugzeuge - Leitlinien einer vielfältigen Entwicklung
1995. 406 Seiten und 24 Farbtafeln, 570 Fotos, 384 Zeichnungen, Skizzen und Faksimiledrucke. Leinen. ISBN 3-7637-6110-1
» ... ist in der Qualität der vorhergehenden Bände gehalten und absolut empfehlenswert.« Flugzeug

Band 24
Wolfgang Wagner
Hugo Junkers Pionier der Luftfahrt - seine Flugzeuge
1996. 576 Seiten, 520 Fotos, 221 Zeichnungen und Skizzen, zahlreiche Tabellen. Leinen. ISBN 3-7637-6112-8
» ... zeugt ebenfalls von der intensiven Recherche des Autors, wie auch die ausführliche Junkers Chronik. So liegt denn eine umfassende, lesens werte Dokumentation vor, ein bemerkenswertes Buch.« Flieger Revue

Weitere Bände in Vorbereitung

Band 25
Joachim Grenzdörfer / Karl-Dieter Seifert
Geschichte der ostdeutschen Verkehrsflughäfen
Die Verkehrsflughäfen und -plätze in den neuen Bundesländern von 1919 bis 1996 und in den ehemaligen Ostgebieten bis 1945
1997. 326 Seiten, 186 Fotos, 157 Zeichnungen und Skizzen, zahlreiche Tabellen. Leinen. ISBN 3-7637-6113-6
» ... ein interessantes, umfangreiches Fachbuch, das sauber recherchiert ist und als zuverlässiges Nachschlagewerk weiter empfohlen werden kann.« Der Flugleiter

Band 26
Dorothea Haaland / Hans G. Knäusel / Günter Schmitt / Jürgen Seifert
Leichter als Luft - Ballone und Luftschiffe
1997. 376 Seiten und 24 Farbtafeln, 502 Abbildungen (Fotos, Skizzen und Graphiken), zahlreiche Tabellen. Leinen . ISBN 3-7637-6114-4
» ... In gewohnt ausführlicher Form und hervorragend bebildert, durch viele Tabellen und Übersichten ergänzt, schildern die Autoren die Entstehung der Luftschiffertruppen, der wissenschaftlichen und der sportlichen Ballonfahrt.« Flug Revue

Band 27
Heinrich Beauvais/Karl Kössler/ Max Mayer/Christoph Regel
Flugerprobungsstellen bis 1945 - Johannisthal, Lipezk, Rechlin, Travemünde, Tarnewitz, Peenemünde-West
1998. 364 Seiten und 12 Farbtafeln, 335 Abbildungen (Fotos, Skizzen, Graphiken), zahlreiche Tabellen. Leinen. ISBN 3-7637-6117-9
»...bieten sowohl dem Historiker als auch dem interessierten Laien eine Fülle an wertvollen, bisher unbekannten Informationen.« Luftwaffen-Revue

Band 28
Karl-Dieter Seifert
Der deutsche Luftverkehr 1926-1945 - auf dem Weg zum Weltverkehr
1999. 392 Seiten, 398 Abbildungen (Fotos, Skizzen, Graphiken). Leinen. ISBN 3-7637-6118-7
»...ebenso eindrucksvoll wie der Text und die Fülle der historischen Fotos ist der umfangreiche statistische Anhang.« AERO International

Bernard & Graefe Verlag · Heilsbachstraße 26 · 53123 Bonn

Alfred Himmel
Tulpenstraße 39
85247 Schwabhausen
Tel. 08138 / 87 54

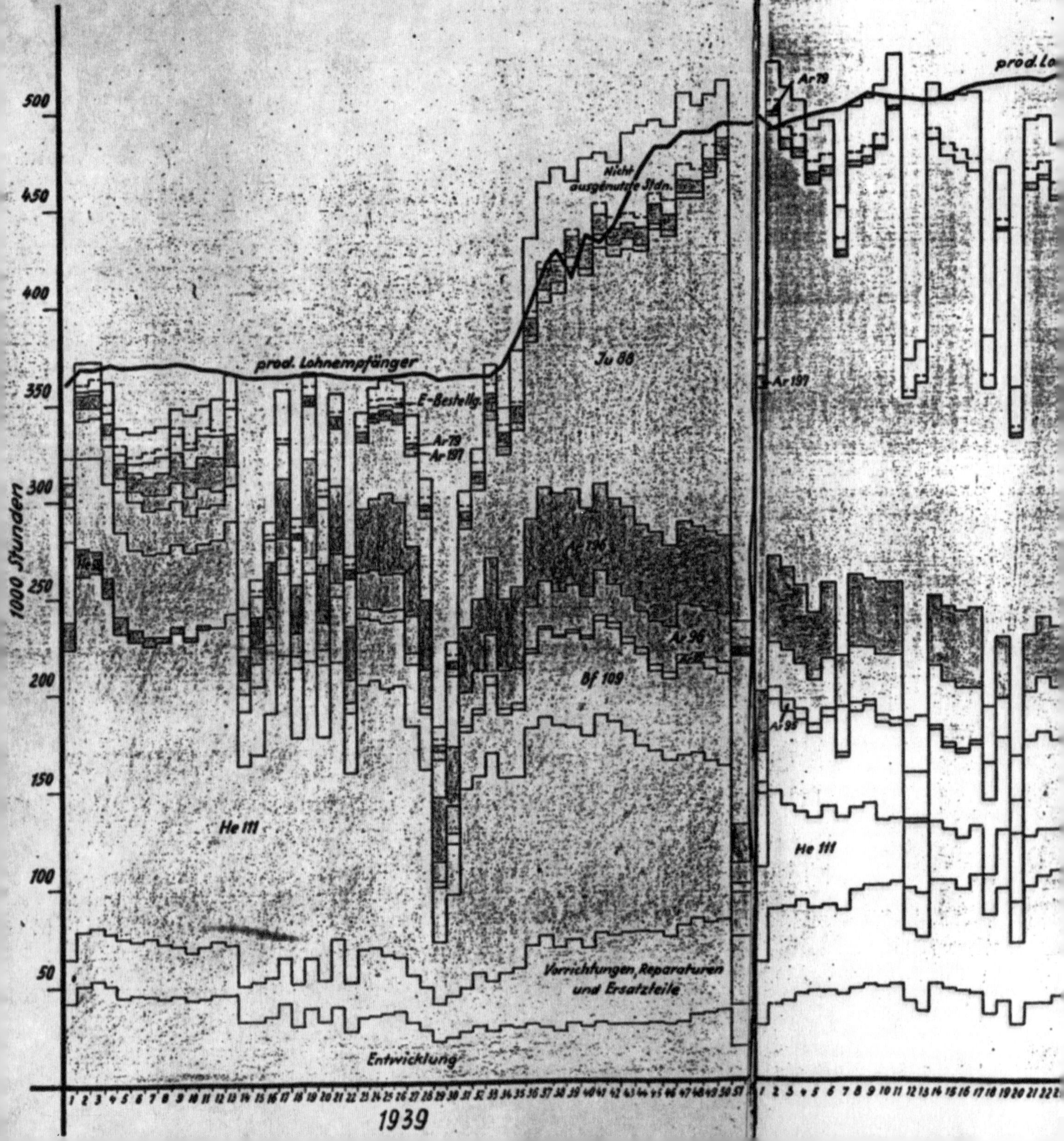

1000 Stunden
500
450
400
350
300
250
200
150
100
50
prod. Lohnempfänger
E-Bestellg.
Ar 79
Ar 197
Nicht ausgenutzte Stdn.
Ju 88
Ar 196
Ar 96
Bf 109
He 111
Vorrichtungen, Reparaturen und Ersatzteile
Entwicklung
1939
Ar 95